REALLEXIKON
DER VORGESCHICHTE

ZWÖLFTER BAND

Reallexikon der Vorgeschichte

UNTER MITWIRKUNG
ZAHLREICHER FACHGELEHRTER

HERAUSGEGEBEN VON

MAX EBERT
ORD. PROFESSOR AN DER UNIVERSITÄT BERLIN

ZWÖLFTER BAND
SEEDORFER TYPUS – SÜDLICHES AFRIKA

MIT 122 TAFELN

Berlin 1928

VERLAG WALTER DE GRUYTER & CO.

VORMALS G. J. GÖSCHEN'SCHE VERLAGSHANDLUNG — J. GUTTENTAG, VERLAGS-
BUCHHANDLUNG — GEORG REIMER — KARL J. TRÜBNER — VEIT & COMP.

Printed in Germany

REALLEXIKON DER VORGESCHICHTE

UNTER MITWIRKUNG
ZAHLREICHER FACHGELEHRTER

HERAUSGEGEBEN VON

MAX EBERT
ORD. PROFESSOR AN DER UNIVERSITÄT BERLIN

ZWÖLFTER BAND
ERSTE LIEFERUNG
SEEDORFER TYPUS — SIKULER
MIT 23 TAFELN

BERLIN 1928
WALTER DE GRUYTER & CO.

Das Werk ist auf einen Gesamtumfang von 14 Bänden und 1 Registerband berechnet und erscheint in Lieferungen. — Der Subskriptionspreis jeder Lieferung beträgt Rm. 6 —. Verstärkte Lieferungen werden entsprechend höher berechnet.

Subskriptionspreis der vorliegenden verstärkten Lieferung Rm. 10.50, Ladenpreis Rm. 12.60

S

(Fortsetzung)

Seedorfer Typus. Vierte Stufe der nordd. EZ (Spätlatènezeit). Genannt nach einem Urnenfelde vom Schweizerhof bei Seedorf (Kr. Ülzen, Hannover), ausgegraben im J. 1876 von Hostmann. — Urnen frei im Boden, ohne Decksteine oder Deckschalen, keine Beigefäße; Knochenlager selten. Keramik (Band IX Tf. 166 g): rundliche, weitbauchige Gefäße mit kurzem, ausgebogenen, starken Rande; Tonsitulen (s. d.). Ornamentik: sich kreuzende ausgezogene oder punktierte Linien, Linien zum Fuße. Zeit etwa 150 bis C. Geb. S. a. Nordischer Kreis C 2 § 27 ff.

Präh.Z. 1 (1909) S. 155 G. Schwantes; ders. *Urnenfriedhöfe Niedersachsens* I 1/2 (1911) S. 9; Nachrichtenbl. f. Niedersachsens Vorgesch. 1921 S. 8 ders.

R. Beltz

„Seefunde", Nordische, Mesolithische s. Nordischer Kreis A § 3b 4.

Seehund s. Diluvialfauna § 2.

Seekampf. § 1. Nach dem Ausweise der skand. Felsbilder (s. Felsenzeichnung A) dienten die Schiffe der nord. BZ vorzugsweise kriegerischen Zwecken. Wo die Bemannung eingehender als durch einen bloßen Strich ausgeführt ist, sind Bewaffnete dargestellt (vgl. z. B. Band III Tf. 52a, 53a, 54c, d; Band XI Tf. 60, 9. 15. 20. 25). Die Führer sind meist durch übernatürliche Größe kenntlich gemacht. Neben Einzeldarstellungen von Kampfschiffen finden wir das Bild einer größeren Seeschlacht, die Schiffe in Reihen nebeneinander aufgefahren, die Führerschiffe vor der Linie (Band III Tf. 118).

§ 2. Das erste Bild eines Seekampfes selbst geben die Reliefs von Medinet Habu (Band V Tf. 82), die Darstellung des Seesieges Ramses III. über die „Nordvölker" (s. d.). Hier sind nicht die Vorbereitungen zur Schlacht, sondern die Schlacht selbst geschildert, die feindlichen Schiffe vielfach havariert oder bereits ganz außer Gefecht gesetzt und kieloben treibend, die Endphase des Kampfes, die über die Anlage und Taktik der ganzen Schlacht nichts mehr aussagt.

§ 3. In frühmin. Zeit finden wir zuerst in Griechenland die gefährliche Waffe des Rammspornes, auf dessen Anwendung dann jahrhundertelang die ganze Taktik des S. aufgebaut war. Da der Sporn bei den Phönikern erst sehr viel später erscheint, mag seine Erfindung sehr wohl den Griechen zuzuschreiben sein. Die Schiffe der geometrischen Stufe sind nichts anderes als die Fortsetzungen der spätmyk.; zu dem Unterwassersporn tritt hier (zuweilen in der Mehrzahl) ein zweiter Sporn über der Wasserlinie (Band XI Tf. 63d). Eine Vasenscherbe aus Athen (Mon. dell' Inst. 9 Tf. 40, 3) zeigt ähnlich den Reliefs von Medinet Habu die Endphase eines S.: Das Schiff ist sichtlich beschädigt und gefechtsunfähig geworden, das Deck liegt voller Toten, zwei Männer sind dabei, mit Leinen den bereits schiefstehenden Mast vollends umzureißen (Band XI Tf. 63e). In mehreren Darstellungen sind am Vordersteven Bündel von Speeren angelehnt, jedenfalls die ξυστὰ ναύμαχα des homerischen Epos, die Waffen für die Vorkämpfer, deren Platz im Vorschiff war. Die geometrischen Vasen zeigen niemals zwei Schiffe im Kampfe miteinander, sondern durchweg ein Schiff gegen Krieger auf festem Lande kämpfend, also Landungsversuche. Dagegen geben die ital. Denkmäler Bilder des Kampfes von Schiff gegen Schiff. Auf der Pyxis von Cervetri (ebd. Tf. 64 c; Röm. Mitt. 34 [1919] S. 13 Abb. 14 F. Behn) sind zwei Schiffe ganz verschiedenen Typs dargestellt, ein griech. mit dem charakteristischen χηνίσκος, den der Vasenmaler nach Analogie der etrusk. Schiffe irrtümlich an den Vordersteven verlegt hat, und ein anderes mit grotesken Tierformen, jedenfalls das Bild eines zur Zeit des Vasenmalers nicht seltenen Kampfes zwischen einem griech. Kriegsfahrzeuge und einem tyrrhenischen Piraten. Auch die bekannte Stele von Pesaro gibt in ihrem unteren Teile das Bild eines S. von Schiff zu Schiff (Band XI Tf. 64 b). Die beiden Fahrzeuge liegen so nahe beieinander, daß die ornamentalen Vordersteven sich überkreuzen; an Bord stehen waffenschwingende Männer. Ob man in dieser Zeit bereits die Taktik des Abfahrens der feindlichen Ruder geübt hat, ist aus den Bildern nicht ersichtlich.

§ 4. Sehr interessant ist die Schilderung des Kampfes der cäsarischen Flotte gegen die der gall. Veneter (Bell. gall. III 13ff.). Die venetischen Schiffe sind sehr hochbordig und aus massiven Eichenplanken gebaut, die Rammstöße der röm. Schiffe bleiben deswegen völlig wirkungslos. Den Veneterschiffen wird außer ihrer Plumpheit zum Verhängnis, daß sie nur durch Segel bewegt wurden, also vom Winde abhängig waren. Das Fall des Raa-Segels war offenbar an der Reeling belegt, denn die Römer setzen die Gegner dadurch außer Gefecht, daß sie mit Sicheln an langen Stangen die Falltaue abschneiden, so daß die ganze Takelung herabstürzt und das Schiff bewegungsunfähig wird.

§ 5. Der germ. Norden übte die Taktik des Rammstoßes gewöhnlich nicht; wenn das nicht erhaltene zweite Boot von Nydam einen eisenbeschlagenen Sporn trug (C. Engelhardt *Denmark in the early iron age* 1866 S. 35ff.), so dürfte südeurop. Einfluß vorliegen, der auch in den Waffenfunden von Nydam nicht zu verkennen ist. Eingebürgert hat sich der Rammsporn in der germ. Kultur nicht, die Wikingerschiffe und die gleichzeitigen Schiffsdarstellungen auf den Bildsteinen kennen ihn nicht (H. Falk *Altnord. Seewesen* S. 113ff.). S. a. Schiff.

F. Behn

Seelenloch. § 1. Man versteht darunter eine künstliche Öffnung, die der um ihre alte Behausung oder ihr Grab umherschwärmend gedachten Seele den Aus- und Eintritt zu ihrem Körper ermöglichen sollte. Solche Öffnungen, meist rund oder oval, finden sich schon im Verschlußstein mancher jüngeren Megalithbauten (s. Megalith-Grab), doch mag bei ihnen auch die Absicht mitgewirkt haben, den Toten mit Speise und Trank zu versorgen. Derartige Gräber mit Giebelloch treffen wir in großer Zahl in Schweden (Band IX Tf. 72 b), hier hauptsächlich um die Götaelv-Mündung, im w. Mitteldeutschland (s. a. Band XIV Tf. 61L b, 70), England, der Gegend von Paris und Südfrankreich. Dagegen fehlen sie auf der Pyrenäenhalbinsel und erscheinen wieder in der Prov. Otranto in Italien und auf Sardinien, hier freilich in stark modifizierter Gestalt, dann weiter im ö. Mittelmeergebiet, in Palästina-Syrien (Band VIII Tf. 36, 2), im Kaukasus (Band VII Tf. 86a), in Nordwestpersien und besonders häufig in Indien, wo beispielsweise im Distrikt von Dekhan unter 2200 Gräbern nicht weniger als 1100 mit Loch gezählt wurden (Wilke *Südwesteurop. Megalithkultur und ihre Beziehungen zum Orient* 1912 S. 17ff., wo weitere Literaturangaben).

§ 2. In den jüngeren Per. findet man namentlich im Lausitzer Formenkreise (s. Lausitzische Kultur), aber auch in Westeuropa und Italien, entweder in den Aschenurnen, dann meist im Gefäßboden, seltener an der Wandung des Gefäßes, oder in dem das Ossuarium abschließenden Deckgefäß oder Gefäßscherben ein künstliches Loch angebracht, das oft nur eingeschlagen, häufiger aber sorgfältig, meist doppelkonisch, eingebohrt ist, und das sicher dem gleichen Zwecke dienen sollte. Auch die an den etrusk. Tongefäßen, oft in großer Zahl, vorkommenden Löcher, die bald an den Masken, d. h. den Gesichtern und Köpfen, zu sehen sind und in diesem Falle oft nur den natürlichen Körperöffnungen, den Ohren, Augen und Nasenlöchern, entsprechen (v. Duhn *Italische Gräberkunde* I [1924] S. 357), sind wohl als S. aufzufassen, und ebenso möchte ich die in Boden kret. Larnakes (s. d.) und röm. Sarkophage öfter vorkommenden Löcher, die allerdings von andrer Seite als bloße Abzugsöffnungen für die Fäulnisgase angesprochen werden (ZfEthn. 1890 S. 129 Undset), in diesem Sinne deuten.

§ 3. Endlich führt den Namen S. (russ. *dušnik*) auch noch eine kleine, in der Wand unterhalb der Decke angebrachte Öffnung der schwed. und namentlich russ. Bauernhütten, die sofort nach Eintritt des Todes geöffnet wird, damit die Seele des Verstorbenen ungehindert ein- und ausgehen kann [Oldenb. Jahrb. 31 S. 250ff. v. Buttel-Reepen.] G. Wilke

Seelenstoff s. Magie A § 2.

Seelenwanderung s. Animismus.

Seevölker. § 1. Geschichte. Unter dem Namen der *Hanebu* erscheint in den äg. Inschriften eins der Neunbogenvölker (s. d.), das im N wohnt und von den Inseln her, über das Mittelmeer, nach Ä. kommt. Unter diesem Namen der *Hanebu* verbergen sich in älterer Zeit verschiedene Völker, vielleicht schon vom NO des Mittelmeeres her, also aus Zypern (s. Kypros) und Kleinasien, sicher aber aus Kreta (s. d. B), und — soweit überhaupt in älterer Zeit schon Beziehungen dorthin bestanden haben — aus Italien und den umliegenden Inseln. Die Beziehungen zwischen den Äg. und den Völkern des Mittelmeeres, besonders den Bewohnern der ägäischen Inseln (s. Ägäischer Einfluß auf Ägypten, Ägyptische Beziehungen zur ägäischen Kultur, Griechen B § 25), sind rege, aber stets friedlich gewesen. Am Anfang des NR erscheinen Vertreter der Inselvölker in den äg. Gräbern häufig mit ihren Gaben.

In der 19. Dyn. treten die sog. S. neu in Erscheinung, die im wesentl. aus Italien und seinem Nachbargebiet zu kommen scheinen. Sie machen einen „barbarischen" Eindruck und besitzen noch nicht die höhere Kultur, zu der Kreta und Griechenland damals längst gekommen waren. Die S. haben unter Menephta (Dyn. 19) und unter Ramses III. (Dyn. 20) Ä. bedrängt (Band V Tf. 82). Sie sind zuerst über Kreta und Kleinasien hinweg an der syr. Küste entlang vorgedrungen. Später verbündeten sie sich mit den Libyern (s. d.) und bedrohten an der afrik. Küste entlang von W her die äg. Grenze. Die S. sind von den genannten Pharaonen in schweren Kämpfen zurückgeschlagen worden. Sie sind später nicht wiedergekommen, aber durch ihre Züge ist das Reich der Hettiter (s. d. A § 2) zugrunde gegangen, und auch andere Veränderungen im N des Mittelmeeres werden auf diese Völkerwanderung zurückgehen. Die S. tragen meist die langen Schwerter, die wir aus dem alten Südeuropa kennen (ÄZ 50 [1912] S. 61 mit Tf. 5 Burchardt; s. a. Schwert B und Band XI Tf. 144).

§ 2. Völker. Angehörige der S. sind als Söldner in äg. Dienste getreten. Dabei haben die Äg. die einzelnen Gruppen der fremden Soldaten als geschlossene Verbände gelassen, und als solche erscheinen sie in den Kämpfen, die von äg. Offizieren und Truppen im Auslande geführt werden. Gelegentlich sind die Söldnerscharen gegen ihre eigenen Vettern verwendet worden. S. a. Heer A § 1.

Unter den einzelnen Völkern nehmen die Keftiu (s. d.; Kreter usw.) eine gesonderte Stellung ein durch ihre höhere Kultur. Im Kreise der eigentlichen Seevölker werden die Scherden am häufigsten erwähnt und dargestellt. Sie sind selten vertreten in der Reihe der Gegner Ä., sind aber früher als die anderen in äg. Dienste getreten und kämpfen im Solde des Pharao gegen Syrer (s. d.), Libyer und sogar gegen andere S. Die Scherden sind stets kenntlich an ihrem Helm mit zwei Hörnern und einer Kugel, an dem runden Schild und dem langen Schwert neben dem langen Dolch; ihr Gesicht ist meist bartlos und durchaus europ., in wenigen Ausnahmefällen von sem. Typus (vielleicht Irrtum). Die Scherden werden übereinstimmend als Sardinier gedeutet (s. a. Sarden B), wozu der Nachweis ihres Helmes in einheimischen Darstellungen paßt. S. a. Italien B.

Die Turscha werden in Texten mehrfach erwähnt, aber nur selten dargestellt, und an dem einzigen guten Bilde ist der Kopf zerstört (Lepsius *Denkmäler* III 209b). Die Turscha sind allg. mit den Tyrsenern zusammengebracht, werden also nach Etrurien verwiesen (s. Etrusker, Italien und der Orient). Eine große Rolle in den Inschriften und Bildern spielen die Perset (Pulosati o. ä.), die schon Champollion mit den Philistern (s. d.) identifizierte. Sie tragen auf dem Kopfe eine hohe Haube, die durch ein Band zusammengehalten wird und nach den Seiten ausladet; die Zeichnungen lassen nicht klar erkennen, ob es sich um einen Kopfschmuck oder um einen Helm handelt (Band X Tf. 36a, b). Die Perset haben eine lange Lanze sowie einen runden Schild und sind fast immer Gegner der Äg. (Stähelin *Die Philister* Vortrag Basel 1918).

Zu den seltener erwähnten Völkern gehören die Zakar und die Schekelesch (s. Sikuler B § 4 Lit.). Die letzteren, von denen wir keine einzige Darstellung besitzen, hat man in Sizilien gesucht.

Müller *Asien und Eur.* 1893 S. 354—390; Erman-Ranke *Äg.* S. 51; Breasted *History of Egypt* 1905 S. 467, dtsch. von Ranke S. 365; Recueil d'études égyptolog. dédiées à . . . Champollion 1922 S. 297—330 Hall. Roeder

Seewalchen s. Pfahlbau F.

Segel. § 1. Die ältesten Zeugnisse für den Gebrauch des S. stammen aus Ägypten, wo bereits auf Vasen prädyn. Zeit neben zahlreichen Ruderbarken auch gelegentlich Segelboote erscheinen (J. Capart *Débuts de l'art* 1904 S. 116 Abb. 83; s. a. Schiff B), die im AR häufiger werden. Auch die frühesten Segelbilder auf griech. Boden gehen hart an die Grenze des Neol. hinauf, denn auch die Schiffe der Kykladen-Kultur führen zum Teil Segel, wenn auch Ruderschiffe weitaus überwiegen (s. aber Schiff A § 8). Anders wird das Verhältnis zwischen Ruder- und Segelschiff in der späteren min., besonders der myk. Stufe der ägäischen BZ. Die Kleinheit der Darstellungen (es sind Siegel und Gemmen; vgl. Band VII Tf. 72 d, g, k) bleibt zwar die Antwort auf manche technische Einzelfrage schuldig, doch erkennen wir reiches Tauwerk und zum ersten Male in der Geschichte des Schiffes Zwei- und Dreimaster. Auf einer Vasenscherbe von Pylos (Band XI Tf. 62a; Arch. Anz. 1915 S. 191/92 Abb. 6) ist nur ein Teil des S. erhalten und hat hier die technisch unmögliche Form eines Ovales. Die Schiffe der geometrischen Stufe (vgl. a. Band III Tf. 117 oben), die sich aus den myk. entwickeln, weichen in der Art des S. von diesen ab, das S. hat Rechteckform mit kreuzweis aufgenähten Bändern (Band XI Tf. 63c, f); einmal erscheint am Unterkiel eine Unterrahe wie an den äg. Schiffen (Mon. dell'Instit. 9 Tf. 40, 4).

§ 2. Im N Europas ist das S. erst sehr viel später in Gebrauch gekommen. Die Deutung der Löcher im Boden des Einbaumes aus dem See von Châlain (s. Lac de Châlain) und von Estreboeuf im Jura auf Einsatzspuren für einen Mast trägt der Entwicklungsgeschichte des Schiffes (s. d. A) keine Rechnung und ist durchaus unwahrscheinlich. Viel umstritten ist die Frage, ob die runden und ovalen Bildungen auf den Schiffen de bronzezeitl. Felszeichnungen Skandinaviens Segel darstellen (Band XI Tf. 60, 2); weil die Form für ein S. nicht paßt, nahm man einen als Segel verwendeten Busch an (Präh. Z. 10 [1918] S. 178ff. Schuchhardt). Da diese Gebilde nun aber mehrmals doppelt auftreten, müßte man folgerichtig auf Zweimaster schließen. Es hat indessen keinerlei Wahrscheinlichkeit, daß ein nautisch so begabtes Volk wie die Nordgermanen sich mit einer so primitiven Segeleinrichtung hätten begnügen sollen, zumal die Schiffe selbst einen beachtenswerten Hochstand der Schiffsbaukunst bezeugen. Eine Technik wie die des Segelns hätte, einmal erfunden, auch schwerlich bei einem Küsten- und Seefahrervolke jemals wieder verloren gehen können. Nun berichtet jedoch Tacitus (Germ. 44) ausdrücklich, daß die Suiones (Schweden) zwar eine große Flotte besäßen, sich aber nicht der Segel bedienten. In der Nähe der provinzialröm. Kultur, in der Flotte des Civilis, nennt Tacitus (Hist. V 23) Fahrzeuge mit ganz primitivem Segelzeug (lintres sagulis versicoloribus pro velis), ein Beweis, daß richtige S. damals selbst bei den Südgermanen noch nicht in Gebrauch waren.

§ 3. Früher als die Germanen hatten sich die Kelten die Segeltechnik angeeignet, wohl unter südeurop. Einfluß. In der Seeschlacht gegen Cäsars Flotte kämpften die Veneter (an der Küste der Bretagne) auf Schiffen, die im Gegensatz zu den röm. ausschließlich durch S. bewegt wurden. So wie die Schiffe ungeheuer schwer und massiv gebaut waren, so bestanden die Segelflächen aus aneinandergenähten Fellen und aus Leder. Das Fall war nicht am Fuße des Mastes, sondern an der Reeling belegt, so daß die Römer es durch Sicheln abschneiden und die Schiffe dadurch gefechtsunfähig machen konnten (s. a. Seekampf). Im 6. Jh. n. C. war nach der Vita des heil. Columban bei den ir. und schott. Schiffern das S. allg. bekannt und in Gebrauch, im 8. Jh., zur Zeit der Abfassung des Beowulfliedes, auch bei den Angelsachsen.

§ 4. Die ältesten Zeugnisse für Segelschiffe in Skandinavien gehören erst in das 9. Jh. n. C. und sind die Königsschiffe der Vestvold-Dynastie, die uns zusammen mit einigen Bildsteinen und den zahlreichen Hinweisen der Sagen zeigen, daß die nordgerm. Seefahrer die für dieses Gebiet verhältnismäßig junge Technik bereits vollkommen beherrschen. S. a. Schiff A. F. Behn

Segen. A. Allgemein.

§ 1. Charakter des Segens. — § 2. Wirkung von Dingen und Handlungen. — § 3. Segenbringende Handlungen, Gegenstände und Gebärden. — § 4. Wort und Inhalt des Segens. — § 5. Dank und Bitte.

§ 1. Die primitive Methode kausalen Denkens knüpft eine günstige oder ungünstige Wirkung an die verschiedensten Erscheinungen, Vorgänge und Äußerungen sowohl der Natur wie des Menschen. Auf die betreffenden Denkvorgänge wurde in dem Artikel „Primitives Denken" hingewiesen, und unter „Name A" und „Omen A" konnten Deutungen angeführt werden, die man Worten oder Ereignissen zu geben pflegt. Der S. ist ein Sonderfall erwarteter günstiger Wirkung, wie der Fluch (s. d. A) ein solcher ungünstiger Folgen.

Die Verbindung des S. mit dem Vorzeichen (s. Omen A) ergibt sich schon aus der Bedeutung des dtsch. Lehnwortes „segnen", das von *signare* kommt (Maass S. 243). Der S. ist ein „Zeichen" (s. a. Name A, Schrift A). Beim Kybele-Dienst brannte man dem, der eingeweiht wurde, mit glühenden, scharfen Nadeln *stigmata*, Kultzeichen, auf den Leib, und zwar wohl den Namen als Symbol der Gottheit, mit der er erfüllt, vereinigt werden sollte. Der eingebrannte Name weiht und feit den Träger gegen Übel und Gefahr (Maass a. a. O. S. 250ff.). Der griech. Ausdruck σφραγίζειν ist nach Maass (a. a. O. S. 266) von der heilenden Tonerde σφραγίς γῆ von Lemnos abzuleiten: sie macht das aus ihr getrunkene Gift unschädlich. Es scheint sich um essigsaure Tonerde zu handeln, die auch Galen schätzte. Dazu kommt die Verwendung der Lehmerde zu Siegesstempeln als Besitzmarke, womit wieder an das Aufdrücken des Gotteszeichens gedacht wird (Maass a. a. O. S. 278, 284).

Beim S. wie beim Fluch versucht man sich so zu verhalten, daß ein gewünschtes Ziel für den Handelnden oder einen Dritten herbeigeführt wird. Zu diesem Zwecke bedient man sich der gangbaren Kenntnisse, das Schicksal zu beeinflussen. Daher ist die Auffassung entscheidend, die man von den Zusammenhängen der Natur und von allem hat, was stärker ist als der Mensch. Wir nennen diese Auffassungen gern „zauberisch", obgleich für den „Naturmenschen" (s. Primitive Kultur, Zauber A) nicht unbedingt etwas Wunderbares in den erwähnten Hypothesen über Zusammenhänge zu liegen braucht. Dies tritt sowohl bei der Krankenbehandlung (s. Geburt, Geheime Gesellschaft, Idol A1) zutage als auch z. B. in der Art, den Schuldigen durch ein Gottesurteil (s. d.) zu ermitteln.

Der S. wurzelt in der Ansicht, daß in gewissen Gegenständen, Handlungen, Gebärden, Worten ganz unmittelbar und absolut etwas Gutes oder Böses steckt, zum mindesten eine „außerordentliche Kraft" oder Wirkungsmöglichkeit (s. Mana B), die z. B. vom Besitzer der „kräftigen Sache" (Bündel, Fetisch) durch „richtige Behandlung" im egozentrischen Sinne „wirksam" gemacht werden kann (vgl. § 2, 3).

Diese ursprünglich vorwiegend an Handlungen geknüpfte Hypothese von der Wirkungsweise wurde bei der größeren Beachtung, die durch die Ausbildung des Handwerks den Fertigkeiten zuteil wurde, nach zweierlei Richtungen erweitert: 1. fand nach der dinglichen Seite eine Einteilung in nutz- und schadenbringende Gegenstände statt; 2. trat in bezug auf die Gebärde und das Wort der S. im engeren Sinne hervor.

Nur in diesem Zusammenhang können wir erst die uns merkwürdig anmutende Tatsache verstehen, daß der S. z. B. im AT (s. Segen B) wie ein dingliches Geschenk betrachtet wird, das nur einmal gegeben werden kann und dann, obwohl nur in Gebärden und Worten bestehend, doch gleichsam körperlich ausströmt und übergeht.

Im Anschluß an die Erörterung des S. dürfte es angebracht sein, noch ein paar Bemerkungen zu Dank und Bitte aufzuführen, da diese dem S. näher verwandt sind als etwa dem Gruß (s. d.) und vielfach als Segensspruch oder Segenspendung erscheinen (s. § 5).

§ 2. So wie es Dinge gibt, die dem Bergdama Unglück bringen, wie z. B. das Harz des schattenreichen *huni*-Baumes, so gibt es auch Glückbringendes. Dazu gehört ein Glücksbaum und auch eine Glücksschlange. Die Berichte, die von letzterer umlaufen, scheinen eine Mischung von Wahrheit und Dichtung zu sein. Diese Schlange, *auros*, ist, wie man sich erzählt, mehr als 10 Schritt lang und hat den Umfang eines erwachsenen Mannes, ihre Haut ist wie von bunten Perlen besetzt, am Schwanzende trägt sie einen hornartigen Widerhaken, mit den Augen bannt sie die Beute, ergreift sie mit dem Schwanzhaken, ringelt sich um das Opfer und verschlingt es. Selbst Tiere von beträchtlicher Größe, wie Steinbock und Deuker, meistert sie, wagt sich aber nicht an Menschen. Wer nun eine solche Schlange tötet, ist ein Glückskind, dem es wohl ergehen wird. Er bringt sie zu den Alten an das heilige Feuer, die das Fleisch essen, und sich aus der Haut Kopfbänder schneiden, um sich damit zu schmücken. Wehe aber, wenn jemand diese Schlange erblickt, ohne sie töten zu können. Sieht einer, daß sie sich plötzlich kerzengrade aufrichtet und im Himmel verschwindet, so muß er bald sterben; selbst die Reinigung mit dem Herzblut eines Tieres ist dann unwirksam (Vedder S. 124).

Auch für die Neukaledonier haftet Glück und Unglück in mystischer Weise am Gegenständlichen, das hier jedoch augenscheinlich wie ein Behältnis aufgefaßt wird, ähnlich dem Amulett (s. d.), in dem transzendente Kräfte, hauptsächlich der Ahnen, wie in einer Leidener Flasche angesammelt sind (s. Mana B). Diese Kräfte können zu S. oder Unheil ausschlagen, je nachdem man sie behandelt, je nachdem man mit ihnen umzugehen versteht. So leitet man aus ihnen Vorzeichen ab (s. Omen A), oder man befragt sie als Orakel (s. d. A). Solche Gegenstände sind bei den Neukaledoniern Bündel, ähnlich wie die heiligen Bündel der nordamerik. Indianer. An diese Bündel wendet man sich, um sie über die Krankheit eines Menschen zu befragen, um das Schicksal einer beabsichtigten Seefahrt oder eines Fischzuges usw. zu erkunden. Ist man daheim, so findet der Umgang mit dem heiligen Bündel auf dem Begräbnisplatz statt, wenn unterwegs, an jedem beliebigen Ort, jedoch stets unter Anrufung der Namen (s. d. A) alter Beschwörer (s. Rausch), von denen der gegenwärtige seine Kraft ableitet. Solche Träger übernatürlicher Kräfte können außer den erwähnten Bündeln auch Kräuter sein. Zu diesem Zwecke verschafft sich der Beschwörer Sprossen von drei Arten von Pflanzen, reibt sie zwischen seinen Händen, um dann mit diesen einen Stengel zu reiben, den er an ein Stück Holz knüpft. Hierauf zieht er den Knoten mit kurzen Stößen an, um damit etwa ein Orakel nach einem Dieb anzustellen. Verschiedene Namen werden genannt, und bei wessen Namen der Knoten reißt, das ist der Dieb (Lambert S. 36ff.). Die obenerwähnten Bündel bringen auch dadurch S. für den Besitzer, daß er mit ihrer Hilfe den Feind einschläfern, verblüffen, des Mutes berauben, sich selbst unsichtbar machen, Gefahren erkennen oder voraussehen kann und auf diese Weise den glücklichen Ausgang eines Krieges zu beeinflussen vermag (Lambert S. 28). — Vgl. dazu Dubois S. 97; Wissler *The American Indian* 1922 S. 197f., 378.

Die biblische „Bundeslade" erscheint ähnlich wie ein heiliges Bündel, in dem besondere Kraft gebunden ist, die sich gegen den Unreinen oder Unbefugten entladet (vgl. Hempel S. 47).

Ganz besonders glückbringend ist oft das Verzehren starker Feinde (s. Kannibalismus, Menschenopfer C). So äußerte z. B. ein neukaledonischer Häuptling nach einem erfolgreichen Kampf gegen weiße Franzosen, als er die Schulter und das Herz eines der letzteren, den er für ihr Oberhaupt hielt, wegtrug, daß er es als Opfermahlzeit mit den Seinen verzehren werde, um immer stark zu bleiben. Die ungenießbaren Stoffe legte man an den Gräbern der Ahnen nieder, damit diese die Trophäen sehen sollten (Lambert S. 35).

§ 3. Das Konkrete des Segenbringens kommt bei den Bergdama in Handlungen zum Ausdruck: hatte man einen Alten z. B. durch ein Geschenk besonders erfreut, so pflegte er einige Haare von seinem Graukopf zu reißen, sie ein wenig im Munde zusammenzukauen und mit Speichel zu nässen, worauf er sie auf seinen Wohltäter spie und sagte: „mögest du ein Graukopf werden, wie ich es gemacht habe!" Oder er begleitete seine Handlungen mit den Worten: „werde von meinem Großvater benetzt, werde ein Graukopf!" (Vedder S. 197). Der Speichel gilt ja, wie im Artikel Idol A 1 erörtert, als Sitz der Lebenskraft (s. a. Primitives Denken).

Ambivalente Gegenstände von besonderer

Kraft stellen in den Städten und Dörfern der Goldküste, des Togo-Gebietes und in Dahome Lehmfiguren hauptsächlich in menschlicher Gestalt dar, die in Städten und Dörfern auf freien Plätzen, am Eingang der Siedlung und auch in den Hütten errichtet werden. Eine solche Figur wird mit dem Yoruba-Wort *legba* bezeichnet, das „böses Schicksal", „Unglück" bedeutet. Ein *legba* soll entweder für den Besitzer das Böse fernhalten oder es für seine Feinde herbeiführen. Um ihm die rechten Kräfte zuzuführen, muß es warmes Blut geschlachteter Tiere erhalten (s. Menschenopfer C, Opfer A). Bei der Herstellung der *legba*-Figuren werden Heilkräuter und verschiedene Zauber angewendet. Die Funktionen der *legba*-Kräfte sind spezialisiert, z. B. die einen für die Vertreibung von Hexen und bösen Mächten, andere zur Versöhnung von Verstorbenen, andere zur Herbeiführung von Kindersegen, andere für die Verbesserung der Geschäfte usw. (Spieß S. 143).

Ganz besondere Träger günstiger Kräfte sind die sog. Fetische, die vor allem in Westafrika und im Loango-Lande fast das ganze Leben durchsetzen (s. Fluch A, Idol A 1, Omen A). Privatleute, Familien und Gemeinden besitzen bei den Laongo besondere Fetische, die dem Besitzer ihre Kräfte jederzeit und in aller Stille für bestimmte Zwecke und zugunsten der Besitzer zur Verfügung stellen. Außerdem gibt es Fetische, die eine Partei für irgendeinen besonderen Zweck kaufen und loslassen kann, so etwa wie bei uns der Besitzer einer Lokomobile diese verschiedenen Landwirten zum Ausdreschen des Getreides gegen Entgelt zur Verfügung stellt. Wie man dabei, wenn man mehr Dampf aufmacht, mehr Arbeitsleistung erzielt, so werden auch hier durch Anregen und besondere Beschwörungen die Kräfte der Fetische in stärkerem Ausmaß entbunden und auf den beabsichtigten Zweck gerichtet. Für das Maß der aufgewendeten Kunst ist die Höhe des bewilligten Honorars, das gewöhnlich im voraus bezahlt wird, entscheidend. Mit Hilfe dieser Fetische werden Untersuchungen zur Aufdeckung von Diebstahl, Hexenwerk oder Treubruch geführt (s. Gottesurteil), Schuldner zum Zahlen gezwungen und verschiedene erlittene Übergriffe gerächt (Pechuël-Lösche S. 390ff.). Diese hilfebringenden und segenspendenden Fetische werden weder angebetet noch mit regelrechten Opfern erfreut, sondern solche in Menschengestalt erhalten höchstens einen Puff Tabakrauch angeblasen oder auch ein wenig Rum angesprudelt (a. a. O. S. 396). Die Fetische sind, geradeso wie ihre Meister, Spezialisten, so insbesondere bei der Krankenbehandlung, die auf „Hexerei" zurückgeführt wird. — Die Herstellung der Fetische, insbesondere der Kraftstoffe, wird unter vielen Zeremonien und Riten vorgenommen. Solche heiligen Stätten sind durch Reisig, Gestrüpp und Zäune aus Palmwedeln nach außen abgesperrt. Überdies führen Irrwege in das Innere. Auf gesäuberten Plätzen, in engen, in das Pflanzengewirr eingeschnittenen Nischen unter Bäumen, sind Kegel und Haufen von Erde errichtet, kurze Stöcke zu Pyramiden vereinigt, plumpe Holzkloben, Kübel, Töpfe, Trichter, Antilopenhörner, aus Blattscheiden und zerschlissenen Schaftenden von Palmwedeln zusammengewickelte formlose Puppen und andere Gegenstände mehr aufgestellt usw. Es fehlen auch nicht die zauberkräftigen Gewächse, deren Blätter, nach Vorschrift genossen, eine bestimmte Wirkung haben sollen. Die Herstellung der Fetische und Heilmittel geht unter großem Lärm und Getöse vor sich. Insbesondere werden Teile und Absonderungen von Pflanzen (Blätter, Blüten, Säfte, Früchte, Wurzeln, Rinden usw.) verwendet, von den Tieren: vom Krokodil die Galle, Schnurrhaare und Kot von Leoparden, Köpfe von Schlangen, Fröschen, Eidechsen, Fischen, Schildkröten, Krabben, Skorpionen, allerhand Gewürm; Augen, Gehirn, Leber, Federn von einigen Vögeln, Hautstückchen, Haare, Fußteile und Mist von Tieren, die sehr flink, stark oder mutig sind, Geschabsel von Zähnen, Hörnern und Knochen. Dazu kommen noch Harze, bunte Erden, Speichel, Salz und salziger Schlamm aus den Manglaren, Rotholzpulver u. dgl. mehr. Teile vom Körper des Menschen oder vom Hausschwein werden nicht gebraucht, nur Frauenmilch, die überhaupt als ein treffliches Mittel gegen Vergiftungen gilt. Die stärksten Fetische können nur die klügsten

Meister herstellen (Pechuël-Lösche S. 390ff.).

S. wie Fluch knüpfen sich bei den Bergdama an bestimmte Verhaltungsweisen oder Handlungen, insbesondere auch an Gebärden. Als besonders gefährlich gilt, mit ausgestrecktem Zeigefinger auf irgend etwas hinzuweisen: auf Menschen, Gräber, Himmel, Blitz, Regenbogen, reißende Tiere usw. Statt dessen deutet man, wenn nötig, mit schnauzenartig vorgestreckten Lippen auf das betreffende Objekt, weshalb die Lippen „Mundzeiger" genannt werden. Genügt aber dies nicht, und muß man die Hand benutzen, so weist man nur ganz kurz mit der Faust, jedoch mit gekrümmtem Zeigefinger, in die gewünschte Richtung. Das Hinweisen mit dem Zeigefinger enthält nämlich, wie man meint, eine Verfluchung, die vom Verfluchten gerächt wird, sei es, daß dem Hinweisenden der Zeigefinger abfault, oder daß ihm sonst irgendein Unglück zustößt. Zeigen kleine Kinder etwa auf den Regenbogen, so wird der Fluch unmittelbar auf die Eltern übertragen. Vom drohenden Fluch sucht man sich wieder durch Handlungen, die dem Gefahrenkomplex in mystischer Weise entgegenwirken, zu befreien (s. Reinheit [Reinigung] D). Als besonders segensreiches Gegengift gegen Fluch gilt das Herzblut von Tieren (s. Menschenopfer C, Opfer A). Vor allem werden Ziegen dazu geschlachtet, die wieder durch den Loswerfer (Zauberkundigen) ausgewählt werden. Das Tier wird geschlachtet und von den Alten am heiligen Feuer verzehrt; derjenige jedoch, der an sich die Reinigung vollziehen will, erhält nichts vom Fleisch, sondern er hat sich mit dem im Herzen des Opfertieres zurückgebliebenen Blut den Oberkörper solange zu beschmieren, bis sämtliche Schmutzkrusten des vielleicht seit vielen Jahren nicht mehr gereinigten Körpers sich gelöst und mit dem Blut verbunden haben. Diese Produkte hat der Betreffende sodann als Amulett in einem Läppchen um den Hals zu tragen (s. Idol A 1). Während der Reinigung werden die Ahnen angerufen. Danach hat er sich des ehelichen Umgangs zu enthalten, Frau und Kinder dürfen nicht in seine Hütte kommen, doch braucht er nicht zu fasten. Wasser und Feldkost werden ihm nur von den Männern dargereicht. — In ähnlicher Weise verfährt man auch bei Frauen (Vedder S. 122ff.).

Es ist klar, daß bei der Gegenständlichkeit der Fluch- oder Segensträger eine körperliche Berührung stattfinden muß, wenn eine Übertragung der Kräfte vor sich gehen soll. Das tritt vor allem hervor, wenn ein Mensch ein solches Gefäß besonderer Wirkungsfähigkeit ist. Darum wird die wohltuende streichelnde Gebärde des Auflegers der wirkungsvolleren rechten Hand zum Vehikel der Segensübertragung (z. B. Gen. 48, 13ff.). Daß aber z. B. der S., den Jacob sich erschlichen, nicht wieder zurückgenommen werden, daß der S. nur einmal „übergeben" werden kann wie ein geschenkter Gegenstand (s. a. § 4), zeigt, daß der ganze Ritus in Analogie zu einem Geben und Nehmen von „zauberkräftigen" (manabeladenen) Sachen gedacht wird. Daher auch das Automatische dieser Wirkungen, unabhängig von Absicht und Wille, geradeso wie beim Fluch oder Zauberspruch, der sich, gelegentlich unabsichtlich geäußert, in die Wirklichkeit umsetzt (Hempel S. 24ff.). Dank dieser dinglichen Auffassung steckt S. wie Fluch Menschen, Tiere und Gegenstände weiter an, die mit dem Träger in Berührung kommen. Wer von Jahve gesegnet ist, wird selbst zum Segen (Gen. 12, 2; vgl. Ps. 21, 7, nach Hempel S. 29).

Das Segnen durch das Mittel des Anspuckens war z. B. im alten Irland gebräuchlich. Besonders die Angehörigen der Familie *Mearnan* (im W der Grafschaft Clare) waren als Träger besonderer Fluch- und Zauberkräfte berüchtigt, die sich unabhängig von ihrem Willen geltend machten. Einer der *Mearnans* war sich seines verderblichen Einflusses so bewußt, daß er jedesmal, wenn er irgendwo zu Besuch war, jeden Anwesenden bespuckte und segnete, bevor er sich setzte, um sie vor Schaden zu bewahren (Seligmann S. 87, 112ff.). — Vgl. a. Schreuer.

§ 4. Das Segenswort kann als eine Sublimierung der Handlung aufgefaßt werden.

Das Segenswort knüpft an den Glauben von der Macht des Vormachens an (s. Zauber A), das es in ein „Vorsprechen" überträgt. Das Vorsprechen bannt die Bedingungen im Ablauf des Schicksals: es geschieht so, wie das „wirkungskräftige" Wort es ausspricht. Denn das Wort ist eine Tat für sich. Es ist kein Zufall, daß sich bei Homer die bekannte Betrachtung über das Wort findet, das, einmal „dem Gehege der Zähne" entflohen, seinen eigenen Weg in die Welt antritt als immer fortwirkende Ursache.

Solche Segenssprüche werden bei den verschiedensten Gelegenheiten gesagt, z. B. in Babylonien, als Urnina mit seinen 5 Kindern zum Tempelbau von Lagasch (s. d.) schreitet. Beim Legen der Grundsteine spricht er 7 Segenssprüche über den Tempel (Jeremias S. 186). — Der Priester tritt in einem „Gewande von Linnen aus Eridu", nach einem kultischen Text, an der Schwelle des Hauses der Reinigung dem Könige entgegen und grüßt ihn mit dem Segensspruch: „*Ea* möge sich über dich freuen, *Damkina*, die Königin der Wassertiefe, erleuchte dich mit ihrem Angesicht, *Marduk*, der große Aufseher der *Igigi*, möge dein Haupt erheben!" (a. a. O. S. 239). S. über Edom: Gen. 9, 25, 27, 39, Num. 24, 18.

Der Inhalt des S. ist verhältnismäßig begrenzt. In den akkad. und arab. Texten begegnet uns Lebens- und Zeugungskraft, langes Leben und zahlreiche Nachkommenschaft als Inhalt des Segens. Er kann sich in einem Gelingen aller Unternehmungen ausbreiten, auch in der Natur Fruchtbarkeit und Gedeihen hervorrufen, so daß Tau und Quelle, Milch und Most, Tanne und Myrte im Lande in Hülle zu finden sind usw. (Hempel S. 48 [Heil und Friede], S. 51 ff.).

Wenn der Sterbende in Gen. 27 nur einen S. zu vergeben hat, so ist das seine Lebenskraft, die er hingibt.

Wenn auf die ambivalente Kraft des S. und Fluches hingewiesen wird, die in den besonderen Persönlichkeiten steckt (s. a. Mana B), so möge an die heiligen Bündel erinnert werden, denen ebenfalls, je nach „rechter" Behandlung, S. oder Fluch entlockt werden kann.

Das Behaftetsein mit „Segen" wird ähnlich wie das Behaftetsein mit Fluch betrachtet. Man kann es sich am besten vielleicht wie Geruch vorstellen, zumal auch teilweise der üble oder gute Geruch Anlaß war, Sachen oder Orte als fluchbeladen oder segenerfüllt aufzufassen (s. Idol A 1). Gelten doch Bedürfnisorte bei den alten Arabern als flucherfüllt. Derjenige, welcher „Segen" in sich trägt, strahlt diesen auch auf andere aus (Pedersen a. a. O. S. 72 f.). So kann der Fluch durch S. neutralisiert werden. Dies kann durch Worte oder Formeln geschehen, wie z. B., wenn Mohammed einen Mann, den er verflucht hatte, nachher auf Bitten segnet und damit die Folgen seiner Fluchworte aufhebt. Menschen, die selbst mit S. gefüllt sind, bilden einen Schutz gegen den Fluch; durch Ausstrahlen ihres S. verhindern sie die Wirkungen des Fluches. In diesem Sinne dürfte der Gruß an die vorislamischen Könige: *abaita lla'na*, zu verstehen sein als: „du wehrst den Fluch ab", d. h. du bist selbst mit deinem S. und in deiner Stärke eine Wehr gegen den Fluch; wo du bist, kann er nicht hinkommen (Pedersen a. a. O. S. 90 f.).

Eine spätere Zeit mit einer von den Sachen abgetrennten Vorstellung besonderer geistiger Kraft schränkte die Fluch- und Segenskraft auf die Träger der „geistigen Kräfte", die Dämonen oder die Götter, ein, und dem Menschen bleibt nun nichts übrig, als sich an diese wie an seine politischen Machthaber zu wenden und sie um Spenden von Segen oder Fluch zu bitten (vgl. Hempel S. 60).

Damit vollzieht sich ein bedeutendes Ereignis: nämlich die Unmittelbarkeit der Beeinflussung der transzendenten Kräfte durch das, was wir „Zauber" nennen, hört auf, die transzendenten Kräfte entschwinden so prinzipiell der direkten Einwirkung des Zwangs durch den Menschen, und an dessen Stelle tritt die Bitte, die Unterhandlung mit einer völlig unabhängigen, übergeordneten Macht, d. h. die Religion wird der zauberischen Gedankengänge grundsätzlich (wenn auch nicht faktisch) entkleidet. Ein Vorgang, der sich natürlich nicht plötzlich und allgemein durchgesetzt hat, sondern nur bei wenigen bevorzugten geistigen Führern. Der S. muß daher nun „erfleht" werden, er erscheint in ethisch begründetem Zusammenhang usw. (vgl. Hempel S. 65, 101 ff.), kurz, er wird des archaischen Charakters entkleidet (s. Primitive Kultur).

Der Lehre von den altbabyl. Weltzeitaltern und ihren Varianten schwebt eine Erlösererwartung als Ziel vor. Insbesondere tritt am Ende der „gegenwärtigen" Zeiten, die immer schlechter werden, die „Fluchzeit" ein. Auf diese aber folgt die „Segenszeit" (Jeremias S. 204, 217).

§ 5. Zum Zeichen des Dankes pflegen die Bergdama einen kurzen Segensspruch zu sagen, der in der Tat nichts anderes ist als der Ausdruck freudiger Gemütsbewegung, nämlich *eiooo*! Eine eigentliche Bitte kann nur in der Hinzufügung des Partikelchens *re* gefunden werden, das dem Imperativ angehängt wird, z. B. *ma kĕ-re* = gib mir doch. Zur Verstärkung der Bitte fügt man einen Kosenamen bei, wie etwa „meine Mutter", „Väterchen" oder dgl. Um die Bitte ganz dringlich zu machen, hebt man den erregten Gemütszustand hervor, etwa mit den Worten: „lege deinen Arm auf die Leber und gib mir!" Die Leber gilt als Sitz des Gefühlslebens. Auch kommen nachdrückliche Wendungen vor, wie: „wenn du auch inwendig hart bist, gib mir doch", „erbarme dich meiner", „sei so schwach, mir meine Bitte zu erfüllen" (Vedder S. 196f.).

Segensworte sind häufig mit dem Gruß (s. d.) verbunden. In Bamum (Grasland von Kamerun) antwortet der Besucher im Gehöfte eines freien Herrn auf freundliche Anrede mit Händeklatschen und den Ausrufen: „Blitz! Großer Mann! Glühendes Eisen! Löwe! Leopard! Brennendes Gras, Mündung des Flusses! Herr der Welt!" (Rein-Wuhrmann S. 135).

S. a. Eid A, Fluch A, Gottesurteil, Gruß, Idol A1, Kannibalismus, Mana B, Menschenopfer C § 3, Moral § 11, Name A, Omen A, Opfer A, Orakel A, Primitives Denken, Rausch, Reinheit (Reinigung) D, Schwur, Zauber A.

Dubois *The Religion of the Luiseño Indians of Southern-California* Univ. Calif. Public. Am. Arch. and Ethnol. 8 (1908); Hempel *Die israelitischen Anschauungen von Segen und Fluch im Lichte altorientalischer Parallelen* ZDMG 79 (1925); Jeremias *Handbuch der altorientalischen Geisteskultur* 1913; Lambert *Moeurs et Superstitions des Néo-Calédoniens* 1901; Maass *Segnen, Weihen, Taufen* ArchfRW 21 (1922); Pechuël-Lösche *Volkskunde von Loango* 1907; Pedersen *Der Eid bei den Semiten* Stud. z. Gesch. u. Kultur d. islam. Orients 3 (1914); Rein-Wuhrmann *Mein Bamumvolk im Grasland von Kamerun* 1925; Schreuer *Das Recht der Toten* Zfvgl.RW. 33 (1915), 34 (1916); Seligmann *Der böse Blick* 1910; Spieß *Der Legba-Kult in seinen verschiedenen Formen an der westafrikanischen Küste* Baessler-Archiv 6 (1916—22); Vedder *Die Bergdama* 1923.

Thurnwald

B. Palästina-Syrien.

§ 1. Segen als Zauber. — § 2. Form und Inhalt. — § 3. Besondere „Segens"menschen. — § 4. Segen und Gottheit.

§ 1. Für Pal.-Syrien läßt sich in gleicher Weise wie auch im Zweistromlande der Ursprung von S. (und Fluch) im Zauberhaften nachweisen. Das ist beim Fluch (s. d. B), etwa hinsichtlich der unabwendbaren Auswirkung und der damit in Zusammenhang stehenden Vermeidung der stärksten Formeln, besonders deutlich.

Jedoch lassen sich auch für den Segen Riten oder Reste von Riten aufweisen, die diesen nur vom Zauber her verständlich machen.

Der durch List von Jakob erschlichene Erstgeburts-Segen kann nicht wieder rückgängig gemacht werden (Gen. 27, 38). Der S. haftet an dem Besitzer, dem er damit zugleich Kraftvermehrung bringt. Das ist der Untergrund des vom Erzähler wohl schon rein religiös aufgefaßten Jakobwortes: „Ich lasse Dich nicht, Du segnest mich denn" (Gen. 32, 26). Wer von der Gottheit gesegnet ist, wird selbst zum Segen (Gen. 12, 2). Schon der Name eines Gesegneten, der für den antiken Menschen geradezu ein zweites Wesen darstellt, trägt die Mächte des S. in sich. So ist der Name Abrahams ein S. der Kulturwelt (Gen. 12, 3). Das Ausströmen des S. wie eines Fluidums wird in Deuteron. 27, 11ff. vorausgesetzt, wo es heißt, daß auf die beiden Berge Ebal und Garrizim Fluch und S. „gelegt" werden, deren Wirksamkeit zeitlich unbegrenzt ist.

In das Gebiet des Zauberhaften weist der Ritus der Handauflegung (Gen. 48, 13), woher wohl die Handerhebung im jüdischen und christlichen Kultus stammt. Ähnlich wird die Tatsache zu verstehen sein, daß man mit dem S. vielfach die Übergabe eines Geschenkes verband, wobei die dinglich manifestierte Berührung vom Segnenden und Gesegneten das Entscheidende ist (vgl. Gen. 33, 11; I. Sam. 30, 26; II. Kön. 5, 15).

§ 2. Die Verwurzelung des S. im Zauberhaften äußert sich auch in der Formulierung; er hat die Form eines Zauberspruches, ist schematisch aufgebaut und rhythmisch gegliedert. Antithetischen Parallelismus zeigt beispielsweise Gen. 27, 29: „Wer Dich verflucht, sei verflucht, und wer Dich segnet, sei gesegnet." Dreifach wird der S. variiert. Neben der Kultformel:

Jahwe segne Dich und behüte Dich,
Jahwe lasse leuchten sein Angesicht über Dir und sei Dir gnädig,
Jahwe erhebe sein Angesicht auf Dich und gebe Dir Frieden (Num. 6, 24f.)

steht das individuelle Gebet Jakobs in Gen. 48, 15f.:

Der Gott, vor dem meine Väter, Abraham und Isaak, gewandelt sind,
der Gott, der mein Hirte war von Jugend an bis auf diesen Tag,
der Engel, der mich erlöste von allem Übel, der segne diese Knaben ....

Eine ganze Fluch- und Segenstafel bietet Deuteron. 28.

Der Inhalt des Segens ist Mehrung und Besitz an Kraft; d. h. beim Menschen ein langes Leben und eine große Nachkommenschaft (vgl. Gen. 22, 17; 24, 60). Für das Land und das Vieh ist Fruchtbarkeit das Entscheidende (Gen. 27, 28, Deuteron. 28, 4). „Gesegnet zur ewigen Dauer" (I. Chron. 17, 27) ist die räumliche Umfassung der gesteigerten Lebenskraft, die mit dem terminus technicus *šalôm* charakterisiert wird. S. besitzen, heißt: sich in *šalôm* befinden. *Šalôm* ist weit mehr, als die nur negative Übersetzung „Frieden" (Septuaginta) erkennen läßt. Es ist der Heilszustand schlechthin. Er wird, wie noch heute im Islam, dem Kommenden und Scheidenden gewünscht (Richt. 19, 20; I. Sam. 1, 17; 25, 6). In der Jüngeraussendungs-Rede (Matth. 10, 12f.) zeigt sich noch deutlich die reale Kraft solches Friedenswunsches. Die Summe des kultischen Segensspruches Num. 6, 24f. (s. o.) gipfelt in dem Wort *šalôm*. Auch gibt es ein Opfer, das den Zustand des *šalôm* herstellt bzw. darstellt (s. Tieropfer B).

§ 3. Den Kraftbesitz einer Segensausteilung hat zunächst jeder Mensch. So segnet der Vater seine Söhne. Die Szene von Gen. 27 ist dafür besonders kennzeichnend. Isaak kann nur einen S. austeilen, denn dieser enthielt die noch in ihm vorhandene Lebenskraft (vgl. a. Luc. 2, 34).

Eine Ausnahme oder, vorsichtiger gesagt, nicht die Regel scheint es zu sein, daß der Sterbende noch die Kraft zu einem Fluch hat, was auf eine Doppelseele schließen läßt. Ein Analogon aus der Sphäre des Kultus ist der Doppelcharakter der Lade Jahwes, die Segens- und Fluchkraft in sich trägt (I. Sam. 5, 16; II. Sam. 6, 6ff. und 11f.). Die Gottheit selbst hat Kraft zu beidem (vgl. Jerem. 17, 5. 7), und vielleicht hängt damit das Wort der Schlange (Gen. 3, 5) zusammen: „Ihr werdet sein wie Gott, wissend das Gute und das Böse", d. h. Kenntnis und damit Besitz von Segen- und Fluchkraft in göttlicher Potenz haben.

Als besonders machtbegabt gelten die Häuptlinge, die Priester und die Propheten. Der König spendet den S., so David (II. Sam. 6, 18) und Salomo (I. Kön. 8, 14. 55). Der oben zitierte S. in Num. 6 wird nach der jüngeren Tradition den erbberechtigten Söhnen Aarons zugeschrieben (für den Fluch siehe Deuteron. 27). Neben den Priester tritt der Prophet, denn auch er ist in besonderem Sinn ein Gottes-Mann, den der Geist der Gottheit erfüllt (I. Sam. 10, 21; I. Kön. 17, 18). Der *nabî* Moses segnet sein Volk (Ex. 39, 43), wie Samuel das Opfer von Rama (I. Sam. 9, 13). Doch ist für die (Schrift-) Propheten bezeichnend, daß sie Fürbitte tun und Sprecher der Gottheit und deren Segnungen und Drohungen sind.

§ 4. Aus der Sphäre des Zauberhaften erhebt sich der S. durch ein Doppeltes: einmal, daß der Mensch ihn in der Form der Fürbitte an die Gottheit richtet bzw. Gott das Objekt des Segenswunsches sein läßt, und daß de facto der Segen als eine Tat der Gottheit erscheint.

Der aaronitische Segen (Num. 6, 24f.) ist ein Bittgebet an Jahwe. Ps. 28, 9 heißt es: „Segne Dein Erbe". Eine Abbreviatur für das In-Beziehung-Setzen des S. mit der Gottheit ist die Hinzufügung: „im Namen Jahwes" (I. Chron. 16, 2).

Ursprünglich stammt die Segnung der Gottheit, wie Mowinckel richtig betont hat, aus dem primitiven Kultbewußtsein. Der Kult vermehrt die Kraft der Gottheit. Allmählich aber wird die Formel: „Gesegnet sei Jahwe" (Gen. 9, 26 u. a.) ein Lob und Preis der Gottheit, von gläubigem Vertrauen gesprochen.

Der Segen, der über den Frommen ruht, ist das Werk Jahwes. Charakteristisch für die israelitische Religion und im Zusammenhang mit ihrer Entstehung verständlich ist es, daß Jahwes Segnungen sich besonders oft und kräftig für das Volksganze ereignen.

Jahwe gibt Kraft seinem Volke,
Jahwe segnet sein Volk mit *šalôm*.
(Ps. 29, 11).

Wie stark dieser Kollektivglauben ist, erhellt am deutlichsten aus dem alten liturgischen Bittgebet Deuteron. 26, 5ff., wo — im gewissen Sinne unmotiviert — die Heilstaten des Gottes an seinem Volke im Lauf der Geschichte mit der Fruchtbarkeit des Ackers eines Einzelnen in Verbindung gebracht werden. Segnet er das Volk, so segnet er es für den König (Ps. 21). Das schließt natürlich nicht Segnungen an den Einzelnen aus, wie die oben gegebenen Zitate beweisen. Vgl. auch Ps. 12, 7.

Die sittliche Einstellung der israelitischen Religion, deren Wortführer die großen Propheten sind, hat dann den Gedanken des S. in immer stärkerem Maße religiös vertieft (Jerem. 17, 5. 7; Ps. 1, 15, 24 u. a.).

J. Wellhausen *Reste arabischen Heidentums*² 1897; E. Sellin *Altisraels Güter und Ideale* 1897; J. Pedersen *Der Eid bei den Semiten* 1914; J. Mowinckel *Segen und Fluch in Israels Kult und Psalmendichtung* 1924; J. Hempel *Die israelitischen Anschauungen von Segen und Fluch im Lichte altorientalischer Parallelen* ZDMG 79 NF 4 (1925).

Galling

Sehne (Ägypten). Aus vorgesch. Zeit hat sich keine Bogensehne erhalten. Reste einer solchen aus dem MR sind erhalten am Bogen Inv. 13760 des Berl. Museums (Steindorff *Grabfunde des MR* II [1901] S. 31). Eine Darstellung der Befestigung der S. am Bogen findet sich bei P. Newberry *Beni Hasan* I (1893) Tf. 14. S. a. Bogen B.

Scharff

Seil, Seilerei. A. Europa. Reste von Seilen kommen in steinzeitl. Pfahlbauten vor. Ein Stück Drahtseil aus Bronzedraht befindet sich im Museum zu Neapel. Die Herstellung von Seilen wird durch ein äg. Wandgemälde von Sakkara (s. d.) illustriert. Entgegen dem heutigen Verfahren sitzt hier der Seiler, und der Gehilfe entfernt sich, rückwärts gehend, indem er die Drehung durch eine schwingende Kugel bewirkt. S. a. B.

v. Tröltsch *Die Pfahlbauten des Bodenseegebietes* 1902 S. 115; Heierli *Urgeschichte der Schweiz* 1901 S. 173f.; F. M. Feldhaus *Die Technik der Vorzeit* 1914 S. 1018 Abb. 678.

Alfred Götze

B. Ägypten. § 1. Aus vorgesch. Zeit ist uns nichts über das Seil in Ä. bekannt, doch werden spätere Nachrichten und Funde auch für die älteste Zeit zu verwenden sein. Den Darstellungen der Seilerei nach war das äg. Seil aus Papyrusfasern hergestellt; verschiedene Bruchstücke von S. im Berliner Museum (Inv. 797/98) aus einem Grabe der Zeit Ramses' II. (um 1250 v. C.) scheinen aus Palmbast hergestellt zu sein. Nach den äg. Wandbildern wurden Seile vielfach beim Schiffbau verwendet, sowohl zum Zusammenschnüren der leichten Papyrusboote als auch zum Krummziehen des Schiffes (Klebs *Reliefs AR* S. 101 Abb. 83 und S. 103 Abb. 85).

§ 2. Darstellungen der Seilerei auf äg. Wandbildern finden sich im AR und NR; sie geben gewiß auch eine Vorstellung von der Verfertigung des Seils in vorgesch. Zeit, zumal derartige Fertigkeiten sich meistens durch die Jahrtausende im wesentlichen unverändert zu erhalten pflegen (Journ. Eg. Arch. 3 [1916] Tf. 15 oben Seilerei des NR, unten Seilerei im heutigen Ägypten; Seilerei aus dem AR bei Klebs *Reliefs AR* S. 98 Abb. 79). Bei der Darstellung des AR hockt ein Mann neben einem Bündel Papyrus am Boden und hält ein Bündel Papyrusfasern in den Händen, während ein zweiter Mann, sich von dem ersten entfernend, das Seil mittels eines Querholzes dreht; bei dem Bilde des NR hockt der die Fasern haltende Mann in der Mitte, während von ihm aus zwei Leute nach entgegengesetzter Richtung hin die Seile drehen. In beiden Fällen dienen kugelige Steine, die unterhalb jedes Querholzes herabhängen, als Schwungrad bei der Rotation des Seiles. Scharff

Seima (Ostrußland). Wichtige kupfer- und bronzezeitl. Fundstelle. Sie liegt im Gouv. Nižnij-Novgorod, etwa 35 km von der gleichnamigen Stadt, am Ufer der Oka. Die Stelle bildet eine sandige Bodenerhöhung, welche früher ganz am Wasser gelegen war. Hier fanden sich eine kupferzeitl. Siedelung und ein Gräberfeld (Skelettflachgräber). Die Untersuchungen in den J. 1914—1922 sind leider nicht wissenschaftlich ausgeführt. Die Sachen befinden sich z. größten Teil im städtischen Museum in Nižnij-Novgorod. Die reichhaltigen Funde bestehen aus Stein-, Bronze- bzw. Kupfer- und Tonsachen. Auch ist eine Bernsteinperle gefunden worden. Aus Stein sind etwa 20 Feuersteinpfeilspitzen, etwa 5—6 Späne, 7 feine Feuersteinsägen, die Hälfte einer Schaftlochaxt, Ringe aus Serpentin, Anhängsel aus Schiefer, Bernsteinschmuck imitierend, usw. Die Keramik ist fein, die Gefäße sind groß — alle, mit einer Ausnahme, haben flachrunden Boden —, mit hervortretender Halspartie, gewöhnlich mit Ornamenten auf dem Halse und den Schultern versehen. Ein einziges Gefäß ist über die ganze Fläche ornamentiert, einige sind unverziert. Die Ornamente wurden in Strich- oder Kammtechnik ausgeführt. Sie zeigen, ebenso wie der Ton, Fatjanovo-Charakter. An Metallsachen fanden sich: zwei Kupferäxte mit Schaftloch, 30 flache Dolchmesser, von denen 5 mit Griffen versehen sind, zwei mit interessanten plastischen Tierdarstellungen (Band III Tf. 33); 4 Armringe von rundem Draht, 6 Pfriemen, 4 Sägen, 1 Flachaxt, 20 Tüllenäxte (vgl. Bd. IX Tf. 240b rechts), und 10 Lanzenspitzen. Unter den Lanzen gibt es 3 mit gabelförmigem Tüllenanfang. Zu den Lanzen s. a. Borodino und Band II Tf. 61. Der Fund gehört ins 2. Jht. v. C.

Finskt Museum 1915 S. 79ff. Tallgren; ders. *Den äldsta östryska bronsåldern* Almgren-Festschrift 1919 (= Rig 1919—20) S. 249ff.

A. M. Tallgren

Sekel s. Gewicht D, E.

Sekretion. § 1. Der Absonderungsvorgang im Körper, als physiologische oder pathologische Lebenserscheinung bestimmter Organe, wird vom Frühmenschen, auch dem in den Frühkulturen der warmen Zone, nur insoweit beachtet, als sein Endprodukt, das Sekret, nach außen hin in die Erscheinung tritt, durch Vorsickern oder Vorquellen in flüssiger, seltener in mehr fester Form aus den verschiedenen Körperöffnungen. Alle solche Ausscheidungsformen, die von jeher lebhaftes Interesse auch bei Primitiven weckten, sind schon unter „Exkretion" kurz behandelt worden, worauf hier verwiesen wird.

§ 2. Daß auch für den Innenhaushalt des Tier- und Menschenkörpers, für verschiedene Organe zur Erfüllung ihrer Aufgaben, eine Sekretion bestimmter Stoffe in diesen selbst oder in Nachbarorganen stattfindet, namentlich in den großen gesonderten Drüsen der Verdauungsapparate, davon erhält der Mensch in der Frühzeit nur mehr zufällig dunkle Kunde, wenn solche regelwidrig nach außen gelangen und von besonders auffälliger Farbe, Geruch oder Geschmack sind. So, wenn gelbe oder grünliche Galle aus dem Zwölffingerdarm nach rückwärts sich staut oder durch Würgbewegungen in den Magen gelangt und aus diesem in den Mund oder vor die Lippen durch Brechbewegungen befördert wird. Aus solchen Vorgängen, die zum Denken anregten, hat die humorale Auffassung der Lebensvorgänge Nahrung gesogen (s. Humoralpathologie) und Veranlassung zu weiteren Aus- und Umbildungen genommen. Zur Klärung der Sekretionsvorgänge selbst haben solche Beobachtungen in Frühperioden noch keinen Beitrag liefern können.

§ 3. Das, was wir heute im engsten Sinne „innere Sekretion" nennen, ist, wie die chemische Aufklärung der übrigen Sekretionsvorgänge und ihr Gebundensein an Einflüsse vom Nervensystem aus, Errungenschaft der letzten Jahrhunderte. Sudhoff

Selen s. Baltische Völker B § 6c.

Selim Bek s. Tavelj.

Selimovka s. Südrußland D.

Sembzin (bei Malchow, Mecklenburg-Schwerin). Im J. 1843 in einer Sandgrube alleinstehende Urne mit guterhaltenen Bronzen: gekröpfte Nadel mit divergierenden Spiralscheiben, Kette mit kleinen, blauen Glasperlen (Band IV Tf. 136 Nr. 223), kleine „Paukenfibel", gegossener Hohlarmring von geringem Lumen. Der einzige Grabfund rein hallstättischen Charakters auf dem besprochenen Gebiete, in die II. nordd. EZ fallend. S. a. Nordischer Kreis C 2 § 16.

Mecklenb. Jahrbb. 10 (1845) S. 290 Fr. Lisch; Beltz *VAM* S. 289.

R. Beltz

Semiten.

A. Archäologie s. Ägypten B § 12, Kleinasien, Mesopotamien, Palästina-Syrien, Phönikien, Vorderasien und die Einzelartikel.

B. Sprache (Tf. 1).

I. Allgemeine Übersicht: § 1. Name und Verbreitung. — § 2. Lautbestand und Wortbildung. — § 3—4. Nominalbildung. Genus und Numerus. Kasus. Verbindung der Nomina. — § 5—6. Verbalflexion. — § 7. Schwache Verba. — § 8. Pronomina. — § 9. Satzbildung. — II. Die Babylonier und Assyrer: Geschichtliche Übersicht. — § 10. Lautliche Entwicklung. Nominalbildung. — § 11. Verbalflexion. — § 12. Dialektunterschiede. Fremder Einfluß. — III. Die Kana'anäer: Geschichtlicher Überblick. — § 13. Lautbestand des Hebräischen. — § 14. Flexion der Nomina und Verba. — § 15. Dialektunterschiede im Hebräischen. Fremde Einflüsse. — § 16. Die Sprache der Moabiter. — § 17. Die Phöniker. Geschichtlicher Überblick. — § 18. Die sprachlichen Eigentümlichkeiten des Phönikischen. — IV. Die Aramäer: § 19. Ihre Wanderungen. Verbreitung der aramäischen Dialekte. — § 20. Lautbestand und Nominalflexion. — § 21. Verbalflexion. — § 22. Fremde Einflüsse. Nabatäisch. Palmyrenisch. — V. Die Araber: § 23. Geschichtlicher Überblick. Nord- und Südarabisch. Dialekte. — § 24. Lautbestand. Pronomina. Nomina und ihre Flexion. — § 25. Verbalflexion. Fremde Einflüsse. — VI. Die Abessinier: § 26. Geschichte. Äthiop. Dialekte. Lautbestand. — § 27. Pronomina. Flexion der Nomina und Verba. Syntax. Fremde Einflüsse. — VII. Ordnung der Einzelsprachen: § 28. Analoge Bildungen. Das Äthiop. bildet mit dem Arab. eine s. Gruppe. — § 29. Das Bab. und Assyr. bilden eine ö., das Kana'an. und Aram. eine nw. Gruppe. — § 30. Übereinstimmungen, welche diese Einteilung kreuzen. — § 31. Vergleich der Verbalsysteme. — § 32. Urheimat. — VIII. § 33. Verhältnis zum Ägyptischen. — IX. § 34. Verhältnis zu den hamitischen Sprachen. — X. § 35. Verhältnis zu den indogermanischen Sprachen.

I. § 1. S. nennt man eine Gruppe von verwandten Völkern, die seit Jahrtausenden in Westasien ihre Heimat fanden. Ihr Gebiet umfaßt Arabien und die angrenzenden Länder bis an die Tauruskette und das armen. Gebirgsland im N, das Zagros-Gebirge im O und das Mittelmeer im W. Durch die ihrem Gebiet angehörende Sinai-Halbinsel (s. d.) stehen die S. mit den verwandten Ägyptern in Verbindung. Aber auch das Rote Meer haben sem. Stämme früh überschritten und im heutigen Abessinien das äthiopische Reich gegründet; und die Phöniker (s. Phönikien) haben an den Küsten des Mittelmeeres, besonders in Nordafrika, zahlreiche sem. Kolonien angelegt. Der Name S. ist am Ende des 18. Jh. (von Schlözer und Eichhorn) eingeführt worden, während man früher nur den allg. Namen „Orientalisch" für die betreffende eng verwandte Völkergruppe verwendete. Der Name ist nach der Völkertafel Gen. 10 gebildet, weil die Hebräer (s. d.), Aramäer (s. d.) und Assyrer (s. d.) hier als Söhne Sems erwähnt werden. Allerdings werden auch Lud und Elam Gen. 10 zu dieser Gruppe gezählt, während die Kana'aniter (s. Kanaanäer) zu den Ägyptern (s. d.) gerechnet werden, was die israel. Auffassung der kulturellen Zusammengehörigkeit wiederspiegelt. Der moderne Name „Semiten" beruht dagegen auf unserer Erkenntnis der sprachlichen Verwandtschaft der Völker, von welchen die oben genannten den Hauptteil ausmachen. Diese sprachliche Verwandtschaft deckt sich im großen ganzen mit der physischen. Mischungen mit anderen Völkern haben besonders an den Grenzen des sem. Gebiets stattgefunden. Aber sowohl in Mesopotamien wie in Syrien, Palästina u. a. hat sich der sem. Typus behauptet, obwohl er durch Mischung modifiziert worden ist. Die verschiedenen geogr. und bodenmäßigen Bedingungen, die Mischungen mit anderen Völkern und mit anderen Kulturen sowie verschiedene geschichtliche Erlebnisse haben die einzelnen sem. Völker besonders ausgestaltet. In Verbindung mit diesem Vorgang werden auch die Einzelsprachen gebildet, aber nur zum kleinen Teil können wir verfolgen, wie die besondere Gestaltung der Sprachen der allg. kulturellen Geschichte des betreffenden Volkes entspricht. Oft gehen die Sprachen über ihre ursprünglichen Grenzen hinaus. So ist das Babyl. mit der babyl. Kultur nach Westasien gedrungen und spielt in der Mitte des 2. Jht. als Hilfssprache eine große Rolle, wie es sich schon früh nach dem O verbreitet hat. Nach dem Verfall der großen sem. Reiche und überhaupt der nordsem. Einzelkulturen ersetzt das Aramäische im ganzen N die älteren Dialekte und bleibt, obwohl teilweise mit dem Griech. vermischt, die Hauptsprache dieser Gegenden, bis die islamische Eroberung das Arab. einführt. So hat das alte sem. Gebiet unter allen Umwälzungen sich immer sprachlich als sem. behauptet. Dem Islam zu verdanken ist es, daß eine sem. Sprache, das Arab., sich besonders in Afrika weit über die ursprünglichen Grenzen hinaus verbreitet hat, und daß es als Schriftsprache ein noch viel größeres Feld erobert hat. Neben dem Arab. (und Ausläufern des Südarab.) leben von den alten Dialekten nur noch das Abessinische und einige verkümmerte Reste des Aramäischen; das Hebräische sucht man jetzt in Palästina wieder lebendig zu machen.

§ 2. Die Verwandtschaft der sem. Sprachen deutet auf einen gemeinsamen Ursprung. Das durch Rekonstruktion erlangte „Ursemitische" vertritt, was vor der Bildung der Einzelsprachen liegt, ist aber gewissermaßen ein Abstraktum. Einerseits ist es fraglich, ob die verwandten Formen immer auf eine einzelne zurückgehen, andererseits kann eine ganze „sem. Ursprache" nicht rekonstruiert werden.

Im ursem. Lautbestand erkennen wir drei Vokale, die kurz und lang vorkommen, *a, i, u* und *ā, ī, ū*; ferner zwei explosive Labiale, stimmloses *p* und stimmhaftes *b*; zwei explosive Dentale, stimmloses *t* und stimmhaftes *d*; zwei spirantische Dentale, stimmloses *ṯ* und stimmhaftes *ḏ*; vier spirantische Zungenrillen-Dentale, stimmloses *s, ś* und *š* und stimmhaftes *z*; an diese schließen sich drei mit gehobenem Zungenrücken und mit Stimmritzenpressung artikulierte Spiranten, zwei stimmlose (Dorsalalveolare) *ṣ* und *ṯ̣* und ein stimmhaftes *ḍ*; mit gehobenem vorderen Zungenrücken (Dorsal-Alveolar) wird auch der stimmlose Explosiv *ṭ* artikuliert; die ganze Gruppe wird, teilweise zusammen mit *ḳ*, emphatisch genannt. Palatal sind zwei Explosive, stimmloses *k* und stimmhaftes *g*. Velare sind drei (mit verschiedener Artikulation): der stimmlose Explosiv *ḳ* und zwei Spiranten, stimmloses *ḫ* und stimmhaftes *ġ*, Kehlkopflaute (Laryngale) vier: der stimmlose Explosiv ʾ (Kehlkopfverschluß) und drei Spiranten, die stimmlosen *h* und *ḥ* und das stimmhafte ʿ; Sonorlaute vier: zwei Nasale, labiales *m* und dentales *n*, ein *l* und ein *r*. Die beiden Vokale *u* und *i* werden auch als Konsonanten verwendet, *u̯* und *i̯*; sie sind schon im Ursem. geneigt, zwischen kurzen Vokalen zu schwinden. Besonders bemerkt man die Menge der Dentallaute, die hervorragende Bedeutung der Kehllaute und Velare und die sogenannten emphatischen Laute. Im Wortgebilde spielen die Konsonanten eine dominierende Rolle. Regel ist, daß jedes Wort und überhaupt jede Silbe mit Konsonant anfängt; deshalb können zwei reine Vokale nicht zusammenstoßen. Doppelkonsonanz im Anlaut kann man durch Vorschlagsvokal entgehen, der dann in der Regel mit ʾ oder *h* (Kehlkopfverschluß oder Hauchlaut) eingeleitet werden muß. Im Akkad. entsteht durch Lautveränderung oft Vokal im Anlaut. Der feste Bestandteil des Wortes, die Wurzel, besteht aus Konsonanten, in der Regel drei, woran die Grundbedeutung geknüpft ist; die Vokale dienen dazu, dieser Grundbedeutung ihre spezielle Form zu verleihen. Derartige Modifikationen, darunter Flexion, werden ferner durch Präfixe, Suffixe und, seltener, Infixe ausgedrückt; z. B. mit *ḏbḥ* ist die Bedeutung des Schlachtens verknüpft; daher im Arab. *ḏabḥ^{un}* „Schlachten", „Opfer"; *ḏābiḥ^{un}* „schlachtend", *ḏabaḥ-ta* „du schlachtest", *maḏbaḥ^{un}* „Ort, wo man schlachtet", „Altar", *miḏbaḥ* „Instrument, womit man schlachtet", „Messer" usw. Die Sprache unterscheidet Wörter, welche eine Handlung oder einen Zustand bezeichnen, die Verba, und solche, welche Personen, Sachen, Begriffe u. a. bezeichnen, die Nomina. Zwischen diesen beiden Klassen besteht nach dem Vorhergehenden keine absolute Grenze. Es kommen hinzu die Klasse der Pronomina und die der Partikeln und Deutewörter.

§ 3. Die Nomina sind zumeist 3-radikalig, mit einem oder zwei Vokalen, von denen einer oder beide kurz oder lang sein können; man bekommt dann *katb, kitb, kutb, katab, katib, katub, kitab, kitib, kutab, kutub, katāb, katīb, katūb, kitāb, kutāb, kutūb, kātib*; statt eines der Vokale kann Diphthong, *au̯* oder *ai̯*, eintreten. Ferner kann der zweite oder dritte Konsonant verdoppelt sein: *kattab, kittab, kattāb, katbab, katbīb* usw. Daneben kommt eine gewisse Anzahl von Zweiradikaligen vor, wie *i̯ad* „Hand", *bin* „Sohn", *dam* „Blut" u. a. Diese können auch verdoppelt sein, wie *kabkab* „Stern". Ferner werden Nomina mit Präfix gebildet, und zwar mit *'a, i̯a, ma, ta*, und mit Affix, wie *ān, an, in, n, am, ām, ii̯, āi̯* u. a. Die Sprache unterscheidet zwei Genera, Maskulinum und Femininum. Das letztgenannte hat hauptsächlich die Endung *(a)t*. Jedoch wird diese Bezeichnung des Femininums nur bei Adjektiven durchgeführt; auch sonst folgt das grammatische

Genus nicht immer dem natürlichen Geschlecht, und bestimmte Regeln für die Scheidung der Genera lassen sich nicht nachweisen. Aus verschiedenen Dialekten geht aber hervor, daß die Fem.-Endung das Abhängige, Unselbständige bezeichnet hat, so das einzelne Exemplar im Verhältnis zur Art, z. B. zu ursem. *śaʿar* „Haar", arab. *šaʿratᵘⁿ* hebr. *śaʿᵃrā* „einzelnes Haar" (nomen unitatis), ferner Eigenschaften als solche, Begriffe und ähnliches, das nur im Verhältnis zu jemandem oder etwas sich offenbart, z. B. akkad. *ṭābtu* „das Gute", „Güte", wie hebr. *ṭōbā*. Hier kann der Träger der Eigenschaft oder derjenige, in welchem der Begriff sich offenbart, mit einbegriffen sein, z. B. hebr. *ḥaiiā* „das Lebendige" und „die Lebendigen", arab. *ḥanafiiatᵘⁿ* „Hanifitentum" und „Hanifiten". Auf diesem Wege wird das Fem. sowohl Bezeichnung des Einzelexemplares wie der Art. Das Nomen bezeichnet normal die Art ohne Rücksicht auf die Zahl der Exemplare, z. B. *ʿabd* „Sklave" oder „Sklaven", hebr. *ʾādām* „Mensch", aber zugleich „Menschen". Durch die Pluralform wird bezeichnet, daß die betreffende Art in einer Mehrheit von Exemplaren hervortritt, z. B. hebr. *sūs* „(die Art) Pferd", plur. *sūsīm* „Pferd in mehreren Exemplaren". Eine gemeinsame ursem. Pluralendung läßt sich mit Sicherheit nur für das Fem. feststellen, sc. *-āt* (Dehnung der Sing.-Endung); für Mask. hat man wahrscheinlich *ū, ī, ān*. Vielleicht hat man auch schon im Ursem. andere Endungen gehabt. Die südsem. Sprachen deuten die Mehrheit oft durch innere Umbildungen des Nomens an (plur. fractus). Einige Sachen, deren Hervortreten in einer Mehrheit auffällt, werden häufig im Plur. angeführt, z. B. im Hebr. *ḥiṭṭīm* „Weizen", *śᵉʿōrīm* „Gerste", *pištīm* „Flachs" usw.; durch den Plural wird die Mannigfaltigkeit des sich dehnenden Raumes bezeichnet, z. B. arab. *mašāriḳᵘ* „Osten", hebr. *pānīm* „Fläche", überhaupt die Fülle des Inhalts, z. B. hebr. *ʾᵃdōnīm* „Herren" und „Herr", *ʿōlāmīm* „Ewigkeit", *ʾᵉlōhīm* wie assyr. *ilāni* „Götter" und „Gott". Wie das Femininum sowohl die Eigenschaft oder den Begriff wie auch diejenigen, in welchen Eigenschaft oder Begriff sich offenbaren, bezeichnet, so kann umgekehrt der Plural nicht nur die Mehrheit einer bestimmten Art, sondern auch die Eigenschaft oder den Begriff, welche diese Mehrheit vertritt, bezeichnen, z. B. hebr. *ḥaiiīm* „die Lebenden" und „das Leben". Wörter, die auch im Sing. ideale Begriffe bezeichnen, bezeichnen im Plur., daß diese sich in der Fülle der Mehrheit offenbaren, z. B. assyr. *kīnātum* „Wahrheit", hebr. *ṣᵉdāḳōt* „Gerechtigkeit". Dieser Plural kann dann eventuell den Träger oder Vertreter des Begriffes bedeuten, z. B. hebr. *ḥᵃmūdōt* „Lieblichkeit", „Liebling" (Dan. 9, 23). Die den S. geläufige Einheit zwischen Art und Exemplar und zwischen Begriff und Vertreter bringt es so mit sich, daß die in ihrem Ursprung ganz verschiedenen Formen des Femininums und des Plurals dieselbe Bedeutung haben.

§ 4. Das ursem. Nomen unterschied im Singular 3 Kasus: Nominativ *-u*, Akkusativ (Kasus des Ziels und der näheren Bestimmung) *-a*, Genitiv (Kasus dessen, wozu Abhängigkeit besteht) *-i*. Die Endungen Nom. *-ū*, Akk., Gen. *-ī* im Plur. sind wohl schon im Ursem. vorgekommen. Neben dem Plural hatte das Ursem. einen Dual auf *-ā*, Akk., Gen. *-ai* zur Bezeichnung natürlicher Paare, wie der Körperteile, z. B. *ʿainā* „Augen". Einen determinierenden Artikel hat man im Ursem. nicht gehabt; einige der Einzelsprachen haben sich später einen solchen in verschiedener Weise gebildet (Hebr. vorgesetztes, Aram. nachgesetztes *hā*, Nordarab. vorgesetztes *al*, Südarab. nachgesetztes *n*). Dagegen hatte das Ursem. im nachgesetzten unbestimmten *m* einen unbestimmten Artikel. Die Nomina können nebeneinander in Apposition gestellt, sie können aber auch durch Präpositionen zueinander oder zum Verbum in Beziehung gesetzt werden. Endlich können sie im sog. Konstruktverhältnis miteinander eng verbunden sein. In diesem Verhältnis steht das zweite Nomen im Genitiv, das erste im status constructus, eine (oft verkürzte) Form, die dadurch entsteht, daß die beiden Wörter eine Einheit bilden, deren Hauptdruck auf dem zweiten Gliede ruht. Die Einheit ist so fest, daß in der Regel kein Wort zwischen die beiden Teile eintreten darf. Das erste Glied wird als ein Teil des zweiten bezeichnet; das rein partitive, das Eigentumsverhältnis und

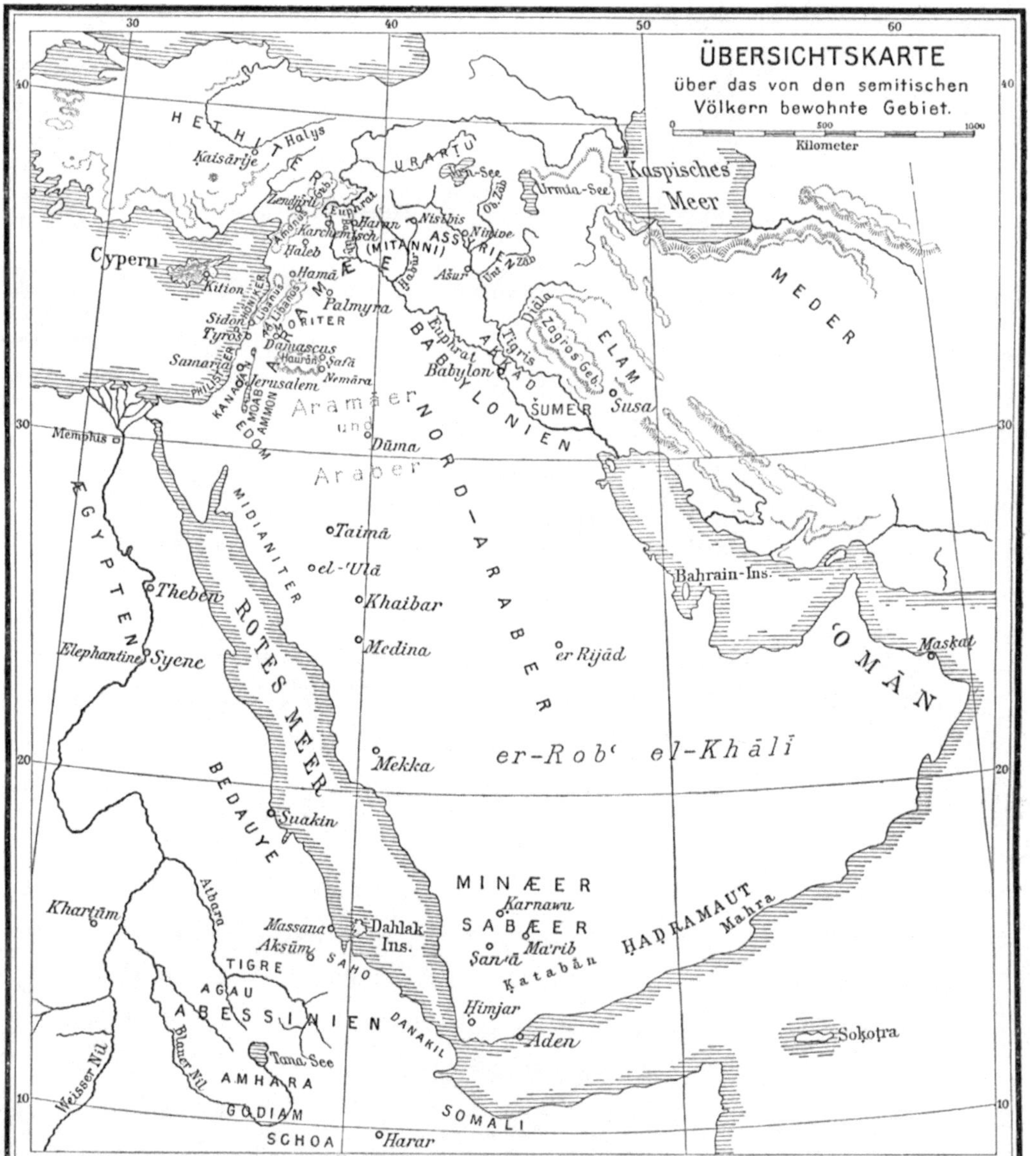
ÜBERSICHTSKARTE
über das von den semitischen
Völkern bewohnte Gebiet.
Kilometer
HETHITER
Ḳaisārīje
Halys
URARṬU
Van-See
Urmia-See
Kaspisches Meer
Zendjirli
Euphrat
Harran
Nisibis
Karchemisch
(MITANNI)
ASSYRIEN
Ninive
Ob. Zāb
Unt. Zāb
Cypern
Haleb
Hamā
Ašur
Kition
Palmyra
Sidon
Tyros
AMORITER
Damascus
Haurān
Ṣafā
Samaria
Jerusalem
Nemāra
PHILISTER
KANAAN
MOAB
AMMON
EDOM
ARAMÆER
Aramäer
und
Araber
Dūma
BABYLONIEN
Babylon
AKKAD
ŠUMER
Tigris
Diāla
Zagros Geb.
ELAM
Susa
MEDER
Memphis
ÆGYPTEN
MIDIANITER
Taimā
el-'Ulā
Khaibar
Medina
NORD-ARABER
er Rijād
Bahrain-Ins.
'OMĀN
Maskat
Theben
Elephantine
Syene
ROTES MEER
Mekka
er-Rob' el-Khālī
BEDAUYE
Suakin
MINÆER
Karnawu
SABÆER
Ma'rib
Ṣan'ā
Ḳatabān
ḤAḌRAMAUT
Mahra
Atbara
Khartūm
Massaua
Dahlak Ins.
Aksūm
SAHO
TIGRE
AGAU
ABESSINIEN
DANAKIL
Ḥimjar
Aden
Sokotra
Tana-See
Blauer Nil
Weisser Nil
AMHARA
GODIAM
SCHOA
SOMALI
Harar

Semiten

ähnliche Formen der Zugehörigkeit werden dadurch ausgedrückt. Häufig vorkommende Konstrukt-Verbindungen konnten in den Einzelsprachen zu einem Wort verschmelzen, z. B. akkad. *bēl-salīmīm* „Bundesgenosse", hebr. *bēt-'ābōt* „Vaterhäuser". Aber freie Composita, wie etwa im dtsch. „Sommerwohnung", „Seetier", kommen in den sem. Sprachen nicht vor, weder bei Nominal-, noch bei Verbalbildung.

§ 5. Das Verbum hat, wie oben dargestellt, oft mit dem Nomen gemeinsame Wurzel. Aus dieser werden verschiedene Stämme gebildet, welche verschiedene Aktionsarten bezeichnen. Nehmen wir als Beispiel *ktb*, kann man als Grundform *kataba* betrachten, wodurch die einfache Handlung bezeichnet wird. Durch Verdoppelung des mittleren Radikals entsteht eine Form *kattaba* als Bezeichnung des Intensiven, was ferner die Nuancen des Iterativen und des Kausativen mit einbefassen kann. Durch Dehnung des ersten Vokals entsteht ein Ziel- oder Einwirkungsstamm *kātaba*, der nur im Südsemitischen rein erhalten ist, aber auch sonst formell einige Reste aufweist. Ein Kausativstamm wird durch ein Präfix gebildet, und zwar durch *ha*, *'a* oder *ša* (*sa*), die wahrscheinlich alle im Ursemitischen vorkamen. Von jedem dieser vier Stämme wurde ein Reflexiv durch das Präfix *ta* gebildet, das nach dem ersten Radikal eingeschoben wurde, wenn dieser ein Zischlaut war. Daneben gab es eine Reflexivform mit dem Präfix *na*. Von den 4 Hauptstämmen gab es wohl im Ursem. auch ein Passiv, das zumeist durch Vokalwechsel gekennzeichnet wird, z. B. arab. Akt. *kataba*, *i̯aktubu*, Pass. *kutiba*, *i̯uktabu*. Von jedem Stamm bildet man Infinitiv, Imperativ, Partizipium und finite Formen. Die beiden erstgenannten, welche den reinen Verbalbegriff ausdrücken, sind wohl ursprünglich nicht verschieden gewesen. Die gewöhnlichen Imperative des Grundstamms *katab*, *kitib*, *kutub* kommen teilweise auch als Infin. vor. Der akkad. und kan. Infin. *katāb* (kan. *kātōb*) wird im Hebr. und Arab. imperativisch verwendet. Das Partizip. act. hat im Grundstamm die Form *kātib*, während in den abgeleiteten Stämmen meist Formen mit dem nominalbildenden Präfix *m* vorkommen. Von der die reine Handlung bezeichnenden Form, also im Anschluß an den Imperativ, bildete das Ursem. durch Präfixe, zum Teil auch Affixe, eine nach Person und Zahl differenzierte finite Verbalform, das Imperfektum (im Akkad. Präteritum genannt). Durch den Akzent schwand schon ursem. der Vokal nach dem 1. Radikal, so entstand *i̯aktub*, *i̯aktib*, *i̯aktab*. Die Präfixe und Affixe ersieht man aus folgendem Paradigma:

	Sing.		Plur.
3. m.	*i̯a-ktúb*	3. m.	*i̯a-ktúb-ū*
3. f.	*ta-ktúb*	3. f.	*i̯a-ktúb-ā* (od. *na*)
2. m.	*ta-ktúb*	2. m.	*ta-ktúb-ū*
2. f.	*ta-ktúb-ī*	2. f.	*ta-ktúb-ā* (od. *na*)
1.	*'a-ktúb*	1.	*na-ktúb*

In den Präfixen erkennt man bei der 1. und 2. Pers. deutlich das Pronomen, während das Präfix der 3. Pers. sonst nicht als Pron. vorkommt. Die Endung *-ī* fem. sing. findet man bei gewissen Pron. wieder, ebenso *-na* fem. plur.; *ū* und *ā* kommen im Nomen als Plur.-Endungen vor. Diese Formen sind in den Einzelsprachen durch Beifügung auslautender Vokale an den Stamm, bzw. auch durch *ni*, *na* an lange Endungsvokale auf verschiedene Weise modifiziert worden. Diese Modifizierungen brauchen nicht ursem. zu sein, bauen wohl aber auf ursem. Ansätzen, die noch nicht fest ausgebildet waren. In den abgeleiteten Stämmen werden die Präfixe teilweise anders vokalisiert (*i̯u*; im Grundstamm kommt auch *i̯i* vor).

§ 6. Daneben kommen Formen vor, die von einem durch ein *a* nach dem 1. Rad. kenntlichen partizipialen Verbalelement gebildet sind, wodurch ursprünglich mehr „Täter" als „Tat" bezeichnet wird, *katab*, *katib*, *katub*. Man erkennt noch deutlich, daß *katib* und *katub* urspr. Eigenschaften und Zustände bezeichnen, also intransitiv sind. Einen Unterschied zwischen diesen beiden hat Lagarde (*Übersicht über die ... Bildung der Nomina* S. 5) darin gesucht, daß *katuba* „Eindruck, der einen Gegensatz nicht kennt", *katiba* „Empfindung, die schwinden kann", bedeuten. Die Klassen sind später vermischt worden. In der Regel entsprechen sie den Imperf.-Formen so: *katab-i̯aktub* oder *i̯aktib*, *katib-i̯aktab*, *katub-i̯aktub* (vgl. über die

Entsprechungen Beitr. z. Assyr. 5 S. 240ff. Ungnad; ZDMG 59 [1905] S. 766ff.). Aus den drei Formen entsteht durch Affixe die in den westsem. Sprachen gleichartige, Perfekt genannte Form, und zwar:

Sing.		Plur.	
3. m.	*katab-a*	3. m.	*katab-ū*
3. f.	*katab-at*	3. f.	*katab-ā*
2. m.	*katab-tā*	2. m.	*katab-tumū*
2. f.	*katab-tī*	2. f.	*katab-tinnā*
1.	*katab-kū*	1.	*katab-nā*

Die Herkunft des *-a* 3. m. sing. ist unsicher, 3. f. *-at* ist die nominale fem.-Endung, *-ū* und *-ā* sind vom Imperf. bekannt, die übrigen Endungen sind pronominal; das *-kū* der 1. sing. ist als Erweiterung des Pron. pers. im Akkad. und Kan. bekannt. Das *k* ist nur im Äth. (hier auf die 2. Pers. ausgedehnt), Sab. (und Akkad. Permansiv) erhalten, sonst durch das *t* der 2. Pers. ersetzt. Das *ā* der 3. f. plur. ist nur im Äth. (und Akkad. Perm.) und teilweise im Aram. bewahrt, im Arab. durch das *na* des Imperf. ersetzt, sonst mit der 3. m. plur. zusammengefallen. *katab, katib, katub* mit den imperfektischen Präfixen liegen im akkad. Präsens und vielleicht im äth. Indikativ vor. Die Frage, ob das akkad. Permansiv das ursem. Perf. ist, wird unten im Zusammenhang mit diesem ganzen Problem erörtert werden.

Diese finiten Verbalformen werden von europäischen Voraussetzungen aus oft Tempora genannt, was um so mehr naheliegend ist, als wir sie nur mit unseren durchaus temporal bestimmten Verbalformen wiedergeben können. Es wird jedoch mit Imperf., Perf. usw. eine Beurteilung der Handlung ausgedrückt, die in den verschiedenen Dialekten nicht ganz dieselbe ist, aber in Übereinstimmung mit der Zeitauffassung der Semiten nicht durch Zeitfolge bestimmt ist.

§ 7. Im vorhergehenden ist nur das 3-radikalige, sogenannte starke Verbum in Betracht gezogen. Verba, welche einen Laryngal enthalten, bekommen oft eine modifizierte Vokalisation; wichtiger ist, daß wir daneben auch sog. schwache Verba vorfinden, d. h. solche, welche ein *u̯* oder *i̯* enthalten, aber oft kürzere Formen aufweisen, ebenso wie die sogenannten *mediae geminatae*. Die Frage ist, ob diese Verba im Ursem. ursprünglich 3-radikalig, aber später teilweise verkürzt, oder ob sie ursprünglich 2-radikalig und später teilweise (mit *i̯* od. *u̯*, bzw. dem 2. Rad.) erweitert worden sind. Die arab. Grammatiker des Mittelalters betrachten es als selbstverständlich, daß auch die schwachen Wurzeln 3-radikalig sind, und diese Auffassung war früher die allgemeine. Im 19. Jh. ist eine Theorie aufgekommen, nach der einige, event. alle Klassen der schwachen Wurzeln ursprünglich 2-radikalig sind. Von Ewald und Böttcher vorbereitet, wurde die Theorie von Müller, Stade und Wellhausen so dargestellt, daß Wurzeln mit zwei Konsonanten und kurzem Vokal sich dem 3-Radikal-System angeglichen haben, entweder durch Verlängerung des Vokals oder des zweiten Radikals; so entstehen *ḳam>ḳām, ḳum>i̯a-ḳūm, bin>i̯a-bīn* und *sab>sabb, sub>i̯a-subb*. Aus den Formen mit *u* und *i* haben sich dann sekundär in gewissen Formen *u̯* und *i̯* entwickelt, und wir erhalten 3-radikalige Formen, die *ḳau̯ama, bai̯ana, sababa* entsprechen. Diese Theorie ist dann auf andere Klassen mit *u̯* und *i̯* erweitert worden, *u̯alada*, ipf. *i̯a-lidu* „gebären", sollte ursprünglich nur die Konsonanten *ld* enthalten haben, und arab. *ramā*, 2. pers. *ramai̯-ta*, ipf. *i̯a-rmī, ġazā*, 2. pers. *ġazau̯-ta*, ipf. *i̯a-ġzū*, sollten nicht aus urspr. *ramai̯a, ġazau̯a* herzuleiten sein, sondern eine Erweiterung von den ursprünglichen Wurzeln mit den Konsonanten *ld, rm, ġz* darstellen. Die Theorie (neu dargestellt und begründet bei Ahrens ZDMG 64 [1910] S. 161—194, dagegen König ebd. 65 [1911] S. 709ff.) ist später so modifiziert worden, daß nur Imperativ und Imperf. eine 2-radikalige Bildung vertreten (ebd. 66 [1912] S. 106—114 H. Bauer, ferner H. Bauer und P. Leander *Historische Grammatik der hebr. Sprache* 1922). Weder die eine noch die andere Theorie kann sämtliche Formen phonetisch erklären, man muß mit weitgehenden Analogiebildungen rechnen. Als Grundregel muß gelten, daß das Schwinden von *u̯* und *i̯* den Lautgesetzen mehr gemäß ist als das Entgegengesetzte, und das gilt sowohl für Nomina, wo die kürzeren Formen seltener sind, wie für Verba, wo sie häufig sind. Da nun ferner Verba mit *u̯* und *i̯* nachweisbar vorkommen, nämlich solche, von denen sowohl der zweite wie der dritte Radikal ein *u̯* oder *i̯* sind, wie *ṣau̯ai̯a, rau̯ii̯a* u. a., läßt sich nicht einsehen, warum u̯ und i̯ nicht in Wurzeln mit anderen Radikalen vorkommen sollten. Und da wir in den ursemitischen Sprachformen sowohl mit Perfekt wie mit Imperf. rechnen müssen, werden wir am sichersten davon ausgehen, daß auch die Wurzeln mit u̯ und i̯ zu den 3-radikaligen zu rechnen sind. Es ist aber sehr wahrscheinlich, daß es 2-radikalige Verba ebenso gut wie 2-radikalige Nomina gegeben hat, und daß diese sich den Klassen der schwachen Verba angeschlossen haben; aber sie werden sich jetzt nicht mehr ausscheiden lassen. Eine mehrfach beobachtete Erscheinung ist das Wechseln der verschiedenen schwachen Wurzeln untereinander. So hat Nöldeke eine Menge von Beispielen gesammelt, in welchen *n, u̯, i̯* und ʾ als erster Radikal wechseln (*Neue Beiträge zur semitischen Sprachwiss.* 1910 S. 179—206). Andere Wurzeln schwanken zwischen den verschiedenen schwachen Klassen (vgl. Ahrens a. a. O.); so hat Hebr. für „zerstoßen" *dūk, dākak, dākāʾ, dākā*. Dies darf aber nicht ohne weiteres so gedeutet werden, daß eine 2-radikalige Wurzel bald auf die eine, bald auf die andere Weise erweitert wird. Vielmehr hat man in den Einzelsprachen die schwachen Radikale als ein mehr bewegliches Element der Wurzel empfunden, wodurch ein Wechseln nahegelegt war. Eine andere Frage ist es, ob eine große Anzahl der schon im Ursemitischen als 3-radikalig vorkommenden Wurzeln in einer früheren Periode 2-radikalig gewesen ist (vgl. S. Th. H. Hurwitz *Root-Determinatives in Semitic Speech* 1913; eine neue Auffassung vgl. Islamica 2 [1926] S. 361 f. Landsberger).

§ 8. Untenstehende Zusammenstellung der persönlichen Pronomina ist geeignet, vorläufig ein Bild vom Verhältnis der Einzelsprachen untereinander zu geben.

Die vielen kleineren Abweichungen besonders in aram. Dialekten sind hier nicht berücksichtigt. Ein Vergleich mit den oben angeführten Verbalpräfixen und -affixen wird die nahe Verwandtschaft zeigen. Für die 3. Pers. ist urspr. *h* für Mask., *s* (*š*) für Fem. charakteristisch; im Akkad. hat sich der Anlaut des Fem., in den anderen Dialekten der des Mask. durchgesetzt, während das urspr. Verhältnis noch im südarab. Mehri-Dialekt vorliegt (Mask. Sing. *he*, Plur. *hun*; Fem. Sing. *se*, Plur. *sen*). Wenn die Pronomina genitivisch oder akkusativisch verwendet werden, werden sie, schon im Ursem., in verkürzter Form als Suffixe angehängt. In diesem Falle hat die 2. Pers. statt *t* ein *k*, das auch in den hamit. Sprachen vorkommt; 1. Sing. *i̯a* (beim Verb. *ni̯a*), 1. Plur. *nū*. Ein nicht suffigiertes Pron. für abhängige Kasus kommt nur im Akkad. vor: Sing. 1. Dat. *i̯āšim*; Akk. *i̯āti*; 2. Dat. *kāšim*; Akk. *kāti*; 3. m. Dat. *šuʾāšim*; Akk. *šuʾāti*; 3. f. Dat. *šiʾāšim*; Akk. *šiʾāti*; Plur. 1. Dat. *ni̯āšim*; Akk. *ni̯āti*; 2. m. Dat. *kunūšim*; Akk. *kunūti*; 2. f. Dat. *kināšim*; Akk. *kināti*; 3. m. Dat. *šunūšim*; Akk. *šunūti*; 3. f. Dat. *šināšim*; Akk. *šināti*. Spez. assyr. 3. sg. m. *šuʾāšu*, f. *šuʾāša*; 3. pl. m. *šuʾāšunu*, f. *suʾāšina* (Landsberger). Formen dieser Art kommen auch in hamit. Sprachen vor, was darauf deutet, daß sie alt sind. Das-

	Akkad.	Hebr.	Aram.	Arab.	Äthiop.
			Sing.		
1.	anāku	ʾānōkī, ʾ^{a}nī	ʾ^{a}nā	ʾană	ʾana
2. m.	atta	ʾattā	ʾantā (ʾatt)	ʾanta	ʾanta
2. f.	atti	ʾatt(ī)	ʾatt	ʾanti	ʾantī
3. m.	šū	hūʾ	hūʾ	huu̯a	u̯eʾetū
3. f.	šī	hīʾ	hīʾ	hii̯a	i̯eʾetī
			Plur.		
1.	(a)nīnu ((a)nīni)	(ʾa)naḥnū	(ʾa)naḥnā	naḥnu	neḥna
2. m.	attunu	ʾattäm	ʾantūn (ʾattūn)	ʾantum(ŭ)	ʾantemmū
2. f.	attina	ʾattēn(ā)	ʾattēn	ʾantunna	ʾanten
3. m.	šunu	hēm(mā)	himmō(n)	hum(ŭ)	ʾemūntū (u̯eʾetōmū)
3. f.	šina	hēn(nā)	hennēn	hunna	ʾemāntū (u̯eʾetōn)

selbe gilt einer anderen Erscheinung, die nur im Akkad. vorkommt, und zwar der Bildung besonderer Dativsuffixe durch *m* (vgl. zur Bildung ZfAssyr. 35 [NF 1] S. 120f. Landsberger); *šum* „ihm", *šim* „ihr", *šunūšim* „ihnen"; auch bei den freistehenden Suffixen. Eine ähnliche Differenzierung läßt sich in hamit. Sprachen nachweisen (vgl. ZfAssyr. 19 S. 388f. Sarauw; Schorr *Altbab. Rechtsurk.* I 138f. u. a.; vgl. Barth *Pronominalbildung* S. 25f.). Für Fragepron. hat man bes. Wörter mit *m*, für Demonstr. *z* bzw. *d*. Die Pronomina werden oft mit deiktischen Elementen erweitert, so *t, k, l, n* (Mehri *m*); solche Elemente liegen auch in *'anā* und *anāku* (*n, k*) vor. Kasusflexion der Pronomina kommt im Äth. und seltener im Arab. bei den Demonstr. vor. Das muß aber als sekundär betrachtet werden. Der Nominalflexion stark angeglichen ist das arab. Relat. *'allaḏī* wie die akkad. als Adj. behandelten *annū* „dieser", *ullū* „jener" u. a.

§ 9. Alle sem. Sprachen haben den einfachen Charakter des Satzbaues und der Satzverbindung behalten. Die Erzählung wird beherrscht durch den Verbalsatz, in welchem ein verbum finitum dominiert; der Fortschritt der Handlung bedingt den Fortschritt der Erzählung. Die Verbalsätze werden einfach aneinandergereiht. Demgegenüber steht der Nominalsatz, vom Typus „der Mann (ist) gut", dessen Charakter beschreibend und insofern stillstehend ist; in der Erzählung ist der Nominalsatz deshalb im großen ganzen dem Verbalsatz subordiniert. Das Verhältnis zwischen den Sätzen kann durch verschiedene Partikeln genauer bestimmt und modifiziert werden. In dieser Beziehung ist das Arab. am meisten nuanciert. Charakteristisch für den sem. Sprachbau ist die Weise, auf welche das Hebr. durch *kī* oder *'ašär* einen Satz einfach als subordiniert bezeichnet, so daß diese Subordinierung die verschiedensten Nuancen umfassen kann, und zwar: daß der Nebensatz Subj. oder Obj. des Hauptsatzes ist („daß"); daß Gleichzeitigkeit („wenn"), Voraussetzung („weil"), Folge („so daß"), Absicht („damit") ausgedrückt werden soll; daß ein Wort des Hauptsatzes näher erklärt werden soll (Relativsatz, z. B. der Mann, *'ašär*, ich sah ihn, lief, d. h. der Mann, den ich sah, lief).

II. Die ältesten sem. Inschriften verdanken wir den sem. Bewohnern der Euphrat- und Tigrisländer. Schon vor 3000 v. C. gründeten sie hier städtische Reiche, und wir treffen in diesen Gegenden sowohl Semiten wie Sumerer (s. d.). Daß die Semiten schon vor der für uns hist. erreichbaren Zeit hier heimisch gewesen sind und die Sumerer beeinflußt haben (Ed. Meyer *Sumerier und Semiten* Abh. Preuß. Ak., Phil.-hist. Abt. 1906 III), läßt sich kaum sicher beweisen. Während in den ältesten sumer. Inschriften nur ausnahmsweise Semitismen vorkommen (*tamḫara* „Kampf" in Entemenas Inschrift), wird die Mischung allmählich stärker. Die Sumerer Babyloniens wohnen im S, die Semiten in der Gegend, wo die beiden Flüsse sich am meisten nähern. In Kisch (s. Kiš), Opis und Akkad (s. d.) zeigen die Dynastien-Listen der ältesten Zeit sumer. Königsnamen, aber darunter Namen wie Puzur-Šaḫan, Mesilim u. a., die offenbar sem. sind, und von Enbi-Ischtar an (etwa 2800) sind die Namen semitisch. Mit Sargon und seinem Enkel Narāmsin erheben sich die Semiten und gründen mit Akkad als Zentrum (etwa 2700 v. C.) ein Reich, das ganz Babylonien umfaßt; das Land wird teilweise semitisiert, auch die Sumerer nehmen sem. Lehnwörter auf, eine Mischung zwischen sumer. und sem. Göttern findet statt. Nach Narāmsin fällt das Reich zusammen, und sumer. Einzelstaaten erheben sich im S (Lagasch [s. d.], Ur [s. d.], Isin [s. d.], Larsa [s. d.] u. a.); aber aus der von Sumuabim gegründeten Dyn., welche eine neue, von W kommende sem. Schicht vertritt, entsteht der große Ḫammurabi (etwa 2000), der wieder ein umfassendes sem. Reich errichtet und das ganze Euphrat-Tigrisgebiet vereinigt. Unter der Herrschaft Sargons und Narāmsins wurde nicht nur ganz Babylonien mit seinen Sumerern semitisiert, sondern auch angrenzende Völker, wie die im O der Zagros-Gebirge wohnenden Elamier (s. Elam), die mit den Bewohnern der babyl. Ebene im Kampfe lagen, aber jetzt unterworfen wurden und babyl. Schrift und Sprache in ihren Inschriften verwendeten. Nördlicher, am w. Abhang der Zagros-Kette, wurden die Lullubäer und Gutäer besiegt (s. Felsdenkmal, Fremdvölker C § 12); ob sie Semiten oder nur semitisiert sind, wissen wir nicht, aber auch sie schreiben semitisch (F. Thureau-Dangin *Die sumer. und akkad. Königsinschriften* S. 170, 172). Andere akkad. sprechende Stämme wohnten ö. vom Tigris. Auch über die Küsten und Inseln des Pers. Meerbusens verbreitete sich die akkad. Herrschaft (vgl. für Meluḫḫa, Makan, Tilmun Journ. Eg. Arch. 7 [1921] S. 80ff. Albright; ZfAssyr. 35 [NF 1] S. 217 Landsberger). Ein fremdes Volk, Kaššu (s. Kaššû), die Kossäer, welche vom O her kamen und schon früher das babyl. Reich angegriffen hatten, erobern etwa 1750 Babylon und sind 576¾ Jahre das Herrschervolk, bis etwa 1170 (s. Herrscherliste). Die Kaššu eignen sich Sprache, Kultur und Religion des Landes an. Ein Einfluß ihrerseits auf die babyl. Sprache kann nicht nachgewiesen werden. Im N Mesopotamiens, urspr. östlicher, hausten Stämme, welche mit dem Namen Subartu zusammengefaßt wurden. In diesen Gegenden erhoben sich die Assyrer (s. d.), welche dicht am Tigrisfluß zwischen den beiden Zāb's besonders in den Städten Assur (s. Aššûr A), Arbela (s. Erbil), Kalaḫ (s. Kalḫu) und Ninua (s. Ninive) wohnten. Da die ältesten Tempel der drei Städte alte sumer. Namen tragen, ist es wahrscheinlich, daß die Sumerer auch hier im N vor den Semiten geherrscht haben. Die Assyrer waren Vasallen nicht nur von Sargon und Narāmsin, sondern auch von den sumer. Herrschern des S, wie Dungi und Bursin, und später von Ḫammurabis Dynastie. Zu dieser Zeit war jedenfalls Assyrien ganz sem.; seine Könige sind bekannt seit ca. 2000. Andere sem. Distrikte hat man in Mari (s. d.; am Ḫabūr), in Ḫana am mittleren Euphrat u. a. Bis ins ferne Kleinasien macht sich das assyr. Element geltend; wir treffen in Kül Tepe (neben Kaisarije) in Kappadokien gegen Ende des 3. Jht. eine assyr. Kolonie, die in enger Verbindung mit dem Mutterlande steht. Sie benutzen die Keilschrift und schreiben in einem assyr. Dialekt (s. Kappadokische Tontafeln). Im Anfang des 2. Jht. dringen neue Völker in Nordsyrien ein. Hier saßen vielleicht schon im 3. Jht. Semiten. Schon im ersten Drittel des 2. Jht. dringen die Hettiter (s. d.) auf Kriegszügen gegen Babel vor. Im 16. Jh. wird das subaräische Mitanni-Reich (s. Mitanni) in Nordsyrien gegründet, wodurch die S. zurückgedrängt wurden. Die Assyrer, die schon im 17. Jh. in Samsiadad III. einen kräftigen Herrscher erhalten hatten, gelangten gegen Ende des Jht. zu größerer Bedeutung unter Tiglatpileser und gründeten ein neues Weltreich, das wieder das Semitentum sprachlich wie kulturell stärkte, bis auch dieses Reich zerfiel und kurz nach der Eroberung Ninives 612 v. C. ein Ende nahm. Zu dieser Zeit war schon ein neuer sem. Volksstamm, der der Kaldäer (s. Chaldäer), in den S eingedrungen und hatte ein neues babyl. Reich gegründet. Sie beherrschten das Euphrat-Tigrisgebiet bis 539, als der Perser Kyros Babylon einnahm. Sie gehörten zu den § 19 erwähnten Stämmen. Ein Blick auf die Geschichte der ö. S. zeigt, daß ihre Kultur unter starker Mischung mit den Sumerern entstanden ist, und daß sie im Laufe der Zeit oft mit fremden Völkern intensive Berührung gehabt haben. Inwiefern sie von diesen beeinflußt worden sind, kann nur in bescheidenem Maße entschieden werden. Andererseits haben sie eine so starke Kultur geschaffen, daß sie auf andere Völker großen Einfluß ausgeübt haben. Ihr sem. Sprachidiom wird im Nachbarland Elam im O und von anderen angrenzenden Völkern vielfach benutzt. Es wird in Kleinasien nicht nur von den sem. Kolonisten, sondern auch von den einheimischen Hettitern als Hilfssprache benutzt, die Tell el-Amarnabriefe (15. Jh.) zeigen, daß es die anerkannte internationale Verkehrssprache in Westasien war, und noch im 1. Jht. benutzen paläst. Kleinfürsten die ö. Schrift und Sprache für ihre gegenseitige Korrespondenz. So wurden assyr. Schrift und Sprache auch im N von dort wohnenden Nicht-Semiten in Urarṭu oder Ḫaldia benutzt (s. Amarnazeit).

Die babyl.-assyr. Sprache hat also eine sehr lange und sehr bunte Geschichte erlebt. Während ihre ältesten Dokumente bis in die Mitte des 3. Jht. hinaufreichen, ist die jüngste bis jetzt datierbare Urkunde vom J. 7/6 v. C. (ZfAssyr. 36 [NF 2; 1925] S. 60ff.); aber damals war die Sprache nicht mehr lebendig, sondern von der aram. abgelöst, und man kann kaum mehr von einem assyr.-babyl. Volk reden. Als Gemeinbezeichnung der sem. Keilschriftsprache (Assyr.-Babyl.) benutzt man jetzt vielfach den Terminus Akkadisch, eigentlich die Benennung der alten an Akkad geknüpften sem. Sprache im Gegensatz zur sumer. (s. Keilschrift). Aber innerhalb des Akkad. lassen sich verschiedene Dialekte deutlich erkennen; so vor allem das Altbabyl. (die älteste Per. mit der Ḫammurabi-Dyn.), Altassyr. (die kappadok. und sonstigen ältesten Inschr.), Neuassyr. (die große Inschriftenperiode des assyr. Weltreiches), Neubabyl. (die kaldäische Per. bis zum Verfall).

§ 10. Die besondere Geschichte der ostsem. Bevölkerung hat auf ihre Sprache einen starken Einfluß ausgeübt. Lautlich hat das Akkad. die für das Sem. sonst charakteristischen Laryngale beseitigt, so daß nur 'Aleph beibehalten worden ist, während *h*, *ḥ* und ' ('Ajin) in ' verwandelt oder aufgegeben worden sind, was auch mit dem velaren *ġ* der Fall ist. Auch das 'Aleph verschwindet oft, nicht nur im Anlaut, sondern auch im Wortinnern, z. B. *ḫiṭ'u*>*ḫiṭṭu* „Sünde", *zi'bu*>*zību* „Wolf"; *i̯* im Anlaut verschwindet, z. B. *i̯aumu*>*ūmu* „Tag", ebenso *u̯*, das noch im ältesten Babyl. erhalten ist, z. B. *u̯ardu*>*ardu* „Sklave". Was die Dentale und Zischlaute betrifft, sind die ursem. *ṯ*, *ś* und *š* in *š* zusammengefallen, *ḏ* und *z* in *z*, während die emphatischen Spiranten *ṯ̣* und *ḏ̣* mit *ṣ* in *ṣ* vereinigt wurden. Charakteristisch für das Ostsem. ist der häufige Übergang *m*>*u̯*, weshalb umgekehrt Jonier (Hebr. *i̯āu̯ān*) *i̯amanu* geschrieben wird. Die Nominalflexion hat im Altbabyl. Nom. *-u*, Akk. *-a*, Gen. *-i*, an welche ein *m* geknüpft ist (Mimation), für Plur. hat man Nom. *-ū*, Akk., Gen. *-ī*. Im Plur. werden *ū* und *ī* verkürzt, aber andere Plur.-Endungen kommen hinzu, wie Nom. *ānu*, Akk., Gen. *āni* und *ē*; Adj. plur. auf *ūtum*; Dual endet auf *ān*, *ēn* (st. constr. *ā*, *ē*). In der spätesten Sprachper. werden im Sing. die Kasusendungen willkürlich angebracht. Das Fem. wird im Sing. durch (*a*)*t* vor der Endung gebildet, im Plur. durch *āt*. Im status constructus fällt die Mimation und ein vorhergehender Vokal weg, z. B. *šar kiššati* „König der Welt", aber oft steht das erste Glied im stat. absolut. und wird durch die Deutepartikel *ša* zum Genitiv in Beziehung gesetzt, z. B. *šarru ša kiššati*. Ein Nomen kann als unbestimmt im Sing. in der reinen Stammform ohne Endung stehen (also wie stat. constr.), z. B. *zikar ū sinniš* „männlich und weiblich", im Plur. Mask. *-ū*, Fem. *-ā*. Ein Nomen von dieser Form kann mit einem verkürzten Pronomen verbunden werden, nämlich *-āku* (1. Sing.), *-ta*, *-ti* (2. Sing.), *-ni* (1. Plur.), *-tunu* (2. Plur.); auch muß vor die 4 letztgenannten ein *ā* treten, woraus nach *e* ein *ē* wird, z. B. *šarrāku* „ich bin König", *bēlēta* „du bist Herr".

§ 11. Vom Verbum gibt es folgende Aktionsarten: Grundstamm mit einfacher Wurzel, *ikšud*, Intensivstamm mit verdoppeltem mittleren Radikal, *ukaššid*, Kausativstamm mit präfigiertem *š*, *ušakšid*, und ein Passivstamm (urspr. reflexiv) mit präfigiertem *n*, *ikkašid* (<*inkašid*). Von jedem dieser Stämme wird ein Reflexivstamm mit *t* (nach dem ersten Radikal) gebildet (*iktašad*, *uktaššid*, *uštakšid*, *ittakšad*); es gibt auch einen Reflexivstamm mit *tan*(*a*). Von jedem dieser Stämme bildet das Akkadische wie die anderen Sprachen Infinitiv, Imperativ, Partizipium, ist aber in bezug auf die finite Form seine eigenen Wege gegangen. Der hauptsächliche erzählende Modus ist die Präteritum genannte Form, welches formell dem Imperfekt der anderen Sprachen entspricht, *ikšud*, *iṣbat*, *ipḳid*; diese Form beherrscht die Erzählung. Durch vorgesetztes *lū* wird die Handlung als Gegenstand des Wunsches und des Strebens hingestellt, dasselbe negativ mit *ai̯*, z. B. *līkul* (<*lū ikul*) „er esse", *ai̯ īrubū* „sie mögen nicht eintreten". Daneben kommen zwei andere Formen vor. Das Präsens unterscheidet sich vom Präteritum dadurch, daß es nach dem ersten Radikal ein *á* hat; nach dem zweiten Radikal hat es *a*, *i* oder *u* im Grundstamm (in den abgeleiteten Stämmen haben sowohl Präter. wie Präs. hier meistens denselben Vokal). Übrigens wird es mit denselben Präfixen wie das Präteritum gebildet, *ikašad*, *ipaḳid*, *ibaluṭ*; so hat man Sing. 3. m. *ikašad*, 3. f. *takašad*, 2. m. *takašad*, 2. f. *takašadī*, 1. *ikašad*; Plur. 3. m. *ikašadū*, 3. f. *ikašadā*, 2. m. *takašadū*, 2. f. *takašadā*, 1. *nikašad*. Durch diese Form werden Handlungen beschrieben, die nicht ein abgeschlossenes Ganzes bilden, sondern teils hinzukommend, teils noch dauernd, teils etwas, das geschehen möge, dürfe, könne, sind; mit Negationen z. B. *ul inaddin* „er möge (wird) nicht gehen", *lā tatakkil* „du sollst nicht vertrauen". Das Permansiv wird gebildet wie die obenerwähnte prädikative Nominalform mit angehängtem, verkürzten Pronomen. Im Grundstamm hat man partizipiale Formen, wie *baliṭ* „(er ist) lebend", *maruṣ* „(er ist) krank" (nie mit *a* in zweiter Silbe), davon *balṭāku* „ich bin lebend", *marṣāta* „du bist krank" usw. Diese Form ist beschreibend, malt Zustände. In den abgeleiteten Stämmen sind die Infinitivformen mit dem nominalen Verbalelement identisch. Das Permansiv wird gebildet nach demselben Prinzip wie das Perfekt der übrigen Sprachen; es unterscheidet sich aber von diesem teils im syntakt. Gebrauch, teils formell. Erstens wird es nur mit *katib, katub,* nie — wie das Perf. der anderen Sprachen am häufigsten — mit *katab* gebildet; zweitens tritt vor die pronom. konsonantisch anlautende Endung ein *ā,* und der zweite Vokal des Verbums schwindet; die Endungen sind: Sing. 3. m. *(paḳid, baluṭ),* 3. f. *paḳd-at,* 2. m. *-āta,* 2. f. *-āti,* 1. *-āku,* Plur. 3. m. *-ū,* 3. f. *-ā,* 2. m. *-ātunu,* 2. f. *-ātina,* 1. *-āni.* In Kanaʿan hat man die Formen anal. mit dem Perf. aufgefaßt. Das geht aus den Amarna-Briefen hervor, wo *ḳatlāku* bisweilen nach dem kanaʿan. *ḳatalti* umgebildet worden ist (zu *ḳatlāti* oder *ḳatalti*).

Dies Verbalsystem wird noch auf verschiedene Weise nuanciert. So wird durch die Endung *-ū* (bzw. *ūni*) an den affixlosen Formen ein „Subjunktiv" gebildet, wodurch das Verbum eines Nebensatzes bezeichnet wird. Durch das angehängte *-ma* wird angedeutet, daß das Verbum des folgenden Satzes die Folge des vorhergehenden darstellt. Angehängtes *(a)m* wird als Richtungsexponent verwendet, wodurch ein „Ventiv" entsteht. Dadurch wird zunächst die Richtung auf die sprechende Person hin, danach überhaupt das Erreichen (Terminativ) ausgedrückt, z. B. neben Prät. *illik* „er ging", Präs. *illak,* Ventiv *illikam* „er kam an" (ZfAssyr. 35 [NF 1] S. 113—123 Landsberger; Islamica 2 [1926] S. 359 ff. ders.). So hat das Akkad. ein feines System ausgebildet, das es ermöglicht, durch die Verbalform eine Handlung nach vielen Richtungen hin zu charakterisieren, nicht nur wie im Ursem. nach ihrer Art, ihrem Ausgangspunkt und Ziel (Subj., Obj.), sondern auch nach ihrer Erscheinung und ihrem Verhältnis zu anderen Ereignissen.

§ 12. Zwischen dem Babylonischen und dem Assyrischen zeigen sich viele Dialektunterschiede. So ist im Babyl. der stimmlose Velar *ḳ* zum stimmhaften Palatal *g* geworden; im späteren Babyl. und Assyr. ist *š* zu *l* geworden vor den Dentalen *d, t, ṭ;* dagegen im späteren Assyrisch ist *š* wie *s* ausgesprochen und *št*>*ss;* im Assyr. findet Vokal-Assimilation häufig statt (Rückwirkung eines auslautenden *u* oder *i*), was im Babyl. nicht vorkommt (J. C. Ylvisaker *Zur bab. u. ass. Gramm.* 1911; J. Lewy *Untersuchungen zur akk. Gramm.* I Berliner Beiträge zur Keilschriftforsch. ed. Ebeling 1, 4 [1921]; vgl. OLZ 27 [1924] S. 722 Landsberger). Ein großes Interesse knüpft sich an die kappadok. Kolonien (s. Kappadokische Tontafeln). Ihre Sprache ist akkad., aber mit vielen Eigentümlichkeiten. Die emphatischen *ḳ, ṣ, ṭ* sind durch *k* oder *g, s* und *t* ersetzt, für *t* und *p* hat man *d* und *b.* Die Namen sind meistens assyr., aber auch kleinas., einige wenige sind babyl. und sumerisch. Sumer. Götter kommen oft vor, aber besonders häufig Aššir oder Aššur (s. A-usar). Die alten assyr. Monatsnamen (in Assyrien später mit den babyl. vertauscht) werden benutzt, und es wird, wie es später in Assyrien Sitte war, nach Eponymen datiert. Die Kolonie bleibt mit Assur verknüpft.

Es ist offenbar, daß die lautlichen Besonderheiten des Akkad. z. T. fremden, vor allem sumer. Einfluß zu verdanken sind. Ein Einfluß auf den akkad. Sprachbau von seiten der in Betracht kommenden — durchweg sehr fernstehenden — Nachbarsprachen der Sumerer, Elamiten, Kassiten, Hettiter, Mitanni, Indogermanen ist dagegen noch nicht nachgewiesen. Es ist jedenfalls zweifelhaft, ob die Wortfolge des Verbalsatzes, wo das Verbum oft zuletzt steht, auf sumer. Einfluß beruht. Andererseits haben die Ostsemiten vor allem von den Sumerern sehr viele Lehnwörter aufgenommen (P. Leander *Die sumerischen Lehnwörter im Assyrischen* Upsala

1903). Auch von den anderen erwähnten Völkern, mit denen sie engen Verkehr unterhielten, werden sie sprachliches Gut aufgenommen haben. Ihr Interesse an den Nachbarsprachen erhellt aus ihren philologischen Arbeiten. Auf diesem Gebiet fehlen aber noch eingehende Untersuchungen. Nicht nur fremde Rassen zogen in das Land der Akkader hinein. Die Eigennamen aus der Zeit der Ḫammurabi-Dyn. (von etwa 2200) zeigen, daß mit dieser eine neue sem. Bevölkerung im Lande herrschend geworden war, was durch die Abbildungen bestätigt wird (Ed. Meyer *Sumerier und Semiten* S. 16ff.). Wir finden Namen, in welchen Verba mit dem unakkad. Präfix *i̯a-* vorkommen, z. B. *I̯amlik-ilu, I̯antin-ilu, I̯adaḫ-ilu,* ferner die Verba *i̯abnik, i̯aḫzub, i̯aḫzar, i̯akup, i̯ašub, i̯arḫam* u. a., Formen mit (*ḫ*)*abdu* „Sklave" (Akkad. *u̯ardu*), *ṣaduga* „ist gerecht" (Akkad. *kēn*), hier und auch sonst mit westsem. Perfektformen; der Gott wird „meine Hilfe", „mein Oheim" (*ʿammī*), „mein Schutz", „mein Vater" genannt, was sonst nicht akkad. Namensitte ist. In einigen Namen findet sich *s* für *š*, wie *samsu, sumu* (F. Hommel *Altisraelit. Überlieferung* S. 57ff., 88ff.; H. Ranke *Early Bab. Personal Names* The Babyl. Exped. of the Univ. of Pennsylvania Ser. D., Vol. II, Philadelphia 1905). Diese Erscheinungen deuten auf eine w. Semitenschicht. Sie wurde früher teils als arab., teils als kanaʿanäisch, jetzt aber gewöhnlich als amoritisch bezeichnet. Leider können wir uns kein klares Bild von den Amoritern (s. d.) machen. Nach dem AT bilden sie ein Hauptelement der vorisrael. Bevölkerung Kanaʿans, und zur Zeit der Amarna-Briefe hatten sie ein Reich in den Libanon-Gegenden. Obwohl wir keine sprachlichen Dokumente von ihnen besitzen, dürfen wir sie zum kanaʿan. Zweig der S. rechnen. Nun stimmen die sprachlichen Eigentümlichkeiten der hier besprochenen neuen babyl. Schicht vielfach mit dem Kanaʿan. überein. Wir dürfen deshalb vermuten, daß diese Wanderung von der nordwestsem., mit der urkanaʿanäischen verwandten Bevölkerung ausgegangen ist. Spuren derselben Schicht findet man in Namen aus Mari (s. d.) an der Ḫabūr-Mündung. Sie hat sich also über Syrien und gegen den O hin verbreitet. Diese „Westländer" (nach *māt Amurri* „Westland") sind nach Landsberger (ZfAssyr. 35 [NF 1] S. 236ff.) von den Amurrē scharf zu trennen; diese Gebirgsbewohner, mit welchen u. a. Sargon und Gimilsin kämpften, wohnen nach ihm in den Gebirgen n. von Südbabylonien, etwa Pušt-i-Kūh, und ihre Sprache war akkadisch. Die gewöhnliche Auffassung von der Bedeutung der w. Amoriter (vgl. Ed. Meyer *Gesch. d. Altertums* I Index) wird dadurch stark modifiziert (vgl. Th. Bauer *Die Ostkanaanäer* 1926).

III. Das südl. Syrien und Palästina bis an die äg. Grenze hin waren, soweit wir geschichtlich zurückgreifen können, wesentl. sem.; darauf deuten die Ortsnamen. Daß die paläst. Ortsnamen jedenfalls wesentlich vorisrael. sind, wird durch die Amarna-Briefe und äg. Zeugnisse erwiesen (z. B. *skmm*, erobert von Sesostris III. Anfang des 2. Jht., Plur. von *š*^{e}*käm*, Sichem). Im 3. Jht. wurden in Palästina befestigte Städte gegründet, z. B. Megiddo (s. d.), Jericho (s. d.), Jerusalem (s. d.), Lachis (s. d.), Gezer (s. d.); die Ausgrabungen bezeugen, daß die äg. und babyl. Kulturen sich schon im 3. Jht. in diesem engen Durchgangsland begegneten. Einen Unterschied zwischen den S. Kanaʿans und den Bewohnern der s. angrenzenden Gegenden hat es kaum gegeben. Die Ägypter mußten durch die „Fürstenmauer" ihre Grenze gegen diese befestigen. Abbildungen von ihnen gibt es schon während der 1. und 2. Dyn., vor 3000, und sie erinnern stark an die Darstellungen der Ḫammurabi-Leute (Abb. in Wādī Maghāra auf der Sinai-Halbinsel, das Elfenbeinstäbchen mit einem Semiten aus Ḳʿ-Sens Grab etwa 3100, Abb. im Tempel des Newoserreʿ aus der 5. Dyn. und die Bilder der 37 *ʿamu* unter Abša in Benihassan aus der Zeit Sesostris II., etwa 1900; s. Band V Tf. 6, 7; VI Tf. 99a; vgl. Ed. Meyer *Sumerier und Semiten* S. 20f.). Die S. der Wüste werden wie die Bewohner Palästinas abgebildet (Belagerung von Neṭi'a in Anti's Grab in Deššāše aus der 5. Dyn., hier ein Ortsname mit *-ʿai̯n*, dem sem. Wort für „Quelle"; Flinders Petrie *Deshashe* Tf. 4), und beide werden von Pepi I. (6. Dyn.), der Kriegszüge gegen sie unternahm, als *ʿamu* bezeichnet, ein

Wort, das an das sem. ʿ*am*(*m*) erinnert (über die sinaitischen Inschriften s. Schrift D § 22—24, E § 1). Aus diesen S. scheinen die Hyksos (s. d.), welche etwa 1700—1580 das n. Ägypten beherrschten, hervorgegangen zu sein. Unter ihren von Manetho (s. d.) angeführten Namen findet man teils äg., teils unerklärliche, teils solche, die wahrscheinlich sem. sind, wie Salitis (*šallīṭ* „mächtig"), Ḥaịan (bekannt als Name eines syr. Fürsten, Ḫaịani, im 9. Jh., und aus der Klmu-Inschr., *ḥi*ʾ); Iʿkb-hr, ʿnt-hr enthalten wohl beide kanaʿanäische Götternamen. Rein sem. ist das Hyksos-Volk jedoch wahrscheinlich nicht (Journ. of the Palestine Or. Soc. 1 [1921] Albright). Die Bewegung hängt offenbar mit anderen Völkerbewegungen zusammen, die für die Geschichte der sem. Völker bedeutungsvoll waren: das Auftreten der Indogermanen innerhalb des sem. Horizonts am Anfang des 2. Jht., der Vorstoß der Hettiter, der Mitanni und der Kassiten. Neben der sem. Hauptmasse der paläst. Ortsnamen gibt es auch einige, die unsem. zu sein scheinen, wie *Iardēn*, *Ṣiḳlag*, *Kitlīš*, *Gilbōa*ʿ. Das deutet auf eine alte nicht-sem. Bevölkerung neben der sem., was durch die Archäologie bestätigt wird. Von etwa 1600 an spürt man neben den alten äg. und babyl. Einflüssen auch ägäischen Einfluß (s. Ägäischer Einfluß auf Palästina-Syrien). Neue sem. Invasionen finden statt; zu diesen darf man vielleicht die der Ḫabiru (s. Ḫabiri) rechnen, wenn auch die Gleichsetzung mit dem Namen der Hebräer (ʿ*ibrī*) jedenfalls sehr unsicher ist. Das AT unterscheidet zwei sem. Bevölkerungsschichten in Kanaʿan vor Israel: die Amoriter und die Kanaʿanäer. Die Amarna-Briefe (etwa 1400 v. C.) zeigen, daß auch Hettiter, bzw. Mitannileute, und Indogermanen zur Bevölkerung gehören, wie aus dem AT erhellt, daß nicht nur babyl., sondern auch hettit. Sitte einen großen Einfluß im Lande ausgeübt hat (s. Indogermanen in Vorderasien). Trotz diesen fremden Elementen hat sich ein bestimmter sem. Typus als der spezifisch kanaʿanäische behauptet, und seine Sprache ist die kanaʿanäische geblieben. Diese ältere kanaʿanäische Sprache ist uns nur sporadisch bekannt durch die alten Orts- und Personennamen, durch Lehnwörter und Eigennamen in der äg. Literatur (M. Burchardt *Die altkanaanäischen Fremdworte und Eigennamen im Ägyptischen* 1909—10) und vor allem durch die aus Kanaʿan stammenden Amarna-Briefe, deren babyl. Sprache teils viele Kanaʿanäismen, teils kanaʿanäische Glossen enthalten (F. Böhl *Die Sprache der Amarnabriefe* 1909; E. Ebeling *Das Verbum der El-Amarna-Briefe* Beitr. z. Assyriol. 8, 2 [1910]; Rev. Bibl. 1913 P. Dhorme). Wir erkennen hier denselben Sprachtypus wie im AT, obwohl mit Schwankungen, die auf dialektische Unterschiede hindeuten können. In dieses bunte Milieu sind die israel. Stämme etwa Ende des 13. Jh. eingewandert. Durch die Mischung mit den verschiedenen Elementen des Landes entstand das hist. Israel. Seine Sprache war das Hebr., „die Sprache Kanaʿans" (Jer. 19, 18); sie ist uns bekannt aus dem AT und einigen wenigen Inschriften (Kalender aus Gezer [s. d. § 17], etwa 9. Jh., Tonscherben aus Samaria [s. d. § 3], 9. Jh., die Siloah-Inschrift, etwa 700, Gewichte [s. d. D], Siegel [s. d. B], Krughenkel, makkabäische Münzen). Nach dem Exil (586 bis etwa 430) dringt das Aram. stark vor, und in der hellenist. Zeit ist das Hebr. kaum mehr eine lebendige Sprache zu nennen.

§ 13. Wegen der Eigentümlichkeit der hebr. Schrift (s. Schrift E) ist uns die Aussprache der Vokale nur durch die Tradition der Masoreten (etwa 7. Jh. n. C.) bekannt; unsere Erkenntnis der Geschichte der Sprache wird dadurch erschwert. Was den Lautbestand des Hebr. betrifft, sind die ursem. Laryngale erhalten, die velaren Spiranten *ḫ* und *ġ* sind mit den Laryngalen *ḥ* bzw. ʿ zusammengefallen, aber erst spät, da noch die LXX *ḫ* mit χ (event. κ), *ġ* mit γ wiedergeben, während sie *ḥ* und ʿ unbezeichnet lassen, z. B. Ῥαχηλ, Γαζα, aber Ἰσαακ (hebr. *Iiṣḥāḳ*), Ἠλει (hebr. ʿ*Ēlī*). Jedoch ist die Tradition, was *ġ* betrifft, nicht mehr sicher; aber daß sie in älterer Zeit, etwa vor 1300 v. C., Geltung gehabt hat, ist durch die äg. Wiedergabe gesichert (Burchardt a. a. O. § 30, 127; für *ḥ* und *ḫ* ebd. 98, 102). Die Dentale und Zischlaute sind beinahe wie im Akkad. verwandelt worden: *z* und *ḏ* sind in *z* zusammengefallen, *s* ist *s* geblieben, *š* und *ṯ* sind *š* geworden, dagegen ist ursem. *ś* (Akk. >*š*) hier behalten (erst spät mit *s* vertauscht); die Verschiebung *ṯ*>*š* ist offenbar unabhängig von der entsprechenden akkad., denn das Äg. scheidet in Lehnworten scharf zwischen urspr. *ṯ* (äg. *ś*) und urspr. *š* (äg. *š*; vgl. Burchardt a. a. O. § 107 A. 2, 111—112). Aus den drei emphatischen Spiranten *ṣ*, *ṯ*, *ḏ* ist *ṣ* geworden. Ganz spät haben die Juden vom Aram. die Spirierung der Laute *b*, *g*, *d*, *p*, *k*, *t* nach Vokal aufgenommen (in den Beispielen wird hier davon abgesehen). Die konsonantischen Vokale *u̯* und *i̯* sind im Anlaut so gut wie immer in *i̯* zusammengefallen. Dieser Lautbestand läßt sich schon in den Amarna-Briefen nachweisen; das gilt auch von der Assimilation von *n* mit nachfolgendem zweiten Radikal, wenn sie sich direkt berühren. In bezug auf Vokale ist für das Hebr. charakteristisch der Übergang *ā*>*ō*; dieser Lautwandel ist in den Amarna-Briefen vollzogen, z. B. *zurūḫ* (= *zurṓ*) „Arm", *ṣadūḳ* (= *ṣadōḳ*) „gerecht"; ferner Abfall der kurzen Vokale im Auslaut und Abschwächung der kurzen Vokale in offener, unbetonter Silbe. In der tiberiensischen Vokalisation erhalten das verlängerte *ă*>*ā* und ebenso das *ŭ* in geschlossener, unbetonter Silbe die Qualität eines *å*.

§ 14. In der Nominalflexion sind die alten vokalischen Kasusendungen weggefallen; sie haben aber deutliche Reste hinterlassen. *u* hat man in Namen, wie *Meṯūšälaḥ*, *Penū'ēl* (wo man allerdings Charitativ-Bildungen vermutet hat), *a* vor gewissen Suffixen, *i* vor anderen Suffixen, in den Verwandtschaftsnamen *'āb*, *'āḥ*, *ḥām* im stat. constr. und vor Suff., und in nicht wenigen Eigennamen, wie *'Azrī'ēl*, *Gabrī'ēl* usw. Daß die Kasusendungen auch im Hebr. vorhanden gewesen sind, erhellt übrigens daraus, daß der vorhergehende Vokal dadurch beeinflußt worden ist; so ist in *dābā́r* das zweite *a* in betonter Silbe gedehnt, weil die Silbe urspr. offen war (<*dabaru*).

Die Fem.-Endung *-at* ist nur im stat. constr. (vor Gen.) bewahrt; in anderen Fällen hat man *-t*, z. B. *bin-t*>*batt* „Tochter", *mō'ābī-t* „Moabiterin", aber am häufigsten hat sich aus der Pausaform *-ah* ein betontes *-ā* entwickelt. Im Plur. endet Mask. auf *-īm* (mit Bewahrung der alten Mimation, vereinzelt mit *n*, z. B. *middīn* „Teppiche", Richt. 5, 10), Fem. regelrecht auf *-āt*>*-ōt*, Dual auf *ai̯-m*>*ai̯im*, Fem. *-ātai̯im*. Dual hat vor Gen. (stat. constr.) keine Mimation, also *-ai̯*>*ē*; diese Endung ist auch im Plur. durchgedrungen. Also z. B. *ṭōb* „gut", st. constr. *ṭōb*, Fem. *ṭōbā*, st. constr. *ṭōbat*; Plur. Mask. *ṭōbīm*, st. c. *ṭōbē*, Fem. *ṭōbōt*, st. c. *ṭōbōtē*, Dual *'ēnái̯im* „Augen", st. c. *'ēnē*. Als bestimmter Artikel wird die demonstrative Partikel *hā* benutzt; diese kommt im Arabischen als Deutepartikel vor und wird in einigen altarabischen Inschriften (s. u.) als Artikel gebraucht. Unter den Zahlwörtern hat das Hebr. in der Bezeichnung für „elf" das akkad. *ištēn* („eins") aufgenommen, so daß neben *'aḥad 'āśār* auch *'aštē 'āśār* (Fem. *'aštē 'äśrē*) vorkommt.

Die Verba haben die ursem. Formen ebensowenig wie das Akkad. rein erhalten. Neben der Grundform, Qal, hat man die Intensivform, Pi'el, mit Verdoppelung des mittleren Radikals, die Kausativform, Hif'il, hier durch vorgesetztes *ha* gebildet. Zu diesen beiden gibt es ein Passiv, durch die Vokale u-a gekennzeichnet, Intensiv Pu'al, Kausativ Hof'al; ferner ein n-Reflexiv zur Grundform, Nif'al, und ein t-Reflexiv zur Intensivform, Hitpa'el. Nif'al spielt wie im Akkad. die Rolle eines Passivs zur Grundform und hat dadurch die ursprüngliche Passivform verdrängt; einige Formen, die wie Pu'al aussehen, sind aber sicher noch Reste des Qal-Passivs, z. B. *i̯ullad* „wurde geboren", *ṭōraf* „wurde zerrissen". Die Amarna-Briefe, welche unter kana'anäischem Einfluß die sonst unakkadischen Passivformen enthalten, bieten auch Beispiele für solche in der Grundform. Von Po'el (Zielstamm, urspr. *kātaba*) gibt es nur zweifelhafte Reste, wie *šōrēš* „Wurzel schlagen"; damit ist nicht zu verwechseln der sekundäre Stamm Po'el, der wie Pi'lel und Pilpel bei gewissen Verba die Pi'elform ersetzt. Die finiten Formen sind die oben genannten Imperfektum und Perfektum. Das erstgenannte ist direkt aus der ursemitischen Form hervorgegangen; nur ist das *a* des Präfixes >*i* (in geschlossener, unbetonter Silbe), in 1. Sing. jedoch *'ä* (wegen 'Aleph), *u*>*ō* in betonter Silbe geworden; 3. f. Plur. hat als Präfix nach Anal. des Sing. *t* statt *i̯* bekommen. Die langen Vokale, auf welche 2. f. Sing. (*-ī*) und 3. und 2. m. Plur. (*-ū*) endigen, haben den Akzent auf sich gezogen, und das vorhergehende kurze *u* wird (in offener, unbetonter Silbe) zum Murmelvokal geschwächt: *tikt^{e}bī, i̯ikt^{e}bū, tikt^{e}bū*. Nach *-ū* und *-ī* kommt oft ein angehängtes *n* (Nūn paragogicum) vor, wie im Aram.; dasselbe findet sich im arab. Indikativ und ist wohl identisch mit dem *-ni* des Akkad. nach *ū* und *ā*, besonders im Subjunktiv. Ein anderes *n* (*in*) kommt im Hebr. wie im Aram. vor Suffixen vor, *i̯ikt^{e}benhū*>*i̯ikt^{e}bennū*. Die alte (kan., aram., arab.) Endung *u* der indikativischen Formen wie *i̯aktubu* ist weggefallen; sie hat aber die Wirkung, daß ein langer Vokal in der vorhergehenden, offenen Silbe erhalten wird, wie in Hif'il *i̯āḳīm(u), i̯aktīb(u)*. In den urspr. endungslosen Formen, hier Jussiv genannt, ist der lange Vokal gekürzt worden, so daß wir die Jussivformen *i̯aḳim*<*i̯āḳēm, i̯aktib*<*i̯aktēb* erhalten. Daneben gibt es in der 1. Pers. einen Voluntativ auf *-ā*. Die Perfektformen weichen von den ursemitischen dadurch ab, daß 1. Pers. Sing. analogisch die Endung *tī* (schon in den Amarna-Briefen) statt *kū*, Pl. *nū* statt *nā* (nach dem. Pron.) angenommen hat, für 3. f. Pl. wird 3. m. Pl. verwendet, 2. Pl. *tumū*, f. *tinna* wird zu *täm* (vor Suffixen noch *tū*), *tän* gekürzt. 3. f. *-at*, das in den Amarna-Briefen noch vorkommt (*abadat*), wird vor Suff. behalten, aber sonst regelm. zu *-ā*; auch 3. m. Sing. *-a* behauptet sich vor Suff., sonst ist es abgefallen. — Der Gebrauch von Perfekt und Imperfekt hat sich im Hebr. eigentümlich entwickelt. Mit dem Perfekt werden Handlungen ausgedrückt, die als ein selbständiges, in sich geschlossenes Ganzes betrachtet werden, während das Imperfekt bei Handlungen, welche einen unfertigen Charakter haben oder als ausfüllend, vorbereitend oder fortsetzend bezeichnet werden können, verwendet wird. In unseren Sprachen müssen wir beide nach den Umständen mit präteritalen, präsentischen oder futurischen Formen wiedergeben, treffen aber damit nie den eigentlichen Sinn. Es beruht auf der unmittelbaren Schätzung des Erzählers, ob die Handlung auf die eine oder die andere Weise bezeichnet werden soll. In erzählendem Stil ist das Perf. die gegebene Form, um Hauptbegebenheiten mitzuteilen, und in der fortlaufenden Erzählung können Perfekta, verbunden mit *u̯^{e}* „und", verwendet werden. Die gewöhnliche Darstellungsform ist aber die, welche z. B. Gen. cap. 1 vorliegt: es wird mit Perf. angefangen, aber die Fortsetzung erfolgt in der Imperfectum consecutivum genannten Form. Diese besteht aus Imperf. mit vorgestelltem *u̯a*, das hier den Vokal bewahrt hat, während der folgende Kons. verdoppelt wird, z. B. *u̯ai̯i̯iktōb*; bisweilen wird der Akzent dabei zurückgezogen, was Vokalverkürzungen mit sich führen kann, z. B. *u̯ai̯i̯āḳåm* zu *i̯āḳūm*. Äußerlich erinnern diese Formen an den Jussiv. Möglich ist, daß dies der Grund dafür ist, daß das Voluntativ bisweilen in konsek. Formen bei der 1. Pers. eintritt. Durch dieses Imperf. cons. wird starke Anknüpfung ausgedrückt (gegen die lose Anknüpfung in *u^{e}i̯iktōb*), und sie wird verwendet, um die an die Hauptereignisse sich anschließenden Tatsachen mitzuteilen. Die Imperfecta cons. können das im Perf. Mitgeteilte entfalten (wie Gen. 1) oder supplieren; z. B. Gen. 24, 35: Und Jahve segnete (Perf.) meinen Herrn sehr, und er wurde groß (Ipf. cons.), und er schenkte ihm (Ipf. cons.) usw. Oder Jes. 9, 5: Ein Kind wird uns geboren (Perf.), ein Sohn wird uns gegeben (Perf.), und die Herrschaft ruht auf seinen Schultern (Ipf. cons.), und man nennt seinen Namen (Ipf. cons.) usw. Eine Reihe von erzählenden Verba im Ipf. cons. kann von einem lose angeknüpften Satz im Perf., der gegenüber dem Strom der Erzählung eine gewisse Selbständigkeit hat, unterbrochen werden, z. B. Gen. 15, 6: „Und Abraham glaubte (Perf.) Jahve"; das muß immer der Fall sein, wenn das Verbum nicht zuerst steht, da es dadurch den Charakter der starken Anknüpfung verliert. Umgekehrt kann ein Perf. durch ein oder mehrere vorgestellte Imperf. vorbereitet werden. Das Perf. ist dann regelmäßig ein mit *u̯^{e}* eingeleitetes Perfectum consecutivum; dadurch werden selbständige Handlungen, welche in Konsequenz der im Imperf. mitgeteilten einleitenden Handlungen erfolgen, bezeichnet; z. B. Gen. 12, 12: „Wenn die Ägypter dich sehen (Ipf.), dann werden sie sagen (Perf. cons.): Sie ist seine Frau! und sie werden mich töten (Perf. cons.), während sie dich leben lassen" (Ipf.). Das letzte Verbum steht außerhalb der Konsequenzreihe, deshalb im Imperf.; Perf. cons. würde hier bedeuten, daß der Sprechende auch befürchtet, daß man ihr das Leben lasse. Perf. cons. braucht nicht durch Imperf. vorbereitet zu sein, sondern kann sich auch an andere Ausdrucksformen schließen, ebenso wie Imperf. cons. sich an andere Ausdrücke als Perf. schließen kann. — Als Relationspartikel wird außer dem oben erwähnten *'ašär* auch *ša* (*šä*) verwendet.

§ 15. Die Geschichte Kana'ans legt die Vermutung nahe, daß schon im Altkana'anäischen viele Dialektunterschiede vorhanden gewesen sind. Man darf vielleicht in den Amarna-Briefen im Schwanken der Verbalpräfixe zwischen *i̯a* und *i̯i* (vgl. Böhl a. a. O. S. 49) davon ein Zeugnis sehen. Auch die von den Ägyptern beobachtete Unterscheidung zwischen *ṯ* und *š* mag nur auf Dialekt beruhen. Die Mannigfaltigkeit, welche wir auf den verschiedenen Kulturgebieten während der israel. Zeit beobachten, wird sich auch in der Sprache geltend gemacht haben. Jedoch spüren wir im überlieferten AT nur wenig davon. Nach Richt. 12, 6 haben die Ephraimiten *sibbōlät* statt *šibbōlät* gesagt, also *š* wie *s* gesprochen (vgl. die Assyrer und die Leute der Ḫammurabi-Zeit); aber auch verschiedene Doppelheiten in der sprachlichen Überlieferung des AT erklärt man wohl am besten als Dialektunterschiede. So hat man die Infinitive *dē'ā* „wissen", *reḏā* „hinabsteigen" neben *da'at, rädät* usw., die Plur.-Endung *-īn* neben *-īm*. Ferner wechselt u. a. *z* mit *ṣ*, z. B. *zā'aḳ* und *ṣā'aḳ*, und mit *s*, z. B. *'ālaz*, *'ālaṣ* und *'ālas*, *ṣ* mit *ś* in *ṣāḥaḳ* und *śaḥaḳ*. Der Übergang *ai̯>ē* ist nicht gleichmäßig durchgeführt; in den Amarna-Briefen hat man *mēma* „Wasser", *šamēma* „Himmel", *lēl* „Nacht", *gēzi* „Sommer", aber das AT hat *mai̯im, šamai̯im, lai̯il, ḳai̯iṣ*; dagegen hat der Gezer-Kalender *kēṣ*, und innerhalb des AT schwankt die Tradition zwischen *I̭erūšālēm* und *I̭erūšālai̯im*. Ähnlich ist es mit ' vor Kons. in doppelt geschlossenen Silben, wie *ra'š* „Kopf" und *ṣa'n* „Kleinvieh", *ka's* „Becher"; hier schwindet ', und man erhält *ā>ō*, aber während immer *kōs* geschrieben wird, schreibt man regelmäßig noch ' in *rōš* und *ṣōn*. Ähnlich finden wir (*ri'm*)>*re'ēm* „Wildochs", aber daneben *rēm*, und *pu'rat>pūrā* „Ast", und außerdem eine Form mit '. Das deutet auf eine doppelte Behandlung von 'Aleph in dieser Kombination; und diese Doppelheit ist vorisrael., denn in der äg. Überlieferung begegnen sowohl *rš* wie *r'š*, während man in den Amarna-Briefen *rušu* und *ṣunu* (mit Schwund des ' und Übergang des *ā* in *ō* [*u*]) findet. Andere Ungleichmäßigkeiten betreffen das *ā*; neben Formen mit regelmäßigem *ā>ō* hat man solche, in welchen *ā* behalten ist, z. B. *miškāl* und *miškōl* „Gewicht", *širi̯ān* und *širi̯ōn* „Panzer"; besonders Nomina von der Form *kattāb* (Ausüber von Berufen und Wirksamkeiten), wie *gannāb* „Dieb", *ṭabbāḥ* „Koch", haben das *ā* behalten, ebenso *ḳām*, 3. Pers. Mask. vom Verb. mediae *u̯* (<*ḳau̯ama*). Das letzte kann man als analog mit dem regelmäßigen *a* der geschlossenen Silben der anderen Personen (*ḳamtā, ḳamtī* usw.) vielleicht erklären. Ob die anderen erwähnten Formen schon vorisrael. sind, ob sie einem frühen aram. Einfluß zu verdanken sind, oder wie sie sonst erklärt werden können, ist unsicher. — Daß viele Fremdwörter ins Hebr. aufgenommen sind, ist mehr als wahrscheinlich. Sie sind aber gänzlich assimiliert worden, und die Verhältnisse sind meistens zu dunkel, um aufgeklärt zu werden. Einige äg. Lehnwörter kann man nachweisen, wie *'āḥū* „Gras", *gōmä'* „Schilf" u. a.; viele akkad. aussehende Worte kommen vor, es läßt sich aber schwer entscheiden, ob sie entlehnt sind, oder ob Verwandtschaft vorliegt (H. Zimmern *Akkadische Fremdwörter als Beweis für babyl. Kultureinfluß* 1915). Der sprachliche Einfluß der Hettiter und Mitanni läßt sich noch nicht feststellen; aber ein Wort wie *pīlägäš* „Nebenfrau", das unsem. ist, scheint von Kleinasien zu stammen, da es auch im Griech. vorkommt (παλλακή); ob das auch mit *liškā* „Kammer", griech. λέσχη, und phön. *ḥarūṣ* „Gold", griech. χρυσός, der Fall ist, muß dahingestellt werden (s. a. Griechen B § 23—25). Ob die Philister (s. d.), welche die Sprache Kana'ans übernommen haben, einen Einfluß auf Israel ausgeübt haben, ist auch unerwiesen. Aus der späteren Zeit haben wir pers. und griech. Fremdwörter. In der nachexilischen Periode, als das Aram. stark vordrang, hat es vielfach das Hebr. beeinflußt (E. Kautzsch *Die Aramaeismen im Alt. Test.* 1902). Aram.

Einfluß vor allem zu verdanken ist die Ausgestaltung eines neuen hebr. Dialektes, des Neuhebr., in welchem die jüdischen Gelehrten nach Abschluß des Kanons schrieben. Ob die Aramäer auch in ältester Zeit die Sprache der Israeliten beeinflußt haben (Bauer und Leander), können wir nicht feststellen. Es ist an und für sich wahrscheinlich, daß die Wanderungen der Israeliten vor dem Eindringen in Kanaʿan mit aram. Wanderungen zusammenhingen; so ist die Möglichkeit einer sprachlichen Beeinflussung durchaus vorhanden, aber weiter können wir zunächst nicht kommen. Die Sprache des vorkanaʿanäischen Israel, aus welcher später durch die Mischung mit Kanaʿans Bevölkerung das hist. Israel entstand, ist uns unbekannt. Es ist aber wahrscheinlich, daß die s. von Palästina hausenden Stämme sich sprachlich nicht viel von den Bewohnern Kanaʿans unterschieden. Dafür könnte man anführen, daß die vor Israel ö. vom Toten Meer seßhaften Moabiter (s. d.) die kanaʿanäische Sprache redeten.

§ 16. Die Sprache der Moabiter (s. d.), aus der Mešaʿ-Stele (9. Jh.) bekannt, ist nämlich ein kanaʿanäischer Dialekt, von derselben Art wie das Hebräische. Das pers. Pron. 1. Pers. wird *'nk* geschrieben, die Relationspartikel ist *'ašär*, Imperf. cons. wird wie im Hebr. verwendet. Als Abweichungen sind besonders zu bemerken: die Beibehaltung der urspr. Fem.-Endung *t* (die im Wort für „Jahr“ mit *n* assimiliert wird, *š(a)nt>š(a)t*, wie im Phönik.), die auch im Hebr. seltener vorkommende, aber im Aram. und Arab. gewöhnliche Endung auf *n* statt *m* in Dual und Plur., ferner eine Reflexivbildung mit infigiertem *t* nach dem ersten Radikal, wie gewöhnlich im Akkad. und Arab. (im Hebr. nur bei Zischlauten). Von den Sprachen der anderen im S und SO von Palästina hausenden Stämme: Keniter (s. Qeniter), Amalekiter (s. Amaleqiter), Edomiter (s. d.), Ammoniter (s. d.) haben wir leider keine Kenntnis.

§ 17. Zur sem. Bevölkerung Kanaʿans gehörten die Phöniker, welche an der Küste im N Palästinas, w. von Libanon, wohnten. Ihre bedeutendsten Städte waren Arwad, Byblos (s. d.), Sidon (s. d.), Tyrus (s. d.). Über ihre Einwanderung wissen wir nichts (nach Herodot I 1; VII 89 sind sie von Ost-Arabien eingewandert); wahrscheinlich schon im 3. Jht. und ganz sicher im 2. (12. Dyn.) stehen die sem. Phöniker in regem Verkehr mit Ägypten. Ob die vielen Wanderungen in Syrien und Palästina auch Phönikien (s. d.) berührt haben, wissen wir nicht. Die Bevölkerung scheint ihr Gepräge als sem.-kanaʿanäisches Handelsvolk unverändert behalten zu haben. Ihr Handel (s. d. D) führte sie zu den Mittelmeerküsten, wo sie viele Kolonien gründeten, von welchen Karthago, Utica, Gades (s. d.), Tarschisch (s. Tartessos) die wichtigsten waren. Nach dem Verfall der ägypt. und min. Seemacht waren sie eine Zeitlang die herrschende Macht auf dem Mittelmeer. Die phön. Sprache ist aus den zahlreichen, im nordsem. Alphabet (s. Schrift E) geschriebenen Inschriften, welche an verschiedenen Orten des Mutterlandes sowie in den Kolonien gefunden worden sind, bekannt. Am ältesten ist die 1923 von Montet in Byblos gefundene Grabinschrift des Aḥīrām, die vielleicht in die Zeit von Ramses II. gehört (2. Hälfte des 13. Jh.; vgl. Syria 1924 S. 135ff., wo eine andere Inschrift, die des Abībaʿal, dem 10. Jh. zugewiesen wird, wie die des Elībaʿal; ebd. 1925 S. 104ff.); ins 9. Jh. gehört die in Zendjirli (s. Samʾal) gefundene Inschr. des Königs Klmu̯ aus I̯'di̯, ins 9.—8. Jh. zwei Bronzeschalen von Limassol auf Zypern. Die große Masse der Inschriften fängt mit dem 5. Jh. v. C. an. Fundstätten sind außer Phönikien verschiedene Orte auf Zypern (Idalion, Kition, Tamassos, Larnax, Lapēthos), Abydos in Ägypten, Attika, Malta, Sardinien, Marseille, Karthago und andere nordafrik. (punische) Städte. Aus der Zeit nach der Zerstörung Karthagos (146 v. C.) stammen die neupunischen Inschriften von Algier, Tunis und Tripolis, welche wohl mit dem 1. Jh. n. C. endigen (vgl. zu den Inschr. Lidzbarski *Handbuch d. Nordsem. Epigraphik* 1898). Aber zur Zeit Augustins war das Punische noch im Volke eine lebendige Sprache. Im Mutterlande wurde das Phön. von dem Aram. verdrängt. Das Bild, welches die Inschriften von der Sprache geben, ist etwas einseitig; die meisten sind Grab- oder Votiv-Inschriften mit stereotypem Inhalt. Die I̯ehau̯milk-,

Tabnith- und Eschmunʿazar-Inschriften sind verhältnismäßig ausführlich, geben aber doch ebensowenig wie die Opfertarife oder selbst die Klmu̯-Inschrift einen wirklichen Eindruck der erzählenden Sprache. Es kommt hinzu, daß die Schrift uns die Vokale nicht kennen lehrt, ein Umstand, dem nur dürftig abgeholfen wird durch die akkad. und griech. Umschreibungen phön. Namen und durch die punischen Stücke in Plautus' Poenulus 5, 1—3 (Gildemeister in der Plautus-Ausgabe von F. W. Ritschl II Fasc. 5 [1884]).

§ 18. Der Lautbestand des Phön. ist im großen und ganzen gleich dem des übrigen Kanaʿanäischen. Aber wie das Äg. zeigt, daß die Unterscheidung zwischen dem interdentalen Spiranten *ṯ* und dem Zischlaut *š* noch in Kanaʿan vorhanden war, so zeigt die griech. Transskription Tyros (phön. *ṣr*, urspr. *ṯurr*) gegenüber Sidon (*ṣīdōn*), daß die Phöniker die Unterscheidung von *ṯ* und *ṣ* jedenfalls teilweise bewahrt haben, obwohl die Schrift beide Laute mit *ṣ* bezeichnet (Eusebius und Theodoret haben *sor*, wie Hieronymus, Plautus: *sara*). Es ist möglich, daß die Schrift auch im südlicheren Kanaʿan hier verschiedene Aussprachen mit dem gleichen Zeichen wiedergibt, wie bei ʿ, *ḥ* und *š* (*śīn* und *šīn*); auf jeden Fall darf man aus diesem einzelnen Fall keine weitgehenden Schlüsse ziehen. Bemerkenswert ist es, daß weder die Keilschrift noch die äg. Schrift die beiden Laute in phön. Worten unterscheiden.

Aus der Bemerkung Plutarchs, daß die Phöniker den Ochsen θώρ nennen, läßt sich für phön. Lautverhältnisse nichts gewinnen; denn zur Zeit Plutarchs war die Sprache „der Phöniker" das Aram., wozu seine Angabe stimmt. Die Möglichkeit, daß die griech. Schreibung Τύρος auf aram. Aussprache beruht, muß auch offengehalten werden. Die Abweichungen des Phön. vom Hebr. sind nur Dialektunterschiede. Es hat den Art. *ha*, verwendet ihn aber seltener als das Hebr., z. B. *'rn z* „dieser Sarg". Das Pron. 1. Pers. ist *'nk* (wie hebr. moab.), Pron. dem. *z*, bzw. mit *n* (*zn*, wie im Aram.) oder mit 'Aleph prostheticum *'z*, wie auch bei der Relationspartikel (')*š* (hebr. *ša*, *šä*, akkad. *ša*); Pron. 3. Pl. *hmt*. Das Suffix der 3. Pers. Mask. wird noch in der Aḥīrām-Inschr. *h* geschrieben, vereinzelt kommt *u̯* (*au̯* oder *u* <*ahu*), am häufigsten *i̯* (<*ahi*) vor; auch im Plur.-Suff. wird das *h* wie im Hebr. oft aufgegeben und ein *n* bisweilen eingeschoben (auch bei Nomina, im Unterschied vom Hebr.). So bekommt man *hm* (Plautus *hōm*), *m*, *nm*. Die Nomina Mask. bilden Plur. auf *-n*, aber auch auf *-m*, im Femininum ist die alte Endung *-t* bewahrt, z. B. *rabbat*, *baʿalat* „Herrscherin". Das *t* wird mit einem *n* assimiliert, nicht nur in *bt* „Tochter" (wie im Hebr.), sondern auch in *št* „Jahr" (wie im Moab.). Die Verba zeigen dieselben Bildungen wie das Hebräische. Der Hauchlaut der Kausativform, Hifʿil, kann verschwinden; die Schreibung z. B. *i̯kdš* deutet auf leisen Einsatz: *ikdīš*. Die Aḥīrām-Inschrift hat eine Reflexivform mit infigiertem *t* (wie das Moab.; s. o.), *thtpk* Ipf. 3. fem. von *hpk* „umstürzen"; aber die Reflexivbildung scheint im Phön. wenig gebräuchlich zu sein. Perf. und Imperf. werden wie sonst in westsem. Sprachen verwendet. Der besonders hebr. (und moab.) Gebrauch von stark angeknüpftem (kons.) Imperf. oder kons. Perf. findet hier nicht statt; in der Massilia-Inschrift kommen jedoch verschiedene Verba in einer an das Perf. cons. erinnernden Form vor. Wir finden die althebr. Monatsnamen *zio̯*, *būl*, *'ētānīm* usw., und überhaupt weicht das Lexikalische vom Hebr. nicht besonders viel ab. Jedoch gibt es Worte, die im Phön. gewöhnlich, im Hebr. selten sind, so *paʿal* „tun" (hebr. gew. *ʿāśā*, so auch moab., im Phön. nur in Eigennamen), *ḥārūṣ* „Gold" (hebr. gew. *zāhāb*), *nʿm* „gut" (hebr. *ṭōb*) usw. Besonders auffallend ist, daß dem hebr. *hāi̯ā* „ist" im Phön. ein Verb. *ku̯n* entspricht, das wohl im Hebr. vorkommt, aber mit anderer Nuance („fest sein", „aufrecht stehen" u. a.), dagegen im Arab. wie im Phön. verwendet wird. Dieser Gebrauch ist im Phön. alt, denn er ist in einem der aus Tyros herstammenden Amarna-Briefe bezeugt (*kuna* „sei!"; J. A. Knudtzon *Die El-Amarna-Tafeln* Nr. 147, 36). In demselben Brief hat man die Form *nuḫti* (147, 56) „ich ruhte"; sie deutet darauf, daß im Phön. bei Verb. mit *u̯* als 2. Rad. der Vokal *u* in der Konjugation (wie im Arab.) überwogen hat, während das Hebr. hier *au̯a* >*ā*>*a* hat. Sichere Schlüsse lassen sich aber aus dieser vereinzelten Form nicht ziehen. Wir wissen nicht, ob die Form gemeinkanaʿan. war; wir müßten wissen, ob die Verba med. i̯ ein *i* wie im Arab. (s. u.) haben, und wie die Form in der 3. m. Sing. lautet. Daß das Phön. die gemeinkanaʿan. Neigung für Hintergaumen-Vokale gehabt hat, besonders in *ā*>*ō*, zeigen griech. Formen, wie Σιδών, ἀρραβών usw. Die akkad. Schreibung Ḫirummu für Ḥīrām könnte darauf deuten, daß sie in dieser Hinsicht weiter gegangen sind als Israel. Das Punische hat statt *o* den hintersten Vok. *u*, z. B. *sufet* „Richter", *salus* „drei"; auch hat Plautus statt *i* und *e* das gerundete *y*, z. B. *yth*. Das Neupunische zeigt uns den Verfall der Sprache unter Einfluß des vordringenden Lateins. Vor allem werden die Laryngale abgeschwächt, was man daraus sieht, daß sie promiscue benutzt werden, so ʿ und ʾ für *h* und *ḥ*; die beiden erstgenannten werden auch als Vokalbuchstaben gebraucht, für *ā*, *ō* und *ū*; auch *ḳ* wird bisweilen zu ʾ geschwächt, wie oft im Neuarabischen.

IV. § 19. Die Aramäer (s. d.) treten in das Licht der Geschichte im 14. Jh. v. C., zu welcher Zeit sie in den Keilschriften unter den Namen Aḫlamē (s. Aḫlâmê) oder Arumu, Aramu (Pl. Arimi) erwähnt werden. Von der syr. Steppe aus dringen sie gegen deren kultivierte Grenzländer vorwärts und leben, teils seßhaft, teils noch als Nomaden, in den Gegenden ö. vom Libanon, nordwärts gegen das armen. Gebirge und dann am Euphrat entlang an der assyr. und babyl. Grenze. Nach dem Verfall der Mitanni ca. 1300 v. C. treten sie besonders in Mesopotamien auf, jetzt Aram-Naharaim genannt. Sie bilden eine Reihe von Kleinstaaten, nach deren Verfall sie sich im assyr. Reich verbreiten. Sie übernehmen den Handel im assyr. Weltreich. Zur Zeit Sargons (722—705) findet man viele Kaufleute mit aram. Namen; die Gewichte (s. d. E § 7) haben zur Zeit Salmanassars V. (728—22) neben assyr. auch aram. Aufschrift, von Sanherib (705—682) an nur aramäische. Von der Mitte des 8. Jh. an findet man aram. Notizen auf den assyr. Dokumenten, auch hat man aram. Siegel- und Vasen-Inschriften; aus dem 7. Jh. hat man rein aram. Dokumente aus Zentral-Mesopotamien, ein Beamter Pir Amurri schreibt sogar auf Aram. an seinen Bruder (ZfAssyr. 31 S. 193ff. Lidzbarski). Am Hofe befanden sich in der letzten Zeit des assyr. Königtums aram. Schreiber; nach dem Fall Ninives (612) wird Assyrien sprachlich aramäisiert. In Babylonien hat man von Nebukadnezar an (605—562) Siegel mit aram. Namen; doppelsprachige Kontrakte sind besonders häufig im 5. Jh. So wird das ganze ostsem. Gebiet allmählich aram., und die pers. Könige, welche nach Babylons Fall (538) die Weltherrschaft übernahmen, benutzten das Aram. im ganzen w. Teil des Reiches bis nach Ägypten. Dies entspricht dem Einfluß, welchen diese Sprache auch schon im W erworben hatte. Aus II. Kön. 18, 26 (= Jes. 36, 11) ersehen wir, daß die leitenden Judäer im Gegensatz zum Volk aram. sprechen können und dasselbe bei den assyr. Heerführern voraussetzen. Das Aram. hatte also schon damals (701 v. C.) dieselbe Stellung im vorderen Orient wie früher das Akkadische. Im n. Palästina wird der rege Verkehr mit den aram. Nachbarn schon früher die Kenntnis des Aram. verbreitet haben; so hatte man im 9. Jh. schon aram. Basare in Samaria. Nach dessen Eroberung durch Sargon (722) wurden Aramäer hier angesiedelt. Nach dem Exil breitet sich die aram. Sprache im ganzen Palästina aus. Jüdische Kolonisten in Ägypten sprechen schon im 5. Jh. aramäisch. So erklärt es sich, daß wir aram. Urkunden nicht nur bei den eigentlichen Aramäern, sondern auch bei anderen Völkern Vorderasiens vorfinden. An die oben erwähnten Inschriften aus Assyrien und Babylonien reihen sich solche aus Kleinasien (vom 5. Jh. an), aus dem Kaukasus (7.—6. Jh.) und aus Persien (kleine Inschr. vom 6. Jh.) an. Eine besondere Gruppe bilden die Inschriften aus Zendjīrli (Panammu-, Hadad- und Bau-Inschr.), welche von selbständigen aram. Fürsten aus dem 8. Jh. in Nordsyrien (Samʾal [s. d.], Iʾdi̯) herstammen. Derselben Zeit gehört die Inschrift des Königs *Zkr* aus Ḥamā (s. Hamath) an, etwas später sind wahrscheinlich die Inschriften von Nērab (bei Aleppo) und Taimā in Nordarabien. Der pers. Zeit enstammen die meisten äg. Dokumente, Inschriften und Papyri, unter welchen besonders die jüdischen Elephantine-Papyri bedeutungsvoll sind; sprachlich nahe verwandt mit diesen ist das Biblisch-Aramäische (Esr. 4, 6—8, 18; 7, 12—26; Dan. 2, 4—7. 28), dessen älteste Teile auch der pers. Per. entstammen, während Daniel seine jetzige Form erst im 2. Jh. v. C. erhielt. Hiervon ist der Übergang nun leicht zu drei völkisch abgegrenzten Gruppen von Inschr. aus dem Anfang unserer Zeitrechnung: die nabatäischen Inschriften aus nordarab. Oasen bis Ḥaurān und Dumēr bei Damaskus (1. Jh. vor bis 1. Jh. nach C.), von welchen man aber auch sogar in Rom und Puteoli Exemplare findet, die palmyrenischen aus Palmyra (1.—3. Jh. n. C.) und die sinaitischen von der Sinai-Halbinsel, zumeist kurze Aufzeichnungen der Nomaden mit Namen und event. Segnungsformeln. Die meisten der bisher erwähnten aram. Texte sind kurze Inschriften, Grabschriften, geschäftliche Dokumente usw. (vgl. dazu Lidzbarski *Handbuch*). Literarische Dokumente liegen nur im Bibl.-Aram. vor, aber die äg. Papyri bieten einige ausführlichere Briefe und Bruchstücke des Aḥiḳar-Romans. Unter den palmyr. Inschr. befindet sich ein ausführlicher Tarif, die alten Zendjirli-Inschr. (34, 23, 20 Zeilen) sind teilweise stark verstümmelt. Größere literarische Denkmäler haben wir erst aus christlicher Zeit, als das ganze Vorderasien aram. sprach und die Aramäer als besonderes Volk schon lange nicht mehr existierten. In diesen Literaturen können wir sprachlich einen w. und einen ö. Zweig unterscheiden. Das West-Aram. schließt sich nahe an das aus Ägypten, Palmyra und Arabien wie Palästina (Bibl.-Aram.) bekannte. Dazu gehören das Jüdisch-Aram. der Targume und des jerusalemischen Talmuds (etwa 2.—5. Jh. n. C.), ferner das Samaritanische, der galiläische Dialekt, in welchem eine Pentateuch-Übersetzung und später, nach dem Aussterben des Samar. als lebendiger Sprache, einige Chroniken und andere Schriften abgefaßt sind; und endlich das Christlich-Aram., der judäische Dialekt der melkitischen Christen Palästinas, in welchem die Evangelien u. a. kirchliche Literatur überliefert sind. In drei Dörfern des Antilibanons haben sich noch Reste des West-Aram. lebendig erhalten. Das Ostaram. ist uns in drei Literaturen bekannt. Der babyl. Talmud der ö. Juden (etwa 4.—6. Jh.) und die Literatur der Mandäer zeigen uns den aram. Dialekt des alten Babyloniens, während die aram. Sprache Nordmesopotamiens in der syr. Literatur vorliegt. Diese ist in dem Dialekt Edessas abgefaßt und enthält, von einer wahrscheinlich vorchristl. Inschrift abgesehen, eine große christliche Literatur (2.—14. Jh.), die vielfach von der griech. beeinflußt ist. Als Literatursprache siegte das Syr. im ganzen O und spielte auch in Persien eine große Rolle, was sich u. a. in seiner Bedeutung für die Pehlevī-Schrift zeigt. Die Syrer (so genannt, weil der alte Name Aramäer jetzt soviel wie „Heide“ bedeutete) teilten sich nach den christologischen Streitigkeiten des 5. Jh., was sprachlich von Bedeutung wurde. Westsyr. nennt man den Dialekt der monophysitischen Jakobiten, welche in der Gegend von Edessa wohnten, Ostsyr. den Dialekt der Nestorianer, deren Schulen in Nisībis und anderen ö. Städten lagen. Nach der arab. Eroberung wurde das Aram. allmählich verdrängt; bis in unsere Zeit hat sich das Ostaram. an einzelnen Orten in Mesopotamien (Mosul, Ṭūr ʿAbdīn) und Armenien (am Urmia-See) als gesprochene, auch in der Literatur verwendete Sprache (Neu-Syr.) behauptet.

§ 20. Der Lautbestand des Aram. steht dem des Kanaʿanäischen nahe. Auch hier sind ġ mit ʿ und ḫ mit ḥ zusammengefallen; die Schrift mag aber tatsächliche Doppelheiten verschleiern; darauf könnte deuten, daß die letztgenannten Laute heute im Westsyr. zu *ḥ*, im Ostsyr. zu *ḫ* zusammengeflossen sind. In den späteren Dialekten sind die Laryngale und Velare vielfach reduziert worden. So werden in Galiläa bei Juden und Samaritanern *h*, *ḥ* und ʿ wie ʾ gesprochen, und ʾ verschwindet im Jüd.-Aram. oft in gewissen Verbindungen. Denselben Schwund der Laryngale beobachtet man in Babylonien. So sind im Mandäischen ʾ und ʿ zusammengefallen und meistens nur im Anlaut hörbar, während ihre Buchstaben sonst lediglich Vokale bezeichnen. Ebenso sind *h* und *ḥ* eins geworden und schwinden oft gänzlich. Dieselben Abschwächungen können sporadisch im babyl. Talmud beobachtet werden, wie sie auch sonst für Babylonien bezeugt sind (Nöldeke *Mandäische Grammatik* § 57ff.). Da der syr. Dialekt die Laryngale bewahrt hat, wird ihre Abschwächung keine innere aram. Entwicklung vertreten, sondern fremdem Einfluß zu verdanken sein, sowohl in Babylonien (s. o. über die Laryngale im Akkad.) wie in Galiläa.

Was die Zischlaute und Dentale betrifft, so haben sich wie im Kanaʿan. die ursem. *s, ś, š, ṣ, z* behauptet, aber *s* und *ś* sind später wie im Hebr. zusammengefallen. In späteren Dialekten sind gewöhnlich die Spiranten *ṯ, ḏ* und *ṱ* zu den entsprechenden Explosiven *t, d* und *ṭ* geworden, während der stimmhafte Spirant *ḏ̣* zum laryngalen stimmhaften Spiranten wird. Die Verhältnisse sind aber nicht einheitlich. Die Zendjīrli-Ḥamā-Inschriften haben für ursem. *ṯ, ḏ, ṱ* wie das Kanaʿan. und Akkad. *š, z, ṣ*. Man könnte hierin Kanaʿanäismen sehen, aber dasselbe wiederholt sich an anderen Orten. So hat man *ṯ>š* (statt *t*) in Nērab (*ʾšr* „Ort") und in Inschr. aus Assyr.-Babyl. (*šḳl* „Schekel", *šlš* „drei"); *ḏ>z* (st. *d*) hat man in Nērab, Ass.-Bab., Kleinasien. Das äg. Aram. schwankt; es hat *z* fast immer im Pron. (mit einer Ausnahme), aber für Worte wie *zhb* „Gold", *zkr* „erinnern", *zkị* „rein" hat man auch solche mit *d* statt *z*. Das durchgängige *d* im Bibl.-Aram. beruht wahrscheinlich auf späterer Überlieferung. Das Mandäische hat oft *z* für urspr. *ḏ*, hat aber dann *z* auch auf Worte mit urspr. *d* übertragen. Obwohl *ṱ>ṣ* nur in Zendjīrli (*ḳịṣʾ, kaịṣā* „Sommer" <*ḳaịṱ* mit Dissimilation von *ḳ>k*, Bau-Inschr. Z 19) vorkommt, geht daraus deutlich hervor, daß das Aram. urspr. die drei Laute *ṯ, ḏ, ṱ* gehabt hat, und daß die Lautverschiebung an den verschiedensten Orten teils in der Richtung von *š, z, ṣ*, teils von *t, d, ṭ* geführt hat. Später hat sich die letztere Reihe überall (so schon im Nabat., Sinait., Palmyr.) durchgesetzt, von der Ausnahme im Mandäischen abgesehen. Für *ḏ̣* hat man in den Zendjīrli-Inschr. (mit zurückgezogener Zungenerhebung) das velare *ḳ*, z. B. *ʾrḳ* „Erde", *mụḳʾ* „Ausgang", *rḳị* „Gefallen haben"; dasselbe findet man in Ninive (*ʾrḳʾ* „Erde") und vielfach im Mandäischen (ausnahmsweise scheint es im Hebr. — in aram. Lehnwort — in *māḥaḳ* „zerschlagen" Richt. 5, 27, sonst *māḥaṣ*, vgl. arab. *maḥaḏa*, vorzuliegen). Wie das sonst allg. ʿ sich dazu verhält, ist nicht sicher; wahrscheinlich hat es sich aus *ḳ* über *ǵ* entwickelt (C. Brockelmann *Grundriß* [s. u.] I 134); unter gewissen Bedingungen hat sich ein *ḏ̣* wie im Kanaʿan. und Akkad. zu *ṣ* verschoben. Wie im Hebr. wird anlautendes *u̯* zu *i̯*. Im Aram. werden allmählich *b, g, d, p, k, t* spirantisch nach Vokal. Auch der Vokalismus erinnert stark an das Hebr.; *ā* hat sich im Ostsyr. erhalten, wird aber sonst zu *å* oder *o* getrübt, wir finden dieselben Vokalnuancen: *ä, e, å, o* und die starke Reduktion der kurzen Vokale in offener Silbe. Wie im Hebr. schwinden kurze Vokale im Auslaut, im Ostaram. allmählich auch lange. Besonders auffallend ist der Übergang *n>r* in *bar* „Sohn" und *tᵉrēn* „zwei". In der Nominaldeklination sind wie im Hebr. die Kasusendungen weggefallen; Reste finden sich vor den Pronominal-Suffixen. Ein Kennzeichen des Aram. ist die Determination durch angehängtes *ā*, eig. *ʾā* entsprechend dem hebr. vorgesetzten *hā* (vgl. den Unterschied zwischen hebr. Hifʿil und aram. ʾAfʿel); als *malk-ʾā>malkā* wurde, betrachtete man ʾ als Vokalbuchstaben für *ā*. So erhält man neben stat. absolut. und stat. constr. *dīn* den stat. emphat. (determinierte Form) *dīnā*. Die Fem.-Endung *(a)t* behauptet sich besonders im stat. constr.; im stat. abs. siegt wie im Hebr. die Pausaform *ah>ā*, mit *h* geschrieben. In späteren Texten werden die beiden verschieden entstandenen Vokalbuchstaben und *h* durcheinander gebraucht. Eine Fem.-Endung *-ē* hat man in *ʾoḥrē* zu Mask. *ʾoḥrān*. Fem. determ. wird *ᵉtā*. Die Pluralendung im Mask. ist stat. abs. *īn* wie teilweise im Kanaʿanäischen. In den Zendjīrli-Inschr. hat man *ī* ohne Nunation. Stat. constr. Mask. Pl. endet wie im Hebr. auf *ai̯*, das sich im Ostaram. behauptet, im Westaram. wie im Hebr. zu *ē* wird. Die Determination wird an *-ai̯* gefügt: *ai̯ā>ai̯i̯ā*; so hat die Bau-Inschr. Zendjīrli *mlkịʾ*. Die Form hat sich im Westaram. behauptet, im Ostaram. bei Wörtern, die auf *ē, ai̯*, bzw. *e, i* endigen, und sonst vereinzelt. Abgesehen davon ist *ai̯i̯ā* im Ostaram. durch *ē* verdrängt; dieses *ē*, dessen Entstehen aus *ai̯i̯ā* nicht ohne Schwierigkeiten ist (vgl. ZDMG 66 [1902] S. 685ff. Prätorius; Nöldeke *Beiträge zur semit. Sprachw.* 1904 S. 48ff.), findet man auch im Westaram. bei Wörtern, die auf *āi̯* endigen, z. B. *kaśdāi̯* „Kaldäer", Pl. st. emph. *kaśdāi̯ē* (oder *-ā'ē*), im Palmyr. auch in einigen anderen Wörtern, wie *'asīrē* „Gefangene", *taggārē* „Kaufleute", in Palästina im Namen *bēt faggē* „Haus der Feigen". Plur. Fem. *-āt* ist nur in stat. constr. bewahrt, stat. abs. hat nach Anal. mit Mask. *-ān*, st. emph. *-ātā*. Durch Analogie nach den auf *ītā, ūtā* endenden Substantiven bildet man oft Plur. Fem. auf *ᵉi̯ān, ᵉi̯ātā* und *ᵉu̯ān, ᵉu̯ātā*. Der stat. emphat. hat seine urspr. Bedeutung als Determinativ später, besonders im Ostaram., verloren und wird die allg. gebräuchliche Form; so auch in genitivischen Verbindungen, wo stat. constr. wenig verwendet wird; das genitivische Verhältnis wird durch die Relationspartikel ausgedrückt, wie im Akkad. durch *ša*, z. B. *gubbā dī 'ari̯āu̯ātā* „die Höhle der Löwen". Oft wird das zweite Glied durch ein Pronominalsuffix vorausgegriffen: „das Haus sein, des Königs".

§ 21. Die **Verba** zeigen außer dem **Grundstamm**, Pᵉ'al, einen **Intensivstamm**, Pa'el, und einen **Kausativstamm**, Af'el. Dieser wird durch das Präfix *ha* in den Zendjīrli-Ḥamā-Inschr., im Bibl.-Aram. und im Äg.-Aram. gebildet, vereinzelt kommt es noch im Nabat., Jüd.-Aram. und Mand. vor, sonst ist *'a* gewöhnlich. Daneben hat man auch *ša*, erstens in akkad. Lehnwörtern, aber auch sonst in den verschiedenen Dialekten. Jeder dieser Stämme hat ein **Reflexivum**; zu Pᵉ'al bildet man Hitpᵉ'el (im Bibl.-Aram.) und Etpᵉ'el (Itpᵉ'el), zu Pa'el ebenso Hitpa'al und Etpa'al (Itpa'al), zu Af'el Ettafal. Das *n*-Reflexivum ist nicht bewahrt; dagegen bietet die Bau-Inschr. aus Zendjīrli eine Hitnaf'alform, *htn'bu̯*. Ein Passiv durch Vokalwechsel bildet man im Bibl.-Aram. und Äg. und sonst sporadisch vom Grundstamm und vom Kausativstamm. Das Aram. unterscheidet das **Perf.** und das **Imperf.**; in diesem spielt der Unterschied zwischen Indikativ und Jussiv fast keine Rolle. Im Perf. sind die Vokale noch mehr reduziert als im Hebr.; sogar das *-ū* der 3. Pers. Plur. Mask. schwindet in der syr. Aussprache wie alle, auch lange, Vokale im Auslaut. Das *m* in *-tumū* wird *n*, und *ū* fällt ab. Im Imperf. hat das Westaram. in der 3. Pers. Sing. ein Präfix mit *i̯*, das Ostaram. dagegen mit *n*, z. B. syr. *neḳṭol* „er tötet". Daneben kommen oft, besonders im Mand., aber auch sonst im Ostaram., Formen mit *l* vor. Dieses *l* ist auch in das Bibl.-Aram. in der Form *lähᵃu̯ē* „er ist" eingedrungen. Wie im Hebr. hat man nach *-ū* und *-ī* oft ein *n*, ferner häufig ein *in* vor Suffixen (vgl. oben). Die Erzählung wird durch das Perf. beherrscht; das Verhältnis der Sätze untereinander wird aber vielfach, besonders in späteren Schriften, durch Konjunktionen mehr modifiziert als im Hebräischen. Von den schwachen Verben sind nicht nur tert. *u̯* und *i̯*, wie meist im Hebr., zusammengefallen, sondern mit ihnen auch in der Regel tert. 'Aleph. Die Verba mit mittlerem *u̯* oder *i̯* haben wie im Hebr. und Arab. im Perf. *ḳau̯ama>ḳām*, *śai̯ama>śām*; im Kaus. ist das *ī* des Imperf. ebenso wie im Hebr. auf das Perf. übertragen *hᵃḳīm*, *'ᵃḳīm*; daraus entstand in der 2. und 1. Pers. durch Kürzung *ĭ>e*, z. B. *hᵃḳemtā*, und dieses *e* ist oft auf die 3. Pers. übertragen *'ᵃḳēm*.

§ 22. Es liegt auf der Hand, daß die aram. Dialekte mit nicht-aramäischen Elementen stark vermischt sein müssen. Die Zendjīrli-Ḥamā-Inschr. sind so stark von Kana'anäismen beeinflußt, daß man zuerst darüber zweifeln konnte, ob sie kana'an. oder aram. wären. So findet man *'nk* und *'nki̯* „ich", *bni̯* „mein Sohn" (mit *n* st. *r*), *hrg* „töten", *ntn* im Perf. „geben", *lḳḥ* „nehmen", *lil'* „Nacht", *gm* „auch", *'l* als prohibit. Partikel u. a. (vgl. ferner OLZ 1926 S. 801 **Bauer**). Andererseits begegnen Erscheinungen, die weder im Aram. noch im Kana'an. vorkommen, z. B. *p* wie arab. *fa* „und", das vorgesetzte ' in *'gm* „auch", *'sm* „Name" u. a. Die unsem. Namen *pnmu̯* und *ḳrl* mögen kleinas. sein, vielleicht werden einige unverständliche Wörter, wie *'i̯h*, *ḥlbbh* (etwa „Majestät") und *mt*, auch im Hettitischen ihren Ursprung haben; das Assyr., das neben dem Hettit. in den arch. Funden vorherrscht, hat sicher auch die Sprache beeinflußt. So hat die Nērab-Inschr. als Relationspartikel *š* (assyr. und kan.) statt *z*. Überhaupt hat das Aram. wie das Kan. aus älterer Zeit viele akkad. Wörter aufgenommen, aus späterer Zeit pers.; zu diesen Einflüssen, die sich über das ganze aram. Sprachgebiet erstrecken, kommen die lokalen Einflüsse, vom Äg. usw. Griech. Wörter findet man sporadisch in späteren äg. Dokumenten, sehr viele in den paläst. Dialekten und im Talmud, und noch mehr im Syr., das auch syntaktisch vom Griech. beeinflußt ist, während das Mandäische nur wenige griech. Spuren aufweist. Auch lat. Lehnwörter kommen in den späteren Schriften vor. Eine Sonderstellung nehmen die nabatäischen Inschriften ein. Die Nabatäer (mit assyr. *Naba'āti,* hebr. *n^ebāįōt* zusammengestellt, sachlich naheliegend, aber sprachlich schwierig) waren Araber, welche in der hellenist. Zeit ihr Zentrum in Petra hatten und sich vom Roten Meer bis Damaskus geltend machten. Das Aram., das sie sich als Schriftsprache aneigneten, steht etwa dem Bibl.-Aram. nahe, aber man spürt in ihren Inschriften ihre arab. Muttersprache. Die meisten Namen, auch Götternamen, sind arab., einige wenige griechisch. Viele arab. Wörter kommen vor; so das typisch arab. *ġaįr* „ein anderer als" und das entsprechende Verbum *ġaįįara* „verändern", *gutta* „Leichnam", *šilu* „Glied", *la'ana* „verfluchen", *kafrā* in d. Bedeut. „Grab", *'lf* in d. Bed. „komponieren", die Elativform *'aṣdak, fa* „und" (allerdings auch in Zendjirli) usw., und arab. konstruierte Sätze. Daneben begegnen griech. Lehnwörter, z. B. βάσις, ἔπαρχος, στρατηγός usw. Nach dem Untergang ihres Reiches durch Trajan 105 n. C. hören ihre Inschriften auf. Von Nabatäern oder Verwandten stammen die vielen sinaitischen Inschriften, die meistens nur Namen mit kurzen aram. Beischriften enthalten. Die Namen sind wesentl. arab., wenige aram., einzelne griech., sogar lat. („Silvanus"); für *ṭāb* „gut" kommt einmal das echt arab. *ḫaįr* vor. Die Palmyrener waren Aramäer mit arab. Einschlag. Die Oase Tadmor (Palmyra) spielte eine große Rolle vom Anfang der RKZ an als Knotenpunkt der Karawanenroute zwischen dem O und Syrien; besonders blühte sie von Hadrian an (ca. 130—273; Zenobias Fall). Der Dialekt steht den w. am nächsten. Die Pronomina haben dieselbe Form wie bei ihnen, ebenso die Relationspartikel (*dī*), Plur. der Nomina endet auf *-aįįā,* das Imperf. des Verbums wird in der 3. Pers. mit dem Präfix *į* (nicht *n*) gebildet. Jedoch kommt sporadisch wie im Ostaram. Plur. auf *-ē* vor. An das Ostaram. erinnern auch der Abfall von langem unbetonten *ū* und *ī* im Auslaut, die Adverbialendung *āīt* und einzelne Worte, wie *'umrā* „Leben", *tnn* „hier", *mṭl* „wegen" u. a. Den arab. Einschlag spürt man in Eigennamen (wie *Odainathos,* d. i. *'Uḏaįna,* und *Zenobia,* Demin. von *Zaįnab*) und einigen Worten, z. B. *faḫiḏ* „Familie", „Klan". Die meisten Namen aus dem Gebiet der Verwaltung sind griech., z. B. βουλή, δῆμος, πρόεδρος, ἄρχων; lat. Begriffe sind in griech. Form aufgenommen, z. B. ὑπατικός „consularis", συγκλητικός „senator", wahrsch. *ḳolonaįįa* „Kolonie". Bisweilen sind die Begriffe übersetzt, z. B. *n^ehīrā* für λαμπρότατος, „clarissimus". Aus dem ö. angrenzenden Partherreich sind auffallend wenige Lehnwörter aufgenommen, doch ἀγραπέτης „Burgherr" (vgl. ZDMG 24 [1870] S. 85ff. Nöldeke). Das Aram. und Hebr. haben nicht dieselben Nuancen im Verbalsystem wie das Akkadische. Nach dem Schwund der Endungen können sie überhaupt nicht mehr durch die Form allein die Stellung des Nomens und des Verbums im Satzgefüge bezeichnen. In dieser Beziehung ist das Aram. weiter gegangen als das Hebr., das noch teilweise zwischen Indikativ und Jussiv scheidet und noch durch die konsek. Formen neue Nuancen geschaffen hat. Oft müssen die Wortstellung und der Zusammenhang allein bezeichnen, was sonst auch durch Endungen ausgedrückt wird. Das Aram. findet Ersatz dafür im Gebrauch von Partikeln und Konjunktionen, wodurch wieder neue Nuancen angedeutet werden. Das macht die Sprache weniger schwerfällig und eben als *lingua franca* gut geeignet.

V. § 23. Die Araber sind schon erwähnt worden. Sie folgen unmittelbar nach den Aramäern und eignen sich ihre Schrift und teilweise ihre Sprache an. So stammt die Taimā-Inschr., die rein aram. ist, aber von äg. und assyr. Einfluß zeugt, wohl von Arabern. Ein Araber Gindibu hilft den Aramäern mit 1000 Kamelen gegen Salmanassar bei Karkar (854 v. C.; s. Qarqar). Tiglatpileser erwähnt eine „Königin der Araber" Zabibē und ihre Nachfolgerin Samsi, die auch Sargon Tribut leistet. Sabäer, Temäer u. a. müssen Tiglatpileser Abgaben bringen, ein Sabäer It'amara gibt Sargon Geschenke. Auch Sanherib schlägt „die Königin der Araber"; ein Bruder der arab. Königin steht auf seiten Merodach Baladans in einem Aufruhr gegen ihn. Die letzten assyr. Könige setzten einen Beamten als Aufseher über die Araber, die immer Unruhe schufen, ein. In Syrien begegnen wir unter Asarhaddon und Assurbanipal Namen von Häuptlingen oder Stämmen wie Ḳidri (vgl. Ḳedar), Jatha, Abijatha, auf der Sinai-Halbinsel Asuḫili. Das älteste uns bekannte arab. Kulturzentrum war Südarabien, in dessen fruchtbaren Randländern sich verschiedene Staatenbildungen entwickelten. Die Südaraber hatten das nordsem. Alphabet übernommen und daraus eine eigene Schrift gebildet, in welcher sie uns zahlreiche Inschriften überliefert haben. Diese zerfallen in verschiedene Gruppen. Die minäischen stammen von den Königen von Ma'īn, die in Ḳarnawu und Jaṯil saßen, die sabäischen von den Herrschern (*mukarrib's*, später Königen), die in Ṣan'ā' und Ma'rib ihre Zentren hatten; daran schließen sich Inschriften aus den s. Küstenländern Katabān und Ḥaḍramaut. Von diesen vier Völkern, die alle von Eratosthenes (276—194 v. C.) erwähnt werden (Strabo XVI 4, 2ff.), bildeten die beiden ersten die bedeutendsten Reiche. Die Chronologie ist unsicher, so auch das innere zeitliche Verhältnis der Gruppen. Gewöhnlich werden die minäischen als die älteren betrachtet, und ihr Anfang wird zum mindestens 800 v. C. angesetzt (nach Glaser und Hommel mehrere Jahrhunderte früher). Kurz vor 100 v. C. fangen die Ḥimjariten an, die Herrschaft zu führen. Auch diese „Könige von Saba und Ḏu Raidān" haben uns Inschriften überliefert. Im 4. Jh. n. C. scheinen die Abessinier die Herrschaft zu haben. Gegen Ende des 4. Jh. fangen die ḥimjarit. Inschriften wieder an, sind aber jetzt jüdisch und christlich gefärbt. 525 erobern die Abessinier das Land. Bedeutungsvoll sind die großen Inschriften, welche über den Dammbruch in Ma'rib in den J. 447 und 540 n. C. berichten. Der Einfluß Südarabiens erstreckte sich über die Handelswege im w. Teil der Halbinsel nach Nordarabien hin. In der Oase al-'Ulā hat man minäische Inschriften gefunden. Die n. Araber haben nicht nur, wie die Nabatäer und die in Palmyra hausenden, aram. geschrieben. Sie haben sich aus dem südarab. Alphabet selbständige Schriftarten gebildet, von denen wir drei Gruppen kennen: die liḥjanischen, hauptsächlich in und um al-'Ulā gefunden, sind schwer zu datieren, gehören aber etwa dem Anfang unserer Zeitrechnung an; die ṯamūdenischen sind in al-'Ulā und nördlicher gefunden; eine Inschr. ist datiert (etwa 106 v. C.); die ṣafatenischen entstammen der *ḥarra* ö. vom Ḥaurān; sie gehören etwa in die Zeit 100—200 n. C. Leider sind diese Inschriften alle sehr dürftigen Inhalts, sie zeigen aber einen rein arab. Sprachtypus. Aus derselben Gegend wie die ṣafatenischen stammt die Inschr. für den arab. König Mar'alḳais von en-Nemāra aus dem J. 223 der Ära von Boṣrā, d. i. 328 n. C.; die Sprache ist rein arab. mit einzelnen Aramäismen (*bar* „Sohn", *nafs* i. d. Bed. „Grabmal"), die Schrift steht der nabatäischen nahe. In Syrien drangen die Araber vor, genau wie früher die Aramäer. Zur Zeit Pompejus' war die Libanon-Gegend zum Teil arab., in Emesa und Edessa herrschten arab. Dyn. (R. Dussaud *Les Arabes en Syrie avant l'Islam* 1917 S. 10ff.). Von beinahe derselben Zeit sagt Strabo (XVI 3), daß die an Mesopotamien grenzenden Striche bis Cölesyrien von Zelt-Arabern bewohnt waren. Aus den J. 512/13 und 568 n. C. stammen die beiden ältesten Inschr. in der späteren arab. Schrift, eine syr.-griech.-arab. Trilinguis aus Zabad (ö. von Ḥaleb) und eine griech.-arab. Bilinguis aus Ḥarrān. An Syriens und Mesopotamiens Grenzen bildeten die Ġassāniden und die Laḫmiden etwa im 4.—6. Jh. arab. Reiche. Von da aus drangen sie allmählich in die Kulturländer ein, eine Bewegung, die mit den islam. Eroberungen im 7. Jh. endgültig vollendet wurde. Von jetzt an umfaßt das Arab. das ganze alte sem. Gebiet und verbreitet sich ferner über Ägypten und Nordafrika, eine Zeitlang auch über Spanien. Das Nordarab., in welchem Dialekt uns aus dem 6. Jh. kurz vor dem Islam Gedichte überliefert sind, wird gewissermaßen gemeinsame Schriftsprache der Muslime, und es entwickelt sich, mit dem Ḳoran als Anfang, eine große islamische Literatur.

§ 24. Das Arab. hat alle ursem. Konsonanten bewahrt. Nur ist ursem. *š* im Nordarab. mit *s* zusammengefallen, während ursem. *ś* zu *š* wurde, so daß *ś* nicht mehr existiert. Dasselbe gilt vom Südarab.; aber hier hat man noch zwischen dem urspr. *s* und dem aus *š* entstandenen (wohl dann *ś*) geschieden, so daß Südarab. alle ursemit. Konsonanten aufweist (mit Vertauschung von *š* und *ś*). Eine Untersuchung der aram. Lehnwörter hat gezeigt, daß diese Lautverschiebung nicht alt ist. Ferner ist explosives *p* spirantisch, *f*, geworden. Einige besondere Verschiebungen liegen im Ḥaḍramautischen vor, bes. *ṯ*>*s* (wie Äth.), *ḏ* bisw. für *z*, Vertauschung von ʾ und ʿ (ZDMG 37 [1883] S. 393f. D. H. Müller). Die Vokale werden im Südarab. nicht bezeichnet; im Nordarab. haben sich die drei ursem. Vok. *a*, *i*, *u* (lang und kurz) erhalten, und nur sie werden durch die Vokalzeichen der klassischen Sprache angedeutet. Jedoch ist ihre Aussprache oft durch die sie umgebenden Konsonanten modifiziert worden. Besonders erwähnen die Grammatiker *tafḫīm* (dumpfes *å* statt *ā*) und *imāla* (*ä* oder *e* st. *a*); das erste war im Dialekt von Ḥiǵāz nicht selten, weshalb im Ḳoran z. B. *ḥiu̯t*, d. i. *ḥai̯åt*, st. *ḥai̯āt* „Leben" geschrieben wird. Ähnliche Dialektunterschiede bemerkt man in bezug auf ʾ. Die Ḥiǵazener geben es in geschlossener Silbe nach *a*, *i*, *u* unter Ersatzdehnung auf, und *iʾa*>*ii̯a*, *uʾa*>*uu̯a*; diese Sprechweise ist für die Schrift maßgebend, aber in der herrschenden Sprachform hat man die dadurch entstandenen *i̯* und *u̯* wieder mit ʾ versehen (z. B. *ḏiʾb* „Wolfhund" geschr. *ḏib*). Was die Pronomina betrifft, muß die oben § 8 gegebene Übersicht ergänzt werden. Die Pronominalsuffixe für die 3. Pers. lauten im Nordarab.: 3. m. Sing. *hū*, f. *hā*, 3. m. Pl. *hum*, f. *hunna*, 3. m. f. Dual. *humā*. Im Südarab. hat das Sabäische beinahe dieselben Formen: Sing. *hū*, f. *hā*, Plur. *humū*, f. *hunā*, Dual *humān*, häufiger *humai̯*; aber das Minäische (und Katabanische) hat Sing. *śū*, f. *śā*, Plur. *śumū*, f. *śunā*, Dual *śumān*, also mit *ś*, dem akkad. *š* entsprechend. Das selbständige Personalpron. wird im Sab. mit *t* erweitert, Sing. *huu̯atu*, f. *hii̯atu*, Plur. *humatu*, was an das Akkad. und Äthiop. erinnert. — In der Nominalbildung ist die ursem. Formbildung regelmäßiger bewahrt als in irgendeiner anderen sem. Sprache, aber durch allerlei Neubildungen erweitert. Unter den vielen Nominalformen ist die sogenannte Elativform *ʾafʿalu* für das Arab. charakteristisch, z. B. *ḥasanuⁿ* „schön", *ʾaḥsanu* „schöner". Diese Form läßt sich auch im Südarab. und im Ṣafaten. (wie in den arab.-aram. Inschriften) nachweisen. Neben der gemeinsem. Fem.-Endung *(a)t* hat das Arab. auch Fem.-Formen wie *fuʿlā* (Fem. zu Elat.), *faʿlā*, *faʿlāʾu*; Formen wie *faʿlā* kommen auch im Südarab. vor. Die alten Kasusendungen *u*—*a*—*i* sind bewahrt (in den neueren Dialekten sind sie abgefallen); in den nabat. Namen werden *u* und *i* durch *u̯* und *i̯* angegeben, jedoch nicht immer richtig; dasselbe ist der Fall mit den oben erwähnten Inschr. aus Zabad und Ḥarrān, was auf einen schwankenden Gebrauch deutet; auch in stat. constr.-Formen werden sie im Nordarab. bewahrt; die Form *amatu̯n*<*amat ṯu̯n* „Magd des (Gottes) *ṯu̯n*" scheint zu zeigen, daß das Südarab. die auslautenden Vokale im stat. constr. wie das Akkad. wegließ. Was ursem. ist, läßt sich schwer entscheiden. Im Plur. hat man die alten Endungen, mit *na* erweitert, Nom. *-ūna*, Akk. Gen. *-īna*, Fem. Nom. *-ātu*, Akk. Gen. *-āti*; im stat. constr. wird *-na* weggelassen, im Südarab. hat man jedoch hier die Endung *-ai̯*. Diese regelmäßigen, durch Endungen gebildeten Plurale haben ihre hauptsächliche Verwendung bei Adjektiven und Partizipien. Sonst sind sie meistens sowohl im Nordarab. wie im Südarab. durch andere Bildungen, die sogenannten Pluralis fractus-Formen, ersetzt worden. Von diesen Formen gibt es sehr viele (von 3-radikal. etwa 30), z. B. *rumḥuⁿ*, Pl. *rimāḥuⁿ* „Lanze", *bai̯tuⁿ*, Pl. *bui̯ūtuⁿ* „Haus", *kitābuⁿ*, Pl. *kutubuⁿ* „Buch", *nafsuⁿ*, Pl. *ʾanfusuⁿ* „Seele" *fārisuⁿ*, Pl. *fursānuⁿ* „Reiter" usw. Es ergibt sich dadurch eine fast unübersehbare Fülle von Möglichkeiten. Einige Plurale werden „Wenigkeitsplurale" genannt, weil sie kleinere Pluralitäten angeben sollen (etwa 3—10); so Formen wie *kitbat*, *ʾaktab*, *'aktibat, 'aktāb* (das gilt aber nur, wenn das Wort mehrere Plur.-Formen hat). Bisweilen bekommt man pluralis pluralis, z. B. *baladu*^{n} „Stadt", „Gegend", Plur. *bilādu*^{n}, Plur. Plur. *buldānu*^{n}. Das in den Beispielen angehängte *n* ist der unbestimmte Artikel, die „Nunation" aus der alten „Mimation", *m*>*n* (vgl. das Aram., teilweise das Kan.) entstanden. Das *m*, wovon eine Spur in *famu*^{n} „Mund" neben *fū* vorhanden ist, hat sich im Südarab. behauptet. Eine besondere Gruppe von Nomin. hat keine Nunation, vor allem viele Eigennamen, die ja immer determiniert sind; an diese haben sich dann andere angeschlossen. Schwer erklärlich ist es, daß diese „Diptota" (die anderen sind „Triptota") sowohl im Akk. wie Gen. auf *-a* endigen, z. B. *'Umaru*, Akk. Gen. *'Umara*. Auch im Südarab. kommen Eigennamen vor, die weder als bestimmt noch als unbestimmt gekennzeichnet sind. Der bestimmte Artikel ist im Südarab. ein nachgehängtes *n*, das *-ān* zu lesen ist (Hommel *Süd-Arabische Chrestomathie* 1893 § 57). Wenn es aus *hān* (so im Katabanischen) entstanden wäre (a.a.O.), würden wir hier den nordwestsem. Art. mit dem z. B. von dem Pron. *zan, d*^{e}*nā* usw. bekannten demonstr. Element *n* haben. Im Nordarab. ist der Art. ein vorgestelltes *al*, dessen *l* oft assimiliert wird. Der Stamm Ṭajj hat für *l* ein *m* gehabt. Merkwürdig ist nun, daß die alt-nordarab. Inschriften (Liḥjan., Ṯamūd., Ṣafat.) den Art. *ha* haben, während die arab. Eigennamen in nabat. und sinait. Inschriften den Art. *'al* zeigen. Man sieht daraus, daß der Artikel in den Einzelsprachen spät entwickelt ist, und verschiedene demonstr. Elemente können eventuell nebeneinander dafür gebraucht werden; das Äthiopische hat ebensowenig wie das Akkad. einen bestimmten Art., sondern drückt Determination durch ein demonstr. Pron. („Mann jener") oder genit. Pronominalsuffix (z. B. *manbarū* „Thron davon", d. i. der T.) aus, oder man greift das bestimmte Wort durch Suff. vor („Gott nannte es, nämlich Licht, d. i. das L., Tag"; „mit ihm, mit Wort", d. i. „mit dem W."), was auch im Syr. und Mand. gewöhnlicher Gebrauch ist.

§ 25. Die Aktionsformen der Verba sind im Arab. besonders gut erhalten. Außer dem einfachen Stamm gibt es Intensiv-, Ziel- und Kausativstamm und für jeden ein Reflexiv mit *t*, das bei Intensiv- und Zielstamm präfigiert (*takattaba, takātaba*), bei den beiden anderen infigiert ist (*iktataba, istaktaba*); ferner hat man ein Reflexiv mit *n* zum einfachen Stamm (*inkataba*). So im Nord- und Südarabischen. Jeder dieser Stämme hat außer dem Aktiv ein Passiv, das durch Vokalveränderung gebildet wird. Der Kausativ wird im Nordarab. durch präfig. *'a* gebildet (*'aktaba*), im Minäischen durch *ś*, im Sabäischen durch *h*. Daß auch im Nordarab. ein *ś* zum Kausativ gebraucht worden ist, erhellt aus dem Reflexiv, wo Süd- und Nordarab. *st-* haben. Spuren davon findet man auch sonst, ebenso wie von *ha*, in Verb. wie *harāḳa* „ausgießen", *sadala* „hängen lassen", *sabaḳa* „überholen", vgl. *baḳā* „zurückbleiben" (entstanden wie *taḳā* „fürchten" aus *ittaḳā*, Refl. von *u̯aḳā*); einige solche Worte sind jedoch pro-arab. Bildungen. Das Perfekt und das Imperfekt werden wie in den nordwestsem. Sprachen gebildet; nur haben sich die auslautenden Vokale der Endungen erhalten, und vom Imperf. bildet man regelmäßig nicht nur wie urspr. im Hebr. und Aram. Indikativ auf *-u* neben den endungslosen Formen (Apocopatus), sondern auch einen auf *-a* endenden Subjunktiv; dazu „Energicus" mit *-an* oder *-anna*, an Apocopatus gefügt. Der Indik. hat nach *ū* und *ī* ein *n* (vgl. Hebr., Aram. und Akkad. *ni*), z. B. 3. m. Plur. *i̯aktubūna*, 2. Sing. Fem. *taktubīna*. Das *n* des Energicus findet sich vielleicht auch im Südarab. und in der Indikativendung *-en* des Mehri. Die schwachen *u̯* und *i̯* haben sich mehrfach besser erhalten als in den nördl. Sprachen; so findet man hier durchweg die regelmäßigen Formen *ḳau̯u̯ama, ḳāu̯ama, sāi̯ara, ǵazau̯ta, ramai̯ta* usw. Analogisch sind sie dann bisweilen festgehalten, wo sie schon im Ursem. normal geschwunden sind (zwischen kurzen Vok.); so findet man im Ṣafat. *faṣai̯a, i̯uḫtai̯aru* st. *faṣā, i̯uḫtāru*. Nach *ā* wird *i̯* und *u̯* vor *i* und *u* zum Kehlkopfverschluß geschwächt, *sāi̯ir*>*sā'ir* (im Hiǵazen. jedoch *i̯*, was die Schrift behält); so auch im Ṣafat. (*s'r*). Das Arab. hat eine große Menge von Infinitiven gebildet, wie *katb, katab, kutūb, katāb, katīb, katabān* usw. Die beiden erzählenden Formen, Perf. und

Imperf., werden im ganzen wie im Aram. verwendet. Die arab. Erzählung hat dadurch das alte sem. Gepräge bewahrt. Die Verba sind auch hier zeitlos, die Wortstellung gebunden und deshalb ausdrucksvoll. Das Arab. hat aber, wie die oben dargestellte Übersicht zeigt, nicht nur das alte sem. Kasussystem bewahrt, sondern auch sein eigenes Verbalsystem gebildet, wodurch neue Beziehungen Ausdruck finden. Innerhalb des Imperfekts, das hinzukommende, bzw. unselbständige oder noch im Fluß begriffene Handlungen bezeichnet, drückt der Indik. die reine Mitteilung aus, während der Subjunktiv in Nebensätzen die Handlungen als vom Streben, Hoffen, Erwarten abhängig hinstellt, z. B. *'an i̯aktubu* „daß er schreibt“, *'an i̯aktuba* „daß er schreibe“, deshalb auch als eventuelle Folge, z. B. hilf mir, und ich werde leben (Subjunkt.), d. h. so, daß ich in dem Falle lebe. Dagegen wird die endungslose Form in naher Anknüpfung an den Imper. benutzt, obwohl der Sprachgebrauch sich in gewissen Verbindungen davon entfernt hat. Auch das Arab. charakterisiert also die Handlung teils an sich, teils im Verhältnis zu anderen, bald an das Akkad., bald an das Hebr. erinnernd, aber durchaus eigene Wege gehend. Das System ist nun weiter ausgebildet und fein nuanciert worden. Durch kleine Partikeln kann die im Verbum ausgedrückte Tatsache als künftig oder als endgültig vorliegend oder früher abgeschlossen bezeichnet werden, eine Annäherung an die griech. Denk- und Sprachweise, die schon im späteren Aram. (und Neuhebr.) angefangen hat. Es bilden sich bestimmte Regeln, nach denen der Erzähler zwischen Vorder- und Nachsatz scharf trennen kann, wenn er es wünscht; durch Konjunktionen wird das Verhältnis von ober- und untergeordneten Sätzen mehr präzisiert und nuanciert. Es handelt sich jedoch immer nur um Modifikationen. Die Stärke der Sprache liegt nicht in dem fein abgewogenen logischen Verhältnis der Sätze und Satzteile und der scharfen Begrenzung jedes Begriffes, wie etwa im Lat., sondern, wie in anderen sem. Sprachen, in der mannigfach nuancierten Charakteristik, welche durch die hier besonders reich vorhandenen Aktionsformen des Verbums und den Bedeutungsinhalt des Nomens ausgedrückt wird. Die Fülle der Formen und der Reichtum des Lexikons verleiht in dieser Beziehung dem Arab. eine noch größere Fähigkeit als den verwandten Dialekten. Die südarab. Inschr. zeigen natürlich nicht eine so starke Entfaltung der Sprache wie die nordarab. Literatur. Lexikalisch unterscheidet das Südarab. sich oft vom Nordarab. und zeigt Verwandtschaft mit den n. Sprachen. Syntaktisch hat es die Besonderheit, daß ein Imperf. mit Suff. durch *u̯* „und“ mit Perf. fortgesetzt wird, wenn die folgenden Verben kein Suff. haben; umgekehrt kann Perf. mit Imperf. und *u̯* fortgesetzt werden. Wir haben also hier Ansätze zur Regelung des Verhältnisses zwischen dem Perf. und dem Imperf., welche an das Hebr. erinnern. Die Gedichte aus Zentralarabien, Ḥiǵāz und der Euphratgegend, welche kurz vor dem Islam verfaßt wurden, zeigen, daß man schon damals einen einheitlichen nordarab. Normaltypus gebildet hatte. Dieser Typus ist durch die großen arab. Schriftsteller und die Philologen zur klassischen Schriftsprache geworden. Die auslautenden kurzen Vokale, die damals (8. Jh.) nicht mehr gesprochen wurden, haben sie festgehalten und überhaupt die Normalformen — oft mit Berufung auf Beduinen — festgestellt. Manche Dialektunterschiede mögen dabei ausgeglichen worden sein. Auf lokalem Sprachgebrauch mag z. T. der ungeheure Reichtum der Worte und Bedeutungen beruhen. Allerlei kleine Dialektabweichungen werden von den Philologen verzeichnet; z. B. haben die Ṭajjiten als Relationspartikel *ḏū*, während das Klass.-Arab. sich daraus ein wirkliches Relativpron. *allaḏī*, das in genus und numerus dekliniert wird, gebildet hat. Der ṭajjitische Gebrauch erinnert an Nordsemit., Südarab. und Äth. und stimmt mit dem Ṣafatenischen überein.

In den alten Kulturländern n. von Arabien eigneten die Araber sich neue Gewohnheiten an; viele ihnen bis dahin unbekannte Begriffe sind dadurch in ihre Sprache hinübergegangen, und zwar naturgemäß aus dem Aramäischen. Diese Lehnwörter beziehen sich auf alle Gebiete des Lebens: Wohnung, Speise, Kleidung, Tiere, Pflanzen, Handel, Krieg, Verwaltung usw. (S. Fraenkel *Die aramäischen Fremdwörter im Arabischen* 1886). Viele Lehnwörter sind griech. oder lat., sie sind aber durch das Aram. in das Arab. gekommen. So ist lat. *castrum* griech. κάστρον geworden, woraus aram. *ḳasṭrā>ḳaṣrā*, und davon arab. *ḳaṣr* „Burg"; denselben Weg ging *furnus* „Ofen", arab. *furn*, *candela* „Lampe", arab. *ḳandīl* u. v. a. So wurden von den Muslimen hellenist. philosophische Begriffe aufgenommen, und das Arab. wurde das Instrument hellenist. Denkens. Auch pers. Lehnwörter sind diesen Weg gegangen, z. B. *paddam* „Seihgefäß", aus *pandām* (mit *nd>dd* im Aram.), andere sind, besonders in der späteren Zeit, direkt aus dem Pers. entlehnt; durch das Pers. sind auch ind. Worte in das Arab. hineingekommen (A. Siddiqi *Studien über die pers. Fremdwörter im klass. Arabisch* 1919). Hebr. Worte und Begriffe sind durch den Islam aufgenommen (A. Geiger *Was hat Mohammed aus dem Judenthume aufgenommen?* 1883, 1902). Durch Muhammed und schon vor ihm haben äthiop. Fremdwörter in das Arab. den Weg gefunden; sie beziehen sich auf Religion, Kleidung, Wohnung, Waffen, Geräte, Tiere, und legen somit — wie die anderen Lehnwörter — ein wichtiges Zeugnis von kulturellen Beziehungen ab (Th. Nöldeke *Neue Beiträge zur sem. Sprachwissenschaft* 1910 S. 30ff.). Neben der klassischen Schriftsprache entwickelten sich schon früh verschiedene Dialekte der alltäglichen Sprache, die aus älterer Zeit nur sporadisch (aus Irāḳ und Spanien) bekannt sind. Von den heutigen Dialekten Arabiens, Irāḳs, Syriens und Ägyptens heben sich die Nordafrikas, welche unter Einfluß der einheimischen Berbersprachen und des Span. gestanden haben, recht bedeutend ab. Man hat stark nuancierte Konsonanten und Vokale (A. Fischer *Zur Lautlehre des Marokkanisch-Arabischen* 1917), aber die Vokale sind wie überhaupt im Neuarab. stark reduziert; Formen wie Imperf. 1. Sing. *nekteb*, Plur. *nĕkketbu* fallen besonders auf; berberische Lehnwörter sind aufgenommen. Diesem „maġribinischen" Dialekte nahe steht das Maltesische, vom Italien. beeinflußt. Die Sprache der Kopten hat vielfach das äg. Arab. beeinflußt. In Mahra und Schiḥr und auf Soḳoṭra findet man heutige Nachkommen der alten südarab. Sprache. Hier hat u. a. die Endung des Perf. 1. Sing. das urspr. *k*, das auch im Sab. verwendet sein soll, und es ist anal. auf die 2. Pers. übertragen worden.

VI. § 26. Das Hochland Abessiniens war in älterer Zeit von Hamiten (im Zentrum von den Agau) bewohnt. Hier sind südarab. Stämme schon lange vor C. eingedrungen und allmählich so stark geworden, daß sie ein Reich mit Aksūm (im n. Teil) als Hauptstadt gründeten. Ihre Sprache wird nach dem Volke Geʿez („Wanderer") genannt, in christl. Zeit auch Äthiop., mit Verwendung des griech. Namens, der eigentl. etwas anderes bedeutete. Das Bestehen dieses Reiches wird durch zwei griech. Inschr. aus dem 1. Jh. n. C. bezeugt. Das Christentum wurde im 4. Jh. eingeführt. Aus dieser Zeit stammen die alten Aksūm-Inschriften (etwa 300—500 n. C.); die ältesten sind im sab. Alphabet geschrieben, eine ist von griech. Übersetzung begleitet, in den anderen hat man das äthiop. Alphabet, teils mit Vokalen, teils ohne solche (*Deutsche Aksum-Expedition* I—IV). Das aksūmitische Reich bestand bis etwa 1200 n. C. Es hatte im 6. und 7. Jh. vielfach Beziehungen zu Arabien und beherrschte eine Zeit Südarabien (s. o.). Nach der islam. Eroberung wurde Abessinien isoliert; vom N her drangen die Bedja, vom O die Saho und Denākil hinein. 1270 entstand eine neue Dyn. im südabess. Schoa mit Jekūnō Amlāk. Diese Dyn., welche bis 1855 herrschte, gehörte zum Volk Amhara. Seine Sprache, die Amharische, welche einer s. Schwestersprache des Geʿez entstammt, wurde jetzt die offizielle Sprache. Die sem. Bevölkerung war hier besonders stark mit Hamiten gemischt; im 16. Jh. erfolgte noch eine Somali-Invasion, und die Galla besetzten den s. Teil des Landes. Hauptsitz des Amharischen ist die Gegend s. und sö. vom Tana-See. Im W wird der Godjam-, im O der Schoa-Dialekt gesprochen. Das Amharische wird aber heutzutage sehr viel außerhalb seiner eigentl. Grenzen benutzt. Dadurch sind wieder neue Dialekte entstanden, wie in Gurāguē, s. von Schoa, und in Harar, ö. von Schoa. Um das alte Aksūm herum entwickelte sich aus dem

Geʿez eine neue Sprache, nach der Landschaft Tigrē Tigriña oder Tigrāi genannt, das übrigens vom Amharischen stark beeinflußt ist. Noch nördlicher, in der italien. Kolonie Eritrea, zwischen Suakin und Massaua und auf den Dahlak-Inseln, spricht man Tigrē, das vom Geʿez oder einem verwandten Dialekt herstammt. Die muhammedanische, wesentlich hamitische Bevölkerung hat sich vom christl. Amharischen wenig beeinflussen lassen, aber allerlei vom Arab. aufgenommen. Das Geʿez blieb auch nach dem Fall der Aksūmiten die Schriftsprache. Die schriftlichen Denkmäler der älteren Zeit sind, außer den Inschriften, Bibelübersetzungen; daran schließen sich jüd. Pseudepigraphen, von welchen besonders das Buch Henoch und das Jubiläenbuch wichtig sind. Theologische und lithurgische Werke liegen teils in Übersetzung aus dem Griech., teils in selbständiger Ausarbeitung vor. Die Evangelienübersetzung steht dem syr.-okzidentalischen nahe. Auf eine Verbindung mit dem aram. Christentum in älterer Zeit deuten auch Lehnwörter wie *haịmānōt* „Glaube“ u. a. Nach der islam. Eroberung Ägyptens wurde die äthiop. Literatur von der dortigen arab.-christlichen beeinflußt. Selbständige Werke werden namentlich 1300—1600 geschaffen. Die Literatur umfaßt Geschichte, Recht, Heiligenlegenden, Medizin usw. sowie auch Poesie, zunächst religiöse Hymnen. Die Geʿez-Sprache der letzteren Per. ist vielfach durch das Amharische beeinflußt; besonders die Orthographie ist hier sehr schwankend. Das Amharische ist seit dem 17. Jh. gewissermaßen Literatursprache geworden. Sonst ist es, wie die anderen neueren Dialekte, durch europ. Forschungen in neuester Zeit bekannt geworden.

Der Lautbestand des Äthiop. steht dem des Arab. ziemlich nahe. Die Zischlaute haben sich wie im Arab. entwickelt, insofern *š*>*s*, *ś*>*š* geworden sind, aber außerdem sind die interdentalen *ṯ* und *ḏ* zu alveolaren *s* und *z*, und *ṯ̣*> *ṣ* (wie im Akkad. und Hebr.) geworden; dagegen ist der stimmhafte dorsal-alveolare Spirant *ḏ̣* bewahrt; *p* ist wie im Arab. spirantisch (*f*), aber in Fremdwörtern kommen *p* mit gehauchtem und *p̣* mit festem Absatz vor. Das velare *ġ* fällt mit ʿ zusammen. Eine durch hamitischen Einfluß entstandene Eigentümlichkeit ist die häufige Aussprache der Palatale *k*, *g* und der Velare *ḳ*, *ḫ* mit Lippenrundung, wodurch ein *u*-ähnlicher Gleitlaut entsteht: *kᵘ*, *gᵘ*, *ḳᵘ*, *ḫᵘ*. Die Vokale *u* und *i* sind im Auslaut geschwunden, während sie im Wort-Innern geschwächt (>*ĕ*) werden. Die Laryngale werden weniger stark als im Arab. artikuliert, was man daraus ersieht, daß *a* vor ihnen in geschlossener Silbe gedehnt wird, z. B. *ịemlāʾ*; auch sonst können sie *a* oder *e* beeinflussen; *aụ*>*ō*, *aị*>*ē* außer vor *ụ* oder *ị*. Das Äthiop. hat somit die Vokale *ā*, *ē*, *ī*, *ō*, *ū*, *ă*, *ĕ*.

§ 27. Die Pronomina zeigen das aus dem Akkad. und Südarab. bekannte *t* in *ụeʾĕtū* „er“ (aus *hūʾatu* mit dissim. *h*), *ịeʾĕtī* „sie“, oder *nt* wie im demonstr. *zentū*, oder *k* wie in *zekū* (vgl. arab. *ḏāka*, *ḏālika*). Die Nominalbildung zeigt eine Mannigfaltigkeit von Formen, obwohl nicht so große wie das Arabische. Bemerkenswert ist die Verwendung der gemeinsem. *nisba*-Endung-*ī*. Es werden damit nur selten Beziehungswörter gebildet, wie z. B. *ʿarabī* „Araber“, „arabisch“; durch diese Endung werden Täter bezeichnet, z. B. *raụāṣī* „Läufer“, *mamlakī* „Gottesverehrer“, *maḥārī* „barmherzig“ („Betätiger von Barmherzigkeit“); mit *-āi* und *āụī* werden Adjektiva gebildet, z. B. *ʿālamāụī* „weltlich“. Ferner die Endung *nā*, um Begriffe, Zustände, Würden usw. zu bezeichnen, z. B. *bekᵘernā* „Erstgeburtsrang“. Dagegen findet man hier weder das arab. Elativ, *ʾafʿalu*, noch das im Arab. viel gebrauchte Deminutiv *fuʿaịl*. Das Fem. wird durch *-(a)t*, bes. bei Adj. und Ptcp., gebildet; auch *-ā*, *-ē* kommen vor, gelegentlich dann wieder mit *t* erweitert, *-ā* vor allem in Tiernamen. Die Plur.-Endung ist Mask. *-ān*, Fem. *-āt*. Für die mask. Pluralendung, die mit arab. *fuʿlān*, *fiʿlān* zu vergleichen ist, gebraucht man aber gewöhnlich wie im Arab. plur. fractus-Formen, nach den Mustern *kitab*, *kutab*, *ʾaktāb*, *ʾaktūb* usw.; die Mannigfaltigkeit ist jedoch nicht so groß wie im Arabischen. Wie im Arab., aber viel öfter, bildet man von diesen neue Plural-Formen, in der Regel mit *-āt*. Vom Dual hat man noch nur erstarrte Reste (*kelʾē* „zwei“, *ĕdē* [vor Suff.] „Hand“; ZDMG 47 [1893] S. 395 Prätorius). Die Kasusendungen sind nur teilweise bewahrt. *u* und *i* (Nom. und Gen.) fallen im Auslaut weg, im Inlaut sind sie vor Suffixen als *ĕ* erhalten (s. o.). Die Akk.-Endung *-a* wird bewahrt; bei Eigennamen hat man *-hā* (viell. die urspr. Form, wohl die demonstr. Partikel), vor dem Suffix 1. Sing. *-e*. Die Akk.-Endung hat sich auf Pronomina und Zahlwörter verbreitet und tritt immer an Worten, die in stat. constr. stehen, auf, auch in Nom. und Genitiv. Bisweilen hat man einen Vokativ auf *-ō*, z. B. *'egzi'ō* „o Herr". Über Determination s. § 24. Unter den Zahlwörtern hat das Äthiop. das alte Wort für „zwei" aufgegeben und dafür *kel'ē* (in den anderen Dial. „beide") eingeführt. In der Verbalflexion zeigt das Äthiop. mehrere Eigentümlichkeiten. Wegen der Abschwächung von *i* und *u* werden aus den drei Formen *katab, katib, katub* nur zwei, wie *nagara* und *labsa*. Alle Aktionsformen kommen vor, wenn auch nicht in der regelmäßigen Ausprägung des Arabischen. Wir haben den einfachen Stamm, Intensivstamm, Zielstamm und Kausativstamm. In der Regel werden sie aber nicht nebeneinander gebraucht, sondern ein Verbum kommt regelmäßig (mit einigen Ausnahmen) nur in einem von den drei ersten Stämmen vor. Damit hängt es vielleicht zusammen, daß der Kausativ nicht nur wie in den Schwestersprachen vom einfachen Stamm, sondern von den drei Stämmen gebildet wird. Der Kausativ wird wie im Arab. durch präfig. *'a*, in dem entsprechenden Reflexiv durch *s* gebildet (das *s* zeigt sich auch in gewissen abgeleiteten Substantiven). Zu den drei ersten Formen sowie zu ihren Kausativformen bildet das Äthiop. Reflexivformen mit *t*, das immer präfigiert ist, auch zum einfachen Stamm. Man bekommt also I Grundst. *kataba, katba*, II Intensivst. *kattaba*, III Zielst. *kātaba*; Kausativ von I *'aktaba*, von II *'akattaba*, von III *'akātaba*; Reflexiv von I *takataba* und *takatba*, von II *takattaba*, von III *takātaba*, von Kaus. I *'astaktaba*, von Kaus. II *'astakattaba*, von Kaus. III *'astakātaba*. Ein *n*-Reflexiv ist bei 4-radikal. Verben bewahrt. Das Passiv wird nicht mehr gebraucht. An *kātaba* (Zielstamm) schließen sich *kōtaba* und *kētaba*; diese vertreten teilweise *kau̯taba* und *kai̯taba*, die auch im Arab. und Hebr. vorkommen. Ähnliche Formen können aber auch anders entstanden sein. So hat das Intensiv die Imperf.-Form *i̯efēṣem* aus *i̯efeṣṣem* mit assimil. *e* aus *i̯efaṣṣem*, das für Subj. verwendet wird. Auch das System der finiten Verbalformen ist im Äthiop. eigenartig entwickelt. Man hat das durch Affixe gebildete Perfekt und die durch Präfixe gebildeten Imperfekta: Indikativ und Subjunktiv. Die Endungen des Perf. sind: Sing. 3. m. *-a*, 3. f. *-at*, 2. m. *-ka*, 2. f. *-kī*, 1. *-kū*, Plur. 3. m. *-ū*, 3. f. *-ā*, 2. m. *-kĕmmū*, 2. f. *-ken*, 1. *-na*. Auffallend ist hier die Bewahrung des *k* der 1. Sing.; dieses ist analogisch auf die 2. Pers. übertragen worden, während im Nordarab., Hebr., Aram. die umgekehrte Bewegung stattgefunden hat. Im ganzen wird das Perf. wie im Arab. gebraucht. Das gemeinsem. Imperf., das sich an die Imper.-Form schließt, erhält vor dem 3. Rad. *ĕ* (aus *u* oder *i*) oder (von Verb., die im Perf. *u, i* haben) *a*, das sich in der Regel hält, im Präf. Schwächung zu *ĕ*, also *i̯ĕngĕr*, *i̯ĕlbas*; im Kaus. schwindet das ', und das Präfix wird *i̯ā*, z. B. *i̯āḳtĕl*. Die kurzen auslautenden Vokale finden wir nicht. Diese Verbalform wird aber nur als Ausdruck für Wollen, Absicht, Wunsch, sowohl in selbständigen als in abhängigen Sätzen, benutzt, deshalb besonders nach finalen Partikeln wie *kama*. Sie wird daher Subjunktiv genannt und entspricht im Gebrauch sowohl den endungslosen Formen (hebr. aram. Jussiv, arab. Apocopatus) wie der arab. Finalform mit *-a* (Subjunktiv). Als Indikativ verwendet man eine Form, die sich von der eben erwähnten dadurch unterscheidet, daß nach dem 1. Rad. ein betontes *a* sich befindet; der Vok. der letzten Silbe ist hier immer zu *ĕ* geschwächt, z. B. *i̯ĕnágĕr*, *i̯ĕlábĕs*. Die Verba mit mittlerem *u̯* oder *i̯* werden unterschieden, indem der ausfallende schwache Kons. den Vokal beeinflußt; so Perf. *ṣōra* (*ṣu̯r*), aber *šēma* (*ši̯m*); neben Subj. *i̯ĕṣūr*, *i̯ĕšīm* hat man dann Indik. *i̯ĕṣāu̯ĕr*, *i̯ĕšāi̯ĕm* mit Kons. *u̯* und *i̯*. Als 3. Rad. werden *u̯* und *i̯* (sekundär) erhalten, z. B. *talau̯a* „folgen", *samai̯a* „nennen"; in der Flexion entsteht dann bisweilen *au̯*>*ō*, *ai̯*>*ē*. — Das Äthiop. hat sich in syntaktischer Hinsicht stark entwickelt. Die Wortstellung ist frei; die Pronominalsuff. bezeichnen nicht nur Akk., sondern auch Dat. (vgl. oben zum Akkad. und Hebr.); die Beziehungen zwischen den Satzteilen und zwischen den Sätzen werden durch viele Präpositionen und Konjunktionen, z. T. spez. äthiop. Bildungen, nuanciert. Das Verhältnis zum Griech. mag von Bedeutung gewesen sein, aber die Ausbildung der Sprache ist durchaus semitisch. Bemerkenswert ist die Verwendung der Verbalnomina. Neben den nominal gebrauchten Infinitiven hat das Äthiop. eine rein verbal verwendete Form *faʿīl*, Gerundium genannt, welche die Aktion des Verbums näher bestimmt, z. B. *i̯eṯḳĕʿū hau̯īrōmū* „sie sollen blasen, indem sie gehen". Dies ist eine weitere Entwickelung dessen, was schon in den anderen Sprachen (vgl. hebr. inf. absolutus) vorkommt. Man muß sich wundern, daß das Äthiop. seinen sem. Typus so rein erhalten hat. Einen speziellen hamitischen (näher bestimmt: kuschitischen) Einfluß findet man — außer dem oben zur Lautlehre bemerkten — in der Nominalendung *-nā* und in verschiedenen Lehnwörtern (ZDMG 43 [1889] S. 317ff.; ebd. 47 [1893] S. 385ff. Prätorius). Hebr. und aram. (und damit griech.) Lehnwörter kommen in dem Bereich der Religion, aber auch sonst, vor (Nöldeke *Neue Beiträge zur semit. Sprachwissensch.* 1910 S. 31ff.). Ganz anders verhält es sich mit dem Amharischen, das sehr stark hamitisiert worden ist. Die Laryngale sind aufgegeben, außer ʾ und *h*; die Liquiden, Palatale und Dentale sind mouilliert, die Nominal- und Pronominalflexion verändert, das Lexikon ist zum großen Teil hamitisch.

VII. § 28. Wenn wir die Geschichte der S. als Ganzes überblicken, fällt uns ihre starke Gleichartigkeit auf. Die Babylonier sind vom W in ihre Heimat eingedrungen. Einem ähnlichen Weg folgte ein Zweig der w. Schicht, die sich über Westsyrien und Palästina verbreitet hatte. Genau so taten es später die Aramäer, und noch später die Araber. Die Bewegungen, durch welche die Einzelvölker entstanden sind, sind alle innerhalb des geschichtlichen sem. Gebiets vor sich gegangen. Daraus können wir mit großer Wahrscheinlichkeit schließen, daß auch die Ursemiten sich hier aufgehalten haben. Vor der Trennung hat die Sprache schon ihre hervortretenden Eigentümlichkeiten entwickelt: das 3-Radikalsystem, die Schwächung von *u̯* und *i̯*, das Pronominalsystem, Nominalflexion mit Kasusendungen, stat. constr., Verbalflexion, gewisse Präpositionen, die syntaktischen Grundregeln, einen gewissen Wortschatz u. a. Wenn wir die einzelnen Gruppen vergleichen wollen, um ein genaueres Bild ihrer inneren Verwandtschaft zu gewinnen, macht die starke Entwicklung des gemeinsamen Typus einen solchen Vergleich schwierig. Erstens sind die gemeinsamen Züge so überwiegend, daß die besonderen Eigentümlichkeiten nicht immer scharf hervortreten; zweitens kann der stark ausgebildete gemeinsame Sprachgeist ganz sekundär analoge Erscheinungen schaffen, ohne daß eine besondere Verwandtschaft vorliegt. So hat sich sowohl im Aram. wie im Äthiop. die Gewohnheit ausgebildet, ein Nomen zunächst durch ein Suffix vorzugreifen („ich traf ihn, den Mann", „sein, des Mannes Fuß"). Ein anderes Beispiel bieten die Nomina mit schwachem 3. Rad.; dieser schwindet lautgemäß in allen Sprachen, aber im Äth., Hebr. und Aram. entsteht (wohl aus dem Gen.; Brockelmann *Grundriß* I 335) aus *au̯i*, *ai̯i* ein *ē*, bzw. *ä*, und im Äth. und Hebr. finden wir sekundäre Formen mit wiederhergestelltem *u̯*, z. B. äth. *maḏau̯* „Frühling", hebr. *ʿānāu̯* (Brockelmann *Grundriß* I 336). So haben das Aram. und Neuhebr. durch Verbindung vom Partizip. und einem verkürzten Pron., z. B. *i̯ādaʿnā* „ich weiß", eine dem Perf. analoge neue Verbalform gebildet, die sich besonders im Neusyr. weiterentwickelt hat. Ferner muß man bedenken, daß die S. auch nach der Teilung so dicht nebeneinander wohnten, daß man mit starker gegenseitiger Beeinflussung rechnen muß; das gilt vor allem vom Lexikon. Aus dem oben Dargestellten geht hervor, daß das Akkad. besonders auf die n. Dialekte einen starken Einfluß geübt hat, während das Aram., erst von anderen Dialekten beeinflußt, später selbst auf die übrigen eingewirkt hat usw. Endlich muß man in Betracht ziehen, daß wir die Dialekte auf sehr verschiedener Entwicklungsstufe kennen lernen. Im Akkad. und Arab. sehen wir das alte Flexionssystem des Nomens in voller Blüte und können dessen Verfall beobachten, während wir im Hebr. und Aram. nur noch Reste davon spüren; aber daß es auch hier vorhanden gewesen ist, erhellt daraus, daß es die spezielle Entwicklung der Laute innerhalb dieser Sprachen beeinflußt hat.

Mit diesem Vorbehalt lassen sich mit einiger Sicherheit spezielle Verwandtschaften nachweisen. Der Zusammenhang der nord- und südarab. Dialekte geht aus dem Lautbestand und, trotz aller Verschiedenheit, aus der Ähnlichkeit der Formen deutlich hervor. Daran schließt sich das Äthiopische. Die Bewahrung des *ḏ̣*, der Übergang *p>f*, und vor allem *š>s*, *ś>š* sind starke Zeugen der Verwandtschaft; die Verschiebungen der *s*-Laute zeigen, daß das Äth. sich erst nach der ersten aram. Beeinflussung vom Arab. getrennt hat (s. o.). Ferner ist zu bemerken, daß die kurzen Vokale, sofern sie erhalten sind, sich auch im Auslaut behaupten, wie im Arabischen. Die Abweichungen vom arab. Lautbestand lassen sich leicht als spezielle Sonderentwicklung, zum Teil unter hamit. Einfluß, verstehen. Die lautlichen Parallelen mit den n. Sprachen müssen dann als sekundär betrachtet werden, was um so leichter ist, als die Parallelen nicht genau sind (*ṯ>s* gegenüber *š* und *t*). Dies stimmt zu anderen Erscheinungen: im Nomen die Verwendung der plur. fractus-Formen, im Verbum das Vorkommen aller Stämme (Aktionsformen), die Bildung des Kaus. durch *'a*, aber des Kaus.-Refl. durch *st*. Vor allem schließt sich das Äth. sehr nahe an das Südarab. an, wie man nach der Geschichte der Äthiopier erwarten durfte. Zu erwähnen ist die Perfektendung mit *ḳ* und die Verwendung des *t* im Pronomen. Es kommt hinzu eine große Übereinstimmung im Wortschatz sowohl mit dem Nord- wie mit dem Südarabischen. Andererseits hat schon die oben gebotene kurze Übersicht gezeigt, daß das Äth. eine starke Sonderentwicklung gehabt hat. Das gilt vielleicht noch mehr von dem Lexikon als der Grammatik, besonders von ganz gewöhnlichen Worten („Gott, Mensch, Mann, Weib" usw., Konjunktionen, Präpositionen u. a.; Dillmann *Grammatik der äth. Sprache*[2] 1899 S. 5).

§ 29. Im N finden wir die drei Gruppen: Kanaʿan., Aram., Akkadisch. Jede Gruppe enthält Dialekte, aber die Richtigkeit der Gruppenteilung zu bezweifeln liegt kein Grund vor. Wenn wir diese Gruppen betrachten, müssen wir vom Schwund der Laryngale und *ġ* im Akkad. absehen, weil dieser ohne Zweifel nach der Trennung unter fremdem Einfluß vor sich gegangen ist. Was die Zischlaute und Dentale betrifft, sind die Verhältnisse, wie oben dargelegt, etwas verwickelt. Ursem. *t, d, ṭ, ṣ, s, z* sind hier wie im Südsem. unverändert. Von Bedeutung ist die Behandlung von ursem. *ṯ, ḏ, ṯ̣, ḏ̣, ś, š*. Den drei n. Sprachen gemeinsam ist die Bewahrung des ursem. *š*. Dagegen hat das Akkad. mit dem Südsem. gemein *ś>š*, während Kan. und Aram. auch ursem. *ś* bewahrt haben (vom späteren Übergang *ś>s*, sowie vom assyr. und nordisr. *š>s* kann hier abgesehen werden). Die übrigen 4 Laute sind im Akkad. und Kan. gleich verschoben, im Aram. anders. Wir haben aber gesehen, daß die Verschiebung *ṯ>t*, *ḏ>d* im Aram. nicht einheitlich ist, und daß wir daneben dieselbe Entwicklung wie im Kan. und Akkad. vorfinden, ferner, daß die Verschiebung *ṯ>š* im Kan. nicht aus der ältesten Zeit dieser Sprache herrührt. Übrig bleiben *ṯ̣* und *ḏ̣*, die im Aram. *ṭ* und *ʿ*, bzw. *ḳ* werden, im Akkad. und Kan. *ṣ*. Wir sehen also, daß das Akkad. teils mit dem Südsem., teils mit dem Kan. und Aram., teils mit dem Kan. allein übereinstimmt. Bei der tatsächlichen Ungenauigkeit der kan. Schrift ist es aber fraglich, ob die spezielle Übereinstimmung mit dem Kan. (*ṯ̣* und *ḏ̣>ṣ*) ursprünglich ist (vor allem *ṯ̣>ṣ*). Den drei n. Sprachen gemeinsam ist die häufige Assimilation von *n*.

Ein weitergehender Vergleich zeigt eine sehr nahe Verwandtschaft zwischen dem Aram. und dem Kan., bzw. dem Hebräischen. Der Vokalismus ist nicht sehr verschieden; vom kan. *ā>ō* und der hebr. Vortonsdehnung (*katáb>kātáb*) abgesehen, stehen die Vokalveränderungen einander sehr nahe; hier und dort fallen kurze auslautende Vokale ab. Anlautendes *u̯* wird in beiden Sprachen *i̯*. In der Nominalflexion muß vom bestimmten Art. abgesehen werden, da dieser sich erst innerhalb der Einzelsprachen allmählich entwickelt hat (s. o.); es zeigt sich dann, daß die Flexion in den beiden Sprachen beinahe dieselbe ist. Die Fem.-Endung ist Sing. *at>ā*, die Plur.-Endung Mask. Aram. *-īn* (mit Nunation) wie im Hebr. *-īm* (mit Mimation); die stat.

constr.-Endung ist Plur. *-aį*. Die Verba haben im ganzen dieselben Stämme. Jedoch hat Hebr. wie Akkad. ein als Passiv benutztes *n*-Reflexiv. Umgekehrt hat Aram. wie Akkad. ein *t*-Reflexiv nicht nur zum Kausativ und Intensiv, sondern auch zum Grundstamm. Dem Aram. und Hebr. gemeinsam ist das infigierte *in* vor Suffixen. Die schwachen Verba (und Nomina) werden im Aram. und Kan. in sehr ähnlicher Weise behandelt. Das Aram. hat nur (allerdings bedeutende) Reste von Passivbildungen, während das Hebr. in diesem Punkt wie das Arab. das Ursem. besser bewahrt hat. Die nahe Verwandtschaft zwischen Kan. und Aram. wird durch die weitgehende lexikalische Übereinstimmung bestätigt (vgl. die Liste in Friedr. Delitzsch *Prolegomena eines neuen Hebr.-Aram. Wörterbuchs* 1886 S. 32ff.; die Liste muß modifiziert, könnte auch noch vermehrt werden, z. B. hebr. *läḥäm* in der Bedeutung „Brot", *migdānōt* „Kostbarkeiten", *ṣauuār* „Hals", *ṣūph*, aram. *ṭūph* „fließen", *ng*ʿ „berühren" usw.). Dies stimmt gut damit, daß das Akkad. in mehrfacher Hinsicht eine Sonderstellung einnimmt, vor allem durch seine Verbalflexion. Es ist auch hervorgehoben worden, daß viele gewöhnliche gemeinsem. Worte im Akkad. fehlen, so die Bezeichnungen für Weinstock, Ölbaum, Dattelpalme, Kamel u. a., die teils gar nicht vorhanden, teils durch andere Worte ersetzt worden sind (F. Hommel *Aufsätze und Abhandlungen* I [1892] S. 92ff.); es ist allerdings fraglich, eine wie große Bedeutung wir dieser Erscheinung beimessen dürfen, da der Wortschatz sich hier wie im Äthiop. nach der Trennung unter fremdem Einfluß verändert haben kann. Die Eigenart des Akkad. steht aber ohnehin fest. Wir bekommen somit drei größere Gruppen: Ostsem. oder Akkad.; Nordwestsem. (Kanaʿanäisch-Aramäisch); Südsem. (Arab.-Äthiopisch.).

§ 30. Diese Einteilung gibt aber nicht scharf abgeschlossene Größen. Sie wird durch andere Übereinstimmungen gekreuzt. Für den Lautbestand ist dies schon oben angedeutet worden. Aram. hat mit Arab. eine im ganzen gleichartige Verwendung von Perf. und Imperf. gemein; in dieser Beziehung hat sich aber das Hebr. innerhalb des Kan., das hier sonst mit Aram. und Arab. stimmt, besonders entwickelt. Im Perf. hat das Aram. noch teilweise wie Äth. für die 3. fem. Plur. *-ā* bewahrt. Dem Akkad. und Min. (und Mehri) gemeinsam ist ein *ś* (akkad. *š*) im Pron. der 3. Person. Ein *t* in gewissen Formen desselben Pron. haben Akkad., Phön., Sab. und Äthiopisch. Ein *k* im Perf. 1. Sing. haben Sab. und Äth. (hier auch in 2. Sing.), sowie Akkad. im Permansiv. Im Lexikon gibt es viele zum Teil gewöhnliche Worte, welche dem Aram. und Arab. gemeinsam sind (Hommel *Aufsätze u. Abhandlungen* I 110f.). Phön. hat mit Arab. gemeinsam so gewöhnliche Worte wie *kun* „sein", *pʿl* „machen". Das hebr. Lexikon zeigt eine Menge von Übereinstimmungen zwischen Hebr. und Arab.: *lbn* „weiß", arab. „Milch"; *ʿds* „Linse"; hebr. *nāḥā* „leiten"; *lūz* „weichen (?)"; *ʿūz* „Zuflucht nehmen"; *ʿūg* „krumm sein"; *ʿūš* „zu Hilfe kommen"; *ngd* „hoch sein"; *ʿdr* „fehlen"; *blg* „glänzen"; *nḥl* „besitzen" hat sein Äquivalent im Arab. und Südarab., *nṣḥ* „bespritzen", *lʾk* „senden" im Arab., Sab. und Äthiopischen. Sehr viele Wörter sind dem Hebr., Aram. und Arab. gemeinsam, bzw. mit oder ohne Südarab. und Äthiopisch. Bisweilen hat man Übereinstimmungen zwischen Äth. oder Südarab. und einem oder mehreren der n. Dialekte ohne Äquivalent im Nordarabischen. So haben das kan.-aram. *mgdl* „Turm" und *ʾīš* „Mann" ein Äquivalent im Min., ebenso wie hebr. *lēuī* „Priester". Hebr. *ṣämär* „Wolle" hat Äquivalente im Aram. und Äth.; hebr. *ʾēš* „Feuer" im Akkad., Aram., Äth.; hebr. *ʾäbän* im Akkad., Südarab., Äth.; hebr. *m*ᵉ*tīm* „Männer" im Akkad. und Äth.; hebr. *rāšāʿ* „Frevler" im Aram. und Äth.; *matōk* „süß" im Akkad., Aram. und Äth.; *t*ᵉ*mōl* „gestern" im Akkad., Aram., Äth.; *iārā* „werfen" im Äth.; *sbʾ* „in den Krieg ziehen" im Akkad., Südarab., Äth.; *pārā* „fruchtbar sein" im Aram. und Äth.; *iṣʾ* „hinausgehen" im Akkad., Aram., Südarab., Äthiopischen. Das akkad. *sapānu* „überwältigen" kommt im Äth. vor; hebr. *mamzēr* im Aram. und Äth., hebr. *mältāḥā* (ein Kleidungsstück) findet man im Akkad. und Äthiopischen. Auffallend ist, daß das enklitische *ma* am Verbum im Harari wie im Akkad. verwendet wird (ZfAssyr. 33 [1920] S. 130ff. Littmann). Sehr viele Wörter sind den drei n.

Sprachen gemeinsam, z. B. *ntn* „geben", *skl* „töricht", *lhṭ* „flammen" usw. (vgl. weiter die Liste bei Fr. Delitzsch *Prolegomena* S. 32, wo jedoch auch Wörter, die im Äth. vorkommen, mitgenommen sind). Allerdings ist es hier schwierig, oft unmöglich, zwischen urverwandten Wörtern und Lehnwörtern zu scheiden. Das gilt natürlich auch den dem Akkad. und Kan. spez. gemeinsamen Worten. Vor allem sind hier zu erwähnen *anāku* — *'ānōkī* „ich", mit dem *k* (auch im Alt-Westaram.), *aịābu* — *'ōịēb* „Feind", *alpu* — *'äläp* „Rind", *a* (oder *e*)*ribu* — *'arbä* „Heuschrecke", *arāru* — *'ārar* „verfluchen, *erū* — *hārā* „schwanger sein", *itti* — *'et* „mit", *urru* — *'ōr* „Licht", *ḳakḳadu* — *ḳådḳōd* „Haupt", die Relationspartikel *ša* und vielleicht anderes (Bauer und Leander *Hist. Grammatik d. hebr. Sprache* 1922 S. 7).

§ 31. Die vielen sich kreuzenden Übereinstimmungen zeigen, wie schwierig es ist, Bestimmtes über das gegenseitige Verhältnis der Gruppen zu sagen. Sprachen, die sich relativ fernstehen, wie Akkad. und Äth., zeigen Übereinstimmungen, weil sie beide nach der Trennung ursem. Elemente, die sonst in den Gruppen aufgegeben sind, bewahrt haben. Besonders bedeutungsvoll ist das Verbalsystem. Wir haben gesehen, daß die einzelnen Gruppen, auf gemeinsamer Grundlage bauend, teils gemeinsame (Endungen wie *u*[*ū*], *a, m, n*), teils individuelle Mittel benutzen, um dadurch einerseits verwandte, andererseits besondere Nuancen auszudrücken, daß aber das Akkad. eine Sonderstellung einnimmt. Es muß noch untersucht werden, wie sich diese Sonderstellung zur gemeinsamen Grundlage verhält. Daß das dem Imperativ sich nahe anschließende Präteritum dem Imperfekt der anderen Sprachen (dem Subjunktiv des Äth.) gleich ist, ist ohne weiteres klar. Das rein verbale Element (imperativisch bzw. infinitivisch) tritt hier mit Präfix auf. Das Präsens und das Permansiv haben gemeinsam das *a* nach dem zweiten Radikal, das Präsens teilt mit dem Präteritum die Präfixe gegenüber den Affixen des Permansiv. Die alte Auffassung dieser Formen ist, daß das Präs. und Präter. zusammengehören, wobei unentschieden blieb, welches von dem anderen herzuleiten wäre; als eine dem Präs. analoge Form wurde das äth. *iĕḳatĕl* angeführt (Journ. Asiat. Society NF 10 [1878] S. 244f. Haupt). Das Permansiv wurde dann mit dem westsem. Perf. identifiziert. Da Lagarde vermutete, daß *katib* und *katub* die ursprünglichen Perfektformen darstellten, und da das Permansiv eben diese Formen aufwies, konnte das Permansiv als die ursprüngliche Perfektform aufgefaßt werden (Hommel *Aufsätze u. Abhandlungen* I 114ff.). Wegen der Schwierigkeit, die eine Form aus der anderen herzuleiten, betrachtet man jetzt gewöhnlich das Präsens als eine dem Perf. entsprechende Form mit sekundärem Präfix statt Affix. Das Permansiv wird sodann als eine sekundäre Form aufgefaßt, wofür man auf den formellen Unterschied zwischen dieser Form und dem Perfekt, und zwar den „Bindevokal" *ā* vor den Endungen, hinweist (vgl. zur ganzen Frage Barth, Zimmern, Knudtzon in ZfAssyr. 3 S. 375ff.; ebd. 5 S. 1ff.; ebd. 6 S. 299ff.; Hommel *Aufs. u. Abh.* I 92, 114ff.; E. Lindl *Die babyl.-assyr. Präsens- und Präteritalformen* 1896; F. Delitzsch *Assyr. Grammatik* § 119; Zimmern *Vergleichende Grammatik* S. 109f., 114; Brockelmann *Grundriß* I 569f.; H. Bauer *Die Tempora im Semit.* Beitr. z. Assyr. 8, 1 S. 19f.; ZDMG 1910 S. 288ff.; ebd. 1911 S. 717ff. Torczyner und König; Cohen *Le système verbal sémitique* 1924). Von dieser Auffassung aus wird natürlich die Verbindung mit dem äth. *iĕḳatĕl* abgelehnt, und diese Form wird als eine sekundäre, auf rein lautlichem Wege entstandene Nebenform zum Subjunktiv *iĕḳtĕl* erklärt. Eine solche sekundäre Entstehung des *a* ist möglich und hat Parallelen in neuarab. Dialekten (Brockelmann *Grundriß* I 555 und für Zanzibar ZDMG 34 S. 225 Prätorius), wo allerdings die so entstandenen Formen nicht bestimmte Funktionen neben den alten haben. Wichtig würde es sein, wenn ähnliche Formen im Südarab. nachgewiesen werden könnten; das wird aber dadurch erschwert, daß die Vokale nicht angegeben werden. Im Mehri gibt es Formen, die als analog aufgefaßt werden können (*iiḳtēl* und *iiḳōtel*; vgl. Bittner *Studien zur Laut- und Formenlehre des Mehri* II 14; Anthropos 14—15 S. 732 V. Christian), und die Übereinstimmung mit dem Akkad. legt es näher, daß die Bildung ursemitisch ist. Da nun das Perf. im Äg. vorkommt und ursem. ist, ist es wahrscheinlich, daß man im Ursem. 3 finite Verbalformen gehabt hat, und zwar außer dem Präteritum-Imperfekt. zwei, die durch ein *a* nach dem 1. Rad. charakterisiert sind und wohl als partizipiumartig aufgefaßt werden können, und von welchen eine mit Präfix (akkad. Präsens und äth. Indikativ) und eine andere mit Affix (Perf.) gebildet wird. Das wird durch den Vergleich mit den hamit. Sprachen (s. u.) bestätigt. Die Stellung des akkad. Permansivs ist aber damit nicht entschieden. Möglich, daß es eine Neubildung ist, wie etwa das aram. Partizip. mit enklit. Pronomen; der „Bindevokal" könnte dann analog von der 1. Pers. aus durchgeführt worden sein. Dafür kann angeführt werden, daß das Nomen in genau denselben Verbindungen auftritt (Ungnad *Babyl.-assyr. Grammatik* 1906 § 26, 30d). Das alte, durch Affixe gekennzeichnete Perfekt wäre dann im Akkad. verloren. Es ist aber auch möglich, daß das Permansiv tatsächlich das alte Perf. vertritt. Der „Bindevokal" kann dann eine Neubildung nach dem Pronomen sein; jedenfalls zeigt die Verwendung der analogen Formen bei den Nominibus, daß das Pronominalsuffix noch als selbständiges Element empfunden worden ist. Der Bindevokal kann aber auch alt sein, so daß die Perfekta der anderen Sprachen insofern eine spätere Stufe vertreten (vgl. für die beiden Möglichkeiten Zimmern *Vergl. Grammatik* § 41d). Die Ursprünglichkeit des *a* vor der Endung wird von Reinisch mit Hinweis auf das Agau-Verbum befürwortet, indem *wās—á—kū* „hörend—ich—sein" dem akkad. *kašd—á—kū* „erobernd (bin) ich" entspreche (*Das pers. Fürwort* S. 172, 183f., 199). Das Akkad. kann also in diesem Punkt altes Sprachgut bewahrt haben. Die Funktionen der ursem. Verbalformen können wir nicht mehr feststellen, da sie sich in den Einzelsprachen ganz verschieden entwickelt haben. Nur darf man vermuten, daß das Imperf.-Prät. sich mehr auf die Tat, die anderen Formen mehr auf den Täter bezogen haben. Nach dieser Auffassung würden das Akkad. und das Südsem. das älteste Verbalsystem bewahrt haben. Das Nordarab. hat dann später eine mit dem Nordwestsem. analoge Sonderentwicklung gehabt, eventuell unter Einfluß des Aramäischen.

§ 32. Die Frage, in welchem Teil des sem. Gebiets die Ursemiten sich zuerst befanden, hat man durch sprachliche Mittel zu beantworten versucht. Früher verwies man öfters darauf, daß das Arab. den sprachlichen Typus am besten bewahrt hat, weshalb man Mittelarabien als Ursitz betrachten müßte (so, auch mit anderen Erwägungen, ZDMG 27 [1873] S. 397 Eb. Schrader; Sprenger *Die alte Geogr. Arabiens* § 427 u. a.). Aber das würde nur Bedeutung haben, wenn das Arab. die Mutter der anderen Sprachen wäre und die Araber immer in Mittelarabien gewohnt hätten. Einen anderen Weg geht I. Guidi (*Della sede primitiva dei popoli semitici* Atti dei Lincei 1878—79). Er weist darauf hin, daß die S. kein gemeinsames Wort für „Berg", wohl aber für „Fluß" haben, und daß überhaupt die gemeinsem. zoologischen, botanischen und geogr. Worte auf Mesopotamien, nicht auf Arabien führen. Man darf aber kaum annehmen, daß Klima und damit Fauna und Flora in Arabien und Syrien immer gleich gewesen sind (Ellsworth Huntingdon *Palestine and its transformation* 1911; Geogr. Journ. London 1906 ders.; L. Caetani *Studi di storia Orientale* I [1911] S. 51ff.). Und auf das Fehlen eines gemeinsamen Wortes für „Berg" darf nicht viel gegeben werden, da z. B. auch für „Mann" ein gemeinsames Wort fehlt und die lexikalischen Verhältnisse, wie oben gesagt, überhaupt ziemlich verwickelt sind. Einiges Gewicht kann man vielleicht darauf legen, daß schon die Ursemiten Lehnwörter aus dem N (Kaukasus oder Kleinasien) empfangen zu haben scheinen. Mit größter Wahrscheinlichkeit läßt sich das vom Wort für Wein sagen (*u̯ai̯n — i̯ai̯n*, georg. *g'wino*, griech. *Ϝοῖνος*; vgl. ZDMG 43 S. 653 Hommel; ders. *Aufs. u. Abh.* I 97ff., der auch die Wörter für Öl und Feige, *zai̯t*, *ti'n*, anführt). Das weist darauf, daß schon die Ursemiten in den n. Gegenden, etwa Nordarab. und Süd-Syrien, heimisch gewesen sind. Und dazu stimmt, daß die älteste geschichtlich bezeugte Wanderung, die der Akkader, von

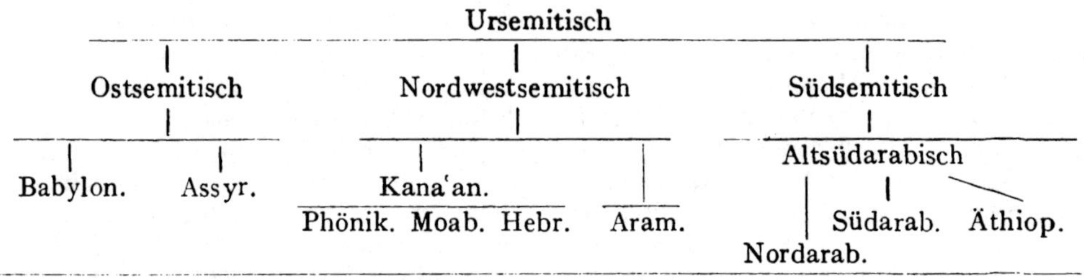

diesen Gegenden aus vor sich gegangen ist; ferner läßt sich dies in Einklang bringen mit den Beziehungen zwischen den Ursemiten und Ägypten, die doch am ehesten durch die Sinai-Halbinsel wirksam gewesen sind. Nach, bzw. gleichzeitig mit der Ausscheidung der Akkader haben die Südsemiten sich abgetrennt und sind nach dem S gewandert, während die Nordwestsemiten sich gegen das Mittelmeer hin verbreiteten. Wir dürfen annehmen, daß Ansätze zu den dialektischen Unterschieden schon in ursem. Zeit vorhanden gewesen sind. Im S der arab. Halbinsel haben die Südsemiten sich niedergelassen. Von einem Teil ihres Grundstocks sind die Äthiopier ausgegangen, von einem anderen, etwas später, die Nordaraber. Vielleicht schon die vereinigten Südsemiten und auf jeden Fall die Nordaraber haben mit den Aramäern Berührung gehabt und sind durch sie beeinflußt worden.

VIII. § 33. Zu den sem. Sprachen gesellt sich die ägyptische (s. Ägypten B § 17). Im Lautbestand findet man die charakteristischen Laryngale und Velare. Pronominalsuffixe werden im ganzen wie im Sem. verwendet. Ihre Form erinnert stark an das Sem.: Sing. 1. *i̯*, 2. m. *k*, 2. f. *ṯ*, 3. m. *f*, 3. f. *ś*, Plur. 1. *n*, 2. m. und f. *ṯn*, 3. m. und f. *śn*. Die Nomina haben zwei genera, das Fem. mit *-t*; Dual kommt vor, ist aber im Schwinden begriffen, Plur. wird auf m. *u̯*, fem. *u̯t* gebildet, das sogenannte Konstruktverhältnis wird verwendet, allerdings sehr lose und ohne nachweisbare Änderung der Form. Durch Präfix *m* bildet man Nomina, die Instrumente bezeichnen; durch *-i̯* bezeichnet man Zugehörigkeit, wie im Semitischen. Neuere Untersuchungen des Verbums haben gezeigt, daß das älteste Äg. eine noch stärkere Übereinstimmung mit dem Sem. aufweist, als man früher beobachten konnte. Es gab sowohl starke wie schwache Verba. In der ältesten Sprache waren 3-radikalige Wurzeln herrschend. Es gibt Reste von den verschiedenen Stämmen: Intensiv mit Verdoppelung des mittleren Radikals, Kausativ mit *ś-*, ein nifʿal-artiger Stamm mit *n-*. Man bildet Imper., Infin. (mit Fem. auf *-et*) und wahrscheinlich Partizipium (wobei Akt. und Pass., vollendete und unvollendete Aktion unterschieden werden). Das sem. Imperf. fehlt, dagegen hat die ältere Sprache im Pseudopartizip eine dem Perf. entsprechende Form. Sie wird durch folgende Endungen gebildet: Sing. 3. m. *-i̯*, 3. f. *-ti̯*, 2. m. *ti̯*, 2. f. *ti̯*, 1. *ku̯i̯*, Plur. 3. m. *-u̯*, 3. f. *-ti̯*, 2. m. f. *-ti̯u̯ni̯*, 1. *u̯i̯n*. Die Verwandtschaft mit dem Sem. ist deutlich. Man unterscheidet eine aktiv-trans. Form, die aber früh verloren ist, und eine passiv-intransitive. Das Pseudopart., das vor allem gebraucht wird, um das Resultat des Vorhergehenden zu ziehen, oder um nähere Bestimmungen beizufügen, weicht allmählich jüngeren Bildungen. Syntaktisch kommen sowohl Verbalsätze wie Nominalsätze vor; in den erstgenannten ist die normale Wortfolge: Verb., Subj., Obj. wie im Semitischen. Lexikalisch sind die Übereinstimmungen scheinbar viel weniger zahlreich, als man nach dem grammatischen Befund zu erwarten berechtigt wäre. Von den Zahlwörtern sind nur die Bezeichnungen für 2, 6, 7, 8 ganz deutlich semitisch. Sethe meint jedoch, für die Zahlen 1—9 außer 3 (äg. *hmt*, sem. *ṯlṯ*) Verwandtschaft nachweisen zu können (Sethe *Von Zahlen und Zahlwörtern bei den alten Ägyptern* 1916). Die Zahl der gemeinsamen Wörter liegt zwischen 100 und 200, darunter Namen für Ohr, Hand, Zunge, Herz, Hals, Auge, Schenkel, rechts, Wasser, Meer usw. (ZDMG 46 [1892] S. 93ff. Erman; ÄZ 49, 50, 51, 53 Ember; Amer. Journ. Sem. Lang. 34 [1917—18] S. 81—98, 215—255 Albright; ZfAssyr. 32 [1918] S. 34—47 Holma; Erman und Grapow *Ägyptisches Handwörterbuch* 1921). Oft sind sem. Worte offenbar ziemlich stark entstellt (vgl. die Lautübergänge ZDMG 46 S. 123f. Erman), und mehrere mögen unkenntlich gemacht worden sein. Zwei Möglichkeiten liegen dann vor: Äg. und S. können eine Einheit gebildet haben, aus welcher die Äg. vor der endlichen Ausprägung des sem. Typus sich ausgeschieden haben. Oder eine ursem. Schicht hat Ä. erobert und die Bevölkerung von ihr die Sprache zu einem gewissen Grad übernommen; die Äg. sind „semitisierte Nubier" (SB. Preuß. Ak. 1900 S. 345ff. Erman). Das letztere wäre ungefähr analog mit der Stellung des Idg. zum Hettitischen, und der hist. Vorgang würde an die Einführung des Arab. in das Nil-Land erinnern.

IX. § 34. Diese Frage wird dadurch kompliziert, daß auch die anderen Hamiten (s. d.) eine, wenn auch fernere, sprachliche Verwandtschaft mit den S. aufzeigen. Die älteren Studien Fr. Müllers sind auf diesem Gebiet von L. Reinisch, Prätorius und C. Meinhof weitergeführt worden. Auf Grund ihrer Studien ist folgendes zu beobachten: Im Lautbestand fällt besonders die Bedeutung der emphatischen Laute auf, in der Wortbildung der Gebrauch von Reduplikation. Beide haben das grammatische Geschlecht; in den Hamitensprachen ist es aber noch deutlicher als in den sem. Sprachen, daß die Einteilung sich zunächst nicht auf das natürliche Geschlecht bezieht, sondern auf einer Sonderung zwischen „Personen und großen Dingen" einerseits, „Sachen und kleinen Dingen" andererseits beruht. Das Fem. wird auch hier durch *t* gekennzeichnet. Es soll nach Meinhof eigentlich eine das Obj. bezeichnende Richtungspartikel sein, was damit zusammenhänge, daß die zweite Gruppe zunächst Obj., die erste zunächst Subj. der Handlung sei. Meinhof findet bei den Hamiten das Gesetz der „Polarität", darin bestehend, daß ein Nomen, das im Sing. Mask. ist, im Plur. Fem. wird und umgekehrt, und meint, daß ähnliche Fälle bei den S. — z. B. daß hebr. „Vater" im Plur. fem. Endung, „Weib" im Plur. mask. Endung haben — damit zusammenhängen (*Die Sprachen der Hamiten* 1912 S. 18—20, 227; vgl. Journ. of the Palestine Orient. Soc. 1 [1920] S. 15ff. Worrell). Was die Pronomina betrifft, haben die Hamiten wie die S. sowohl alleinstehende wie suffigierte (und präfigierte) Formen, die bei Verben das Obj., beim Nomen den Gen. bezeichnen. Das Pronomen der Hausa-Sprache erinnert besonders stark an das Pronominal-Element des sem. Imperfekts. Es lautet: Sing. 3. m. *ya*, 3. f. *ta*, 2. m. *ka*, 2. f. *ki*<**ka-i*, 1. *ni*, *i*; Plur. 3. m. *su*<**ši-u*, 3. f. *su*<**ši-u*; 2. m. *ku*<**ka-u*, 1. *mu*<**ni-u* (Meinhof a. a. O. S. 79; L. Reinisch *Das persönliche Fürwort* S. 129). Ein Vergleich mit dem oben angeführten Pron. des Imperf. der Semiten sowie dem pron. Suffix wird die starke Ähnlichkeit klarmachen. Das Fragepronomen wird auch hier mit einem *m* gebildet. Das Verbum zeigt Stammbildungen, die an die sem. erinnern. So findet man ganze oder teilweise Verdoppelung des Stammes, womit Frequentativ, Iterativ und gelegentlich Kausativ ausgedrückt werden, z. B. im Bilin *bir* „heiß sein", *birbir* „brennen", *γabel* „binden", *γablel* „einwickeln"; ähnliche Formen sind im Äg. gewöhnlich und im Sem. wohlbekannt (Erman *Ägypt. Grammatik* § 163—167; Brockelmann *Grundriß* I 515ff.). Ein Kausativ wird mit *s* bezeichnet, wie teilweise im Sem., z. B. Bedauye *debil* „sammeln", *se-debil* „sammeln lassen", daneben andere Modifikationen (*so, si, ṣ̌*), auch ein anderes Kausativ (Somali *dil* „töten", *dil-ī* „töten lassen") kommt vor. Ein „Sozialstamm" wird mit *m* gebildet, z. B. Bedauye *dir* „töten", *mō-dār* „töten helfen", sodann reziprok, *m-dedār* „einander töten", ferner reflexiv, medial und passiv, an sem. Nifʿal erinnernd. Eine Zuständigkeitsform, die auch mediale und passive Funktion hat, wird mit *t* gebildet. Daneben kommen auch andere Stämme, die keine sem. Analogie haben, vor. In vielen Hamitensprachen unterscheidet man Verba mit Ablaut („starke" genannt) und solche ohne Ablaut („schwache"). Im sog. Perfekt des „starken" Verbums hat man Formen, die dem sem. Imperf. entsprechen. So im Bedauye „niederwerfen": Sing. 3. m. *i-gid*, 3. f. *ti-gid*, 2. m. *ti-gid-a*, 2. f. *ti-gid-i*, 1. *a-gid*, Plur. 3. m. und f. *e-gid-na*, 2. m. und f. *te-gid-na*, 1. *ni-gid* (Meinhof a. a. O. S. 138); ähnlich im Somali „kommen": Sing. 3. m. *yi-mid,* 3. f. *ti-mid,* 2. *ti-mid,* 1. *i-mid,* Plur. 3. *yi-mắd-ēn,* 2. *ti-mắd-ēn,* 1. *ni-mid* (Meinhof a. a. O. S. 180). Dagegen erinnert das „Perfektum" des „schwachen" Verbs stark an das sem. Perfektum. So im Bedauye „besuchen": Sing. 3. m. *dūr-ya,* 3. f. *dūr-ta,* 2. m. *dūr-ta,* 2. f. *dūr-tay,* 1. *dūr-an;* Plur. 3. *dūr-yāna,* 2. *dūr-tāna,* 1. *dūr-na* (Meinhof a. a. O. S. 156); im Somali „brechen": Sing. 3. m. *ǰab-ẹy,* 3. f. *ǰab-t-ẹy,* 2. *ǰab-t-ẹy,* 1. *ǰab-ẹy,* Plur. 3. *ǰab-ḗn,* 2. *ǰab-t-ḗn,* 1. *ǰab-n-ẹy* (Meinhof a. a. O. S. 181). Wie es mit dem Gesetz der Polarität auch sei, die Ähnlichkeit des Sprachbaus und vieler Einzelformen ist so groß, daß die Urverwandtschaft der beiden Sprachgruppen deutlich hervorschimmert. Sichere Schlüsse für die Urgeschichte der Hamito-Semiten lassen sich natürlich nicht daraus ziehen. Sie können ihre Heimat in Afrika gehabt haben; die S. wären dann von dort nach dem O gewandert. Oder sie können in Asien gelebt haben, und die Hamiten haben sich vom Urstamm gelöst. Die Äg. können sich dann später getrennt haben, oder sie sind nach der Trennung später „semitisiert" worden.

X. § 35. Mit den Indogermanen sind die Semiten oft sprachlich in Beziehung gesetzt worden, so von G. Ascoli, Fr. Delitzsch, A. Uppenkamp, A. Trombetti, H. Möller u. a. Besonders bedeutungsvoll sind die Arbeiten von H. Möller, weil er auf Grund eines ungeheuren Materials den Versuch macht, feste Gesetze für die lautlichen Entsprechungen zwischen den beiden Sprachgruppen aufzudecken. Weniger ergiebig scheint der (von C. J. Ball in der Hilprecht-Festschrift 1907 S. 33—59 unternommene) Versuch, sprachliche Verwandtschaft zwischen den Semiten und den Sumerern (s. d.) festzustellen.

Für die geschichtlichen Probleme vgl. Ed. Meyer *G. d. A.*[3] I, II; Fr. Hommel *Grundriß der Geographie und Geschichte des Alten Orients*[2] (*Handbuch d. klass. Altertumswiss.*) 1904; *The Cambridge Ancient History* I—II (1923—24); L. W. King *A History of Sumer and Akkad* 1916 ders. *A History of Babylon* 1915; A. T. Olmstead *History of Assyria* 1923; R. Kittel *Geschichte des Volkes Israel* I, 5.—6. Aufl. 1923; S. Schiffer *Die Aramäer* 1911; A. Ungnad *Die ältesten Völkerwanderungen Vorderasiens* (Kulturfragen Heft 1) 1923; R. Dussaud *Les Arabes en Syrie avant l'Islam* 1907; Cl. Huart *Histoire des Arabes* I (1912); I. Guidi *L'Arabie Antéislamique* 1921. — Für die semitische Sprachwissenschaft vgl. Th. Nöldeke *Die semitischen Sprachen*[2] 1899; ders. *Beiträge zur semitischen Sprachwissenschaft* 1904; ders. *Neue Beiträge zur semitischen Sprachwissenschaft* 1910; P. de Lagarde *Übersicht über die im Aramäischen, Arabischen und Hebräischen übliche Bildung der Nomina* Abh. Gött. Ges. 1889; J. Barth *Die Nominalbildung in den semitischen Sprachen*[2] 1894; ders. *Die Pronominalbildung in den semitischen Sprachen* 1913; W. Wright *Lectures on the Comparative Grammar of the Semitic Languages* 1890; O. E. Lindberg *Vergleichende Grammatik der semitischen Sprachen* I Göteborgs Högskolas Årsskrift 1897; H. Zimmern *Vergleichende Grammatik der semitischen Sprachen* Porta Linguarum Orientalium 1898; Ed. König *Hebräisch und Semitisch* 1901; C. Brockelmann *Grundriß der vergleichenden Grammatik der Semitischen Sprachen* I (1908; kürzere Ausgabe in Porta Linguarum Orientalium 1908), II (1913); H. Torczyner *Die Entstehung des semitischen Sprachtypus* I (1916); V. Christian *Akkader und Südaraber als ältere Semitenschichte* Anthropos 14—15 (1919—20) S. 729—739; C. Meinhof *Was sind emphatische Laute* etc. Zeitschr. f. Eingeborenen-Sprachen 11 (1921) S. 81—106. — Außer den in Brockelmanns Grundriß erwähnten Grammatiken der Einzelsprachen vgl. A. Ungnad *Hebr. Grammatik* 1912; G. Bergsträsser *Hebr. Grammatik* [W. Gesenius *Hebr. Grammatik* [29]] I (1918), II (1926); H. Bauer und P. Leander *Historische Grammatik der Hebräischen Sprache* 1922; dies. *Gramm. d. Biblisch-Aramäischen* I (1926); P. Joüon *Grammaire de l'Hébreu Biblique* 1923. — Über das Verhältnis zu den Hamiten vgl. F. Prätorius *Über die hamitischen Sprachen Ostafrikas* Beiträge zur Assyriologie 2 (1894) S. 312—341; Leo Reinisch *Das persönliche Fürwort und die Verbalflexion in den chamitosemitischen Sprachen* Kais. Akad. d. Wiss., Schriften der Sprachenkommission Wien 1 (1909); C. Meinhof *Die Sprachen der Hamiten* Abh. d. Hamburgischen Kolonialinstituts 9. Reihe B Bd. 6 (1912); Z. f. Eingeborenen-Sprachen 12 (1922) S. 241—275 ders. — Über das Verhältnis zu den Indogermanen vgl. Fr. Delitzsch *Studien über indogermanisch-semitische Wurzelverwandtschaft* 1873; A. Uppenkamp *Beiträge zur semitisch-indogermanischen Sprachvergleichung* Progr. Düsseldorf 1895; A. Trombetti *Indogermanische und semitische Forschungen* 1897; ders. *L'unità d'origine del linguaggio* 1905; H. Möller *Semitisch und Indogermanisch* I (1906); ders. *Vergleichendes indogermanisch-semitisches Wörterbuch* 1911; ders. *Die semitisch-vorindogermanischen laryngalen Konsonanten* Mém. de l'Acad. Roy. d. Sc. et d. Lettr. de Danemark, 7me sér., sect. de lettr. Bd. 4 Nr. 1 (1917); Anthropos 8 (1913) S. 165ff. K. Oštir; A. Cuny *Indoeuropéen et sémitique* Rev. de phonétique 1912 S. 101ff.; ders. *Études prégrammaticales sur le domaine des langues Indo-Européennes et Chamito-Sémitiques* 1924.

Johs. Pedersen

C. Anthropologie. S. ist die meist angewendete Bezeichnung für Angehörige des östlichsten Zweiges der Mittelmeerrasse (*Homo mediterraneus*; s. d. § 6ff.), der sog. „orientalischen" Rasse. Das Wort S. wird auch häufig als Bezeichnung für die Juden verwendet, obgleich diese keine reinblütigen Angehörigen dieser Rasse sind, sondern allerlei anderes Blut aufgenommen haben (s. Hebräer B). Bei den Altägyptern wurden die S. mit anderen asiat. Stämmen unter dem Namen Amu (s. d.) zusammengefaßt.

Reche

Semitische Rasse. Wenig glückliche, da zu Mißverständnissen Anlaß gebende Bezeichnung für die orient. Rasse. S. Homo mediterraneus § 6ff. Reche

Semnonen s. Germanen B § 5.

Sendschirli s. Sam'al.

Senkereh s. Larsa.

Sense s. Sichel A § 6.

Septsaulx (Marne). Bei S. wurde eines der bekannten reichen Wagengräber der Frühlatènezeit, ganz in der öfter vorkommenden Weise angelegt (s. Berru, Gorge-Meillet [La], Somme-Bionne), aufgedeckt. Von dem Inhalt sind eine schöne, bronzene Schnabelkanne, ein Schwert vom Frühlatène-Schema und ein keltisches einschneidiges Hiebmesser, (48 cm l.) mit wohlerhaltenem, gerippten Knochengriff zu erwähnen. Von besonderem Interesse ist der Wagen und seine Ausstattung. Er zeigt als einziger von allen diesen Funden einen Beschlag aus Eisenblech auf dem Boden, das tiefe Rillen hat, um sicher stehen zu können. Vor dem Wagen, beim Pferdegeschirr, fanden sich schöne Eisenplatten, ein achtstrahliger Stern und Dreiblätter mit je drei Bronzenieten. Alles in durchbrochener Arbeit (ähnlich den Scheiben von La Gorge-Meillet und Somme-Bionne). Vortrefflich eine Schmuckscheibe vom Pferdegebiß in guter Arbeit des echten Latènestiles (vgl. Band VII Tf. 192). S. a. Wagengrab B 2.

Assoc. franç. p. l'avanc. des sciences, Paris 1872; ebd. Blois 1884 II 423 Nicaise.

E. Rademacher

Sequences Dates s. Staffeldatierung.

Serafim s. Schlange (Tier) § 2.

Serbien s. Jugoslavien.

Sérifontaine (Frankreich). Im Arrondissement S. (Dép. Oise) wurden bei Champignolles Silexbergwerke aufgedeckt. Schächte für die Benutzung von Silexlagern sind im Dép. Oise sehr häufig (Nointel und Velennes; sonst in Frankreich: Vallée du Petit-Morin [Dép. Marne], Mur-de-Barrez [s. d.; Dép. Aveyron] usw.) — Überall wurden *pics* und Keulen aus Hirschhorn und polierte Beile gefunden, die als Arbeitsgeräte dienten und Anhaltspunkte für die Zeitbestimmung geben. Die größeren Silexblöcke wurden auch wohl mit Hilfe des Feuers zerteilt. Die Schächte, welche bis in die Silexschichten hinunterführen, sind meistens sehr eng (etwa 1 m Dm), nicht zu tief (bis 6 m), die Galerien unregelmäßig, mit niedrigen Decken, die durch in der Schicht ausgesparte Pfeiler getragen werden. S. a. Band I Tf. 110a.

Nach dem Abbau wurden die Schächte mit Schuttmassen aus anderen Schächten wieder gefüllt. In diesen Schuttmassen werden gebrauchte Gegenstände gefunden, an den Wänden der Schächte und Galerien sind die Spuren der Schläge von Beilen und *pics* aus Horn sichtbar. Daß man tiefe Lager suchte und sich nicht mit den oberflächigen begnügte, ist dadurch erklärlich, daß das Material aus tiefen Schichten besserer Qualität ist und sich leichter bearbeiten läßt.

Alle diese Bergwerke sind stein- oder steinkupferzeitlich. Vorher hat man wohl den Silex nicht auf diese Art abgebaut.

Fouju *Les puits préhistoriques à Champignolles* L'Anthrop. 1891 S. 445ff.; Thiot und Stalin *Les puits préhistoriques à silex de Velennes* Mémoires de la Société Académique de l'Oise 1902; Boule *Nouvelles observations sur les puits préhistoriques d'extraction du silex de Mur-de-Barrez, Aveyron* Matériaux 1887 S. 8.

J. de C. Serra-Ràfols

Serinyá-Höhle s. Pyrenäenhalbinsel A § 7.

Seripul (Sarpul; Band X Tf. 20). Engpaß beim Durchbruch des Alwan-Flusses durch einen Gebirgszug Westpersiens, an der Straße von Bagdad nach Kermanschah bei dem Orte Holwan, mit Felsendenkmälern. Am Felsen auf dem linken Flußufer: 1. Relief des nur durch dieses Denkmal bekannten Königs Anubanini von Lullubi mit altbabyl. Keilinschrift (Band III Tf. 45b). Das nach SW blickende Relief stellt den langbärtigen König dar, der seinen Fuß auf einen zu Boden gestreckten Feind setzt. Die Göttin Innina, durch das Sternsymbol vor ihr gekennzeichnet, führt dem König zwei gefesselte Gefangene zu. Im unteren Felde sieht man noch 6 Gefangene links neben der Inschrift. 2. Parthisches Relief, König zu Pferde und stehender Lehnsmann mit einer Pehlewi-Beischrift zu jeder Figur, etwa aus dem 2. Jh. n. C., befindet sich unterhalb des ersten Reliefs (Herzfeld *Tor* S. 53 Abb. 13 Tf. 26). 3. Auf der Nordwand des Felsens, westwärts gewendet, ist von Flandin das Relief eines altbabyl. Königs ausfindig gemacht, das aber von andern Reisenden nicht erwähnt wird. Der König, den Fuß auf einen niedergeworfenen Feind setzend, steht einem andern gleich großen gefesselten Gegner gegenüber. Im Felde sind noch 4 kleinere Gefangene zu sehen. Ein unterer Fries zeigt eine Reihe kleiner Gestalten, die das obere Relief mit den Händen stützen. Vermutlich ist der große Gegner eher als Gottheit anzusehen, wie die Göttin im Anubanini-Relief (Flandin IV Tf. 208C; G. Hüsing a. a. O. S. 16f.). Auf dem rechten Flußufer sind zwei Reliefs entdeckt. 4. Relief eines bärtigen Königs, mit dem Fuß auf einen Feind tretend, mit noch unveröffentlichter babyl. Keilschrift. Im Felde rechts oben sitzt das vereinigte Symbol von Sonne und Mond, ein häufiges Symbol der 3. Dyn. von Ur (2400 v. C.). Das Bild blickt nach SW (Herzfeld a. a. O. Abb. 2 Tf. 3—4). 5. An der Nordwand des Felsens, nach NO gerichtet, sitzt das Relief eines altbabyl. (bartlosen?) Königs, der einer Göttin gegenübersteht (Herzfeld a. a. O. Tf. 4). Einige 100 Meter sö. des Passes befindet sich am Felsen 6. das Felsengrab Dukkân i Dâûd, „Kammer Davids" (Band VIII Tf. 19), eine Vorhalle mit zwei Säulen zwischen Anten, dahinter eine einfache Grabkammer, durch eine Tür zugänglich, mit drei Nischen an der Rückwand, nur ein Sarg ist links aus dem Boden ausgemeißelt. 7. An der Felswand unter dem Grabe, wie dazugehörig, befindet sich in einer breiten, flachen, rechtwinkligen Nische das Relief eines stehenden Mannes mit vorn überfallender Kopfbedeckung und breitem Stab in der Linken. 6 und 7 werden von Herzfeld den Medern zugeschrieben. S. a. Medische Felsgräber.

E. Flandin und Coste *Voyage en Perse* 1843; G. Hüsing *Der Zagros* AO 9 (1908) 3/4 S. 14f.; F. Sarre und E. Herzfeld *Iranische Felsreliefs* 1910; E. Herzfeld *Am Tor von Asien* 1920.

Eckhard Unger

Sĕrogozy-Gruppe (Südrußland; Tf. 2—5). Unter diesem Namen pflegt man eine Anzahl bedeutender Grabhügel des Dnjepr-Gebietes in der Nähe des Dorfes Sĕrogozy (Kr. Melitopol, n. Teil des Gouv. Taurien) zusammenzufassen: die Kurgane Ogyz, Čmyrev (beide unter besonderem Stichwort behandelt), Dĕjev und Cimbalka.

§ 1. Der Dĕjev-Kurgan (H. nur 4,25 m) enthielt ein Zentralgrab (vgl. den Plan: CRPétersb. 19 S. 169 Abb. 36 Nr. 1—3, Schacht, Korridor und gewölbte Kammer), an dessen Kammer die Kammer des im sw. Teil des Hügels auf höherem Niveau liegenden Seitengrabes (ebd. Nr. 4—6) dicht angrenzte. Ebenfalls im sw. Teile des Hügels fanden sich zwei weitere Gräber für ein Pferd (ebd. Nr. n) und den Pferdeknecht (ebd. Nr. m). Zu welchem der beiden Hauptanlagen sie gehören, läßt sich nicht mehr ausmachen. Das von N. J. Veselovskij im J. 1891 angeschnittene Hauptgrab war schon vorher ausgeraubt.

§ 2. Das Seitengrab wurde erst im J. 1896 von zwei Bauern des Dorfes Nižnij-Sĕrogozy entdeckt und veranlaßte eine neue Untersuchung des Hügels durch Dumberg für die Arch. Kommission. Das Grab war inzwischen schon seines Inhalts beraubt worden, der zum größten Teil in die Eremitage-Leningrad, zum kleineren in das Historische Museum-Moskau und in das Britische Museum-London kam (vgl. darüber Izvĕstija 63 [1917] S. 77ff. Rostovcev). Der Schacht hatte eine T. von ca. 5,80 m, Galerie und Kammer eine H. von je ca. 1,40 m, die Kammer eine L. von 3,90 m und eine Br. von 3,10 m. Von den beiden kleineren Gräbern enthielt das Pferdegrab (Maße ca.: 2,15×1,45×1,80 m) keine Beigaben, das Grab des Reitknechtes (Maße ca. 2,15×1,25×1,45 m) nur bronzene dreikantige Pfeilspitzen (53). Er hatte also wie gewöhnlich (s. z. B. Solocha) nur Pfeile (im Goryt; vgl. Izvĕstija 19 Tf. 15, 6—9) und Bogen bei sich.

§ 3. Das Seitengrab enthielt eine reiche Frauenbestattung der nämlichen Art, wie wir sie aus den Kurganen von Čertomlyk (s. d.) und Karagodeuašch (s. d.), dem Mordvinov-Grabhügel (s. d.), dem Kurgan von Ryžanovka (s. d.) u. a. kennen. Insbesondere ist der reiche Kopfschmuck aus dem Dĕjev

a

b

Sĕrogozy-Gruppe

Čmyrev-Kurgan: a, b. Silberschale in zwei Ansichten. Griechische Nachbildung einheimischer Holzgefäße. Nach Arch. Anz. 25 (1910) S. 222.

a

b

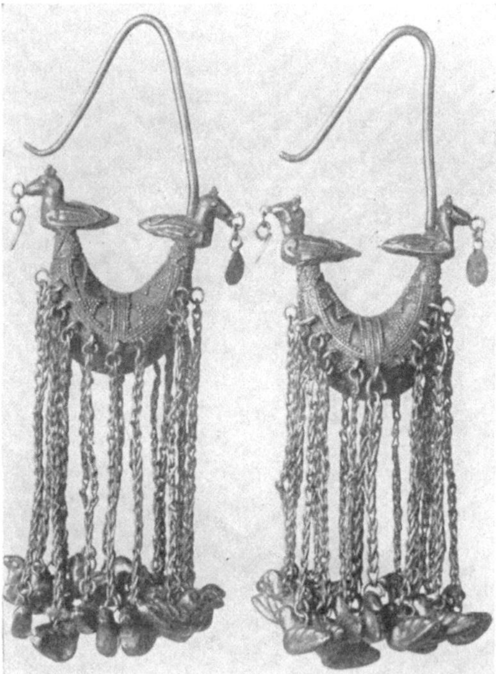

d

c

Sĕrogozy-Gruppe

Čmyrev-Kurgan: a, c. Silberflaschen. — b. Humpen aus Silber (die beiden Henkel und der Deckel aus Gold). — d. Goldene Gehänge. — Nach Arch. Anz. 25 (1910) S. 222ff.

(Tf. 4) Veranlassung gewesen, sich mit der Frage nach der Form dieses Kopfschmucks in den bevorzugten skyth. Gräbern des 4.—3. J. v. C. eingehend zu beschäftigen und eine Rekonstruktion desselben zu versuchen. Meines Erachtens ist es Borovka (Izvěstija Ak. Mater. Kultur 1 [1921]) gelungen, überzeugend zwei Typen nachzuweisen, einen kalathosförmigen (Tf. 5a), der im Dějev-Hügel, im Ryžanovka-Kurgan und (viermal) bei den ö. Frauenbestattungen des Čertomlyk-Hügels vorkommt, und einen spitzmützigen (Tf. 5c), der (einmal) im Čertomlyk vertreten und u. a. auf dem Goldblech aus dem Karagodeuašch (Band VI Tf. 63) dargestellt ist. Die Tierfriese (Tf. 5a) sind bei Dějev und Ryžanovka (Band X Tf. 40,1) durch Mänadenfriese zu ersetzen, die beiden halbkreisförmig zusammengesetzten Goldblechstreifen aus dem Dějev (Tf. 4) zu einem zu vereinigen, der die Stlengis d. h. den obersten Streifen auf Tf. 5a bildete. Borovkas Wiederherstellungen der beiden Typen werden auf Tf. 5 wiedergegeben, zu denen ich noch die Zeichnung von einer Donkosakenfrau mit zweihörniger „Kička" aus dem J. 1818 nach Katelnikov hinzufüge (Tf. 5b; D. Zelenin *Russische Volkskunde* [in *Grundr. der Slav. Philologie* hg. von Trautmann und Vasmer] 1927 S. 230f.), um darauf hinzuweisen, daß auch die historische Kostümkunde bei solchen Untersuchungen mit Nutzen heranzuziehen ist.

CRPétersb. 1891 S. 73; ebd. 1897 S. 32ff.; Izvěstija Arch. Kom. 19 S. 168ff.; ebd. 63 S. 69ff.; Marshall *Catalogue of jewellery* Nr. 4076, 4085; Stepanov *Istorija russkoj oděždy* o. J. (1916) S. 24ff.; Izvěstija Akad. Mat. Kultur 1 (1921) S. 169ff. Borovka.

§ 4. Bei dem ebenfalls zu dieser Gruppe gehörenden, 1867/68 von Zabělin untersuchten, großen Grabhügel Cimbalka („Cimbalova Mogila"; s. d.) bei Bolšaja Bělozerka waren die Hauptanlagen gestört. Wohlerhalten aber war das Pferdegrab (6 Bestattungen) mit reichen und interessanten Teilen der Beschirrung. Um 350 v. C. S. a. Solocha.

CRPétersb. 1867 S. XIX; ebd. 1868 S. XIV; Kondakov-Tolstoj *Antiq. Russie Mérid.* 1891 ff. S. 268 ff.; Montelius-Festschrift 1913 S. 227 Rostovcev; Borovka *Scythian Art* 1928 S. 67 Tf. 35.

M. Ebert

Serreta, La (Spanien). Iber. Siedlung auf einem Berge, 3 km von Alcoy (Alicante) entfernt, gelegen. Die bisherigen Ausgrabungen von 1920—1923 sind von Camilo Visedo Moltó geleitet worden, der in verschiedenen Schriften der Junta superior de Excavaciones y Antigüedades über seine Arbeiten berichtet hat.

Der Erhaltungszustand der Baureste ist schlecht. Außerhalb der Siedlung nimmt man ein Heiligtum an. Aus diesem sehr interessante Opfergaben aus Ton (Köpfe, Brüste, menschliche ganze Figuren, fast alle weiblich; vereinzelt Tierfigürchen). Der Stil der Figuren geht von relativer Stilisierung bis zu einem schönen Naturalismus. Einige davon Frauen in reicher iber. Tracht. Ebenso hat man aus Ton Webstuhlgewichte und andere Gegenstände gefunden; die Eisenfunde sind schlecht erhalten (interessant eine Lanzenspitze). Aus Blei ist eine Tafel mit iber. Inschrift auf beiden Seiten. Karthagische und röm. Münzen vervollständigen das Ausgrabungsergebnis. Auch Schleifsteine sind in großer Anzahl zutage gekommen.

Am wichtigsten ist die Keramik, bei der man iber., hellenistische (schwarzgefirnißte), Terra sigillata und röm. unterscheiden kann. Die iber. bildet wohl den Hauptbestandteil. Es ist eine rotbemalte Ware, mit vereinzelten Ausnahmen nur in Bruchstücken erhalten. Die Haupttypen sind große, runde Gefäße, die sog. Zylinderhüte, konische Formen und Schüsseln. An Dekorationsmotiven finden sich geometrische, figürliche und pflanzliche. Unter den geometrischen Elementen spielen der Kreis in allen möglichen Zusammensetzungen, ferner Zickzack- und Schachbrettmuster die Hauptrolle. Das am häufigsten auftretende Pflanzenmotiv ist das Efeublatt in seinen verschiedenen Stilisierungen. Die Figuren stellen Pferde und Reiter dar (Band X Tf. 153a).

Diese Tonware ist einer Untergruppe der im sö. Teile der Halbinsel verbreiteten Keramik zuzurechnen und hat Gegenstücke unter den Funden von Oliva (schon in der Prov. Valencia). Sie gehört zu ihren vorzüglichsten Vertretern. Wir können sie an das Ende des 4. Jh. v. C. setzen. Im allg. sind röm. Funde nur im Gebiete des sog. Heiligtums zutage getreten, und die eigentliche Ansiedlung bleibt davon frei. S. a. Pyrenäenhalbinsel D § 13.

C. Visedo Moltó *Excavaciones en el monte de „La Serreta", próximo a Alcoy (Alicante)* Memoria de la Junta Superior de Excavaciones y Antigüedades 1922 Nr. 41; ebd. 1922 Nr. 45; ebd. 1923 Nr. 56. Über die Tafel mit Inschrift vgl. SB. Preuß. Akad. 1922, phil.-hist. Kl. S. 83ff. H. Schuchardt.

A. del Castillo

Sese. Bezeichnung für neol. Steintumuli auf der Insel Pantelleria von runder, turmartiger Gestalt, die im Innern kleine, runde Grabkammern enthalten. S. Pantelleria.

† Albert Mayr

Sesklo. Wohnhügel (Magúla; s. d.) in Thessalien, w. von Volo, mit reichen Resten neol. Siedlung in 4 Hauptschichten. Von der untersten sind einige Steinfundamente und Fragmente des (in einer Feuersbrunst gehärteten) Lehmbewurfes von Rohrhütten mit Satteldach, also nicht runden Grundrisses, erhalten; in der Nähe des Hügels freilich auch Reste von Rundhütten aus dieser und der 3. Schicht von unten. In der 2. Schicht ist ein Stück der starken Burgmauer und ein Haus vom Megaron-Typus mit Herd erhalten, in der 3. und 4. Schicht rechteckige Häuser. Dies alles ist neolithisch. Die Keramik bildet die Grundlage zu der von Tsuntas aufgestellten, von Wace und Thompson weiter ausgebauten Einteilung der neol. Keramik (s. Ägäische Kultur § 2—5, Vase B § 1; Band I Tf. 8b, d). Lange nach der Zerstörung der obersten neol. Siedlung sind über den Ruinen 3 Pithos- und 135 Kistengräber mittelhelladischer Zeit angelegt worden, wie minysche Scherben beweisen; ferner ein kleines Kuppelgrab mit spätmyk. Vasen.

Chr. Tsuntas *Διμήνιον καὶ Σέσκλον* S. 69ff., die späten Funde S. 115 Tf. 3ff.; Wace-Thompson *Prehistoric Thessaly* S. 58ff.; D. Fimmen *Kret.-myk. Kultur*² S. 40, 46, 69ff.

G. Karo

Sessel. A. Europa. § 1. Sessel und Stühle sind in den ältesten Per. der Vorzeit unbekannt gewesen. Ebenso wie Tacitus von den Germanen berichtet, daß diese auf Bärenhäuten lagerten, erzählt Posidonius von den Kelten, daß sie bei ihren Mahlzeiten sich Heu unterstreuten, und Diodor Sic. (V 28), daß sie nicht alle auf Stühlen, sondern manche auf der Erde sitzen, auf Unterlagen von Wolfs- oder Hundefellen. Die Bänke, die sich von der Jungsteinzeit an in den Häusern nachweisen lassen (s. Bank), dürften mehr als Ruhebetten denn als Sitzgelegenheit in Frage kommen.

§ 2. Auf dem griech. Boden läßt sich deutlich verfolgen, wie sich aus dem Thronsitz der Götter und weltlichen Herrscher allmählich die Form des Stuhles in der uns geläufigen Form entwickelt. Innerhalb des kret. Kulturkreises begegnen uns zuerst große Thronstühle, mit Rücken-, jedoch ohne Seitenlehne, z. B. in Hagia Triada, Knossos (Fimmen *Kret. myk. Kultur*² 1924 S. 52), wovon sich kleine tönerne Nachbildungen in Volksgräbern zu Tiryns, Mykenai, Menidi und Nauplia erhalten haben (Reichel *Über vorhellenische Götterkulte* 1897). Aus diesen Thronstühlen entwickeln sich dann die Stühle mit Rücken- und Armlehnen, wie wir sie z. B. auf der François-Vase finden (Furtwängler-Reichhold Tf. 11/2), und dann die eigentl. Stühle (z. B. auf frühgriech. Grabsteinen: Forrer *Reall.* Tf. 298; Vasen ebd. S. 169).

§ 3. An ö. Einfluß knüpft wohl die Nachbildung von Thronstühlen in der BZ und EZ Siziliens und Etruriens an. In der Nekropole von Thapsos (s. Sizilien B II § 11) fanden sich neben myk. Bronzen und Vasen kleine, tönerne Stühle teils mit, teils ohne Rückenlehnen (Mon. Lincei 6 [1895] Tf. 4 und 5). Gleiche Abhängigkeit von fremden Einflüssen verraten die Thronstühle aus Ton oder Bronze in etrusk. Gräbern der Gegend von Chiusi, nach Montelius IV. Per. der EZ, 8. Jh. v. C. (Ghirardini *L'archeologia nel primo cinquantennario della Nuova Italia* Rom 1912 S. 63; Hoernes *Urgesch.* S. 511; s. hier Band II Tf. 125, 126; X Tf. 101). An diese Thronstühle knüpfen auch wohl die Stühle in Gestalt von Sesseln auf den Situlen von Watsch und Kuffarn an (Band VII Tf. 88), sowie die sesselartigen Stühle an angeblich neol. Idolen aus thrakischen Grabhügeln (Band VI Tf. 1g; vgl. a. ebd. Tf. 4a).

§ 4. Stühle mit Rücken- und Seitenlehnen kommen in Nord- und Mitteleuropa zuerst in der LTZ vor, wo wir sie an den Wagenfunden (von Dejbjerg [s. d.; Jütland; Band II Tf. 181a; H. Petersen *Vognfundene i Dejbjerg Præstegaardsmose* 1888; Festschrift f. Ed. Hahn Stuttgart 1917 S. 217ff. Mötefindt], Ohnenheim [s. d.; Elsaß; Band II Tf. 181b; Forrer *Un char de culte à Ohnenheim* Anz. f. els. A.K. 1921 S. 1195ff.] und Birmenstorf [Schweiz; Anz. f. schweiz. AK. 1921 S. 11ff.]) nachweisen können. S. a. Stuhl A.

Hugo Mötefindt

Sĕrogozy-Gruppe

Teile des Frauenkopfschmuckes aus dem Dĕjev-Kurgan. Nach Izvĕstija Arch. Kom. 63 (1917) Tf. 7.

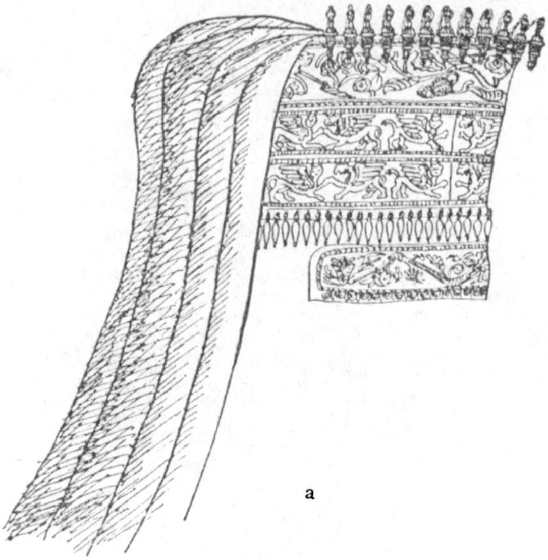

a

b

c

Sĕrogozy-Gruppe

a. Wiederherstellungsversuch des Frauenkopfschmuckes aus dem Čertomlyk-Kurgan (kalathos-förmiger Typus). Nach Borovka. — b. Zweihörniger Kopfschmuck einer Donkosakenfrau aus dem J. 1818. Nach Zelenin. — c. Wiederherstellungsversuch des spitzmützigen Frauenkopfschmuckes aus dem Čertomlyk-Kurgan. Nach Borovka.

B. Ägypten. S. fehlen in den vorgesch. Gräbern gänzlich und sind selbst in denen der 1. und 2. Dyn. sehr selten. Petrie *Tarkhan* I 11, 415 wird ein „3 legged stool", der umgekehrt auf den Holzsarg gestellt war, erwähnt, aber ohne genaue Angaben, und in dem Alabastermöbel, das Petrie *Tarkhan* II Tf. 1 abg. ist, ist wohl weniger ein viereckiger, vierfüßiger Sessel zu sehen (Petrie) als ein etwas hochbeiniges Tischchen. Ein vierbeiniger Holzsessel mit geflochtenem Sitz aus einem Privatgrabe, anscheinend der 3. Dyn. (Heidelberger äg. Sammlung Nr. 525), zeigt noch ganz primitive Formen.

Die Königsgräber von Abydos (s. d.) dagegen waren reich an S., von denen freilich nur die kunstvoll geschnitzten und als Rinderbeine gebildeten Füße aus Elfenbein (s. d. C) erhalten sind. (Z. T. werden diese Füße freilich auch von Betten [s. d. B] stammen; Amélineau *Fouilles* 1895/96 Tf. 32; ebd. 1897/98 Tf. 14; Petrie *Roy. Tombs* II Tf. 32, 5. 9, 34, 37—41, 43, 45, 6 A, 7, 12, 7 A 15 und S. 24, 34 und 38.) Seltener sind solche Füße aus Ebenholz (s. d. B; Petrie *Roy. Tombs* II Tf. 39, 51 und 53, mit Resten des Sitzbrettes) oder aus mit Kupfer überzogenem Holz (Petrie a. a. O. II 24 r. 15 und 34). Ranke

C. Palästina-Syrien s. Hausgerät C § 3.

D. Vorderasien s. Hausgerät D.

Setzkeil s. Keil.

Seuche. S. finden sich in allen alten Kulturen als göttliche Strafen, aber auch als Werk schlimmer Dämonen aufgefaßt. Daneben tritt uns z. B. in Babylonien die astrale Veranlassung solcher und auch die meteorologische entgegen, eine Auffassung, von der wir in Altägypten bisher nur in der Beschwörung des Pestwindes auf der Außenseite des New Yorker chirurg. Papyrus (s. Papyri [Medizinische] § 3) ein heute noch nicht sicher greifbares Zeugnis haben. In den hist. Dokumenten des Nil-Landes herrscht über die Epidemien eine auffällige Schweigsamkeit, während die babyl. Literatur darüber häufig spricht, in den Omen-Texten und verwandter Literatur (s. Pest).

Die Untersuchungen menschlicher Reste, namentlich im Nil-Tale, aber auch anderwärts, haben als früheste seuchenartige Massenerkrankung der Menschen die schwere chronische Knochengicht, die *Osteo-Arthritis deformans*, uns kennen gelehrt, später erst und mehr vereinzelt die Tuberkulose. Lepra ist im Nil-Tal an Mumien erst in nachchristlicher Zeit gefunden worden. Ruffer war geneigt, einen Fall schwerer Hautveränderung einer Mumie des 12. Jh. v. C. als Blattern (*Variola*) zu deuten (s. Hautkrankheit). Der homerischen Kultur ist der Seuchenbegriff geläufig. Ein halbes Jahrtausend später gibt Hippokrates in seinen Epidemien-Schilderungen das Ergebnis weltenweiten Fortschrittes und dokumentarischer Festlegung glänzender, eigener Beobachtungsergebnisse, epochemachend für alle Zeiten der Menschheit.

Hungersnöte sind im Zweistromlande ständig im Munde der mantischen Prognosten; sie klingen wie die Krankheitsseuchen im Sagenschatz und in der mündlichen Überlieferung der Frühmenschheit wieder. Sie sind auch auf Felsaufzeichnungen der Neuen Welt registriert und werden gelegentlich laut in alten Rechtsquellen, wie der „heiße Hunger" (*thî hêta hungher*; Mitt. z. Gesch. d. Med. 16 [1917] S. 111—114 Sudhoff) im altfriesischen Landrecht. Sudhoff

Sexagesimalsystem s. Gewicht, Mass, Mathematik.

Sibirien. A. Paläolithikum. Das Paläol. Sibiriens ist noch größtenteils ungeklärt, abgesehen von der Angara-Zone und vom Jenissei-Kreis, dessen Erforschung I. T. Savenkov erfolgreich begann. Daran schlossen sich die Untersuchungen bzw. Aufsammlungen von G. P. Sosnovskij, A. I. Tugarinov, A. N. Sobolev, S. M. Sergejev, A. P. Jermolajev und vor allem von B. E. Petri und G. von Merhart, welch letzterer 1923 bzw. 1924 zwei treffliche, zusammenfassende Studien veröffentlichte.

§ 1. Die Jenissei-Stationen sind zum Teil in der unmittelbaren Umgebung von Krasnojarsk gelegen, so hauptsächlich die FO Afontova, Pereselenčeskij Punkt, Vojennyj Gorodok, Ladeiki und Kirpičnyje Sarai, letzterer im Kača-Tal. Teilweise liegen sie flußaufwärts, so die FO Ajoška und Kokoreva, Bateni, Lepjoškina, Busunova, Tes an der Tuba und Borki.

Die Fundstraten lagern zumeist in echtem Löß, dann und wann in Sanden oder Kiesen;

die Fauneneinschlüsse verteilen sich nach den Bestimmungen von Čerskij und Sobolev auf

Rangifer tarandus (häufig)
Equus caballus (zieml. hfg.)
Bison priscus (zieml. hfg.)
Bos primigenius (seltener)
Bos sp. nov., dem *Bison priscus* nahestehend (selten)
Cervus megaceros (zieml. selten)
Cervus capreolus (sehr selten)
Antilope saiga (nur einmal vertreten)
Elephas primigenius (selten)
Rhinoceros tichorhinus (selten)
Canis sp.

Sehr ergiebig war die Station am Fuße der Afontova Gora, am SW-Rande des Stadtgebietes von Krasnojarsk; von I. T. Savenkov entdeckt, wurde sie u. a. von de Baye und Volkov beschrieben und ist heute unzugänglich bzw. verfallen. Das Schichtenprofil war das folgende:

a) Humus der Oberfläche
b) Lößlehm
c) Löß (1,5—5 m)
d) Weißlicher Lehm
e) Sandige Schicht
f) Geschichtete Sande
g) Kiese
h) Schotter.

Die grauschwarze Fundschicht war nur wenige Zentimeter mächtig, aber über große Strecken verteilt und lagerte an der Basis des Lößes (c). Sie barg neben den arch. Einschlüssen Kohlen- und Aschenbänder und die osteologischen Reste von Mammut, wollhaarigem Nashorn, Urstier und Bison, Wildpferd, Rentier, Cerviden und einem Caniden. Vom Menschen selbst kamen zwei Armknochenbruchstücke zum Vorschein. Die Steinartefakte sind zumeist aus Jaspis, Quarz oder Quarzit geschlagen und umfassen eine variantenreiche Schaberserie, schmale, prismatische Klingen, kleine Klingen mit abgestumpftem Rücken, mehrere kurze Rundkratzer, einige Mikrolithen, Spitzen, Bohrer, Nuklei u. a. m. Damit waren unmittelbar vergesellschaftet mehrere Knochenpfriemen mit Längsrillen; zwei bearbeitete Elfenbeinbruchstücke; ein 27 cm l. Hirschhorngerät, etwas geglättet, mit zahlreichen regellosen Schnittspuren und ovaler Durchlochung, welche an jene der sog. „Kommandostäbe" erinnert. Von letzteren liegt ein etwa 36 cm l. typisches Exemplar aus Rengeweih, mit annähernd runder Durchlochung, vor.

Der von S. M. Sergejev erforschte Pereselenčeskij Punkt wies die nachstehende Stratigraphie auf:

a) Dünensand (Oberfläche)
b) Kulturschicht der EZ (0,60 m)
c) Feiner Sand (4 m)
d) Löß (1 m), mit paläol. Kulturschicht
e) Schotter (3—4 m)
f) Wasserspiegel des Jenissei.

Der Löß (d) enthielt neben Rentier, Reh und Bison ca. 350 bearbeitete Steingeräte (aus Jaspis, Hornstein oder Quarz), von denen etwa 50—60 Exemplare besser geformt waren. Unter ihnen befinden sich ein kleines, doppelseitig bearbeitetes Faustkeilchen, typische Bogenschaber, feine Handspitzen, ziemlich kleine Rundkratzer usw. Mehrere sorgsam gerundete Knochenpfriemen tragen abermals Längsrillen.

G. v. Merhart hat bereits betont, daß in den Löß-Funden des Jenissei-Kreises eine merkwürdige Mischung von Formen des europ. „Moustérien" (Keilchen, Schaber, Handspitzen) und „Aurignacien" (kurze, prismatische Klingen, teils mit starker Randretusche; kurzflache Rundkratzer, kleine Gravette-Typen, kleine Klingen mit Bogenretusche, Mikrolithen) vorliegt, welche überdies durch eine einfache Horn- oder Knochen-Industrie (Kommandostäbe, gut polierte und gerillte Pfriemen, Speerspitzen, bearbeitetes Elfenbein) bereichert ist.

§ 2. Auf einen wohl annähernd gleichaltrigen Mammutjägerplatz stieß Th. Kaščenko im J. 1896 unweit Tomsk. Das Paläol. des Angara-Tales umfaßt die auf das J. 1871 zurückgehenden, seitdem verschollenen Funde von Irkutsk und die von M. P. Ovčinnikov und B. E. Petri in den J. 1919 und 1920 erforschte Station des Vercholensker Berges, 3 Werst nö. von Irkutsk. Die zweifellos einer einzigen Kulturstufe angehörigen Reste des letzteren Platzes lagern in lößartigem Lehm und sind hauptsächlich vom Ren, Pferd und Urstier begleitet, indes das Mammut zu fehlen scheint. Die aus Kieselschiefer, Hornstein, Jaspis oder Quarzit geschlagenen Steinwerkzeuge umfassen insbesondere Schaber von Moustérien-Gestalt, „Mittelformen" zwischen Fäusteln und Handspitzen, Nuklei, Klingen, Stichel, Kratzer, Bohrer, Nukleus-Schaber, „Beile" und bis zu 12 cm l. Blattspitzen, nach Petri mit typischer Solutréen-Retusche. Leider gestatten die Abbildungen in der Monographie des letztzitierten Autors kein abschließendes Urteil über dessen typol. Auffassungen.

Die Geweihstücke sind vielfach angesägt, Horn und Knochen zu Spitzen, Pfriemen, Ahlen, Glättern, Meißeln, „Dolchen" u. ähnl. verarbeitet. Sehr wichtig sind Harpunen aus Rengeweih, von rund 10 cm Länge. Sie besitzen zwei Reihen von Widerhaken, welche ebensowohl gleich-, als wechselständig sein können, weisen nächst der abgerundeten Basis eine Hakenkerbe behufs besserer Befestigung am Schafte auf (Wien. Präh. Z. 11 [1924] S. 142 Abb. 1) und erinnern, ähnlich wie die aus Palästina-Syrien (s. d. A) bekanntgewordene Capsien-Harpune, an die Azilien-Typen Europas. Graphit und Rötel vertreten die Farbstoffe, ein flachtrapezförmiger, durchlochter Anhänger aus Speckstein den einzigen Schmuck.

An der Angara-Fundstätte fehlen (nach Sosnovskij) in der archaischen Komponente des Kulturkomplexes typische Fäustel und Handspitzen, und es erscheinen in deren „jungpaläol." Komponente Lorbeerblattspitzen und Harpunen. G. v. Merhart täuscht sich kaum, wenn er in diesen Vorkommnissen eine eigene jungpaläol., sibirische Fazies erblickt, in welcher sich allenfalls eine ältere Krasnojarsker und etwas jüngere Irkutsker Stufe („sibirisches Magdalénien" Petris) unterscheiden lassen.

G. von Merhart *The palaeolithic period in Siberia: Contributions to the Prehistory of the Yenisei Region* Amer. Anthr. 25 (1923) S. 21ff.; ders. *Neuere Literatur über die Steinzeit Sibiriens* Wien. Präh.Z. 11 (1924) S. 139ff. (mit vollständigen Literaturverzeichnissen). H. Obermaier

B. Neolithikum (Tf. 6—11).

§ 1. Einleitung, Literatur. — § 2. Allgemeiner Fundcharakter. — § 3. Frühneolithikum. — § 4—21. Voll- und Spätneolithikum. I. Ostsibirien (Jenissei- und Irkutsk-Gubernien). a) Baikal- und Angara-Gebiet: § 4. Lagerplätze. — § 5. Gräber. — b) Jenissei-Gebiet: § 6. Lagerplätze des Krasnojarsker Kreises. — § 7. Dgl. des Minusinsker Kreises. — § 8. Gräber des Krasnojarsker Kreises. — § 9. Armbeile. — § 10. Fischidole. — § 11. Stößel. — § 12. Pfeilstrecker. — § 13. Masseperlen. — § 14. Nephrit. — § 15. Synthese für Ostsibirien. — II. Westsibirien (Ural bis einschließl. Tomsk-Gubernie). § 16. Lagerplätze. — III. Ferner Osten. § 17. Lagerplätze am Amur, im Küstengebiet, auf Sachalin, in NO-Asien. — § 18. Zabaikalien. — § 19. Gräber in Zabaikalien. — § 20. Synthese. — § 21. Überblick und Aufgaben.

§ 1. Die j. StZ S. hat noch keine systematische Darstellung erfahren. Deskriptive Arbeiten behandeln nur einen geringen Bruchteil des in zahlreichen Museen aufgehäuften Materials. Überwiegend liegen Oberflächen-, Zufalls- und Einzelfunde vor. Grabungen blieben spärlich.

Die Literatur weist auf: Rekognoszierungsberichte (Savenkov: Jenissei; Vitkovskij: Angara; Sosnovskij: Balagansk a. d. Angara; Chorošich: Olchon-Kreis; Ovčinnikov: Umgebung von Irkutsk; Poljakov und Podgorbunskij: Tunka; Kuznecov: Uruljungui-Argun; Busse-Fürst Krapotkin: Amur-Kreis; andere kleine Berichte), Grabungsberichte von Lagerplätzen (Petri: Ulan-Chada, Bucht Pješčanaja; Slovcov: Tjumen) und Gräbern (Vitkovskij: Kitoi; Savenkov: Bazaicha; Talko-Hryncewicz: Tultu-Daban), topographische Monographien (Savenkov: Minusinsker Kreis; Tolmačev: Ostural, bes. Šigir-See — unvollendet), systematische Versuche (Anučin: Steingeräte; Bortwin: Keramik; Ailio: Frühe Steinbeile und Kammkeramik; Hub. Schmidt: Zur Flechtwerkkeramik; Gandert: Neol. Kulturströmungen) und Reisenotizen bei mehreren, meist älteren Autoren. Einigen Anhalt bieten auch die Kataloge (Florinskij: Tomsker Universitätssammlung; Heikel: Westsibirien; Lobanov: Museum Jekaterinburg).

Ailio *Fragen der russischen Steinzeit* Z. d. Finn. Altert.-Ges. 29: 1 (1922); Anučin *O njekotorych svojeobraznych drevnich kamennych izdjelijach iz Sibiri* Trudy VI. Arch. S'jesda I (1884) Odessa; de Baye *Rapport sur les découvertes faites par M. Savenkov dans la Sibérie orientale* Paris 1894; Bortvin *Iz oblasti drevnej sibirskoj keramiki* Zapiski Arch. Ges. 11 (1915); Chorošich *Izsljedovanija kamennavo i želesnavo vjeka Irkutsk. kraja* Irkutsk 1924; Dús *Deux crânes néolithiques sibériens* Antropologiai Füzetek 1 Budapest 1923; Florinskij *Archeolog. Muzej Tomskavo Universiteta* Tomsk 1888, Nachtrag 1890; Gandert *Beitrag zur Kenntnis der jüngeren Steinzeit in Sibirien* Götze-Festschrift 1925; Grewingk *Eine ostsibir. Gräberstätte des Steinalters* Sitzungsber. d. gel. estn. Ges. Dorpat 1881; Fürst Krapotkin und Busse *Drevnosti Amurskavo kraja* Zapiski Obšč. Izučenija Amursk. Kraja 12 (1908) Vladivostok; Kuznecov *Razvaliny Konduiskavo gorodka i jevo okrestnosti* Vladivostok 1925; v. Merhart *Resultaty archeol. izsljedovanij v Prijenissejskom kraje* Izvest. Krasnojarsk. Otd. Russk. Geogr. Obšč. 3, 1 Krasnojarsk 1923; ders. *Neuere Literatur über die*

Steinzeit Sibiriens Wien. Präh. Z. 11 (1924); Novickij *Djunnaja stojanka v deltje Obi* Trudy obšč. jestestvoizpytatel. Kazansk. Universit. 49, 1 Kazan 1916; Ovčinnikov *Materialy dlja izučenija pamjatnikov drevnostej v okrestnostjach g. Irkutska* Izvest. Vost.-Sib. Otdjela Russk. Geogr. Obšč. (I. V-S. O.) 35, 3 (1904) Irkutsk; Petri *Neolitičeskija nachodki na beregu Baikala. Ulan-Chada* Sbornik Muzeja Antrop. i. Etnogr. pri Akadem. Nauk 3 (1916) Petrograd; ders. *Neolitičeskaja kolonija v buchtje Pjesčanaja na Baikalje* Sbornik trudov prof. i prepodav. Irkutsk. Universit. (S. T. I. U.) 1, 2 Irkutsk 1921; Podgorbunskij *K voprosu ob izučenii stojanok Torskoj i Tunkinskoj kotloviny* S. T. I. U. 1923 (Lit. zu Tunka); Poljakov *Reise nach der Insel Sachalin* Berlin 1884; Savenkov *K razvjedočnym materialam po archeol. srednjavo tečenija Jenisseja* I. V-S. O. 17, 3—4 Irkutsk 1886; ders. *Sur les restes de l'époque néolithique trouvés dans le Gouvern. d'Enisseisk* Congr. intern. préh. XI Bd. II Moskau 1893; ders. *Kamennyj vjek v Minusinskom kraje* Materialy po arch. Vostočnych Gub. 2 (Moskau 1897); Slovcov *O nachodkach predmet. kamennavo perioda bliz g. Tjumeni* Zapiski zapadno-sibir. Otd. Russ. Geogr. Obšč. 7, 1 (Omsk 1884); Sosnovskij *Ostatki doistoričeskavo prošlavo u sjela Rasputina* Izd. Irkutsk. Naučnavo Muzeja 1924; ders. *K archeologii Angarskavo kraja* Izd. V-S. O. Irkutsk 1923; Talko-Hryncewicz *Materialy k paleoetnolog. Zabaikal'ja* VI Trudy Troickosavsko-Kjachtinskavo Otd. Priamursk. Otd. Russ. Geogr. Obšč. 4, 2 (1901); Tolmačev *Antiquités du versant est des Monts Ourals* Zapiski Ural'skavo Obščest. Ljubitelej Jestestvoznanija 32, 2 Jekaterinburg 1913; ebd. 34, 8 (1914); Uvarov *Archeologija Rossii. Kamennyj period* I, II Moskau 1881; Vitkovskij *Kratkij otčet o raskopkje mogily kamennavo perioda v Irkutsk. Gub.* I. V-S. O. 11, 3—4 (1880); ders. *Otčet o raskopkje mogil kam. vjeka v Irkutsk. Gub.* ebd. 13, 1—2 (1882); ders. *Sljedy kamennavo vjeka v dolinje rjeki Angary* ebd. 20 (1889).

§ 2. Im Ural (Gebauer-Höhle bei Kurij a. d. Pyšma) kennt man Höhlenfunde sowie Seebodenfunde (Šigir und Umgebung), doch bleibt die Siedelungsform letzterer unbestimmt. Pfahlwerk ist beobachtet. Von Sachalin und dem Küstengebiet des Amur-Kreises werden Küchenabfallhaufen gemeldet.

Im Zwischengebiet vom Ural zum Stillen Ozean, vom Semipalatinsker Gebiet bis in den hohen N kommen an erster Stelle Lagerplätze (russ. Sing. *Stojanka*) in Frage, und zwar überwiegend auf Dünen jetzigen oder ehemaligen Fluß- und Seenbereiches. Ihr Inventar weist auf Fischer- und Jägerbevölkerung. Nachweis des Ackerbaues fehlt. Von Haustieren ist nur der Hund (s. d. A) gesichert. Die Zahl der Stojanki ist zweifellos sehr groß. Kuznecov kennt in Zabaikalien etliche Hundert, die Irkutsker Schule beging in kurzer Zeit einige Dutzend in kleinen Bezirken des Baikal und der Angara, und im Jenissei-Gebiet fanden sich bis jetzt rund 60. Zur systematischen Aufsuchung sind in großen Räumen Sibiriens noch keine Schritte getan. Die nördlichsten liegen unter 66° 31′ am Ob-Delta und bei Obdorsk, die südlichsten bei Semipalatinsk bzw. s. Vladivostok, doch fällt die größte Dichte ohne Zweifel mit der Waldzone zusammen. Alle Grabfunde stammen aus Flachgräbern mit Leichenbestattung.

§ 3. Frühneolithikum. Von Označennaja (Minus.) und Lugavskoje (Minus.) liegen als Oberflächenfunde später Stojanki einige Steingeräte vor (Tf. 6 a—d), die dem sib. Vollneol. auch nicht als Vorformen zuzuweisen sind und übrigens an beiden Orten weder von entsprechender Keramik noch von anderer Stein-Industrie begleitet werden. Leidlich symmetrisch, doch mit Vernachlässigung der Unterseite grob zugehauen und höchstens am Rande ausgebessert. Quarzitische Gerölle geben das Werkmaterial. Ob die auffällig plumpe, große Pfeilspitze (Tf. 6 c) zugehörig, ist fraglich. Die Geräte besitzen entfernte Ähnlichkeit mit Kernbeilen, sind im Bau jedoch dünner und leichter und können trotz fehlender Beziehung zum lokalen Paläol. wie Neol. als frühneol. gelten.

Es werden ferner Schaber von gelegentlich ziemlich großen Ausmaßen erwähnt, die nach Art örtlicher paläol. Schaber (Moustier-Schema), aber recht grob gearbeitet sind. Man kennt sie vom Irkutsk- wie Jenissei-Gebiet aus sicher jungsteinzeitl. Umgebung. Endlich fanden sich im Paläol. des Verchołensker Berges wie in neol. Lagerplätzen (Pjesčanaja) Nukleus-Schaber, Instrumente mit ebener, standfähiger Basis, an einer Seite mit Nukleus-Facetten, an der gegenüberliegenden zu Schabern retuschiert. Möglich, daß solche Erscheinungen als erste Hinweise auf eine lokale Entwicklung neol. Kultur aus dem Paläol. gewertet werden dürfen.

Petri *Kolonija*; Sosnovskij *K Archeologii.*

Voll- und Spätneolithikum. I. Ostsibirien. a) Baikal- und Angara-Gebiet. § 4. Lagerplätze. Grundlegend ist die Ausgrabung des Lagerplatzes Ulan-Chada am

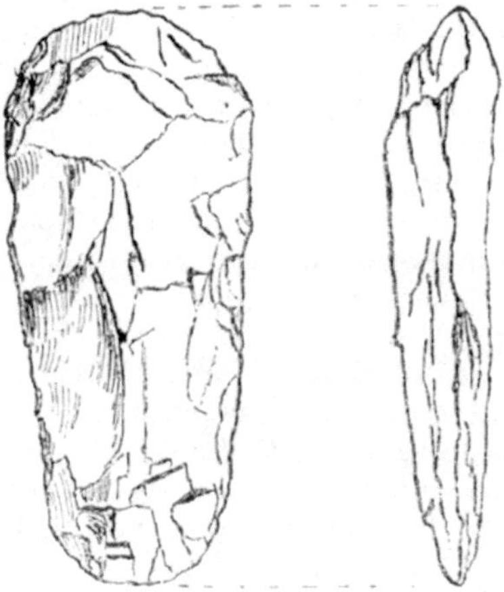

a

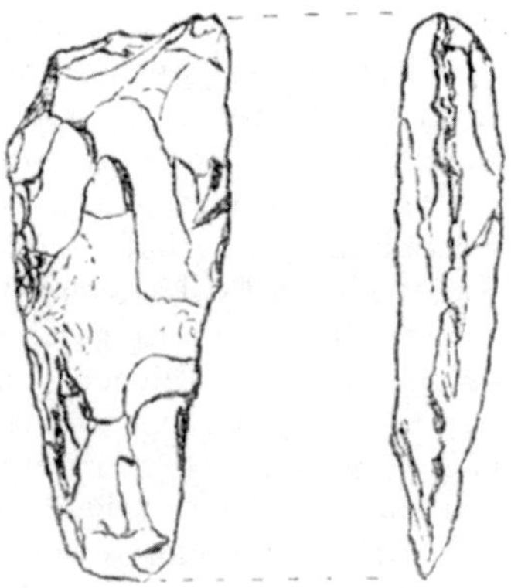

b

c

d

e

Sibirien B. Neolithikum

Frühneolithische (?) Steingeräte: a—c. Označennaja. — d. Lugavskoje. — e. Steinaxt, Rohzuschlag (?): Monastyr. — Sämtlich $^1/_2$ n. Gr.

Baikal, über die indessen nur ein vorläufiger Bericht vorliegt. Gleiches gilt für die Stationen in der Bucht Pjesčanaja am Baikal. Als reichste Fundstelle an der Angara gilt Čadobec, von wo Material kaum publiziert und nie systematisch ergraben wurde.

Ulan-Chada führt nach Petri 11 Kulturschichten mit zusammen 2,95 m Mächtigkeit. Schicht 11 (tiefste) soll ohne Keramik sein. 11 und 10 führen nur Schaber, Klingen, Nuklei, Fischangeln, 9 Pfeilspitzen. In den mittleren Schichten beginnt geschliffenes Steinwerkzeug — geschliffener Schiefer jedoch schon in 11 —, und in 1 tritt Nephrit auf. Knochengerät hat sich nicht erhalten. Es fehlen sterile Zwischenschichten, so daß der ganze Komplex, durchaus durch Übergänge verbunden, nur durch seine Mächtigkeit längere Siedelungsdauer bezeugt und objektiver Gliederung schwer zugänglich ist (Wien. Präh. Z. 11 S. 144).

In der Oberflächenzier der Keramik herrscht weitaus das Ornament aus Stäbchendruck, dann Flechtwerkabdruck und an letzter Stelle Kammstempel. Aufgeklebte Wulste erscheinen nur in Schicht 1. Kammkeramik (s. d.) tritt in 10 auf und hat in Verbindung mit Flechtwerkkeramik als älteste am Platze zu gelten (hierzu ZfEthn. 1924 5/6 S. 14 Hub. Schmidt). Letztere erlebt nach zeitweiligem Aussetzen in den jüngsten Schichten neuen Aufschwung. Leichtbauchige Formen mit verengtem Mundsaum (Tf. 11 c) und mehr geradwandige von Gestalt eines gekappten Eies herrschen, in 1 und 2 „engeiförmige" Töpfe, alle mit flachgewölbtem Boden. Flachböden fehlen durchaus.

Das Kamm-Ornament der unteren Schichten beschränkt sich auf den Oberteil der Gefäße, während in den mittleren Schichten ganzflächig verzierte, in den oberen gering verzierte Keramik vorwiegt.

In den Stationen der Pjesčanaja-Bucht, wo nur die obersten Schichten von Ulan-Chada vertreten sind, kommen durchlochte Griffe und Topfdeckel hinzu. Dünnwandige, gut ornamentierte und grobe, dickwandige Ware laufen nebeneinander.

Die Stein-Industrie enthält: Schaber der verschiedensten Formen, Klingen, Bohrer, Sägen, Nuklei, die z. T. als Bohrer zugerichtet sind, Beile und Meißel, teils flach mit gerundetem Nacken, teils dicknackig mit Rechteckquerschnitt, und Armbeile mehrerer Typen. Angelstiele, ringförmige Keulenköpfe mit konischer Lochung, Stößel, Schleif- und Klopfsteine kommen hinzu. Fisch-Idole sind häufig (aus Marmor, Sandstein und anderen Karbonat- und Silikat-Gesteinen). An Schmuck werden weiße, zylindrische Masseperlen und ein randgekerbter, flacher Steinanhänger erwähnt. Über Reste eines menschl. Ton-Idoles fehlen nähere Angaben. Die Klein-Industrie benutzt vorwiegend „Feuerstein", richtiger allerlei Quarz-Varietäten, zu Großgerät werden selbst Granit, Gneis, Diorit, Phyllit, Kieselkalke u. a. verwendet.

Čadobec. Die Keramik (Tf. 7 m—p, r, s, u—w) weist in stufenweisen Übergängen flauen bis guten Brand auf, als Ausnahme hartgebrannte Scherben mit dichten Gürteln schiefer Kammstempel nach Art der besser gebrannten Keramik des Krasnojarsker Gebietes. Kammkeramik tritt wesentlich häufiger auf als am Baikal, vorwiegend in strengem oder gelockertem Gürtelstil, Linienschnitt und Stäbchendruck etwas zahlreicher als im Krasnojarsker Gebiet, und zwar meist in Gürtelzonen, seltener in senkrechten Gliederungen (Tf. 7 n). Rauhung (fast wie falsches Flechtwerk) und bogenförmige Wischstriche (Tf. 7 u) kommen vor. Die Randprofile deuten neben Steilwandung auf häufigere Form mit merklich bis ausgesprochen abgesetztem Hals und bauchiger Wandung. Flachböden sind äußerst spärlich aufgelesen, Rundböden nachgewiesen. Griffe verschiedener Formen nicht selten (Tf. 7 v). Auffällig zahlreiche Scherben mit gegliedertem Profil und Dekor aus aufgeklebten Wulsten bzw. Leisten (Tf. 7 s), immer von besserem Brand, meist sehr zierarm, wobei doch spärliche Kammstempel, Stäbchendruck und häufiger Lochbuckel (tiefe Einstiche in die Wandung mit Vortreiben der anderen Seite, Einstich wie Buckel dekorativ verwendet) vorkommen. Diese Gruppe gehört nach dem Befund von Ulan-Chada zu den jüngsten Erscheinungen, ist aber nach Material und Brand durch langsame Abstufung mit aller Keramik von älterem Habitus verbunden.

Die Stein-Industrie hat große Mengen in mehrere Museen geliefert. Beile dicknackiger

Sibirien B. Neolithikum

Tongefäßscherben. Lagerplatzfunde. Krasnojarsker Kreis: b, e, f, k, q. Bazaicha. — c, d, g. Ladeïki. — a, l, t. Monastyr. — h, i. Jessaulovo. — Angara-Kreis: m—p, r, s, u—w. Čadobec. — Ca. 1/3 n. Gr. Nach Photographie.

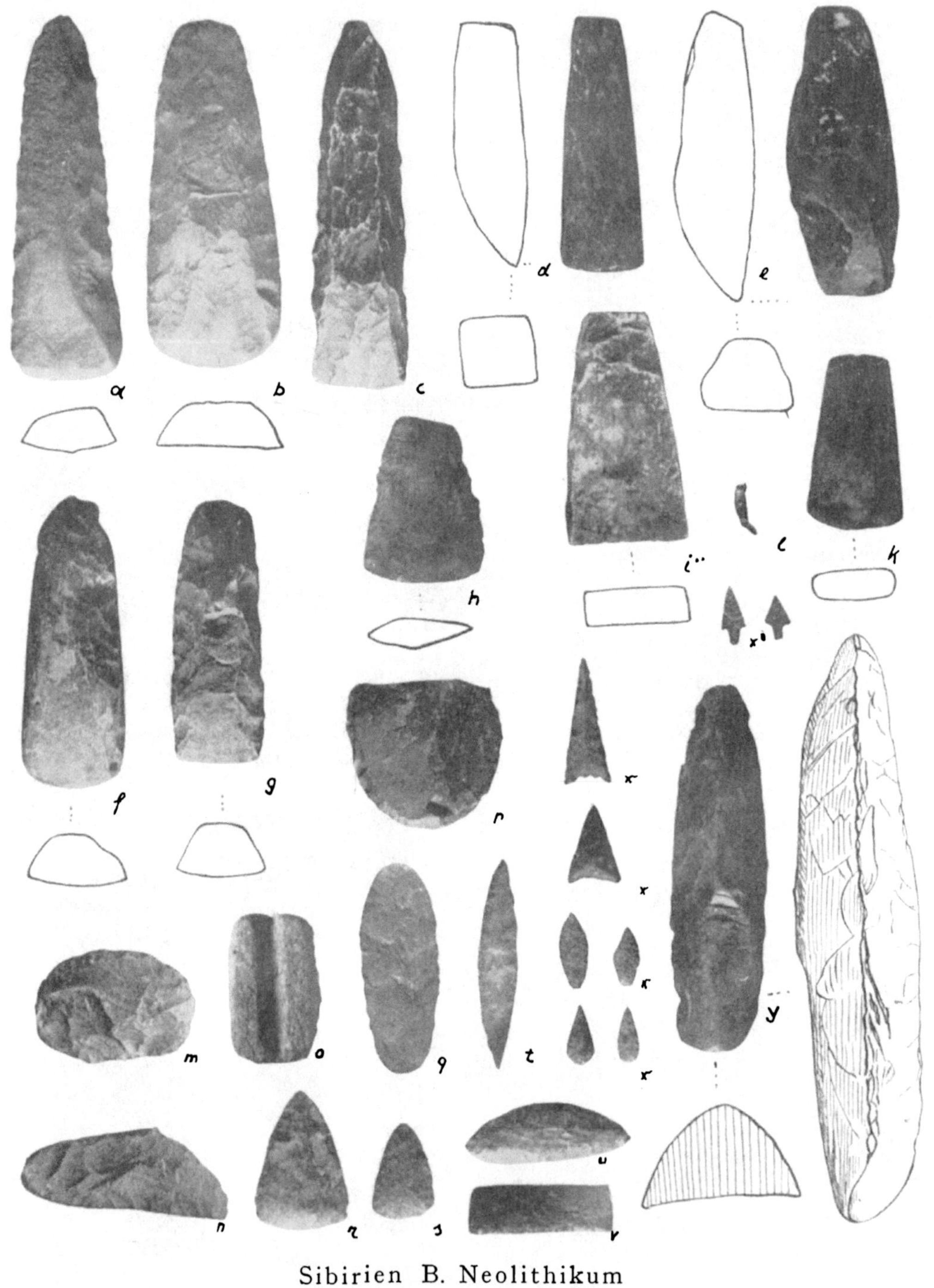

Sibirien B. Neolithikum

a. Spitznackiges Querbeil. Maklakovo. — b. Dünnackiges Querbeil. Maklakovo. — c. Hohlmeißel. Angara. — d. Gradmeißel. Čadobec. — e. Gradmeißel. Čadobec. — f. Querbeil. Angara. — g. Querbeil. Angara. — h. Dünnackiges Beil. Čadobec. — i. Beil, Marmor. Čadobec. — k. Schmalnackiges Beil. Čadobec. — l. Skulptur, Speckstein. Bazaicha. — m, n, p, u, v. Schaber, Säge und Messer. Čadobec und Angara. — o. Pfeilstrecker, Speckstein. Jessaulovo. — q. Schaber. Ladeïki. — r, s. Beiderseitig bearbeitete, beilförmige Schaber. Čuna-Angara und Čadobec. — t. Speerspitze. Čuna-Angara. — x. Pfeilspitzen. Čadobec, x'. Ladeïki. — y. Hohlmeißel. Čadobec. Alle etwa $^1/_3$ n. Gr., Zeichnung zu y $^1/_2$ n. Gr.

Form von Rechteckquerschnitt überwiegen, Linsenquerschnitt und gewölbte oder gekantete Ober- bei flacher Unterbahn seltener. Hohlmeißel und Gradmeißel, reichliche, vielartige Klein-Industrie. Eine Steinfigur nach Art der zahlreichen mittel- und nordruss. (Tf. 9 i) aus dem gleichen örtlichen gelben Mergelkalk wie die meisten Großgeräte und Pfeilspitzen. Armbeile (Tf. 9 h) und Fisch-Idole (Tf. 9 c). Knochengerät fehlt wahrscheinlich ganz. S. a. Tf. 8.

Petri *Neol. Nachodki*, *Neol. Kolonija*; Vitkovskij *Sljedy*. — Museen Krasnojarsk, Jenisseisk, Kansk, Tomsk, Leningrad.

§ 5. Gräber. In der Irkutsk-Gub. liegen die Gräberfelder vom Kitoi und von der Glazkovo-Vorstadt, sowie die Gräber von Rasputin. Čadobec (Jenissei-Gub.) hat ein Doppelgrab geliefert.

Das Gräberfeld vom Kitoi, nahe der Mündung des gleichnamigen Flüßchens auf überschwemmungsfreier Düne in der Niederung am l. Ufer der Angara, etwa 50 km unterhalb Irkutsk, enthielt 24 Flachgräber mit schlichter Grube, darunter zwei Doppelgräber und Kinderbestattungen. Skelette in gestreckter Rückenlage, Kopf im NO, bei 25 % im SW. Regelmäßig Ockerstreuung über der Leiche, am stärksten am Kopfe. Überreiche Beigaben, ohne jede Metallspur, umfassen: 39 Beile und Meißel (36 Nephrit), meist stumpfnackig, mit Rechteck- oder unregelmäßigem Querschnitt, 16 meist geschliffene Messer (13 Nephrit), 76 Speer- und Pfeilspitzen (5 Nephrit) mit gerundeter oder konkaver Basis, 250 „Kitoi-Anhänger" (Tf. 9 k) aus Speckstein oder Schiefer, Klingen, Nuklei, Abfall, Rohspeckstein, Schleifsteine, 3 Stößel und ein Pfeilstreckerpaar (s. § 12) aus Sandstein, einen Topf (Tf. 11 b) und eine Anzahl glatter, ornamentierter oder mit Flechtwerkabdruck gezierter Scherben, 100 Ockerstückchen, häufig mit Reibspuren, 2 Nephritscheiben (etwa 7 cm Dm, 1 bzw. 1,7 cm dick, nicht geschliffen). Dazu an Horn- und Knochengerät: Dolche (?), über 40 Ahlen und Pfriemen, 7 Harpunen, Nadeln (2 Nähnadeln in Röhrenknochenbüchse), 3 Löffel (?), 2 Sägen mit sorgfältigem Steinplättchenbesatz, 18 gespaltene Eberhauer, zahlreiche Hirschgrandeln, Tierklauen und -krallen u. a. m.

Vier am Rande des Feldes gelegene Gräber erwiesen sich sehr arm an Beigaben. In den anderen häuften sich die Gaben beiderseits des Kopfes und um die Hände. Drei außerhalb des Grabbezirkes belegene kleine Häufchen, davon zwei in Ockerbettung, enthielten gleiche Gegenstände wie die Gräber, lagen jedoch ohne Bestattung in gesonderten Grübchen.

Die Kitoi-Anhänger scheinen teils Gelenkschmuck, teils Saumbesatz der Kleidung gewesen zu sein, die Eberhauer gemäß der Lage im Grabe Stirn- und Halsschmuck. Einzelne Knochengeräte mit Würfelaugen oder geometrischer Linienzier. Knochenfunde vertreten Hirsch, Reh, Wildschwein, Bär (?), Biber, Hase und Fuchs. Feuerstein kommt nicht vor.

Die Schädel dolicho- (2), meso- (1) und brachykephal (1).

In Rasputin, 175 Werst flußab von Balagansk, am l. Ufer der Angara, zwei Gräber, die vollkommen dem Kitoi-Typus entsprechen, doch lagen die Köpfe im NW, und in der Füllung erschienen 20 cm über der Leiche etliche grobe Steine.

Grab 1. Beim Schädel die steinerne Skulptur eines menschl. Kopfes (Wien. Präh. Z. 11 S. 146). Zu Seiten der Leiche aus Knochen: 3 Dolche oder Sägen mit Steinbesatz, 15 Angelhaken, 3 Harpunen, 4 Pfriemen und 2 andere Knochenarbeiten (Tf. 10, 2 b); aus Stein: 4 Schaber, 3 Messer (2 aus Schiefer geschliffen), 19 Pfeilspitzen, 20 Kitoi-Anhänger. Am Halse zwei gespaltene Eberzähne. Ockerstückchen.

Grab 2. Knochennadelbüchse mit 2 Nähnadeln, ein vierkantiges Stäbchen mit Querstrichen, 4 Ahlen, 2 Dolchpfriemen, ein Meißel und Fragmente. Nephrit: 2 kleine, keilförmige Beile, 2 längliche Messer, ein Meißel. Aus anderem Gestein: Pfeilstreckerpaar, 2 Reibsteine. Ockerstücke. Ockerfärbung des Skelettes kräftig (Tf. 10, 2 a—h).

Am l. Angara-Ufer, gegenüber Irkutsk, wurden beim Bahnbau mindestens zwei Gräberfelder angeschnitten, deren eines in der Glazkovo-Vorstadt liegt (Tf. 10, 2 i—o). Angeblich etwa 100 Gräber zerstört. Ein Grab: Schädel im SW. Am Hals Weißnephrit-Ring (wie Tf. 10, 2 n), auf der Brust Nephrit-Beil. Bei den auf der Brust liegenden Händen Kupfermesser in Beingriff (Rippe), beim r. Schienbein 5 Steinpfeilspitzen. 70 cm von den Füßen entfernt ein Steinhaufen, 1,5 m h.,

3 m im Umfang, kegelförmig (über Tag?). Ein anderes Grab: Anlage mit Steinhaufen ebenso, doch zu Seiten der Grube je 4 stehende Sandsteinplatten. Beim Becken 2 doppelschneidige Kupfermesser, eines davon nach Resten mit Holzgriff und Lederscheide. Beim r. Oberschenkel ein Kupfermesser und zwei Ziegen(?)knochen. Auf der Brust halber Nephrit-Ring, bei Stirn und Nacken gespaltene Eberzähne. Die Messer sind schlecht erhalten (Abb. bei Bortvin).

Inmitten desselben Gräberfeldes hob Vitkovskij 10 Jahre früher ein Hockergrab, Kopf im WNW, mit zwei gespaltenen Eberzähnen auf der Stirn. Aus nächstgelegenen zerstörten Gräbern zwei Weißnephrit-Scheiben.

Die Gräber vom Kitoi und von Rasputin gehören ohne Zweifel derselben Kultur an. Für die Glazkovo-Gräber ist eine gewisse Sonderstellung anzunehmen. Verbindend mit Kitoi die Eberzähne, (Harpunen) und Nephrit-Vorkommen, trennend der andersartige Grabbau, Hockerlage (bei Ovčinnikov ist keine genaue Lage angegeben), Fehlen des Ockers, Kupferbeigaben, Weißnephrit-Ringe (die am Kitoi nicht vorkommen), sowie die wesentlich ärmere Grabausstattung.

Čadobec hat mehrfach Skelettreste geliefert. Ein Doppelgrab (mündl. Bericht von A. A. Savelijev) mit Frauenleiche und Kind, beide ohne Schädel. Frau gestreckte Rückenlage, Kind gestreckt auf l. Seite liegend. Bei 5. Rippe der Frau Steinpfeilspitze mit abgebrochenem Dorn, am Hals Anhänger (Tf. 9 d), von diesem aus um die Schultern 90 Schneidezähne (Hirsch) ohne Durchbohrung und 4 Backenzähne vom Bär mit Wurzelbohrung. Bei 5. Rippe des Kindes Steinpfeilspitze wie vorhin, ebenso bei r. Hand. Beim Becken Bäreneckzahn mit Wurzelbohrung, die grüne Patinaflecken aufweist.

Vitkovskij *Kratkij Otčet*, *Otčet*; Grewingk; Sosnovskij *Ostatki*; Ovčinnikov; Bortvin. Unzureichende Abb. bei Vitkovskij; Schädel m. Eberzahnschmuck: Studia Orientalia (Helsingfors) 1 S. 335.

b) Jenissei-Gebiet. § 6. Lagerplätze des Krasnojarsker Kreises. In diesem Gebiet ist als neol. eine schwachgebrannte Ware aus grauem oder rötlichgelbem Ton mit mäßigem, bei den seltenen dickwandigen Scherben auch grobem Quarzsandzusatz anzusprechen. Außenseite meist geglättet und wohl auch überfangen. Wandstärke 5—8, extrem 12—14 mm.

In der Dekoration überwiegt das Kammmotiv. Für Kessel mit gerundetem Spitzboden (Tf. 11 a) ist ganzwandige Verzierung mehrfach nachgewiesen. Auch eine anscheinend im ganzen etwas jüngere Gruppe, die das Ornament auf die Randpartien beschränkt, dürfte größtenteils Rundböden aufweisen, doch sind Flachböden sowohl bei ganzwandiger wie bei Randzier gefunden. S. Tf. 7a—l, q, t.

Kammstempel (Rollstempel?) finden auch bei einer Gruppe schärfer gebrannter Keramik Anwendung, häufig in geometrischen Anordnungen (Tf. 7 e), Zickzacklinien, Rhombenbändern (Tf. 7 i), hängenden Dreiecken u. a. Hier treten neben den schlichtesten Profilen mit scharf abgeschnittenem, wagrechten Rand auch Randsaumverdickungen auf, deren schärfste Prägung (Tf. 7 h) aber vorwiegend mit Stäbchendruck erscheint und in Schicht 9 von Ulan-Chada Parallelen findet. Seltenerer Stäbchendruck und Lineardekor fehlt in keiner Gruppe. Groß ist die Rolle des Lochbuckels (Doppelverwendung Tf. 7 c).

An Gefäßformen erscheinen: oben geradwandige Kessel (Tf. 11 a, d?) und Flachbodentöpfe bei ganz ähnlichen Randprofilen, seltener leicht gebauchte Gefäße mit eingezogenem Randteil, deren Böden unbekannt.

Im ganzen handelt es sich um eine entwickelte Kammkeramik, die bei den vielen Kreuzungen in Technik, Form und Dekor ohne stratigraphische Grabungsergebnisse einer Unterteilung kaum zugänglich ist. Lediglich nach der auffallenden Verbesserung im Brand werden geometrisch verzierte und reicher profilierte Scherben als vorgeschrittenere Stufe angesehen werden können. Zugleich fehlt es nicht an Belegen für späte Kammkeramik im Sinne Ailios, die technisch zum Teil ebenfalls der letzterwähnten Gruppe zugehören. Ganz fehlt die Gruppe der wulstverzierten Keramik beletteren Profils, die in Čadobec so zahlreich begegnet. Derartige Ware tritt ausschließlich mit sehr gutem, zumeist scharfem Brand auf, ist äußerst schmucklos, unterscheidet sich deutlich von aller Keramik „neolithischen

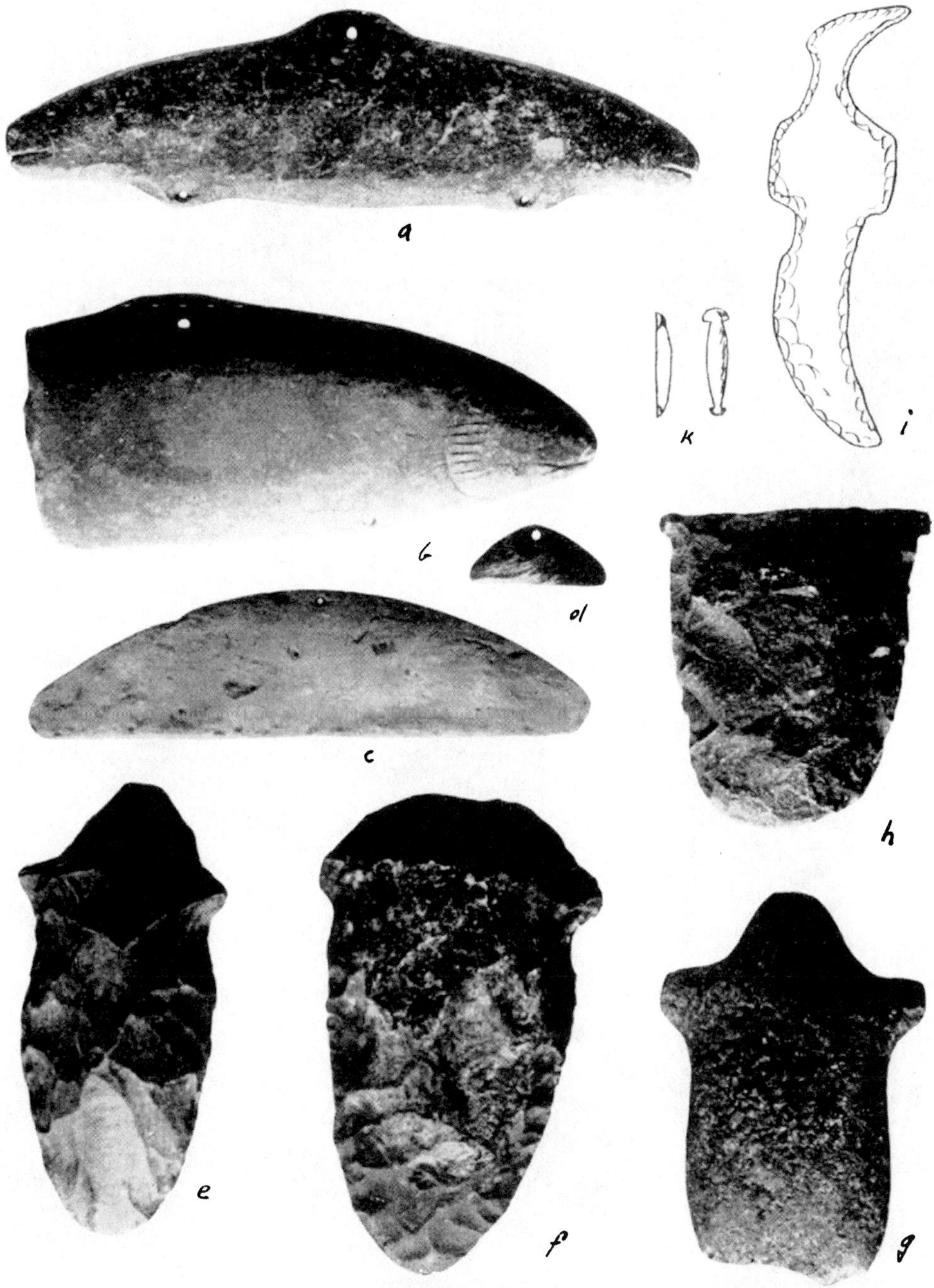

Sibirien B. Neolithikum

a. Fisch-Idol, Schiefer. Angara. — b. Fisch-Idol, Sandstein. Angara. — c. Anhänger in Fisch-Idolform, grauer Schiefer. Čadobec. — d. Anhänger, Schiefer. Čadobec. — e. Armbeil, mäßig konvexe Unterseite, kieselig. Kalk. Angara. — f. Bogenartiges Armbeil, Quarzgestein. Angara. — g. Armbeil von symmetr. Profil, Massengestein. Angara. — h. Armbeil, Sandstein. Čadobec. — i. Skulptur (Skizze), Mergelkalk. Čadobec. — k. Kitoi-Anhänger. — Alle ca. $^1/_3$, i $^1/_1$ n. Gr.

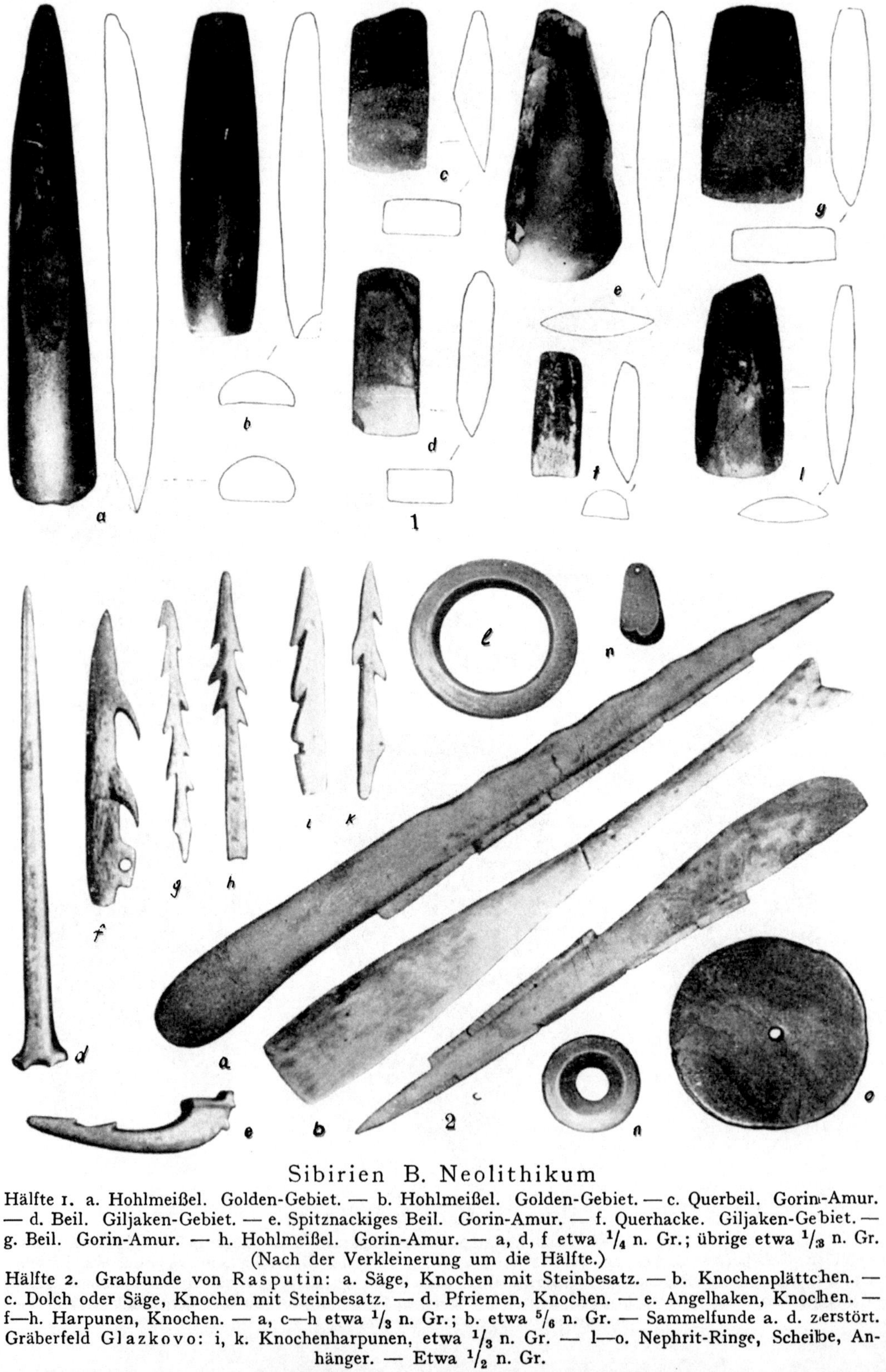

Sibirien B. Neolithikum

Hälfte 1. a. Hohlmeißel. Golden-Gebiet. — b. Hohlmeißel. Golden-Gebiet. — c. Querbeil. Gorin-Amur. — d. Beil. Giljaken-Gebiet. — e. Spitznackiges Beil. Gorin-Amur. — f. Querhacke. Giljaken-Gebiet. — g. Beil. Gorin-Amur. — h. Hohlmeißel. Gorin-Amur. — a, d, f etwa $^1/_4$ n. Gr.; übrige etwa $^1/_3$ n. Gr. (Nach der Verkleinerung um die Hälfte.)

Hälfte 2. Grabfunde von Rasputin: a. Säge, Knochen mit Steinbesatz. — b. Knochenplättchen. — c. Dolch oder Säge, Knochen mit Steinbesatz. — d. Pfriemen, Knochen. — e. Angelhaken, Knochen. — f—h. Harpunen, Knochen. — a, c—h etwa $^1/_3$ n. Gr.; b. etwa $^5/_6$ n. Gr. — Sammelfunde a. d. zerstört. Gräberfeld Glazkovo: i, k. Knochenharpunen, etwa $^1/_3$ n. Gr. — l—o. Nephrit-Ringe, Scheibe, Anhänger. — Etwa $^1/_2$ n. Gr.

Habitus“ und wird nach verwandten Erscheinungen im Minusinsker Kreis frühestens als bronze-, noch wahrscheinlicher als eisenzeitlich zu werten sein.

Das Stein-Inventar enthält Beile vom Rechteck- wie Linsenquerschnitt, meist mit recht unausgesprochener Nackenbildung, Grad- und Hohlmeißel, Schaber, Klingen, Pfeilspitzen usw., alles Kleingerät reichlich und alles mit dem Inventar des Gesamtkreises Baikal-Jenissei vergleichbar. Ausnahmen sind eine Anzahl Geräte, meist Beile, die als Vorarbeiten gelten könnten, immer einen geeigneten Rollstein als Werkstück verwenden, nie geschliffen, ja gelegentlich zum Schliffe untauglich sind (windschiefer Flachkiesel). Solche sind von Angara und Baikal nicht bekannt geworden, obwohl dort offenbar große Arbeitsplätze lagen. Armbeile der bogennackigen Form, ein halber, durchbohrter Keulenknopf, Stößel und eine Fisch-Skulptur (Bazaicha) entsprechen den im O ungleich häufigeren Erscheinungen. Ein Pfeilstrecker, ein flaches Ringchen und eine sehr merkwürdige Rundfigur (Tf. 8 l, 2,5 cm l., Gesicht kaum wahrnehmbar; vgl. Präh. Z. 5 [1913] S. 518 Tf. 23a; ?) sind Specksteinarbeiten.

Gespaltene Eberzähne, an beiden Enden durchbohrt, weiße Masseperlen und zwei Kitoi-Anhänger dürften aus zerstörten Gräbern stammen.

Sicherlich bedeutsam ist, daß vom ganzen Krasnojarsk-Kansker Gebiet kaum drei Dutzend Beile und Meißel vorliegen, während Čadobec allein mindestens 2—300 geliefert hat. Typenstatistik wäre um so wünschenswerter, als es scheint, daß dicknackige Stücke von Rechteckquerschnitt einwandfrei später Form besonders spärlich auftreten. Es darf bei dieser Sachlage im Sinne einer Arbeitshypothese betont werden, daß das Krasnojarsk-Kansker Gebiet das Zentrum der geometrischen Bronzebeile darstellt, einer rein n. Form, deren Verbreitung und Funddichte zu der der neol. Baikal-Angara-Typen fast spiegelbildlich steht. Dazu kommt, daß diese Beile, die noch vor den Kollektiv-Kurganen anzusetzen sind, einstweilen mit keiner der „postneolithischen“ Keramikgruppen des Krasnojarsker Gebietes in Verbindung gebracht werden können.

§ 7. Im Minusinsker Kreise setzen vollneol. Funde bis jetzt auffallend aus. Unter allen Aufsammlungen aus Lagerplätzen erscheinen neben massenhafter Keramik der EZ ganz vereinzelte Scherben, die mit neol. Ware des Gebietes zwischen Krasnojarsk und Baikal verglichen werden können. Nur wenig zahlreicher fanden sich Gegenstücke zu der besser gebrannten Gruppe des nahen N, mit scharf horizontal abgeschnittenem Rande und geometrischem Dekor (Rhombenband) oder enggesetzten Gürteln. Schief- und Vielzähnigkeit der Kammstempel gehört zu deren Charakteristikum. Solche Scherben sind in Karaulnyj Ostrog, Kazancevo, ganz vereinzelt vielleicht auch in Označennaja vertreten, also von den Mana-Bergen bis zum Sajan-Fuß. Es muß bemerkt werden, daß die eisenzeitl. Keramik dieses Gebietes den Kammstempel übernahm, vorwiegend aber vergröbert und in spärlicher Verwendung (vgl. Tallgren *Coll. Tovost.* Abb. 80) auf 8—12, ja 15 mm starken, z. T. klingend hart gebrannten Wandungen bringt. Aus der Verwechslung solcher Keramik mit der n. neol. entstehen Mißdeutungen (Savenkov *Kam. Vjek*). Eine weitere Gruppe blumentopf-artiger Gefäße, gleichfalls, doch reichlicher Kammstempel verwendend, steht in sicherer Beziehung zu der sogenannten Andronova-Keramik (v. Merhart *Rezultaty*; s. Band XIII Tf. 92B a—c), einer wahrscheinlich frühmetallzeitlichen Gruppe mit Rollstempeldekor geometrischer Art (auch Mäander!). Diese bei Novosjelovo und Bateni z. T. aus Flachgräbern mit linksseitig liegendem Skelett bei leichter Hockerstellung geborgene Keramik kann als eine Mischung lokalen kammkeramischen Geschmackes mit einer eingewanderten Frühmetallkultur angesprochen werden. Es bleibt demnach für das Vollneol. des Minusinsker Kreises bei ganz vereinzelten Scherbenfunden.

Die Stein-Industrie entspricht solchem Befunde. Aus dem ganzen Kreise sind rund 20 Beile bekannt (wovon 5 aus Nephrit!), etwa ein Dutzend Schaber und an 100 Pfeilspitzen. Von Klingen und Nuklei wird ein Teil ins Paläol. gehören. Dazu kommen drei Fisch-Skulpturen. Heute ist das Verhältnis von Großwerkzeug zu Kleingerät im Minusinsker Kreise etwa 2 zu 1, im Nordkreis beiläufig 1 zu 20, ein Verhältnis, das in zwei fast gleich stark von aktiven Museen aus betreuten Nachbargebieten nicht zufällig sein kann.

Man wird für den Minusinsker Kreis mit einer zumindest sehr schwachen neol. Bevölkerung zu rechnen haben.

§ 8. Gräber sind im Krasnojarsker Kreise bei Bazaicha angetroffen. 18 m h. Düne am r. Ufer des Jenissei, 5 km oberhalb Krasnojarsk. Savenkov hob 6 Flachgräber, 5 davon zu einer Gruppe genähert. Das isolierte Skelett, in Rückenlage, doch mit angezogenen Beinen, Kopf im W, Hände im Becken, führte primitiven „Dolch", Messer und Pfriemen aus Knochen, einen Kiesel und einen Scherben (dünnwandig, schlichte Linearzier) bei sich. Von den 5 anderen waren einige gestört, doch ist gestreckte Rückenlage nachgewiesen. Schädel im ganzen im Westen. Inventare: Einmal länglicher Kiesel beim r. Oberarm, dreieckige Pfeilspitze auf der Brust, Kupferbeil (verschollen) zwischen den Knien, zwei Scherben und ein bearbeiteter Absplиß unter den Füßen. Einmal in Doppelgrab mit Kind Knochengerät und Biberzähne. Einmal bei gestörtem Skelett auf Brandboden Elch- (und Pferd?-) Figuren sowie ein Idol (?), alle aus Bein (Abb. bei Savenkov *Sur les restes*; Mannus 1 Tf. 11), Knochenspitze mit Schneidenspalten (für Steinbesatz?), verschiedenes Knochengerät, Kieselschieferbeil und ein Schaber.

Ein siebentes Grab (S. M. Sergejev, mündlicher Bericht) enthielt gestrecktes Frauenskelett, Kopf im W, mit Halsschmuck aus 31 Hirschgrandeln, 185 Plättchen, die als Längsausschnitte aus Zähnen geschliffen sind, 6 großen (Hund?) und 16 kleinen (Fuchs?) Eckzähnen sowie 55 Scheibchen aus Fluß-Perlmutter, sämtlich gebohrt. Ockerspuren sind bei keinem der Gräber wahrgenommen.

Die Schädel brachykephal, beim Grabe Sergejevs zu Mesokephalie neigend.

Auch wenn Ocker tatsächlich gefehlt haben sollte, zeigen die Bazaicha-Gräber Verbindung zu den Kitoischen durch Grabbau und Leichenlage, Grandelschmuck, geschliffene Zahnplättchen. Dazu kommt, daß aus Oberflächenfunden von Bazaicha gespaltene Eberzähne und Kitoi-Anhänger bekannt sind.

Savenkov *K razvjed.*, *Sur les restes*; de Baye; Dús.

§ 9. Armbeile haben im Baikal-Gebiet ein Ausbildungszentrum besessen. Wieweit Ulan-Chada eine Entwicklungsserie liefern kann, steht noch nicht fest. Doch liegen aus vielen FO so zahlreiche Exemplare vor, daß der stufenweise Übergang von einfach zungenförmigen (Tf. 9 h) zu solchen mit Bogen- und Spitznacken (Tf. 9, e, f), sowie die Verbundenheit besonders letzterer Form mit den eigentl. Armbeilen (Tf. 9 g) gesichert ist. Entwicklung am Platze ist also nicht ausgeschlossen. Die größte Funddichte liegt im Irkutsker Gebiet und an der mittleren Angara. Ausstrahlungen gehen in das Jakuten-Gebiet und bis zur Čukčen-Halbinsel (?) einerseits, längs der Angara und deren l. Nebenflüssen bis in das Gebiet von Krasnojarsk andererseits. Die Typenzugehörigkeit des Barabinsker Stückes Anučins steht nicht fest. Für ein Exemplar etwas unsicherer Fundbezeichnung aus dem Ural wäre Gesteinsuntersuchung nötig, und ein weiteres aus Armenien ist seit lange so isoliert geblieben, daß Ableitung der Angara-Gruppe von dorther ganz unwahrscheinlich.

Material: sowohl weiche Sedimente (auch Sandstein, ja blättriger Schiefer) als harte Massengesteine. L. von 8—35 cm. Schliff meist nur am Schneidenteil (wie überhaupt vollkommener Schliff bei allen Beilen selten, am ehesten bei Nephrit zu beobachten), sonst grober Behau, bei Massengestein Zustoß. Ein Exemplar (Irkinjeva an der Angara) mit Hohlmeißelschneide.

Anučin; Ovčinnikov; Petri *Nachodki*; Ailio; Gandert.

§ 10. Fisch-Idole. Ursprung noch ganz im Dunkel. Verbreitungszentrum im Irkutsker Gebiet erkennbar. Stücke mit leidlich bestimmbarer Artdarstellung, weiteres Verflauen bis zu völligem Schema (Tf. 9 a–c). Material vorwiegend weiches Sedimentgestein, auch Sandstein, vereinzelt Marmor. L. 45—5 cm. Bei abnehmender Funddichte längs der Angara und ihrer l. Nebenflüsse bis ins Krasnojarsker (Bazaicha 1 Ex.), aber auch Minusinsker Gebiet (3 Ex.) und westlichst in der Barabinsker Steppe (1 Ex.) verbreitet. Ablegefund von 4 Ex. in der Glazkovo-Vorstadt, Irkutsk. Anučin weist auf nahestehende Gebilde in Nordamerika hin, doch wird sein

a

b

c

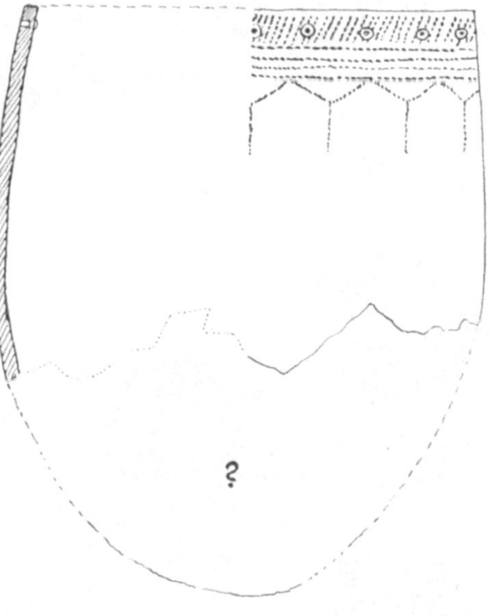

d

Tafel 12

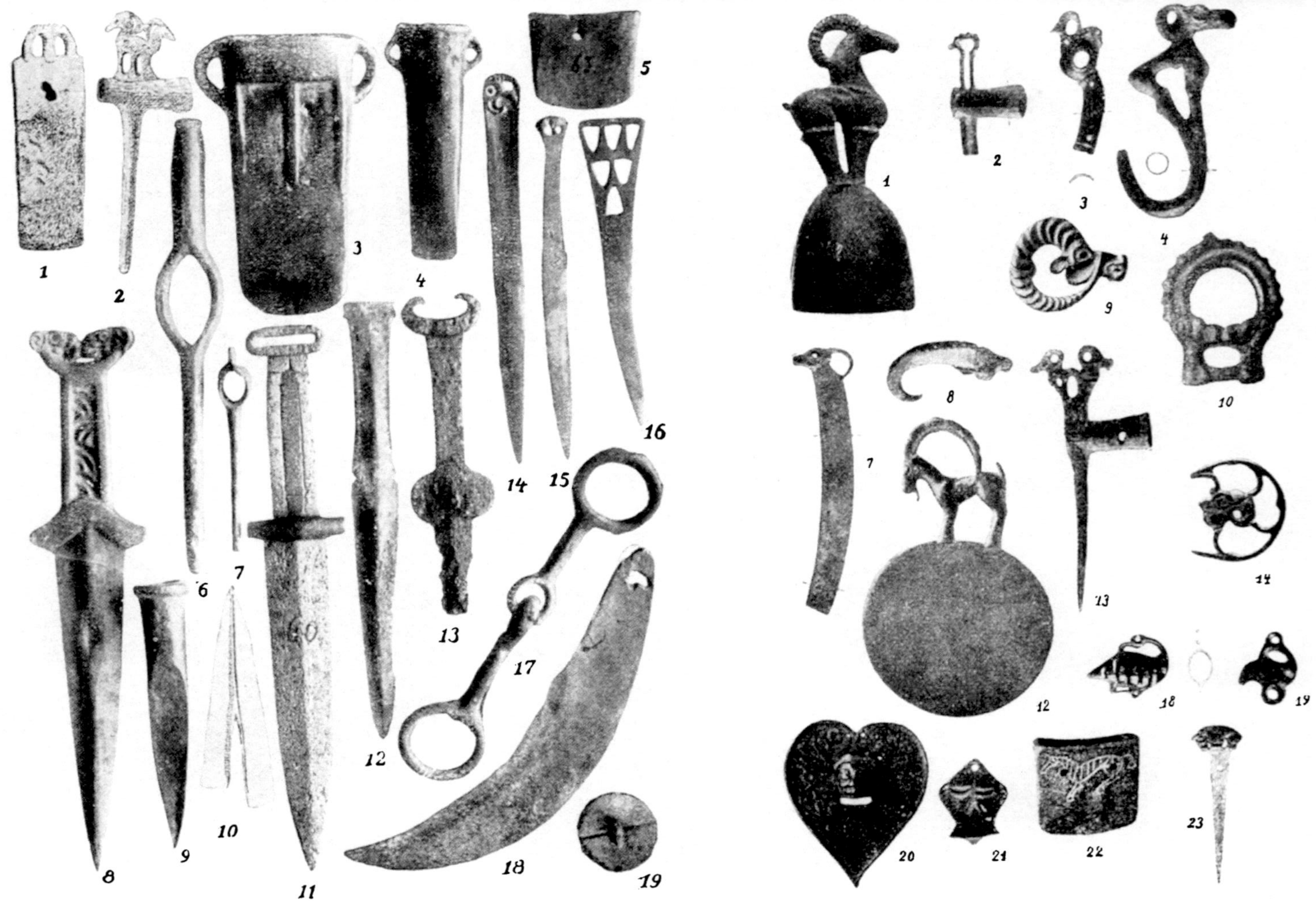

Sibirien C. Bronzezeit

Typen der sibirischen Bronzezeit (und vorchristlichen Eisenzeit). Nach A. M. Tallgren.

Gedanke (vgl. a. Ailio) einer Ableitung von dorther wenig Anklang finden. Das Umgekehrte nicht unwahrscheinlich. Fischfiguren bis in neueste Zeit bei mehreren Eingeborenenvölkern Nordasiens zu Jagdzauber verwendet (s. a. Zauber A).

Anučin; Ovčinnikov; Petri *Nachodki*.

§ 11. Stößel. In Ulan-Chada gut vertreten, desgl. in Čadobec, 3 Ex. aus dem Gräberfeld vom Kitoi. Etwa kegelförmig, seltener zylindrisch, mit Griffknopf oder abgerundetem, auch spitzem Ende. Körper manchmal profiliert. L. 15—30 cm. Sediment-, häufiger Eruptiv-Gestein, durch Zustoß und Schliff, auch bloß Behau zugerichtet. Nach O scheinbar weit verbreitet, längs der Angara bis in das Gebiet von Krasnojarsk, auch Barnaul, weiter nach W nicht verfolgt.

Die zahlreichen, meist trefflich polierten, häufig phallus-förmigen Stößel des Minusinsker Gebietes können auf Übertragung zurückgehen, sind aber keinesfalls neol., eher spätmetallzeitlich. Ihre Zahl übersteigt die aller erkennbaren neol. Funde des S zusammengenommen. Einzelne dieser wohl eisenzeitl. Stößel auch im N (Bazaicha).

Petri *Nachodki*; Uvarov; Tallgren *Coll. Tovostine*.

§ 12. Pfeilstrecker. Längliche, halbzylindrische oder flachrechteckige Sand- oder Speckstein-Gegenstände mit 0,7—1 cm breiter und halb so tiefer, halbrunder Rinne in der Längsmitte der Flachseite. In geschlossenen Funden stets paarweise. Zeigen zuweilen Feuereinwirkung (Tf. 8 o). Je ein Paar im Gräberfeld vom Kitoi und in Rasputin. Einzelfunde an der Angara, im Krasnojarsker Gebiet und bei Tjumen, Tobolsk-Gubernie. In südruss. Katakomben-Kultur und im Fatjanovo-Bereich verbreitet (s. Fatjanovo-Kultur, Südrußland C). Von Gorodcov als Gußformen angesprochen, eine im Hinblick auf die Verbreitung im sib. Neol. kaum haltbare Deutung. Ethnologische Parallelen als Pfeilglätter und Pfeilstrecker (unter Feueranwendung) in Nordamerika.

Gorodcov *Kul'tury bronzovoj epochi v Srednej Rossii* Otčet Rossijsk. Istorič. Muzeja za 1914, Moskau 1916; Slovcov; Vitkovskij; O. P. Mason *Origins of invention* London 1895.

§ 13. Masseperlen. Weiße und graue, langzylindrische, glattpolierte Perlen aus kalkiger Masse gehören zu den regelmäßigen Beigaben minusinskischer bronzezeitl. Kurgane. Einzelfunde auf Krasnojarsker Lagerplätzen von Bazaicha und Jessaulovo. Ulan-Chada lieferte sehr ähnliche, aber kürzere. Solange genaue, auch chemische Untersuchung aussteht, können auf äußerer Ähnlichkeit beruhende Schlüsse, die von großer chronol. Tragweite wären, nicht gezogen werden. Schmalscheibenförmige, staubmatte Masseperlen der Gegend von Irkutsk und Zabaikaliens sind sicher neolithisch.

Gorodcov a. a. O.; Sosnovskij *K Archeol.*

§ 14. Nephrit. Die längst gemeldeten Vorkommen von Nephrit-Geröll im Kitoi-Fluß und in der Bjelaja (Irkutsker Sajane) sind durch Auffindung anstehenden Nephrits am Sachangar (l. Nebenfluß des Kitoi) und am Onot (System der Bjelaja) bestätigt worden. Auch weiße Varietäten kommen vor, so daß die lange aufrecht erhaltene Annahme, wenigstens der Weißnephrit sei für Beziehungen zu Chines. Turkestan beweisend, nicht mehr zu Recht besteht. Unsicher scheinen bis jetzt die Angaben über Nephritvorkommen am Witim und Amur, deren Bestätigung für die Beurteilung der Streufunde im Fernen O von Bedeutung wäre.

Der anstehende Nephrit vom Sachangar liegt in rund 250 km gerader Entfernung zu WSW des Gräberfeldes vom Kitoi in wildem Taiga-Bergland, so daß der glänzende Reichtum des Gräberfeldes an Nephrit-Artefakten wohl nur auf der Ausnutzung der teilweise sehr ansehnlichen Flußgerölle beruhen wird.

Fersman *Dragocennyje i cvetnyje kamni SSSR* Leningrad 1922 und 1925; Bauer *Edelsteinkunde* Leipzig 1909.

§ 15. Ein Überblick läßt das Land zwischen Jenissei und Baikal als Durchdringungsgebiet zweier Kulturkreise erkennen. Vom weiten W her reicht der kammkeramische Kreis (s. Kammkeramik) mit voller Kraft bis zum Jenissei, durchsetzt das Angara-Gebiet und macht sich am Baikal noch geltend. Wie weit das Kamm-Motiv nach O vorrückt, ist noch ganz unbekannt. Japanische Kammverzierung (Gandert) bleibt einstweilen durch weite, unerforschte Strecken isoliert. Die geschlossene Fundmasse von Ulan-Chada aber (Mus. Akad. d. Wiss. Leningrad) bietet den wünschbar deutlichsten Gegensatz zu rein oder überwiegend kammkeramischen Komplexen des weiteren oder näheren W, eine Erkenntnis, die allerdings nicht aus den wenigen Typenabbildungen Petris zu schöpfen ist, sondern erst durch Publikation des Gesamtmaterials dem Studium zugänglich werden muß.

Im Geleit der Kammkeramik erscheinen Steinwerkzeugformen, die teils in Nordrußland und Finnland, teils im Ural Parallelen besitzen. Man kann im Zweifel sein, wie weit typol. alte Formen auch chronol. gewertet werden dürfen, ob also ein Walzenbeil, ob spitz- und dünnackige Beile einwandfreie Belege für frühe und dem W entsprechende Stufen darstellen. Zeugnisse für die Beziehungen zum W liegen aber mindestens für spätere Abschnitte der j. StZ auf der Hand. Doch wohl in Zusammenhang mit russ.-karelischen Meißeln (Band III Tf. 124 k; Z. d. finn. Alt.-Ges. 28, 1 Tf. 4, 2—4) stehen zahlreiche, besonders im West-Ural auftretende Stücke, die spärlicher im Ost-Ural und bis in die Tobolsk-Gub. erscheinen (Uvarov II Tf. 2 Nr. 3322, 3325; auch Ajat-See) und am Jenissei immerhin Verwandte haben (Tf. 8 g, c; doch letzteres Stück mit leichter Hohlschneide). Krummrückige Hohlmeißel von triangulärem Querschnitt mit Spitz- oder Stumpfnacken, die im West-Ural häufig sind (Z. d. finn. Alt.-Ges. 25, 1 Abb. 72; hier Tf. 8 y), begegnen an Jenissei und Angara. Ein Meißelchen vom finnischen Sondertypus (s. Band III Tf. 124 l) wurde in Čadobec gehoben (Mus. Jenisseisk). Beilförmige Schaber mit flacher Unterseite, ein- oder beiderseitig überarbeitet, spielen im Klein-Inventar des Jenissei-Angara-Gebietes eine auffällige Rolle (Tf. 8 r, s) und finden vollkommene Entsprechungen in Finnland (Z. d. finn. Alt.-Ges. 28, 1 Tf. 6, 3). Augenfällig auch die Übereinstimmung der Angelhakenstiele aus Schiefer (a. a. O. Tf. 11; Petri *Nachodki* Tf. 12). Die Steinfigur von Čadobec ist oben erwähnt. Eine der ganz seltenen Lochäxte aus S. von Ižim, Tob. Gub. (Sammlg. Arch. Ges. Leningrad), weist primitiven Tierkopf nach Art Z. d. finn. Alt.-Ges. 26, 19 Abb. 1 (Ji, Österbotten; vgl. a. Suomen Museo 20 S. 101) auf.

Die generelle Kultureinheit dieses ganzen nordeurasischen Kreises ist demnach nicht zu bezweifeln.

Der zweite Kulturkreis, den man provisorisch als Irkutsker Kreis bezeichnen mag, entbehrt bis jetzt eines so erkennbaren Muttergebietes, wie es der kammkeramische Kreis besitzt. Doch aber werden Armbeile, Stößel, Fisch-Idole, Kitoi-Anhänger, vielleicht auch der Eberzahnschmuck für unser Gebiet als Irkutsker Sondererscheinungen gewertet werden müssen. Auch der Nephritreichtum, der außer mehr indifferenten Beilen auch Eigentümliches, wie geschliffene Messer, Scheiben und Ringe, umschließt, wird hierher zu rechnen sein. Die Streuung aller dieser Dinge geht deutlich vom Baikal aus nach W (und O) und verliert sich bis auf ganz vereinzelte Exemplare und wenige Ausnahmen (Nephrit-Ringe?) schon w. des Jenissei. Für einen großen Teil dieser Gegenstände ist aber durch Ulan-Chada feste Verbindung mit der dort herrschenden Keramik gegeben. Fast alle nicht kammkeramische Ware der Station ist in Čadobec noch ziemlich reichlich, in Krasnojarsk deutlich geringer, zu einem Teil (Wulstkeramik und geschwungene Profile) gar nicht mehr vertreten. Die Einzelanalyse dieser Durchdringungserscheinungen bleibt freilich noch ganz Aufgabe kommender Forschung.

Als Verbindung zu Frühmetallkulturen des W mögen die Pfeilstrecker und sporadische Kupferfunde gelten, doch bleibt gerade für letztere der Fund primitiver Kupferarbeiten von Glazkovo zu beachten, der möglicherweise einem nichtwestlichen Kreise erster Metallkultur angehört. Andererseits ist m. E. die Annahme von Beziehungen zwischen den Elch-Skulpturen von Bazaicha und dem Elchkopf des einen Seima-Dolches (Band III Tf. 33), der seinerseits zweifellos Vorlage für die Steinaxt von Säkkijärvi (s. Tierkopfförmige Steinwaffen) war, unabweisbar. Gleichviel übrigens, welche Kultur gebend, welche nehmend war, die nahe Zeitstellung beider zueinander wird nicht zu bestreiten sein. Vielleicht darf man, wenn schon Verbindung zwischen einer relativ so späten Kultur und sib. „Neolithikum" denkbar ist, auch die Weißnephrit-Ringe von Seima (s. d.; Gorodcov a. a. O. S. 279) mit den zahlreich in Glazkovo gefundenen, z. T. formgleichen, zusammenhalten. Bei der vorläufig ungenügenden Kenntnis des ö. und s. Hinterlandes (s. § 18) von Irkutsk läßt sich die Irkutsker Kultur nicht schärfer fassen, noch können Weg und Umfang ihres Eindringens in den kammkeramischen Kreis genauer fixiert werden. Man könnte versucht sein, lediglich auf Grund der Beil-Typologie den Fernen O über Irkutsk an Nordrußland anzuschließen. Ohne Mituntersuchung der Keramik wird jedoch der Typenvergleich wenig überzeugend bleiben, denn die Formähnlichkeit gering spezialisierter Einzelstücke kann immerhin auch ohne direkte Beziehungen zustande kommen. (So auch Ailio.) Die Entscheidung liegt noch ganz bei der Bodenforschung.

Chronologie. Das kammkeramische Material Ostsibiriens kann mit keiner älteren als höchstens typischer Kammkeramik verglichen werden. Ehestens die III. Per. Mont. wird sonach als Beginn zu setzen sein, wobei offen bleibt, ob hier im O die absolute Chronologie Europas volle Geltung hat. Einzelfunde typol. älterer Steingeräte lassen sich bis jetzt mit keiner Keramik in Verbindung bringen, und keine Keramik läßt sich als älter denn Kammkeramik erweisen. Soweit Verf. sieht, laufen die selteneren spitz- und dünnackigen Beile in den großen Stationen neben dicknackigen her, können also überlebende Formen sein. Jedenfalls fällt die größere Fundmasse erst in die IV. Per. Montelius. Und da in Ulan-Chada alle typische Stäbchendruck-Keramik über Kammkeramik folgt, wird sie relativ spät, jedenfalls endneolithisch sein. Es ist zudem mit langer Dauer des „Neolithikums" zu rechnen. Bronzefunde im Oberflächen-Material der Stojanki sind nicht selten; in situ wurde aus neol. Schicht in Pjesčanaja ein Bronzemesser-Fragment, in Perevoznaja bei Kansk (Jenissei-Gub.) ein Bronzemesser gefunden. Es wird damit zu rechnen sein, daß ein jüngerer Teil des „Neolithikums" zwischen Jenissei und Baikal eine Fazies der BZ darstellt, stärker mit Metall (w. und s. Herkunft) durchsetzt im Krasnojarsk-Kansker Waldsteppengebiet, schwächer in der eigentlichen Waldzone, nach Wirtschaftsform und Kulturbesitz aber noch ganz die Tradition des Vollneolithikums fortsetzend.

II. Westsibirien. § 16. Lagerplätze. Unter einer größeren Anzahl von FO, die jedoch in der Literatur noch nicht behandelt sind, hat die reichsten Funde der Šigir-See geliefert (n. Jekaterinburger Kreis, nö. dieser Stadt). Es handelt sich um einen weiten Raum von mindestens 16 : 10 km, einen Teil jenes ost-uralischen Sumpf- und Seegebietes, das vermutlich infolge Rückeinschneidens der west-ural. Čusovaja starken Verlust an Zuflüssen erlitt und der Vertorfung anheimfiel. Die Funde treten bei Ausheben der Goldschürfe auf und liegen regelmäßig im untersten Teil der verschieden mächtigen Torfschicht bzw. im oberen Teil der liegenden alten Seeboden-Schichten. Exakte Grabungen fehlen, Fundnachrichten sind meist zufälliger Natur. Das Material nur zum kleinsten Teil, doch trefflich publiziert von Tolmačev.

Unter mehr als 3000 Fundstücken ein großer Teil Knochen-, Horn- und Holzgeräte, wie Speerspitzen, Harpunen, Spitzen mit Steinbesatz, Gefäße, Löffel, Figuren, Ruder, Bogenteile, doch auch Steinbeile, Kleinindustrie und Scherben von Rund- und Flachbodengefäßen.

Es läßt sich derzeit nicht beurteilen, wieweit ein einheitlicher Komplex oder mehrere (auch zeitlich verschiedene) Kulturen vertreten sind. Sicher gehört der Platz mindestens teilweise in den Kreis der Kultur von Kunda (s. d.) und Pernau (s. d.) und könnte eine frühneol. Strate enthalten, eine Einreihung, der die Ansichten Eberts (Präh. Z. 5 S. 507) und Ailios entgegenstehen. Genauere Bestimmung wird von exakter Untersuchung der Hauptfundstellen und dem Bekanntwerden weiteren Materials abhängen.

Die Gebauer-Höhle bei Kurij an der Pyšma im Kreise Kamyšlov, ö. Jekaterinburg, könnte demselben Kreise nahestehen, doch sind die spärlichen Funde nicht nach Schichten getrennt und enthalten bei fehlender Keramik u. a. eine Absatzhacke aus Elchhorn.

Tolmačev I und II; Ailio.

Grabungsfunde eines typischen Dünenlagerplatzes hat schon 1883 die Umgebung von Tjumen geliefert (Andrejevsker See). Schlecht gebrannte Grübchenkeramik, reichlich Kammkeramik z. T. geometrischen Stils, auch mit Lineardekoration bei Gefäßen mit gerundetem Spitz-, Rund- und Flachboden, offenbar aber auch Tonware vom Ananino-Typus liegen vor. Stäbchendruck nach Ulan-Chada-Art fehlt, Lochbuckel sind nicht selten. Muschelsplitterzusatz, der w. im Ural häufig, kommt nicht vor, Kalkbeimischung zur Masse ist bei geringem Hundertsatz der Scherben vertreten. Beile von Rechteckquerschnitt, gelegentlich auch mit dickem Nacken, Schaber, Klingen, Nuklei und Pfeilspitzen stellt die Stein-Industrie. Netzsenker in Form einfach oder kreuzweise gerillter Tonkugeln.

Slovcov; Ailio.

Bei Semipalatinsk Dünenfunde von der Oberfläche, Pfeilspitzen, Klingen, kleine Schaber, alles von bester Arbeit. Keramik ist nicht bekannt geworden, so daß neol. Alter keineswegs gesichert ist. Ailio kennt aus gleicher Gegend Scherben von kammkeramischem Gepräge, die er jedoch nicht zur Kammkeramik rechnet.

Zapiski Arch. Ges. 11 (1915) Spicyn; Ailio.

Bei der Ob-Mündung sind einige kleine Lagerplätze gefunden, die typische und spätere Kammkeramik lieferten, daneben noch eine Art, die nicht ohne Beziehung zur Ananino-Kultur (s. Anan'ino) zu stehen scheint. Stein-Industrie fehlt gänzlich (ein formloses Feuersteinstückchen).

Novickij; Ailio.

Die Einzelfunde an Steingerät hat Ailio vom typol. Standpunkt gemustert. Es finden sich Vertreter für alle Per. von Montelius, vom spitznackigen Beil angefangen. Etwas isoliert stehen Hammeräxte vom Altai, die dem Fatjanovo-Kreis zugehören dürften.

Uvarov II; Ailio.

III. Ferner Osten. § 17. Funde am Amur, im Küstengebiet, auch auf Sachalin, in Nordostasien. In einiger Menge haben Kamčatka und die Alëuten Steinwerkzeug geliefert. Von Kamčatka Flechtwerkkeramik und Flachbodenkessel zum Teil großer Ausmaße und mit an der Innenwand sitzenden Schnurösen (im Rumjancovschen Museum zu Moskau), doch nichts, was sich mit bekannten Erscheinungen Sibiriens vergleichen ließe. Hedenström erwähnt, daß Kamčatka noch im 17. Jh. Nephrit-Beile verwendete, und Krašenninikov berichtet, daß Steinwerkzeuge, auch aus Obsidian (s. d.), ebenda noch im 18. Jh. gebräuchlich waren. Unter weniger markanten Formen gewöhnlicher Steinbeile bildet Uvarov (II Tf. 3 Nr. 3353) ein Armbeil vom besten Angara-Typus ab, als dessen Geber der Missionar der Čukotsko-Čaunsker Pfarre genannt wird. Sollte das Stück demnach von der äußersten Čukčen-Halbinsel stammen, so kommt ihm wesentliche Bedeutung zu.

Aus dem Gebiet der Giljaken und Golden (russ. Amur) liegt eine Anzahl von Steinbeilen vor. Formvergleiche mit w. Stücken sind durchführbar. Es begegnen der krummrückige Hohlmeißel (Tf. 10, 1 a, b), der gelegentlich auch mit gerundetem Rücken an der Angara erscheint, wie der flachbreite Meißel von Linsenquerschnitt, der ebenda Parallelen findet (Tf. 10, 1 h). Dicknackige Werkzeuge, zuweilen allerdings mit nicht typischer Nackenformung (Tf. 10, 1 d), doch von bestem, scharfen Rechteckquerschnitt, kommen am Amur wie an der Angara vor. Eine Erinnerung an die spitznackige Form fehlt weder bei Beilen (Tf. 10, 1 e), noch aber auch bei einem Hohlmeißel (Tf. 10, 1 a). Der Vergleich läßt sich auf noch westlichere Typen ausdehnen, doch wird man, ehe Rowaniemi-Hacken (s. Österbottnische Gerättypen § 3; Band III Tf. 126a) und Beile vom Vespestad-Typus (s. d.; Shetelig *Primitive Tider i Norge* 1922 S. 264) als Zeugen für so weitreichende Kulturbewegung gewertet werden, das Bekanntwerden zugehöriger Keramik für wünschenswert halten. Nephrit-Beile von der Wladiwostoker Bucht und von der Amur-Mündung (Uvarov) sollten der Gesteinsuntersuchung unterzogen werden.

Busse und Krapotkin geben einen Katalog der bis 1908 bekannten FO des Amur-Kreises. Sieben können als steinzeitl. gelten, drei davon liegen im eben erwähnten Gebiet der Giljaken und Golden und haben Steinwerkzeug geliefert. Auf der Jankovsker Halbinsel s. Vladivostok scheint ein Kjökkenmödding vorzuliegen.

Auf Sachalin bei Taraiki Gruben mit Halb- und Fertigfabrikaten von Steingerät aus Trappgeröll, Keulen, Hämmer ohne Schaftloch und Kleingerät, letzteres auch aus Obsidian, der Import aus Kamčatka oder aus dem S sein dürfte. Mitgefundene Scherben sind nicht näher beschrieben.

Uvarov; Busse-Krapotkin; Poljakov; Gandert.

§ 18. Zabaikalien muß Stojanki in bedeutender Zahl aufweisen. Kuznecov spricht von Hunderten, Talko-Hryncewicz stellt zahlreiche an der Selenga, weniger am Čikoi, fast keine an der Džida fest. Sehr spärliche Abbildungen lassen kein Urteil über das Steingerät zu. Beile, Nuklei, Klingen, Speer- und Pfeilspitzen sowie zahlreiche Stößel sind gefunden, die Keramik ist so gut wie unbekannt. Nephrit-Beile erwähnt Uvarov vom Bargusinsker Kreise am ö. Baikalufer und von Nerčinsk.

Kuznecov; Trudy XII. Sjezda Talko-Hryncewicz; Uvarov.

§ 19. Gräber sind in Zabaikalien mehrfach angetroffen, in der Literatur oder in Fundberichten mit einer Ausnahme jedoch nicht festgehalten. Nahe Zarubina an der Selenga auf dem Höhenzug Tultu-Daban (nö. Troickosavsk) ein Skelett (in Steinsetzung?), Hocker auf der r. Seite, Hände beim Knie, Schädel im Norden. In der Gürtelzone kräftige Ockerfärbung. Bei r. Hand: 6 Pfeilspitzen mit gerader Basis und betonter Spitze, eine Anzahl teils retuschierter Klingen, ein verwittertes Beilchen mit Bogennacken und verbreiterter Schneide, alles Stein. Unter dem l. Knie Reste von Flußperlmuscheln und ein Knochengerät, 26 cm l., messerförmig, Schädel mesokephal.

Der Schädel eines Männergrabes von Kokui an der zabaikal. Bahn (Fund Sergejev, sicher neol.; Bericht steht aus) ist hyperbrachykephal.

Talko-Hryncewicz *Materialy*; Dús.

§ 20. Die mehr als spärlichen Berichte aus dem Lande ö. des Baikals erlauben kaum irgendwelche Wertung. Einwirkungen seitens des Irkutsker Kreises sind wohl in den Stößeln, dem Armbeil der Čukčen-Halbinsel und vielleicht im Nephrit-Gerät zu erkennen. Demzufolge begegnet auch das Beziehen der einzeln gefundenen Steinwerkzeuge auf denselben Kreis keinen Bedenken, doch läßt sich ohne Kenntnis der Keramik kaum beurteilen, ob der ganze O dem eurasischen kammkeramischen Bereiche zuzurechnen ist. Denkbar scheint, daß sich an Baikal und Angara nur ein beschränktes, von S befruchtetes Vordringen der dortigen Sonderkultur in den kammkeramischen Kreis ausspricht, doch stehen wir bis zur Veröffentlichung der Forschungsergebnisse letzter Zeit in der n. Mongolei bezüglich des möglichen Hinterlandes der Irkutsker Kultur ganz im Dunkel. Auffällig sind die Hockerbestattungen am Tultu-Daban und in Glazkovo, da doch an allen anderen FO gestreckte Skelette angetroffen wurden. Indessen kann aus solchen vereinzelten Aufschlüssen noch kein Bild gewonnen werden. Für den äußeren O wird man mit besonders großen Verspätungen „neol." Erscheinungen zu rechnen haben, wie denn Palladij (Izvest. Russk. Geogr. Obšč. 1871 Nr. 6) nach chines. und korean. Geschichtsquellen die StZ des Ussuri-Kreises bis ins 11. Jh. dauern läßt. Historische Nachrichten nennen Geschenke oder Abgaben von „100000 Steinpfeilspitzen" seitens der Bewohner des Süd-Ussuri-Gebietes an Korea. Wesentlich länger noch verharren die eigentlichen Randzonen in voller StZ, deren Verhältnis zu vorgesch. Vorstadien noch völlig ununtersucht ist.

§ 21. Der Gesamtüberblick zeigt, daß geringe Andeutungen für das Bestehen frühneol. Stadien und für einen Übergang vom Paläol. zum Neol. vorliegen. Daß der Übergang zwar am Orte, doch aber unter fremdem Einfluß geschah, möchte einerseits aus dem Nachleben lokaler paläol. Typen, andererseits aus dem Fehlen älterer denn kammkeramischer Ton-Industrie geschlossen werden, doch bleibt dies ein Schluß ex silentio. Abzulehnen ist der Irkutsker Fund von 1871, insbesondere aber dessen Deutung durch Uvarov als Übergangsfund (Uvarov I 231). Die reichen Serien aus dem Šigir-See erlauben derzeit noch kein Urteil darüber, ob sie eine Stütze für die älteren Anschauungen über Kunda zu bringen vermögen, oder ob sie samt Kunda mit Pernau zu verbinden und nach der am letzteren Platze gehobenen typischen Kammkeramik zu datieren sind. In letzterem Falle sind sie dem auf einen großen Teil sibir. Bodens übergreifenden kammkeramischen Gebiet anzuschließen, und ihr Alter braucht nicht wesentlich höher zu sein als der Beginn selbst ostsibir. Stationen. Im ganzen wird aber einige Verspätung und ein ziemlich langes Nachleben der ö. Stationen in Betracht zu ziehen sein. Schon unter dem westsibir. Material fällt auch bei flüchtiger Durchsicht der Fundserien ein starker Anteil der frühmetallzeitlichen „Andronova"-Keramik auf, ja, es fehlt nicht an Anklängen an Ananino, die freilich erst nach ihrer stratigraphischen und typol. Stellung zu untersuchen wären. In Ostsibirien will es scheinen, als ob nicht nur aus Kammkeramik und Andronova-Keramik Mischformen entstanden, sondern als ob selbst zwischen dortiger EZ und „Neolithikum" noch Berührungen vorgekommen wären. Eine solche Anschauung bedarf dringend der Nachprüfung und würde, falls sie Bestätigung fände, nicht ohne Einfluß auf die alte Streitfrage um Art und Dauer der nordfinn. und nordruss. j. StZ bleiben. S. a. Finnland A § 6, B § 4.

Dringende Aufgaben sind einmal das Schlagen einer Brücke zwischen dem kammkeramischen Mutterland und den bis jetzt östlichsten Erscheinungen derselben Kultur, zum anderen die Aufsuchung des Hinterlandes der Kultur von Irkutsk, deren Kenntnis für das Studium der Durchdringungserscheinungen beider Kreise unerläßlich ist. In Verfolg dieser Ziele wird auch Licht auf den noch unerhellten O fallen. Gero v. Merhart

C. Bronzezeit (Tf. 12—16). § 1. N. vom Sajan-Gebirge findet man an den beiden Ufern des Jenissei, im Distrikt Minusinsk, Spuren einer blühenden Bronzekultur, welche durch Tausende von Gräbern und etwa 40000 jetzt bekannte Gegenstände vertreten ist. Das Gebiet der betreffenden Kultur umfaßt eine Steppenzone von 300—400 km Breite. Im O, S und W ist es von Urwäldern begrenzt. Die Nordgrenze geht zwischen Krasnojarsk und Ačinsk. S. vom Sajan-Gebirge sind in Uranchai keine Spuren dieser Kultur gefunden worden [vgl. aber jetzt die neuesten Forschungen und Veröffentlichungen von Minclov]. Im W sind Einzelfunde aus dem Altai und vom oberen Ob bekannt, aber nur das Jenissei-Tal bildet ein Zentrum in der sibir. bronzezeitl. Kultur (s. Eurasische Bronzezeit).

§ 2. Das Inventar der sibir. BZ kann auf mehrere chronol. Gruppen verteilt werden. Der russ. Forscher S. Teplouchov unterscheidet 7 Per. vom Anfang der Metallzeit bis in das Eisenalter. Das Schwergewicht fällt auf die jüngste Periode der eigentlichen BZ.

Die älteste Periode scheint eine fremde Kultur zu vertreten, die wohl aus dem W herstammt. Die Tongefäße waren eiförmig (sog. Afanas'eva-Kultur); ein wenig später sind die Gefäße mit flachem Boden und mit Dreieck- u. a. Verzierungen in Kammtechnik (Andronova-Kultur; s. Band XIII Tf. 92[B] a—e). Zu dieser Gruppe gehören die lorbeerblattförmigen Dolchklingen, eine keilförmige Kupferaxt, eine Axt wie Band XIII Tf. 92[A] b, c links, Bronzeperlen, Spiralchen und Fingerringe. Dieser Zeit sind wohl auch die ältesten Tüllenäxte vom sog. Seima-Typus (vgl. Band IX Tf. 240 b rechts) und eine Lanzenspitze mit Tülle, deren obere Spitze gabelförmig ausläuft, zuzurechnen. Analoge Formen sind weiter w. bekannt (s. Borodino, Seima). Diese Formen, die vorläufig durch keine Grabfunde bekannt sind, gehören der Zeit ca. 1500 v. C. an und können importiert sein.

§ 3. Die mittlere Periode der BZ besitzt die großen, schweren Tüllenäxte mit zwei Ösen, gewöhnlich gegen die Spitze verjüngt, mit Reliefornamenten (Tf. 12 a 3). Sie kommen niemals in den späteren Grabfunden vor. Weiter Messer mit Tierkopfenden oder deren Derivate, wahrscheinlich auch Dolche ohne Parierstange. Die Gräber dieser Per. (etwa 1000 v. C.?) sind bis jetzt unbekannt; die Gegenstände zeigen einen durchaus lokalen Charakter. Mehrere Gußformen (häufig aus Bronze) für Tüllenäxte sind bekannt. Die Ornamente (geometrische Motive und vollplastische Tierfiguren, spez. Tierköpfe) wurden im Guß hergestellt.

§ 4. Die jüngste Periode der BZ entspricht dem 1. Jht. v. C., hauptsächlichst der Mitte des Jahrtausends. Der Formenschatz ist ungeheuer reich, und die Typen sind vielseitig. Messer aus Bronze sind in etwa 5000 Ex. bekannt (Tf. 12 a 14, 15). Sie sind alle gegossen, einschneidig, mit Schaft und Klinge aus einem Stück. Das obere Ende ist oft mit einem Greifenschnabel oder -kopf oder mit einem Vierfüßler (Tf. 12 a 15) versehen, obwohl auch mehrere Messer ganz einfach sind. Exemplare aus Eisen sind häufig, und die bronzenen Typen wiederholen sich auch in Eisen. — Sehr allg. sind Dolche (Tf. 12 a 8. 11—13). Sie sind 30—40 cm l., zweischneidig, der Griff mit der Klinge aus einem Stück. Auch unter den Dolchen gibt es mannigfache Formen mit Tierköpfen, welche oft heraldisch dargestellt sind (Tf. 12 a 8). Die Parierstange ist entweder gerade, kurz oder öfter herzförmig (Tf. 12 a 8. 13). Die sog. skyth. Kurzschwerter (s. Akinakes) stimmen mit ihnen in der Form vollständig überein. Auch bei den Dolchen kommen

a

b

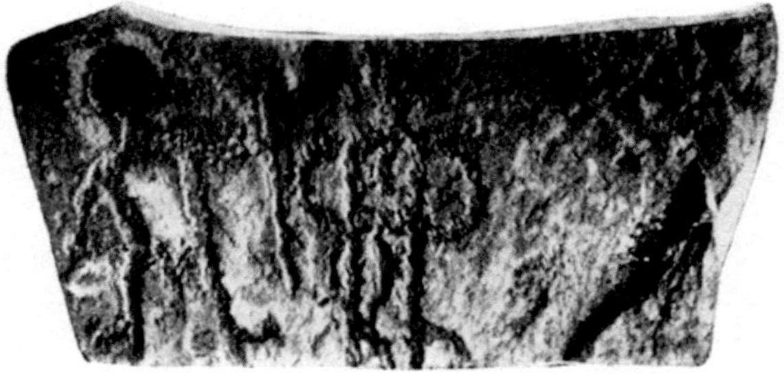

c

d

e

Sibirien

Felsenzeichnungen: a. Eleges. Uranchai. — b. Bei-Kem und Ulu-Kem. Uranchai. — c. Abakansk, Kr. Minusinsk. Zwei nackte Männer, der eine mit einem Speer, der andere trägt eine Kopfbedeckung mit Strahlen. — d. Uranchai. — e. Tschuja. Altai. Grabstein. — a, b, d, e. nach Zeichnungen von J. G. Granö, c. nach Photographie.

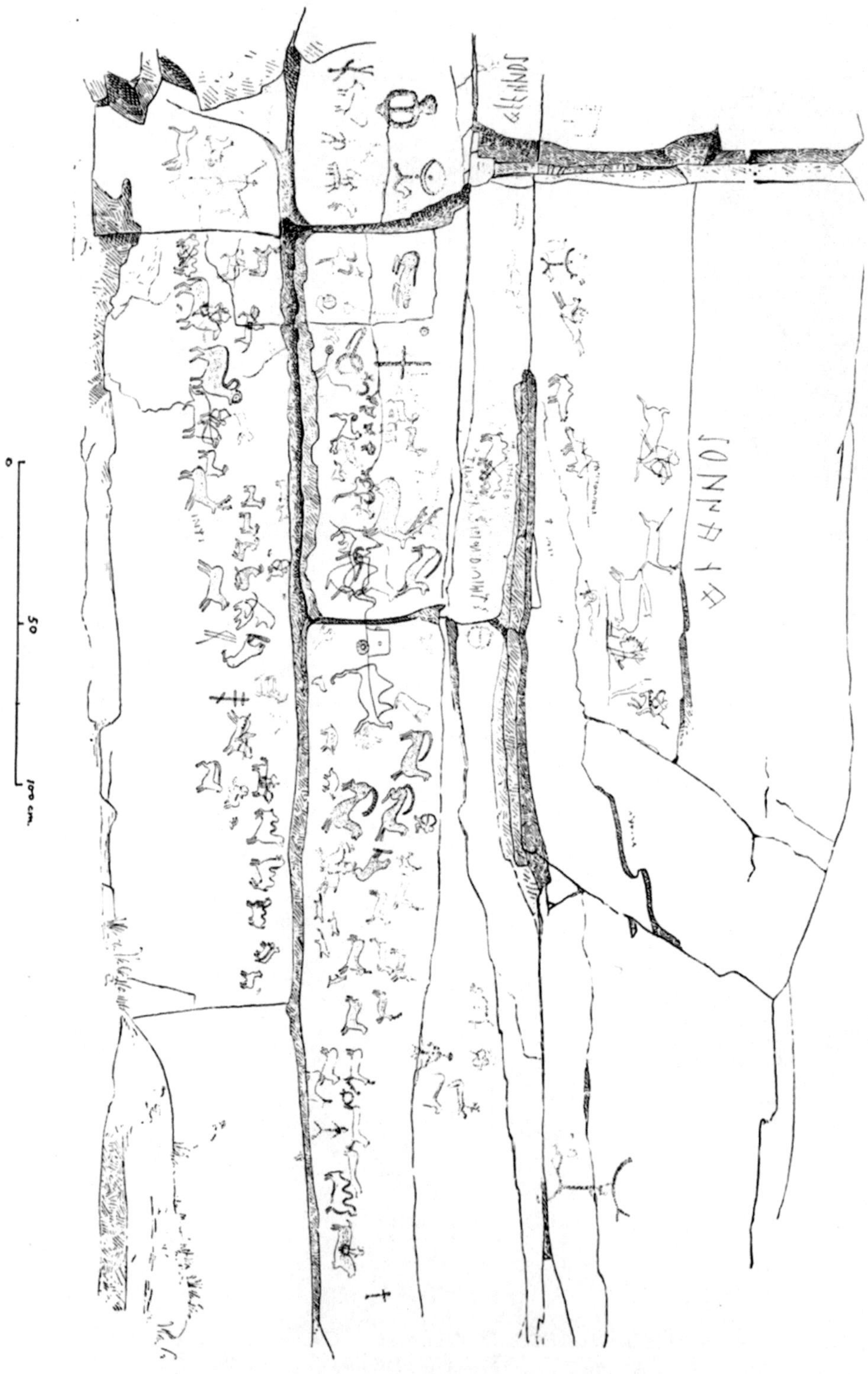
0
50
100 cm.

1

2

Sibirien

Felsenzeichnungen. Kizylkaja, Kr. Minusinsk. Nach Zeichnung von K. Vuori.

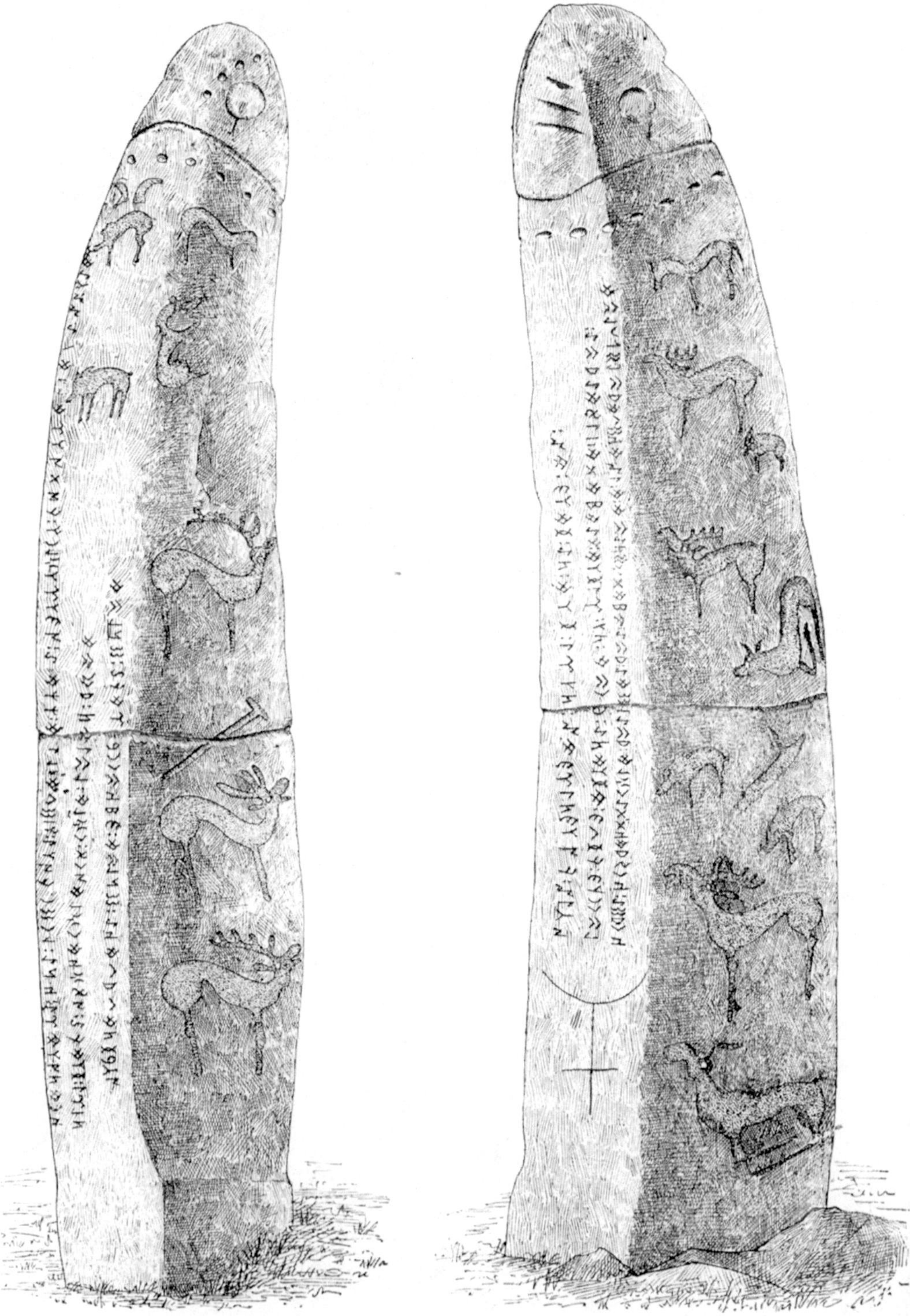

Sibirien

Steinpfeiler. Üjük. Uranchai.

die meisten Formen gleichfalls in Eisen vor (Tf. 12 a 13), sogar zur Hälfte aus Bronze, zur Hälfte aus Eisen (Tf. 12 a 11). — Die späten Tüllenäxte sind klein, keilförmig, bisweilen mit Reliefornamenten versehen; die Ösen fehlen oder sind vogelschnabelförmig gebildet. — Die „Pics" (Instrumente zum Ausgraben von Wurzeln?) haben eine quer gestellte Tülle, eine kantige oder hammer- oder klingenförmige Spitze. Der Hammer nimmt oft eine zoomorphe, plastische Form an (Tf. 12 a 2). — Lanzenspitzen (Tf. 12 a 10) sind selten. Die Pfeilspitzen sind dreikantig, skythisch, oft aus Knochen verfertigt. Ferner kommen zu Hunderten runde, mit einer Öse versehene Spiegel (Tf. 12 a 19), sog. skyth. Kupferkessel (s. Bronzekessel [Skythischer]), Pferdetrensen (Tf. 12 a 17), Anhängsel sowie Gürtelbeschläge vor. Dagegen fehlen vollständig Schwerter, Helme, Panzer. Hals-, Arm- und Fingerringe sind selten. Edelmetall fehlt beinahe ganz. Von griech. Sachen ist nur ein Miniatur-Rhyton bekannt, wie überhaupt Miniaturgeräte für die aussterbende Minusinsker BZ ungemein charakteristisch sind. — Die Messer, Pics und Spiegel wurden am Gürtel getragen. Von den ledernen Scheiden sind Überreste in großer Zahl durch die neuesten russ. Ausgrabungen seit 1921 bekannt geworden.

§ 5. Die Ornamente der letzten Periode der sibir. BZ sind geometrisch, hauptsächlich aber figural. Pflanzenmotive, z. B. Halbpalmetten, kommen in Einzelfällen vor (Tf. 12 b 20), aber ausschlaggebend ist die Tierornamentik. Es sind sog. „skyth." Tiere, welche dort vorherrschen, der Greif (Tf. 12 b 14. 18. 19), der Vierfüßler im Profil (Tf. 12 b 23), der Steinbock (Tf. 12 b 1—4. 7—10. 12—13), der Hirsch. In dieser Per. ist das Minusinsker Gebiet in engster Verbindung mit Skythien gewesen und hat von dort vieles entliehen und weiterentwickelt (s. Südrußland D). — Der chinesische Einfluß scheint dagegen während der BZ schwach gewesen zu sein. S. auch Noin Ula.

§ 6. Die ältesten bronzezeitl. Gräber sind Hockergräber, die späteren Gräber dagegen von einem Steinzaun umgebene Sippengräber. — Solche Gräber finden sich oft in der Steppe zu mehreren Dutzenden nebeneinander. Den Abakan-Fluß entlang sind sie so ungemein häufig, daß die Steppe dort „Gräbersteppe" genannt wird. — Nur etwa 400 solcher Gräber sind im Kreise Minusinsk untersucht worden, die Hälfte davon in den letzten Jahren. — Über die späteren Gräber s. Gipsmaske (Sibirische) und Band IV Tf. 135.

Die Gräber selbst sind in der Steppe eingegrabene Schächte, 1—2 m tief. Die Toten wurden unverbrannt in sekundärer Lage begraben. Dem Toten hat man Speise mitgegeben. Zum Inventar gehörten weiter ein oder mehrere Tongefäße und Geräte. Drei bis vier Schachtgräber liegen innerhalb eines Steinzaunes. Sie sind von einem flachen Kurgan bedeckt. An den Ecken des Zaunes stehen oft höhere Pfeiler („Ecksteinkurgane"), bisweilen mit späteren (?) Bildern versehen (s. a. Felsenzeichnung B § 6).

Andere bronzezeitl. Bodendenkmäler in dem betreffenden Gebiet sind die Bewässerungskanäle, Čudenschürfe (s. d.) und z. T. die Felsenzeichnungen (s. d. B und hier Tf. 13—16). Der Metallreichtum erklärt die Existenz der hohen bronzezeitl. Kultur. Ihre Träger waren vermutlich indoskythische Völker.

Tallgren *Collection Tovostine* Helsingfors 1917, mit ausführlicher Bibliographie; G. v. Merhart *Beiträge z. Urgesch. d. Jenissei-Gubernie* I—II Zeitschr. d. Finn. Alt.-Ges. 34, 35; [Borovka *Archeologičeskoje obsljedovanije srednjevo tečenija reki Toly* Leningrad 1927]. A. M. Tallgren

Sibirische Felsenzeichnungen s. Felsenzeichnung B und hier Tf. 13—16.

Sibirische Goldfunde s. Goldfunde E.

Sichel. A. Europa.

§ 1. Allgemeines. — § 2. Steinsicheln. — § 3. Metallsicheln. — § 4. Schäftungen. — § 5. S. zu anderen als landwirtschaftlichen Zwecken. — § 6. Sensen.

§ 1. Die S. ist aus dem Messer hervorgegangen, das für den speziellen Zweck nur wenig umgeformt zu werden brauchte. Die Formgleichheit mit der heutigen S. läßt auf denselben Gebrauch als Erntegerät schließen, was auch äg. Wandmalereien bestätigen. Die Krümmung des Messers zur S. ist dadurch verursacht, daß, wie man aus den äg. Darstellungen weiß, das Getreide nicht wie heute über den Wurzeln, sondern dicht unter den Ähren abgeschnitten wurde, die mit der linken Hand zu einem Bündel zusammengerafft wurden; hierbei kann eine krumme Klinge von besonderem Nutzen sein.

Über andere Verwendung von S. siehe § 5

§ 2. S. mit Steinklinge. Die Urform der europ. und zugleich die älteste europ. S. ist ein bei Stenild nahe Hobro (Jütland) gefundenes neol. Exemplar (Band IX Tf. 95e), bestehend aus einem Feuersteinspan und einem Holzschaft (Aarb. 13 [1898] S. 141ff. Blinkenberg).

§ 3. Bei den Metallsicheln ist das Blatt keinen großen Änderungen unterworfen, dagegen variiert die Befestigungsvorrichtung; es entsteht so eine Reihe von Typen, die jedoch keine chronol. Folge bilden, sondern z.T. nebeneinander herlaufen. Das Material ist Bronze und Eisen. Über die Herstellung der Bronzesicheln s. Bronzeguß A § 5, 6 und Band II Tf. 74c; die eisernen sind geschmiedet, manche besitzen eine gezähnte Schneide.

a) Flachsichel (Lochsichel) mit gerader Griffzunge, die häufig zur Aufnahme eines Befestigungsstiftes durchlocht ist. Material Bronze. Italien, Schweiz, Ungarn, Mitteleuropa. Ältere BZ bis Beginn der EZ (Band II Tf. 41 unten; IV Tf. 253 b2; IX Tf. 194 a4; X Tf. 83f; XI Tf. 85v, 128, 12). Sibir. Abart, Bronze (Tf. 12 a18; Tallgren *Collection Tovostine* 1917 S. 46f., Tf. 5, 7—8 und 15—19; ZfEthn. Verh. 25 [1893] S. 39 Abb. 12).

b) Mit seitlich gelappter Griffzunge, Bronze, sibirisch (Tallgren a. a. O. Tf. 5, 6) und ein Exemplar im Depotfund von S. Francesco in Bologna (s. Bologna § 5). HZ (ZfEthn. 36 [1904] S. 423).

c) Mit umgebogener Griffzunge. Die Biegung ist etwa halbkreisförmig, die Befestigung kann daher nicht wie bei d gewesen sein. Vielleicht wurde das Ende in den Griff eingelassen und in die Umbiegung ein Riegel geschoben. Mehrere Exemplare aus Bronze von Troja VI (Dörpfeld *Troja* S. 394 Abb. 379). Dieselbe Form aus Eisen aus dem früheisenzeitl. Gräberfelde von Billendorf, Kr. Sorau (s. Billendorfer Typus).

d) Mit rechtwinklig umgebogener Griffzunge. Die Umbiegung wird seitlich in eine Vertiefung im Griff gesteckt und durch einen übergeschobenen Ring oder Verschnürung festgehalten. Eisen. La Tène (s. d.; P. Vouga *La Tène* 1923 S. 74f. Tf. 24, 4).

e) Knopfsichel. Klinge halbkreisförmig oder schwächer gekrümmt oder S-förmig geschweift (Band XI Tf. 84v; XIII Tf. 22b oben). Befestigung am Griff wahrscheinlich wie bei d. Schweiz, Ungarn, West-, Mittel- und besonders Nordeuropa, Ursprung wahrscheinlich in Westeuropa. Bronze. Von der älteren BZ (Per. II) bis zur ältesten EZ. Ein einziges Exemplar aus Eisen von Körner, Kr. Gotha, aus der frühesten RKZ (ZfEthn. 32 [1900] S. 204 Abb. 8 Götze).

f) S. mit Haken (Band IX Tf. 239b unten), Befestigung unbekannt. Bronze. Südosteuropa: Ungarn, Ost- und Südrußland, Kaukasus, Polen. HZ (ZfEthn. 36 [1904] S. 416ff. Hub. Schmidt).

g) S. mit Griffangel. Eisen. LTZ. In La Tène (s. d.) gefunden (P. Vouga *La Tène* 1923 S. 74f.; Tf. 24, 2; 25, 1). Ebendaher eine Abart, deren Angel die Klinge geradlinig fortsetzt (P. Vouga a. a. O. Tf. 24, 3).

h) S. mit Schafttülle. Bronze. Jüngere BZ und ältere EZ. Italien, Schweiz, Großbritannien (Band IV Tf. 253 b1, 3; ZfEthn. 36 [1904] S. 421, 423 Hub. Schmidt).

§ 4. Sichelgriffe aus Holz, die kunstvoll so geschnitzt sind, daß die rechte Hand sich bequem einpaßt, wurden in den Pfahlbauten Mörigen (s. d.) und Corcelette gefunden; sie sind für Flachsicheln bestimmt (Band VIII Tf. 82b; Keller *Pfahlbauten* 7. Ber. 1876 S. 14, Tf. 7, 1; Groß *Les Protohelvètes* 1883 S. 42 Tf. 20, 5; Tröltsch *Die Pfahlbauten des Bodenseegebietes* 1902 S. 199 Abb. 456). Die etwas gekünstelte Rekonstruktion eines Griffes für Knopfsicheln versuchte v. Luschan (Anthr. Korr.-Bl. 44 [1913] S. 98ff.).

§ 5. Während die eisernen Sicheln zweifellos Arbeitsgeräte waren, ist das für einen Teil der bronzenen nicht so sicher. Die große Menge gleicher Typen in manchen Depotfunden läßt nach Analogie mancher Axt- und Ringdepots die Deutung zu, daß auch Bronzesicheln als Wertmesser und Tauschmittel dienten (s. Geld § 14). Ferner sind manche Bronzesicheln so klein, daß sie unmöglich als Erntegerät benutzt sein können; man hat es hier mit gewöhnlichen Messern oder Votiv-Miniaturen zu tun (s. a. Miniaturbeigabe). An die Verwendung von S. zur Bewehrung der pers. und syr. Sichelwagen (s. a. Wagen) und als Mauersicheln im Festungskrieg (Caesar Bell. Gall. VII 22, 2) sei kurz erinnert.

§ 6. In der LTZ zweigt sich von der S. die Sense ab durch Verlängerung der Klinge und des Stiels. Sie wird mit zwei Händen geführt; dem Stiel, über den drei gut erhaltene Exemplare von La Tène (s. d.) unterrichten, fehlt der Ansatz der heutigen Sense für die rechte Hand. Er ist gerade und glatt, nur das untere Ende von zwei Exemplaren von La Tène ist schwach umgebogen, wie es auch bei der Steinsichel von Stenild (s. § 2) der Fall ist. Die Stiele sind 75, 78,4 und 84,3 cm lang. Die Klinge wird mit einem über die Zunge geschobenen Eisenring befestigt (P. Vouga *La Tène* 1923 S. 75f.; Tf. 24, 5; 25, 2—3). Sensenklingen und Befestigungsringe werden in kelt. Stationen der LTZ nicht selten gefunden. Sie bestehen ausschließlich aus Eisen und lehnen sich an die Sicheltypen a und d an, d. h. sie haben teils einen Schäftungsdorn (La Tène) oder endigen in eine glatte Zunge wie die Sensen von der Steinsburg (s. d.; Tf. 103d Abb. 45; Götze-Höfer-Zschiesche *Thüringen* Tf. 16, 232).

Forrer *Reall.* S. 733f. Tf. 210; Hoops *Reall.* I 19; ZfEthn. 36 (1904) S. 416ff. Hub. Schmidt; L. Pfeiffer *Die Werkzeuge des Steinzeit-Menschen* 1920 S. 239ff.; Déchelette *Manuel* II 3 S. 1380ff.; P. Vouga *La Tène* 1923 S. 74ff.; [L. Rütimeyer *Ur-Ethnographie der Schweiz* 1924 S. 288—297; Fornvännen 1927 S. 96—106 Lindqvist]. Alfred Götze

B. Ägypten. Die S. ist im AR in Ä. schon vollständig ausgebildet. Sie besteht aus einem mit einem Griff versehenen, gekrümmten Holze, in dessen Innenfläche scharfe Feuersteinsplitter zahnartig eingesetzt sind (die Urform ist vielleicht ein Esels- oder Rinderkinnbacken mit künstlich nachgeschärften Zähnen), und dieselbe Form behält sie im MR und im NR. Noch um 750 v. C. werden die Zähne einer schönen Frau mit den scharfen Steinzähnen der S. verglichen (Wiedemann *Äg.* S. 30). Originale sind aus dem MR und NR erhalten. In vorgesch. Gräbern fehlen S. wie landwirtschaftliche Geräte überhaupt, dagegen sind die kleinen, mit Sägezähnen versehenen Feuersteinstücke, die sich in vorgesch. Siedelungen gefunden haben (Petrie *Abydos* I Tf. 26, 295ff.; Petrie-Quibell *Naqada* S. 50 und 56 und Tf. 71, 39; Peet *Cem. Ab.* II Tf. 3, 6), wohl als Stücke von S. anzusehen. Bei einigen von ihnen (Petrie-Quibell *Naqada* S. 56) sollen sich Reste des Kittes, mit dem sie eingesetzt waren, noch erhalten haben. Vgl. auch die ähnlichen Stücke aus Gräbern der 2. und 3. Dyn. (Reisner *Nâga ed Dêr* I Tf. 40c, 1529 und S. 113; II Tf. 45b, 7—9 [3 Stück aus einem Grabe]).

Klebs *Reliefs AR* S. 48, *MR* S. 72; Wiedemann *Äg.* S. 269f. Ranke

C. Palästina-Syrien.

§ 1—2. Feuerstein. — § 3. Bronze und Eisen.

§ 1. Im Paläol. und frühen Neol. hat sich der Mensch, wenn er Halme von Gras oder wildwachsendem Getreide abschneiden wollte, wohl mit einem Messer (s. d. C) beholfen. Denn an allen dafür in Betracht kommenden FO fehlt die Sichel. Das beweist zugleich, daß die Bevölkerung zumeist Jagd und Viehzucht trieb. Erst im späteren Neol. tritt die S. aus Feuerstein auf, so in Phönikien am *rās el-kelb, rās bērût* (Anthropos 5 [1910] Tf. 1, 20; 7, 26—43 G. Zumoffen), in Galiläa auf dem *tell el-ʿorême* (s. Kinneret) und unmittelbar am Strande des Sees von Tiberias bei *eṭ-ṭâbẏa*, so daß man an aus Pfahlbauten angeschwemmte Stücke denken möchte (P. Karge *Rephaim* 1917 S. 172ff., 176, Abb. 36, 39), im *wâdi jārûn* (La Géographie 17 [1908] S. 78 P. Bovier Lapierre), weiter s. bei *ṭanṭûra* (s. Dor), in den Dünen von *ramle*, bei *ʿain fâra* sowie bei *juṭṭâ* und *chirbet el-ḥarâje* in der Nähe von Hebron (Karge *Rephaim* S. 172, Abb. 36, 1; A. Mallon *Quelques stations préhistoriques de Palestine* 1925 S. 15, 20, 26, 29f.).

§ 2. Ebenso lieferten die tieferen Schichten der Ausgrabungsstätten Feuersteine, die als S. verwendet worden sind (Petrie *Tell el Hesy* S. 49, Tf. 10; Bliss *Tell el Hesy* S. 123, 195, Abb. 251ff.; Bliss-Macalister *Excavations* S. 142; Macalister *Gezer* II 32ff., 124ff.; III Tf. 128, 8ff. [hier fehlten sie in der vorsem. und in der hellenistischen Schicht, waren selten in der 1. sem., häufig in der 2. und 4., sehr häufig in der 3. sem. Schicht]; Sellin *Tell Taʿannek* Tf. 7; Schumacher *Tell el-mutesellim* S. 72; Sellin-Watzinger *Jericho* S. 115, Tf. 25, 124f.; Reisner-Fisher-Lyon *Harvard Excavations at Samaria* 1924 S. 339). Immer sind es verhältnismäßig kurze (etwa 5—8,3 cm l.), prismatisch oder flach zugeschlagene Stücke von Feuerstein, die auf einer Längsseite absichtlich fein gezähnt, auf der anderen stumpf gelassen wurden. Durch den Gebrauch haben sie infolge der Kieselsäure in den Halmen eine beinahe lackartige Politur erhalten, die auf der Unterseite stärker als auf der Oberseite ist und das Stück nur zu etwa einem Drittel der Oberfläche bedeckt. Daraus ergibt sich, daß diese einzelnen Stücke nach äg. Art (s. Sichel B) nebeneinander in den Spalt eines gekrümmten Holzes eingesetzt wurden (Vincent *Canaan* S. 389; ZfEthn. 37 [1905] S. 462ff., Abb. 12—17 M. Blanckenhorn). Der Stein, der das obere Ende der S. bildete, war entweder stumpf abgeschlagen oder auf beiden Längsseiten gezähnt oder lief in eine Spitze aus. Daß die Steine nicht in den Unterkinnknochen eines Wiederkäuers (Kamel) eingesetzt wurden (so F. C. J. Spurrell bei Bliss *Tell el Hesy* S. 195f.), hat Macalister (*Gezer* II 32f. Abb. 226) gezeigt. Die Zähnung ist sicher absichtlich angebracht worden und nicht etwa erst durch den Gebrauch entstanden, da noch heute die Fellachen ihre eisernen S., die sie statt der Sense verwenden, mit kleinen Scharten versehen (ZdPV 9 [1886] S. 39f. L. Anderlind). Diese S. aus Feuerstein haben sich wegen ihrer einfachen und billigen Herstellung sehr lange erhalten.

§ 3. Aus Bronze gefertigte S. sind sehr selten (ein Beispiel Macalister *Gezer* II 34; III Tf. 128, 8). Desto häufiger sind später die eisernen Geräte (ebd. I 335, 342; II 34; III Tf. 94, 17; 96, 7; 128, 13; Schumacher *Tell el-mutesellim* S. 87, 103; Tf. 27 a [das Stück ist mit einer fein eingeritzten Rosette geschmückt und war mit Bronzenieten festgemacht]; 31 h), die ein ziemlich breites, halbrund gebogenes Blatt haben. Vorn läuft es spitz zu, am unteren Ende war es mit Nieten oder mit einem Zapfen in einem Griffe aus Holz oder Knochen befestigt. Das AT kennt die S. (hebr. *ḥermêš* Deut. 16, 9; 23, 25 oder *maggâl* Jerem. 50, 16; Joel 4, 13) als notwendiges Gerät des Landmannes.

H. Guthe *Kurzes Bibelwörterbuch* 1903 S. 609.
Peter Thomsen

D. Vorderasien. Ein halbmondförmiges Instrument, in eine Spitze und in ein breites Ende auslaufend, assyr. *gamlu*, diente als S. zum Abschneiden der Ähren (B. Meissner *Babylonien und Assyrien* I [1920] S. 196, Tf.-Abb. 114). Es bestand aus Kupfer oder Bronze. Ob das alte sumer. Ideogramm, *gam* bzw. *zub* gelesen (Delitzsch *Sumer. Glossar* 1914 S. 83 bzw. S. 226 und 286), schon eine S. bedeutete, ist wenig wahrscheinlich, da das Zeichen aus einem zweibeinigen Gestell und einem Zeichen darüber besteht (WVDOG 40 [1922] Nr. 29, S. 4 A. Deimel). Ein anderes *gamlu* benanntes Instrument wurde bei Beschwörungen verwendet (B. Meissner a. a. O. II 209), der mit dieser S. hantierende Priester hieß *muššipu* (Delitzsch a. a. O. S. 226). Ein wohl sichelförmiges Symbol des Mondgottes Sin (s. d.) hieß ebenfalls *gamlu* (E. Combe *Histoire du Culte de Sin* 1908 S. 60).

F. M. Feldhaus *Die Technik* 1914 S. 1026; WVDOG 39 (1922) S. 83 Nr. 118. Eckhard Unger

Sichelwagen s. Wagen.

Sichem.

§ 1—2. Geschichtliche Nachrichten (§ 1. Amarna-Briefe, äg. Angaben. — § 2. Das AT). — § 3—5. Arch. Funde, die Grabung auf dem *tell balâṭa*.

§ 1. Die Stadt S. hat in Palästina seit den ältesten Zeiten eine große Bedeutung gehabt. Bereits in den Amarna-Briefen wird sie erwähnt (Knudtzon 289, 23 vgl. S. 1312ff., 1343). Wahrscheinlich war Labaia, der einst auch Vasall des Pharao gewesen war, jetzt aber von seinen Gegnern „Frevler gegen den äg. König" genannt wird, Herr dieser Stadt, hat sie aber den Ḫabiru (s. Ḫabiri) in die Hände gespielt. Da sein Name mehrfach in dem in der Sprache von Arzawa abgefaßten Briefe (Knudtzon Nr. 32) erscheint, ist es sehr wohl möglich, daß auch er zu den von N gekommenen Adligen gehört, die als Gebieter in den einzelnen Städten saßen. Dann wird er wie die anderen zur Sicherung seiner Macht eine Truppe von Wagenkämpfern gehalten haben (s. Heer B). Offenbar hat er es verstanden, das Gebiet seiner Herrschaft ziemlich weit auszudehnen. Denn aus dem ganzen Berglande von Jerusalem im S bis zur Ebene Jesreel im N kennen wir keinen einzigen Stadtstaat, der irgendwie damals eine Rolle gespielt hätte, während solche Städte an der Küste und in der Ebene Jesreel dicht beieinander lagen. Aber eben an diesen Städten, wie Megiddo (s. d.), Thaanach (s. d.), Bethsean (s. d.) oder Gezer (s. d.), ist sein Angriff gescheitert, und unter seinen Söhnen scheint das Herrschaftsgebiet wieder beschränkt worden zu sein (A. Alt *Die Landnahme der Israeliten in Palästina* 1925 S. 18ff.). Die äg. Nachrichten erwähnen die Stadt schon viel früher als selbständige politische Größe von ziemlicher Bedeutung. Unter Sesostris III. (1887—1849 v. C.) rühmt sich der Offizier Sebekchu, mit dem Könige gegen S. (*skmm*) gekämpft zu haben. Die Stadt hatte einen größeren Bund unter den Staaten von *rṯnw* zustande gebracht (P. E. Newberry bei J. Garstang *El Arabah* 1901 S. 32f., Tf. 5; T. E. Peet *The Stela of Sebek-khu* 1914). Dagegen ist die Äußerung des Papyrus Anastasi I über S. und sein Gebirge belanglos (A. H. Gardiner *Egyptian Hieratic Texts* I 1 [1911] S. 22). Da weitere Aussagen von äg. Seite fehlen, scheinen die Ägypter ihrer Herrschaft im Berglande nicht so sicher gewesen zu sein wie in den Ebenen, durch die große Straßen liefen.

§ 2. Das Bewußtsein, ein eigenes politisches Gebilde darzustellen, ist den Bewohnern von S. auch in der Folgezeit geblieben. Das AT nennt als Bewohner vor der Einwanderung der Israeliten Kanaaniter (Gen. 12, 6; 34, 30; Quelle J), Amoriter (Gen. 48, 22 Quelle E), Choriter oder Chiwwiter (Gen. 34, 2 P; s. diese Artikel). Ihnen hatte sich das kleine hebräische Geschlecht Dina (Gen. 30, 21; 34, 1ff. vgl. 49, 5) angeschlossen, war aber bedrückt worden. Die verwandten Stämme Simeon und Levi rächen dies durch eine blutige Gewalttat, wofür sie nach der Meinung des Erzählers viel später durch ihren eigenen Untergang bestraft worden sind. Im Widerspruch dazu berichtet die Quelle E (Gen. 48, 22), daß Israel-Jakob den „Rücken" oder die „Schulter" (hebr. *šekem*, also Anspielung auf den gleichlautenden Namen der Stadt) der Amoriter erobert und sie dem Stamme Joseph überlassen habe (vgl. Gen. 37, 12ff.). Anscheinend sind damals nicht alle Bewohner ausgerottet worden; denn etwas später leben Kanaaniter und Israeliten friedlich zusammen in Sichem. Jerubbaal-Gideon aus Ophra hat sogar eine Frau aus dieser Stadt geheiratet. Aber sein Sohn Abimelek macht sich durch geschickte Überredung zum Herrn der Stadt und erhält von den Bürgern Geld aus dem Tempel des Stadtgottes, des „Herrn des Bundes" (*ba'al berît*). Nach Ermordung der Söhne Gideons, von denen nur einer entrinnt, versucht er, seine Herrschaft weiter auszudehnen, und läßt in S. als seinen Statthalter Sebul zurück. Ein gewisser Gaal reizt die Bewohner zur Empörung auf, und es kommt zum Kampfe mit Abimelek, in dem dieser die Stadt mit ihrer Burg, Millo genannt, erobert, zerstört und den letzten Rest der Bewohner in den unterirdischen Räumen des Tempels verbrennt (Richt. 9, 1ff.). Fortan war S. Besitz des Stammes Manasse (Jos. 17, 2ff.; Num. 26, 31). Es ist nicht ausgeschlossen, daß die Erzählung von Dina und die von Abimelek dasselbe Ereignis schildern, und daß vielleicht die Gesetzgebung an die israelitischen Stämme wie ihre Einigung in dem Bekenntnis zu Jahwe, dem Gotte des Bundes, hier in S., also nicht am Sinai, stattgefunden hat (E. Meyer *Die Israeliten und ihre Nachbarstämme* 1906 S. 413ff., 546ff.). Nach dem Tode Salomos regten sich in S. Selbständigkeitsgelüste, die weithin unter den n. Stämmen Ausdehnung gewonnen hatten. Als Rehabeam, der Sohn Salomos, die Forderung, die Fronarbeiten zu erleichtern, abschlägt, trennen sich die Nordstämme von Juda und seinem Königshause und machen Jerobeam I. zum Könige (1. Kön. 12, 1ff.). Dieser befestigt die Stadt (1. Kön. 12, 25ff.) und macht sie zu seiner Hauptstadt. Unter Omri trat dann Samaria (s. d.) an ihre Stelle. Die Volkssage kannte in und bei S. verschiedene denkwürdige oder heilige Stätten, so eine Orakel-Terebinthe, bei der Abraham einen Altar erbaut haben soll (Gen. 12, 6f.; 35, 4; Deut. 11, 30; Jos. 24, 26 [Eiche]), vielleicht identisch mit der Zauberer-Eiche (Richt. 9, 37), im O der Stadt das von Jakob gekaufte Feld, auf dem er einen Altar und eine Maṣṣebe (s. Menhir C) errichtet hatte (Gen. 33, 18ff.) und später Joseph begraben wurde (Jos. 24, 32). Nach der Rückkehr aus der babyl. Verbannung war S. die wichtigste Stadt der von den Juden gehaßten Samaritaner (Sirach 50, 28), die auf dem Garizim, dem Berge s. von S., sich ein eigenes Heiligtum schufen, vielleicht den Erben des Heiligtums des alten Bundesgottes. Da die Stadt 128 v. C. erobert und das Heiligtum zerstört worden war, gründete Vespasian w.

davon an der Stelle der Ortschaft Mabortha (= Sattel, Paß) eine neue Stadt, Flavia Neapolis genannt, woraus der heutige Name *nâblus* entstanden ist.

H. Guthe *Kurzes Bibelwörterbuch* 1903 S. 614; ZdPV 33 (1910) S. 98ff. G. Hölscher.

§ 3. Über die Lage der Stadt S. kann demnach kein Zweifel sein, zumal noch heute ö. von *nâblus* von den Muhammedanern das Grab Josephs (P.E.F. Memoirs 2 [1882] S. 194f.) verehrt und dabei ein dem Jakob zugeschriebener, zuerst Ev. Joh. 4, 6 erwähnter Brunnen (s. Bewässerung D § 5; Quarterly Stat. 40 [1908] S. 248ff. C. K. Spyridonidis; ebd. 42 [1910] S. 131ff. A. Mansur) gezeigt wird. Sie liegt außerordentlich günstig, da hier, in der Mitte des Landes, ein tiefer Einschnitt in das Gebirge zwischen Garizim im S und Ebal im N einen sehr bequemen Übergang von W nach O und umgekehrt erlaubt, weshalb denn auch viele Wege sich hier vereinigen. Aber von alten Resten ist hier begreiflicherweise nichts erhalten (ein Bronzerad von einem Kultwagen gehört erst der röm. Zeit an; Quarterly Stat. 40 [1908] S. 340f. R. A. S. Macalister). Dagegen hatten Einzelfunde, z. B. Messer oder Pfeilspitzen, eine Figur und ein Schwert aus Bronze (ebd. 41 [1909] S. 74 ders.), die in der Nähe des Joseph-Grabes gemacht wurden, schon darauf hingewiesen, daß hier nach dem alten S. gesucht werden müsse.

§ 4. Gefunden wurde die Stätte bei einer Untersuchung durch H. Thiersch und G. Hölscher (MDOG 23 [1903] S. 34) in der Nähe des Dorfes *balâṭa*, ö. von *nâblus*. Diesen *tell* hat E. Sellin mit C. Praschniker bei seinen Grabungen z. T. aufgedeckt, die er im Sept. 1913 begonnen hatte, dann wegen des Krieges abbrechen mußte, aber 1925 wieder aufnehmen konnte. Den Hügel umgab in leichtem Bogen eine ansehnliche, doppelte Stadtmauer, deren Außenlinie im W noch in 9 Reihen unbehauener Blöcke mit einer H. von 6,50 m erhalten war. Dieser unverkennbare nordsyr. Einfluß ist hier um so beachtlicher, als ja wahrscheinlich das alte Herrschergeschlecht aus dem N stammte (s. o. § 1). Die Mauer ruhte auf einer Lehmpackung und war leicht geböscht. Den Abschluß nach oben hat sicher eine Lehmmauer gebildet. Im NW lag ein mit großen Orthostaten bekleidetes Tor, das durch vier Türme gesichert war. Auch im O wurde eine Stadtmauer festgestellt; aber diese unterschied sich von der w. dadurch, daß sie aus kleineren Steinen errichtet war und nicht in einer Linie lief, sondern alle 15 m rechtwinklig vor- oder zurücksprang. Auch das Tor im O war anders; denn es hatte einen recht ansehnlichen Hof im Innern (etwa 10 × 11,60 m). An das nw. Tor lehnte sich ein großes Gebäude an, das wohl der Palast des Stadtherrn gewesen ist. Nach S zu war ihm eine offene, von Säulen getragene Halle vorgelagert, vor der ein offener Hof lag. Der ö. Flügel des Palastes erwies sich in Anlage und Bauart als eine spätere Erweiterung. Aus alledem ergab sich, daß die Stadt am Anfange der mittleren BZ nur im W von einer Mauer geschützt war. Offenbar hatte man beabsichtigt, diese weiterzuführen, ist aber nicht dazu gekommen (Sellin denkt an einen feindlichen Überfall oder dgl.). Erst später ist durch die ö. Mauer die Umwallung geschlossen und dann auch der Palast erweitert worden. S. vom Palaste wurden die 5,30 m starken Grundmauern eines stattlichen Gebäudes aufgedeckt (21 × 26 m). Sellin hält es für den Tempel des Stadtgottes (s. o. § 2), dessen Innenraum (11 × 13,5 m) durch zwei Reihen von je drei Säulen in drei Schiffe geteilt war. Ein steinerner Untersatz, etwas hinter die beiden mittelsten Säulen zurückgerückt, könnte das Gottesbild getragen haben. Die Säulen hatten Kapitäle mit der äg. steil ansteigenden Volute (eins fand sich an anderer Stelle eingemauert). Auch der Tempel ist durch einen späteren Umbau stark verändert worden. Weiter s. war durch eine Umfassungsmauer ein großer, aufgeschütteter Bezirk abgegrenzt. In ihm befanden sich ein Altar (nur die aus kleinen Steinen und Lehm erbaute Unterlage, 2,20 × 1,65 m, ist erhalten), ein aus einem Felsblock ausgehöhlter Wassertrog (2,10 m l.), zwei zerbrochene Säulen (Sellin denkt an künstliche Maṣṣeben) und mehrere Gebäude, deren Bestimmung noch nicht geklärt ist.

§ 5. Innerhalb des Mauerlaufes sind Grundmauern von verschiedenen, z. T. recht stattlichen, kanaanitischen, israelitischen und hellenistischen Häusern ausgegraben worden. Die Kleinfunde lassen auf mindestens vier

Schichten schließen. Ganz alte Ware aus dem Neol. oder der frühen BZ fehlt fast vollständig, so daß die Gründung der Stadt etwa um 2000 v. C. anzusetzen wäre. Der mittleren BZ gehören Feuerstein-Messer, Bronze-Meißel und Bronze-Nadeln an, der späteren BZ Scherben mit rotbraunen Baumdarstellungen, zwei rätselhafte horn- oder stabartige Gegenstände aus Ton (vielleicht Zepter? s. d. B), Skarabäen, ein ägyptisierender Siegelzylinder, zwei Tontafeln mit Keilschrift und ein aus 14 Stücken bestehender Goldschmuck, der babyl. und äg. Einfluß zu verraten scheint. Die EZ ist durch zahlreiche Tongefäße vertreten. Mit allem Vorbehalt gibt Sellin folgende Zeitbestimmungen: Bau der Stadtmauer im W und N, des Westflügels des Palastes und Anlage der großen Terrasse etwa um 1700, Bau der Ostmauer, des Ostflügels des Palastes um 1500, Bau des Tempels um 1300, Ausbesserung des Tempels um 1200, Zerstörung von Palast und Tempel (durch Abimelek? s. o. § 2) um 1150, Wiederbesiedelung des Platzes von Palast und Tempel (durch Jerobeam) um 930 v. C. Genaueres kann erst nach Fortsetzung der Grabung gesagt werden, über die bisher nur vorläufige Berichte ausgegeben sind.

Anz. Akad. Wiss. Wien 51 (1914) S. 35ff., 204ff. E. Sellin; ZdPV 49 (1926) S. 229ff., 304ff. ders.; ZdPV 37 (1914) S. 290f. C. Steuernagel; Mitteilungen des Bundes der Asienkämpfer 8 (1926) S. 107f. A. Jirku; Mededeelingen K. Akademie van Wetenschapen Amsterdam, Afd. Letterkunde 62 (1926) S. 1ff. F. M. Th. Böhl.
Peter Thomsen

Sicherheitsnadel s. Fibel.

Sidamunt. Iber. Dorf in der Prov. Lérida (Katalonien). Es ist der wichtigste und typischste Platz aus der II. Per. der iber. Kultur in Inner-Katalonien; er liegt in dem Gebiet von Urgell auf einer kleinen Anhöhe, die man Tossal de les Tenalles (Scherbenhügel) wegen der großen Menge von Gefäßscherben, die sich hier direkt an der Oberfläche finden, nennt. Die Ortschaft war so zerstört, daß es unmöglich ist, ihre Anlage zu rekonstruieren, man kann aber sagen, daß der Grundriß der Häuser rechteckig war, und daß die Technik der Aufführung der Hauswände relativ hoch stand. Es sind noch viele Mauerreste erhalten, die in ihrem unteren Teil aus Stein, in dem oberen aus gebrannten Ziegeln gefertigt waren. Die Funde sind sehr reich, vor allem fällt die Fülle von Scheibenkeramik auf, die geometrische oder Pflanzen- und Tierdekoration zeigt. Die vorherrschenden Formen sind kugelige oder eiförmige und zylindrische Gefäße mit glattem Rand. Auch handgemachte Keramik, unter der besonders Deckel, die mit Reliefs verziert sind, auffallen, kommt vor: einheimische Nachahmungen der hellenistischen Keramik und diese selbst. Unter den Metallgegenständen finden sich ein Schwert vom Typus der II. Latène-Periode und ein Schildbuckel aus derselben Zeit, eine Gürtelnadel aus Bronze und andere kleine Gegenstände. In Fülle erscheinen landwirtschaftliche Geräte und große Mengen von verkohltem Weizen.

S. gehört dem 3. Jh. v. C. an. Als Grundlage für diese Datierung dienen hellenistische Keramik und Gegenstände der II. Latène-Periode. Die Ortschaft scheint plötzlich verlassen zu sein. Darauf deutet der große Reichtum der Funde und der relativ gute Erhaltungszustand derselben. S. a. Pyrenäenhalbinsel D § 16.

Colominas-Duran *Restes de poblats ibèrics al Pla d'Urgell i Segarra* Anuari Inst. 6 (1915—20) S. 606ff.
J. de C. Serra-Ràfols

Sidon (Tf. 17).

§ 1. Herkunft und Bedeutung des Namens. — § 2—5. Geschichtliche Angaben (§ 2. Die Amarna-Briefe. — § 3. Äg. Nachrichten. — § 4. Assyr.-babyl. Nachrichten. — § 5. Das AT). — § 6. Der heutige Ort. — § 7—8. Arch. Funde.

§ 1. Über die Gründung und die ältesten Zeiten von S., der wichtigen Hafenstadt an der phön. Küste, fehlen zuverlässige geschichtliche Nachrichten. Nach der in sehr späten Aussagen erhaltenen mythologischen Überlieferung soll Belus die Stadt erbaut und nach seiner Tochter Side benannt haben (Eustathius, Comm. in Dionysium Periegetem 912f.). Andere schreiben die Gründung dem Sidos, Sohn des Aigyptos, zu (Malalas, Chron. ed. Dindorf S. 58) oder leiten den Namen von dem Reichtum der dort gefangenen Fische ab, da phön. *ṣidon* „Fisch" bedeute (Justinus 18, 3), was unmöglich ist. Vielmehr wird der Name der Stadt von dem einer Gottheit *ṣid* oder *ṣēd* abzuleiten sein (vgl. CIS I 247ff., 256 *ṣid-melqart, ṣid-tanit*; H. Winckler *Altorientalische Forschungen* I [1897] S. 346f.), die vielleicht die einwandernden Phöniker von den Ureinwohnern übernommen haben (s. Phönikien).

§ 2. Erst die Amarna-Briefe aus der 2. Hälfte des 2. Jht. bringen genauere Angaben. Die Stadt hat einen eigenen Herrscher, namens Zimrida, der sich mit Stolz selbst König (*šarru*) nennt (Knudtzon 147, 66f.; 148, 25. 40). Aber er ist von Ägypten abhängig. Amenḫotep III. (1411—1375 v. C.) ist selbst in S. gewesen (ebd. 85, 69ff.). Nach seiner Abreise ist es den Ḫabiru (s. Ḫabiri) gelungen, eine Stadt nach der anderen zum Abfall von Ägypten zu bewegen. Der König von S. ist zwar anfangs noch treuer Vasall geblieben (ebd. 92, 33; 162, 10) und beteuert in schwungvollen Briefen dem Pharao seine Ergebenheit (ebd. 144, 1ff.; 145, 1ff.), hat sich aber dann im Bunde mit Beirut und Tyrus offen den Feinden angeschlossen (ebd. 101, 22ff.; 114, 10ff.; 118, 27ff.; 147, 66ff.; 148, 25ff.; 149, 57ff.). Wie verworren die Verhältnisse waren, ersieht man auch daraus, daß Tyrus (s. d.), der einstige Bundesgenosse von S., jetzt dieses bei dem Pharao nach Kräften verklagt (ebd. 146, 14; 151, 11; 152, 7f.; 154, 14. 24). Die weitere Entwicklung ist nicht bekannt; doch scheint S. die errungene Selbständig keit und Unabhängigkeit von Ägypten bewahrt zu haben. Der Amarna-Zeit (s.d.) sind wohl auch die beiden Könige von S. Adumu und Annūja, Sohn des Adumu, zuzuweisen, deren Namen zwei (in Ägypten geschnittene?) Siegelzylinder der Sammlung de Clercq (Nr. 386 *bis* und *ter*) tragen (H. Winckler *Altorientalische Forschungen* 3. Reihe I [1902] S. 177f.; G. Contenau *La glyptique syro-hittite* 1922 S. 131f.).

§ 3. So berührt es nicht sonderbar, daß S. in den äg. Nachrichten erst spät und nur zweimal erwähnt wird. Das früheste Zeugnis enthält der Papyrus Anastasi I unter Sethos II. (1209—1205 v. C.), der die Stadt zwischen Beirut und Sarepta nennt (A. H. Gardiner *Egyptian Hieratic Texts* I 1 [1911] S. 22). Im Reiseberichte des Wenamon (unter Ramses XII. [1118—1090 v. C.]) weist der Fürst von Byblos spöttisch auf S. hin, in dessen Hafen 50 Schiffe lägen, die im Dienste des Handelshauses Berket-el in Tanis ständen (H. Greßmann *Altorientalische Texte und Bilder zum AT* I² [1926] S. 73; vgl. ZDMG NF 3 [1924] S. 61ff. R. Eisler). Sonst erscheint S. nicht in äg. Texten, auch nicht in der Städteliste Thutmosis III., ebensowenig in den hettitischen Nachrichten, soweit sie bis jetzt entziffert sind.

§ 4. Seit alter Zeit haben die Assyrer danach gestrebt, sich am Mittelländischen Meere Häfen zu sichern. Tiglatpileser I. (um 1100 v. C.) hielt auf seinem Zuge nach dem W in Arwad (*ruâd*; s. Phönikien § 6) Hof, wo er vom Pharao Geschenke, darunter ein Krokodil, erhielt (KAT 37). Bis nach S. im s. Phönikien scheint er nicht vorgedrungen zu sein. Gefährlicher wurde der Zug Assurnaṣirpals II. (885—859 v. C.), weshalb ihm S. Geschenke schickte (KB I 109). Dasselbe geschah unter Salmanassar III. (859—823 v. C.; KB I 141; dargestellt auf den Bronzetoren von *balawât*, Beiträge zur Assyriologie 6, 1 [1908] S. 16ff., 79ff., Tf. 2 und 4 A. Billerbeck und F. Delitzsch; s. Fremdvölker C § 14; Band IV Tf. 73b), Adadnirâri III. (812—783; KB I 191) und Tiglatpileser III. (745—727). Mit diesem Verfahren hatte sich die reiche Stadt ihre Unabhängigkeit und zugleich die freundliche Verbindung mit dem assyr. Reiche, die sie für ihren Handel brauchte, gesichert. Doch kann recht wohl die Flotte von S. auch im Dienste der Assyrer tätig gewesen sein, da ein Relief in Chorsabad mit Holz beladene Schiffe bei S. darstellt (Journal asiatique 9 [1917] S. 181ff. G. Contenau). Die Freiheit ging unter Sanherib (705—681 v. C.) verloren; denn 701 löste er die Verbindung mit Tyrus, die dessen König Lulî erreicht hatte, und setzte in S. einen neuen König Tubaʿal (= Ithobaʿal) ein, der regelmäßig Tribut zu zahlen hatte (KB II 91). Dessen Nachfolger Abdi-milkutti versuchte 678 v. C. durch Bündnisse mit n. Ländern seine Unabhängigkeit wiederzuerlangen, wurde aber nach einer mißlungenen Flucht gefangengenommen und hingerichtet. S. wurde von Asarhaddon zerstört. Auf dem Festlande gründete der König eine neue Stadt, die er Asarḫaddonsburg nannte und als assyr. Provinzstadt verwalten ließ (E. Forrer *Die Provinzeinteilung des assyr. Reiches* 1921 S. 65f.). Als Beute werden genannt: Gold, Silber, Edelsteine, Elefantenhaut, Elfenbein, *ušu*- und *urkarînu*-Holz, bunte Gewänder und Kleiderstoffe (KB II 125ff.). In der Liste der Hof- und Staatsbeamten Nebukadnezars wird auch S. (*ṣa'd[uni]*) erwähnt (Theol. Litztg. 50 [1925] S. 485f. E. Unger). Noch einmal versuchte S., sich freizumachen, aber Artaxerxes Ochus (359—338 v. C.) zerstörte die neue Stadt, die dann nach ihrer Wiederherstellung aus Schwäche und aus Haß gegen Tyrus Alexander dem Großen keinen Widerstand leistete.

§ 5. Das AT bestätigt diese Nachrichten. Nach Gen. 10, 15 ist S. der erstgeborene Kanaans. Damit ist gesagt, daß S. an der Spitze des Bundes der phön. Städte stand, woraus sich auch die Bezeichnung der Phöniker als Sidonier (hebr. *ṣīdōnîm*) erklärt (s. Phönikien § 2). Diesen Vorrang hat es aber bald an Tyrus (s. d.) abtreten müssen. Daher kommt der Wechsel bei den späteren Schriftstellern, bei denen z. B. Kadmus als Tyrer oder als Sidonier, der Purpur und die Prachtgewänder als tyrisch oder sidonisch bezeichnet werden. Worauf sich der Name Groß-S. (Jos. 11, 8; 19, 28) bezieht, läßt sich nicht erkennen (auch Sanherib spricht auf dem Taylor-Zylinder von Groß- und Klein-S.; KB II 91; auf späteren phön. Inschriften werden S. im Meere, das eigentliche S. und S. in der Ebene unterschieden; MVAG 9 [1904] 5 S. 44ff. W. Frhrr. v. Landau). Die Jerem. 25, 22; 27, 3 erwähnten Könige von S. sind wohl erst von einem späteren Bearbeiter eingesetzt worden. Weshalb die Israeliten S. haßten und ihm den Untergang wünschten (Ezech. 28, 20ff.), wissen wir nicht. Die Klage über das schmähliche Ende der fröhlichen Stadt, deren Kaufleute weithin Handel trieben (Jes. 23, 1ff. [hier ist Tyrus späterer Zusatz]), bezieht sich auf die Zerstörung durch Artaxerxes.

H. Guthe *Kurzes Bibelwörterbuch* 1903 S. 615f.

§ 6. Die heutige Stadt *ṣaidâ* (s. Tf. 17), die den alten Namen bewahrt hat, liegt auf einer Landzunge am w. Rande einer kleinen, fruchtbaren Ebene, die im N vom *nahr el-ʿauwalî* (Bostrenus), im S vom *nahr ez-zaherânî* begrenzt und in der Mitte vom *nahr es-senîk* durchflossen wird. W. von der Landzunge erheben sich zwei 608 m l. Felsbänke, von S nach N gerichtet, aus dem Meere, von denen die s. durch einen schmalen Damm mit dem Festlande verbunden ist, während die n. eine Insel ist, so daß zwei Buchten entstehen. Aber nur die n. war und ist für Schiffsverkehr brauchbar; denn sie ist durch eine Reihe von Klippen, deren ö. das mittelalterliche Schloß *qalʿat el-baḥr* trägt, gegen W geschützt. Auf den Felsbänken hat offenbar der wichtigste Teil der ältesten Stadt gestanden; denn hier und da finden sich noch Reste alter Mauern und künstlich aus dem Felsen gesprengte, kleine Landestellen. Später hat sich dann die Stadt auf das gegenüberliegende Festland ausgedehnt, wo auch die Asarhaddonsburg gelegen haben muß. Hier steht auf dem höchsten Punkt die Zitadelle, ein von den Kreuzfahrern gebautes Schloß. In weitem Umkreis umgeben Gärten die Stadt, und in den steilen Abhängen der Ausläufer des Libanon wurden die Felsgräber angelegt.

§ 7. Diese Nekropolen lieferten auch die ersten Funde aus der Vergangenheit von Sidon. Bei *muṛâret ablûn* im SO wurde am 19. Januar 1855 der anthropoide Basalt-Sarkophag des Königs Eschmunazar (vgl. E. Meier *Die Grabschrift des sidonischen Königs Eschmun-ézer übers. und erkl.* 1866; K. Schlottmann *Die Inschrift Eschmunazars, Königs der Sidonier, geschichtl. und sprachl. erkl.* 1868; s. a. Schrift E § 1, Band XI Tf. 109), bei *el-helâlîe* 1887 die berühmten sidonischen Sarkophage, darunter der des Tabnit, des Vaters des Eschmunazar, und der angebliche Alexander-Sarkophag (J. Hamdi Bey und S. Reinach *Une nécropole royale à Sidon* 1892), bei *ʿain hilwe* eine weitere Reihe kunstvoll ausgeführter Sarkophage, z. T. aus Marmor, dem 5. oder 4. Jh. v. C. angehörend (Annual American School of Oriental Research 1 [1920] S. 1ff. C. C. Torrey), gefunden. E. Renan hat bei seinen Arbeiten 1861 mehrere Begräbnisstätten auf den Höhen von *sējidet el-manṭara* (jenseits des *nahr es-senîk*) bis *el-baramîje* im NO untersucht (E. Renan *Mission de Phénicie* 1864 S. 361ff., 401ff.). Bei Grabungen des Kais. Ottomanischen Museums in Konstantinopel wurden in den Jahren seit 1902 im *bostân eš-šêch* am *nahr el-ʿauwalî* Grundmauern eines terrassenförmig aufgebauten Eschmun-Tempels mit phön. Inschriften und einer äg. Inschrift des Königs Achoris

(396—383 v. C.) freigelegt (MVAG 9 [1904] 5 S. 1ff.; ebd. 10 [1905] 1 S. 1ff. W. Frhrr. v. Landau; Syria 7 [1926] S. 1ff. R. Dussaud). Aber alle diese Funde stammten aus späterer Zeit, keiner war älter als das 6. Jh. v. C. (Renan *Mission* S. 414, 513f.). Auch Grabungen scheinen nicht zu besseren Ergebnissen zu führen, da man an einer Stelle in der Tiefe von 22 m nur Schutt neuerer Zeit gefunden hat.

§ 8. Im Jahre 1914 hat G. Contenau Schürfungen vorgenommen, die erst 1920 fortgesetzt werden konnten. Auch sie stießen in der Hauptsache nur auf griech.-röm. Gräber, Sarkophage (darunter einer mit prachtvoller Darstellung eines röm. Handelsschiffes) und Kleinfunde. Doch lieferte ein Versuchsschacht an der n. Wand der Zitadelle Tonwaren der EZ und darunter in einer Tiefe von 12—16 m Reste der späteren BZ. Derselben Zeit gehören Gräber mit rund oder oval gewölbter Felsdecke bei *kafr ǧarra* ö. von S. an, in denen sich als Beigaben einheimische Tonware, mykenische Krüge und Skarabäen fanden (Syria 1 [1920] S. 16ff., 108ff., 198ff., 287ff.; ebd. 4 [1923] S. 261ff.; ebd. 5 [1924] S. 9ff., 123ff. G. Contenau; Einzelfunde, z. B. Kupferkrug und Griff eines Votiv-Sistrums mit Namen des Pharao Amasis II. [570—526 v. C.], Syria 7 [1926] S. 123ff. M. Dunand; vgl. auch CR acad. inscr. 1923 S. 286ff. R. Dussaud). Noch bescheidener sind die Spuren einer vorgesch. Niederlassung an Ort und Stelle (ZfEthn. 37 [1905] S. 209ff. W. Frhrr. v. Landau), desto reichlicher in der Nähe (z. B. am *nahr ez-zaherânî* eine neol. Werkstatt mit Beilen u. a. Feuersteingeräten, auch Scherben [G. Zumoffen *La Phénicie* 1900 S. 123 Tf. 10, 2], und weiterhin die altpaläol. Werkstatt am *wâdi 'l-ʿaqbîje*; s. Palästina-Syrien A § 3). Die hettit. Bronzestatue eines schreitenden Gottes, die bei S. gefunden wurde (Amtl. Ber. Pr. S. 34 [1913] S. 149ff. O. Weber; s. Bronzeguß C § 8), ist wohl verschleppt, denn die Hettiter sind nie bis hierher vorgedrungen. Über den silbernen Zeptergriff s. Zepter B. Jedenfalls wird es bei der ungeheuren Mächtigkeit der Schuttschicht, auf der jetzt die Stadt steht, schwer werden, wirklich wertvolle Reste des alten S. zu finden. Leider sind die Einwohner von *ṣaidâ* und Umgegend seit langen Jahrzehnten sehr erpicht auf Altertümer. So wird manches Stück, das von hier stammt, ohne diese Angabe in europäische Sammlungen gekommen sein.

R. Pietschmann *Geschichte der Phönizier* 1889 S. 53ff.; SB. Wiener Akademie 116 (1888) S. 631ff. J. Krall; *Protest. Realencyklopädie*[3] XVIII (1906) S. 280ff. H. Guthe; Fr. C. Eiselen *Sidon, a Study in Oriental History* 1907; Rev. d'hist. des religions 84 (1921) S. 202ff. G. Contenau; *RE* 2. Reihe II 2 (1923) S. 2216ff. E. Honigmann.

Peter Thomsen

Sieb. A. Europa (Tf. 17^A^).

§ 1. Fadensieb. — § 2—10. Lochsiebe: § 2. Metallsiebe. — § 3. Tonsiebe. — § 4. Gefäße mit Siebwand oder Bodensieb. — § 5. Streubüchsen. — § 6. Henkelkannen mit Ausguß- oder Mündungssieb. — § 7. Siebgeräte ohne Boden. — § 8. Feuerrost. — § 9. Behälter für Siebenschläfer. — § 10. Sarkophag-Böden.

§ 1. Der natürliche Vorläufer des S. sind die gespreizten Finger der Hand, mit denen man aus einer Flüssigkeit feste Substanzen herausfischt. Der Vorgang führt einerseits zum Netz, andrerseits zum Sieb. Als Übergang zu letzterem ist der Ersatz der Finger durch Ruten- oder Bastgeflecht vorauszusetzen, weiterhin feinere Geflechte und Gewebe, etwa um Saft auszupressen; indem der Faden durch Draht ersetzt wird, entsteht das heutige Kornsieb. Diese theoretische Entwicklungsreihe des Fadensiebes läßt sich aus dem Altertum nicht belegen, denn es besteht aus leicht vergänglichen Stoffen, auch ist die Benutzung eines Gewebes u. dgl. als S. im Einzelfalle nicht nachweisbar. Nur eine Notiz des Plinius (Nat. Hist. XVIII 108) läßt auf die Kenntnis des Haarsiebes, d. h. eines aus Pferdehaaren geflochtenen S., bei den Galliern schließen, die als dessen Erfinder bezeichnet werden. Sehr häufig in den Funden ist dagegen das Lochsieb, d. h. durchlochte Platten, Gefäßwände u. dgl. aus festem Stoff (Ton, Metall, Stein).

§ 2. S. aus durchlochtem Metallblech sind selten und scheinen erst in der ä. EZ in Gebrauch gekommen zu sein. Beispiele: Viereckiges Bronzeblech von Falerii (Montelius *Civ. prim.* II B Tf. 329, 14). Runde Bronzeblechscheibe aus einem latènezeitl. Grab von Blumenthal, Kr. Ostprignitz (A. Götze *Ostprignitz* S. 41). Seihlöffel aus vergoldeter Bronze von Klein-Aspergle, ältere

Sidon

Fliegeraufnahme. Nach Photographie im Bayerischen Kriegsarchiv, Bildabteilung, München.

Tafel 17 A

a

b

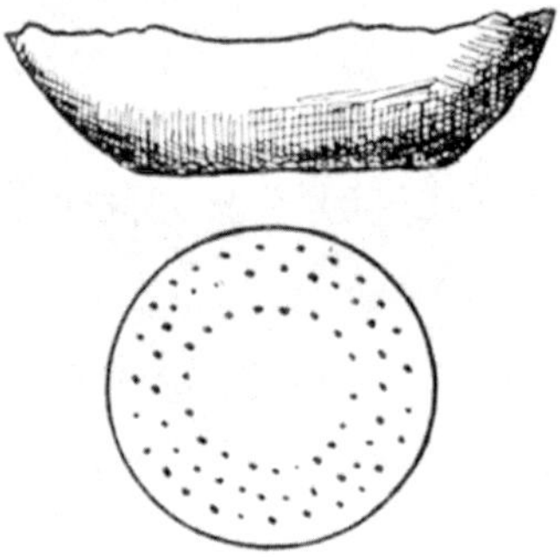

c

d

e

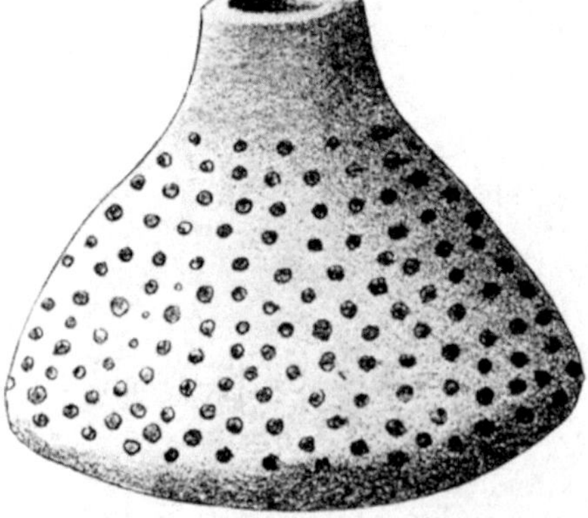

f

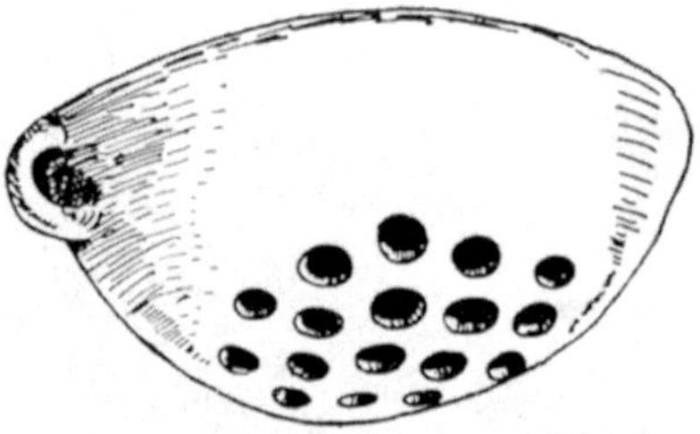

g

Sieb A. Europa

Typen tönerner Siebgefäße: a. Radlow, Kr. Beeskow-Storkow. — b. Havelberg. — c. Cortaillod, Schweiz. — d. Lengyel. — e. Butmir. — f. Hradischte in der Šarka. — g. Nieder-Bielau.

LTZ (Band VII Tf. 4b); ganz ähnliche erscheinen später wieder in der Merowingerzeit. Siebdeckel zu Räuchergefäßen auf äg. Darstellungen des AR (BJ 122 [1912] S. 3 Abb. 1) und in den oberen Schichten von Troja (Dörpfeld *Troja* S. 412 Abb. 427).

§ 3. Sehr häufig sind Töpferwaren mit siebartig durchbohrter Wand, deren Scherben man in Ansiedlungen von der jüngeren StZ an zahlreich findet. Wo vollständige Gegenstände vorliegen, zeigen sie verschiedene Formen und haben verschiedenen Zwecken gedient (s. u.). In der Literatur werden „Siebgefäße" häufig erwähnt, aber oft so ungenügend beschrieben und abgebildet, daß der Geräte-Typus nicht ersichtlich ist.

§ 4. Irdene Schüsseln, Näpfe, Becher, die am Boden und manchmal auch an der Seitenwand durchlöchert sind, pflegt man nach heutigen Analogien als Geräte zur Käsebereitung zu deuten. Sie können aber auch andern Zwecken, wie Waschen von Gemüse und Salat, Durchdrücken von Hülsenfrüchten und Beeren, Ausschmelzen von Honig u. dgl., gedient haben. Sie sind vom Neol. an bis in die slav. Zeit sporadisch weit verbreitet. Die Fundstatistik würde sehr ausgiebig sein, wenn sie nicht als Haushaltgeräte vorwiegend in Ansiedlungen und daher meist nur in Scherben gefunden wären, die den Geräte-Typus nicht erkennen lassen. Troja II—V, Schüsseln mit Bodensieb und allseitig durchlochte Henkelbecher mit 3 Füßen (Schliemann *Ilios* 1881 S. 418 Abb. 327, S. 621 Abb. 1195, insgesamt 9 Stück). Jablanica (s. d.) in Serbien, Näpfe mit Siebwand (Vassits *Die neol. Station Jablanica* Archiv f. Anthr. 27 [1902] S. 53 Abb. 115a—b, S. 54). Terramaren Oberitaliens, BZ (Band VI Tf. 26g, 28h; W. Helbig *Die Italiker in der Poebene* 1879 S. 17). Pfahlbau von Ripač (s. d.), Siebwand und Bodensieb (Mitt. Bosnien 5 [1897] S. 55; Tf. 31, Abb. 231 und 233). Siebschüsseln von Sobunar und Debelo brdo (s. d.; ebd. 1 [1893] S. 46 Abb. 15; ebd. 4 [1896] S. 48 Abb. 65; ebd. 5 [1897] Tf. 51, 13). Terramare von Laposhálom (s. d.) bei Toszeg (MAGW 19 [1889] Tf. 3, 14; Tf. 4, 31). Vattina, Ungarn, Napf mit Bodensieb (Arch. Ertesitö 19 [1899] S. 173 Tf. 6, 46). Pfahlbauten von Cortaillod (s. d.) und Auvernier, BZ, Schüsseln mit Bodensieb (Tf. 17Ac; Keller *Pfahlbauten 6. Ber.* Tf. 3, 41; *7. Ber.* Tf. 18, 13). Pfahlbauten von Wangen (s. d.) und Bodman (s. d.), StZ, zylindrische Gefäße, ganz gesiebt (v. Tröltsch *Pfahlbauten des Bodenseegebiets* 1902 S. 126). Pfahlbauten von Lützelstetten und Haltnau, Näpfe mit Bodensieb (Westd. Z. 11 [1892] S. 231; Tf. 7, 19 und 20 Leiner). Vokovic, Böhmen, flache Henkelschüssel mit Bodensieb, nach Weinzierl neolithisch. Hradischt von Stradonitz (s. d.), mehrere Schüsseln mit Bodensieb (Píč *Starožitnosti* II 2 [1903] Tf. 53, 9; Tf. 54, 3; Tf. 56, 17). Hradek in Časlau, Bodensieb (ZfEthn. Verh. 18 [1886] S. 661 Čermak). Oblekovic, Mähren, Henkelbecher allseitig durchlocht (Červinka *Morava. z. Pr.* Tf. 26, 13). Nieder-Bielau, Kr. Görlitz, halbkugeliger Henkelnapf aus Buckelurnengrab, BZ Per. III (Tf. 17Ag; ZfEthn. Verh. 22 [1890] S. 258 Feyerabend). Stradow, Kr. Calau, Siebschüssel (Mus. Cottbus). Rietz, Kr. Zauch-Belzig, 2 Siebschalen (Staatsslg. Berlin). Burgwall Schlieben, Schüsseln mit Bodensieb (Wagner *Ägypten in Deutschland* 1833 S. 47). Radewege, Kr. Westhavelland, Henkelnapf, ganz gesiebt (Voß-Stimming Abt. III Tf. 6). Packebusch, Altmark, Napf mit Bodensieb (Staatsslg. Berlin). Sülldorf, Latène-Grab, Henkelschale mit Bodensieb (Mestorf *Vorgesch. Altertümer* 1885 Nr. 381b).

Von allen diesen offenbar wirtschaftlichen Zwecken dienenden Siebgefäßen müssen Henkelkännchen und andere Gefäße der Lausitzer und Pfahlbaukeramik unterschieden werden, bei denen Durchlochungen der Wand und sogar des Henkels zum Ornamentsystem gehören und vermutlich zur Befestigung zierender Metallstifte und -bänder dienten (Niederlaus. Mitt. 4 [1896] S. 363ff.; ebd. 7 [1903] S. 55ff., 81).

§ 5. Henkelkannen mit siebartig durchlochtem Boden nach Art von Streubüchsen: Troja II—V (Schliemann *Ilios* 1881 S. 616 Abb. 1171—1173; H. Schmidt *Katal. Schliemann-Slg.* Nr. 2307, 2846/47). Pfahlbau von Sipplingen, StZ (Keller *Pfahlbauten 6. Ber.* Tf. 8, 11). Kaminau bei Königswartha aus einem Grab mit Lausitzer Kannelürenkeramik, BZ Per. IV (Jahreshefte d. Gesellsch. f. Anthrop. und Urgesch. d. Oberlausitz 2 [1906] S. 102; Tf. 7, Grab 7, 21

Naumann). Schloßberg bei Burg, Kr. Cottbus, Billendorfer Typus (Präh. Z. 4 [1912] S. 302 Tf. 24, 16 Götze).

Einem henkellosen Krug mit enger Mündung von Boskovic, Mähren, ist der breite Boden siebartig durchlocht (Pravěk 4 [1908] S. 173 Textabb. 4 Fr. Lipka). Ebenso einem zylindrischen, oben offenen Hohlkörper aus Ton von Velem St. Vid (s. d.; ZfEthn. Verh. 30 [1898] S. 107 f. Abb. 10 v. Miske).

§ 6. Henkelkannen, deren Ausgußröhre mit einem S. verschlossen ist, dienten zum Ausschenken von Flüssigkeiten mit festen Bestandteilen (bei den Phrygern Bier mit Gerstenkörnern; Xenophon, Anab. IV cap. V 26), die zurückgehalten werden sollen. Um bequem aus einem Kessel gießen zu können, sind Henkel und Ausguß im spitzen Winkel angeordnet. Sie kommen im ö. Mittelmeergebiet vor: Troja II—V, Bosöjük, Gordion [Tumulus Nr. III; um 700 v. C.; s. Vase F], Tiryns und besonders häufig auf Zypern (gräkophön. Epoche). [Ebenso auf Sizilien (Tf. 48 c) und in Nordafrika; s. Tunis B].

Bei einem verwandten Typus ist außerdem die Gefäßmündung durch ein S. verschlossen, sodaß beim Schöpfen die festen Bestandteile erst gar nicht in die Kanne gelangten: Kreta (spätmyk.), Gordion (Tumulus Nr. III; Arch. Jahrb. 5. Ergänzungsheft 1904 S. 55 ff., 62 ff., 89 f. Gustav Körte, Alfred Körte, mit Einzelnachweisen und Literatur; außerdem H. Schmidt *Katal. Schliemann-Slg.* Nr. 625).

§ 7. Eigenartige Siebgeräte aus Ton — Siebgefäße, wie sie gewöhnlich genannt werden, sind es nicht, denn sie haben keinen Boden — kommen in mehreren Typen mit Übergangsformen vor: a) halbkugelig, b) trichterförmig, c) glockenförmig, d) mit zwei abstehenden Spitzen oder Haken, nur in Ungarn, e) mit Hals, f) dgl. Sonderform mit Buckeln. Die ganze Wand mit Ausnahme des Halses ist siebartig durchlöchert. Sie werden als Räuchergefäße (s. Räuchergerät A) oder Untersätze für Kochtöpfe angesehen. Dem widersprechen aber die bisher unbeachtet gebliebenen Abnutzungsspuren: Die größere Öffnung ist am Rande häufig schräg abgewetzt, wie wenn das Gerät etwa in einer Schüssel bewegt worden wäre. Obgleich nun solche Siebgeräte gar nicht selten sind, hat man Tonschüsseln oder etwas Ähnliches mit entsprechenden Wetzspuren noch niemals gefunden, letztere müssen also wohl aus vergänglichem Stoff (Holz) bestanden haben. Vielleicht diente das Gerät zur Butterbereitung, indem es in einem Holzgefäß bewegt wurde.

Die Zeitstellung der Fundstücke ist aus der Literatur nicht immer ersichtlich. Sicher neol. (Bandkeramik) ist ein Exemplar des Typus c von Butmir (s. d.). Die Hauptmasse gehört der BZ und ältesten EZ an und reicht bis in die LTZ, vereinzelt bis in die RKZ. Einige Stücke sind angeblich slav. (Klaber, Mecklenburg-Schwerin, Typus c, hier Tf. 72 p, Beltz *VAM* Tf. 70 Abb. 22; Kaldus, Kr. Kulm, Typus c, Städt. Mus. Magdeburg; Dambitzen bei Elbing, Bruchstück, ZfEthn. Verh. 9 [1877] S. 442 f. Anger). Die Datierung in die slav. Zeit scheint mir aber nicht gesichert.

Das Hauptverbreitungsgebiet deckt sich mit dem des Lausitzer Typus (s. Lausitzische Kultur A) im s. Brandenburg und Böhmen, wo solche Geräte angeblich schon in der j. StZ, sicher aber und häufig in der BZ und ältesten EZ vorkommen: Radlow, Kr. Beeskow-Storkow, Typus f, BZ Per. III (Tf. 17^A a; ZfEthn. 47 [1915] S. 60 ff. Abb. 1 Busse); Freiwalde, Kr. Luckau, 2 Exemplare Typus e, BZ; ZfEthn. 22 [1890] S. 632 Abb. 39, S. 634 Degner); Fürstenwalde, Kr. Lebus, Typus c, BZ (Götze *Lebus* 1920 S. 19); Schloßberg bei Burg, Kr. Kottbus, 2 Exemplare Typus c, EZ Billendorfer Typus (Präh. Z. 4 [1912] Tf. 30, 4 Götze; ZfEthn. 47 [1915] S. 62 Busse); Haaso, Kr. Guben, Typus e, EZ Billendorfer Typus (ZfEthn. Verh. 22 [1890] S. 358 Abb. 12 Jentsch); Niemitzsch, Kr. Guben, EZ (Jentsch *Die präh. Altertümer a. d. Stadt- u. Landkr. Guben* I [1892] S. 22); Tzschetzschnow, Kr. Lebus, Bruchstück (Götze *Lebus* 1920 S. 69); Freesdorf, Kr. Luckau, Bruchstücke (ZfEthn. Verh. 13 [1881] S. 102, 336 Behla); Jänkendorf, Kr. Rothenburg O.-L., Bruchstück (ZfEthn. Verh. 22 [1890] S. 258 Feyerabend); Geißlitz, Kr. Bautzen, Typus e, EZ Billendorfer Typus; Cosilenzien, Kr. Liebenwerda, Bruchstück (Staatsslg. Berlin); Hradischte in der Šarka bei Prag, Übergangsform b—e (Tf. 17^A f; Píč *Starožitnosti* I 1 [1899] Tf. 40, 13); Časlau, Typus c, angeblich neol. (Staatsslg. Berlin); Aussig, Typus c, angeblich neol.

(ebenda); Vokovic, Böhmen, Typus c, nach Weinzierl neolithisch. Aus Ungarn: Bökény-Mindszent bei Szegedin, Typus d, BZ (Much *Atlas* Tf. 35, 4); Lengyel (s. d.) 2 Exemplare des Typus d (Tf. 17A d; Wosinsky *Das präh. Schanzwerk von Lengyel* II [1889/90] S. 11 Tf. 26, 192—193; Schlemm *Wörterbuch* S. 589 Abb. a, b); Tordos (s. d.) 2 Exemplare des Typus b (Staatsslg. Berlin); Vattina, Ungarn, Typus b und c (Arch. Ertesitö 19 [1899] S. 173 Tf. 6, 44—45). Weiter ö.: Butmir (s. d.) Typus c und Bruchstücke (Tf. 17A e; Radimský und Hoernes *Butmir* II [1898] S. 33, Textabb. 40); Platanaki, Mazedonien, Typus b (Staatsslg. Berlin); Troja II—V 3 Exemplare des Typus a (Berlin; H. Schmidt *Schliemann-Slg.* Nr. 2849—2851).

Nach N geht das Gerät während der BZ in das germ. Gebiet genau so weit wie auch sonstige Lausitzer Einflüsse: Havelberg 2 Exemplare des Typus c (Tf. 17A b; A. Götze *Westprignitz* 1912 S. 13ff. Abb. 19); Berlin-Wilmersdorf Typus c (Staatsslg. Berlin). Es bleibt dort bis in die LTZ in Gebrauch: Arneburg, Altmark, Typus b (ZfEthn. 38 [1906] S. 384 Abb. a); Stregda bei Eisenach, Typus b (Mus. Eisenach). Weiter n. dringt es nicht in germ. Gebiet vor. Den Kelten wie überhaupt im W scheint es zu fehlen.

§ 8. Als Rost eines Herdes oder Ofens wird eine siebartig durchbohrte, starke Tonplatte aus einem Wirtschaftsraum von Troja VI angesehen (Dörpfeld *Troja* S. 402 Abb. 399).

§ 9. In Troja II—V kommen 4 große, bauchige, allseitig durchlochte Tongefäße vor, an deren Innenseite eine Art Galerie angebracht ist; bei zwei weiteren Gefäßen fehlt die Galerie. Brückner deutet sie als Käfige zum Mästen von Siebenschläfern (H. Schmidt *Schliemann-Slg.* Nr. 2862—2867; L. Pfeiffer *Die Werkzeuge des Steinzeit-Menschen* 1920 S. 370 Abb. 528).

§ 10. Siebartig durchlochte Böden von Steinsarkophagen kommen in der RKZ vor, z. B. im Mus. Ravenna. Der Zweck ist wohl, die flüssigen Zersetzungsprodukte der Leiche ablaufen zu lassen, um diese zu konservieren (?).

Schliemann *Ilios* 1881 S. 620ff.; ZfEthn. Verh. 13 (1881) S. 433ff. Voß; Forrer *Reall.* S. 736; Hoops *Reall.* IV 171f. Hoops; Präh. Z. 5 (1913) S. 415 Bremer; L. Pfeiffer *Die Werkzeuge des Steinzeit-Menschen* 1920 S. 372.

Alfred Götze

B. Ägypten. Ein S., durch das das Korn nach dem Worfeln noch geschüttet wird, um die letzten Reste der Spreu zu entfernen, ist von den äg. Bäuerinnen gewiß schon in vorgesch. Zeit benutzt worden. Darstellungen, die uns solche S. in rechteckiger Form zeigen, kennen wir freilich erst aus den Grabreliefs des AR. Auch das zur Brotbereitung bestimmte Mehl wird von den Bäckern bisweilen noch durch ein korbartiges Sieb geschüttet (Steindorff *Grab des Ti* Tf. 84 und 85). Ein rundes, korbartiges S. wird auch, ebenfalls gewiß seit vorgesch. Zeit, bei der Bierbereitung (s. Bier B) zum Durchseihen der gärenden Masse verwendet.

Ein gut erhaltenes, flaches, kreisrundes S. aus dem Ende der 18. Dyn. hat Peet in dem „Arbeiterdorf" bei El Amarna gefunden; es ist aus Darmsaiten ('gut') geflochten und hat einen vorspringenden Griffrand aus Halfa-Gras.

Klebs *Reliefs AR* S. 52, 92, 93, *MR* S. 121; Journ. Eg. Arch. 7 (1921) S. 178 und Tf. 29, 1 Peet.

Ranke

C. Palästina-Syrien.

§ 1. Gefäße. — § 2. Landwirtschaftliche Geräte.

§ 1. Da fließendes Wasser in P.-S. sehr knapp ist, mußte man sich an vielen Stellen mit solchem aus künstlichen Teichen oder Zisternen begnügen (s. Bewässerung D). Um die in diesem Wasser enthaltenen Schmutzbestandteile zu entfernen, füllte man das Wasser vor dem Gebrauche in Gefäße, die vor dem Ausgusse nach innen ein S. hatten. Derartige Gefäße treten erstmalig in der mittleren BZ auf (s. Vase E § 7). Entweder ist im Halse ein S. eingefügt, so daß schon bei dem Einfüllen die Flüssigkeit gesäubert wird, oder es ist seitlich die Wand des Kruges durchlöchert und darunter eine Tonleiste angebracht (Macalister *Gezer* II 68f.). Eine noch einfachere Form stellen die kleinen Krüge dar, deren Boden durchlöchert ist. Sie mußten also über ein anderes Gefäß gehalten werden (ebd. II 165; III Tf. 156, 21; Bliss-Macalister *Excavations* S. 88, 104; Tf. 32, 13; 53, 10). Vollkommener sind die Gefäße, in deren Hals ein S. eingefügt ist, weil darin die filtrierte Flüssigkeit aufbewahrt werden kann, oder die Gefäße mit der seitlich durchlöcherten Wand (Macalister *Gezer* II 68, Abb. 263; Bliss-Macalister *Ex-*

cavations S. 87, 104; Tf. 31, 2; 53, 6; Sellin *Tell Ta'annek* S. 73ff.; *Nachlese* S. 26 Abb. 35; Schumacher *Tell el-mutesellim* S. 122, Tf. 38, a; Reisner-Fisher-Lyon *Harvard Excavations at Samaria* 1924 S. 279f., Abb. 155, 6ff.). Unter der sog. Philister-Ware (s. Vase E § 16) erscheint immer ein bauchiger Krug, der außer der Halsöffnung noch einen seitlich oben angebrachten, durch ein S. geschlossenen Ausguß hat (Bliss-Macalister *Excavations* S. 96, Tf. 44; Macalister *Gezer* I 94; II 69 Abb. 264; III Tf. 24, 9). Die Form mit dem S. im Ausgusse hat sich bis in die hellenistische Zeit erhalten (ebd. II 220; III Tf. 178, 9; 184, 13f.). Daneben finden sich aber seit der 4. sem. Schicht ganz flach gewölbte Scheiben mit Henkel, die als S. über andere Gefäße gehalten werden konnten (ebd. II 202f.; III Tf. 171, 16. 19f.), oder später Näpfe mit drei kurzen Füßen und einem Henkel, deren Wand ringsum bis etwa zur Hälfte der Höhe (von oben gerechnet) durchlöchert ist (ebd. II 219 Abb. 370f.).

§ 2. Von S. für Getreide, Mehl und dgl. ist leider nichts erhalten geblieben. Daß auch sie vorhanden waren, bezeugen das AT (hebr. *k^ebārâ* Amos 9, 19 vgl. Jes. 30, 28) und die spätjüdische Literatur (S. Krauss *Talmudische Archäologie* I [1910] S. 97f.). Heute unterscheidet man in Syrien das Riemen-S. (arab. *kirbâl* oder *ṛirbâl*), zum Reinigen des Getreides oder bei der Obstbereitung verwendet, und das Haar-S. (arab. *munchul*), mit dem man Kleie und Mehl scheidet (ZdPV 14 [1891] S. 1ff. J. G. Wetzstein). Von zauberhaftem Brauche des S. berichtet erst der Talmud (I. Scheftelowitz *Alt-Palästinensischer Bauernglaube* 1925 S. 66).

H. Guthe *Kurzes Bibelwörterbuch* 1903 S. 616.

Peter Thomsen

„Sieben Brüder“ (russ. Sjem Bratjev; Südrußland; Tf. 18, 19). § 1. Gruppe von 7 Grabhügeln am l. Ufer des Kubanflusses, im Bez. Temrjuk, ca. 27 km nw. der Hafenstadt Anapa, am Schwarzen Meer. Sechs dieser Hügel liegen dicht nebeneinander auf einer von O bis W gehenden Linie, der siebente etwas höher gelegene befindet sich ca. 250 m s. des westlichsten.

In der s. gelegenen flachen Ebene, etwas über 10 km von Varenikovskaja Stanica, lag ein befestigter Platz, der möglicherweise mit den Grabhügeln in Verbindung zu bringen ist. Außer dem kurzen Bericht, der auch von einem Altarfundament spricht, in CRPétersb. 1878/1879 (1881) S. VIII—IX, scheint darüber nichts weiter bekannt zu sein. — Eine der Bezeichnung „Sieben Brüder“ für 7 beieinanderliegende Hügelgräber nahestehende Auffassung ist in Südrußland häufig, vgl. z. B. die „Fünf Brüder“ bei Jelisavetinskaja (Don-Gebiet; s. Ušakov-Fund), Große und Kleine Bliznica (Zwilling), Sirotina Mogila („Waisen-Grab“) u. a. m.

Von diesen Grabhügeln, die in den J. 1875/76 durch die Arch. Kommission untersucht wurden, sind weder ausreichende Pläne, Abb. und Beschreibungen veröffentlicht, noch waren die Grabungen selbst erschöpfend. Sie gehören zu den wichtigsten Repräsentanten der Tamanschen Gruppe aus der Zeit vom Anfange des 5. bis zur Mitte des 4. Jh. v. C.

§ 2. Alle Hügel, mit einer Ausnahme, zeigten oben oder an der Seite trichterartige, von Raubgräberarbeit stammende Vertiefungen. **Hügel I** war ca. 15 m h. und enthielt ein aus Steinen gebautes Zentralgrab mit Holzdecke sowie ein kleines Seitengrab an der Westseite. An Funden werden Scherben einer rf. Vase, knöcherne Pfeilspitzen, zwei goldene Spiralfingerringe und Glasperlen sowie einige kleine Bronzen genannt. — Hügel II. H. ca. 6 m. Das intakte Zentralgrab war auf dem Boden des Schachtes auf einem Lehm-Estrich errichtet und bestand aus einem viereckigen, aus ungebranntem Lehm hergerichteten Raum (Maße nicht angegeben; nach dem kleinen Plan CRPétersb. 1876 S. 117 L. 5 m, Br. 2,5 m im Lichten; schätzungsweise; H. nicht festzustellen), der oben mit Holz bedeckt war. In der Nordostecke des Grabes ruhte auf einem besonderen, viereckigen Lager, den Kopf nach O, die Füße nach W, ein Krieger.

Nach der Zeichnung würde man auf einen kleinen, von der größeren Kammer abgetrennten Raum schließen. Der Bericht spricht jedoch nur von einem „soubassement spécial“ und einer „couche du défunt“. Auch hebt Stephani hervor, „wie friedlich vereint mit den geliebten Tieren der Leichnam des Kriegers aufgefunden wurde“ (CRPétersb. 1876 S. 117).

Mehr als Dreiviertel des Grabes war angefüllt mit Pferdeskeletten. Ihre Zahl wird nicht angegeben. Nach der Zeichnung sind es mindestens 13 (6 + 6 + 1!). Sie lagen parallel nebeneinander, mit dem Kopf nach N, am Kopf hatten sie bronzene und eiserne Trensen und Zaumzeug.

Diese Krieger- und Pferdegräber stellen ein Zwischenglied dar zwischen älteren (Ul; s. d.; 6. Jh. v. C.) Gräbern des Kuban-Gebietes, in denen eine ganze Pferdeherde außerhalb des Grabhauses, in bestimmter Ordnung gelagert, bestattet wird, oder dem Grabe von Jelisavetinskaja (Kuban; 6. Jh. v. C.; s. Südrußland D), in dem die Pferde außen, im Korridor, und eines (das Leibpferd) nur in der Kammer bestattet werden, und Gräbern, wie Kul-Oba (s. d.) und Patiniotti (s. Patiniotti-Fund; beide Ende des 4. Jh. v. C.), in denen nur noch ein Pferd (mit dem Pferdeknecht) in die Grabkammer folgt.

§ 3. Der Krieger trug einen Panzer, von dem nur einzelne Teile, Schuppen, Plättchen und Kettengeflecht, bekanntgegeben sind (CRPétersb. 1876 S. 114f., 119f. Atlas Tf. 2, 15—18), mit dem berühmten Brustschmuck: eine ihr Junges säugende Hirschkuh mit mächtigem, nach beiden Seiten auseinanderstrebenden Gehörn, auf einer schmalen Perlstab-Basis, die getragen wird von einem nach unten gewendeten Raubvogel, dessen Schwanz zu einer Palmette umgestaltet ist (vgl. den Fisch von Vettersfelde; Band XIV Tf. 44). Die ganze Platte CRPétersb. 1876 Atlas Tf. 4, 1; dazu zwei Stücke ebd. Tf. 4, 2. 3, die vielleicht dazugehören. Ferner fanden sich bei ihm das Fragment eines „großen“, eisernen Schwertes, drei eiserne Lanzenspitzen mit Teilen der Lanzenschuhe und bronzene Pfeilspitzen (die Haupttypen a. a. O. Tf. 2, 21 gut abgebildet).

Zur Kleidung gehören ca. 300 Goldbleche von etwa 20 verschiedenen Typen. Am häufigsten (31) sind die sonst nicht gewöhnlichen Bleche in Form eines Hahnes (a. a. O. Tf. 3, 21) und (31) eines knienden Jünglings (a. a. O. Tf. 3, 3), ferner solche in Form eines Stierkopfes (a. a. O. Tf. 3, 13. 14; 27 Stück) und des Gorgoneions (a. a. O. Tf. 3, 10. 11; 28 Stück). Weiter finden sich der Athena-Kopf (a. a. O. Tf. 3, 4—6; s. a. Ogyz und Band IX Tf. 184a; vgl. die weichere Stilisierung dort mit der archaisierenden hier), weiblicher Kopf (a. a. O. Tf. 3, 1; vgl. dazu CRPétersb. 1876 S. 138f. Stephani), Stierprotom, geflügeltes Eberprotom, Widderkopf, Sphinx, Panskopf, Löwe, Panther (?), Hirsch, Steinbock, Eule. Die in den jüngeren Kurganen des unteren Dnjeprs so häufigen Rosetten, Palmetten usw. (a. a. O. Tf. 3, 22—25) sind schwach vertreten.

Um den Hals trug der Tote einen glatten, goldenen Reif, offen, nach den Enden zu verjüngt (a. a. O. Tf. 4, 6), ein aus melonenartig gerippten Perlen bestehendes Halsband (a. a. O. Tf. 4, 7) und einen Schmuck aus 126 kleinen, gerippten Röhrchen (a. a. O. Tf. 3, 26).

Auch die Ausstattung mit dem üblichen Trinkgerät war überaus reich: ein silbernes Rhyton (s. u.) mit goldenem unteren Ende, mit einem Löwenkopf abschließend (a. a. O. Tf. 4, 8), von derselben Form wie das Widderkopf-Rhyton aus Hügel IV (s. § 5), eine silberne Omphalos-Schale mit bärtigem Maskenfries um den unteren Buckel (a. a. O. Tf. 4, 9. 10; s. Zubov-Kurgan), eine silberne, z. T. vergoldete Kylix (Fragm.; CRPétersb. 1881 Tf. 1, 3) mit eingravierter Darstellung von Bellerophon und Chimära, eine Bronzeschale (Fragm.), ein Sieb (a. a. O. Tf. 4, 2), zwei bronzene Kyathoi (vgl. CRPétersb. 1863 S. 40), ein Alabaster-Gefäß mit Deckel und zwei schwarzlackierte griech. Vasen.

Zu den Waffen rechnete Stephani auch eine dreieckige Goldplatte, unten abgerundet, mit Nietlöchern an den Längsseiten, oben leicht gebogen, mit einem Perlstab längs des Randes, unten in der Spitze mit einer Palmette und dazwischen ein geflügelter Löwe oder Panther, der einen sitzenden Steinbock in den Rücken beißt (CRPétersb. 1876 Atlas Tf. 4, 4). Er hielt sie für einen Köcherbeschlag, und man ist ihm hierin allg. gefolgt. Die von Rostovcev (z. B. *Skifija* S. 353) vorgeschlagene Deutung als Beschlag eines hölzernen (oder hörnernen?) Rhytons hat jedoch viel Ansprechendes, um so mehr, als sicherlich der a. a. O. Tf. 4, 5 abg., offenbar dicht daneben gefundene Goldbeschlag zum Randstück oder den flachen Knubbenhenkeln eines Holzgefäßes gehört (s. Solocha und hier Tf. 2). — Zu dem Sieb vgl. Mater. Arch. Rußl. 34 (1914) S. 30 Farmakovskij (*Archaičeskij Period v Rossii*).

Endlich enthielt dieser wichtige Grabfund noch eine große Zahl Trensen, Beschlagstücke u. a. Stücke der Pferdeausrüstung in z. T. recht altertümlichem Tierstil (a. a. O. S. 126 Abb. unten). 5. Jh. v. C.

§ 4. Hügel III, der niedrigste der Gruppe, ist nur ca. 3 m hoch. In seiner Mitte, in die ehemalige Erdoberfläche eingetieft („dans le sol“), traf man auf eine große Steinkiste, mit drei Steinplatten bedeckt, von denen zwei von Raubgräbern, die das Grab geplündert hatten, aus ihrer Lage entfernt waren.

In ihr verstreute Knochen einer menschlichen sowie einer (mehrerer ?) Pferdebestattung und eine Reihe von Stücken, die trotz der Plünderung zurückgeblieben waren: ein silbervergoldeter Greifenkopf (mit Eisenunterlage), (CRPétersb. 1877 S. 6 Atlas Tf. 1, 1; kein Schwertgriff, wie mit ? Stephani und nach ihm H. Schmidt in Präh. Z. 18 [1927] S. 53, 55), mehrere Goldbleche (a. a. O. Tf. 1, 2. 3), ein geschnittener Chalzedon mit Bärendarstellung (a. a. O. Tf. 1, 4), Röhrchen und Perlen aus Gold u. a. — Aus dem Pferdegrab sind besonders Psalien, deren Tierornament zu rein geometrischen Motiven umgebildet ist, interessant (a. a. O. S. 8; vgl. *Collection Chanenko* III Tf. 42 Nr. 339 und Borovka *Scythian Art* 1928 S. 40 Tf. 7 D [bronzener Stabknauf aus dem Kuban-Gebiet]). 4. Jh. v. C.

§ 5. Der in den J. 1875/76 ausgegrabene Hügel IV war etwa 13 m hoch. Er enthielt mehrere Pferdegräber und ein Zentralgrab, über deren Lage und Bau der Fundbericht keine klaren Angaben bringt. Wahrscheinlich bestand das Hauptgrab aus einem in den gewachsenen Boden eingetieften Schacht mit Wänden aus ungebranntem Lehm und Holzdecke. Ein Teil der Beigaben lag in einem besonderen, durch Holzbalken abgetrennten Raum des Grabes, das gestört war. Zum Inventar dieses Grabes gehören eine Reihe der berühmtesten Stücke des skyth. Altertums. In der Abteilung, wo der Tote ruhte, neben seinem Kopf, fanden sich ein großes, silbernes Rhyton persischer Arbeit, in das Vorderteil einer geflügelten, liegenden (oder springenden) Bergziege auslaufend (Tf. 18 A; CRPétersb. 1877 Atlas Tf. 1, 5 = Minns *Scythians* S. 211 Abb. 110, S. 213 Abb. 114 oben; vgl. das pers. Silberrhyton von Ersindjan, Armenien: hier Band X Tf. 29a), 5 dreieckige Goldbeschlagstücke, mit unten abgerundetem, oben umgeschlagenem Rand und Nieten längs des Randes. Darauf Darstellungen eines phantastischen Raubtieres mit Flügeln, der Schwanz in einen Vogelkopf auslaufend (Tf. 19; CRPétersb. 1877 Atlas Tf. 1, 8 = Minns a. a. O. Abb. 111), eines Panthers (?), der einen Hirsch zerreißt (CRPétersb. 1877 Atlas Tf. 2, 6 = Minns a. a. O. Abb. 114), eines Adlers, der einen Hasen zerfleischt (Tf. 19 C [vgl. Tf. 19 B]; CRPétersb. 1877 Atlas Tf. 2, 5 = Minns a. a. O. Abb. 112), eines geflügelten Löwen oder Panthers, der einen Steinbock in den Rücken beißt (Tf. 19 A; CRPétersb. 1877 Atlas Tf. 2, 3 = Minns a. a. O. Abb. 108). Möglicherweise sind es Beschläge von Holzgefäßen. Weiter fanden sich zwei goldene Rhyta, eines in einen Widderkopf (Tf. 18 B; CRPétersb. 1877 Atlas Tf. 1, 6), das andere in das Vorderteil eines Hundes auslaufend (Tf. 18 C; ebd. Tf. 1, 7), und das untere goldene Ende (Löwenkopf) eines weiteren Trinkhorns (ebd. Tf. 1, 9), eine silberne Schale mit eingravierter sitzender Nike, das Emblem vergoldet (Rostovcev *Iranians and Greeks* 1922 Tf. 15, 3; CRPétersb. 1881 Atlas Tf. 1, 1. 2), eine kleine, silberne Schale, ein goldenes Armband, in zwei Schlangenköpfe auslaufend (Rostovcev a. a. O. Tf. 15, 1; CRPétersb. 1877 Atlas Tf. 2, 10), und mehrere Amulette (vgl. Minns a. a. O. Abb. 106 rechts unten; CRPétersb. 1877 Atlas Tf. 2, 11—15).

§ 6. In dem Abteil mit Waffen und Geräten lag ein wohlerhaltener, lederner Koller mit aufgenähten Bronzeschuppen und -schienen, die zum größten Teil durch den Rost zerstört waren, am Halsausschnitt mit aufgenähtem, halbmondförmigen Blech (CR Pétersb. 1877 Atlas Tf. 2, 2 = Minns *Scythians* Abb. 114), auf der Brust ein bronzenes Gorgoneion (CRPétersb. 1877 Atlas Tf. 2, 1 = Minns *Scythians* Abb. 114; vgl. die bronzene Brustplatte aus einem Kurgan bei der Jelisavetinskaja Stanica im Kubangebiet, abg. Rostovcev *Iranians and Greeks* 1922 Tf. 14). Unter dem Bronzegerät sei ein schöner archaischer Kandelaber und ein Griff in Form des Hermes Kriophoros (CRPétersb. 1877 Atlas Tf. 2, 7. 8 und Tf. 1, 9) hervorgehoben. Nach der Keramik (bemalter Lekythos, drei Amphoren, drei schwarzlackierte Gefäße, in das eine die Buchstaben OMA eingeritzt) kann die Bestattung nicht älter als das 5. Jh. sein. Unter den Bronzen des Pferdegrabes von 1876 (vgl. CRPétersb. 1877 S. 12 ff.) eine Reihe trefflicher Spezimina des skyth. Tierstils (vgl. z. B. die Bronzeplatten mit Ösen a. a. O. S. 13 Nr. 6; die Zeichnung irreführend, dafür Borovka *Scythian Art* 1918 Tf. 14 B; Löwe, den ein Panther in den Rücken beißt, CRPétersb. 1877 S. 14 Nr. 8 u. a.). 5. Jh. v. C.

§ 7. Von dem ca. 7 m h. Hügel V war

A

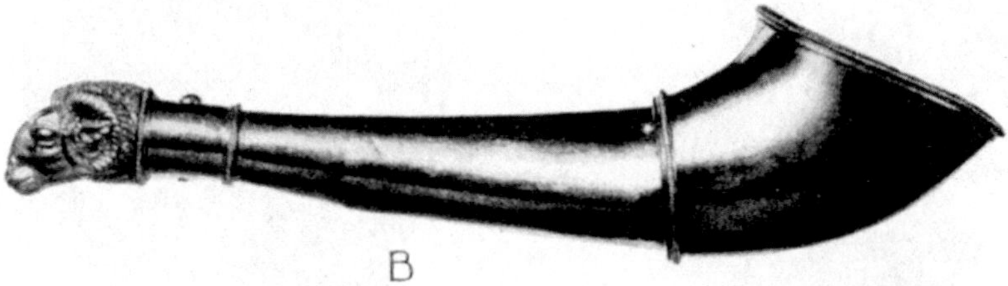

B

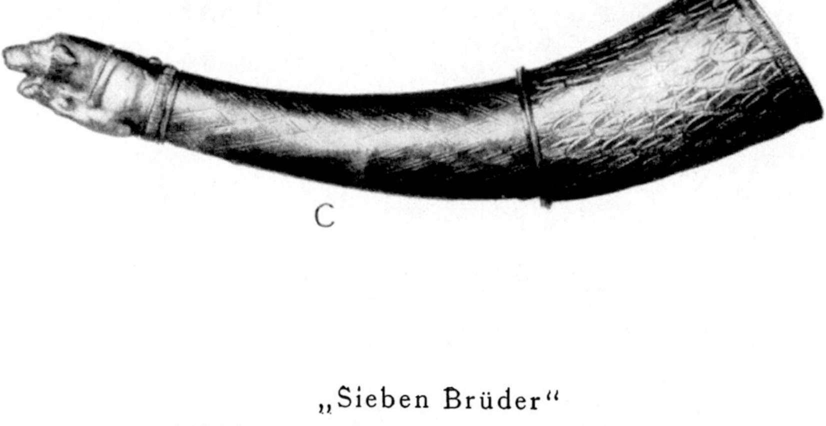

C

„Sieben Brüder“

Trinkhörner aus Gold und Silber. Nach Rostovcev.

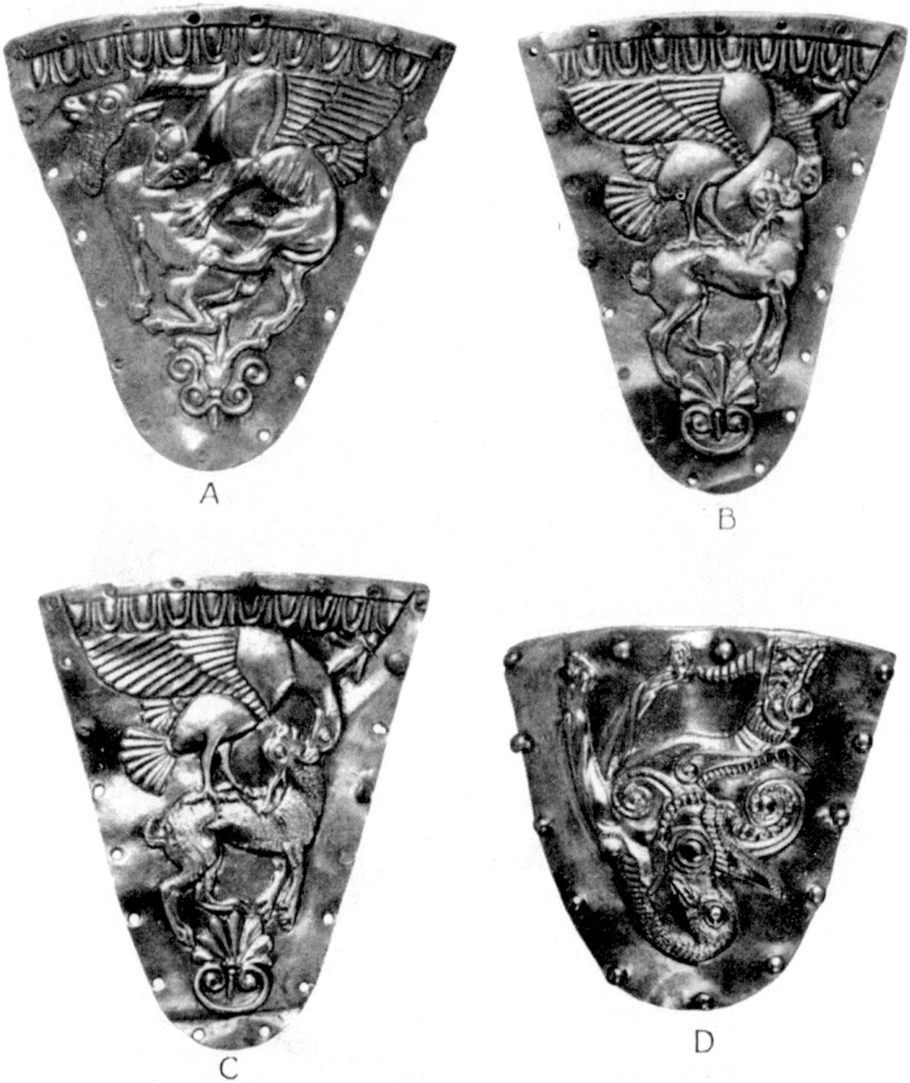

„Sieben Brüder“

Goldbeschläge mit Tierdarstellungen. Nach Rostovcev.

das Hauptgrab gestört und ist deswegen von Baron Tiesenhausen im J. 1875 nicht näher untersucht worden. Intakt war eine große Pferdebestattung dicht daneben, auf dem gewachsenen Boden aus rohbearbeiteten Steinen aufgebaut und mit Holzbalken bedeckt, die wiederum zahlreiches Pferdegeschirr enthielt. Sö. davon ein Pferdeskelett ohne Beifunde. Im Aufschutt auf der SW-Seite wurden ein bronzenes Glöckchen (CRPétersb. 1876 Atlas Tf. 2, 22), ein Gefäß aus schwarzem Ton, zwei schwarzlackierte Schalen und dicht daneben Reste eines Scheiterhaufens, alles von der Totenfeier, angetroffen. 4. Jh. v. C. — Der ebenfalls im J. 1875 ausgegrabene Hügel VI hatte eine H. von ca. 12 m. Das unberührte Hauptgrab bestand aus einem großen, viereckigen Schacht (Maße nicht angegeben), dessen Wände mit ungebranntem Lehm verkleidet waren. Der so entstandene Raum (vgl. den Plan CRPétersb. 1876 S. 118 = Minns *Scythians* Abb. 114) war durch 2 Zwischenwände in drei Abteile zertrennt, von denen wiederum das nördlichste in einen größeren (Nr. 1) und einen kleineren Raum (Nr. 2) geteilt war. Von den so entstandenen 4 Räumen, die oben durch Holzbalken geschlossen waren, enthielt Nr. 1 den Sarkophag mit dem Toten, Nr. 2 und 3 seine Grabaussteuer und Nr. 4 7 Pferdebestattungen. Von dem Holzsarkophag (Watzinger *Griechische Holzsarkophage* 1905 S. 59 Nr. 49), der ein Satteldach hatte, scheinen nennenswerte Reste nicht erhalten zu sein. Darüber lag ein Wollstoff (vom Baldachin?) mit figürlichen Darstellungen und Inschriften (CRPétersb. 1878 und 1879 S. 40ff. und Tf. 4; Minns *Scythians* Abb. 113; s. a. Noin Ula). Bei dem Toten fanden sich Reste von Pelzwerk, wahrscheinlich von Mütze und Schuhen, Teile eines eisernen Schuppenpanzers (CRPétersb. 1876 Atlas Tf. 2, 19), eine eiserne Lanzenspitze mit eisernem Schuh, bronzene, dreikantige Pfeilspitzen, 114 Goldplättchen zum Aufnähen auf die Gewandung (ebd. Tf. 3, 27—30), 15 Goldperlen von einem Halsband (ebd. Tf. 3, 31), zwei goldene Spangen (ebd. Tf. 3, 32), drei goldene Fingerringe, der eine mit einer Platte aus Bergkristall, in den die Darstellung eines Schweines eingeschnitten ist (ebd. Tf. 3, 33; vgl. S. 149), ein zweiter mit goldenem Schild, auf dem vertieft ein Panther wiedergegeben ist, der einen Hirsch zerfleischt (ebd. Tf. 3, 34; vgl. S. 149), endlich Bruchstücke dreier Silbergefäße (Rostovcev *Skifija i Bospor* 1925 S. 357 Anm. 2).

In dem Abteil 2 traf man auf eine für die Chronologie wichtige griech. Vase des spätrf. Stiles mit plastischen Darstellungen, Bruchstücke zweier Wein-Amphoren, einen unverzierten Bronzespiegel mit Holzgriff und 5 kleine, goldene Knöpfe. Im Abteil 3 befanden sich Reste eines mit Elfenbeinplättchen belegten Kästchens (auf diesen Ornamente und Figürliches; vgl. CRPétersb. 1876 Vignette auf S. 153), ein Bronzegefäß, ein Kyathos und ein Sieb aus demselben Material, drei griech. Vasen (zwei abg. ebd. S. 130, 131) und ein fragm., aus Holz geflochtener Korb.

In dem 4. Abteil traf man auf eisernes und bronzenes Geschirr von 7 Pferden (= 6 + 1; CRPétersb. 1876 S. 132f.).

Der Kurgan VI ist eine der spätesten Anlagen der S. B. Mitte des 4. Jh. v. C.

§ 8. In dem schon im J. 1875 untersuchten Hügel VII (H. ca. 7 m mit steinerner Basis-Einfassung) war das aus Steinplatten errichtete und in 2 Abteile getrennte Hauptgrab gestört und erlaubte eine nur unbedeutende Nachlese, die immerhin erwies, daß es sich auch hier um ein Kriegergrab handelte (dreikantige Pfeilspitzen, eiserner Schuppenpanzer, kleines Silbergefäß, Goldplättchen u. ä.). S. davon, unmittelbar daneben, ein Pferdegrab mit geringer Aussteuer an Geschirr (CRPétersb. 1876 S. 138; Psalien der Form ebd. 1865 S. 188 Abb. b), an der W-Seite des Hügels, ca. 75 cm über dem Boden, im Aufschutt eine zweite, ebenfalls zerstörte Steinkiste, auf der S-Seite, ebenfalls im Aufschutt ein intaktes Frauengrab (Nachbestattung?), mit Schmuck und drei rf. Lekythen. Im Aufschutt der SW-Seite Scherben einer rotfigurigen Pelike (Amazonen-Kampf) und pantikapäische Kupfermünze (A. Panskopf, R. Löwenkopf und Fisch darunter; vgl. Minns *Scythians* Tf. V 20). — Der Hügel stammt aus dem 5.—4. Jh. v. C.

§ 9. Interessante Gegenstücke zu den S. B. bilden im Berliner Antiquarium befindliche, noch unveröffentlichte Funde (vgl. Rostovcev *Skifija* S. 415) und eine

Reihe von skyth. Grabhügeln in der Nekropole von Nymphaion (El-Tegen), sowohl im Bau der Grabanlage wie auch in dem Reichtum und der Eigenart der Ausstattung. Auch sie gehören, wie die Keramik zeigt, in dieselbe Zeit, das 5. und 4. Jh. v. C.

CRPétersb. 1867, 1868, 1875, 1876, 1877, 1878/79, 1880, 1881; Archeologičeskij Věstnik für 1867 S. 93; Trudy Mock. Arch. Obščestva Drevnosti 2 (1870) S. 54ff.; JHS 41 (1884) S. 62ff. mit Atlas Tf. 46, 47 Gardner; Kondakoff-Tolstoj *Antiq. Russie mérid.* S. 50ff.; Minns *Scythians and Greeks* 1913 S. 206ff.; Rostovcev *Skifija i Bospor* 1925 S. 351ff., 389ff., 451ff.; Borovka *Scythian Art* 1928.

M. Ebert

Siebenbürgen s. Rumänien, Ungarn.

Siebung. Unter S. versteht man einen Vorgang, der sich unter den Einzelmenschen einer Gruppe abspielt, und der darin besteht, daß innerhalb der Gruppe bestimmte Individuen hervortreten, sie beeinflussen und so dem Ganzen die Prägung ihrer Persönlichkeit verleihen. Jede Gesellschaft pflegt in bewußter Weise ein Wertungssystem, nach dem sie einem gewissen Verhalten und Handeln Anerkennung zollt, einem anderen Abneigung entgegenbringt (s. Moral, Recht). Die anerkannten Verhaltungsweisen werden vor allem durch das bedingt, was die Gesellschaft für sich nützlich hält.

Ein geschickter Fänger gelangt in einer Jäger- und Fängerhorde zu einer angesehenen Stellung, weniger unter Ackerbauern; ebenso ein großer Totschläger in einer auf Raub und Kampf eingestellten Gesellschaft, nicht in einem geordneten Beamtenstaat usw.

Die Persönlichkeiten jedoch, die auch in einer primitiven Gruppe führenden Einfluß ausüben, sind nicht die „fachlich" Tüchtigsten, sondern, da es nicht darauf ankommt, was einer tatsächlich für seine Gruppe leistet, sondern darauf, was er nach Meinung der anderen für sie zu tun scheint, so gewinnen Persönlichkeiten ganz anderer Prägung Einfluß, vor allem Zauberer und Schamanen (s. Rausch, Zauber A). Nicht selten finden wir verschiedene Persönlichkeiten nebeneinander, von denen ein jeder auf seine besondere Art Einfluß ausübt, der eine etwa als Zauberer, der andere als Krieger, der dritte als tüchtiger Jäger (s. Auszeichnung, Häuptling). — Je nach dem Übergewicht der einen oder anderen Persönlichkeit gewinnt auch die Gruppe selbst einen ausgesprochenen Charakter, etwa durch Pflege von Gesängen, Tänzen, Malereien u. dgl., wie ich das selbst z. B. in den verschiedenen Dörfern am unteren Augusta-Strom und Töpfer-Fluß in Neu-Guinea feststellen konnte (ZfEthn. 1917 S. 160 Thurnwald).

In solcher Weise kann man etwa auch das Auftauchen gewisser Höhepunkte und Strömungen in der vorgesch. Kunst (s. d. A und Primitive Kunst) deuten. Sie sind von besonders veranlagten Persönlichkeiten hervorgerufen, und die durch diese begründeten Wertungen eifern zur Nachahmung an. Eine „Richtung" erstarrt oder zerfällt, bis eine neue überragende und selbständige Persönlichkeit auftritt.

So wird eine solche Gesellschaft mit Wertungen erfüllt, die sie als Maßstab an ihre Angehörigen anlegt. In einer Künstlergesellschaft tritt der Krieger gegenüber dem Künstler zurück. Doch bleiben die sonstigen traditionellen Einrichtungen des Kulturgebietes erhalten, sowohl die durch die Technik gegebenen der Wirtschaft, als auch die mit der Geistesverfassung zusammenhängenden, wie z. B. der Kannibalismus (s. d.).

Jede Kulturgesellschaft übt, trotz vieler Varianten im einzelnen, in ihren Grundzügen eine bestimmte Auswahl unter den Individuen aus, die ihr angehören, und verstärkt dadurch ihre Eigenart. So ist z. B. für den Geist dieser „demokratischen" Jäger- und Fängergesellschaften charakteristisch (s. Demokratie), daß man bei den Bergdama Südwestafrikas den Kriegshelden oder den besonders glücklichen Jäger durch Gift beseitigt, also eine Art Ostrakismus übt. — Als Grund wird angegeben, daß er oft gewalttätiger gegen die eigene Sippe zu sein pflegt als andere. Vor allem dürfte dabei jedoch ein Brotneid im Spiele sein, denn man sagt von einem solchen getöteten Helden: „der Schädling ist vom Munde hinweggenommen!", und meint damit, daß der beseitigt ist, der den anderen durch seine Jagd- und Kriegskunst immer das Beste vom Munde wegnahm (Vedder *Die Bergdama* 1923 S. 87).

Ganz anders geartet zeigt sich die S. in ethnisch gegliederten und geschichteten Gesellschaften (s. Politische Entwicklung, Schichtung, Soziale Entwicklung).

Insbesondere dort, wo in den afrik. Despotien („Sultanaten") eine Beamtenschaft sich um den Herrscher schart (s. Despotie, Staat), vollzieht sich die S. nach ganz anderen Gesichtspunkten. Dazu kommt, daß in den verschiedenen Gruppen, wie etwa unter den Kriegern, andere Gesichtspunkte für die Auswahl der Charaktere in Betracht kommen als etwa unter den Hirten oder wieder unter den Handwerkern oder unter den Beamten des Königshofes (vgl. Roscoe *The Bakitara* 1923 S. 6ff. und *The Banyankole* 1923 S. 2, 12ff.). Die S. wird also durch die soziale Gliederung in Berufe weiterhin bedingt.

S. a. Altenherrschaft, Auslese, Auszeichnung, Demokratie, Despotie, Familienformen, Fraueneinfluß, Handwerk A, Häuptling, Moral, Patriarchat A, Politische Entwicklung, Recht, Schichtung, Sippe, Soziale Entwicklung, Staat, Wirtschaft D.

Thurnwald

Siedlung. A. Allgemein.

§ 1. Die Feuerstelle. — § 2. Jägernomaden. — § 3. Hirtennomaden. — § 4. Gärtner. — § 5. Rodung und Ortswahl. — § 6. Hausform und Sicherung. — § 7. Ethnisches Nebeneinander. — § 8. Ethnische Schichtung. — § 9. Soziale Schichtung. — § 10. Niederlassung. — § 11. Planmäßige Anlage. — § 12. Einweihung. — § 13. Benennung. — § 14. Verlegen oder Verlassen der S. und Wanderungen. — § 15. Faktoren der Änderung.

§ 1. Die Bedeutung der S. vom soziologischen Standpunkt aus besteht darin, daß die Anlage einer S. oft in verblüffender Weise den politischen und gesellschaftlichen Bau der Gruppe spiegelt. Denn bei der wesentlich auf Verwandtschaft aufgebauten Organisation der Gemeinwesen suchen die engeren Angehörigen oder doch diejenigen, die sich als besonders nahe zusammengehörig betrachten, beieinander zu bleiben. Das tritt schon bei den Großfamilien (s. Familienformen) der Jäger- und Fängerhorden (s. Horde, Klan) in Erscheinung, indem nämlich die einzelnen Kleinfamilien oder doch jede Frau (s. d. A) innerhalb des größeren Verbandes, wenigstens zusammen mit ihren Kindern, in der Regel auch mit ihrem Gatten, eine besondere Feuerstelle unterhält. Diese Absonderung der reifen Frau wird sowohl in den flüchtigen Lagerstellen, etwa in Australien oder in der Kalahari Südafrikas, durchgeführt als auch in den einer ganzen Sippe dienenden Gemeinschaftshäusern (s. d.).

§ 2. Um uns eine Vorstellung von dem primitiven „Schweifen" zu machen, vergegenwärtigen wir uns die Lebensweise des Jäger-Nomadenstammes der Bergdama (Vedder S. 11). Der Bergdama SW-Afrikas benutzt, wenn es ihm paßt, geeignete Höhlen vorübergehend zur Wohnung, sie bieten Schutz vor der Kälte oder vor dem Regen, seine Windschirme errichtet er, wenn ihn die Neigung oder die Not dazu treibt. Ein niedriger, astreicher Busch, dessen Lücken mit Grasbüscheln notdürftig verkleidet werden, um das Feuer gegen den Wind zu schützen, genügt zunächst. Daran knüpft sich die Ausgestaltung eines künstlichen Windschirms und schließlich einer Hütte. Die wegen ihrer physiologischen Funktionen mehr zur Seßhaftigkeit neigenden Frauen haben an besseren Aufenthaltsbedingungen das größte Interesse, und in der Tat errichten bei den Bergdama die Frauen die Hütten mit nur geringer Unterstützung der Männer, und das Haus gilt als Eigentum der Frau. — Über die Kubus vgl. Hagen S. 156.

Erwähnt muß werden, daß sich das „Schweifen" der kleinen Großfamilien-Horden an gewisse traditionelle „Hoheitsgrenzen" bindet (s. Horde, Klan, Politische Entwicklung).

Nach der Tradition der Kiwai des s. Neu-Guinea lebten die „Ahnen" in großen Bäumen. In der Tat findet man im Innern von Neu-Guinea nicht selten als Jagdunterkunft hohle Bäume, oder das Astwerk des Riesenficus, oder vorspringende Wurzeln; ebenso Höhlen oder Löcher im Boden, die mit Laub bedeckt werden; ferner eine Art von Nestern auf hohen Bäumen, in denen man sich, mit Wasser und Nahrung ausgerüstet, gegen Verfolger sichert — die Urbilder des „Baumhauses" (Landtmann S. 3, und eigene Beobachtungen). — Vgl. a. Seligmann über die Weddas von Ceylon und Strucks Zusammenstellung der ältesten Berichte über die Kap-Hottentotten im Archiv f. Anthr. 1921 S. 74.

§ 3. Bei Hirten-Nomaden liegen die Dinge natürlich anders. Gewisse arab. Stämme am oberen Euphrat errichten Bienenkorbhütten aus in der Sonne getrockneten Lehmziegeln. Die Hütten werden in einer Reihe aufgestellt. Mit dem Leben dieser viehzüchtenden Nomaden ist eine vollständige Verschiebung der Siedlung im Sommer und Winter verbunden. In der großen Wüste vom Jordan zum Tigris und von den Befuds zu den Hügeln von Kurdistân wandern Beduinen verschiedener Stämme regelmäßig von ihren Winter- zu ihren Sommerlagerplätzen; zwei große mächtige und viele kleine Stämme. Mit ihren Frauen, Kindern, Kamelen, Pferden und Schafen ziehen sie im Sommer nordwärts bis zu den kurdischen Hügeln. Der Shammar-Stamm bildet mit seinen 30000 Schafen und 50000 Kamelen unterwegs, wenn er lagert, eine 7 Meilen l. Linie von Zelten. Aus 20000 erwachsenen Männern setzt er sich zusammen. Im Herbst beginnt der Zug nach dem S, und der Winter wird im Nejd verbracht. Was man zum Leben braucht, führt man mit sich.

§ 4. Anders ist es bei gartenbauenden Stämmen. Trotzdem wäre es ein Irrtum, zu meinen, daß der Grabstockbau unbedingt dauerhafte Seßhaftigkeit mit sich brächte. Im Gegenteil, die gewöhnlich geübte Brachwirtschaft veranlaßt die Grabstockbauer, ihren Gärten und Feldern oft nachzuziehen. Ganz besonders häufig ist dies in Gebirgsgegenden der Fall (s. a. Wirtschaft D).

Doch gibt es auch hierin wieder Ausnahmen. So unterscheiden sich die Chukmas-Stämme von anderen ind. Bergstämmen von Chittagong dadurch, daß sie ihre Dörfer nicht verändern, sondern von Generation zu Generation ihr Dorf auf demselben Platz lassen, obgleich die nur aus Bambus errichteten und mit einem Blätterdach eingedeckten Häuser nicht dauerhafter sind als die der benachbarten Stämme (Lewin S. 73).

Bei den Siedlungen der Jäger, Sammler und Gärtner ist charakteristisch, daß die soziale und wirtschaftliche Einheit durch den Verwandtschaftsverband der Sippe (s. d.) gebildet wird. Das findet durch die Siedlung in der Weise seinen Ausdruck, daß, wie z. B. bei den Marind-anim des Holländischen Süd-Neu-Guinea, die Männerhalle (s. Männerhaus) von den Angehörigen eines *Boan*, einer totemistischen Sippe, errichtet wird. Im übrigen stehen mehrere Weiberhütten um die Männerhalle herum. Der unmittelbar benachbarte *Boan* siedelt gewissermaßen „zufällig" daneben, lebt jedoch ganz unabhängig von dem anderen. Vermehrt sich die Einwohnerzahl, so zweigt sich eine neue Männerhalle mit Weiberhütten ab. Die verheiratete Frau (s. d. A) zieht in der Regel in die Hütte der Schwiegermutter und deren Tochter (s. Heirat); nur wenn die Hütte zu eng wird, bezieht sie mit ihren Kindern eine Hütte für sich. Diese Selbständigkeit jeder einzelnen für sich siedelnden Verwandtschaftsgruppe kommt auch darin zum Ausdruck, daß sich der Name der Siedlung (s. a. § 13) nur auf die einzelne Verwandtschafts-Niederlassung bezieht, nicht auf die Gesamtheit. Vor allem wird damit die Männerhalle bezeichnet (Wirz S. 162). Aus diesem Grunde hört der Europäer von dem, was er als ein einheitliches Dorf auffaßt, oft die verschiedensten Namen, je nachdem der Gewährsmann die eine oder andere Verwandtschaftsniederlassung im Auge hat. Dazu kommt, daß mitunter das Männerhaus noch einen von der Verwandtschafts-Niederlassung getrennten Namen besitzt, oder daß es einen Flurnamen für das gesamte Gelände gibt, auf dem die nebeneinandergereihten Verwandtschafts-Niederlassungen sich befinden, so daß dann in der Tat etwas wie ein gemeinsamer Dorfname vorgetäuscht wird. Manchmal wird aber auch der Name des ältesten Dorfteils für das Ganze angewendet (s. a. Name A).

Diese Siedlungsaggregate spiegeln das Nebeneinander der souveränen Verwandtschaftseinheiten wieder (s. § 7). Sie haben jedoch auch Bedeutung als Freundschaftsverbände (s. Politische Entwicklung, Soziale Entwicklung). Insbesondere kann sich ein Angehöriger der einen Sippe in die andere aufnehmen lassen. Das Aggregat bildet einen Schutz- und Trutzverband nach außen, so lose er auch gefügt sein mag, und stellt somit eine politische Einheit dar (s. Horde, Klan), während sich die wirtschaftliche Leitung innerhalb der Verwandtschafts-Niederlassung (s. Sippe) vollzieht (vgl. Wirz S. 165f.). Über Australien vgl. Journ. anthr. inst. 1912 Brown.

§ 5. Die soziale Organisation spiegelt sich bei den in einem Dorfe lebenden Menschen in der Weise, daß jede Großfamilie ihre besondere Rodung besitzt, die von denen der anderen getrennt ist, und daß die Angehörigen einer Sippe (s. d.) wieder örtlich näher miteinander verbunden wohnen als die zu einer fremden Sippe gehörigen, wie z. B. in vielen melanesischen Gegenden. — Vgl. a. Sirelius.

§ 6. In diesem Zusammenhang kann natürlich nicht auf die vielen Besonderheiten in der Bauweise und Differenzierung der Häuser für verschiedene Zwecke eingegangen werden. Diese Bauweise stützt sich vor allem auf die ethnische Tradition. Aus diesem Grund ist dabei der Faktor kultureller Zusammengehörigkeit, aber auch der kultureller Beeinflussung von überragender Bedeutung.

Doch ist nicht allein die Form des Baues wichtig, sondern auch die Genauigkeit der Durchführung. Fülleborn (S. 417) weist z. B. darauf hin, daß man am Nyassa-See in Ostafrika am Ufer des Konde-Landes und auf den Halbinseln Ikombe und Langenburg Hütten sieht, die denen der Konde-Leute als Rundhütten mit spitzem Dach nachgeahmt sind, jedoch die Akkuratesse der Konde-Häuser vermissen lassen.

Die Wohnart knüpft nicht allein an verschiedene örtliche Voraussetzungen an, sondern auch an gewisse ethnische Überlieferungen. Denn woraus, wenn nicht aus letzterer Ursache, ließe sich erklären, daß verschiedene Völker, welche dieselbe Gegend bewohnen, verschiedene Arten des Wohnens und Siedelns hartnäckig festhalten?

Solche Traditionen einer bestimmten Wohn- oder Siedlungsart können durch nachbarliche Verhältnisse und technische Lebensbedingungen ihren Anstoß erhalten. So hatten sich in Südwestafrika die Buschmänner vor den grausamen Jagden, die Hottentotten und Bastards auf sie veranstalteten, immer weiter in unzugängliche Gegenden zurückgezogen. Dort leben jetzt die Familien meist in Höhlen oder unter überhängenden Felsen auf Bergen, ähnlich wie das auch von den Weddas auf Ceylon bekannt ist. Von den Höhen haben die Buschmänner eine weite Übersicht. Dies ist ihnen wichtiger, als an den vielbegehrten Wasserstellen zu wohnen.

Die Sicherung spielt bei der Anlage der Siedlungen eine überaus wichtige Rolle. Schon die Größe der zusammenlebenden Gruppe versucht, zwischen einem Optimum der Nahrungsversorgung, das auf Verkleinerung drängt, und einem Optimum der Sicherung, das die Zahl der Siedlungsgenossen hinaufschrauben möchte, eine Mitte zu halten. Die dadurch zunächst gebundene Tradition wird durch die Gefährdungsmöglichkeit seitens überlegener Nachbarn natürlich manchmal durchbrochen.

Bald sind es Wälder, wie am Kongo (Zwerge), auf Ceylon (Weddas — vgl. Seligmann) oder auf Sumatra (Kubus — vgl. Hagen), bald Wüsten (Buschmänner, Damas — vgl. Vedder), wohin sich die schwächeren Jäger, Fänger und Sammler zurückziehen. In der Mbama-Gegend am Nyassa-See im ehemaligen Deutsch-Ost-Afrika legen die Fischer auf gigantischen Granitblöcken ihre nur durch Leitern und Falltüren zugänglichen Häuser an. Sie schützen sich dadurch vor den räuberischen Wangoni-Hirten. Früher scheint man zur Sicherung Pfahlbauten am Gestade des Nyassa errichtet zu haben (Fülleborn S. 418ff.).

Auch die Baining-Leute im Innern der Gazelle-Halbinsel Neupommerns (Bismarck-Archipel, Südsee) legen ihre Gehöfte auf den Gipfeln der Berge oder hoch an den Hängen an. Täler oder Flußniederungen werden gemieden. Allerdings sind dafür nicht die Sicherheitsverhältnisse allein verantwortlich zu machen, sondern die engen Täler mit den häufigen Hochwassern lassen die Anlage von Häusern oder Taro-Gärten nur schwer zu (Rascher S. 31ff.).

Besondere Formen der Siedlung sind durch die notwendige Sicherung oft zur Tradition geworden. Dazu gehören z. B. die Wohnanlagen in Höhlen und an Felsen, die sich in den verschiedensten Teilen der Erde finden, ebenso in den Boden eingegrabene Verstecke, wie z. B. in Tunis (vgl. Träger, Karutz). Derartige, zwecks größeren Schutzes teilweise in den Boden eingelassene Siedlungen stellen auch die ostafrik. „Temben" der Wafiomi dar, welche Mensch und Vieh in den Erdhöhlen Schutz gewähren. Auch die der Wataturu von Mangati und Iraku sind in ähnlicher Weise angelegt. Doch gibt es verschiedene Formen bei den verschiedenen Stämmen, die darin bestehen, daß manchmal nur eine einzige Familie in einer Tembe wohnt, daß bei einem anderen Volk dagegen die Tembe eine größere Zahl von Familien birgt (Baumann S. 171, 176f., 193ff.). — Vgl. a. Globus 85 (1904) S. 140; ferner Haverfield.

Die großen Gemeinschaftshäuser (s. d.), wie sie z. B. in manchen Teilen Neu-Guineas (Haddon), in Ost-Sumatra (Moszkowski, Giesenhagen) usw. angetroffen werden, dürften mit mutterrechtlichen Institutionen zusammenhängen. Bezeichnenderweise befinden sie sich auch sowohl in Nord- wie in Süd-Amerika in mutterrechtlichen Gebieten. Bekannt sind die großen Anlagen von Gemeinschaftshäusern, dort allerdings der Natur des Landes entsprechend aus Stein, bei den Pueblo-Indianern (Fewkes 1910). Die riesigen, festungsartigen Hausstätten, die sog. *casas grandes*, von Arizona waren nicht eigentliche Wohnstätten, sondern Zufluchtsplätze (s. a. § 14), die ebenfalls dem Handel dienten und zeremoniellen Charakter besaßen. Die Bevölkerung selbst wohnte in kleinen Hütten leicht vergänglicher Art in der Nähe. Daraus wurden die Bewohner jedoch schon in vorcolumbischer Zeit vertrieben (Fewkes 1912 S. 153ff.). — Vgl. a. Bushnell, Dall, Grinnell, Houghton.

§ 7. Oft siedeln verschiedene ethnische Gruppen durcheinander. Dort, wo Altenherrschaft (s. d.) sich ausgebildet hat, werden besondere Hallen für die Zusammenkünfte der Männer errichtet (s. Männerhaus), für die manchmal besondere heilige Plätze außerhalb des Dorfes unter Bäumen vorbehalten werden.

Über die Formen solcher S. bei Jäger-Gärtnern s. o. § 4. — Ferner vgl. noch Parkinson S. 650, Speiser S. 95ff.

§ 8. So können verschiedene ethnische Gruppen, die in naher Nachbarschaft siedeln, jedoch in kultureller Beziehung verschiedenen Berufen angehören, daher auch oft verschiedene Werkzeuge und Geräte gebrauchen und eine sozial verschiedene Rangstellung einnehmen, dennoch politisch unter gleicher Oberleitung stehen. Dieser Gesichtspunkt dürfte für die vorgesch. Siedlungskunde berücksichtigenswert sein.

Dazu kommt ferner, daß an den Besitz gewisser Höfe oder Grundstücke eine besondere Auszeichnung gebunden sein kann, wie z. B. auf Yap das *yegun*, ähnlich etwa wie bei uns früher an den Besitz von Rittergütern (s. a. Grundeigentum A).

Dort, wo aristokratische Schichtungen Platz gegriffen haben, wie etwa an einzelnen Punkten der Peripherie von Neu-Guinea, auf den Karolinen-Inseln oder auf Samoa usw., siedeln die Gruppen verschiedener ethnischer Herkunft für sich.

Bei den Dobuans (Nord-Massim) sind die Dörfer über weite Striche verstreut. Kleine, kompakte Weiler („*hamlets*") von je einem Dutzend Häusern auf Pfeilern tragen einen ganz anderen Charakter als die Dörfer der Trobriander. Bei letzteren ist ein runder Platz von Vorratsspeichern (Yams-Häusern) eingefaßt, einige davon, die dem Häuptling oder Leuten von Rang gehören, sind besser, höher und geräumiger. Konzentrisch mit diesen Speichern, aber durch eine Straße getrennt, sind die Wohnhütten angeordnet. Häuptlinge und Leute von Rang besitzen ihre besonderen Häuser neben denen ihrer Frauen; außerdem gibt es noch Junggesellen- und Jungfrauenhäuser (Malinowski S. 55).

Auf Kusae (Karolinen) z. B. lebte der Adel auf einer der großen Insel Uálang vorgelagerten kleinen Insel Lölö (Sarfert S. 333ff.). Auf Yap wohnte die unterste Hörigenschicht, die *Milingái* (Müller S. 216, 249ff.), in besonderen Dörfern usw. (s. Höriger A § 4, Kaste A § 5, Schichtung).

Vgl. a. Williams *The Social and Political Systems of Central Polynesia* I (1924) S. 40ff. — Vgl. a. Krämer.

§ 9. Dort wo sich, wie in Afrika, eine große despotische Hofhaltung ausgebildet hat, wird die Siedlung dieses Hofes getrennt von der des übrigen Volkes angelegt, wie z. B. bei den Kiziba Ostafrikas.

Die soziale Sonderstellung des Fürsten (s. Häuptling) drückt sich im ö. Afrika in der völligen Loslösung und Verselbständigung der Siedlung des Fürsten aus. Die von ihm abhängigen Leute wohnen in einer „Burg" für sich. Während das gewöhnliche Dorf, z. B. bei den Kiziba Ostafrikas, *kiaro* heißt, nennt man die Fürstenburg *kikare*. Letztere besteht aus einer großen Zahl von Häusern, die alle nach ihren verschiedenen Zwecken einen bestimmten Namen führen. Den Mittelpunkt bildet das Schlafhaus des Fürsten, *ruensing*, auf dessen einer Seite sich sein Wohnhaus, *kaguru*, befindet, auf der anderen das „Haus der Landestrommel". Hinter dem Schlafhaus des Fürsten sind die Häuser der Fürstenfrauen; ein besonderes Haus ist für die Fürstinmutter bestimmt. In der Nähe des fürstlichen Schlafhauses befindet sich meistens die Halle für die Volksversammlung, die auch der Abhaltung des Gerichtes (s. d. A) dient. In einem Musikhaus ist die Kapelle des Fürsten untergebracht. In besonderen Bauten wohnen die Brüder und Verwandten des Fürsten, ferner der Hofjäger, die Köche, die Wache, jedoch auch verschiedene Handwerker (s. Handwerk A), wie Schmiede, Rindenstoffarbeiter, sowie die Hirten. Für das Vieh sind Ställe vorhanden, und das Ganze liegt in einem Bananenhain. Die Burg ist von verschiedenen Palisadenzäunen umgeben. Fast jedes Haus hat außerdem seine besondere Befestigung. Zwischen diesen läßt man je nach der Größe des Hauses einen kleineren oder größeren Hof. Der Fremde, welcher die Burg betritt, hat zunächst den Eindruck, als käme er fortwährend von einer Befestigung in die andere. Dem Eingeweihten dagegen würde es nicht schwer fallen, diese vielen Zäune mit einigen Axthieben zu zerstören, so daß ein direkter Eingang zum Fürstenhaus frei würde. Auch früher sollen diese Befestigungen nie sehr stark gewesen sein. In neuerer Zeit verschwinden sie immer mehr. Die meisten Eingänge der Palisadenzäune der fürstlichen Festung sind mit einer Türglocke versehen, die an einer langen Stange befestigt ist (Rehse S. 11ff.). Dieser Art Burgen entsprechen natürlich teils der landesüblichen Bewaffnung, teils sind sie aber ein Ausdruck der bevorzugten und mit besonderer geistigen und seelischen Kraft ausgestatteten Würde des Fürstentums.

In den archaischen Staaten mit einem despotisch-rationalistischen Königtum (s. Despotie, Häuptling, Staat) ist diese Sonderung der Siedlung nicht nur erhalten geblieben, sondern durch Größe und Pracht der Königspaläste vor den anderen Bauten noch gesteigert worden.

§ 10. Durch die verschiedenen Schicksale wird die Anlage der S. in bestimmte Bahnen gedrängt. Dazu gehört vor allem der Unterschied zwischen den planmäßig, mehr oder minder auf einmal von einer größeren Menschenmenge angelegten S. und den im Laufe der Zeit ohne das Walten ordnender Gesichtspunkte erbauten Wohnplätzen, die entweder aus ihrem eigenen Schoß oder durch Zuzug von außen sich vergrößerten („Haufendorf"). Daß aber eine gewisse Ordnung bei der Anlage der Häuser eingehalten wurde oder nicht, hängt mit politischen Verhältnissen zusammen, z. B. mit der Leitung einer gemeinsamen Auswanderung zwecks Kolonisation. Dadurch ergeben sich die verschiedenen Typen, vor allem der sog. „Kolonialdörfer", wie wir sie auch aus der Siedlungsgeschichte Deutschlands kennen. Schon zur Karolingerzeit war die Dorfgründung überwiegend Sache der Grundherren. Daraus ergibt sich je nach den besonderen Überlieferungen das Reihendorf oder das Straßendorf (Braungart S. 43, 53). — Über die Entstehung der mittelalterlichen Stadt vgl. von Below.

§ 11. Planmäßige Anlagen kann es im wesentlichen innerhalb zweier Formmöglichkeiten geben, die bei Naturvölkern sich ebensogut bilden, und die auch ihre traditionelle Kraft innerhalb gewisser Grenzen bewahren, wie etwa im alten Europa. Diese zwei Formen stellen sich dar 1. als das Runddorf, in dem die Anlage der Häuser im Kreise herum oder doch auf einer kreisförmigen Fläche (Rodung): a) ohne eigentlichen Mittelpunkt (z. B. auf den Trobriand-Inseln; vgl. Malinowski) oder b) in Gruppierung der Frauenhäuser um die Männerhalle (z. B. in Neu-Guinea; vgl. Wirz) erfolgt. So ist man auch davon abgekommen, in Europa die Runddörfer einseitig auf „wendischen" Einfluß zurückzuführen (Mielke *Die Herkunft der Runddörfer* ZfEthn. 52 [1920/21]; Braungart S. 42ff.). — 2. Die andere mögliche Form besteht in einer reihenweisen Anordnung, die wieder a) einreihig sein kann („Reihendorf"), so wie etwa in den Marschendörfern, in denen jeder Hof auf seinem Streifen Landes steht. b) Die andere Variante ist die zweiseitige Anordnung der Häuser, so daß eine Straße gebildet wird: das „Straßendorf". Auch diese Siedlungsformen sind bei Naturvölkern keineswegs selten. Die Straßen brauchen sich dabei nicht immer genau rechtwinklig zu schneiden; diese Siedlungsart kommt z. B. auf den Salomo-Inseln der Südsee Alu und Mono vor und wird dort von dem Herrenvolk der schwarzen Salomonier getragen (ZfEthn. 1910 S. 113 Thurnwald). Über das sonstige Vorkommen, namentlich in Europa, vgl. Mielke 1926 und Braungart S. 43ff.

§ 12. Im s. Neu-Mecklenburg beginnt der Bau einer neuen Siedlung mit dem Männerhaus, das nach einem Baume benannt wird. — Bzgl. der Bergdama vgl. Vedder S. 16.

Die Errichtung der Häuser, namentlich der Festhallen, ist oft mit vielerlei zauberischen Zeremonien verbunden (vgl. Landtmann; Thurnwald S. 50), bei denen nicht selten Schädel- oder Menschenopfer (s. d. C) dargebracht werden.

§ 13. Die Benennung der S. knüpft häufig, wie z. B. in Neu-Guinea, an die Flurnamen an. Denn nach meinen noch unpublizierten Ermittlungen im Gebiet des unteren Töpfer-Flusses in Neu-Guinea und auch in Buin auf den Salomo-Inseln (Südsee) besitzt dort jeder Streifen Landes seine herkömmliche Bezeichnung (s. a. Name A). Die S. werden oft nach dem allg. Flurnamen benannt, der wieder von einer Besonderheit hergenommen ist, etwa von einem hervorragenden Baum, von einem guten Fischgrund, einer Stelle der Sago-Gewinnung oder von dem Gedenken des Orts, wo der NN. ermordet wurde, u. dgl. — also von praktisch bedeutungsvollen Punkten. — (Vgl. a. Lambert S. 59.) — In wasserarmen Gegenden des nordamerik. Utah enthalten die Ortsnamen der Gosiute-Indianer zum großen Teil Zusammensetzungen mit den Worten für Wasser, Quelle oder Bach, einmal allerdings auch die Erinnerung an einen großen Kampf (Chamberlain S. 3). — Man sieht daraus, daß die beherrschenden Gesichtspunkte unter verschiedenen Lebensbedingungen dieselben sind (vgl. a. Bellon, sowie Mawer und Stenton). — Über die germ. Stammesnamen, die sich auf die geographische Lage beziehen, vgl. Langenfeldt.

Die Wiederholung der gleichen Siedlungsnamen für Flüsse und unbewohnte Plätze weist z. B. auf die Wanderungen der Marind-anim in Holländisch-Süd-Neu-Guinea. So begegnet man dem Ortsnamen *Sangar* in sehr verschiedenen Gegenden, wie auch *Sangassé*, das möglicherweise von *Sangar-zé* kommt. Desgleichen hängt *Domandēh* mit *Ndamand* zusammen usw. Zahlreiche Flüsse werden *Maro* genannt, mythologische Plätze *Majo* u. dgl. m. (Wirz S. 155 Anm.).

§ 14. Die Verlegung der S. oder die Errichtung neuer Niederlassungen kann bei verschiedenen Anlässen erfolgen. Bei Völkern, die nicht sehr schwer zu errichtende Hütten bauen, besteht oft die Gewohnheit, die Behausung zu verlassen, wenn ein Todesfall (s. a. Totenkultus A) sich in ihr ereignet hat. Das Haus, das man verfallen läßt, nachdem man es gut abgeschlossen hat, dient dann gewissermaßen als Sarg für den Toten. Ein neues Haus wird auf einer ganz neuen Rodung angelegt. (Nach eigener Feststellung in den Bergen Neu-Guineas, am „Berg-Fluß", oberer, von rechts kommender Nebenfluß des Augusta-Stromes.)

In Süd-Neu-Mecklenburg wird die Hütte, in der sich ein Todesfall zugetragen, verlassen, und die Stelle bleibt leer. Auch das Sterben von Schweinen führt zur Gründung einer neuen S. (Schlaginhaufen S. 828).

Durchaus typisch für das wogende Auf und Nieder von Wanderungen, Kämpfen und Verdrängungen sind die Ermittlungen, die Wirz (S. 153ff.) uns aus Holländisch-Neu-Guinea bringt, und zu denen sich unzählige Parallelen von anderen Orten seit den ältesten Zeiten mutatis mutandis beibringen ließen. Sie weisen u. a. darauf hin, daß trotz aller Gebundenheit die Einrichtungen bei den Naturvölkern doch dem Wechsel der Schicksale sehr ausgesetzt sind und darum alle starren Einteilungen hinken.

Die Marind-Leute sollen nach ihrer eigenen Überlieferung ehemals im engl. Küstengebiet an der Mündung des Fly-River ansässig gewesen sein, von wo sie allmählich nach W vordrangen. Wahrscheinlich waren es einzelne Wanderzüge von kleineren Gruppen, Sippen oder auch Einzelpersonen, deren Schicksale, zum Teil mythologisch umwoben, weiterleben. Z. B. läßt sich bei den Bewohnern am Bian eine erste und früheste Einwanderungsschicht durch den abweichenden Dialekt ziemlich gut umgrenzen. Diese Leute siedelten sich an der Mündung des Bian an, worauf sie später den Fluß entlang einwärts vorrückten und den ehemals großen Stamm der *Nak-leeu-anim* zurückdrängten und ausrotteten, jedoch dabei manche Eigenheiten der Sprache der Verdrängten (wahrscheinlich auf dem Wege durch geraubte Frauen) annahmen. Die Sippe der *Mahu-zé* und ein Teil der *Geb-zé* ließen sich vermutlich sehr früh in den Siedlungen *Imo* und *Mēb* nieder, welche dem heutigen *Sangassé* und *Domandēh* entsprechen. Ein Teil von ihnen begab sich nach dem oberen Bian. Die *Geb-zé* bildeten die mythologisch-totemistische Beziehung (s. Totemismus B) zur Banane aus, die *Mahu-zé* traten zum Hunde in mythologische Beziehung. Die zurückgebliebenen *Geb-zé* entwickelten jedoch einen Geheimkult (s. Geheime Gesellschaft), und zwar zuerst auf der sagenhaften Insel *Majo*, wonach der ganze Geheimkult und die soziale Gruppe benannt wurde. Sie fand mythologischen Anschluß an die Kokospalme. Durch weitere Westwanderungen zersplitterten die Gruppen, die sich mythologisch-totemistisch selbständig machten, d. h. sich mythologisch-totemistische Beziehungen beilegten oder Geheimkulte ausbildeten. Westwärts nahm man die ganze Küste in Besitz, wie schon aus der Benennung der Plätze hervorgeht, die alle marindinesisch sind. Immer mehr wurden die *Kanum-anim* von den nach dem Kumbe- und dem Maro-Fluß ziehenden Marind-anim, den *Badē-anim*, zurückgedrängt; sie waren das Ziel langjähriger Kopfjagden, bis sie schließlich, auf wenige Reste zusammengeschmolzen, sich ins Innere zwischen dem Maro und Torassi und südwärts zurückzogen, in zum Teil sehr unwirtliche Gebiete, die zur Regenzeit größtenteils unter Wasser stehen, während in der trockenen Zeit des Jahres hier Wassermangel herrscht. Der ganze Stamm der *Kanum-anim* im holl. Gebiet zählt nur noch wenige Individuen, deren einstmalige soziale Einteilung gar nicht mehr zu erkennen ist. Einige von ihnen wohnen an den großen Sümpfen, *Paran*, n. vom Kondo, weshalb man sie auch *Bob-anim*, d. h. Sumpfmenschen, nennt. Eine S. von ihnen (Jamu) zählte im J. 1918 noch zwei Bewohner, eine andere (Tamarau) noch zehn usw. Der einstmals große Klan der *Badē-anim* ist vollständig zersplittert. Heute sind zahlreiche Plätze mit Spuren ehemaliger Pflanzungen nur dem Namen nach noch bekannt, was verrät, daß das Gebiet einstmals dicht besiedelt war. — Bei der Besiedlung des Inlandes kam vor allem die Auffindung geeigneter Wohnplätze in Betracht, denn zur Regenzeit befindet sich der größte Teil des Landes unter Wasser. Außerdem war die Nähe von Sago-Beständen wichtig. Überdies suchte man für Dauersiedlungen einen Boden, der sich für die Anlage von Kokospflanzungen eignete, das war vor allem Seeton im Innern. Doch ist hügeliger Seeton-Boden selten. Alle Vorzüge ließen sich gewöhnlich nicht vereinigen. Auch die Nähe eines Flusses als geeigneter Verkehrsstraße war wünschenswert. Trotzdem fehlt es nicht an S. landeinwärts. Das Vorhandensein von Trinkwasser war an manchen Stellen wichtig. Am Unter- und Mittellauf der Flüsse sind hochliegende Ländereien am Ufer selten, zumal brackiges Wasser oft weiter hinauf sich geltend macht. — Die S. wurden stets von Verwandtschaftsgruppen angelegt. Die am frühesten eingewanderte Sippe erhielt sich gewöhnlich die Vorherrschaft gegenüber den späteren, was auch in den meisten Fällen mit den Mythen im Einklang steht. Die ursprünglichen Siedlungsverhältnisse lassen sich häufig schon aus dem Namen einer Siedlung herauslesen, der oft von einem frühesten Einwanderer herrührt, der die Siedlung gründete und sich daselbst niedergelassen hatte (vgl. § 13). Sein Name wurde dann von den Nachkommen oft auf die ganze Landschaft übertragen. — Die Neuhinzukommenden ließen sich in der Nähe der schon vorhandenen S. nieder, errichteten Hütten für sich und ihre Frauen und sahen sich nach geeignetem Boden für das Pflanzen von Kokos- bzw. Sagopalmen um. Vielleicht waren hier und da noch entferntere Sago-Bestände in Besitz zu nehmen. Der Sicherung wegen zog man es vor, sich in der Nähe der bereits vorhandenen S. festzusetzen. Auf diese Weise bildeten sich die großen S. und Siedlungsverbände, die sich aber aus kleinen, genetisch und sozial voneinander unabhängigen Einzelsiedlungen zusammensetzten (vgl. § 7). Ließen sich die Hinzugewanderten an einem neuen, etwa für die Kokoskultur geeigneten Platz nieder, so hatten sie mit den Ersteingewanderten sich in das umliegende Gelände zu teilen. Auf diese Weise büßten also die ursprünglichen Verhältnisse den Charakter verwandtschaftlich geschlossener Besiedelung mehr und mehr ein. — Im Innern sind die Wohngebiete der Lokalgruppen viel größer als an der Küste. Man darf im allg. sagen, daß je mehr landeinwärts, um so größer der Umfang wird. Infolge der dünnen Besiedlung ist den verschiedenen Veränderungsmöglichkeiten viel mehr Spielraum gegeben als an der Küste. Dies äußert sich sowohl im Charakter der S. als auch in der ganzen Lebensweise der Eingeborenen, die in mancher Hinsicht bei den Strandbewohnern große Verschiedenheiten gegenüber der der Inlandleute aufweist. — Beide besitzen jedoch neben ihren ständigen Hauptsiedlungen noch Nebensiedlungen im Sago-Busch oder an den Pflanzungen, die zu gewissen Zeiten aufgesucht werden, z. B. wenn man die Pflanzung anlegt oder Sago erntet. Dorthin zieht man sich aber auch zurück, wenn in der Hauptsiedlung eine Überschwemmung oder zur Trockenzeit Mangel an Trinkwasser eintritt, oder wenn Krankheiten und Seuchen die Hauptsiedlung heimsuchen.

Über die Besiedlung Neuseelands durch die Maori vgl. Best S. 143. — Über die Ruinen auf Ponape vgl. Hambruch S. 128. — Vgl. a. Scherman über abgesplitterte ethnische Trümmer in Hinderindien.

§ 15. In Holländisch - Süd - Neu - Guinea haben sich die Verhältnisse in den letzten Jahren derart geändert, daß die Marind-anim als Volk zu existieren aufgehört haben und zur Bekämpfung der unter ihnen wütenden Seuche der überlebende Rest der Bevölkerung, der in zahlreichen kleinen S. im Innern des Landes zerstreut saß, in größeren Niederlassungen, sogenannten Modell-Kampongs, mit Familienwohnungen gesammelt und angesiedelt wurde. Das gleiche hat man in den Stranddörfern durch runde Muster-Kampongs getan (Wirz S. 1).

Über Verkehrswege in Germanien zur Römerzeit vgl. Mehlis. — S. a. Familie A, Familienformen, Festung E, Gemeinschaftshaus, Horde, Klan, Männerhaus, Name A, Schichtung, Sippe, Soziale Entwicklung, Staat, Wirtschaft D.

Baumann *Durch Massailand zur Nilquelle* 1894; Braungart *Die Nordgermanen* 1925; Bellon *Personen- und Ortsnamen der Tschi-Neger* Mitt. Sem. Orient. Spr. 19 (1916); v. Below *Die Entstehung der mittelalterlichen Stadtgemeinde* Jahrb. f. Nat.-Ök. u. Stat. 120 (1923); Journ. Polynesian Soc. 26 (1917) Best; Bushnell *Native Villages and village sites east of the Mississippi* Bureau Am. Ethn. Bulletin 69 (1919); ders. *Villages of the Algonquian, Siouan and Caddoan Tribes, West of the Mississippi* Bur. Am. Ethn. Bulletin 77 (1922); Chamberlain *Place and Personal Names of the Gosiute Indians of Utah* Proceed. Am. Philos. Soc. 59 (1913); Dall *Tribes of the Extreme N.-W. (Alaska)* Contributions to N.-Am. Ethnol. 1877; Fewkes *Casa Grande, Arizona, und Antiquities of ..... Arizona* 28. Ann. Report Bur. Am. Ethnol. 1912; ders. *The cave dwellings of the old and new worlds* Ann. Rep. Smithson. Inst. for 1910 (1912); Fülleborn *Das deutsche Nyassa- und Ruwuma-Gebiet* 1906; Giesenhagen *Die Wohnstätten der Malaien auf Java und Sumatra* Münch. Orient. Ges. in „Asien" 1904 Nr. 5; Grinnell *Early Cheyenne Village* Amer. Anthr. 20 (1908); Haddon *The houses of New-Guinea* Festschrift tillegnad Edward Westermarck 1912; Hagen *Die Orang-Kubu auf Sumatra* 1908; Hambruch *Die sogenannten Ruinen von Matolenīm auf Ponape* Anthr. Korr.-Bl. 42 (1911); Haverfield *Ancient Town-Planning* 1913; Heikel *Die Gebäude der Čeremissen, Mordwinen, Esten und Finnen* Journ. de la société Finno-ougrienne 4 (1888); Houghton *The Characteristics of Iroquoian village sites of Western New-York* Amer. Anthr. 18 (1906); Karutz *Nach den Höhlenstädten Südtunesiens* Globus 92 (1907); Krämer *Palau* II (1919); Landtmann *Papuan Magic in the Building of Houses* Acta Acad. Aboensis Humaniora 1 (1920); Langenfeldt *On the Origin of Tribal Names* Anthropos 14/15 (1919/20); Lambert

Moeurs et Superstitions des Néo-Calédoniens 1901; Lewin *The Hill Tribes of Chittagong* etc. 1869; Malinowski *The Argonauts of the Western Pacific* 1922; Man 25 (1925) Mawer und Stenton; Mehlis *Claudius Ptolomaeus Über Alldeutschland* 1926; Archiv f. Anthr. 18 (1921) und 19 (1923) ders.; Mielke *Die Entstehung und Ausbreitung des Straßendorfes* ZfEthn. 58 (1926); Moszkowski *Beiträge zur Entwicklungsgeschichte des Wohnhauses in Ostsumatra* Archiv f. Anthr. NF 9 (1910); Müller-Wismar *Yap* 1917; Nissen *Die s.-w.-grönländ. Landschaft und das Siedlungsgebiet der Normannen* 1924; Parkinson *30 Jahre in der Südsee* 1907; Rascher *Grundregeln der Baining-Sprache* Mitt. Sem. Orient. Sprachen 7 (1904); Rehse *Kiziba* 1910; Sarfert *Kusae* 1920; Schlaginhaufen *Über Siedlungsverhältnisse in Süd-Neu-Mecklenburg* ZfEthn. 42 (1910); Scherman *Brahmanische Siedlungen im buddhistischen Birma* Asia Major 1 (1924); Seligmann *The Veddas* 1911; Sirelius *Über die primitiven Wohnungen der finnischen und ob-ugrischen Völker* Finnisch-Ugrische Forschungen 6, 8, 9, 11 (1906/11); Speiser *Ethnogr. Materialien a. d. Neuen Hebriden und den Banks-Inseln* 1923; Swanton *The social organisation of the Tlingit Indians* Ann. Rep. Bur. Am. Ethn. 26 (1908); Thurnwald *Forschungen auf den Salomo-Inseln* etc. III (1912); Träger *Die Troglodyten des Matmata (Tunis)* ZfEthn. 38 (1906); Trenk *Die Buschleute der Namib, ihre Rechts- und Familienverhältnisse* Mitt. a. d. dtsch. Schutzgeb. 23 (1910); Vedder *Die Bergdama* 1923; Wirz *Die Marind-anim von Holländisch-Süd-Neu-Guinea* II (1925).

Thurnwald

B. Paläolithikum.

§ 1. Allgemeine Erwägungen: Sippentum, Siedlungen im Freien und in Höhlen. Beschränkter Wert der Siedlungsstatistiken. — § 2. Altpaläolithikum: Primitivste Unterstände, Windschirmlager, Siedlungen an Flüssen. Nordgrenze der europäischen Fundplätze; hochalpine Höhlenstätten. — § 3. Jungpaläolithikum: Regionaler Nomadismus; Freilandsiedlungen; Höhlen als Wohnstätten und Depots.

§ 1. Das Siedlungswesen des Paläol. stand im Zeichen des Nomadismus und trägt dementsprechend den Stempel dieser primitiven Wirtschaftsform. Wir haben uns unsere fernsten Vorgänger jedenfalls als in kleine Sippen gruppiert vorzustellen, denn gegenseitigen Zusammenschluß legte nicht nur der Familientrieb auf, sondern erheischten auch gebieterisch die Sorge um Nahrung und Unterkunft, das Bedürfnis nach Hilfe und Verteidigung. Eine einigermaßen ersprießlichere Betätigung als Jäger, Fänger oder Sammler war nur unter Zusammenwirkung mehrerer Individuen denkbar, indes „Einzelgänger" zugrunde gehen mußten.

Die Hauptrichtungslinien für die unstäten Wanderungen jener Ursippen waren durch die Küsten und Flüsse vorgezeichnet, indes höhere Gebirge trennende Sperren bildeten, auch in Perioden, während welcher sie nicht in Eis starrten.

Was die diluv. Siedlungen im allg. anlangt, so war für die Wahl der Wohnstätten in erster Linie die Ernährungsmöglichkeit maßgebend. Die Lager wurden an Stellen aufgeschlagen, welche der kleinen Gemeinschaft wenigstens relativen Schutz boten, wo Wasser und verwertbares Gesteinsmaterial vorhanden waren und vor allem Aussicht auf günstigen Jagderfolg bestand. Neben diesen Siedlungsplätzen, welche immerhin für eine gewisse Zeit feste Operationsbasen darstellten, treten uns auch vielfach einfache Raststellen entgegen, an denen die Jäger und Fallensteller nur vorübergehend Halt machten, abkochten oder übernachteten.

Daß die klimatischen Verhältnisse die Wahl und Anlage der Wohnstätten in nicht geringem Maße beeinflußten, liegt auf der Hand, doch wäre es verfehlt, die warmen Interglazialzeiten schlechthin als Epochen der „Freilandsiedelungen" und die kalten Glazialzeiten als solche der „Höhlenbewohnung" zu bezeichnen. Ganz abgesehen davon, daß Grotten dem Urmenschen überhaupt nur in bestimmten Gegenden zur Verfügung standen, ist Höhlenbesiedlung desgleichen für warme Perioden und Länder (z. B. in Spanien, Nordafrika) erwiesen, und hauste andererseits der Urmensch auch während einer Eiszeit vielfach im Freien (Lößplätze in Zentraleuropa). Es ist begreiflich, daß jene Nomaden überhängende Felsdächer, kleine Nischen oder echte Höhlen zu keiner Zeit verschmähten, da sie sich trefflich als Zufluchtsorte eigneten. Die Höhlen Spaniens bergen vielfach in ihren Kulturschichten warme Faunen-Elemente, und man mag sie, ob ihrer Kühle, direkt zum Schutz gegen die Hitze aufgesucht haben. In anderen Fällen wurden sie wohl hauptsächlich während der Regen- oder Winterszeit bewohnt; unschätzbare Vorteile boten sie vor allem während der großen und strengen Kälteperioden.

Im allg. läßt sich sagen, daß man den nach S geöffneten Höhlen den Vorzug gab, hingegen jene mit N- oder W-Orientierung tunlichst mied. Feuchte Grotten, mit Wasseransammlungen im Innern, blieben aus naheliegenden Gründen zumeist ausgeschaltet, um so mehr achtete man auf das Vorhandensein von Quellen oder Flüssen in der näheren Umgebung. Die Besiedelung beschränkte sich im wesentlichen auf die Eingangshalle, welche noch die Vorteile des Tageslichts genoß. Auf diese Weise sind die diluv. Funde so viel wie ganz auf diesen Teil und das ihm unmittelbar vorgelagerte Freiland beschränkt. Jungpaläol. Industriespuren finden sich in den in ständiger Nacht begrabenen Höhlenabschnitten überaus selten, indes altpaläol. Belege wenigstens dann und wann auch hier in ziemlicher Menge vorkommen können, so z. B. im „inneren Saale" der nordspan. Castillo-Höhle (s. d.).

Die Besiedelung war, nach der Stärke der jeweiligen Kulturschichten zu schließen, manchmal eine sehr kurze, manchmal überraschend intensiv. Die durchaus einheitliche ältere Magdalénien-Schicht der Castillo-Höhle wies zur Zeit der Ausgrabung bis zu 1,80 m Mächtigkeit auf, obwohl sie durch ständige Sickerwasser sehr ausgelaugt und durch mehrere hangende Straten stark zusammengepreßt war. Wir dürfen daher die ursprüngliche Stärke dieser Ablagerung auf etwa das Doppelte, d. i. 3—4 m, veranschlagen.

Nachträgliche Verwühlung der diluv. Wohnschichten durch Wasser, Menschen oder Tiere fand vielerorts statt, auch fehlen keineswegs Beispiele dafür, daß schon der paläol. Mensch ältere Siedlungstraten teilweise entfernte, um Raum zu gewinnen; es vermögen alsdann ältere und jüngere Ablagerungen in unmittelbaren Kontakt miteinander zu treten, d. h. sich ohne jede trennende Zwischenbildung diskordant anzulagern bzw. zu überdecken, wie beispielsweise in der Morín- und Altamira-Höhle Nordspaniens.

Es fällt schwer, sich über die Dichte der gewiß ziemlich spärlichen Diluvialbesiedlung Europas irgendwie bestimmter zu äußern, zumal sie in den verschiedenen Gebieten sehr schwankend gewesen sein dürfte. Ebendeshalb kommt den derzeitigen Fund- und Siedlungskarten nur beschränkter Wert zu. Die einzelnen Gebiete sind überdies erst sehr ungleichmäßig erforscht, und während die Höhlendistrikte dem Forscher sich einladend aufdrängen, ist die Entdeckung von Freilandstationen meist ungleich schwieriger und vom Glück des Zufalls abhängig.

§ 2. Altpaläolithikum. Die Wanderungen des Frühmenschen haben wir uns als ziel- und planlos vorzustellen, diktiert von den Bedürfnissen des Augenblickes; sie konnten aus eben diesem Grunde eine kleine Menschengruppe im Laufe der Zeit überaus weit führen und so zur Verbreitung der betreffenden Urkultur über große Zonen wirksam beitragen. Da sich die ältesten uns bekannten Stufen unter warmen Klimaverhältnissen abspielten, so bestand ein Bedürfnis nach schützenden Unterständen hauptsächlich für die Nacht, und zwar wohl mehr zur Sicherung gegen tierische Feinde als gegen fremde Sippen. Man mag sich nicht selten im Buschwerk, auf Bäumen oder im Innern hohler Baumstämme versteckt haben, ferner in Gräben, Erdlöchern und Felsspalten, welche überdies durch Zweige oder Grasbüschel verkleidet werden konnten.

Auch der vor Zugluft schützende „Windschirm" dürfte nicht unbekannt geblieben sein, zumeist in der Form von im Halbkreise locker in die Erde gesteckten und leicht unter sich verflochtenen Zweigen, und ohne Bedachung. Etwas jünger mag das aus einem festeren Zweiggerüste bestehende, pultförmige Wetterdach sein, an welchem Wand und Dach zusammenfielen. Durch Aneinanderreihen von fester verbundenen Gestellen oder Schirmen aus Häuten dürfte allmählich die Idee des Zeltes geweckt worden sein. Die Weddas streuen um ihre Lagerplätze dürre Reiser, damit sich anschleichende wilde Tiere durch das Knicken und Rascheln der letzteren verraten.

Altpaläol. Funde treten mit besonderer Häufigkeit in alten Flußablagerungen (Schotterterrassen, Kiesen und Sanden) auf, ein Hinweis darauf, daß jene Nomaden mit Vorliebe wassernah wohnten, auf den Landzungen zusammenmündender Flüsse, im Schutze von Stromschlingen oder auf wasserumflossenen Sandbänken. Diese Siedlungsart verlieh den Lagern erhöhte Sicherheit und erleichterte die Jagd auf die zur Tränke ziehenden oder bestimmte Furten benutzenden großen Dickhäuter, welchen damals mit Bevorzugung nachgestellt wurde (s. Jagd A). Die Kiesbänke pflegen überdies reich an Silex oder Quarzitkieseln zu sein, welche das Rohmaterial für die Steingeräte abgaben. Hochwasser und Stromverlegungen übernahmen es früher oder später, die Überbleibsel dieser Plätze zu zerstreuen oder bewahrend in Schwemmbildungen einzubetten.

Hitzerisse an der Oberfläche von Silexartefakten rechtfertigen die Annahme, daß die Kenntnis des Feuers (s.d. B) in die Zeit des Chelléen zurückreicht. Daß man dieses Element nicht bloß zu Kochzwecken, sondern auch zur Unterhaltung nächtlicher Schutzfeuer gegen Raubtiere benutzte, ist naheliegend. Cerralbo berichtet, daß die Unterkiefer des Altelefanten in der span. Seeuferstation von Torralba (jüngeres Chelléen) sitzförmig angeordnet gewesen wären. Auch in den Moustérien-Straten der Castillo-Höhle (s. d.) waren engumschriebene Arbeitsplätze unverkennbar und die Faustkeile teilweise haufenförmig zusammengelegt. Die Drachenhöhle bei Vättis (Schweiz; s.d. A § 1) barg eine echte Feuergrube, welche von einer Doppellage von Kalktrümmern umrahmt und mit einer flachen Platte eingedeckt war.

Das Altpaläolithikum (s. d.) war so ziemlich über den ganzen Erdkreis verbreitet. In Europa reichen seine nördlichen Spuren bis nach Südengland (s. Großbritannien und Irland A) bzw. Norddeutschland (s. d. A), was kaum der tatsächlichen Nordgrenze der Interglazialbesiedlung unseres Kontinentes entspricht. Die höher gelegenen FO wurden wohl durch die später über sie hinweggegangenen Vereisungsphänomene zerwühlt und zerstört, obschon es nicht ausgeschlossen ist, daß Belege derselben sich unter besonders günstigen Umständen zu erhalten vermochten oder wenigstens in sekundärer Lagerung auftauchen können. Daß der damalige Urmensch es nicht scheute, auch klimarauhere, beschwerliche Zonen aufzusuchen, beweisen die in der Schweiz (s. d. A) entdeckten alpinen Stationen des Wildkirchli am Säntis (1450 m) und des Drachenlochs bei Vättis (2450 m Meereshöhe). Hier treten uns zwischeneiszeitliche Lagerplätze von Höhlenbärenjägern in Höhen entgegen, in welchen sich auch damals wenigstens die Winter unangenehm fühlbar machen mußten. Spaniens höchstgelegene Chelléenstation ist das bereits erwähnte Torralba, auf 1110 m Seehöhe. Es ist anzunehmen, daß die Altelefantenherden sich in jener Zeit aus dem trockenen Neu-Kastilien in die wasser- und vegetationsreichere Sierra de Ministra zurückzogen, und in ihrem Gefolge der Frühmensch. S. Band X Tf. 117b.

§ 3. Jungpaläolithikum. Es bedarf keiner besonderen Beweisführung mehr, daß der europ. Jungpaläolithiker hinsichtlich der Mannigfaltigkeit und Vollendung seiner Geräte und Waffen aus Stein, Horn und Elfenbein, sowie in bezug auf seine darstellende Kunst den höheren Naturvölkern der Gegenwart ebenbürtig an die Seite gestellt werden darf, ja, daß er dieselben unter mehr als einem Gesichtspunkte überragt haben dürfte. Angesichts dessen wäre es unbillig, ihm nicht auch bezüglich seiner Siedlungsarten und Siedlungstechnik die wesentlichsten Fortschritte und Errungenschaften zuzuerkennen, welche die heutigen höherstehenden Nomaden gegenüber den tieferen Reliktgruppen der Menschheit voraus haben.

Der Nomadismus dieser jüngeren Urphase war ohne Zweifel ungleich plangemäßer und zielbewußter als auf den Vorstufen und hatte eine genauere topographische Kenntnis der Jagdreviere (Terrains für Treibjagden und Fallenstellung), sowie der Lebensweise der Jagdtiere (Wanderungen des Rens und ähnl.) zur Grundlage. Wir sind daher der Ansicht, daß unsere Zugjäger, abgesehen von durch Not, Klimaungunst oder Verfolgung auferlegten Großwanderungen, sich im allgemeinen innerhalb bestimmter, durch Gebirge, Küsten oder Flußnetze abgegrenzter Regionen aufhielten, dieselben regelrecht durchstreiften und hierbei mit Absicht und Vorliebe an altbekannte, als günstig erprobte Wohnplätze zurückkehrten. Dadurch wird das Vorkommen regionaler arch. Sondertypen erklärlich, welche gewisse Zonen nicht überschritten und nicht in fernere Nachbargebiete gelangten, obwohl sie, wie z. B. die nordspan. Lochharpunen (s. Band X Tf. 119b, c), nicht zu unterschätzende Vorteile boten (s. Pyrenäenhalbinsel A). Auf dieselbe Weise ist auch die kontinuierliche Besiedelung vieler Plätze begreiflich. Die aurignacienzeitlichen Mammutjäger der niederösterr. Wachau kehrten nicht weniger als neunmal auf die Hauptstätte von Willendorf („Willendorf II") zurück; in ähnlicher Form wurden manche Höhlen immer wieder besetzt, und so kann man vom frz. Vezère-Tal rings um Les Eyzies (im Périgord) als von einer ausgedehnten „Höhlenstadt" sprechen, welcher es nie gänzlich an Bewohnern gefehlt haben dürfte. Wenn wir, im Einverständnis mit anderen Autoren, die bemalten Höhlen der franco-cantabrischen Zone als „Heiligtümer" interpretieren, in denen nicht selten lange Generationen ihre Zauberbilder an ein und derselben Wandfläche unmittelbar übereinander malten, so hat dies wiederum zur Voraussetzung, daß sich an diese Kultorte wenigstens vage Traditionen knüpften. Dies schließt natürlich nicht aus, daß man auf strategisch besonders bevorzugt gelegene Plätze auch rein instinktiv immer wieder aufmerksam werden mußte.

Obwohl das Jungpaläol. im größeren Teile Europas unter glaziale Klimabedingungen fiel, so sind doch Freilandsiedlungen auch in den Kältezonen keineswegs selten; wir erinnern nur an Andernach (Rheinprovinz), Munzingen (Baden), Schussenried an der Schussenquelle (Württemberg) und an die zahlreichen, wichtigen Lößplätze von Niederösterreich (Krems, Willendorf), Böhmen, Mähren (Předmost) und Südrußland (Kijev, Mezine). Auch diese offenen Siedlungen sind stets mehr oder minder wassernahe gelegen, aber doch gewöhnlich wassersicherer als jene des älteren Paläolithikums. Sie liegen mit Bevorzugung auf erhöhtem Gelände, welches nicht nur trockener war als die Niederungen, sondern auch die waldfreie Umgebung beherrschte und deren Beobachtung bzw. Überwachung erleichterte.

Es ist überaus wahrscheinlich, daß diese Nomaden über kegel- oder kuppelförmige Zelte verfügten, deren Gestänge mit Zweigwerk, Grasmatten oder Fellen bekleidet war. Im strengen Steppenwinter mag man auch erd- oder schneebeworfene Kuppelhütten bewohnt haben, deren Herstellung weder schwierig noch langwierig war. Zugunsten dieser Annahme sprechen allenfalls auch gewisse Höhlenmalereien Südfrankreichs und Nordwestspaniens, die man wegen ihrer Ähnlichkeit mit hüttenförmigen Unterständen unter dem Sammelnamen „tektiforme Zeichen" zu vereinigen pflegt (s. Kunst A II; Band VII Tf. 107 k—n). Derartige kleine Hüttengruppen mag man, wo sich die Möglichkeit hierzu bot, mit Dorngehegen umfriedet und die belassenen Zugänge durch Wolfsgruben und ähnl. Schutzfallen gesichert haben.

An den offenen Wohnplätzen finden sich, ähnlich wie in den Höhlen, des öfteren sorgsam angelegte Herd- und Abkochplätze, mit Steinumrahmung und Bodenbelag, sowie gepflasterte Arbeitsplätze („Ateliers") mit Sitzbänken und Amboßsteinen (Schweizersbild bei Schaffhausen). Zum Schutze der Feuerstätte und der unter der Asche behüteten Glimmglut wurden manchmal etwas vertiefte Gruben angelegt; in Ägypten (s. d. A) pflegte man die Herde der Capsienzeit mit erhöhten Lehmwülsten zu umrahmen, welche entsprechend hartgebrannt sind.

An lehrreichen Beispielen für Herdanlagen seien zwei aurignacienzeitliche Feuerstellen vom Linsenberg bei Mainz angeführt. Die eine derselben lag in einer flachen Mulde von etwa 80 cm Dm und bestand aus einer Setzung von handtellergroßen Kalksteinplatten; die zweite hatte einen Dm von 70 cm und war mit Rollsteinen ausgelegt (O. Schmidtgen). Noch interessantere Einzelheiten konnten J. Bouyssonie und H. Delsol in der „Coumba" von Pré-Neuf bei Noailles (Corrèze) feststellen. Die wahrscheinlich dem Aurignacien angehörige Kulturschicht dieser nur flüchtig bewohnten Höhle enthielt zunächst eine Art Steinkiste, welche von 5, in Form einer abgestumpften Pyramide zusammengestellten Sandsteinplatten gebildet war. Die H. betrug 20 cm, der Dm der oberen Öffnung der „Kiste" 40 cm. Während die letztere in ihrem Innern eine ansehnliche Menge dunkler Asche sowie einige Feuersteine barg, war sie äußerlich von trockenem Sande, mit ziemlich viel Silex und Knochen, aber ohne Asche, umhüllt. Man hatte also nur im Hohlraume selbst Feuer angemacht, bzw. ihn mit Glut gefüllt, jedenfalls zu Kochzwecken. Eine zweite Steinkiste war in ähnlicher Weise abermals durch mehrere schräg gestellte und 20—25 cm hohe Platten hergerichtet, mit 40 cm Dm im Bodenniveau und 27 cm oberem Dm an der Kistenöffnung. Die Ecken und Fugen waren mit kleineren Steintrümmern, Sand und Lehm sorgfältig verstopft. Der Inhalt bestand aus sandiger Erde (ohne deutliche Aschenspuren), Knochenresten und anscheinend teils im Feuer geplatzten Quarztrümmern. Da auch die Wandplatten der Kiste infolge Feuerhitze etwas gesprungen sind und diese rings von Asche umhüllt war, ist anzunehmen, daß diese Anlage ehedem in einem Herde förmlich eingegraben, aber nur äußerlich von Glut umgeben war, wohl um in ihr Speisen langsam gar zu kochen. Ein weiterer Herd ruhte auf hartgetretenem Lehm und war in der Weise hergestellt worden, daß man über der Lehmstrate eine 20 cm mächtige Schicht roten Sandes anhäufte und darauf ein einfaches Pflaster aus flachen Steinen bettete. Auf diesem letzteren wurde schließlich das Feuer angeschürt.

Im „Hard" bei Olten (Kanton Solothurn, Schweiz) stieß man auf eine regelrechte magdalénienzeitliche Wohngrube von 2,20 m Dm und 0,70 m mittlerer Tiefe. Der Boden war mit Kieseln ausgelegt und die Grube mit Kalksteinen und Kieseln verkleidet (Jahresber. Schweiz. Urgesch. 12 [1919—1920] S. 38). Auch von dem Aurignacienplatze von Langmannersdorf (Niederösterreich) machte J. Bayer eine Wohnstätte von über 1,50 m T. und etwa 2,5 m Dm namhaft. Ein aus dem Löß herausgearbeiteter Sitz wäre noch deutlich erkennbar gewesen.

Dies läßt auf eingegrabene und jedenfalls auch eingedeckte Unterstände schließen, hingegen bezweifeln wir, daß die Jungpaläolithiker wirkliche Lößhöhlen ausgegraben hätten, als Ersatz für natürliche Felsgrotten. Die bisher bekannt gewordenen Lößplätze weisen lose, oft über große Flächen ausgedehnte Kulturschichten auf, an denen fundärmere Stellen mit Feuerplätzen, Arbeitsstätten und ähnl. abwechseln, und an welchen man jede deutlichere Abgrenzung der besiedelten Zone von der sterilen Umgebung vermißt, die sich gegenseitig sogar sehr scharf abheben müßten, falls jene Jäger ihre Abfälle innerhalb enger, künstlicher Hohlräume aufgespeichert hätten, die später allmählich eingestürzt wären.

Daß die Höhlen gerade während des letzteiszeitlichen Jungpaläol. zum Schutz gegen Kälte und Wind, Schnee und Nässe besondere Bevorzugung erfuhren, ist begreiflich. So erklärt sich auch, daß wir beispielsweise in Belgien fast gar keine Freilandplätze vorfinden, weil ebenda zahlreiche Höhlen Zuflucht boten. Dazu kam als weiterer Vorteil, daß sich ihre meist engen Zugänge leichter sperren und verteidigen ließen, so speziell des Nachts mittels Schutzfeuer gegen Raubtiere. Auf diese Weise waren die Grotten die „ideale" Eiszeitwohnung, trotz mancher ihnen anhaftenden Schattenseiten, wie oftmalige Feuchtigkeit, mangelhafte Lüftung oder heftige Zugluft und schlechte Rauchabfuhr. An letztere vermochte man sich derart gewöhnt zu haben, daß man sie kaum als wirklich störend empfand. Außerdem ist nicht zu übersehen, daß gerade dem Rauche eine wichtige Rolle als Desinfektionsfaktor zufiel, an Orten, welche von Unreinlichkeit strotzten.

Zu gleicher Zeit dienten die Höhlen jedenfalls vielfach auch als Aufbewahrungsorte (Depots). Hier mag man für bestimmte Bedarfsfälle trockenen Brennstoff aufgespeichert haben, ebenso wie Reservevorräte an Lebensmitteln. Wir denken hierbei nicht nur an gedörrte Wildfrüchte und Sämereien, sondern auch an getrocknetes Fleisch, das entsprechend geschützt eingelagert worden sein mag. In diesem Sinne scheint bereits ein altpaläol. Fund der Ostschweiz zu sprechen. E. Bächler fand in dem auf 2450 m H. gelegenen Drachenloch bei Vättis längs der Wände durch rohe Steinmäuerchen abgeschlossene Hohlräume, bzw. im Innern der Höhle freie, rechteckige Steinkisten, welche mit Schädeln und großen Extremitäten-Knochen des Höhlenbären ausgefüllt waren. Wir halten es nicht für ausgeschlossen, daß hier Opfer- und Kult-Ideen mitspielen, wie der Entdecker meint; es kann sich aber auch ebensogut um verstaute Jagdvorräte handeln, welche zu gelegentlichem Abtransporte bestimmt waren, oder in jener kalten Höhenlage den Winter überdauern und den Jägern als gesicherter Proviant dienen sollten, wenn sie im kommenden Frühsommer neuerdings die alpine Region bezogen (s. Schweiz A § 1). Ähnliche Bräuche, Dörrfleisch, getrocknete Fische u. dergl. auf Bäumen zu verstauen bzw. unterirdisch einzukellern, üben auch heutige Naturvölker, um in Notfällen über Reserven zu verfügen.

Merkwürdig sind die prä- bzw. protoneolith. Küstenlager der span. Asturias-Stufe (s. d.) und der nordischen Kjökkenmöddinger (s. Nordischer Kreis A § 3 b 3). Von ihnen sind nur die Speiseabfälle auf uns gekommen, welche oftmals ansehnliche Haufen bilden, in denen Gräber vorzukommen vermögen, so z. B. in Mugem (Portugal; Band X Tf. 120). Über die eigentlichen Wohnstätten dieser Fischer und Jäger sind wir auf bloße Vermutungen angewiesen. Sie verschmähten es im n. Spanien, Höhlen zu beziehen, hausten aber gern unmittelbar vor den Eingängen der letzteren, welche schließlich durch die Muschelhaufen völlig verdeckt und gesperrt wurden (Band I Tf. 45).

S. a. Jagd A, Kunst A, Schmuck A § 3.

W. Schmidt und W. Koppers *Völker und Kulturen* (erster Teil: *Gesellschaft und Wirtschaft der Völker*) Regensburg o. J. (1924); W. Soergel *Die Jagd der Vorzeit* Jena 1922; G. Kyrle *Grundriß der theoretischen Speläologie* 1923; W. Hough *Racial groups and figures in the Natural History Building of the United States National Museum* Smithsonian Report for 1920. Washington 1922 S. 611 ff.; R. de Saint-Périer *Les migrations des tribus magdaléniennes des Pyrénées* Rev. d'Anthropol. 30 (1920); J. Bouyssonie und H. Delsol *Station préhistorique de la „Coumba" du Pré-Neuf à Noailles (Corrèze)* ebd. 34 (1924) S. 342 ff. H. Obermaier

C. Europa. Jüngere Perioden s. Europa, Haus A, Wirtschaft A und die Übersichtsartikel über die einzelnen Länder.

D. Ägypten. Die Natur der äg. Landschaft drängt auf geschlossene Ansiedlung und gemeinsame Bewirtschaftung des Bodens hin: der Ertrag des Landes hängt von dem Grade der Bewässerung ab, die nur durch Übereinstimmung der Interessenten auf einer größeren Strecke des Wasserlaufs geregelt werden kann. Unter den gegebenen Bedingungen liegt der Schwerpunkt der äg. Siedlungen nicht auf dem einzelnen Gehöft, sondern auf dem geschlossenen Dorfe mit straffer Zusammenfassung der Kräfte. In der äg. Urzeit ist man zu so einer starken Ausnutzung des Bodens wie in späterer Zeit weder gezwungen noch befähigt gewesen, aber die allg. Bedingungen waren schon in gleicher Weise vorhanden.

Eine vorgesch. Ansiedlung ist uns bei Mahasna erhalten; in ihr sind Feuersteinwerkzeuge und anderes Gerät des täglichen Lebens gefunden, dazu ein Brennofen für Tongefäße (Garstang *Mahasna and Bet Khallaf* 1903 S. 7 mit Tf. 3). Eine andere Ansiedlung ist bei Abydos (s. d.) ausgegraben und hat außer vielen Gebrauchsgegenständen aus Stein, Feuerstein, Ton, Knochen usw. eine Getreidedarre zutage gebracht, wie man sie auch an anderen Stellen gefunden hat (Naville, Peet und Hall *Cemeteries of Abydos* I [1914] und II [1913] S. 1 mit Tf. 1).

Eine Reihe von Wohnorten späterer Zeit sind ausgegraben und geben uns durch ihre Anlage ein gutes Bild vom Städtebau in Ägypten. S. a. Baukunst B, Haus B. Roeder

E. Palästina-Syrien s. Baukunst C, Haus C, Palästina-Syrien B § 18, Syrischer Graben § 7.

F. Vorderasien s. Baukunst D, Haus D, Mesopotamien C, Vorderasien.

Siedlungsarchäologie.

Einleitung: § 1. Berechtigung. — § 2. Ergebnisse. — § 3. Begründung. — I. Die Methode: § 4. Darstellungen. — § 5. Kontinuität. — § 6. Kulturgebiete sind Völkergebiete. — § 7. Tonware. — § 8. Mutter- und Tochtergruppen. — II. Indogermanen- und Germanenfrage: § 9. Hauptprobleme. — § 10. Herkunft der Germanen. — § 11. Literatur. — III. Erforschung der Siedlungen: § 12. Die Lücke in der siedlungsarchäolog. Forschung. — § 13. Siedlungsgesetze. — § 14. Methodische Wegweiser. — § 15. Bewährung. — § 16. Wert der Wohnstättenforschung. — IV. Siedlungsgeographie und Archäologie: § 17. Hennig. — § 18. Wahle. — § 19. Tode. — § 20. Mahr. — § 21. Hellmich. — V. Siedlungsarchäolog. Forschung in Südwestdeutschland: § 22. Methode. — § 23. Rheinland. — § 24. Schliz. — VI. § 25. Åberg. — VII. Neue Aufgaben: § 26. Arbeitsgemeinschaft zur Erforschung ost- und norddeutscher vor- und frühgeschichtl. Wehranlagen. — § 27. Mesolithische Fundplätze. — § 28. Landesaufnahme.

Einleitung. § 1. Die S. gehört zu den umstrittensten Problemen der europ. Vorgeschichtsforschung. Erschwert wird die Lösung aller siedlungsarch. Rätsel durch die enge Verknüpfung mit ethnol. Fragen. Die siedlungsarch. Methode ist geradezu die Voraussetzung der ethnol. und erhält durch letztere erst ihren höchsten Wert. Wer auf die Beantwortung ethnol. Fragen verzichten wollte, könnte sich die Riesenarbeit siedlungsarch. Forschung ersparen; für den wären aber auch wieder die Grundlagen der Siedlungsforschung, die Typologie und Chronologie, wertlos. Wer diesen Zusammenhang erfaßt hat, wird ohne weiteres der Mühe überhoben, sich über Berechtigung oder Nichtberechtigung der siedlungsarch.-ethnol. Methode den Kopf zu zerbrechen.

Die Vorgeschichtsforschung kann und darf auf die Behandlung ethnol. Fragen nicht verzichten; sie würde mit diesem letzten, höchsten Ziele sich selber aufgeben. Erfreulicherweise ist für die Vorgeschichtler von Fach der ethnol. Gedanke in der Vorgeschichtsforschung bereits fest verankert. Trotz aller Stürme von außen her besteht keine Gefahr mehr, daß die Lösung ethnol. Probleme von der aufstrebenden Vorgeschichtswissenschaft jemals wieder aufgegeben werden könnte.

§ 2. Eine ganz andere Frage ist die nach der Sicherheit der bisherigen Ergebnisse. Wir müssen uns darüber klar sein, daß in der Kürze der Zeit, und sei es auch mehr als ein Vierteljahrhundert, bei der kleinen Zahl der mit vollem Rüstzeug ausgestatteten Forscher, bei der Unvollkommenheit und Unvollständigkeit der Vorarbeiten sowie der Unübersichtlichkeit des Materials leicht einmal Fehlschläge mit unterlaufen, und daß sich auch führende Gelehrte gezwungen sehen, ihre Ansichten auf Grund neuen, in bisher unbekannten Sammlungen erschlossenen oder neu entdeckten Fundmaterials zu ändern. Vertreter anderer Wissenschaftsgebiete, die sich dadurch verleiten lassen, den Wert der angewandten Methode zu bezweifeln, seien daran erinnert, daß derartige Fehlschläge und Sinnesänderungen nicht nur in der Vorgeschichtsforschung vorkommen.

Vor Auswüchsen sichert hier wie auf allen anderen Gebieten die strenge, wissenschaftliche Kritik. Selbst wenn alle bisherigen Schlüsse falsch wären — die Methode ist dennoch richtig, und was unsere Zeit etwa noch offen lassen muß, das werden spätere Geschlechter erkennen.

§ 3. Unstreitig hat sich G. Kossinna um die Begründung, Ausgestaltung und Verbreitung der „siedlungsarchäologischen“ (wie er sie nicht ganz erschöpfend nannte) und damit auch der ethnol. Methode das größte Verdienst erworben. Selbstverständlich knüpfte er an Vorversuche an. Auch durch den namentlich in Ethnologenkreisen tobenden Kampf (Kulturkreis [s. d.] = Völkerkreis) wurde manches geklärt.

Auf Tischlers Kulturgruppen Ostpreußens und Weigels Unterscheidung zwischen w. und ö. Kulturgebiet in der Provinz Brandenburg hat Blume (Mannusbibl. 8, 1) schon hingewiesen. Kossinna hat jedoch als erster das Problem in seinem ganzen Umfange zu erfassen, das Material nach Möglichkeit zu ordnen und seinen Gedanken mit Konsequenz durchzuführen versucht. Daß seine Ergebnisse auf Widerstand gestoßen und auch noch heute Angriffen ausgesetzt sind, hat seine Ursachen teils in Kossinnas Arbeitsweise selbst, teils aber liegen diese Ursachen auch außer ihm.

Vielleicht wäre der Widerstand von vornherein weniger stark gewesen, wenn die Wege der Methode von Anfang an klargelegt worden wären.

Gerade die ersten grundlegenden Arbeiten Kossinnas sind so geschrieben, daß es nur ganz wenigen möglich war, sich mit Erfolg hindurchzufinden. Vertreter anderer Wissenschaftszweige sind kaum in der Lage, sich über den Wert, auch nur den methodischen Wert, dieser Arbeiten ein richtiges Urteil zu bilden.

In diesen ersten Abhandlungen gab Kossinna nur seine Ergebnisse bekannt, vermied es aber größtenteils, gleichzeitig das Material zu veröffentlichen, so daß eine Nachprüfung seiner Schlüsse mindestens dieselbe Arbeit seitens anderer Forscher erfordert hätte, die es ihn selber gekostet hat.

Erst in seinen letzten Aufsätzen ist Kossinna von dieser Arbeitsweise zurückgekommen und trägt dadurch am besten dazu bei, daß sich die Methode endgültig durchsetzen wird.

Kossinna hat den Fehler gemacht, die von ihm erschlossenen Ergebnisse vielfach mit gar zu großer Sicherheit als die Wahrheit auszugeben, an der nicht zu rütteln wäre, und gegensätzliche Ansichten mit allergrößter Schärfe zu befehden. Wenn er sich später gezwungen sah, seine Hypothesen fallen zu lassen, oder gar — vielleicht aus ganz andern Gründen — einer vorher bekämpften Meinung beizutreten, so erregte er damit natürlich Bedenken.

Alle diese Feststellungen sollen die scharfen Widersprüche nur verständlich machen. Sie berechtigen noch nicht dazu, die siedlungsarch.-ethnol. Methode abzulehnen.

I. § 4. Erich Blume hat zuerst versucht, von dieser Methode eine zusammenhängende Darstellung zu geben, für einen weiteren Kreis in der „Tägl. Rundschau" (Tageszeitung), dann für die Fachgenossen und andere Wissenschaftler im ersten Kapitel seiner Arbeit *Die germ. Stämme und Kulturen zwischen Oder und Passarge zur röm. Kaiserzeit* Mannusbibl. 8 (1912). Zwei Jahre früher sind die ersten vier Kapitel jedoch schon als Diss. gedruckt worden. Ein Jahr später (1911) hat sich Kossinna selber über seine Arbeitsweise ausgesprochen. *Die Herkunft der Germanen* führt den Untertitel: *Zur Methode der Siedlungsarchäologie* (Mannusbibl. 6).

Als selbstverständlich muß übrigens die stete Berücksichtigung der historisch-sprachwiss. Ergebnisse der Forschung hervorgehoben werden. Von ihnen ist Kossinna ausgegangen, und mit ihnen ist er dauernd in Fühlung geblieben.

§ 5. Oscar Montelius hatte auf Grund seiner umfassenden typol. und chronol. Studien, die für die Vorgeschichtsforschung eine neue Epoche heraufführten, den Grundsatz aufgestellt: „Kulturkontinuität zeigt Dauer der Bevölkerung an." Kossinna ist im Recht, wenn er (a. a. O. S. 8) sagt, daß der von Montelius verfochtene Grundsatz, noch dazu ohne eingehende Begründung, für die äußerst verwickelten Verhältnisse Mitteleuropas nicht genüge und weiteren Ausbaues bedürfe.

Vielleicht wäre es aber gerade für die Germanenfrage vorteilhaft gewesen, erst die Historiker und Germanisten von der Richtigkeit obigen Grundsatzes zu überzeugen, ihnen vor allem klar zu machen, daß man auf Grund sicheren Materials in einem Teile Norddeutschlands von Kontinuität der Besiedlung reden darf, daß also schon im 2. Jht. v. C. germ. Stämme in diesen Gegenden gewohnt haben müssen. Dieser Beweis wäre vermutlich schon vor einigen Jahrzehnten gelungen.

§ 6. Als leitenden Gesichtspunkt für seine Forschungen prägt Kossinna den Satz: „Scharf umgrenzte arch. Kulturprovinzen decken sich zu allen Zeiten mit ganz bestimmten Völkern oder Völkerstämmen" (a. a. O. S. 3). „Kulturgebiete sind Volksgebiete" (S. 4). „Kulturgruppe" = Volk (S. 9), „Kulturgebiete = Völkerstämme" (S. 17). Das ist sichtlich dieselbe Formel wie „Kulturkreis = Völkerkreis". Sie hätte auch wohl schwerlich so viele Gegner gefunden, wenn es nicht schwer wäre — noch dazu mit oft lückenhaftem Material —, die Kulturkreise scharf zu umgrenzen. Hauptaufgabe wird es sein, durch Veröffentlichung und Verarbeitung reicher Fundgruppen die Gegner davon zu überzeugen, daß es sich in dem Einzelfall wirklich um scharf umrissene Kulturgebiete handelt, und daß das Material schon unendlich viel größer ist, als Fernerstehende annehmen. Dann wäre uns manche Einwendung erspart geblieben.

§ 7. Es dürfte heute schwerlich noch einen Archäologen, wohl kaum einen Historiker, Sprachforscher oder Kunsthistoriker geben, der daran zweifelt, daß die Tonware aller Zeiten durch ihre Formen und Verzierungen ganz besonders geeignet ist, mit ihrem leicht zerbrechlichen und darum fast immer bodenständigen, einer eng begrenzten Periode zuzuweisenden Material Aufschlüsse über scharf umgrenzte Kulturgebiete zu geben.

Für Vorgeschichtler und auch klassische Archäologen handelt es sich hierbei um eine Binsenwahrheit, die allerdings dem mit dem Material nicht Vertrauten schwer aufgehen wird, um so mehr, als es unmöglich ist, ihm klar zu machen, wieweit wir heute schon fähig sind, darüber zu urteilen, ob es sich im Einzelfalle nur um Handel, um innigere Kulturbeziehungen oder um wirklich bodenständiges, also von dem Volksstamm selber getragenes, heimisches oder mit ihm eingerücktes Kulturgut handelt.

Auf diesem Gebiete können auch zwischen sonst gleichgestimmten Fachgenossen Meinungsverschiedenheiten entstehen. In all diesen Fragen arbeiten übrigens die klassischen Archäologen (Kreta, Mykenai usw.) nach derselben Methode wie die Vorgeschichtler. Keinesfalls aber dürfen auseinandergehende Ansichten von der Gegenseite dazu benutzt werden, die ganze Methode für unzureichend zu erklären. Im übrigen sei darauf hingewiesen, daß sich die Siedlungsarchäologen durchaus nicht nur auf die Tonware stützen.

§ 8. Das Problem wird naturgemäß um so schwieriger, je tiefer der Forscher in die Siedlungsverhältnisse der Vorzeit einzudringen versucht. „Plötzliche starke Abbrüche der Besiedlung, rasche oder langsame Zuwanderungen — jüngere Sprößlinge auf weit entferntem Koloniallande", „das Absterben der auf neuen Boden verpflanzten Kulturgruppen, lebhafte Beziehungen zwischen dem Heimat- und dem Neulande" (Kossinna). — Das alles ist nur unter Beherrschung des gesamten Materials zu bearbeiten, aber diese Arbeitsweise ist, wenn das Material nicht versagt, durchaus in der Lage, unsere Kenntnis zu erweitern und zu vertiefen.

II. § 9. Es ist erklärlich, daß sich die siedlungsarch. Methode bei der Bearbeitung der beiden schwierigsten und zugleich wichtigsten Probleme zu erproben hatte, die es für die deutsche Vorgeschichtsforschung gibt, und die auch für die europ. Wissenschaft von entscheidender Bedeutung sind: „Die Herkunft und Ausbreitung der Germanen" und „Die Indogermanenfrage".

Es liegt darum in der Natur der Sache, daß sich Kossinna, der noch dazu ein Schüler Müllenhoffs war, mit der Lösung dieser beiden Fragen schon in seinen ersten Arbeiten und weiterhin dauernd befaßte. Rastlos war er bemüht, neues Material herbeizuschaffen, und es ist ihm gelungen, viele von der Richtigkeit seines Weges, wenn auch nicht immer seiner Schlüsse, zu überzeugen.

Das vor mehr als 25 Jahren vorliegende Material war recht lückenhaft. Es hat sich seitdem — und zwar gerade auch unter dem Einflusse der siedlungsarch. Arbeiten — beträchtlich vermehrt. Lückenlos ist es auch heute noch nicht. Am fühlbarsten machte sich und macht sich auch heute noch bemerkbar, daß neben Gräber-, Depot- und Einzelfunden die Wohnstätten der Vorzeit in allen Ländern Europas fast ganz unbekannt oder wenigstens unerforscht geblieben sind. So ist die Vorgeschichtswissenschaft also gezwungen gewesen, Siedlungsarchäologie ohne Berücksichtigung der Siedlungen zu treiben.

Unangebracht wäre es jedoch, daraus den Schluß ziehen zu wollen, der vielfach gezogen worden ist, daß es bei der Lückenhaftigkeit des Materials und bei fast völliger Unkenntnis der Wohnstätten verfrüht gewesen wäre, an die Lösung so schwieriger Probleme heranzugehen. Wer unbefangen die seit 1895 geleistete Arbeit überschaut, kann unmöglich den Fortschritt übersehen, der zu verzeichnen ist.

Kossinnas neueste Ansichten bezüglich der Indogermanen-Frage sind natürlich nicht als die endgültige Lösung dieses wohl schwierigsten ethnol. Problems der europ. Vorgeschichtswissenschaft zu betrachten. Sie haben aber beinahe alle auf diesem Gebiete Arbeitenden stark beeinflußt. An Gegnern — und zwar sowohl an stillschweigenden, die sich mit einem Kopfschütteln begnügen, wie solchen, deren Worte nichts an Deutlichkeit zu wünschen übrig ließen — hat es nicht gefehlt. Auf keinen Fall läßt sich aber alles, was die Vorgeschichtswissenschaft an Hand der Bodenfunde erarbeitet hat, so leicht beiseite schieben, wie es S. Feist getan hat.

§ 10. Wer die erste Auflage (1911) von Kossinnas Arbeit über die Germanen mit der zweiten (1920) vergleicht, wird allerdings erstaunt sein über die Wandlungen in der Auffassung des Verfassers. Trotzdem der Text unverändert in die 2. Auflage übernommen worden ist, weil nach der Erklärung im Vorwort eine Umarbeitung aus Mangel an Zeit nicht möglich war, ist die Tabelle S. 27 „ganz neu gearbeitet", und die „Nachträge und Änderungen" unterstreichen diese Umgestaltung noch mit besonderer Deutlichkeit.

Die Nordillyrier stehen nun an Stelle der von Kossinna ja vor langen Jahren aufgegebenen, im Text aber noch vorhandenen „Karpodaken". Die „jetzige Auffassung" bezüglich des Verhältnisses der Germanen zu den Nordindogermanen, Vorindogermanen, Finno-Indogermanen und Urindogermanen weicht von der früheren Anschauung über die Entstehung der Germanen und ihrer Urväter so erheblich ab oder ergänzt sie so wesentlich, daß nicht ganz mit Unrecht gesagt worden ist, die neuesten Arbeiten Kossinnas seien eigentlich immer „Beiträge zur Geschichte der Kossinnaschen Auffassungen" und machten es fast unmöglich, diese in ihren Einzelheiten zu verfolgen. Das wäre richtig, wenn nicht jede neue Auslassung von Kossinna doch einen Fortschritt bedeutete, der, selbst wenn er sich als Irrtum erweisen sollte, die Sache fördert. Und wenn es auch manchem noch so schwer werden sollte, den Wandlungen zu folgen, vorübergehen darf er an ihnen nicht.

§ 11. Literatur (Kossinnas siedlungsarch. Arbeiten).

Zeitschr. Ver. f. Volksk. 6 (Kasseler Vortrag), Auszug Anthrop. Korr.-Bl. 1895. Nachtrag 1896; *Die indogerm. Frage, arch. beantwortet* ZfEthn. 1902; *Verzierte Eisenlanzenspitzen als Kennzeichen d. Ostergermanen* ebd. 1905; *Die Grenzen der Kelten und Germanen in der Latènezeit* Anthrop. Korr.-Bl. 1907; *German. Mäanderurnen* ebd. 1907; *Eingeritzte Zeichnungen in Steinkistengräbern* Korr. Gesamtv. 1908; *Über Ursprung der Urfinnen und Urindogermanen* Mannus 1909 und 1910; *Die Herkunft d. Germanen* Mannusbibl. Nr. 6 (1911 und 1920); *Der german. Goldreichtum der Bronzezeit* ebd. 12 (1913); Indogerman. Forschungen 39 (1920); *Die Indogermanen. Ein Abriß.* I. *Das indogerman. Urvolk* Mannusbibl. Nr. 26 (1921). *Die deutsche Vorgesch., eine hervorrag. nationale Wissenschaft*[4]; *Ursprung u. Verbreitung d. Germanen in vor- u. frühgesch. Zeit* I (1926); II (1927).

Zahlreiche teils kleinere, teils recht umfangreiche Beiträge im Mannus; darunter vor allem: *Zur älteren Bronzezeit Mitteleuropas* Mannus 7 (1915); *Die illyrische, germanische und keltische Kultur der frühesten Eisenzeit im Verhältnis zu d. Eisenfunde v. Wahren bei Leipzig* ebd.; *Die gold. Eidringe und die jüngere Bronzezeit in Ostdeutschland* ebd. 8 (1916); *Das siegreiche Vordringen meiner wissenschaftlichen Anschauungen als Ergebnis meiner wissenschaftlichen Methode* ebd. 12 (1920); *Entwicklung und Verbreitung der steinzeitl. Trichterbecher, Kragenfläschchen und Kugelflaschen* ebd. 13 (1921).

Die neueren Arbeiten von Kossinna haben dank der Beigabe von Karten an Übersichtlichkeit wesentlich gewonnen. Derartiges Veranschaulichungs-Material dient vor allem dazu, Fernerstehenden, zu denen ich auch die Vertreter der Grenzwissenschaften (Historiker, Sprachforscher, klassische Archäologen) rechne, von der Bedeutung der siedlungsarch. Methode zu überzeugen.

Im Sinne von Kossinna sind auch die in der Mannusbibliothek erschienenen Abhandlungen von G. Wilke (Nr. 1 *Spiralmäanderkeramik und Gefäßmalerei. Hellenen und Thraker* 1910 [dazu Mannusbibl. 31 ⟨1923⟩]) und Ph. Kropp (ebd. Nr. 5 *Latènezeitl. Funde an der kelt.-german. Völkergrenze zwischen Saale und Weißer Elster* 1911) geschrieben.

An Erich Blumes Abhandlung *Die germ. Stämme und Kulturen zwischen Oder und Passarge* (Mannusbibl. Nr. 8 [1912]; II. Teil ebd. Nr. 14: Material, hg. v. M. Schultze [1915]) schloß sich eine ganze Reihe anderer Arbeiten an:

W. Schulz-Minden *Das germ. Haus in der vorgesch. Zeit* Mannusbibl. Nr. 11 (1913), 2. Aufl. 1923; M. Jahn *Die Bewaffnung d. Germanen in d. älteren Eisenzeit* ebd. Nr. 16 (1916); J. Kostrzewski *Die ostgerm. Kultur d. Spätlatènezeit* ebd. Nr. 17—18 (1919); M. Jahn *Der Reitersporn, seine Entstehung und früheste Entwicklung* ebd. Nr. 21 (1921); G. Girke *Die Tracht d. Germanen in vor- und frühgesch. Zeit* ebd. Nr. 23—24 (1922); A. Plettke *Ursprung u. Ausbreitung d. Angeln und Sachsen. Beiträge zur Siedlungsarch. d. Ingväonen* Urnenfriedhöfe in Niedersachsen Bd. III, 1, hg. v. C. Schuchhardt 1921; Albrecht *Slawische Keramik* Mannusbibl. 33 (1923); *Fünfundzwanzig Jahre Siedlungsarchäologie* Mannusbibl. 22 (1922).

Alle diese Arbeiten verwerten das Fundmaterial in weitestem Ausmaße und knüpfen daran unter Berücksichtigung der Typologie und Chronologie und an Hand der Verbreitung der einzelnen Formen ethnol. Schlüsse.

III. § 12. Als ein empfindlicher Mangel hat sich bei allen siedlungsarch. Forschungen die Tatsache erwiesen, daß wir bezüglich unserer Kenntnis der vorgesch. Wohnstätten am meisten im Rückstande sind. Gewiß sind Gräberfelder in einer Landschaft stets zugleich ein Beweis dafür, daß diese Gegend zu einer gewissen Zeit besiedelt gewesen sein muß. Die Toten müssen irgendwo — und nicht allzu weit von geschlossenen Friedhöfen oder Hügelgräbergruppen — gelebt und gewohnt haben. Selbst Depot- und Einzelfunde können im allg. als Beweis für alte Besiedlung aufgefaßt werden, obwohl es schon als bedeutender Unterschied angesehen werden muß, ob die Besiedlung eines Platzes durch einen Einzelfund oder durch ein Gräberfeld oder gar durch eine ganze Siedlung selbst festgestellt worden ist.

Um so erstaunlicher ist es, daß das Aufsuchen und die Aufdeckung der Wohnplätze von der Forschung solange und so arg vernachlässigt werden konnte. Von zahlreichen Forschern ist darüber geklagt worden. Selbst bei Schumacher finden wir noch in seiner *Siedlungs- und Kulturgeschichte der Rheinlande* (I 76) auch für das in dieser Beziehung schon etwas glücklichere Südwestdeutschland angegeben, daß wir über Haus- und Dorfformen der BZ „ziemlich schlecht" unterrichtet sind, da uns die Ausgrabungen hierin völlig im Stich lassen. Und dabei liegen die Wohnstättenspuren in großer Menge zutage und sind leicht aufzufinden. Grund der bisherigen Vernachlässigung ist wohl, daß diese Spuren in den meisten Fällen nicht richtig erkannt worden sind, und daß die Untersuchung der Wohnplätze nicht so in die Augen fallende Ausbeute versprach wie die der Gräber.

So stehen wir vor der Tatsache, daß Wohnplätze bisher nur in ganz seltenen Fällen gründlich untersucht wurden. Bis 1910 ließen sich, wenn wir von den Pfahlbauten absehen, diese Fälle an den Fingern einer Hand aufzählen (Großgartach [s. d.], Neuhäusel [s. d.], Braubach [s. d.] und Oberlahnstein, Achenheim und Stützheim).

Die Notwendigkeit, sich der Wohnstättenforschung mehr als bisher zu widmen, habe ich schon in meiner Berl. Diss. 1908 (*Der Einfluß der röm. Kultur auf die german. im Spiegel der Hügelgräber des Niederrheins*) wiederholt betont. Die Funde auf der Römerschanze (s. d.) bei Potsdam (Präh. Z. 1 [1909] Schuchhardt) und bei Buch (s. d.; Präh. Z. 2 [1910]; Deutsche Urzeit 1 [1923]) zeigten dann, was wir zu erwarten haben, wenn die einzelnen Hausstellen einer sorgfältigen Untersuchung unterzogen werden und man sich nicht nur damit begnügt, festzustellen, daß irgendwo Wohnstätten oder gar „Wohngruben" vorhanden sind.

Die nächsten Jahrgänge der Präh. Z., des Mannus u. a. bringen denn auch in sich steigernder Fülle aus allen Teilen Deutschlands neue Beobachtungen und eingehendere Untersuchungen. Was aber immer noch fehlte und noch heute nicht überall mit der nötigen Energie in Angriff genommen wird, das ist das systematische Aufsuchen und Erforschen der Wohnstätten.

§ 13. Schon bei der Untersuchung der Wohnstätte Buch ist die sorgsame und geschickte Wahl des Wohnplatzes aufgefallen. In meinem Bericht in der Präh. Z. 2 (1910) S. 373 wies ich auf die „geringe diluviale Erhebung von kiesigen Sanden hin, die rings von Wiesen, Sümpfen und Brüchen und weiterhin von Gräben, Wasserläufen und Seen umgeben ist." „Der Platz vereinigte alle Vorzüge, die für eine vorgesch. Wohnstätte nur erwünscht sein konnten. Er lag trocken, war leicht mit Wasser zu versorgen und bot durch seine schwer zugängliche Umgebung den Bewohnern natürlichen Schutz gegen Angriffe und Überfälle." Diese Erkenntnis war für mich der Schlüssel für die ganze weitere Siedlungsarbeit. An jedem neuen Fundplatze bestätigte es sich, daß der Mensch der Vorzeit in der Wahl des Siedlungsplatzes von der StZ bis in die frühgeschichtlichen Perioden hinein nach genau denselben Grundsätzen verfuhr. Es war also klar, daß bei der Erforschung der vorgesch. Siedlungen die natürlichen Grundlagen, Bodengestaltung und Grundwasserverhältnisse, eine Hauptrolle spielten, daß also die geol. Vorbedingungen einer Landschaft maßgebend sein mußten für die Verteilung der Wohnplätze. Je mehr es gelingt, unter den vielgestaltigen Bodenverhältnissen der einzelnen Gegenden die fast mit Gesetzmäßigkeit befolgten Grundsätze der Besiedlung auch in ihren feineren Unterschieden zu erkennen, um so schneller können wir hoffen, zu lückenlosen Siedlungsbildern zu gelangen. Die Dichtigkeit der Besiedlung einer Gegend in einer bestimmten Zeit darf auch nicht mehr abhängig sein von der zufälligen Bearbeitung oder Nichtbearbeitung der Umgebung durch in der Nähe wohnende Lokalforscher oder durch ein vorhandenes Museum. All diese Zufälligkeiten müssen beizeiten ausgeschaltet werden. Fundlücken dürfen nicht ohne weiteres als Siedlungslücken betrachtet werden, wie das bisher so oft geschehen ist.

Natürlich kann man nicht daran denken, daß in absehbarer Zeit unser ganzes Vaterland oder ganz Europa so gründlich abgesucht werden könnte, daß bald Siedlungskarten für alle Gebiete zur Verfügung stehen würden. Als bedeutende Erleichterung muß es aber empfunden werden, daß die schon für viele Gegenden vorhandenen geol. Karten eine ausgezeichnete Grundlage für zukünftige Siedlungskarten darbieten, daß man bei Betrachtung dieser geol. Karten beinahe mit dem Finger auf die Stellen weisen kann, die sich für vorgesch. Besiedlung besonders eignen, also eine Besiedlung während der Urzeit vermuten lassen. Einzelne Proben in besonders eigenartigen Landschaften erzielten erstaunliche Ergebnisse. Eine kurze Strecke des Spree-Tales im SO Berlins, in der wir bisher 4 oder 5 Fundstellen kannten, zeigte nach einem solchen Absuchen weit über 20. Ganz ähnlich waren die Erfolge im Fläming.

Eines der wichtigsten Ergebnisse dieser Betrachtungsweise der Landschaft war die Erkenntnis, daß ganze Strecken der einzelnen Landschaften, wie z. B. die weiten Talsand-Ebenen der Urstromtäler, für die Wahl der Wohnplätze gar nicht in Betracht kommen, daß also nicht das ganze Land nach Fundstellen abgesucht zu werden braucht, sondern nur diejenigen Teile, die Besiedlung vermuten lassen. Damit ist das Arbeitsfeld bedeutend eingeschränkt und die Durchforschung aller Gebiete nicht zur Unmöglichkeit geworden.

§ 14. Es unterliegt gar keinem Zweifel, daß, wenn erst von allen größeren und kleineren Museen nach den eben auseinandergesetzten Grundsätzen gearbeitet wird, in verhältnismäßig kurzer Zeit ein sehr umfangreiches Material zutage treten muß. Die Kleinarbeit in den einzelnen Bezirken ist Aufgabe der Landesforschung. Die Verarbeitung der Ergebnisse und die Beurteilung der Siedlungsmöglichkeit gehören zur Siedlungsarchäologie.

1912 erschien im Anthrop. Korr.-Bl. 43 mein Weimarer Vortrag *Vorgesch. Wohnstätten und die Methode ihrer Untersuchung* (Gelegenheit zur Entdeckung; Zeit der Untersuchung; Durchforschung — Humusdecke, Kulturschicht, Planum —; Hilfskräfte; Verpackung der Fundstücke). 15—20 Ansiedlungen hatte das Märk. Museum damals bereits in Angriff genommen. Im J. 1913 sprach ich auf dem Nürnberger Anthropologentag über *Eine Steinzeitsiedlung mit Tiefstichkeramik* (Trebus bei Fürstenwalde) und *Drei altgermanische Dörfer taciteischer Zeit* (Kleinbeeren, Neukölln, Studenitz). Veröffentlicht im Anthrop. Korr.-Bl. 44 (1913).

Im J. 1914 schlossen sich daran (ebd. 45): *Die Ausstellung der Bucher Funde im Märk. Museum zu Berlin* (April bis Oktober 1914) und *Neue Beobachtungen in vorgesch. Wohnstätten.* Im Anthrop. Korr.-Bl. 1915: *Das Aufsuchen und Feststellen vor- und frühgeschichtlicher Siedlungsspuren.*

Äußere Kennzeichen; ältere Berichte; handschriftl. Aufzeichnungen; Siedlungsfunde in Museen; bekannte Gräberfelder; heutige Dörfer; wüste Feldmarken; Flurnamen; das Gelände und die Karten d. Geol. Landesanstalt; was muß geschehen, wenn ein neuer vorgesch. Fundplatz entdeckt worden ist?

Am Schlusse dieser Abhandlung konnten bereits etwa 200 vorgesch. Siedlungen angegeben werden, die seit der Entdeckung Buchs dem Märkischen Museum aus der Provinz Brandenburg bekannt geworden waren. Der größte Teil dieser Wohnstätten ist entdeckt worden von Mitarbeitern und Teilnehmern an den 1915 ins Leben gerufenen „Siedlungsarchäologischen Übungen und Studien im Märkischen Museum“. (*Zur Einführung* und *Jahresberichte* Monatsblatt der Brandenburgia 1915—27.) Dieser Kreis von Mitarbeitern hält noch heute zusammen. Die Zahl der Teilnehmer hat stets zwischen 20—30 gelegen, die höchste Zahl, die bei einer derartigen Arbeitsgemeinschaft noch wünschenwert ist.

Viele neue Wohnplätze sind aufgefunden und manche trotz der Ungunst der Zeit auch genauer untersucht worden. Aufgabe eines solchen Kreises kann es nicht sein, wenigstens nicht nur sein, die letzten siedlungsarch.-ethnol. Probleme zu lösen. Das wird doch mehr oder weniger dem Einzelforscher überlassen werden müssen. Wohl aber sind derartige Arbeitsgemeinschaften in der Lage, sichere Grundlagen für die siedlungsarch. Forschung zu schaffen, die bisherigen Lücken festzustellen, wenn möglich zu beseitigen und vielleicht auf diesem Wege im Laufe der Zeit zu einer lückenlosen Landesaufnahme zu kommen.

Aus den Kreisen solcher Arbeitsgemeinschaften werden naturgemäß einzelne Mitarbeiter herauswachsen, die sich an größere Aufgaben heranwagen dürfen und so zugleich die Verbindung herstellen zwischen den ersten Aufgaben der Siedlungsarchäologie, dem Feststellen der einzelnen Siedlungen, und den letzten, der Lösung ethnol. Probleme. Es läßt sich schon jetzt übersehen, daß die Siedlungsarchäologie auf einen ganz anderen Boden gestellt wird, wenn wir erst die heute noch klaffende Lücke ausgefüllt haben.

In der in den genannten Berichten angegebenen Weise sind von meinen Hörern an allen Stellen, wo nur irgendein einzelner oder eine Gruppe sich nach vorgesch. Funden umsah, alte Siedlungen beobachtet worden. Veröffentlicht sind bisher außer den obengenannten Fundstellen eine ganze Reihe von E. Lentz im Anthrop. Korr-Bl. 1915 S. 35 ff. und in der Präh. Z. 7 (1915; *Gesuchte Siedlungen in der Mark Brandenburg*; 18 Berichte eingefügt).

Ein gutes Beispiel behandelt Elisabeth Bellot in der Präh. Z. 10 (1918): *Eine wendische Siedlung bei Seddin in der Westprignitz.* Wilke hat in der Festschrift der Brandenburgia 1924 eine ganze Reihe neuer Fundstätten veröffentlicht.

§ 15. Von all den in obigen Berichten niedergelegten Beobachtungen und methodischen Winken ist nichts zurückzunehmen. Alles hat sich nur mehr bestätigt. Die gegebenen Ratschläge hier zu wiederholen, ist weder möglich noch notwendig. Nochmals aber muß hingewiesen werden auf die Bedeutung der geol. Grundlagen der Siedlungsarchäologie.

Die Abhängigkeit des Menschen von der Bodengestaltung ist von so großer Bedeutung, daß nur jedem Studenten der Vorvorgeschichte dringend geraten werden kann, sich um Geologie so weit zu kümmern, daß er erdgeschichtlichen Beobachtungen mit Verständnis folgen kann.

Der Vorgeschichtsforscher muß wissen, daß im n. Deutschland in den mit Moorerde, Wiesenkalk und Torf ausgefüllten alluvialen Niederungen vorgesch. Siedlungsspuren schwerlich zu finden sein werden, daß Wohnstätten in Norddeutschland auf Geschiebemergel noch vorkommen können, in den meisten Fällen aber auf sandigen Erhöhungen, namentlich Inseln, Halbinseln, inselartigen Werdern, Vorsprüngen oder sonst schwer zugänglichen Stellen angelegt wurden, möglichst unter Zuhilfenahme eines aus Dünensand bestehenden Hügels. So werden Dünenhügel allein schon zu Wegweisern für vorgesch. Siedlungen.

§ 16. Es hat keinen Sinn, darüber zu streiten, welche Art der Forschung wertvoller sei. Umfassende Arbeiten sind notwendig. Ebenso notwendig ist es, das Gebäude von unten her zu stützen, dem ganzen System erst sichere Grundlagen zu geben. Das kann nur geschehen durch systematische Erforschung der Siedlungsplätze, das Wort im weitesten Sinne gefaßt. Die Arbeit muß geleistet werden durch Kräfte, die, wissenschaftlich geschult, zugleich den freien Blick für die richtige Beurteilung des Geländes mit allen sich daran knüpfenden wirtschaftlichen Fragen haben. Jüngere werden bei dieser Arbeit ihre Kräfte üben. Altertumsfreunde und Laien jeden Bildungsgrades können (wie das neuerdings auch in Schlesien und Pommern mit großem Erfolge geübt wird) beim Aufsuchen, Beobachten und Schützen der Fundstellen unserer Wissenschaft erhebliche Dienste leisten. Die „Lokalforschung“ wird so auf eine ganz andere Stufe emporgehoben.

Die erste Darstellung und Zusammenfassung auf Grund der nach oben geschilderter Methode beobachteten Fundstellen eines begrenzten Gebietes aus allen Perioden habe ich in einem Vortrage in der Berl. Anthr. Ges. und einer anschließenden Führung gegeben (*Die Besiedlung des unteren Spreetales in vor- und frühgeschichtl. Zeit* ZfEthn. 1916 S. 100). Auf den damals und später gezeigten Lichtbildern sind die einzelnen Perioden mit verschiedenen Farben bezeichnet. Das Gesamtergebnis stellt eine erstaunliche Dichtigkeit vorgesch. Besiedlung dar.

Eine Karte mit sämtlichen FO des Bezirks Cöpenick ist der Öffentlichkeit zugänglich gemacht worden in der „Kulturschutzstelle“ des Märk. Museums auf den Müggelbergen (Vorgesch. Jahrb. 2 [1926]). Sie wurde von mir auf der Salzburger Anthropologenversammlung gezeigt und besprochen im Anschluß an die Funde von Gr.-Rohrwall (Tagungsberichte S. 83 ff.).

IV. § 17. In dem von Rud. Kötzschke geleiteten Seminar für Landesgesch. und Siedlungskunde an der Universität Leipzig entstand die ausgezeichnete Arbeit des leider in Frankreich gefallenen Alfred Hennig *Boden und Siedlungen im Kgr. Sachsen* Bibliothek d. Sächs. Gesch. u. Landeskunde 1912. Hennig behandelt ausführlich die geol. Grundlagen der Besiedlung, die verschiedenen Arten der alluv. (Aulehm, Torf, Moor), diluv. (Löß, Geschiebelehm, Sand) und älteren Böden. Als Grundlage für die vorgesch. Besiedlung benutzt er die amtliche Inventarisierung der Altertümer durch Deichmüller, wobei er sich jedoch (a. a. O. S. 61 Anm. 2) vollkommen darüber klar ist, daß „dieses Siedlungsbild im einzelnen deutlich den Sammeleifer privater Freunde der Vorgeschichte widerspiegelt", in deren Sammelbereich die Funde sich auffällig häufen, „und daß systematische Forschung einsetzen muß — analog der geologischen Landesaufnahme". Mit größtem Eifer und schönem Erfolge hat Hennig denn auch versucht, nach Kräften die Lücken zu schließen, besonders durch Aufsuchen vorgesch. Siedlungen aus allen Perioden. Gerade die persönlichen, in engem Anschluß an die Arbeiten des Märkischen Museums („Haus- und Dorfforschung des Märkischen Museums auf der Leipziger Baufachausstellung, 1912") in wenigen Jahren errungenen Ergebnisse des Verf. zeigen aber, in wie wirksamer Weise das Siedlungsbild vervollständigt werden kann. Gerade durch seine eigenen Erfahrungen gewitzigt, mahnt Hennig vor „allzu raschen Schlüssen auf dem noch schwankenden Boden der Prähistorie". Jedenfalls ist Hennigs Arbeit die erste auf historisch-geographischer Grundlage stehende Siedlungskunde, die sich in umfangreicher Weise auch mit der Vorgeschichte beschäftigt und sich mit allen vorzeitlichen Siedlungsproblemen auseinanderzusetzen sucht. Die beigegegebenen Karten geben eine ausgezeichnete Übersicht über die bisher bekannten Fundstellen.

1. Verbreitung der jüngeren Steinzeit (Bandkeramische Siedlungen und schnurkeramische Funde; Hügelgräber und Flachgräber). 2. Bronzezeit (Siedlungen, Flachgräberfelder, Hügelgräber, Einzelfunde, Depotfunde). 3. Hallstatt-, Latène- und Kaiserzeit (Gräberfelder, Siedlungen, Münz-, Einzel- und Depotfunde). 4. Verteilung der vorgesch. Funde im Lommatzsch-Meißner Lößplateau (Herdstellen der jüngeren Steinzeit, der Bronzezeit usw.).

Die Hennigsche Abhandlung ist auch ein gutes Beispiel der Verknüpfung vor- und frühgeschichtlicher Besiedlung, wodurch eine ganze Reihe schwieriger Probleme ins rechte Licht gerückt werden.

§ 18. Ausgehend von Kossinnas siedlungsarch. Methode und von Gradmanns Behandlung siedlungsgeograph. Probleme, hat E. Wahle unter Berücksichtigung auch der Geologie und namentlich der Klimaverhältnisse in großzügiger Weise den Arbeitskreis der S. ergänzt und erweitert. Sein prähistorisch.-geograph. Versuch *Ostdeutschland zur jungneolithischen Zeit* (Mannusbibl. 15 [1918]) stellt die Vorgeschichte in den Dienst der geogr. Methode und umgekehrt auch die geogr. Methode in den Dienst der Vorgeschichte.

In ähnlicher Weise hat Wahle *Die Besiedlung Südwestdeutschlands in vorröm. Zeit nach ihren natürlichen Grundlagen* (12. Ber. röm.-germ. Kom. 1920) behandelt. Die „Kritik der arch. Quellen" (ebd. S. 34ff.) ist für die Bewertung der siedlungsarch. Methode von Bedeutung. Für die Ergebnisse der Wahleschen Betrachtungen s. Anthropogeographie.

§ 19. Später hat A. Tode über das vorgesch. Landschafts- und Siedlungsbild Ostholsteins gearbeitet. Der Hauptinhalt der noch nicht veröffentlichten Kieler Diss. ist wenigstens aus einem Vortrage (Mannus 14 S. 17ff.) zu ersehen.

Gerade die von Tode aufgenommene Arbeit beweist am besten, wie eng die Landesforschung mit der siedlungsarch.-ethnol. Methode verschlungen ist. Er unternimmt es, in einer Abhandlung beide Aufgaben — zunächst natürlich nur für ein begrenztes Gebiet — zu lösen, und diese Art der Arbeit hat zweifellos auch ihre Vorzüge, da sie mit größter Sorgfalt festzustellen sucht, ob eine auf der Karte sich ergebende Lücke wirklich eine Siedlungslücke oder etwa nur eine „Fundlücke" ist, also die Fehlerquellen selber aufzudecken und damit für die Schlüsse unschädlich zu machen sich bemüht. Da ich die noch nicht veröffentlichte Abhandlung teilweise einsehen konnte und der Verfasser auch sonst Mitteilungen über seine Arbeitsweise machte, so können wir schon jetzt ein Bild sowohl von der Methode als auch von den sehr wichtigen Ergebnissen gewinnen.

A. Tode *Urgeschichtliche Denkmäler und Funde von Schleswig-Holstein* Bd. I. Der Landesteil Lübeck: I. Die natürl. Verhältnisse: A. Quellen (Karten, Literatur); B. Darstellung: 1. Klima, 2. Orograph.-hydrograph. Verhältnisse: a) Höhengliederung, b) Gewässernetz, c) Bodenkrume. II. Die vorgesch. Besiedlung: A. Quellen (Inventar d. Denkmäler, Funde); B. Darstellung: a) Steinzeit, b) Bronzezeit, c) Eisenzeit bis Wendenzeit. III. Die Beziehungen zwischen I und II.

Nach Sichtung und Ordnung des gesamten Materials zeigten sich auf den für die einzelnen Vorzeitperioden hergestellten Karten fundreiche und fundarme (oder gar fundlose) Gebiete. Auffällig ist die Fundgebiets veränderung in den einzelnen Perioden. Die Hauptfundgebiete der j. StZ stimmen mit denen der EZ überein, während sie in der BZ „und zwar allem Anschein nach nur in der j. BZ" wesentlich erweitert sind. Bei der Nachforschung nach den Gründen ergaben sich wieder die engen Beziehungen der Siedlungen zum Boden. Siedlungsland-, Wald-, Klima-, Landschaftscharakter sind eingehend behandelt worden. Bei der Stellungnahme zu den Ergebnissen der Arbeiten von Gradmann, Schlüter und Wahle wird festgestellt, daß die Abhängigkeit der vorgesch. Besiedlung von Bodenverhältnissen in Norddeutschland (Geogr. Zeitschrift 1922) jetzt für Holstein nachgewiesen und für einen großen Teil Norddeutschlands wahrscheinlich gemacht werden kann.

Die Ausdehnung der Siedlungsfläche in der BZ läßt auf eine Veränderung der damaligen Siedlungsmöglichkeit schließen, die nur durch klimatische Faktoren bedingt sein konnte (bestätigt durch Ergebnisse der Moorgeologie, Pflanzen- und Tiergeographie). Wir wissen, daß dieses Problem (Ausdehnung der Siedlungsräume während der BZ) für ganz Deutschland und darüber hinaus von Bedeutung ist.

Sehr bemerkenswert ist die Feststellung, daß im letzten Jh. v. C. ein Volksstamm „restlos" abgewandert sein muß.

Als Grundlage für eine derartige Bearbeitung dient die von Tode in Angriff genommene arch. Landesaufnahme in Schleswig-Holstein (Inventar; Darstellung der Besiedlungsgeschichte; arch. Karten). Die Mittel werden von den Kreisen aufgebracht, die auch für die Drucklegung sorgen. Das Verständnis wird weitesten Kreisen durch Vorträge und Zeitungsartikel vermittelt. Die Bevölkerung wird mit Hilfe eines Vertrauensmannes an jedem Orte (Lehrer, Geistliche, Förster, Gemeindevorsteher) in weitestem Umfange beteiligt. Der Vertrauensmann bereitet die Bearbeitung seines Ortes durch Umfragen und Eintragen vor. Nach Verarbeitung der ganzen Literatur und des Museumsmaterials beginnt die systematische Landbereisung (Aufsuchen, Vermessung der Denkmäler usw.). Erfolg: z. B. Grabhügel der BZ untersucht 10; in Museen und Literatur bekannt 20—30; durch die Bereisung festgestellt 200. — Wieder ein Beweis, wie unsicher die Schlüsse auf der bisherigen Grundlage gewesen wären.

Über den Unterschied zwischen Todes Arbeit und den früheren Inventarverzeichnissen und Fundkarten s. Archäologische Karten.

Im J. 1928 soll erscheinen: Alfred Tode *Urgeschichtl. Denkmäler und Funde von Schleswig-Holstein* I (Landesteil Lübeck).

§ 20. In Österreich hat sich Adolf Mahr, ein Schüler von M. Hoernes, mit Erfolg um die Siedlungsarchäologie bemüht und eine Reihe ausgezeichneter Vorarbeiten für eine Besiedlungsgeschichte seines Forschungsgebietes veröffentlicht. Auch die Mahrschen Arbeiten beweisen, daß eine erschöpfende Materialsammlung dem einzelnen Forscher nur in eng umgrenzten Landesteilen möglich ist, daß umfassende Übersichten lückenhaft bleiben müssen und zu unsicheren Schlüssen verleiten, wenn sie sich nicht auf zuverlässige Einzelarbeiten stützen.

Derartige Grundlagen zu schaffen, ist das Bestreben Ad. Mahrs. *Die älteste Besiedlung des Linzer Bodens* (Wiener Präh. Z. 1914 S. 278—290 Tf. 1—16) war ursprünglich für weitere Kreise berechnet und ist entstanden nach der Neuordnung des Linzer Museums durch den Verfasser, also aus praktischer Museumsarbeit hervorgegangen. Auch das hat besondere Vorzüge, wird doch infolge der bei dieser Gelegenheit erfolgten Nachprüfung der verschiedene Wert der eingelieferten Funde ins rechte Licht gerückt.

Bei weitem umfangreicher und in streng wissenschaftlicher Form dargeboten ist die zweite nach der Neuordnung des Lokalmuseums für Enns und Umgebung (Laureacum) erfolgte Veröffentlichung *Die älteste Besiedlung des Ennser Bodens* (MAGW 1916 S. 1—36, Tf. 1—3).

Siedlungs- und verkehrsgeogr. sowie geol. Vorbedingungen in Commenda *Lorch-Enns, geognost.-geogr. Präparation für eine Schülerexkursion* Linz 1906.

Mahr verarbeitete aber nicht nur die Funde dieses einen Museums, sondern alle, die der Ennser Boden bisher geliefert hat.

Als wertvolle Materialsammlung zur Siedlungskunde Oberösterreichs schließt sich Ad. Mahrs *Die La Tèneperiode in Oberösterreich* (Mitt. Präh. Kom. Wien 1915) an. Bei dieser Gelegenheit wird auch den Dammwiesen-Funden bei Hallstatt ihre richtige Stelle zugewiesen.

Ethnol. Schlüssen gegenüber ist Mahr sehr vorsichtig. Auch aus seinen Arbeiten ergibt sich, daß auf österreich. Gebiet die Wohnstättenforschung über die allerersten Anfänge nicht hinausgekommen ist.

§ 21. Als erfreuliche Erscheinung haben wir Max Hellmichs Werk über die *Besiedlung Schlesiens in vor- und frühgeschichtl. Zeit* zu verzeichnen (mit 8 Karten und 4 Auflageblättern; hg. mit Unterstützung der Histor. Komm. für Schles. und des Schles. Altert.-Ver. Breslau 1923).

Als wesentlichen Unterschied gegenüber älteren ähnlichen Versuchen (Kruse *Budorgis* 1819; Schles. Vorzeit in Bild und Schrift 1 ff. Drescher; Zimmermann *Vorgesch. Karte v. Schles.* 1874) hebt der Verfasser selbst hervor, daß bisher weder die natürlichen Verhältnisse des Landes berücksichtigt noch irgendwelche zeitlichen Stufen unterschieden worden sind. Das Bestreben, die Kartendarstellung auf die mit heutigen Mitteln erreichbare Höhe zu bringen, ist vollauf geglückt.

Auf die statistischen Mängel der Fundkarten hat Hellmich schon selber hingewiesen. Am unwesentlichsten scheint mir hierbei die Befürchtung zu sein, die Altertümer könnten in einer solchen Tiefe niedergelegt worden sein, daß sie dem neuzeitlichen Eingriff nicht erreichbar sind. Diese Fälle würden das Bild schwerlich allzusehr ändern. Bei weitem wichtiger ist, daß zahlreiche Reste nur von geschulten Beobachtern bemerkt werden. Das trifft z. B. auf beinahe alle Wohnplätze zu. Sehr schade ist es, daß Hellmich Siedlungen und Gräber nicht auseinandergehalten hat, mit alleiniger Ausnahme der Karte 7 für die slav. Zeit.

Das ehrenvollste Zeugnis stellen beinahe sämtliche Karten der Tätigkeit des Breslauer Museums aus. Leider sind die Akten des Görlitzer Museums nicht mitverarbeitet. Vermutlich hätte die Umgebung von Görlitz ein Gegenstück zu Breslau geliefert und damit zugleich den handgreiflichen Beweis erbracht, daß eine gründliche Bereisung der einzelnen Kreise erst einigermaßen lückenlose Grundlagen für die Siedlungsarchäologie geben kann.

Der Text zu den Karten ist absichtlich kurz gehalten worden. Auf der Karte I (Klima und Pflanzendecke; Wald-, Seen- und Moorgebiete) vermißt man jedoch die Angabe der Eiszeitspuren (Endmoränen, Geschiebelehm usw.).

Eine gute geol. Übersichtskarte durfte nicht fehlen. Nach meinen Erfahrungen ist sie für vorgesch. Besiedlung sogar noch wichtiger als eine Waldkarte. Einigermaßen ersetzt wird die geol. Karte ja durch die Karte II (Höhenlage und Flußnetz), aber die Zahl derjenigen, die sich aus einer Höhenschichtenkarte die geol. einigermaßen rekonstruieren können, ist doch recht klein. Eine Übersichtskarte hätte sich wohl auch aus älteren geol. Karten herstellen lassen, wenn auch für Schlesien die Verhältnisse besonders ungünstig liegen (vgl. Mannusbibl. 15 S. 3 Wahle).

Richtig ist gewiß, daß milder Löß, verwitterte Kalkböden und humose Sande mit genügender Feuchtigkeit auch Vorbedingungen für die Anlage der ältesten Siedlungen gewesen sind. Der Verfasser hätte aber berücksichtigen müssen, daß Schlesien größtenteils zum nordd. Flachlande gehört, die Verhältnisse hier also wesentlich anders beurteilt werden müssen als in Südwestdeutschland, auf das sich die herangezogenen Arbeiten von Gradmann und Wahle (abgesehen von *Ostdeutschland in jungneol. Zeit*) in erster Linie beziehen. Für irrtümlich halte ich die Auffassung des Verf., daß man sich bei der Wahl der Siedlungsplätze mehr nach augenfälligen Merkmalen als nach dem unter der Pflanzendecke verborgenen Boden gerichtet hat. Beides steht nicht im Gegensatz zueinander. Jeder, der mit der Bodenkunde vertraut ist, schließt natürlich von der Pflanzendecke auf die Bodengestaltung, aber auch der einfachste Landmann oder der Dorfschulze, der z. B. bei der Separation die Güte des Ackers in einem fremden Dorfe zu beurteilen hat, nimmt und nahm eine Probe des Bodens in die Hand. Richtig gesehen und in der Tat auffallend ist die Übereinstimmung zwischen den Flächen des heutigen Waldes und der Wertstufe unter 10 Mk. Ertrag auf der Karte III (Grundsteuer-Reinertrag des Pfluglandes).

Als maßgebende Gesichtpunkte für die Wahl der Siedlungen in der Urzeit gibt Hellmich an: 1. hochwasserfreie Lage unweit der Tal-Aue, 2. milder und fruchtbarer Boden, 3. hochwaldfreie Grassteppe. Ein wichtiger Gesichtspunkt ist hierbei außer acht gelassen, nämlich das Schutzbedürfnis. Das liegt aber wieder daran, daß Wohnstätten nur in den seltensten Fällen bekannt sind. Gräberfelder brauchten nicht gesichert zu werden. Sucht man jedoch die Wohnstätten der Lebenden auf, so kann das Schutzbedürfnis nicht übersehen werden. Wie wenig man diese wirklichen „Siedlungen" kennt, ersieht man aus „den volkreichen Niederlassungen, die wir uns in der Nähe der Friedhöfe zu denken haben" (a. a. O. S. 17).

Für die Zeit der Urnenfelder ist das Übergreifen auf waldreiche Gebiete, schlechtere Böden und höhere Lagen bezeichnend und hängt mit der schon von Seger festgestellten starken Bevölkerungszunahme zusammen. Aber auch das leichtere Auffinden der großen, zur Ausbeutung anlockenden Urnenfelder spielt hier eine Rolle.

Ebenso wird das Bild der germ. Besiedlung erst als vollständig anzusehen sein, wenn wir die Wohnstätten kennen. Hellmich selbst ist erstaunt über den Rückgang der Bevölkerung. Ich erinnere hier aber an die große, reiche germ. Wohnstätte von Kleinbeeren bei Berlin, von deren Gräberfeld wir in der Hindenburgschen Sammlung nur verhältnismäßig wenig gerettet haben, und an die ausgedehnte Siedlung von Lagardesmühlen bei Küstrin, deren Gräberfeld überhaupt noch nicht bekannt ist. Wenn (a. a. O. S. 10) gesagt wird, daß (slav.) Siedlungsstellen „vielleicht wegen ihrer Unscheinbarkeit nur selten festgestellt worden sind", so ist das ein alter Irrtum. Wer die slav. Wohnstätten von Hasenfelde, von Klößnitz bei Küstrin oder die in den letzten beiden Jahren bei Gandenitz, Kr. Templin, bei Gatow und auf dem Rohrwall bei Schmöckwitz oder die zahlreichen vorgesch. Wohnstätten aus dem Spree-Tal kennt, wird kaum noch begreifen, wie derartige Siedlungsstellen mit dicken Kulturschichten und zahllosen Kultureinschlüssen je übersehen werden konnten. Vgl. Tagungsber. Anthr. Ges. Salzburg 1926 S. 83ff.

Von den angeführten, weniger dem Verf. als der ganzen bisherigen Arbeitsweise zur Last zu legenden Mängeln abgesehen, bedeutet das Kartenwerk von Hellmich einen anerkennenswerten Fortschritt, und es wäre zu wünschen, daß jede Provinz mit einer solchen Grundlage für die weitere Arbeit ausgerüstet wäre. Die Karten selber sind klar und übersichtlich, und die Benutzung der Auflageblätter ist nicht zu umständlich; Farben und Zeichen wurden gut gewählt.

Daß der Verf., um das Bild namentlich für die frühgeschichtl. Zeit möglichst allseitig zu gestalten, auch die „Dreigräben", Burgwälle, Kastellaneien in den Kreis seiner Betrachtung gezogen hat, kann ihm nur Dank eintragen. Für ähnliche Werke muß ein Weg gefunden werden, die im Register angeführten Fundplätze auf den betreffenden Karten aufzufinden.

Bei Hellmich wäre es kaum möglich, nur nach seinem Werke einen so bedeutenden Fundplatz wie Jordansmühl festzustellen. Vielleicht müssen wir doch bei der schon von andern angewandten Art der Bezifferung bleiben. Zwar wird die Übersichtlichkeit der Karten leiden; bei den Auflageblättern würde das aber wenig schaden, haben wir daneben doch die eigentliche Fundkarte zur Verfügung.

V. § 22. In Westdeutschland arbeitet seit Jahren K. Schumacher über die Besiedlungsfrage. Er hat sich schon 1907 im 2. Bd. der Mainzer Z. (*Aufgaben der Forschung und Grabung in Südwestdeutschland*) über die siedlungsarch.-ethnol. Methode geäußert und bringt die besonderen Erfordernisse dieser Methode geradezu mit der durch Grabungen erfolgenden

Erforschung eines Gebietes in Zusammenhang. „Der objektive Forscher und Darsteller soll ja allem Problematischen gegenüber möglichst zurückhaltend sein. Der Ausgräber, welcher Neues finden will, muß den noch schwankenden Vorstellungen etwas mehr Rechnung tragen."

„Es ist kein Zufall, daß Schliemanns gläubige Phantasie über die skeptische Kritik der Gelehrten gesiegt hat." „Ganz besonders verpönt sind bei manchen heutigen Prähistorikern Vermutungen über Wanderungen und Verschiebungen von Völkern in der Urzeit; der systematische Erforscher der Besiedlungsverhältnisse einer Gegend kommt ohne sie nicht aus und wird durch vorsichtig in dieser Richtung gestellte Arbeitshypothesen manche Förderung erfahren." In diesen Ausführungen steckt zugleich der richtige Gedanke: Siedlungsarch.-ethnol. Probleme lassen sich letzten Endes nur lösen auf Grund eingehender und umfangreicher Bodenuntersuchungen. Diese gesunde Grundlage der Schumacherschen Forschungen hat denn auch bei den Vertretern anderer Wissenschaftszweige Vertrauen gefunden.

Südwestdeutschland eignet sich besonders gut als Beispiel für siedlungsarch. Arbeiten. Schon frühe in den Gesichtskreis der klassischen Völker des Altertums getreten, hat dieser Teil unseres Landes uns für das letzte vorchristl. Jht. nicht nur die Kulturen, sondern auch die Namen ihrer Träger überliefert. Hinzu kommt, daß eine ganze Reihe von Völkerverschiebungen (Franken, Burgunden, Alamannen, Sueben, und besonders Markomannen, Helvetier) sich mindestens im Dämmerlichte der Geschichte vollzogen hat, so daß gewisse Kulturen unbedenklich mit hist. bezeugten Völkernamen zu belegen sind.

Auch nach Schumachers Zeugnis ist die Erforschung der Wohnstätten hinter der der Friedhöfe zurückgeblieben. „Während Hunderte von Friedhöfen entdeckt und teilweise geöffnet sind, ist kaum ein halbes Dutzend gleichzeitiger Niederlassungen festgestellt." So glaubt er, bis auf die vorgallische „ligurisch-rätische", dem illyr. Stamme verwandte Bevölkerung zurückgehen zu können, fügt aber vorsichtig hinzu: „Indessen dürfen wir uns nicht verhehlen, daß alle dargelegten Momente nur Wahrscheinlichkeitsschlüsse sind, keine festen Tatsachen, wenn auch durch die Übereinstimmung in den verschiedenen Forschungszweigen die Beweiskraft der einzelnen Erwägungen erhöht wird. Hier sichere Grundlagen zu schaffen, ist die prähistorische Archäologie an erster Stelle berufen."

Scharf betont Schumacher stets, was sicher und was unsicher ist, und auch das hat dem Vertrauen zu seiner Arbeitsweise festen Boden gegeben.

Neben einer ganzen Reihe kleinerer und größerer Arbeiten Schumachers kommen hier namentlich noch zwei in Betracht: *Stand und Aufgaben der neol. Forschung in Deutschland* (8. Ber. röm.-germ. Kommission 1917) und *Stand und Aufgaben der bronzezeitl. Forschung in Deutschland* (10. Ber. röm.-germ. Kom. 1918).

In der ersteren Abhandlung (S. 81) bedauert er den Ton, in dem die Kämpfe zwischen Archäologen und Linguisten „nur zum Schaden der Sache" ausgefochten werden. Mit Recht weist er darauf hin, daß der Kulturübermittlung ein größerer Spielraum zugestanden werden müsse, als es seitens einiger Forscher geschieht. „Nach der Konstatierung der Formenkreise oder Kulturgruppen und ihrer Ausdehnung wird die schwierigere Feststellung ihrer gegenseitigen chronologischen und genetischen Beziehungen in Angriff zu nehmen sein." Diese Forderung von Hoernes macht Schumacher zu der seinigen und stellt sich damit vollkommen auf den Boden der siedlungsarch.-ethnol. Methode in bestem Sinne.

Auch in der zweiten Arbeit nimmt er zu den schwebenden Fragen in ruhiger, sachlicher Art Stellung. Zu Kossinnas Ausführungen über Teile der Aunjetitzer als Grundstock der Kelten (Mannus 4) meint er: „Das sind weitschauende Hypothesen von großer Tragweite, deren Berechtigung erst die eindringende Forschung vieler Jahre wird dartun können. Zunächst sind scharfe Analysen der einzelnen zeitlichen und geographischen Untergruppen nötig."

§ 23. Ein klares Bild der Schumacherschen Arbeitsweise gibt seine seit 1921 erschienene *Siedlungs- und Kulturgeschichte der Rheinlande von der Urzeit bis in das Mittelalter*. I. *Die vorröm. Zeit* Handbücher des röm.-germ. Zentralmuseums Nr. 1; II (1923). *Die römische Periode*; III (1925). *Die merowingische und karolingische Zeit.*

Das inhaltreiche Buch ist so geschrieben, daß es von jedem, der für diesen Gegenstand einiges Verständnis und Interesse mitbringt, durchgearbeitet werden kann. Übermäßige Belastung mit literarischen Notizen ist vermieden. Und doch wird jeder Leser auf den ersten Blick die gediegene wissenschaftl. Grundlage, auf der das ganze Werk aufgebaut ist, erkennen. Schumacher will (a. a. O. I 4) der topograph. Forschung in Deutschland dieselbe Stellung erringen, die sie im klassischen S längst genießt. Kultur- und Siedlungsgeschichte werden deswegen gleichwertig nebeneinandergestellt.

Als Ziel schweben ihm „Erkenntnisse von so allgemeiner Bedeutung vor, wie sie am besten das Werk von A. Dopsch *Wirtschaftl. u. soziale Grundlagen d. europ. Kulturentwicklung* Wien 1918, zeigt". Gerade Schumachers Buch zeigt wieder die enge Verknüpfung der Landesforschung, über die Siedlungsarchäologie hinweg, mit der Kulturarchäologie.

Recht beachtenswert sind seine Ausführungen über die neol. Kulturen und ihre Verbreitung im Rheinlande. Wir alle wissen, wie schwer es ist, bei der noch immer herrschenden Unsicherheit über das Alter und das Verhältnis der einzelnen Kulturen zueinander einen Überblick über alle die vielfachen Erscheinungen gerade auch in Westdeutschland zu geben.

Schon bei der Besprechung der paläol. und mesol. Funde wirkt die Vorsicht und die Zurückhaltung angenehm, mit der all die schwierigen Probleme behandelt werden. Schumacher weiß nicht von jeder Rasse zu sagen, wie sie entstanden oder woher sie gekommen ist. Dagegen ist er bemüht, „aus völlig gesicherten und zuverlässig gedeuteten Funden ein zwar knappes, aber hoffentlich anschauliches Bild des Siedlungsganges und der verschiedenen Siedlungstypen und des allmählichen Werdens der Kultur, wenigstens in großen Zügen, zu entwerfen".

Auf eine dringende Mahnung Schumachers sei hier verwiesen. „Die Untersuchung darf nur wirklichen Fachleuten anvertraut werden. .... Mögen aber die Gelehrten mit der Veröffentlichung des Gesamtmaterials nicht so lange zurückhalten und das Ergebnis ihrer mühseligen Forschung auch weiteren Kreisen genießbar machen."

Durch die Behandlung der verschiedenen Perioden in kultur- und siedlungsgeschichtlicher Hinsicht hat sich Schumacher die Grundlagen zu einer allgemeinen Betrachtung geschaffen und wendet sich dann zu einer Darstellung namentlich der Frage der Kontinuität der Kultur und Besiedlung der Rheinlande.

Bei dieser Gelegenheit sei auf die ausgezeichneten Vorarbeiten hingewiesen, ohne die Schumachers Werk nicht möglich gewesen wäre. Besonders seien hervorgehoben:

G. Wolff *Die südl. Wetterau in vor- u. frühgeschichtl. Zeit* 1913; ders. *Die Bodenformation der Wetterau in ihrer Wirkung auf die Besiedlung in vorgesch. Zeit* Arch. Hess. Gesch. Alt. 1920; Schumacher *Zur Besiedlungsgeschichte des rechtsseitigen Rheintales zwischen Basel u. Mainz* Mainzer Festschrift 1902; E. Wagner *Fundstätten und Funde aus vorgesch., röm. u. alamannisch-fränkischer Zeit* 1908—1911; A. Schliz *Siedlungswesen und Kulturentwicklung des Neckarlandes in vorgesch. Zeit* Heilbronner Festschrift 1911.

Sehr lehrreich und geradezu vorbildlich sind die zumeist von P. Goessler verfaßten Sonderhefte zu den Oberamtsbeschreibungen (Blaubeuren, Münsingen, Tettnang, Heidenheim).

Schon die Überschriften der letzten Kapitel seiner Abhandlung zeigen, welche Wege Schumacher weiter zur Erläuterung der Besiedlung einschlägt.

Landschaftsbild, Siedlungsweise, Siedlungsgang, Kontinuität der Besiedlung; Völker- und Kulturwege im Wechsel der Zeiten und in ihrer Fortdauer; Rassen- und Nationalverbände, Persistenz der Rassen; Kontinuität der Kultur.

Nach Schumachers Weise arbeitet auch mit Erfolg das Gießener Museum. Das beweisen die beiden ersten Veröffentlichungen des Oberhessischen Museums und der Gailschen Sammlungen zu Gießen: 1. Heft P. Helmcke *Hügelgräber im Vorderwald von Muschenheim* und 2. Heft O. Kunkel *Vorgeschichtliches aus dem Lumdatale. 1. Hügelgräberfeld am Homberg bei Climbach.*

Zu beiden Heften hat Schumacher das Nachwort geschrieben („chronologische Stellung und Gesamtbedeutung" und „kultur- und siedlungsgeschichtliche Bedeutung").

§ 24. Zu den für die Siedlungsarchäologie bedeutsamen Schädeluntersuchungen von Schliz (Archiv f. Anthr. 7, 9, 13) hat wohl Schumacher (8. Ber. röm.-germ. Kom. S. 80) den richtigen Standpunkt eingenommen: „Das allgemeine Ergebnis, daß diese bestimmten Kulturkreise wirklich getragen waren von wohl charakterisierten Volksstämmen, ist im ganzen kaum zu bezweifeln; im einzelnen wird bei dem oft recht geringen und manchmal nicht einwandfreien Schädelmaterial die endgültige Feststellung des betreffenden Rassetypus manchem Zweifel begegnen. Entschieden abzuweisen ist aber die voreilige Verknüpfung dieser Ergebnisse mit solchen der Sprachvergleichung."

Der 42. Versammlung der Dtsch. Anthrop. Gesellschaft legte Schliz 1911 als Festschrift die Arbeit vor: *Siedlungswesen und Kulturentwicklung des Neckarlandes in vorgesch. Zeit.* Auf Grund seiner eigenen Forschungen, namentlich beim Steinzeitdorf Großgartach (s. d.), war Schliz in der Lage, sich auch eingehend mit den Wohnstätten und Gehöftanlagen zu beschäftigen. So konnte er soweit gehen, Rekonstruktionsversuche aus allen Perioden zu bringen.

VI. § 25. Åberg (*Das nordische Kulturgebiet in Mitteleuropa während der jüngeren Steinzeit* Upsala und Leipzig 1918). Åberg stützt sich, wie ebenfalls in seinen übrigen Arbeiten, auf die Ergebnisse der typol. Methode, als Schüler von Montelius, Stjerna, Almgren und Salin.

Sein Buch gilt auch den letzten Zielen der siedlungsarch.-ethnol. Methode. An Ausnutzung des weithin zerstreuten Materials und auch der ebenso zerstreuten Literatur leistet er Gutes. Trotz aller Mühe ist es aber eine Unmöglichkeit, gerade bei der Zerstreutheit des Materiales alles zusammenzufinden. Wie schwer ist das schon in kleinerem Kreise. Wer auf Museumsreisen von Stadt zu Stadt durch die Sammlungen jagt, kann ein vollständiges Bild nicht gewinnen, schon weil in den meisten Fällen nicht alle Gegenstände ausgestellt sind, und wenn sie das sind, so stehen doch nicht alle Fundnotizen gleich zur Hand. So entstehen denn leicht Irrtümer oder schiefe Auffassungen. Es wäre kleinlich, einem Forscher vereinzelte Fundstücke, die ihm entgangen sind, immer gleich vorzuhalten, und gewisse Wendungen in vorgesch. Arbeiten („dies und das ist dem und dem entgangen") könnten ruhig seltener wiederkehren. Ein Aufzählen der neuen Stücke genügt vollkommen.

Etwas anderes ist es schon, wenn einige übersehene Funde für die allgemeinen Schlüsse von Bedeutung sind und das Bild wesentlich anders gestalten, oder wenn sich aus der Nichtvertrautheit und einer zuweilen gar zu flüchtigen Betrachtung eine schiefe oder ganz abwegige Beurteilung der Fundstücke ergibt.

A.a.O. S. 167: „Der Fund (von Trebus) wird im Märkischen Museum aufbewahrt. — Der Angabe nach soll die Keramik in Siedlungen angetroffen worden sein. Möglicherweise hat jedoch eine Verwechslung mit Flachgräbern stattgefunden." Hoffentlich sind Åberg nicht mehrere solcher Fehler passiert. Schon ein flüchtiger Blick auf die beiden Schaukästen kann nicht im Zweifel lassen, daß es sich um eine Siedlung handelt. Sogar Aufnahmen von Pfostenlöchern und Herdstellen sind ausgelegt. Die Getreidekörner (*Triticum compactum*) und sonstige Funde sprechen dafür. An Gräber erinnert geradezu nichts.

Über die Wohnstätte von Trebus gibt es zwei ausführliche Abhandlungen (Präh. Z. 5 und Müncheberger Mitt. 3), die beide lange Jahre vor Åbergs Arbeit erschienen sind. Außerdem ist die Trebuser Siedlung als gründlich untersuchte steinzeitl. Wohnstätte von andern Forschern oft genug zitiert worden.

Einem Fachkollegen, der bisher seine Hauptarbeit den Wohnstätten gewidmet hat, sollte nicht untergeschoben werden, daß er eine dieser Wohnstätten mit Flachgräbern verwechselt.

Damit aber kommen wir zu einer zweiten Eigenart der Åbergschen Arbeit. Auch seine S. ist eine Archäologie ohne Berücksichtigung der Siedlungen. Selbst die Hennig-Wahlesche Arbeitsweise ist spurlos an ihm vorübergegangen. So bietet Åbergs Werk als Höhepunkt und Abschluß einer jetzt veralteten Methode zugleich ein Beispiel dafür, wie Siedlungsarchäologie in Zukunft nicht getrieben werden darf.

VII. § 26. Erfreulicherweise sind bei den in den letzten Jahren (namentlich in den Ebertschen Vorgeschichtlichen Forschungen) erschienenen Arbeiten die Wohnstätten in ganz anderer Weise berücksichtigt worden. Sprockhoff (*Die Kulturen d. jüng. Steinzeit in d. Mark Brandenburg* 1926) widmet der Siedlung und dem Hausbau schon ein eigenes Kapitel. Wenn Bersu (Germania 1926 S. 167) in seiner Besprechung darauf hinweist, daß die Ergebnisse der Wohnstättenforschung in der Mark noch sehr dürftig seien, so hätte er angeben sollen, in welcher Provinz oder in welcher Landschaft auch nur annähernd so viele Wohnstätten gefunden und untersucht worden sind wie in Brandenburg. Natürlich hat die Ungunst der Zeiten auch hier hemmend gewirkt, und systematische Arbeit aller Museen hätte nach dem hier vor 20 Jahren mit Buch einsetzenden Erfolge ganz andere Ergebnisse zeitigen können. Aber anderwärts wagt man sich noch bei weitem seltener an die schwierige, entsagungsvolle und dabei kostspielige Wohnstättenuntersuchung heran. Mit dieser Zaghaftigkeit muß aber gebrochen werden. Die S. muß uns zu klarer Erkenntnis führen, und eine der wertvollsten Vorarbeiten dazu ist die Wohnstättenforschung.

Als weiterer, verheißungsvoller Schritt auf dem Wege zu einer allen Anforderungen entsprechenden Siedlungs- und letzten Endes Kulturarchäologie ist die Gründung der „Arbeitsgemeinschaft zur Erforschung der nord- u. ostdeutschen vor- u. frühgeschichtl. Wall- und Wehranlagen" zu betrachten, deren Zweck ist, die Befestigungen vom Stromgebiet der Elbe bis zur Weichsel und Memel nach einheitlichen Methoden und Grundsätzen zu erforschen und damit die Probleme der Siedlungsforschung in diesen Gebieten planmäßig zu fördern.

Die Arbeitsgemeinschaft wurde am 12. April 1927 in Kiel mit Unterstützung der Notgemeinschaft der deutschen Wissenschaft gegründet und hat die vorbereitenden Arbeiten aufgenommen.

§ 27. Das systematische Aufsuchen vorgesch. Wohnstätten, namentlich die Untersuchung der sonst so sterilen Dünen, hat zu einem ungeahnten Aufschwung der Erforschung mesol. Kulturen geführt, wie die Ausstellung und die Verhandlungen gelegentlich der 49. Anthr.-Vers. in Köln (Sept. 1927) gezeigt haben. Um aber über die Siedlungsweise der Mesolithiker ins klare zu kommen, bedarf es erst noch gründlicher Untersuchung der einzelnen Fundplätze. Bis jetzt liegen fast ausschließlich Oberflächenfunde vor (vgl. Tagungsbericht).

§ 28. Mittlerweile ist die Landesaufnahme, wie sie sich aus dem systematischen Aufsuchen vorgesch. Fundplätze und aus der Notwendigkeit des Schutzes vorgesch. Denkmäler (Jacob-Friesen) ergeben hat, in vollem Gange. Schleswig-Holstein hat bereits verschiedene Kreise in Arbeit. In der Ostprignitz ist die Aufnahme nahezu abgeschlossen. Hannover und Sachsen haben bereits besondere Kräfte für diesen Zweck eingestellt. Die „Arbeitsgemeinschaft zur Erforschung der ost- und norddeutschen vor- und frühgeschichtl. Wall- u. Wehranlagen" ist dabei, ein Verzeichnis sämtlicher Anlagen ihres Gebietes herzustellen. Es geht also vorwärts, und die Siedlungsarchäologie wird bald mit ganz anderen Grundlagen rechnen können als bisher.

A. Kiekebusch *Vorgeschichtliche Wohnstätten und die Methode ihrer Untersuchung* Anthrop. Korr.-Bl. 43 (1912) S. 1ff.; ders. *Das Aufsuchen und Feststellen vor- u. frühgesch. Siedlungen* ebd. 46 (1915) S. 37ff.; Jacob-Friesen *Der Schutz der vorgesch. Denkmäler* Präh. Z. 9 (1917) S. 75ff.; W. Matthes *Die arch. Landesaufnahme des Kreises Ostprignitz* Nachr. Anthr. Ges. 1 S. 17f.; E. Sprockhoff *Vorgesch. Landesaufnahme d. Provinz Hannover* Nachr. Anthr. Ges. 2 S. 13ff.; Alfred Tode *Urgeschichtliche Denkmäler und Funde von Schleswig-Holstein*. Bd. I (1928). *Landesteil Lübeck*; ders. *Archäologische Landesaufnahme* Vorgesch. Jahrbuch 3 (1927) S. 10ff.; [K. H. Jacob-Friesen *Grundfragen der Urgeschichtsforschung* 1928].

Albert Kiekebusch

Siedlungsgeographie, Vorgeschichtliche s. Anthropogeographie.

Siegburg-Troisdorf (Rheinprovinz). Längs des sog. Mauspfads, eines uralten vorröm. Verkehrsweges zwischen Sieg und Wupper parallel zum Rhein, vergleichbar dem linksrheinischen Hellweg, erheben sich etwa von S.-T. bis Opladen sehr zahlreiche Grabhügelgruppen, gelegentlich von über 500 Tumuli, meist auf unfruchtbaren Dünenerhebungen, aber umgeben von fruchtbarem Gelände, allerdings mehr Weideland. Die zugehörigen Siedelungen haben offenbar öfters an Stelle der heutigen Dörfer gelegen. Die reiche Keramik der meist ziemlich flachen Rundhügel, seltener Langgräber — doch kommen auch 4—6 m h. Tumuli vor —, alle mit Brandgräbern, gestattet trotz der vielfach ziemlich verwaschenen Formen eine deutliche Gliederung nach den 4 Hallstatt-Stufen, wie namentlich C. Rademacher nachgewiesen hat. In HZ_1—HZ_3 ist ein und dieselbe Bevölkerung an Ort und Stelle geblieben, offenbar aus dem s. Rheinlande abgewanderte Scharen der Hallstättischen Urnenfelderleute. In HZ_4 drängt von W die kelt. Kultur, von O die germ. heran, so daß eine starke Mischung der Kultur und z. T. wohl auch des Volkes stattfindet, wiewohl ein namhafter Teil der alten Bevölkerung mit dem alten Grabritus sitzen blieb (s. Band VIII Tf. 161 a—g). Jetzt werden auch die Bronzebeigaben häufiger. Ausgesprochen kelt. Gräber der LTZ sind n. des Siebengebirges nicht gefunden. Vollständige Kontinuität von HZ_1—HZ_4, ja vom Neol. ab, zeigen namentlich die Grabhügel im Scheuerbusch bei Wahn. Die Kultur bricht mit dem Einrücken der Germanen um 500 v. C. ab. — S. a. Niederrheinische Hügelgräberkultur.

Mannus 4 (1912) S. 187f.; ebd. 10 (1918) S. 97f.; ebd. IV. Ergänzungsband 1925 S. 112f.; Mannusbibl. Nr. 20 (1920) C. und E. Rademacher. K. Schumacher

Siegel (-zylinder; Tf. 20). S. a. Glyptik, Perser § 7, 2.

A. Ägypten. Seit dem Auftreten der Schrift (s. d. D) in Oberägypten, d. h. um den Beginn der 1. Dyn., finden sich in den Gräbern gelegentlich walzenförmig gearbeitete Steine — seltener ebensolche Gebilde aus Elfenbein (s. d. C; Diospolis [s. d.]; Mahasna [s. d.]; Abusir el-Meleq [s. d.]) oder aus Holz (s. d. B; Maciver-Mace *Amrah* S. 39; Reisner *Nâga ed Dêr* I 98, 3091, 4) —, der Länge nach durchbohrt, deren Oberfläche mit eingeritzten Schriftzeichen versehen ist. Es sind die sog. „Siegelzylinder" oder „Rollsiegel", die, über einen Verschluß aus weichem Nil-Schlamm gerollt, die betreffende Inschrift in diesen eindrücken und so den Besitzer des versiegelten Behälters (z. B. eines Tonkruges) bezeichnen sollten. In den Königsgräbern der 1. und 2. Dyn. bei Abydos sind zwar keine Siegelzylinder selbst (ein Holzmodell eines Privat-Siegelzylinders mit Tintenaufschrift: Petrie *Roy. Tombs* II Tf. 12, 5 und S. 29, 5), aber um so mehr Abdrücke königlicher S. auf Nilschlammstöpseln von Krügen gefunden worden. (Die Siegelzylinder selbst werden wohl aus edlem Metall bestanden haben und daher früh Räubern in die Hände gefallen sein; vgl. den goldenen Siegelzylinder der 4. Dyn. bei Möller *Goldschmiedearbeiten* S. 15, 7 und Tf. 2). Aus gleichzeitigen Privatgräbern bei Naga-ed-Dêr (s. d.) dagegen sind eine Anzahl von Siegelzylindern zutage gekommen, meist aus Stein, einer — der wohl als Fassung eines Holzkerns anzusehen ist — aus Gold. Auch die mit archaischen Inschriften versehenen Siegelzylinder bzw. Siegelzylinder-Abdrücke aus Diospolis, Kubanieh-Süd und Mahasna gehören gewiß schon der frühdyn. Zeit an. Diese S. enthalten sämtlich Zeichen der äg. Hieroglyphenschrift (meist wohl Namen und Titel des Siegelbesitzers); unter den Siegelabdrücken der Königsgräber dagegen finden sich neben denen mit offenbaren Inschriften auch solche, die nur bildliche Darstellungen enthalten (Reihen von Tieren u. ä.), welche noch keine wirkliche Schrift darzustellen scheinen (z. B. Petrie *Roy. Tombs* II Tf. 14, 101—104; Peet *Cem. Ab.* II 5; Reisner *Survey* 1907/08 S. 238, 43, 331 und Tf. 65f.). Hierzu gehört wohl auch ein „Siegelzylinder aus Elfenbein mit Tierdarstellung", den Möller (MDOG 34 S. 8) bei Abusir el-Meleq gefunden hat, sowie der bei Petrie *Prehist. Eg.* Tf. 9, 56 abg. Siegelzylinder. Wie der Steinzylinder ohne Inschrift in einem vorgesch. Grabe (Petrie-Quibell *Naqada* S. 16, 81) zu verstehen ist, weiß ich nicht; Siegelzylinder aus sicher vorgesch. Gräbern sind jedenfalls bisher nicht bekannt geworden.

Diese S. wurden an einer Schnur oder einer Kette um den Hals getragen (MDOG 34 S. 8 Möller; Reisner *Nâga ed Dêr* I 24 Gr. 1604), und ein S. an einer Perlenhalskette ist eins der gewöhnlichen Zeichen der äg. Hieroglyphenschrift geworden (ÄZ 35 [1897] S. 106 Borchardt; s. hier Tf. 20b 2, 3).

Die Sitte, sich solcher Rollsiegel zu bedienen, die auch in Babylonien uralt ist und dort bis zuletzt in Gebrauch bleibt, wird in Ä. zu Beginn des NR durch eine ganz andere allmählich abgelöst. Man siegelt nun nicht mehr durch Abrollen, sondern (wie wir) durch Aufdrücken einer Siegelfläche, und zwar erhält der Siegelstein die Gestalt des dem Sonnengott geheiligten Mistkäfers, des „Skarabäus" (s. d. A), dessen glatt gearbeitete Unterfläche die Siegel-Inschrift aufnimmt. Diese zum Siegeln bestimmten Käfersteine pflegt man selbst als „Skarabäen" zu bezeichnen. — Eine besondere Art von Siegelsteinen, die sog. „Knopfsiegel", die von auswärts nach Ä. eingeführt zu sein scheinen, finden sich erst seit der 2. Hälfte des AR und verschwinden wieder zu Beginn des MR.

Petrie *Diospolis* S. 36, U 364 und Tf. 10. 34 (= *Prehist. Eg.* Tf. 9, 57 und 23, 7); Maciver-Mace *Amrah* S. 39 Grab b 91 und Tf. 6, 6; Ayrton-Loat *Mahasna* S. 34 und Tf. 27, 1; Reisner *Nâga ed Dêr* I 24, 55, 119; Tf. 43 und 44; Mace *Nâga ed Dêr* II 56 und Tf. 56a; Petrie *Prehist. Eg.* S. 40f.; ders. *Roy. Tombs* I 24ff. und Tf. 12, 18—29; II 30ff. und Tf. 13—24; Junker *Kubanieh-Süd* S. 121 und Abb. 63; Peet *Cem. Ab.* II 5; Quibell *Arch. Obj.* Tf. 59, 1459; Newberry *Scarabshaped Seals* (Cat. gén. Vol. 32) 1907; Newberry *Scarabs* 1908; Petrie *Scarabs and Seals* 1917. Ranke

B. Palästina-Syrien.

§ 1. Schwierigkeiten der Bestimmung. — § 2—3. Geschichtliche Nachrichten (§ 2. Amarna-Briefe. — § 3. Das AT). — § 4. Formen, Stoff, Herstellung. — § 5. Zylinder. — § 6. Runde und ovale S. — § 7. Skarabäen.

§ 1. Bisher fehlt leider noch eine Zusammenstellung und kritische Würdigung aller in Palästina-Syrien gefundenen oder dort entstandenen Siegel. Doch ist neuerdings ein *Corpus gemmarum Asiae anterioris* geplant (Rev. bibl. 32 [1923] S. 420f. L. Speleers). Freilich wird diese Arbeit mit sehr beträchtlichen Schwierigkeiten zu kämpfen haben. Gerade diese kleinen, wertvollen Fundstücke sind am meisten der Gefahr ausgesetzt, nachdem sie in vielen Fällen noch dazu durch Raubgrabungen erworben waren, von Hand zu Hand zu gehen, wobei ihre Herkunft oft verschwiegen, gewerbsmäßig verwischt oder absichtlich falsch angegeben wird. Die meisten Stücke der großen europ. Slgn. leiden an diesem Mangel. Für die S., die bei Ausgrabungen gefunden wurden, läßt sich aus den FU nur erkennen, wo und wann sie zuletzt gebraucht wurden. Denn im alten Orient hat man nicht nur S. viele Jahrhunderte hindurch verwendet, sondern offenbar, wie es noch heute die Fellachen zu tun pflegen, aus abergläubischen Gründen gerade ein nach seiner Beschriftung unverständliches S. geschätzt, es also als Amulett (s. d. C; s. a. Glyptik C § 9) betrachtet. Daneben konnte es seinen ursprünglichen Zweck, die beglaubigte Unterschrift des Inhabers zu ersetzen, recht wohl erfüllen, weil der Träger die eingegrabenen Bilder als sein Zeichen verwendete. So können im folgenden nur Andeutungen über die geschichtliche Entwicklung und Hinweise auf die wichtigsten Veröffentlichungen gegeben werden.

§ 2. Die ältesten geschichtlichen Nachrichten über den Gebrauch von S. in Palästina-Syrien enthalten die Amarna-Briefe. Unter den Geschenken des Tušratta von Mitanni an Amenḥotep III. werden mehrfach S. (akkad. *kunukku*) erwähnt (Knudtzon 18 Rev. 2; 22 I 5. 52; 25 I 38f.; II 6ff., 29f. aus *ḫulâlu-* oder *uknu-* [Lasur-] Stein, in Gold gefaßt und mit Bügel versehen, auch S.-Ringe *timbu'u* 25 I 69; II 20), ebenso unter Geschenken aus Babylonien (ebd. 10, 45 [10, 48 S.-Ringe als Halsband]; 11 Rev. 25; vgl. *kanaku* versiegeln und das assyr. Epos 358, 17. 33). Aber die Briefschreiber aus Palästina-Syrien selbst reden nicht davon. Die nach Ägypten gesandten Tafeln sind nicht mit einem Abdrucke ihres S. versehen, da dieser wohl auf der Hülle angebracht wurde, die der Empfänger zerbrach. Ob der bei den Tafeln in *el-'amârna* gefundene Zylinder (Knudtzon Nr. 355) aus Syrien stammt, ist fraglich.

§ 3. Das AT kennt das S. (hebr. *ḥōtâm*) als Besitz des vornehmen Mannes (Gen. 38, 18) oder des Königs (1. Kön. 21, 8). Es wurde als Ring gefaßt an der rechten Hand getragen (Jerem. 22, 24; Haggai 2, 23; Hoheslied 8, 6) und zur Beurkundung in den Siegel-Ton (*ḥômer ḥōtâm* Hiob 38, 14) eingedrückt. Versiegelt wurden Urkunden (Jes. 29, 11), Briefe (1. Kön. 21, 8) und Beutel (Hiob 14, 17). Denn das S. hatte von Anfang an nicht nur den Zweck, das Eigentum zu bestimmen, sondern es auch gegen fremden Eingriff zu sichern. Der Hohepriester trug an seiner Kleidung zwei Schoham-Steine (s. Edelstein C § 2), in die Namen eingegraben waren (Exod. 28, 11), und auf der Stirn ein Blatt von gediegenem Golde, in das der Siegel-Stecher „Geheiligt sei Jahwe" graviert hatte (Exod. 28, 36). In späterer Zeit kannte man ganz harte Stoffe, die man an der Spitze eines eisernen Stiftes anbrachte, um damit in besonders widerstandsfähige Steine zu ritzen (Jerem. 17, 1 *šamîr*, angeblich Diamant; s. Edelstein C § 2).

H. Guthe *Kurzes Bibelwörterbuch* 1903 S. 616f.

§ 4. Da in den Nachbarländern Babylonien und Kleinasien seit den ältesten Zeiten für S. nebeneinander die Formen des Zylinders und des abgeflachten S. gebraucht wurden (s. a. Glyptik C § 6), läßt sich auch für Palästina-Syrien eine geschichtliche Scheidung beider Formen nicht vornehmen. Doch sollen im folgenden zur leichteren Übersicht die Formen mit besonderer Rücksicht auf ihre Herkunft auseinandergehalten werden, nämlich Zylinder, Flach-Siegel, Skarabäen. Der Stoff, aus dem die S. hergestellt sind, ist meistens Blut- oder Speckstein, seltener Halbedel- oder Edelstein und Metall. Offenbar sind die Zeichen des S. mit ganz einfachen Werkzeugen eingegraben worden. Das Loch, durch das der Bügel oder auch eine Schnur gezogen wurde, machte man mit dem Bohrer (s. d. C). Da diese Geräte nur für weichere Stoffe verwendbar waren, darf man wohl annehmen, daß S. aus härterem Stein im Auslande fertiggestellt wurden. Die Darstellungen zeigen, daß in Pal.-Syrien die verschiedensten Einflüsse zusammentrafen, von Babylonien-Assyrien, von den Hettitern, aus Ägypten. Die S. geben die daraus entstandene Mischkultur, auch in religiöser Beziehung, wieder; ein eigener Stil hat sich im Lande erst in israel.-jüdischer Zeit entwickelt.

§ 5. Unter den Zylindern ist wohl der älteste das in Thaanach (s. d.) gefundene Stück aus schwarzem Syenit mit dem Namen des Atanachili, Sohn des Chabsi, Diener des Nergal, in Keilschrift (Sellin *Tell Ta'annek* S. 27f., Abb. 22). Auf ihm ist ein Gott und sein Anbeter dargestellt, außerdem Mond, Sonne (?) und Stern. Die Kolumne mit den Glück andeutenden Hieroglyphen ist wahrscheinlich später eingefügt worden (W. v. Bissing *Der Anteil der äg. Kunst am Kunstleben der Völker* 1912 S. 77). Eine ähnliche Anbetungs-Szene findet sich auf den etwas späteren Zylindern der beiden Könige Adumu und Annuja, Sohn des Adumu, von Sidon (s. d.; W. H. Ward *The Seal Cylinders of Western Asia* 1910 S. 270f., Abb. 805f.), doch treten hier die äg. Einflüsse deutlicher hervor. Das gleiche gilt von mehreren im *ḥaurân* gefundenen Zylindern (Ward S. 271ff. Abb. 809ff.), während die Stücke von *mâlḥa* (Das Heilige Land 58 [1914] S. 72, 78 H. Hänsler) und Gezer (s. d.; Macalister *Gezer* II 344ff.; ebd. III Tf. 137, 44f.; 214, 3. 25) die babyl. Art klarer erkennen lassen. Dazu gehört auch die Darstellung des Marduk (s. d.) mit Tiamat (ebd. III Tf. 214, 19; Bliss-Macalister *Excavations* S. 153 Tf. 83, 2; I. M. Casanowicz *The Collection of Ancient Oriental Seals in the United States National Museum* 1926 S. 11 Tf. 4, 3) oder eines Kampfes zwischen Mann und Tier (Casanowicz S. 9 Tf. 2, 1; Macalister *Gezer* III Tf. 137, 50; 214, 7. 15. 22. 25 [sehr späte Nachahmungen]). Beliebt waren Jagdszenen (ebd. III Tf. 204a, 15; 214, 2. 8. 24; Casanowicz S. 11, Tf. 4, 5f.), Tiere zu beiden Seiten eines Baumes (Macalister *Gezer* III Tf. 202a, 12; 214, 11; Sellin *Tell Ta'annek Nachlese* S. 27 Abb. 41; Bliss *Tell el Hesy* S. 80 Abb. 127) oder Tiere (Hirsche, Steinböcke, Vögel) allein (Macalister *Gezer* III Tf. 137, 48; 202b, 3; 214, 13. 17; Sellin *Tell Ta'annek* S. 80 Abb. 112). Schon diese Stücke sind zumeist ungeschickte Nachahmungen alter Vorbilder. Schließlich hat man sich mit irgendwelchen Zeichen oder geometrischen Mustern begnügt (Macalister *Gezer* III Tf. 31, 15; 137, 46; 203a, 24; 214, 26). Eine Inschrift fehlt fast überall (Ausnahme ein neubabyl. Zylinder mit Keilschrift Schumacher *Tell el-mutesellim* S. 142f. Abb. 213). Wahrscheinlich sind entweder die Vorbilder zum großen Teile aus der syro-hettitischen Kunst übernommen oder die Stücke selbst im N angefertigt worden (W. H. Ward *The Seal Cylinders of Western Asia* 1910 S. 256ff.; D. G. Hogarth *Hittite Seals* 1920; G. Contenau *La Glyptique syro-hittite* 1922; H. Frankfort *Studies in Early Pottery* I [1924] S. 73f.; Syria 5 [1924] S. 308). Ein Stück aus Gezer ist so gut erhalten, daß man daran die Befestigung des Zylinders in Goldfassung und Silberbügel erkennen kann (Macalister *Gezer* III Tf. 31, 2).

§ 6. Auf den Rund- oder Oval-Siegeln begegnen uns in älterer Zeit dieselben Darstellungen und Einflüsse, so Anbetungsszenen (Bliss-Macalister *Excavations* S. 41 Abb. 16; Macalister *Gezer* I 390; III Tf. 121, 20. 26; II 259, 330 Abb. 437, 1), Tiere am Baum (Sellin *Tell Ta'annek* S. 74 Abb. 98), Tiere allein (Bliss *Tell el Hesy* S. 39 Abb. 79; S. 80 Abb. 126; Schumacher *Tell el-mutesellim* S. 73f. Tf. 18, e, Abb. 99; Macalister *Gezer* I 294ff.; II 330, Abb. 437; III Tf. 200, 2ff.; 209, 84ff.). Neben der aus Ägypten übernommenen Form der Halbkugel oder des Skarabäus kommt auch die des Kegels oder der Pyramide vor. Inschriften fehlen, abgesehen von Hieroglyphen (ebd. I 312, 390, Abb. 163; II 330; III Tf. 209, 84. 88), durchweg. Erst auf den israel. und jüdischen S. wird Schrift regelmäßig angebracht, und später verdrängt sie die figürlichen Darstellungen vollständig. Etwa dem 8. Jh. gehören die in Megiddo (s. d.) gefundenen S. des Schema' mit brüllendem Löwen und des Asaph mit gekrönter Sphinx an (Schumacher *Tell el-mutesellim* S. 99 ff.; Tf. 26, 0; Abb. 147 f.; Mitt. Deutsch. Pal. V. 1904 S. 1ff., 81ff. E. Kautzsch; Quarterly Stat. 36 [1904] S. 287ff. St. A. Cook; Mitt. Deutsch. Pal. V. 1906 S. 33ff. H. Guthe, A. Erman und E. Kautzsch; vgl. Syria 6 [1925]

S. 108 R. Dussaud), die beides, Bild und Inschrift, noch vereinigen. Weitere Beispiele, z. T. aus verhältnismäßig später Zeit, bieten M. A. Levy *Siegel und Gemmen* 1869 Tf. 1ff.; Pal.-Jahrbuch 2 (1906) S. 44ff. G. Dalman; Quarterly Stat. 41 (1909) S. 155f. A. H. Sayce; ebd. 45 (1913) S. 143ff. E. J. Pilcher (aus Gezer in der Sammlung H. Clark); R. Dussaud *Les Monuments palestiniens et judaïques* 1912 S. 94f. Nr. 122; Annual of the American Schools of Oriental Research 2—3 (1923) S. 103ff. C. C. Torrey. Auf den jüdischen S. ist nur eine meist zweizeilige Inschrift angebracht, die den Besitzer, Sohn des und des Vaters, nennt. Die beiden Zeilen sind durch einen oder zwei Striche voneinander getrennt, die in derselben Richtung wie die Durchbohrung des Steines laufen. Eine zusammenfassende Darstellung fehlt noch; vgl. Journal asiatique 8me série 1 (1883) S. 123ff., 506ff.; ebd. 2 (1883) S. 304f. Ch. Clermont-Ganneau; M. Lidzbarksi *Handbuch der nordsemitischen Epigraphik* 1898 S. 4ff., 169, 486, 493ff.; P. Thomsen *Die Palästinaliteratur* I (1908) S. 112ff.; II (1911) S. 139f.; III (1916) S. 155; IV (1927) S. 298ff. Die altertümliche Schrift ist dabei noch lange verwendet worden, aber die Namen, die sich in vielen Fällen mit den in der Chronik und Esra-Nehemia vorkommenden decken, verweisen diese S. zum größten Teile in die persische Zeit (Quarterly Stat. 41 [1909] S. 284ff. St. A. Cook). Etwas älter (750—590 v. C.) sind die S., die zum Stempeln von Krughenkeln verwendet wurden, aber nur in diesem Abdruck erhalten sind. Sie zeigen eine geflügelte Sonnenscheibe, oft bis zur Unkenntlichkeit verunstaltet, und den Text „Für den König", dazu einen Ortsnamen (Hebron, Socho, Ziph oder Mamschat) und sind nur in Judäa (Jerusalem, Jericho, Gezer, Gibea und auf den Schephela-Hügeln) gefunden worden. Wahrscheinlich dienten sie dazu, die für den königlichen Hof bestimmten Abgaben der einzelnen Bezirke an Öl und Wein als richtiges Maß zu bezeichnen (Journal of the Palestine Oriental Society 5 [1925] S. 44ff. W. F. Albright). Bescheidener sind die neuerdings bei der Grabung in Jerusalem (s. d.) entdeckten Stempel, die nur einen, zwei oder drei bis vier Buchstaben (meist *jāh, jâhu*) aufweisen (Quarterly Stat. 57 [1925] S. 91ff., Tf. 4 St. A. Cook; R. A. S. Macalister und J. G. Duncan *Excavations on the Hill of Ophel, Jerusalem* 1926 S. 189ff. Abb. 204f.). Vereinzelte Stücke derselben Art lieferten Thaanach (Sellin *Tell Ta'annek* S. 58), der *tell zakarîa* (s. d.; Bliss-Macalister *Excavations* Tf. 56, 44), Gezer (Macalister *Gezer* II 209, Abb. 359) und Jericho (s. d.; Sellin-Watzinger *Jericho* S. 158f., 188f.). Der Gottesname sollte gewiß ein Schutzmittel für das Gefäß und seinen Inhalt sein, nicht aber beides als Eigentum der Gottheit oder als Gabe an sie bezeichnen.

§ 7. In überraschend großer Menge sind allerorten Skarabäen gefunden worden (z. B. Bliss *Tell el Hesy* S. 58, 60, 79, 130ff. Abb. 115ff.; Bliss-Macalister *Excavations* S. 26f., 40, 152f., Tf. 83; Macalister *Gezer* II 314ff.; III Tf. 202ff.; Sellin *Tell Ta'annek* S. 20, 28, 50, 73f., 88, 111; *Nachlese* S. 5, 11, 14; Schumacher *Tell el-mutesellim* S. 15, 21, 60, 73, 86, 89, 101, 128, 138f., 149, Tf. 18, d. e; 23, b; 28, h; 31, d; 39, a; 48, c; PEF Annual 2 [1912—1913] S. 61, 69, Tf. 29 A, B D. Mackenzie; Syria 3 [1922] S. 286 Tf. 65 Ch. Virolleaud [aus Byblos ⟨s. d.⟩, wohl das älteste Stück]). Ein großer Teil ist freilich nicht als S., sondern als Amulett (s. d. C § 4) gebraucht worden. Bei anderen zeigt die sorgfältige Fassung, daß sie als S. gedient haben. Mit solchen sind in Jericho und anderwärts Krughenkel und Webgewichte (s. Weberei C § 2) gestempelt worden (Sellin-Watzinger *Jericho* S. 156f., Tf. 42; Bliss-Macalister *Excavations* S. 122, 152, Tf. 56, 31; Macalister *Gezer* II 176, 194, 209, 329; III Tf. 202—204; R. A. S. Macalister und J. G. Duncan *Excavations on the Hill of Ophel, Jerusalem* 1926 S. 178 Abb. 187f.), wie es scheint, erst mehrere Jahrhunderte nach Anfertigung der Skarabäen. Die Funde müßten einmal übersichtlich zusammengestellt und kritisch gewürdigt werden. Doch läßt sich schon jetzt erkennen, daß neben den alten, aus Ägypten bezogenen Stücken, die sich durch vorzügliche Ausführung und verständliche Beschriftung auszeichnen, im Lande massenhaft Nachahmungen hergestellt worden sind, die viel plumper ausfielen (ÄZ 60

[1925] S. 45ff. M. Pieper). Sog. Hyksos-Skarabäen bilden einen erheblichen Teil der palästinischen Funde (Journal asiatique 9 [1917] S. 59ff. R. Weill).

J. Menant *Les pierres gravées de la Haute Asie* II (1886) S. 212ff.; L. Delaporte *Catalogue des cylindres, cachets et pierres gravées de style oriental* 1920—23 S. 88ff.

Peter Thomsen

C. Vorderasien s. Glyptik C, Tonplombe.

Siegesstein s. Donnerkeil § 5.

Sierndorf (Niederösterreich). Im J. 1904 fand man 88 Stück Ösenringe aus Bronze, „die ohne jegliche Umhüllung zu einem zweireihigen Paket zusammengelegt waren." Depotfund der ä. BZ.

J. Szombathy *Vorgeschichtliche Funde aus Innerösterreich* Mitt. Zentr. Kom. 1905 S. 43.

G. Kyrle

Sierra-Morena-Kunst s. Kunst A IV.

Sifr, Tell s. Kutalla.

Sigervold-Typus s. Nordischer Kreis A § 4d 5, Nöstvet-Typus.

Signalbakken (ö. von Aalborg, Jütland; Tf. 21). § 1. Ein der j. StZ angehörender Kökkenmödding Dänemarks. Er liegt etwa 500 m s. vom Lim-Fjord, 47,5—41 m ü. d. M. Trotz der Landhebung scheint der Wohnplatz bereits in der StZ bedeutend über dem Meere und von ihm ab gelegen zu haben. Er unterscheidet sich dadurch von den Muschelhaufen der ä. StZ des N, die reine Strandansiedlungen waren.

§ 2. Der Muschelhaufen bei S. war mit einer dünnen Erdschicht bedeckt. Die Wohnplatzschicht selbst war 0,35 m dick, hatte eine Ausdehnung von 10 qm und bestand aus größeren und kleineren Haufen mit Muscheln und Schnecken (*Ostrea edulis, Mytilus edulis, Cardium edule, Litorina litorea, Nassa reticulata*), die Altertümer aus ein und derselben Stufe enthielten. Unter ihnen überwogen durchaus Knochengeräte (3500 Stück) gegenüber denen aus Flint und Bergstein (255 Stück). Die charakteristischsten Knochensachen waren Meißel und Pfrieme vom Schaf und Kronhirsch. (Knochenreste von Wildschwein, Luchs, Reh, Hund, Seehund, Singschwan, Graugans.) Unter den Steintypen sind hervorzuheben: zwei doppelschneidige Streitäxte (Müller *Ordning Stenalderen* Abb. 94), querschneidige Pfeilspitzen, Messer, Schleifsteine u. a. Zwei dünnackige Äxte (Müller a. a. O. Abb. 55/56) scheinen den Wohnplatz in die Dolmenzeit zu datieren, doch deutet die Keramik auf die Ganggräberstufe. Ausgeprägt dicknackige Äxte kommen jedoch nicht vor. Die damalige Flora ist in dem Muschelhaufen durch Eiche, Birke, Ulme, Esche, Haselnuß u. a. vertreten.

§ 3. Das größte Interesse verleiht dem Muschelhaufen indes die zahlreich darin gefundene Keramik (Tf. 21). Die Gefäße hatten wahrscheinlich den Typus Müller a. a. O. Abb. 217—220. Die Verzierung bestand aus großen Grübchen oder Nageleindrücken unter dem Mündungsrand und vertikal laufenden Eindrücken oberhalb der Bauchkante. Auch Spuren von Megalithkeramik erscheinen. Einige Gefäße zeigen Abdrücke von Weizen und sechszeiligem Korn. O. Almgren (Ant. Tidskr. 20, 1 [1911] S. 53ff.) hat darauf hingewiesen, daß die schwed. Wohnplatzkeramik ihren Ursprung von der der jüngeren dän. Kökkenmöddinger ableitet. Die Tonware der älteren ist im allg. unverziert, doch hat man auf dem schwed. Wohnplatz bei Limhamn (s. d.) Gefäße gefunden, die außen mit flachen ovalen oder Nagel-Eindrücken überzogen sind (Band IX Tf. 18 b). Dieses Dekorationssystem findet sich wieder in einem entwickelteren Stadium auf den Tongefäßen der Muschelhaufen bei Ørum Aa und S. Von einem Wohnplatz bei Ringsjö (Schonen) kennt man Gefäße mit Verzierungen dicht unter dem Rande der Mündung (Band IX Tf. 18c, 19a). Gewöhnlich ist das Ornament tiefer gestellt, was typisch ist für die schwed. Wohnplatzkeramik der Ganggräberzeit. Die Grübchenkeramik ist besonders im s. und ö. Schweden auf den Wohnplätzen von Siretorp (Blekinge; Band IX Tf. 20, 21), Säter (Östergötland; Band IX Tf. 22) und vor allem den gotländischen und uppländischen weiterentwickelt. Namentlich in Åloppe (s. Åloppe-Mjölkbo; Band IX Tf. 26b, 27, 28a, b) machen sich Einflüsse der Ganggräberkeramik stark geltend durch die oft hervortretende vertikale Gruppierung des Ornamentes. Auf die Profilierung der Gefäße ist der Einfluß der jüngeren dän. Kökkenmöddinger-Keramik unverkennbar. So würde sich nach Almgren die ost-

a

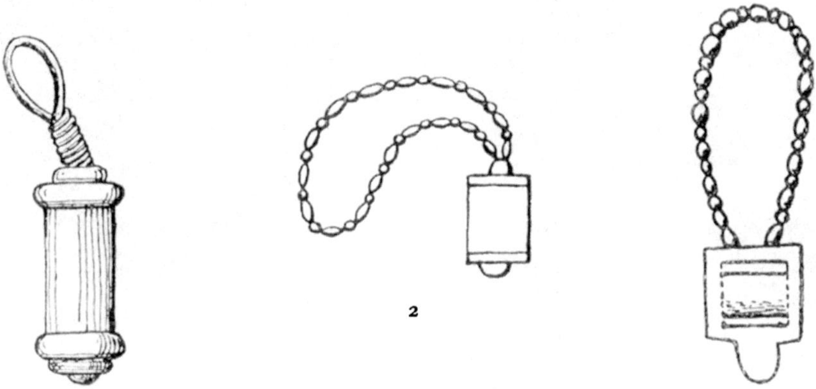

2

1 b 3

c

Siegelzylinder A. Ägypten

a. Goldenes Amtssiegel in Rollenform mit dem Titel des „Vorstehers der Goldgießer" unter König Mykerinos (4. Dyn.). Berlin. Ägyptisches Museum. Nach H. Schäfer. — b. Die verschiedenen Arten des ägyptischen Rollsiegels: 1. Original im Louvre. — 2. Hieroglyphe in Medum (die Achse des Siegels ist an der Kette befestigt). — 3. Hieroglyphe in Sakkara (die Kette läuft senkrecht auf die Achse des Siegels zu). Nach P. E. Newberry. — c. Abrollung des Siegelzylinders Berlin, Inv. Nr. 18057 (Frühzeit) in Gips. Das Rollsiegel stellt eine unendliche Folge von Abdrücken des Namens her, der auf ihm in zwei verschiedenen Fassungen (im ganzen zehnmal) steht. Nach Photographie.

a

b

c

Signalbakken

a—c. Tongefäßscherben. Nach Aufnahmen des Nationalmuseums Kopenhagen.

schwed. Wohnplatzkeramik unter der Einwirkung der hochstehenden Nachbarkultur im SW entwickelt haben. Zunächst ist es die Wohnplatzbevölkerung am Ringsjö in Schonen (Band IX Tf. 18c, 19a), Blekinge usw., die von ihren bereits ackerbauenden Nachbarn im W deren gröbere Gefäßtechnik übernimmt. Etwas später hat die Wohnplatzbevölkerung in Östergötland und Uppland eine gewisse Beeinflussung von der feineren Verzierungskunst der Ganggräberzeit erfahren.

§ 4. In den letzten Jahren hat man in Uppland Wohnplätze mit Keramik aufgedeckt, die älter als Åloppe sind (Sotmyra, Persbo [Band IX Tf. 26a], Vadbron, Ytterby). Sie haben Gefäße mit weichem, glockenförmigen Profil, die mehr denen aus den ältesten Kökkenmöddingern ähneln. Ihre Ornamentik zeigt weniger Einwirkungen von der Megalithkeramik als Anknüpfung an die Keramik von Siretorp und vom Ringsjö. Es scheint also, als wenn bis hoch nach Mittelschweden hinauf sich eine Wohnplatzkeramik fand, deren Traditionen älter sind als die, welche auf die Tonware von S. zurückgeht, und die sich möglicherweise direkt aus dem Limhamn-Stadium entwickelt hat. — S. a. Nordischer Kreis A § 4 b.

Madsen *Affaldsd.* S. 147ff.; Ymer 1902 S. 56ff. Almgren; Ant. Tidskr. 20, 1 (1911) S. 53ff. ders.; Fornvännen 1913 S. 178ff. Erixon.

Gösta Öman

Sigynnen. S. (Σιγύνναι) nennt Herodot (V 9) ein Volk im Gebiet n. der Donau. Ihre w. Grenze erstrecke sich bis nahe zu den Enetern (Venetern; s. d.) an der Adria. Sie behaupteten, Abkömmlinge der Meder zu sein, trügen medische Tracht und hätten kleine, zottige und stumpfnasige Pferde, die sie aber nicht zum Reiten, sondern als Wagenbespannung benützten. Auch Strabo (XI 520) kennt S. (Σίγιννοι). Auch sie reiten nicht, sondern spannen die kleinen, zottigen Pferde ins Viergespann. Sie wohnen am Kaspischen Meer und sind „persisch gesittet". In beiden Fällen handelt es sich wohl um einen skytho-sarmat. Stamm. S. a. Skythen.

Niederle *Slovanské Starožitnosti* I 238; Zeitschr. f. vgl. Sprachforschung 42 S. 26ff. E. Meyer; Minns *Scythians and Greeks* 1913 S. 102.

M. Ebert

Sikaner. S. a. Sikuler A 1 I, Sizilien B. — Wahrscheinlich Urbewohner von Sizilien, iberisch-libyscher Abstammung, wohl in der Hauptsache Angehörige der Mittelmeerrasse (*Homo mediterraneus*; s. d.), vielleicht mit einem kleinen Zuschuß nordeurop. Blutes (*Homo europaeus*; s. d.). Bereits im Äneolithikum finden sich aber vereinzelte kurzköpfige Schädel vom Typus des *Homo dinaricus* (s. d.), die wohl im Gefolge von Kretern auf die Insel gekommen waren.

A. Schulten *Die Keltiberer* usw. 1914 S. 56ff.; F. v. Luschan *Anthropologie von Kreta* ZfEthn. 1913 S. 392.

Reche

Sikuler. A. Archäologie. 1. Auf Sizilien.

I. Sikaner und Sikuler. — II. Wohnstätten. — III. Gräber. — IV. Grabsitten. — V. Keramik. — VI. Äneolithische Waffen und Werkzeuge aus Stein. — VII. Waffen und Werkzeuge aus Metall. — VIII. Schmuck. — IX. Religion und Kultus.

I. Sikaner und Sikuler.

§ 1—3. Literarische Überlieferungen. — § 4—11. Neuere Anschauungen. — § 12—18. Kritik dieser Anschauungen und arch. Schlußfolgerungen.

§ 1. Eine der schwierigsten und strittigsten Fragen des vorgriech. Siziliens ist die seiner ersten Besiedlung.

Die alten Geschichtsschreiber stimmen darin überein, daß die Sikaner und die Sikuler zwei verschiedene Völker waren, die seit den frühesten Zeiten die Insel bewohnten. Thukydides (VI 2) und Timaios (bei Diod. V 6) berichten, daß zwischen ihnen Kriege stattgefunden haben, und daß sie nicht auf der gleichen Kulturstufe standen: die Sikuler hätten eine gesittete und geordnete Lebensführung, die Sikaner dagegen wohnten verstreut in Dörfern, die durch unaufhörliche innere Kämpfe verwüstet wurden. Noch ein drittes Volk wird von den alten Geschichtsschreibern genannt, das der Elymer. Überlieferung und Geschichte trennen es fast einstimmig von den beiden ersteren. Sein Sitz soll im äußersten W der Insel zu suchen sein. Nach Hellanikos sollen sie von Italien aus auf die Insel gelangt sein (bei Dionys. Halik. I 22); Thukydides dagegen billigt die Legende, sie seien dem blutigen Untergang ihres Vaterlandes entronnene Trojaner und dann auf Sizilien gelandet. Ein anderer glaubte, sie mit den Liguren (s. d.) in Verbindung bringen zu können,

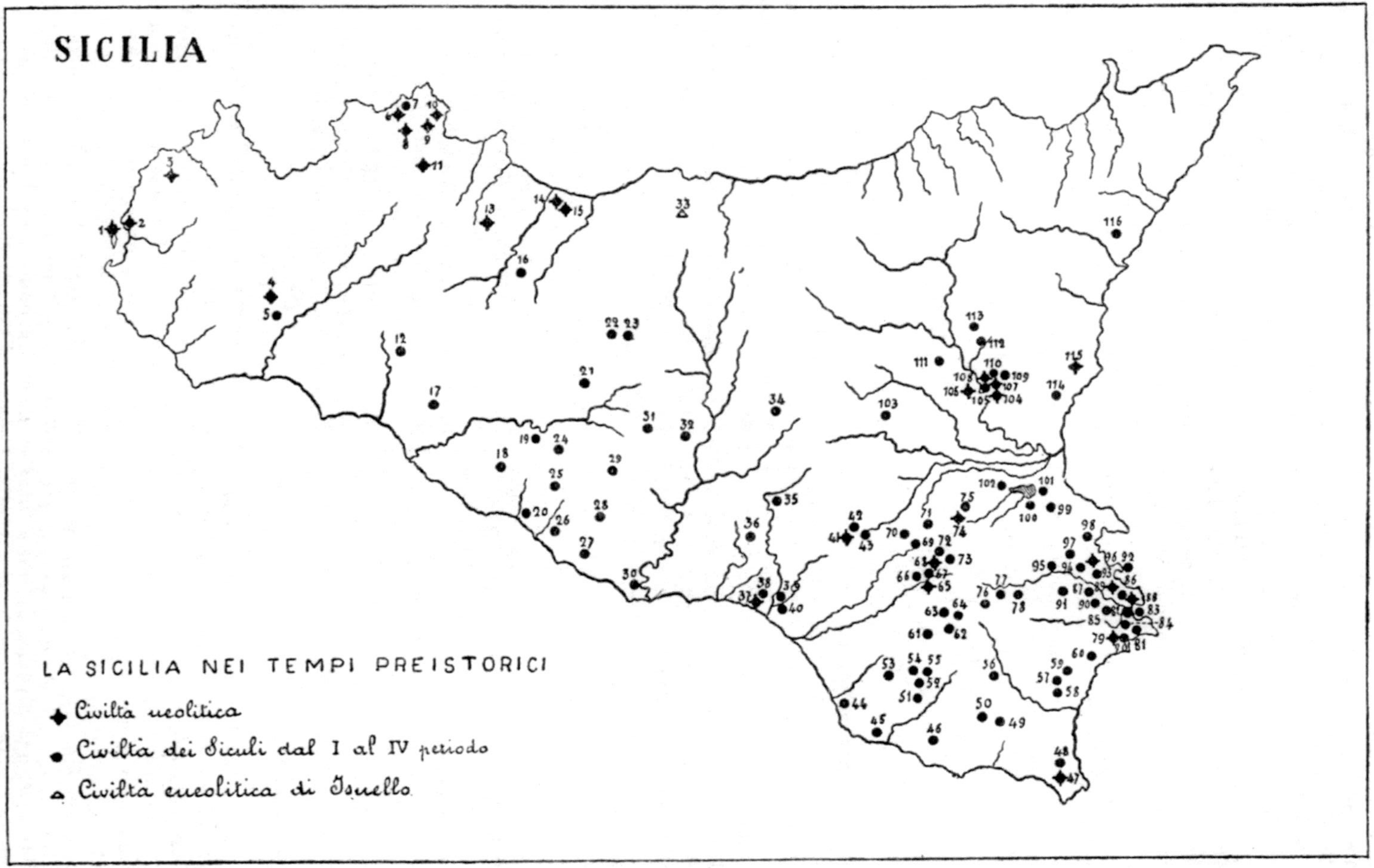

Sizilien B. Jüngere Perioden

Ortsverzeichnis

(Zu Tafel 22)

1 Isola di S. Pantaleo (Trapani).
2 Tre Pini (Trapani).
3 Monte Erice (Trapani).
4 Santa Ninfa.
5 Partanna.
6 Capaci.
7 Capaci.
8 Boccadifalco.
9 Colli (Palermo).
10 Valdesi (Palermo).
11 Grotta della Moarda.
12 Sambuca Zabut.
13 Villafrati.
14 Grotta Puleri (Termini I.).
15 Grotta Geraci (Termini I.).
16 Vicari.
17 Monte Sara (Girgenti).
17 Monteaperto (Girgenti).
17 Monserrato (Girgenti).
18 Raffadali.
19 S. Angelo Muxaro (Girgenti).
20 San Biagio (Girgenti).
21 Mussomeli.
22 Vallelunga.
23 Valledolmo.
24 Pietralonga (Recalmuto).
25 Caldare.
26 Cannatello.
27 Palma Montechiaro.
28 Naro.
29 Fundarò (Canicatti).
30 Passarelli (Licata).
31 Vassalagi (S. Cataldo).
32 Monte Gibil Gabil.
33 Isnello.
34 Lago di Pergusa.
35 Monte Bubbonia (Mazzarino).
36 Manfria Linghilinò.
37 Piano Notaro (Terranova).
38 Montelungo (Terranova).
38 Mulino a Vento (Terranova).
39 Sette Farina (Terranova).
39 Stazione di Butera (Terranova).
40 Lenza delle Femmine (Terranova).
41 Colle S. Ippolito (Caltagirone).
42 Caltagirone.
43 S. Mauro (Caltagirone).
44 Camarina.
45 Branco Grande.
46 Scicli.
47 Grotta Corruggi (Pachino).
48 Calafarina (Pachino).
49 Grotta Lazzaro (Modica).
50 Cava Ispica C. Lavinaro.
51 Hybla Heraia (Ragusa).
52 Monte Salia (Comiso).
53 Monte Croci (Comiso).
54 Monte Tabuto.
55 Monteracello.
56 Castelluccio (Noto).
57 Finocchito (Noto).
58 Netum (Noto Vecchio).
59 Tremenzano.
60 Cassibile.
61 Aranci (Chiaramonte).
62 Calaforno (Giarratana).
63 Paraspola (Chiaramonte).
64 Giarratana.
65 Sciri (Licodia).
66 Scifazzo (Licodia).
67 Licodia Eubea.
68 Santo Cono (Licodia).
69 Molino della Badia (Gram.).
70 Grammichele.
71 Catalfaro (Mineo).
71 Montagna di Camuti (Mineo).
72 Trecanali (Vizzini).
73 Fornello (Vizzini).
74 Ossini (Militello).
75 Militello.
76 Casale Gufaria.
77 Gerome (Buscemi).
78 Monte S. Nicolò (Buscemi).
79 Matrensa (Siracusa).
80 Milocca (Siracusa).
81 Plemmirio (Siracusa).
82 Massaolivieri (Siracusa).
83 Ortigia.
84 Epipoli (Siracusa).
85 Cozzo Pantano (Siracusa).
86 Podere Reale (Siracusa).
87 S. Paolo Solarino.
88 Grotta La Seggia (Siracusa).
88 Grotta La Scorosa (Siracusa).
88 Grotta Due Paperi (Siracusa).
89 Stentinello.
90 Floridia.
91 Rivezzato.
92 Tapso (Siracusa).
93 Cava Mostrinciano.
94 Castelluccio di Floridia.
95 Pantalica (Sortino).
96 Megara Hyblaea.
97 Melilli.
98 Molinello.
99 Cava Cana Barbara.
100 Lentini.
101 Valsavoia.
102 Scordia.
102 Colle S. Basilio (Scordia).
103 Monte Judica (Giardinelli).
104 Cafaro (Paternò).
105 Cafaro (Paternò).
106 Poggio Rosso (Paternò).
107 Fontana di Pepe (Belpasso).
108 Trefontane (Paternò).
109 Rocca Scala (Paternò).
110 Rigolizia (Paternò).
111 Centuripe.
112 Biancavilla.
113 Adernò.
114 Barriera (Catania).
115 Aci S. Filippo.
116 Cocalonazzo di Mola (Taormina).

da die Benennung einiger ihnen zugeschriebener Städte, wie Eryx, Segeste, Entella, in der ligur. Toponomastik ein Gegenstück hat.

Die Sikaner werden von allen alten Schriftstellern übereinstimmend als die ältesten Bewohner der Insel angesehen. Nach Thukydides' Mutmaßung, die von Philistos und Ephoros ausgeführt wird (Thuk. V 2, 2; Ephor. bei Strabo VI 270), sind sie aus Iberien auf die Insel gekommen, und zur Bestätigung dieser Ansicht wird auf die Ähnlichkeit einiger Ortsnamen Siziliens und Spaniens verwiesen; aber das Kriterium gleichlautender geogr. Benennungen, dessen sich die alten Schriftsteller häufig zur Feststellung der Herkunft verschiedener Völker bedienten, ist, wie es wenigstens uns erscheint, wertlos. Timaios dagegen, der der einheimischen Überlieferung folgt, sieht sie als autochthon an (vgl. Diod. V 2), und Antiochos, wie aus Diodoros hervorgeht (Diod. XII 72), meint, sie seien die ältesten Bewohner des w. Teiles der Insel; auch gibt es Autoren — wie Cato, Plinius, Servius —, die ihre Anwesenheit in Latium vermuten lassen.

§ 2. Nicht weniger unstimmig sind die Notizen über die Sikuler, welche wir in dem bekannten Passus bei Dionysios von Halikarnaß haben (Dion. Halik. I 22). Die Sikuler, die zugleich mit den Oinotrern als die ältesten Bewohner Italiens angesehen werden, sollen, da sie in dem ihnen von den Pelasgern und den Aborigines, Abkömmlingen der Oinotrer, aufgezwungenen Kriege nicht haben Widerstand leisten können, ganz Unteritalien durchzogen, die Meerenge von Messina überschritten und die ö. Teile Siziliens besetzt haben. Nach Hellanikos hat sich dies in der dritten Generation vor dem Trojanischen Kriege ereignet. Als erste seien auf Sizilien die von den Oinotrern verjagten Elymer angekommen; 5 Jahre danach hätten die Ausonen, von den Japygern bedrängt, unter Führung von Sikulos, von dem die Insel ihren Namen trägt, die Meerenge überschritten. Philistos dagegen nennt die von Sikulos, Sohn des Italos, geführten Einwanderer Ligurer; sie seien unter dem Druck der Umbrer und Pelasger geflohen; dies habe sich 80 Jahre vor dem Trojanischen Kriege ereignet (Philistos bei Dion. Halik. I 22). Nach Antiochos sind die Sikuler nach Sizilien hinübergegangen, um den anstürmenden Oinotrern und Opikern auszuweichen; da aber seiner Ansicht nach auch die Sikuler Oinotrer waren (Antioch. bei Dionys. Halik. I 12), hätte also ein Teil des oinotrischen Volkes den andern verjagt. Sein Urteil über den Stamm der Sikuler stimmt im Prinzip mit dem von Hellanikos überein (vgl. E. Pais *Storia della Sicilia* 1894 S. 103). Endlich sagt Thukydides, daß die Opiker sie gezwungen hätten, ihre Sitze zu verlassen und sich auf Sizilien festzusetzen. Dort hätten sie die Sikaner im Kampfe besiegt und nach dem s. und w. Teil der Insel abgedrängt. Dies habe sich etwa 300 J. vor der Ankunft der Hellenen auf Sizilien zugetragen.

So berichtet in den Hauptpunkten die schriftliche Überlieferung.

§ 3. Über zweierlei herrscht völlige Übereinstimmung: 1. besteht eine scharfe Unterscheidung zwischen Sikanern und Sikulern; 2. sind diese letzteren von Italien her gekommen.

Keiner — mit Ausnahme von Thukydides — wirft die Frage auf, ob die Insel, als die Sikaner anlangten, völlig unbewohnt gewesen sei. Thukydides glaubt es nicht; er nimmt die Homerische Legende von den Kyklopen und Lästrigonen auf und zeigt somit, daß er der Meinung war, die einwandernden Sikaner hätten Sizilien bereits bevölkert vorgefunden, als sie sich dort niederließen.

Bekanntlich hatten die Logographen des 5. Jh., als sie anfingen, den Stoff zu sammeln, um die Geschichte der Völkerschaften auf der Insel vor der griech. Kolonisation zu schreiben, — außer den epischen und lyrischen Gesängen des 7. und 6. Jh. — nur die mündliche Überlieferung und das eigene Nachdenken zu ihrer Verfügung. Aber die Dichter hielten sich an die Legenden, und die mündliche Überlieferung dürfte, da sie sich auf Begebenheiten bezog, die, wie wir aus den arch. Daten wissen, 18 oder 20 Jh. zurücklagen, nur von sehr geringem Wert gewesen sein.

§ 4. Die bis jetzt angestellten Versuche, die wesentlichsten Abweichungen der ältesten Quellen miteinander in Einklang zu bringen, haben in keiner Weise das verwickelte Problem lösen können. Es ist hier nicht unsere Aufgabe, alles anzuführen, was in neuerer Zeit über diese dunkle Frage geschrieben ist. Wir wollen nur kurz die verschiedenen Schlußfolgerungen überprüfen, welche in gewissem Sinne die einzelnen Tendenzen der modernen Geschichtskritik repräsentieren. Diese zeigt nur zu sehr, daß ihr die Resultate der arch. Forschung nicht bekannt sind.

Wir beginnen mit Holm (*Geschichte von Sizilien* I) und finden bei ihm die Neigung, der Ansicht des Ephoros beizustimmen, nach dem Sizilien in den ältesten Zeiten von Iberern (s. d.) bewohnt war. Er kommt so der Anschauungsweise Humboldts nahe, welcher einigen gleichklingenden geogr. Bezeichnungen Iberiens und Siziliens Wichtigkeit beimaß. Nach der Ansicht dieses Autors seien ihnen die auf der Insel gefundenen Feuersteingeräte zuzuschreiben.

Zu unterscheiden von ihnen seien die Sikaner, deren Anwesenheit besser sichergestellt sei. Für sie komme weder iber. noch kelt. Abstammung in Frage. Man denke dagegen daran, daß sie von der Überlieferung unter den Bewohnern Latiums angeführt werden, von wo sie ziemlich früh vertrieben seien. Sie gehörten zur ital. Rasse, seien mit den Sikulern eng verwandt und hätten mit ihnen anfangs ein Volk gebildet. Andererseits würde die Verwandtschaft der Sikuler mit den Latinern und Oskern noch besser bewiesen werden, da ihr Übergang von Latium nach Sizilien keinem Zweifel zu unterliegen scheine. Rückwärtsgehend müßten wir ihre Spuren nicht im Lande der Ligurer suchen, wie Philistos es wollte, sondern zuerst im Picenum, danach in Epirus und Makedonien. Sie hätten zu dem großen Stamm gehört, aus dem die Griechen und Römer hervorgegangen seien, nämlich zu den Pelasgern. Von der Hämus-Halbinsel seien sie auf die apenninische übergesiedelt und von hier auf die Insel, der sie ihren Namen gaben.

§ 5. Ein anderer Schriftsteller, der zur Forschung nur geschichtliche Elemente heranzieht, ist E. A. Freeman (*The history of Sicily* 1891). Er meint, die Sikaner müßten für ein gänzlich anderes Volk gelten als die Sikuler. Erstere seien Iberer, d. h. ein Zweig der großen vorarischen Bevölkerung von Süd- und Westeuropa; letztere hätten als eine Vorhut der Indogermanen zu gelten, welche die ital. Halbinsel durchwanderten und nach Sizilien gelangt wären (a. a. O. S. 101, 125—126). Bezüglich der Sikaner gibt der Autor zu, nicht genügend sichere Tatsachen vorbringen zu können, um zu entscheiden, ob sie von Spanien nach Sizilien oder umgekehrt ihren Weg genommen hätten, oder auch, ob sie nach diesen Ländern aus einem dritten gekommen wären (a. a. O. S. 91 ff.).

Obgleich er wie Holm aus der klassischen Überlieferung schöpfen, gelangen doch beide, wie wir sahen, zu vollkommen verschiedenen Resultaten.

§ 6. Im Gegensatz zu ihnen zeigt sich Pais, dessen großes Wissen in geschichtl. Dingen über allen Streit erhaben ist, im allg. der schriftl. Überlieferung gegenüber sehr skeptisch. Der kritische Sinn, welcher seine Forschungen leitet, und seine großen Kenntnisse bewirken, daß er angesichts der zahlreichen und sich widersprechenden literar. Quellen mit seinen Entschlüssen oft zaudert. Immerhin läßt ihn die kritische Überprüfung der Quellen jene Tradition verwerfen, die die Sikaner als iber. Ursprungs, die Sikuler aber als einen Zweig der ital. Rasse und somit als Indogermanen ansieht (E. Pais *Storia della Sicilia e della Magna Grecia* 1894 I 91 ff.). Sikaner und Sikuler sind für ihn ein und dasselbe Volk, nicht nur im ethnogr., sondern auch im geschichtl. Sinne, und als Beweis für die ethnogr. Einheit dient die Ähnlichkeit vieler geogr. Termini in den von ihnen bewohnten Gegenden. Die leichte phonetische Differenz zwischen beiden Namen sei entstanden durch die verschiedene Weise, wie die dorischen und die ionischen Kolonisten denselben Namen aussprachen. Daß vor der Mitte des 8. Jh. v. C. eine Völkerschaft oskisch-ausonischer Herkunft von Italien nach Sizilien überging, ist für ihn eine unleugbare geschichtl. Tatsache (a. a. O. S. 144). Doch sagt er nicht, ob die ersten Bewohner der Insel Ausonen oder Ligurer waren, und ob diese Ligurer (s. d.), deren Anwesenheit sich sowohl im ö. wie im w. Teile kundtue, mit demselben Stamm wie die Osker in Verbindung zu bringen seien. So können diese Ligurer von der gegenüberliegenden Küste Afrikas gekommen sein und das „älteste ethnische Element darstellen, welches sich von Sizilien aus über ganz Italien verbreitete, bis es von oskisch-ausonischen Elementen auf die Bergrücken Siziliens und der Halbinsel zurückgejagt wurde; jedoch beweist nichts, daß die entgegengesetzte Meinung falsch sei, und daß der Syrakusaner Philistos, oder seine Quelle, mit der Behauptung, daß die die iber. Sikaner vor sich hertreibenden Sikuler Ligurer gewesen seien, einen Irrtum begangen hätte."

§ 7. Mehr Achtung vor der Tradition zeigt G. Patroni (*La civilisation dans la Sicile Orientale* L'Anthrop. 8 [1897]). Er, ein Archäologe, wundert sich mit Recht, wie die Historiker fortfahren können, sich in die lit. Überlieferung zu verbeißen, ohne die Museen zu studieren und bei der Archäologie Hilfe zu suchen. Er hält dafür, daß die Zeit noch nicht gekommen ist, um sich über die ethnogr. Frage äußern zu können, gibt aber zu, daß die Idee einer einzigen an den Gestaden des Mittelmeeres verbreiteten Rasse sich immer mehr durchsetzt. Die von den Alten eingeführten ethnischen Bezeichnungen seien durch geogr. und geschichtl. Ursachen zu erklären. Mit diesen Prämissen bemüht er sich um die Begründung seiner Theorie, nach der — im Gegensatz zu der von Orsi klar ausgesprochenen Ansicht — das sizil. Neol. den Sikanern zuzuschreiben ist. Sowohl Stentinello (s. d.) wie Castelluccio (s. Sizilien B II § 5) wären danach sikanische Plätze, und die Sikuler seien in der II. Per. Orsi, d. h. in der BZ, erschienen. Bei dieser Behandlung der Frage fällt es ihm nicht schwer, die Daten der durch Hellanikos und Philistos repräsentierten geschichtl. Überlieferung bez. des Übergangs der Sikuler auf die Insel mit den Resultaten der arch. Forschung in Einklang zu bringen.

§ 8. Ein anderer Gelehrter, der den Ergebnissen der arch. und anthrop. Entdeckungen der letzten Zeit Rechnung trägt, ist Modestov. Er hat sich mit dem uns hier beschäftigenden Gegenstand gründlichst befaßt (*Sur l'Origine des Sicules* Journal du Ministère de l'Instruction publique à Saint-Pétersbourg 1897; ders. *Introduction à l'histoire Romaine* Paris 1907) und stimmt der Theorie von Sergi bei, im Widerspruch allerdings zu allem, was von Philologen, Historikern und Linguisten bez. der Ethnographie der antiken Welt angenommen worden ist. Die Ausführungen von Sergi, nach welchem das s. Europa in der Urzeit seine Bevölkerung von Afrika her erhalten hat, läßt er gelten und hält sich nicht in sehr langen Betrachtungen über die Hypothese auf, gemäß deren im Quartär die mittelländische Abart der europ.-afrik. Rasse aus Ägypten nach Griechenland, aus Tunis nach Italien und aus Marokko nach Spanien und Portugal übergegangen wäre — als die Struktur des Mittelmeeres eine andere als heute war —, inwieweit diese Untersuchung die paläol. Bevölkerung der Insel betreffen könnte. Modestov richtet vielmehr seine Aufmerksamkeit auf das Volk, welches bei Beginn des Neol. Italien und seine Inseln bewohnt und in den natürlichen Höhlen, den Hüttenböden, den künstlichen Grotten und in den Bestattungen auf freiem Felde Spuren seiner Kultur hinterlassen hat. Dieses Volk ist jenes, welches die alten Schriftsteller mit dem Namen Ligurer bezeichnen, mit dem sich auf den Inseln die Iberer vermischten.

Weiter spricht er die Vermutung aus, daß diese Auswanderung der afrik. Völkerschaften, welche sich durch Jahrhunderte hinziehen konnte, über die Meerenge von Gibraltar nach Europa hin erfolgt sei. Als sie ihre Heimat verließen, seien Unterschiedlichkeiten zwischen ihnen noch nicht vorhanden gewesen; sie wären dann aber in zwei Teile auseinandergegangen, von denen sich der eine in der Pyrenäenhalbinsel festsetzte. Der andere habe das Rhône-Tal, die Seealpen, Ligurien und das Po-Tal besetzt, sich nach dem Ostabhang der Apenninen und der adriat. Küste hin verbreitet und sei in Mittel- sowie Süditalien eingezogen. Es sind dies die Völkerschaften, die, nachdem sie sich auf dem europ. Boden festgesetzt und im Laufe der Jht. differenziert hatten, die Namen Iberer und Ligurer erhielten.

§ 9. Wenn es sich aber darum handelt, die Umstände anzugeben, unter denen die Sikuler dazu kamen, sich auf Sizilien festzusetzen, so macht sich ein Zögern dieses Autors bemerkbar (B. Modestov a. a. O. S. 129ff.). Er wagt es nicht, mit der Überlieferung zu brechen, und pflichtet ohne weiteres der Annahme bei, daß die Sikuler

REALLEXIKON DER VORGESCHICHTE

UNTER MITWIRKUNG
ZAHLREICHER FACHGELEHRTER

HERAUSGEGEBEN VON

MAX EBERT

ORD. PROFESSOR AN DER UNIVERSITÄT BERLIN

ZWÖLFTER BAND

ZWEITE LIEFERUNG

SIKULER — SKARABÄUS

MIT 36 SCHWARZ- UND 2 FARBTAFELN

BERLIN 1928

WALTER DE GRUYTER & CO.

Das Werk ist auf einen Gesamtumfang von 14 Bänden und 1 Registerband berechnet und erscheint in Lieferungen. — Der Subskriptionspreis jeder Lieferung beträgt Rm. 6.—. Verstärkte Lieferungen werden entsprechend höher berechnet.

Subskriptionspreis der vorliegenden Lieferung Rm. 10.—, Ladenpreis Rm. 12.—

nach Sizilien von Latium gelangt sind, wo ihre Anwesenheit von angesehenen antiken Schriftstellern gemeldet wird. Andererseits erkennt er aber an, daß, da das Vorhandensein der Sikuler auf Sizilien während des Äneol. nicht angezweifelt werden kann, diese Auswanderung, ohne einen groben chronol. Irrtum zu begehen, nicht mit dem Eindringen der Indogermanen in die apennin. Halbinsel in Verbindung gebracht werden darf. Daraus geht hervor, daß die Annahme irgendeiner Verwandtschaft zwischen Sikulern und Latinern zu verwerfen ist.

Bez. der Sikaner hebt Modestov die übereinstimmende Ansicht der alten Autoren hervor, die sie als die älteste Bevölkerung Siziliens betrachteten. Er meint, wir müßten sie nicht nur in den natürlichen Grotten Südwest- und Mittelsiziliens der nachpaläol. Zeit suchen, sondern auch auf den Stentinello-Plätzen und im SO der Insel in der Prov. Girgenti. Er verwirft die Vermutung, sie seien aus Spanien und Italien gekommen, und äußert die Ansicht, daß sie direkt aus Afrika anlangten, und dies zu einer Zeit, als die Insel Pantelleria (s. d.) mit Tunis (s. d.), wenn auch nicht vollständig, verbunden war.

§ 10. Als letzten wollen wir Peet, also einen reinen Archäologen, sprechen lassen (*Stone and Bronzeages* 1909). Er hält für die älteste Bevölkerung Siziliens die, welche in Stentinello und Matrensa auf dem ö. Teil der Insel Spuren hinterlassen hat. Später als diese Plätze, aber immer noch neol., sind die Plätze Villafrati und Moarda auf Westsizilien anzusetzen. Wenn wir, wie nicht zweifelhaft erscheint — auch nach dem Zeugnis der alten Schriftsteller —, in den Sikanern die älteste Bevölkerung Siziliens sehen müssen, so sind sie sicher identisch mit dem Stentinello-Volk. Aber da die arch. Zeugnisse nicht für Zusammenhänge zwischen der Stentinello-Kultur und der neol. Kultur Spaniens sprechen, muß man die Ansicht ablehnen, daß die Sikaner von der iber. Halbinsel gekommen sind. Dagegen zeigt die neol. Kultur Westsiziliens Ähnlichkeit mit der Kultur der Dolmen und der in Felsen gehauenen Grabanlagen auf der iber. Halbinsel. Aber da sie, wie wir sehen, nicht die älteste der Insel ist, können wir sie nicht den Sikanern der Überlieferung zuweisen, die die ersten Bewohner der Insel sein sollen. Übrigens liegt kein Hinderungsgrund vor, anzunehmen, daß die Ähnlichkeiten der neol. Kultur Westsiziliens und Spaniens einfach auf Handelsbeziehungen zurückzuführen sind.

Nun handelt es sich darum, zu sehen, wie eine Überlieferung entstanden ist, die mit den arch. Resultaten nicht in Einklang gebracht werden kann. Peet findet eine rein auf Hypothesen basierende Erklärung, welche nichtsdestoweniger gleichermaßen angenommen oder verworfen werden kann, je nachdem man diese Hypothesen für der Wirklichkeit entsprechend hält oder nicht.

§ 11. Peet überprüft den Teil der Überlieferung, der sich auf den Übergang der Sikuler von Italien nach Sizilien bezieht, und bemerkt, daß, wenn dieser Bericht der Wirklichkeit entspricht, auf Sizilien zwei verschiedene Arten der Hinterlassenschaft anzutreffen sein müßten, entsprechend dem Unterschied zwischen Sikanern und Sikulern. Doch nicht dies allein. Durch das Eindringen des neuen Volkes müßte auch ein plötzlicher Wechsel erfolgen, begleitet von einem Material, das in Italien, in der Heimat der Auswandernden, sein Gegenstück findet. Nun stimmt dies aber nach Peets Ansicht nicht. Orsi glaubte bei Beginn seiner Untersuchung, die Sikaner von den Sikulern gemäß der Tradition ethnogr. trennen zu müssen, und dachte an aufeinanderfolgende Einwanderungen. Später jedoch änderte er, infolge neuer Entdeckungen, seine Ansicht und hielt Sikuler und Sikaner für zwei Zweige ein und desselben Volkes mit leichten Abweichungen voneinander, welche zu verschiedener Zeit auf die Insel gelangt waren.

Dieser Auffassung stimmt Peet bei. Er hebt hervor, daß die neol. Kultur von Süditalien eng verwandt ist mit der Siziliens, und keine von ihnen mit der Norditaliens. Beide seien über das Meer hinweg aus Afrika gekommen, die Ligurer aber, die nach Spanien ebenfalls aus Afrika gelangt sind, rückten in Norditalien ein, woraus sich erklären läßt, daß Sikuler und Sikaner in Italien überhaupt nicht gewesen sind. Jene anderen besetzten wahrscheinlich das Land bis n. von Rom und drangen vielleicht auch nach S vor, wenn man die jüngere Keramik von Molfetta (s. d.; die aus den Höhlen) ihnen zuschreiben darf. Es kann sich dann ereignet haben, daß die älteren, mit den Neolithikern Siziliens verwandten Völkerschaften Süditaliens von Zeit zu Zeit unter diesem Druck das Feld räumten, die Meerenge durchfuhren, um nach Sizilien überzusetzen; aber es könnte sich nur um Auswanderungen von beschränktem Umfange gehandelt haben, die in der Kultur der Insel keine Spuren hinterließen. Zur Unterstützung dieser Ansicht behauptet er und will er beweisen, daß die Kultur Siziliens eine fortgesetzte und fortschreitende Entwicklung zeigt, vom ältesten Neol. bis zum Beginn der hist. Zeit. Dies wäre nicht der Fall, wenn auf Sizilien ein Rassenwechsel stattgefunden hätte. Deshalb bekämpft er sowohl die Anschauung von Modestov, der zwischen dem Neol. und dem Äneol. einen Hiatus sehen will, wie die von Patroni, welcher diesen Hiatus zwischen der I. und der II. Per. Orsi ansetzt.

§ 12. Wenn sich schon die liter. Überlieferung, wie wir sahen, in vielen Punkten widerspricht, so hat auch die moderne Kritik mit Erweiterung des Wissensgebietes andere Probleme, Quellen neuen Zweifels und größerer Unsicherheit entstehen lassen.

Es steht jetzt fest, daß nur die Archäologie des Spatens klärende Momente liefern kann. Auf diesem langsamen und mühevollen Wege hat uns bis heute die sichersten Hinweise der bedeutende Archäologe gegeben, der seit 35 Jahren mit unermüdlichem Eifer das ö. Sizilien und in den letzten Jahren auch Kalabrien durchforscht hat. Es wird hier nicht unangebracht sein, hervorzuheben, daß er, der durch die Fülle des ihm verfügbaren Materiales und durch seinen umfassenden Überblick über die zu unserer Kenntnis gelangten Tatsachen der Gewiesene wäre, die strittige Frage zu behandeln, doch niemals gewagt hat, sie zum Gegenstand eines besonderen Studiums zu machen. Diese Zurückhaltung von Orsi zeigt uns, wie sehr er überzeugt ist, noch nicht genügend Tatsachen zu besitzen, um das Dunkel, welches die ethnogr. Frage einhüllt, verscheuchen zu können. Es hat uns indessen mit seinen Entdeckungen den einzuschlagenden Weg gewiesen und einige unbestreitbar schwerwiegende Ansichten zu dieser Frage geäußert.

§ 13. Sehr wenig wissen wir bis heute über die paläol. Stämme, welche die Insel bewohnten (s. Sizilien A). In der darauffolgenden Zeit finden wir eine Kultur, die den allerprimitivsten Zustand bereits überwunden hat. Im Gegensatz zur Insel Kreta (s. d. B), wo sich die neol. Kultur langsam von den Anfängen her entwickelte, treffen wir auf Sizilien ein Volk an, das sich einer schon seit geraumer Zeit ausgeprägten Kultur erfreut, wie wir dies an seiner Töpfer-Industrie erkennen können. Von Stentinello (Syrakus) bis Trefontane (Catania) sind auf einer Linie von mehr als 60 km bis jetzt 7 Stationen aus dieser Zeit aufgedeckt. Wir können uns daher eine angemessene Vorstellung machen von dieser Kultur, welche ohne Zweifel die älteste neol. der Insel ist (Tf. 22).

Wenn wir diese Funde mit der schriftl. Überlieferung in Einklang bringen wollen, müssen wir in der Stentinello-Bevölkerung die Sikaner der Geschichte sehen; da sich aber in Sizilien die Stentinello-Kultur auf das ö. Gebiet beschränkt, wäre notwendigerweise daraus zu folgern, daß die Sikaner niemals nach Westsizilien gelangt sind, was in offenem Gegensatz zur Überlieferung steht. Dagegen reicht diese Stentinello-Kultur tief nach Apulien hinein und erstreckt sich bis auf die Tremiti-Inseln (s. a. Italien B § 7).

Auch zwischen Geschichte und Palethnologie finden wir keine geringere Unstimmigkeit, wenn wir uns mit der Erforschung der Herkunft dieses Volkes beschäftigen. Wie wir sahen, läßt eine Ansehen genießende alte Überlieferung, welcher manche neueren Gelehrten zustimmen, die Sikaner von der iber. Halbinsel herkommen. Wir können nicht annehmen, daß die neol. Schiffer, denen wir die Fähigkeit, an der Küste und auch auf ruhiger See zu fahren, nicht absprechen wollen, sich an das Durchqueren des w. Mittelmeeres gewagt hätten. Weiter hätte die Landung an der Westküste der Insel erfolgen müssen. Auch machen wir an anderer Stelle darauf aufmerksam, daß man die Stentinello-Stufe nicht mit der Megalithgräber-Kultur der iber. Halbinsel in Verbindung bringen kann. S. a. Stentinello-Kultur.

§ 14. Noch eine letzte Bemerkung über die Sikaner der Überlieferung. Die lit.

a

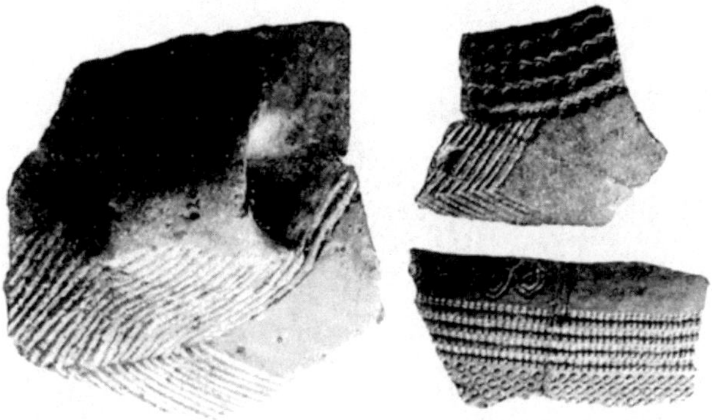

b

c

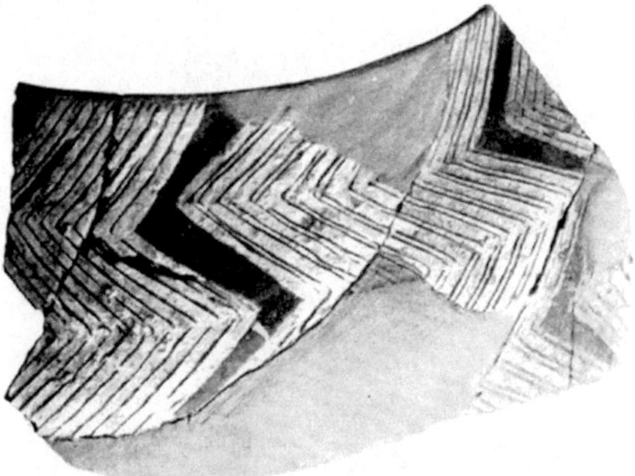

Sizilien B. Jüngere Perioden

a—c. Tongefäßscherben von Stentinello (a) und Matrensa (b, c). Nach Aufnahmen des Museums Syrakus.

a

b

c

d

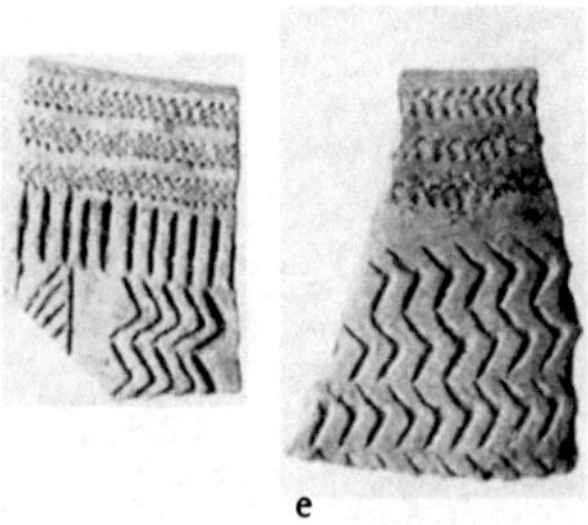

e

f

Sizilien B. Jüngere Perioden

a—f. Tongefäßscherben von Trefontane. Sammlung Cafici. Nach Photographie.

a

b

Sizilien B. Jüngere Perioden

a. Tongefäßscherben von Megara Hyblaea. Nach Aufnahmen des Museums Syrakus. — b. Bemalte Schale von ebd. Nach Mon. Lincei 1921.

Sizilien B. Jüngere Perioden

Scherben aus der Siedlung von Trefontane. Sammlung Cafici in Catania.
Nach Aquarellen von C. Cafici.

Quellen lassen die Sikaner aus Furcht vor den Ausbrüchen des Ätna oder unter dem Druck der hereinbrechenden Sikuler aus dem O nach dem W der Insel auswandern. Folglich müßte man in Westsizilien Spuren derselben neol. Kultur wie in Ostsizilien finden, was nicht der Fall ist.

Auch das Auftreten dieser sikul. Eroberer Ostsiziliens zeigt sich uns voller Unklarheiten in dem verworrenen Bilde des vorgriech. Südens.

Die Kultur der Sikuler auf Sizilien ist von Orsi auf unerschütterlicher Basis rekonstruiert, so daß heute die Physiognomie dieses vergessenen Volkes vor unsern Augen mit einer Genauigkeit in den Umrissen wiederauflebt, die selbst den Historikern unbekannt ist, welche über sie zu einer Zeit schrieben, in der die letzten Vertreter dieser Rasse von der Insel noch nicht verschwunden waren.

Fast einstimmig lassen die antiken Quellen die Sikuler von der ital. Halbinsel kommen. Dionysios von Halikarnaß datiert diese Auswanderung nach dem Zeugnis von Hellanikos drei Generationen vor dem Trojanischen Krieg, nach Philistos hat sie dagegen 80 Jahre vor diesem Kriege stattgefunden (Dionys. Halik. I 22). Nach Thukydides erfolgte der Einfall 3 Jh. vor der Ankunft der Griechen auf der Insel (Thuk. VI 2).

§ 15. Nun wollen wir unter Orsis sicherer Leitung so kurz wie möglich die Sachlage überprüfen.

Wir sagten, daß in Ostsizilien eine scharf umrissene neol. Kultur existiert, die von Stentinello (s. d.). Sie erhielt ihren Namen nach dem ersten, vom Direktor des Museums zu Syrakus ausgegrabenen und publizierten Fundplatz. In ihr hat man die älteste Phase des sizil. Neol. zu sehen. Das Neol. von Villafrati und Moarda in Westsizilien ist jünger und steht durch manche Besonderheiten der Keramik mit der sog. Megalithgräber-Kultur in Verbindung (s. Megalithgrab). In die gleiche Zeit muß man auf Ostsizilien die Stationen Santo Cono und Piano Notaro setzen. Die Kultur der darauffolgenden Zeit wird von Orsi in 4 Per. eingeteilt und den Sikulern zugeschrieben. — Patroni vertritt eine andere Theorie, nach der in der I. Per. Orsi, also dem Äneol., eine Umwandlung der vorhergehenden sikan. Stentinello-Kultur stattgefunden hat, so daß die sikul. Kultur mit der II. Per. ihren Anfang nimmt. Aber heute ist diese These unhaltbar geworden, da das Hauptargument, auf welchem sie ruhte, nämlich der scharfe Schnitt zwischen der I. und II. Per., hinfällig geworden ist: Orsi hat durch eine ganze Reihe von aufeinanderfolgenden Funden (Grab von Monteracello, Nekropolen von Valsavoia, Cava Cana Barbara und Rivetazzo, Siedlung von Barriera) nachweisen können, daß zwischen dem Äneol. und der BZ keine Lücke vorhanden ist. S. a. Sizilien B II § 5, 6, 12.

Anfangs glaubte Orsi, den Beginn des Äneol. gegen 2000 v. C. ansetzen zu können; aber heute, nach den Resultaten der Ausgrabungen von Megara Hyblaea, datiert er ihn gegen die Mitte des 3. Jht. v. C. (P. Orsi *Megara Hyblaea* Mon. Lincei 27 [1921]). Chronol. Bestimmungen sind begreiflicherweise um so unsicherer, je zurückliegendere Zeiten sie betreffen; aber in unserem Fall stimmen die Schlüsse, die Orsi durch die Ausgrabungen von Megara Hyblaea hat ziehen können, mit den Berechnungen von Dörpfeld überein, der die Schichten der 2. Stadt von Troja (s. d.), in denen die bekannten Knochenplättchen, die mit denen von Castelluccio identisch sind (s. Sizilien B III § 3; Tf. 37c, d), gefunden wurden, in die 2. Hälfte des 3. Jht. v. C. setzt (B. Modestov *Introd. à l'hist. Rom.* 1907 S. 86—89).

§ 16. Dagegen hat nach der Chronol. der Überlieferung die Einwanderung der Sikuler ein Jh. vor der Einnahme von Troja stattgefunden, also zwischen dem Ende des 14. und dem Anfang des 13. Jh. v. C. Zwischen beiden Berechnungen liegt also ein Abstand von 12—13 Jahrhunderten. Dieser enorme Unterschied in der chronol. Fixierung der Archäologie und der Überlieferung zeigt uns, wie wenig informiert die alten Geschichtsschreiber über den Ursprung des Volkes waren, dessen geschichtl. Begebnisse sie erzählten; diese ihre Unwissenheit betrifft nicht nur die Zeit seiner Ankunft auf der Insel, sondern auch das Land, aus dem sie kamen.

Wir wissen, was die Überlieferung hierzu sagt. Die Historiker haben großenteils die Berichte der Alten anerkannt, so daß heute allg. die Ansicht herrscht, die Sikuler seien von der ital. Halbinsel aus nach Sizilien gekommen. Doch sehen wir uns gezwungen, einer Erzählung, der in den arch. Belegen die Bestätigung fehlt, keinen Glauben zu schenken. Wenn wir eine Einwanderung der Sikuler von Italien her annehmen, müssen wir dort notwendigerweise Spuren ihrer vorherigen Sitze finden; und dies ist nicht der Fall. Von Latium bis zum äußersten Kalabrien haben sich bis jetzt weder irgendeine arch. Gruppe noch irgendwelche Einzelstücke gefunden, welche für eine der sikulischen I. und II. Per. gleichzeitige und gleichartige Kultur sprechen könnten. Erst aus der Zeit der III. Per. ihrer Kultur finden wir auf den äußersten Hügeln von Lokri eine Nekropole, welche Orsi, der sie aufdeckte, ohne Bedenken für sikul. hält (P. Orsi *Necropoli sicula di Canale Janchina, Patariti* Notizie 1912; s. a. Italien B § 9).

Aus dieser kurzen und natürlich unvollständigen Darlegung ersehen wir die Unmöglichkeit, die Berichte der Überlieferung mit den Entdeckungen der vorgesch. Archäologie in Einklang zu bringen, an welche wir uns bei Formulierung unserer Schlußfolgerungen halten werden.

§ 17. Eine wertvolle Hilfe hat uns die Anthropologie durch Prüfung der Schädel geleistet. Es zeigte sich, daß sich in allerältester Zeit ein Volksstamm, den Sergi „euro-afrikanisch" nennt, von den Küsten Nordafrikas über ganz Südeuropa ausbreitete. Diese gewaltige Bewegung, welche gewiß nicht auf einmal, sondern längere Zeit hindurch vor sich ging, erfolgte in verschiedenen Richtungen. Die eine Strömung ging über Kreta nach Griechenland und brachte die Keime jener Kultur mit sich, die in der ägäisch-myk. ihren Höhepunkt erreichte. Es wären dies die Pelasger, die dann auch nach Süditalien gelangten. Eine andere zog über die Meerenge von Gibraltar in die Halbinsel, die von den Einwanderern den Namen „die Iberische" erhielt. Eine dritte Strömung brachte die Ligurer (s. d.) nach Südfrankreich, Nord- und Mittelitalien. Diese drangen dann weiter nach Latium und in die Gebiete am Tyrrhenischen Meer vor. Auch Sizilien und Pantelleria (s. d.) wurden von einem Zweige dieses großen Volksstammes besiedelt.

Die anthrop. Belege stimmen mit den arch. vollkommen überein. So spricht — abgesehen von einer Menge sekundärer Tatsachen — der Grabritus, welcher die Toten in natürlichen oder künstlichen Grotten bestatten läßt, für eine gemeinsame Herkunft.

Auf Sizilien sind die Sikaner und die Sikuler Zweige ein und desselben Volkes. Sie sind wahrscheinlich zu verschiedenen Zeiten auf die Insel gelangt und zeigen über einem gemeinsamen Kulturbesitz Abweichungen volkskundlicher und gewerblicher Art. Dies ist auch Orsis Ansicht.

Die 35 Jahre lang durch Orsi erfolgten Ausgrabungen und Entdeckungen in Ostsizilien und während der letzten Zeit auch in Kalabrien, denen die Zufallsfunde in Westsizilien nicht widersprechen, beweisen auf das glänzendste, daß Sizilien von den ältesten bis zu den geschichtl. Zeiten sowohl Kolonisatoren wie auch die treibenden Kräfte seiner kulturellen Entwicklung aus dem S und dem O erhalten hat.

Wir zeigen hier also, daß der reichen Ernte an Kenntnissen, die wir Orsi verdanken, diejenigen nicht die gebührende Rechnung tragen, welche noch an die Möglichkeit einer Verwandtschaft zwischen der vorgriech. Bevölkerung Siziliens und den idg. Italikern glauben; letztere haben in jenen frühen Zeiten niemals die Meerenge überfahren.

§ 18. Um die Verwandtschaft der Sikuler mit den Latinern zu beweisen, hat man auch linguistische Gleichungen herangezogen. Man dachte, daß gewisse, ohne Frage ital. Ausdrücke, die auf Sizilien gebraucht wurden, für die gemeinsame Herkunft beider Völker sprächen; solche sind: λέπορις für lepus, κάτινον für catinus, μοῖτον für mutuum, κάρκαρ für carcer, κύβιτος für cubitus. Aber man müßte beweisen können, daß sie von den einheimischen Sikulern gebraucht wurden, nicht etwa von den Sikelioten.

Auch kann man der Tatsache keine größere Bedeutung beilegen, daß die Namen für Maße und Gewichte auf Sizilien und in Latium mit den gleichen Ausdrücken bezeichnet wurden; dies läßt sich wohl durch die lebhaften Handelsbeziehungen beider Länder seit dem 5. Jh. erklären.

Gegenüber diesen mehr oder weniger widerlegbaren Beweisen wollen wir nun noch von einem sehr wichtigen Funde

a

b

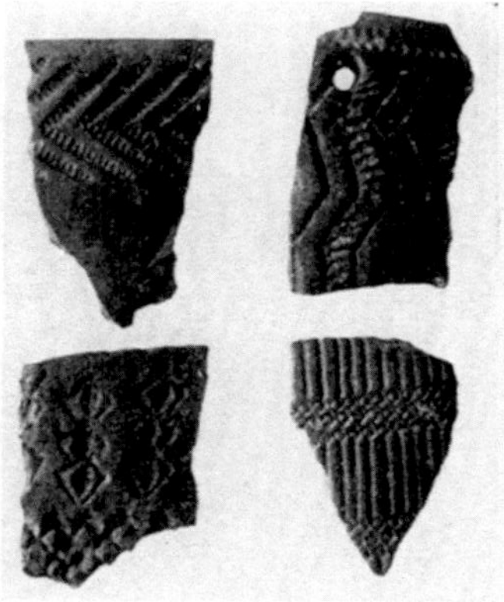

c

d

e

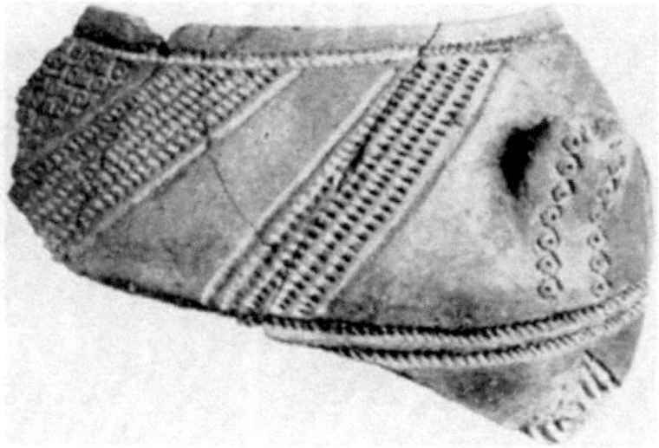

f

Sizilien B. Jüngere Perioden

a—f. Tongefäßscherben von Poggio Rosso. Sammlung Cafici. Nach Photographien.

Tafel 28

a

b

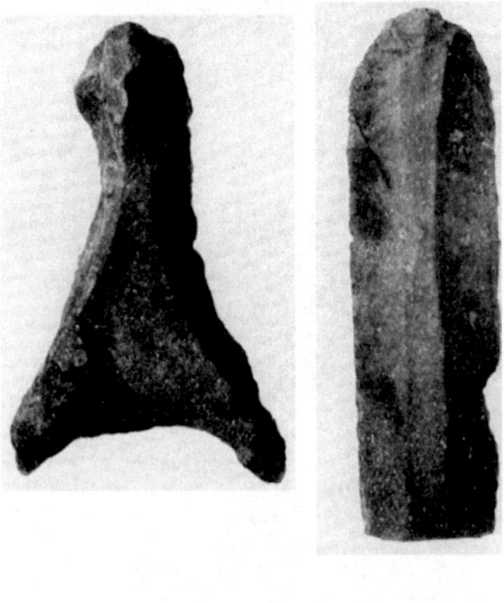

c

Sizilien B. Jüngere Perioden

a—c. Steingeräte. a. $^4/_5$, b. ca. $^2/_3$, c. $^4/_5$ n. Gr. Nach Aufnahmen des Museums Syrakus.

b c e f h

Sizilien B. Jüngere Perioden

a. Becher. — b, c. Knochenspitzen. — d, e. Äxte aus grünem Stein. — f. Axt aus Marmor. — g. Obsidian-Spitze. — h. Silex-Messer. — Nach Aufnahmen des Museums Syrakus.

a

b

c

d

Sizilien B. Jüngere Perioden

a—d. Keramik von Villafrati. a. ca. 1/3, b. 1/4, c, d. 1/2 n. Gr. Museum Palermo. — Nach Aufnahmen von J. Cafici.

a

b

c

d

e

Sizilien B. Jüngere Perioden

a—e. Keramik von Villafrati. Museum Palermo. a. $^1/_2$, b. $^1/_3$, c. ca. $^1/_2$, d. e. $^1/_3$ n. Gr.
Nach Aufnahmen von J. Cafici.

a

b

c

d

e

Sizilien B. Jüngere Perioden

Keramik von Moarda. Nach Aufnahmen des Museums Palermo.

a

b

c

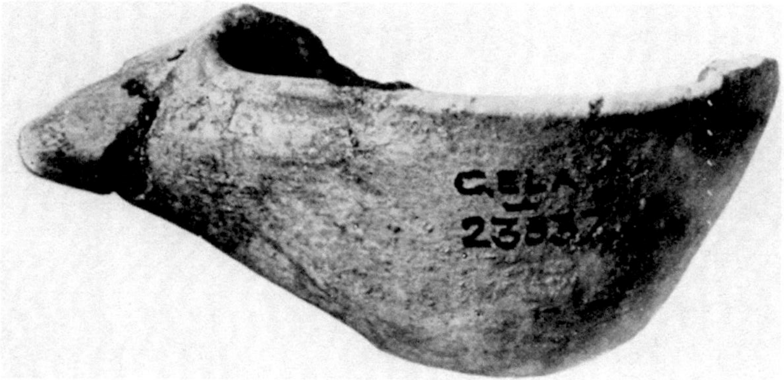

d

Sizilien B. Jüngere Perioden

a—d. Keramik von Piano Notaro. a—c. 1/3, d. 1/2 n. Gr. — Nach Aufnahmen des Museums Syrakus.

sprechen, den Orsi 1912 in der Landschaft Mendolito bei Adernò (das alte Adranum) gemacht hat, wo einstmals ein großer sikul. Flecken lag (Notizie 1912 S. 415—418 P. Orsi). Er entdeckte dort zwei Ziegelinschriften, die er für sikul. hielt (s. Sikuler B § 2). Nachdem sie namhaften Philologen, wie G. Beloch, G. de Sanctis und Rudolf von Scala zur Beurteilung vorgelegt waren, stimmten diese der Auffassung des Auffinders bei, daß es sich hier um großenteils in griech. Buchstaben ausgeführte Inschriften einer nichtgriech. Sprache handle. Und der bekannte Linguist Prof. Nazari „fand darauf weder ein ital. noch ein griech. dialektisches Merkmal." „Dieses Urteil", sagt Orsi, „ist von großem Gewicht in dem Streit um die Herkunft der Sikuler und ein weiterer Beweis gegen ihre ital. Abstammung, der schon alle arch. Belege widersprechen." [Vgl. a. Vorgeschichtl. Jahrb. 2 (1926) S. 286.]

Die Sikuler, welche keine eigenen Schriftzeichen besaßen, nahmen nach ihrer Berührung mit dem ihnen überlegenen griech. Volke dessen Alphabet an und machten damit Aufzeichnungen in ihrer Sprache.

II. Wohnstätten. § 1. Von den Wohnstätten der S. ist sehr wenig bekannt. Sie bestanden aus kreisrunden oder elliptischen Hütten, die aus Pfählen, Zweigwerk, Binsen und Stroh hergestellt waren, also aus lauter vergänglichem Material, nicht geeignet, dem Zahn der Zeit Widerstand zu leisten. Auch wurden die Dörfer niemals in Tälern angelegt, wo die Sedimente der Flüsse ihre Überreste hätten einschließen und so der Nachwelt aufbewahren können, sondern immer wenig entfernt von den Nekropolen, auf Bergen, auf Hügeln und an Abhängen, so daß sie im Laufe der Jahrhunderte gänzlich bloßgelegt oder kaum mit ein wenig Erde bedeckt sind.

Von dem Oberbau rein pflanzlicher Natur konnte nichts auf uns kommen. Nur der Boden dieser Hütten, dessen dunkles Kolorit ihn als linsenförmigen Fleck sich vom Erdreich abheben läßt, gibt uns die Form ihres Grundrisses und ihre Dimensionen an.

§ 2. Wo das Land natürliche Höhlen bot, benutzten die S. diese als Wohnung, wenn auch nur gelegentlich. So wurden in Barriera bei Catania natürliche Höhlen, die gelegentlich einer ungeheuren Blasenbildung der Lava entstanden waren, von einer dichten sikul. Bevölkerung der I. und II. Per. als Wohnstätten benutzt. In diesen Höhlen von verschiedener Form und Größe hat man an die Wände gelehnte Herde aufgedeckt, die Kohlen, Asche, Knochen und Scherben enthielten; auch Reste von Speisen und Artefakten wurden dort angetroffen. — In Barriera stieß man auch auf mehrere runde Hüttenböden; ihr Dm betrug bisweilen an 3 m, der morastige Boden enthielt Scherben, Asche und Knochen.

Die berühmte natürliche Höhle von Calafarina bei Pachino (Bull. Paletn. Ital. 36 [1910] S. 158f. P. Orsi), deren Zeitstellung mangels Vergleichsmaterials nicht sicher ist, wurde sowohl zu Wohn- als auch zu Bestattungszwecken verwendet. Eine kleine Familie zündete dort ihr Feuer an, bereitete daselbst ihre einfachen Speisen und bettete ebendort auch einige ihrer Toten.

§ 3. In Castelluccio gelang es Orsi nicht, Spuren von Wohnhäusern festzustellen; dennoch läßt sich indirekt und aus dem negativen Befund etwas über ihren Typus erschließen. Da von ihnen in einem so viele Jahrhunderte hindurch unberührten Gebiet keine Spur verblieben ist, kann man wohl denken, daß sie aus leicht vergänglichem Material hergestellt waren. Ihre runde, später quadratische Form (Tf. 35 a—f) hat uns der Typus der Gräber überliefert, die gewöhnlich nach dem Vorbild der Wohnstätten der Lebenden gestaltet werden. Tatsächlich geben die Hausurnen (s. d. B) der Albaner Berge und die Straten der Villanova-Kultur Etruriens genau die Form des ital. Hauses etwa des 11.—9. Jh. wieder.

Die Abfallstätten des äneol. Dorfes von Castelluccio sind große Müllhaufen von morastiger, teils fetter, teils staub- und aschenhaltiger Erde, durchsetzt mit Knochen, Silexstücken, abgenutzten Basalt-Äxten und Tausenden von Scherben. Im ganzen wechseln dünne Schichten von Asche und Kohle mit starken, arch. Funde enthaltenden ab. Es scheint, daß man in den Hütten von Zeit zu Zeit die Reinigung der Herdstätten vorgenommen und die hinderliche Asche an dazu bestimmte Stätten abgetragen hat, und daß diese Aschenhaufen sich dann unter der Einwirkung von Wetter und Wasser in horizontale Straten umlagerten. Die stärkeren und an Resten von Artefakten reicheren Schichten zwischen ihnen zeigen uns die Müllhaufen, wohin alle Abfälle des Dorfes allmählich abgestoßen wurden.

§ 4. In Monteracello (Comiso) kam der Boden einer äneol. Hütte zutage: ein Halbkreis von festen Steinen, nach innen verstärkt durch einen weiteren Steinhalbkreis, sowie längs dieses ein Bänkchen aus kleineren Steinen. Der innere, kleinere Dm betrug 3,05 m, der größte Halbmesser 3 m. Fraglos störte die andere Hälfte des Steinkreises dort das Weiden und wurde deshalb entfernt. Es fanden sich daselbst Tongefäßscherben, Feuersteinmesser, Feuerstein- und Obsidian-Splitter, Bruchstücke von Basalt-Äxten und ein großes Horn aus Ton, ähnlich den in den Siedlungen von Castelluccio, Mursia auf Pantelleria (s. d.), Cannatello (s. d.) bei Girgenti, in der Nekropole vom Monte Finocchito, in Paternò und anderswo gefundenen. Herd und Knochen wurden nicht angetroffen; doch muß man sich vergegenwärtigen, daß die s. Hälfte der Hütte zerstört war. Der Oberbau wird aus Holzpfählen, Rohr, Stroh u. a. bestanden haben.

§ 5. In Branco Grande (Camarina; Bull. Paletn. Ital. 36 [1910] S. 158ff. P. Orsi) wurden zwar nur geringe, doch aber sichere Spuren eines richtigen rechteckigen oder trapezförmigen Dorfes nahe dem Meere aufgedeckt. Es umfaßte ein Hektar oder noch etwas mehr und war befestigt. Eine Mauer oder ein Wall zog sich um die Anlage, die im Rücken noch durch einen tüchtigen Sandaufwurf geschützt wurde. Der Wall war 2,50 m dick und zeigte eine doppelte Verblendung von kleineren Steinen, die, wenn auch nicht schichtweise, so doch nach einem gewissen System angeordnet waren. Die bewohnte Fläche scheint ein Rechteck oder Trapez von etwa 120 × 100 m gewesen zu sein. Die Zahl der Hütten dieses Dorfes beträgt 30—40; da jede Spur von steinernen Umfassungsmauern fehlt, hatten sie offenbar solche nicht, sondern bestanden in der Regel nur aus einem Gerippe von Pfählen mit Wänden aus Rohr, Zweigen usw. dazwischen. Eine dieser Hütten ist von leicht elliptischer Grundfläche (Achsen: 3,70 × 3,40 m). Ihre $^1/_2$ m dicke Mauer bestand aus einer doppelten Reihe von rohen, in den Sand gesteckten Steinen, die nicht mehr als 40 cm aus dem Boden ragen. Diese Mauer war vielleicht etwa 1 m h. gewesen, und auf ihr hatte man Wände aus Rohr und Stroh mit dem nach beiden Seiten abfallenden Dach errichtet.

§ 6. Ein anderes wichtiges sikul. äneol. Dorf ist das von Sette Farina bei Terranova. Es zeigte eine Unterteilung in kleinere Häusergruppen. An keinem Punkte fanden sich sichere und gut umschriebene Spuren von Hütten. Das absolute Fehlen von Mauerwerk läßt vermuten, daß keine von ihnen einen Unterbau aus Stein hatte. In der einen Gruppe wurde fast die ganze Grundfläche eines rechteckigen Hauses mit einem Fußboden aus hart gestampfter Erde aufgedeckt. An der einen Kurzseite stieß man auf Reste des Herdes. So konnte die Gleichzeitigkeit von zwei Haustypen festgestellt werden, von denen man früher annahm, der eine sei jünger als der andere. Dies zeigt auch, daß die im wesentlichen richtige Theorie, die Form der Wohnstätten der Lebenden entspreche der der Toten, doch Ausnahmen duldet. Immerhin muß man diese Gleichzeitigkeit der Typen als einen Sonderfall betrachten.

§ 7. Auch in Caldare und Cannatello (s. d.) bei Girgenti fanden sich Hausgrundrisse, die dort Dörfer der II. Per. nachweisen (Bull. Paletn. Ital. 23 [1907] S. 106ff. P. Orsi; Mon. Lincei 23 [1908] S. 573—683 A. Mosso). Es handelt sich da um kleine, runde Flächen schwarzer, fetter Erde, welche Überreste von Artefakten und Knochen enthalten. Zuweilen ist der Fußboden dieser Häuser aus einer Schicht von zerstampften, etwas mehr als nußgroßen Kalksteinen hergestellt, die den Erdboden ebnen sollten. Darüber kam eine dünne Lage Ton, der dann festgeklopft wurde. Auch fand man einige Tonstücke, die vom Hüttenbewurf herrühren. Sie zeigen den Abdruck des Zweigwerkes und der Pfähle, an denen sie gehangen hatten. Diese Häuser waren auf dem Erdboden errichtet.

§ 8. Eine rechteckige (6,04 × 4,70 m) Hütte aus dem Dorfe von Cannatello (s. d.) verdient besondere Erwähnung (Band II Tf. 123). Sie steht mitten zwischen

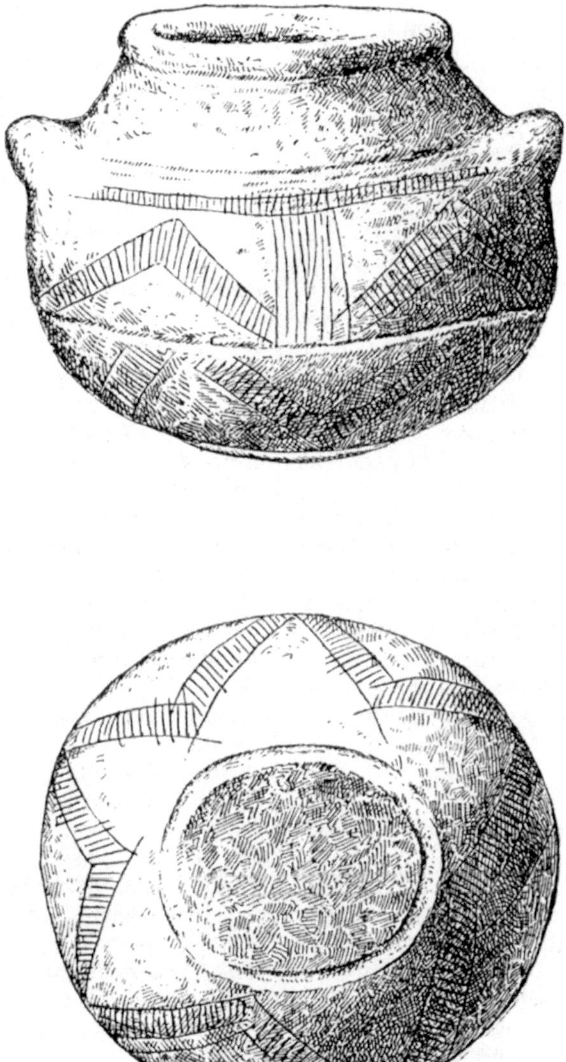

Sizilien B. Jüngere Perioden

Gefäß aus dem neol. Grab von Ossini (Militello). Nach Mon. Lincei 1916.

Rundhütten. Dies läßt vermuten, daß sie einem besonderen Zwecke diente. Ihre Einfassung besteht in einer Trockenmauer, die auf dem Erdboden ein Rechteck bildet; dieses enthielt schwarze Erde mit Gefäßscherben. Die Steine dieser Umfassungsmauer waren fast alle gleich groß und reihenweis angeordnet. Nach der Innenseite der Hütte zu ist diese Mauer geglättet. Die Steine der untersten Schicht ruhen auf einer 5—6 cm hohen Lehmunterlage. Der Fußboden dieser Hütte war absichtlich etwas tiefer gelegt als die Oberfläche des Erdbodens. An den vier Ecken waren Löcher für Pfähle zu erkennen, die das Dach trugen, und in der Mitte des Fußbodens fanden sich vier weitere Löcher in einer Reihe, von denen die beiden mittleren einen größeren Dm hatten. In einigen dieser Löcher lagen Kohlenstückchen, gebrannte Erde und keilförmige Steine, die zum Stützen der Pfähle dienten.

Das Dach scheint in der Mitte höher gewesen und gegen die 4 Seiten der Hütte schräg abgefallen zu sein. Keine Herdspuren; das Feuer wurde vermutlich, wie wir es auch anderswo festgestellt haben, draußen angezündet. Tatsächlich traf man verbrannte Erde an der linken äußeren Ecke nach W zu. Wie in Castelluccio fand man auch in Cannatello Spuren der Abfallstätten der Siedlung.

III. Gräber.

§ 1. Die Grab-Architektur der S. bietet viel Interessantes, besonders in chronol. Beziehung. Die Arbeiten von Orsi hierüber sind von entscheidender Bedeutung. Jeder Phase der zwei Jht. fortdauernden sikul. Kultur entsprechen besondere Grabtypen, deren Zeitstellung sich leicht und sicher bestimmen läßt, auch dann, wenn infolge späterer Verletzung oder aus einem anderen Grunde das Grabinventar nicht mehr vorhanden ist; und immer, wo anormale Formen auftreten, kann man sicher sein, daß die Art oder die Gestaltung des Bodens die Anlage des sonst üblichen Typus nicht zuließ.

§ 2. Den Typus der Grabkammern der I. sikulischen (äneol.) Periode, der zahlreiche Varianten aufweist, die jedoch seine Grundphysiognomie nicht verändern, finden wir zu Hunderten von Malen in den Kalksteinfelsen. Es sind dies kleine, kreis- oder ellipsenförmige, bisweilen fast halbkreisförmige Höhlen mit einem zwischen 70 oder 80 cm und 3 m schwankenden Dm. Oft ist ein Vorplatz vorhanden, von dem eine durch große Steine, oft in zwei oder drei Reihen hintereinander, fest verschlossene Eingangstür in die elliptische Vorkammer führt. Aus dieser gelangt man durch eine zweite Tür in den Thalamos. Die Wände sind nach außen gewölbt, das Deckengewölbe ist flach und von der Höhe, daß ein Mann kaum darin stehen kann. Die Grabanlagen, ob mit oder ohne Vorkammer, haben quadratische oder trapezförmige, fensterartige Öffnungen mit einem oder mehreren Rahmen, um daran die Verschlußsteine zu befestigen. Dieser Fenster wegen pflegen die dtsch. Archäologen diese Grabkammern „Fenstergräber“ zu nennen, die ital. dagegen sagen *tombe a forno* („Backofengräber“). Sie gehen nun nicht immer auf eine senkrecht abfallende Felswand hinaus. Oft liegen sie in einem geneigten Bergrücken, weshalb das Fehlen einer vertikalen Wand eine Bearbeitung des Erdreichs vor der Eingangstür mittels Anbringung von halbkreisförmigen Aushöhlungen oder Nischen in den Felsen notwendig machte, in deren Hintergrund dann der Eingang angelegt wurde.

§ 3. Gleichzeitig brachte man, um den Abfluß des Regenwassers zu erleichtern und zu vermeiden, daß es sich in der Vertiefung vor der Tür ansammelte und etwa in das Grab selbst eindrang, oberhalb mancher Pförtchen kleine Rinnen an. Wo sie ihren Anfang nahmen, waren sie recht tief, und ihre Tiefe nahm ab, je weiter sie sich von der Grabanlage entfernten, bis sie schließlich in 2—8 m Abstand von derselben ganz verliefen.

Von einem regelrechten Eingangskorridor (δρόμος) kann hier keine Rede sein.

Sind die Grabanlagen nur klein und grob ausgeführt, wie z. B. in den Nekropolen von Bernardina (Melilli; Tf. 36, 12. 13) und Mostrinciano, so ist dies als Zeichen hohen Alters anzusehen.

Selten finden sich Kammern von unregelmäßig quadratischer Form mit abgerundeten Ecken. Einige Gräber liegen zu zweien, ja zu dreien beieinander und haben dann den Vorplatz und den Abflußkanal gemeinsam.

§ 4. In der Nekropole von Bernardina (Melilli) stieß man auf eine interessante Gruppe von 5 Grabzellen. Ihre Öffnungen gingen alle auf einen großen, ausgehöhlten Raum hinaus, eine Art von rechteckigem, offenen Hof, der in den Felsen gehauen war, um eine vertikale Wand zu erhalten, in der die Pförtchen der betr. Grabzellen angebracht werden konnten. Möglicherweise gehörte diese Anlage irgendeiner vornehmen Familie, und so hätten wir dann hier ein altes Beispiel von einem Familienbegräbnis vor uns, gemäß eines — wie es scheint — unter gewissen Umständen von den Sikulern geübten Brauches. Übrigens ist jedes Forno-Grab ein Familiengrab, da es mehrere Toten beherbergte.

Ein Grab der Nekropole von Castelluccio zeigt uns eine in den Felsen unter freiem Himmel gehauene, kreisrunde Aushöhlung (Prothyron) mit allmählich niedriger werdenden Seiten. Die Hinterwand lehnt sich an den hohen Felsen an, und in ihr befindet sich der Eingang zum Thalamos. Zwei rohe Parallelepipeden aus Kalkstein, welche quer in die Mitte des Bodens des Prothyrons gelegt waren, teilten dieses in zwei Teile. Vor der Tür fand sich eine kleine, halbkreisförmige Aushöhlung. Die Tür selbst war auf doppelte Weise verschlossen. Eine große Steinplatte füllte hermetisch die Türöffnung aus; ein zweiter, gabelförmig zugehauener Steinblock diente als Strebepfeiler für den ersten und legte sich um einen aus der Mitte 15 cm abstehenden, griffartigen Vorsprung. Dieser wieder war mit zwei brustwarzenförmigen Auswüchsen versehen. Statt in diesen grob ausgeführte symbolische Darstellungen (prophylaktischer Phallus? Brüste?) zu sehen, möchten wir sie lieber für einfache Zutaten zur bequemeren Handhabung der Steinblöcke halten.

§ 5. In einigen Begräbnissen war das nach der Mitte des Vorplatzes gehende große Fenster hermetisch verschlossen durch zwei Verschlußsteine oder Luken, die in die Furchen des Fensterrahmens eingefügt waren. Die seitlichen Spalten zwischen diesen und jenem hatte man ringsum sorgfältig mit Kieselsteinen ausgefüllt. Als Stütze für die äußere Luke hatte man eine Packung von dicken, formlosen Steinen errichtet, die der Länge nach die ganze Front des Vorplatzes einnahm und der Höhe nach bis zu zwei Drittel des Verschlußsteines reichte, vor welchem zwei dicke, kaum behauene Parallelepipeden lagen. Das Neuartige des Verschlusses, welchen eine rechteckige Platte und dahinter, in der zweiten Fuge, eine zweite bildeten, bestand darin, daß er mit groben, geometr. Skulpturen in Flachrelief verziert war: zwei krumme, einander gegenüberstehende Spiralen (Tf. 37a, b), die weder in der Skulptur, noch auf anderen Gegenständen Siziliens eine Parallele finden während die myk. Kunst Beispiele von solchen Formen geliefert hat.

§ 6. Eine Grabanlage von Mostrinciano (Priolo) bietet auch etwas Besonderes, das sonst nicht angetroffen wurde. Vor der sehr engen Kammer liegt ein Vorplatz, der durch eine grobe Packung von drei hintereinander folgenden Steinreihen vollständig angefüllt wird; hinter dieser fanden sich drei dünne Verschlußplatten, eine hinter der andern, deren letzte dem Hohlraum des Fensterchens angepaßt war.

Die Gräbergruppe von Valsavoia (Syrakus) zeigt große Aushöhlungs-Arbeiten besonders beim Vorplatz oder äußeren Atrium, welches die Form und die Ausdehnung eines richtigen kleinen Hofes hat. Die tektonischen Formen deuten auf eine entwickeltere Phase der ältesten sikul. Kultur. Eins dieser Gräber hat eine für die I. Per. merkwürdige und anormale Form durch seine hohe Bank und seine ganz rechteckige Gestalt.

In Cava Cana Barbara (Syrakus) stehen die Grabanlagen der Form nach denen von Valsavoia ziemlich nahe. Wir finden einen geräumigen Vorplatz mit einem ganz kleinen Fenster, eine ellipsenförmige Vorkammer und eine Grabzelle meist in Hufeisenform. Aber da sie an vertikal abfallenden Felswänden angelegt sind, haben sie nicht das weite Atrium oder den Hof wie die von Valsavoia.

§ 7. Wir sagten, daß die S. an gewissen Orten durch die geol. Verhältnisse gezwungen waren, bei der Anlage ihrer Gräber von dem sonst üblichen Typus abzuweichen. So sind z. B. in Monte Tabuto (Comiso) die Grabgrotten von unregelmäßiger Gestalt. Der wegen der besonderen Struktur des Berges fast nie oder nur schlecht durchgeführte Versuch, die Forno-Grabform nachzubilden, liegt klar zutage. So suchte man in Terranova di Sicilia, da es nicht möglich war, im Sandboden Forno-Gräber anzulegen, wenigstens, so gut man konnte, die traditionelle Form zu wahren, indem man die gewölbte Kammer wegfallen ließ und nur einen Schacht von geringerer Tiefe anbrachte. Auch in Monteracello (Comiso) wollten sich die äneol. S. an die alte Tradition halten, die ihnen eine bestimmte Grabform vorschrieb. Doch mußten sie sich den Verhältnissen des Erdreichs anpassen. Gelang es ihnen wohl, an einigen Punkten ihre Forno-Grabkammern auszuhauen, so waren sie doch wenige Meter davon entfernt genötigt, unregelmäßige Zellen, fast nur kleine Nester, auszuhöhlen, und begnügten sich auch mit natürlichen Höhlen, die zweckentsprechend hergerichtet wurden; und immer nur aus den vorgenannten Gründen bauten sie auch auf der Erdoberfläche Grabzellen aus Steinplatten auf, welche ursprünglich wohl von einem kleinen Tumulus bedeckt waren.

Wir haben hier auf demselben flachen Bergrücken drei verschiedene Grabformen: die erweiterte natürliche Höhle, die künstliche unregelmäßige oder Forno-Grabkammer und die Dolmen-Kammer. Dieses Zusammentreffen ist von größter Bedeutung für die sikul. Ethnographie.

§ 8. Die Dolmen-Kammern verdienen ihres ausnahmsweisen Vorkommens wegen eine kurze Betrachtung. Bei einer von ihnen ragten die die Grabzelle bildenden Steinplatten nur wenige Zentimeter aus der Erde heraus. Die obere Abdeckung fehlte. Um nun die kleine in den Felsen gehauene Kammer vorzutäuschen, hatte man das Fensterchen nachbilden wollen, dessen Verschlußplatte, in das Innere gefallen, vorgefunden wurde, wo auf dem Felsboden der Tote mit zusammengebogenen Gliedern neben wenigen kleinen Scherben ruhte.

Eine andere Grabkammer von ähnlicher Form lag wenig davon entfernt. Auch sie hatte keine Bedeckung mehr, und die Steine, die die Wände bildeten, waren verrückt. Fünf große Platten und zwei kleinere waren in dem leicht eingeschnittenen Felsen vertikal aufgepflanzt und bildeten ein Rechteck (1,18 × 2,05 m); an der einen kleineren Seite fehlte ein Stein. Die Platten waren 62 und 72 cm hoch und 20 cm dick.

Solche Steinkisten dicht an der Erdoberfläche sind wirkliche Dolmen, zumal in einer von ihnen das Vorkommen eines Fensterchens konstatiert werden konnte. Dolmen mit Fenstern wurden in England, Frankreich und Palästina festgestellt (G. de Mortillet *Musée préhistorique* Abb. 553—556; s. a. Megalithgrab, Seelenloch). Quadratische Kammern für die Totenbestattung errichtete man auch in Spanien, wo im allg. harte Felsarten, die sich zur Anlage von Forno-Gräbern eignen, nicht vorkommen (Siret *Prem. âg.* Tf. 14; ders. *L'Espagne préhistorique* S. 72).

Leider sind diese Steinkisten von Monteracello ausgeplündert angetroffen. Ihr Inhalt hätte sicherlich endgültig Pigorinis These bestätigt, daß die Leute, welche die künstlichen Höhlen und die Dolmen anlegten, von ein und derselben Rasse und Kultur sind, abgesehen von kleinen Nuancen, die durch die verschiedenen zeitlichen und örtlichen Verhältnisse der einzelnen Zweige der großen iberisch-ligurischen Familie bedingt wurden, welche sich in ganz verschiedenen, weit voneinander entfernten, andersartigen Einflüssen ausgesetzten Gegenden von ungleicher Bodengestaltung und geologischer Struktur niedergelassen haben.

§ 9. In der II. sikulischen Periode (BZ) ist die Grab-Architektur — ganz abgesehen von den vielen kleinen, bei den Tausenden von Gräbern, die die einzelnen Nekropolen bilden, unvermeidlichen Varianten — nicht so einheitlich wie in der vorhergehenden. Die Erklärung hierfür hat man hauptsächlich in Einflüssen, die über das Meer herkamen, zu suchen. Sie machen sich bemerkbar bei den Stämmen an der Küste, dagegen fast gar nicht bei denen im Innern der Insel. Nach dort sickerten sie nur ausnahmsweise durch.

Soweit sich der Grabtypus an den früheren anlehnt, zeigt er einen weiteren Grad der Entwicklung. Wir finden nicht nur größere Raumverhältnisse, sorgfältigere Linienführung und bessere tektonische Ausfüh-

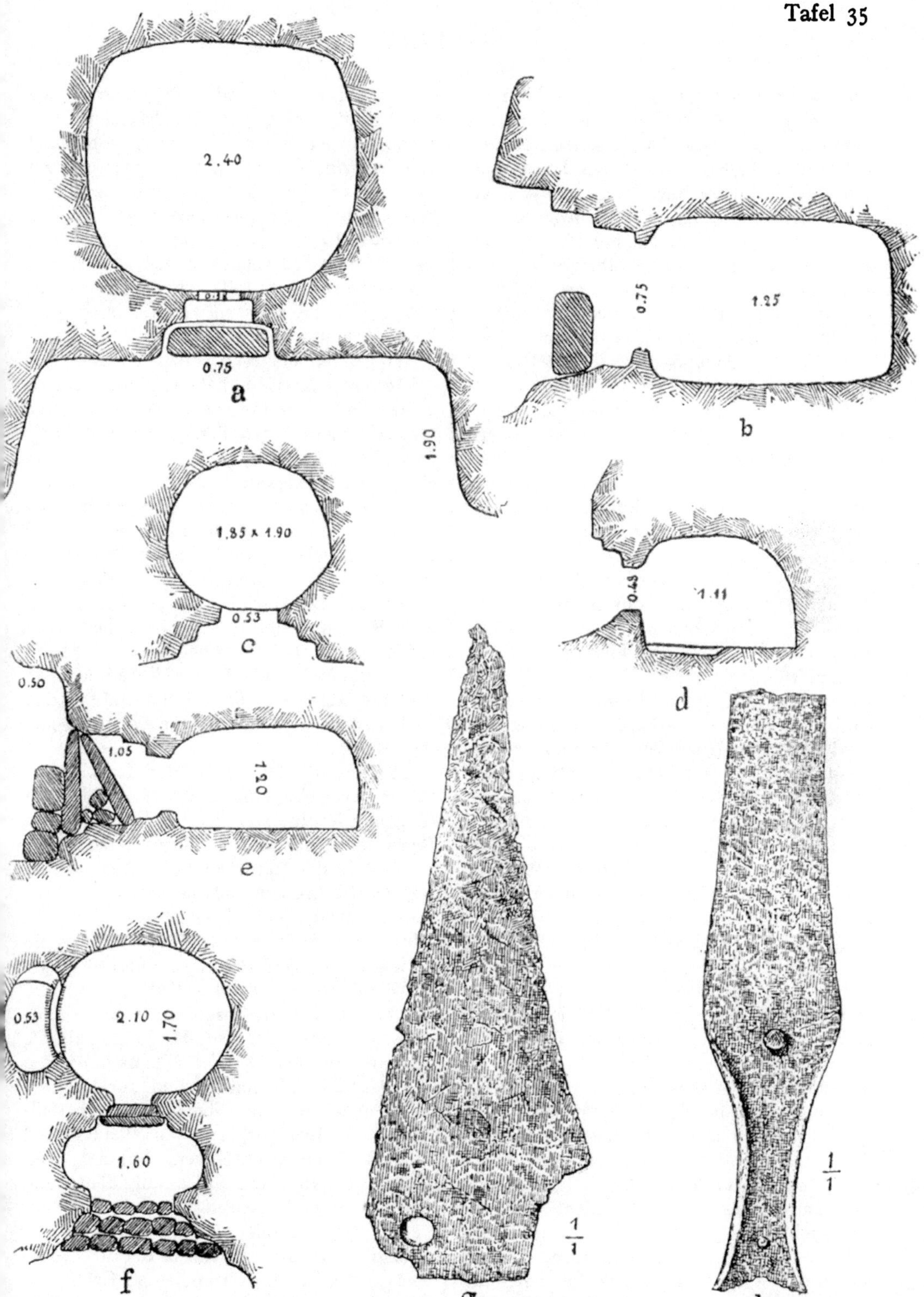

Sizilien B. Jüngere Perioden

Nekropole von Castelluccio (Syrakus): a—f. Grundriß und Querschnitte von Gräbern. — g—h. Klingen von Bronzedolchen. — Nach Bull. Paletn. Ital. 1892.

rung, was den vollkommeneren Werkzeugen zuzuschreiben ist, sondern als Neuerung auch die Anlage von Wandnischen. Natürlich gibt es Typen, welche zwischen diesen und den archaischeren und einfacheren äneol. Gräbern stehen. Die Anlage solcher Nischen scheint auch einer leichten, partiellen Abänderung des Grabritus zu entsprechen; wir finden in ihnen Kinder in ausgestreckter Lage bestattet, obschon sie ihrer Größe nach auch auf einer Seite in Hockerlage ruhende Erwachsene hätten aufnehmen können.

Jedenfalls sei deutlich betont, daß dieser Typus kein griech. oder phön. ist, sondern die Weiterführung der ganz alten Forno-Gräber. Er zeigt die entwickeltste und daher auch jüngste Form der sikul. Gräber in der Per., die der griech. Kolonisation vorausgeht.

§ 10. In der Nekropole von Plemmirio (Syrakus) gelangt man durch einen vertikalen, halbelliptischen oder trapezförmigen Schacht und durch das kleine, mit einer Steinplatte verschlossene Fensterchen in die kreisrunde, mit Forno-Gewölbe versehene Grabkammer, deren Dm bisweilen 3 m beträgt. An den Wänden dieser Zelle oder dieses Thalamos finden wir 2—6 Nischen und oft auch eine oder zwei kleinere Nischen ausgehauen.

In Thapsos, Molinello, Cozzo del Pantano und Plemmirio haben wir prächtige Tholoi, die für die Küstennekropolen der II. Per. charakteristisch sind und unter myk. Einfluß angelegt wurden.

In Pantalica ist nichts zu bemerken, was der Entwicklung der II. sikul. Per. aus der I. Per. widersprechen könnte. Wir haben dieselben Grabanlagen, die gleiche Form und dieselben Besonderheiten des Grabverschlusses, den materiellen Ausdruck für dieselben animistischen und das Ritual betreffenden Ideen, die den Totenkult beherrschen. Nur in der Art des Niederlegens der Toten bemerkt man, wie wir sahen, eine Modifizierung, die einer Verfeinerung des Empfindens und auch des Grabritus entspricht.

§ 11. Verschiedenartige Grabformen finden wir in den Nekropolen nw. und n. von Pantalica. Vorherrschend sind elliptische, mit runder Wölbung versehene Zellen (Tf. 40a, 41a); ausnahmsweise kommen rechteckige (Tf. 40b, 41b) vor und daher ebenso auch die großen, prächtigen Grabkammern von genau solcher Form. Sie liegen am Rand von Abgründen, an schwer zugänglichen Punkten (Tf. 39), und sind eine Besonderheit dieser großartigen Nekropole. In den andern Gebirgsnekropolen dieser Per. fehlen sie ganz, gleichfalls in denen der Küste, wo wir an ihrer Stelle Tholos-Gräber antreffen, die ihrerseits aus der Gebirgsgegend kaum bekannt geworden sind.

Wir finden hier Grabanlagen, die in der Mitte einen Korridor haben, und zu dessen Seiten 2—5 runde oder ellipsenförmige Grabkammern liegen (Tf. 41d, vgl. a. 40c). Eine dieser Anlagen, einzig in ihrer Art und eine der interessantesten in Pantalica, besteht aus einer großen, trapezförmigen Kammer, zu der man durch ein großes Prothyron gelangt, und die von elf unregelmäßigen Zellen verschiedener Größe umgeben ist. Die Zugänge zu diesen liegen in zwei Reihen, sechs unten, fünf oben. Die große Kammer diente vielleicht als Stätte der Zusammenkunft für die Hinterbliebenen und der Verehrung der in den umliegenden Zellen bestatteten Toten, war also wohl eine Art Heroon.

In Pantalica fehlt ganz der Tholos-Bau; da er der sichere Exponent der ägäischen Tektonik ist und sich bei den Ausgrabungen längs der Küste so gut bekundet hat, hätte er auch in der Hauptstadt des Anapo-Tales angetroffen werden müssen.

Aus welchem Grunde er hier fehlt, können wir noch nicht sagen. Es überrascht dies um so mehr, da wir in Pantalica andere Beweise für Handelsbeziehungen zu Mykenai besitzen.

§ 12. Die weit ausgedehnte Nekropole von Cassibile (Tf. 47d) ist jünger als die Gruppe an der Küste (Thapsos, Cozzo del Pantano, Plemmirio) und auch als die von Pantalica. Die Eingänge zu den Gräbern sind hier sorgfältig ausgehauen und bisweilen mit mehrfachen Rahmen umgeben (Tf. 49). Die Verschlußplatten und das sonstige Verschlußmaterial sind dagegen nur sehr roh.

Monte Dessueri bleibt hinter den gleichzeitigen typischen Nekropolen an Größe und Schönheit der Höhlenanlagen weit zurück, vielleicht deshalb, weil die Südküste der Insel durch die von jenseits des Meeres kommenden Einflüsse nur wenig betroffen wurde (Tf. 47a—c).

Die Höhlenanlagen von Montagna di Caltagirone bieten, im einzelnen genommen, nichts Besonderes, abgesehen von der außergewöhnlichen Größe einiger Gräber der Rocca-Gruppe. Aber insgesamt betrachtet, bieten sie insofern neues, als wir hier in einer vom Meere entfernten Gegend zugleich dem Tholos-Typus (Tf. 50), also dem mit spitzer Kuppel, d.h. speziell dem Küstentypus, als auch dem mit runder Kuppel, d. h. dem auf der Insel seit der I. Per. — abgesehen von den Dimensionen — üblichen, begegnen. In Montagna sind Vereinigung mehrerer Grabkammern, kleine Nischen, Totenbetten und Verschlußanlagen, die aus einem von Steinpackungen oder dicken, formlosen Steinblöcken gestützten Monolithen bestehen, selten; rechteckige Kammern fehlen hier ganz. Ein Grab hatte eine doppelte Tholos (Tf. 50b), einige andere eine abgestumpfte Kuppel.

§ 13. Bei der Nekropole von Filiporto (Pantalica) haben wir es mit einer etwas älteren Phase zu tun als der, welcher die typische Nekropole der III. Per. von Finocchito angehört. In Filiporto treten drei Grabtypen hervor: ein fast halbkreisförmiger mit flachem Gewölbe, der auch in der II. Per. üblich ist; ein rechteckiger mit einem, seltener mit zwei Kopflagern und einem Prothyron oder tiefen Vorraum, der für die III. Per. charakteristisch ist; ein Typus, der einen langen Korridor zeigt, auf den die Eingänge von drei trapezförmigen, mit flachem Gewölbe versehenen Kammern münden.

Die Grabformen der Nekropole von Cavetta (Pantalica) sind die gleichen wie die in Filiporto, mit Vorherrschen des halbkreisförmigen Typus.

§ 14. Die Gräber aus der III. Per. von Monte Finocchito (Tf. 57a, b, c) weichen in der Form merklich von denen der I. und II. sikul. Per. ab; abgesehen von einigen wenigen elliptischen Kammern mit rundem Gewölbe, sind sie zu rechteckigen ohne Dromos und Vorkammer geworden. Man gelangt zu ihnen durch ein Pförtchen, vor dem ein Vorplatz liegt; sie enthalten ein Kopflager aus Steinen längs der einen Seite — meist links vom Eingang, —, auf dem der Schädel des lang ausgestreckten Toten ruhte.

Die Struktur der Grabkammern sowie besonders der trapezförmigen oder rechteckigen Verschlußsteine weist eine bemerkenswerte Vervollkommnung der technischen Mittel auf gegenüber denen, die in der I. und II. Per. zur Verfügung standen.

Die aus Monolithen bestehenden Türen werden auch weiter wie in den vorhergehenden Per. mittels Steinpackungen gestützt. Die Gesamtform des Grabes entspricht genau der, welcher wir in den wenigen sikul. Nekropolen der III. Per. begegnen. Das sich weit ausdehnende Gräberfeld von Monte Finocchito ist typisch für die sikul. Kultur des 10.—7. Jh.

§ 15. Bei den Nekropolen der IV. sikulischen Periode bemerken wir eine letzte Umwandlung der sikul. Grabanlage im 7.—5. Jh. unter griech. Einfluß (Tf. 58, 1. 2). Wir haben hier Schachtgräber mit Nischen zur Aufnahme von ausgestreckten Toten, sowie rechteckige Bodengräber mit einer quadratischen oder rechteckigen Kammer, in der an den Wänden entlang Bänke zum Niederlegen der Toten laufen, wie sie für die Grab-Architektur der S. charakteristisch sind. Der Zugangsschacht war wohl ursprünglich von großen Steinplatten verschlossen, und Grabsteine bezeichneten die in ziemlicher Tiefe liegenden Gräber.

IV. Grabsitten. § 1. Obschon das Bestehen eines Totenkultes bei den Höhlenbewohnern des Quartärs nicht mehr angezweifelt werden darf, so nimmt doch erst im Neol. und besonders am Ausgange desselben die Totenverehrung eine bedeutende Entwicklung und schafft eine Menge der verschiedensten Bestattungssitten, welche in gewisser Weise zur Charakterisierung der einzelnen Völker dienen können.

So auch der Sikuler. Seit der Zeit ihres ersten Auftretens in Sizilien finden wir ihnen eigentümliche Grabsitten, welche Orsi vortrefflich bestimmt und gedeutet hat. Durch sie hat er uns ein vollständiges Bild ihrer Lebensweise und ihrer Kultur geben können.

§ 2. Während der I. (äneol.) Per. pflegten die S. in den Grabkammern eine größere Anzahl, ja bisweilen recht viele Skelette — nicht Leichname — beizusetzen, und zwar in Hockerstellung. Einen indirekten Beweis dafür geben uns die Grabkammern durch ihre sehr geringe Größe; sie hätten für die Aufnahme von so vielen Leichnamen nicht ausgereicht. Wenn also in der Mehrzahl der Fälle Skelette bestattet wurden, so bedeutet dies, daß die S. die Mazerierung der Toten und die sekundäre Bestattung übten, ein Brauch, der sich bei einigen Völkern des Altertums und noch heute bei gewissen Naturvölkern findet. S. a. Mehrstufige Bestattung, Totenkultus A.

Es fehlen uns die erforderlichen Unterlagen, um feststellen zu können, ob die zu diesem Zweck notwendigen Operationen von den Überlebenden mit Steinwerkzeugen ausgeführt wurden, oder ob man dies der Wirkung atmosphärischer Kräfte, dem Wasser oder wilden Tieren überließ. Stets gab man den Skeletten einige Feuersteinklingen bei, von denen die eine über dem Schädel niedergelegt wurde.

Man fand in den Gräbern kleine, bisweilen durchlochte Äxte aus hartem Felsgestein, sowie andere Gegenstände, die als Amulette dienen sollten (vgl. Tf. 36). Jedes Grab enthielt eine gewisse Anzahl von Gefäßen, auch stellte man bisweilen eins von ganz bestimmter Form am Eingang der Höhle auf, das vielleicht einen Vorrat an Wasser enthielt.

§ 3. Der Grabritus der S. der II. Per. (BZ) hält die Mitte zwischen dem älteren (der I. Per.) und dem jüngeren (der III. Per.). Noch finden wir zahlreiche Skelette in Hockerstellung, doch zeigt die Bestattungsart im ganzen eine langsame Umwandlung: von der Sitte, die Toten ganz zusammenzubiegen, geht man dazu über, sie auf die eine Seite niederzulegen, stets die Beine und zuweilen auch die Arme schwach zu krümmen. Im Gegensatz zu früher ist der Brauch geschwunden, in großen Mengen durch Generationen hin zusammen zu bestatten, doch dauert die Sitte der Familienbegräbnisse neben einer gewissen Tendenz zur Einzelbestattung fort.

In mehreren Gräbern fand man Spuren von verkohlten Knochen; aber da die S. niemals, auch nicht in späterer geschichtlicher Zeit, zur Leichenverbrennung übergingen, so muß man der Hypothese beistimmen, daß dies die Reste der Wegzehrung für die Toten sind und dem gleichen Zweck auch die in mehreren Gräbern angetroffenen eßbaren Seemuscheln dienen sollten. Denn das Denken der S. der verschiedenen Zeiten leitete die animistische Absicht, daß die in die Grabkammer eingeschlossenen Toten dort das Abbild und die Bequemlichkeiten des Hauses der Lebenden vorfänden; daher auch die für lange Zeit ausreichenden Lebensmittel, sowie die Schmuckgegenstände zum persönlichen Gebrauch und die Geräte des täglichen Lebens.

§ 4. In der III. sikul. Per. (frühe EZ) tritt gleichzeitig eine Veränderung der Grabanlage und des Bestattungsritus auf. Anstatt die Toten in Hockerstellung oder auf der Seite mit angezogenen Beinen niederzulegen und zuweilen wie zu einem Totenbankett an den Wänden zu gruppieren, wie z. B. in Cozzo del Pantano, oder sie in Massen zusammenzudrängen, so daß sie buchstäblich den ganzen Grabraum anfüllten, legt man sie in der III. Per. ausgestreckt nieder, soweit dies die geringe Länge der Grabkammer zuläßt, mit leicht angezogenen Beinen — ein Überbleibsel der Hockerbestattung — und mit dem Schädel gewöhnlich auf einem Lager aus Steinen ruhend. Auch die Massen- oder Familienbegräbnisse verschwinden immer mehr, viele Gräber enthalten nur noch einen Toten, andere einige wenige, niemals mehr als drei. Gleichfalls ist keine Spur der Sitte der Mazerierung mehr bemerkbar.

Auch in der III. Per. statten die S. ihre Toten mit zahlreichen Grabbeigaben aus: mit Gefäßen für den Mundvorrat und Gegenständen zum persönlichen Schmuck.

§ 5. In der IV. Per. vollzieht sich eine bemerkenswerte Umwandlung im Typus der Grabanlagen und in der Art des Körperschmucks; doch bleibt die Bestattungsart dieselbe.

V. Keramik. Von allen Produkten, welche uns die gut zwei Jahrtausende umspannende sikul. Kultur hinterlassen hat, sind die der Töpferkunst am zahlreichsten vertreten und geben uns die meisten Hinweise; sie sind das sicherste Mittel für chronol. Bestimmungen.

§ 1. Die Gefäße der I. Per. sind aus nicht gut zubereitetem Ton hergestellt, an offenem Feuer schlecht gebrannt und nicht auf der Scheibe gedreht; der Ton ist nur mittelmäßig gereinigt und oft mit vulkanischem Gebröckel vermengt. Bisweilen hat man vom Glättholz Gebrauch gemacht, und stets wurde eine dünne Schicht gereinigten Tones in lebhaftem Rot oder von blaßroter Färbung aufgetragen. Wir finden unverzierte und bemalte Gefäße, aber diese weitaus in der Mehrzahl. Der mineralische Farbstoff wurde feucht aufgetragen, blieb aber nicht gut haften, und bröckelte ab, da er mit Erde vermischt war.

Die S. waren geübt in der Töpferkunst, was sie bei den einheimischen Stämmen in Gunst brachte.

Aus den zahlreichen Nekropolen, den Abfallstätten des Dorfes von Castelluccio und den Bergwerken von Monte Tabuto (s. Tabuto [Monte]) wurden folgende Typen gehoben, die den Besitz an Gefäßformen der äneol. S. ausmachen (Band XIII Tf. 53, 54; vgl. a. hier Tf. 38):

Krüge mit vertikalem Hals von großer Weite und mit Reliefverzierung (bandartige Rippen und Festons, Wickelranken). Sie haben einen oder zwei von der Schulter bis zum Hals gehende, oblonge Henkel. — Gefäße mit einem röhrenartigen Fuß und einem Becken darauf, Vorläufer der entwickelteren, aber unverzierten Formen der II. Periode. Das Becken geht bald in den Fuß über, so daß sich eine dicke, kurze Form ergibt. — Töpfe. — Halbovale Becken oder Eimer mit zwei oder vier Henkeln. — Becken mit konischer Basis und drei Stützen. — Amphoren mit vertikalem Hals. — Halbkugelige Schüsselchen. — Kugel- und birnenförmige Gefäße ohne Hals. — Melonenförmige Vasen mit spitzem Boden, die am Rande mit 4 ringförmigen Henkelchen versehen sind. — Der zweihenklige „homerische" Becher oder δέπας ἀμφικύπελλον (s. d. und Band XIII Tf. 67 a), eine sowohl für Troja (s. d. und Vase F mit Band XIV Tf. 43 A t) als auch die sikul. Nekropolen der I. Per. charakteristische Form. Daß man diesen Becher als „homerischen" bezeichnen kann, ergibt sich aus seiner Ähnlichkeit mit den trojanischen und myk. Exemplaren, denen dieser Name beigelegt wurde. In der 4. (vorhomerischen) Stadt findet man die Klepshydra-Form (Schliemann *Ilios* Abb. 1179), welche genau die der sizil. Exemplare ist; auch zu anderen Varianten, wie *Ilios* Abb. 1203 und 1204, gibt es Gegenstücke in sizil. Abarten. Dieser homer. Becher fehlt auf dem ital. Kontinent; man scheint daher folgern zu können, daß er nach Sizilien aus dem O eingeführt wurde, zugleich mit anderen Gegenständen, die zur Kultur von Troja und Mykenai gehören, dann von einheimischen Töpfern bald nachgebildet und verbreitet wurden. — Das einhenklige homerische Trinkgefäß. — Zylindrische Becher mit hochstehendem Henkel, der den geraden oder divergierenden Rand überragt. — Einhenklige Becher mit zylindrischem Rumpf, die auch auf den homerischen Becher zurückgehen. — Becher mit halbkugeligem oder konischem, abgeschnittenen Rumpf. — Flaschen, die eine der Arten der reichhaltigen Kategorie der Kugelvasen von Troja wiedergeben (s. z. B. Band XIII Tf. 68 c, 70 a, c). — Klepshydra-Vasen von großen Dimensionen; einige von ihnen haben eine Höhe von etwa $^1/_2$ m (Hydrien).

§ 2. Man verwendete drei Farben: ein ganz fahles Gelb oder schmutziges Weiß; ein bald lebhaftes, bald blasses Rot für den Grund; ein Braun in einer Reihe von Abstufungen, die von der Verschiedenheit des Brennens abhängen, für die Verzierungen. Am Monte Tabuto (s. Tabuto [Monte]) tritt ausnahmsweise auch ein Weiß auf; wir finden in dieser Farbe Gräten- und Netzmuster auf Schwarz ausgeführt. — Die Verzierung ist sowohl an der Außenseite als auch an der Innenseite angebracht. Sie zeigt ein sehr primitives System. Gerade Linien in verschiedenster Größe, Breite und Art der Zusammenstellung bilden das üblichste Dekorationsmittel; weniger häufig finden wir die gebrochene Linie, ganz selten die Wellenlinie und Kreismuster überhaupt nicht. Weiter dünne Linien, zu vertikalen oder horizontalen Bändern zusammengesetzt; Streifen, die innen mit Netzwerk gefüllt sind und bald gerade, bald im Zickzack laufen; gebrochene Linien, die zuweilen an den Ecken hakenförmig umbiegen; ferner säge- oder kammartig eingeschnittene Linien und haken- oder sigmaförmige Winkel. Gebrochene Gerade werden teils zu Reihen, teils zu Bändern vereinigt. An geometrischen Figuren fanden reichliche Verwendung: Triangel, immer kombiniert oder verbunden, niemals einzeln; Rhomben, teils ganz dicht, teils mit Netzwerk ausgefüllt, allein oder mit Anhängern; kreuzförmige Kompositionen; dichte oder mit Netzwerk gefüllte Schachbrettmuster. Palmetten- oder Federbuschmuster sind sehr selten. Alle diese Elemente werden miteinander vermischt und in der verschiedensten Weise vereinigt.

Die Malerei dieser Tongefäße ahmt die Flechttechnik nach, in welcher Körbe und Körbchen aus Stroh und Weidenruten hergestellt werden; man kann daraus schließen, daß die äneol. S. in der Flecht-Industrie ganz bewandert waren. Wir finden in der Dekoration dieser Gefäße den ältesten bekannten geometrischen Stil, allerdings mit einem recht beschränkten Formengut. Diesen Stil sehen wir sich einige Jahrhunderte später mit größerer Reichhaltigkeit im griech. geometrischen Dipylon-Stil wiederholen (s. „Geometrische" Kultur).

§ 3. Es hat unter den Archäologen darüber Meinungsverschiedenheiten gegeben, ob die Keramik der I. Per. von der vorher auf Sizilien gebräuchlichen abstammt. Daß die Töpfer-Industrie der I. Per. charakteristische Formen der neol. Kultur der Insel sowie anderer Mittelmeerländer umfaßt, kann nicht bezweifelt werden. Orsi und Patroni haben die Verwandtschaft einiger sikul. Tongefäßformen mit denen der prämyk. Schichten von Hissarlik hervorgehoben; Petersen hat beachtenswerte Vergleiche zwischen der Keramik der I. Per. und der neol. von Stentinello und Moarda (s. Tf. 32 und 106) gezogen; doch machen das Gesamtbild der Formen und der Stil der farbigen Dekoration die Keramik des sikul. Äneol. zu einer fest umschriebenen Art, die ohne Übergangsphase plötzlich in voller Entwicklung auf der Insel erscheint.

Wenn diese Tatsache nun schwer zu erklären ist, so fehlt es doch nicht an Parallelen dazu. In Thessalien (s. Ägäische Kultur § 2) tritt die bemalte Keramik des ältesten Neol. mit ganz ausgeprägtem Charakter und voll entwickelt auf einmal auf und hält sich so unverändert die ganze Per. hindurch; ebenso erscheint im Äneol. der iber. Halbinsel ganz plötzlich eine sehr reiche Kultur und gewinnt dort Boden, doch ist es nicht möglich, ihrem schnellen Aufblühen auf die Spur zu kommen.

Sicherlich hat die Technik der Vasenmalerei nicht auf der Insel ihren Ursprung genommen. Wenn es auch nicht schwer ist, in ihr einige dem Neol. eigene Motive wahrzunehmen, so bildet das Verzierungssystem der I. Per. im ganzen doch eine unabhängige Dekorationsgattung.

Verwandtschaft mit der kyprischen Keramik hat bei ihr Montelius festgestellt (*Chron. ält. BZ.* S. 186 Abb. 462—464). Petersen sieht myk. Einfluß (Röm. Mitt. 13 [1898] S. 190). Myres ist der Ansicht, daß das farbige geometrische Dekorations-System Siziliens, ebenso wie das Kappadokiens, Zyperns und Thessaliens, mit andern Zentren einen gemeinsamen Charakter hat, aber dabei vor der ägäischen Industrie seine Unabhängigkeit bewahrt (Journ. anthr. inst. 33 S. 138—139.) Peet hebt die bestechende Ähnlichkeit zwischen dem Dekorations-System der sikul. äneol. Keramik und der von Chaironeia (s. d.) hervor (*Stone and Bronzeages* S. 217—219 Abb. 84). Schließlich seien noch die überraschenden Analogien in der Form und besonders in der farbigen geradlinigen Dekorationsart erwähnt, welche die bis vor kurzem in Gebrauch befindliche Keramik der Kabylen in Algier zu jener sikul.-äneol. aufweist (Journ. anthr. inst. 32 S. 245—262 Mac Iver und Myres). Orsis Urteil hierüber lautet wörtlich (Bull. Paletn. Ital. 28 [1902] S. 43): „Ich, der ich bez. des Ursprungs der vorgriech. Bevölkerung Siziliens die Ansicht vertrete, daß hier eine Einwanderung aus Libyen oder Nordafrika vorliegt, sehe keine Schwierigkeit darin, den Ausführungen des Herrn Myres beizustimmen, daß nämlich diese Keramik zahlreiche Elemente der I. sikul. und der kyprischen geometrischen Per. enthält, die 3—3½ Jht. hindurch in den Bergen des Kabylenlandes unverändert geblieben und erstarrt sind, trotz der folgenden phönizischen, römischen, byzantinischen und arabischen Kulturen."

§ 4. Auf der einheimischen Keramik der II. sikul. Per. (BZ) verschwindet die alte, weitverbreitete Gefäßmalerei. Während dieser Kulturphase unterscheiden wir zwei Arten der Keramik: die der Küsten- und die der Gebirgsgegend, die aber doch nicht ohne Zusammenhang sind. Erstere, in welcher man mit Rücksicht auf die Profile einiger Töpferei-Produkte Nachbildungen von metallenen Prototypen in Ton hat sehen wollen, zeigt Stücke, die ohne Anwendung der Scheibe gearbeitet und im Freien gebrannt sind. Wir haben hier ein System plastischer und mit einem Stachel und einer Spitze auf rohen, farblosen Gefäßen ausgeführter Verzierungen.

Es kommen in der Hauptsache folgende Formen vor: Schüsseln mit hohem, röhrenartigen Fuß und weiter Mündung, die mit einem gewaltigen vertikalen, zwei Hörner nebst Knöpfchen darauf tragenden Henkel versehen sind (Tf. 51a, d; 53c). — Weite Becken oder Becher mit hohem Fuß, die mit Reliefs oder Schnörkeln verziert sind; ein in dieser Per. reich vertretener Typus. — Schüsselchen auf sehr hohem, röhrenartigen Fuß, aus dessen Mitte ein zweites herauswächst; sie sind mit vertikalen Einschnitten verziert. — Doppelkonische Becken mit zwei ringartigen Henkeln und durch einige mit einem Dorn hergestellte Schnüre am Rand und am Fuß geschmückt. — Kugelige Töpfchen mit zugespitzten Henkeln. Sie sind mit Festons und anderem mittels eines Stichels dekoriert. — Große, zweihenklige Näpfe. — Zweihenklige Gefäße in Klepshydra-Form mit eingeschnittenen Linien und aufsteigenden Festons an beiden Seiten verziert (Tf. 53b). — Kleine Fäßchen mit vier kräftigen Henkeln an der Schulter und zwei Reliefschnüren am oberen Rande und an der Basis, sowie einer dritten, welche sich festonartig von einem Henkel zum andern zieht. — Schälchen mit hohem, doppeltgehörnten Henkel. — Kugelige Henkelflaschen mit hohem, zylindrischen Hals und Fläschchen mit vertikalen Einschnitten. — Gefäße, auf denen ausnahmsweise auch eine mit dem Stichel ausgeführte graphische Darstellung in der Gestalt eines Menschen oder eines geflügelten Tieres erscheint.

Den zweiten Typus (den der Gebirgsgegend) umfassen glänzend rote, zuweilen durch das starke Brennen bis ins Kastanienbraun übergehende Gefäße; in dieser Art finden wir Kratere, Amphoren, Flaschen, Askoi und Schüsseln hergestellt.

§ 5. Das zu bemalende Gefäß wurde aus einem besseren und dauerhafteren Ton angefertigt, ohne Anwendung der Scheibe geformt, dann an der Oberfläche mit einer ganz dünnen, fast töpfertonartigen Schicht überzogen, mit flüssiger, roter, ockerhaltiger Farbe bedeckt und schließlich poliert. An anderen Gefäßen dieser Per. fand man nur die Oberfläche glänzend gemacht, ohne daß man ihnen eine andere Farbe gegeben hätte; vielleicht hatte man dies schon bloß durch einen Spatel erreichen können.

Wir finden in erster Linie folgende Formen: Kugelige Becken, die von röhrenartigen Füßen gestützt werden; darunter einige sehr große. — Kugelige Becken, die auf einem zylindrischen, unten sehr ausladenden Fuß ruhen, mit stark vorspringendem Rande, dichter vertikaler Rippung über den ganzen Körper und zwei spitzen, an der Schulter angebrachten Henkeln. Auch der Fuß zeigt vertikale Streifen (Tf. 42a, b). Daneben ähnliche Stücke ohne Rippen der verschiedensten Größe (Tf. 48e, f). Eine weit verbreitete Form. — Amphoren der verschiedensten Ausmaße mit zwei schrägstehenden Henkeln, die in der Mitte des Bauches sitzen (Tf. 48g). — Herzförmige Becherchen oder Fläschchen mit einem einzigen großen Bogenhenkel. — Töpfe ohne Fuß mit spitzen Henkeln. — Dreihenklige, kugelige Schüsseln mit hohem Fuß. — Ganz vereinzelt Nachbildungen der myk. Bügelkanne. — Brustförmige Amphorendeckel, häufig in Caltagirone-Montagna, sonst sehr selten (Tf. 48b). — Tellerartige Schüsseln oder Servierbretter mit hohem Fuß, in Cassibile sehr häufig und typisch (Tf. 43a).

Die übrige Keramik, grobe und schlecht gebrannte Ware, eignet sich nicht dazu, in bestimmt hervortretende Formen eingruppiert zu werden. Dieses ganze, den Nekropolen der II. Per., sowohl denen der Küsten- wie auch der der Gebirgsgegend, entstammende Material schließt sich, trotz des Fehlens der roten Farbe auf den Gefäßen der Küstengegend, zu einer einzigen Gruppe zusammen.

§ 6. Eine charakteristische Dekoration der Gefäße aus den Gebirgsnekropolen der späteren II. und des Anfangs der III. Per., ganz abweichend von denen der I. Per., ist das Fächer- oder Wedel-Motiv, welches wir, in glänzender Farbe ausgeführt, auf der Innenseite der Schüsseln von Cassibile sehen, und zwar in ziegelroten Pinselstrichen auf orangefarbenem Grund. An der sphärischen Außenseite findet sich dagegen ein anderes, gleichfalls charakteristisches Motiv in Gestalt von Grasbüscheln, Palmzweigen, Trauerweiden, Fächern oder getigert, wie man es eben nennen mag. An den röhrenartigen Füßen laufen vertikale Streifen. S. a. Tf. 45.

Zu diesem einheimischen Material kommt das allerdings sehr seltene myk. der Küstennekropolen hinzu. Bei diesem handelt es sich um kleine, auf der Scheibe gearbeitete Amphoren von weiß-cremefarbenem Grund mit linearen Ornamenten in Gestalt von Bändern, Schnüren und kleinen Bogen oder im Blumenstil oder schuppenartig oder mit einem fächerförmigen Motiv an der Schulter (Tf. 52 b, c); ein zweihenkliger Becher aus blaßrosa Ton, bedeckt mit einem dünnen, cremefarbenen Überzug, wird mittels Streifen von Schnüren in Zonen geteilt, deren oberste durch lilienartige Blüten mit Stengeln geschmückt wird — alles in blutroter Farbe —, gleich Exemplaren aus Jalysos, Nauplia, Mykenai usw. (Tf. 52 a). Schließlich finden wir auch Tintenfaßvasen von blaßgelber Farbe mit horizontalen Zonen und vertikalen Strichen in der Höhe der Henkel (Tf. 53 a). Diese sind alle spät, stammen aus dem Niedergang der myk. Kultur und gehören der Gattung der Firnismalerei an.

§ 7. Die einheimische Keramik der III. Per. (erste EZ) zeigt im Vergleich mit der der vorhergehenden Per. einen merklichen Verfall. Einiges aus der II. Per. lebt in ihr noch fort, und diese Reminiscenzen zeigen sich mehr in den Nekropolen, wo sich der Übergang von der einen zur anderen Per. allmählich vollzieht. Dies ist der Fall in Filiporto und Cavetta, welche zur Pantalica-Gruppe gehören. Hier finden wir einige hochrot glänzende, kugelige Schüsseln und große Becken mit harzig glänzendem Überzug mit braunen Wedeln und Fächern auf rosa- oder blaßgelbem Grund, eine monochrome Technik der II. Per., die sich am Ende derselben zur bichromen entwickelt hat. Von letzterer haben wir zahlreiche sehr schöne Proben von Cassibile und in geringer Anzahl von Finocchito. Das meiste einheimische Vasen-Material trägt Merkmale des Verfalls, ist mit der Hand gearbeitet oder mit Hilfe einer ganz primitiven Scheibe und schlecht gebrannt.

An Formen treten auf: Kalottenförmige Schüsseln mit einem oder zwei vertikalen oder schrägstehenden Henkeln. — Kleine Töpfchen mit spitzen Henkeln, ein spezifisch sikul. Typus der II. Periode. — Oinochoen mit runder oder dreilappiger Mündung. — Askoi; sehr selten. In dieser Per. überschwemmen griech. Produkte die Märkte der Insel und finden schnelle Verbreitung durch die Anziehungskraft, die zu jeder Zeit alles Neue ausgeübt hat, sowie auch infolge der zunehmenden Zivilisierung des sikul. Volkes. Vor allem sind hier zu nennen: Kleine Oinochoen aus ganz reinem Ton, dünnwandig, auf der Scheibe gedreht, gut gebrannt, mit braunen, geometrischen Friesen von Bändern, Triglyphen und Winkelchen auf fahlem Grund (Tf. 57 e, f); sie gehören dem reinen geometrischen (Dipylon-) Stil an. — Bemalte Askoi; an Form und Dekoration stehen sie zwischen dem myk. und dem geometrischen Stil. — Bemalte große Näpfe. Etwas jünger sind die Formen, welche an die protokorinthischen geometrischen Kylikes (Tf. 57 d) und Skyphoi erinnern, alles griech. Formen, die der sikul. Welt völlig neu sind.

§ 8. In der IV. sikul. Per. vollzieht sich mit der Erstarkung und Ausdehnung der griech. Okkupation unter dem Einfluß dieser fremden Kultur auf jedem Gebiet eine letzte Umwandlung. Die importierte Keramik findet sich immer reichlicher und zwar in folgenden Typen: Kothon, Kylix, offene, diskosartige Lampen und solche mit nabelförmig erhobener Mitte, Pyxis, Aryballos, Skyphos, Lekythos, Alabastron, Askos.

Was am meisten von dieser Phase des Dahinschwindens der langandauernden sikul. Kultur interessiert, ist das Gesamtbild der sehr häufigen einheimischen geometrischen Keramik. Nicht ein Stück derselben ist in den griech. Nekropolen von Kamarina, Akrai, Syrakus, Megara usw. gehoben; in sikul. Städten mit hellenischem Anstrich findet sie sich dagegen in großer Menge. Diese inländische, für die IV. sikul. Per. charakteristische Keramik wurde stets auf der Scheibe hergestellt und in matten Farben dekoriert. Der Ton für die Gefäße wurde künstlich hergerichtet, und zwar aus einer Mischung von gelbem oder rötlichem Ton mit vulkanischem Gebröckel gemäß der traditionellen Technik. Der Oberfläche wurde ein weißer Überzug aufgelegt, der durch eine Reihe von Zwischenstufen von blasser Cremefarbe bis in ein leichtes Rot übergeht. Die matte Farbe der Ornamente ist in einem braunen oder kastanienbraunen Ton gehalten, der bisweilen infolge starken Brennens in ein dunkles Rot übergeht. An Formen finden wir vorzugsweise: Amphoren, Hydrien, Colonnett-Vasen, Becher oder Oinochoen, Askoi, große Näpfe nebst einer Unzahl von Varianten.

§ 9. Die Einführung geometrischer Vasen, welche wir „paläogriechische“ nennen möchten, bei den S. der Gebirgsgegenden im 8. Jh. gab den ersten Impuls, sowohl ihre Form wie ihre Dekoration nachzuahmen. Das nichtimportierte Material kam aus den Werkstätten der ältesten Kolonien an der Ostküste, und zwar möchte man an die chalkidischen Kolonien denken, aus dem Grunde, weil Leontini (Lentini), Licodia und die Gegend um Caltagirone, welche eine Menge von solcher Keramik geliefert haben (Tf. 59), in den Bereich chalkidischen Einflusses fielen. Aber dies schließt andere Fabriken nicht aus. Diese Entwicklung nimmt im 7. Jh. einen entschlosseneren und beschleunigteren Fortgang. Der sikul. geometrische Stil ist niemals aus seinem begrenzten Repertoire von linearen Formen herausgegangen. Zunächst wurden die Amphoren in horizontale Streifen geteilt, wobei der Bauch oder der Hals durch eine oder zwei Serpentinen geschmückt wurden. Wenn sich auf dem Bauch mittels Triglyphen Vierecke ergeben, so nehmen die Metopenfelder verschiedene geometr. Formen ein: schräge und bisweilen an den Enden hakenförmig umgebogene Linien, S-Formen, schrägstehende Kreuze, horizontale und vertikale Tremolierlinien; seltener sind Klepshydren, M-förmige Doppelhaken, der Kamm, konzentrische Kreise. An einigen Stücken bilden diese letzteren Zonen, welche rings um den Bauch laufen. Ein einziges Gefäß unter Hunderten trägt die schematisierte Gestalt eines laufenden Vierfüßlers, vielleicht eines Hundes. An den Hydrien bemerkt man zuweilen etwas freiere und eigenartigere Dekorationen, welche sich der konservativen Strenge des ursprünglichen geometr. Stiles entziehen; es kann dies ein Zeichen für weniger hohes Alter dieser Gefäße sein. Die sehr spärliche Verzierung der großen Näpfe besteht in horizontalen Strichen und Streifen, zuweilen auch in Serpentinen, seltener in Triglyphen am Rande oder am Bauche. Auf den Oinochoen finden wir Bänder, Striche und Serpentinen. Im s. Teil der Insel (Gegend um Agrigentum) nahm der sikul.-geometr. Stil eine etwas andere Entwicklung als im SW und im Zentrum, und zwar insofern, als er einen größeren Reichtum und mehr Abwechslung an Formen brachte und ein lebhafteres Empfinden in ihrer Komposition zeigte.

VI. Äneolithische Waffen und Werkzeuge aus Stein. § 1. Die Steintechnik erreichte auf Sizilien niemals auch nur annähernd eine Höhe der Entwicklung und Vollkommenheit, wie wir sie in den gleichaltrigen Produkten des italien. Festlandes und in andern Ländern beobachten. Es steht dies in scharfem Kontrast zu der Meisterschaft der Neolithiker und Äneolithiker der Insel in der Töpferei.

Bestattungen der I. (äneol.) Per. treten auf Sizilien in großer Anzahl im SO auf, finden sich aber auch anderswo ziemlich reichlich. Ihr Inventar, wie dies auch die Abfallstätte von Castelluccio bestätigt, läßt auf eine recht tiefe Kulturstufe schließen. Es waren dies noch primitive Stämme. Sie hatten Feuersteinmesser von verschiedener Länge und Breite in Gebrauch, fast immer ohne jede Spur von Retusche (am Monte Tabuto und auch sonst einige Male fand man ein paar fein retuschierte), und gemäß einer bei ihnen immer wieder anzutreffenden Grabsitte gaben sie jedem Toten eine oder mehrere dieser Klingen bei (Tf. 36, 17). Gewöhnlich finden sie sich über dem Schädel oder sonst in seiner Nähe.

Wahrscheinlich pflegten die S. jener Zeit ihre Toten zu mazerieren, bevor sie sie bestatteten. Mit Bezug auf diesen Brauch meint Petersen (Röm. Mitt. 13 [1898] S. 161), daß die nahe beim Toten gefundenen Messer mit diesem Grabritus in Verbindung stehen. Er schließt sich so der schon von Patroni (L'Anthrop. 8 [1897] S. 137) geäußerten Ansicht an.

§ 2. Wenn sich auch diese Bevölkerung besonders geschickt in der Herstellung solcher Klingen zeigt, so überrascht doch das fast vollständige Fehlen anderer Waffen und Werkzeuge mit feiner Retusche. Bei einigen dieser Feuersteinklingen ist der obere Teil säbelartig umgebogen; andere, die zum Sägen benutzt wurden, zeigen am Rande eine leichte Zahnung. In Monteracello (Prov. Syrakus) kam eine Silexklinge zutage, die 14 cm l., an der Basis 38 mm br. war und eine scharfe Spitze hatte. Man hält sie für einen Dolch. Auch finden sich Feuersteinsplitter, die als Spitzen oder Schaber verwendet wurden, und einige diskusförmige Stücke von Felsgestein mit gezahntem Rande (Schaber). Aus der Nekropole von

Melilli stammt ein Schleifstein aus Glimmerschiefer, rhombusförmig, flach und am Ende durchlocht.

Sehr selten kommt Obsidian (s. d.) vor, der dagegen im Neol. häufig und in der II. sikul. Per. auch einige Male angetroffen wird.

§ 3. Reichlich vertreten sind Basalt-Äxte von allerhand Typen und verschiedener Größe: von gewölbten eiförmigen bis zu eingedrückten trapezartigen, ausgezeichnet erhaltene sowie abgenutzte.

Vorherrschend ist ein dicker, fast zylindrischer Typus. Er ist im Ägäum und in Griechenland häufig. Die große Menge dieser Äxte zeigt, daß die S. sie für die verschiedensten Zwecke, kriegerische und technische, benutzten, also sowohl als Waffen wie auch als Werkzeuge. Aus einem Grabe von Castelluccio rührt eine dicke Basalt-Axt mit einer Furche rings um die Basis her, ein Typus, der der Gegend um den Ätna eigentümlich ist (vgl. a. Tf. 40e). Aus der Abfallstätte des gleichnamigen Dorfes stammen zwei Äxte aus sehr festem Kalkstein, einige Feuersteinpfeilspitzen mit feiner Retusche in Form von gleichschenkligen Dreiecken, ohne Stiel, mit ausgehöhlter Basis (vgl. Tf. 36, 10), von der Art wie die aus der neol. Station Santo Cono (Prov. Catania), Mühlsteine aus Basalt, elliptisch oder schwach konkav-konvex, mit einer durch langes Reiben glatt polierten oder etwas ausgehöhlten Oberfläche, kugelförmige Preß- oder Mahlsteine, welche den pressenden und reibenden Teil der primitiven Mahlapparate darstellen. Identische Mühlen kommen in den Stationen der Stentinello-Zeit und in Santo Cono häufig vor. Es wurden deren auch an anderen vorgesch. FO Europas sowie in Häusern von Troja und Therasia gefunden (s. Mühle A).

§ 4. Die besten Steinartefakte einiger Werkstätten, wie der von Monte Tabuto (s. Tabuto [Monte]), wurden wahrscheinlich in entfernte Gegenden exportiert, wo es an Feuerstein mangelte. Doch gestatten die überall angestellten Nachforschungen zu behaupten, daß das Silexmesser und die Basaltaxt die normale Ausrüstung der S. zur Arbeit und zum Kampf im primitiven Stadium ihrer Kultur ausmachten.

Obschon die schönen Silexklingen die äneol. S. immer ins Grab begleiteten, und wohl dies zu einem besonderen Zweck, so daß sie wahrscheinlich auch dann noch beim Totenritual eine Rolle spielten, als der Gebrauch des Steines bereits verdrängt war, so kann man doch auch ihre Verwendung zu praktischen Zwecken nicht in Abrede stellen, da sie in den Abfallstätten von Castelluccio sowie an anderen gleichzeitigen Siedlungsstätten zusammen mit Silex-Abfall und verschiedenen Gegenständen des täglichen Lebens gefunden sind. Also haben auch wohl die in den Gräbern gehobenen den betr. Toten zu Lebzeiten gehört. Wie zur Stentinello-Zeit diente das Messer den tausend Bedürfnissen des Lebens.

VII. Waffen und Werkzeug aus Metall. § 1. In der II. sikul. Per. (BZ) beginnt die Stein-Industrie den ständig zunehmenden Bronzearbeiten zu weichen. Es ist hier nicht der Ort, des breiteren auf die verschiedenen Typen an Waffen und Werkzeugen einzugehen. Daher werden wir uns darauf beschränken, sie mit einigen kurzen Bemerkungen aufzuzählen.

Die Bewaffnung der S. in der II. Per. bestand zunächst aus Dolch, Kurzschwert und Schwert. Die Flachaxt (Tf. 36, 11) war nicht häufig, hielt sich aber lange Zeit hindurch, da die in den venetischen Pfahlbauten und in den Terramaren gewöhnlichen Lappenäxte nur sporadisch auftreten. Dann erschien die Schaftlochaxt und gleichzeitig mit ihr die Lanze, zuerst kurze, später recht große Exemplare.

§ 2. An Waffen sind folgende zutage gekommen: zwei große, fast flache Kupferdolche, die ältesten bekannten, aus der Nekropole Monteracello (Prov. Syrakus; Ende der I. sikul. Per.), sie stammen vielleicht von der iber. Halbinsel; einige kurze, aber starke Bronzeschwerter mit starker Mittelrippe, die auch Kurzschwerter genannt werden könnten, bisweilen von rhombusförmigem Durchschnitt mit rudimentärem Griff, wie sie für die myk.-ägäische Einflußsphäre charakteristisch sind und von einheimischen Meistern nachgearbeitet wurden. Aus dem Bronzedepot von Tre Canali (Vizzini; Bull. Paletn. Ital. 14 [1888] S. 167ff. Tf. 15 Abb. 1 I. Cafici) stammt ein $42^1/_2$ cm l. von elliptischem Durchschnitt, mit scharfen Schneiden, starker, beiderseitig konvexer Längsrippe in der Mitte und 16 mm breiter Tülle nebst zwei starken, 28 mm l. Aufhaltern. Letztere haften an einem Ring, der die Klinge an der Basis umläuft und von beiden Seiten drei Längsrippen zeigt. Ein Grab

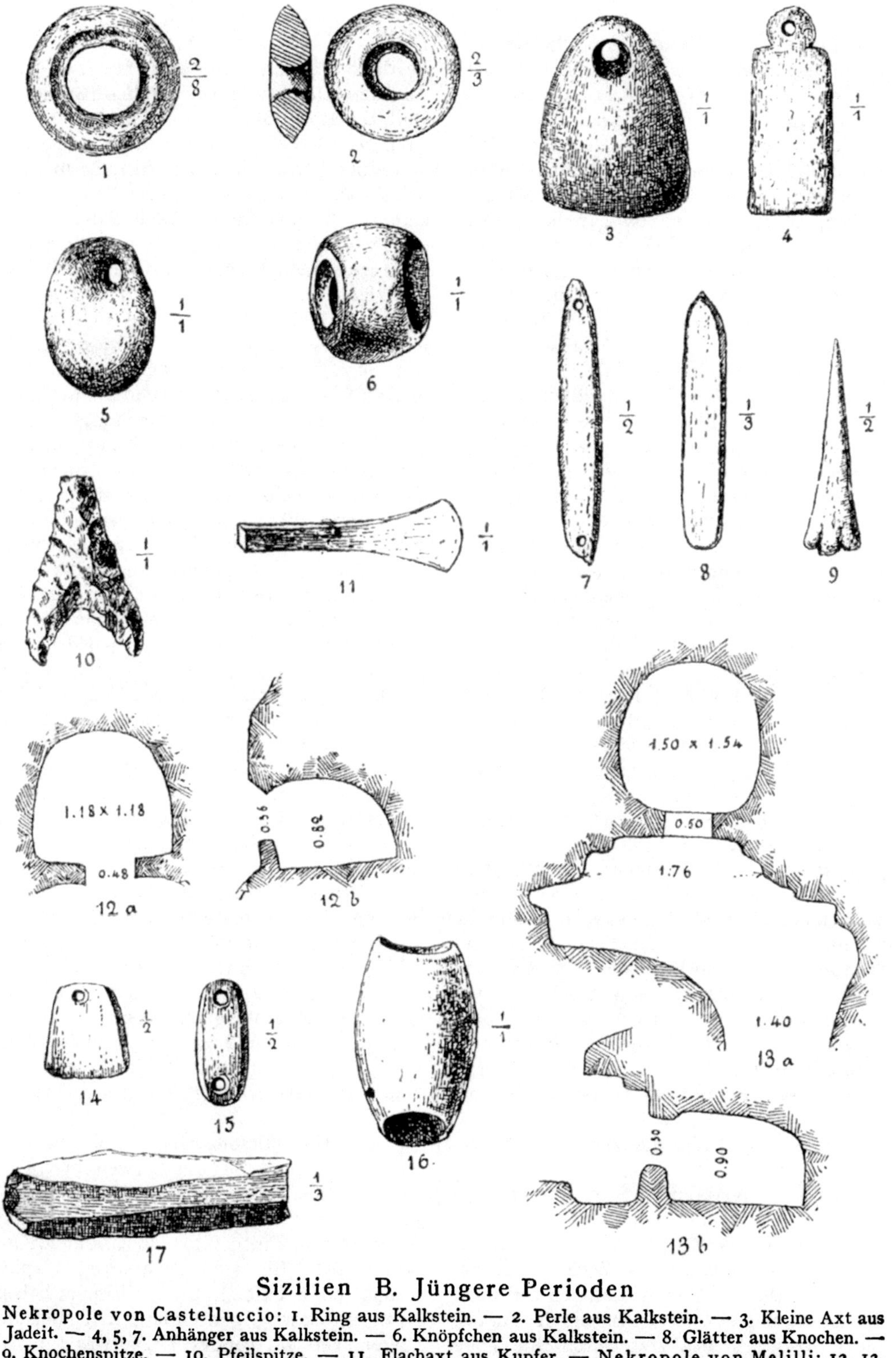

Sizilien B. Jüngere Perioden

Nekropole von Castelluccio: 1. Ring aus Kalkstein. — 2. Perle aus Kalkstein. — 3. Kleine Axt aus Jadeit. — 4, 5, 7. Anhänger aus Kalkstein. — 6. Knöpfchen aus Kalkstein. — 8. Glätter aus Knochen. — 9. Knochenspitze. — 10. Pfeilspitze. — 11. Flachaxt aus Kupfer. — Nekropole von Melilli: 12, 13. Grundriß und Querschnitt zweier Gräber. — 14. Kleine Axt aus Serpentin. — 15. Anhänger aus Kalkstein. — 16. Perle aus Kalkstein. — 17. Silex-Messer. — Nach Bull. Paletn. Ital. 1891, 1892, 1893.

von Montagna Alta (Caltagirone) lieferte ein prächtiges Bronzeschwert. Wir haben auch Schwerter oder lange Dolche aus Bronze mit einem Griff, der in einem Kreisausschnitt endet. Obgleich diese viel älter sind, stehen sie dem Typus aus den Nekropolen von Corneto Tarquinia, den Albaner Bergen, Norcia, Terni usw. nahe. Auch lange Dolche mit flacher Klinge und rudimentärem Griff kommen vor. Aus den Depotfunden von Giarratana, Mineo (Bull. Paletn. Ital. 26 [1900] S. 267ff. P. Orsi) und Adernò haben wir viele Lanzenspitzen (Tf. 54c), von denen einige mehr als 60 cm l. sind. Die Flügel haben scharfe Schneiden, die Tülle ist oft sehr kurz im Verhältnis zu der überaus großen Klinge. Diese Lanzenspitzen stammen aus Depots, niemals aus Gräbern, und traten an die Stelle der Schwerter, welche während der II. Phase der sikul. Kultur in Gebrauch waren. Orsi neigt dazu, diesen Wandel in der Bewaffnung dem Erscheinen der Griechen auf dem politischen Schauplatz zuzuschreiben, gegen welche die S. bei der früheren Ausrüstung mit nur kurzen Waffen wenig hätten ausrichten können. Er meint also, daß ebenso wie das Bronzeschwert von ägäischen Händlern nach Sizilien eingeführt, auch die Lanze von Griechen und Protogriechen im 9.—8. Jh. hereingebracht worden sei. Ein Exemplar von Cannatello gehört einer ganz neuen Gattung an. Die $30^1/_2$ cm l. Klinge hat nicht, wie sonst die sizil. Schwerter, geradlinige, konvergierende Schneiden, sondern konvexe, der Durchschnitt ist elliptisch ohne stark hervortretende Rippe, und längs der Ränder laufen zwei tiefe Blutrinnen. Solche Klingen mit konvexen Rändern werden zu den Prototypen der griech. Schwerter gerechnet, kommen auch in Mykenai vor, sowie in den Terramaren und den gleichaltrigen Nekropolen von Povegliano.

Auch kleine Tüllen-Lanzen- oder Wurfstangenspitzen, Pfeilspitzen und kleine Dolche seien erwähnt. S. a. Tf. 35g, h, 46h—m, 54d, 60.

§ 3. An Werkzeugen aus Bronze finden sich: Äxte, die auch als Waffen benutzt wurden. Die in Italien ziemlich seltenen Flachäxte sind eine Besonderheit der Inseln, die in vorgeschichtl. Zeit durch ihre Lage Einflüssen ausgesetzt waren, die das ital. Festland oft kaum berührten (Tf. 36,11; 55a). Aus dem Depotfund von Modica (Syrakus; Bull. Paletn. Ital. 26 [1900] S. 167 Tf. 12 Abb. 14, 18 P. Orsi) haben wir zwei Stücke von einer Form, die in Italien außerordentlich selten ist (Tf. 55e). Auf Sizilien ist noch eine aus Licodia Eubea (Bull. Paletn. Ital. 24 [1898] S. 162 Abb. 2 P. Orsi) bekannt. Mehrere Exempl. hat Sardinien geliefert und eins der ital. Depotfund von Monte Rovello. Weiter kommen sie in Spanien und Irland vor (vgl. Band X Tf. 139b rechts). Die Schaftlochäxte (Tf. 55c, g; 60g), darunter solche noch mit Rippen und einem Knopf am Axthelm, ersetzen den fehlenden Axtdolch (s. d.). Der Vorsprung oder Knopf, in den der Helm ausgeht, scheint ein Gußzapfen zu sein, der beibehalten wurde, um auf ihn mit einer Keule zu schlagen, wenn die Axt tief in einen Baumstamm eindringen sollte. Die Schaftlochäxte gehören zu den Bronzegegenständen, die zuerst von den Ägäern-Mykenäern auf die Insel gebracht und dann dort selbst reichlich hergestellt wurden, wie aus dem Gießereidepot von Giarratana, der Gießerei von Pantalica (s. d. A § 2) und aus ihrem häufigen Vorkommen besonders im ö. Teil der Insel hervorgeht.

Selten finden sich Tüllenäxte. In großer Menge kommen die zu allen möglichen Zwecken verwendbaren Messer vor. Man findet solche in Lanzett- oder Olivenblattform, meistens mit gekrümmter Basis und ohne Einsatzstachel. Sie sind eine Nachbildung des Feuersteinmessers in Metall. Diese Klingen sind dünn und fast flach, nur mit einer ganz schwachen Erhöhung in der Mitte (Tf. 46e—g). Verschieden von ihnen sind die elegant geschwungenen Messer mit einem in einer Öse endigenden Stiel, alles in eins gegossen (Tf. 55f). Sie sind eine Weiterentwicklung der vorhergehenden Form.

§ 4. Eine Besonderheit Siziliens sind die Rasiermesser mit zweischneidiger Klinge. Sie treten in archaischen Exemplaren aus der BZ und einigen wenigen jüngeren von Finocchito und Grammichele-Badia auf. Sie sind rechteckig, trapezförmig oder halbelliptisch. Einige haben einen strickartig gedrehten Griff und im oberen Teil ein rundes Loch, was sie den

a

b

c

d

Sizilien B. Jüngere Perioden

Nekropole von Castelluccio: a, b. Grabplatten. $^1/_{18}$ n. Gr. — c, d. Knochenplatten mit Reliefverzierung. $^2/_3$ n. Gr.

nordital. sehr nahebringt (vgl. Peet *Stone and Bronzeages* S. 461 Abb. 266). Die quadratischen und trapezförmigen Klingen gingen hervor aus den doppelschneidigen, rechteckigen, mit etwas konvexen Schneiden und ausgehöhltem Oberteil (Tf. 46a—d). Orsi sieht in dem ältesten Typus des sikul. Rasiermessers ein Importstück aus dem myk. Griechenland, wo das ξυρόν bekannt und in Gebrauch war, wie dies liter. und arch. Dokumente bezeugen.

§ 5. Meißel von verschiedener Größe, Haarrupfer, Bohrer, Pfriemen, Hakenbohrer, Sägen (Tf. 55d) und Nadeln vervollständigen die Ausrüstung an metallenen Werkzeugen. Unklar ist die Verwendung schwerer, massiver, zylindrischer Geräte mit einem durchlochten Anhänger an den beiden Enden; bisweilen sind sie mit Ringen verziert; ihre Länge schwankt zwischen 130 und 205 mm; vielleicht sind es Spindeln (Bull. Paletn. Ital. 39 [1913] S. 127ff. P. Orsi), auch werden sie für Trensen gehalten (Bull. Paletn. Ital. 38 [1912] S. 143ff. G. Bellucci). Sie sind eine Besonderheit der Nekropole von Grammichele-Badia; drei kleine Exemplare lieferte das Bronzedepot von Mendolito bei Adernò. Aus derselben Nekropole von Grammichele-Badia stammen hohle Röhrchen; auch über ihre Verwendung weiß man nichts.

Zum Schluß seien noch die kleinen bronzenen Schwerter und Äxte erwähnt, die man symbolisch verwendete, um ins Grab nicht wertvolle Gegenstände von großen Dimensionen und tatsächlicher Benutzbarkeit mitgeben zu müssen.

Das in der I. sikul. Per. kostbare, in der II. noch seltene Eisen wird in der III. allgemeiner bekannt. Einschneidige Messer sind zutage gekommen, die mit den bronzenen Klingen des Äneol. und der BZ nichts mehr gemein haben. Auch sie sind Importware. Einige haben eiserne Klingen und bronzene Stiele, andere Klingen aus Eisen und Griffe aus irgendeinem vergänglichen Material.

VIII. Schmuck. § 1. In der I. Per. finden sich: Steinchen verschiedenster Form und aus aller Art Material, vorzugsweise gelbem Kalkstein, in flächig umgrenzten Formen, durchlocht an einer oder an beiden Seiten oder in der Mitte, und dazu bestimmt, als Anhänger oder Talisman zu dienen; — kleine Äxte aus dunkelgrünem, serpentinartigen Gestein oder anderer mineralischer Substanz, gut geglättet, zuweilen ganz flach, mit einem oder zwei durchgebohrten doppelkonischen Löchern an der Spitze (Tf. 36, 3. 14); — in der Mitte durchlochte, längliche, kleine Perlen aus mineralischer Substanz; — tonnenförmige Kalkspatperlen mit doppelkonischer Durchlochung (Tf. 36, 16); — ringförmige Kalkspatperlen (Tf. 36, 1. 2); — Perlen von verschiedensten Formen, die nach Bernstein aussehen, aber aus einem andern Harz hergestellt sind, von dem man nicht weiß, ob es einheimischen Ursprungs oder importiert ist; — tonnenförmige Perlen aus gelbem Alabaster; — Perlen in Scheibenform aus gelbem Kalkstein, Bein und Ton; — kugelige Perlen aus durchsichtiger Masse; — verschiedenartig geglättete Stückchen Raseneisenstein, einige durchlocht, vielleicht als Talismane verwendet; — viereckige Anhänger mit Aufhänger aus Kalkstein (Tf. 36, 4); — durchlochte Körnchen, länglich wie Getreidekörner, aus durchsichtiger Paste; — Ringe aus Bein; — Cypraeae, an einem Ende durchbohrt, um als Halskettenglied zu dienen; — Stücke von Austernschalen, an denen ein zylindrisches Loch angebracht ist; — *Dentalium elephantinum* für Halsketten; — mondförmige Anhänger aus Auster- und Schneckenschalen, poliert, auf einer Seite durchlocht, um auf einen Faden gezogen und umgebunden getragen zu werden; — an der Basis durchbohrte Fischzähne; — Eberhauer, meist mit einem Loch in der Mitte; — elfenbeinerne Kämme, Produkte myk. Industrie und myk. Handels, die den röhrenförmigen Knochen von Castelluccio und Cava Lazzaro (s. Sizilien A III § 3) an die Seite zu stellen sind.

An Schmuckgegenständen aus Bronze waren in dieser ersten Phase der sikul. Kultur vorhanden: flachgedrückte ringförmige Knöpfchen in sehr grober und unreiner Legierung; — Spiralen; — ungleich runde Perlen; — rundgebogene feine Drähte; — Kügelchen; — tonnenförmige oder doppelkonische Perlen, eine metallene Nachbildung der älteren Kalksteinperlen (griech. Herkunft); — Anhänger, die aus einem kleinen, mit den Enden übereinandergreifenden Ring bestehen, an dem andere kleinere hängen; — einfache kleine Ringe; — Saltaleoni, aus denen Halsketten zusammengesetzt wurden als Ersatz für die, welche in der I. Per. abwechselnd aus Dentalium und Steinperlen bestanden; — Scheibenringe, bandförmig und offen.

§ 2. An Schmucksachen der S. in der II. Per. (BZ) haben wir: Perlen aus Glas, aus mineralischen Substanzen, aus Harzen, aus Pasten, aus Karneol, aus harten Steinarten; — axtförmige Anhänger aus Stein; — Fischzähne; — Eberzähne wie die in den Gräbern der Akropolis von Mykenai; — aus Bronze: Ohrringe; — Schmuckspiralen in Form bald einer dichten Scheibe, bald in lockerer Drahtführung; — Anhänger aus einer doppelten Spirale in Brillenform. Im ö. Mittelmeergebiet und in Kleinasien finden wir diese Schmuckgegenstände auf einer Nadel und einem Armband aus Gold wieder, die den prämyk. Schichten von Hissarlik entstammen. Auch n. der Alpen scheinen die brillenförmigen Anhänger in frühester Zeit eingeführt zu sein; — Bandringe; — doppelkonische Perlen; — konvexkonkave Fingerringe; — zylindrische mit geöffneten Enden; — Schmuckringe oder Anhänger aus dickem, zylindrischen oder abgeplatteten Draht, sehr häufig; — kleine durchlochte Äxte symbolischen Charakters als Ersatz für die früheren aus Stein; — bandartige Armringe, meist gerippt, von elliptischem und zylindrischem Draht; — Saltaleoni wie die aus den Nekropolen Südspaniens, die den unsern der I. Per. gleichaltrig sind; — gegossene Spangen oder Anhänger; — kappenartige Knöpfchen mit Haken; — Spiralen von 5—7 Windungen von einem solchen Dm, daß sie bequem auf den Finger gezogen oder als Haarschmuck getragen werden können. Sie wurden relativ spät aus Griechenland während der ausgehenden myk. oder der Dipylon-Zeit eingeführt und waren dann im 7.—6. Jh. v. C. sehr verbreitet. — Kettchen aus den verschiedensten Maschen, bisweilen mit Anhängseln an den Enden; sehr häufig; — durchbrochene Rädchen; — Gürtelschließen.

§ 3. An das Ende der II. sikul. Per. und den Anfang der III., also ins 9.—8. Jh., was den Zeitpunkt der Niederlegung anbelangt vielleicht auch das beginnende 7. Jh. v. C. —, gehört das bekannte sikul. Bronzedepot von Adernò (Tf. 54a—c); es ist das größte im S aufgedeckte und würdig, dem von S. Francesco in Bologna (s. d. § 5) an die Seite gestellt zu werden. Es besteht aus einigen Tausenden, teils bearbeiteten, in der Mehrzahl aber rohen und formlosen Stücken und hat das ungeheure Gewicht von fast 900 kg. Zahlreiche Gürtelbeschläge aus dünnem Blech, in erhabener Arbeit, mit dem Stempel oder mit dem Stichel durch lineare Motive verziert, 5—10 cm h. und von verschiedener Länge, aber immer derartig, daß sie den ganzen Leib umschließen (Tf. 54b). Niemals hätte man bisher nach der Untersuchung Hunderter von Gräbern und der verschiedenen Bronzedepots auf den Gedanken kommen können, daß die S., ebenso wie die Umbro-Italiker der Villanova-Zeit (W. Helbig *Das Homerische Epos* S. 288ff.), einen derartigen Schmuck- oder vielleicht auch Schutzgegenstand besaßen. Sie sind nicht rautenförmig wie die italischen, sondern rechteckig und am Rande mit Löchern versehen, um auf einem Lederstreifen befestigt werden zu können. Es ist nicht unwahrscheinlich, daß die S. dieses Ausrüstungsstück von den Griechen des 8. und 7. Jh. übernommen haben. Wir wissen, daß die Griechen jener Zeit metallene Gürtel hatten (Helbig a. a. O.); aber in unserm Fall handelt es sich um Tracht und Kultur von Nicht-Griechen, und Orsi läßt sich nicht in Erörterungen darüber ein, ob dieser Gegenstand mit dem ζωστήρ oder mit der μίτρη Homers identifiziert werden kann, welche die Griechen ihrerseits von den Phöniziern übernahmen, wie dies die Kriegerfigur von Antarados zu beweisen scheint (Ausonia 8 [1913] S. 54—55, Notizie 1909 S. 387—388 P. Orsi; s. a. Depotfund B II § 4).

Man hat darüber gestritten, ob die in den Gräbern der Villanova- oder protoetruskischen Zeit gefundenen Gürtel zur Tracht der Männer oder der Frauen gehören. Ghirardini hält sie für Frauenschmuck, und Barnabei sowie Pasqui sind der gleichen Ansicht; sie fand eine glänzende Bestätigung durch die beiden in der Nekropole von Vetralla angetroffenen Exemplare. Eine in Bronzeblech ziselierte Frauenfigur der Sammlung Baratela (Este) trägt einen elliptischen Gürtel (Bull. Pal. Ital. 41 S. 149ff.; s. a. Corsage).

Helbig tritt Ghirardinis Ansicht nicht entgegen, obschon er in seinen Studien über die homerische Tracht ähnliche Gürtel als

Sizilien B. Jüngere Perioden

Bemalte Tongefäße von Naro, Provinz Girgenti. Nach Aquarellen.

Sizilien B. Jüngere Perioden

Die Nekropole von Pantalica. Nach Mon. Lincei.

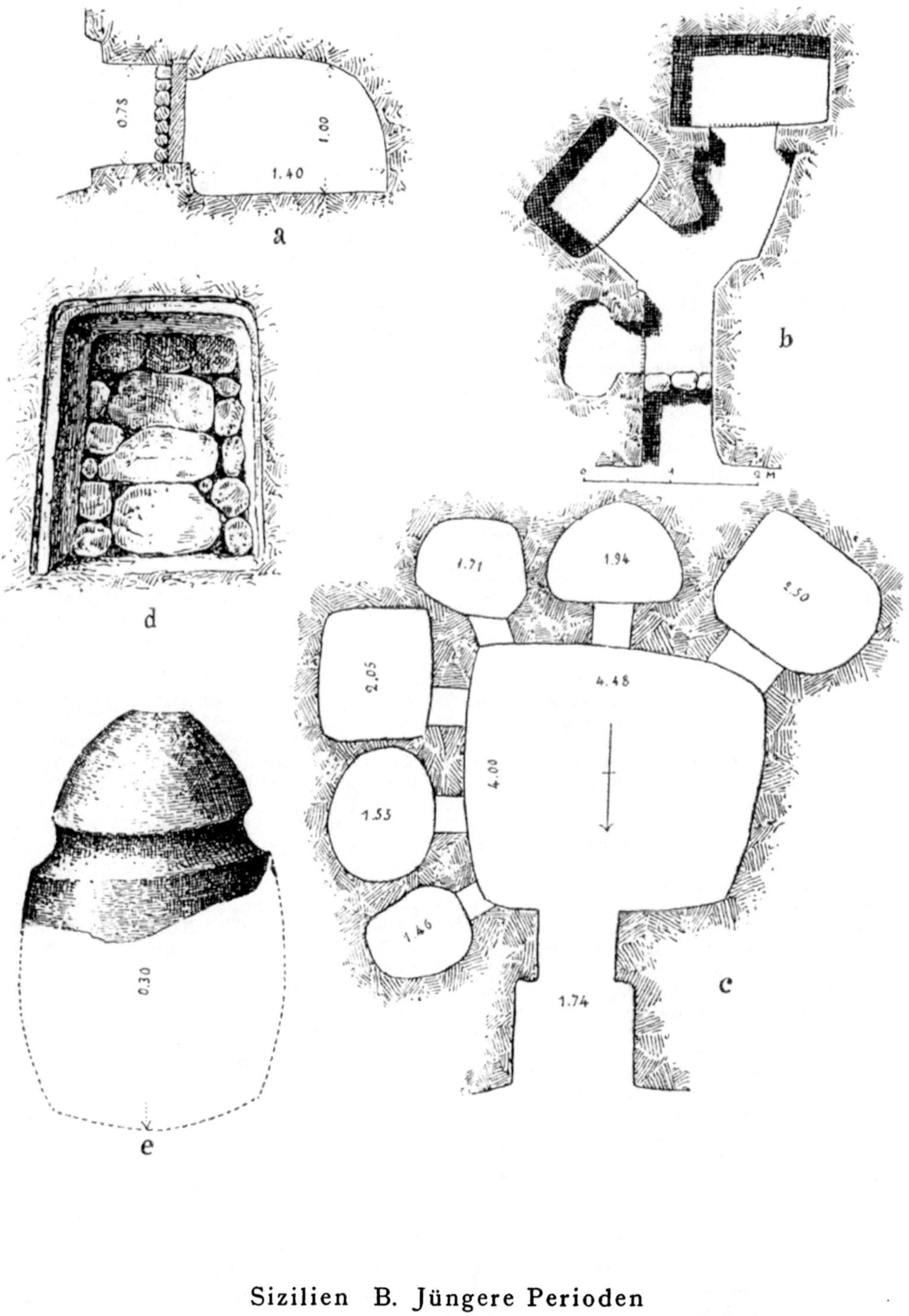

Sizilien B. Jüngere Perioden

Nekropole von Pantalica: a—c. Grundrisse von Gräbern. — d. Eingang zum Dromos. — e. Basaltaxt, zur Herstellung der Gräber benutzt. — Nach Mon. Lincei 1899 und 1913.

Eigentümlichkeit der Krieger angesehen hatte. Und so kommen uns auch die aus dem Depot von Mendolito (Adernò) vor.

§ 4. Das Material dieses bedeutenden, doch bisher unpublizierten Depots ist im Kgl. Archäol. Mus. zu Syrakus ausgestellt. Mit liebenswürdiger Einwilligung des Direktors desselben, Herrn Prof. Orsi, geben wir hier ein Verzeichnis der darin enthaltenden Gegenstände.

30 große bronzene Lanzenspitzen, 48—65 cm l., ganz neu, man möchte sagen unbenutzt, viele mit ganz scharfer Schneide (Tf. 54 c). — Etwa 100 Bruchstücke, die zu wenigstens 50 verschiedenen Exempl. gehören, zerbrochen oder etwas umgebogen und einige auch mit Spuren beginnenden Schmelzprozesses. Viele dieser Stücke stammen von kleinen Lanzenspitzen. — Drei Schaftlochäxte, zwei davon im Schneidenteil oder im Schaftloch zerbrochen. — Mehr als 50 Gürtelbruchstücke aus Kupferblech, eins davon mit einer schematischen Maske verziert. Wenige sind ganz, alle umgebogen und zusammengedrückt. — Etwa 30 zerbrochene Fibeln, meist Kahnfibeln oder *a bastoncini*. — Einige wenige Armbänder, Ringe und Schmuckscheiben. — Ein halbes Dutzend Rasiermesser von Rechteckform. — 10 nicht zu deutende Gegenstände in Form von Astragalen. — Bruchstücke von zwei gegossenen und vielen gehämmerten Vasen. — Drei kleine geheimnisvolle Gegenstände (massive Zylinder mit Anhängseln an den beiden Enden), ähnlich denen von Grammichele (Molino Badia). — Ein halbes Dtzd. gegossene Henkel von Eimern, vielleicht solchen aus Blech, und viele kleinere Bruchstücke von solchen Henkeln. — Verschiedene große Fragmente von Vasen aus Blech, mehrfach umgebogen und zusammengedrückt. — Drei gehörnte, schematische Köpfe von einem unbestimmbaren Tier, die in eine Röhre ausgehen und als Stockknöpfe dienten. — 6 große gestielte Knöpfe. — Die Hälfte eines Heroldsstabes. — Ein Knäuel Bronzedraht. — Eine ganze Anzahl von Bruchstücken kleiner unbestimmbarer Gegenstände. — 24 kleine Formen oder Gußkuchen und einige hundert große und kleine Fragmente, die zu gleichen Formen gehören können, im Gesamtgewicht von mehr als 650 kg. Bei diesen zum Einschmelzen bestimmten Stücken beobachtet man, daß an einigen kleine Gegenstände wie Fibeln, Armbänder und Bruchstücke von Lanzenspitzen haften, die im Anfangsstadium des Zerschmelzens gewesen waren. — Etwa zehn fragmentarische Zwingen in Reifenform. — Ein dicker Ring von über 10 cm Dm. — Vgl. Tf. 54a—c.

§ 5. Weiter gehören zu den bronzenen Schmucksachen der S. der II. Per. zahlreiche Fibeln. Eingeführt wurde die Fibel zuerst von Ägäern, Protogriechen und Griechen. Die Gräber der II. sikul. Per. haben geliefert: Violinbogenfibeln, allerdings sehr selten (Tf. 44 d). Es ist dies die älteste, aus Griechenland zu myk. Zeit nach Sizilien eingeführte Form. Man sieht in ihr den Urtypus. Einige Exemplare haben einen schnurartig gedrehten Bogen mit einer rautenförmigen Platte in der Mitte, andere haben einen quadratischen Körper. — Einfache Bogenfibeln (Tf. 44e), die auf Sizilien am häufigsten vorkommen, nebst ihren Spielarten mit flachem, fast bandartigen Bogen, mit quadratischem oder rautenförmigem Bügel, schnurartig gedreht, mit zwei Rippen und einem dazwischenliegenden, etwas abgeflachten Teil. Alle anderen haben einen zylindrischen, leicht verdickten, stabartigen Bogen. Dieser Fibeltypus läuft der Violinbogenfibel und der Ellenbogen-Schlangenfibel parallel. Er kam in Griechenland im ägäisch-myk. Kreise auf. Zwei Strömungen verdankt er seine Ausbreitung. Die eine ging auf dem Landwege (auf dem Balkan) und vielleicht auch auf dem Seewege (über die Adria) nach N und NW; die andere über das Meer nach Süd-Italien und Sizilien. Die meisten Exemplare dieser Art sind mit zwei Ringen oder Rippen in Relief versehen, und alle sind mit dem Stichel verziert durch Kreuzundquer-Striche, Ringe und anderes. Auch kommen solche mit drahtförmigem und etwas anschwellendem Bogen vor. — Ellenbogen-Schlangenfibeln, ein, wie gesagt, sehr alter Typus. Ein Grab von Cozzo del Pantano hat zugleich Violinbogenfibeln und Ellenbogen-Schlangenfibeln geliefert. Auch diese Art, deren Vertreter größtenteils mit dem Stichel verziert sind, stammt aus dem ägäisch-myk. Kreise. — Harfenfibeln, ein unmittelbarer Ableger der Violinbogenfibel. — Schlangenfibeln *ad occhio*, eine jüngere Art, in der Mitte der II. Per. weit verbreitet (Tf. 44 b). — Stark angeschwollene Kahnfibeln, selten. — Fibeln mit 4 Spiralen von einem durchaus altgriech. Typus des 9.—8. Jh. (Tf. 44 c). — Aus Eisen finden wir Ringe und Schlangenfibeln *ad occhio*, Anzeichen für eine viel spätere Zeit. Sie stellen einen der Endpunkte in der morphologischen Entwicklung der sikul. Fibel dar. Ein einziges Exemplar einer Fibel mit kleinem Kahnbügel aus Eisen ist bekannt geworden, charakteristisch für die IV. Periode. Das Blei ist in dieser Zeit sehr selten. Einige Ringe und einige Perlen fand man aus diesem Material. Aus Silber einige wenige Armbänder und Ringe.

§ 6. In den Gebirgsgegenden hat man einige kleine Schmuckgegenstände aus Gold angetroffen, ein Beweis, daß auch die S. den Wunsch hatten, wenigstens kleine Proben von jenen Goldschmiedearbeiten zu besitzen, von denen die Fürsten der Argolis und Kretas großartige und prächtige Ausstattungen ihr eigen nannten. Es wurden gehoben: Perlen; — gestanzte Bleche; — Ringe mit eingefaßten Steinen in Augen- oder Rautenform; — Ringe mit Flechtbandverzierung; — konvex-hohle Ringe. Diese Gegenstände kamen aus

Griechenland zu myk. Zeit, wo die Goldschmiede-Industrie eine sehr hohe Entwicklung genommen hatte.

Wir haben bereits die andauernde Einwirkung des hellen. und vielleicht auch sem. Orientes betrachtet. Schwach und bescheiden in der I. Per., setzt sie sich in der II. beharrlich durch, tritt aber stärker als je in der III. auf, was zum Teil mit dem Auftreten griech. Kaufleute, dann richtiger Kolonien an der Küste der Insel vom Beginn bis zum Ende des 8. Jh. zusammenfällt. Wir müssen also immer diese protohellenische Strömung im Auge behalten, auch bei Beurteilung der Bronzen; für Strömungen, die aus dem N kommen, haben wir dagegen bisher kein arch. Dokument.

§ 7. Die Nekropolen der III. sikul. Per. (frühe EZ) ergaben: Fibeln mit zwei oder vier Spiralen, ein charakteristischer Typus für die griech. Gruppe (vgl. Tf. 44c). — Schlangenfibeln. — Schlangenfibeln mit *bastoncini a globetti* (Tf. 57g). Denselben Typus hat in Griechenland Olympia geliefert. — Fibeln mit schmalem, offenen Kahn, an der Biegung bisweilen durch zwei Knöpfe verziert, mit sehr langem Nadelhalter. Dieser Typus ist der am meisten verbreitete. — Doppelkonische oder tonnenförmige Perlen verschiedener Größe. — Mancherlei Ringe, dicke und dünne; sehr häufig (Tf. 57h). — Armbänder aus Bronzedraht in mehreren Windungen. — Kettchen aus doppelten Gliedern, um den Hals zu tragen, einige mit Träubchen nebst Kugeln und mit länglichen Anhängern verziert.

Aus Eisen: Schlangenfibeln; trapezförmige Fibeln mit Knochen-, Elfenbein- und Bernsteinauflage. — Ringe. — Aus Silber: Schlangenfibeln. — Aus Elfenbein: Plättchen, die auf orientalische Importströmungen zurückgehen; — viereckige Täfelchen mit Befestigungshaken aus Eisen. — Aus bläulicher Paste: Skarabäen (s. d.).

§ 8. Die Nekropolen der IV. sikul. Per. lieferten: Aus Bronze: dicke konische Käppchen, außen schnurartig eingefaßt, innen mit einem Haken versehen (Tf. 58, 7). Sie dienten zum persönlichen Schmuck. Nie wurden sie in griech., sondern stets in sikul. Gräbern gefunden, zuerst in kleinen Exemplaren aus der III. Per. in Finocchito, aber nur selten; — Kahnfibeln mit etwas verdicktem Bogen; — Armringe, bestehend aus einem Bande in mehreren Windungen; — tönnchenartige Perlen, in den Gräbern der III. Per. sehr häufig; — Nädelchen mit Kugelkopf. — Kleine Fibeln mit drahtförmigem, etwas verdickten Bügel. — Aus Eisen: Ringe, deren Schmuckfläche Gravierungen aufweisen, sowie trapezförmige Fibeln mit Knochenauflage. — Aus Silber: Spiralen aus schnurförmigen Bändern. Sie wurden vor allem im Haar getragen (ἕλιξ; Tf. 58, 6); — Fibeln mit kleinem, massiven Kahn und großem Nadelhalter (Tf. 58, 4); halbkugelige Knöpfe, innen mit einem Stiel, um an den Gewändern angebracht werden zu können (Tf. 58, 5); häufig; — Ringe mit ausgestochenen Lotosblüten und anderen Verzierungen; — doppelkonische große Perlen; — mondförmige Ohrringe. — Aus Gold: Anhänger, entweder Büchschen aus ganz dünnem Blech oder in Herzform (κάδιον), die als bloße περίαπνα am Halse getragen wurden, oder als Parfümbehälter, da sie alle ein bewegliches Deckelchen haben (Tf. 58, 3). Man fand sie in phön. oder etrusk. Nekropolen mit phön. Gegenständen zusammen.

Große Knochenperlen. Bernsteinperlen.

Die große Mehrzahl dieser Gegenstände wiederholt sich in griech. Gräbern des 7. und des beginnenden 6. Jh.; daher kann an der griech. Herkunft und der Zeitstellung dieser kleinen Industrie-Artikel kein Zweifel sein. Von der Küste aus gelangten sie dann auch in die Gebirgsgegenden im Innern der Insel.

IX. Religion und Kultus. § 1. Dank der rastlosen Nachforschungen und der Entdeckungen von Paolo Orsi kennen wir heute die materiellen Verhältnisse der S. recht gut, aber von ihren Sitten wissen wir nur sehr wenig. Daß diese auf einem recht tiefen Niveau standen, kann man wohl ohne weiteres annehmen; es wäre dies ja auch nur im Einklang mit ihrer Kultur, die z. B. auf einer sehr viel niedrigeren Stufe stand als die ihr gleichzeitige in Ägypten und auf Kreta.

Gegenüber den großen unbekannten Naturkräften, gegenüber den Mysterien der Geburt und des Todes mußte sich ihre kindlich-naive Reflexion einen Besitz an Glaubensschätzen und Kultübungen schaffen, der den Bedürfnissen ihrer religiösen Vorstellungen entsprach; doch können wir dessen Umfang heute nicht mehr ermessen.

§ 2. Die sicherlich sehr große Sorgfalt und Mühe, deren sie sich befleißigten, um ihren Toten eine angemessene Behausung, wohlversehen mit Werkzeugen und Hausgerät, zu schaffen, hängen gewiß mit dem weitverbreiteten Glauben zusammen, daß der Mensch mit dem Tode nicht gänzlich dahinschwindet.

Aus dieser animistischen Einstellung, welche die Gedanken der S. während der ganzen vier Perioden ihrer Kultur leitete, entspringt auch das Bedürfnis, die Grabkammer mit allen Bequemlichkeiten des Hauses der Lebenden auszurüsten, sowie Speisen und Getränke für lange Zeit dort niederzustellen.

Zu den religiösen Praktiken, die mit dem Totenkultus in Verbindung stehen, scheint auch die des Leichenschmauses, der neben dem Toten abgehalten wurde, gehört zu haben. Und mit einer religiösen oder sich auf den Kult beziehenden Idee wird wahrscheinlich auch die Sitte in Verbindung stehen, kleine, durchlochte Äxte aus Stein oder Metall als Amulett auf dem Körper zu tragen.

§ 3. Obschon nur wenig häufig, sind doch auch auf Sizilien sehr schöne, große, ausgezeichnet erhaltene Äxte aus grünem Gestein gefunden worden, die man nicht recht für gewöhnliche Gebrauchsgegenstände halten möchte. Sie erinnern an ähnliche aus Troja, der Bretagne und Skandinavien. Wenn wir an den Kult denken, den die Axt seit neol. Zeit als Zeichen der Macht und daher als Göttersymbol genoß, sind wir geneigt, auch in diesen vortrefflichen Exemplaren Kultgegenstände zu sehen.

§ 4. Ebenfalls werden die vorgriech. Bronzedepots, die, wie anderswo, so auch auf Sizilien ziemlich häufig angetroffen sind, auf Auswirkung religiöser Ideen zurückgeführt. Nachdem man sie eine Zeitlang für Gießerei-Material angesehen hatte, neigt man jetzt dazu, in ihnen eine Anhäufung von Votivgaben zu vermuten. Die Gläubigen beraubten sich des kostbaren Metalls und brachten es der Gottheit dar.

§ 5. In den Abfallstätten der Siedlung Castelluccio, in einer Hütte bei Camarina, in Monteracello, in den Siedlungen Cannatello und Caldare, in den Wohnhöhlen von Barriera bei Catania, in den Nekropolen von Monte Finocchito und von Scifazzo bei Licodia Eubea sowie an andern Plätzen sind einige merkwürdige Tongegenstände zutage gekommen. Sie haben die Form eines auf einer runden Unterlage sich erhebenden Hornes und sind nicht größer als 16 cm. Orsi meint, daß es eine tief im Glauben der S. wurzelnde Gepflogenheit sein mußte, welche sie veranlaßte, Wohnstätten und Gräber mit solch sonderbaren Dingen auszustatten, und daß man ihnen wohl eine magische oder prophylaktische Bedeutung zuschreiben kann.

Auch noch heute werden in unsern südlichen Gegenden Ochsenhörner und Miniaturnachbildungen von ihnen als Amulette verwendet.

Orsi hat gelegentlich hervorgehoben (Bull. Paletn. Ital. 33 [1907] S. 92ff.), wie an Deckeln und Gesichtsurnen angebrachte Hörner von nicht nur tektonischer, sondern auch symbolischer und apotropäischer Funktion in den Schichten der ersten Stadt von Hissarlik vorkommen, deren Beziehungen zur sikul. äneol. Kultur nicht rein zufällige und erdachte sind. Ausgesprochen sakralen und ritualen Charakter tragen die Hörner in der min. Kultur, sowie die geheiligten Hörner aus der Bibel.

§ 6. In Cannatello (s. d.) bei Girgenti führte Mosso eine Ausgrabung aus an einer Stelle, wo vorher Waffen und Geräte aus Kupfer gefunden waren, und legte dabei die Reste eines Dorfes frei, das wegen der dort angetroffenen Keramik und wegen der früher gemachten Bronzefunde der II. sikul. Per. zugeteilt werden muß. Zwischen zwei 5 m voneinander entfernten Hütten kamen Reste einer Pflasterung zutage, und auf ihr wurden einige charakteristische Gegenstände aufgelesen, derentwegen er glaubte, Reste eines Hausaltars vor sich zu haben (Mon. Lincei 18 [1908] S. 640ff. Abb. 32 und Tf. 5 Abb. 9 A. Mosso). Darunter befanden sich auch drei der oben erwähnten Tonhörner. Weil sie sich an heiliger Stätte befanden, meint dieser Forscher, sie wären von kultischer Bedeutung gewesen wie die Hörner der min. Heiligtümer. In geringer Entfernung davon hat Mosso große Terrakotta-Stücke gehoben, aus denen er eine ovale Platte von ca 50 cm

Dm und einer Dicke von 3 cm rekonstruieren konnte. Der Rand derselben ist ein wenig erhöht, die innere Oberfläche glatt, der Ton gut gebrannt und von dunkelgelber Farbe (Band II Tf. 124b). Mosso trug keinerlei Bedenken, darin eine Libationstafel zu sehen, und zum Beweis für die Richtigkeit seiner Annahme stellte er einen Vergleich auf mit einem ähnlichen, von der Missione archeologica italiana in Phaistos aufgedeckten tönernen Altar (Mon. Lincei 14 [1904] S. 405 L. Pernier; vgl. Band VII Tf. 51). Bemerkenswerterweise ruhte die Platte in Phaistos ebenso wie in Cannatello auf einem sorgfältig hergerichteten Lager aus Sand und kleinen Flußkieseln. Ein eigenartiger Zufall ist ferner, daß sowohl hier wie dort ein Stößel und ein rechteckiges Täfelchen aus Stein gefunden wurden. Gefäßscherben, *Pectunculus*-Schalen, Astragale vom Rind und Schaf vervollständigten das Ergebnis dieser Ausgrabung.

§ 7. Dies ist alles, was wir bis heute von den Kultübungen und von der Religion der S. kennen. Wahrlich viel zu wenig, um uns eine einigermaßen vollständige Vorstellung von ihrem religiösen Empfinden machen zu können. Corrado und Ippolito Cafici

2. Auf dem italischen Festland. § 1. Die alten Schriftsteller berichten, daß die S. in alten Zeiten auf dem ital. Festland gesessen und von dort auf die Insel vorgerückt wären (Antiochos bei Thukydides VI 3, 4; Hellanikos und Philistos bei Dionys. I 22; Polybios XII 6). Die Tatsache der ethnischen Gleichartigkeit dürfte danach als gut bezeugt gelten; nur ist fraglich, ob die Zugrichtung nicht auf unrichtiger Kombination beruht, da über sie im 5. Jh. schwerlich noch direkte Überlieferung erreichbar war, während die Zusammengehörigkeit den alten Beobachtern somatisch und sprachlich klar sein konnte. Durch Auffindung von Sikulergräbern, die dem Typus Orsi III entsprechen, bei der späteren griech. Kolonie Lokri schien die Frage zunächst eher zugunsten einer Übersiedelung von S. auf das Festland entschieden.

§ 2. Denn die vorhergehenden Perioden Orsi I und II sind bis jetzt im alten Bruttierland nicht vertreten; wenigstens Scherben hätten sich, so sollte man meinen, irgendwo finden müssen, wenn die S. schon vor der Zeit der Völkerwanderung dort gewesen wären. Berichte Quagliatis (Bull. Paletn. Ital. 36 [1910] S. 38—61 Tf. 2—3) und Orsis (Saggi di storia antica e di archeologia offerti a Giulio Beloch 1910 S. 155—163 und Notizie 1912 Suppl. S. 22—56) geben die Belege und Abbildungen; neben den Sikulergräbern von Canale und Janchina, oberhalb Lokris, auch von der benachbarten Örtlichkeit Patariti Gräber einer wahrscheinlich andersartigen älteren Urbevölkerung von kleinerer Statur und anderem Ritus. Beziehungen zu Griechen schon vor fester Besiedelung Lokris und dieselbe dann wohl noch begleitend sind durch die Fundstücke gesichert.

§ 3. Diese Entdeckung führte dann zur Möglichkeit, auch andere Siedelungen und Gräbergruppen, namentlich solche im Krathis-Tal (besonders Torre del Mordillo [s. d.] unweit des späteren Sybaris) und bis in das lukanische Bergland, ferner eine Siedlung auf dem Hochplateau von Monteleone, bei Torre Galli (s. d.), den S. zuzuweisen. Ob dieselben sich trotz der im 5. Jh. einsetzenden Überströmung durch die osk. Sabeller, zu denen auch die Brettier gehörten, und die dem Lande seine dauernde Physiognomie gab, noch erkennen lassen, müßten im Einzelfall die Anthropologen entscheiden, wie es für Canale-Janchina geschehen ist (Sergi bei Orsi in Mon. Lincei 31 [1926] S. 352—356).

§ 4. Diese wichtigen Feststellungen Orsis führen alsdann zu der Frage, ob die S. nicht etwa noch weiter bis an die Adria vorgedrungen sind, also auch einen Bestandteil der vorjapygischen Bevölkerung Apuliens gebildet und mit jenen dort noch später vereint gelebt haben. Denn auch dort finden sich sog. Forno-Gräber, welche die größte Ähnlichkeit mit den sikul. Felsgräbern haben, daher auch von den italien. Beobachtern Sikuler-Gräber genannt werden (Gervasio *I Dolmen* 1913 S. 88—89), und auch keramisch sind starke Analogien da, die bis zur Stentinello-Keramik der protosikul. Schicht hinaufreichen und daher wohl geeignet sind, die oben gestreifte Frage der Zugrichtung erneuter Prüfung zu unterwerfen, die jedoch ohne weitere gut beobachtete Funde nicht erledigt werden kann. (Über die keramischen Anklänge Peet *Stone and bronzeages in Italy* 1908 S. 79, 82, 83, 138ff.; Orsi a. a. O. S. 365—366.)

§ 5. Die zuerst von M. Mayer (*Molfetta* 1904 S. 131—134, 193—196) ausgesprochene, von ihm (*Apulien* S. 330; *Molfetta und Matera* 1924 S. 284—288) weiter geführte und von Orsi (Apulia 3 S. 72) und Ribezzo (Riv. indo-greco-ital. 3 [1919] S. 101—102) aufgenommene Frage, ob nicht die Sikuler-Sklaven der Odyssee oder jene S., zu denen man unbequeme Leute abschiebt, eben jene S. des der Ithaka-Gegend zunächst liegenden ital. Festlandes sein können, nach denen später die Insel Sizilien nur adjektivisch benannt wäre, ist sehr wohl aufzuwerfen. Wird sie bejaht, so würden die S. in Apulien allerdings bereits dem 2. Jht. zugewiesen werden müssen, jener Zeit, in welche die gesamten hist. Verhältnisse, wie sie die Grundlage der homerischen Gedichte bilden, gehören. Beachtenswert ist gewiß auch die von Kretschmer (Glotta 12 [1923] S. 278f.) behandelte Namensgleichung zwischen einer sikulischen und einer messapischen Gottheit.

v. Duhn *Ital. Gräberkunde* I 38—39, 53—66 (s. a. Italien B § 9); Mon. Linc. 31 (1926) S. 5—376 Orsi; Arch. Anz. 1926 S. 334 v. Duhn; Klio 21 (1927) S. 288—312 M. Mayer.

v. Duhn

B. Sprache. § 1. Antike Überlieferung. Auf der *Siculi*-Insel *Sicilia* finden wir in der griech. Besiedelungszeit drei einheimische Stämme: 1. die Ἔλυμοι im äußersten W mit den Städten *Eryx, Segeste, Entella,* die alle drei als geogr. Namen an der ligur. Küste wiederkehren; 2. die *Sicani* am Himera-Fluß gelten als Autochthonen, als iber. Einwanderer oder als Festlandsflüchtlinge; sie werden von den *Siculi* immer mehr nach W abgedrängt, *Hykkara* und *Kamikos* waren lange sikanisch; 3. die *Siculi,* mit den Sicani durch den Namensstamm verbunden, aber politisch ihre Gegner, erst in jüngeren Quellen mit ihnen durcheinandergebracht, kamen vom Festland (von Latium aus?) nach der Insel und setzten sich im O fest (*Morgantia, Herbita, Agyrion, Kentoripa, Hybla, Henna*). Von den karthagischen, griech. Siedlungen und dem Eingreifen der Römer in Sizilien soll hier nicht die Rede sein; in der griech. und erst seit Augustus in der röm. Kultur und Sprache ist alles Ursprüngliche untergegangen.

H. Nissen *Ital. Landesk.* I 345—53, 469—70, 546—49; Lübker-Geffcken-Ziebarth *Reallex. d. klass. Alt.* S. 947—49. Philistos hält die Sikeler für Ligurer, Verrius Flaccus läßt Sikeler und Ligurer ehedem auf der Stätte von Rom wohnen (Dion. Hal. I 22; Fest. p. 321; Thukyd. VI 2). Sikaner als Autochthonen Thukyd. VI 2, Diod. V 2, 4. Sikaner als iber. Einwanderer aus dem W Philistos bei Diodor V 6, Ephoros bei Strabo VI 270. S. a. Sikuler A 1 I.

§ 2. Inschriften. Gefunden wurden bis jetzt drei epichorische sikulische Inschriften: eine spiralförmige, etwas längere (99 in den nassen Ton geritzte Buchstaben) auf dem ungefirnißten Guttus von Kentoripa (5. Jh.?), jetzt in Karlsruhe, und zwei weitere ganz kurze, ebenfalls vor dem Brennen eingeritzte Ziegel-Inschriften aus Adernò (= Adranum, s. vom Ätna), jetzt im Privatbesitz von S. Petronio-Russo in Adernò. Ob die drei Inschriften (nebst einer Anzahl Marken und Zeichen auf sikulischen Terrakotta-Gegenständen) nach Sprache und Alphabet eng zusammengehören, läßt sich noch nicht entscheiden.

Facsimiles der Inschrift von Kentoripa bei R. Fröhner *Die griech. Vasen und Terracotten d. Großherzogl. Kunsthalle zu Karlsruhe* Heidelberg 1860 (Abb. 20 der Inschriften-Tafel); H. Winnefeld *Großh. Vereinigte Sammlungen zu Karlsruhe. Beschreibung der Vasensammlung* Karlsruhe 1887 (Tf. zu Nr. 120). Erste Veröffentlichungen der Adernò-Inschriften mit Facsimiles von P. Orsi in Notizie 9 (1912) S. 415—418, von F. Ribezzo *Le due nuove epigrafi sicule di Adernò* Neapolis, Rivista di arch. 1 (1913—14) S. 372—78.

§ 3. Schrift. Nicht vertreten sind auf der Guttus-Inschrift von Kentoripa von den Buchstaben des älteren griech. Alphabets die Gutturalen, die Aspiraten, die Doppellaute. Noch fragmentarischer ist das Alphabet der Ziegel-Inschriften von Adranum. Herstellen lassen sich etwa die Reihen: Band VIII Tf. 51c, d. Die Alphabete stammen aus griech. Kolonien der Insel; auf den Kopf gestellt ist das *u* wie im Veneter- und öfters im vorsabellischen Alphabet; auch das *a*-Zeichen von Adranum erinnert an das vorsabellische, so daß also Beziehungen zu anderen adriatisch-illyrischen Alphabeten vorhanden zu sein scheinen.

Die Facsimiles der einzelnen Inschriften s. in der Lit. zu § 2, zum Alphabet von Adranum auch Histor. Zeitschr. 108 (1912) S. 21 R. v. Scala.

§ 4. Sprache. R. Thurneysen sucht die sikul. Guttus-Inschrift von Kentoripa auf ital. Grundlage zu erklären, und die wenigen sikul. Glossen, die wie lat. Lehnwörter aussehen, fordern zu einem solchen Versuche auf; idg., und dann am ersten ital., scheint auch mir die Sprache zu sein. Die neuen Adranum-Ziegel-Inschriften, die freilich kaum mehr als Namen bieten, klingen nicht an die Guttus-Inschrift an; ob auch bei ihnen, wie bei den übrigen ostital. oder adriat. Sprachdenkmälern, illyr. Möglichkeiten auftauchen, bleibt abzuwarten.

KZ 35 (1899) S. 212—221 R. Thurneysen; H. Hirt *Indogerm.* II 611. — Die sikulischen Glossen sind mehrfach gesammelt und besprochen: E. A. Freeman *Geschichte Siziliens* I(1895) S. 431—34; H. Nissen *Ital. Landesk.* I 549; C. Sapienza *Reliquie sicule* Riv. indo-greco-italica 2 (1918) S. 143—44; dazu KZ 33 (1895) S. 223—24 W. Schulze, der zeigt, daß die Sikuler-Glosse und das griech. Fremdwort λίτρα, nhd. *Liter* noch das ital. *liþra*, lat. *lībra* reflektieren, und M. Niedermann *Essais d'étymologie et de critique verbale latines* Neuchâtel 1918 S. 23—36, der an der sikulischen Glosse ζάγκλη = lat. *falcula* den indogerm. Charakter der ligurischen Sprache erweisen möchte. An Illyrier auf Sizilien denkt R. v. Scala *Umriß d. ält. Gesch. Europas* Innsbruck 1908 S. 47—57, 69—76; über Sikuler an der ital.-illyr. Ostküste (*Liburner*-Gebiet, *Picenum*, Ancona) vgl. Müller-Deecke *Etrusker* I 139 Anm. 5. Die messapisch-illyrische Göttin *Logetis* vergleicht P. Kretschmer Glotta 12 (1923) S. 278—281 mit der sikul. Λάγεσις, der griech. Λάχεσις. Archäologen und Anthropologen weisen den Sikulern die tholosartig in den Fels getriebenen Grabhöhlen Siziliens zu (s. Sikuler A I III) und halten einen Zusammenhang mit der Bevölkerung Nordafrikas, Sardiniens, Spaniens, den Ligurern oder Iberern, nicht für ausgeschlossen oder für erwiesen: vgl. Neue Heidelb. Jahrbb. 6 (1896) S. 36 F. v. Duhn; B. Modestov *Introduction à l'hist. romaine* 1907 S. 129—142; P. Orsi und W. Helbig in der Montelius-Festschrift, Stockholm 1913 S. 182 Anm. 1. Ist dies richtig, dann scheint der Sikuler-Name sekundär auf neue Schichten von Festlands-Einwanderern übertragen zu sein, auf welche die sikulischen Glossen und die epichorischen Inschriften zurückgehen. — Zur Sprache der Elymer vgl. Zeitschr. f. Numism. 16 (1888) S. 192—194 K. F. Kinch; über minoisch-sizilische Beziehungen Lübker-Geffcken-Ziebarth *Reall. d. klass. Alt.* S. 947. — Die Gleichsetzung der *Siculi* mit den *Schakalscha* oder *Šakaruša*, einem der im 13. und 12. Jh. v. C. vor Ägypten erscheinenden Seevölker (s. d.), ist weder lautlich noch sachlich gesichert, s. die Lit. unter Sarden B.

† G. Herbig

C. Anthropologie. Die S. sind vermutlich illyrischer (oder italischer?) Abstammung; sie eroberten den ö. Teil Siziliens. Ihre führenden Schichten gehörten wahrscheinlich zur nordeurop. Rasse (*Homo europaeus*; s. d.) und scheinen ursprünglich (Schuchhardt) aus einem Gebiet n. der Donau (Böhmen?) gekommen und vielleicht über Thessalien, Leukas, Straße von Otranto und Apulien gewandert zu sein. Nach Ansicht anderer sind sie aus Latium nach Ost-Sizilien gekommen und von da auch nach Calabrien hinübergegangen.

A. Schulten *Die Keltiberer* usw. 1914 S. 58ff.; Schuchhardt *Alteuropa* 1919 S. 139ff.; Fligier *Die Urzeit von Hellas und Italien* Archiv f. Anthr. 13 (1881) S. 464ff.; ZfEthn. 1913 S. 383 F. v. Luschan.

Reche

Sikyon. Wichtige Stadt am korinth. Golf w. von Korinth. Aus vorgesch. Zeit sind bisher nur myk. Scherben auf der ö. Felsenzunge des unteren Hügels der Akropolis festgestellt worden. Indessen wird hier vermutlich noch mehr zu finden sein, da S. in nachmyk. Zeit für die Keramik große Bedeutung zu haben und die Heimat der sog. protokorinth. Vasen zu sein scheint.

D. Fimmen *Kret.-myk. Kultur*² 1924 S. 9; Johansen *Les vases sicyoniens* 1923.

G. Karo

Silber. A. Europa.

§ 1. Das weißglänzende Metall läßt sich nicht zu schwer gießen (Schmelzpunkt 916° C), ist dehnbar und behält im Gebrauch seinen Glanz. Durch langes Liegen in der Erde bekommt es einen rauhen Überzug von Chlorsilber. Es bot sich dem vorgesch. Menschen nicht so bequem dar wie das gediegene Gold (s. d. A) und Kupfer (s. d. A). Zwar kommt es auch gediegen vor, aber erst in größeren Tiefen; in höheren Lagen hat es sich gewöhnlich in Chlorsilber umgewandelt. Im Altertum wird es meistens aus silberhaltigem Blei (s. d. A) gewonnen worden sein, wahrscheinlich auch — in Ägypten — aus natürlichem Elektron (s. d. B) durch Abscheiden des Goldes.

§ 2. Die Hauptquelle war Spanien. Man nimmt an, daß es von hier sogar nach den ö. Mittelmeerländern exportiert wurde, obgleich dort nicht unbedeutende Lagerstätten in Kleinasien vorhanden sind (s. Vorderasien A § 3).

§ 3. Wegen seiner weichen Beschaffenheit wurde das Silber fast ausschließlich zu Schmuck und Gefäßen verarbeitet, selten zu Waffen (Dolchen, Lanzenspitzen), die aber nur als Prunk- und Paradewaffen gelten können (s. Borodino und Band II Tf. 61).

§ 4. Die Schwierigkeit der Gewinnung und die geringe Verbreitung bequem zugänglicher Silbererze waren die Ursache, daß es besonders in den älteren Zeiten verhältnismäßig wenig verarbeitet und infolgedessen ziemlich hoch bewertet wurde. In Ägypten, wo es schon ziemlich früh auftritt, hatte es ursprünglich sogar den Vorrang vor Gold. Im alten Orient findet man es schon bei den Sumerern (s. d.), später häufig in der prämyk. Per. auf den ägäischen Inseln, in Troja II und auf Zypern (s. Kypros); in der frühesten BZ in Spanien. In der myk. Kultur häufen sich die Funde. Aus der ältesten Metallzeit Italiens kennt man eine Nadel von Remedello (s. Remedello-Sotto). [Über Silber in Südosteuropa s. Borodino, Kuban, Maikop, Südrußland C, D]. N. der Alpen sind silberne Gegenstände in der BZ selten, ebenso auch noch in der älteren EZ; ganz unbekannt ist es in der sibir. BZ und älteren EZ. Es scheint, als ob es in der jüngsten BZ und ältesten EZ durch das jetzt häufiger auftretende Zinn (s. d.) ersetzt wurde. Auch noch in der LTZ bleibt es selten, mit Ausnahme einiger Gegenden mit reichem natürlichen Vorkommen: Ungarn, Siebenbürgen, Bosnien und Alpengebiet (Gräberfelder von Giubiasco in der Schweiz und Ornavasso in Oberitalien). Die Prägung von Silbermünzen, die in Griechenland schon früher eingesetzt hatte, beginnt jetzt auch im kelt. Gebiet in den Vordergrund zu treten, und zwar stärker bei den Donaukelten als im Westen (s. Keltisches Münzwesen). — S. Feingehalt A, Goldschmiedekunst A, Legierung § 9, Tauschierung, Versilbern.

Treptow *Die Mineralbenutzung in vor- und frühgeschichtl. Zeit* 1901 S. 23; Déchelette *Manuel* II 365ff.; Forrer *Reall.* S. 737; Tallgren *Collection Tovostine* 1917 S. 32.

Alfred Götze

B. Ägypten.

§ 1. Rohmetall. Die Äg. haben das S. seit alter Zeit gekannt und geschätzt. Ein religiöser Text, der im NR auf Grund von frühen Vorstellungen seine Form erhalten hat, läßt den gealterten Sonnengott Knochen von S., Fleisch von Gold und Haar von Lapislazuli bekommen. Aus dem äg. Wort *ḥḏ* (kopt. *ḥat*) für S. ist später die allg. Bezeichnung für Geld geworden, wobei nur nicht zu übersehen ist, daß die Äg. kein gemünztes Geld (s. d.) gekannt haben. Im AR ist S. seltener als Gold (s. d. B), und wenn beide Metalle zusammen erwähnt werden, steht S. als das kostbarere voran. In den nub. Goldgruben (s. Bergbau C), die seit vorgesch. Zeit ausgebeutet worden sind, hat es sicher S. in Legierung gegeben; das im Boden vorkommende Silbergold haben die Äg. zunächst für ein besonderes Metall gehalten, bis sie selbst künstlich dem Gold S. zusetzen und Blaßgold herstellen lernten (s. Elektron B). Man wird aber wohl auch reines S. in Nubien in geringer Menge gefunden und verarbeitet haben. Im MR kommt es etwas reichlicher vor, und damals vermutlich schon als Einfuhr von Vorderasien. Aus Dyn. 18 sind verschiedene Darstellungen bekannt, in denen Syrer (s. d.) S. als Gaben bringen (z. B. Theben, Grab des Rechmerê). Damals wurde S. in Ä. so häufig, daß es trotz der vorhandenen großen Mengen von Gold doch geringwertiger als dieses war; im NR steht in allen Erwähnungen immer das Gold an erster, das S. an zweiter Stelle. Das S. kam wie alle anderen ausländischen Kostbarkeiten durch königliche Unternehmungen nach Ä., und die Pharaonen schenkten den Göttern neben Gold, Lapislazuli, Ländereien und Kriegsgefangenen aus der Kriegsbeute auch S. Unter Ramses III. hat sich das gesamte Einkommen der drei größten Tempel an Metall während seiner ganzen Regierung von 31 Jahren belaufen auf Kilogramm (abgerundet):

	Theben	Heliopolis	Memphis
Gold	52	—	—
Silber	998	53	9
Kupfer . . .	2395	115	—

Diese lehrreiche Zusammenstellung läßt den geringeren Wert des S. gegenüber dem Golde, das überhaupt nur dem größten Tempel, dem des Amon von Theben, zuteil geworden ist, klar erkennen. Für die ptolemäische Zeit hat sich das Wertverhältnis von Gold zu S. nach Angaben in griech. Papyri auf 13:1 berechnen lassen, während es heute wie 35:1 steht.

§ 2. Bodenfunde. Aus vorgesch. Zeit ist nur ganz wenig verarbeitetes S. erhalten. Neben zwei silbernen Dolchklingen ist wichtig ein Stück in Form einer Steinbeilklinge (etwa von einem prunkvollen Beilmodell?) aus einem Kern, der zuerst mit

Goldblech, dann mit Silberblech überzogen ist (Kairo 14514—16: Quibell *Archaic objects* Catal. Génér. Le Caire 1905 Tf. 58). Die Königsschätze des MR enthalten neben Gold auch reichlich S. in Gestalt von Ketten, Ohr- und Fingerringen und anderem Schmuck, z. B. die Funde aus den Pyramiden von Dahschur (de Morgan *Fouilles à Dahchour* 1894 bzw. 1903, Wien 1895 bzw. 1903). Aus Dahschur stammt ein Spiegelgriff, der aus Silberblech auf Holzkern gearbeitet ist; ein anderer Spiegel zeigt goldenen Zierat auf silberner Platte. Aus dem NR liegen zahlreiche silberne Schmuckstücke vor, und noch mehr aus der späteren Zeit. Wenn die keilschriftliche Ausfertigung des Vertrages zwischen Ramses II. und dem Großkönig der Hettiter (s. d.; Chatti) von dem letzteren auf einer silbernen Tafel überreicht worden ist, so entspricht die Bestimmung des Metalls durchaus den kleinas. Verhältnissen: dort war S. vorhanden, aber nicht Gold, um das die vorderas. Fürsten auf den Amarna-Tafeln den Pharao bitten.

§ 3. Verarbeitung. Verhüttung und Ausschmelzen des S. geschah in der älteren Zeit, als man nur das nub. und mit Gold versetzte S. kannte, zusammen mit Gold und in derselben Weise wie dieses. Auch sind die Handwerker, die es besorgten, für alle Zeiten die gleichen gewesen (s. Goldschmiedekunst B § 1); wir haben also syr. Goldschmiede ebenso als Hersteller von silbernen wie von goldenen Kostbarkeiten anzunehmen, die nach Ä. eingeführt wurden. Die vorgesch. Schmuckstücke (s. § 2) zeigen ausgehämmertes Silberblech, gewiß mit stiellosen Steinhämmern geschlagen. Das Löten (s. d. B) hatte in der älteren Zeit seine Schwierigkeiten, wird aber vom MR ab vorzüglich ausgeführt. Damals sind auch Guß in Formen, Polieren der Oberfläche und Treiben einer bestimmten Form sicher geübt worden. Das NR hat die Meisterschaft weiter ausgebildet; im Grabschatz des Tut-anch-Amon (s. d.) hat sich ein silberner Stab mit silberner Figur des Königs (Roeder *Führer Museum Kairo* 1926 S. 55 Nr. 196) gefunden, der nach dem Guß sorgfältig überarbeitet ist.

§ 4. Versilberung und Vergoldung. Das Auflegen von Blattsilber ist ebenso, wenn auch viel seltener, ausgeführt worden wie das von Blattgold. Das Metall wurde mit Steinen ganz fein ausgeschlagen und in dünnen Blättern auf den Kern gelegt, der aus Holz oder einem anderen minderwertigen Stoff bestehen mochte; dazwischen kam eine Schicht von Gips als Bindemittel. Daneben ist in erstaunlich früher Zeit S. schon auf Metall aufgebracht worden; und zwar ohne irgendeine Zwischenschicht, also doch durch Feuer; die uns unbekannte Technik überrascht um so mehr, als die Versilberung im Feuer früher als die Vergoldung zu belegen ist. Der kupferne Spiegel Kairo Nr. 44074 mit Versilberung stammt aus dem Ende des AR (Bénédite *Miroirs* Catal. Génér. 1907 S. 34); später ist gerade die Versilberung von Spiegelflächen häufig geübt, z. B. an dem Stück in Berlin Nr. 13187 aus dem NR. Die Vergoldung von S. konnte erst vom NR ab einen Sinn haben, als Gold wertvoller geworden war als S.; seit dieser Zeit ist sie, und zwar in Feuer ausgeführt, oft geübt worden. Ein reicher Mann hat sich in der Spätzeit seinen Mumienbelag, der gewöhnlich aus bemalter Leinwand besteht, aus Metall anfertigen lassen, die Maske aus Blei, den Halskragen nebst Brusttafel und Schriftbändern aus S.; alle Teile sind mit Feuervergoldung überzogen (Hildesheim Nr. 2240: Roeder *Denkm. Hildesheim* 1921 S. 102).

Möller *Metallkunst* 1925; Erman-Ranke *Äg.* 1923 Index; Schäfer *Goldschmiedearbeiten* 1910.

Roeder

C. Palästina-Syrien.

§ 1—4. Geschichtliche Nachrichten (§ 1. Ägyptische Denkmäler. — § 2. Amarna-Briefe. — § 3. Babyl.-assyr. Angaben. — § 4. Das AT). — § 5. Archäol. Funde.

§ 1. Bereits sehr früh berichten die äg. Denkmäler von S. in Palästina-Syrien. Thutmosis III. hat wiederholt S. auf seinen Kriegszügen erbeutet (J. H. Breasted *Ancient Records of Egypt* II 447 [als Tribut aus *rṯnw* 5 Streitwagen mit Elektron verziert, flache Scheiben und Bruchstücke im Gewichte von 104 *deben* 5 *kite*]; 491 [mehr als 31 Streitwagen mit Gold und S. verziert, dazu Gefäße aus S. in der Arbeit der Gegend]; 482 [als Tribut aus *nhrjn* Gefäße aus S. in der Arbeit von *ḏh*]; 485 [von den Hettitern 8 Ringe im Gewichte von 401 *deben*]; 518 [syr. Tribut flache Scheiben, eine zweihenkelige Vase, ein Gefäß mit Ochsenkopf — vgl. dazu die Abbildungen bei Wreszinski *Atlas* II ⟨1926⟩ Tf. 38, 44, 59, 154 —, 325 Gefäße, zusammen mit Ringen 1495 *deben* 1 *kite*]; 573 [Tribut einer unbekannten Gegend 3 flache Schalen, 3 zweihenkelige Gefäße]; 459 [Beute in *ḏh* 100 *deben*]; 490 [Beute in den Städten von *ḏh* 15 Wagen mit Gold und S. verziert, Gefäße in der Art der Gegend und Ringe, zusammen 153 *deben*]; 434 [nach der Schlacht bei Megiddo liefern die Fürsten S. ab]; 435 [die erbeuteten Zeltstangen des Fürsten von Megiddo waren mit S. verziert]). Mehrfach werden in den äg. Gräbern dieser Zeit Asiaten dargestellt, die kunstvolle Gefäße aus S. bringen (W. M. Müller *Egyptological Researches* II [1910] S. 29, 47f., Tf. 15, 27). Auch Thutmosis IV. (Breasted *Records* II 820), Ramses II. (ebd. III 420, 434) und Sethos I. (Wreszinski *Atlas* II [1926] Tf. 44) verzeichnen unter der Beute aus Pal.-Syrien Silber. Wenamon erzählt in seinem Reisebericht, daß ihm in Dor (s. d.) 4 silberne Gefäße im Gewichte von 20 *deben* und ein Sack mit S. (-Barren?), 11 *deben* schwer, gestohlen worden sei, daß er aber von den Zakkara dafür einen Sack von 30 *deben* erbeutet habe, daß ihm dann später aus Ägypten 5 Gefäße von S. gesandt worden seien, und der Fürst von Byblos (s. d.) liest aus alten Aufzeichnungen vor, daß früher die äg. Herrscher 1000 *deben* S. nach Byblos geschickt hätten, um Holz zu kaufen (H. Ranke bei H. Greßmann *Altorientalische Texte*² 1926 S. 71ff.). Demnach ist S. von Ägyptern und Asiaten als Zahlungsmittel, vor allem wohl in Form von (gestempelten?) Ringen, aber auch im Lande selbst zur Herstellung kunstvoller Gefäße verwendet worden.

§ 2. In den Amarna-Briefen wird das S. nur einmal als *ṣarpu* bezeichnet (Knudtzon 161, 44), aber mehrfach von Gegenständen aus S. (*dutittu* Brustschmuck 25 III 64; *bibru* 41, 39f.; *gaṣu* [Spinnwirtel? s. Weberei C] 25 II 65ff.) gesprochen, ohne daß wir wüßten, was im einzelnen damit gemeint ist. Sonst erscheint regelmäßig das Wort *kaspu* im Sinne von Geld, das nach *šiqlê* und *manû* berechnet wird (s. Gewicht D § 3).

§ 3. Die assyr. Könige berichten, daß sie von den Ländern und Städten in Pal.-Syrien als Tribut oder Beute S., z. T. in beträchtlichen Mengen, erhalten hätten, so Ašurnaṣirpal II. (883—859 v. C.) von den phönik. Seestädten, Salmanassar III. (858—824) aus Aleppo und von Jehu, dem Könige Israels, Adadnirâri III. (805—782) von Damaskus 1000 Talente S., Tiglatpileser IV. (745—727) von Phönikien, von Hosea von Israel, Sanherib 800 Talente von Hiskia, dem Könige Judas (H. Greßmann *Altorientalische Texte*² 1926 S. 340, 343, 345f., 348, 354). Aber schon weit früher haben die Babylonier und Assyrer das wertvolle Metall aus dem W bezogen. Sie sprechen von einem S.-Gebirge (Taurus), meinen also mit der Gegend das ö. Kilikien (B. Meissner *Babylonien und Assyrien* I [1920] S. 25, 53, 346), wo sich in der Nähe des Bergwerkes von *bulghar ma'den* eine hettit. Inschrift befindet (s. Bulgar Maden; OLZ 15 [1912] S. 145ff. B. Meissner; ebd. S. 246f. W. M. Müller). Von dort müssen auch die Bewohner von Pal.-Syrien das S. erhalten haben, also zeitweise durch Vermittlung der Hettiter.

§ 4. Nach dem AT war S. (hebr. *keśef*) im Lande reichlich vorhanden. Man unterschied schlechtes, mit Schlacken versetztes Metall (*keśef sîgîm* oder *k. nim'âs* Jerem. 6, 30; Ezech. 22, 18f.; Sprüche 25, 4; 26, 23; Psalm 119, 119 vgl. Jes. 1, 22. 25) von dem gereinigten S. (*keśef ṣārûf* Psalm 12, 7 vgl. Jes. 48, 10) oder feinen S. (*keśef nibchâr* Sprüche 10, 20). Verarbeitet wurde es zu Geld, wohl in Form von Barren oder Ringen, die gewogen wurden (Gen. 20, 16; 37, 28; Deut. 22, 19), Blech (*keśef meruqqâ* Jerem. 10, 9), womit man geschnitzte Gottesbilder überzog (Hosea 9, 6; Jes. 2, 20; 30, 22), zu Geräten oder Gefäßen (Gen. 24, 53), Trompeten (s. d. C; Num. 10, 2; 2. Kön. 12, 14) und Schmucksachen (Exod. 3, 22). Auch das Elektron (s. d.; hebr. *ḥašmal* oder *ḥašmalâ* Ezech. 1, 4. 27; 8, 2) war bekannt. Unter Beute oder Tribut wird S. regelmäßig genannt (2. Sam. 8, 10f. David von den Aramäern; 2. Kön. 15, 19f. Menahem zahlte an die Assyrer 1000 Talente; 2. Kön. 23, 35 Jojakim an Necho). Da S. im Lande nicht von der Natur geboten wurde, mußte es von auswärts bezogen werden (1. Kön. 10, 22 aus Ophir; Ezech. 10, 9 aus Tarsis).

H. Guthe *Kurzes Bibelwörterbuch* 1903 S. 617.

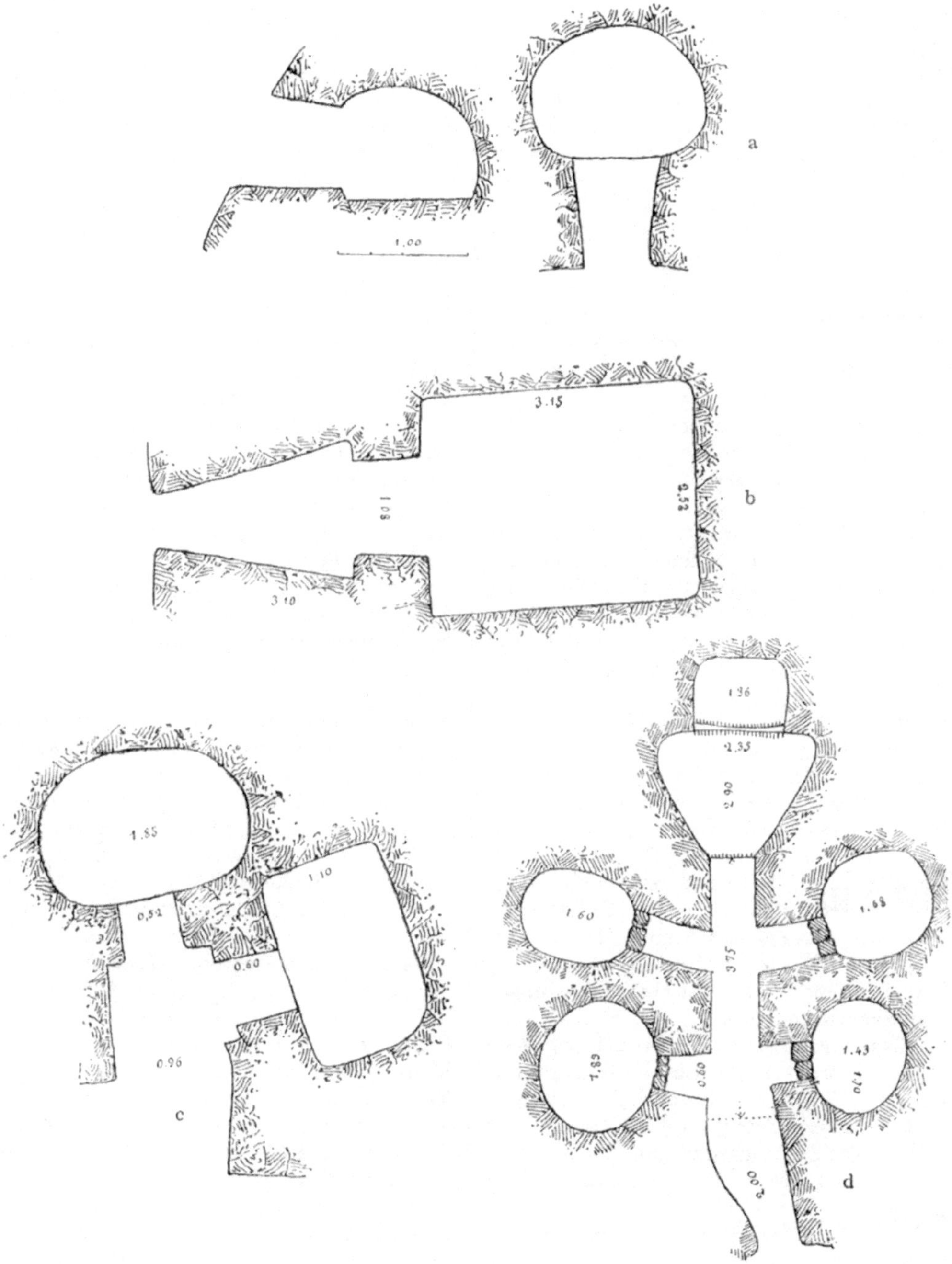

Sizilien B. Jüngere Perioden

Nekropole von Pantalica: Grundrisse von Gräbern. Nach Mon. Lincei 1899.

§ 5. Die arch. Funde bestätigen diese Angaben. Das älteste Stück ist der Griff eines Zepters (s. d. B) aus Sidon (s. d.), der rings mit Darstellungen aus der Herkules-Sage verziert war und, wenn echt, ein Beweis für die Höhe der syro-hettitischen Kunst bereits um 2000 v. C. ist. Aber auch das Fürstengrab in Byblos (s. d.) aus dem Anfange des 2. Jht. enthielt mehrere Gegenstände aus S., so außer einem Spiegel (s. d. C), zwei Sandalen, zwei Ringen und Bruchstücken ein kunstvoll gearbeitetes Gefäß mit Riefen in Form unserer Teekannen und zwei Schalen, von denen die eine mit zwei Spiralreihen in vertiefter Arbeit geschmückt war (Syria 3 [1922] S. 282 ff. Ch. Virolleaud). Trotz der Ähnlichkeit mit mykenischen Erzeugnissen (ebd. S. 298 ff. E. Pottier) sind diese Gefäße sicher einheimische Arbeit (Rev. bibl. 32 [1923] S. 570 ff. L. H. Vincent). In einem weiteren Grabe lag eine Sonnenscheibe aus S., die mit einer goldenen Papyrusdolde einst ein Zepter geschmückt hatte (Syria 4 [1923] S. 339 P. Montet). Ähnliche S.-Gefäße wie in Byblos fanden sich in den sog. Philistergräbern zu Gezer (s. d.; Macalister *Gezer* I 291 ff.), nämlich Schalen in getriebener Arbeit, außerdem Löffel, Schmuck und dünne Blättchen, mit denen der Mund des Toten verschlossen worden war. Auch die Ausgrabungsstätten haben Gegenstände aus S. geliefert, so Nadeln (s. d. C; Macalister *Gezer* I 120; II 86 f., 102, 263, 296), Ringe (ebd. I 120, 288; II 99 ff.; Sellin *Tell Ta'annek* S. 14), Armreifen (Macalister *Gezer* II 97 ff., 102, 263; CR acad. inscr. 23 [1895] S. 460 J. E. Gautier), Fassungen von Skarabäen (ebd. I 120, 126; II 102), Anhänger in Mondform (Macalister *Gezer* I 120; II 102, 263). Ein Krug barg zerhackte Stücke, die verarbeitet werden sollten (ebd. II 263, Abb. 408; vgl. den hellenistischen Hackfund aus Sichem Anzeiger Akad. Wiss. Wien 49 [1914] S. 38 E. Sellin). Die Reinheit des Metalls erwies sich bei Untersuchung eines Drahtstückes vom *tell el-ḥesî* als recht gut, nämlich 89,12% S.; 1,19% S.-Chlorid; 1,44% Gold; 6,50% Kupfer; 0,24% Eisen (Bliss *Tell el Hesy.* S. 189). Immerhin sind an manchen Stellen die Funde sehr spärlich, wahrscheinlich deshalb, weil später alles erreichbare S. zu Münzen verarbeitet worden ist und für Schmuck Gold bevorzugt wurde.

Peter Thomsen

D. Vorderasien s. Bergbau E, Edelmetall, Geld, Goldschmiedekunst D, Kunstgewerbe D, Vorderasien.

Silbury Hill (Wiltshire, England). In der Nähe des berühmten Steinkreises Avebury (s. d.), etwa 1,5 km südlicher gelegen, stellt S.H. mit einer Grundfläche von 5 acres und seiner Höhe von rund 35 m wohl den höchsten Tumulus Europas dar. Er erhebt sich (vgl. den Plan Band I Tf. 57 a) an der Basis einer Geländewelle inmitten einer durch die Abgrabung des für den Hügel erforderlichen Aufwurfs noch vertieften Mulde und bietet daher wenig Fernsicht, während die Grabhügel ringsum wahre Landmarken sind. Doch scheint er als Trassierungspunkt für eine röm. Straße gedient zu haben (s. Avebury). Das abgegrabene Terrain umgibt ihn grabenförmig und erweitert sich nach W beträchtlich. Eine Terrassierung umläuft den Gipfel, der noch immer gegen 30 m im Dm mißt. Die den Hügel umgebende Vertiefung muß meist unter Wasser gestanden haben (Annäherungshindernis?). Die naheliegende Vermutung, daß der Hügel Bestattungszwecken diente, veranlaßte dreimal zu Grabungen: im J. 1777 durch den Duke of Northumberland, der einen Schacht vom Gipfel bis zur Basis treiben ließ, ohne etwas zu finden, im J. 1849 durch das Archaeological Institute, das von der Seite einen Stollen bis zum Mittelpunkt trieb, und im J. 1886 durch Alfred C. Pass. Die erstere Grabung ergab nur Geweihfragmente (als Schaufeln angesehen) und Strohreste (von Lastkörben?), so daß der sepulkrale Charakter des Hügels nach wie vor fraglich bleibt. Pass untersuchte das abgegrabene Terrain um die Hügelbasis mittels 10 bis auf den ungestörten Boden getriebener Schächte. Dabei durchstieß er wiederholt Kulturschichten in wechselnder Höhe über der durch die seinerzeitige Abgrabung entstandenen Oberfläche. Das beweist eine längere Sedimentation seit Errichtung des Hügels und darauffolgenden längeren oder kürzeren Aufenthalt von Siedlern u. ä. Soweit die ärmlichen Funde (Kohle, Abschläge und einige Flintwerkzeuge, reichlich Knochen) einen Schluß zulassen, handelt es

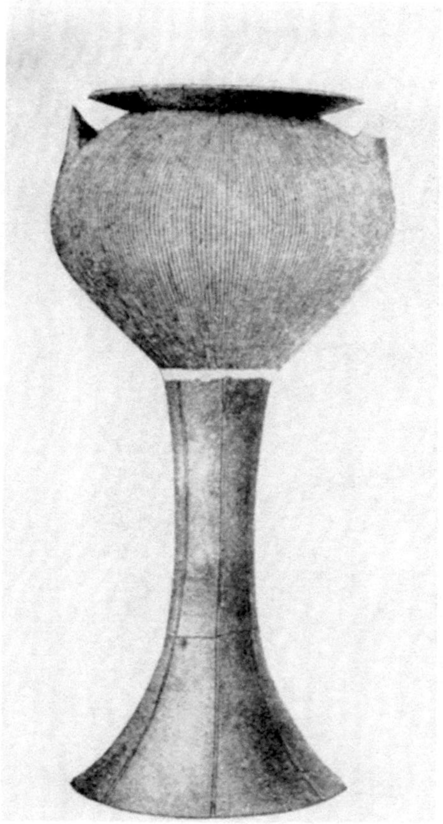

a

b

Sizilien B. Jüngere Perioden

a, b. Gefäße von Pantalica. a. $^{1}/_{11}$, b. $^{2}/_{9}$. — a. Nach Mon. Lincei 1899. — b. Nach Aufnahme des Museums Syrakus.

a

b

Sizilien B. Jüngere Perioden

a—b. Gefäße von Pantalica. $^{2}/_{9}$ n. Gr. — Nach Aufnahmen des Museums Syrakus.

sich um Residuen der BZ, die die vorangegangene Errichtung des Hügels ziemlich sicher in die BZ anzusetzen gestatten. Vorröm. Alter ist allein schon durch das oben angedeutete Verhältnis zu einer röm. Straße gesichert. S. a. Avebury § 3.

The Wiltshire Archaeol. and Nat. History Magazine 7 (1861) S. 154 A. C. Smith; ebd. 10 (1867) S. 215 ders.; The Archaeological Journal 6 (1849) S. 306, 395; The Wiltshire Archaeol. and Nat. Hist. Magazine 23 (1887) S. 245 A. C. Pass. A. Mahr

Silex s. Feuerstein, Gesteinsmaterial der paläolithischen Industrien, Steinbearbeitung.

Silingi s. Germanen B § 5.

Silo. Eine große Rolle spielt in der israel. Geschichte der Ort S. (hebr. *šîlô*, offenbar Verkürzung aus der älteren Form *šîlôn*, vgl. die Nisbe *haš-šîlōnî* 1. Kön. 11, 29; 12, 15; 15, 29; Neh. 11, 5; 1. Chron. 9, 5; 2. Chron. 9, 29; 10, 15). Schon frühzeitig muß er eine Kultstätte gewesen sein, da hier ein Herbstfest gefeiert wurde (Richt. 21, 16ff.), das sicher einer einheimischen Gottheit galt. Vielleicht kam deshalb die Lade Jahwes (s. Religion D § 7) hierher (Jos. 18, 1 ff.). Sie wurde in einem Hause aufbewahrt und von der Priesterfamilie Elis behütet (1. Sam. 1, 1 ff.), aber in einer für die Israeliten unglücklich verlaufenen Schlacht von den Philistern erbeutet (1. Sam. 4, 1 ff.), die wohl dann das Heiligtum zerstörten (Jerem. 7, 12ff.; 26, 6. 9). Deshalb lebten die späteren Nachkommen Elis zur Zeit Sauls in Nob (1. Sam. 22, 11. 19). Nach den (reichlich unklaren) Angaben über die Ortslage (Richt. 21, 19; Eusebius Onomastikon 156, 29) wäre die Stätte bei dem heutigen Dorfe *sēlûn* zu suchen (kaum in *bēt sīlâ* sw. von *bētūnja*, so Quarterly Stat. 57 [1925] S. 162f.; ebd. 59 [1927] S. 85ff. A. T. Richardson). Hier sind von dänischer Seite Schürfungen vorgenommen worden und weitere Ausgrabungen geplant. Doch ist bisher noch nichts von Bedeutung gefunden worden (Bull. Amer. Schools of Orient. Research 9 [1923] S. 10f. W. F. Albright).

H. Guthe *Kurzes Bibelwörterbuch* 1903 S. 618; Pal.-Jahrbuch 7 (1911) S. 16f. G. Dalman. Peter Thomsen

Siloah-Kanal s. Bewässerung D § 6.

Silurer. Stamm im sw. Britannien, im heutigen Wales. Nach Tacitus hatten sie dunkle Hautfarbe und meist krauses Haar. Die S. gehören zu den Vorfahren der noch jetzt in diesen Gebieten wohnenden Mediterranen (s. Homo mediterraneus).

Tacitus, Agricola 11. — B. Davis und Thurnam *Crania Britannica.* Reche

Simferopol s. Zolotoj-Kurgan.

Simmering s. Wien.

Simoeis. Nebenfluß des Skamander in der troischen Ebene. Sein alter und neuer Lauf am besten bei W. Dörpfeld *Troja und Ilion* Tf. 1, dazu S. 616ff. G. Karo

Sin. S. (sum. *En-zu*) ist Gott des Mondes. Andere Namen von ihm, die auf seine leuchtende Gestalt hindeuten, sind *Nannaru*, „der Leuchter", und *Namraṣît*, „glänzenden Aufganges". Letztere Bezeichnung führt der Gott als Neumond. Sein Kultus wird schon in den ältesten Inschriften erwähnt und hat auch in der jüngsten Zeit babyl. Altertums nicht aufgehört. Seine Hauptkultstädte sind Ur (s. d.; Band I Tf. 97, XIV Tf. 13) und Harrân (s. d.), aber auch in Nippur (s. d.) und Babylon (s. d.) wußte man ihn zu schätzen. In der priesterlichen Genealogie ist er der Sohn des Enlil (s. d.) von Nippur und Vater des Šamaš (s. d.) und der Ištar (s. d.). In Harrân steht ihm Ningal als Gemahlin zur Seite, Nusku (s. d.), der Feuergott, wird als sein Sohn bezeichnet. Beliebt ist die Bezeichnung „junger Stier" für ihn. Dementsprechend ist er mit zwei gewaltigen Hörnern angetan, welche auch sein Symbol sind. Seine heilige Zahl ist 30, wohl entsprechend der Zahl der Monatstage. Zusammen mit Šamaš und Adad (s. d.) bildet er eine Trias. In der Mythologie wird er als Frühjahrsmond von den 7 bösen Geistern gefangen und verfinstert, schließlich aber wieder befreit. Im Kultus spielt S. eine Rolle einmal als Orakelspender (*bêl purussê*), zum anderen als Arzt, insbesondere bei schwangeren Frauen, was darauf zurückzuführen ist, daß er einst der heiligen Kuh (*Ištar*), seiner Geliebten, bei der Geburt geholfen hat. S. a. Götterbild E 1 § 28, Göttersymbol E 1 § 28.

H. Zimmern in *KAT*³ S. 361; Roscher *Lexikon* IV 883ff. s. v. Sin A. Jeremias; C. G. Perry *Hymnen und Gebete an Sin* 1907; Combe *Histoire du Culte de Sin* 1908. Ebeling

Sinaia (Rumänien; Band XI Tf. 36a). Großer frühbronzezeitl. Depotfund von 26 zinnarmen (2,434 % Zinn) Bronzelochäxten typischer Form. Da das in ihnen enthaltene Kupfer frei von Silber ist, stammt es jedenfalls aus Baia de aramă, dem metallurgischen Zentrum Rumäniens, und nicht aus Transsylvanien, dessen Kupfer silberhaltig ist.

Joan Andrieșescu *Asupra epocei de bronz în România* Bul. Comisiunii Monumentelor Istorice 1915. G. Wilke

Sinai-Halbinsel. A. Paläolithikum s. Ägypten A.

B. Jüngere Perioden. § 1. Geschichte. Unter den ersten überlieferten Zügen der Äg. gegen ihre Nachbarvölker sind Expeditionen nach der Sinai-Halbinsel, deren Volk und Erzeugnisse gesichert werden mußten, ehe man nach Syrien vordrang. Die Thiniten kämpften gegen die Menziu, und ebenso unterwarfen die Pharaonen des AR diese Menziu auf der Sinai-Halbinsel, die vielleicht auch gemeint sind, wenn ein König die Antiu (s. d.) oder die Ostvölker niederschlägt. Felsenbilder in den Wüstentälern des Sinai-Gebirges zeigen den König, wie er die dort wohnenden Barbaren bezwingt; dieselbe Darstellung wird auf Jahrestafeln angebracht, oder es wird mit ein paar dürren Worten der Auszüge aus den Annalen auf das Ereignis hingedeutet. Aber alles dieses sagt natürlich nicht, daß der Herrscher in eigener Person den Feldzug geführt oder auch nur an ihm teilgenommen hat.

Die bis in das AR hinein fortgesetzte Form der Überlieferung kommt auch später noch gelegentlich vor in der Wiederholung der traditionellen Bilder des siegreichen Königs. Daneben aber fließen die Quellen der Privat-Inschriften reicher und geben uns ein anschauliches Bild von Verlauf und Erfolg der Expeditionen. Im MR und NR handelte es sich nicht mehr um eine vorübergehende Entsendung eines geschlossenen Arbeitstrupps unter militärischer Bedeckung, sondern damals sind ständige Besatzungen an den wichtigsten Arbeits- und Verkehrspunkten gewesen. Feste Arbeiterdörfer für dauernden Aufenthalt waren angelegt und gewährleisteten einen ununterbrochenen Betrieb, solange dieser überhaupt von Ä. aus unterhalten werden konnte. Eine selbständige politische Entwicklung hat die Sinai-Halbinsel in äg. Zeit nicht gewonnen. Die Äg. hatten nur an den wenigen Arbeitsplätzen ein wirkliches Interesse und kümmerten sich um die Bevölkerung der Halbinsel nur insofern, als sie Überfälle und Störungen der Arbeit und des Handels unterdrückten. Mit den Sinai-Beduinen war im übrigen nichts anzufangen. Wir sehen allerdings, daß es auf der Halbinsel zu verschiedenen Zeiten auch Volksgruppen gegeben hat, die einer höheren Kulturentwicklung zugänglich waren. Man denke an die Erfindung der Sinai-Schrift im Anschluß an die äg. Hieroglyphen im Anfang des 2. Jht. v. C. und an das Handelsvolk der Nabatäer in röm. Zeit. S. Schrift D § 22 ff., E und Semiten B § 22.

§ 2. Land und Volk. Die Äg. haben die Sinai-Halbinsel zu Schiff erreicht, wie mehrfach ausdrücklich berichtet wird; dann ist der gegebene Weg, wenigstens seit dem Bestehen des Kanals, vom O des Deltas aus durch das Wadi Tumilāt und die Bitterseen am heutigen Suez vorbei über das Rote Meer hinweg. Die Häufigkeit der Verbindung mit der S.-H. und die Notwendigkeit, eine kurze und sichere Verkehrsmöglichkeit zu schaffen, hatten mitgewirkt, um den Plan des beschriebenen Kanals zur Durchführung zu bringen. Es hat nur einen einzigen Grund gegeben, der die Äg. nach der S.-H. zog, wenn man davon absieht, daß die Straße nach Syrien gegen Seitenangriffe zu sichern war. Dieser Grund hat rein wirtschaftliche Bedeutung: der Betrieb der Bergwerke. In den felsigen Wüstentälern der Halbinsel mit ihren spärlichen Oasen war für die Äg. nicht mehr zu holen als in anderen Wüstengebirgen auch. Im Wadi Ḿaghara finden sich äg. Felsenreliefs von König Semerchet (Dyn. 1) bis zum Ende des NR. Dort liegen auf einem Hügel, der eine natürliche Festung darstellt und mit Wasserbecken versehen wurde, die Steinhütten für die Arbeiter, geschützt durch ein Fort. Bilder und Inschriften kehren wieder auf der Höhe von Serabît el-Chādim, allerdings erst von der 12. Dyn. ab, aber dann mit Anzeichen eines intensiven Betriebes bis zur 20. Dyn. hin.

In den Gruben des Sinai wurde, wie wir aus dem örtlichen Befunde und aus zahlreichen Inschriften entnehmen können, Kupfer gewonnen, und zwar stammt fast das ganze Rohmaterial, das die Äg. in der Frühzeit und dem AR als Kupfer, von da ab unter Zusatz von Zinn als Bronze verarbeitet

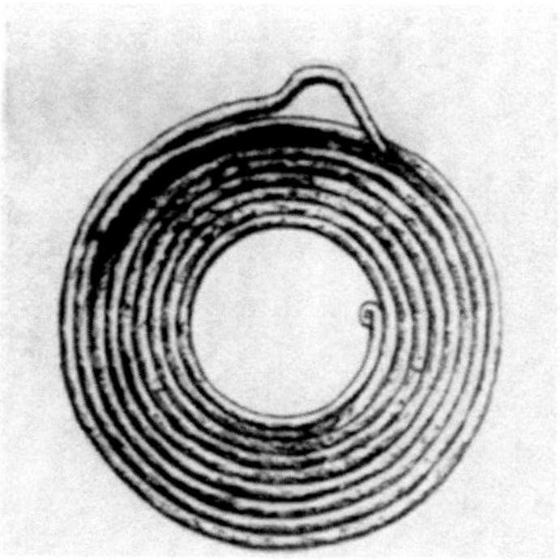

a

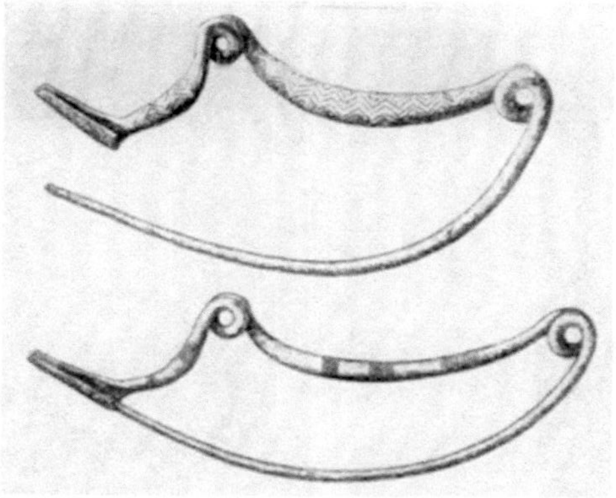

b

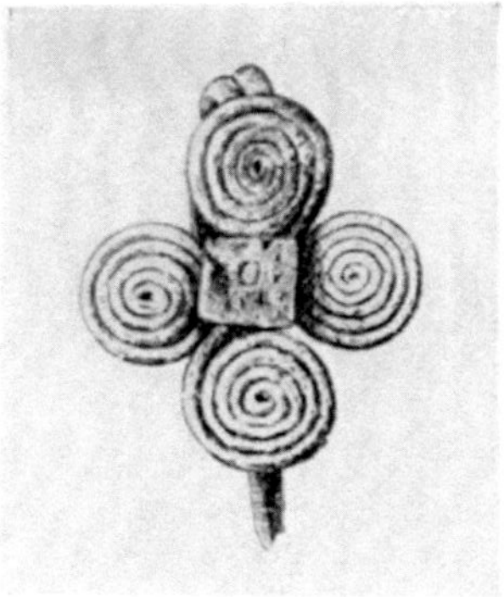

c

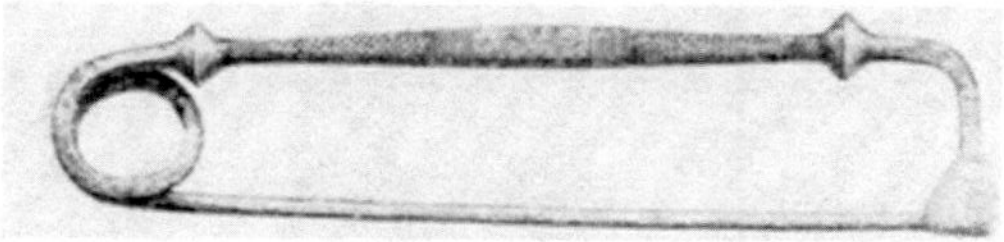

d

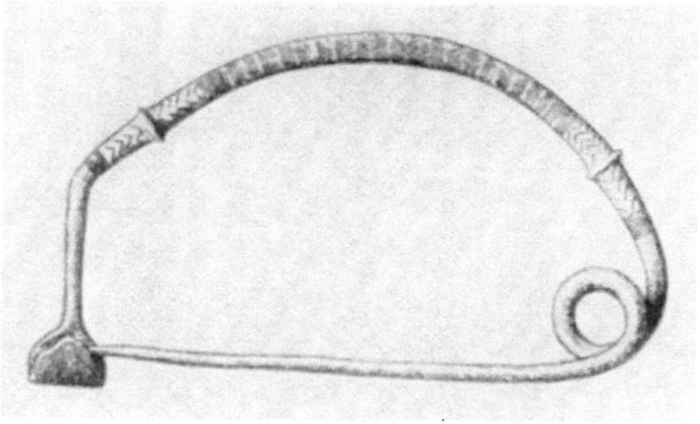

e

Sizilien B. Jüngere Perioden

Pantalica: a. Bronzespiralschmuck. — b. Schlangenfibeln. — c. Fibel mit Spiraldisken. — d. Violinbogenfibel. — e. Bogenfibel. Nach Mon. Lincei 1913.

a b

c d

Sizilien B. Jüngere Perioden

a—d. Bemalte Keramik von **Pantalica**. Nach Aufnahmen des Museums Syrakus.

haben, von der Sinai-Halbinsel. Das Gestein, aus dem das Kupfer ausgeschmolzen wurde, nennen die Äg. *mafkat*, „Grünstein". Mit demselben Namen, zuweilen mit dem Zusatz „echt, edel", bezeichnen sie auch Halbedelsteine, die dort gewonnen wurden. Diese sind Türkise, aber auch Smaragd, den die Äg. gekannt haben müssen (ZfEthn. 1892 S. 41 Schneider). Im allg. ist unter *mafkat* (*mfk't*) Malachit zu verstehen.

Die Religion, die uns in den Bildern und im Tempel von Serabît el-Chādim entgegentritt, ist natürlich die äg., aber mit einigen dem Nil-Tal fremden Zügen. Sie beziehen sich auf die Gottheiten, denen der Schutz des O und der Wüste anvertraut ist. Auch die „Hathor, die Herrin des Mafkat-Landes" in Serabît el-Chādim ist scheinbar eine äg. Göttin. Aber in allen diesen Erscheinungen stecken im Grunde doch mehr oder weniger Anschauungen der einheimischen Bevölkerung. Man hat in den Gottheiten und ihrer Verehrung auf dem Sinai eine Verwandtschaft mit sem. Kulten in Palästina erkennen zu können geglaubt (Ancient Egypt 1 [1914] S. 9 und ebd. 4 [1917] S. 103 Eckenstein).

Die Bevölkerung der S.-H., die von den Äg. Menziu oder Antiu (s. d.) genannt wird, hat auch im Altertum aus sem. Nomaden bestanden, die in enger Fühlung mit den Syrern standen. In ihrem Kreise, vielleicht angeregt durch äg. Kolonisten, hat die Übertragung der äg. Hieroglyphen auf die einheimische sem. Sprache stattgefunden. Das dadurch geschaffene Alphabet ist nach Syrien gewandert und von dort nach Griechenland weitergegeben, von wo es zu uns kam.

R. Weill *La presqu'île du Sinai* 1908; ders. *Recueil des inscr. égypt. du Sinai* 1904; W. M. Flinders Petrie *Researches in Sinai* 1906; Gardiner und Peet *The inscriptions of Sinai* 1917; Lina Eckenstein *A history of Sinai* 1921; ÄZ 8 (1870) S. 137 Gensler; ebd. 35 (1897) S. 112 Borchardt; Journ. Eg. Arch. 3 (1916) S. 1—16 = ZDMG 77 (1923) S. 92 Gardiner; Nachr. Ges. Wiss. Gött. 1917 S. 437 Sethe; H. Grimme *Althebräische Inschriften vom Sinai* 1923.
Roeder

Sinduni s. Räter.

Sinjavka (Gouv. Kijev, Südrußland). Skyth. Hügelgräberfeld im Bez. Kanev aus jüngerer Zeit (4.—3. Jh. v. C.), bekannt durch den von Znosko-Borovskij im J. 1897 untersuchten Kurgan Nr. 100, der in viereckiger Holzkammer eine Männer-, Frauen- und Kinderbestattung mit reicher Grabausstattung enthielt. Insbesondere trug die Frau zwei Halsketten und eine aus vergangenem Material (Leder, Stoff o. a.) hergestellte Kappe bzw. ein eng anliegendes Kopftuch, das unten, auf der Stirn, mit einer Reihe von 11 goldenen, dreieckigen, mit drei Buckeln verzierten Blechen und 31 Goldblechen in Form eines liegenden oder springenden Hirsches mit mächtigem Gehörn benäht war (*Collection Chanenko* III Tf. 59; vgl. auch die Ohrringe von griech.-archaischem Typus ebd. Tf. 60 links und rechts oben). Ein Gegenstück dazu lag in dem interessanten Kurgan Nr. 35 des Bobricaschen Hügelgräberfeldes (Bez. Kanev), nur daß hier statt der Hirschfigürchen die Goldbleche in Form eines liegenden Steinbocks (Bergziege) mit zurückgewandtem Kopf erscheinen (*Collection Chanenko* III Tf. 58 T). Über andersartigen skyth. Frauenkopfschmuck s. Ryžanovka, Sĕrogozy-Gruppe.

Bobrinskoj *Směla* III 112 ff., 138 ff.; *Collection Chanenko* III 1 ff.
M. Ebert

Sintflut. Die S. als Strafe für die sündige Menschheit spielt in der babyl. Mythologie eine sehr wichtige Rolle. Wir besitzen jetzt eine Reihe von Texten dieses Themas aus älterer und jüngerer Zeit, und weiter finden sich auch in der sonstigen Literatur Erwähnungen von großen Fluten, die die Menschen vernichtet haben. Das älteste Beispiel einer Sintflut-Erzählung ist von A. Poebel (*Historical texts* Philadelphia 1914 S. 7 ff.) veröffentlicht worden; sie ist in sumer. Zeit und Sprache abgefaßt. Hier wird erzählt, wie die großen Götter Anu (s. d.) und Enlil (s. d.) den Entschluß fassen, eine große S. über die Erde kommen zu lassen. Nur ein Mensch, der fromme Ziusudra, wird durch Êa gewarnt und erbaut sich ein Schiff. Auf diesem rettet er sich aus der Katastrophe, wird von den Göttern wieder in Gnaden angenommen und mit ewigem Leben beschenkt. Aus der Zeit der 1. babyl. Dyn. (Hammurapi) stammt ein Fragment des Atraḫasis-Epos. Hier heißt der gerettete Held eben Atraḫasis. Auch er erhält eine Warnung durch Êa und den Rat, ein Schiff zu bauen. Leider ist das Bruchstück zu schlecht erhalten, um mehr sagen zu können. Am ausführlichsten ist der Bericht, den Utnapištim (identisch mit Ziusudra und Atrahasis) dem Gilgameš (s. d.) über die S. in Schuruppak (s. d.) gibt. Der Text ist uns in einer Tafel der Bibliothek Assurbanipals erhalten, dürfte aber auf altbabyl. Tradition zurückgehen. Hier können nur die Hauptereignisse erwähnt werden, für Einzelheiten muß auf die Übersetzungen des Textes verwiesen werden. Die großen Götter, d. i. Anu und Enlil, sind übereingekommen, eine S. ins Werk zu setzen. Êa verrät den Plan dem Utnapištim und gibt ihm Anweisung, wie er sich retten kann. U. baut ein großes Schiff und nimmt sein Hab und Gut und „Lebenssamen" mit hinein. Die Flut beginnt und dauert 6 Tage. Alles Leben wird zu „Lehm". U. landet am Berge Niṣir. Er wartet 7 Tage und sendet eine Taube und eine Schwalbe aus. Beide kehren zurück. Dann läßt U. einen Raben frei; dieser kommt nicht zurück. U. verläßt das Schiff und opfert den Göttern. Er wird von ihnen begnadigt, den Göttern „gleichgemacht" und auf eine Insel „an der Mündung der Ströme" versetzt.

Ein weiteres Bruchstück, das Hilprecht in Philadelphia gefunden hat, gibt einen kleinen Teil einer Rede wieder, die ein Gott, wohl Êa, an den Sintflut-Helden hält. Auch hier soll ein Schiff gebaut werden, um den „Lebenssamen" zu retten.

Die jüngste Tradition von der babyl. S. findet sich bei Berossus. Sie stimmt in den Hauptsachen mit obigen Erzählungen überein; gewisse Einzelheiten weichen ab; näheres z. B. in dem unten erwähnten Buche von Clay.

Über sonstige Erwähnungen von S. in der babylon. Literatur vgl. A. Jeremias *Handbuch der altorientalischen Geisteskultur* 1913 S. 70; ders. *Altes Testament im Lichte des Alten Orients* 1916 S. 117ff.; H. Zimmern in *KAT*³ S. 543ff.; A. Clay *A hebrew deluge story in cuneiform* New Haven 1922; C. F. Weidner *Die Assyriologie 1914—1922* Leipzig 1922 Nr. 951ff. Ebeling

Siphnos. Insel der Kykladen, zwischen Paros, Seriphos und Kimolos gelegen, etwa $1^2/_3$ Quadratmeilen groß, längs der W-Küste von NW nach SO ein Bergrücken aus Kalkstein, bis 664 m hoch. Die ö. Abhänge sehr fruchtbar. Einst reiche Vorkommen von Gold und Silber, ferner Marmor und Schiefer. Bei H. Andreas an der O-Küste eine befestigte Akropolis aus der Zeit der Kykladen-Kultur (Band I Tf. 7b), doch stammen daher auch myk. Scherben. Mehrere andere Ansiedlungsreste sowie Nekropolen der Kykladen-Kultur (Kistengräber) noch unpubliziert. Die wichtigste Nekropole bei Akrotiraki im SO und Vaty im SW der Küste. S. Ägäische Kultur, Kykladen.

C. Bursian *Geographie von Griechenland* II 479ff.; Ath. Mitt. 21 (1896) S. 210f. L. Pollak; BSA 3 S. 85 D. Mackenzie; Ἐφ. ἀρχ. 1899 S. 73ff., 130ff. Chr. Tsuntas; D. Fimmen *Kret.-myk. Kultur*² 1924 S. 81; *RE* 2. R. III A S. 263ff. Bürchner. G. Karo

Šipka-Höhle (bei Neutitschein, in Mähren). S. a. Böhmen-Mähren A II § 2. — Hier wurde ein Unterkieferbruchstück von K. Maška i. J. 1882 am Rande einer alten Feuerstelle mit Resten von Mammut, Rhinozeros, Murmeltier, Ren, Bison, Gemse usw. gefunden. Es gehört zur Neandertalrasse (*Homo primigenius*; s. d.). Erhalten ist nur der vorderste Teil mit drei Schneidezähnen.

H. Schaafhausen *Über d. menschl. Kiefer aus der Schipkahöhle bei Stramberg in Mähren* Verh. d. naturh. Ver. d. preuß. Rheinl. u. Westfal. 1883 S. 279. Reche

Sippar. Im heutigen Hügel Abu Habbah, 33° 2′ N und 44° 12′ O Gr., ö. des Euphrat gelegen, findet sich das antike S., geschrieben *Ud-kib-nun*^ki^, das „Sippar des Gottes Schamasch" genannt zum Unterschied vom „Sippar der Göttin Anunitum", das nahe der Stadt Akkad (s. d.) lag und bisher noch nicht sicher festgelegt ist. Der Hügel wurde besucht von Bewsher, ausgegraben 1881/82 von H. Rassam und 1894 von Bedry Bej und V. Scheil. Er ist von einer rechteckigen, oblongen Stadtmauer (1300 : 800 m) eingeschlossen, mit der Ostspitze der w. Breitseite nach N gerichtet. Er besteht aus zwei Hügeln, von denen der w. in der Nähe des Flusses den Tempel und seinen Turm enthält. Die Bedeutung der Stadt liegt in religiöser Richtung, Fürsten von S. sind nicht bekannt, außer einem sagenhaften König Enmeduranki, dem man die Erfindung der Wahrsagekunst zuschrieb. Als Kultstadt war S. von anderen Städten abhängig, blühte namentlich unter der Hammurapi-Dynastie auf. Der Stadtgott war der Sonnengott Babbar oder Schamasch (s. Šamaš), seine Gemahlin Aja. Sein Tempel hieß *Ebabbar,* dessen Turm *E-idib-an-azagga.* Daneben gab es das *Gigunu* der Aja und

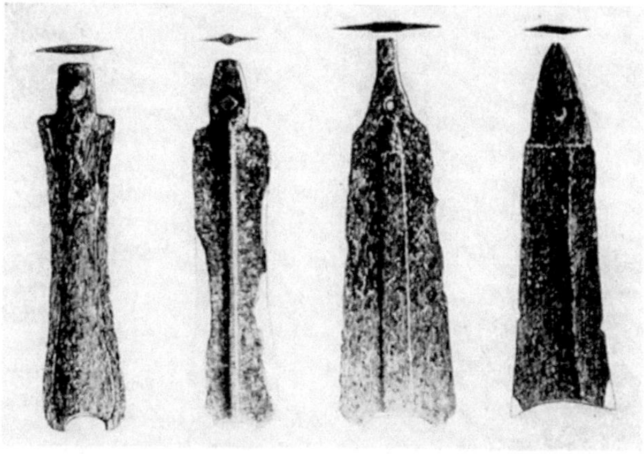

a b c d

e f g

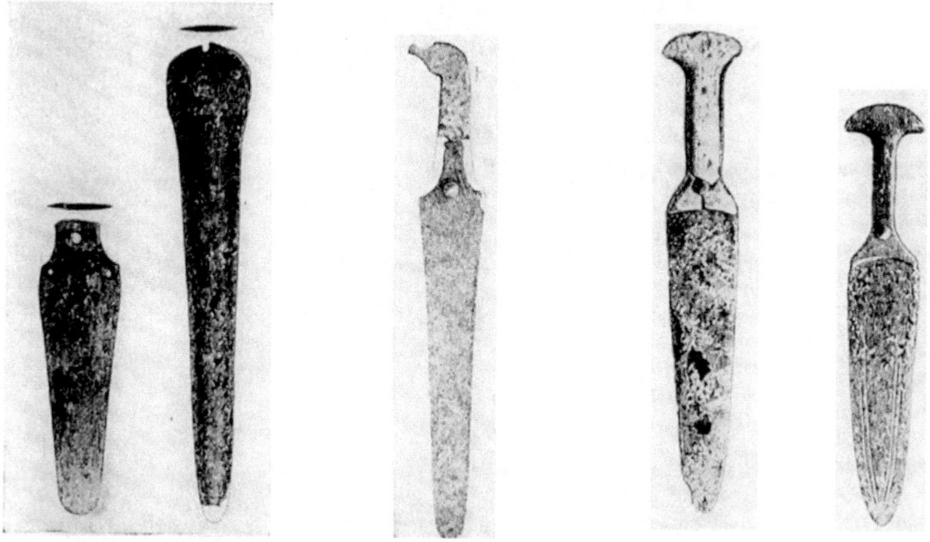

h i k l m

Sizilien B. Jüngere Perioden

Pantalica: a—d. Bronzene Rasiermesser. — e—g. Geschwungene Bronzemesser. — h, i. Bronzedolche. — k. Dolch mit vogelkopfförmigem, elfenbeinernen Griff. — l, m. Bronzedolche. — Nach Mon. Lincei 1913.

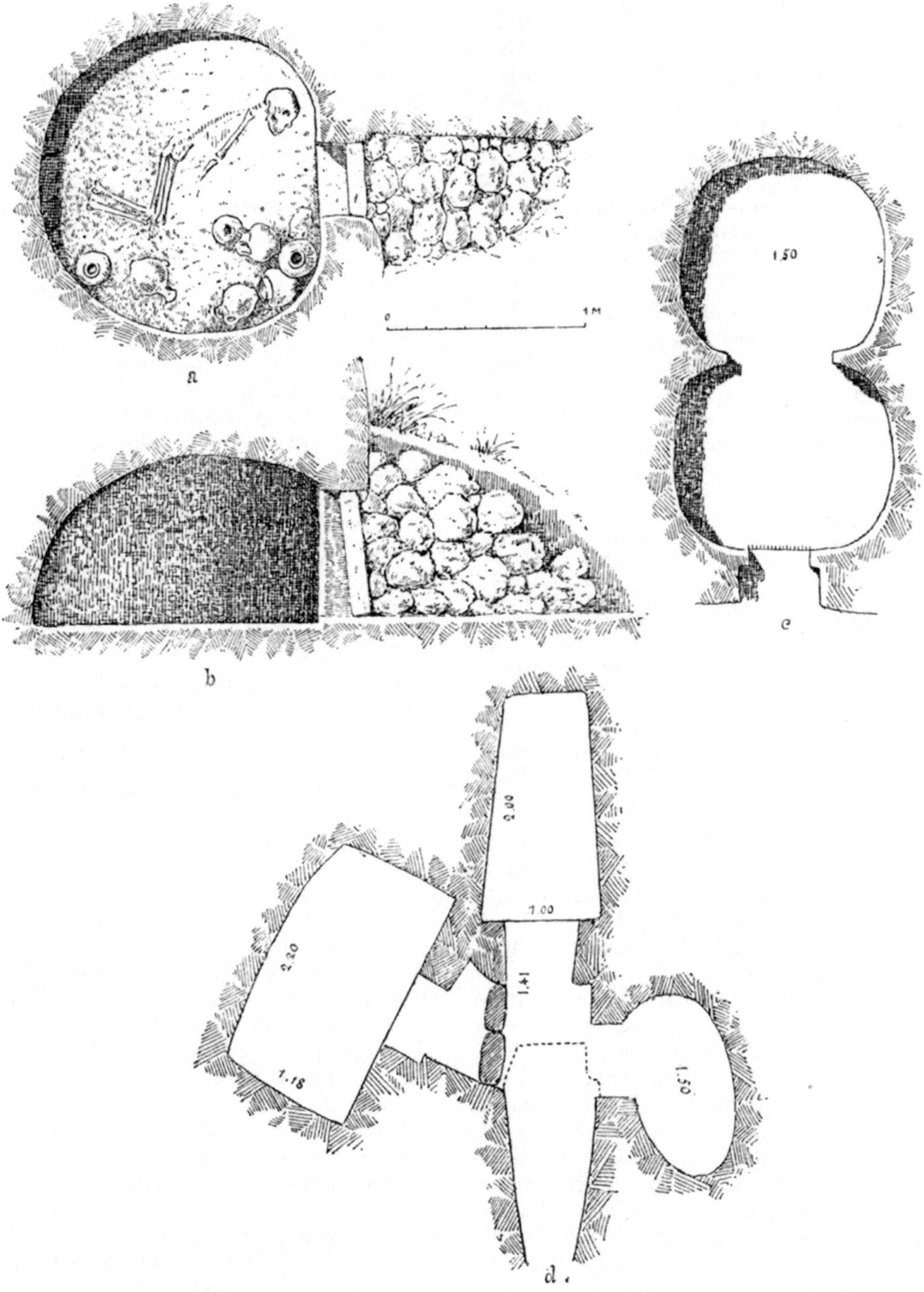

Sizilien B. Jüngere Perioden

Monte Dessueri: a—b. Grundriß und Querschnitt eines Grabes. — c. Grundriß eines zweiten Grabes. — Cassibile: d. Grundriß eines Grabes. — Nach Mon. Lincei 1893, 1913.

einen Tempel *E-ulla* der Göttin Ninkarrak. Aus älterer Zeit ist wenig gefunden, wahrscheinlich wegen der Verwüstung der Stadt durch die Elamiten: z. B. eine archaische Inschrift (OBI I Tf. 6/7), Keulenkopf des Scharkalischarri (PSBA 6 [1883/84] S. 68), eine Inschrift (CT 32, 9: Br. M. 102489). Aus S. stammt wohl auch das nach Susa verschleppte Gesetzbuch Hammurapis (AO 15 [1914] Abb. 106/7). Die spätere Zeit lieferte mehr Urkunden, z. B. das Schamasch-Relief des Nabuaplaiddina (860 v. C.), nebst Tonabdrücken desselben von Nabopolassar (620 v. C.), Tonzylinder von Nabonaid (550 v. C.), eine große Menge Tontafeln, namentlich aus der Hammurapi-Zeit, Kleinfunde, Gewichte, aber wenig Skulpturen (Band IV Tf. 124b; VII Tf. 168d, 169d—f).

V. Scheil *Une Saison de Fouilles à Sippar* Mémoires de l'Instit. du Caire 1902; H. Rassam *Asshur and the Land of Nimrod* New York 1897; L. W. King *Bab. Bound. Stones* 1912 Brit. Mus. 91000—4; AO 15 (1914) Abb. 129 B. Meissner; E. Unger *Kat. d. Bab. u. Ass. Sammlung* III, 1 Konst. 1918 (23 Gewichte); AO 11 (1910) 3—4 S. 2ff. R. Zehnpfund; Meissner-Ebeling *Reall. d. Assyr.* s. v. Akkad Unger.

Eckhard Unger

Sippe.

§ 1. Bedeutung und Funktion der S. — § 2. Sippensiedlung. — § 3. Sippe und Stammeshalbierung. — § 4. Familie, S. und Klan. — § 5. Die S. in der sozialen Struktur. — § 6. Abspaltungen und Wandlungen. — § 7. Verfall der S.

§ 1. Die Bedeutung der S. besteht in der Verbindung von Verwandten zu gemeinsamem Leben, besonders zum Nahrungserwerb und zur Wirtschaftsführung. Die S. umfaßt eine größere oder kleinere Gruppe, die sich von einem gemeinsamen Ahnen abstammend betrachtet und oft auch mythologisch-kultisch vereint ist, insbesondere oft durch totemistische Züge sich kennzeichnet (s. § 2, 3, 6). Zur S. werden gewöhnlich auch die eingeheirateten und zugesiedelten Frauen, seltener die eingeheirateten und zugesiedelten Männer gezählt (s. Familie A, Heirat).

Der Begriff der S. muß nach verschiedenen Seiten hin abgegrenzt werden: einerseits verschwimmt er oft mit dem der Großfamilie (s. Familienformen), andererseits mit denen von Klan (s. d.) und *gens* (s. Heiratsordnung).

Der Bestand der S. wird durch regelmäßig wiederkehrende Heiraten erhalten, welche die Grundlage sowohl für die Ausbildung von Lokalrassen als auch von Lokalkulturen und Lokaldialekten bilden. Man kann sagen, daß das gesamte primitive Leben noch bis tief hinein in die geschichteten (s. Schichtung) und selbst in die archaischen Völker (s. Staat) von der verwandtschaftlich gebundenen S. getragen wird. Die Heiratsordnungen sind für die S. gewöhnlich exogam, derart, daß regelmäßige Verbindungen innerhalb einer bestimmten Zahl von (manchmal „totemistischen") S. vor sich gehen. Sie schließen auch den Anschluß an eine auf Stammeshalbierung beruhende Regelung der Wahl der Ehepartner keineswegs aus (s. § 3).

Man darf nicht vergessen, daß die S. „leben", daß sie sich vermehren oder durch Kämpfe und Seuchen zu einem erheblichen Teil dahingerafft werden. Darum müssen wir mit einem ständigen Schwanken in der Größe der S. rechnen. Bei den technischen Grundlagen (s. Technik A) der primitiven Wirtschaft (s. d. D) bedingt das Anwachsen der Bevölkerungszahl ein Auseinanderfallen in kleinere Verwandtschaftsgruppen. Je nach den örtlichen und sonstigen Schicksalsbedingungen bleiben indessen doch gewisse Zusammenhänge gewahrt, und es entstehen manchmal hier weit verzweigte Organisationen, dort unter anderen Umständen jedoch nicht (s. § 4).

Bei den Bergdama Südwestafrikas (Vedder S. 79) ist der sog. „Werfthäuptling" das Oberhaupt einer „Sippe". Er vergibt die Landstücke zur Bearbeitung an einzelne, setzt Schonzeit für Zwiebeln an, verfügt über die Jagd usw. (s. Häuptling). Man kann sagen, daß hier die S. mit Großfamilie und Klan verschwimmt. Das ist jedoch nicht immer so, und wir können z. B. in Neu-Guinea eine Verbindung zwischen verschiedenen Großfamilien beobachten (s. § 2). Tritt eine solche Verbindung ein, so pflegen die Großfamilien gewöhnlich unter ihrem gerontokratischen Haupt (s. Altenherrschaft) weiter zu bestehen, und in der S. bleibt oft nur der mythologisch-kultische Zusammenhang bewahrt, der auf genossenschaftlicher Grundlage beruht. Denn ein derartiges Oberhaupt, wenn selbst ein solches vorhanden ist, übt einen nur sehr partiellen Einfluß aus und zwar auf religiös-zere-

a b

c d

e f

g

Sizilien B. Jüngere Perioden

Monte Dessueri: a—g. Tongefäße. — Nach Aufnahmen des Museums Syrakus.

Sizilien B. Jüngere Perioden

Nekropole von Cassibile: Eingang zu einem in den Fels eingehauenen Grab.
Nach Aufnahme des Museums Syrakus.

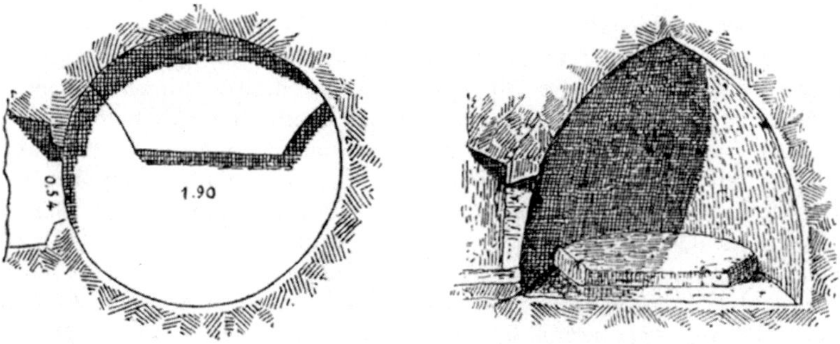

a

b

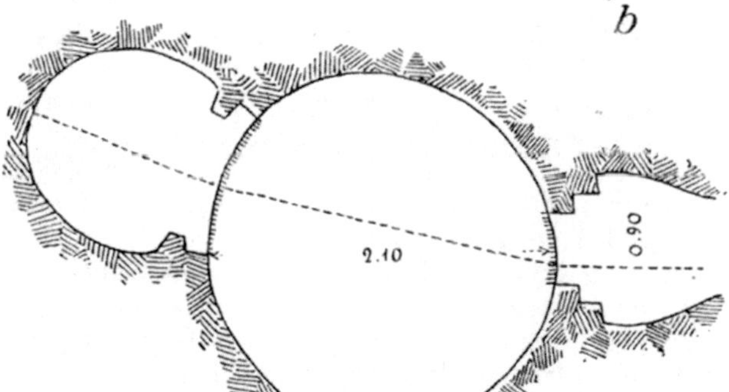

c

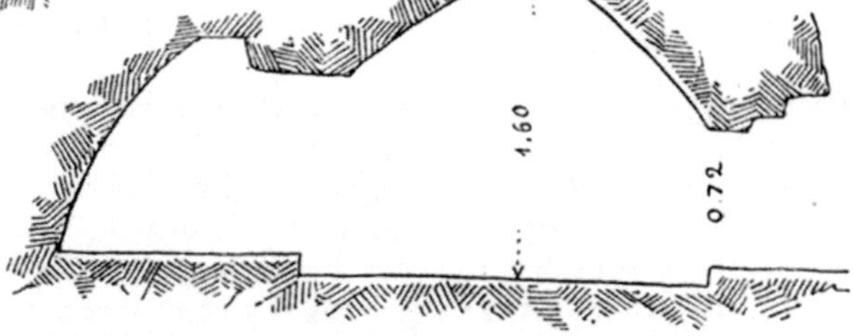

Sizilien B. Jüngere Perioden

Nekropole von Montagna di Caltagirone. Kuppelgräber. Nach Bull. Paletn. Ital, 1905.

moniellem oder wirtschaftlichem Gebiet. Während die Großfamilie stets am gleichen Orte ansässig ist, können die Sippenmitglieder über verschiedene Siedlungen hin verstreut sein (s. a. Soziale Entwicklung). Auch spielt weder Mutter- noch Vaterfolge eine entscheidende Rolle.

Der Klan (s. d.) umschließt eine Verwandtschaftsgruppe, die sich auch auf verschiedene Ahnen zurückführen kann, er setzt sich oft aus mehreren Sippen zusammen; für ihn ist der politische Zusammenschluß als Schutz- und Trutzverband das Entscheidende. In kleinen Verhältnissen können natürlich S. und Klan miteinander verschwimmen (s. § 4). Der politische Klanverband ist jedoch anderen Schicksalen ausgesetzt als die verwandtschaftliche, durch Heiratsordnung, Mythologie oder auch Wirtschaft verbundene Sippe. Durch das Aufkommen ethnischer Überschichtungen (s. Schichtung) und des aristokratischen Häuptlingtums (s. Häuptling, Staat) wird die politische Einheit des homogenen Klans zerrissen, wodurch manchmal weiterhin eine Auflösung in Familien erfolgt. Doch können die Sippenverbände trotzdem unangetastet bleiben, ja mitunter wird die Angehörigkeit zu einer Sippe das Privileg des Adels (s. d. sowie Kaste A und § 7). Da die S. durch Heiratsbande zusammengeschlossen ist, so bringen Änderungen der Heiratsordnungen auch Veränderungen für die S. mit sich.

Die Bedeutung der S. beginnt bei den gartenbautreibenden Völkern durch die genossenschaftliche Bewirtschaftung des Landes seitens einer Verwandtschaftsgruppe. Denn die Verwandtschaft stellt das älteste und ursprünglichste Vergesellungsprinzip dar.

Den Angelpunkt für die Auflösung der S. haben wir in der Verselbständigung eines besonderen Familieneigentums an Grund und Boden zu suchen, das von dem gemeinsamen Sippenbesitz losgelöst wird (s. § 4, 6, 7). Damit macht sich eine andere, aber ebenfalls vorläufig noch auf verwandtschaftlicher Grundlage beruhende Ballung geltend, die wir als die patriarchalische Großfamilie (im Gegensatz zur primitiven gerontokratischen) bezeichnen können. Es ist die *familia*, der auch Sklaven (s. d. A) angehören. Diese Veränderung macht sich in den Zentren oder in den Ausstrahlungsgebieten des Despotismus (s. d.) bemerkbar. Zwar können auch da noch sippenmäßige Verbindungen unter den *patres familias* aufrechterhalten werden, jedoch ist die S. nunmehr dem Untergang geweiht.

Eine ähnliche Art der Zerstörung des Sippenverbandes ergibt sich aus der Berührung mit wesensfremden Kulturen (s. § 7).

Ähnlich wie andere Institutionen der primitiven Gesellung, wie Mutterrecht (s. d. A), Blutrache (s. d.), Asyl (s. d.) usw., ist auch der Bestand der S. an gewisse Voraussetzungen der Lebensführung geknüpft. Soweit derartige wirtschaftliche und familienorganisatorische Bedingungen in einem bestimmten Kulturkomplex eingebettet sind, treten im Zusammenhang damit natürlich die Folgeerscheinungen auf, wenn die Voraussetzungen gegeben sind, und fallen weg, wenn diese fehlen.

§ 2. Um die Verschiedenheit der einzelnen Verbände zu illustrieren, sei etwa auf die Mafulu, einen Bergstamm des s. Neu-Guinea, hingewiesen. Mit dem Ausdruck *imbele* wird dort die engste Gruppe bezeichnet. Auch wenn einer von einem Angehörigen dieser engsten Gruppe spricht, redet er von ihm als von seinem *imbele*. Das Wort *bilage* kennzeichnet dagegen einen loseren Zusammenhang. Ein Mann, der wohl nicht zum *imbele* gehört, jedoch zum gleichen Siedlungs-Komplex, wird als *bilage* bezeichnet (s. a. Siedlung A). Alle außerhalb von *imbele* und *bilage* stehenden Personen werden *a-gate* benannt, mag es sich um einen Mafulu, Kuni, Ambo oder sonst irgendeinen anderen handeln. Eine Unterscheidung zwischen der eigenen Kulturgemeinschaft und einer fremden wird dabei unterlassen. — Jede dieser *imbele*, die wir wohl nach der vorgeschlagenen Terminologie am besten als „Sippe" bezeichnen, siedelt für sich. Sie besitzt kein besonderes Abzeichen, etwa in Gestalt von Tieren, Vögeln, Fischen, Pflanzen u. dgl., auch sonst keinerlei totemistische Sagen oder Verbote. Solche totemistischen Beziehungen fehlen auch in Beziehung zur Siedlungs-Gemeinde (*bilage*). — Verläßt einer seine *imbele* und siedelt nach dem Dorf einer anderen um, so rechnet er sich der neuen *imbele* zu, obgleich er nicht alle Beziehungen zwischen sich und seiner alten Sippe abbricht. Man kann sagen, daß eine *imbele* vorwiegend auf Verwandtschaft beruht, obgleich ausnahmsweise auch Fremde aufgenommen werden können. Der Zusammenhang unter den Angehörigen einer *imbele* ist so eng, daß ein Unrecht, das einem Mitglied zugefügt wird (Mord, Ehebruch [s. d. A] der Frau mit einem Fremden und Verweigerung der Rückgabe ihres Kaufpreises), von der ganzen Sippe als ihr zugefügt betrachtet wird, so daß sie dem Beleidigten Genugtuung verschaffen. Die Angehörigen einer *imbele* besitzen ein gemeinsames Oberhaupt und eine gemeinsame Männerhalle (s. Männerhaus). Die Heirat unter den Angehörigen der gleichen Sippe ist nicht erlaubt (s. Heiratsordnung). Die gleichen *imbele* sind manchmal auf verschiedene Dörfer verteilt, ursprünglich jedoch wahrscheinlich gemeinsamer Abstammung. Das Oberhaupt (*amidi*) hat vor allem die Leitung zeremonieller Funktionen, vor allem in dem Dorf, in dem es residiert. Gelegentlich großer Feste funktioniert das Oberhaupt aber auch in anderen Dörfern, in denen sein Klan ansässig ist. Im letzteren Fall wird zu einem solchen Zweck von seinen Leuten auch eine eigene Männerhalle (*emone*) errichtet. Dem *amidi* zur Seite steht der *em u babe* = Vater des Dorfes. Letzterer ist gewöhnlich ein Verwandter des Sippenhauptes, der in seinem Dorf gleichfalls eine Halle (*emone*) besitzt. Am Residenzort des *amidi* gibt es keinen besonderen „Dorfvater" (Williamson S. 88ff.). Jede *imbele* besitzt ihre eigene Rodung. Doch leben verschiedene *imbele* oft in naher Nachbarschaft. Man kennt nur eine Bezeichnung für eine solche Rodung: *emi*, jedoch keine für eine Gruppe benachbarter Rodungen (ebd. S. 84f.). Daraus ergibt sich, daß die *bilage* die Siedlungsnachbarschaft bezeichnet, ohne jedoch organisatorisch von großer Bedeutung zu sein. Nur bei Kriegen tritt die Siedlungsgemeinschaft als solche in Erscheinung, und es kommt auch vor, daß mehrere *bilage* miteinander sich verbünden (a. a. O. S. 180). — Vgl. a. Seligmann; ferner Mc Kern für N-Amerika; Collet für Sumatra.

§ 3. Die S. der Inlandstämme des s. Teiles von Holländisch-Neu-Guinea tragen totemistischen Charakter, wobei sie sich meistens nach einem Naturobjekt benennen, mit welchem man in bestimmter naher Beziehung zu stehen glaubt. In bezug auf das Sippentotem herrschen nur teilweise Speiseverbote. Diese Sippenorganisation ist entweder als im Verfall stehend zu betrachten, wahrscheinlicher jedoch niemals sehr ausgeprägt zur Geltung gekommen. Durch die orthodoxe Form der Ehe zwischen der Tochter des Mutterbruders und dem Sohne von des Vaters Schwester (*Cross-cousin*-Heirat) ist es üblich, daß ein jeder ständige Beziehungen zu zwei S. hat und seiner Angehörigkeit zu diesen beiden durch Nebeneinandersetzung beider Sippennamen Ausdruck gibt, also ein Mann, der zu der S. *mabu* und *kayeput* in Beziehung steht, sich als *mabu-kayeput* bezeichnet. Die Kinder folgen der S. des Vaters, werden sich also infolge der Vetternheirat wiederum *mabu-kayeput* nennen. Diese Bezeichnung wird indes auch — ähnlich wie in Australien — dann beibehalten, wenn die Mutter keine orthodoxe Verbindung einging und einem anderen Klan zugehört als des Vaters Mutter. Das System ist stärker als die Wirklichkeit. Aus zwei verschiedenen Sippenbezeichnungen, der väterlichen und mütterlichen, ist also, wie am obigen Beispiel dargelegt, eine einzige geworden, wodurch die eigentliche Sippenzugehörigkeit verwischt wird. — Um so größere Bedeutung kommt jedoch hier der Stammeshalbierung zu, auf der die Heiratsordnung eigentlich aufgebaut ist, nämlich der Scheidung in totemistische vaterrechtliche Hälften, in die *woya* „Känguruh" und *wenda* „Beutelmarder". — Die S. siedeln zusammen, und in jedem Tal finden sich andere Sippen. Die Männerhallen werden bloß von Vertretern einer einzigen S. errichtet und bewohnt (s. a. Siedlung A). Die Siedlungen sind reine Sippensiedlungen (Wirz S. 46ff.). — Vgl. a. Goldenweiser, Gifford für N-Amerika.

§ 4. Eine außerordentlich große Buntheit in kleineren und größeren Gruppierungen findet man bei den verschiedenen sibirischen Stämmen (s. Familie A, Familienformen, Horde, Klan, Mutterrecht A). Die Grundlage bilden gewöhnlich die Familien, wobei eine Tendenz zutage tritt, wie z. B. bei den Koryaken, daß die durch Heirat vereinigten Familien zu größeren Gruppen sich zusammenschließen, die durch gewisse moralische und materielle Verpflichtungen miteinander verbunden sind. Diese Tendenz eines Zusammenschlusses von Familien macht sich jedoch auch unter Nicht-Verschwägerten geltend. Früher waren derartig befreundete Gruppen verpflichtet, einander im Kriegsfall zu helfen. Heute beschränkt sich eine derartige Hilfe auf materielle Leistungen. Auch Frauen gehen derartige Bünde ein (s. Männerbund). Die ihnen später durch die Russen aufgezwungene Klan-Organisation war eine Verwaltungsmaßregel, die nichts Ursprüngliches an sich hat.

Verhältnismäßig komplizierter liegen die Dinge bei den Turk-Stämmen. Bei diesen nomadischen und halbnomadischen Stämmen Sibiriens gibt es verschiedene soziale, einander überlagernde Gruppen. Die Altaier zerfallen in *seok* (russ. *kosti* = Knochen) oder „Generationen". Doch leben die Angehörigen dieser verschiedenen *seok*, die man wohl am besten als „Sippen" bezeichnet, durcheinander und bilden keine besonderen „Lager", wie das z. B. bei den Kirgisen der Fall ist. Die Angehörigen eines *seok* betrachten sich als untereinander verwandt und reden sich gegenseitig je nach dem Alter oder der Verwandtschaftsbeziehung als Onkel oder Neffe, als Tante oder Nichte an. — Komplizierter ist die Organisation der sog. Tangnu Uriankhai, die in 5 *khoshun* zerfallen, an deren Spitze je ein *ogurta* steht. Der Älteste dieser *ogurta* wird als *amban* bezeichnet, dem die anderen unterstehen. Jeder *khoshun* zerfällt in 4 *sumyn*, der von Kemschik in 10. Der *sumyn*, dem der *ogurta* angehört, verleiht dem ganzen *khoshun* seinen Namen, und diesen gebraucht auch der *ogurta*. Auf Grund dieser Einteilung würde man einen *sumyn* als „Sippe", *khoshun* als „Klan" bezeichnen. — Die heutigen Yakuten gruppieren sich in *aga-usa*, *nasleg* und *ulus*. Ein *aga-usa* besteht manchmal nur aus wenigen Individuen, mitunter allerdings aus mehreren Hunderten. Ein *nasleg* umfaßt von ein bis zu mehr als dreißig *aga-usa*. Die *ulus* umspannen wieder mehrere *nasleg*. Früher nannte man die Gruppe, die heute als *nasleg* bezeichnet wird: *aimak* und die *ulus*: *djon*. Gegenwärtig umfaßt der größte *ulus* (*djon*) 11000 Seelen. Doch ist die Unterscheidung zwischen *ulus* und *nasleg* nicht scharf durchgeführt; man bezeichnet manchmal beide als *djon*, und einen *aga-usa*, dem wir die Bezeichnung „Sippe" gaben, als *aimak*. *Aimak* bedeutet jedenfalls immer eine Untergruppe eines *djon*. — Die n. Yakuten von Verchojansk, Ustiansk, Elgetesk, Jigansk und Kolymsk besitzen nur zweierlei Gruppen in ihrem sozialen Bau: *nasleg* und *aga-usa* fallen zusammen und sind dem *djon* (*ulus*) untergeordnet. — Das Wort *aga-usa* bedeutet „Vatersippe"; *aga* = Vater; *usa* wurde folgendermaßen erklärt: „nimm alle Zweige, Knoten, Blätter und Knospen, die aus einer Wurzel sprießen, und du hast ein *usa*". *Usa* bedeutet somit die durch Abstammung Verwandten. Statt des Wortes *usa* gebrauchen die Yakuten auch den Ausdruck *tördö* = Ursprung, Wurzel. Wenn sie sich auf die Angehörigen der gleichen Sippe beziehen, so sprechen sie von *kan-ät uruta* = Blut- und Fleischverwandtschaft. Jedoch wird diese verwandtschaftliche Zugehörigkeit nur bis zur neunten Generation zurückverfolgt. Die darüber hinaus entfernten Verwandten nennt man *sygan*, und einen *sygan* darf man heiraten, nicht dagegen den Sippengenossen. Man sagt, ein *sygan* ist ein *uru* (entfernter Verwandtschaftsgrad), und es ist nicht sündhaft, einen solchen nicht vor dem Ertrinken zu retten. Die Sippe trifft außer dem Heiratsverbot insbesondere die gemeinsame Verpflichtung zur Blutrache. — Auch durch Bündnisse (*äyellakh*) können sich Sippen untereinander verbinden. Solche Bündnisse werden durch gemeinsame Opfer und Feste (*ysyakh*) besiegelt (Czaplicka S. 32, 53ff.).

Klaproth (S. 287) berichtet von den mongolischen Nogay, daß sie in Gemeinschaften von mehreren Familien leben, die dann zusammen einen *Aûl* ausmachen, der, je nachdem die Weide ist, sich bald hier, bald dort lagert. Die Stärke eines *Aûl*, einer „Sippe", wird nach der Zahl der Kessel (Feuerstellen) berechnet, denn auf jede Familie entfällt ein Kessel. Die

Russen nahmen die Zahl der Filzjurten oder Kibitken zur Grundlage für ihre Berechnung. Die Gewohnheit, auf Wagen zu wohnen, ist schon zu Klaproths Zeiten abgekommen.

Die als *kika* bezeichneten Verwandtschaftsverbände der Baganda Ostafrikas wird man wohl richtiger als „Sippen" denn als Klans (s. d.) anzusprechen haben. Eine solche *kika* leitet ihren Ursprung auf einen gemeinsamen Ahnen und gemeinsame Totems, *miziro* (plur.), zurück. Alle Männer gleichen Alters bezeichnen sich als Brüder, die Frauen als Schwestern, die jüngere Altersschicht nennt die älteren Personen Vater beziehungsweise Mutter usw., Kinder der gleichen Mutter werden als *lubuto*, des gleichen Vaters als *kitabwe omu* bezeichnet. Jede S. besitzt zwei Totems: ein Haupttotem, unter dem die S. bekannt ist, und ein zweites weniger bekanntes; das erstere wird *muziro* (sing.), das andere *kabiro* benannt. Beide Totems werden heilig gehalten und dürfen nicht zerstört werden. Die Frau nimmt ihres Mannes Totem an, behält jedoch auch ihr eigenes bei. Ebenso müssen die Kinder beider Eltern Totem respektieren. Jedoch pflegen sie die Totems ihrer Mutter zu vernachlässigen. Jede S. besitzt ihre Ländereien, die sich gewöhnlich auf einem Hügel befinden, an dessen Hängen die Gärten angelegt werden. Jede dieser Ländereien wird von einem Oberhaupt beaufsichtigt, das für das Verhalten der Mitglieder seiner Abteilung (*siga*) verantwortlich ist und als deren „Vater" bezeichnet wird. Der „Vater" der ganzen S. hat die wichtigsten Ländereien inne. Viele dieser Sippen hatten ihren Familien-Gott *Lubare* oder betreuten eine der ihnen anvertrauten Gottheiten; in einem solchen Fall wurde der Sippenhäuptling, auf dessen Grundstück der Tempel stand, der Priester der betreffenden Gottheit und hatte für den Tempel zu sorgen. Die Tempel befanden sich gewöhnlich auf den Spitzen der Hügel und waren von gutem Land umgeben, das als Eigentum der Gottheit galt. Außer diesen alten Familienländereien gab es andere von geringerer Bedeutung, die tatsächlich Unterabteilungen von ursprünglich ausgedehnteren Ländereien waren, nämlich Boden, in dem drei oder vier Generationen des Zweiges einer S. begraben worden waren. Dieses Land war auch freies Eigentum des Zweiges der S., welcher darauf gewohnt hatte; die anderen Zweige (*siga*) besaßen darauf kein Anrecht. Die Angehörigen eines Sippenzweiges ordneten sich nicht einem Angehörigen eines anderen Sippenzweiges unter, der über sie als Nachfolger eines verstorbenen Häuptlings gesetzt war, obgleich sie das Recht der S. anerkannten, ein Mitglied ihrer eigenen Sippenabteilung für dieses Amt zu bestimmen. Die Häuptlinge mußten auf der Hut sein, das Volk davon abzuhalten, ihre Toten auf den Feldern zu begraben, weil diese sonst dadurch zu Privatland wurden. Selbst der Fürst mochte nicht eine Familie von dem Grundstück vertreiben, auf dem es ihr gelungen war, drei Generationen hindurch ihre Toten auf dem gleichen Platz zu beerdigen: er fürchtete den Zorn der Geister (s. a. Eigentum A, Grundeigentum A). Entdeckte man Leute, die einen Toten in einem Garten bestatteten, so veranlaßte man sie, den Leichnam hinweg nach ihrem Familiengrundstück zu bringen. Die auf Familiengrundstücken angesiedelten Leute nannte man *Bataka* = Grundbesitzer. Diese Bezeichnung wurde öfter spöttisch gebraucht, ähnlich wie etwa unser Ausdruck „Vetter vom Land". Die Fürsten wurden auch *Bataka* genannt, weil sie Land besaßen. — Alle S. waren mit einer einzigen Ausnahme exogam, nur nicht die Lungenfisch-Sippe. Der Grund dafür mag darin zu suchen sein, daß ein Zweig der genannten S. von einem anderen Teile des Landes gekommen war und die Väter eines jeden der beiden Teile anderer Abstammung waren; auch besaßen die beiden Teile dieser S. andere zweite Totems. — Unter diesen S. herrschte früher eine Heiratsordnung (s. d.), nach der es sich für einen Mann gehörte, seine zweite Frau von der S. seiner väterlichen Großmutter zu nehmen. Diese Frau, *nasaza*, hatte ihrem Gatten das Haar und die Nägel zu schneiden. — Die S. gruppierten sich in Abteilungen, Zweige, entsprechend ihrem Grundeigentum. Das Oberhaupt einer *siga* hatte das Recht, Streitigkeiten zu entscheiden und Ansprüche innerhalb seiner Abteilung zu schlichten. Die

Sippenzweige zerfielen wieder in Unterabteilungen: *enda*, deren Oberhaupt ebenfalls richterliche Gewalt zufiel, obgleich seine Angehörigen an die *siga* und weiterhin an die *kika* appellieren konnten. Von ihrem Grundeigentum konnte eine Familie nicht vertrieben werden, obgleich ihr Oberhaupt, wenn es dem König nicht paßte, abgesetzt werden konnte. Dann präsentierte sie jedoch einen anderen Mann als dessen Nachfolger. So ist dieser Grundbesitz nicht als persönlicher anzusehen, sondern als Familiengut. Als echte *siga* einer S. galten diejenigen, die von den Söhnen oder Enkeln eines Mannes abstammten, den man „Sippenvater" genannt hat. Aber auch durch die sonstige Vermehrung der S. entstanden Abzweigungen. Eine S. konnte sich so in zwei oder mehrere *siga* aufspalten. Die Unterabteilungen (*enda*) der angewachsenen *siga* hatten gewöhnlich keine eigenen Begräbnisplätze. Starb das Oberhaupt einer *enda*, so versammelten sich die anderen *enda*-Schulzen zusammen mit dem „Vater" der *siga* und bestimmten den Nachfolger, welcher der verwaisten *enda* entnommen wurde und häufig der Sohn des Verstorbenen war. In ähnlicher Weise wurden auch die anderen Nachfolger von Abzweigung und S. nominiert. Die Abzweigungen und Unterabteilungen der S. hatten Totems und sonstige Lebensordnungen mit den anderen Angehörigen der Sippe gemein (Roscoe S. 133ff.). — Vgl. a. Crooke; Langenfeldt.

§ 5. Bei den Dschagga Ostafrikas beruht die soziale Struktur des Volkes auf den Sippen. In der ca. 7000 Seelen zählenden Häuptlingschaft Moschi gibt es über 80 selbständige Sippen. Davon sind 40 alteingesessen. Einige dieser S. tragen den Namen eines weiblichen Vorfahren; sonst tragen die S. den eines männlichen Urahnen. Die S. zerfällt in „Häuser" und „Rippen" nach dem Namen der Mütter. Die S. wird im ö. Dialekt als *Os'ari*, im w. Dialekt als *Uf'jari* bezeichnet (= Gebärakt bei Tieren). Wie sehr diese S. als Lokalrassen angesehen werden, geht daraus hervor, daß man für die einzelnen S. verschiedene Zeitdauer für das Austragen des Kindes ansetzt; so unterscheidet man S., in denen das Kind in 9 Monaten, andere in 10 oder gar 11 Monaten reifen soll. Der Sippentyp beeinflußt nicht nur die Frauen, sondern auch die Kinder. Die Lebenseinheit der S. ruht nicht nur im Blute, sondern ebensosehr in der Muttermilch. Darum kann die Annahme eines fremden Kindes durch Darreichen der Mutterbrust vor sich gehen. Die Opfergemeinschaft der S. wird durch einen Riten-Alten geleitet, der das gemeinsame Opfer darbringt: er bespeichelt das Opfertier zuerst, nach ihm tun es die anderen. Durch die Bespeichelung soll das Opfertier Träger der Sippenkraft werden und diese dem Ahnen zuführen. Neben ihm steht der Rechtsvormund, ein angesehener, manchmal verhältnismäßig junger Mann, dem das Vertrauen der anderen entgegengebracht wird, und der die Interessen der S. vor allem auch beim Häuptling, insbesondere bei den Steuerleistungen, zu vertreten hat. Auch der Ausgleich von innerhalb der S. entstandenen Zwiespältigkeiten und Gegensätzen fällt ihm zu. Er kann auch ein schädliches Mitglied aus der S. ausstoßen, und zwar in Gegenwart aller Sippenangehörigen vor dem Häuptling. Besondere Bezüge kommen dem Rechtsvormund nicht zu, jedoch verschiedene zeremonielle Ehrenrechte. Die S. kommt im allg. mit dem mildesten Zwange aus. Jedes neugeborene Kind bedarf einer besonderen Aufnahmezeremonie in die S. (s. a. Kind). Diese erfolgt durch den Schwiegervater der Mutter und dessen Sippenbrüder. Die selbständigen S., aus denen sich die 11 Häuptlingschaften zusammensetzen, sind auf etwa 400 zu veranschlagen (Gutmann S. 1ff., 217ff.).

§ 6. Die Zahl der S. ist bei den Kpelle Westafrikas prinzipiell in der Weise festgelegt, daß jeder Neugeborene von vornherein einer bestimmten S. angegliedert wird. Tatsächlich entstehen jedoch neue S. dadurch, daß eine Kleinfamilie sich in einer unbebauten Gegend ansiedelt, dort eine neue Niederlassung gründet und so ihre Nachkommen allmählich zu einer eigenen S. zusammenschließt. Das Gefühl der Zusammengehörigkeit mit der älteren S. geht dabei zwar nicht ganz verloren, wird jedoch um so loser, je weniger der persönliche Zusammenhang aufrecht erhalten wird. Trotzdem bleibt als verbindende Einheit das gemeinsame Verbot des Genusses bestimmter Tiere oder Pflanzen oder der Verrichtung gewisser Handlungen erhalten. Die Tabu-Gemeinschaft fällt nach der Meinung der Eingeborenen und auch tatsächlich zusammen mit wirklich gemeinsamer Abstammung. Sie ist ein Erkennungszeichen, das alle Angehörigen zu einer Brüderschaft verbindet, wenn ihnen auch die Erinnerung, stammverwandt zu sein, längst abhanden gekommen ist. Solche durch gemeinsames Tabu verbundenen Genossen sind einander uneingeschränkt Hilfe schuldig, sie dürfen vor Gericht nicht gegeneinander zeugen, und im Fall einer Anklage oder anderen Gefahr muß jeder unbedingt zum anderen stehen. Der Reisende erkundigt sich am fremden Ort sofort nach einem Tabu-Genossen, bei dem er wohnen kann, Gastrecht, Schutz und Beistand wie ein naher Verwandter genießt. Das Tabu vererbt sich vom Vater auf die Kinder; häufig nehmen aber diese daneben das der Mutter an. Die Frau behält bei ihrer Verheiratung ihr eigenes Tabu, fügt ihm aber manchmal das ihres Mannes zu. — Die S. ist vor allem auch die Wirtschaftseinheit, welche die Kleinfamilie an Bedeutung weit überragt; denn jedes Familienmitglied hat einen Teil seines Arbeitsertrages der S. abzuliefern, der es angehört; ein anderer Teil gehört ihm persönlich, so daß dem Haushalt der Kleinfamilie nur etwa ein Drittel des Arbeitsertrages zufließt. Das Haupt der S. ist ihr ältestes männliches Mitglied, sofern dieses sich im Vollbesitz seiner körperlichen und geistigen Kräfte befindet. Sie besteht aus dieses Mannes Brüdern und Vettern, deren Kindern, Enkeln und Urenkeln, sowie aus allen in Besitz der Sippenmitglieder befindlichen Hörigen (s. d. A), stellt also eine große *familia* dar. Unter den Sippengenossen gebraucht man nur die Bezeichnung: Großvater, Vater, Bruder und Sohn und entsprechend die weiblichen Verwandtschaftsbezeichnungen. So können zwei Vettern, die sich als Brüder bezeichnen, weder Vater noch Mutter gemeinsam haben. Jeder Ehegatte verbleibt auch nach seiner Heirat in der S., in der er geboren ist, und untersteht den Weisungen seines Sippenhauptes, einerlei, ob er am gleichen Orte wohnt oder nicht. Die Kinder werden der S. der Mutter zugerechnet, und der älteste Mutterbruder führt die Aufsicht über sie; jedoch beerben die Kinder den Vater (Westermann S. 54ff.).

Die alten chines. Gemeinschaften, die einen gleichen Familiennamen tragen, erscheinen heute wie S. und werden als solche bezeichnet. Sie sind exogam und regeln die Verwandtschaftsberechnung nach vaterrechtlichem Gesichtspunkt. Eine genauere Untersuchung zeigt jedoch, daß diese Gemeinschaften das Ergebnis verschiedener Veränderungen an einer älteren Sippenverfassung sind. Die Angehörigkeit zu einer alten S. war früher ein Zeichen des Adels, der sich als die „100 S." bezeichnete. Diese Gesamtheit der alten S. wurde im Gegensatz zu dem „schwarzhaarigen" Volk oder der unteren, d. h. der großen Masse gesetzt. (Ein ähnlicher Gegensatz durchzieht bekanntlich auch das sumerische Volk [s. Sumerer], in dem man in ähnlicher Weise von der unteren Schicht als den „schwarzköpfigen" redet. — S. a. Adel, Politische Entwicklung, Schichtung, Soziale Entwicklung, Staat.) — Später breitete sich die sippenähnliche Einteilung nach gemeinsamen Familiennamen über das ganze Volk aus. Parallel mit dieser Erweiterung der alten Sippenorganisation geht eine andere Veränderung vor sich. Zur Zeit der alten Adelssippen machte die „Gemeinschaft der Leute mit gleichen Familiennamen" noch nicht eine unabhängige exogame Gruppe aus, sondern eine manchmal ganz erhebliche Zahl von durch einen Namen vereinigten Familien bildete eine „Sippe". Diese alten S. waren teilweise wieder einer höheren Einheit untergeordnet. Einige Gruppen der alten S. leiteten nämlich ihre Abstammung zurück auf einen gemeinsamen Ahnen und betrachteten sich daher als untereinander blutsverwandt. Solche Verbindungen verwandter S. kann man als „Phratrien" bezeichnen. Die bedeutendste Phratrie besteht aus den Sippen *Ki*, *P'eng*, *Yün*, *Ts'ao* und *Chen*, die ihre Ahnen auf *Chuan-höh* zurückführen, die kleinste Phratrie besteht aus den S. *Kuei* und *Yao*, die *Shun* als ihren Ahnen ansehen. Die Ausgestaltung der durch Namen verbundenen Familien zu

„Sippen" und das Übergreifen dieser Gruppierung auf das ganze Volk fanden in einer hist. Periode statt und spiegeln sich in gleichzeitigen Quellen. Der soziale Umschwung beginnt mit der älteren Chou-Dynastie und wird abgeschlossen mit dem Ende der Chou-Periode. Geht man noch weiter zurück, so wird man zu der Vermutung gedrängt, daß die durch den Namen verbundenen Familien die Bezeichnung gewisser Gebiete tragen. Diese durch den Namen verbundenen Familien hängen wieder mit den alten S. in der Weise zusammen, daß, wie man annehmen muß, sie von den alten S. sich dadurch absplitterten, daß einzelnen Angehörigen der Sippe Landeigentum verliehen wurde (s. Grundeigentum A). Es fand somit eine Auflösung der S. in unabhängige, durch den Namen verbundene Familien innerhalb des Sippenverbandes statt. Diese Auflösung muß, wenn auch nicht sehr früh, so doch schon einige Zeit vor Beginn des frühgeschichtlichen Zeitalters eingesetzt haben. Unter den alten eingeborenen S. kann die Aufspaltung der ersten Reihe von durch Namen verbundenen Familien in solche einer zweiten und dann wieder einer dritten Reihe innerhalb der hist. Epoche verfolgt werden. Die Ursachen für diese Veränderungen sind in der Überlassung von Lehen (s. d.), der Übertragung von erblichen Ämtern u. dgl. zu suchen (s. Staat), während die Aufspaltung einer S. in durch Namen verbundene Familien der ersten Reihe nur an ursprünglichen S. fremder Herkunft beobachtet werden kann; besonders deutlich an der S. *Ki*, die in China während der Invasion der Chou im 12. Jh. v. C. wohnte. Die älteste Form der Sippenorganisation der herrschenden Adelsschicht enthielt in der ältesten bekannten Zeit keine vertikale Differenzierung, keine Schichtung unter den Vorfahren der Chinesen; die S. stand in keiner festen Verbindung mit einem Territorium, sondern jede Niederlassung enthielt Angehörige verschiedener Sippen (vgl. § 2 und 3). Diese S. stellten aber gemeinsam eine Herrschaftsschicht dar (Haloun S. 76ff.).

§ 7. Die Ahnen der Priestergeschlechter sind bei den Kágaba-Indianern von Kolumbien (Südamerika) zugleich die Ahnen des ganzen Volkes, so daß ein jeder seinen Ursprung auf eine der 4 ersten S. (*cisuama tdukekuei*) zurückführt, die namentlich häufig als Ursprung der Novizen genannt werden. Gewöhnlich werden die Ausdrücke *taukai* oder *zitaukái*, auch *sana*, gebraucht, die Stamm, Geschlecht, auch in bezug auf Fremde, und die jüngeren Brüder bezeichnen. Die Einteilung in nicht mehr als 4 Geschlechter hängt mit einer mythologischen Systematik zusammen, die sich jedoch wieder mit einer anderen Systematik von eigentlich 5 Urvätern nicht ganz deckt. Jedes der Geschlechter nimmt einen der Urväter für sich in Anspruch, und ihre Bezeichnungen sind augenscheinlich von den Urvätern hergenommen. Ein Zurückzählen der Vorfahren bis auf die Urahnen findet außer bei den Priestergeschlechtern nicht statt, und die Angaben, zu welchem Geschlecht der einzelne gehört, erscheinen willkürlich. Diesem Schematismus entspricht es, daß auch 4 Frauengeschlechter angenommen werden, die von den Schwestern der Urväter oder auch anderen Personen hergeleitet werden. Doch gehen die Namen hier sehr auseinander. Außer den Namen der 4 ursprünglichen Geschlechter gibt es eine nicht große Anzahl von Familiennamen, von denen manche viele Individuen umfassen. Diese Namen sind jedoch erst durch die span. Patres eingebürgert worden, die bei der Taufe einen christlichen Vornamen gaben. Dieser unterschied sich aber nicht von anderen, während die einheimischen Namen, die die Kágaba-Priester bei ihrer Taufe den Neugeborenen beilegten, nicht nur in derselben Generation von allen anderen abwichen, sondern auch niemals mit früheren Namen übereinstimmten, es sei denn durch einen besonderen Zufall. Wohl deshalb und in Nachahmung der span. Namen wurden Vatersnamen eingeführt, die sich, wie das Gut des Vaters auf die Söhne, auf die Kinder vererbten. Man hört deshalb manchmal sagen, daß z. B. *Sēokukui* aus dem Geschlecht *Dingula* ist, weil die Priester von *Takania*, deren Urahn *Sēokukui* ist, den Familiennamen *Dingula* führen. Da es Sitte ist, daß der Mann im Dorfbezirk seiner Frau bleibt, so heiratet er fast ausschließlich ein Mädchen aus demselben Dorf

a

b

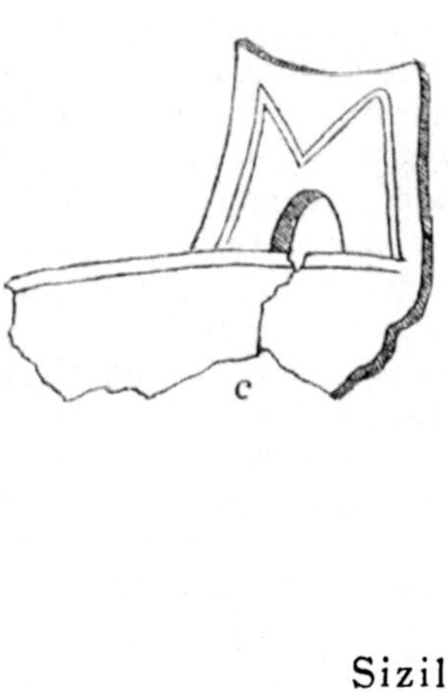

c

d

Sizilien B. Jüngere Perioden

Keramik aus der Nekropole von Cozzo del Pantano (Syrakus). II. Sikulische Periode.
Nach Mon. Antichi 1893.

oder den zugehörigen Siedlungen. Auf diese Weise bleibt der Familienname gewöhnlich im Dorfe, obwohl durch Auswanderung und Anlage neuer Dörfer manche Verschiebungen eingetreten sind. Heute kommt es zuweilen vor, daß ein Indianer sich als Beinamen den Familiennamen eines Kolumbianers zulegt oder ihn von diesem erhält, weil er sein Taufpate war oder sonst in besonderen Beziehungen zu ihm gestanden hat (Preuss S. 1065ff.). Daraus geht hervor, daß eine alte Sippeneinteilung hier wohl längst in Verfall geraten ist und nur noch in einer von den Priestern gepflegten mythologischen Systematisierung die Erinnerung daran fortlebt.

S. a. Adel, Altenherrschaft, Eigentum A, Familie A, Familienformen, Geheime Gesellschaft, Grundeigentum A, Heiratsordnung, Horde, Klan, Kind, Lehen, Männerbund, Männerhaus, Mutterrecht A, Name A, Politische Entwicklung, Schichtung, Siedlung A, Soziale Entwicklung, Staat, Totemismus B, Verwandtschaft.

Revue de l'Institut de Sociologie 1922—23 S. 171 Collet; Crooke *Stability of Caste and Tribal Groups in India* Journ. anthr. inst. 44 (1914); Czaplicka *Aboriginal Siberia* 1914; Gifford *Clans and Moieties in Southern California* Univ. Calif. Public. Am. Arch. and Ethnol. 14/2 (1908); Goldenweiser *The Social Organization of the Indians of North-America* Journ. Amer. Folk-Lore 27 (1914); Gutmann *Das Recht der Dschagga* 1926; Haloun *Contributions to the History of Clan Settlement in Ancient China* Asia Major 1 (1924); Klaproth *Reise in den Kaukasus und nach Georgien* 1812; Langenfeldt *On the Origin of Tribal Names* Anthropos 14/15 (1919—20); Mc Kern *Functional Families of the Patwin* Univ. Calif. Public. Am. Arch. and Ethnol. 13/7 (1922); Preuss *Forschungsreise zu den Kágaba-Indianern der Sierra-Nevada de S. Marta in Kolumbien* Anthropos 14—15 (1919—20); Roscoe *The Baganda* 1911; Seligmann *The Melanesians of Brit.-New-Guinea* 1910; Vedder *Die Bergdama* 1923; Westermann *Die Kpelle* 1921; Williamson *The Mafulu Mountain People of British-New-Guinea* 1912; Wirz *Anthrop. u. ethnolog. Ergebnisse der Central-Neu-Guinea-Expedition 1921—22* Nova-Guinea 16/1 (1924).

Thurnwald

Sirgenstein s. Mittel- und Süddeutschland A § 3.

Sirius. § 1. Stern und Göttin. Das einzige äg. Sternbild, das mit einem der unserigen mit völliger Sicherheit und gänzlich unbestritten gleichgesetzt werden kann, ist die Sopdet, von den Griechen durch Sothis wiedergegeben, mit der unser Sirius gemeint ist. Die Gleichsetzung ist durch eine Reihe verschiedener Beziehungen, von denen auch die griech. Überlieferung spricht, gesichert. In den äg. Quellen erscheint das Gestirn als eines der größten und wichtigsten des n. Himmels, und in vielen Fällen an erster Stelle vor allen übrigen, z. B. in den 36 Dekanen. Dieser Platz gebührt ihm durchaus, wie jeder Sternbeobachter in s. Ländern bestätigen kann, wo der S. höher als bei uns hinaufsteigt und sein Licht weniger durch den Dunst des Horizontes beeinträchtigt wird. Der äg. Name *Sopdet* des Sternbildes ist weiblich, und deshalb wird es in den Reliefs als Frau dargestellt. Das Sternbild ist der Göttin Isis geweiht, deren Seele in ihm wohnt. Daneben hat Sopdet als Göttin eine Beziehung zu der Katarakten-Herrin Satis, die auf der ähnlichen Aussprache der beiden Namen in später Zeit beruht (ÄZ 45 [1908/09] S. 22 Roeder). Das Vorherrschende ist die enge Verwandtschaft zwischen Sopdet und Isis, sodaß eine für die andere eintritt. Auch in der griech. Überlieferung spielt Sothis eine hervorragende Rolle, oft in Verbindung mit Isis.

Sirius (Rundschau der ges. Sternforschung) 1917 Heft 1—2 Roeder.

§ 2. Sothisperiode. Die Wichtigkeit des S. für die Äg. beruht darauf, daß er eine bestimmende Bedeutung im äg. Kalender erhalten hat. Das äg. Jahr ist in dem Augenblick begonnen worden, und sein Neujahrstag sollte theoretisch immer wieder gefeiert werden, wenn der heliakische Frühaufgang des S. stattfand, d. h. wenn der S. zum erstenmal wieder unmittelbar vor Sonnenaufgang über den Osthorizont hinaufstieg, nachdem er vorher längere Zeit unsichtbar gewesen und weiter davor der Sonne gefolgt war. Die Einführung des äg. Kalenders (s. d. A) um das Jahr 4240 v. C. erfolgte, als die Überschwemmung gleichzeitig mit dem Himmelsereignis einsetzte. Da das äg. Kalenderjahr um einen Vierteltag zu kurz war, trat eine Verschiebung des Neujahrstages ein, die sich gegenüber dem beschriebenen Frühaufgang der Sothis erst nach 1460 J. ausglich. Diese sich regelmäßig wiederholende Epoche von 1460 J.

a

b

c

Sizilien B. Jüngere Perioden

„Mykenischer" Import: a. Becher von Cozzo del Pantano. $^{2}/_{5}$ n. Gr. — b, c. Amphoren von Milocca (II. Periode). — Nach Aufnahmen des Museums Syrakus.

a

b

Sizilien B. Jüngere Perioden

a. „Mykenisches“ Gefäß von Floridia (Syrakus). — b, c. Gefäße aus der Nekropole von Milocca (II. Periode). b. $^2/_9$, c. $^1/_9$ n. Gr. — Nach Aufnahmen des Museums Syrakus.

nennen wir eine Sothis-Periode (ÄZ 28 [1890] S. 115 Mahler).

Erman-Ranke *Äg.* S. 397—399; Wiedemann *Äg.* S. 404; Brugsch *Ägyptologie* 1891 S. 317, 321, 356.

§ 3. Sothisdatum. In den Listen von Sternaufgängen von Festen und von anderen Ereignissen, besonders aus der Tempelverwaltung, findet sich gelegentlich die Angabe, daß der Stern Sothis an dem und dem Tage des äg. Kalenders aufgegangen sei. Da die Sirius-Aufgänge sich berechnen lassen, so können wir auf Grund unserer sonstigen geschichtlichen Kenntnisse festlegen, in welches Jahr der christlichen Ära das altäg. Ereignis gefallen ist. Die äg. Ereignisse sind nach Regierungsjahren der Könige datiert, sodaß sich hieraus die zeitliche Festlegung der Regierung des Königs ergibt, unter dem der Sirius-Aufgang stattgefunden hat. Hieraus erhellt, welche chronol. Bedeutung jede Erwähnung eines „Sothisdatums" für uns hat.

ÄZ 6 (1868) S. 35 Lepsius; ebd. 8 (1870) S. 108 Brugsch; ebd. 41 (1904) S. 26, 38 Borchardt, Sethe. Roeder

Širokij-Kurgan (bei Malaja Lepaticha, Bez. Melitopol, Gouv. Taurien). Großer, im J. 1916 von N. J. Veselovskij untersuchter, 9,60 m h. Grabhügel, an der Basis von einem Steinkranz umzogen. Dicht dabei im Hügel ein viereckiger, flacher Schacht (4,25×4,25; 0,7 m t.) mit verbrannten Holzresten. Im Zentrum des Hügels eingetiefter mächtiger Schacht, in dem unten eine trapezförmige Erdbank (L. der Seiten 1,52—1,87 m) ausgespart war. Der Boden des Schachtes war umzogen von einem kleinen Graben, an den 4 Ecken der Bank war je eine runde Vertiefung (Br. des Gräbchens 0,25 m; T. 0,32 m). Die durchschnittliche L. der Schachtwände ist 3,10 m, die durchschnittliche T. bis zum Boden des Gräbchens 3,10 m. Die Erdbank, auf der der Tote ruhte (der Hügel war gestört), erinnert an die gleiche Anlage im Zolotoj-Kurgan (s. d.) bei Simferopol, der den Rand des Schachtes umlaufende Graben an den Hügel bei Šumejko (s. d.), dessen Boden ganz mit Rötel bedeckt war. Eine Nachbestattung in einem Hügel älterer Zeit mit „rotgefärbten" Hockerskeletten, wie die beiden ebengenannten Gräber und die Ostraja Mogila (s. d. I) bei Tomakovka, scheint auch der Š.-K. zu sein, nach möglicherweise älteren Streufunden (Messer, Lanzenspitzen aus Bronze bzw. Bronze und Eisen, die leider nicht veröffentlicht sind) im Hügel zu schließen. Es ist erwogen, ob die Seltenheit archaischer skyth. Grabanlagen im w. Skythien sich daraus erklärt, daß man anfänglich nicht selbst Hügel errichtete, sondern schon vorhandene aus älterer Zeit benutzte. Doch entschließt man sich zu solch einer generellen Erklärung gerade bei der besonderen Pflege des Grabkultes bei den südrussischen Skythen, der in sehr alten Traditionen wurzelt, nur schwer. In Südrußland ist auch immer zu bedenken, wieviel durch Raubgräberei zerstört ist, und wie wenig auch nur leidlich untersuchte Grabanlagen es gibt. — Die 4 kreisrunden Löcher (Dm 0,31; T. 0,17 m) hält der Ausgräber nicht für Pfostenlöcher. Aber was sollen sie denn sonst sein? Aller Wahrscheinlichkeit nach ist die ganze Anlage im Schacht, der oben durch eine Holzdecke merkwürdiger Form (vgl. Soobščenija 1 [1926] S. 201 Abb. 1) bedeckt wird, die Nachbildung eines von einem Baldachin geschützten Totenlagers.

Rostovcev *Skifija i Bospor* 1925 S. 497 Anm. 1; Soobščenija Akad. Mat. Kultury 1 (1926) S. 200ff. (mit Plänen). M. Ebert

Sirotina Mogila s. Südrußland D.

Sirqu s. Tirqa.

Sistrans (Tirol). Am Westende des Tiglsbühel wurden wiederholt Funde aufgesammelt, wie Rasiermesser, Kugelkopfnadeln aus Bronze, Gefäßreste und Knochenbrand, die von einem Brandgräberfelde (s. Höttinger Kultur) stammen dürften.

G. Kyrle *Urgeschichte Tirols* Österreichische Kunsttopographie (im Erscheinen). G. Kyrle

Sitia. Stadt an der gleichnamigen Bucht an der N-Küste von Kreta, nahe dem ö. Ende der Insel (Band VII Tf. 29). Während w. und ö. ansehnliche min. Siedlungen bestanden, ist in der unmittelbaren Umgebung von S. bisher nur ein SM III-Grab mit Larnakes (s. Larnax) und eine Terrakotta-Statuette gefunden worden. Die angeblich aus S. stammenden Formsteine mit Götterdarstellungen sind in Wahrheit in Palaikastro (s. d.) gefunden.

Ἐφ. ἀρχ. 1904 S. 54 St. Xanthudidis; Mon. Lincei 6 S. 175. G. Karo

Sitte s. Moral.

Situla. A. Allgemein. — Eine s. Sonderform des Eimers (s. d.), aus Bronzeblech zusammengenietet.

a) Ältere Form mit gerundeter Wand und zwei festgenieteten Handhaben an der weitesten Stelle (Band IX Tf. 150f.; vgl. das fast ident. Stück Band V Tf. 15d). Sie sind mit getriebenen Buckelchen und ziselierten Vögeln und Rädern mit Vogelköpfen reich verziert. In Italien hergestellt (älteste HZ), gingen sie als Handelsware bis nach Skandinavien (Montelius BZ Per. IV).

b) Eine Übergangsform zum folgenden Typus nähert sich dessen geknicktem Profil, besitzt aber noch die beiden festen Handhaben (S. Müller *Ordning* II Nr. 362b).

c) Jüngere Form, konisch mit stark eingezogenem Oberteil und beweglichen Bügelhenkeln über der Mündung. Die Verzierung ist in horizontalen Zonen angeordnet und stellt Szenen aus dem Leben und phantastische Tiere in getriebener Arbeit dar (s. z. B. Band VII Tf. 88). Ihr Ursprungsgebiet liegt am Nordrande des Adriatischen Meeres und in den Ostalpen (jüngere HZ bis in die älteste LTZ). Nach dem N gehen sie nur einzeln und in nicht verzierten Exemplaren (Lissauer *Bronzezeit* 1891 Tf. 8, 1).

Hoops *Reall.* IV 185 Hub. Schmidt, mit Literatur; [Altschlesien 2 (1927) S. 35 Sprockhoff; Schles. Vorz. NF 9 (1928) S. 7 Seger; Untersuchungen Sprockhoffs zur norddeutschen Bronzezeit in den Vorgeschichtlichen Forschungen (in Vorbereitung)]. Alfred Götze

B. Italien. § 1. Durch Ghirardinis grundlegende Bearbeitungen — seit 1893 — zu einem feststehenden arch. Begriff gewordene Bezeichnung für eine Eimerform mit unten kleinerem, oben größerem Durchmesser, deren Vorläufer aus Holz, bei vielen Völkern, auch in Deutschland, seit alten Zeiten bis auf den heutigen Tag heimisch, schon im MR Ägyptens uns entgegentreten (vgl. Klebs *Reliefs MR* 1922 S. 115 Abb. 81). Die Entwicklung der Kunst, Bronzeblech herzustellen, dieses durch Nietung zu Gefäßen zu verarbeiten und die Dehnbarkeit zu benutzen, um sie durch getriebene Arbeit von innen heraus, durch eingepreßte von außen zu schmücken, führte in der 2. Hälfte des 2. Jht. dazu, solche Eimer statt aus Holz gewünschten Falls auch aus Metall zu verfertigen und, in Erinnerung an die das Holzgefäß umfassenden und sichernden Reifen, solche auch im Metall auszudrücken (s. Ziste). Dieser Ersatz der Holzform fand natürlich zunächst dort statt, wo die Kunst, die Bronze so dehnbar und hämmerbar herzustellen, sich zuerst ausbildete, also doch wohl in Vorderasien, woher die Keftiu (s. d.) solche Gefäße, deren vertikale Riefelung („Stab-Ornament") sogar noch die Zusammensetzung des Holzgefäßes aus langen, schmalen, trapezoiden Brettchen (vgl. o. Klebs) wiederspiegelt, dem Tutmosis III. brachten und dadurch dem Rekhmêre Anlaß gaben, sie an den Wänden seines Grabes abmalen zu lassen (Miss. arch. du Caire 5, 1 [1889] Tf. 5; Bossert *Alt-Kreta*² S. 243 Abb. 336; in Einzelwiedergabe nach Prisse d'Avennes in Mon. Lincei 2 [1893] S. 209 Abb. 9). Sollten die Keftiu auch keine Kreter sein (Liverpool Annals 6 [1914] S. 24ff. Wainwright; Dörpfeld *Homers Odyssee* I [1924] S. 314ff.), so wäre doch kein Grund einzusehen, weshalb nicht auch aus syr. Ländern diese metallische Eimerform ihren Weg nach Kreta gefunden haben sollte, wo wir ihr wieder begegnen auf dem Sarkophag von Hagia Triada (Band V Tf. 12) und auf Wandgemälde-Resten, die, in einem Abraumgraben ö. vom dortigen Sommerpalast gefunden, wohl aus dem Palast selbst stammen werden (Mon. Lincei 19 [1908] Tf. 1—2, S. 69—70 Abb. 21, S. 73—74 Abb. 23). Der griech. Name für dies Gefäß mag ἀμνίον gewesen sein, womit Homer Od. III 444 ein Gefäß bezeichnet, das der Nestorsohn Perseus zu gleicher Funktion herbeibringt, und das in etwas veränderter Gestalt gerade auf Kreta in hist. Zeit weiterlebte (Mon. Linc. a. a. O. S. 49 Paribeni; ArchivfRW. 12 [1909] S. 169, 176 v. Duhn). Das klassische Griechentum hat diese Gefäßform nicht aufgenommen, vielleicht, weil sie ihm nicht von Haus aus eigen gewesen war, wie möglicherweise auch das seltene homerische, vielleicht vorgriech., obengenannte Wort. Dagegen hat schon Paribeni bei seiner Erläuterung des kret. Sarkophags (a. a. O. S. 33—34) mit Recht auf die völlige Analogie der ital. S. hingewiesen, und wer seitdem der Frage nähergetreten ist, hat das nur bestätigen können, so Ghirardini selbst, Orsi, Ducati u. a.

§ 2. Nur die hier unter den Stichwörtern Italien B § 1 sowie Italien und der Orient § 1 besprochenen ägäischen Beziehungen des 2. Jht., welche auf dem Metallverkehr zwischen der Westküste Italiens mit den Inseln Elba und Sardinien einerseits, mit Kreta und dem ganzen ö. Mittelmeergebiet andererseits fußen, vermögen die Übertragung dieser Form zunächst nach der Westküste Etruriens, dann nach dem Mündungsgebiet des Po zu erklären, wo sie bald am intensivsten heimisch werden sollte, — falls man nicht etwa geneigt sein möchte, autochthone Entstehung der Form in den genannten italischen Gebieten anzunehmen: möglich, aber nicht wahrscheinlich. Dagegen spricht vor allem die durchaus auf ö. Anregungen weisende ornamentale und figürliche Verzierung der venetischen S., selbst die m. E. im Stab-Ornament auf dem Körper mancher S. sich ebenso wie auf dem oben genannten Gefäß des Rekhmêre-Grabes aussprechende Erinnerung an die einstige Zusammensetzung solcher Eimer aus vertikal zusammengesetzten Brettchen (z. B. Mon. Lincei 10 [1900] S. 53—54 Abb. 19 oder S. 73—74 Abb. 24).

Die bis jetzt früheste S. dieser Art, d. h. aus zwei trapezförmigen Metallblechstücken zusammengefügt mit Hilfe einer Nietenreihe an jeder Seite und einem dritten Blechstück, welches den Boden und den unteren Teil des Gefäßes bildete, während der bewegliche Bügelhenkel in zwei am Rande befestigten Ösen hing, ist in Corneto gefunden, in einem jener etwa in das 10.—9. Jh. gehörigen frühetrusk. Cassa-Gräber, die sich örtlich — an den zweiten Arcatelle — und inhaltlich mit den jüngeren Pozzo-Gräbern noch eng verknüpfen (v. Duhn *Ital. Gräberk.* I 315 ff.) und noch vor die Zeit engerer Berührung mit jenem griech. Handel gehören, der seinen Ausgangspunkt im späteren Kyme (s. d.) und der griech.-kleinas. Welt hat (Notizie 1882 Tf. 13—15 = Mon. Lincei 2 S. 201 Abb. 5). Bald reihen sich andere ähnliche Eimer an aus etrusk. und latin. FO (Verzeichnisse bei Ghirardini in Mon. Lincei, neuerdings auch aus Pozzo-Gräbern Vejis [s. d.] aufgetaucht), in der Form vielfach etwas voneinander abweichend, sich jedoch gleich in der Schmucklosigkeit der glatten Metallwandungen. Aber es bleiben immer wenige, geknüpft an die orientalisierende Periode des Kunsthandwerks in Etrurien bis hinab zur Tomba Bernardini von Praeneste (s. Praeneste § 2) und zum Grabe im Podere Pania bei Chiusi (s. Chiusi; v. Duhn *Ital. Gräberk.* I 361), d. h. bis etwa 600 v. C.

§ 3. Dagegen sind sie geradezu charakteristisch geworden für die n. des Apennins gelegenen Landschaften des ö. Oberitaliens, von wo sie auch nach Picenum (s. d.) vorgedrungen sind. In den jüngeren Brandgräbern des voretrusk. und später des etrusk. Bologna werden sie auch als Aschenbehälter verwendet, für diesen Zweck, aber ebenso als Beigefäße, gern in Ton nachgebildet (s. Bologna § 3) und dann mit dicht gereihten Einpressungen verziert, so besonders reichlich aus dem Fondo Arnoaldi und nächstverwandten (Band II Tf. 54a, b). Die Herstellung ist bei den Bologneser Eimern — der früheste wohl aus dem Begräbnisplatz vor Porta S. Vitale — technisch wesentlich besser als bei den meistens älteren Stücken s. des Apennins; oft ist auch ein Deckel mit Griff vorhanden, zuerst augenscheinlich der der in der sog. Villanova-Periode und früher verwendeten Trinkschale nachgebildete; der Bügelhenkel ist meist gedoppelt. Dagegen wird auch in Bologna noch auf gepreßten oder gestanzten Schmuck verzichtet, obschon die Tonnachbildungen in fast überreicher Weise die Freude an Bedeckung der Gefäße mit dichten, in Zonen sie umlaufenden Einpressungen bezeugen. Woraus folgt, daß die Kunst, das Metallblech mit derartigen Verzierungen zu schmücken, bei den Bewohnern des voretrusk. Bologna und damit der Romagna und Ämilia nicht heimisch war.

§ 4. Ganz anders, sowie der Po überschritten wird und man in das Land der Veneter kommt. Hier ist diese Kunst alteinheimisch (s. Este § 1, 3; Veneter A) und hat in der II. und III. Este-Periode geradezu die Signatur für jede Art von Metallarbeit nicht nur in Este und dem eigentl. Veneterland, sondern weit darüber hinaus durch ganz Oberitalien und die zentralen und ö. Alpenländer, Küstenland, Istrien, Steiermark, und weiter gebildet. Selbst den anderen Tongefäßen, nicht nur den Nachbildungen der S., muß die Freude am metallischen Glanz sich aufprägen (vgl. Band III Tf. 25); sie werden in Wechselzonen kupferrot und bronzedunkel gefärbt oder eigentl. ganz unorganisch, wohl der Verzierungsart von Holzgefäßen nachgebildet, mit eingeschlagenen, geometrische und verwandte Muster wiedergebenden Bronzenägeln oder -plättchen geschmückt, eine Übung, die ebenfalls noch außerhalb des Veneterlandes, nach den s. des Po liegenden Landschaften und ins eigentl. Etrurien, Faliskerland und Latium übertragen wurde (Mon. Lincei 7 [1897] S. 66—200 und Tf. 11 Ghirardini; ebd. 15 [1905] S. 435, 525, 655ff. Pinza; v. Duhn *Ital. Gräberk.* I Reg. S. 640).

Und hier ist denn auch die weitere figürliche Ausgestaltung des getriebenen Schmucks vollzogen, welche diesen Eimern ein weitergehendes kunstgeschichtliches und gegenständliches Interesse sichert und Ghirardini zu seiner ungemein verdienstlichen Bearbeitung Anlaß und Recht gegeben hat. Geometrische Muster, konzentrische Kreis- und Punktreihen, später orientalisierende Tierreihen, besonders viele Mischwesen, Flügeltiere, aber auch heimische Vierfüßler und Wasservögel, die Tiere gern mit Pflanzen oder menschlichen Gliedmaßen im Maul, dazwischen Menschen, häufig recht bizarr gebildet, stilisierte Pflanzen: alles dies mit Vorliebe auf jenen S., aber auch auf anderen Bronzeblecharbeiten. Schließlich auch Reihen von Genre-Szenen aus dem täglichen Leben, so besonders auf den berühmten S. Benvenuti in Este und von der Certosa von Bologna, diese letztere inmitten des 5. Jh. Aschenbehälter für eine wohl ital. Brandleiche. In Bologna sind nur zwei überhaupt figürlich geschmückte S. gefunden, die letztgenannte und die etwas ältere S. Arnoaldi. Sind dieselben, für den Export nach der großen Stadt wohl mit besonderer Sorgfalt gearbeitet, auch in der Tat besser als die meisten, z. B. aus Este selbst, so hat doch Ghirardini gewiß recht mit seiner Annahme, daß auch die Bologneser Stücke venetisches Fabrikat sind, während neuerdings Ducati, m. E. mit Unrecht, sie für Bologna in Anspruch nehmen möchte. Daß nicht mehr wie zwei, wenn auch relativ gute Stücke, ihren Weg nach Bologna gefunden haben, mag sich daraus erklären, daß man in Bologna durch die in großer Menge dorthin geströmten rf. att. Vasen wenigstens da, wo man sich überhaupt bestrebte, künstlerisch geformte und geschmückte Gefäße zu erwerben und zu benutzen, verwöhnt war, während n. des Po, besonders im Veneterland, trotz der Gelegenheit, über Adria griech. zu bekommen, sich griech. ebensowenig mehr finden — oder doch nur ganz ausnahmsweise — wie im inneren Oberitalien oder in den Alpengebieten. Da freute man sich lieber des metallischen Glanzes und empfand die Primitivität des zum Erstarren geneigten, übrigens vielfach originellen Schmuckes nicht als lästig.

§ 5. Die Frage, woher die Form gerade nach dem Veneterland gekommen ist, ob von S, ob über die Adria, ob vom Balkan herüber, ist in neuerer Zeit wieder mehr verhandelt worden, seit in einem in den Ausgang des 7. Jh. oder das 6. gehörenden Grab der chalkidischen Kolonialstadt Leontinoi ein bis jetzt in Sizilien oder Unteritalien erstes Exemplar einer solchen S. zutage gekommen ist (abg. Bull. Paletn. Ital. 38 [1913] S. 32 und, neben einer aus Este, Sergi *Italia* 1919 Tf. 33), von jener einfach genieteten, schmucklosen Art, wie wir sie aus Etrurien kennen. Der Herausgeber Orsi weist das Gefäß den Chalkidiern zu und nimmt also griech. Ursprung dafür an (Bull. Paletn. a. a. O. S. 30—38). Ghirardini (Bull. Paletn. Ital. 39 [1914] S. 160—61 und Misc. Orsi 1921 S. 160—166) gibt einen solchen für die S. von Leontinoi zu, möchte aber für die viel älteren S. von Mittel- und Norditalien ionisch-chalkidischen Ursprung ausschließen, mit Recht, da ein solcher zeitlich schwer aufrechtzuerhalten wäre. Die Fragen liegen ähnlich wie bei der Rippencista (s. Ziste B), wo ein sizil. Fund gleichartige Schwierigkeiten mit sich führte, die für jene Gattung schon früher durch die Funde in Campanien und Süd-Apulien aufgetreten waren. Zweifellos erkannte Ghirardini in den pflanzlichen Motiven und den orientalisierenden Formen der Tiere und Mischwesen der älteren S. Estes, von denen eine ununterbrochene Kette bis hinab zur S. Arnoaldi und von der Certosa, den Spiegeln von Castelvetro und Arnoaldi usw. führt, die Wirkung einer im Orient wurzelnden, aber durch ostgriech. Hand gegangenen Formengebung, für die er den Weg durch die Adria als den gegebenen

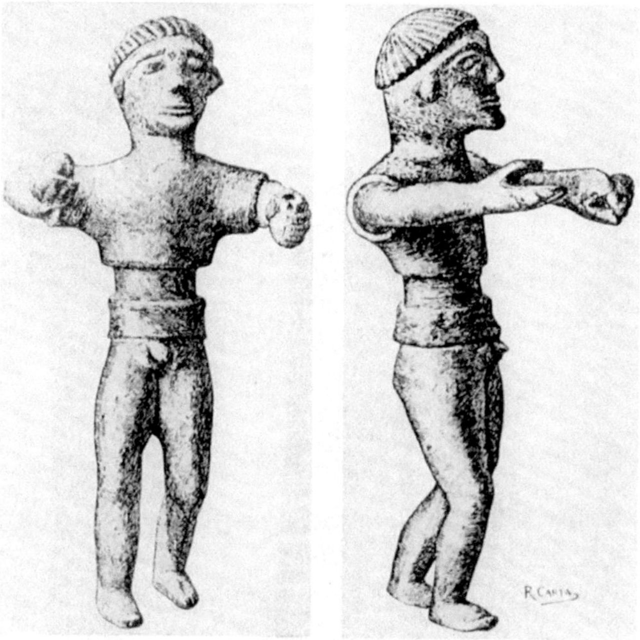

a

b

d

c

Sizilien B. Jüngere Perioden

a—c. Adernò (Mendolito): a. Bronzestatuette eines Sikulers. Nach Ausonia 1913. — b. Bronzegürtel. $^1/_3$ n. Gr. — c. Lanzenspitze. $^1/_3$ n. Gr. — d. Depotfund von Modica. Schwert (vgl. Tf. 55d—g).

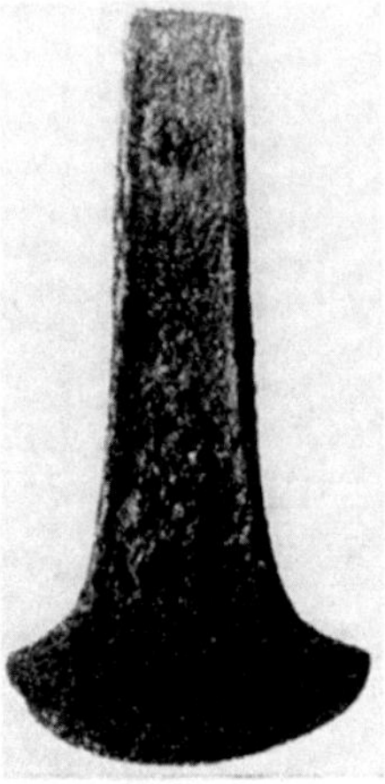

a

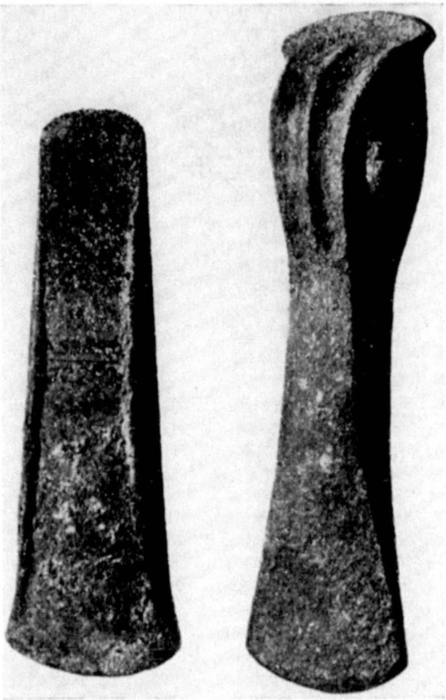

b c

d e f

g

Sizilien B. Jüngere Perioden

a—c. Bronzeäxte. — d—g. Depotfund von Modica. — Nach Bull. Paletn. Ital. 1900.

ansah, da derjenige über Land von Etrurien aus örtlichen und zeitlichen, übrigens auch aus typol. Gründen in der Tat schwer gangbar ist. Freilich liegt eine große Schwierigkeit im Fehlen anderer Produkte des gleichen orientalisierenden Horizontes im Veneterland, überhaupt an der n. Adria. Der Gedanke muß somit vorläufig wenigstens als eine Zukunftsmöglichkeit vor Augen gehalten werden, daß, wie die dem Balkan und ferneren O noch heute so vertraute Blechschlägerarbeit einmal nach Kreta und als Keftiu-Arbeit aus Syrien nach Ägypten mit ihren S. den Weg gefunden hat, so auch Kleinasien und der Balkan die Brücke gewesen sein mag, über welche diese Handwerkskunst die n. Adria erreichte und von dort in ihre ital. Heimat, ins Veneterland, gekommen ist. (Ähnlich Mac Iver *Villanovans and Etruscans* 1924 S. 26.) Und mit ihren eigenen Fabrikaten gelangte denn auch manches von ihrer Formgebung zu anderen, künstlerisch nur bedingt veranlagten und durchaus rezeptiven Stämmen, wie den Villanova-Leuten („Italiker" + Urbevölkerung) von Bologna, als deren Produkt z. B. die Stele von Saletta (Band II Tf. 51; Bull. Paletn. Ital. 43 Tf. 4; wozu Ducati S. 83—94) anzusehen ist, oder den alpinen und weiter n. Völkern.

Mon. Lincei 2 (1893); ebd. 7 (1897); ebd. 10 (1900) Ghirardini; Bull. Paletn. Ital. 27 (1901) S. 192ff. ders.; Grenier *Bologne* 1912 S. 339ff., 371ff.; Präh. Z. 5 (1913) S. 493 v. Duhn; Bull. Paletn. Ital. 39 (1914) S. 160—162 Ghirardini; Grenier bei Daremberg-Saglio *Dict. d. ant.* s. v. Situla; Notizie 1922 S. 46—47 Alfonsi; Mem. Acc. sc. Bologna 1923 S. 23—96 Tf. 1—4 Ducati (vorzügl. Ausgabe mit Kommentar der S. der Certosa); Notizie 1924 S. 269—78 Tf. 12 Callegari.

v. Duhn

Siverskaja Stanica (Sěverskaja Stanica, Südrußland). Wichtiger Grabfund der älteren sarmat. Periode, auf den man im J. 1882 durch Fundstücke aufmerksam wurde, die in das Historische Museum in Moskau kamen (*Ukasatel Istoričeskavo Muzeja* 1893 S. 382ff.). Der Grabhügel, am l. Ufer des Kuban-Flusses gelegen (Halbinsel Taman), wurde von Sizov untersucht, der feststellte, daß auf einen älteren Hügel mit Hockerskeletten ein jüngerer aufgeschüttet war. Das Zentralgrab des letzteren bestand aus einer Steinkiste, ca. 75 cm unter seiner Spitze gelegen. Zu ihm gehörte nach Sizovs Angabe ein Pferdegrab in ca. 3 m Tiefe. Von dem keineswegs mehr vollständigen Inventar dieser Grabanlage seien hervorgehoben: drei aus einem Block grünlichen Glases herausgeschnittene Henkelschalen, oben und unten in Gold, mit aufgesetzten Granaten, gefaßt, von deren oberem Rande Kornaline und Goldperlen herunterhängen (Izvěstija Arch. Kom. 29 S. 24ff. Abb. 38); Reste vom Goldbeschlag eines anderen Glasgefäßes (ebd. Abb. 36); der Goldbelag vom Mündungsteil eines Rhytons (?; ebd. Abb. 37; vgl. Arch. Anz. 1912 S. 326 Abb. 4 und 5; von einem der S. S. nahestehenden Grabfund aus dem Kuban-Gebiet). Ferner eine große, runde Goldblechscheibe vom Pferdegeschirr, auf der Hinterseite drei Ösen, auf der Vorderseite in sehr interessanter Technik Szenen der griech. Mythologie (Gigantomachie) in ungriechischer Arbeit (Kondakov-Tolstoj *Antiq. Russie mérid.* S. 450 Abb. 394; vgl. darüber weiter Recueil N. P. Kondakov 1926 S. 239ff. Rostovcev); Teile eines Gürtelbeschlages, darunter ein Medaillon aus Goldblech auf bronzener Unterlage mit einem wasserblauen Glas in der Mitte, Filigran- und Email-Schmuck am Rande (s. Zubov-Kurgan), und Goldmünzen des letzten Pairisades. 2.—1. Jh. v. C. — S. a. Südrußland D.

Drevnosti Moskau 9. Sitzungsber. S. 62ff.; Gazette arch. 12 S. 116ff., 142ff. G. Bapst; Trudy arch. Kongr. Charkov 1902 I 348ff. Veselovskij; Izvěstija Arch. Kom. 29 S. 24ff. Spicyn; Kondakov-Tolstoj *Antiq. Russie mérid.* S. 448ff.; Minns *Scythians and Greeks* 1913 S. 215, 362, 403; Rostovcev *Skifija i Bospor* 1925 S. 550ff.

M. Ebert

Sizilien. A. Paläolithikum.

§ 1. Quartäre Faunen; Altpaläolithikum. — § 2. Jungpaläolithikum (Capsien-Straten von Termini-Imerese).

§ 1. Noch im älteren Quartär mit Tunesien und Unteritalien verbunden, lieferte Sizilien eine Fülle diluv. Funde, welche, seit Baron Anca (1859) und Falconer (1860), besonders von Alessi, Baron Andrian-Werburg, R. Battaglia, S. Ciofalo, C. Gemmellaro, V. Giuffrida-Ruggeri, Orsi, Palumbo, G. Patiri, E. Regàlia, H. Pohlig, G. Schweinfurth, C. de Stefani u. a. studiert bzw. bearbeitet wurden.

Die Mehrzahl dieser Quartär-Relikte sind paläontologischer Natur und lagern teils in Höhlen, teils in Breccien unter offenem Himmel. Wir erwähnen als wichtigere FO die längs der Nordküste gelegenen Höhlen von S. Ciro, Olivella, Billierni, Maccagnone, Perciata, S. Teodoro, Pontale, Carburancelli, Castello, an welche sich die Höhlen von Sente, Mandria dei Cappuccini, Seggia, Scoraza, Molinari, Paperi, Scuzaria reihen, die sich die Südostküste entlangziehen.

Die diluv. Tierwelt Siziliens umfaßt ausschließlich Arten eines warmen oder doch gemäßigten Klimas, ohne daß ebenda nord. Säuger aufgetreten wären. Um so interessanter ist daher das Vorkommen borealer Seemuscheln (*Cyprina islandica, Panopea norvegica, Pecten septentrionalis*) in der sog. „Sizilienstufe" („Siciliano"), bei Gravitelli (Messina), Ficarazzi (Palermo) und bei Catania. Wir sind geneigt, diesen marinen Kältehorizont, der auch im „Siciliano" von Livorno zum Durchbruch gelangt, mit der älterquartären Maximalvereisung in Verbindung zu bringen (s. Diluvialfauna §4).

Als typischer FO sei die Höhle von S. Teodoro, am Monte Fratello (bei Messina), namhaft gemacht, mit *Elephas meridionalis, E. antiquus, E. melitensis* (?), *Hippopotamus, Equus caballus, E. asinus, Bos, Cervus, Capra, Hyaena crocuta, Ursus arctos* usw. In der Caverna del Pontale, bei Grazia Carini (30 km w. von Palermo), kamen der kleine Malta-Elefant, *Elephas antiquus*, das Zwergflußpferd (*Hippopotamus Pentlandi*) und ein Zwerghirsch (*Cervus elaphus siciliae*) zutage. Bereits Andrian vermutete mit Recht, daß diese verschiedenen Faunenkomplexe einer feineren zeitlichen Gliederung fähig sind; die älteste Stufe wäre durch den Südelefanten charakterisiert, die zweite durch den Altelefanten, die dritte durch Hirsche, Wildrinder, Wildpferde u. a., ohne Pachydermen.

Trotz dieses Fossilreichtums wurden bisher verhältnismäßig nur wenige Daseinsspuren des quartären Menschen ausfindig gemacht. Immerhin war Orsi in der Lage, 4 Faustkeile von Chelléenform in quartärem Schotter anzutreffen; einer derselben entstammt dem Zig-Zag-Tale bei Alcamo (Trapani), die übrigen fanden sich in Castrogiovanni (Siracusa; Bull. Paletn. Ital. 25 S. 317; ebd. 33 S. 191). Dem Moustérien sind (nach Battaglia) die Funde der Maccagnone-, Perciata- und S. Teodoro-Höhlen zuzuteilen.

§ 2. Für das Jungpaläol. kommen hauptsächlich die Höhlen bei Termini-Imerese und einige Grotten an der Küste von Trapani in Betracht.

Die Höhlen bei Termini d'Imera sind zwei an der Zahl: die Grotta del Castello, unmittelbar bei dem genannten Orte, und die etwa 5 km sw. hiervon, in der San Leonardo-Schlucht, gelegene Grotta Giuseppe Natale. Die von G. Patiri, G. Schweinfurth u. a. untersuchten Plätze ergaben die folgenden Faunen-Einschlüsse: *Cervus elaphus*, zum Teile auf die kleine Form *C. e. siciliae* hinweisend, *C. dama, Bos primigenius, Sus scrofa, Equus* (*asinus*) *hydruntinus* var. *siculus, Equus* sp., *Lepus, Vulpes*; Regàlia zitiert außerdem noch spärliche Reste einer Antilope und eines Elefanten (Malta-Elefant ?). In der Natale-Höhle fällt eine über einen Meter mächtige Schicht von Schalen verspeister Helix-Schnecken auf. Der vorgesch. Mensch hinterließ an diesen FO reiche Mengen von Stein-Artefakten, ohne Spuren von Töpferei oder sonstigen neol. Erzeugnissen. Wir befinden uns augenscheinlich angesichts jungpaläol. Ablagerungen, von denen schon Schweinfurth zutreffend hervorhob, daß sie stark an Aurignacien erinnerten. Darauf verweisen, in der Tat, typische Gravette-Spitzen, Klingenkratzer mit allseitiger, kräftiger Randretusche u. a. m. Eine andere Typenserie umfaßt kleine Rundkratzer und geometrische Silexwerkzeuge, welche, wie schon Breuil betonte (Congr. intern. préh. Genève I [1912] S. 220), den Steintypen des Azilien bzw. Tardenoisien nahestehen. Wir haben also sicherlich eine (wohl nachträgliche) Mischung von älterem und jungem Capsien vor uns, von dem sich jedenfalls in Sizilien noch eine ungleich größere, weitere Ausbeute erhoffen läßt. Wünschenswert wäre in dieser Hinsicht, daß bald die ansehnlichen Seemuschelhaufen näher erforscht würden, die vielerorts (am Nordabhange des Pellegrino, Gallo usw.) gemeldet wurden. — S. a. Diluvialfauna § 6, Diluvialgeologie § 9, Italien A.

R. Battaglia *Le industrie e le faune pleistoceniche d'Italia* Rivista di Antropologia 22

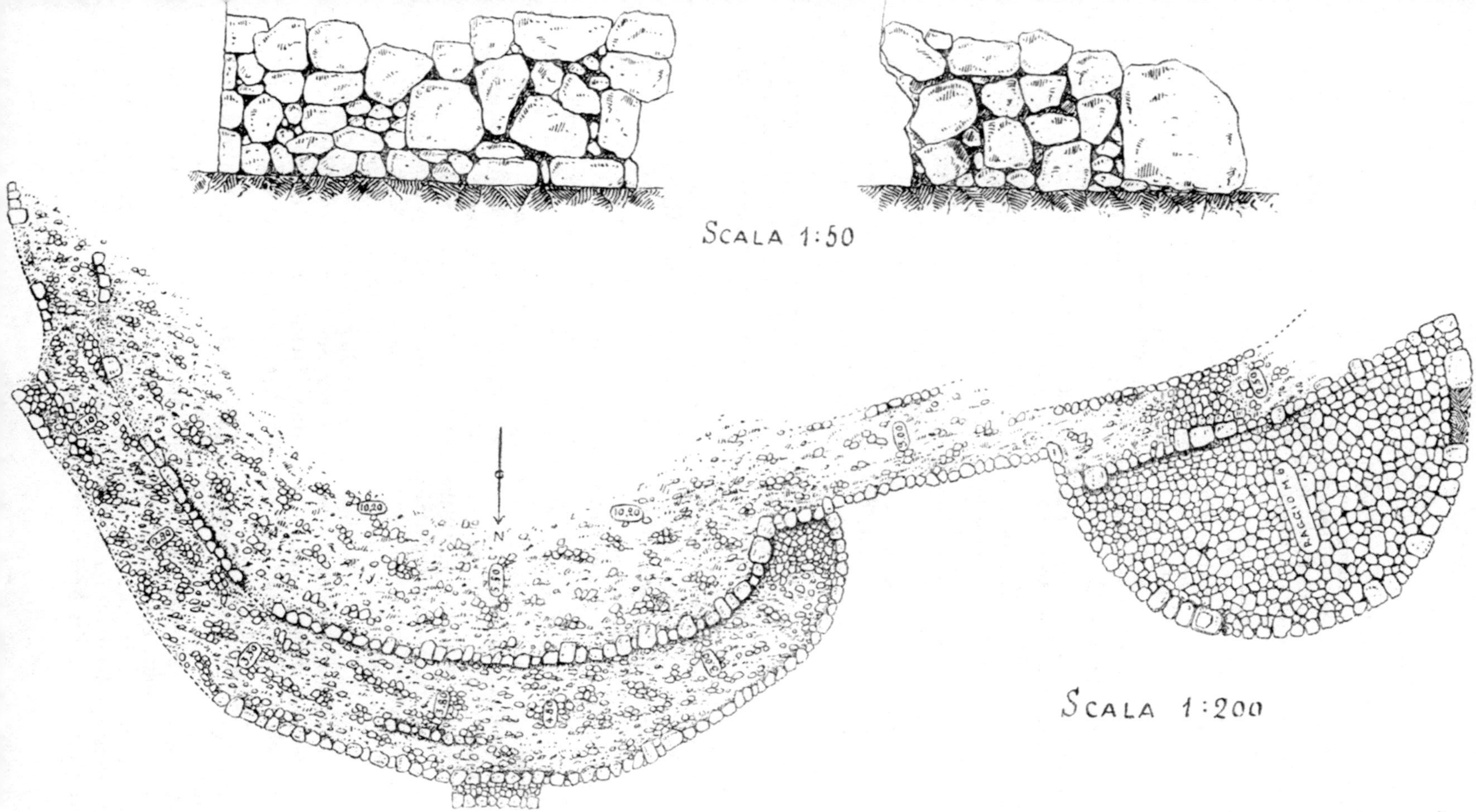

Sizilien B. Jüngere Perioden

Sikulische Festungsanlagen auf dem Monte Finocchito. Nach Bull. Paletn. Ital. 1897.

(1917—1918) S. 193ff.; v. Andrian-Werburg *Prähistorische Studien aus Sizilien* ZfEthn. Verh. 1877; G. Schweinfurth *Über das Höhlenpaläolithikum von Sizilien und Südtunesien* ZfEthn. 39 (1907) S. 832ff.; A. de Gregorio *Iconografia delle collezioni preistoriche della Sicilia* Palermo 1917; G. Patiri *L'arte primitiva e la selce scheggiata e figurata dell' officina termitana* Palermo 1903; ders. *L'arte minuscola paleolitica dell' officina termitana nella Grotta del Castello in Termini-Imerese* Termini-Imerese 1910.

H. Obermaier

B. Jüngere Perioden (FO-Karte Tf. 22).

I. Neolithikum (Tf. 23—34).

§ 1—2. Allgemeines. — § 3—13. Älteres Neolithikum (Ostsizilien: Stentinello, Matrensa, Megara Hyblaea, Trefontane, Poggio Rosso, Fontana di Pepe). — § 14—32. Jüngeres Neolithikum (§ 14—23. Westsizilien: Villafrati, Moarda, Capaci, Carini, Colli, Valdesi, Mondello; § 24—32. Ostsizilien: Calafarina, Piano Notaro, Santo Cono). — § 33—35. Chronologie.

§ 1. Von S. und seinen ehemaligen Bewohnern berichten die Schriftsteller des 5. Jh. v. C. und ihre Nachfolger in voneinander abweichender Weise. Nimmt man den sagenhaften Charakter der alten Überlieferungen hinzu, so ergibt sich, daß der Versuch, mit diesen Daten die Urgeschichte der Insel bis zur griech. Kolonisation zu rekonstruieren, ganz vergeblich sein würde. Sie verblieb daher mehr als 2 Jht. hindurch an diesen alten Legenden kristallisiert, und erst in der 2. Hälfte des verflossenen Jahrhunderts gelang es, das sie umhüllende Dunkel zu lichten.

Das Hauptverdienst daran gebührt dem genialen Archäologen Paolo Orsi. Er kam vor etwa 40 Jahren aus seiner Heimat (Rovereto) nach Syrakus, ließ sich dort nieder und begann in Ostsizilien jene Reihe scharfsinniger und von Glück begleiteter Forschungen, durch welche sein Name dauernd mit der Geschichte der Insel verbunden bleiben wird.

Mit nie erlahmendem Eifer und scharf umstecktem Ziel hat er dem Boden seine verborgenen Schätze entnommen und die reiche Ernte der streng wissenschaftlich geleiteten Grabungen mit Akribie gedeutet und erläutert.

§ 2. Im Paläol. scheint bloß der w. Teil der Insel bewohnt gewesen zu sein, und auch dieser nur sehr dürftig (s. A). Dagegen treten die ersten Stationen des Neol. im ö. Teile auf. Einer späteren Per. des Neol. werden die Stationen im W der Insel und einige des ö. Teiles zugewiesen. Gegen das Ende der Neol. erscheinen auf Sizilien die Sikuler (s. d.), mit deren Ankunft die äneol. Zeit beginnt.

Vom Neol. ausgehend, scheint es nötig, das Terrain von geschichtl. Vorurteilen zu säubern, die sich beim heutigen Stande unseres Wissens als nicht gerechtfertigt darstellen. Wir werden daher nicht von neol. Sikanern und Sikulern reden und mit dem Namen Präsikuler alle die Völker bezeichnen, welche S. während der rein neol. Zeit bewohnten.

Zunächst sei festgestellt, daß diese Völkergruppen nicht alle das gleiche Gepräge aufweisen. Diese Tatsache kann nicht mit dem Problem der Herkunft verknüpft werden, denn mit der ethnischen Substanz einer bestimmten Gruppe ist es anders als mit ihren Kulturformen. Auch muß man sich gegenwärtig halten, daß in Westsizilien keine systematische Durchforschung vorgenommen wurde, da von Andrians Ausgrabungen nicht als solche angesehen werden können; daher die noch bestehenden vielen Unklarheiten.

§ 3. Eine sich gut abhebende Phase des Neol., die sich in Ostsizilien abspielte, hat man Stentinello-Kultur (s. d.) benannt. Sie trägt diesen Namen nach einem wenige km n. von Syrakus gelegenen Ort, wo Orsi 1890 auf einer vom Meer bespülten Terrasse die Reste eines vorgesch. Dorfes entdeckte (Bull. Paletn. Ital. 16 [1890] S. 177—200; ebd. 36 [1910] S. 66—67 P. Orsi; Notizie 1912 S. 356 ders.). Später fand Orsi eine andere Station dieser Zeitstufe in Matrensa, ebenfalls in der Nähe von Syrakus (Notizie 1899 S. 297; ebd. 1900 S. 208; ebd. 1912 S. 356 P. Orsi). Es erfolgte durch C. Cafici (in chronol. Reihenfolge) die Aufdeckung dreier weiterer Stationen an den Südabhängen des Ätna: Trefontane bei Paternò (Mon. Lincei 23 [1915] S. 485—539 C. Cafici), Poggio Rosso zwischen Paternò und Gerbini (a.a.O.) sowie Fontana di Pepe bei Belpasso (Atti della R. Accad. di Sc., Lett. e Belle Arti 12 [Palermo; 1920] C. Cafici). Vor kurzem hat Orsi eine andere Station mit wichtigen Ergebnissen in Megara Hyblaea, nicht weit von Syrakus, untersucht (Mon. Lincei 27 [1921] S. 109—150 P. Orsi), und Keramikreste dieser Zeitstufe fand er auch in der Corruggi-Höhle bei Pachino (Notizie 1898 S. 35 P. Orsi) sowie auf dem S. Ippolito-Hügel bei Caltagirone (Prov. Catania; unveröffentl. Material im Mus. Syrakus).

Systematisch von Orsi ausgegraben sind bis jetzt die Plätze Stentinello, Matrensa und Megara Hyblaea. Sie haben ein sehr reiches Material an Keramik und Steinwerkzeugen geliefert. Ein nicht weniger interessantes ist von C. und I. Cafici auf den 3 Stationen am Abhang des Ätna gesammelt worden, so daß sich von dieser sizil. neol. Kultur ein klares Bild ergibt.

§ 4. Heute läßt sich mit aller Sicherheit behaupten, daß die Stentinello-Kultur eine rein neol. ist und bis jetzt die älteste neol. Kultur der Insel darstellt (vgl. Atti della R. Accad. di Sc., Lett. e Belle Arti 12 [1920] S. 13ff. C. Cafici). Die Stein-Industrie (Tf. 28) ist sehr wenig vorgeschritten. Als häufig vorkommendes Werkzeug finden wir nur das Messer mit dreieckigem oder trapezförmigem Durchschnitt. Die Kunst des feineren Retuschierens ist fast unbekannt. Reminiszenzen an das Paläol., besonders an das Moustérien, sind häufig, vor allem in den Stationen, wo Quarzit zur Herstellung grober Werkzeuge benutzt wird, die man unter der allg. Bezeichnung „Schaber" zusammenfassen kann. Außer dem Feuerstein wird reichlich Obsidian (s. d.) verwendet (Tf. 29g). Ersterer wurde aus örtlichen Vorkommnissen gewonnen, letzterer, da auf S. nicht anstehend, wahrscheinlich von den äolischen Inseln importiert. Außer den oben erwähnten Werkzeugen fanden sich auf diesen Stationen grobe Äxte aus Basalt und ausnahmsweise auch kleine Äxte aus grünem Gestein (Tf. 29 d, e) und aus anderen Mineralien (Tf. 29 f), wahrscheinlich Amulette. Sie zeugen von einem damaligen Warenaustausch über das Meer hinweg.

§ 5. Die Knochen-Industrie beschränkt sich auf Pfriemen und eine Art Spatel, der wahrscheinlich bei der Töpferei gebraucht wurde. In Trefontane fanden wir auch einen dolchartigen Typus, der aus dem Hauptstück eines langen Knochens hergestellt war. Man hatte das eine Ende schräg zugeschnitten und zugespitzt, am andern Ende das Gelenkstück zum Anfassen stehengelassen.

§ 6. Im Gegensatz zu dem bisher aufgezählten Material, dessen Herstellung auf ein Volk schließen läßt, das kaum die Anfangsstadien der Kultur erreicht hat, steht die Töpferei. Die Keramik der Stentinello-Stufe (Tf. 23—27, 29 a, 105 und 106) übertrifft die der folgenden Epoche entschieden an Qualität des Tones und des Brandes, an Eleganz der Dekoration und in der Meisterschaft der Bearbeitung. Da weder Friedhöfe noch einzelne Gräber dieser Zeit aufgedeckt wurden, so besitzen wir auch keine ganzen Gefäße. Das sehr reiche keramische Material ist auf dem Erdboden gesammelt; Dörfer waren da entstanden, und so ist es nur in Bruchstücken auf uns gekommen. Immerhin können wir sagen, daß es zu einer bunten Serie von Typen gehört — von weiten, krugförmigen Gefäßen mit über 30 mm dicken Wänden bis zu kleinen Väschen von nicht mehr als 3 oder 4 mm Wandstärke.

§ 7. Es wurden festgestellt: weite Schüsseln mit starken, ringförmigen Henkeln, eiförmige Becher, einhenklige Humpen mit kugeligem Bauch, weite Töpfe mit kleinen, ringförmigen Henkeln, kleine Töpfe von graziösen Formen, Schüsseln mit flachem Boden und geraden, vertikalen Rändern, Näpfe von verschiedenen Dimensionen, kleine, halbkugelige Vasen, flaschenartige und kürbisförmige Gefäße mit Griffen oder kleinen, röhrenförmigen Henkeln. Häufig finden sich mandel- und warzenförmige Griffe; charakteristisch sind große, hohle oder massive Röhrenhenkel. Viel Vasen mit halbrundem Boden. Die Ränder sind gerade und oben fast immer verjüngt. Fußvasen sind selten. Der Fuß entsteht dann fast stets durch ein Dickerwerden des Bodens, der sich einzieht und zuweilen in Form eines größeren oder kleineren Ringes gebildet ist.

§ 8. Besonders charakteristisch für die Töpferei dieser Zeitstufe sind die in den frischen Ton vor dem Brennen eingetieften Verzierungen. Die Ornamentmotive variieren von den allereinfachsten und gröbsten, mit den Fingerspitzen oder einem zugespitzten Span angebrachten bis zu den kompliziertesten und feinsten, die nur mit einer dünnen Knochen- oder Obsidian-Spitze hergestellt werden konnten, welche zum Einschneiden und Herausnehmen des Tones diente, ganz besonders aber mit Hilfe von Stempeln. In Megara Hyblaea fand Orsi und in Trefontane fanden C. und I. Cafici diesem Zweck dienende Tonstempel.

§ 9. Durch Vereinigung der eingeschnittenen und eingestempelten Muster erhält man eine vielartige, überreiche, nicht des Reizes und der Eleganz entbehrende Dekoration. Obschon für einen großen Teil der Keramik die Menge der Ornamente charakteristisch ist, welche das Gefäß, einschließlich der Henkel, oft buchstäblich vom Rande bis zum Fuß bedecken, so fehlt es doch auch nicht an ganz bescheiden verzierten Gefäßen, und einige sehr feine Stücke tragen gar keine Dekoration. Häufig sind diese eingetieften Ornamente mit einer weißen Paste angefüllt, welche die Muster aus dem dunkeln Tongrund hervortreten läßt.

§ 10. Zusammen mit dieser für Stentinello charakteristischen Keramik findet man an manchen Stationen eine sehr interessante bemalte Ware, auf welche zuerst C. und I. Cafici aufmerksam gemacht haben (Mon. Lincei. 23 [1915] S. 519ff. C. Cafici). Orsi hatte bereits seit den ersten Ausgrabungen in Stentinello einige kleine Scherben dieser Keramik gehoben; in größerer Menge, aber stets in Bruchstücken, trafen sie C. und I. Cafici in Trefontane und etwas seltener in Poggio Rosso an. Schließlich hat Orsi eine fast vollständige Schale (Tf. 25 b) und einige große Scherben in Megara Hyblaea gehoben und diese zum Gegenstand einer besonderen Untersuchung gemacht (Mon. Lincei 27 [1921] S. 125ff. P. Orsi).

§ 11. Es unterliegt keinem Zweifel, daß diese farbige Keramik von feinster Tonmischung fremder Herkunft ist; aber bis jetzt liegt ihr Herkunftsgebiet noch in geheimnisvollem Dunkel. Orsi scheint Neigung zu haben, Kreta dafür zu halten, mehr deswegen, weil dies seit sehr alter Zeit ein starkes Kulturzentrum war, als gestützt auf direkte Beweise. Er stellt die kühne Hypothese auf, daß in diesen Gefäßen die ältesten Inkunabeln der ägäisch-myk. Keramik zu sehen seien. Solch eine Vermutung ist wohl möglich, jedoch bis jetzt noch nicht bewiesen; indessen könnte uns eines Tages vom unerforschten Balkan-Gebiet eine unerwartete Aufklärung kommen.

§ 12. Eine Sondergruppe bildet die rotgetönte Ware, die in Trefontane in Menge angetroffen wird, aber auch in Stentinello, Poggio Rosso und einigen andern gleichaltrigen Stationen nicht fehlt.

§ 13. Um das Bild der primitiven Kunstübung der Träger dieser Kultur zu vervollständigen, seien 3 kleine Reste von Tonplastiken erwähnt, die Orsi in Stentinello, hob. Es sind dies: der Vorderkörper eines Vierfüßlers ohne Kopf und ohne Beine, ein Versuch, die menschliche Figur wiederzugeben, sowie ein Tierkopf mit spitzen Hörnern und langer Schnauze.

Obgleich wir über die Bestattungssitten dieser Bevölkerung nichts wissen, können wir bestimmt sagen, daß sie nicht wie die Sikuler der folgenden Zeiten in den Felsen gehauene Gräber benutzten. Alles weist darauf hin, daß sie Einzelgräber in der weichen Erde aushöhlten und diese mit einer Steinpackung umgaben. Diese Bestattungsart fand Mosso in der gleichaltrigen Nekropole von Molfetta (s. d.) in Apulien.

§ 14. In dem Artikel Sikuler A 1 I (Sikaner und Sikuler) haben wir auf den Widerspruch hingewiesen, der zwischen der literarischen Überlieferung und den arch. Daten besteht. Hier sei nur bemerkt, daß von der eben besprochenen Phase der neol. Kultur in Westsizilien keine Spur anzutreffen ist. Dort haben von Andrians Untersuchungen in Villafrati (von Andrian *Prähistorische Studien aus Sizilien* ZfEthn. 1878) und die von Prof. Salinas in Moarda (Notizie 1884 S. 260 A. Salinas) ein Material geliefert, das dem von Stentinello durchaus nicht gleichgestellt werden darf, wenn auch in beiden Fällen die Verzierungen vor dem Brennen auf den Gefäßen angebracht wurden. Die Stempelverzierung, welche ganz besonders die Stentinello-Keramik charakterisiert, kommt dort nicht vor. Diese Keramik zeigt ein viel einfacheres und einer ganz anderen Geschmacksrichtung angehörendes Ornamentierungssystem: Muster, die aus gestrichelten Bändern bestehen. S. Tf. 30—32.

§ 15. In Villafrati fand man außer einigen polierten Äxten und den üblichen Messern Spitzen, die aus Feuerstein- und Obsidian-Klingen gewonnen waren, sowie Muschel-

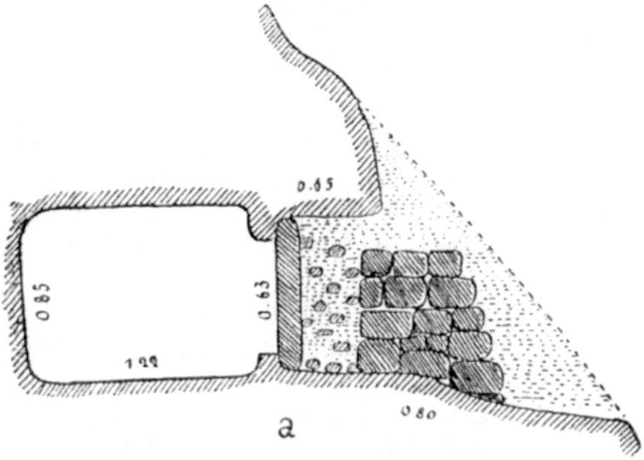

a

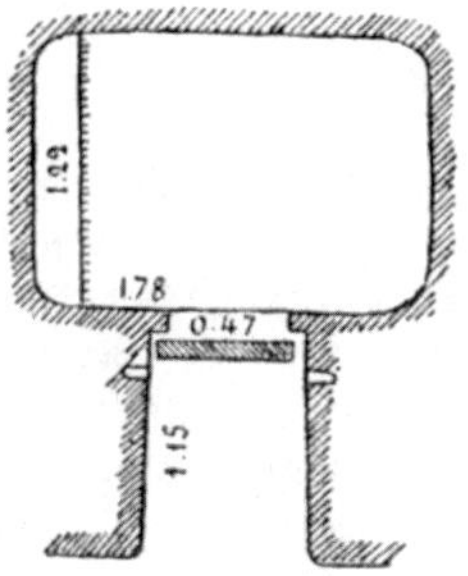

b

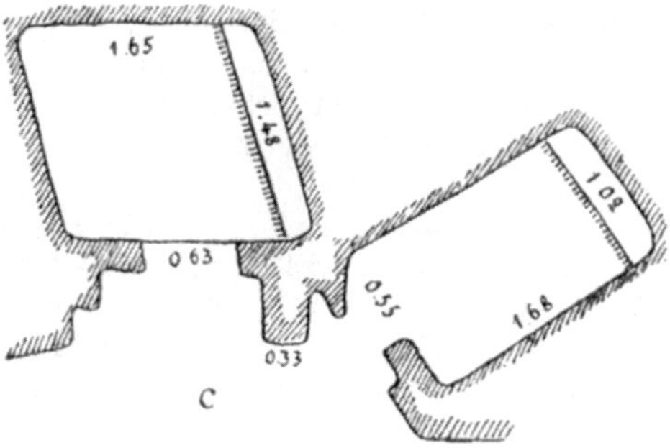

c

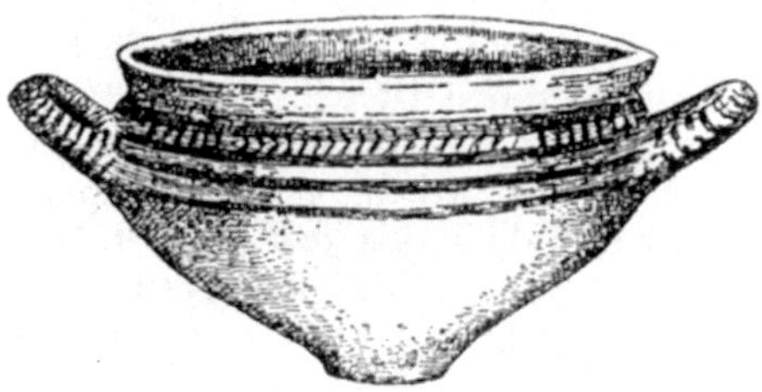

e

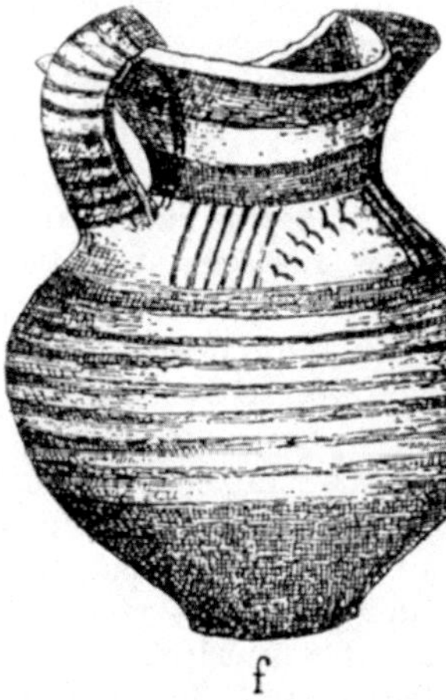

f

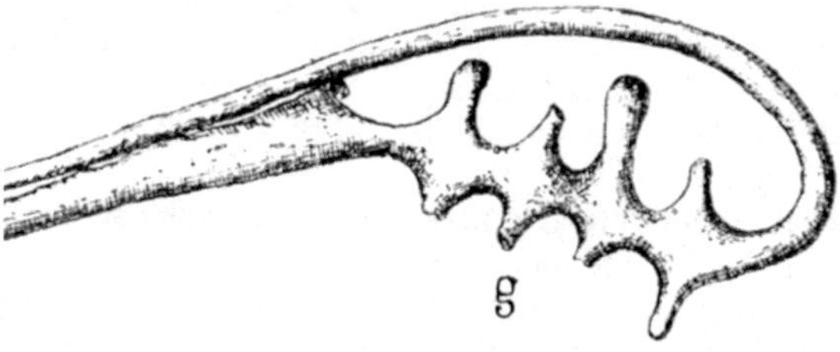

g

h

Sizilien B. Jüngere Perioden

Nekropole der III. Periode von Finocchito bei Noto: a—b. Querschnitt und Grundriß eines Grabes. — c. Grundriß eines Doppelgrabes. — d. Schale. — e, f. Kannen. — g. Schlangenfibel. — h. Armring aus Bronze. — Nach Bull. Paletn. Ital. 1894, 1897.

zierat und in Moarda oben mit einer Spitze versehene Henkel, die zweifellos die beginnende Fortentwicklung zu den Formen zeigen, die wir dann in späteren Per. finden. In der Höhle von Villafrati (Chiaristella) und der Abri-Siedelung von Moarda deckte man mit der Keramik und den Steinwerkzeugen verschiedene Schädel und zahlreiche Menschenknochen auf, ein Beweis, daß diese Orte als Begräbnisstätten benutzt wurden.

§ 16. Da nun in Villafrati auch der Glockenbecher auftritt (Tf. 31 c), der eine typische Form des späten Neol. und des Äneol. ist (s. Glockenbecherkultur § 69), so können wir diese Bestattungen dem späten Neol. zuschreiben, und zwar einer Per., in der sich die große, das ganze w. Mittelmeergebiet am Ende des Neol. betreffende Kulturströmung bemerkbar machte.

§ 17. Im Gegensatz zur Stentinello-Kultur zeigt die von Villafrati-Moarda noch nicht ein so scharf umrissenes Bild. Sie muß in Zusammenhang gebracht werden mit der Kultur, welche besonders in Capaci und Carini (Prov. Palermo) Spuren hinterlassen hat. Es wurden dort zwei kleine Nekropolen aufgedeckt. Über die von Capaci hat A. Salinas (Notizie 1880 S. 356—359) berichtet. Die Gräber waren kunstvoll in den Kalksteinfelsen eingehauen.

Das Kgl. Museum zu Palermo besitzt eine Reihe von dorther stammender Gefäße. Die ganze Keramik ist achrom, bis auf ein Stück, das unsorgfältig mit roter Farbe überzogen ist. Der größte Teil der Vasen trägt keinerlei Verzierung; nur einige zeigen kunstlos eingeschnittene Furchen. Zuweilen sind diese Furchen von Punktreihen begleitet. Bei einem Gefäß sind beide mit einer roten Paste ausgefüllt.

Sowohl der Entdecker als auch Colini (Bull. Paletn. Ital. 30 [1904] S. 177ff.) und Peet (*Stone and Bronzeages* S. 488) haben die Ähnlichkeit zwischen den Gefäßen von Capaci und Villafrati hervorgehoben, und zwar in den Formen wie auch im Dekorationssystem (Furchen und diese begleitende eingetiefte Punkte).

§ 18. Über die Gräber von Carini berichtete A. de Gregorio ausführlicher (Annales de géologie et de paléontologie [Palermo] 1920 S. 1—8, Tf. 1—3). Auch hier handelt es sich wie in Capaci um Schachtgräber. Aus dem Schacht, der einen Dm von 70—80 cm hat und 1 m t. ist, gelangt man durch eine seitliche Öffnung zum Grabe. Dieses ist von kreisrunder Form und hat einen Dm von 1,30 m. Zuweilen gehören zu einem Schacht zwei Grabnischen mit einander gegenüberliegenden Eingängen.

Die Keramik aus den Grabanlagen von Carini kann man in zwei Gruppen einteilen: 1. Gefäße, die nur mit eingeschnittenen Furchen oder auch noch außerdem mit diese begleitenden Punkten verziert sind; 2. Gefäße ohne jede Verzierung. Zur ersten Gruppe gehören zwei charakteristische Glockenbecher (s. Glockenbecherkultur § 69).

Die in Capaci und Carini beobachtete Bestattungsart bedeutet gewiß einen bemerkenswerten Fortschritt gegenüber den sonstigen des Neol.; aber doch ist es nicht möglich, die Nekropolen von Capaci und Carini mit den uns jetzt wohlbekannten der I. sikul. Per. in Zusammenhang zu bringen.

§ 19. Obgleich über die Gräber aus der Gegend von Palermo nicht viel bekannt ist, wissen wir, daß in ihnen der neol. Brauch der Einzelbestattung vorherrscht. Es fehlt in ihnen jede Spur der charakteristischen bemalten Keramik der I. Per., sowie auch jedes Metall; keine Schmucksachen aus Bein oder Muscheln, keine sorgfältiger bearbeiteten Steinwerkzeuge — kurzum keines jener Produkte des menschlichen Erfinderfleißes, welche den Übergang vom Neol. zum Äneol. bezeichnen. Auch das Auftreten eines so typischen Gefäßes wie des Glockenbechers, der auf Ostsizilien sowohl in der Stentinello-Kultur wie im sikul. Äneol. fehlt, hilft uns nicht, diese Kulturperiode Siziliens richtig zu umgrenzen.

§ 20. Die in Capaci und Carini auftretende Kultur finden wir nicht weit von Palermo an den Abhängen des Monte Pellegrino in einer Gegend wieder, die wohl verdiente, gebührend durchforscht zu werden. Wir meinen die Bestattungen in der Gegend von Colli, die der dortige Besitzer, der Fürst von Scalea, ausgraben ließ. Sie sind vom Typus der Schachtgräber in Carini. Die Ausgrabungen ergaben einige Feuersteinmesserchen, zwei menschliche Schädel und ca. 16 kleine Gefäße: Näpfe, einhenklige

Becher, kleine Urnen mit und ohne Henkel. Auch ein kleiner Topf war dabei. Außer zwei kleinen Urnen, die ein paar parallellaufende, tief eingeschnittene, sich schlängelnde Furchen tragen, zeigt das ganze übrige Material keinerlei Verzierung. Im allg. haben wir dort dieselben Formen wie in Capaci und Carini. Ein anderer Zufallsfund aus dem Jahre 1896 in der Gegend Valdesi, ebenfalls an den Abhängen des Monte Pellegrino, worüber A. Salinas (Rendic. Accad. Lincei 1896 S. 246) berichtete, veranlaßte die Ausgrabung mehrerer Schachtgräber, die in den festen Erdboden eingehauen waren. 1907 nahm dessen Sohn, E. Salinas, die Grabung an derselben Stelle wieder auf. Er sammelte dort ein reiches Material an Keramik und Steinwerkzeugen (Notizie 1907 S. 307): einige polierte Äxte aus hartem Gestein, Glätter, viele Feuersteinsplitter nebst einigen Messerchen und Schabern, etliche flachhalbkugelförmige Schlagbolzen und 15 tönerne, linsenförmige und doppelkonische Spinnwirtel, verziert mit einer Reihe Grübchen, die im Kreis um das Loch in der Mitte angebracht sind; sie gleichen ganz und gar denen, die sich in der Chiaristella-Höhle bei Villafrati fanden.

Trotz der Fülle des gesammelten Materials an Steinwerkzeugen zeigt sich die Feuersteinbearbeitung auf dieser Station, wie an den oben angeführten gleichaltrigen, doch auf einer recht tiefen Stufe stehend. Die Keramik, fast ohne jede Verzierung, ähnelt der von Colli und Carini.

§ 21. Von Mondello, nicht weit von Palermo, an den Abhängen des Monte Pellegrino, stammt eine Menge Scherben von roher Keramik, deren Dekoration kleine, eingedrückte Rädchen bilden, die sich aus einer Anzahl konzentrischer Kreise zusammensetzen. Dieses Ornament, sonst auf S. nicht vorkommend, findet sich auf der sardinischen äneol. Keramik von Anghelu Ruju (s. d.) sowie von S. Michele di Ozieri und auf der Keramik der iberischen Halbinsel.

§ 22. Diese Bezugnahme auf Sardinien führt uns zu einer besonderen Erwägung. Die Ansetzung der Schachtgräber der Prov. Palermo ins Neol. könnte vielleicht deshalb angefochten werden, weil eine ähnliche Bestattungsart in Ostsizilien von den Sikulern des Äneol. angewendet wurde, wenn sie wegen der Beschaffenheit des Erdbodens nicht Forno-Gräber ausheben konnten; auch finden wir sie sonst noch anderswo während des Äneolithikums. Doch glauben wir nicht, daß dieser Art der Grabanlage notwendigerweise chronol. Bedeutung zugeschrieben werden muß.

§ 23. Taramelli (Direktor des arch. Mus. zu Cagliari) hat die äneol. Kultur der Nekropole von Anghelu Ruju auf Sardinien und die älteren der I. sikul. Per. miteinander verglichen. Er hebt hervor, daß die sardin. Nekropole im größten Teil des Grabinventars den sizil. neol. Schichten nahestehe, welche den ältesten sikul. Nekropolen Ostsiziliens voraufgehen (Melilli, Castelluccio, Monteracello), jedoch ihre Grab-Architektur erst in den Nekropolen der II. Per. Analogien hätte. Es geht also auf Sardinien am Ausgang des Neol. dasselbe vor sich, was wir in der Prov. Palermo beobachteten. Mit dem Unterschied, daß in Anghelu Ruju der Anbruch neuer Zeiten vom Auftreten der ersten Metallgegenstände, an Form und Charakter archaisch, sowie von viel Schmuckgerät (Perlen, Gehänge, Ringe, Armbänder und durchlochte Knöpfe) begleitet wird, während in den Nekropolen der Prov. Palermo nur in der Grab-Architektur ein Fortschritt zu bemerken ist.

§ 24. Dieser Phase des Neol., welche in der Prov. Palermo durch Villafrati, Moarda, Capaci, Carini, Valdesi usw. vertreten wird, entsprechen in Ostsizilien die Funde von Calafarina, Piano Notaro, Santo Cono. Diese Gegenüberstellung ist vor allem chronol. Natur. Die Kulturen dieser beiden Gruppen bilden auf S. die Endperiode des Neolithikums.

§ 25. Bei Pachino (Prov. Syrakus) in der Höhle von Calafarina fand Orsi Spuren einer neol. Bevölkerung (Bull. Paletn. Ital. 33 [1907] S. 1—22 P. Orsi). Nach einer Reihe erfolgreicher Grabungen konnte er feststellen, daß die Höhle in neol. Zeit bewohnt und auch zu Bestattungszwecken verwendet wurde. Zwei von den dort gefundenen Skeletten waren bestimmt Hocker gewesen. Besonders interessant ist die hier gehobene Keramik. Ein Teil derselben, von hellgrauer oder schwärzlicher Färbung, ist an der Außenseite poliert; ein anderer, der nicht poliert ist, trägt Stichverzierung oder ist bemalt; auch kommen beide Verzierungsarten gemeinsam vor. An Stücken der ersten Art finden sich Bänder aus sehr zarten Furchen, beinahe Graffiti, die nur zuweilen kunstvoll zu Festons oder rudimentären Wolfszähnen zusammengestellt sind, oder sehr breite und tiefe Furchen, die sich beliebig um das Gefäß herumschlängeln. Diese sind dann oft noch von Reihen tiefer Einstiche begleitet.

Die leichte Gravierung, welche sehr zarte Furchenbänder zeigt, die man mit feinen, ungleichmäßigen Kämmen hergestellt hat, erinnert deutlich an die analoge Keramik von Santo Cono (Bull. Paletn. Ital. 41 [Supplement 1916] Tf. 4 Abb. 1 C. Cafici); die von Furchen begleitete Stichverzierung hat ein vollkommenes Gegenstück auf Ostsizilien in der ihr ähnlichen Keramik von Piano Notaro, Paternò und Caltagirone, sowie auf Westsizilien in der von Villafrati, Capaci und Carini.

Ganz ausnahmsweise findet sich Bemalung in Gestalt breiter, roter Bänder. Mit jener charakteristischen Verzierung der I. sikul. Per. hat diese nichts gemein.

§ 26. Orsi warf die Frage auf, ob in diesem schüchternen Versuch, die Bemalung zur Ausschmückung der Keramik anzuwenden, nicht der Anfang jener Gefäßmalerei zu sehen sei, die das Charakteristikum der I. sikul. Per. wurde, oder nicht vielmehr eine dürftige und mangelhafte Nachahmung seitens einer neol. Bevölkerung (Präsikuler?), die mit den Sikulern in Berührung gekommen waren, — ein wichtiges Problem, das eine schwierige ethnographische Frage in sich schließt. Orsi gibt zu, daß es beim jetzigen Stande unseres Wissens gewagt wäre, darauf eine konkrete Antwort zu geben; dennoch halten wir eine dritte, von den beiden ersten unabhängige Hypothese für möglich. Nichts steht der Annahme entgegen, daß die Töpfer von Calafarina, die gewiß keine Sikuler waren, selbständig auf den Gedanken kommen konnten, ihren irdenen Produkten durch Anbringung von roter Farbe Reiz zu verleihen. Seit den ältesten Zeiten verwendeten die Neolithiker sowohl S. als des Kontinentes roten Farbstoff bei ihren Bestattungsriten (s. Rote Farbe im Totenkult). Bemalte Keramik war zu neol. Zeit in den ö. Mittelmeerländern im Gebrauch. Farbig war die ganze neol. Keramik Thessaliens. Sicher neol. ist auch, wie wir sahen, die schöne bemalte Keramik, welche während der Stentinello-Zeit eingeführt wurde. Und schließlich sei ein neol. Väschen mit farbigem Dekor nicht vergessen, das aus der Höhle von Porcospino (Villafrati) stammt und durch die Besonderheiten seiner Technik und Herstellung den Scherben von Calafarina (Ausonia 9 S. 9 B. Pace; Archivio Storico per la Sicilia orientale 16—17 [1919—1920] C. Cafici) sehr nahesteht, sowie ein anderes unsorgfältig rotgefärbtes, welches von Salinas in der neol. Nekropole von Capaci gefunden wurde.

§ 27. Von Wichtigkeit ist auch die Aufdeckung einer Reihe von Gräbern durch Orsi in Piano Notaro bei Terranova im Jahre 1908 (Bull. Paletn. Ital. 34 [1908] S. 119—139, 155—168 P. Orsi). Die Bestattungsart ist nicht recht zu erkennen. Es scheinen kreisförmige Grabanlagen gewesen zu sein. Die Toten lagen nicht ausgestreckt. Jedes Grab enthielt wahrscheinlich deren zwei bis drei. Das Grabinventar beschränkt sich fast ausschließlich auf Keramik (Tf. 33): vorzugsweise Schalen sowie dickbauchige Urnen, aus guter Masse und gut gebrannt. Im Bruch ist der Ton schwärzlich oder schwarz, an der Oberfläche meist grau mit schwarzen Flecken, glatt, aber nicht glänzend. Viele Stücke sind ganz ohne Verzierung; sonst ist sie in leichter Gravierung ausgeführt und besteht in netzartig gestrichelten Dreiecken, Festons, gepunkteten oder vertikal gestrichelten Bändern oder krummlinigen, in der Mitte mit einem Auge versehenen Dreiecken. Zuweilen sind die Linien von Reihen eingedrückter Punkte begleitet. Einige Gefäße zeigen im Innern Spuren von einem lebhaften Rot, und alle scheinen mehr oder weniger mit einer rotfärbenden Substanz in Berührung gewesen zu sein. Dies könnte zu der Vermutung führen, daß besagte Substanz in Gestalt eines feinen Staubes durch das ganze Grab hin verstreut war.

§ 28. Aus allen diesen Gründen ergibt sich, daß die Gruppe von Piano Notaro der von Santo Cono nahesteht; das Dekorationssystem der von eingepreßten Punkten begleiteten Furchen erinnert dagegen

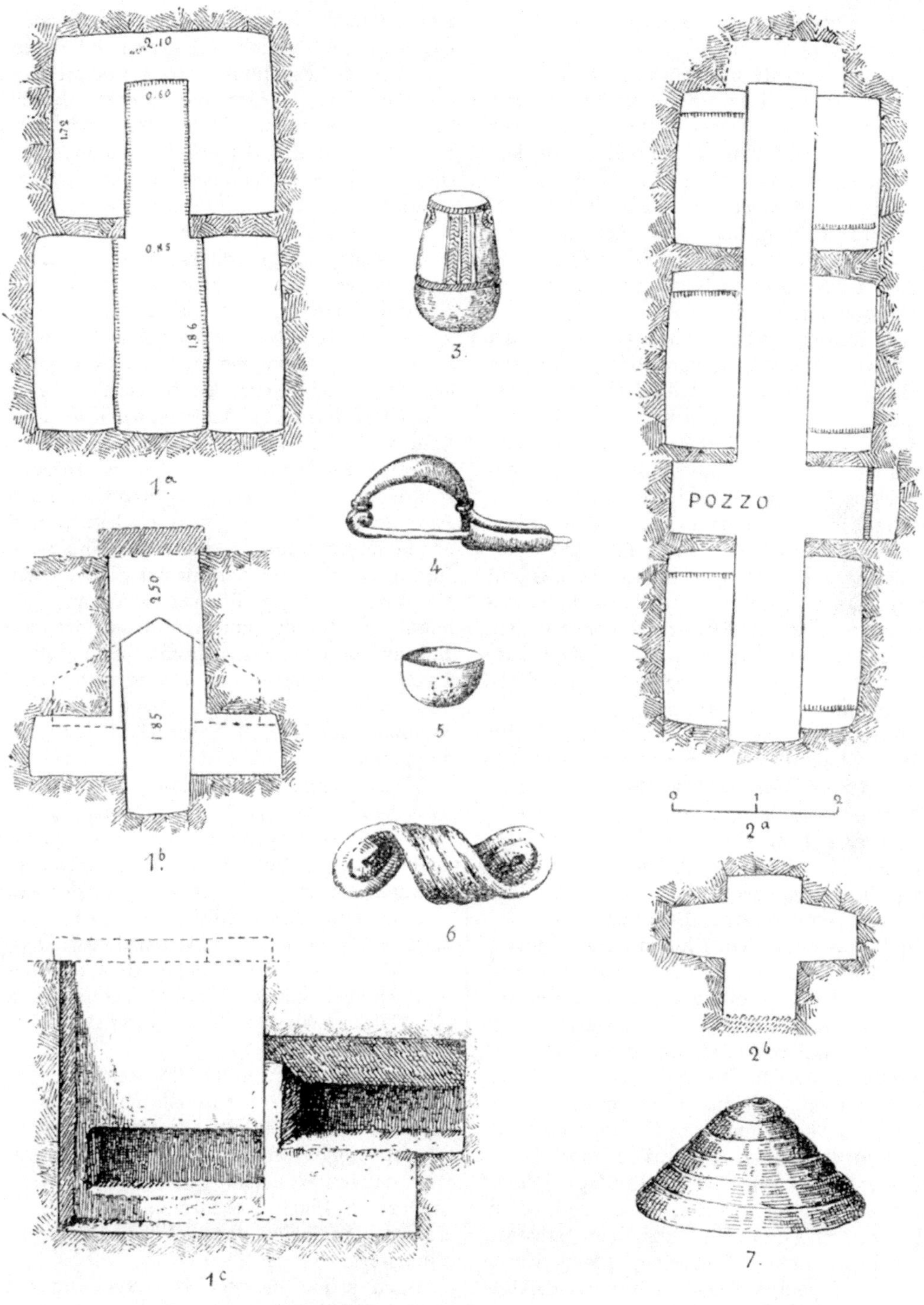

Sizilien B. Jüngere Perioden

Nekropole von Licodia Eubea (IV. Periode): 1. Grundriß und Querschnitte eines Grabes. — 2. Grundriß eines zweiten Grabes und Lokulus für eine Kinderbestattung. — 3. Goldanhänger. — 4. Silberfibel. — 5. Knöpfchen aus Silber. — 6. Silberspirale. — 7. Konus aus Bronze. — Nach Röm. Mitt. 1898.

an die Verzierung der Keramik von Calafarina.

§ 29. Die Station von Santo Cono, auf der Grenze der Territorien von Vizzini und Licodia Eubea (Prov. Catania), ist vor vielen Jahren von I. Cafici publiziert worden (Bull. Paletn. Ital. 5 [1879] S. 33—34, ebd. 25 [1899] S. 53—66). Die damals aufgestellte Behauptung, die Keramik von Santo Cono sei in Zusammenhang zu bringen mit der von Stentinello, muß jetzt jedoch zurückgenommen werden.

Die Station war schon früher bekannt als eine große Werkstätte von Steingeräten, die außer dem üblichen sizilischen neol. Material — Messer, Messerschaber, Schaber von verschiedenen Formen und Spitzen vom Moustier-Typus — eine große Serie von geflügelten Pfeilspitzen geliefert hatte, welche entweder einseitig oder auf beiden Seiten abgearbeitet waren. Dann kam die Aufdeckung eines Grabes hinzu, das uns mit dem Bestattungsritus jener Neolithiker bekannt machte. Unlängst ist ebendort ein zweites Grab von abweichender Anlage festgestellt worden; Analogien dazu bieten Gräber der Prov. Palermo.

§ 30. Das im Jahre 1899 aufgedeckte Grab bestand aus einer Grube von annähernd kreisförmiger Gestalt mit einem Dm von 1,15 m und einer T. von 0,85 m. Sie war z. T. in das weiche Erdreich, z. T. in den darunter befindlichen Kalksandstein gegraben. Zugedeckt war sie mit einigen Platten von demselben Sandstein. Obgleich das Grab von den Bauern angeschnitten war, konnte man doch das Inventar — eine schöne Schale, mit gravierten Dreiecken verziert, und einige kugelige Väschen mit einfacherem, aus miteinander verbundenen parallelen Linien bestehenden Dekor — in Sicherheit bringen. Der Ton dieser Keramik ist grob und der Brand nicht gut. Außerdem fanden sich dort eine Silexklinge, einige Silex- und Obsidian-Splitter und auch zwei Mahlsteine aus Lava-Stein, die mit einer roten, staubartigen Substanz behaftet waren. Von dem Toten waren nur noch wenige Knochen und vier Zähne erhalten. Die Bodenfläche des Grabes war mit rotem Staub bedeckt.

§ 31. Das andere unlängst aufgedeckte Grab war ein Schachtgrab. Aus dem etwa 1 m t. Schacht gelangte man zu einer ovalen Grabkammer, die sich nach der einen Seite in eine kleine Aushöhlung zur Aufnahme der Füße des Toten — wie in dem obenerwähnten Grabe — fortsetzt. Nach der Lage des Schädels und der Schienbeine zu urteilen, war der Tote bestimmt nicht in Hockerstellung bestattet. Die Hälfte eines Mahlsteines aus Lava-Stein, eine zerbrochene Axt aus Basalt, einige Silex- und Obsidian-Splitter, ein Feuersteinmesser und wenige Keramikscherben, unter denen sich ein unverziertes Näpfchen aus grobem Ton feststellen ließ, sowie ein dickes Stück roten Ockers bildeten das Grabinventar. Das Schachtgrab findet sich also sowohl in Santo Cono wie auch in Capaci und Carini (s. § 18).

Weiter wurden im Bereich von Santo Cono zahlreiche Basalt-Äxte angetroffen, auch Amulett-Äxtchen aus grünem Gestein und aus anderen harten Gesteinsarten, ein linsenförmiger Anhänger, der aus der Schale einer Seemuschel hergestellt war, mit zwei Löchern am Rande, und ein diskusförmiger Spinnwirtel aus Kalkstein mit einem großen Loch in der Mitte und strahlenartig eingeschnittener Verzierung, beide sicherlich Schmucksachen (Bull. Paletn. Ital. 41 [1916] Supplement Tf. 4 Abb. 4 und 7 C. Cafici).

§ 32. Deutliche Beziehungen bestehen zwischen diesen neol. Bestattungen Ostsiziliens. Wir tragen kein Bedenken, sie ein und derselben Bevölkerung zuzuschreiben. Weniger offensichtlich ist vielleicht der Zusammenhang dieser Gräber mit denen des noch wenig erforschten Westsiziliens. Dennoch lassen die Formen und gewisse, bei aller Einfachheit charakteristische Verzierungen der Gefäße zwischen ihnen bestehende Verbindungen erkennen.

§ 33. Bis jetzt hatte die Meinung vorgeherrscht, daß der Stentinello-Kultur als der ältesten Phase des sizil. Neol. eine zweite jüngere folgt: die Kultur von Villafrati-Moarda in Westsizilien, welche auf Ostsizilien in Piano Notaro und Santo Cono gewisse Analogien fand (Peet *Stone and Bronzeages* S. 134f.).

Doch schon bei der Untersuchung der „Stentinello"-Station Trefontane hatten wir hervorgehoben, daß sie in gewisser Beziehung Merkmale einer vorgeschritteneren Phase aufweist.

§ 34. Nach den beiden Ausgrabungen von Orsi in Megara Hyblaea 1917 und 1918 muß nun die chronol. Folge der verschiedenen Kulturen des sizil. Neol. erneut überprüft werden.

Orsi hat bei diesen Ausgrabungen eine sehr wichtige Feststellung gemacht: Das Ende der „Stentinello"-Ansiedlung von Megara fällt gegen die Mitte des 3. Jht. Andererseits setzt er die Kultur der I. sikul. Per. zwischen 2500 und 1900 v. C. Das Erlöschen der Stentinello-Kultur von Megara und der Beginn der I. sikul. Per. fallen also zusammen. Er stellt nun die Hypothese auf, daß das neol. Dorf von den einfallenden Sikulern zerstört worden sein kann. Wenn auch die stratigraphische Chronologie vielen Ungewißheiten Raum gibt, so sind diese doch — nach Orsi — bei den Ausgrabungen von Megara auf ein Minimum reduziert.

§ 35. Mit Unrecht wollte man bisher die verschiedenen Entwicklungsphasen der sizil. neol. Kultur in enge Grenzen einzwängen. Die Funde von Megara geben Veranlassung, mit den alten Anschauungen zu brechen und zuzugeben, daß auf einem so großen Gebiet wie S. und zu Zeiten, wo die nivellierenden Kräfte notwendigerweise langsam wirken mußten, die neol. Kultur sich nicht in einer einzigen Richtung, sondern in verschiedenen, voneinander unabhängigen entwickelt hat.

Die sikul. Kultur, die sich rapide über einen großen Teil der Insel ausgebreitet und ca. 2 Jahrtausende hindurch mit organischer Kontinuierlichkeit fortgebildet hat, kann nicht als Beispiel angeführt werden.

Doch halten wir daran fest, daß die neol. Kultur Westsiziliens und die ihr gleichzeitige von Santo Cono und Piano Notaro in sich Elemente einer vorgeschritteneren Kultur tragen, welche der Stentinello-Kultur, die zweifellos älteren Ursprungs ist, abgehen. Und weiter sind wir der Ansicht, daß sie sich voneinander unabhängig fortentwickelt hatten, als die Sikuler erschienen.

II. Die sikulische Kultur (Tf. 35—60). S. a. **Sikuler A 1.**

§ 1—2. Allgemeines. — § 3—5. Erste sikul. Periode. — § 6—12. Zweite sikul. Periode. — § 13—15. Dritte sikul. Periode. — § 16—19. Vierte sikul. Periode.

§ 1. Als die Sikuler auf S. ankamen, brachten sie eine bereits höherstehende, wenn auch noch in der Entwicklung befindliche Kultur mit sich: sie kannten das Metall. Von jenseits des Meeres (Libyen?) herkommend, hatten sie von der Welt eine umfassendere Vorstellung, die sie dazu trieb, mit anderen zivilisierten Völkern des Mittelmeeres in Verbindung zu treten. Von diesen empfingen sie nach und nach die Impulse dazu, die ihnen innewohnenden Urkräfte zur Geltung zu bringen, mit denen es ihnen gelang, ihre Herrschaft auf einen großen Teil der Insel auszudehnen und ca. 2 Jht. hindurch dort aufrechtzuerhalten.

Ausschließlich den Arbeiten von Paolo Orsi verdanken wir es, daß wir uns jetzt von diesem Volk und seiner Kultur ein klares Bild machen können.

§ 2. Die Sikuler (s. d.) erschienen auf S. gegen die Mitte des 3. Jht. v. C. und hörten ungefähr 2 Jht. später auf, als politische Einheit zu existieren. Sie wurden von dem sich nach der Eroberung der Insel ausbreitenden Griechentum absorbiert.

Die Hauptsitze der Sikuler sind in Südostsizilien zu suchen. Groß war dort die Zahl der sikul. Siedlungen, von bescheidenen Dörfchen bis zu Städten. Sie bekunden sich fast immer durch die dazugehörigen Bestattungsgrotten, die mit vieler Mühe in den Kalksteinfelsen gehauen wurden, und das in diesen enthaltene Inventar. Aber ihr Einfluß erstreckte sich, wenn auch nur schwach, über die ganze Insel, einschl. der Prov. Palermo.

Orsi hat die sikul. Kultur in vier aufeinanderfolgende, eng zusammenhängende Per. geteilt. Unter seiner Führung werden wir hier darüber eine summarische Übersicht geben. Über alle Einzelheiten s. **Sikuler A 1.**

Äneolithikum (Erste sikulische Periode). § 3. Diese Kulturphase läuft parallel der von Hissarlik (Kl.-Asien; s. **Troja**) und reicht von der Mitte des 3. Jht. bis 1900 v. C. Die kompakte Einheitlichkeit dieser Urphase der sikul. Kultur, die im O, in der Mitte und im W, vorzüglich in dem die Prov. Syrakus umfassenden SO, dem an künstlichen Grotten reichsten Gebiet, aufgetreten ist, läßt auch manche Erscheinung der voraufgehenden Kulturen erst richtig deuten.

In dieser Per. ist neben den zahlreichen und vorherrschenden Steingeräten die Bronze sehr selten (Tf. 35g, h). Von den Ansiedlungen, fast alle an hohen und schwer zugänglichen Orten gelegen — sie bestanden in Gruppen von Hütten mit kreisrundem oder ellipsenförmigem Grundriß und waren aus Pfählen, Stroh und Zweigwerk hergerichtet —, sind der rohe Steinunterbau weniger Hütten, die Überreste einiger Herde, einige Abfallstellen, sowie einige Umfassungsmauern oder Erdumwallungen erhalten. Die Gräber haben die charakteristische Form der Forno-Gräber, mit Eingangstür, mit und ohne Vorraum (Tf. 35a—f, 36, 12. 13) sowie mit aus dem Fels gehauener Wölbung.

§ 4. Wenn die Beschaffenheit des Bodens sich für diese typische Art der Grabanlage nicht eignete, bestattete man in natürlichen Höhlen, Fossa-Gräbern oder dolmenartigen Kammern. Jede Begräbnisstätte umschloß mehrere Skelette, zuweilen sogar sehr viele, in Hockerlage; man gab ihnen Steinwerkzeuge mit, besonders Silexmesser, und Tongefäße verschiedener Form, unverzierte und bemalte, diese mit höchst einfachen geometrischen Mustern (Tf. 38; Band XIII Tf. 53, 54). Darunter finden sich zahlreiche Exemplare vom charakteristischen homerischen zweihenkligen δέπας (s. Δέπας ἀμφικύπελλον) mit braunen, geometrischen Friesen; sie entsprechen mit ihrer Klepshydra-Form genau den trojanischen und myk. Exemplaren. Und da dieser δέπας auf dem ital. Kontinent gänzlich fehlt, kann man wohl folgern, daß er nach S. aus dem O eingeführt ist, zusammen mit andern der troj. und myk. Kultur eigenen Gegenständen, die dann von den einheimischen Töpfern schnell nachgeahmt und verbreitet wurden. Eine Besonderheit dieser Per. sind gewisse käferförmig bearbeitete, verzierte Knochenstücke, die den in der II. Stadt von Hissarlik gefundenen identisch sind (Tf. 37c, d). Ein Beweis, daß S. zu prämyk. Zeit mit diesen Ländern des O in Verkehr stand. Offenbar brachte irgendein Schiffahrt treibendes Volk seine eigenen Waren oder die anderer sowohl nach Troja wie nach S. schon lange vor Homers Zeiten. Sehr wahrscheinlich war dieses Volk das der Kyprioten (s. Kypros).

Die verschiedenen Nekropolen sprechen entschieden dafür, daß die Steinwerkzeuge dem Volke der Forno-Höhlen zuzuschreiben sind. Wir haben hier einen Stützpunkt an der Chronologie der älteren Nekropolen der Insel, einen *terminus a quo* für die Beurteilung der Entwicklung der sikulischen Kultur.

§ 5. Die wichtigsten Nekropolen dieser Per. sind: Melilli (Prov. Syrakus; Tf. 36 Abb. 12—17; Bull. Paletn. Ital. 17 [1891] S. 53ff. Paolo Orsi), Castelluccio (Prov. Syrakus; Tf. 35, 36 Abb. 1—11, 37; Band XIII Tf. 54c; a. a. O. 18 [1892] S. 1—34, 67—84 ders.), Monte Sara (Prov. Girgenti; Band XIII Tf. 54e; a. a. O. 21 [1895] S. 80ff. ders.), Mostrinciano (Prov. Syrakus; ebd. 21 [1895] S. 150 ders.), Monserrato (Prov. Girgenti; ebd. 23 [1897] S. 1—15 ders.), Monteaperto (Prov. Girgenti; ebd.), Monteracello (Prov. Syrakus; ebd. 24 [1898] S. 165ff. ders.), Terranova (Prov. Caltanissetta; ebd. 27 [1901] S. 153ff. ders.), Vallelunga Pratoameno (Prov. Caltanissetta; Band XIII Tf. 53b; unveröffentlicht; Material im Museum Syrakus).

Der Übergang von der I. zur II. sikul. Per., d. h. vom Äneol. zur BZ, vollzog sich nicht plötzlich, sondern durch Zwischenstufen. Deutliche Anzeichen dafür finden sich in einigen Nekropolen und Siedelungen, welche nach ihrem Gesamtbild mehr zur I. als zur II. sikul. Per. gehören.

Es sind dies: Valsavoia (Prov. Syrakus; Bull. Paletn. Ital. 28 [1902] S. 103ff. P. Orsi), Cava Cana Barbara (Prov. Syrakus; ebd. S. 184ff. ders.), Rivetazzo (Prov. Syrakus; ebd. 29 [1903] S. 23ff. ders.), Barriera (Prov. Catania; ebd. 33 [1907] S. 53ff. ders.). S. a. Tabuto (Monte).

Über das Äneol. Westsiziliens s. Isnello-Kultur.

Bronzezeit (Zweite sikulische Periode). § 6. Der stufenweise Übergang von der 1. zur 2. Phase der einheimischen Kultur, der eine Zeitlang nicht ohne Widerspruch blieb (L'Anthrop. 8 [1897] S. 143ff. G. Patroni), ist dann von Orsi durch eine Reihe wichtiger Entdeckungen einwandfrei bewiesen worden. Das Studium dieser Per. zeigt, daß die Kultur der Sikuler eine große Wandlung erfahren hat durch das Erstarken der über das Meer aus dem Ägäum kommenden Kulturströmungen. Diese Per. läuft parallel der myk. Kultur und umfaßt einen großen Teil des 2. Jht. v. C. Im allgemeinen ist man der Ansicht, daß die erste Phase dieser zweiten sikul. Per. der BZ entspricht, gewissermaßen der Oberitaliens gleichzeitig ist. Ihr geht daher auch auf S. eine Kupferzeit voraus. Die besten Belege dafür liefern uns die Gräber von Monteracello (s. oben) und eine Menge einzelner Fundstücke.

§ 7. Zuerst wurden die Kupfer- und Bronzegegenstände schon fertig auf die Insel gebracht. Die durch Entdeckungen, Vergleiche und chemische Analysen eröffneten neuen Gesichtskreise weisen jetzt zumeist auf Kreta als das Produktions- und Verbreitungszentrum der ersten Metallgegenstände, welche zunächst nicht Schmucksachen, sondern Waffen und Werkzeuge waren. Später importierte man Rohmetall in Klumpen und vielleicht auch die ersten Formen. So fing man an, im Lande selbst diesen Rohstoff zu verarbeiten, zuerst mit Hilfe von fremden Gießern, von denen die Einheimischen dann schließlich diese Kunst erlernten. Am Ausgang des Äneol. und zu Beginn der BZ ist S. noch vom Ausland abhängig; aber dann stellt es das, was früher von dort kam, in eigenen Werkstätten her, und es kommen nun neue Formen nach dem Geschmack und den Bedürfnissen der einheimischen Bevölkerung auf.

Bei den Grabanlagen führt ein kleiner Schacht oder eine Tür nebst einem kurzen Dromos oder Korridor durch eine zweite Tür in das Innere der Kammer, die fast immer von Nischen umgeben ist (Tf. 40, 41). Die Grundfläche ist vierseitig und das Gewölbe flach, zuweilen spitzbogig nach Tholos-Art in den an der Küste gelegenen Nekropolen, wo myk. Einfluß klar zutage tritt (vgl. Tf. 50).

Auch in der II. Per. wurden in jedem Grabe mehrere Skelette — sitzend, hockend oder zusammengekauert — bestattet; aber wir stoßen nicht mehr auf Massenbestattungen wie in der vorhergehenden Phase. Feuersteinmesser sind selten.

§ 8. Unter diesen Nekropolen trennen wir die, die an der Küste liegen, und die, die sich auf Anhöhen, d. h. im Innern des Landes, befinden. Erstere werden für etwas älter gehalten als letztere und heben sich von ihnen weniger durch die Grabarchitektur als durch die andersartige Keramik ab. Diese zeigt in den Nekropolen der Küste plastische oder mit einer Spitze bzw. einem Dorn hergestellte Verzierungen auf rohen, achromen Gefäßen, während die Keramik in den andern einen leuchtenden, roten oder kastanienbraunen Grundton aufweist, auf dem später oft ein mit dem Pinsel aufgetragenes Federmuster erscheint. Außerdem finden sich in den Küstenstationen importierte Gefäße; sie entstammen fast alle der verblassenden myk. Kultur (III. Per. Furtwänglers; Firnismalerei; s. Vase B § 23). Übermittler dieser Gefäße und anderer Dinge an die Ostküste der Insel konnten die Phönizier sein. Vielleicht legten sie dort provisorische Warendepots an, ohne aber bedeutendere Spuren zu hinterlassen. Alles drängt zu der Annahme, daß sie nach S. außer Gegenständen eigener Produktion auch solche myk. Kulturgutes eingeführt haben, da es sicher ist, daß sie den Griechen in der Eröffnung von Handelsbeziehungen mit der Insel um einige Jahrhunderte vorangingen. Nicht dieser Ansicht ist Beloch (*Griechische Geschichte* I 2 [1913] S. 72—76 und 121 f.). Er hält dafür, daß das Hereinbringen myk. Elemente nicht durch die Phönizier oder Griechen geschah, sondern durch Handel von Stamm zu Stamm die Küste des Ionischen Meeres entlang.

§ 9. Für das Fehlen myk. Vasen in den Nekropolen der II. Per. im Innern des Landes fand man die Erklärung, daß die auswärtigen Handelsströmungen nicht soweit gereicht, sondern an der Küste haltgemacht hätten; aber Peet teilt diese Ansicht nicht. Alle Stationen im Innern zeigen nach ihm Spuren des Überganges zur III. Periode. Daran, daß in ihnen selten fremde Importstücke gefunden werden, sei nicht ihre Lage, sondern ihre Zeitstellung schuld. Diese soll auch den Unterschied zwischen der einheimischen Keramik der Küsten- und der der Gebirgsgegenden erklären (Peet *Stone and Bronzeages* S. 462). Bronzegegenstände werden häufiger, kommen zuweilen sogar in Menge vor.

Die Nachforschungen von Orsi haben erwiesen, daß die Sikuler während der I. Per. überall nur zu kleinen Trupps verstreut siedelten, in der II. Per. aber in Auswirkung ihrer fortschreitenden Kultur größere Stadteinheiten zu bilden suchten. Ihren Häusern und Palästen (Pantalica [s. d.; Band X Tf. 10], Monte S. Mauro, Monte Bubbonia) geben sie die Rechteckform allerdings erst in der fortgeschritteneren II. Periode. Die Rundhütte ist allg. das Anzeichen einer armen und tiefstehenden Kultur, der Rechteckbau das einer gehobeneren und entwickelteren. Aus diesen großen, quadratischen Hütten entwickelte sich auch in S. das in Mauerwerk aufgeführte Anaktoron.

§ 10. Spuren dieser zweiten Phase der sikul. Kultur finden wir in allen Teilen der Insel. Obschon wir gewisse Unterschiede antreffen, je nachdem sie an der Küste oder im Gebirge angetroffen werden, so bleibt doch das allg. Kulturbild das gleiche, als Beweis der ethnischen Einheit des Volkes, dem die untersuchten Nekropolen gehören. Und wie der Übergang von der I. zur II. Per. nicht plötzlich, sondern in Abstufungen erfolgte, so geht auch die II. in die III. nur allmählich über, und Etappen dieses langsamen Fortschreitens sind hier und dort zum Vorschein gekommen. Inzwischen öffnet sich das Meer, von dem aus der erste Hauch der Kultur auf die Insel gekommen war, dem Handel; dieser wird immer intensiver und bereitet so die spätere Eroberung der Insel vor.

Die Wirkung dieses Eindringens war, daß sich die Einheimischen von den Küsten ins Innere zurückzogen, wo sie den Griechen gut 2 Jh. hindurch trotzig Widerstand leisteten. Aber inzwischen vollzog sich unter dem Einfluß der überlegenen griech. Kultur eine tiefgehende Wandlung der sikul., bis sie nach dem Bemühen des Duketios (gest. 439 v. C.), dem letzten unglücklichen Helden der sikul. Unabhängigkeit, ganz dahinschwindet. Die im Innern noch vorhandenen Städte werden schnell hellenisiert.

§ 11. Die wichtigsten Gräberfelder dieser Per.: An der Küste: Milocca (Tf. 52b, c; 53b; von Andrian *Prähist. Studien aus Sicilien* S. 83; Furtwängler *Mykenische Vasen* S. 48; Annali Istituto 1877 Tf. E Abb. 56 E. Mauceri; Bull. Paletn. Ital. 15 [1889] S. 197, ebd. 29 [1903] S. 136ff. P. Orsi) und Plemmyrion (Prov. Syrakus; ebd. 17 [1891] S. 115ff. ders.) aus dem Anfang der Per.; Cozzo del Pantano (Prov. Syrakus; Tf. 51, 52a; Mon. Lincei 2 [1893] P. Orsi), Thapsos (oder Magnisi; Prov. Syrakus; Tf. 53c; a. a. O. 4 [1894] ders.) und Molinello (Prov. Syrakus; ebd. 11 [1902] ders.) aus der Mitte der Periode. Im Innern der Insel: Pantalica-Nord (Prov. Syrakus; Tf. 39—46; Mon. Lincei 9 [1899], ebd. 21 [1911] P. Orsi; über 5000 Grabkammern, von ganz kleinen Zellen bis zu den großen, rechteckigen Familiengrüften der Vornehmen, die größte Nekropole der Insel) und Molino della Badia (Prov. Catania; Bull. Paletn. Ital. 31 [1905] S. 96ff. P. Orsi) aus der Mitte der Per.; Montagna di Caltagirone (Prov. Catania; Tf. 50; Notizie 1904 S. 132f. P. Orsi; über 1000 Gräber, teils von rundem Grundriß, mit rundem Gewölbe, der gemeinübliche Typus der Insel, teils richtige Tholos-Bauten, d. h. mit spitzer Kuppel, von der ägäisch-myk. Grabarchitektur beeinflußt [s. Grab C], die sonst in den Gebirgslandschaften nicht Eingang gefunden hat), Cassibile (Prov. Syrakus; Tf. 47d, 49; Mon. Lincei 9 [1899] P. Orsi; 2000 Gräber, rechteckiger, aber noch mehr elliptischer Form, von gewöhnlicher Größe; die zweitgrößte Nekropole) und Monte Dessueri (Prov. Caltanissetta; Tf. 47a—c, 48; a. a. O. 21 [1913] ders.; die drittgrößte Nekropole, 1500 Gräber, jedoch die anderen bez. Großartigkeit der Anlage und Feinheit der Ausführung nicht erreichend, mit rein lokaler Entwickelung), diese drei aus dem Ende der Periode. Weiter gehören in die II. Per. folg. Nekrolen: Floridia (Prov. Syrakus; Notizie 1909 S. 374ff. P. Orsi; die einzige von der Küste etwas entferntere [13 km], wo ein myk. sog. „Calamaio" = Väschen gefunden wurde, welches für die letzten Zeiten der vorgriech. Kultur charakteristisch ist; Tf. 53a), Caldare (Prov. Girgenti; Bull. Paletn. Ital. 23 [1897] S. 1ff. P. Orsi; berühmt wegen der prächtigen Dolche oder Kurzschwerter aus Bronze, typisch für die Einflußsphäre der ägäisch.-myk. Kultur, sowie der Becken aus starkem Bronzeblech, ganz aus einem Stück mittels Hämmern hergestellt und aus ägäisch-myk. Fabriken stammend), Paraspola (Prov. Syrakus; ebd. 24 [1898] S. 164 ders.; hier tritt zum ersten Male im Innern der Insel — Gebiet von Chiaramonte Gulfi — ein keram. Material auf, welches dem der Küsten-Nekropolen von Thapsos und Plemmirio sehr ähnlich ist).

§ 12. Schließlich sei erwähnt, daß bei den Untersuchungen in und um den Athena-Tempel von Syrakus aus der sikul. Schicht der II. Per., welche die unterste der arch. Straten ist, Fragmente von Amphoren und Bechern vom Typus Pantalica-Cassibile zum Vorschein kamen, die rötliche Fächerornamente aufweisen (Mon. Lincei 25 [1919] P. Orsi).

Der Übergang von der I. zur II. sikul. Per., auf den schon bei einigen Nekropolen, welche im allg. besser der I. zugeteilt werden, hingewiesen wurde, bekundet sich auch in Nekropolen, die entschieden der II. Per. angehören. Solche sind z. B. Milocca und Molino della Badia.

Erste Eisenzeit und griechische Kolonisation (Dritte sikulische Periode). § 13. Etwa gegen 1000 v. C. verschwinden alle von den Einheimischen längs der Küste angelegten Städte und Flecken. Ein Beweis dafür ist das vollständige Fehlen von Friedhöfen und Gräbern der III. Per. am Meere

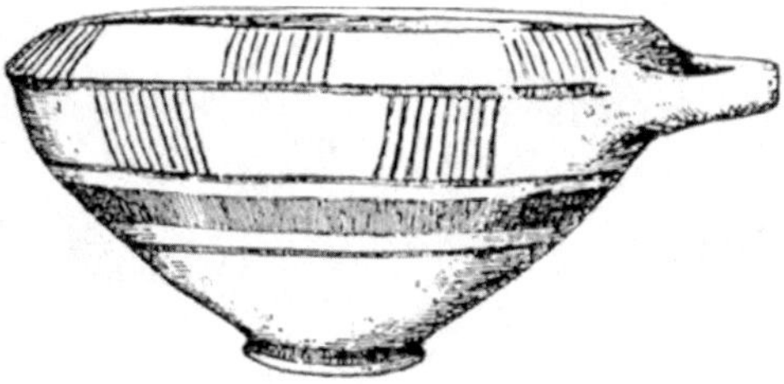

a

b

c

d

e

Sizilien B. Jüngere Perioden

Keramik von Licodia Eubea (a, b) und Lentini (c—e). — Nach Röm. Mitteil. 1898.

oder in dessen nächster Nähe. Es scheint dies mit dem Auftreten neuer Völkertrupps an der Ostküste der Insel zusammenzuhängen, welche nur aus Griechenland gekommen sein können.

Auch die III. sikul. Per. bahnt sich allmählich an; sie läuft der griech. Dipylon- oder Geometrischen Zeit (10.—7. Jh. v. C.) parallel.

Die Grabkammern sind meist rechtwinklig, seltener elliptisch, bestehen aus einem einzigen Raum oder einer Doppelkammer ohne Dromos und Vorkammer. Sie haben auf der einen Seite eine aus dem Felsen gehauene Stufe als Lager für den Kopf des ausgestreckt daliegenden Toten (Tf. 57a—c). Das Gewölbe ist flach. Zu diesen Grabkammern gelangt man durch eine Tür mit einem kleinen Vorplatz. In einigen Nekropolen ist diese Tür von beträchtlicher Höhe.

In den vorangehenden Per. war Massen- und Familienbestattung in einer Grabanlage üblich; jetzt bestattet man einzeln oder zu wenigen in einem Grabe. Doch fährt man trotz der vorgeschrittenen Kultur fort, den Toten zahlreiche Ton- und Metallgegenstände beizugeben.

Die einheimischen Töpfer kannten wohl noch nicht die Scheibe, oder sie benutzten doch nur eine sehr primitive. Die Keramik steht in dieser Per. im Zeichen des Verfalls; in ausgedehntem Maße wird nach S. die protohellenische eingeführt.

§ 14. Gräberfelder der III. sikul. Per.: Pantalica-Süd, Filiporto und Cavetta (Prov. Syrakus; Mon. Lincei 9 [1899], ebd. 21 [1911] P. Orsi), Tremenzano (Prov. Syrakus; Bull. Paletn. Ital. 18 [1892] S. 84ff. P. Orsi), S. Angelo Muxaro (Prov. Girgenti; R. Accad. sc. di Torino 1908 A. Mosso), Il Finocchito bei Noto (Prov. Syrakus; Tf. 57; Bull. Paletn. Ital. 20 [1894] S. 157ff. P. Orsi). — Letzteres kann als typisch für diese Phase der sikul. Kultur gelten. In ihm ist nicht eine echte protokorinthisch-zoomorphe Vase angetroffen. So haben wir als *terminus ante quem* das Ende des 8. Jh. oder, weniger wahrscheinlich, den Anfang des 7. Jh.; als Schlußdatum dieser Nekropole kann man also in runder Zahl das Jahr 700 v. C. ansetzen.

§ 15. Il Finocchito hat uns auch die ersten großen sikul. Festungsanlagen in Mauerwerk geliefert (Tf. 56). Holm (*Geschichte Siciliens im Altertum*) hatte allzu schnell aus den alten Schriftstellern eine Menge nicht hierher gehöriger Monumente aufgenommen, als da sind die von Sparano, Macari, Falconara, Modica usw. Unzutreffend bez. der Zeitstellung sind auch die Darlegungen von Sciuto-Patti (*Su taluni avanzi d'arte antica scoperti in Catania* Arch. stor. siciliano 1896).

Die Stadt, zu der die große Nekropole von Il Finocchito gehört, welche sich mehrere Kilometer lang um den Berg hinzieht, nahm dessen ganzen flachen Gipfel ein. Diese Stadt muß eine große Ausdehnung gehabt haben und von entsprechender Bedeutung gewesen sein, auch in politischer Hinsicht. Sie war wohl eine fürstliche Residenz — nach ihrer Nekropole zu urteilen, die, wenn auch kleiner als die von Pantalica, doch der von Cassibile gleichkommt (s. § 11) und alle andern im SO der Insel übertrifft; desgleichen sprechen auch ihre Befestigungen für diese Annahme.

Eine mächtige, halbelliptische Bastion versperrte den Haupteingang, der durch die Spuren einer alten, in den Felsen gehauenen Straße bezeichnet wird. Im W, wo der sich zum Lentini-Tal hinunterziehende Bergrücken eine Umgehung möglich machte, begegnete man dieser Gefahr dadurch, daß man auf einer steil abfallenden Bergplatte eine zweite halbkreisförmige Bastion errichtete, die durch eine kurze Mauer mit der ersten in Verbindung stand. Von ihr aus zog sich gegen O ein zweiter und längerer Mauerzug hin, von dem nur schwache Spuren auf uns gelangt sind. Bez. der Einzelheiten vgl. die oben angeführte Arbeit von Orsi. Während nun in Mittel- und Unteritalien das große Problem der zyklopischen Bauten noch in Dunkel gehüllt ist, weil weder zu diesen Anlagen in Beziehung stehende Nekropolen noch auch nur Einzelgräber gefunden wurden, wird auf Il Finocchito dagegen die Zeitstellung des Mauerwerkes annäherungsweise durch die der Nekropole gegeben; es ist also wie diese ins 10.—7. Jh. (Anfang) zu datieren.

Orsi neigt zu der Annahme, daß solche Anlagen histor. Zeiten angehören und sozusagen den letzten Verteidigungsversuch der Sikuler gegen die griech. Eindringlinge repräsentieren, nachdem jene von diesen das Schema des Baues selbst übernommen hatten. Wenn dem so ist, dann würden die Festungsanlagen vom Monte Finocchito nicht älter sein als die ersten Jahrzehnte des 7. Jh. (ca. 700—670) v. C.

Vierte sikulische Periode. § 16. Die Aufstellung einer IV. sikul. Per. (7.—5. Jh. v. C.), welche ganz der histor. Zeit angehört und das Aufgehen der sikul. Kultur in der griech. umfaßt, schien Orsi nach seinen Entdeckungen in Licodia Eubea (Prov. Catania; Röm. Mitt. 13 [1898] P. Orsi) und späteren anderen erforderlich.

In Licodia haben wir Schacht-, Lokulus- und Kammergräber; einen Zwischentypus könnten wir Schachtgräber mit Korridor nennen. Diese Bestattungstypen haben kein Gegenstück in denen der bekannten und erforschten griech.-sikul. Nekropolen; doch sind der Schacht und die Kammer für die Grabanlagen der Sikuler charakteristisch. Ihre allerältesten Grabkammern der I. (äneol.) Per. werden zu kleinen Tholoi; in der II. sikul. Per. gelangt man zu ihnen bisweilen durch einen kleinen Schacht (unter ägäisch-myk. Einfluß); in der III. Per. haben wir richtige quadratische Kämmerchen. Und in Licodia sehen wir nun eine letzte Entwicklung des sikul. Grabes im 7.—5. Jh. unter Einwirkung der griech. Kultur (Tf. 58, 1. 2). Zum gleichen Resultat führt uns die Überprüfung des Grabinventars.

§ 17. Von den Vasen verdienen die einheimischer Herstellung besondere Beachtung. Nicht eine solche fand man in den griech. Nekropolen von Kamarina, Akrai, Syrakus, Megara; häufig werden sie dagegen in sikul. Städten griech. Färbung, wie Ragusa (Hybla Heraia), Grammichele (Echetla?) usw., angetroffen. Die aus der Nekropole von Licodia zutage gekommenen Schmuckgegenstände sind natürlich sämtlich griechisch. Schon in der III. sikul. Per. sehen wir den Markt der Insel mit kleinen bronzenen griech. Schmucksachen überschwemmt; mit der Festigung und der Ausbreitung der griech. Okkupation dringen die Produkte der griech. Industrie mehr und mehr ins Innere vor, und mit der Verfeinerung der Kultur gewinnen auch die Silber- und Goldarbeiten über die Bronzen die Überhand. Die Vasen (vgl. a. Tf. 59a, b) datieren das Gräberfeld mit ziemlicher Genauigkeit ins 7.—5. Jh. Nekropolen von gleichem Typus und mit demselben Inventar wie Licodia finden sich im SO und in einem Teil des Zentrums der Insel, nicht an den Küsten; hier fehlen die Gräber der III. wie auch der IV. Periode.

§ 18. Die ersten Repräsentanten des sikul. geometrischen Stiles fanden wir auf dem Finocchito, dessen ausgedehnte Nekropole, wie wir sahen, der III. Per. angehört; doch repräsentieren einige Gräber derselben den Übergang von der III. zur IV. Per., wie wir solche Übergänge auch zwischen den vorhergehenden Per. der sikul. Kultur beobachteten.

Tremenzano (Noto) ist eine Nekropole der III. Per. mit einheimischen geometrischen Elementen, Ragusa (Hybla Heraia) eine der IV. Per. mit einheim. geometr. Vasen und viel griech. Keramik; Scicli lieferte sikul. geometr. Vasen nebst korinthischem Material und Lentini lauter einheimische geometr. Vasen (Tf. 59 c—e). Letztere bilden einen chronol. Stützpunkt für die ganze uns hier interessierende Gruppe, da es sich ergab, daß sie und die ihnen verwandte Ware nicht später als in die Mitte des 7. Jh. zu datieren sind. In Grammichele hat Orsi Gräber der IV. Per. festgestellt. Vizzini, Caltagirone, Lago di Pergusa bei Castrogiovanni usw. haben einheimische geometr. Vasen geliefert.

§ 19. Betreffs dieser sizilischen, nichtgriech. geometr. Vasen, die sich aber unter dem Einfluß der griech. Dekorations-Art entwickelt haben, was eine Episode des langsamen und schrittweisen Prozesses der Hellenisierung der Sikuler darstellt, vgl. die zitierte Monographie von Orsi über die Nekropolen von Licodia-Eubea, in der die Basis für eine chronol. Systematisierung gelegt ist.

Der sikul. geometr. Stil, der aus dem griech. entsteht und sich unter seinem Einfluß fortentwickelt, zeigt mannigfachen Zusammenhang mit dem kyprischen. Über zwei Jahrhunderte hindurch bleibt er der gleiche, erstarrt in seinem engen Bereich von Linearmustern. Er verwendet weder pflanzliche Elemente noch die menschliche oder tierische Gestalt. Mit den ersten Jahrzehnten des 5. Jh. verschwindet die sikul. Keramik ganz und gar und überläßt der griech. das Feld.

III. Auswärtiger Einfluß auf Sizilien. § 1. Das Mittelmeer wurde gewiß bereits seit den Zeiten des Neol. von kühnen Seefahrern durcheilt, die von der Nordküste Afrikas und der Westküste Asiens nach S. und Unteritalien gelangten.

In etwas späterer Zeit verbreitete die mit den Jahrtausende alten Kulturen Ägyptens und Asiens in Verbindung stehende Insel Kreta durch das Ägäische Meer über die Inseln hin ihre Kunstprodukte.

In der letzten Per. ihrer Blüte — manche sagen „in ihrer Verfallzeit" — dehnte die min. Kultur ihren Einfluß vom griech. Festland (Mykenai) her über das ganze w. Mittelmeergebiet aus; so berührte er auch die Ostküste S. und drang bis in das Gebiet der Adria ein.

Wir haben heute auf S. Zeugnisse für diese ältesten Beziehungen seit dem Neolithikum. Zu Hunderten wurden hier polierte Äxte aus grünem Gestein (Tf. 29 d, e) gehoben, welche durch ihr den geol. Formationen S. fremdes Material von überseeischen Handelsbeziehungen Zeugnis ablegen. Das gleiche gilt vom Obsidian (s. d.; Tf. 29 g); er wurde außerordentlich viel von den Neolithikern der Stentinello-Zeit gebraucht und muß, da er auf S. nicht ansteht, von den Liparischen Inseln, Pantelleria oder Griechenland nach dort eingeführt worden sein.

§ 2. Ein weiteres Zeugnis für diese Handelsbeziehungen haben uns die während der letzten Jahre in den neol. Stationen Stentinello, Trefontane und Megara Hyblaea durch Orsi gemachten Funde geliefert. In ihnen haben Orsi sowie auch C. und I. Cafici eine fremde bemalte Keramik aus ganz reinem Töpferton angetroffen, die ohne Hilfe der Scheibe in vollkommenster Technik gearbeitet ist (Tf. 25 b, 26, 105, 106). Sie wurde sowohl an dem ionischen Küstengebiet S. eingeführt als auch an den Küsten der unteren Adria, wo außer der Stentinello-Kultur gleichzeitig eine andere in Blüte stand; doch reicht unser bisheriges Wissen nicht aus, um ihr Ursprungsland nennen zu können.

Bemalte neol. Keramik wurde auf Kreta (s. d. B) und mehr noch in Thessalien gefunden. Aber das bisher publizierte Material zeigt keinerlei Verwandtschaft mit dem sizilischen. In Ermangelung einer sicheren Beweisführung bleibt das Feld für Mutmaßungen offen. Orsi denkt an Kreta, diese mächtige Herdstätte alter Kulturen und Verbreitungszentrum zahlreicher Industrie-Produkte. Aber weite Gebiete der Balkanhalbinsel sind bisher noch unerforscht, und von der neol. Kultur Libyens wissen wir wenig oder gar nichts.

§ 3. Gehen wir einige Jahrhunderte abwärts den älteren Stufen der ägäischen Kultur entgegen, so finden wir in der I. sikul. (äneol.) Per. andere Anzeichen für überseeischen Verkehr zwischen dem ö. S. und der ägäischen Welt. In der typischen Station Castelluccio (Noto) fand Orsi einige der Länge nach durchgeschnittene Röhrenknochen; sie waren säuberlich mit Schnitzerei versehen in Gestalt von hintereinander in einer Reihe stehenden Kugelsegmenten, auf denen teils Sterne, teils Spiralen eingeritzt sind, während der Grund Netzwerk aufweist (Tf. 37 c, d [vgl. a. Peet *Stone and Bronzeages* S. 204 Abb. 75]; Bull. Paletn. Ital. 18 [1892] S. 7—8 Tf. 4, Abb. 1 und 2 P. Orsi). Ein anderes ähnliches Exemplar traf Orsi später in Cava Lazzaro, r. vom Tellaro, an (Ausonia [1907] S. 5—6 Abb. 1 P. Orsi). Er hält sie für Umkleidungen von Messerstielen. Abgesehen davon, daß ihre feine Schnitzerei gar nicht einheimische Arbeit sein könnte, ist ihre auswärtige Herkunft dadurch sichergestellt, daß ein ganz gleiches Stück in der zweiten Stadt von Hissarlik gefunden wurde (Schliemann *Ilios* Abb. 564); vielleicht haben die gleichen Seefahrer die Stücke nach dort und nach S. gebracht.

Es sei hier daran erinnert, daß auch die Anthropologie eine unerwartete, glänzende Bestätigung der arch. Forschung geliefert hat. Orsi hatte Prof. Sergi eine ganze Anzahl von Schädeln aus Gräbern der I. und II. sikul. Per. geschickt, und es ergab sich, daß sie zumeist dem mediterranen Typus angehören, doch sind einige (2 von Castelluccio, 5 von Pantalica) von einem ganz anderen Typus, nämlich dem sphenoiden, welchen er den Kaukasiern Kleinasiens zuteilt (Atti Soc. Romana di Antropol. 1899, 4 G. Sergi).

Nach dieser unerwarteten Feststellung erhält das Vorkommen von Elementen asiat. Kultur (Troja) in der I. Per. eine überzeugende Erklärung. Das Herstellungsgebiet dieser Produkte einer verfeinerten Kunstübung kann sowohl auf Kreta als auch auf

Zypern gesucht werden; an letzteres denkt Modestov (*Introduction à l'Histoire Romaine* Paris 1907 S. 84ff.).

In der Nekropole von Castelluccio fanden sich Steinplatten, die den Eingang zu einem Forno-Grab bedeckten. Auf diesen Verschlußsteinen sind in Relief zwei Paar einander gegenüberstehende Spiralen ausgemeißelt (Tf. 37 a, b; Bull. Paletn. Ital. 18 [1892] S. 68ff. Tf. 6 P. Orsi). Da das Spiralmotiv auf der Keramik der I. Per. nicht vorkommt, können wir uns sein Auftreten hier nur dadurch erklären, daß wir es von fremden Elementen ableiten. Auch diese müssen wieder in der ägäischen Welt gesucht werden, denn dieses Ornament findet sich bekanntlich sehr häufig in der ersten kykladischen Per. wie auch im „Early Minoan" Kretas (s. Kreta B, Kykladen).

Auf trojanischen Einfluß ist ohne Zweifel die Klepshydra-Vase zurückzuführen, das sog. δέπας ἀμφικύπελλον, welches in der Keramik der I. Per. viel nachgebildet ist.

§ 4. Aber besonders in der folgenden II. Per. (BZ) treten auswärtige Einflüsse auf S. deutlich hervor unter dem Impuls des ägäisch.-myk. Handels, welcher auf das soziale, gewerbliche und religiöse Leben der Sikuler lebhaft einwirkte.

So erscheinen nun in den Küstennekropolen von Milocca, Cozzo del Pantano, Thapsos und Molinello sowie der von Montagna di Caltagirone Tholos-Gräber ägäisch-myk. Ursprungs (Tf. 50); demselben Einfluß sind ohne Frage Grabfronten von Thapsos zuzuschreiben, bei denen die Türöffnung zwischen zwei Pfosten aus rechtwinklig behauenen, scharfkantigen, in vollendeter Technik angepaßten Steinen liegt, über denen sich ein Architrav erhebt. Das System dieser Bauanlagen muß auf den Einfluß myk. Kultur zurückgeführt werden, ebenso wie der architektonisch gegliederte Pilaster und die Türrahmung mit seitlichen Vorsprüngen (P. Orsi *Thapsos* 1895 S. 57—62 = Mon. Lincei 6 S. 137—192).

Importstücke aus dem ägäischen Kreise sind die beiden von Orsi in Milocca gefundenen Amphoren (spät; Tf. 52b, c); eine myk. Kylix (Tf. 52a), die aus der Nekropole von Cozzo del Pantano stammt, dem Alter nach in „Late Minoan III" zu setzen, ähnelt Exemplaren aus Bronze und Gold von Mykenai und solchen aus Ton von Ialysos, Mykenai, Nauplia usw. Reicher ist das von Orsi in Thapsos gehobene myk. Material: 24 Vasen, darunter 3 Pyxiden, 3 Becher und 13 Amphoren. Auch diese Gefäße gehören nach „Late Minoan III"; Gegenstücke dazu haben Böotien, Attika und Ialysos geliefert. Auf fremden Einfluß (Kreta? Zypern?) verweisen auch zwei in Pantalica gefundene Väschen mit aufgemalten geometrischen Mustern.

§ 5. Die einheimische Keramik wird nun den Formen der importierten Ware angepaßt; auch bemüht man sich, die metallenen Prototypen nachzuahmen. Hierzu erwähnt Orsi die Henkelflasche von Plemmyrion, deren Körper durch Punktstreifen scheibenartig gegliedert wird; ihre Form und ihre Dekorationen ahmen die einiger Vasen von Troja nach. Mit den Gefäßen aus Bronzeblech bringt Orsi einige Schöpfkännchen von Thapsos und Molinello zusammen; weiter läßt sich eine Ähnlichkeit feststellen zwischen den Tassen mit rundlichem Körper, kurzem Hals und sehr hohen Henkeln aus dem Gräberfeld von Thapsos und analogen Stücken von Troja sowie aus dem myk. Kulturkreise.

Zu diesen Ähnlichkeiten, betr. die konstruktiven Teile der Gefäße, gesellen sich noch die in der Verzierung. Der prämyk. Keramik von Troja und der aus den ältesten sikul. Nekropolen der II. Per. gemeinsam sind Winkel- und Bandmotive, vertikale sowie von Pünktchen ausgefüllte Zonenmuster, die den Körper der Gefäße in mehrere Teile zerlegen. Der Henkel eines kesselartigen Gefäßes von Thapsos zeigt das Motiv der Doppelaxt (s. d. A), ein den Kretern heiliges Zeichen.

§ 6. Nicht weniger deutliche Spuren von Beziehungen zwischen der ägäisch-myk. Welt und S. zeigen die Bronzen und Schmucksachen. Die Forschungen von P. Orsi haben ergeben, daß S. vom Ende des Äneol. bis zum Beginn der BZ alle seine Gegenstände aus Metall von auswärts erhielt. Erst später begannen die Sikuler, Waffen und Werkzeuge in eigenen Werkstätten herzustellen. Von Plemmyrion und Thapsos haben wir lange, dünne Bronzeschwerter, denen ähnliche, in den Schachtgräbern von

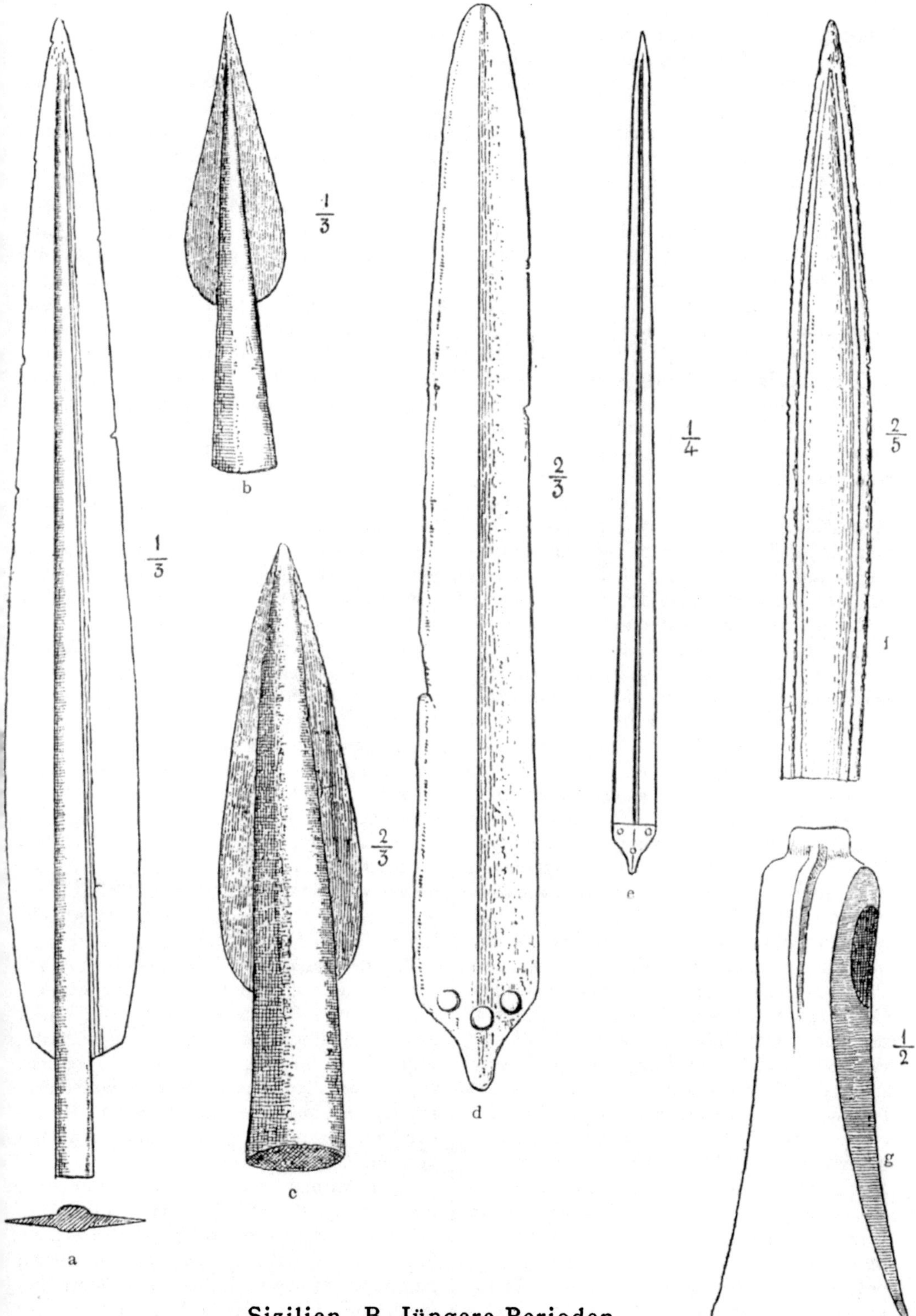

Sizilien B. Jüngere Perioden

Bronzewaffen der Sikuler.

Mykenai und in Gräbern von Knossos gefundene Waffen entsprechen. Kürzer und schwerer sind die in Milocca, Cozzo del Pantano, Thapsos und Caltagirone gefundenen Stücke; sie ähneln Exemplaren von Kreta. Die dreieckigen Dolche lehnen sich an ägäische Formen an. Ein Dolch von Monte Dessueri findet ein vollkommenes Gegenstück in einem solchen von Zafer Papura. Das gleiche gilt für die olivenblattförmigen. Auch die Art, die Griffe mit Platten aus Bein zu umkleiden (vgl. Tf. 46k), rührt von myk. Einfluß her.

Zur Bewaffnung der Sikuler gehören auch die Schaftlochäxte. Die Herkunft von vielen derselben läßt sich nicht sicher feststellen. Maßgebend für die Chronologie sind die von Plemmyrion aus der mittleren BZ und die von Cassibile aus dem Ende dieser Per.; beide gehören in eine Zeit, in der die ägäisch-myk. Kultur auf S. stark einwirkte. Orsi neigt dazu, die ersten Exemplare für Importstücke aus dem Ägäum zu halten, die dann auf der Insel nachgebildet wurden. Den sizil. fast identische Äxte sind aus den min. Schichten von Kreta (Palaikastro; s. d.) bekannt geworden. Und was die in der II. Per. noch nicht vorkommende Lanze anbelangt, so meint Orsi, sie sei durch die Griechen und Protogriechen im 9.—8. Jh. verbreitet.

§ 7. In den Nekropolen von Pantalica, Cassibile und Monte Dessueri treten auch die sog. Rasiermesser auf (Tf. 46a—d). Den Ursprung dieser zweischneidigen Klingen, die für eine Spezialität S. gelten, wenigstens in ihren ältesten Formen, müssen wir, wie Orsi bemerkt (Mon. Lincei 21 [1913] S. 336 und 403), in der ägäisch-myk. Industrie suchen. Man kann z. B. nicht die nahe Verwandtschaft zwischen einem Exemplar von Pantalica (Mon. Lincei 9 [1899] Tf. 8 Abb. 1 P. Orsi) und denen von Knossos leugnen, die Evans publiziert hat (Archaeology 59 [1906] S. 51 und 71). Die Nekropole von Phaistos hat halbmondförmige Rasiermesser geliefert. Aus einem Forno-Grab von Palaikastro stammt ein rechteckiges Exemplar zusammen mit spät-min. Vasen. Ein anderes wurde in einem Grabe bei Kanea und ein weiteres in Ialysos gefunden. Anders verhält es sich mit den doppelschneidigen Rasiermessern, welche nach Norditalien von der Terramaren-Bevölkerung und den ö. Pfahlbauern eingeführt wurden (s. Rasiermesser A 2).

Bez. der Fibel, die bestimmt auf griech. Boden zur Zeit des Absterbens der ägäisch-myk. Kultur entstand, weiß man jetzt sicher (P. Orsi *Contributi alla storia della fibula greca*), daß sie in ihrer ursprünglichen Violinbogenform (Tf. 44d) gegen das Ende des 2. Jht. v. C. nach S. von derselben Strömung gebracht wurde, durch welche die Firnisvasen, die Kurzschwerter, die Glaswaren, die Gold- und Elfenbeinarbeiten nach dort gelangten. Sie fand weite Verbreitung unter den einheimischen Stämmen, und der ziemlich selten vorkommende ursprüngliche Typus entwickelte sich zu einer ganzen Anzahl sekundärer Formen fort.

§ 8. Der ägäisch-myk. Industrie schreibt man die Bronzeblechvase von Thapsos und zwei Gefäße von Caldare bei Girgenti zu; sie haben Analogien in den kalottenförmigen Schüsseln aus dem IV. Grabe der Akropolis von Mykenai und in Gefäßen der Gräber von Knossos.

Was die Schmuckgegenstände anbelangt, so finden wir einen Anhänger mit Doppelspirale in Brillenform aus einem Grabe von Milocca an einer großen Nadel sowie an einem goldenen Armband aus den Schichten von Troja II—V wieder und, in erhabener Arbeit ausgeführt, auf einem Goldblech des 5. Grabes von der myk. Akropolis. Auch die goldenen Ringe von Cassibile und Pantalica scheinen auf ägäische Originale zurückzugehen; ganz gewiß weist der von Caltagirone, welcher ein Muster aus ineinandergeflochtenen Bogenlinien zeigt, auf myk. Ursprung.

Aus dem ägäischen Kreise stammen auch die drei Spiegel von Pantalica, die kleinen, durchlochten Elfenbeinscheiben, die Perlen aus Gold und aus durchsichtiger Paste, welche als Anhänger verwendet wurden, sowie der elfenbeinerne Kamm von Plemmyrion mit fortlaufendem Spiralmuster und der von Grammichele mit eingeschnitzten konzentrischen Kreisen.

Aber um nicht mehr auf die ungenügende und kostspielige Einfuhr von außen angewiesen zu sein, erlernten die Einheimischen bald selbst die Kunst, das wertvolle Metall zu gießen; es beweisen dies die in Canratello (s. d. und Depotfund B II § 5 Nr. 79) und Pantalica (s. d. und Depotfund B II § 4 Nr. 45) gefundenen Gußformen sowie das Auftreten neuer, lokaler Typen.

§ 9. Hier stellt sich nun das Problem: von woher kam das Kupfer nach S.? denn die Insel selbst hat keine Kupferbergwerke aufzuweisen.

Man hat an Spanien gedacht, wo seit den ältesten Zeiten Kupfergruben vorhanden waren. Doch die Entdeckungen dieser letzten Jahre im ägäischen Kreise haben den Blick nach Zypern und Kreta gelenkt, denn diese besaßen seit den frühesten Zeiten ausgebeutete Kupferbergwerke (A. Mosso *Le origini della civiltà mediterranea* 1910 S. 219—223). Diese Ansicht wird dadurch unterstützt, daß die Spanien noch näher als S. liegende Insel Sardinien trotzdem ihr Kupfer aus dem Ägäum bezog. In Serra Ilixi (Cagliari) fand man 5 Kupferbarren, die durch ihre viereckige Form, ihr Gewicht und Besonderheiten des Gusses denen von Enkomi, Hagia Triada, Chalkis auf Euböa und Mykenai sehr ähneln (s. Depotfund B II § 6 Nr. 145). Einige dieser Barren von Kreta tragen mit dem Meißel ausgehauene Zeichen in Gestalt der Doppelaxt, und auch einer der Barren von Serra Ilixi zeigt dieselbe Marke (Bull. Paletn. Ital. 30 [1904] S. 91ff. L. Pigorini). In Cannatello (s. d.; Girgenti) fand Mosso ein Stück Kupfer, das dem Aussehen nach von einem den kretischen ähnlichen Barren genommen war (A. Mosso a. a. O. S. 223—227).

§ 10. Aus dieser kurzen Darlegung geht deutlich hervor, wie stark und andauernd der Einfluß war, den die überlegeneren Kulturen am Ägäischen Meere während des 2. Jht. v. C. auf die Entwicklung der sikul. Kultur ausgeübt haben.

Dies schließt freilich nicht aus, daß die Sikuler in der II. und III. Per. auch mit anderen Gegenden der damals bekannten Welt Beziehungen und Verkehr unterhalten haben; immerhin bleibt erwiesen, daß sich die sikul. Kultur unter dem Einflusse von Strömungen, die aus dem Osten kamen, fortentwickelte. Um das Ende des 2. und den Anfang des 1. Jht. v. C. wurden die ethnographischen und politischen Verhältnisse des Ägäums einer starken Wandlung unterworfen. Eine neue Kultur blühte auf den Trümmern der myk. auf; doch wurden die einmal eingeschlagenen Handelswege weiter verfolgt; es beweisen dies das Auftreten von eisernen Waffen an Stelle der bronzenen und das Erscheinen eines neuen Stiles in der importierten Keramik. Von nun an bezogen die Sikuler in steigendem Maße Produkte griech. Kunst und Kultur; die anfänglich nur auf dem Handelswege vor sich gehende Beeinflussung wird zur politischen, der Hellenisierungsprozeß verdichtet sich immer mehr, und im 4. Jh. v. C. ist er sozusagen abgeschlossen.

Corrado und Ippolito Cafici

Sizilien-Stufe s. Diluvialgeologie § 9.

Skallerup s. Kesselwagen A, Nordischer Kreis B § 14c.

Skalpieren. § 1. Der abgeschnittene Feindeskopf als Siegestrophäe und sein Ersatzstück, der Skalp, sind bei Naturvölkern weit verbreitet in der Alten und in der Neuen Welt (s. a. Kopfjagd, Menschenopfer C). Von beiden berichtet Herodot noch aus hist. Zeit bei den Skythen. Das Kopfabhauen als Kriegsbrauch der Gallier erzählen Diodor (XIV 115 und V 29) und Strabo (IV 4). Über den Skythenbrauch macht Herodot ziemlich genaue Angaben (IV 64): Den Kopf häuten sie folgendermaßen ab. Sie umschneiden ihn über den Ohren rund herum, packen die Kopfschwarte (bei den Haaren), schütteln den (abgeschnittenen) Kopf (aus dem Hautsack) heraus. Nachher schaben sie das Fleischige mittels einer Ochsenrippe heraus und gerben die Skalphaut so geschmeidig, daß sie den weichen Haarschopf zum Abtrocknen der Hände benutzen können. Zum Prahlen hängen sie die Skalpe an den Zügel ihres Reitpferdes. Wer die größte Zahl solcher Skalp-Trophäen aufweisen kann, gilt als der tapferste Mann. Auch der Beuteanteil wird nach Kopftrophäen (und Skalpen) bemessen. — Von diesem Skythenbrauch her nannten die Griechen das Skalpieren kurzweg ἀποσκυθίζειν.

§ 2. Für den europ. N läßt ein kürzlicher Fund bei Alvastra Kopftrophäen und Skalpieren mit großer Wahrscheinlichkeit als Brauch in der StZ annehmen. Man traf bei der Ausgrabung dieses Sumpfdorfes auf einen wohlerhaltenen Schädel, unter dem an der normalen Stelle sich noch der Atlas samt dem Zahne des Epistropheus vorfand. Der Kopf war also zwischen dem 1. und 2. Halswirbel vom Rumpfe gehauen, höchstwahrscheinlich von dem Besieger seines Trägers als Trophäe; denn es fanden sich (schon bei der Ausgrabung im Pfahlbaudorfe bemerkt) bei genauer Untersuchung durch den erfahrenen Anatomen Fürst in Lund, über die Mitte der Stirnbeinschuppe sich hinziehend, scharfkantige, gerade verlaufende, seichte Einschnitte, welche sich bis zur *Linea temporalis* nach rückwärts ziehen und dieselbe links sogar etwas überschreiten. Ein scharfes, dünnschneidiges Messer hatte den Knochen kurz vor oder nach dem Tode in raschem Schnitte etwas von unten her getroffen. Der abgehauene Schädel eines etwa 20 Jahre alten Mannes war also auch noch skalpiert worden, ungefähr in der Linie des Haaransatzes über der Stirn. Der Bericht des Fachmannes lautet völlig eindeutig (Band IX Tf. 96). S. a. Nordischer Kreis A § 4 c 2 β.

G. Friederici *Skalpieren und ähnliche Kriegsgebräuche in Amerika* 1906; Fred. Webb-Hodge *Handbook of American Indians* Washington 1910 II 482—83 (Scalping); O. Frödin und K. Fürst *Hat man in der Steinzeit skalpiert?* Mannus 13 (1921) S. 52—66 mit 2 Tf. Sudhoff

Skamander. Hauptfluß der troischen Ebene; über seinen alten und neuen Lauf vgl. W. Dörpfeld *Troja und Ilion* Tf. 1, dazu S. 615ff. G. Karo

Skandiglazial s. Diluvialgeologie § 7.

Skandinavien s. Bornholm, Gotland, Nordischer Kreis, Öland und die Einzelartikel.

Skandinavische Bevölkerung. Sehr bald, nachdem Skandinavien vom Eise der letzten Vereisung freigeworden war, scheint es von Menschen besiedelt worden zu sein, die natürlich nur von S kommen konnten. Die Dänemark am nächsten gelegenen Landschaften Skåne, Halland, Västergötland, Bohuslän sind die ersten Bevölkerungszentren. Die Bevölkerung gehört in dieser Frühzeit einer Rasse an, die als die Vorstufe zur nordeurop. Rasse (*Homo europaeus*; s. d.), wahrscheinlich sogar schon als *H. europaeus*, anzusehen ist. Die vermutlich ältesten Schädel, die von Stångenäs (s. d.) und Viste (s. d.), sind ganz ausgesprochen lang und schmal. In der j. StZ haben wir dann bereits den ausgeprägten nordeurop. Typus. Und die Rasse bleibt dieselbe bis zur Jetztzeit, nur daß sie zeitweise einige fremde Elemente aufnahm und z. T. auch wieder ausmerzte. Schon im Neol. erschienen einige „Kurzschädel", die z. T. von Mischlingen mit *Homo brachycephalus var. europaea* (s. d.) stammen könnten, zumeist aber nur breiter gebaute Langschädel sind; unter den gemessenen 70 Stück Steinzeitschädeln haben nur 6 einen Index von über 79, und nur 4 sind so „hyperbrachykephal", daß man sie sofort als Fremdkörper empfindet. Diese Fremden sind ohne Zweifel vom S, aus Dänemark, gekommen, denn dort sind sie häufiger (Borreby-Typus; s. d.). Diese Fremden sind möglicherweise Sklaven gewesen, die nicht in den Rasseprozeß aufgenommen wurden; es galt wohl schon damals der Grundsatz, daß das Kind der „ärgeren Hand" zu folgen habe. Diese Kurzköpfe werden jedenfalls in späteren Per. seltener, und in der EZ sind sie fast ganz verschwunden, also entweder abgewandert oder im Rasseprozeß ausgeschieden. — Die heutige Bevölkerung stammt zum größten Teil in grader Linie von der steinzeitlichen ab. Erst in geschichtlicher Zeit sind allerlei fremde Elemente in größerer Zahl ins Land gekommen: Deutsche, z. T. gemischter Rasse, Finnen, Wallonen usw. und in Norwegen Lappen und Südländer, und doch ist in manchen Landschaften, besonders in Darlekarlien, die nord. Rasse rein geblieben. (Allerdings meint Paudler, gerade hier finde sich ein starker Zusatz der Cro-Magnon-Rasse [*Homo priscus*; s. d.], da breite Gesichter häufig seien; die Frage bedarf zweifellos einer weiteren Untersuchung.)

G. Retzius und C. M. Fürst *Anthropologia suecica* 1902; G. Retzius *Crania suecica antiqua* 1900; C. M. Fürst *Zur Kraniologie der schwed. Steinzeit* Kungl. svenska vetensk. akad. handl. 49 (1912) S. 45ff. Reche

Skarabäus. A. Ägypten (Tf. 61a).

§ 1. In Ä. lebt auf Wüstenboden ein schwarzer, glänzender Käfer (*Ateuchus sacer*), der schon im Altertum dadurch Aufsehen erregt hat, daß er seine Eier in ungewöhnlicher Art aufbewahrt. Er legt sie nämlich in eine aus Mist und Sand zusammengefügte Kugel, schiebt diese vor sich her und vergräbt sie im Sande, wo dann die Jungen auskommen. Aus einem nicht ersichtlichen Grunde ist der Mistkäfer in eine Beziehung zur Sonne gesetzt worden und gilt als ihr Symbol. In später Zeit wird der Käfer mit ausgebreiteten Flügeln in der-

REALLEXIKON DER VORGESCHICHTE

UNTER MITWIRKUNG
ZAHLREICHER FACHGELEHRTER

HERAUSGEGEBEN VON
MAX EBERT
ORD. PROFESSOR AN DER UNIVERSITÄT BERLIN

ZWÖLFTER BAND
DRITTE LIEFERUNG
SKARIFIZIEREN — SOMME-BIONNE
MIT 27 TAFELN

BERLIN 1928
WALTER DE GRUYTER & CO.

Das Werk ist auf einen Gesamtumfang von 14 Bänden und 1 Registerband berechnet und erscheint in Lieferungen. — Der Subskriptionspreis jeder Lieferung von ca. 8 Bogen (inkl. Tafeln) beträgt Rm. 6.—.

Verstärkte Lieferungen werden entsprechend höher berechnet.

Subskriptionspreis der vorliegenden Lieferung Rm. 8.— Ladenpreis Rm. 9.60

a

b

Skarabäus A. Ägypten

a. Herzskarabäus, mit einem Spruch aus dem Totenbuch für das Herz, an dessen Stelle er in den Körper gelegt wurde. Stein.

Sphinx B. Ägypten

b. Sphinx Thutmosis III.; das Gesicht des Königs, vom Kopftuch umrahmt, sitzt auf einem Löwenleibe. Nach F. W. v. Bissing.

selben Weise auf Hohlkehlen und über Türen angebracht wie die geflügelte Sonnenscheibe selbst. Ob die Verwendung des Käfers als Amulett (s. d. B), besonders in der Beigabe zur Einwicklung von Leichen, auf diese Beziehung zur Sonne zurückgeht oder ihren Grund nur in der allg. religiösen Bedeutung des wegen seiner merkwürdigen Lebensführung aufgefallenen Käfers hat, entzieht sich unserer Kenntnis. Jedenfalls wird das Bild des Käfers häufig als Symbol von Lebenden am Halsbande getragen und den Toten mitgegeben. Zuweilen sind auch Gewichte (s. d. C) in Form von S. angefertigt (ÄZ 7 [1869] S. 28 Lieblein).

§ 2. Eine erhöhte Bedeutung hat der Käfer gewonnen, als man ihn zum Vorbild für die Gestaltung der Siegelstempel (s. Siegel A) nahm. Man ging im Anfang des MR dazu über, den aus dem Mittelmeerkreise aufgenommenen Knopfstempeln (*Button-seals*; s. Glyptik A) die Form eines Käfers zu geben; die Platte, auf welcher der Käfer saß, erhielt ein eingeschnittenes Bild, Symbole oder Schriftzeichen. Die ebenfalls durch ägäischen Einfluß nach Ä. gekommene Spirale (s. Spiralmuster C) findet sich häufig gerade auf den ältesten Käferstempeln. Die S. sind sämtlich durchbohrt. Ein Teil von ihnen war drehbar an einem Fingerring angebracht, ein anderer wurde am Bande um den Hals getragen. Große Mengen dieser S. sind in öffentlichen und privaten Sammlungen vorhanden, besonders in engl. Privatbesitz (Ancient Egypt 3 [1916] S. 22 Petrie). Große Käfersteine sind an Stelle des Herzens in den Körper der Leichen eingelegt worden. Sie erhielten zu diesem Zwecke einen besonderen Text aus Kapitel 30 des Totenbuchs, der auf vielen Exemplaren der Herz-Skarabäen eingegraben steht (Tf. 61 a; ÄZ 4 [1866] S. 89; ebd. 5 [1867] S. 16, 54; ebd. 8 [1870] S. 30, 46, 73 Birch; Ann. Serv. Antiqu. 20 [1920] S. 17 Daressy.)

§ 3. Wie unsere Denkmünzen sind unter der Regierung des Königs Amenophis III. große Käfersteine hergestellt worden, die einen Text zur Erinnerung an besondere Ereignisse aus dem Leben des Königs erhielten, z. B. an eine Hochzeit mit einer asiat. Prinzessin, an das Ergebnis der Löwenjagden und anderer Jagden (s. d. C), an die Anlage eines Sees und Vorkehrungen zur Festhaltung der ausgedehnten Grenzen des Reiches. Diese Denk-Skarabäen kommen nur unter Amenophis III. vor und sind zum Teil von künstlerisch hochstehender Ausführung (Amtl. Ber. Pr. S. 31 [1910] S. 92 Schäfer). — Über Skarabäen in ägäischen Funden s. Glyptik A.

Percy E. Newberry *Scarabs* 1906; *Catal. of the egyptian scarabs of the Brit. Museum* I: Hall *Royal scarabs* 1913. Roeder

B. Palästina-Syrien s. Amulett C, Siegel B.

Skarifizieren. Vom scharfen Kratzen mit den Fingernägeln zur Beseitigung unerträglichen Juckreizes bis zur blutigen Skarifikation mit Muschelschalen, Fischgräten, Holzsplittern, scharfen Steinspitzen und -kanten ist nur ein Schritt. Irgendeine Reizursache sollte beseitigt werden, meist eine mit Juckreiz verbundene. Der wohltätige, harte, oft langgestielte Kratzer wurde zum Skarifikator, wie das anschließende Aussaugen wundgekratzter Stellen zum Schröpfkopf hinüberleitete. Als Skarifikations-Instrumente waren auch pflanzliche Dornen und Stacheln, z. B. von Agavenblättern, in Mexiko in manchen Volkskulturen in Gebrauch.

M. Bartels *Die Medizin der Naturvölker* 1893 S. 267f.; R. Hofschläger *Über den Ursprung der Heilmethoden* Festschrift zum 50jähr. Bestehen des naturw. Vereins in Krefeld 1908 S. 191—208 (m. Abb.). Sudhoff

Skarpsalling s. Nordischer Kreis A § 5 b 2 γ und Band IX Tf. 82c.

Skiren. Germ. Stamm, zur nordeurop. Rasse (*Homo europaeus*; s. d.) gehörend. Wird zum ersten Male im Anfang des 2. Jh. v. C. bei der Belagerung von Olbia erwähnt: eines der ersten uns namentlich bezeugten germ. Völker. S. a. Protogenes-Dekret.

M. Ebert *Südrußland im Altertum* 1921 S. 356; [Fiebiger und Schmidt *Inschriftensammlung zur Geschichte der Ostgermanen* Denkschr. Wien. Akademie Phil. Hist. Kl. 60, 3 (1917) S. 1ff.]. Reche

Sklave. A. Allgemein.

§ 1. S. und Höriger. — § 2. Werden und Vergehen der Sklaverei. — § 3. Kriegsgefangenschaft. — § 4. Schuldknechtschaft. — § 5. Sklavenhandel. — § 6. Sklavenjagd. — § 7. Charakter von Sklaverei und Knechtschaft: a) bei gelegentlicher Verknechtung ohne sichere Tradition; b) bei Herrschaft und sakraler Auseinandersetzung, Knechtschaft; c) bei wirtschaftlich rationalistischer Versklavung: α) in bäuerlicher Kleinwirtschaft; β) in höfischer

Großwirtschaft. — § 8. Freilassung. — § 9. Erschütterung der Institution.

§ 1. Die rechtliche Auffassung der Sklaverei besteht darin, daß ein Mensch als sachliches Eigentum betrachtet wird. Dies setzt voraus, daß das Eigentum eine entsprechende Ausbildung erfahren hat. Wie in anderen Artikeln dargelegt (s. Diebstahl, Eigentum A, Grundeigentum A, Kommunismus, Politische Entwicklung, Recht, Soziale Entwicklung, Wirtschaft D), hat das Eigentum unter den Naturvölkern jedoch vielfach einen anderen Charakter als bei uns. Die volle Entwicklung der Sklaverei im Sinne eines Privateigentums an Menschen kann erst dort Platz greifen, wo wenigstens durch die patriarchalische Großfamilie ein ausgebildetes Familieneigentum begründet wurde.

Darum ist es auch charakteristisch, daß zunächst nur diejenigen Personen als Sklavenbesitzer erscheinen, die von den übrigen Sippenangehörigen ausgezeichnete Eigentumsrechte (s. Eigentum A, Grundeigentum A) beanspruchen. Solche Personen sind Häuptlinge und heilige Stätten und deren Verwalter (Priester; s. § 7a und 7b).

Das genossenschaftliche Eigentum der Sippen bringt es mit sich, daß Abhängigkeit ebenfalls einen gruppenmäßigen Ausdruck erhält, so daß die abhängige Gruppe als „Hörige" (s. d. A) in Erscheinung tritt (s. a. § 7b).

Wenn man als S. nur den zur „Sache" erniedrigten Menschen bezeichnen will, so muß man ähnliche Verhältnisse persönlicher Dienstverpflichtung vorwiegend wirtschaftlichen Ursprungs, wie die Vergeiselung für Schulden, davon unterscheiden. Da die juristische Auffassung vieler derartiger Verhältnisse auch nicht immer bis zu dem Extrem einer sachlichen Degradierung der dienstpflichtigen Personen ausgedehnt ist, wird man gut tun, derartige Dienstverhältnisse mit einem anderen Wort zu benennen und in diesem Falle nicht von S., sondern von „Knechten" und „Mägden" zu reden (§ 7b).

Von diesen S. und Knechten müssen sowohl Hörige (s. d. A) als auch untere Volksschichten (s. Kaste A, Schichtung) unterschieden werden. So leicht es ist, theoretisch den Unterschied festzulegen, wobei man für den S. und Knecht die obenerwähnten Charakteristika festhält, für den Hörigen die gewöhnlich auf die Gruppe als solche bezogene Verpflichtung zu Ehrerbietung und zu wirtschaftlichen Leistungen (s. Tribut), für die unteren Schichten (s. Schichtung) und Kasten (s. d. A) eine Beschränkung auf gewisse minder bewertete Tätigkeiten oder sonstige einzelne Leistungen sozialer oder wirtschaftlicher Art betrachtet, so ist es in Wirklichkeit doch oft schwierig zu entscheiden, welcher Art eine vorgefundene Abhängigkeit ist. Dazu kommt, daß derartige Abhängigkeiten im Laufe der Zeit Schwankungen ausgesetzt sind.

Mit der Sklaverei steht es ebenso wie mit vielen ähnlichen Einrichtungen menschlicher Gesellung. Unter gewissen Voraussetzungen schlagen sich in einer Gegend gewisse Vorgänge zur Sitte nieder, und diese Sitte strahlt von da zu anderen Völkern aus, bei denen ähnliche Lebensbedingungen eine Nachahmung begünstigen. In gleicher Weise bringen neue Konstellationen gesellschaftlicher Gestaltung und geistiger Auffassung dieselbe Einrichtung wieder zum Erlöschen. So ist es z. B. bei der Blutrache (s. d.), der Buße (s. d), dem Asyl (s. d.), beim Mutterrecht (s. d. A), bei den Heiratsordnungen (s. d.) usw. der Fall.

Auch die Sklaverei ist keine Institution, mit der von „Urbeginn" an die Menschheit belastet war. Die Jagd-, Fang- und Sammelwirtschaft kennt Sklaverei nicht; sie ist ein ungünstiger Boden für die Ausbildung starker Abhängigkeit. Schon aus äußeren Gründen: bei dem verhältnismäßig unsteten Leben der Jäger und Fänger kann sich der Abhängige auch bald freimachen, wenn er die Heimkehr nicht aus anderen Gründen vermeidet (s. § 7 a und b). Wir werden also im allgemeinen für den steinzeitlichen Jäger das völlige Fehlen von irgendwelcher sklavischen oder knechtischen Abhängigkeit vermuten dürfen.

Bei den heute lebenden Jägern, Australiern, Buschmännern, afrik. Pygmäen sowie Feuerländern, Botokuden, Kubus, Veddas, Andamanen, Paläo-Sibiriern, Eskimos, handelt es sich vielfach um unterlegene, verschüchterte und zurückgeflüchtete Völker, die kein Mittel gefunden haben, um den ihnen überlegenen Stämmen intellektuell oder diplomatisch die Wagschale zu halten. Sie bieten sogar das Reservoir, aus dem die Überlegenen ihre S. holen. Der Depot-Handel (s. Handel F), der sich namentlich bei diesen Völkern findet, ist ein charakteristischer Zug ihrer Scheu und ihres Unterlegenheitsgefühls.

Die Entstehung der Sklaverei und Knechtschaft als feste und gepflegte Einrichtung muß daher an andere Bedingungen angeknüpft haben, und zwar an solche, die Arbeitskräfte erforderten. Den kleinen Gruppen von Jägern ist ein Zuwachs an der Gruppenzahl nur in sehr engen Grenzen erwünscht, weil sonst die Ergiebigkeit der Jagd, des Fanges und des Sammelns beeinträchtigt wird. Anders liegen die Dinge schon bei Hirten und Gärtnern, vor allem aber bei den Ackerbauern.

Dazu kommt noch der Einfluß der sozialen und politischen Organisation. Die hervortretenden Persönlichkeiten (s. Häuptling) in den homogenen Gemeinwesen können es nicht zu einer ausschlaggebenden Durchsetzung ihrer Autorität bringen, auch nicht in den gerontokratischen Oligarchien etwa Australiens (s. Altenherrschaft, Politische Entwicklung); die Sippenorganisation (s. Sippe) erschwert das Hervortreten Einzelner.

Den Anstoß zu der Auflösung der Sippen in Großfamilien gab das adlige Häuptlingtum mit seinen Vorrechten an Beute, an Vieh und Mensch (s. Schichtung). Die Verselbständigung der Familie innerhalb der adligen Sippen ermöglicht die Ausbildung eines Familieneigentums, einer eigenen Familienwirtschaft. Die Beute war immer persönlicher Besitz, und daher bildeten auch die erbeuteten Menschen, hauptsächlich Kinder und Frauen, eine Auszeichnung, ein Zeichen besonderer Tüchtigkeit bei den Räuberstämmen. Auch wirtschaftlich wirkte sich solche frucht- und arbeittragende Beute für den Besitzer günstig aus und half zu seiner höheren Bewertung, weil ein solcher mehr schenken und umsetzen konnte (s. Handel F, Markt A, Reichtum, Wirtschaft D). Dieses vorbildliche Verhalten griff auf die unterlegene Schicht über, wenn der Adel (s. d. und Kaste A) sich vermischte, sich in Kämpfen aufgerieben hatte oder durch Entstehung einer Despotie (s. d.) in seinem Einfluß erschüttert war.

§ 2. Eine Frage von grundlegender Bedeutung ist die, wie wir uns die Vorstadien der Sklaverei überhaupt vorzustellen haben. Den Ausgangspunkt müssen wir in einer Ungleichheit sowohl der einzelnen Menschen finden als auch der Sippen und der versippten Gruppen, die durch fortgesetzte Verwandtenehe bestimmte, eigenartige Anlagen ausbilden. Darum finden wir auf schon sehr niedrigen technischen Stufen sippenmäßig gesonderte Tätigkeiten (s. Handwerk A, Sippe, Technik A) und auch gewisse Über- und Unterordnungsverhältnisse. Allerdings handelt es sich dabei nicht um deutlich festgesetzte Einrichtungen. Je kleiner die Gruppen, je isolierter ihr Leben, wie bei den unsteten Horden (s. d.) der niedrigen und auch der höheren Jäger (Kubus, Pygmäen, Buschmänner, Eskimos), desto weniger kann die Über- und Unterlegenheit unter Einzelnen und Gruppen sich in Einrichtungen niederschlagen.

Im allg. wird man von zwei verschiedenen Quellen auszugehen haben: a. von der Überlegenheit einer Gruppe über die andere; b. von der einer Person über eine andere. Bei dem wenig ausgebildeten Individualismus wirkt sich die Gruppenüberlegenheit in den persönlichen Beziehungen aus. — Zu a.: Im allg. führt die Überlegenheit einer Gruppe über die andere, die keineswegs eine einseitig kriegerische sein darf, sondern die auch in seelischer Kraft und geistigen Fähigkeiten und Kenntnissen verankert sein muß, wenn sie von Bestand sein soll, zu Überschichtungen, die sich in gewissen Diensten und Abgaben ausdrücken (s. Höriger A und hier § 7 a und b). Eine solche Entwicklung zur Hörigkeit, wie wir sie z. B. bei einigen ostafrik. Stämmen oder bei Mikronesiern beobachten können, ist immer mit einer strengen Trennung der Lebensweise, der Berufsbeschäftigung und gewöhnlich auch der Siedlung (s. d. A) verbunden. Da die in der Regel ethnisch verschiedene Oberschicht häufig Anspruch auf das gesamte Land erhebt, das die Untergeordneten „zu Lehen“ (s. d.) haben, sind Verwechslungen mit milder Sklaverei nicht ausgeschlossen. Der Unterschied muß vor allem darin gesehen werden, daß der S. immer ein Mann „ohne Sippe“,

„ohne Seele“ und ohne Recht gegen seinen Herrn ist. Dieses Kennzeichen fehlt der Hörigkeit, die man höchstens als „Knechtschaft“ bezeichnen kann, nicht als Sklaverei. — Zu b.: Die Überlegenheit unter einzelnen Personen tritt vor allem in der Art der Führerpersönlichkeiten hervor (s. Auszeichnung, Häuptling). So sammeln sich auf den Andamanen-Inseln Jünglinge um einen geschickten Jäger (Brown S. 45), oder bei Festen tritt, wie auf den Feuerland-Inseln (Koppers S. 62), eine spontane Unterordnung gegenüber dem Leiter der Riten und Zeremonien hervor. Derartige persönliche Staffelungen können jedoch auch einen gewissermaßen negativen Charakter tragen, wie z. B. bei den Bergdama, wenn die Blutrache durch die Verpflichtung zu einer Abgabe an Jagdbeute abgelöst wird. Die Ablösung der Blutrache (s. d.) durch Bußen (s. d.) ist zweifellos die erste Quelle persönlicher Schuldverpflichtung (s. a. Bürgschaft A). Das nicht zu scharfen Unterscheidungen neigende Primitive Denken (s. d.) läßt die Persönlichkeit als ganze von der Verpflichtung ergreifen und schafft damit die Voraussetzungen für die Schuldknechtschaft, die jedoch von der eigentlichen Sklaverei dadurch unterschieden bleibt, daß sie bei der Vergeiselung des Menschen ihr Hauptaugenmerk auf den wirtschaftlichen Inhalt der Verpflichtung richtet. Durch entsprechende Leistungen ist sie gewöhnlich sofort lösbar. Der Schuldknechtschaft haftet gewöhnlich auch nicht die Unsicherheit in der Stellung des S. an, der nicht nur Gefahr läuft, bei Ungnade seines Herrn sein Leben zu verlieren, sondern auch gelegentlich geopfert zu werden (s. Menschenopfer C und hier § 7b). Im Gegenteil, die Erhaltung des Lebens eines Schuldknechtes ist aus zwei Gründen von Wichtigkeit: zur Einlösung der Schuld als lebendiger Schuldschein, und als zinsbringende Kraft des geschuldeten Kapitals, bzw. im Falle des Mißlingens einer Eintreibung des Schuldkapitals als eine Rente spendende Arbeitskraft. Doch fanden mitunter gewisse Angleichungen an die eigentliche Sklaverei im Laufe der Zeit statt.

Werfen wir einen Blick auf die Verhältnisse in Nord-Amerika, so geben sie uns einen Fingerzeig dafür, wie bei einer bereits stärkeren Vergesellschaftung (s. Politische Entwicklung, Soziale Entwicklung) und bei der Pflege der Gärtnerei, hauptsächlich durch die Frauen (s. d. A und Wirtschaft D), das Los der Kriegsgefangenen war (s. § 7a). Vor allem tritt dabei hervor, daß man im Grunde mit den im Kampfe (s. Fehde) nichtgefallenen Gegnern nichts Rechtes anzufangen wußte. Bald tötete man sie noch auf dem Schlachtfelde, bald nahm man sie mit nach Hause und wußte nun nichts Besseres zu machen, als sie fürchterlich zu quälen. Manchmal konnte sich dann das Schicksal völlig wenden, wenn eine Frau für den Gequälten eintrat und er ihr Mann wurde. Mitunter erfolgte Adoption (s. d. A) in den Stamm (s. § 7a). Daraus geht hervor, daß überhaupt keine feste Sitte herrschte. Fremde Menschenkraft für wirtschaftliche Zwecke zu nützen, war noch nicht entdeckt worden, oder die Entdeckung hatte wenigstens noch nicht Anklang und Verständnis gefunden. Die Voraussetzung dazu waren soziale Schichtung und das Hervortreten wirtschaftlicher Werte, vor allem auch die Last schwerer Arbeit (s. d.). Jedoch ist, wie das mikronesische Beispiel zeigt, eine soziale Schichtung auch möglich ohne Sklaverei (s. Kaste A, Politische Entwicklung, Schichtung, Soziale Entwicklung). Da der Gartenbau hauptsächlich von Frauen geübt wird und Männer vorwiegend als Sklavenhalter auftreten, war auch hier das Interesse an einer großen Zahl von S. nicht erheblich, wie das z. B. die polynesische Gesellschaft beweist (s. § 7b). Charakteristisch für letztere sind die sakralen Gedankengänge, mit denen die Sklaverei umkleidet erscheint. Wenn wir hören, daß z. B. in der sumerischen Zeit hauptsächlich König und Tempel S. besaßen (s. § 7c), so knüpft das durchaus an Überlieferungen an, die von den höheren Naturvölkern berichten, daß nur der Häuptling oder Priester S. besitzen dürfen (s. § 7b). Denn dem Häuptling fällt ja das Beste der Beute zu. Überdies ist mit dem Gewinn der Herrschaft über einen lebendigen fremden Menschen und Feind zunächst ein so ungewöhnliches Gefühl der Befreiung von Angst verbunden, daß in diesem Ereignis das Walten besonderer transzendenter Kräfte erblickt wird, wie das Beispiel der Maori lehrt. Erst mit der Rationalisierung der Herrschaft (s. Despotie) tritt auch eine allgemeine wirtschaftliche Nutzung der Sklavenkraft auf, und wir sehen im babyl. Altertum, ebenso wie in Ägypten, später auch Privatleute im Besitze von Sklaven.

Die erwähnte Privilegierung einzelner Persönlichkeiten zum Besitz von S. finden wir noch in der Überlieferung isolierter zurückgebliebener Stämme des Kaukasus. In der vom Gedanken an religiös-zauberische Autorität getragenen Gesellschaft bleibt die gesamte wirtschaftliche Seite der Sklavenhaltung noch ungenützt. Verhältnismäßig selten kommt bei den Maori ein Verkauf in Betracht. Das Recht des Herrn auf den Erwerb und Gewinn aus eigener Tätigkeit des S. hat sich noch nicht Geltung verschafft. Im Rahmen der einfachen, direkten und nur wenig geteilten Arbeit besteht noch die Achtung vor dem Grundsatz primitiver wirtschaftlicher Auffassung: nämlich, daß der Ertrag dem Arbeitenden zufallen soll (s. Arbeit, Wirtschaft D). Dafür sind persönliche Bande von Freundschaft und Anhänglichkeit zwischen Herren und S. entwickelt. Obgleich der „gottverlassene" S. „ohne Seele" ist, obwohl er auch seines Lebens nie ganz sicher sein kann, ist sein Verhältnis zum Herrn doch „seelenvoller", und seine Existenz stellt ein besseres „Leben" dar als nach der „Verwirtschaftlichung" der Sklaverei.

Diese Verwirtschaftlichung geht Hand in Hand mit einer Vergrößerung der gesellschaftlichen Verbände, einer wachsenden Dichtigkeit der Siedlung und vor allem mit dem Übergang eines großen Teiles der Arbeit an den Mann. Es ist sehr möglich, daß gerade die Überschichtung von feldbauenden Stämmen durch Hirten diese Umgestaltung sehr gefördert hat (s. Politische Entwicklung, Primitive Kultur, Soziale Entwicklung). Unter diesen Einflüssen kondensiert sich die Sklaverei zu einer festen Einrichtung, auf der die Wirtschaft und das soziale Leben der Gemeinwesen aufgebaut ist. Diese Grundzüge der Wirtschaftsführung und des Gesellschaftslebens strahlten von einigen Brennpunkten nach verschiedenen Richtungen aus und wurden oft von Völkern nachgeahmt, bei denen die wirtschaftlichen Voraussetzungen der Sklaverei oft nur teilweise gegeben waren (s. § 7 c α).

Jede Einrichtung, die einmal ins Leben gerufen ist, führt hinfort ihr Eigenleben und hat ihre eigenen Schicksale. Auf günstigem Boden gelangt sie zu wuchernder Ausgestaltung. Das war bei der Sklaverei z. B. in Afrika deshalb ganz besonders der Fall, weil dort die ethnische Spannung, die raßlich-kulturelle Verschiedenheit zwischen den Arabern und den Eingeborenen, verhältnismäßig groß war (s. § 5).

Die politische Form der Despotie, die aus der Überschichtung hervorging und den Gedanken des menschlichen *Mana* (s. d. B) nützte, kam ebenso dem Patriarchat (s. d. A) wie der Sklaverei zugute.

Die Sklaverei ist eine Einrichtung, die in der Primitivität noch nicht voll zur Entfaltung gekommen ist, sondern erst in den archaischen Kulturen, in denen sie das ganze soziale Leben erfüllt. Gerade dadurch aber hat sie Kräfte wachgerufen, durch die von der ethnischen Seite her eine Gegenbewegung einsetzte, und die erst vor verhältnismäßig kurzer Zeit in nahezu allen Ländern ihren Abschluß fand. Wir müssen unterscheiden zwischen dem sehr verschiedenen Los der einzelnen S., zwischen der Möglichkeit der Freilassung und des Aufstiegs in höhere Schichten, die fast allenthalben das Sklaventum durchzieht, und der Einrichtung als solcher, die mit einem bestimmten Stande der Technik, der politischen und sozialen Organisation auch in der Geistesverfassung ihren Widerhall gefunden hat.

§ 3. Rechtliche Anlässe für die Versklavung bilden teils die Kriegsgefangenschaft, teils das Verfallen in Schuldverbindlichkeiten (s. § 4). Man wird schwer sagen können, welches der entscheidende Faktor für die Sklaverei war. Vielleicht war der Zustand der persönlichen Abhängigkeit ursprünglich überhaupt nicht von langer Dauer und erstreckte sich namentlich nicht auf die Nachkommenschaft, da diese durch verwandtschaftliche Beziehungen der Sippe zugerechnet wurde (s. § 7 a).

Auch die Kriegsgefangenen können z. B. bei den südwestafrik. Ova Kuandjama und den Ovandonga von ihren Verwandten durch Zahlung eines Lösegeldes wieder freigekauft werden. Geschieht das nicht, so bleiben die Leute dauernd Knechte. Dieses Verfahren wird auch jetzt sowohl gegen Stammesgenossen wie gegen Fremde eingeschlagen. Ein Verkauf in Sklaverei findet statt, wenn Leute ihren Angehörigen fortgesetzt großen Ärger bereiten, oder wenn man sie einer Missetat wegen nicht töten will. Doch kommt es auch vor, daß der Stammeshäuptling als Sühne eines Verbrechens (s. Strafe) eine Verwandte des Schuldigen als Sklavin fordert, oder daß ein Bruder einen von ihm begangenen Mord freiwillig durch Hergabe seiner Schwester sühnt. S. des Häuptlings zu sein, wird als Auszeichnung betrachtet (Krafft S. 25).

Die Kriegsgefangenschaft ist bei den verhältnismäßig kleinen und vielfach auf bloße Befriedigung der Rachegefühle eingestellten Kämpfen unter Jäger- und Gärtnervölkern etwas verhältnismäßig Seltenes. Wenn in Afrika in den letzten Jh. die Kriegsgefangenschaft als die Quelle der Sklaverei besonders in Erscheinung trat, so darf man nicht vergessen, daß dazu ein äußerer Anstoß fremder, in einem ganz anderen Lebensbereich stehender Völker ausschlaggebend war. Das gilt sowohl für die Araber an der ö. Küste als auch für die Europäer und Amerikaner an der w. Küste.

Entscheidend für das Hervortreten der Kriegsgefangenschaft war die ethnische Überlagerung und das Zusammentreffen starker ethnischer Verschiedenheiten (s. § 7cβ; vgl. Steinmetz S. 84).

Unter den kalifornischen Stämmen hielten die Shasta S., jedoch nicht in erheblicher Zahl. Sie wurden hauptsächlich den Kriegsgefangenen entnommen, während die S. der nw. Stämme gewöhnlich auf dem Wege der Verschuldung (s. § 4) in Abhängigkeit geraten waren (Kroeber S. 296). Bei einigen anderen nordamerikanischen Stämmen sind Frauenraub und Sklavenjagd wahrscheinlich erst spätere Erscheinungen, die durch die Einführung des Pferdes begünstigt wurden (a. a. O. S. 308).

§ 4. Der zweite (in § 3 erwähnte) Rechtsgrund für die Sklaverei ist die Verschuldung. Diese kann wieder aus einem Rechtsbruch hervorgehen, aus einem Verbrechen, insbesondere aus Missetaten, die zur Blutrache führen, oder aber es handelt sich um eine freiwillige Vergeiselung, um eine Verpfändung der Person (s. Bürgschaft A, Vertrag). Dieses Aufgeben der freien Verfügung über die eigene Person ist zunächst in der Regel als eine zeitlich begrenzte Maßregel gedacht. Wird die Schuld jedoch nicht erfüllt, erfolgt keine Auslösung, so wird das Abhängigkeitsverhältnis stabilisiert.

Selbst bei dem Jäger- und Sammlervolk der Bergdama ist es möglich, in Verschuldung zu geraten (s. a. Schuld, Schulden). Diese knüpft sich daran, daß ein des Mordes Beschuldigter sich loszukaufen versucht. Dies geschieht, seitdem ein Teil der Bergdama Ziegen hält, durch das Entrichten von 20—30 Stück Ziegen. Ist er Feldbewohner und ohne Besitz, so muß ein anderes Verfahren eingeleitet werden: z. B. mußte ein Totschläger drei Jahre hindurch jegliche Jagdbeute abliefern. Dies geschah allerdings ohne persönliche Vergeiselung (Vedder S. 151f.).

Eine häufige Quelle der Versklavung ist bei den *Ila*-sprechenden Völkern des n. Rhodesiens der Rechtsbruch, aus dem *ipso facto* der Verfall in die Sklaverei folgt, aus welcher der Betreffende ausgelöst werden muß; eine Sitte, die *buditazhi* genannt wird. Ein Beispiel dafür. Eine Frau hatte die Glocke vom Halse eines Hundes weggenommen und in den Busch geworfen. Darauf bemächtigte sich ihrer der Besitzer des Hundes und verkaufte sie an einen andern, der sie seinerseits ihrer Schwester übergab. — Oder: eine Frau, die eine Freundin besuchte, wurde von ihr aufgefordert, das Essen, das sie wünschte, sich vom Feld zu holen. Sie ging hinaus und brach sich einen Maiskolben ab, irrte sich jedoch in den Grenzen der Felder, und der fremde Besitzer des Maises bemächtigte sich ihrer als Sklavin. Später verkaufte er sie an einen Mambari-Händler, der sie mitnahm. In einem Dorfe hörte ein Mann davon, wie sie behandelt worden war, und riet ihr, Asche auf den Mambari zu streuen und dadurch ihm zu entfliehen. Das tat sie, und der Mann sprach mit dem Mambari, der vergeblich versuchte, sie wieder loszukaufen. Der betreffende Mann namens *Salanga* starb nachher, und die Frau rannte aus Furcht weg zu einem gewissen *Mono*. Salangas Erbe hatte drei Stück Kalico und eine Decke zu bezahlen, um sie von *Mono* zurückzubekommen, usw. — Nicht allein Diebstahl, sondern auch geringfügigere, oft unbeabsichtigte Beschädigungen von Eigentum oder Verletzungen der Person reichen aus, um den Verlust der Freiheit herbeizuführen. Z. B. bringt Sklaverei auf Lebenszeit, wenn einer auf einen Mann spuckt oder ihm auch nur zufälligerweise in die Nase bläst oder ihn sonst verunreinigt. Die gleiche Folge hat es, wenn er einen Zahn ausschlägt, sei es scherzweise oder im ernstlichen Kampf. Denn mit allen diesen Handlungen sind bestimmte abergläubische Vorstellungen verbunden (s. Fluch A, Idol A 1, Meidung). — Aber auch der Verstoß gegen Sitte und hergebrachtes Ehrengesetz kann zu Verfall in die Sklaverei führen (s. Moral). Hat z. B. ein Mann mit einem Mädchen eine Ehe (s. d. A) eingegangen, ohne die üblichen Formalitäten und ohne sie von ihren Verwandten abzukaufen, und will er sie dann etwa nach einiger Zeit verlassen, so kann sie ihn zu ihrem Sklaven erklären. Er verfällt dann ihr und ihrer Verwandtschaft, weil er gegen *buditazhi*, gegen die Ehrengesetze, verstoßen hat, usw. Auch wenn einer z. B. mit der Frau eines anderen durchgeht, kann der Verführer, seine Mutter oder Schwester der Sklaverei anheimfallen, wenn nicht ein S. da ist, durch den sie sich auslösen können. Es gibt viele, die wegen Ehebruches (s. d. A) in Sklaverei gehalten werden. Gewöhnlich wird zwar eine Strafe (s. d.) bezahlt, aber der beleidigte Gatte hat das Recht, den Ehebrecher zu versklaven, oder auch seine Schwester oder Mutter. Jedenfalls tut er das dann, wenn die Buße (s. d.) ihm nicht bezahlt wird. Das Klan-System (s. Klan, Sippe) bringt es mit sich, daß sehr oft unschuldige Personen, wie ja auch schon oben angedeutet, für die Taten ihrer Angehörigen in Sklaverei kommen (Smith und Dale I 401 ff.).

Mitunter verkauften sich Leute selber in die Sklaverei, wenn sie die ihnen auferlegten Strafen nicht zahlen konnten. In einem solchen Fall begab sich der Schuldner zu einem reichen Mann und forderte ihn auf, seine Schuld zu bezahlen. Auf diese Weise vergeiselte er sich ihm für so lange, bis er selbst oder seine Angehörigen das Lösegeld an den neuen Gläubiger entrichten konnten. Dabei wurden von dem neuen Gläubiger gewöhnlich erhebliche Zinsen berechnet. Aber es gab noch einen anderen Weg, in Sklaverei zu verfallen. Wandert nämlich einer aus seinem Dorfe aus und begibt sich in den Schutz des Häuptlings eines anderen Dorfes, so erhält er von dem neuen Häuptling gewöhnlich die Erlaubnis zu verweilen und für ihn eine Zeitlang zu arbeiten. Dabei kommt es häufig vor, daß er sich mit den Frauen des Häuptlings einläßt. Das sieht der Häuptling gewöhnlich ganz gern. Denn später kommt der Fremde entweder durch seine eigenen weiblichen Angehörigen oder durch die Frauen eines benachbarten Häuptlings in Schwierigkeiten, und nun wird er verpflichtet, irgendwie an seine Leute zu zahlen, wenn er etwa seine Frau verlassen hat. So muß er sich dem neuen Häuptling gegenüber verschulden, und die ganze Zwangslage endigt damit, daß der Fremde vom Häuptling nunmehr als S. beansprucht wird. Endlich kommt es auch vor, daß einer sich in Sklaverei begibt, weil er völlig verlassen und ohne Freunde dasteht. Das ist namentlich auch bei Frauen der Fall. Später kann der oder die Betreffende natürlich immer durch die Verwandten von dem betreffenden Herrn losgekauft werden (Smith und Dale I 398 ff.).

Schuldsklaverei gab es in Amerika bei verschiedenen Stämmen, z. B. bei den Algonkin-Indianern, den Micmac, den Narragansetts und ihre Nachbarn, den Choctaw, usw. Sie wurde häufig beim Spiel eingegangen, und zwar oft von Frauen, die ihre Dienste verpfändeten. Sie wurden auf ein oder zwei Jahre von ihrem Herrn zum Fischen, Jagen oder für geringere häusliche Arbeiten verwendet und schließlich wieder freigelassen. Wenn ein Mann mit Schulden starb, brauchte seine Witwe diese nicht zu bezahlen. Jedoch nur so lange, als sie unverheiratet blieb. Derjenige, der sie nahm, mußte die Schulden ihres verstorbenen Gatten bezahlen. Diese Art Verknechtung scheint im alten Amerika, sowohl in den feldbauenden wie in den nicht feldbauenden Gegenden, verbreitet gewesen zu sein. Eine Ausnahme machen die amerik. Stämme der Nordwestküste. Obwohl auch dort Spiel und Verpfändung vorkommen, wird von einer Schuldvergeiselung nirgends berichtet. Wahrscheinlich hängt das einerseits mit der Staffelung nach sozialem Rang zusammen, andererseits mit den dort vorhandenen größeren Mengen wirtschaftlicher Wertgegenstände, wie sie bei den großen Verteilungsfesten (*potlach*) am bezeichnendsten in Erscheinung treten (Mac Leod S. 370ff.).

Unter den Yuroks an der Küste des n. Kalifornien bildete die Sklaverei eine wohl anerkannte, aber nicht sehr wichtige Einrichtung. Die Anzahl der S. überstieg wahrscheinlich nicht ein Zwanzigstel, sicher nicht ein Zehntel der Bevölkerung. Ein Yurok-Mann mit drei S. galt als außerordentlich reich. Anlaß zur Sklaverei bildete Verschuldung, nicht Kriegsgefangenschaft, denn Kriegsgefangene wurden nicht gemacht, Frauen und Kinder jedoch nach Friedensschluß zurückgegeben, auch einsame Fremdlinge wurden von den Yuroks getötet. Die Verschuldung hatte ihren Grund mehr in rechtlichen als ökonomischen Vorgängen. Gewöhnliche Ursache war irgendeine Gewalttat oder Zerstörung von Eigentum oder ein Verstoß gegen Sitte und Glauben, z. B. ein Schlag gegen den Sohn eines reichen Mannes oder das verbotene Aussprechen des Namens eines angesehenen Toten. Die S. wurden damit beschäftigt, Schnüre und Netze anzufertigen und zu fischen. Sie wurden nicht, wie weiter n. an der Küste, dazu verwendet, um bei der Entfaltung von Reichtum getötet zu werden. Doch betrachtete man die S. als Eigentum. Ein Eigentümer konnte seinem S. eine Frau kaufen, und deren Kinder gehörten dem Herrn. Die Vergeiselung weiblicher Angehöriger fand gewöhnlich als Buße (s. d.) zur Beilegung von Blutfehde (s. Blutrache, Fehde) statt. Arme Leute konnten diese Geiseln gewöhnlich nicht auslösen, und so wurden diese zu Knechten und Mägden. Wenn ein Mann eine so vergeiselte Frau selbst heiratete oder einem Verwandten zur Ehe geben wollte, so bezahlte er eine geringe Summe an ihre Familie. Daraus geht hervor, daß es dabei nicht auf die Person, sondern auf ihre Dienstleistungen ankam, und dieser wirtschaftliche Gehalt war es, der verkauft wurde. — Die Yurok behaupten, daß ihre S. nicht versuchten davonzulaufen. Dabei muß man im Auge behalten, daß eine Versklavung von Fremden nicht üblich war, und daß der Verkäufer den S., der dem neuen Herrn entlaufen war, mit sofortigem Tode bedrohte, wenn er nicht sogleich seinen Dienst bei dem neuen Besitzer aufnahm. Die allg. Stimmung pflegte zugunsten des Herrn Partei zu ergreifen. Für einen ermordeten S. mußte man Bezahlung leisten, und zwar an seinen Herrn, nicht an des S. Verwandte. Ein reicher Herr verlangte auch eine hohe Entschädigung (Kroeber S. 32f.).

Bei den Loango an der Westküste des mittleren Afrika werden die Leute, die wegen eines Verbrechens aus ihrer Gemeinde gestoßen und von ihrer „Erde“ verbannt werden, rechtlos, d. h. sie verlieren den Zusammenhang mit ihrer Sippe. Zwar bleibt der geächtete oder entflohene Missetäter immer noch frei, doch hat er keinerlei Rückhalt mehr an den Seinen und muß darum Anschluß an eine andere Gemeinde finden. Das vermag er nur dadurch, daß er sich zu eigen gibt. Es herrscht in der Beziehung ein gewisser „Menschenhunger“. Der Vertriebene sucht seine Zuflucht als Leibeigener eines Gauherrn, eines Häuptlings. Nur dieser kann Leibeigene annehmen und vertreten. Andere Besitzer von Leibeigenen gibt es nicht und kann es nach den ganzen Rechtsverhältnissen nicht geben (s. a. § 7a und b). Auch gibt es keinen anderen Weg zur Leibeigenschaft als den gekennzeichneten, abgesehen von den Kindern einer leibeigenen Mutter. Früher allerdings, zur Zeit des Sklavenhandels (s. a. § 5), als man um der Menschenware willen für die Europäer Grenzkriege führte oder Stämme des Innern aufhetzte, galten des Geschäftes halber alle Gefangenen als Leibeigene, und man ist noch geneigt, einzeln schweifende Land- und Stammfremde danach zu behandeln, weil man die Hypothese aufstellt, daß sie wegen schlechter Taten Heimat und Anhang aufgegeben haben (Pechuël-Lösche S. 234f.).

Die Aufnahme in die Leibeigenschaft ist

bei den Loango mit gewissen Zeremonien verknüpft, die tatsächlich eine Aufnahme in den Gauverband, d. i. in die „Verwandtschaftsgemeinde" (s. Adoption A), darstellen. Wer sich leibeigen erklärt, kniet vor dem erwählten Gauherrn nieder, bläst und besprudelt ihm leicht die Fußsohle, setzt sich den Fuß in den Nacken und drückt das Gesicht zur Erde. Will der Gauherr ihn nicht annehmen, so scharrt er mit dem Fuß Staub gegen ihn; dann hat der Abgewiesene vor dem nächsten Sonnenschein den Gau zu verlassen. Begehrt ihn jedoch eine Jungfrau zum Manne, so bleibt er im Gau, selbst wenn ihn der Gauherr vorher zurückwies (s. Frau A, Fraueneinfluß). Für den aufgenommenen Leibeigenen ist der Gau fortan verantwortlich, außer für Schulden, weil er kein Recht hat zu borgen (Pechuël-Lösche S. 236).

In Kpando (Togo) muß derjenige, der Schulden gemacht hat und niemanden findet, der Bürgschaft (s. d. A) für ihn übernimmt, eines seiner Kinder solange als Schuldgeisel (s. Vertrag) geben, bis er die Schuld bezahlt. Als solche Geisel werden nur ältere Kinder, Knaben und Mädchen, verwendet, die auch bei der Arbeit behilflich sein können. Der Gläubiger verwendet diese Geisel zu Arbeiten im Hause, auf dem Felde, zum Lastentragen usw. Ihm liegt die Sorge für Nahrung, Kleidung und Wohnung ob. Lohn wird nicht bezahlt. Die Dienstleistung wird nicht in irgendeiner Weise von der Schuldsumme abgezogen, sondern diese bleibt immer auf derselben Höhe. Stirbt der Geisel, so muß für ihn Ersatz gestellt werden. Ist die Tochter vergeiselt, so kann sie der Gläubiger heiraten oder einem seiner Söhne geben. Dadurch erlischt die Schuld nicht. Will ein anderer das Mädchen ehelichen, so ist das erst möglich, wenn der Bräutigam dem Gläubiger die ganze Schuld bezahlt hat. Auf diese Weise wird dann der Schwiegersohn der Gläubiger seines Schwiegervaters. Mit dem Tage, an dem die Schuld bezahlt wird, ist das Kind frei und kehrt wieder in seine Familie zurück. Hatte der Gläubiger die (weibliche) Geisel geheiratet, so ist es ihr allerdings ohne weiteres erlaubt, den Mann zu verlassen, jedoch gehören, wie das überall Brauch ist, wo patriarchalische Kaufheirat herrscht, die Kinder dem Mann. Bei der Rückkehr der (weiblichen) Schuldgeisel wird ihr zu Ehren ein Familienfest veranstaltet, und der Vater dankt seinem Kinde feierlich für den ihm erwiesenen Dienst. Man badet es, und zum Zeichen, daß jetzt alle Schuld getilgt ist, wird ihm das Kopfhaar abrasiert. Den Anlaß zu solchen Vergeiselungen bieten wucherische Geldgeschäfte, vor allem Schulden, die gelegentlich der Totenfeier gemacht wurden (Breitkopf S. 570ff.). — S. a. Nieboer S. 38.

§ 5. Der Sklavenhandel setzt eine gewisse wirtschaftliche Höhe voraus. Nicht deshalb, weil Handel überhaupt getrieben wird (s. Handel F, Markt A), sondern weil die niedrige Wirtschaft (s. d. D) die menschliche Arbeitskraft noch nicht genügend zu nützen versteht.

Erbliche Versklavung war ein charakteristischer Zug der nicht Feldbau treibenden Indianer an der pazifischen Küste Amerikas. Sie erstreckte sich von den Aleuten-Inseln bis einschließlich Nordwest-Kalifornien. Ein lebhafter Sklavenhandel wurde unter diesen Stämmen getrieben. Auf der benachbarten Hochebene, der Tundra und der Wüste, in den Bergtälern Kaliforniens, sowie in den feldbauenden Gegenden Amerikas handelt es sich nur um eine nicht erbliche Verknechtung der Kriegsgefangenen (s. § 7a). Aber auch in den genannten Gegenden ist die Zahl der S. gering (Mac Leod S. 375ff.).

Unter den *Ila*-sprechenden Stämmen des n. Rhodesien stammt die Sklaverei aus zweierlei Quellen, die eine ist der Erwerb durch Sklavenhändler, die andere sind Vergehen der Person selber oder ihrer Angehörigen. In früheren Zeiten trieben Araber und Mambari-Händler einen lebhaften Kauf und Verkauf von S. In den Kriegen unter den einzelnen Stämmen wurden Gefangene gemacht und gewöhnlich als S. gehalten. Wenn letztere Quellen heute auch versiegt sind, so befinden sich die Kinder der ehemaligen Kriegsgefangenen doch noch in der gleichen Stellung. Auch geht heute noch ein stiller Sklavenhandel vor sich. Dazu kommt, daß Leute beim Wasserholen oder im Wald überfallen und nach einem entfernten Ort verschleppt und verkauft werden. Früher kaufte man sich S. mit Beilklingen. Für einen jungen Mann wurden gewöhnlich 6 Beilklingen gegeben, für ein Mädchen mehr, bis zu 10 oder 12. Aber auch anderes wurde bezahlt, z. B. für ein erwachsenes Mädchen 10 Körbe Salz, 5 Strähnen Glasperlen und 1 Beilklinge. Während des Handels wurde der betreffende S. gewöhnlich zu irgendeinem Dienst gerufen, um dabei vom Käufer auf seine Gesundheit und Eignung geprüft zu werden. Man sagte dem S. gewöhnlich nicht, daß er jetzt verkauft sei, sondern nur, daß er den Besucher begleiten solle und gleich zurückkehren werde. Zu irgendeinem Abschiednehmen von seinen Angehörigen ließ man es nicht kommen (Smith und Dale I 398ff.).

Auch an der Loango-Küste des w. Afrikas herrschte im 18. Jh. großer Sklavenhandel. Degrandpré berichtet, daß diese Küste ungefähr den vierten Teil aller S. lieferte, die von Nieder-Guinea ausgeführt wurden. Die Fürsten maßten sich das Recht an, jeden Menschen, der nicht ihresgleichen war, zu greifen und an die Sklavenhändler zu verkaufen. Die anderen Großen des Reiches durften das nur mit den Leuten ihrer Gaue tun (Pechuël-Lösche S. 153ff.).

Die typischen Sklavenhändler der ostafrik. Küste sind die sog. Sùahili, Leute, die einer Mischung aller möglichen arab. Stämme mit der afrikanischen Küstenbevölkerung entsprossen sind. Sie pflegten Städte und Dörfer, soweit sie nach dem Innern vordringen konnten, zu plündern und deren männliche und weibliche Bewohner als Sklaven wegzuschleppen. Diese Mischbevölkerung entstand noch vor der Ankunft der Portugiesen, obgleich auch die letzteren ihre Spuren im Lande hinterlassen haben. Diese S. wurden früher nach Sansibar gebracht, das den Mittelpunkt des Sklavenhandels bildete, und von wo sie nach den arab. Häfen verschifft wurden. Die Araber, die an diesem Handel beteiligt waren, verloren natürlich bald angesichts der persönlichen wirtschaftlichen Vorteile das Gefühl der Menschlichkeit. So kam es ihnen nur darauf an, die Ware lebend und in einem Zustand an ihren Bestimmungsort zu bringen, durch den sie noch genügend gute Preise zu erzielen vermochten. An der afrik. Küste selbst wurden diese S. teils für die Haushaltungen, teils in den Gewürzplantagen verwendet; in Arabien außer für das Haus insbesondere als Feldarbeiter. Die Haussklaven erfuhren keine schlechte Behandlung; die Frauen wurden oft Konkubinen, die Männer konnten es selbst wieder zu Sklavenhaltern bringen und vermochten dann fast wie freie Leute zu leben, obgleich sie natürlich jederzeit wieder verkauft werden konnten, wenn es ihrem Herrn paßte. Die Grundzüge dieser Einrichtungen fanden von hier aus weite Verbreitung in Afrika. Als die S. in der Nähe der Küste spärlicher wurden, machte die Sklavenjagd und der Handel weitere Fortschritte nach dem Inneren zu. Diese S. wurden unterwegs, um den Verdienst zu erhöhen, gewöhnlich gleich mit Elfenbein, Hörnern und Nahrungsmitteln für die Karawane beladen. Sie waren in Kolonnen von je 10 oder 12 an eisernen Ringen um den Hals aneinandergekettet und wurden mit Nashorn-Peitschen vorwärts getrieben. Kranke und schwache tötete man lieber, als daß man sie freiließ. Widerspenstige belud man außer mit ihren Lasten noch mit schweren Baumstämmen, an die man sie nachts festband (Roscoe S. 9ff.). — S. a. Velten S. 305ff.; Nieboer S. 396ff.

Im 12. Jh. verkauften die Engländer ihre illegitimen Kinder nach Irland. Auch nach den Brehon Laws darf die Mutter die illegitimen Kinder verkaufen; manchmal verkaufte sie auch der Vater. Wenn irgend etwas Besonderes vorlag, Hungersnot oder ein Vergehen, konnten sogar legitime Kinder, namentlich die Tochter, verkauft werden (Joyce II 13).

§ 6. Die Unternehmung von Kriegszügen eigens zu dem Zwecke, um Kriegsgefangene zu machen und diese dann als S. zu verhandeln, die Sklavenjagd, stellt mitunter die Ausstrahlung ganz anderer wirtschaftlicher Faktoren dar, als es die sind, die innerhalb der Sklavenjäger herrschen. Letztere sind manchmal nur Mittelsmänner, wie das sowohl für die arab. Sklavenjäger in Afrika zutraf als auch für die Großhäuptlinge und Sultane im W Afrikas, die ihre Überlegenheit vielfach dem Waffenhandel mit den Europäern verdankten.

In ähnlicher Weise dürften sich die Dinge auch zugetragen haben in den archaischen Kulturen, die auf Sklaverei aufgebaut waren und daher starken Bedarf an S. hatten.

Die *kalasha*-sprechenden Bashgeli = Kafirs in Indien lebten in den 80er Jahren unter der Herrschaft von Chitral, dessen Herrscher *Aman-ul-Malk* die Mitglieder dieser Rasse von Zeit zu Zeit in die Sklaverei verkaufte, um seine Einkünfte zu erhöhen (Leitner S. 143).

Sklavenjagden wurden besonders von den span. Eroberern z. B. in Brasilien im Amazonas-Gebiet veranstaltet und wirkten wieder auf die Abwanderungen der angegriffenen Stämme zurück (Church S. 13).

Solche Stämme, von denen S. gejagt wurden, sind z. B. die papuanischen Baining-Leute der Gazelle-Halbinsel in Neupommern gewesen, die von der Küstenbevölkerung als Knechte gehalten wurden (Rascher S. 31 ff.).

§ 7a. Um uns den Charakter der Sklaverei und Knechtschaft zu vergegenwärtigen, dürfte es angezeigt sein, zunächst ein Beispiel aus einer Gesellschaft vorzuführen, bei der die Männer Jäger, die Frauen Gärtnerinnen sind, und wo die Sklaverei nicht zu einer dauernden, wenigstens nicht vererbbaren Einrichtung geworden ist, zumal ja auch sonst die Gesellschaft keine Schichtung aufweist. Wir werden sehen, daß das Schicksal der Verknechteten hier überhaupt unsicher ist.

Während der beständigen Kriege der Indianer pflegten einige Wisconsin-Stämme Kriegsgefangene von den Pawnee, Osages, Missouries und sogar von den entfernten Mangans zu machen, die in Knechtschaft verfielen. Auch die Ottawas und Sauks machten derartige Gefangene. Die Menomini und andere Stämme hatten Pawnee-S., die sie auf dem Wege des Handels von den Ottawas, Sauks und anderen erhielten; die Menomini sollen jedoch nicht selbst solche Kriegsgefangenen gemacht, sondern sie, ebenso wie die Sauks, gewöhnlich verbrannt haben. Kinder der Sauks wurden an Bäume gebunden und als Zielscheibe für Pfeile verwendet. Das gleiche sollen die Sauks mit den gefangenen Menomini-Kindern getan haben. Die Zahl der kriegsgefangenen Sklaven, die gewöhnlich in ihrer Jugend erbeutet worden waren, dürfte sehr gering, ihre Behandlung nicht immer milde gewesen sein. Andererseits wird berichtet, daß ein Pawnee unter den Menomini mit der Tochter des Häuptlings verheiratet wurde und bis zu seinem Tode mit ihr lebte (Skinner S. 122 f.). — Daraus geht hervor, daß die Stellung der Kriegsgefangenen eine unsichere war und gleichzeitig zwischen großen Extremen schwankte, nämlich erstens: grausamer Tötung, zweitens: Versklavung, drittens: Aufnahme in den Sippen- und Volksverband. Dieser Zustand einer Unsicherheit in der Behandlung der Kriegsgefangenen zeigt, daß noch keine feste Tradition sich ausgebildet hatte, daß noch kein Ansturm von irgendwelchen Lebensnotwendigkeiten oder sonstigen politischen oder sozialen Bedingungen und Auffassungen her erfolgt war, der die Gestaltung zu einer Einrichtung in eine bestimmte Bahn gedrängt hätte. Gerade diese Unsicherheit und Unbestimmtheit wird man als etwas Ursprüngliches ansehen können, als einen Zustand vor der Sklaverei als Institution.

Bei den Pawnee-Indianern wurden die Kriegsgefangenen einem Frauenbund aus Unverheirateten und Witwen überantwortet, dessen Oberhaupt eine Frau war, die eine große Muschel als Abzeichen auf der Brust trug (s. Fraueneinfluß, Frauenorganisationen [Kriegerische]). Die Überantwortung der Kriegsgefangenen an diese Frauen war mit öffentlichem Tanz und Quälerei der Gefangenen verbunden (s. Menschenopfer C, Opfer A). So wird von einem Fall erzählt, in dem ein Dakota von den Pawnee auf dem Kampffelde gefunden, heimgebracht und vom Häuptling dem Frauenbund überantwortet wurde. Man band ihn an einen Pfahl im Süden des Lagers fest. Nach verschiedenen Vorbereitungen tanzten die Frauen durch das Dorf zum Folterplatz und zündeten ein großes Feuer vor dem Gefangenen an. Damit begann eine vier Tage währende Zeremonie und grausame Quälerei des Gefangenen. Schließlich brachte man das kleine Töchterchen des Häuptlings hinaus, um der Folter zuzusehen. Sie schrie und wurde heulend zum Häuptling heimgebracht. Dieser zankte erst das Kind aus. Als es sich jedoch nicht besänftigen ließ, lief das Volk zusammen, und es entwickelte sich mehr und mehr Sympathie für das Kind (s. d.). Die Krieger und Sippenhäupter versammelten sich und besprachen die Angelegenheit, so daß schließlich eine Abordnung an den Frauenbund entsandt wurde, mit dem Auftrag, den Gefangenen loszulassen. Dieser wurde hierauf zur Ratshütte gebracht, wo der Häuptling entschied, daß er sich dem Willen seiner Tochter gefügt habe, und ihr befahl, Wasser für den Gefangenen zu bringen, das ihm zum Trinken gereicht wurde. Dann ließ der Häuptling ein großes Becken mit Wasser und Büffelwolle bringen, um die Wunden des Mannes zu reinigen, hierauf Büffelfett und rote Erde, um seine Haut damit einzureiben. Schließlich bekam er Essen und Kleidung und wurde heim zu seinen Leuten geschickt. Drei Jahre später erschien er wieder mit seinen Angehörigen und versuchte Frieden zwischen beiden Stämmen herbeizuführen (Murie S. 598f.). — Diese Behandlung zeigt, daß man mit den Kriegsgefangenen eigentlich nichts anzufangen wußte und sie nicht wirtschaftlich zu verwerten verstand.

§ 7b. Die geschichtete Gesellschaft, in der die Männer Jäger und Fänger, die Frauen Gärtnerinnen sind, weiß den S. als Wirtschaftskraft nicht zu nützen, doch hat sie das Gefühl der Über- und Unterlegenheit stark ausgebildet und bezieht es oft auf transzendente Kräfte.

Von Sklaverei im eigentlichen Sinne des Wortes kann man trotz der stark geschichteten Gesellschaft auf den mikronesischen Inseln des Pazifik nicht reden, wenn auch die Unterordnung unter den Adel sehr stark zutage tritt, zumal hier das heilige Fürstentum (s. Häuptling, Mana B) ganz besonders ausgebildet ist. Es handelt sich vielmehr um ein Hörigen- (s. d. A) und Lehen- (s. d.) Verhältnis (Sarfert S. 361ff.).

Ähnlich liegen die Dinge auf der Insel Yap. Allerdings gibt es hier eine Gruppe besonders zurückgesetzter Leute, die in eigenen Dörfern siedelnden Milingai, die man jedoch auch als Hörige minderen Ranges anzusprechen hat (Müller-Wismar S. 249).

In dem polynesischen Inselgebiet fehlt es nicht ganz an eigentl. S., obgleich auch hier die Abhängigkeit ganzer Sippen und Klans vor allem in Erscheinung tritt. Solange bei den Maori der Angehörige einer auf dem Wege des Kampfes unterworfenen Gruppe sich unter den Seinen aufhielt, kam es mehr auf Zahlung der Abgaben als auf persönliche Dienste an. Eine solche Gruppe wurde als „unterworfen“ betrachtet, wenn sie durch eine Niederlage ihr militärisches Ansehen verloren hatte (s. Mana B). Gewöhnlich wurde die Mehrheit der Männer und Frauen geschont (s. a. Fehde), nur die schönsten Frauen wurden nach den Häusern der Sieger verschleppt. Der übrige Stamm mußte gelegentlich Nahrungsmittel den Siegern zum Zeichen seiner Unterlegenheit bringen; sonst lebten sie jedoch wie zuvor. Diese Abgaben wurden sogar durch Anerkennungsgeschenke von seiten der Empfänger quittiert (s. Vergeltung). Um das Anwachsen der Zahl der Unterworfenen zu unterbinden, pflegten die Herren jedes hübsche Mädchen, sowie es herangewachsen war, zu verschleppen. — Aber außerdem wurden auch individuelle Kriegsgefangene gemacht, die nicht beim Kannibalenfest nach der Schlacht verzehrt wurden. Daher die Beschimpfung unter den Maori: „Überbleibsel vom Fest!“ oder: „Du bist nicht wert gebraten zu werden!“ Wenn ein Kriegsgefangener zum S. gemacht wurde, so behandelte man ihn in der Regel gut, er hatte reichlich Nahrung und genoß viel Freiheit in Rede und Handlung. Zu seinen Angehörigen lief er nicht weg, weil diese ihn nicht wieder aufgenommen hätten, denn er galt als Unglücksmensch, den die Götter dadurch heimgesucht hatten, daß sie zuließen, daß er Gefangener wurde. Für seinen eigenen Stamm war er „tot“, oder vielmehr schlimmer als das, und seine Anwesenheit wäre eine lebendige Beleidigung für sie gewesen. Sie wünschten weder ihn noch sein Mißgeschick in ihrer Siedlung oder gar bei einem Kriegszug. Die Kränkung, die ihnen durch ihn angetan worden war, konnte nur durch das Blut seiner Besieger vergolten werden. Diese S. hatten indes einen gewissen Trost für den Verlust ihres Ranges, den sie in ihrer Gesellschaft eingenommen hatten, darin, daß sie von den Unannehmlichkeiten des *tabu* (s. d. B und Meidung) befreit waren. Ein S. hatte nichts „Seelisches". Da seine Götter ihn vergessen hatten, war er soviel wie „nicht vorhanden". Natürlich mußte er sich hüten, das persönliche *tabu* eines Häuptlings zu brechen, denn sonst wäre er dem Tode verfallen gewesen. Die transzendente Strafe eines solchen Bruches wäre jedoch auf den Häuptling, nicht auf den Sklaven, gefallen, der ja von den übermenschlichen Mächten ignoriert wurde. Aus diesem Grunde, nämlich wegen des Fehlens jeder individuellen „Heiligkeit" oder Beseeltheit, konnte er viele Dinge verrichten, die höherstehende Personen nicht tun durften, wie Essen kochen, Lasten tragen und verschiedene Handreichungen, von denen die Gemeinde Vorteil hatte, und die sie darum schätzte. Der Krieger z. B., dessen Person so „heilig" war, daß sie davon besudelt wurde, wenn er einem Kochofen sich näherte, und dessen Rücken so sakrosankt war, daß er darauf keine Lasten legen konnte, hatte einen guten Freund in „dem Verachteten der Götter". Es galt jedoch als ungezogen, einen Untergeordneten schlecht zu behandeln. Manchmal konnte ein S. auch für einen anderen als seinen Herrn arbeiten und wurde dann für seine Tätigkeit durch eine Gabe entschädigt, von der er einen Teil gewöhnlich seinem Herrn anbot, der dies jedoch selten als sein Recht beanspruchte. S. wurden gelegentlich von einem Besitzer an einen anderen für eine Gegenleistung übereignet, so daß der frühere Herr keinen Anspruch mehr an sie hatte. Meistenteils entwickelte sich ein starkes Band der Freundschaft und Familienanhänglichkeit zwischen Herrn und Knecht. Trotz alledem blieb für den S. die Verachtung der Freien des Stammes bestehen und auch eine große Unsicherheit seines Lebens. Es war für einen S. erniedrigend, daß er sich den Speicherhäusern (mit Süßkartoffel) nicht nähern durfte, um sie dadurch nicht zu „verderben", daß er keinen Begräbnisplatz betreten konnte und andere verbotene Orte, ohne nicht seine ganze Bekleidung draußen zu lassen. Starb er, so gab es keine Beweinungszeremonie noch sonstige Riten, sondern er wurde in einer Grube ohne alles Aufsehen still bestattet. Doch das alles waren Kleinigkeiten im Verhältnis zu der Lebensgefahr, in der er beständig schwebte, wenn der Zorn oder Haß seines Herrn drohte, oder ein Fest ein religiöses Opfer forderte, wie z. B. das Begräbnis eines Häuptlings oder ein anderes Ereignis. Auch war niemand vorhanden, den Tod eines S. zu rächen, wenn dieser z. B. von Fremden getötet wurde. — Die S. wurden gewöhnlich mit Sklavinnen verheiratet, deren Nachkommenschaft zwar wieder Sklaven waren, die jedoch durch Zwischenheirat schließlich im Stamm aufgingen. In dem Hause eines Häuptlings gab es gewöhnlich mehrere Sklavinnen oder Konkubinen, welche die Handarbeit verrichteten. Die ärmeren Freien der unteren Rangstufen trugen nicht Bedenken, Sklavinnen zu heiraten, und deren Kinder fielen dann ihrem Rang zu, allerdings immer mit der Möglichkeit, an ihre Abkunft erinnert zu werden. Auch eine höher geborene Frau wählte manchmal einen hübschen Sklavenjungen als Gatten, namentlich wenn sie das Verlangen hatte, der herrschende Teil zu sein; denn wenn unter den Maori der Gatte zur Familie seiner Frau zog, war die Frau der Meister. Nichtsdestoweniger konnten Persönlichkeiten, die Sklavenblut in ihren Adern hatten, zu hervorragenden Führern und selbst zu Kriegshäuptlingen werden. Doch fehlte dann immer etwas an der Ehrfurcht, die Männern edler Abkunft entgegengebracht wurde (Tregear S. 153ff.).

Von den Juaneño-Indianern des s. Kaliforniens wird berichtet, daß sie im Kampf keinen Pardon gaben, sondern die Verwundeten, die sie vorfanden, sofort enthaupteten; Frauen und Kinder wurden nach Hause gebracht und als S. gehalten; sie fielen dem Häuptling zu (Kroeber S. 646f.). Auch bei den Mohawe im äußersten SO Kaliforniens war es üblich, Mädchen und junge Frauen zu rauben; andere Gefangene wurden nicht gemacht. Man bezeichnete sie einfach als *ahwe* = Fremde. Es wurde ihnen kein Übel zugefügt, jedoch eine Zeremonie abgehalten, damit sie nicht Krankheit in das Land brachten; doch auch nach dieser Reinigung (s. d. D) scheinen sie nicht immer geheiratet worden zu sein.

Man ließ sie arbeiten, behandelte sie aber nicht schlecht, außer wenn sie Fluchtverdacht auf sich luden. Manchmal wurden ihnen auch Aussaat und Feldstücke für ihren persönlichen Unterhalt zugewiesen. Zu einer ernstlichen Ausnutzung der Arbeitskraft waren die Wirtschaftsmethoden zu einfach. Jedoch waren die Mohawe darauf bedacht, auch selbst von anderen Stämmen S. zu kaufen, ähnlich wie die Stämme der Südwestküste (a. a. O. S. 752).

Die Beni-Amer Abessiniens haben den Ehrgeiz, viel S. zu besitzen. Um ihren Besitz zu mehren, unternehmen sie häufig Raubzüge. Im Lande selbst ist der Schwächste und Ärmste nie der Gefahr ausgesetzt, seine Freiheit zu verlieren. Selbst ein Bazen, der beweisen kann, daß er vor seiner Gefangennahme Moslem war, wird sogleich freigelassen. Wirtschaftlichen Charakter trägt diese Sklaverei jedoch nicht. Die Sklavinnen werden Nebenfrauen ihrer Herren und sind fast allen Dienstes enthoben, die männlichen S. gehören zum Gefolge des Herrn und verschmähen als solche ebenfalls die Arbeit. So zieht der Herr keinen wirtschaftlichen Nutzen aus seinen S. Ganz anders steht es mit den eingeborenen S. („Knechten"). Da sie befugt sind, sich untereinander oder mit den Kindern der Untertanen zu verheiraten, also in Verwandtschaft mit ihnen zu treten, so können sie an Erwerb von Vermögen denken, das sie auf ihre Kinder forterben. Doch erleidet die Milde, mit der die S. behandelt werden, gelegentlich Ausnahmen. Frauen machen sich oft ein Vergnügen daraus, ihre Sklavinnen zu peinigen. Auch wird z. B. berichtet, daß eine junge Sklavin getötet wurde, damit ein Kranker im Blute einer Jungfrau bade. Bekanntlich spielt das Waschen mit Blut eine große Rolle in der Heilkunst (s. Menschenopfer C). S. werden selten verkauft, geborene S. niemals (Munzinger S. 310f.).

Eine eigentümliche Sklaverei existiert bei den Habāb in Abessinien (gegen das rote Meer zu), wo es sehr viele einheimische Familien gibt, die leibeigen sind. Doch ist dies Abhängigkeitsverhältnis nicht streng, da der Leibeigene bei schlechter Behandlung sich einen anderen Herrn suchen darf, von dem man ihn nicht mehr zurücknehmen kann. (Wir haben es hier also mit den „Hörigen" zu tun, die jedoch von einzelnen Herren abhängen.) Diese „Sklaverei" dürfte nach Munzinger (S. 155) aus den häufigen Kriegen zu erklären sein, in denen man die Gefangenen wegführt. Außerdem verkaufen arme Leute ihre Kinder in die Leibeigenschaft, da es ihnen so besser geht als in der Freiheit.

Die S. bilden einen bedeutenden Teil der Bevölkerung der Beni-Amer (Abessinien). Sie sind entweder vom Feinde geraubt oder vom Ausland angekauft; andere Quellen gibt es nicht, da ein Beni-Amer nie sein Kind verkauft oder seiner Freiheit verlustig gehen kann. Die S. werden nach neueingekauften und nach eingeborenen (*wulud*) unterschieden. Der neu angekaufte S. kann weiter verkauft werden und gehört nicht der Familie an. Der im Lande geborene S. hat nur den Namen, nicht die Stellung eines solchen, was sich besonders darin zeigt, daß er sich mit den Unterworfenen (*woreza*) verschwägern darf. Die Kinder aus solcher Ehe werden als frei betrachtet, da sie von einer freien Mutter abstammen. — In der Landschaft Barka gibt es einen Sklavenstamm, die *kishendoa*, eingeborene Leibeigene, die ein eigenes Zeltlager einnehmen, sich selbst völlig mit einem eigenen Häuptling regieren und mit den *woreza* nach Belieben verheiraten. — Geborene S. („Knechte") können leben, wo sie wollen, und beerben sich wie Freie; nur wenn keine Verwandten da sind, ist der Herr der natürliche Erbe. (Dieses Verhältnis steht an der Schwelle zwischen Hörigkeit und Sklaverei.) — Auch in bezug auf die Tötung eines S. besteht ein Unterschied zwischen dem gekauften und dem geborenen S. Der erstere wird als Sache behandelt und darum dem Herrn als Ankaufspreis ersetzt. Dem geborenen S. („Knecht") dagegen, der zur Familie gehört, und zu dem familiare Gefühlsbeziehungen gesponnen sind, wird das Recht der Rache zugestanden. Seine Angehörigen dürfen die Rache vollziehen, und wenn er solche nicht hat, so übernimmt deren Funktion sein Herr. Doch ist letzterer dazu nicht verpflichtet, und wenn er nicht als Rächer auftritt, geschieht weiter nichts. Von Blutgeld ist indessen nie die Rede. — Eine Analogie zu diesen Familiensklaven bilden die geborenen Leibeigenen der Fürstenfamilie von Tsasega. Sie heißen noch immer S., gehören aber tatsächlich zu den besten Familien des Landes (s. § 8): niemand bedenkt sich, solchen S. sich zu verschwägern, und die ersten Staatsämter befinden sich in ihren Händen (Munzinger S. 308ff.).

Derartige Unterschiede zwischen im Hause geborenen, im Lande geborenen, und kriegsgefangenen, gekauften S. kommen z. B. auch in Kita (im frz. Sudan) vor. Im allg. werden nur die gekauften S. wieder weiterverhandelt und müssen öfter unter grausam strenger Aufsicht Reisen machen. Auch zu Hause werden sie etwas weniger gut behandelt als die Haussklaven. In bezug auf die Arbeit stehen die Freien, die Herren, auf gleicher Stufe wie die S. Der S. kann wahrscheinlich sowohl bei den Kita als bei den Wolof seinen Herrn wechseln, wenn er das Kind oder das Pferd desjenigen verletzt, den er als neuen Herrn wünscht. Eine Handlung, eine Zeremonie, schafft also zwangsmäßig eine neue Lage. Der Haussklave, der im Hause seines Herrn geboren ist (der „Knecht"), gehört zur Familie und darf nur bei fortwährend üblem Betragen verkauft werden. Er kann jede Art Güter besitzen, die er durch seine Arbeit in seinen freien Stunden erworben hat, und selbst wieder über S. verfügen. Vor allem fehlen dem S. aber die politischen Rechte. Die Königssklaven werden ebenso wie die Haussklaven behandelt, sind jedoch nicht Eigentum eines Individuums, sondern der regierenden Familie (s. a. § 8). Beim Tode des Häuptlings fallen die Königssklaven nicht seinen Erben, sondern seinem Amtsnachfolger zu. Diese S. werden so wenig als S. behandelt, daß sie freie Leute in ihrem Dienst haben können (Steinmetz S. 168ff.). — Vgl. a. Spiess S. 98, 101; Wissmann S. 158.

In der sozial gestaffelten Bevölkerung der Berg-Ossen hat sich die Forderung entwickelt, daß nur die Fürsten, und zwar nur diejenigen aus 11 bestimmten Familien, das Recht haben, S. zu halten; diesen selben Fürsten gehört auch das ganze Land der Tagauren. Die Kinder von Fürstenfamilien konnten, auch wenn sie aus der Verbindung einer Frau niedersten Standes hervorgingen, weder verkauft noch unentgeltlich abgetreten werden. Dagegen waren die S. aus der Zahl der Kriegsgefangenen vollkommen rechtlos: sie konnten einzeln oder auch in ganzen Familien verkauft und von ihren Besitzern nach Willkür getötet werden (Nioradze S. 19).

§ 7c. α) Die wirtschaftliche rationalistische Nützung der Sklaverei ist, wie schon in der Einleitung angedeutet, das Ergebnis verschiedener Faktoren (s. Staat), hat aber zweifellos von gewissen Brennpunkten aus durch Berührung mit in der Wirtschaft mehr zurückgebliebenen Völkern auch auf diese übergegriffen. Denn die Sklaverei ist eine Einrichtung, die mehr als andere soziale Institutionen geeignet ist, übertragen zu werden, weil sie hauptsächlich darauf aus ist, Fremde, nicht Angehörige des eigenen Stammes, sich dienstbar zu machen. So gewinnt sie auch in den kleineren Wirtschaftsbereichen pheripherer Völker Bedeutung.

Um den erwähnten Charakter der Sklaverei zu kennzeichnen, wie er bei vielen Naturvölkern vorzufinden ist, sei wiederum auf die vorbildlichen Schilderungen von Smith und Dale über die Ba-Ila von Nord-Rhodesien zurückgegriffen. Im allg. kann man sagen, daß viele S. ganz glücklich leben. Doch, so freundlich auch ihre Herren sein mögen, bleibt die Tatsache bestehen, daß sie S. sind, sie gehören nicht sich selbst. Auf ihre Kinder haben sie kein Anrecht, und sie müssen sich auch mit dem Wort S. (*muzhike* = S.) bezeichnen lassen. Auch wenn eine Sklavin von ihrem Herrn oder einem anderen Freien geheiratet wird, verbleibt sie Sklavin, und ihre Kinder teilen ihr Schicksal. Der Besitzer kann ihre Kinder ohne weiteres verkaufen. Hat sie einen andern Mann als ihren Herrn zum Gatten, so muß sie sowohl dessen als auch ihres Herrn Felder bestellen. Sie muß auch sowohl ihrem Eigentümer, wenn er sie verlangt, wie ihrem Gatten zu Willen sein. Ein männlicher Sklave erhält von seinem Eigentümer eine von dessen Sklavinnen zur Frau. Diese kann ihm indessen jederzeit weggenommen oder verkauft werden. Jedoch kann ein Mann die Kinder seiner Sklavin, wenn er will, für frei erklären, namentlich wenn er von seinen anderen Frauen keine Kinder hat, und ein solches Sklavenkind kann sogar seines Vaters Namen „essen" = erben. Die jungen Sklavenmädchen werden von den Häuptlingen oft an verschiedene Männer gegen Geschenke verliehen. — Natürlich hat der Herr Interesse daran, Leib und Leben seiner S. zu erhalten und sie gegen schlechte Behandlung (z. B. Schläge) von fremder Seite zu schützen. So sehr also die S. eines angesehenen Mannes geschützt sind — daher sind die Leute auch gern S. bei Häuptlingen —, so sind sie natürlich andererseits völlig in der Hand ihres Herrn. Schlägt oder tötet er sie, so hat sich niemand hineinzumischen. Im Falle der Schuldknechtschaft konnten wohl die Verwandten schlechte Behandlung, insbesondere Tötung, übelnehmen, doch hatte er immer die Entschuldigung bei der Hand: „Es war mein S., ihr hättet ihn (oder sie) ja loskaufen können, tatet es aber nicht." Im Falle des Todes eines S. wird ein Opfer (*luloa*) in Gestalt von zwei Rindern dargebracht, welche die Leute des Dorfes verzehren, um den Zorn der Geister zu besänftigen. — Trotz der verhältnismäßig guten Behandlung werden die S. jedoch unerbittlich zur Feldarbeit angetrieben. — Ein S. kann kein Eigentum besitzen, jedoch kann er durch Handel oder Jagd Erwerb treiben, der jedoch letzten Endes seinem Herrn zufällt. Es gibt S., die mehr erworben haben als ihre Herren, darüber jedoch nicht frei verfügen dürfen (Smith und Dale I 408ff.). — Bezügl. der westafrikan. Kpelle vgl. Westermann S. 60, 80.

Ein Baganda-Häuptling besaß außer seinen Hofleuten noch viele S. beiderlei Geschlechts, die alle an seinem Hofe lebten und von seiner Tafel ernährt wurden. Die Frauen wurden gewöhnlich seine Konkubinen (s. Polygamie). Die meisten dieser S. gewann man durch Raubzüge aus der Nachbarschaft, einige wurden jedoch auch gekauft, oder sie waren die Nachkommenschaft von S., die mit Sklavinnen verheiratet waren. Eine Sklavin, die ein Kind von einem Häuptling hatte, erlangte dadurch die Freiheit (s. § 8). Zwar fand keine formelle Erklärung statt, doch galt dies als Brauch. Bauern, die irgendeine Arbeit, welche ihnen vom Häuptling aufgetragen worden war, nicht anpacken wollten, oder die von dem Aufseher wegen der Verzögerung mit einer Geldstrafe belegt wurden, verpfändeten eine Frau oder ein Kind, bis die Bezahlung geleistet wurde (s. o. § 4 und Bürgschaft A, Vertrag). Sie verblieben dann so lange, bis sie nach einigen Tagen oder Monaten ausgelöst wurden. Nur wenn diese Befreiung aus ihrer Vergeiselung nicht erfolgte, wurden sie auch nominell S. (Roscoe S. 93).

Bei den Mossi des w. Sudans fehlt der unter § 7b gedachte Unterschied in der Stellung des Sklaven nach dem Gesichtspunkt, ob er gekauft, im Kriege gefangen oder in der Sklaverei geboren ist (Mangin S. 111).

S. werden vielfach zum Kauf von Frauen (s. Heirat) verwendet, wie z. B. bei den Wahenga von Nyassa-Land, neben Ziegen, Stoffen und Salz (Sanderson S. 132).

Die Stellung des Leibeigenen bei den Loango entspricht der eines Haustieres. Sein Herr, richtiger der Gau, hat ihn zu erhalten und für ihn in jeder Hinsicht einzustehen. Doch gibt es für ihn weder Eigentum noch Hüttenrecht. Der Gauherr kann nach Belieben unter sein Dach treten und sich seine Habe aneignen. Freilich wird dies selten genug geschehen, denn bei aller Roheit und aller Habgier werden die Gefühle und die Besitztümer der Niedrigsten in versöhnender Weise geschont, solange es das Gemeinwohl zuläßt. Der S. wird nicht mißachtet, verkehrt mit den Freien und muß jedenfalls nicht mehr als andere arbeiten. Es heißt zwar, daß er in der viertägigen Woche eigentlich drei Tage fronen solle, gewöhnlich werden daraus aber nur zwei Tage, wie für die Hörigen üblich. Die übrige Zeit nutzt er zu seinem Vorteil. Seine Kinder haben die Stellung der Mutter. Die von einer Leibeigenen stammenden Kinder sind nach Mutterrecht (s. d. A) zwar leibeigen, sind aber schon wesentlich besser gestellt. Als im Gau geboren und in ihm aufgewachsen, werden sie als inniger mit ihm verbunden betrachtet. Deswegen sollen Nachkommen Leibeigener mit dem Tode des dritten

Gauherrn frei werden, oder es soll, wie andere behaupten, die dritte Generation frei geboren sein (Pechuël-Lösche S. 197, 235f.). — Daraus geht hervor, daß das dauernde Zusammensiedeln und die entstehende Verwandtschaft durch Einheiraten in den Gau Gefühle der Zusammengehörigkeit erweckt, die, wenn sie nicht durch wirtschaftlichen Eigennutz paralysiert werden, wie im Falle des künstlich von außen eingedrungenen Sklavenhandels, verhindern, daß es zu der besonderen sozialen Abschichtung eines Sklavenstandes kommt. Denn es fehlen die dafür ausschlaggebenden zwei Hauptfaktoren: 1. die aus der besonderen Art der Wirtschaft (s. d. D) sich ergebende Tendenz zur Überwälzung schwerer Arbeit auf andere, und 2. starke ethnische Unterschiede, die Gefühle der Überlegenheit auf der einen Seite hervorrufen, welche die der Unterlegenheit auf der anderen Seite nützen können.

Einer verhältnismäßig milden Form von Sklaverei begegnen wir im Lande der Ifugao am Ostabhang des die Insel Luzon (Philippinen-Inseln) durchziehenden Gebirges. Außer einer Schichtung (s. d.) der gesamten Bevölkerung in eine Art Adel (*kadangyang*), einen Mittelstand (*natumok*), der von seinen eigenen Reisfeldern lebt, und in eine Klasse von Armen (*nawatwat*), die keine für ihre Existenz ausreichenden Reisfelder besitzen, gibt es richtige S., über deren Leben und Tod ihr Herr unbeschränkte Gewalt besitzt. Diese S. wurden zum Teil bei Kopfjagden in den Kiangan-Landschaften erbeutet, wobei man Frauen und Kinder nicht tötete, sondern als Gefangene wegschleppte und in die Sklaverei verkaufte, wenn sie nicht sofort ausgelöst wurden. Die Kiangan verkauften ihre S. an die Christianos von Nueva Vizcaya und Isabela und erlangten eine Art Monopolstellung in dem Sklavenhandel zwischen der Küste und dem Binnenland. Die andere Quelle der Sklaverei bildete die Verpfändung von Kindern, namentlich im Falle der Not. Diese Kinder konnten später entweder ausgelöst werden, oder sie wurden als Hörige, wenn es ihrem Herrn beliebte, mit einem Stück Land ausgestattet oder auch von einem kinderlosen Ehepaar adoptiert. Derartige vergeiselte Knechte wurden etwas besser als die S. behandelt, manchmal wie die Mitglieder der Familie. Bisweilen gingen auch arme Leute zu dem Haus eines reichen Mannes, um ihre Dienste als Knecht anzubieten. Diesen fiel keine schwere Arbeit zu, und sie wurden wie Angehörige der Familie behandelt (Barton S. 419f.).

Die Form der Knechtschaft unter dem Bergstamm von Chittagong im n. Indien, einer Ackerbaubevölkerung mit einer sozialen Schichtung in Herren, Untertänige und S., ist sehr milde. Doch wird auch hier den S., wie in der Regel, die verwandtschaftliche Beziehung abgesprochen: er „hat weder Vater noch Mutter“, noch irgendwelche Angehörigen; die Versippung wird ersetzt durch seine Stellung zum Herrn. Er kann vererbt und verkauft werden, die Frauen der S. sind Dienerinnen der Frauen des Herrn, sie können sich nur mit Sklaven verheiraten, die der Herr wählt, der auch die Auslagen der Hochzeit trägt; insbesondere werden Kriegsgefangene von Stamm zu Stamm verkauft (Lewin S. 33ff.).

Die ältere germ. Zeit kannte die Sklaverei im vollen Sinne des Wortes. Diese Personen standen außerhalb der Rechtsgemeinschaft. Durch die Verschiebung, die im Laufe der Zeit unter den Stämmen eintrat, erfolgten auch erhebliche Veränderungen, namentlich dadurch, daß z. B. Unfreie als Diener des Königs und der Grund-Aristokratie zu rittermäßigen Diensten verwandt wurden. Andererseits fanden viele Unfreie im Bürgertum der Städte Aufnahme, ohne daß jedoch der Stand als solcher dadurch erschüttert worden wäre (Hübner S. 83ff.). Denn man muß auch hier zwischen dem Wechsel der Menschen innerhalb der Stände und dem Fortleben der Einrichtung als solcher scharf unterscheiden. — Vgl. a. Dopsch. — Bezügl. Englands vgl. Liebermann S. 690, 692ff.

§ 7c. β) Der entscheidende Anlaß für die extreme Ausbildung der Sklaverei ist die archaische Großwirtschaft, die vor allem an die Hofhaltungen der Despoten und Tempel anknüpft (s. Wirtschaft D).

Derartige Vorgänge finden wir in bestimmten Epochen der staatlichen Gestaltung der früharchaischen Kulturen: im

NR Ägyptens, im alten China, im Inka-Reich Perus, usw. Den mit *Mana* erfüllten Fürsten der überlegenen Schicht steht in allen diesen Gemeinwesen eine stark persönlich abhängige Bevölkerung gegenüber, der gerade das *Mana* der Überlegenheit mangelt. Später tritt eine rationalistische Nutzung dieser unterlegenen Schichten für wirtschaftliche Zwecke ein, und darauf werden die archaischen Beamtenstaaten gegründet (s. a. Staat).

Richtige Sklaverei bestand bereits in der babyl. und vorbabyl. Gesellschaft der sumer. Zeit. Die S. unterschieden sich von den Proletariern und Patriziern dadurch, daß sie durchaus als Sache betrachtet wurden. Das älteste Zeichen für S. ist ein Phallus, in dem das Zeichen für Gebirge angebracht ist, und für Sklavin das Zeichen für vulva (= Frau) und Gebirge; somit wird dadurch auf Mann und Frau aus den ö. vom Zweistromland gelegenen, wohl von Jägern und Sammlern bevölkerten Berglandschaften hingewiesen. Die Quelle der Sklaverei scheinen danach in erster Linie Fremde und zwar Kriegsgefangene gebildet zu haben. Daneben kommt aber auch die Vergeiselung für Schulden vor, die Schuldknechtschaft (s. a. Bürgschaft B), die wir ebenfalls als eine sehr alte Form der Versklavung, vorwiegend jedoch innerhalb der Volksgenossen, kennen gelernt haben. Der Sklave mußte sich das Kopfhaar scheren, und es wurde ihm eine Sklavenmarke angelegt. In der ältesten Zeit waren die S. hauptsächlich im Besitz von König und Tempeln; der Privatmann hielt sich damals noch keine große Dienerschar, sondern begnügte sich meist mit einigen wenigen Sklavinnen; männliche S. waren noch selten. Eine besondere Klasse bildeten die Hofsklaven, die im Dienste des Herrschers standen und dadurch nicht selten Einfluß gewannen. Auch die Tempelhörigen, ursprünglich meist S., später der Gottheit geschenkt, erfreuten sich einer ausgezeichneten Stellung. Das Sklavenrecht bestand hauptsächlich darin, daß Unbotmäßigkeiten von der staatlichen Autorität bestraft wurden und Verletzung oder Tötung eines S. durch einen anderen den Herrn zu Ersatzansprüchen gegen den Schuldigen, geradeso wie im Falle einer Sachbeschädigung, berechtigten. Trotzdem dürfte die Behandlung der S. nicht schlecht gewesen sein, zumal die der Sklavinnen, welche häufig Nebenfrauen waren. Auch die männlichen S. durften nicht nur Mägde eines anderen Besitzers, sondern sogar freie Mädchen heiraten. Gegen ihren Verkauf konnten S., wie es scheint, protestieren. An Festen und insbesondere am Neujahrstag wurden die Standesunterschiede unterbrochen (s. Saturnalien). An Auflehnung und Flucht hat es nicht gefehlt. Aus eigenem Antrieb durften S. ihren Platz nicht wechseln, sondern sie wurden beim Tode des Besitzers vererbt, auch konnten sie verschenkt und verkauft werden. Die Freilassung ging teils durch Adoption (s. d. B) vor sich, wodurch der S. in ein Klientenverhältnis zu seinem Patron geriet, solange dieser lebte, teils durch Loskauf, durch den er sofort die volle Freiheit erlangte. Dieser Loskauf geschah wohl hauptsächlich durch einen guten Freund, der das Geld borgte. Insbesondere gehörte es sich für einen Kaufmann, daß er in der Fremde eigene Landeskinder aus der Sklaverei löste. In diesem Fall wurde er durch den Tempel seiner Ortschaft oder durch den König entschädigt. Aber ein babyl. S., der im Ausland von einem Landsmann gekauft wurde, erlangte, in die Heimat zurückgebracht, die Freiheit; offenbar, weil es als Schande galt, Landeskinder im Ausland zu kaufen. In der assyr. Zeit schwangen sich viele S. zu einflußreichen Stellungen auf. Die einheimischen S. wurden durch einen steten Zustrom von ausländischen ergänzt (Meissner S. 375 ff.). — Vgl. a. Schneider S. 21, 36. — Bezügl. Ägypten vgl. Thurnwald S. 772 ff. — Bezügl. des Klassischen Altertums vgl. Ed. Meyer S. 79 ff. und Sargent.

§ 8. Dort, wo die Sklaverei noch nicht zu einer festen Institution geworden ist, aber auch bei den Völkern, bei denen die wirtschaftlichen Beziehungen zur Sklaverei fehlen oder nur in geringem Ausmaß entwickelt sind (s. § 7a, b), ist auch die Wiedergewinnung der Freiheit verhältnismäßig leicht und tritt vor allem dann fast automatisch ein, wenn es dem S. gelingt, sich einer Verwandtschaftsgruppe, einer Sippe oder einer Familie, einzuordnen, da die Sklaverei wesentlich durch das Fehlen solcher Verwandtschaftsbeziehungen charakterisiert wird (s. § 7a und b).

Die persönliche Abhängigkeit ist bei den Ba-Ila, wie gezeigt, keine bloße Knechtschaft, sondern echte Sklaverei, trotz verschiedener Linderungen. Es kann indessen einer, der wegen einer Missetat versklavt ist, jederzeit freigekauft werden. Doch hängt diese Möglichkeit nicht, wie ja schon aus der ganzen primitiven Rechtsauffassung hervorgeht (s. Blutrache, Recht, Strafe, Vertrag), mit irgendeinem Grad persönlicher Verschuldung zusammen (s. Schuld), sondern, wie oben gezeigt, mit der äußeren Verflechtung der tatsächlichen Ereignisse (vgl. Fluch A, Mana B, Meidung). Auch die Befreiung aus der Sklaverei ist, ähnlich wie das Asyl (s. d.), ein Ereignis, das mehr in der Hand der Schicksalsmächte liegt, als durch irgendein persönliches Verdienst erworben werden kann. Ein S., der übermäßig schlecht behandelt wird, hat einen Ausweg: nämlich Asche auf seinen Besitzer zu streuen, wodurch er ihn zwingt, ihn weiter zu verkaufen. Durch dieses Sicherheitsventil, das, ähnlich wie das Asyl gegen die Überspannung der Blutrache, hier gegen die Auswüchse des Sklavenhaltens schützt, ist dem S. ein nicht unwichtiges sakrales Rechtsmittel gegeben, ähnlich wie in islamischen Ländern die *notae datio*.

Bei den Ba-Ila kann sich ein S. zwar nicht selbst loskaufen, doch vermag er durch Tätigkeit und Eifer im Dienste seines Herrn zu einer Stellung von Vertrauen und Einfluß zu gelangen, die dazu führt, daß er „seines Herren Freund" (*mwenzhina shimatwangakwe*) genannt wird. Er kann z. B. S. für seinen Herren einkaufen und wird dann von diesen als ihr Oberhaupt angesehen. Vermöge dieser Würde kann er diesen S. auch Befehle erteilen (Smith und Dale I 411).

Anders ist es bei der wirtschaftlich fundierten Sklaverei. Diese ist im Rechtsleben verankert, das ja gerade durch die Ausbildung der Wirtschaft deutlich hervortritt. — Das Zeremoniell, das bei der Freilassung in der Regel gefordert wird, muß auf die Bedeutung der Handlung zurückgeführt werden, die das primitive Rechtsleben beherrscht (s. Recht, Vertrag).

Im Lande der Kunama (Abessinien) gibt es nur wenige S., die aber durchaus die Stellung einer Sache einnehmen. Bei ihnen und auch bei den Barea und Bazen wird der landeseingeborene S. durch bloße Entfernung von seinem Herrn vollständig frei. Hat er Grund, mit diesem unzufrieden zu sein, so zieht er sich in ein anderes Dorf zurück, lebt, wo er will, heiratet und verbindet sich mit freien Frauen ohne Belästigung und Nachrede. Vertritt der Herr bei Verheiratung seines S. an ihm Vaterstelle, so erklärt er ihn dadurch faktisch frei (Munzinger S. 484).

Die Erscheinung, die wir wiederholt beobachten konnten, daß S. der Fürsten und Könige eine derart bevorzugte Stellung einnehmen, daß sie sich sogar über die Freien erheben, ist ein Vorgang, der regelmäßig mit der Entstehung rationalistisch genützter Despotie eintritt. Es ist die mehr oder minder große Leibgarde und persönliche Anhängerschaft des „Landesherrn", seine „Ministerialen", mit deren Hilfe er sich über die rivalisierenden Adelsfamilien zu erheben imstande war (s. Despotie, Häuptling, Politische Entwicklung).

§ 9. Die Auflösung der Sklaverei ist ein Vorgang, der nichts mehr mit primitiven oder auch nur archaischen Lebensformen zu tun hat. Jede der eigenartigen Erscheinungen primitiver Kultur hat ihr besonderes Schicksal, sowohl was die Verbreitung anbelangt, als auch in bezug auf die Lebensdauer. Da die Sklaverei gerade der Verbindung von Ackerbau mit Hirtentum und Handwerk auf Grund sozialer Überschichtung und einer bis zur äußersten Schärfe ausgebildeten und gewissermaßen kanonisierten „Überlegenheit" ihre Höchstgestaltung verdankt, so waren auch neue Anschauungen und Bewertungen nötig, um diese Einrichtung zu erschüttern. — Vgl. a. Hobhouse S. 299.

Im folgenden ein Beispiel, wie sich in dem klassischen Gebiet der Sklaverei, in Afrika, unter modernem Einfluß, die Sklaverei auflöste. Dabei muß man der Tatsache eingedenk bleiben, wie wenig die primitive Wirtschaft, wenigstens in ihren niedrigeren Formen, auf Sklaverei angewiesen ist.

Am 16. Juli 1906 erließ der Oberhäuptling Lewanika bei den Ba-Ila eine Kundgebung, durch die er alle seine und seiner Leute Sklaven als frei erklärte und den Sklavenhandel verbot. Nur gewisse Zwangsarbeiten als Steuerleistungen für 12 Tage im Jahr wurden beibehalten. Jedoch wurde verboten, daß Leute, die bisher in Sklaverei gehalten wurden, das Dorf ihres früheren Herrn verlassen, außer mit dessen Bewilligung oder im Falle ihrer Verheiratung, wenn der andere Partner in einem fremden Dorfe lebte; oder wenn sie schlecht behandelt wurden; oder wenn ihr Herr ihnen die Heirat nicht gestattete; oder wenn der S. ein Fremder war und seine Angehörigen in einem anderen Teile von Lewanikas Gebiet wohnten. Insbesondere konnte sich ein jeder durch Bezahlung von zwei englischen Pfund freikaufen (Smith und Dale I 411f.). — Vgl. a. Roscoe S. 126.

S. a. Arbeit, Auszeichnung, Bürgschaft A, Busse, Eigentum A, Gelübde A, Häuptling, Horde, Höriger A, Kaste A, Mana B, Menschenopfer C, Moral, Opfer A, Schichtung, Sippe, Soziale Entwicklung, Staat, Technik A, Verwandtschaft, Wirtschaft D.

Barton *Ifugao Economics* Univ. Calif. Public. Am. Arch. a. Ethnol. 15/6 (1922); Breitkopf *Wucher und Schuldsklaverei in Kpando (Togo)* Anthropos 14/15 (1919/20); Brown *The Andaman Islanders* 1922; Church *Aborigines of South America* 1912; Dennet *Nigerian Studies* 1910; Dopsch *Die Wirtschaftsentwicklung der Karolingerzeit in Deutschland* 1921/22; Hobhouse *Morals in Evolution* 1923; Hübner *Grundzüge des deutschen Privatrechts* 1913; Joyce *Social History of Ancient Ireland* 1913; Koppers *Unter Feuerland-Indianern* 1924; Krafft *Die Rechtsverhältnisse bei den Ova Kuandjama und Ovandonga* Mitt. a. d. dtsch. Schutzgebieten 27 (1914); Kroeber *Handbook of the Indians of California* Smithson. Instit. Bur. Americ. Ethnology Bulletin 78 (1925); Leitner *Kafiristan, a Sketch of the Bashgeli Kafirs and their Language (Kalasha)* Journ. of the United Service Institution of India 1881; Mac Leod *Debtor and Chattel Slavery in Aboriginal North-America* Amer. Anthr. 27 (1925); Lewin *The Hill Tracts of Chittagong and the Dwellers therin* 1869; Liebermann *Die Gesetze der Angelsachsen* II (1906/12); Mangin *Les Mossi (Soudan occidental)* Anthropos 9 (1914); Meissner *Babylonien und Assyrien* I (1920); Ed. Meyer *Die Sklaverei im Altertum* in *Kleine Schriften* 1910; Müller-Wismar *Yap* 1917; Munzinger *Ostafrikanische Studien* 1883; Murie *Pawnee Indian Societies* Anthrop. Pap. Am. Mus. Nat. Hist. 11/7 (1914); Nieboer *Slavery as an Industrial System* 1900; Nioradze *Die Berg-Ossen und ihr Land* 1923; Pechuël-Lösche *Volkskunde von Loango* 1907; Rascher *Grundregeln der Baining-Sprache* Mitt. d. Seminars f. orient. Spr. 7 (1904); Roscoe *Twentyfive Years in Africa* 1921; Meredith Sanderson *Some Marriage Customs of the Wahengas, Nyassaland* Journ. Afric. Soc. 1922/23; Sarfert *Kusae* II (1920); Schneider *Die Anfänge der Kulturwirtschaft. Die sumerische Tempelstadt* 1920; R. Louisa Sargent *The Size of the Slave Population at Athens during the fifth and fourth Centuries before Christ* Univ. Illinois Studies in Social Sciences 12/3 (1924); Skinner *Menomini Social Life and Ceremonial Bundles* Anthrop. Pap. Am. Mus. Nat. Hist. 13 (1915); Smith und Dale *The Ila-Speaking Peoples of Northern Rhodesia* 1920; Spiess *Blicke in das Zauber- und Götterwesen der Anlōer Westafrikas* Mitt. Sem. Orient. Spr. 8 (1905); Steinmetz *Rechtsverhältnisse von eingeborenen Völkern in Afrika und Ozeanien* 1903; Thurnwald *Staat und Wirtschaft im alten Ägypten* Zeitschr. f. Socialwiss. 4 (1901); Tregear *The Maori Race* 1904; E. Unger *Summerisch-Akkadische Kunst* 1926; ders. *Assyrische und Babylonische Kunst* 1927; Vedder *Die Bergdama* 1923; Velten *Sitten und Gebräuche der Suaheli* 1903; Westermann *Die Kapelle* 1921; Wissmann *Im Innern Afrikas* 1888. Thurnwald

B. Ägypten s. Höriger B § 2.

C. Vorderasien s. Stände § 3.

Skoloten s. Skythen.

Skredsvik (Schweden; Tf. 62a—f). § 1. Im J. 1921 wurden im Ksp. S. (mittl. Bohuslän) einige steinzeitl. Wohnplätze von ungewöhnlich hoher Lage aufgedeckt. Die Fundstücke bestehen aus groben Feuersteinspänen und -splittern, sowie aus Scheibenäxten und vereinzelten Kernäxten aus demselben Material. Erst im Sommer 1925 war es mir möglich, diese Plätze zu nivellieren und näher zu studieren. Die Niveauverhältnisse sind folgende: Wohnplatz S. Nr. 73 (Gut Kallsås) unterste Linie des Fundgebietes 58 m ü. M.; dgl. Nr. 90 unterste Linie 50 m ü. M.; dgl. Nr. 82 (Gut Hogen) höchste Linie 69 m ü. M., unterste Linie 66 m ü. M.

§ 2. Im Sommer 1924 traf ich im Ksp. Bokenäs, 13 km sw. von den S.-Wohnplätzen, auf mehrere hochgelegene steinzeitl. Siedelungen. Eine von diesen (mit Scheibenäxten) liegt 51 m, eine andere (grober Feuersteinabfall, Fragment eines Walzenbeiles) 63—57 m, eine dritte (Flintabfall, mehrere runde Scheibenschaber [aus der Ancylus-Zeit bekannt; Aarb. 1903 S. 206 Abb. 11; vgl. Band IX Tf. 4p]) 58 m ü. M. (Tf. 62a, b). Im Sommer 1925 traf ich in Bohuslän weiter

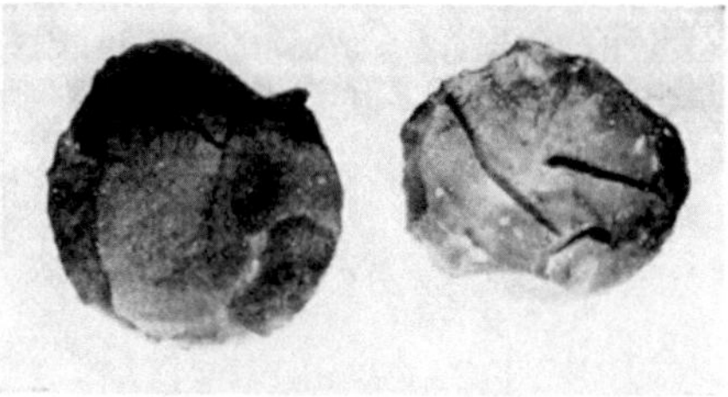

a b

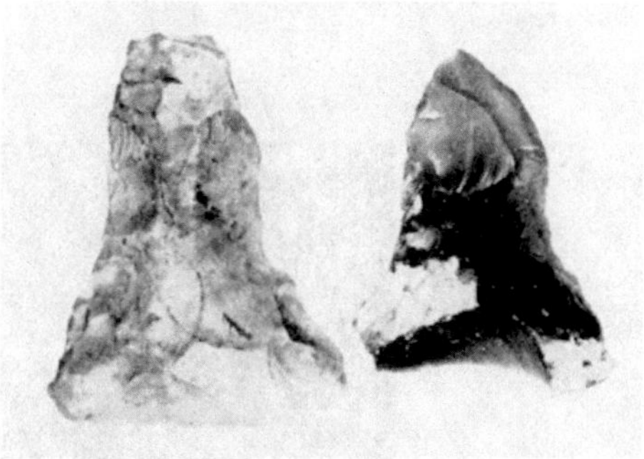

c d

e

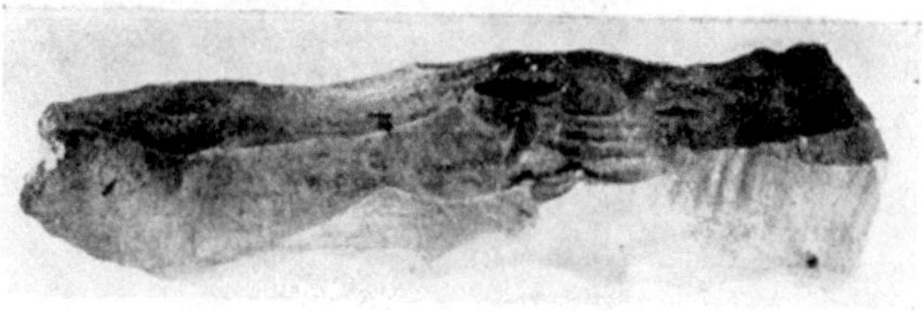

f

g

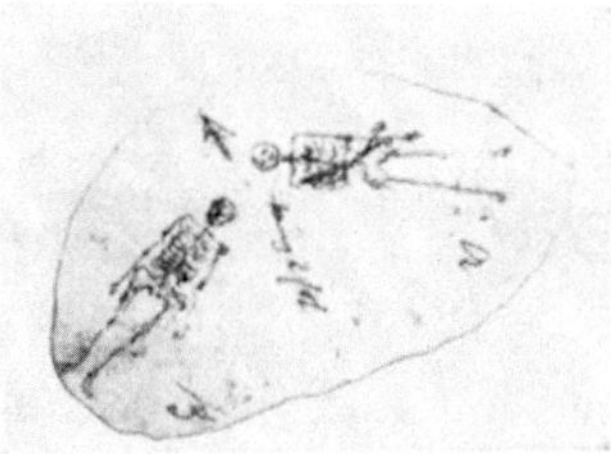

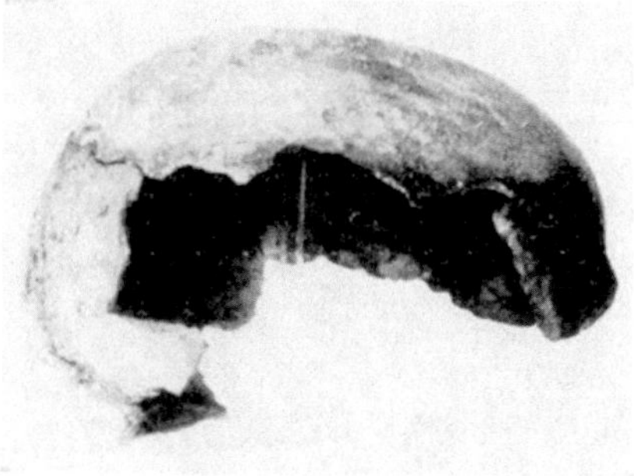

h_2

h_1

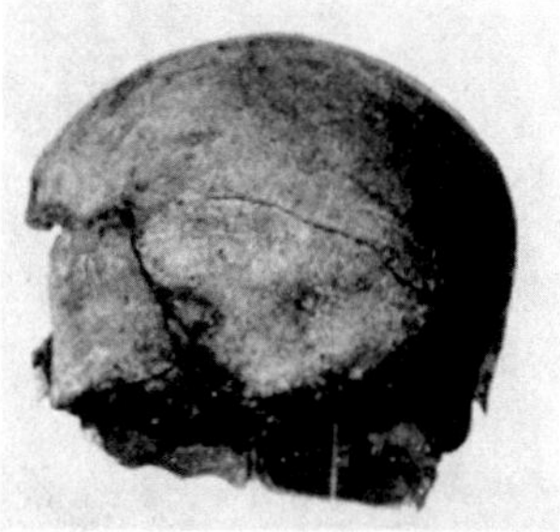

h_3

Skredsvik

a, b. Flintschaber. Steinzeitl. Wohnplatz Brännekolsmyr, Ksp. Bokenäs, Bohuslän. $^1/_2$ n. Gr. — c, d. Scheibenspalter. Wohnplatz bei Hogen, Ksp. Skredsvik, Bohuslän. $^1/_2$ n. Gr. — e. Scheibenschaber von ebd. $^1/_2$ n. Gr. — f. Kernaxt. Wohnplatz bei Lerberg, Ksp. Håby, Bohuslän. — Nach Photographien.

Stångenäs

g. Ursprüngliche Lage der beiden Skelette Nach der Skizze von Sven Nilsson. — h. Das Schädelfragment. $^1/_4$ n. Gr. — Nach Aufnahmen des Anatomischen Institutes in Lund.

a

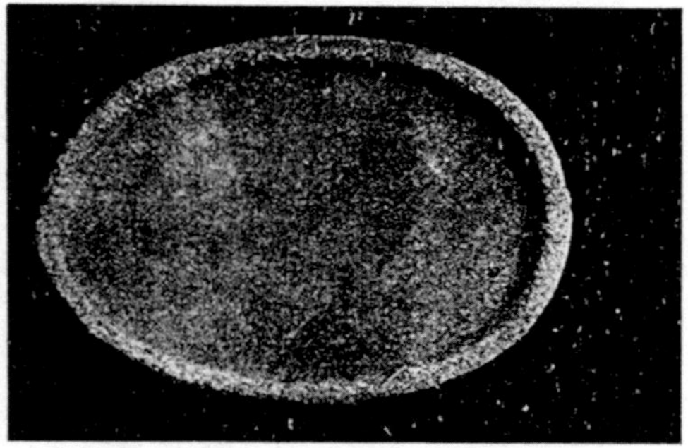

b

c

d

e

Skythen A 2. Polen

a. Henkelschale aus Ton. $^2/_5$ n. Gr. — b. Flache Schale aus Stein. $^1/_5$ n. Gr. — c. Pfeilspitzen aus Knochen (1) und Bronze, Bronzenadel und Bernsteinperle. — a—c. Krągle, Kr. Borszczów. — d—e. Bronzeohrringe. Rakówkąt, Kr. Husiatyn. $^3/_4$ n. Gr.

auf einen hochgelegenen Wohnplatz mit Scheibenäxten (sein niedrigster Punkt lag 60 m ü. M.) und Lehrer Axel Stene im Ksp. Håby auf dem Gute Lerberg (15 km n. von den S.-FO) auf einen Wohnplatz, der zwischen 69 und 66 m H. ü. M. lag. Die Funde bestanden hier aus Flintabfall und einer grob zugeschlagenen Kernaxt, die in ihrer Form von den Kernäxten der gewöhnlichen Ertebölle-Kultur abwich (Tf. 62f).

§ 3. Nur Feuersteinarbeiten sind in dem kalkarmen, sandigen Boden, auf dem die Wohnplätze lagen, erhalten. Abgesehen von den genannten Schabern und der Kernaxt sind alles Ertebölle-Formen. Eigentümlich für die Wohnplätze ist ihre hohe Lage im Verhältnis zum höchsten Strandniveau des Tapes-Meeres in dieser Gegend (38—40 m ü. M.). Auf diesem Niveau — etwas darüber und darunter — liegen die steinzeitl. Wohnplätze der Gegend aus der ä. Ertebölle-Zeit, während die der j. oder sog. Lihult-Zeit bis auf 36—30 m ü. M. hinuntergehen.

§ 4. Im übrigen hat sich im ganzen Küstengebiet von Bohuslän gezeigt, daß die Siedlungen der Ertebölle-Zeit sich eng an die alte Strandlage des Tapes-Meeres anschließen. Ursache für die abweichende Lage der oben beschriebenen kann in diesem Falle die Lage des Wohnplatzes auf einem Absatz über einem steilen Abfall zum Strande des Tapes-Meeres sein, in einem anderen die Lage in einem von einem Bache durchflossenen Tal, der ein paar Kilometer von dem Wohnplatz am alten Tapes-Meerestrand mündet. Für die übrigen Plätze kommt solche Erklärung allerdings nicht in Betracht. Besonders nicht für den fundreichsten von allen bei Hogen, Ksp. S. (Tf. 62c—e). Er liegt in keinem Flußtal, und seine kürzeste Entfernung von der höchsten Strandlinie des Tapes-Meeres ist wenigstens 2 km. Moore oder Binnenseen, die zur Besiedlung gelockt haben könnten, finden sich auch nicht in der Nähe.

§ 5. Also gehören möglicherweise diese hochgelegenen Strandplätze zu einem höheren Strandniveau als dem, welchem der Maximum-Stand des Tapes-Meeres in dieser Gegend entspricht, einem Strandniveau, das mindestens 50 m ü. M. zu finden wäre, und welches in der Tat in diesem Gebiete vorkommt, aber noch nicht weit genug verfolgt ist, um sagen zu können, daß es nicht auf lokalen Verhältnissen beruht, sondern im Zusammenhang mit einem Stillstand der spätglazialen Landhebung steht. In dem gangbaren geochronol. Schema läßt sich der Zeitpunkt für die Strandlage beim jetzigen 50-m-Niveau noch nicht genauer festlegen. Es ist sehr wahrscheinlich, daß die Strandmarken im 50-m-Niveau am Schluß der Landsenkung in finiglazialer Zeit ausgebildet wurden, die G. de Geer im Uddevalla-Gebiet nachgewiesen hat, und die man auch in Nord-Jütland beobachtete. Man darf jedenfalls annehmen, daß sich die Strandlage beim jetzigen 50-m-Niveau vor dem Maximum der postglazialen Landsenkung und der älteren Ertebölle-Zeit befunden hat.

§ 6. Aus derselben Gegend kennen wir einen anderen Fund der frühen StZ, der uns Anlaß gibt, Spuren steinzeitl. Besiedlung im mittl. Bohuslän gerade bei der genannten 50-m-Linie oder etwas höher zu suchen, nämlich den bekannten Schädel von Stångenäs (s. d.; Tf. 62h). Die Muschelbank, in der er eingebettet war, liegt 44,6 m ü. M. Nach allem zu urteilen, ist die Bank abgelagert, gerade als das Meer auf der jetzigen 50-m-Linie oder vielleicht etwas höher stand. Der Mensch, von dem der Schädel stammt, existierte also zur selben Zeit wie das Strandniveau, an dem die hier besprochenen Wohnplätze liegen.

Alin *Stenåldern i Götaälvsområdet* in Sarauw und Alin *Götaälvsområdets fornminnen* 1923 S. 181; ders. *Stenåldersboplatser och strandlinjer i mellersta Bohuslän* Goteborgs och Bohusläns Fornminnesföreningens Tidskrift 1925 S. 67ff.

Johan Alin

Skulptur s. Idol, Kunst, Plastik, Primitive Kunst, Relief.

Skyros. Vereinzelt gelegene Insel nö. von Euboea, etwa 3 Quadratmeilen groß, durch zwei tiefe Buchten in nahezu gleiche Hälften geteilt. Die sö. Hälfte ganz kahl und gebirgig (Kokkila; 782 m h.), die nw. Hälfte niedriger und fruchtbarer. Die Küsten sind reich an Buchten und kleinen Häfen. Auf vorgesch. Bewohner und Beziehungen zu Kreta deuten die Sagen von der ältesten Besiedlung durch tyrrhenische Pelasger (s. d.) und Karer (s. d.) sowie die Hafennamen Achilleios und Kresios. Indessen fehlen bisher vormyk. und myk. Funde. Einige Gräber mit früher spätmyk. genannten Vasen stammen erst aus „geometr." Zeit.

C. Bursian *Geographie von Griechenland* II 390ff.; BSA 11 S. 78ff. Dawkins; Wace-Thompson *Prehistoric Thessaly* S. 208f.

G. Karo

Skythen. A. Archäologie.

1. Rußland s. Südrußland D.

2. Ostpolen (Tf. 63, 64a; Band IX Tf. 203[c]).

§ 1. Die skyth. Funde in Polen sind bisher wenig zahlreich, und dazu stammen sie fast durchweg aus nicht fachmännisch untersuchten Gräbern, was eine Würdigung der skyth. Kultur in Polen sehr erschwert. Immerhin werfen die vorliegenden Funde bereits einiges Licht auf die w. Ausdehnung des skyth. Kulturgebietes n. der Karpathen und auf den besonderen Charakter dieser w. Kulturgruppe. Außer einigen vereinzelten Gegenständen von skyth. Typus in Mittel- und Westpolen sind skyth. Funde bisher nur aus dem s. Teile Ostpolens bekannt, und zwar aus den Kreisen Brody, Tarnopol, Skałat, Trębowla, Husiatyn, Tłuste, Borszczów, Zaleszczyki in der Wojewodschaft Tarnopol und aus dem Kreise Horodenka in der Wojewodschaft Stanisławów. Rein skyth. Grabfunde sind bisher in Dupliska, Kr. Zaleszczyki, Sapohowo, Kr. Borszczów, Horodnica, Kr. Horodenka, Horodnica, Kr. Skałat, und Krągłe, Kr. Borszczów, zum Vorschein gekommen. Alle diese Funde stammen aus Hügelgräbern und weisen — mit Ausnahme des Grabes von Dupliska — Skelettbestattung auf. Über den Bau der Hügelgräber ist leider nur wenig bekannt. In Horodnica, Kr. Horodenka, war der Hügel von Steinen bedeckt und hatte einen nur geringen Dm (3 × 4 m). Im Inneren befand sich, 60 cm t., ein Skelett, das angeblich in eine Kalkmasse gebettet war, ferner Scherben von handgemachten Tongefäßen, eine Bronzenadel, zwei bronzene Ohrringe und zwei dreikantige Pfeilspitzen. In Dupliska maß der Hügel 12 m im Dm, war etwa 50 cm h. und aus Erde sowie mittelgroßen Steinen aufgeschüttet. In einer T. von 70 cm fand man hier eine bronzene Pferdetrense nebst einem Tongefäß, etwa 20 cm tiefer befand sich eine 40 cm starke Brandschicht von $2^1/_2$ m Dm, die auf einer Unterlage von flachen, mit Lehm überdeckten Steinen lag. In der Brandschicht wurden zahlreiche verbrannte Menschenknochen, viele Tierknochen, Holzkohlereste, Tongefäßscherben, 10 bronzene, eine eiserne und eine knöcherne Pfeilspitze, eine eiserne Lochaxt und eine kleine, durchbohrte Tonscheibe gefunden. In zwei Fällen werden Steinkistengräber in Hügeln erwähnt (Horodnica, Kr. Skałat, und Krągłe, Kr. Borszczów). Am letzteren Orte enthielt das Grab ein Skelett in Hockerstellung, eine steinerne, ovale Schale, eine Bronzenadel, 6 bronzene und eine knöcherne Pfeilspitze, zwei flachkuglige Bernsteinperlen sowie Reste roten Farbstoffs (Tf. 63b, c).

§ 2. Der aus diesen Gräbern und mehreren Einzelfunden stammende Typenvorrat der skyth. Kultur Ostpolens ist ziemlich gering. Von Waffen sind einstweilen nur Pfeilspitzen, eine Lanzenspitze und eine Lochaxt gehoben. Insgesamt sind mir bisher etwa 50 bronzene Pfeilspitzen aus 9 FO Ostpolens und einem mittelpoln. FO bekannt. Neben blattförmigen, zweischneidigen Exemplaren mit Dorn an der Schafttülle (Dupliska und Krągłe; Tf. 63c 5, 6) kommen bolzenartige, dreikantige Pfeilspitzen ohne Tülle vor (Dupliska, Łoszniów, Kr. Trębowla, Sapohowo; ein ähnliches Stück ist auch in Łęczyca, Wojew. Łódź, in Mittelpolen, gefunden worden), ferner ebenfalls dreikantige Stücke mit kurzer Tülle und etwas ausgezogenen Schärfen (Nowosiółka, Kr. Tłuste), sowie ähnliche Pfeilspitzen mit länger ausgezogenen Schneiden (Czechy, Kr. Brody, Horodnica, Kr. Horodenka, Krągłe, Kr. Borszczów, Żabińce, Kr. Tarnopol). Mehrere andere als dreikantig bezeichnete Pfeilspitzen sind mir nicht genauer bekannt: Zardrość, Kr. Trębowla, und Sapohowo, Kr. Borszczów. Aus zwei FO (Dupliska und Sapohowo) liegen eiserne, aus zwei weiteren (Dupliska und Krągłe) knöcherne Pfeilspitzen vor (Tf. 63c 1). Die einzige bisher bekannte, sicher skyth. Lanzenspitze stammt aus Horodnica, Kr. Skałat. Sie ist eisern und weist einen rundlichen Mittelgrat auf, das Blatt ist sehr schlecht erhalten. Ein zweites, besser erhaltenes Stück aus Rakówkąt ist leider in einem Grabe gefunden worden, dessen skyth. Charakter nicht einwandfrei feststeht. Die eiserne Lochaxt von Dupliska ist 22 cm l., hat eine 6 cm br. Schneide und ist mit einem in der Mitte angebrachten Schaftloch von 3 cm

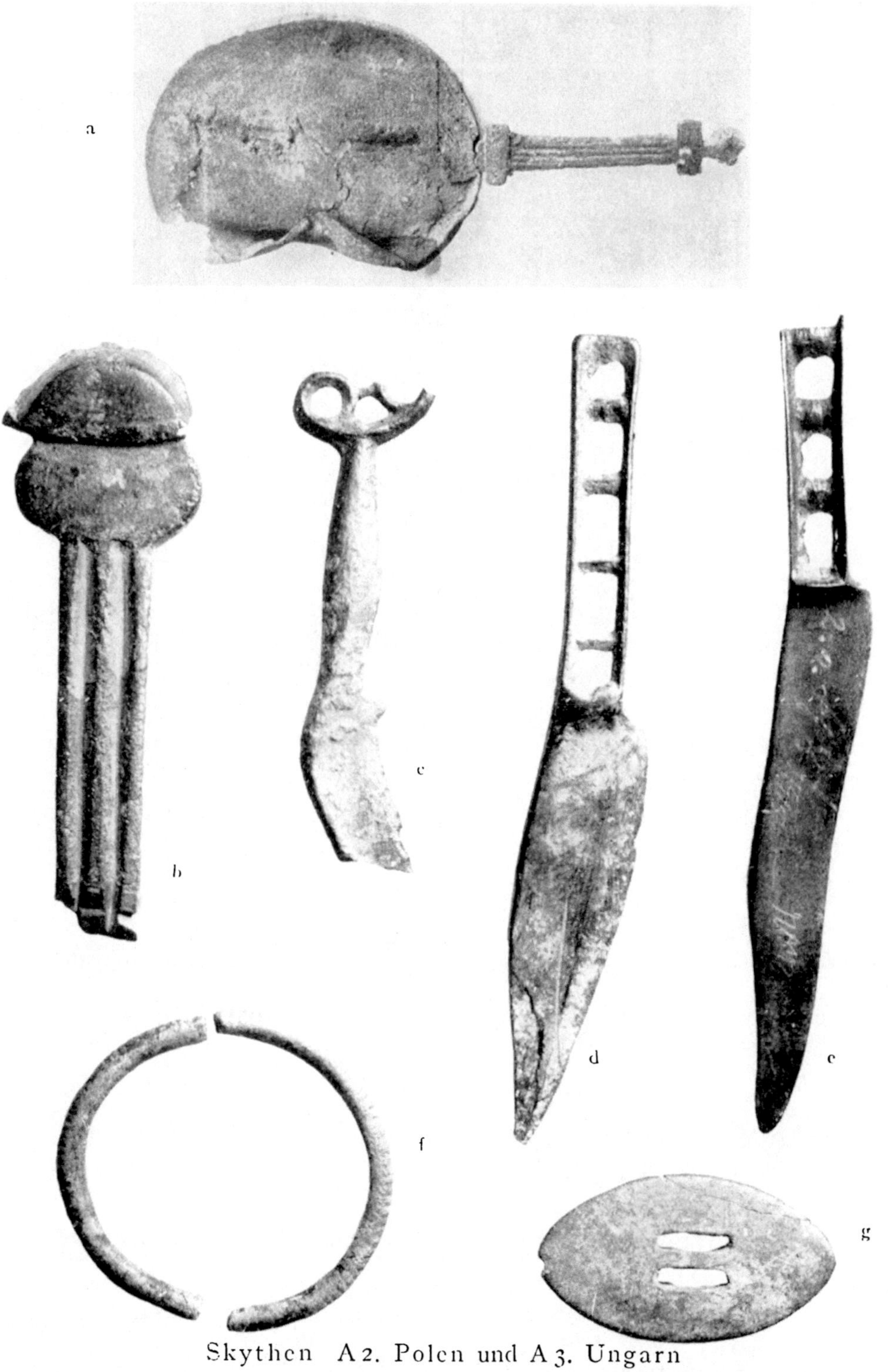

Skythen A 2. Polen und A 3. Ungarn

a. Bronzespiegel von Sapohowo, Kr. Borszczów. Nach Archeol. Ertesitö 1894. — b. Bronzespiegelgriff. Unbekannter FO in Ungarn. — c. Bronzemesser. Unbekannter FO in Ungarn. — d. Dgl. Szentendre. — e. Dgl. Angeblich Gegend von Miskolcz. — f. Bronzearmband. Grabfund von Gyöngyös, Kom. Heves. — g. Knochengegenstand. Ebd. (vgl. Tf. 69k). — Nach Aufnahmen des Ungarischen Nationalmuseums Budapest.

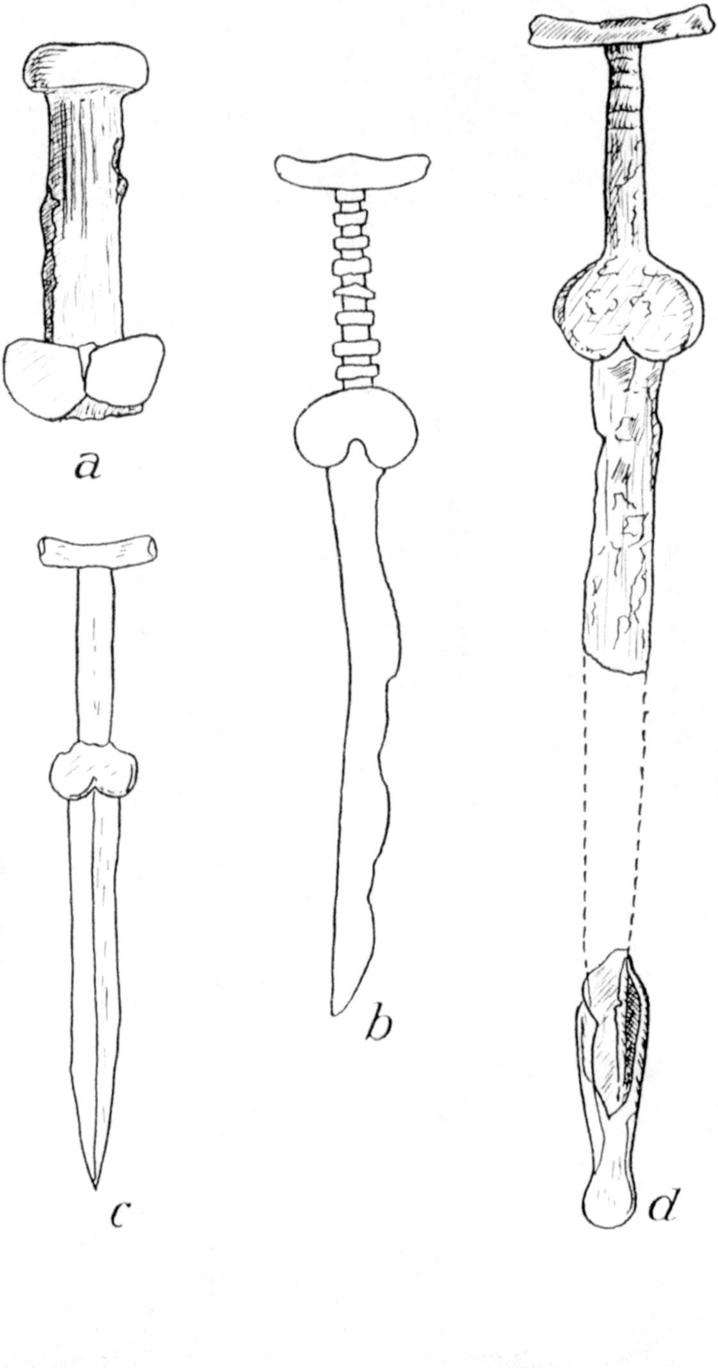

Skythen A 3. Ungarn

Akinakes-Formen aus Ungarn: a. Nagy-Enyed. — b. Kom. Bereg. — c. Umgebung der Stadt Versecz, Szamárhegy. — d. Miriszló, Siebenbürgen. — Nach W. Ginters *Schwert der Skythen* Tf. 14 und 15.

Dm versehen. Sie ist anscheinend den von Reinecke beschriebenen, in Ungarn gefundenen skyth. Äxten verwandt. Von anderen Geräten ist die obenerwähnte bronzene Pferdetrense von Dupliska zu nennen, ferner zwei ovale, steinerne Schalen mit erhabenem Rande (Krągłe [Tf. 63b] und Sapohowo), die wahrscheinlich als Farbenreibplatten anzusehen sind, worauf die in Kragłe mit einer solchen Schale zusammen gefundenen roten Farbreste hinzudeuten scheinen, schließlich drei in Sapohowo gefundene Spiegel. Zwei davon bestehen aus runden Bronzescheiben und haben ein erhabenes, sternartiges Muster auf der einen Seite sowie erhabene, schräggerippte Ränder, der dritte Spiegel ist größer und mit einem langen, kannellierten Griff versehen, der mit einem rohen Tierkopf abschließt (Tf. 64a).

§ 3. Zahlreicher sind die Schmucksachen vertreten. Ziemlich verbreitet sind z. B. Bronzenadeln mit einer kleinen, kalottenförmigen Kopfscheibe und stark verjüngtem Hals (Tf. 63 c), die in ähnlicher Form in der skyth. Kultur Südrußlands auftreten. Solche Nadeln liegen bisher aus Hlibów und Horodnica, Kr. Skałat, aus Horodnica, Kr. Horodenka, aus Krągłe, Kr. Borszczów, sowie aus Rakówkąt und Uwisła, Kr. Husiatyn, vor. Die in den beiden letzten Ortschaften gefundenen Gräber stellen keine rein skyth. Funde dar und werden weiter unten besprochen. Recht zahlreich sind auch die spiraligen Bronzeringe aus $1^1/_4$ oder $1^1/_2$ Windungen runden Drahtes, die an einem Ende entweder mit einer kleinen Verdickung oder mit einer größeren, etwas gewölbten Scheibe abschließen und nach ihrer Lage am Skelett zu folgern wahrscheinlich als Ohrringe gedient haben (Tf. 63d, e). Die Abart mit gewölbtem Scheibenkopf kennen wir aus den skyth. Gräbern von Horodnica, Kr. Horodenka (2 Ex.), und Sapohowo, Kr. Borszczów (mehrere Ex.), ferner aus einigen Gräbern von Mischcharakter in Czechy, Kr. Brody (mindestens 6 Ex.), Rakówkąt, Kr. Husiatyn (6 Ex.), und Uwisła, in demselben Kreise (mehrere Ex.), schließlich stammen je 2 Ex. aus Ginetówka, Kr. Grójec, Wojew. Warschau (aus einem Depotfund), und Swidnik, Kr. Limanowa, Wojew. Krakau (aus einem Grabfund). Von sonstigen Schmucksachen sind zwei Bernsteinperlen aus Krągłe (Tf. 63c) und mehrere schwarze Glasperlen mit gelber Einlage aus Sapohowo zu erwähnen.

§ 4. Am wenigsten bekannt ist bisher die Keramik der skyth. Gräber Ostpolens. Aus einem Hügelgrab mit Skelettbestattung in Krągłe, das sonst keine weiteren Funde geliefert hat, stammt eine Henkelschale mit großem, hoch hinaufgezogenen Henkel, wie sie öfters in südruss. Skythengräbern vorkommt (Tf. 63a). Eine andere in der skyth. Kultur Südrußlands häufige, jedoch den Skythen anscheinend ursprünglich fremde, aus dem W übernommene Form bilden hohe Gefäße vom Villanova-Typus mit schlankem Hals und 4 nach oben gerichteten Buckeln unterhalb dessen Ansatzstelle (ähnliche Gefäße sind z. B. in Serwatyńce, Trypol usw. bekannt), ferner rohe, weitmündige Gefäße mit ausladendem Rande und einer Reihe von Öffnungen unter demselben (in Südrußland z. B. aus Vasilkov, Gegend von Směla usw. vorliegend). Den ersten Typus kennen wir aus dem Gräberfeld von Czechy, Kr. Brody, das vorwiegend dem ostgalizischen Zweig der früheisenzeitlichen „Lausitzer" Kultur mit gemischtem Bestattungsritus angehört, jedoch zahlreiche skyth. Einschläge aufweist (vgl. Band IX Tf. 203^A b), die zweite Gefäßform tritt z. B. in dem unten besprochenen Brandgräberfeld von Uwisła auf (vgl. ebd. Tf. 203^Ac), das auch andere skyth. Gegenstände geliefert hat. Schließlich ist noch in Iwanie Puste bzw. Sapohowo, Kr. Borszczów (der FO ist nicht ganz sicher), ein typisch skyth. Bronzekessel (s. d.) mit zwei seitlich angebrachten Henkeln und hohem Hohlfuß gefunden worden.

§ 5. Schon oben ist außer den unzweifelhaft skyth. Funden eine Anzahl von Grabfunden erwähnt worden, die einen offenkundigen Mischcharakter haben. Sie enthalten neben sicher skyth. Typen auch Formen, die der skyth. Kultur fremd sind. Solche Gräber liegen aus Uwisła und Rakówkąt, Kr. Husiatyn, sowie aus Czechy, Kr. Brody, vor. Sie unterscheiden sich von den rein skyth. Gräbern auch durch die Grabform, denn es handelt sich hier durchweg um Flachgräber, und zwar weist Uwisła Brandritus, Rakówkąt Skelettbestattung und Czechy eine gemischte Begräbnisform auf. In Uwisła sind mehrere Urnengräber ohne jeden Steinschutz entdeckt worden, die außer Tongefäßen, wie sie für die ostgalizischen gemischten Gräberfelder typisch sind, auch das oben erwähnte Tongefäß, ferner eine typisch skyth. Bronzenadel, zahlreiche Ton-, Glas- und Muschelperlen, mehrere körbchenförmige Spiralohrringe sowie einige skyth. Ohrringe mit kleinen Knopf- bzw. größeren Scheibenenden. Einen ähnlich gemischten Charakter haben auch die beiden von Ossowski untersuchten Gräber von Rakówkąt, die von einer rechteckigen Kopfsteinsetzung umgeben und von einem Steinpflaster bedeckt waren. Im ersten Grabe lagen zwei Skelette, von denen jedem je eine Spiralkopfnadel, je zwei groß- und je zwei kleinköpfige Ohrringe sowie je zwei kleine Bronzedrahtringe mit aufeinandergelegten Enden als Beigabe beigegeben waren. Außerdem lag bei dem einem Skelett noch eine Henkeltasse, bei dem anderen ein bronzenes Spiralarmband und in der Erde verstreut über 10 Kaolin-Perlen. Das zweite Grab enthielt außer den Resten zweier an einem Ende des Grabes zusammengescharrten Skeletten, die offenbar aus einer etwas älteren Zeit stammten, ein Hockerskelett, das mit einer eisernen Lanzenspitze und einem kleinen, bronzenen Spiralring (wohl zum Kopfschmuck gehörig) ausgestattet war. Bei den beiden älteren Skeletten lag eine Bronzenadel vom skyth. Typus, ein tordierter Bronzehalsring mit glatten, plattgehämmerten Ösenenden, mehrere bronzene, großköpfige Ohrringe und Bronzedrahtringe mit aufeinandergelegten Enden. Die Spiralkopfnadeln, der tordierte Halsring und die Henkeltasse sind westliche, der „Lausitzer" Kultur angehörige Formen, die in den ostpolnischen (s. d.) gemischten Gräberfeldern häufig vorkommen, dagegen sind die Ohrringe und die Bronzenadel mit verjüngtem Hals ausgesprochen skyth. Formen. Einen ähnlichen Mischcharakter haben auch einige Gräber in Czechy, Kr. Brody. Neben typischen „Lausitzer" Formen kommen hier skyth. Ohrringe, Bronzenadeln und Ösenringe vor, die z. B. in skyth. Gräbern Ungarns, aber auch in Südrußland wiederkehren. Wir haben es hier augenscheinlich mit einer teilweisen Vermischung zweier zeitweise zusammenwohnenden Völker zu tun, die sich gegenseitig derartig durchdringen, daß ihre Kulturen nur noch schwer auseinanderzuhalten sind. Ein anderer Beweis enger Beziehungen zwischen beiden Kulturen sind die weiter w. auf dem Gebiet der „Lausitzer" Kultur in Mittel- und Westpolen gefundenen Gegenstände von skyth. Charakter, z. B. die bronzenen Ohrringe von Ginetówka und Świdnik sowie die dreikantige Pfeilspitze von Łęczyca. Andererseits wird auch die skyth. Kultur von der „Lausitzer" beeinflußt, besonders in der Keramik, wie das Vorkommen von Lausitzer Formen weit nach Südrußland hinein zeigt.

§ 6. Was die Zeitstellung der skyth. Funde in Ostpolen betrifft, so hat bereits Reinecke s. Z. festgestellt, daß die ältesten skyth. Funde hier dem 7 Jh. v. C. angehören. Daß die Mehrzahl der Funde jedenfalls der Latène-Periode vorausliegt, erhellt z. B. aus dem Zusammenvorkommen der skyth. Ohrringe mit späthallstattzeitlichen Spiralfußringen vom ostdeutsch-westpoln. Typus (s. Fußring vom Stanominer Typus und Tf. 91[B] c, d) im Depotfund von Ginetówka, Kr. Grójec, ferner aus der Tatsache, daß ein Paar ebensolcher Ringe von dem späthallstattzeitlichen „Lausitzer" Friedhof in Świdnik stammt. Schließlich sind ähnliche Ohrringe, mit kleinen Knöpfen, allerdings an beiden Enden, in Ephesus unterhalb des Tempels der Artemis gefunden worden, dessen Bau um 600 v. C. begonnen wurde; sie waren also auf griech. Gebiet bereits im 7. Jh. bekannt und werden auch im Skythenlande nicht viel später aufgetreten sein, obschon sie sich hier länger im Gebrauch erhalten haben mögen.

Zapiski naukowego Towarzystwa imeni Szewczenka Lemberg 97—98 (1913) S. 9ff. Chrebeniak; Janusz *Zabytki przedhistoryczne Galicyi Wschodniej* Lemberg 1918 passim; Demetrykiewicz *Vorgeschichte Galiziens. Die österreichisch-ungarische Monarchie in Wort und Bild.* Bd. *Galizien* S. 124; Reinecke *Neue skythische Funde aus Ungarn* Ethnologische Mitteilungen aus Ungarn 6; ders. *Die skythischen Altertümer im mittleren Europa* ZfEthn. 1896 S. 1ff. J. Kostrzewski

3. Ungarn (Tf. 64—69). § 1. Wie im benachbarten Galizien (s. o.) und Rumänien (s. d. B § 7), so ist auch in Ungarn die skyth. Kultur sehr reich vertreten, die zunächst in Siebenbürgen und im Alföld an Stelle der im 7. Jh. v. C. plötzlich und — abgesehen von gewissen keramischen Erscheinungen (s. § 13) — ohne Nach-

a

b

Skythen A 3. Ungarn

a. Goldener Hirsch von Tápios-Szent-Márton. — b. Skythisches Langschwert mit Antennenknauf von Aldoboly. — Nach Aufnahmen des Nationalmuseums Budapest.

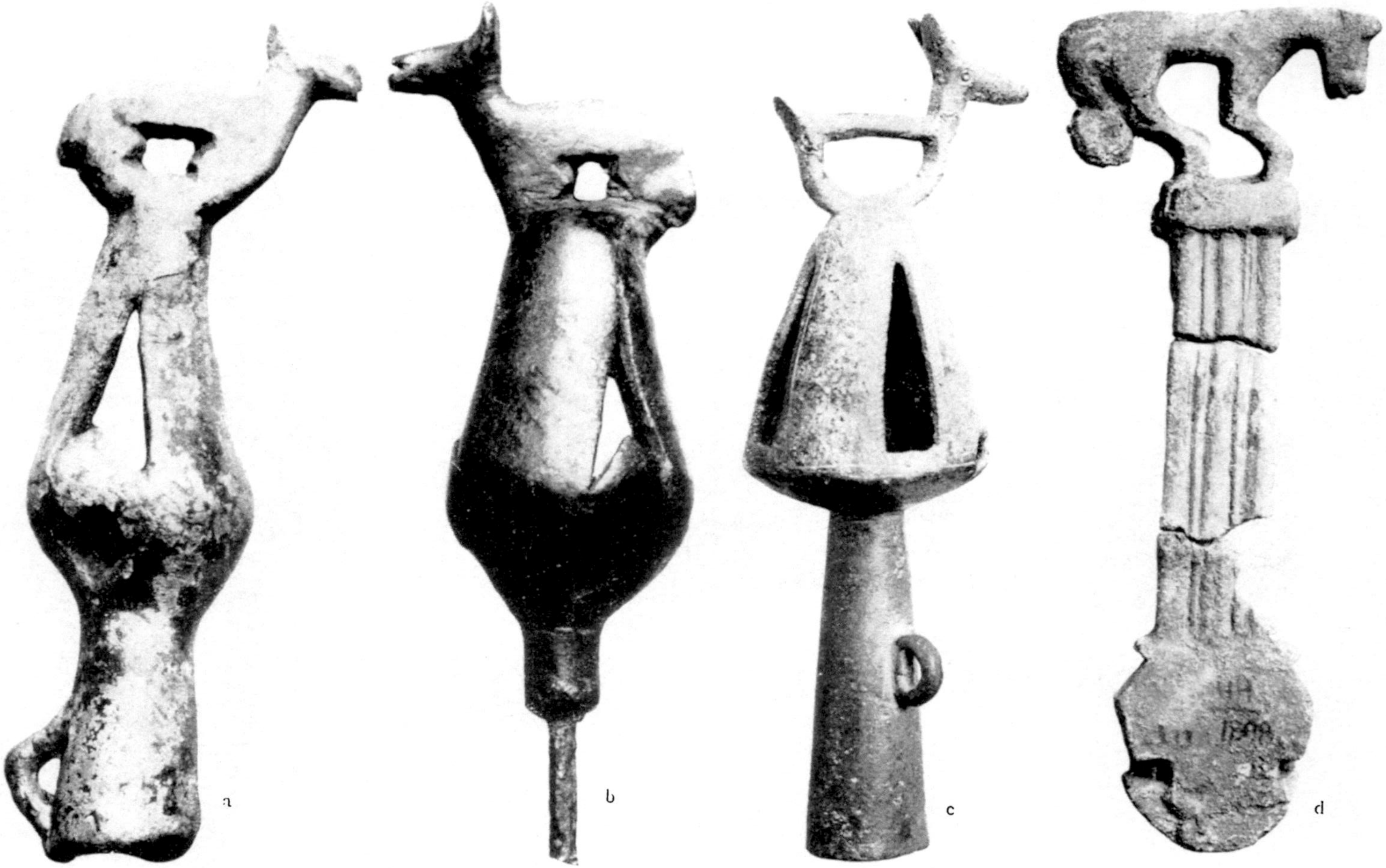

Skythen A3. Ungarn

a—c. Stangenköpfe aus Bronze (a, b. Gyöngyös, Kom. Heves; c. Somhid, Kom. Arad). — d. Spiegelgriff aus Bronze. Pilin, Kom. Nógrád.

folge abbrechenden bisherigen danubischen Hallstatt-Kultur ganz unvermittelt auftritt, um sich von da aus rasch über einen großen Teil des Landes zu verbreiten und ihre letzten Ausläufer bis in die Gegend von Vettersfelde (s. d.) in der Niederlausitz vorzuschieben, das in Gestalt des berühmten, der Zeit um 500 v. C. angehörenden Goldfundes ein sehr charakteristisches Beispiel dieser Kultur geliefert hat (Band XIV Tf. 44, 45).

§ 2. Eine der markantesten Erscheinungen dieser skyth. Kultur bilden die oft behandelten, auch im Goldschatze von Vettersfelde vertretenen, sonst aber West- und Mitteleuropa völlig fremden Kurzschwerter und Dolche (s. Akinakes) mit stangenförm. Griffkopf und mondsichel- oder herzförmigem Griffabschluß, von denen ganze Stücke und Fragmente aus der Gegend von Nagy-Enyed (Dolgozatok 1914 S. 13 Abb. 1), Pilin im Kom. Nógrád, vom Hát-Gebirge im Kom. Bereg und aus der Umgebung von Komorn bekannt geworden sind (Tf. 65). Einen wesentlich davon verschiedenen, bisher freilich ganz ohne Analogien dastehenden, aber trotzdem in Anbetracht seiner stilistischen Eigentümlichkeiten sicher gleichfalls skyth. Typus repräsentiert ein eisernes Langschwert (113,5 cm; Tf. 66b) von Aldoboly, Kom. Háromszék, am Alt, dessen Griffende nach Art der Antennenschwerter, wie es ähnlich auch bei vielen skyth. Kurzschwertern Südrußlands und Sibiriens der Fall ist (ZfEthn. Verh. 1893 S. 39 Abb. 7, 8 Virchow), von zwei volutenartig gekrümmten Delphinen gebildet wird, während als Parierstange zwei stumpfwinklig gegeneinander gestellte Tiere (wohl Löwen) dienen, eine Komposition, die gleichfalls im skyth. Formenkreise sowohl an Schwertern und Dolchen (a. a. O. Abb. 6) wie auch sonst noch öfter wiederkehrt (z. B. die Löwen aus Goldblech von der Lugovaja Mogila bei Alexandropol; s. d.; *Recueil d'antiquités de la Scythie* 1866—1873 Tf. 12, 4. 5).

§ 3. Nicht weniger typisch als die Dolche und Dolchscheiden sind die in mehreren Abarten auftretenden dreikantigen und dreiflügeligen Pfeilspitzen, von denen ziemlich zahlreiche Exemplare außer aus Siebenbürgen (Nagy-Enyed; a. a. O. Abb. 2—5; Marosvásárhely; s. d.; u. a.) aus der Gegend von Pilin, Aszód, den Komitaten Györ, Szabolcs u. a. vorliegen, die aber auch im Ostalpengebiete und Griechenland (Olympia, Marathon) eine häufige Erscheinung bilden und selbst noch in Norddeutschland und Dänemark, im W in Chalon-sur-Saône nachweisbar sind (ZfEthn. 37 [1904] S. 79 Wilke).

§ 4. Eine weitere, sehr bemerkenswerte, ursprünglich offensichtlich von den Griechen übernommene, aber dem skyth. Stil entsprechend abgewandelte Form sind Bronzespiegel, deren kanellierter Griff unten in einer Tierfigur ausläuft, oben dagegen von einem der Spiegelplatte als Basis dienenden knieenden Hirsch abgeschlossen wird, wie er auch sonst in der skyth. Kunst vielfach vorkommt. Beispiele dafür liegen aus Siebenbürgen von Makfalva (Arch. Ertesitö 33 [1913] S. 319 Abb. 1), Pókafalva im Kom. Alsó-Féher (Mus. Nagy-Enyed), Oláh-Zsákod im Kom. Küküllö (Mus. Schäßburg) und Fejérd nö. Klausenburg (Naturhist. Mus. Wien), aus dem übrigen Ungarn aus der Umgebung von Pilin (Tf. 67d; Arch. Ertesitö 3 [1870] S. 126ff. Abb. 6 Nyáry) vor, und außerdem enthalten das Budapester Nat.-Mus. und das Mus. zu Debreczin noch je ein Exemplar unbekannter, aber sicherlich ebenfalls ungar. Provenienz (Tf. 64b). Dagegen sind die für die skyth. Kultur gleichfalls sehr charakteristischen runden Spiegel, bei denen an Stelle des langen, kanellierten Griffes ein im Zentrum der Rückseite angebrachtes, verschieden gestaltetes, bisweilen auch tierförmiges Öhr tritt (ZfEthn. 1897 S. 141ff. Abb. 1—7 Reinecke), in Ungarn noch nicht beobachtet worden.

§ 5. Sehr charakteristisch sind ferner Stangenköpfe, bestehend aus einer langen Tülle und einem hohlen, durchbrochenen, bienenkorb-ähnlichen, eine kleine Eisenkugel einschließenden Kegel, dessen Spitze von einer stehenden oder knieenden Tierfigur gekrönt wird (Tf. 67a—c). Beispiele für diese eigentümlichen Zierstücke, die auch in Rumänien gut vertreten sind (Band XI Tf. 37a; Arch. Ertesitö 14 [1894] S. 385ff. J. Smirnov), liegen aus Ungarn von Gernyeszeg a. d. Maros (Kom. Maros-Torda), Somhid (Kom. Arad) und einigen anderen FO vor. S. a. Ul § 4.

§ 6. Das Schema des ruhenden Hirsches mit eigentümlich stilisiertem Geweih, wie wir es bei manchen Stangenbekleidungen und den oben behandelten ungarischen Spiegelgriffen kennengelernt haben, und wie es sich außerdem auch noch bei einem diesen Spiegelgriffen sehr ähnlichen Dolche von Szirmabessenyö findet (Arch. Ertesitö 17 S. 20 Abb. 10), erscheint auch noch bei den im ganzen skyth. Formenkreise sehr häufig vorkommenden goldenen Zierplatten, die wahrscheinlich als Schildbeschläge dienten. Auch für diese außerordentlich charakteristische Form finden sich in Ungarn Parallelen, so ein prächtiges, aus einer Gold-Silberlegierung bestehendes, absichtlich verbogenes Stück von Tápiószentmárton (s. d.), Kom. Pest, das Bella im J. 1923 in unmittelbarer Nähe eines Feuerherdes zusammen mit einem gleichfalls aus Elektron hergestelltem Zierstück fand (Tf. 66a).

§ 7. Endlich sei von besonders typischen Funden noch ein Bronzekessel mit beckenförmigem Oberteil, feststehenden, halbrunden Griffen und zylindrischem, nach unten sich verbreiternden Hohlfuß erwähnt (Ethnol. Mitt. aus Ungarn 4 [1895] Abb. 11 Hampel), der angeblich aus Ó-Szöny, Kom. Komárom, stammt, über dessen FU jedoch nichts Näheres bekannt ist (Tf. 68c). Parallelen zu diesem „Kul-Oba-Typus“ finden sich in den Skythengräbern Rußlands und Sibiriens außerordentlich häufig, und sie wurden hier nicht nur aus Metall, sondern in völlig gleichen Formen auch aus Ton hergestellt (Tallgren a. a. O. S. 60 Abb. 63). Dagegen sind zwei andere aus dem Kapos-Tale (zwischen Högyész und Regöly) und von der Puszta Törtel, Kom. Pest, stammende, durch ihre nahezu zylindrische Form (Tf. 68a) und bedeutende Höhe gekennzeichnete Kessel (Arch. Ertesitö 2 [1870] S. 290 Romer; ebd. 11 [1891] S. 427ff.), die in Rußland und Sibirien gleichfalls Analogien haben (z. B. Aspelin *Antiq. du Nord Finno-Ougrien* S. 70 Abb. 316), und die deshalb von mancher Seite auch als skyth. angesprochen werden, zweifellos, wie schon Reinecke a. a. O. gezeigt hat, nicht den Skythen, sondern der frühen Völkerwanderungszeit zuzuweisen, da für sie ein annähernd datierbares Gegenstück in dem Kessel von Höckericht, Kr. Ohlau, in Schlesien, vorliegt, dem zwar die reich entwickelten, kronenartigen Aufsätze der ungar. und sibirischen Stücke fehlen, der aber mit ihnen die schlanke Form und die sehr charakteristischen breiten Henkel gemein hat. Diese Ansetzung hat nunmehr auch durch einen Fund von einem solchen aus einem röm. Gebäude von Duna-Pentele (das römische Intercisa) ihre Bestätigung erhalten, wo ein Fragment von einem solchen Kessel in Begleitung von mehreren silberplattierten Eisenhelmen vom Anfang des 4. Jh. n. C. gefunden wurde (Präh. Z. 4 [1912] S. 185 und Abb. 3—5 L. v. Márton; ebd. S. 453 Abb. 3 Ebert).

§ 8. Nur in geringer Zahl sind in Ungarn bisher typische Schmuckgeräte (Halsringe, Armbänder [Tf. 64f] u. dgl.) zum Vorschein gekommen, unter denen besonders die ringförmigen, offenen, nach den Enden zu sich verjüngenden Lockenhalter hervorgehoben seien, die man früher für Armringe gehalten hat, deren Bedeutung aber durch ihre Lage in der Schläfengegend in den Gräberfeldern von Marosvásárhely (s. d.), Felsö-Ujvár und Marosgombás in Siebenbürgen einwandfrei festgestellt ist.

§ 9. Sehr dürftig ist die einheimische Keramik, von der sich in den Siedelungen wie in den Gräbern wenige Reste erhalten haben. Der Ton ist in der Regel grob. Alle Gefäße sind freihändig hergestellt. Die Wandung ist meist dick, der Brand mangelhaft und ungleichmäßig. Die Oberfläche ist gewöhnlich graubräunlich, doch finden sich auch feinpolierte, graphitierte Vasen. Eine als spezifisch skyth. aufzufassende, auch noch in Pilin wiederkehrende Erscheinung bildet die bedeutende Weite der meist walzenförmigen, randständigen oder hochstehenden Henkel (vgl. auch Ebert *Südrußland* S. 180 Abb. 70). Die hauptsächlichste Gefäßform sind Villanova-Urnen mit gerade umgelegtem, breiten Rand. Daneben erscheinen Näpfe mit einwärts gelegtem Rande, Henkeltassen mit konvexer oder S-förmig geschweifter Wandung und hochgehenkelte Becher mit abgesetztem, eingezogenen Halse. Verzierungen sind selten, und soweit sie vorhanden sind, beschränken sie sich meist auf ein paar Horizontalfurchen um den Hals und allenfalls noch einige über den Schulterteil herabfallende Furchenbänder. Als plastische Verzierungen endlich erscheinen kleine, warzenartige Buckel und nach abwärts ge-

a

b

c

Skythen A 3. Ungarn

a—c. Sog. skythische Kessel aus Bronze (a. Kapos-Tal, Kom. Tolna; b—c. angebl. Ószöny, Kom. Komárom). Nach Aufnahmen des Nationalmuseums Budapest.

Skythen A 3. Ungarn

a—f, m, o. Bänder und Buckelchen aus Goldblech, sowie goldener Spiralring (m) und Goldbelag vom Griff einer Peitsche (o). Aus einem Grabhügel mit Holzeinbau von Gyoma, Kom. Békes. — g, h. Bronzeanhänger. Unbekannter FO in Ungarn. — i. Bronzener Spiralring mit Goldblechüberzug. Muhi Puszta, Kom. Borsod. — k. Knochenplatte aus einem Grabfund von Gyöngyös, Kom. Heves (Rückseite Tf. 64g). — l. Spinnwirtel aus demselben Grabe. — n. Bronzekugel. Angeblich Kisköszeg, Kom. Baranya. — Nach Aufnahmen des Ungarischen Nationalmuseums Budapest.

richtete, zapfenartige Ansätze an der unteren Gefäßhälfte, die wohl mehr einen praktischen als dekorativen Zweck hatten (s. Marosvásárhely). S. a. Band XIV Tf. 10^{D} b—f.

§ 10. Die ausschließlich geübte Bestattungsform ist die Körperbestattung in Flachgräbern oder unter ganz niedrigen Hügeln. Die Skelette sind ausnahmslos W—O orientiert, der Kopf im W, die Beine gestreckt, die Arme gerade an den Leib gelegt. Die Beigaben beschränken sich gewöhnlich auf einige neben dem Kopfe stehende Gefäße, während Metallgeräte nur spärlich erscheinen und dann meist von sehr einfacher Form sind (s. Marosvásárhely). Die in Südrußland so ungemein zahlreichen, vereinzelt auch noch in Bulgarien (s. d. D und Brĕzovo) und Rumänien (s. d. B § 7) festgestellten großen Königskurgane mit den komplizierten Grabeinbauten, den zahlreichen Menschen- und Pferdeopfern, den Wagenresten und der sonstigen kostbaren Grabausstattung sind in Ungarn bisher noch nicht beobachtet worden.

§ 11. Das Verbreitungsgebiet der skyth. Kultur in Ungarn ist ein ziemlich großes. Außer in Siebenbürgen, wo die Funde vorwiegend im Gebiete des oberen Alt, des Kokel und der Maros liegen, begegnen wir zahlreichen Funden in den Komitaten Bereg, Szabolcs, Hajdu, Borsod, Nógrád, Pest und Arad, und selbst bis über die Donau hat sie sich vorgeschoben, wenn anders die Fundangabe des § 7 erwähnten Kessels von Ó-Szöny zutrifft.

§ 12. Die skyth. Kultur Siebenbürgens und Ungarns schließt sich mit ihren sehr charakteristischen Formen und Bestattungsbräuchen aufs engste an die des benachbarten Südrußland an, die sich von hier aus in überraschender Gleichmäßigkeit in einem breiten Gürtel über das ganze s. Sibirien bis nach China und zum Stillen Ozean hin verfolgen läßt (s. Noin Ula, Sibirien C). Reinecke glaubt daher in ihren Trägern nichtindogermanische, ural-altaische Stämme erblicken zu dürfen (ZfEthn. 1896 S. 37), doch gehören die uns überlieferten skyth. Namen und Glossen in ihrer überwiegenden Mehrheit dem Iranischen, z. T. auch dem „Altossetischen“ an (Ebert *Südrußland i. Altert.* S. 105; s. a. Skythen B), und es ist daher wahrscheinlich, daß wir es hier mit einer Vermischung mongolischer oder ural-altaischer, iranischer und kaukasischer Volkselemente zu tun haben. Über die Frage, ob auch das Auftreten der skyth. Kultur in Ungarn auf Einbrüche solcher osteuropäischer Nomadenvölker zurückzuführen ist, oder ob es sich dabei lediglich um anderweit übermittelte Kultureinflüsse handelt (Hoops *Reall.* s. v. Skythische Funde § 2 M. Hoernes), gehen die Meinungen auseinander. Da indessen das Eindringen der neuen Kultur in Siebenbürgen mit einem fast völligen Abbruch der zeitherigen Bronze- und Hallstattkultur — mit Ausnahme gewisser keramischer Formen — Hand in Hand geht, so erscheint mir erstere Annahme gesichert.

§ 13. Als Zeit des Einbruchs dieser Skythenstämme ergibt sich nach dem oben Gesagten der Beginn des 7. Jh. Doch wurde dadurch keineswegs, wie vielfach angenommen wird, die alteingesessene Bevölkerung völlig vernichtet oder verdrängt. Vielmehr weist das Fortbestehen der alten, von der Villanova-Kultur übernommenen typischen hallstattzeitlichen, wenn auch mit skyth. Elementen (Henkelbildung) verquickten Gefäßformen darauf hin, daß auch nach der skyth. Besetzung des Landes noch große Teile der Bevölkerung im Lande zurückgeblieben sind, mit denen sich die Eroberer jedenfalls gemischt haben. Nach der vom 4. Jh. v. C. ab einsetzenden Besetzung Ungarns durch kelt. Stämme traten diese mit den bereits vor ihnen angelangten Skythen in nähere Berührung. Die Folge war, daß auch die kelt. Latène-Kultur mancherlei skyth. Elemente übernahm, die schließlich bis nach Westeuropa und selbst bis Britannien gelangten. Bezeichnende Beispiele dafür bilden neben den bereits § 3 erwähnten dreiflügeligen Pfeilspitzen und einigen anderen Dingen besonders der bekannte, der Per. C Reineckes angehörige Bronzespiegel mit kanelliertem Griff von Dühren im ehemaligen Großherzogtum Baden (*AuhV* 5 Tf. 15, 280; hier Band II Tf. 219), dem Schumacher noch ein ähnliches Stück von Port Alban am Neuenburger See (Anz. f. schweiz. A.-K. 1883 Tf. 32, 3) und einige weitere Exemplare von mehreren anderen mitteleuropäischen Fundplätzen an die Seite stellt (*AuhV* 5 Tf. 77).

Im allgemeinen aber wird durch das Vordringen der Kelten die skyth. Kultur Ungarns, deren Höhepunkt in die Mitte des 4. Jh. v. C. fällt, mehr und mehr zurückgedrängt, bis sie schließlich im 3., spätestens zu Beginn des 2. Jh., völlig verschwindet.

Congr. intern. préh. Budapest 1877 I 685 Aspelin; Hampel *Skythische Denkmäler in Ungarn* Arch. Ertesitö 13 (1893) S. 384—407; Ethnologische Mitteilungen aus Ungarn 4 (1895) S. 1—26 ders.; P. Reinecke *Die skyth. Altertümer im mittleren Europa* ZfEthn. 28 (1896) S. 1—43; ders. *Über einige Beziehungen d. Altert. Chinas zu denen d. skyth.-sibir. Völkerkreises* ebd. 29 (1897) S. 143ff. ders.; Arch. Ertesitö 33 (1913) S. 295—327 Géza Nagy und Gabriel Teglás; Dolgozatok 1914 S. 13ff. M. Roska; István Kovács *A marosvásárhelyi öskori telep, skytha-és nepván-dorláskori temetö* ebd. 1915 S. 226ff. G. Wilke

4. Deutschland s. Schlesien E § 37, Vettersfelde, Vogelgesang.

5. Balkanhalbinsel s. Bulgarien D, Rumänien B § 7.

6. Sibirien und Mongolei s. Noin Ula, Sibirien C.

7. Vorderasien s. Kimmerier und Skythen in Vorderasien.

B. Sprache.

§ 1. Die Sprachreste der Kimmerier. — § 2. Scheidung des skythischen Sprachgutes vom sarmatischen. — § 3. Historische Zeugnisse über die sprachliche Stellung des Skythischen und Sarmatischen. — § 4. Skythische Sprachreste. — § 5. Mongolische Theorie. — § 6. Iranische Theorie. — § 7. Sarmatische Stämme. — § 8. Alanen und Osseten. — § 9. Sarmatische Sprachreste. — § 10. Iranisches im Griechischen am Nord-Ufer des Schwarzen Meeres. — § 11. Iranische Ortsnamen in Südrußland. — § 12. Literaturangaben.

§ 1. Von den Völkern — Kimmerier, Skythen, Sarmaten —, die uns in den ältesten historischen Zeugnissen als Bevölkerung Südrußlands entgegentreten, besitzen wir fast keine zusammenhängenden Sprachdenkmäler. Die Inschrift bei Latyšev *Christl. Inschr.* (russ.) S. 111ff. ist tscherkessisch, die einzige alt-ossetische Inschrift aus dem 11—12. Jh. n. C., die Vs. Miller in Geiger-Kuhn *Grundriß d. iran. Phil.* I Anhang S. 5 bespricht, ist spät und bietet wenig. Sonst kennen wir von diesen Sprachen nur einzelne Wörter, die größtenteils bei griech. Schriftstellern überliefert sind. In den seltensten Fällen sind es Wörter, deren Bedeutung gleichzeitig bei den Alten angegeben ist. Meist sind es Personen- und Ortsnamen, deren Erklärung, an und für sich schwierig, hier noch durch ungenaue Wiedergabe fremdsprachiger Aufzeichner besonders erschwert wird.

Für die ältesten uns bekannten Anwohner des n. Schwarzmeer-Ufers, die Kimmerier (gr. Κιμμέριοι, assyr. Gimirrai; Streck *Assurbanipal* S. CCCLXXI), genügen die wenigen uns bekannten Königsnamen nur zur Feststellung, daß ihre Herrscher iranische Namen tragen. Ein deutlich iran. Name ist hier assyr. Šandakšatru „ein Kimmerierkönig" = iran. čandraxšaϑra- „glänzende Herrschaft habend". Diese Erklärung ist derjenigen aus iran. *s(p)əntaχšaϑra- „reine (heilige) Herrschaft habend" (so Marquart *Unters. z. Gesch. Erans* I 236, II 105ff.; KZ 36 S. 565ff. Hüsing) vorzuziehen, da ein Wandel von *sp* zu *s* in so früher Zeit bedenklich ist. Möglicherweise iran. wäre assyr. Tugdammê: gr. Λύγδαμις (aus Dugdam. wozu Streck a. a. O. II 281, Hugo Winckler *Altor. Forsch.* I 485), wenn es auf iran. duγdamaēši- „milchende Schafmütter habend" zurückgeht (so Marquart mündlich). Vgl. avest. dawrāmaēši- „fette Schafmütter habend" als Personenname. Unklar ist bisher der Name des Kimmeriers Teušpa (Streck a. a. O. S. CCCLXXII Anm. 3). Die Gleichsetzung desselben mit altpers. Čaišpiš, gr. Τείσπης ist wegen des *T* bedenklich (vgl. auch OLZ 11 S. 319 Hüsing). Ob auch die Sprache und das Volk der Kimmerier iran. waren, ist bei den geringen Sprachresten nicht zu erweisen. Charakteristisch ist die Verwechslung der Kimmerier mit den S. bei Griechen (Strabo I 3, 21) und Assyrern (Streck *Assurbanipal* S. CCCLXXIV).

§ 2. Etwa um die Wende des 8.—7. Jh. v. C. werden die Kimmerier in Südrußland durch die Skythen verdrängt (gr. Σκύϑαι, assyr. Ašgûzai [Assarhaddon] oder Iškûzai [Sonnen-Orakel]; vgl. Hugo Winckler *Altorient. Forsch.* I 487ff.; Streck *Assurbanipal* S. CCCLXXIV). Unter den wenigen, vorwiegend bei Herodot überlieferten skyth. Wörtern und Namen machen einige den Eindruck von Übersetzungen, z. B. Λύκος Herodot IV 76, andere könnten volksetymologisch umgestaltet (gräzisiert) sein, wie Πρωτοθύης

(Herod. I 103): assyr. Bartatua, Ἀριαπείθης u. a. Berücksichtigt man ferner die Ungenauigkeiten Herodots in seinen Angaben über das Ägyptische oder Altpersische (vgl. darüber Ed. Meyer *Forschungen* I 192—5; ZDMG 13 S. 360ff. und 368 Pott), dann ist es klar, daß ihm nicht nur Formen dieser Sprachen, sondern viel öfter die ihm durch seine griech. Gewährsleute übermittelten gräzisierten Umbildungen solcher Formen als Grundlage dienten. Danach muß damit gerechnet werden, daß auch in Herodots Angaben über skyth. Wörter und deren Bedeutungen Ungenauigkeiten vorliegen. Scheint er doch seine Schilderung erst nach seiner Übersiedlung nach Großgriechenland endgültig aufgezeichnet zu haben, denn das Verhältnis der Lage Tauriens zu Skythien erklärt er durch einen Hinweis auf die Lage Japygiens zu Italien (IV 99). Hätte Herod. seine Schilderung früher abgeschlossen, dann hätte er wohl nicht Japygien, sondern Attika allein erwähnt (vgl. Mair *Skythen* I 31ff., II 11, wo Beispiele geographischer Mißverständnisse bei Herodot gegeben werden).

Und doch ist Herodot von den Griechen unzweifelhaft der sicherste Gewährsmann für das Skythische. Er unterscheidet deutlich zwischen S. und Sarmaten, von denen er erstere etwa zwischen Istros (Donau) und Tanais (Don), letztere ö. des Tanais wohnen läßt (IV 117). Im 4. Jh. v. C. schon verschiebt sich diese Grenze nach Westen. Hippokrates (c. 24) erwähnt bereits die Sarmaten um die Maeotis herum, Skylax (c. 68) verzeichnet sie w. des Tanais, ebenso Eudoxos (um 379 v. C.) bei Steph. Byz. Zur Zeit Strabos (VII 3, 13) sitzen die Sarmaten schon w. des Borysthenes (Dniepr) und Hypanis (Südlichen Bug) bis an die untere Donau. Der Name Skythien bleibt aber für dieses Gebiet auch nach der Besetzung desselben durch die Sarmaten und später erhalten und hat nur noch geographische Bedeutung. Man vergleiche damit die Bezeichnung Σκύθαι für Bastarnen, Goten, Greutunger, Taifalen, Hunnen bei späteren Schriftstellern. Schließlich heißen eben alle Völker Skythen, die aus dem einst skyth. Lande kamen. Zahlreiche Belege dafür finden sich bei Latyšev *Scythica et Caucasica* I 651ff., 725ff., 736ff., 745 Anm. 2 u. sonst. Sogar die turkotatarischen Kumanen nennt Tzetzes später Skythen (Keleti Szemle 11 S. 10 Marquart). Will man also überhaupt S. und Sarmaten auseinanderhalten, dann empfiehlt es sich, für skyth. nur das zu halten, was Herodot oder noch ältere Quellen als skyth. bezeichnen. Seit dem 4. Jh. v. C. liegt ja schon die Möglichkeit vor, daß S. und Sarmaten miteinander verwechselt werden, weil letztere den Griechen näherrücken, und Wörter, die zu dieser Zeit als skyth. bezeichnet werden, können ebensogut dem Sarmat. angehören.

§ 3. Zur Bestimmung der sprachlichen Stellung des Skyth. und Sarmat. gibt es zweierlei Material: 1. Die historischen Nachrichten der klassischen Schriftsteller über die Verwandtschafts-Verhältnisse dieser Sprachen untereinander sowie ihr Verhältnis zu anderen Sprachen. 2. Die in alten Quellen überlieferten Sprachreste, in Form von einzelnen Wörtern, von Personen-, (Götter-), Stammes- und Ortsnamen.

Das unter 2. genannte Material hat sehr verschiedenen Wert: die bei Lukian erwähnten Skythennamen sind zum großen Teil oder auch sämtlich bloße Erfindungen. Der Skythe Τόξαρις bei Lukian hat seinen Namen wohl sicher von τόξον, wie sein Λογχάτης von λόγχη. Der Vater des Ἀνάχαρσις heißt bei Lukian (Σκύθης 3) Δαυκέτης, wohl von δαῦκος „Pastinak, Art Lorbeer", während derselbe bei Herodot (IV 76) Γνοῦρος heißt. Endlich wissen wir, daß die von Lukian (Τόξαρις 51) erwähnten Bosporuskönige Λευκάνωρ und Εὐβίοτος nie existiert haben (vgl. Latyšev *Skythica* I 555). Solches Sprachmaterial hat also für die Kenntnis des Skyth. ebenso geringen Wert wie Heines Krapülinski und Waschlappski für die Erforschung der poln. Sprachgeschichte.

Die Zeugnisse klassischer Schriftsteller über die sprachliche Stellung des Skyth. bezeugen Verwandtschaft dieser Sprache mit der sarmatischen. Vor allem die Worte des Herodot (IV 117): Φωνῇ δὲ οἱ Σαυρομάται νομίζουσι Σκυθικῇ, σολοικίζοντες αὐτῇ ἀπὸ τοῦ ἀρχαίου, ἐπεὶ οὐ χρηστῶς ἐξέμαθον αὐτὴν αἱ Ἀμαζόνες. Dieses Zeugnis ist von besonderer Bedeutung, weil es aus einer Volkssage schöpft. Vgl. Müllenhoff *DA* III 104. Man vergleiche ferner: ... τῶν δὲ

Σαρματῶν, οὓς ἔνιοι Σκύθας προσαγορεύουσι. Diodor Sicul. IV 45, 4. — Σαρμάται, καὶ οὗτοι Σκύθαι. Strabo XI, 2, 1. — Τὸ δὲ Ἀλανῶν ἔθνος, ὅτι μέν εἰσι Σκύθαι ... πρότερόν που δεδηλώκαμεν. Flavius Josephus Bell. Iud. VII 7, 4. — Ταῦτα δὲ ἔλεγεν ὁ Μακέντης (ein Σκύθης) ὁμόσκευος καὶ ὁμόγλωττος τοῖς Ἀλανοῖς ὤν· κοινὰ γὰρ ταῦτα Ἀλανοῖς καὶ Σκύθαις, πλὴν ὅτι οὐ πάνυ κομῶσι οἱ Ἀλανοὶ ὥσπερ οἱ Σκύθαι. Lukian Toxaris 51.

Eine größere Anzahl Zeugnisse weist auf Verwandtschaft des Skyth. und Sarmat. mit dem Medischen und Parthischen, die zweifellos zur iran. Gruppe des idg. Sprachstammes gehören. Zur Parthersprache vgl. ZDMG 13 S. 494ff. Pott. Man vergleiche: Sarmatae Medorum suboles. Plinius HN VI 19. Σαυρομάται. ... ἐκ Μηδίας. Diodor Sicul. II 43, 6. Parthyaeorum gens, incolentium terras, quas nunc Parthi Scythia profecti tenent. Q. Curtius Rufus IV 12, 11. Auch: Scythae, qui Parthos condidere. Curtius Rufus VI 2, 12ff. Persae, qui sunt originitus Scythae. Ammian. Marcell. XXXI 2, 20. Sauromatas, ... quibus originem Medi dederunt. Solinus XV 18. Gens (sc. Sarmatica) habitu armisque Parthicae proxima, verum ut caeli asperioris, ita ingenii. Mela III 33. Parthi-Scytharum exules fuere ... Justinus XLI 1, 1 2; Sermo his (sc. Parthis) inter Scythicum Medicumque medius et utrimque mixtus. Justinus LXI 2, 3. Parthi ab Scythia habent originem. Schol. Bernense in Lucani Bell. Civile I 553. Παρθυαῖοι ἔθνος πάλαι ... Σκυθικόν. St. Byz. Τοὺς δὲ Πάρθους καὶ Παρθυαίους καλοῦσί τινες καὶ φῦλον εἶναί φασι Σκυθικόν. Eustathius in Dionys. Perieg. 1039.

Diese Zeugnisse sind so zahlreich und unzweideutig, daß man sie — auch wenn die meisten davon auf eine gemeinsame Quelle zurückgehen sollten — nicht übersehen darf. Man hat die Verpflichtung, an der Hand der Sprachreste zu prüfen, ob diese Sprachen mit den iran. verwandt sein können, zumal auch die Zeugnisse von Übereinstimmung der skyth. und sarmat. Bräuche mit den iran. recht zahlreich sind. Es ist das Verdienst von Zeuss, Müllenhoff, Vsevolod Miller, Justi, Tomaschek und Marquart, die Deutung der skyth. und sarmat. Sprachreste mit Hilfe des Iran. bedeutend gefördert zu haben. Ihre Arbeiten verdienen bei Behandlung dieser Frage in erster Linie Berücksichtigung.

§ 4. An skythischen Sprachformen mögen folgende hier erwähnt werden:

1. Ἐνάρεες οἱ ἀνδρόγυνοι παρὰ Σκύθαις Herodot I 103 und IV 67. Bei Hippokrates Περὶ ἀέρων c. 29 § 106 steht als skyth.: ἀνάριες καλεῦνται δὲ οἱ τοιοῦτοι ἀνανδριέες ... Es ist iran. anarya- „unmännlich"; vgl. Müllenhoff *DA* III 104, Miller *Osset. Stud.* III 132.

2. Οἰόρπατα „skythischer Name der Amazonen" ... τὰς δὲ Ἀμαζόνας καλέουσι Σκύθαι Οἰόρπατα, δύναται δὲ τὸ οὔνομα τοῦτο κατὰ Ἑλλάδα γλῶσσαν ἀνδροκτόνοι· οἰορ γὰρ καλέουσι ἄνδρα, τὸ δὲ πατὰ κτείνειν. Herodot IV 110. Die Erklärung bei Herodot muß ungenau sein, da er den zweiten Teil des Substantivums mit einem Verbum übersetzt. Man faßt das Wort mit Rücksicht auf γυναικοκρατούμενοι, den Beinamen der Sauromaten, auf als iran. vīrapatayō N. pl.: paiti- „Herr"; vgl. Müllenhoff *DA* III 106, Miller a. a. O.

3. Παραλάται „skyth. Dynastie, die vom Begründer der skyth. Königswürde Κολάξαις stammen soll". Herodot IV 6. Zu avest. paraδāta- „voran, an die Spitze gestellt, Ehrentitel des Fürsten Haošyaŋha"; vgl. Müllenhoff a. a. O. III 112, Miller III 127, Justi *Namenb.* 185. Der Wandel von *d* zu *l* ist im Soghdischen und in Pamir-Dialekten bezeugt.

4. Mehrere Namen auf -πειθης: Ἀριαπείθης „ein Skythenkönig" Herodot IV 76 und 78 aus iran. *aryapaēsa- „von arischer Gestalt"; vgl. Müllenhoff *DA* III 117; Miller III 131. Σπαργαπείθης „König der Skythen und Agathyrsen" Herodot IV 76 und 78, Σπαργαπίσης „Massagete" Herodot I 211 und 213 stellen sich zu iran. sparəgapaēsa- etwa „von jugendlicher Gestalt", zu avest. fraspar əγa- „Schößling, Zweig", vgl. Müllenhoff *DA* III 117. Zur Vertretung von iran. -aē- durch griech. ει vgl. παράδεισος: pairidaēza-. Griech. ϑ könnte volksetymologisch sein; man vergleiche aber auch jung-avest. ϑ in ərəzatōpaiϑi-, zaranyopaiϑi- „silber-" bzw. „goldgeschmückt" neben gāϑā-avest. *s*: zaranyōpīsō u. a.

5. Namen auf -ξαις: Κολάξαις „erster Skythenkönig", Λιπόξαις (var. Νιτόξαις)

und Ἀρπόξαις (Herodot IV 5). Der zweite Teil dieser Namen gehört zu iran. χšaya- „Herrscher". Die ersten Bestandteile sind schwierig. Die Erklärung von Κολάξαις als „Geschlechtskönig" oder „Heereskönig" von aind. kulam „Herde, Familie" (so Müllenhoff *DA* III 112, Tomaschek bei Pauly-Wissowa III 42) ist zweifelhaft, weil die iran. Entsprechung dieses Wortes avest. kara- lautet.

6. Ἀριαντάς „Skythenkönig" Herodot IV 81 wohl = *aryavant-; vgl. Müllenhoff *DA* III 122.

7. Ἀριμασποί „ein hoch im Norden hinter den Skythen wohnendes Volk" soll ἄνδρες μουνόφθαλμοι bedeuten. Herodot III 116, IV 13 und 27. ἄριμα γὰρ ἓν καλέουσι Σκύθαι, σποῦ δὲ ὀφθαλμόν (IV 27). Eine besonders schwierige Stelle! Man nimmt ein Mißverständnis an, schon wegen des unklaren Verhältnisses von σποῦ und Ἀριμασποί, das sich vielleicht dadurch erklären könnte, daß ein fremdsprachiger Name des entlegenen Volkes in skyth. Munde verändert worden ist. Laufers („T'oung Pao" Serie II Bd. 9 S. 452) Hinweis auf mongolisch ärämdäk „einäugig" erklärt nicht den zweiten Teil des Namens. Gewagt wäre es immerhin, darin iran. *a[i]rima- „einsam, allein" als urverwandt mit griech. ἔρημος zu sehen und im zweiten Teil ein iran. *spas- „Auge" urspr. „Späher" zu suchen. Vgl. aind. paç- „Blick, Auge" zu paçyati „blickt". Tomaschek bei Pauly-Wissowa *RE* s.v. erklärt Ἀριμασποί als iran. airimāspa- „Einöden- (Steppen-, wilde) Rosse habend", muß dabei aber überhaupt auf eine Erklärung der Herodotstelle verzichten.

8. Ὄρικος „Skythe" Herodot IV 78 etwa zu avest. vairya- „bester, vortrefflicher": aind. varya- idem, als *Varyaka-. Vgl. auch Müllenhoff *DA* III 122.

9. Τάξακις „Skythenführer" Herodot IV 120 könnte zu avest. ϑwaχša- „rührig, eifrig", mittelpers. tuχšāk idem gehören.

10. Išpakai „Skythenkönig"; vgl. Streck *Assurbanipal* S. CCCLXXV. Gehört zu iran. Aspaka-, einer Ableitung von Namen auf aspa-; vgl. KZ 42 S. 11 Ed. Meyer. Zum anlaut. *i*-vgl. oben Iškûzai.

11. Τύμνης „Skythe" Herodot IV 76. Vielleicht zu avest. tuma- „kräftig", altpers. tauman- „Kraft, Macht", aind. túmras „feist, strotzend".

12. Σάκαι „ein Nomadenvolk", μηλονόμοι τε Σάκαι γενεᾷ Σκύθαι bei Choirilos vgl. Strabo VII 3, 9. Vgl. Σάκαι· οἱ Σκύθαι, Hesych., σακαία· ἡ σκυθικὴ ἑορτή, Hesych.: altpers. saka- „Skythe".

13. Ἀμάδοκοι· Σκυθικὸν ἔθνος, Hellanikos bei Steph. Byz., soll nach Tomaschek *Kritik* II 8ff., *Alte Thraker* I 98 ein iran. āmādaka-: āmād- „Rohfleischesser" wiedergeben und den Ἀνδροφάγοι bei Herodot entsprechen, da bei ihm die Ἀμάδοκοι fehlen. Dazu vergleiche man: Ephoros' Europe: τοὺς μὲν (sc. Σκύθας) γὰρ εἶναι χαλεπούς, ὥστε καὶ ἀνθρωποφαγεῖν, τοὺς δὲ (sc. Σαυρομάτας) καὶ τῶν ἄλλων ζῴων ἀπέχεσθαι vgl. Strabo VII 3, 9.

14. Ἀτέας „Skythenkönig" Plutarch vgl. Latyšev *Scythica* I 496, daneben Atheas Justinus IX 2, 1ff., Frontinus Strategemata II 4, 20, könnte iran. sein. Vgl. avest. haiϑya- „recht, rechtschaffen", altpers. hašiya-: aind. satyá-.

15. Eine Reihe skyth. Götternamen bei Herodot IV 59 bereitet große Schwierigkeiten: Θαγιμασάδας Ποσειδέων (var. Θαμιμασάδας) erinnert in der Bildung an den Personennamen Ὀκταμασάδης Herodot IV 79, bleibt aber ebenso unklar wie dieser. Παπαῖος Ζεύς kann Lallname sein; Ἀπὶ Γῆ vergleicht Müllenhoff *DA* III 122 mit lat. Ops „Göttin des Erntesegens". Ταβιτί Ἱστίη kann nicht zur „Wurzel" tap- „brennen" gestellt werden, solange der Wandel von *p* zu *b* in derartiger Stellung nicht fürs Skyth. nachgewiesen ist. Auch die Bildung von Ταβιτί bliebe dabei unklar. Angesichts von Τάναις: iran. Dānu- (russ. Донъ) ist die Möglichkeit zu erwägen, ob nicht Ταβιτί als Partizip femin. *dāvayeintī „anzündend" zu aind. dāvayati, Causativ zu dunōti „brennt", zu stellen wäre. — Γοιτόσυρος (var. Οἰτόσυρος) Ἀπόλλων bei Herodot, gestützt durch Hesych., könnte ein iran. gaēϑōsūra- „an Gütern reich" oder „an Herden reich": avest. gaēϑā- „Hab und Gut" afgan. γēlē f. „Herden" wiedergeben. Vgl. avest. gaōsūra- „rinderreich". Zum griech. οι vergleiche man avest. χšaēta-: χšōiϑnī femin. — Ἀρτίμπασα (var. Ἀργίμπασα) Ἀφροδίτη Herodot IV 59, Hesych., könnte

aus iran. *artəm baja- „das Recht zuteilend“ gedeutet werden. Zum ersten Teil vgl. altpers. Ἀρτεμβάρης bei Erman in KZ 48 S. 159ff.; Idg. Jahrb. 8 S. 64. Zur Wiedergabe des iran. ǰ durch griech. σ vgl. Καμβύσης: altpers. Kambujiya-.

So unsicher manche von den obigen Zusammenstellungen bleiben müssen, und so wenig man in der Lage ist, andere skyth. Namen, wie den Frauennamen Ὀποίη (Herodot IV 78), die Männernamen Ἰδάνθυρσος, Ἀνάχαρσις, Σκώπασις, Πρωτοθύης (assyr. Bartatua), Γνοῦρος (Herodot IV 76), Μαδύης (Herodot I 103), Σκύλης (Herodot IV 76), auch Ταργίταος „Stammvater der Skythen“ (Herodot IV 5ff.), oder Stammesnamen, wie Αὐχάται, Κατίαροι, Τράσπιες u. a., aus dem Iran. zu deuten, so muß doch die Zugehörigkeit der Skythensprache zur iran. Sprachgruppe wegen der hist. Zeugnisse (s. o.) und wegen der fraglos iran. Form von Ἐνάρεες, Οἰόρπατα, Παραλάται, der Namen auf -πείθης und -ξαις, sowie derjenigen mit Ἀρια- für gesichert gelten. Die mit Hilfe des Iran. nicht deutbaren skyth. Namen könnten teilweise dem Thrak. entlehnt sein; wissen wir doch aus Herodot (IV 78ff.), daß Skythen- und Thraker-Dynastien miteinander Ehen einzugehen pflegten. So könnte ein Name wie Σαύλιος vielleicht als „der Strahlende“ immer noch zu lit. saulė „Sonne“, got. sauil als thrak. gestellt werden. Der Königsname Ἰδάνθυρσος (Herodot IV 76 und 120) erinnert an die thrak. Ἀγάθυρσοι. Gehört er zu griech. ἰδανός „schön“ (:Fιδεῖν, Fεῖδος, wie mhd. schön: got. skauns: schauen) und idg. *dr̥k̂-: aind. dṛça-: avest. darəs- usw.; vgl. Uhlenbeck *Aind. Wb.* S. 129? Er hätte dann die Bedeutung „von schönem Aussehen“, wie Ἀγάθυρσοι: aind. aghá- „böse“: avest. aγa- usw. „von bösem Aussehen“. — Die Namen Ὀκταμασάδης, Θαγιμασάδας erinnern an den Thrakernamen Μηδοσάδης Xen. Anab. VII 1, 5ff.

§ 5. Sieht man sich nach einer Erklärung der skyth. Sprachreste aus einer anderen Quelle als dem Iran. um, so muß dabei in erster Linie beachtet werden, daß solche Erklärungsversuche mit den sämtlichen hist. Zeugnissen im Widerspruch stehen, die das Skyth. und Sarmat. als miteinander, sowie mit dem Medischen und Parthischen verwandt bezeichnen. Daher werden auch nur noch von sprachwissenschaftlich vollkommen ungeschulter Seite Versuche gemacht, an andere Sprachen als die iran. anzuknüpfen. Die Versuche von K. Neumann, das Skyth. als mongolisch zu erweisen, sind von A. Schiefner bereits widerlegt worden. Neuerdings hat die mongolische Theorie in Géza Nagy wieder einen Anhänger gefunden. Seine Erklärungen könnten hier stillschweigend übergangen werden, wenn sie Minns in einem wertvollen arch. Werk nicht mit kritiklosem Beifall übernommen hätte. Es muß festgestellt werden, daß Nagys Versuch nicht nur hist., sondern auch sprachlich unbegründet ist. Er hätte sich entschließen sollen, die skyth. Sprachreste entweder aus dem Mongolischen oder dem Turkotatarischen oder dem Finnisch-ugrischen zu deuten. Statt dessen wirft er alle diese Sprachen durcheinander, denn für Ταβιτί· Ἑστίη bietet er eine wogulische, also finnisch-ugrische Etymologie (wogul. taût, toat „Feuer“), die lautlich allerdings auch nicht genügt, da sie das erste i unklar läßt, und für Παπαῖος· Ζεύς sowie Θαγιμασάδας· Ποσειδέων bringt er turkotatarische Deutungen bei (turk. baba, sowie tengiz „Meer“ + ata „Vater“), die durchaus nicht schlagend sind. Ἀπί· Γῆ erklärt er aus mongol. Abija „fruchtbar“, Ἀρτίμπασα· Ἀφροδίτη sogar im ersten Teil aus dem Turko-Tatarischen, im zweiten aus dem Mordwinischen(=Finn.-ugrisch). Das mordw. paz „Gott“ soll darin stecken. Herr Nagy merkt aber nicht, daß dieses Wort im Mokša-Mordwin. pavas lautet und dort als iranisches Lehnwort angesehen wird (Finn.-ugr. Forsch. 8 S. 75ff. Paasonen). Und solche Etymologien, die sich wohlweislich nur mit den skyth. Götternamen befassen, sollen die iran. Theorie von der Herkunft der Skythen widerlegen! Unhaltbar sind auch Nagys Betrachtungen über alte uralaltaische Lehnwörter in den idg. Sprachen (Minns a.a.O. S. 100). Griech. τυρός „Käse“ wird von ihm für eine Entlehnung aus magy. turó „Quark“ angesehen, obgleich es wegen der Vokalverhältnisse des damit ablautenden russ. usw. tvarogъ „Quark“ für sicher idg. zu gelten hat. Die anderen Theorien von der Herkunft des Skyth. vom

Germ., Kelt. oder Slav. brauchen uns hier nicht zu beschäftigen, da sie wissenschaftlich längst erledigt sind. Daß durch die Entdeckung des Tocharischen, einer idg. Kentum-Sprache, neue Erklärungsmöglichkeiten für das Skyth. aufkommen, wie Minns a. a. O. meint, ist gänzlich ausgeschlossen.

§ 6. Steht die iran. Herkunft des Skyth. fest, so müssen auch mehrere zur skyth. Zeit vorhandene geographische Namen in Südrußland dieser Sprache angehören. Dazu gehört Πόντος Ἄξεινος „Schwarzes Meer" bei Pindar, Euripides, Strabo, das später in Πόντος Εὔξεινος umgewandelt worden ist. Vgl. Plinius HN VI 1. Ich habe diesen Namen mit eingehender Begründung aus iran. aχšaēna- „dunkelfarbig" gedeutet (Acta Univers. Dorpatensis, Serie II Bd. 1 Nr. 3) und mich dabei auf Πόντος Μέλας Euripides Iphigenie auf Tauris 107 und Σκυθικὸς Πόντος bei Theokrit XVI 99 berufen. Vgl. dazu Revue de l'Université de Bruxelles 1927 Nr. 4 S. 3 (SA) sowie Revue belge de phil. et d'histoire 3 (1924) S. 315ff. E. Boisacq und KZ 54 (1927) S. 254ff. H. Jacobsohn. Unbewiesene Hypothesen bietet Archiv f. slav. Phil. 40 (1925) S. 153ff. H. Lommel. Fürs Skyth. wäre auch der Name Τύρης (Τύρας), „Dniestr" Herodot IV 11, 47, 51, 52 und sonst in Anspruch zu nehmen: iran. tŭra- „ungestüm, schnell", kurd. tūr „wild, unbändig". Der Dniestr hat von den von N ins Schwarze Meer mündenden Flüssen die schnellste Strömung, was schon den Alten aufgefallen ist. Vgl. Nullo tardior amne Tyras; Ovid. Ex Ponto IV 10 v. 50.

Die im Skyth. vorliegende iran. Sprachstufe entspricht dem Zustand, den wir in den altiranischen Dialekten antreffen. Σπαργαπείθης, Ἀριαπείθης, Παραλάται zeigen keinen Schwund des Kompositionsvokals wie etwa im Mittelpersischen. Das Skyth. ist an Altertümlichkeit etwa mit dem Avestischen zu vergleichen. Es empfiehlt sich nicht, an die so früh überlieferten skyth. Sprachreste mit der Voraussetzung heranzutreten, es seien in dieser Sprache bereits die lautlichen Neuerungen, die uns im späteren Iran. begegnen, durchgeführt. So schweben die Versuche, eine ossetische Pluralbildung auf -tä bereits in skyth. oder sarmat. Völkernamen, wie Σαρμάται, Τυρεγέται, Ναπάται, Σκόλοτοι usw.), nachzuweisen (so Philologus-Suppl. 10 S. 78 Marquart; Žrn. Min. Nar. Prosv. 1886 Oktober S. 232—283 Vs. Miller), m. E. in der Luft (vgl. dagegen Streitberg-Festgabe S. 373ff. Vasmer). Über diese osset. Bildung vgl. Izvěstija otděl. russk. jazyka 29 (1925) S. 397ff. A. Freimann. Die Erklärung von Ἐξαμπαῖος „Quelle des Hypanis" Herod. IV 52, 81 durch osset. *äfsond „heilig": avest. spənta- und altpers. paϑi- „Weg" mit Rücksicht auf Herodots Angabe, das Wort bedeute ἱραὶ ὁδοί (so Philol. Suppl. 10 S. 88 Marquart), wird zweifelhaft durch Σπαργαπείθης, aus dem zu ersehen ist, daß anlautendes sp- im Skyth. weder eine Metathese noch einen Vokalvorschlag aufweist. Auch die Vertretung eines paϑi- durch -παῖος wäre nicht zu begreifen. Die Beweise, die Marquart a. a. O. dafür beizubringen sucht, daß ossetische lautliche Neuerungen schon im Skyth. eingetreten seien, sind alle den späteren sarmat. Namen entnommen. Methodisch zulässig ist nur Erklärung skyth. Formen mit Hilfe von altiran. Sprachmaterial, wenn nicht durch anderweitige Tatsachen der Nachweis hoher Altertümlichkeit nur neuiran. belegbarer mundartlicher Erscheinungen zu erbringen ist.

Die altiran. Lehnwörter in den finn.-ugr. Sprachen zeigen Lauterscheinungen, die zum Avestischen, im Gegensatz zum Altpersischen, stimmen. Finn. Sarajas „ein sagenhaftes Meer" z. B. entspricht avest. zrayah- „Meer", nicht altpers. drayah- idem (vgl. dazu Thomsen-Festschrift 1912 S. 188—191 Setälä). Danach hätte man Grund, das Skyth. mehr mit dem Avestischen als mit dem Altpers. zu verknüpfen, eine Tatsache, die mit der sprachlichen Stellung des dem Skyth. nahe verwandten Sarmat. in gutem Einklang steht.

§ 7. Vom Sarmatischen sind uns, wie vom Skyth., nur einzelne Wörter überliefert. Sehr selten ist Angabe der Bedeutung dieser Wörter (vgl. unten § 9 marha). Meist sind es Personennamen, die auf griech. Inschriften aus Südrußland oder in liter. Texten begegnen. In letzteren zeigt gewöhnlich der Zusammenhang, daß es sich um sarmat. Namen handelt. Anders bei den südruss. Inschriften. Dort fehlt in der

Regel eine ethnische Bezeichnung. Es kann also nur aus dem ungriech. Aussehen eines Namens, aus der Fundstelle einer Inschrift und aus der Datierungszeit — wenn wir aus anderen Quellen wissen, daß um die betreffende Zeit die Bevölkerung einer Ortschaft oder deren Umgebung sarmatisch war — geschlossen werden, daß der Träger eines barbarischen Namens ein Sarmate war. Sicherheit ist nicht überall zu erreichen. Besondere Vorsicht erheischen die Inschriften von Phanagoria (Tamań) und Gorgippia (Anapa), weil in jener Gegend auch mit kaukas. Völkern nicht-indogermanischer Herkunft gerechnet werden muß. Kaukasier können auch in andere griech. Städte am Nordufer des Schwarzen Meeres gelangt sein. So ist von vornherein damit zu rechnen, daß uns viele barbarische Namen auf griech. Inschriften aus Südrußland unklar bleiben. Bei anderen Namen, für die es Deutungen aus dem Iran. gibt, läßt sich feststellen, daß sie von Kleinasien nach Südrußland gelangt sind und dort durch die Perserherrschaft verbreitet wurden. So kommt es, daß wir sarmat. Namen, wie Ἀριαράθης, Ἀριαράμνης, Ἀρσάκης, Ὀρόντης, Φαρνάκης, Μιθραδάτης, Ἀριοβαρζάνης u. a., nicht als im Sarmat. ursprünglich anzusehen haben (Minns *Scythians* S. 38, 412; Ebert *Südrußland* S. 105). Sie müssen hier als persischer Einschlag gelten. Das sonstige sarmat. Sprachmaterial kann nicht nach den zahlreichen sarmat. Stämmen gruppiert werden; dazu ist die Überlieferung zu ungenau. Zu den Σαυρομάται (Herodot IV 117), später Σαρμάται — von Müllenhoff und Justi aus avest. *saōrōmant- G. saōrōmatō „mit der Klinge (dem Schwert) versehen" erklärt — gehört eine Reihe von Stämmen, deren Namen meist deutlich iran. sind: Ἰαξαμάται (:aind. yakṣati „eilt vorwärts"?), Ἰάζυγες (:altosset. *yazug: iran. yazu-: aind. yahu- „rastlos"), Ῥωξαλανοί (:iran. raōχšna-), Σίρακες, Ἀορσοί (:iran. auruša- „weiß"), Ἀλανοί (aus osset. *alan: altiran. aryānām; vgl. Rocznik Orjentalistyczny 3 [1927] S. 158 ff. A. Freimann). Ein Teil der Alanen am Don heißt Ἀσαῖοι (Ptolem. V 8, 16). Der Name ist wohl identisch mit der mittelalterlichen Bezeichnung der Osseten arab. ās, georg. os + Suff. -eti (Miller *Osset. Stud.* III 7). Er bedeutet wohl die „Schnellen": avest. āsu- „schnell".

Die Vorherrschaft iran. Stämme in Südrußland zerstört der Vorstoß der Goten Ende des 2. Jh. n. C. ans Schwarze Meer und noch mehr der Ansturm der Hunnen im 4. Jh. n. C. Durch letzteren wird ein Teil der Alanen in hunnischem Solde nach W verschlagen. Anfang des 5. Jh. treffen wir sie in Pannonien an, kurz darauf in der Gefolgschaft der Vandalen in Gallien. Dort assimilierten sie sich wohl im 5.—6. Jh. Ein anderer Teil der Alanen blieb in Unter-Moesien und Klein-Skythien, von ihnen stammt Jordanes. Nach dem 7. Jh. besitzen wir längere Zeit keine Kunde von den Donau-Alanen. Die im 13. Jh. in Ungarn gleichzeitig mit den Kumanen auftretenden Alanen (Streitberg-Festgabe S. 105 ff. Gombocz) sind nicht ihre Nachkommen. Immerhin ist der Name der rumänischen Stadt Jassy (rumän. Jaşĭ) altruss. Jasьskъ tъrgъ zu beachten, der von altruss. jasi, einer Bezeichnung der Osseten, stammt. Also: „Ossetischer Markt". Über Alanen in dieser Gegend vgl. Bruhn *Černomorje* II 354 ff.; Kulakovskij *Alany* a. a. O.; Vizant. Vremennik 3 S. 324 ff.

Besonders lange hält sich iran. Bevölkerung in der Krim. Der alanische Name Ἀβδάρδα für Theodosia (s. § 9, 11) hat im 5. Jh. n. C. eine moderne Lautform. Wichtiger noch ist, daß uns durch den Alanenbischof Theodoros alanische Bevölkerung nördlich von Sebastopol noch um die Mitte des 13. Jh. bezeugt ist (Mai Bibliotheca Nova Patrum VI 379 ff.). Abulfeda († 1331) berichtet von der Feste Kyrkjer (Čufut Kale), daß sie sich im Lande der Ās befinde (Bruhn *Černomorje* II 136), und Rubruquis nennt die Alanen bei Cherson (Sebastopol) Akas: türk. ak „weiß", also „weiße Osseten". Vgl. Ἀορσοί „weiße". Im 15. Jh. wird alanische Bevölkerung von Josafa Barbaro vom Krim-Gebirge bis Moncastro (= Akkerman in Bessarabien) erwähnt; Bruhn *Černomorje* II 137 und 359. Das zähe Fortleben iran. Bevölkerung in der Krim zeigen auch die in turko-tatarischem Munde veränderten iran. Ortsnamen daselbst (s. § 11), sowie iranische Wörter im krimgot. Wörterverzeichnis des Busbecq (1560—1562), wie krimgot. sada

„100", hazer „1000" (Streitberg *Got. Elementarb.*[5] S. 282): westosset. sädä „100", mpers. hazār „1000". Spätere alanische Söldnersiedlungen sind in der Krim nicht immer von alter Bevölkerung zu scheiden, doch war letztere beim Eintreffen der ersteren sicher noch nicht verschwunden. Die zurückgebliebenen Alanen südlich des Don sind im 8.—9. Jh. in politischer Abhängigkeit von den Chasaren. Nur ein Teil derselben im Kaukasus ist unabhängig. Im 11. Jh. werden Ās (altruss. jasi) im Kubań-Gebiet erwähnt. Nach 1223 geraten sie teilweise unter tatarische Herrschaft.

§ 8. Der Zusammenhang von Alanen und Osseten (Ās) tritt in mittelalterlichen hist. Quellen öfters zutage:

1. Die arm. hist. Tradition (Moses von Chorene) berichtet von einem Bündnis zwischen Georgiern und Alanen gegen die Armenier (um 87—112 v. C.) unter Führung des Königs Artašes und des Feldherrn Smbat Bivritian. Die georgische Chronik erwähnt denselben Kampf und nennt an Stelle der Alanen die Os (so Vs. Miller *Osset Stud.* III 28, 40).

2. Josephus Flavius Bell. Iud. VII 7 sagt: τὸ τῶν Ἀλανῶν ἔθνος εἰσὶ Σκύθαι περὶ τὸν Τάναιν καὶ τὴν Μαιῶτιν λίμνην κατοικοῦντες. In der russ. Übersetzung dieses Werkes (12.—13. Jh.) heißt es: „Das Jasenvolk (jazykъ jasьskyjь) stammt von den Pečenegen, die am Tanais und der Maeotis wohnen"; Miller a. a. O. III 40ff.

3. Cedrenus und Zonaras s. a. 1033 erwähnen die Witwe eines Abasgenkönigs Georg — Ἀλδή, eine Alanin, die ein Bündnis mit dem Kaiser Romanos geschlossen haben soll. Die Georgische Chronik bezeichnet, nach Miller *Osset. Stud.* III 41, dieselbe Alda als eine Tochter des Osen- (Osseten-) Königs.

4. Die Osseten im Kaukasus heißen in byzantinischen Quellen oft Ἀλανοί, z. B. im Λόγος Ἀλανικός des Alanenbischofs Theodoros 1222—1240 (Mai Bibliotheca Nova Patrum VI 379—397).

Danach ist man berechtigt, einen näheren Zusammenhang zwischen Sarmatisch und Ossetisch anzunehmen, und die Sprachreste der Sarmaten bestätigen diesen Zusammenhang durch eine ganze Reihe lautlicher Übereinstimmungen mit dem Ossetischen. Eine große Anzahl hat Vs. Miller festgestellt (bes. *Osset. Stud.* III 83). Zu ihnen gehört:

1. Der Wandel von iran. p zu f: Φίδας PN: osset. fidä: avest. pitā; Φοργάβακος PN: osset fur: avest. pourugav- „rinderreich"; Φορήρανος PN: avest. *pouru-airyana- „viele Arier beherrschend"; Φορίαυος PN: avest. *pouruyav- „viel Getreide habend"; Φούρτας PN: osset. furtʻ „Sohn": avest. puϑra-; Φανδάραζος: osset. fändag „Weg": avest. pantan- + rāza- „richtend".

2. Metathese -ϑr- zu -rϑ-: Φούρτας: osset. furtʻ; Φαρνόξαρθος, Καινόξαρθος, Ἀλέξαρθος zu χšaϑra-: osset. äxsart.

3. Metathese -χr- zu -rχ: Σόρχακος: osset. surχ: altiran. suχra-.

4. Wandel von anlautendem pri- über fli- zu li-: Λείμανος PN: osset. limän „Freund": friyamāna-. Dazu gehört wohl Λείμνακος, woneben auch Φλείμναγος begegnet. Die Lautstufe Φλ- zeigt auch Φλίανος PN: avest. fryāna- „lieb, wert". Jüngeres l liegt vor in Λοιάγας, vielleicht aus frya- + osset. Suff. -ag.

5. Anlautendes vi wurde zu i: Ἰνσάζαγος PN: osset. insadz „20": avest. vīsaiti- „20".

6. Anlautendes air- wurde ir-: Ἡρακᾶς, ἀρχιερμηνεὺς Ἀλανῶν, Tamań - Inschrift Izvěstija Archeol. Komm. 40 Nr. 28 S. 113 (208 n. C.): osset. ir „Ossete", iron „ossetisch": airya- vgl. Izvěstija Archeol. Komm. 47 S. 16 Miller (SA).

7. Assibilation von ti zu ci. Belege bei Miller in Geiger-Kuhn *Grundr.* I Anhang S. 7.

8. Für iran. Suff. -aka- erscheint in sarmatischen Personennamen, wie im Ossetischen, -ag (-αγος) u. a. m.

Vgl. weiteres bei Vasmer in Streitberg-Festgabe S. 367ff.

§ 9. Es folgt hier noch eine Anzahl sarmatischer Sprachreste, die wegen der Fülle des Materials keinen Anspruch auf Vollständigkeit erheben kann:

Ἀβδάρδα (Als. Ἀρδάβδα) „alanischer oder taurischer Name der Stadt Theodosia in der Krim" soll ἑπτάθεος bedeuten. Periplus Ponti Eux. § 51 (5. Jh. n. C.). Nach Müllenhoff *DA* III 113ff.: osset. avd „7", avest. hapta + ərədva- „erhaben". „Die durch sieben Götter erhabene Stadt". Sicher gedeutet ist jedenfalls die Siebenzahl. Eine andere Deutung vgl. bei Vasmer *Iranier in Südrußland* S. 72.

Ἄδας PN Panticapaeum Latyšev II 182_2, IV 248_1: osset. äda „Väterchen".

Ἀλέξαρθος PN Phanagoria Latyšev II 363. Wohl aus a^{i}ryaχšaϑra- mit volksetym. Beeinflussung durch Ἀλέξανδρος.

Ἀμάγη „Gemahlin des Sauromatenkönigs Medosakkos" Polyaen. VIII 56: avest. ama- „stark, kräftig" + -ag-.

Ἀμώσπαδος PN Olbia Latyšev I 67: zum vorigen + spāδa- „Heer": „ein starkes Heer habend".

Ἀρδάραχος Panticap. Latyšev II 29, Tanais ebd. II 427, 446. Ἀρδάρισχος Tanais ebd. II 442, Ἄρδαρος Theodosia ebd. IV 468, Tanais ebd. II 438, 441, Gorgippia ebd. II 404: osset. ärdar „Oberster".

Ἄσπαχος PN Tanais L. II 446, 447. Kurzf. eines Namens mit aspa-. Vgl. avest. Aspačanah- PN.

Αὐράζαχος Tanais L. II 454, 455: iran. ava- + rāz- (osset. arazun „richten").

Ἀφθαίμαχος PN Tanais L. II 434, auch Ἀφθείμαχος Tanais L. II 446: osset. äwdäimag „der Siebente".

Βάγης PN Phanagoria L. IV 421, Gorgippia L. II 402, 436. Vielleicht Kurzform von PN wie avest. Baγōdāta-, apers. Bagābigna- u. ä.

Βαιόρασπος Tanais L. II 430: iran. baēvarāspa- „viele Pferde habend"; osset. Dig. bēurä „viel".

Βαιόρμαιος Olbia L. I 60: iran. bāevaramāya- „viele Künste kennend": avest. māya- „Kunst, Weisheit".

Βάνας PN Panticap. L. II 29, viell. Kurzform von avest. bānumant- „glänzend, strahlend".

Βανάδασπος Jazyge Dio Cass. 71, 16, 1: avest. *vanataspa- „siegreiche Rosse habend".

Βάσθης „Skythe" Lukian Toxaris 43 (437), Βάστας PN Panticap. L. IV 247, viell. Kurzf. von avest. Bastavari- „Held der iran. Sage"; Barthol. *Air. Wb* S. 952. Dazu Βάσταχος Tanais L. II 443.

Beorgus „Alane" Jordan., Beorgor Marcell. Com. u. Cassiodor vgl. Müllenhoff *DA* III 111: iran. baēvaragaō- „viele Kühe habend".

Βίστης Panticap. L. IV 255. Viell. Kurzf. von iran. Vīštāspa-.

Βόρασπος Tanais L. II 423: osset. bor „gelb" + aspa- „Roß".

Βράδαχος Pantic. L. II 266: iran. brātaka- „Brüderchen".

Βώραχος Gorgippia L. II 402 s. Βόρασπος.

Γάος Tanais L. II 447, 449. Wohl Kurzf. für PN wie avest. gavayan- „Rinderbesitzer" u. ä.

Γώσαχος Tanais L. II 446, 447: osset. iγosag „gut hörend".

Δάδαγος Olbia L. I 79, 81, Δάδας Tanais L. II 452, 446, 423, 454, Phanagoria L. II 386, Gorgippia L. II 402, 406, Theodosia L. II 468, IV 468, Δάδος Olbia L. I 26, 97, 110, 144, 54, 67, 24, 87: osset. dada „Väterchen"; vgl. Hübschmann *Osset. Et.* S. 124.

Δανδάριοι „Volksstamm an der Küste der Maeotis im Kubangebiet" L. II 344 u. sonst.: iran. dānudāra- „Flußanwohner".

Διδυμόξαρθος Tanais L. II 427: χšaϑra-.

Δοσυμόξαρθος Tanais L. II 451: gleichfalls.

Ζαντικός „Jazygenfürst" Dio 71, 16: avest. zantu- „Gau".

Ζάρανδος Tanais L. II 451: osset. zarond „alt".

Ἰάνγελος Olbia L. I 68 etwa zu osset. D. ängar „Gefährte", npers. hamkār.

Ἰαύαχος Tanais L. II 454: avest. yava- „Getreide". Wohl Kurzf. von Namen wie yaōkarš- „getreidebauend".

Ἰάφαγος Olbia L. I 61 zu osset. -yafun „erreichen, erlangen". „Der etwas erreicht, erlangt".

Ἰέζδαγος Olbia L. I 69: avest. yazata- „verehrungswürdig".

Ἰέζδραδος Olbia L. I 79: spätiran. yazdrāδ vgl. Justi Nb. 149.

Ἰνσάζαγος Olbia L. I 65: osset. Digor. insäi „20".

Καινάξαρθος Olbia L. I 54, auch Κηνέξαρθος Olbia L. IV 17: kaēnāχšaϑra- „Racheherrscher".

Κάσαγος Olbia L. I 52, 71, IV 18, Κάσαχος Olbia L. I 62: osset. käsag „guter Seher" (so Miller).

Λείμανος Tanais L. II 446, 447, Panticap. L. II 29 A: osset. limän „Freund". Dazu wohl auch: Λίμναχος Gorgippia L. II 402.

Μάης Panticap. L. IV 318, 319, 472,

Olbia L. I 86 etwa zu avest. māyu- „geschickt, gewandt".

marha „Schlachtruf der Sarmaten" Ammian. Marc. vgl. Müllenh. *DA* III 124 = avest. mahrka- „Tod".

Μάσας Panticap. L. II 173 und 259, IV 322 etwa avest. mas- „lang" oder masan- „groß, bedeutend".

Μάστας Panticap. L. IV 470 könnte iran. masta- „brünstig" oder Kurzform von Mazdah- (Mazdadāra-, Mazdadāta- etc.) sein.

Μάσταρος bzw. Μασταροῦς Panticap. L. IV 208, 222, 323, II 174, 175 könnte = Mazdadāra-sein, oder = Mazdāvara- „dem M. wohlgefällig".

Νάβαζος Olbia L. I 79, 80, Tanais L. II 447: avest. navāza- „Schiffer".

Νάμγηνος Olbia L. I 55: osset. nomgin „namhaft, berühmt".

Ναύαγος Tanais L. II 446, Ναύακος Tanais L. II 430, 448, 454: iran. navaka- „neu".

Ξάρθανος Tanais L. II 454. Patronym. Ableitg. von Namen auf χšaϑra-.

Οὐαράζακος Tanais L. II 451: avest. varāza- „Eber".

Οὔστανος Tanais L. II 446 etwa Kurzf. von avest. uštana(vant)- „lebenskräftig".

Πάτεις Tanais L. II 427, 446, 448: avest. paiti- „Herr".

Πίδανος Tyras L. I 2. Dazu Πίδεις Olbia L. I 61, 69. Viell. Vorstufe von osset. fidä „Vater", s. Φίδας.

Πουρθαῖος Olbia L. I 62, 77, Πουρθάκης Olbia L. I 65, 64, IV 15. Viell. Vorstufe von osset. furt' „Sohn", s. Φούρτας.

Ῥαδαμόφουρτος Tanais L. II 446: avest. fratama- „erster" + furt'.

Ῥάσσογος Tanais L. II 447: osset. rasog „rein".

Ῥωξάνη „Frauenname" Pantic. L. II 107: avest. raōχšna- „leuchtend".

Σάρακος Tanais L. II 454: avest. sarah- bzw. sāra- „Kopf, Haupt".

Σεαύαγος Panticap. L. II 49, Σιαύακος Tanais L. II 447, 427: iran. syāva- „schwarz".

Σόρχακος Tanais L. II 451: osset. Digor. surχ „rot, schön": avest. suχra-.

Σπαδάγας Arrian. Perip l. (vgl. Justi Nb. 306), Σπάδακος Olbia L. I 84. Wohl Kurzform von Namen auf spāδa- „Heer", wie pouruspāδa- „großes Heer habend", srutōspāδa- „berühmtes Heer habend" usw.

Σπιθάμης Phanagoria (Belege Justi Nb. 309): iran. Spitāma- „Beiname des Zaraϑuštra-".

Στόρμαις Tanais L. II 448: osset. stur „groß" + avest. māya- „Kunst".

Στοσάρακος Tanais L. II 448, 454. Wohl aus Στορσάρακος: osset. stur „groß" + avest. sāra- „Kopf".

Φανδάραζος Gorgippia L. II 402: osset. fandag „Weg" oder fänd „Rat" + rāza- „Wegweiser" oder „Ratgeber".

Φαρνόξαρθος Tanais L. II 430, 446, 451: χvarənaχšaϑra-

Φίδας Panticap. L. II 29 A, IV 211, Tanais L. II 438, 440, 448: osset. fidä „Vater". Dazu wohl: Φιδάνους Panticap. L. II 29 A, Tanais L. II 434, 435, 446, 450.

Φλείμναγος Olbia L. I 24, 59 s. Λείμανος.

Φλίανος Olbia L. I 64: iran. fryāna-. Belege Justi Nb. 100.

Φοργάβακος Tanais L. II 430, 434: iran. pourugav- „rinderreich": osset. fur „viel".

Φορήρανος Tanais L. II 448, 450: iran. pouruairyana- „viele Arier beherrschend", s. das vorige Wort.

Φορίαυος Tanais L. II 447: iran. pouruyav- „viel Getreide besitzend", siehe Φοργάβακος.

Φόσακος Tanais L. II 452, 449: iran. pourupasu- „viel Vieh habend": osset. fos „Herde".

Φούρτας Tanais L. II 451: osset. furt' „Sohn": avest. puϑra-.

Χούναρος Olbia L. I 54: avest. hunaravant- „tüchtig, geschickt".

Vollständiger als hier sind die sarmatischen Sprachreste behandelt bei Vasmer *Iranier in Südrußland* S. 29ff.

Die Deutung sarmat. Personennamen wird durch das Fehlen von Sammlungen moderner Personennamen iran. und kaukas. Sprachen sehr erschwert. Trotzdem unterliegt es keinem Zweifel, daß die sarmat. Sprachreste sich fast ausschließlich mit Hilfe der iran. Sprachen deuten lassen, und daß die aus anderen Sprachen (dem Thrak. oder dem Kaukas.) deutbaren Personennamen entlehnt sein müssen. Thrakische Namen sind jedenfalls: Αὐλούζελμις, Δαλάζελμης Panticap. Latyšev II 136 (vgl. alb. djal'ε, geg. djal'mɛ „Jüngling" aus *delm-), Διζάζηλμις Olbia L. IV 32, dann Δίζας· πρίγκηψ σπείρας Θρᾳκῶν, endlich: Κότυς, Ῥοιμητάλκης, Ῥησκούπορις u. a. Das Fehlen thrak. Ortsnamen auf der taurischen Halbinsel macht aber die Annahme unmöglich, daß die Bevölkerung hier thrakisch war.

§ 10. Sehr wenig können wir von dem sprachlichen Einfluß sagen, den die Iranier Südrußlands auf das Griech. in den Kolonien am Nordufer des Schwarzen Meeres ausgeübt haben. Immerhin finden sich in einem Bürgereid aus Chersonäsos vom 3. Jh. v. C. die Worte: καὶ δαμιοργησῶ καὶ βουλευσῶ τὰ ἄριστα καὶ δικαιότατα πόλει καὶ πολίταις καὶ τὸν σαστῆρα τῷ δάμῳ διαφυλαξῶ... Latyšev IV Nr. 79, wo σαστήρ = avest. sāstar- „Machthaber" sein muß. Das ist wohl der Stratege von Chersones, den Ebert *Südrußland* S. 263 in dieser Stadt annehmen möchte, für den er aber inschriftliche Zeugnisse vermißt: „ich werde den Strategen dem Volke erhalten". Die Einwände von Lommel (Archiv f. slav. Phil. 40 [1925] S. 154) sind nicht überzeugend.

Die hier behandelten skyth. und sarmat. Sprachreste lassen nichts von einer iran. Verschiebung stimmhafter Konsonanten in stimmlose merken, die Sobolevskij in mehreren seiner Schriften voraussetzt. Fälle wie Τάναις: Donъ: iran. dānu- erklären sich durch Lautsubstitution im Griech., nicht durch einen gänzlich unbezeugten Wandel von d zu t.

Erweist die sprachliche Untersuchung des Skyth. und Sarmat. iranischen Charakter beider Sprachen, dann befindet sich dieses Resultat in bestem Einklang mit den obenerwähnten hist. Zeugnissen. Auch zahlreiche Übereinstimmungen skyth. und sarmat. Bräuche mit denen anderer iran. Völker stützen diese Theorie. Nahe Verwandtschaft mit dem Ossetischen ist fürs Sarmat., speziell das Alanische, gesichert.

§ 11. Steht nun vorwiegend iran. Bevölkerung Südrußlands mindestens vom 8. Jh. v. C. bis zum Vordringen der ostgerm. Stämme ans Schwarze Meer und bis zum Hunnensturm im 4. Jh. n. C. fest, dann versteht sich von selbst, daß unter den alten Ortsnamen Südrußlands iran. Namen eine große Rolle spielen müssen. In den seltensten Fällen ist es nur möglich, skyth. Ortsnamen von sarmat. zu unterscheiden. Meist muß man sich mit der Feststellung begnügen, daß sie iran. sind. Auch dies ist nicht leicht bei dem Fehlen größerer Sammlungen moderner iran. Ortsnamen. Es folgt die Zusammenstellung der iran. Namen nach russ. Gouvernements geordnet:

Bessarabien (jetzt zu Rumänien):

Νάρακον „ein Arm des Donau-Deltas", gewöhnlich dem heutigen Sulina-Arm gleichgesetzt, Arrian. Peripl. § 35, Anonym. Peripl. Ponti Euxini 93, Ναράκιον στόμα bei Ptolem. III 10, 12, Naracustoma bei Plinius NH IV 75 und Solinus Coll. Rer. Memor. XIII 1, Νάρηκος Apoll. Rhod. Argonautica IV 309ff.: osset. Tag. naräg „schmal".

Πόρατα „skythischer Name des Pruth", gr. Πυρετός Herodot IV 48. Etwa zu avest. pərətu- „Furt". Mehrere russ. Flüsse heißen heute Brod = „Furt". In mittelalterlichen Quellen wird der Pruth Alanus fluvius genannt, so Richard von Goldingham, vgl. K. Miller *Weltkarten* Heft IV 17. Erbstorfer Karte (a. 1284), vgl. K. Miller a. a. O. III 24. Auch Schol. in Lucani Bell. Civile VIII 223, vgl. Latyšev *Scythica* II 164.

Gouv. Cherson:

Τύρης (Τύρας) „Dniestr" Herodot IV 11, 47, Skylax u. a.: kurd. tūr „wild, unbändig": altiran. tūra- „schnell". Die mittelgr. Form Τροῦλλος Const. Porph. Adm. Imper. 38 beruht auf turko-tatar.-osman. Turla. Die schnelle Strömung fiel schon den Alten auf. Vgl. Nullo tardior amne Tyras, Ovid Ex Ponto IV 10, 50. Der spätere Name Danaster, Danastrus, vgl. Amm. Marc. XXXI 3, 3, Jordanes Getica 5 soll iran. dānu- + Ἴστρος enthalten nach Archiv f. sl. Phil. 27 S. 242ff. Sobolevskij. Unsicher. Der Name Agalingus Tab. Peutingeriana VIII 4 könnte ostgerm. sein: got. aglus „beschwerlich". Zur Bildung vgl. got. gadiliggs: *gadils u. a. Im Altruss. heißt ein Stamm am Dniestr Tiverci, Laurent. Chron. 4, die Anwohner der Donau aber heißen daselbst Dunajci: Dunaj „Donau". Das führt zu einem Flußnamen *Tīvro- „Dniestr": aind. tīvrá- „heftig, scharf, intensiv".

Μαιτώνιον am Tyras, Ptolem. III 5, 15, heute = Mohylev am Dniestr. Wohl = iran. maēϑana- „Wohnung, Haus", maēϑanya- idem. Mehrere iran. Ortsnamen dieses Namens sind heute bekannt, vgl. Tomaschek bei Pauly-Wissowa *RE* III 2408; Centralasiat. Stud. 1 S. 153 und 171ff. Der Wandel von -an- zu -on- ist ossetisch.

Φύσκη „Stadt östlich der Dniestrmündung" Ptolem. III 10, 7 = heute Suchoj Liman „trockene Bucht", westl. von Odessa" (vgl. Braun *Razyskanija* S. 208). Es ist eine volksetymologische Veränderung von avest. huška- „trocken". Daher: „trockene Bucht".

Rhode „flumen" Plinius HN IV 82 = heute Sasyk-Fluß, westlich des südlichen Bug.: iran. raōδah- „Fluß".

Berezań „kleine Insel außerhalb des Dniepr-Limans gelegen", wohl gemeint bei Arrian. Peripl. § 31: ἐπὶ νῆσον σμικρὰν, ἐρήμην καὶ ἀνώνυμον. Vielleicht identisch mit Βορυσθενὶς νῆσος Ptolem. III 10, 9. Zu iran. bərəzant- „hoch". Über die steilen Ufer derselben vgl. Bruhn *Černomorje* I 90. Der turko-tatarische Name bürüözen „Wolfsschlucht" (Bruhn a. a. O. I 94) ist wohl volksetymologische Umgestaltung.

Dandarium „pontische Uferstation zwischen Olbia und Ἀλέκτορος φρούριον, an der Mündung des Bug-Limans". Der Name ist bemerkenswert, weil Ὕπανις gemeinsamer Name des südlichen Bug und des Kubań-Flusses ist und an letzterem ein Volk Δανδάριοι (Strabo) sitzt. Etwa zu iran. *dānudāra- „Flußanwohner"?

Σάρβακον „Stadt am Hypanis" Ptolem. III 5, 15 = etwa heute Voznesensk. Vielleicht zu iran. srvā „Horn".

Gouv. Jekaterinoslav:

Βορυσθένης „Dniepr" und „Stadt Olbia" Herodot IV 17, 18. Der Dniepr war den Alten nur bis zu der breiten, schilfbewachsenen Stelle bekannt, die heute Velikij Lug „große Wiese" heißt. Vielleicht ist darauf Müllenhoffs *DA* III 122 Deutung aus iran. Vourustana- „breite Stelle" zu beziehen. Vgl. die Beschreibung bei Dio Chrysostomus Oratio XXXVI. Der hunnische Name des Dniepr lautet Var (Jordanes Getica 52), der pečenegische — Βαρούχ (Const. Porphyr. Adm. Imper. c. 38). Diese Namen gehören unzweifelhaft als urspr. *varu- bzw. *varuka- zu osset. varax, väräx „weit, breit": avest. varu-, vouru- idem. Also: der „breite Fluß". Unsicher ist, ob in Δάναπρις Anonym. Peripl. 84 ein iran. dānu- steckt, wie Sobolevskij annimmt. Unklar ist auch Nusacus Tab. Peuting. VIII 5. Eine Vermutung über die Herkunft des letzteren bei Vasmer *Iranier* S. 66.

Σέριμον „Stadt am Dniepr" Ptolem. III 5, 14 = wohl Berislav oder das in seiner Nähe gelegene Mühlhausendorf: avest. saⁱrima- „Volksname".

Kičkas „Dorf am Dniepr südlich von Alexandrovsk". Keine alte Überlieferung. Etwa zu türk. küčük ās „Klein-Ossetien"? s. unten.

Gouv. Taurien:

Σάρον „Stadt am Dniepr" Ptolem. III 5, 14 = heute Rogačik. Letzteres heißt Rohat kirmen bei Radziwill Sierotka 1613 (Kordt *Mater. russk. Kartogr.* II Karte XVII), Rohat kiermen bei Is. Massa 1633 (vgl. Kordt a. a. O. Karte XLII) usw., worin an zweiter Stelle džagat. kuman. kärmän „Festung, Stadt" steckt. Die Form Rohat ist kleinruss. = urslav. rogatъ: rogъ „Horn, Spitze". Daher ist Σάρον iran. zu osset. sar „Kopf, Haupt, Spitze" zu stellen.

Ἀζαγάριον „Stadt am Dniepr" Ptolem. III 5, 14 = heute Klein-Znamenka bei Nikopol: iran. azagaⁱri- „Ziegenberg": mittelpers. azak „Ziege".

As „Dorf im Kr. Perekop". Spiski nasel. měst Tavrič. Gub. Nr. 1189: Ās „Osseten".

Terekli As „Dorf am Nordufer des Donguslaw-Sees, Kr. Eupatoria". Erster Teil zu kirgis. usw. teräk „Espe, Zitterpappel", zweiter Teil zum Vorigen.

Tabuldy As „Dorf östlich vom vorigen": Ās. Erster Teil zu tatar. usw. tabul- „sich befinden, erworben werden".

Temeš As „Dorf östlich vom vorigen". Spisk. nasel. měst Tavrič. Gub. Nr. 887: zu Ās. Erster Teil zu altaisch usw. tämäš „Teilnehmer, Gehilfe".

Böjük As „Dorf im Kr. Eupatoria", Küčük As „Dorf daselbst", bedeuten turkotatarisch: Groß- und Klein-Osseten.

Δανδάκη „Ort an der SW-Küste der

Taurischen Halbinsel“ Ptolem. III 6, 2 = wohl Felsvorsprung südl. von Sebastopol: osset. dandag „Zahn“ als „Vorsprung“.

Βρίξαβα „Kap Aj Todor an der Südküste der Krim“ soll Κριοῦ μέτωπον bedeuten, nach Pseudo-Plutarch, De fluviis XIV 4. Wird von Vs. Miller aus osset. varik „Lamm, Widder“ + sivä „Horn“ gedeutet. Besser m. E. als *Βρίξαρβα-, woher durch Dissimilation Βρίξαβα-, zu avest. srvā „Horn“. Vgl. auch Vasmer *Iranier* S. 71.

Σουγδαία Stadt, heute Sudak, gegründet um 212 n. C. Zur Geschichte vgl. Bruhn *Černomorje* II 121—188; Vasiljevskij *Trudy* II S. CLVI—CCVII. Zu osset. sugdäg „heilig, rein“.

Κάφα „einheimischer Name von Theodosia“ Const. Porph. Adm. Imper. 53. Capha Herberstein, Caffa Battisti Agnese 1554 (Seb. Fischer Raccolta XVII 11) u. a.: iran. kaōfa- „Berg“. Vgl. auch Vasmer *Iranier* S. 72. Über Ἀβδάρδα, alanischer Name von Theodosia s. oben § 9.

As „Flurname westlich von Erči nahe Ailanma, nördl. der Krim“. Zu Ās, s. oben.

Don-Gebiet:

Τάναις „Fluß und Stadt“: russ. Donъ. Gehört zu iran. dānu-, osset. don „Fluß“. Zur Bildung vgl. Danuvius. Iran. dānavya- bzw. dānuvya- wäre begreiflich als Bezeichnung einer „Flußstadt“ oder „Flußgegend“.

Kubań-Gebiet.

Ὕπανις „Kubańfluß“. Strabo XI 2, 9: Ὕπανις „Südlicher Bug“.

Δανδάριοι „Anwohner des Kubańflusses“ Hecataeus bei Steph. Byz. s. oben.

Οὐαρδάνης „Kubańfluß“ Ptolem. V 8, 5; Varadanus nunc Copa fl. Isaac Massa 1633 u. a.: iran. vāra- „Regen“: aind. vār-, vāri- „Wasser“ + dānu-. Zur Zusammensetzung vgl. avest. awždānvan- „Gewässername“ oder awəždāna- adj. „ein Wasserbecken bildend“.

Im Gouv. Poltava, Kijev, Volhynien und Černigov finden sich keine sicheren iran. Ortsnamen.

Gouv. Kursk:

Apaka „l. Nebenfluß des Sejm, westlich von Kursk“: iran. ăp- „Wasser“, *āpaka- in yidghah yáoghåh, yowgh idem, zaza-dial. aúka, wach. yápak, yupk usw.

Chanъ „r. Nebenfluß des Sejm im Gouv. Kursk“ mit Nbfl. Chanokъ, dessen einziger Nbfl. Dobryj Kolodec „Guter Brunnen“ heißt: iran. χan- „Brunnen, Quelle“.

Gouv. Orel:

Ropša (derselbe Fluß wird Lisička „Füchschen“ genannt) „linker Nbfl. der Nessa, l. Nbfl. der Nerussa, die von links in die Desna mündet“ (Maštakov *Dniepr* S. 196). Also „Fuchsfluß“: osset. rubas, npers. rōbāh oder avest. raōpiš „Fuchs“.

Osmonь „rechter Nbfl. der Svapa, eines r. Nbflusses des Sejm“; sein rechter Nbfl. heißt Osmonka und dessen linker Nbfl. Kamennaja Osmonka „steinige Osmonka“, vgl. Maštakov *Dniepr* S. 220. Der Name Osmonь gehört zu iran. asmanya-: asman- „Stein“.

Weiter n. lassen sich keine sicheren iran. Ortsnamen nachweisen. In der Kiewer Gegend müssen Slaven gewohnt haben. Daß sie n. Nachbarn der Iranier waren, dürfte aus einem Wort wie russ. irej aus irьjь „sagenhaftes südliches Land, wohin die Zugvögel im Winter ziehen, Wunderland und Zauberreich“ gefolgert werden. Ich habe es Roczn. Slawist. 6 S. 176ff. aus iran. airiya- „arisch“ als urspr. „iranisches Land“ erklärt und zu osset. ir „Ossete“ gestellt. Das anlautende i- ist alt-ossetisch und bereits im 3. Jh. n. C. in Ἡρακᾶς· ἀρχιερμηνεὺς Ἀλανῶν belegt (s. oben § 8). Gleichfalls n. Nachbarn der südruss. Iranier müssen finnisch-ugrische Völker gewesen sein, wie zahlreiche altiran. Lehnwörter in diesen Sprachen zeigen. Im Gouv. Kaluga gibt es schon finn. Ortsnamen. Ungefähr hier muß demnach die Nordgrenze der Iranier angesetzt werden. Im O lassen sich die iran. Ortsnamen im Gouv. Charkov, Voronež, Tambov und weiter noch schwerer verfolgen, weil dort die turko-tatarischen Ortsnamen noch nicht untersucht worden sind. Daß sich aber im O iran., den Osseten nahestehende Bevölkerung ziemlich lange gehalten hat, geht aus den iran. Lehnwörtern der ostfinn. Sprachen, namentlich des Syrjänischen, Wotjakischen und Mordwinischen, hervor, die dort sehr junge Lautform aufweisen, wie die Arbeit von Stackelbergs gezeigt hat.

§ 12. Literatur.

A. Quellen: Vs. Miller *Ein altossetisches Sprachdenkmal aus dem Kubańgebiet* (russ.)

Materjaly po archeologii Kavkaza, Moskau 1892 Bd. 3. — Die klassischen Autorenstellen, die sich auf Skythien und Sarmatien beziehen, sind gesammelt von B. Latyšev *Scythica et Caucasica e veteribus scriptoribus Graecis et Latinis collegit et cum versione rossica edidit B. L.* Bd. I: *Scriptores Graeci* Petersburg 1901 (Beilage zu den Zapiski Imperat. Russkago Archeologičeskago Obščestva). Bd. II: *Scriptores Latini* Heft 1 Petersburg 1904, Heft 2 Petersburg 1906. Spätere Schriftsteller bietet in Übersetzungen: K. Dieterich *Byzantinische Quellen zur Länder- und Völkerkunde* (5.—11. Jahrh.) I und II, Leipzig 1912 (= Quellen und Forschungen zur Erd- und Kulturkunde hgb. von R. Stübe 5).

Die griech. und lat. Inschriften aus Südrußland sind veröffentlicht bei B. Latyšev *Inscriptiones Antiquae Orae Septentrionalis Ponti Euxini Graecae et Latinae, iussu et impensis Soc. Archaeologicae Imper. Rossici edidit B. L.* Bd. I (Petersburg 1885), Bd. II (1890), Bd. IV (1901). Später gefundene Inschriften sind in den Izvěstija Imper. Archeologičeskoj Kommissii veröffentlicht. Bd. III der *Inscriptiones* soll die Münzaufschriften bringen, die E. Pridik herauszugeben beabsichtigt. Die griech. Inschriften aus christlicher Zeit vgl. bei Latyšev *Sammlung griechischer christlicher Inschriften aus Südrußland* (russ.) Petersburg 1896.

B. Untersuchungen: I. Iranische Theorie: 1. Griechisch-lateinisches Material: J. K. Zeuss *Die Deutschen und ihre Nachbarstämme* München 1837 S. 275ff., 691ff.; K. Müllenhoff *Über die Herkunft und Sprache der Skythen und Sarmaten* Monatsberichte der preuß. Akad. d. Wiss. 1866 VIII 549ff., wieder abgedruckt: *Deutsche Altertumskunde* III (1892) S. 101—125, 205—211; F. Justi *Iranisches Namenbuch* Marburg a. L. 1895 (behandelt nur die Personennamen); Vs. Miller *Osetinskije Etjudy* (*Ossetische Studien*) I, II, III (Moskau 1882—1887; besonders wichtig für die hier behandelten Fragen ist Bd. III); ders. *Epigraphische Spuren des Iraniertums in Südrußland* (russ.) Žurnal Ministerstva Narodnago Prosvěščenija 1886 Oktober S. 232—283; ders. „*Ossetisch*" in Geiger und Kuhn *Grundriß der iranischen Philologie* Bd. I Anhang. Straßburg 1903; ders. *Zu den iranischen Elementen in den griech. Inschriften aus dem Pontusgebiet* (russ.) Izvěstija Archeologič. Kommissii 47 (1912) S. 81—98; W. Tomaschek *Kritik der ältesten Nachrichten über den skythischen Norden* I und II SB. Wiener Akad. 116 und 117; ders. *Centralasiatische Studien. II. Pamirdialekte* SB. Wiener Akad. 96 (1880) S. 735—900; M. Vasmer *Untersuchungen über die ältesten Wohnsitze der Slaven. I. Die Iranier in Südrußland* Lpz. 1923 (= Veröffentlichungen des baltischen und slavischen Instituts an der Universität Leipzig Bd. 3). Ausführliche Sammlung der Sprachreste des Kimmerischen, Skythischen und Sarmatischen, behandelt auch die iranischen Ortsnamen in Südrußland; ders. *Iranisches in Südrußland* Streitberg-Festgabe 1923 S. 367—375; ders. *Osteuropäische Ortsnamen* Dorpat 1921 (= Acta et Commentationes Univers. Dorpatensis Serie B Bd. I Nr. 3). Kap. 1 behandelt die Namen des Schwarzen Meeres; M. Ebert *Südrußland im Altertum* Bonn-Leipzig 1921 (= Bücherei der Kultur und Geschichte 12). Obgleich vorwiegend arch., stützt Eberts Buch die iran. Theorie durch ständige Hinweise auf Übereinstimmungen der skythisch-sarmatischen Sitten und Bräuche mit denjenigen anderer iran. Stämme; J. Marquart *Untersuchungen zur Geschichte von Eran* Philologus 54 (1895) S. 489—527, ebd. 55 (1896) S. 212—240, Philologus Supplem. 10 (1905) behandelt eine große Anzahl skyth. und sarmat. Einzelprobleme; ders. *Woher stammt der Name Kaukasus?* Zeitschr. „Morgenland" 1922 Nr. 1 S. 3—8; H. Jacobsohn Σκυθικά Kuhns Zeitschr. 54 (1927) S. 254ff.; ebd. 55 (1927) S. 33ff.; K. Patsch *Beiträge zur Völkerkunde von Südosteuropa*: 1. *Die Völkerschaft der Agathyrsen*, 2. *Die Banater Sarmaten* Anz. d. Wien. Akad. 1925 S. 69—77; 181—216; L. Niederle *Slovanské Starožitnosti* (*Slavische Altertümer*) I Prag 1902 S. 232—289, 321—342, 512—518 (wenig selbständig, aber mit reichen Literaturangaben); S. Seredonin *Istoričeskaja Geografija* (*Historische Geographie*) Petersburg 1916 c. 3: Die Skythen (S. 19—41), c. 4: Die Sarmaten (S. 41—56), unselbständig und recht kritiklos, aber mit reichen russischen Literaturnachweisen; H. F. Bruhn *Černomorje* (*Das Schwarzmeergebiet*) I, II (Odessa 1879—1880; = Zapiski Novorossijskago Universiteta 28 und 30). Wichtig für die Ortsnamenforschung; J. Kulakovskij *Alany po svěděnijam klassičeskich i vizantijskich pisatelej* (*Die Alanen, nach den Zeugnissen klassischer und byzantinischer Schriftsteller*) Kijev 1899 (= Čtenija v Istoričeskom Obščestvě Nestora Lětopisca 13); ders. *Prošloje Tavridy* (*Die Vergangenheit der Tauris*) 2. Aufl. Kijev 1914; M. Rostovcev *Ellinstvo i iranstvo na jugě Rossii* (*Das Hellenentum und Iraniertum in Südrußland*) Petersburg 1918 (Sammlung „Krug Znanija"); F. Braun *Razyskanija v oblasti gotoslavanskich otnošenij* (*Untersuchungen auf dem Gebiete der gotisch-slavischen Beziehungen*) I Petersburg 1899 (= Sbornik otděl. russkago jazyka i slovesnosti Imper. Akad. Nauk 54) behandelt die hist. Geographie Südrußlands in iran. Zeit; E. Zagorovskij *Očerk istorii sěvernago Pričernomorja* I Odessa 1922; A. Sobolevskij *Das γ in skythischen Wörtern bei Herodot* Arch. sl. Phil. 28 (1906) S. 449—451; ders. *Einige Hypothesen über die Sprache der Skythen und Sarmaten* Arch. sl. Phil. 27 (1905) S. 240—244; ders. *Die russischen Ortsnamen und die Sprache der Skythen und Sarmaten* (russ.) Russk. Filologič. Věstnik 64 (1910) S. 180—189; ders. *Russkoskifskije etjudy* (*Russisch-skythische Studien*) Izvěstija otděl. russk. jazyka i slovesn. Akad. Nauk 26 (1921) S. 1—44; ebd. 27 (1922) S. 252—332; Sobolevskijs Aufsätze gehen meist von unmöglichen iran. Voraussetzungen aus und fördern die Probleme wenig; R. Bleichsteiner *Das Volk der Alanen*; Berichte des Forschungsinstituts f. Osten und Orient Wien 2 (1921) S. 4ff.

2. Assyriologisches Material: Hugo Winckler *Altorientalische Forschungen* Leipzig

1893/97 Reihe I S. 484—496: Kimmerier, Ašguzäer, Skythen; M. Streck *Assurbanipal* I—III (Leipzig 1916; vgl. Bd. III Register s. v. Skythen, außerdem besonders Bd. I S. CCCLXXI ff. Kimmerier und Skythen; mit reichhaltiger Literatur); E. G. Klauber *Politisch-religiöse Texte aus der Sargonidenzeit* Leipzig 1913 S. LVIff., historischer Überblick; F. Hommel *Grundriß der Geographie und Geschichte des Alten Orients* 2. Aufl. I. Hälfte. München 1904 (= Iwan Müller *Handbuch der klassischen Altertumswissenschaft* III Abt. 1 Hälfte 1), bes. S. 29ff. und 210ff.; ders. *Hettiter und Skythen und das erste Auftreten der Iranier in der Geschichte* Sitzungsber. der böhm. Ges. d. Wiss. Phil.-hist. Kl. 1898 Nr. 6; Ed. Meyer *G. d. A.* I Hälfte 2, 3. Aufl. 1913 § 455, 468, 573ff.; ders. *Über das erste Auftreten der Arier in der Geschichte* KZ 42 (1908) S. 1ff. und SB. Preuß. Ak. 1908 S. 14ff.

3. Iranische Lehnwörter: a) In den finnisch-ugrischen Sprachen: H. Jacobsohn *Arier und Ugrofinnen* Göttingen 1922 (behandelt sehr unvollständig nur die älteren Lehnwörter und geht auf die historisch-geographischen Verhältnisse nicht ein; vgl. die Besprechung Finn.-Ugr. Forsch. Anz. 16 [1924] S. 13—26 J. Wichmann); B. Munkácsi *Arja és Kaukazusi elemek a finn-magyar nyelvekben* I: *Magyar szójegyzek s bevezetésül: A kérdés törtenete* (*Arische und kaukasische Elemente in den finnisch-ugrischen Sprachen* I: *Ungarisches Wörterverzeichnis und als Einleitung die Geschichte der Frage*) Budapest 1901, reichhaltig, aber oft unkritisch; E. N. Setälä *Suomalais-ugrilaisten kansojen esihistoria* (*Vorgeschichte der finnisch-ugrischen Völker*) in „*Maailman Historia*" (*Weltgeschichte*) Helsingfors 1915ff., knappe, aber ausgezeichnete Übersicht; ders. *J. N. Smirnovs Untersuchungen über die Ostfinnen* Journal de la Soc. Finno-Ougrienne 17 (1900) Nr. 4 S. 1—52; ders. *Eine arische Bezeichnung des Meeres in der finnischen Volkspoesie* Festschrift Wilhelm Thomsen, Leipzig 1912 S. 188—191; H. Paasonen *Sur quelques mots, relatifs à l'agriculture, empruntés par les langues finno-ougriennes au proto-aryen ou à l'aryen ancien* Journal de la Soc. Finno-Ougr. 34 (1916—1920) Nr. 3 S. 1—9; R. von Stackelberg *Iranisch-finnische Lehnwörterbeziehungen* (russ.) „Drevnosti Vostočnyja", Trudy Moskovsk. Archeol. Obščestva 1 (1893) S. 285—298, ausgezeichnete Untersuchung der iranischen Lehnwörter in den permischen Sprachen, dem Syrjänischen und Wotjakischen. Einzelne Worterklärungen bietet noch: Finn.-ugr. Forsch. 8 (1908) S. 72—74, 75—77, ebd. 9 (1909) S. 120—123 H. Paasonen; ebd. 8 (1908) S. 77—80 E. N. Setälä; A. Šachmatov *Übersicht der arischen und iranischen Lehnwörter in den finn.-ugr. Sprachen* (russ.) Bulletin de l'Acad. des Sciences de St. Pétersbourg 1911 S. 707—812, teilweise unkritisch; Z. Gombocz *Ossetenspuren in Ungarn* Streitberg-Festgabe S. 105—111; H. Sköld *Die osset. Lehnwörter im Ungarischen* Lunds Universitets Årsskrift NF. Abt. I Bd. 20: 4 (1925).

b) In den kaukas. Sprachen: Fürst N. Trubeckoj *Mots iraniens empruntés par les langues du Caucase* Mém. Soc. Ling. 22 (1921) S. 247—252; A. Pogodin *Zum idg. Einfluß in den kaukas. Sprachen* (russ.) Sbornik Materialov dl'a opisanija plemen i městnostej Kavkaza 31 (SA S. 1—5); eine eingehende Untersuchung fehlt.

c) In den slavischen Sprachen: J. Rozwadowski *Les rapports du vocabulaire entre les langues slaves et iraniennes* (poln.) Rocznik Orjentalistyczny 1 (Krakau 1914—15) S. 95—110; St. Mladenov *Les prétendus emprunts iraniens et turcs en slave commun* Revue des études slaves 4 (1924) S. 190—199; M. Vasmer *Kritisches zur slavischen Etymologie* Rocznik Slawistyczny 6 (1912) S. 173—177; ders. bei W. Volz *Der ostdeutsche Volksboden*[2] Lpz. 1926 S. 126ff.; L. Mserianc *Iranische Lehnwörter im Slavischen* (russ.) Russk. Filol. Věstnik 65 (1911) S. 135—142, 236—237. Wichtig sind die Feststellungen von Rozwadowski und Mladenov.

d) Im Albanischen: N. Jokl *Albanisch-iranische Berührungen* Wien. Zeitschr. f. d. Kunde des Morgenlandes 24 (1927) S. 30—50.

4. Thrakische Einflüsse im Skyth.-Sarmat.: Vasmer *Iranier* S. 57ff. u. sonst, danach vielfach G. Mateescu *Nomi traci nel territorio scito-sarmatico* Ephemeris Dacoromana 2 (1924) S. 223—238.

II. Kaukasische Einflüsse im südrussischen Iranisch: Die Frage ist noch fast unerforscht. Einige Angaben finden sich bei N. Marr im Jafetičeskij Sbornik 1 (Petersburg 1922).

III. Mongolische Theorie: K. Neumann *Die Hellenen im Skythenlande* Leipzig 1855, dagegen: A. Schiefner *Sprachliche Bedenken gegen das Mongolentum der Skythen* Mélanges Asiatiques 1856 II 531—547 (= Bull. de l'Acad. des Sc. de St. Pétersbourg, Hist.-phil. Cl. 13 [1856] S. 194ff.); neuerdings vertritt diese Theorie mit alleinigem Hinweis auf die mongolische Deutung von Ἀριμασποί (s. § 5) B. Laufer *Die Sage von den goldgrabenden Ameisen* „T'oung Pao" Série II Vol. 9 (1908) S. 429—452; E. Minns *Scythians and Greeks* Cambridge 1913, bes. S. XXXVIIIff., 85, 97, 119ff. u. passim., der sich fast ausschließlich auf die mir sonst unbekannten dilettantischen Ausführungen von Géza Nagy in Archaeologiai Értesitő 1895, sowie desselben in Néprajzi Füzetek Nr. 3: *A szkithák Némzetisége* (*Die Nationalität der Skythen*) Budapest 1895 stützt; J. Peisker *Die älteren Beziehungen der Slaven zu Turkotataren und Germanen und ihre sozialgeschichtliche Bedeutung* Stuttgart 1905 (= Neue Forschungen zur Sozial- und Wirtschaftsgeschichte der Slaven 1, Sonderabdruck aus der Vierteljahrsschrift für Sozial- und Wirtschaftsgeschichte 3 [1905]); Th. Korsch *Einige ältere uralaltaische Entlehnungen in den slavischen Sprachen* (russ.) Zapiski Imper. Russkago Geografičeskago Obščestva, Otděl. Etnografii 34 (1909) S. 537—546; die von Peisker und Korsch angeführten turko-tatarischen Lehnwörter im Slavischen beweisen nichts für das „Mongolentum" der Skythen, weil diese Wörter zum Teil später, von Awaren, Donau-Bulgaren usw., entlehnt sein können, zum größten Teil aber auch gar nicht turko-tatarisch zu sein brauchen. Auch täte eine Unterscheidung von Turko-Tataren und Mongolen bei Peisker dringend not.

IV. Slavische Theorie: J. G. Cuno *Forschungen im Gebiete der alten Völkerkunde.* I. *Die Skythen* Berlin 1871; gänzlich widerlegt von A. von Gutschmid *Kleine Schriften* III 446—452.

V. Keltische Theorie: F. Soltau *Zur Erklärung der Sprache der Skythen und Sarmaten* Berlin 1877, wertlos.

VI. Germanische Theorie: Wajtes Prusick *Scythia biformis, das Urreich der Asen* Breslau (ohne Jahr); J. Fressl *Die Skytho-Saken, die Urväter der Germanen* München 1886. Diese beiden ganz dilettantischen Bücher sind mir nur aus Minns *Scythians and Greeks* 1913 S. 98 bekannt.

Max Vasmer

C. Anthropologie. Den Iraniern verwandt, ursprünglich Angehörige der nordeurop. Rasse (*Homo europaeus*; s. d.), also hellhäutig, blond, helläugig, mit langem, schmalen Schädel, hohem Gesicht, gut profilierter, schmaler Nase, großem Körperwuchs. So wird z. B. (von Ammianus Marcellinus, Jordanes) der skyth. Stamm der Alanen geschildert, und die in skyth. Gräbern gefundenen Schädel zeigen fast alle den gleichen langgebauten nord. Typus. Ziemlich bald scheinen aber in einigen skyth. Stämmen benachbarte mongoloide Völker aufgegangen zu sein, und schließlich wurde der Skythen-Name zu einem Sammel-, zu einem geographischen Begriff, der außer den eigentlichen S. schließlich auch echte Mongolen umfaßte. So ist es erklärlich, wenn Hippokrates, abweichend von den anderen Berichterstattern, schreibt, die S. hätten gelbe Haut, ihre Gestalten seien „dick und fleischig ohne deutlich hervortretende Gliederung, weich und ohne Festigkeit, und namentlich der Unterleib ist viel weicher als bei anderen Menschen ... sie sind kurzbeinig und breit, die Gesichter seien bartlos und weiberähnlich". Hippokrates hat also rassereine Mongoloide, vermutlich Tataren oder Kirgisen, zu Gesicht bekommen. Ammianus und Justinus halten die asiatischen Skythen für das Stammvolk der Perser, Baktrer und Parther. Die europäischen Skythen sind wohl später in den Sarmaten aufgegangen.

M. Ebert *Südrußland im Altertum* 1921 S. 87ff., 106, 109, 114; J. Kollmann *Beiträge zur Kraniologie d. europ. Völker* Archiv f. Anthr. 13 (1881) S. 114; G. Kraitschek *Die Menschenrassen Europas* Pol. Anthr. Rev. 1 (1902) S. 514; ebd. 3 (1904) S. 505 R. Weinberg; Pol. Anthr. Rev. 13 (1915) S. 610 L. Wilser.

Reche

Slaven. A. Archäologie (nach den deutschen Funden; Tf. 70—76).

§ 1—7. Waffen u. ä.: (§ 1. Schwerter. — § 2. Lanzenspitzen. — § 3. Bogen. — § 4. Äxte. — § 5. Helme. Panzer. Schilde. — § 6. Fahnen. — § 7. Reitereigegenstände.) — § 8—13. Geräte. (§ 8. Ackerbaugeräte u. ä. — § 9. Ahlen, Pfriemen usw., Messer. — § 10. Schleifsteine, Eimer. — § 11. Spinnwirtel. — § 12. Horn- und Knochengeräte. — § 13. Einbäume.) — § 14—22. Kleidung und Schmuck. (§ 14. Kleidung. — § 15. Ringschmuck. — § 16. Fingerringe. — § 17. Schläfenringe. — § 18. Ohrgehänge. — § 19. Gürtelschließen. — § 20. Scheibenfibeln. — § 21. Perlen. — § 22. Nadeln). — § 23. Münzen. — § 24. Wagen. — § 25. Löffel. — § 26. Trinkhörner usw. — § 27. Feuersteinspäne. — § 28. Nahrung. — § 29—32. Keramik. (§ 29. Formen. — § 30. Verzierung. — § 31. Bodenzeichen. — § 32. Zeitliche Aufteilung.) — § 33—35. Gräber. (§ 33. Leichenbrand. — § 34. Skelettgräber. — § 35. Ausstattung.) — § 36—40. Schatzfunde. (§ 36. Verbreitung. — § 37. Zeit. — § 38. Bergung. — § 39. Inhalt. — § 40. Herkunft der Stücke.) — § 41—47. Burgwälle. (§ 41. Allgemeines. — § 42. Bedeutung der Burgwälle. — § 43. Fluchtburgen. Verteidigungslinien. — § 44. Tempel. Frühere Benutzung. — § 45. Lage. — § 46. Tore. Bau. — § 47. Inhalt.) — § 48—50. Siedlungen. (§ 48. Art und Lage. — § 49. Haus. — § 50. Städte.) — § 51—54. Heiligtümer. (§ 51. Heilige Stätten. — § 52. Götterbilder. Heilige Bäume, Tiere, Zeichen. — § 53. Bau der Tempel. — § 54. Tempelstätten).

§ 1. Die Metallbearbeitung der S. in Deutschland steht tief. Zu einem eignen Stil in Formen oder Ornamentik haben sie es nicht gebracht. Die „Bronze" ist eine minderwertige Kupferlegierung. An Waffenfunden sind die slav. Stellen auffallend arm. Zu dem üblichen Grab-Inventar gehören Waffen nicht: Ein Schwert z. B. in dem Grabfelde von Gorschendorf bei Malchin (Beltz *VAM* S. 367, 377, Tf. 69, 1) und vielleicht eine Lanzenspitze in dem Hügelgrabe von Neu-Wendorf bei Tessin sind Ausnahmen. Wir sind auf Zufallsfunde und literarische Nachrichten angewiesen.

Nach diesen erscheint das Schwert als slav. Hauptwaffe. Wenn in der sagenhaft ausgeschmückten Darstellung der großen Schlacht der Dänen gegen die Wenden in der Gegend von Heidaby 1043 n. C. dem mit der nordgerm. Nationalwaffe, der Axt, kämpfenden König Magnus der *strepitus ensium* bei den Wenden gegenübergestellt wird (Mecklenb. Annalen 1860 S. 74 Wigger), so geht daraus mindestens hervor, daß die dtsch. Quelle das Schwert als Wendenwaffe ansah, und der aus Selbstkenntnis schreibende Ibrahim-ibn-Jakub bezeichnet 965 die Westslav. als „gut bewaffnet mit Helmen, Panzern und Schwertern" (Mecklenb. Jahrbüch. 45 S. 7 Wigger; das Jahr 965 [statt 973] als Zeit der Reise hat Westberg wahrscheinlich gemacht: S. Wagner *Die Wendenzeit in Mecklenburg* 1899 S. 172). Auch als Götter-Attribut wird das Schwert genannt, so bei dem Rugiävit in Garz auf Rügen (Saxo S. 842, 843), der 7 Schwerter am Gürtel und eins in der Hand trug, sowie bei dem Svantevit von Arkona (Saxo S. 823, 843), und die Steinfiguren von Rosenberg in Westpreußen und Husiatyn in Galizien (Tf. 74f; Archiv f. Anthr. 21 [1892] Weigel) tragen Schwerter. Aus diesen Darstellungen und den Funden ergeben sich verschiedene Formen.

1. Das deutsche Schwert der Zeit von etwa 800—1200 n. C. (Tf. 70a), lang, zweischneidig, breit, meist mit „Blutrinne", kurzer, starker Parierstange, dreieckigem bis pilzförmigem Knauf. Es ist die im N als Wikingerschwert bekannte, dort eingeführte Form (Lorange *Den yngre jernalders sværd* 1889; Jan Petersen *Vikingesværd* 1919). In Norddeutschland recht selten (ein Beispiel von Wolkow bei Dargun i. M. [Archiv f. Anthr. 21 ⟨1892⟩ S. 6]), mehrere vom Burgwall von Riewend (Westhavelland), häufiger in Böhmen (Píč *Starožitnosti* II 1 [1909] S. 110 u. a. O.). Der Ausfuhr dtsch. Schwerter suchte schon Karl d. Gr. zu wehren (Meckl. Jahrbb. 58 [1893] S. 187).

2. Ein Kurzschwert (Skramasax) wird in dem wichtigen Grabfelde von Burglengenfeld (Oberpfalz) erwähnt.

3. Ein dem SO angehörendes, einschneidiges Schwert (Säbel), leicht gebogen, mit langer, schmaler Klinge, Parierstange mit Knaufendigung, schrägem Griff (Tf. 70b). Beobachtet in Südrußland und Ungarn (dort so häufig, daß es offenbar Nationalwaffe geworden ist [Hampel *Alt.* I 193], mitgebracht von einem ö. Volke [Avaren?], vielfach in Gräbern, auch sicher slav. vom 9. Jh.; hierher gehört auch der berühmte Säbel Karls d. Gr. im Schatz der deutschen Reichskleinodien), an der Steinsäule von Husiatyn (s. o.; Tf. 74f) und in einem Einzelexemplar in Schlesien (Czechowitz, Kr. Tost; Weigel a. a. O. S. 21). Die Darstellung von Husiatyn zeigt, daß es an Bändern schräg hängend getragen wurde; dasselbe haben wir für die Messer anzunehmen (s. u.).

§ 2. Lanzenspitzen sind in den Funden auffallend selten, trotzdem der Gebrauch der Lanze als gewöhnlicher Waffe durch die Biographen Ottos (Ebbo III 16: *hastis, quas antiquo more Quiritium jugiter ferre solebant*; Monach. Prüfening. III 8), durch das Zeugnis des Kaisers Mauritius (s. u.) und ihre Verehrung als Götterzeichen (die Lanze des „Julius Caesar" in Julin; Ebbo III 1; Herb. III 26; Monach. Prüfening. II 6) verbürgt ist. Anscheinend hatten die Speereisen ein flaches Blatt. Bestimmt stammt auch eine Lanzenspitze von dem Burgwall von Neu-Niköhr bei Gnoien, 16,5 cm l., mit schmalem Blatt, ohne oder mit schwachem Grat; es ist die schon spätröm., in der frühkarolingischen Zeit schärfer ausgebildete und in der Wikingerzeit allg. Form (Tf. 70f).

Auf demselben Burgwall ist ein silbernes Anhängsel derselben Form (Göttersymbol?) gefunden.

Geflügelte Lanzenspitzen karolingischer Zeit und Herkunft nur gelegentlich in Süddeutschland, wie weiterhin in Böhmen, Ungarn, Kroatien (Burglengenfeld [Oberpfalz]; Anthrop. Korr.-Bl. 1901 S. 18; MAGW 1899 S. 35 Reinecke).

§ 3. Bogen. Bei den Westslaven ist der Gebrauch des Bogens weder durch Nachrichten noch durch Funde belegt. Für die Südslaven haben wir die interessante Nachricht des Kaisers Mauritius (582—602), nach der jeder Slave zwei Wurfspeere und Bogen mit vergifteten Pfeilen führte, auch Boleslav der Kühne von Polen (992—1025) hatte Bogenschützen (Thietmar VI 8, VII 44).

In Funden kommen Pfeilspitzen kaum vor; nur kurze Bolzen in der Art der Armbrustbolzen lassen sich dahin zählen (Mertins *Wegweiser* Abb. 327; Píč a. a. O. mehrfach; auch in dem Burgwall von Neu-Nieköhr bei Gnoien [Tf. 70c]).

§ 4. Äxte. Wie weit es sich bei den auf Burgwällen und sonst gelegentlich gefundenen Äxten (Tf. 70g) um Waffen oder um Arbeitsgerät handelt, ist nicht zu bestimmen. Die völlige Gleichheit derselben mit Äxten, die in Norwegen, Dänemark und Böhmen

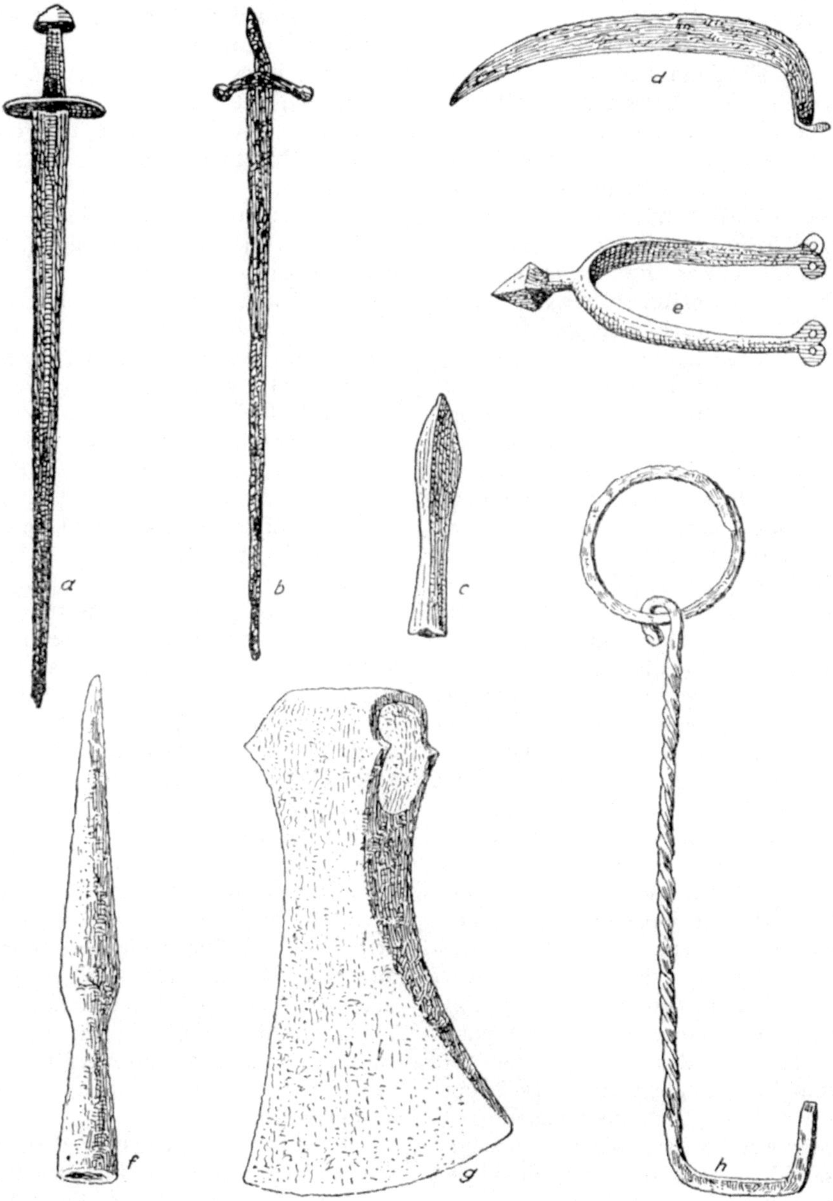

Slaven A. Archäologie

a. Wikingerschwert. — b. Ungarisches Schwert. — c. Bolzen. — d. Sichel. — c. Sporn. — f. Lanzenspitze. — g. Axt. — h. Kesselhaken. — Nach Archiv f. Anthropologie 1892/93, Mertins und Zeichnungen.

(Lorange *Den yngre jernalders sværd* S. 36; Rygh *Norske oldsager* S. 552 f.; Müller *NAK.* II 583; Píč a. a. O. S. 110 Tf. 201, dort reich verziert mit Silber- und Goldeinlagen) in Gräbern gefunden wurden, die durch Waffen als Kriegergräber charakterisiert sind, berechtigt, sie auch hier unter den Waffen aufzuzählen. Von einer *securis bellica* spricht Herbord (Vita Ottonis III 22; Ebbo III 18 nennt die Waffe bei Erzählung desselben Ereignisses *francisca*; vgl. auch Herb. II 23 *securibus et gladiis aliisque telis armati*). Besondere slav. Formen gibt es nicht. Die in den dtsch. Slavenländern gebräuchlichen gehen auf die schon in der Völkerwanderungszeit üblichen zurück, entwickeln sich aber stärker. Charakteristisch ist die Verstärkung des Schaftloches durch dreieckige Erhöhungen nach oben und unten; die Schneide ist oft durch einen scharfkantig ansetzenden Fortsatz nach unten verbreitert. Dolche gibt es nicht, sie wurden durch Messer ersetzt (s. u.).

§ 5. Helme, Panzer, Schilde werden wiederholt erwähnt. Nach Ibrahim hatte der Polenkönig Mesko eine Garde von 3000 Gepanzerten, und die Westslaven waren mit Helm und Panzer versehen; auch trugen die Bilder von Rethra Helm und Panzer (Thietmar VI 10), und im Tempel des Gerowit in Wolgast hing ein vergoldeter heiliger Schild (Ebbo III 1, Herb. III 6). Aber erhalten in dtsch. Funden ist nichts. Spitze Sturmhauben aus Böhmen (Píč a. a. O. S. 115). Die Form gleicht so sehr den Kappen der Götzenbilder (s. § 52), daß diese zum Teil vielleicht auch als Helme aufzufassen sind; eine Ringbrünne bei Píč a. a. O. S. 118. Ibrahim nennt Prag als Herstellungsort der von den Slaven gebrauchten Schilde (a. a. O. S. 14), zusammen mit Sätteln und Zäumen; sie werden also hauptsächlich aus Leder bestanden haben.

§ 6. Sehr wenig wissen wir auch über die Fahnen und anderen Abzeichen, die in den Schilderungen der Wendenkämpfe eine nicht unbeträchtliche Rolle spielen. Wir erfahren, daß die heidnischen, heilig gehaltenen Feldzeichen der Wilzen, die mit Kaiser Heinrich verbündet waren, das Entsetzen der christlichen Geistlichkeit erregten (Wigger a. a. O. zu 1008), und daß auf einer Fahne eine Göttin dargestellt war. In lebendiger Darstellung schildert Saxo (p. 830), wie in dem letzten Verzweiflungskampfe der Wenden (1168) die heilige Fahne des Svantevit und andere Feldzeichen auf der Tempelburg Arkona aufgestellt wurden und verbrannten. Zur Bestimmung ihrer Form liegt kein Anhalt vor.

§ 7. Reitereigegenstände sind ebenfalls selten; auffallend, denn die Pferdezucht blühte. Ibrahim nennt Pferde als Ausfuhr des Westslavenlandes (a. a. O. S. 7) und Sättel und Zäume als Einfuhr aus Böhmen (a. a. O. S. 14); in den Schilderungen der Kämpfe wird Reiterei, wenn auch nicht gerade häufig, erwähnt (Ebbo III 5: der Pommerfürst hat 1127 einen *equester exercitus*; Herb. II 22: Tapferkeit und Macht der Adligen wird nach der Zahl ihrer Pferde geschätzt, auch die Größe der Heere, denn jeder Mann hat ein Pferd). Von Pferdegeschirr und Steigbügeln ist aus dem slav. Deutschland nichts bekannt. Da aber aus Wikingergräbern und aus Böhmen (Müller *Ordning* II 587; Píč a. a. O. S. 122; auch in Ostpreußen: Band IX Tf. 238a) gleichgeformte Steigbügel bekannt sind (hoher, spitz zulaufender Bügel, abschließend in viereckiger Platte mit Öffnung für den Riemen), dürfen wir sie auch hier voraussetzen. Ein charakteristischer Sporn (Tf. 7ce) kommt vor, ein Bügelsporn mit kurzem, scharfen Dorn (z. B. auf dem Burgwall von Alt-Ruppin; Nachr. ü. D. A. 1892 S. 73; auch Mertins *Wegweiser* Abb. 330; mit längerem Dorn Píč a. a. O. S. 122, 73). Abweichend von dem karolingischen Sporn wie *AuhV* 5 Tf. 42 ein schönes Exemplar, der Dorn mit Silber plattiert, von Wahrburg, Kr. Stendal (ZfEthn. 1908 S. 166; Stendaler Beiträge 2 S. 16 Kupka; weitere Beisp. ZfEthn. 1890 S. 187 Olshausen). Häufiger sind, auch auf Burgwällen, Hufeisen, klein, breit, flach, mit spitzem, schrägen Stollen.

§ 8. Ackerbaugeräte. Beim Pflügen scheint man über den einfachen hölzernen „Hakenpflug" (der „Hakenpflug" ist genau genommen ein „Stabpflug"; dazu und über die Verbreitung ZfEthn. 1919 S. 238 Nopcsa; s. a. Pflug A), den *Radlo*, kaum hinweggekommen zu sein; eine eiserne Pflugschar ist aus Schlesien bekannt geworden (Seger *Schlesiens Urgeschichte* 1913 S. 24, 9; auch in Böhmen Píč a. a. O. S. 184, 314).

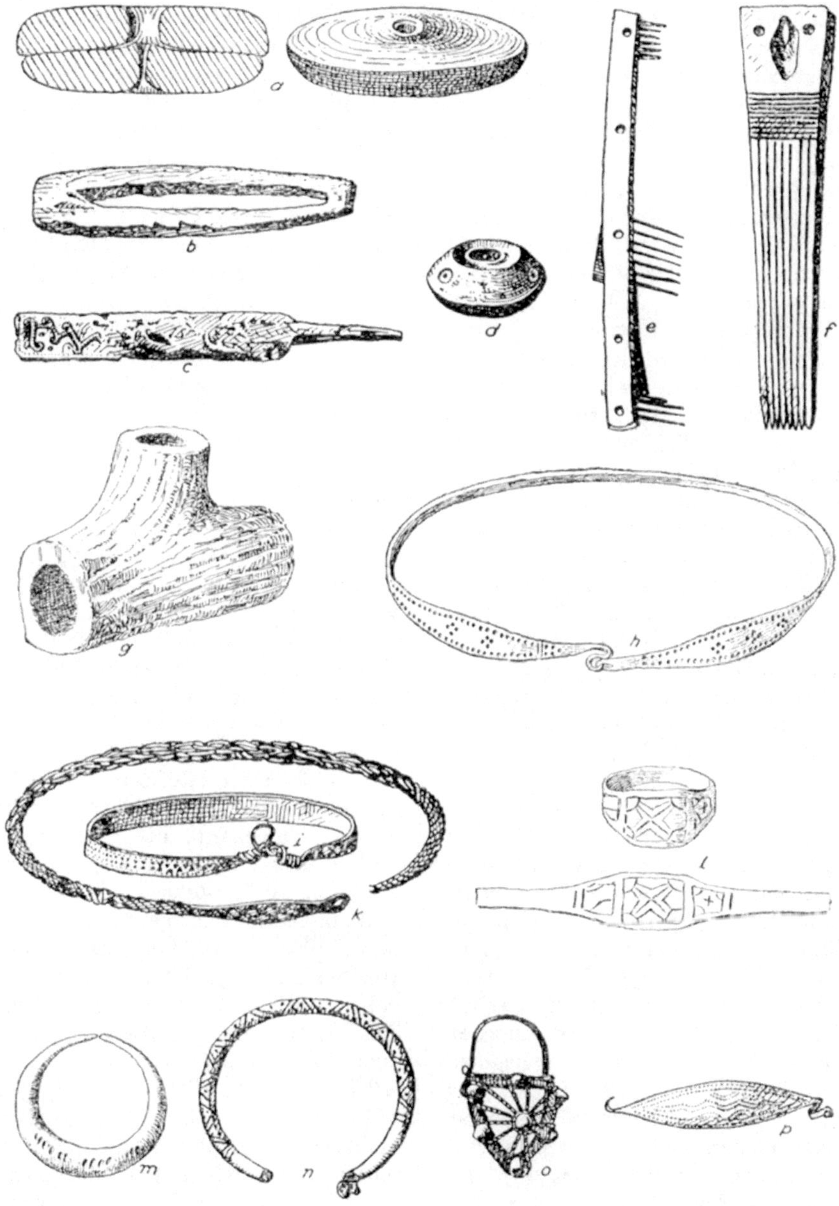

Slaven A. Archäologie

a. Mühle. — b. Messerschärfer. — c. Messer. — d. Spinnwirtel. — e, f. Kämme. — g. Handhabe aus Hirschhorn. — h, k. Halsringe. — i. Armring. — l, m. Fingerringe. — n. Schläfenring. — o. Ohrgehänge. — p. Gürtelhaken. — Nach Beltz *Vorgeschichtliche Altertümer von Mecklenburg*, Mannus 7 und Zeichnungen.

Auch andere Geräte zur Bodenbearbeitung fehlen in den Funden; man wird hier Holzgeräte annehmen müssen. Eiserne Sicheln (s. d. A) kommen vor, flache, wenig gebogene Klingen (Tf. 70d; Mannus 7 S. 132 Stimming; Mertins *Wegweiser* Abb. 332; Píč a. a. O. S. 314, 183).

Desto häufiger und allgemeiner sind die Mühlen (Tf. 71a), zwei flache Steine, zum Rotieren eingerichtet, der obere mit Eingußloch für Getreide; auch auf Burgwällen vorkommend, z. B. in Riewend, Westhavelland, und Quetzin bei Plau; Beispiel Mertins *Wegweiser* S. 331. S. a. Mühle A.

§ 9 Ahlen und Pfriemen aus Eisen kommen gelegentlich vor, doch scheinen die aus Knochen (s.u.) zu überwiegen. Scheren (s. d. A), ähnlich denen der germ. Zeit, meist mit kreisförmigem Ausschnitt am oberen Teil (Píč a. a. O. Tf. 15, 97), Beispiele vielfach. Kesselhaken (Tf. 70h), rechtwinklig gebogene, schwache Eisenstangen, sind in den Wohngruben häufig; auch die dazu gehörenden Ketten sind vielfach erhalten.

Messer sind das häufigste Gerät unter den wend. Funden, auch die regelmäßigste Mitgabe in den Gräbern. Die Grundform ist die mit absetzender Griffangel, die im Bogen zur Klinge übergeht, und mit leichter Aufbiegung der Schneide (Tf. 71c). Die L. geht bis 20 cm, sie sind also zum Teil als Dolchmesser zu bezeichnen und auch so getragen. Die lederne Scheide wurde unten durch ein Bronzeband zusammengehalten, an dem oft einfache gepunzte Verzierungen angebracht sind. Auch die Berichte erweisen Messer als regelmäßige Waffe (einen Fall, wo die Wenden mit Messern gegen die Missionare vorgehen, erzählt Herbord II 11; ähnl. Ebbo). Spuren des Knochengriffs finden sich. In den Gräbern liegt das Messer an der Hüfte oder, häufiger, tiefer, oft schräg; es wurde sicher mit Bändern am Gürtel hängend getragen, wie das Schwert an der Steinsäule von Husiatyn (Tf. 74f). Ein erhaltener Griff aus Böhmen Píč a. a. O. S. 123, 76. In einem Grabe von Gamehl bei Wismar waren die bronzenen Ösen des Tragbandes noch in ihrer Lagerung erhalten.

Mit den Messern zusammen wurden auch vierseitige, längliche Rahmen von Eisen gefunden, die wohl als Messerschärfer (Tf. 71b) gedient haben (Beispiele von Gamehl, Beltz *VAM* Tf. 69, 4; Burgwall von Alt-Lübeck; Zeitschr. f. Lübeck. Gesch. 1 Tf. 2, 13). Eine andere bei den Südslaven beliebte Form ist ein dreieckiger, oben offener Rahmen, vielleicht auch zum Feuerschlagen (Beispiel bei Píč a. a. O. Tf. 30, 13; Hampel a. a. O. III Tf. 376, 3; beide Formen nebeneinander auf dem Burgwall von Niemitzsch; Gymnasialprogramm Guben 1889 Tf. 4 Jentsch).

§ 10. Schleifsteine finden sich; sie bieten keine besonderen Formen. Als Beigabe in den Gräbern von Camburg (Eichhorn *Vor- und frühgesch. Funde der Grafschaft Camburg* S. 60).

Holzeimer gewöhnlicher Form mit Beschlägen aus Bronze oder Eisen kommen in Böhmen (Píč a. a. O. Tf. 9, 10), Schlesien, Thüringen (Eichhorn a.a.O. S. 53) als Beigaben in Gräbern häufiger vor, nicht aber im N, auch ein Unterschied des sorbischen vom wilzisch-polabischen Kreise, der in der Keramik wieder begegnen wird.

§ 11. Spinnwirtel sind allg. auf Wohnplätzen und Burgwällen, selten in Gräbern. Sie sind meist aus hart gebranntem Ton, grau oder rötlich, selten aus Stein. Einfache Verzierungen (Schrägstriche oder Würfelaugen) kommen vor. Die auf dem ganzen Gebiete (in Ungarn anscheinend schon in älteren, „sarmatischen" Gräbern; Hampel a. a. O. I 118f.) häufigste Form (Tf. 71d) ist die mit doppelkonischer Wandung und scharfer Mittelkante, die Breitseiten oft vertieft. Daneben auch flachkugelige und flachrunde (mühlstein-artige).

Websteine aus gebranntem Ton, abgestumpfte Pyramiden mit Durchlochung am oberen Ende, sind z. B. auf dem Burgwall von Niemitzsch (Niederlausitz) in ursprünglicher Lagerung (14 Stück) gefunden und auch sonst vielfach (Jentsch *Prähist. Altert. von Guben* IV [1889] Tf. 4, 15).

§ 12. Horn- und Knochengeräte werden in der Wendenzeit wieder häufig, manches mutet ganz steinzeitlich an (massenweise z. B. auf einer künstlichen Burgwall-Insel bei Jankowo, Kr. Mogilno).

Bohrer und Pfriemen sind besonders zahlreich, Material abgekeilte Hirschhornenden oder Röhrenknochen, auch Vogelknochen (Marienwalde; Nachr. ü. D. A. 1892 S. 54/55). Auch Nähnadeln und Fingerringe werden aus Knochen gebildet (Beispiele ZfEthn. 1914 S. 889; Mannus 7 Tf. 22—24 Stimming; Píč a. a. O. Tf. 31, 3, 37f.).

Kämme erscheinen in zwei Formen:

1. Breit, zweiseitig, meist zwei gezahnte, durch ein, oft verziertes, Mittelglied (auch mit Eisennieten) verbundene Platten (71e; Stimming a. a. O. Tf. 23, 23; Píč a. a. O. Tf. 37). Einmal auch in einer Grab-Urne (Bobzin bei Lübz i. M.).

2. Schmal und lang, Einsteckekamm aus einem starken Röhrenknochen (Tf. 71f), meist gut gearbeitet; sehr häufig, besonders bei den Nordslaven.

Nicht ganz deutlich ist eine Handhabe (Griff) aus starkem Hirschgeweih. Die Ränder scharf abgeschnitten, mit drei Öffnungen (Tf. 71g). Sie kommt in fast ganz gleicher Form an ganz verschiedenen Stellen vor (Böhmen: Píč a. a. O. Tf. 25, 11; Fergitz bei Prenzlau: Mannus 3 Tf. 18, 4; Alt-Ruppin [Burgwall]: Nachr. ü. D. A. 1892 S. 73, 6; Quetzin bei Plau [Burgwall-Insel]; Ungarn: Hampel *Altertümer* II 791 [Grabfeld von Abony]).

Schlittknochen, besonders von Pferd und Rind, sind allgemein (Beispiele: Mertins *Wegweiser* S. 334; Brandenburgia 6 S. 319).

§ 13. Einbäume. Eine zeitliche Deutung der zahlreichen Einbaumfunde und damit eine Aufteilung der Typen ist nicht möglich. Jedenfalls aber ist die einfache Form (gehöhlter Stamm ohne weitere Gliederung) noch in der Wendenzeit in Gebrauch gewesen. So ist bei einem derartigen Funde von Kastorf bei Stavenhagen (Mus. Schwerin) der wend. Ursprung durch die Lagerung zwischen zwei wendischen Fundstellen wahrscheinlich (s. a. Einbaum).

§ 14. Kleidung und Schmuck. Deutlichere Züge wend. Tracht geben weder die Berichte noch Darstellungen oder Fundstücke. Die Nachricht Ibrahims (a. a. O. S. 18), daß die Wenden weite Kleider mit unten engen Ärmeln trugen, sagt nicht viel; die bildlichen Darstellungen weisen auf einen längeren Rock. Wie die Kleidung zusammengehalten ist, bleibt unsicher. Die früher so häufigen Gewandschließen fehlen fast ganz (s. u.), ebenso die Schnallen; andere Gürtelschließen sind selten.

§ 15. Ringschmuck tritt bei den verschiedenen slav. Stämmen recht verschieden auf, ist aber im allg. nicht häufig (fast nur in Schatzfunden, deren Inhalt aber nicht ohne weiteres für slav. Gebrauch angenommen werden darf), besonders nicht bei den Nordslaven.

Halsringe. 1. Glatte. Beispiel: Alt-Bartelsdorf bei Rostock (Grabfund; Meckl. Jahrbb. 58 S. 220 Abb. 38); Silber, Band mit spitzovalen Endplatten, auf dem einfache Punktverzierungen (71h); Verschluß durch Haken mit S-förmiger Endigung in Art der Schläfenringe. Wohl einheimische Arbeit.

2. Geflochten aus Draht oder dünnen Stangen von Silber, oft läuft eine feinere Schnur auf oder zwischen den Drähten bzw. den Stangen (Tf. 71k; Müller *Ordning* II 641—643; Beltz *VAM* Tf. 69, 5; Mitt. anthr. Ges. Kiel Heft 8 S. 3 [Mestorf, Kr. Oldenburg i. H.]; dort S. 9 auch Näheres über die Technik usw.; Pleskauer Festschrift 1914 S. 159 Hausmann [13. Jh.]), endigend in spitzovaler Platte, die oft einfache Verzierungen hat. Verschluß durch Haken oder durch Haken und Öse, oft mit der S-Windung. S. a. Tf. 73d, e.

Die Ringe sind häufig in den Hacksilber- oder Schatzfunden (s. § 36ff.); sicher nicht wend. Herkunft. Die Heimat der meisten hier vorhandenen liegt im N, nicht im Orient. Näheres läßt sich darüber noch nicht sagen. Sie sind mit dem Silberhandel nach Deutschland gelangt, wo man mit ihnen nichts Rechtes anzufangen wußte und sie mehr als Metall geschätzt zu haben scheint. In Hacksilberfunden allg., in Gräbern im N sehr selten (Beispiel Wellin, Altmark; ZfEthn. 1893 S. 156), aber in Thüringen, der Main-Gegend, Böhmen und südslav. Ländern (MAGW 1899 S. 45 Reinecke) vorkommend, in Ungarn sehr häufig (Hampel a. a. O. vielfach). Häufig findet sich auch ein dreidrahtiger gewundener Ring, meist aus minderwertiger Mischung, der eine Nachbildung dieser Ringe zu sein scheint. Handringe aus Silber, glatt (rundliche Stangen oder flaches Band [Tf. 71i]), oder geflochten gleich den Halsringen. Häufig sind eingeschlagene Verzierungen aus Dreiecken mit gekörnten Punkten (Müller *Ordning* II 644—651; Balt. Studien NF 1927

S. 25). Der Verschluß geschieht meist durch Verknotung. Nur in Schatzfunden; sicher eingeführt, vielleicht zum Teil aus dem skand. N, wo die eingeschlagenen Dreiecke besonders beliebt geworden sind. Hängeschmuck, halbmondförmig, mit Filigran und Kugelverzierung, häufig in Rußland und Schweden (Fornvännen 1911 S. 53 Arne; ein Beispiel aus Dänemark: Mémoires 1913 Johannsen), kommt auch in dtsch. Schatzfunden vor (Hacksilberfund von Leissow; *Hervorragende Kunst- und Altertumsgegenstände des Märkischen Museums* I Tf. 4). Ein Anhängsel aus Bernstein bei Brandenburg (Mannus 7 S. 129 Tf. 24 Abb. 45 Stimming).

§ 16. Fingerringe. 1. Glatt. a) Runde Stange, Silber oder Bronze. Geschlossen oder offen, dann spitz zugehend (Tf. 71 m). In Norddeutschland selten in Gräbern (Beispiel: Bobzin bei Lübz. i. M.), in Mitteldeutschland häufiger (z. B. Leubingen).

b) Band. Silber oder Bronze. Gelegentlich mit Platte, auf der einfache Strichverzierung (Tf. 71 l). Beispiele: Quetzin bei Plau i. M. (Burgwall-Insel), Rudelsdorf, Kr. Nimptsch (Schles. Vorz. 1899 S. 537; Mertins *Wegweiser* S. 339).

In die Slavenzeit sind auch noch die seltsamen Ringe mit der Inschrift THEBALGVTANI (mit kleinen Varianten) zu setzen; 10 Stück in England, Frankreich, Dänemark, eines auf dem Burgwall von Alt-Lübeck (in der Kirche, die Beisetzung wird auf 1126—1141 angesetzt), eins von Eythra bei Leipzig. Die Inschrift ist noch nicht gedeutet, stellt aber sehr wahrscheinlich eine christliche Abwehrformel (gotischer Sprache?) dar, die auch sonst in Gebrauch gewesen ist (Zeitschr. f. Lübeckische Geschichte 1 [1858] S. 237 Klug; Hofmeister *Wehrbauten Nordalbingiens* I [1917] S. 8; Mannus 11/12 S. 383 Naebe).

2. Geflochten, gleich den Halsringen, Silber, selten Bronze. Offen, mit spitzen Enden (Meckl. Jahrbb. 58 S. 179 Abb. 3). In Schatzfunden, eingeführt (Beispiel von Schwerin); kommen auch geschlossen vor (Müller *Ordning* II 653; Götze *Lebus* S. 50 Abb. 100).

3. Aus Bernstein. Beispiel Kl. Tinz bei Breslau (Schles. Vorz. 3); ebendort ein Ring aus schwarzer, glas-artiger Masse.

§ 17. Schläfenringe (Tf. 71 n), das viel besprochene, eigentümlich wend. Schmuckstück, bei der Ärmlichkeit des wend. Altertumsbestandes von besonderer Bedeutung. Als wend. Sonderstück zuerst, schon 1863, erkannt von Fr. Lisch, aber noch als Armring aufgefaßt (Meckl. Jahrbb. 29 S. 180), und von Wocel (*Pravěk země ceské* II. 480). Der Name und die richtige Auffassung der Bedeutung von S. Müller 1877 in Schles. Vorz. 3 S. 189. Es sind Ringe, die an einem Bande oder Riemen, vielleicht auch an der Kappe, befestigt um den Kopf, speziell an der Schläfe getragen wurden; oft sind sie zu mehreren, bis 10 Stück (Libiš, Böhmen) zusammengefunden. (Die Befestigung ist erhalten z. B. bei Píč a. a. O. S. 78 und in Leubingen: Sächs. Jahresschr. 5 S. 46; weitere Beispiele MAGW 1894 S. 195 Niederle; dort ist das stumpfe Ende des Ringes durch den Lederstreifen gesteckt; das wird wenigstens bei den kleineren Stücken, wo die Öffnungen recht klein sind, die Regel sein). Die Grundform ist immer dieselbe: das eine Ende schließt stumpf ab (ganz ausnahmsweise auf beiden Seiten S-förmiger Abschluß, z. B. Hoch-Oujezd in Böhmen: Much *Atlas* Tf. 223, 1. 3; Píč a. a. O. S. 83), das andere ist zu einer doppelten Windung (S-förmig) zurückgebogen; die Endigung ist meist eine einfache Verbreiterung; Ausnahme eine Scheibe (Krippendorf bei Apolda). Diese Schlußendigung wird bei den hohlen oft durch ein besonders Stück gebildet.

Die Größe der Schläfenringe ist recht verschieden und schwankt von 1—8 cm Weite. Im S finden sich fast nur kleine, bei den Nordslaven überwiegen die größeren.

Wir zählen zu den Schläfenringen nur die mit ausgesprochener S-Schleife (anders Anthrop. Korr.-Bl. 1892 S. 475 Lissauer; Niederle a. a. O.; Hampel *Altert.* I). Die Schläfenringe scheinen dem Formenkreise der Schatzfunde entnommen und dementsprechend ursprünglich aus Silber gebildet zu sein; die S-förmige Endigung erscheint in völlig gleicher Form an den Halsringen, jedenfalls geht die entwickelte Form auf die dort häufigen Ohrringe zurück.

Zu diesen Schatzfunden gehört wohl auch der durch seinen weit nach W vorgeschobenen

Fundplatz interessante von Augst bei Basel mit zwei silbernen, in diesem Zusammenhang ungewöhnlich großen Schläfenringen (Jahresber. Schweiz. Urgesch. 2 S. 167). Echte silberne Schläfenringe z. B. in den Hacksilberfunden von Quilitz (Usedom), Züssow (Thurow) bei Greifswald (um 1020; Pomm. Monatsbl. 1894 S. 39), Leissow bei Frankfurt a. O. (Brandenburgia 4 Tf. 3, 8f.), Gnichwitz, Schlesien (Anthrop. Korr.-Bl. 1885 S. 85), Plonsk, Polen (Müller a.a. O. S. 194).

Ganz vereinzelt kommen auch goldene vor (MAGW 1894 S. 196 Niederle; Hampel a. a. O. I 440). An Stelle des Silbers tritt auch ein Weißmetall und eine schlechte Kupferzinkmischung mit Plattierung von Silber (in den Hacksilberfunden mit Silber plattierte Eisen- und Kupferstücke, sichtlich Fälschungen; MAGW 8 S. 2), einmal auch Gold (die 6 innerhalb der Kirche in der Umwallung von Alt-Lübeck gefundenen; Z. f. Lübeck. Gesch. 1 [1858] S. 238, 241; ebd. 2 [1867] S. 355 Klug; 1914 gestohlen: Lübeckische Blätter 1914 S. 207 Ohnesorge). Des weiteren überwiegt die übliche schlechte Bronze; ausnahmsweise kommt Zinn oder Blei vor (Blei: Przybislaw bei Hohensalza: Präh. Z. 7 S. 203; Blei mit Zinn: Slaboszewo bei Mogilno: ZfEthn. Verh. 1883 S. 95 Olshausen; vgl. a. Niederle a. a. O. S. 196).

Die kleineren, massiven sind die älteren, die jüngeren, großen sind aus Bronzedraht oder Bronzeblech. Diese sind oft verziert: einfache Schrägstrich- und Punktmuster (Beispiele: Mertins *Wegweiser* S. 339; Beltz *VAM* Tf. 69, 7; Píč a. a. O. S. 82, 33) oder entstellte Blätterrankenmotive (Beispiel aus Gadebusch i. M.), als Besonderheiten ein Besatz von kleinen Drahthalbringen und doppelkonischen, vergoldeten Bronzeperlen (Beispiel: Eichhorn a. a. O. S. 61), sicher die jüngste Entwicklung. Auch Verzierung mit Perlen oder Hohlkugeln kommt vor, z. B. Camburg: Eichhorn a.a.O. S. 61 Abb. 103; fast ganz gleiche in Kroatien (Vjesnik 1903 S. 67 Brunšmid), ein Zusammentreffen, welches noch dadurch bedeutungsvoller wird, daß auch die Glasperlen eines slavonischen Fundplatzes und des Thüringer die gleichen sind (Eichhorn a. a. O. S. 64; Brunšmid a. a. O. S. 15). Gewundene Schläfenringe sind nicht sicher festgestellt; die Píč a. a. O. S. 82 gegebenen Stücke sind wohl als Armringe aufzufassen.

Schläfenringe finden sich auf wend. Gebieten nicht gleichmäßig (der slav. Charakter tritt recht hervor durch ihr Fehlen auf altpreußischem Gebiet; vgl. Mannus 1910 Ergänz.-Band I 74 Bezzenberger). Funde außerhalb des slav. Gebietes s. o. (Schweiz); ob es sich bei dem Befunde von Leksand (Dalarne; Fornvännen 1909 S. 265) um slav. Schläfenringe handelt, bleibt dahingestellt. Aber regionale Typen sind noch nicht herauszuarbeiten; die westlichsten Fundplätze sind Geesthacht bei Bergedorf (nach freundlicher Mitteilung des Herrn W. Andresen in Escheburg bei Hamburg) und Rassau bei Ülzen (Präh. Z. 1 S. 85; 13. Jh.!), die Gegenden von Gotha und Ansbach. In der Lausitz und in Sachsen scheinen sie zu fehlen, in der Prov. Brandenburg sind sie selten (Beispiel Platkow; Götze *Lebus* 1920 S. 50), am zahlreichsten sind sie in Böhmen, besonders die alten Formen. Die jüngste Form (große Hohlblechringe) beschränkt sich auf die nw. Slavenländer.

§ 18. Ohrgehänge (Tf. 71 o). In den Schatzfunden häufig sind die Ohrgehänge, die aber nicht immer zum Einbohren eingerichtet waren, sondern über das Ohr gehängt wurden, gern mit Kettchen und Anhängsel, aus einfachem Silberdraht und Filigran mit Buckeln und Granulierung (verschiedene Formen; S. Müller *Ordning* II 661, dazu Mémoires 1913 S. 382 Johannsen; Beltz *VAM* Tf. 69, 8). Orientalischer oder byzantinischer Herkunft.

Im N finden sie sich fast nur in den Schatzfunden (ein Bruchstück in einem Grabe von Alt-Bukow i. M.).

Eine besondere Form bilden die Gehänge mit aufgelegten Hohlkörpern (Kugeln oder doppelkonisch), mit Granulation u. ä., mehrfach, z. B. in Leubingen (Sächs. Jahresschr. 5 S. 44 Höfer; auch von Bodelwitz, Kr. Ziegenrück: ebd. Tf. 10, 6), häufiger in südslav. Ländern; wohl byzantinische Arbeiten, die aber schwerlich älter sind als die Masse der Hacksilberfunde. Der Formenreichtum dieser „orientalischen" Gehänge und ihrer lokalen Entwicklungen ist groß. In Böhmen, Österreich, Ungarn wurden sie in verschiedenen einheimischen Formen häufig, z. B. in Gehängen mit Perlen oder perlenartiger Verstärkung an den Seiten und stehendem oder hängendem („traubenförmigem") Fortsatz in der Mitte (Schlesien: Mertins *Wegweiser* S. 147; Píč a. a. O. S. 87 Tf. 10, 8. 9, Tf. 11, 7. 9; Hampel *Altert.* I). Beispiele bieten z. B. Hacksilberfunde von Leissow (auch mit Pferdeprotomen; Brandenburgia 4 Tf. 3 f.), Tempelhof (Brandenburgia 4 Tf. 5), Nieder-Landin (Brandenburgia 4 Tf. 6), Alexanderhof (Blume *Verzeichnis der Samml. des Uckermärkischen Museumsvereins* S. 64).

Goldene Ohrringe werden aus süd- und mitteld. Gräbern erwähnt (Luhe, Oberpfalz, Bischleben bei Gotha).

§ 19. Gürtelschließen, nur kleine, spitzovale Platten aus Bronze oder Silberblech mit S-förmig gebogenen Enden (Tf. 71 p), verziert in einfachen Linienmustern in Tremolierstich. Selten in Gräbern; Beispiele aus Schatzfunden: Mertins *Wegweiser* S. 348; Brandenburgia 4 Tf. 3, 28 Leissow; aus einem Grabfunde: Beltz *VAM* Tf. 69, 9; aus Burgwällen: Ruppin, Nachr. ü. D. A. 1892 S. 73; Alt-Lübeck, Z. f. Lübeck. Gesch. 1 Tf. 1, 12. Die Nachbildung orient. Vorbilder ist hier deutlich.

Schnallen scheinen kaum üblich gewesen zu sein, doch vgl. die Steinfigur von Herzogswalde (Archiv f. Anthr. 21 S. 6 Weigel).

§ 20. Scheibenfibeln. Gewandnadeln sind nach den Funden kaum in Gebrauch gewesen. In Gamehl bei Wismar lag auf der rechten Schulter eine Scheibenfibel mit einfacher Darstellung frühromanischen Stils (Tf. 72 a): der segnende Christus im Vierpaß, umgeben von geflügelten Drachen (Beltz *VAM* Tf. 69, 10). In südslav. Ländern sind ähnliche häufiger (z. B. Veldeck im oberen Sawe-Tal: ZfEthn. Verh. 1897 S. 365 Reinecke). Auch emaillierte Scheibenfibeln karolingischer Art treten in südslav. häufiger, in süd- und mitteld. Gräbern vereinzelt auf (Bischleben bei Gotha: MAGW 1899 S. 47 Reinecke).

§ 21. Perlen, als Schmuck von Halsringen, gehören zu den häufigeren Fundstücken, allerdings nicht so massenweise wie in den südslav. Funden (Tf. 72 d—f, h). Der Stoff ist hauptsächlich Glas, die Form doppelkonisch, rund, zylindrisch, auch länglich gerippt, mit aufgelegtem Wellenband, Zickzack, eingelegten Augen usw. (auch mit Bronzeblech ausgelegt), gelb, blau, weiß, rot; häufig, z. B. Camburg (Eichhorn a. a. O. S. 64; auch in Böhmen: Píč a. a. O. S. 91, 95 Tf. 10, und in den Südslavenländern), auch in Leubingen kommen eine Anzahl Millefiori-Perlen vor. Die Perlen gleichen denen der Karolingerzeit und sind als w. Import anzusehen (MAGW 1899 S. 46 Reinecke). Ferner Bernstein, Flußspat und Bergkristall, meist zylindrisch, häufiger geschliffen, Jaspis, Topas, Amethyst, Achat, Karneol, Perlmutter (Bischleben bei Gotha; Götze-Höfer-Zschiesche *Thüringen* S. 234), Koralle, Ton, Stein, gebrannte Porzellan-Erde (Treben bei Weißenfels; Mannus 11/12 S. 339). Aus Silber sind sie allg. in den Schatzfunden, Hohlperlen, rundlich oder Röhren, oft mit Längsriefelung, auch gekörnt (Beispiele von Leissow; Brandenburgia 4 Tf. 3, 50 f.).

§ 22. Nadeln kommen fast gar nicht, nur in den von karolingischer Seite stärker beeinflußten mittel- und südd. Gräbern und in den Schatzfunden gelegentlich vor. Eine bronzene Nadel mit S-förmiger Schleife, wie an den Schläfenringen, von Camburg ist eine Ausnahme (Eichhorn a. a. O. S. 60; andere erwähnt MAGW 1901 S. 18 Reinecke).

§ 23. Münzen, fast ausschließlich Silbermünzen, sind in wend. Funden recht häufig, besonders natürlich in den Schatzfunden, außer orient. und dtsch. auch byz. und englische. Die früher als einheimische Nachprägungen angesehenen „Wendenpfennige", Denare mit aufgebogenem Rande, stammen aus der letzten Zeit Heinrichs I. oder der ersten Ottonen und sind lange nachgeprägt, die häufigen Otto-Adelheid-Denare sind Magdeburgische Prägungen der Zeit Ottos I. nach 952 (Menadier *Deutsche Münzen* I 86 f., III 150).

Die älteste Erwähnung gemünzten Geldes (neben den linnenen Tüchern) findet sich bei Helmold I 13 in der summarischen Darstellung der Zustände von etwa 967—988, wo 12 nummi *puri argenti* (dafür I 14 12 *nummi probati argenti*) als Bischofszins angegeben werden. Auf eigenes Geld weist die Notiz Herb. II 9, nach der der Polenfürst Boleslaus den Otto bei seiner ersten Reise 1124 mit *moneta terrae illius* (Pommern) versah. Vereinzelt kommen Münzen auch in Siedlungen (z. B. auf dem Burgwall

Slaven A. Archäologie

a. Scheibenfibel. — b. Schmuckbrakteat. — d—f, h. Perlen. — g. Wage. — c, i—p. Keramik. — Nach Beltz *Vorgeschichtliche Altertümer von Mecklenburg*; G. Eichhorn *Grafschaft Camburg*, ZfEthn. 1901, Mertins *Wegweiser*, Mitteil. Uckermärkischen Geschichtsvereines 1, Mannus 11/12.

von Riewend) und als Beigaben in Gräbern vor (Beispiel: Gamehl bei Wismar deutsche Denare des 11. und 12. Jh., häufig in Böhmen).

Eine Besonderheit stellt ein Goldbrakteat (Tf. 72b) dar, der in der Mundhöhle eines Bestatteten des Grabfeldes von Gamehl bei Wismar gefunden wurde, die mißverstandene Nachprägung eines Stückes des angelsächsischen Königs Ethelred II. (978—1016), durch bronzene Öse und Nadel zum Tragen als Hängeschmuck und Brosche eingerichtet (Beltz *VAM* S. 371).

Von Ibrahim erfahren wir, daß bei den Wenden linnene Tücher als Wertverkehrsmittel dienten (Meckl. Jahrbb. 45 S. 15; auch Helmold I 13 gibt 40 *resticuli lini*, neben den 12 Silbermünzen, als Bischofszins an). Über die Art, wie das Hacksilber in Verkehr gebracht wurde, gibt der Fund von Sonnenwalde, Kr. Luckau, Aufschluß, in dem Silber in ziemlich gleicher Menge in kleinen Beuteln verbündelt war (Brandenburgia 4 S. 39).

Anfänge eigener Prägung (s. a. Geld § 17) liegen vor: kleine Silberblechscheiben mit einfachsten, rundlichen Einstempelungen. In den s. Slavenländern setzt die eigene Prägung im 10. Jh. ein, ein geregeltes Münzwesen zuerst in Böhmen (Wenzel d. H. 928—938); auf dtsch. Boden die älteste Prägung in Breslau, ein Pfennig von Boleslaus I. (992—1025; Mertins *Wegweiser* Abb. 352; Friedensburg *Beiträge zur Urg. Schles.* I 55). Die ältesten heimischen Münzen der dtsch. Slavenländer gehören den ersten christlichen Wendenfürsten, der Übergangsperiode zur Germanisierung, an (Berliner Münzblätter 20 [1899] S. 2671), Pribislav (Heinrich) mit Gemahlin Petrissa von Brandenburg, Jaczo von Köpenick (Archiv der Brandenburgia 1 [1894] S. 1 Bahrfeld). Die ältesten mecklenburgischen Prägungen fallen erst in die christliche Periode (Berlin. Münzbl. 1899 S. 2671 Oertzen).

§ 24. Wagen aus Bronze zum Abwägen besonders des Silbers finden sich häufiger, auch in den Hacksilberfunden selbst; sogar in Gräbern (Bartelsdorf bei Rostock). Sie sind merkwürdig gleich: zum Zusammenklappen eingerichtet, kleiner Mittelbalken mit Zunge, die Seitenbalken beweglich (Tf. 72g). Es ist eine alte, schon röm. Form (Beispiel: Montelius *Antiqu. suéd.* 642. — Ein gutes Beispiel aus Dürschwitz bei Liegnitz: Seger *Beiträge zur Urgeschichte Schlesiens* 1904 S. 57; häufig in Ostpreußen und Rußland; Bezzenberger *Analysen* S. 99; hier Band IX Tf. 238c). Über das System des Wägens sagen die in den Wendenländern gemachten Funde nichts, doch ist wohl auch hier wie sonst im Baltikum ein orient. (pers.) System anzunehmen (Orientalisches Archiv 2 Arne).

§ 25. Löffel. In russ. Gräbern finden sich oft kleine Metallöffel, die kaum zum Essen gedient haben können, zusammen mit Wagen und Gewichten, und man hat sie als Geräte zum Anfassen von Edelmetall gedeutet (auch in dem Funde von Augst; Jahresber. Schweizer. Urgesch. 2 S. 167). Auch auf der Burgwall-Insel zu Quetzin ist ein ganz kleiner Löffel aus schlechter Kupfermischung gefunden.

§ 26. Trinkhörner haben offenbar eine große Rolle gespielt und werden vielfach erwähnt (Herbord II 30 vergoldete Hörner von Wildrindern), als Götter-Attribute (Trinkhörner als Hoheitszeichen schon bei den Skythen des 6.—3. Jh. v. C.; Ebert *Südrußland* 1921 S. 100), sie kommen auch auf den Götterbildern vor (vgl. Tf. 74e, f), aber erhalten ist nichts. Würfel aus Knochen fanden sich einmal als Grabbeigaben (Bischleben bei Gotha; Götze-Höfer-Zschiesche *Thüringen* S. 234). Schlüssel als Grabbeigaben in Treben, Kr. Weißenfels. Von den verschiedenen Musikinstrumenten (Saiten- und lange Blasinstrumente), die Ibrahim (a. a. O. S. 20) nennt, ist nichts erhalten.

§ 27. Feuersteinspäne. Auf Burgwällen und an wend. Siedlungsstätten (auffallendes Beispiel von Alt-Schwerin bei Malchow i. M., wo auf einer kleinen Sandbank in einem See wend. Scherben und Steinsachen in gleicher Lagerung zusammen vorkamen) finden sich häufig die bekannten Spanmesser und primitiven Kleingeräte genau der Art, wie sie in der StZ allg sind, und es ist wahrscheinlich, daß sie von den Wenden wirklich gebraucht wurden (so auch: Schlesiens Vorzeit 1913 S. 25 Seger) und hier also eine Rückkehr zu einer alten Technik vorliegt, zumal eine ganz altertümlich anmutende Knochen- und Hornkultur ja in der Wendenzeit wieder geltend

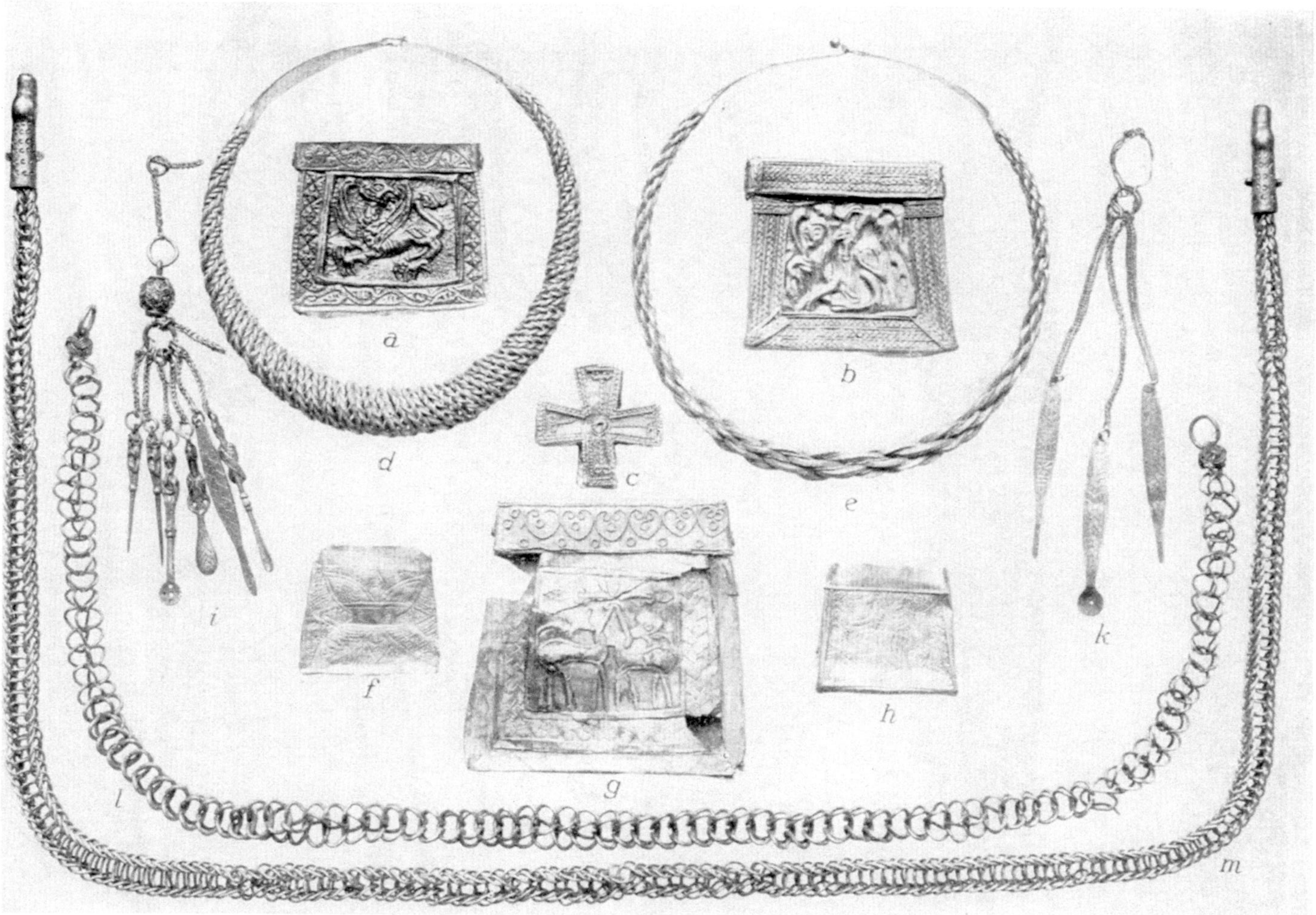

Slaven A. Archäologie

Silberfund von Holm, Kr. Driesen. — Nach Photographie der Vorgeschichtlichen Staatssammlung Berlin.

Slaven A. Archäologie

Steinstatuen: a. Holzgerlingen (H. 2,24 m). — b—d. An der Regnitz bei Bamberg. — e. Altenkirchen auf Rügen. — f. Husiatyn (die 4 Seiten).
Nach L. Niederle *Slovanské Starožitnosti* 1925.

wird. Aber ein völlig sicherer Nachweis, daß die steinzeitlich scheinenden Fundstellen erst der Wendenzeit gehören, ist nirgends erbracht. Daß entwickelte, typisch steinzeitliche Geräte (Keile, Äxte) von den Wenden wieder gebraucht sind oder gar bis in die Wendenzeit sich erhalten haben, ist nicht anzunehmen (Vorkommnisse wie auf dem Schanzenberge bei Ratzeburg [Lüb. Zeitschr. 16] sind schwerlich gleichzeitig). In Ungarn sind in Gräbern Feuersteinspäne gefunden (Hampel *Altert.* I 113), die man als Feuerschlagsteine auffaßt; eine ähnliche Erklärung wird auch für manche deutsche Funde statthaft sein.

§ 28. Nahrung. In den zahlreichen Wohnstätten mit den Resten der Mahlzeiten, auch Vorräten, findet sich Getreide vielfach: Roggen, Gerste, Weizen, auch Hirse (von Ibrahim als Hauptnahrung bezeichnet), Bohnen und Erbsen. Von starkem Getreidebau sprechen die Berichterstatter (Herb. II 40: *abundantia mellis et tritici cum canapo et papavere et cuncti generis legumine,* auch II 1). Eingehende Untersuchungen, die eine Verallgemeinerung gestatten, haben noch nicht stattgefunden.

Fischreste sind, wie bei der Vorliebe der Wenden für Wasser natürlich, überall in Siedlungen, oft in Massen beobachtet.

An Obstbäumen nennt Ibrahim Apfel-, Birn- und Pflaumenbäume (Meckl. Jahrbb. 45 S. 19), und dazu stimmt die Häufigkeit der Ortsnamen, in denen die Stämme *jablu* (Apfelbaum), *krusika* (Birnbaum), *sliva* (Pflaume) stecken. Bekannt ist der heilige Nußbaum von Stettin (Ebbo III 18; Herb. III 22).

Die Honiggewinnung und -verwendung spielt eine große Rolle, von Wein aus Honig spricht Ibrahim (a. a. O. S. 20). Ortsnamen mit *medu* (Honig), *bucela* (Biene), *bruti* (Waldbienenstock), *uli* (Bienenstock) sind allgemein. Vielleicht ist auch die Beliebtheit der Pflaume mit dem heutigen südslav. Nationalgetränk zu verbinden.

Auffallend ist in den Funden der Mangel an Wild. Wildschwein, Elch, Hirsch, Reh treten durchaus zurück (auf Burg Mecklenburg ein Bär) gegen zahme Tiere, in Quetzin bei Plau und Clossnitz (ZfEthn. 1914 S. 895) fehlten sie sogar, man fand nur Hase (Clossnitz) und Biber. Wasservögel zahlreicher. Daß das Wildrind gejagt wurde, zeigen die als Trinkhorn benutzten *cornua taurorum agrestium* bei Herbord II 30; auch das mecklenburgische Wappen wird auf ein Wildrind, wohl den *Bos primigenius,* zurückgehen.

An zahmen Tieren Pferd (offenbar auch als Nahrung [Herb. II 22 *sunt magni et fortes equi terrae illius* ⟨Pommern⟩. Interessant ist, daß Herb. II 40 von Wildpferden redet ⟨*bubalorum et equorum agrestium*⟩]), Rind, Ziege, Schwein (sehr viel), Schaf (recht selten). Auch hier kann über die Arten noch nichts Abschließendes gesagt werden. S. a. Pferd B.

Bemerkenswert ist die Nachricht Ibrahims, daß die Wenden Rind und Gans essen, aber nicht Hühner (Meckl. Jahrbb. 45 S. 18).

§ 29. Keramik. Tongefäßreste bilden die große Masse wend. Altsachen. Die Bestimmung wend. Keramik ist leicht und früh gefunden (Meckl. Jahrbb. 12 [1847] S. 435 Lisch, wo auch die Wellenlinie als wend. Hauptornament erkannt ist; allerdings hielt Lisch damals auch die gesamte eisenzeitliche Keramik für wendisch). Die Verwertung der Entdeckung ist ein Verdienst von R. Virchow. Die Tonmischung ist schlechter als in der vorausgehenden germ. Zeit, mit viel Granitgrus, wird aber im Laufe der Zeit feiner; die Oberfläche ist rauh (geglättete Oberfläche ist eine seltene Ausnahme, z. B. an der auch sonst ungewöhnlichen Münz-Urne von Schwaan gegen 1030 [Meckl. Jahrbb. 58 S. 192]); die Formgebung merkwürdig gleichförmig: von breiter Grundfläche aufsteigende Wandung mit Ausbiegung, die meist leicht und gleichmäßig ist, aber bis zu stärkerer Betonung der weitesten Ausbauchung sich steigern kann („doppelkonisch", aber ohne eigentlichen Knick). Die stärker ausgebogenen sind im allgemeinen niedriger und haben weniger entwickelten, nur schwach ausladenden Rand; am Halse leichte Einziehung, der Rand nach außen gebogen. Die Form ist sichtlich aus der röm. Keramik übernommen, aus der Form des hohen Topfes (Behn *Mainzer Katalog* II 95f.), aber schwerlich durch direkte Berührung, denn in Ungarn findet sich dieselbe Keramik in nichtslav. („avarischen") Gräbern, ebenso in frühkarolingischen der Rheingegend (Hampel a. a. O. III 473, 474 [nach Hampel 7. Jh.] und sonst MAGW 1899 S. 43 Reinecke). Von beiden Seiten sind die Slaven beeinflußt. Andere Gefäße kennt die wend. Keramik fast gar nicht. Krüge, Schalen, Tassen werden aus Holz hergestellt sein.

Die älteren Gefäße (Tf. 72c, i) sind Handarbeit ohne Drehscheibe und oft sehr schlecht gebrannt; in einer Übergangsstufe wird die Drehscheibe oft nur teilweise, besonders am Rande, angewendet (Beispiele vom Schloßberg bei Burg: Präh. Z. 4 S. 321 Götze; Schloßberg bei Ratzeburg: Zeitschr. f. Lübeckische Geschichte 16 Hofmeister); später allgem. und recht geschickt (Tf. 72k,n,o).

Häufig und merkwürdig gleichmäßig sind die Deckel mit Knopfgriff (Tf. 72m), auf röm. Muster zurückgehend, aber erst in der jüngeren Keramik auftretend. Aus der röm. Keramik ist auch die Henkellosigkeit übernommen. Henkelösen bilden eine große Ausnahme (Münz-Urne von Schwaan a. a. O.; Allstedt [Weimar]; zwei Henkel: Götze-Höfer-Zschiesche *Thüringen* S. XLI; Roßdorf, Kr. Jerichow II: Mannus 7 S. 129 Abb. 1; vier Henkel: hier Tf. 72l); Durchlochung der Wand zum Durchziehen eines Tragbandes ist häufig. An seltenen Formen seien erwähnt die Zistenform der Münz-Urne von Leissow (Brandenburgia 4 Tf. 1), ein Becher von Gr.-Wusterwitz, Brandenburg, mit ausladendem Rande (Mannus 7 Tf. 25, 52), die Trichtersiebe zur Bearbeitung von Obst oder Milch (Tf. 72p; Beltz *VAM* Tf. 70, 22; Präh. Z. 5 S. 415; Zusammenstellung der Trichtersiebe, die seit der StZ in verschiedenen Perioden vorkommen und zum Teil Räuchergefäße sein werden: ZfEthn. 1915 S. 61; s. a. Sieb A). Vgl. a. Alt-Schlesien 1922 S. 26 Seger.

Die Farbe ist meist ungleich schmutziggrau oder braun, ohne Sorgfalt; erst gegen das Ende kommen auch gleichmäßig hellere, rötliche, gelbrötliche und gelbbraune vor.

§ 30. Verzierung. Ganz überwiegend ein um die Schulter laufendes Gurtornament, meist mit einem Stäbchen oder mehrzinkigen Instrument eingerissen. Mit dem Durchdringen der Töpferscheibe wird auch die ganze Wandung in die Dekoration (Kehlstreifen, Horizontalfurchen) hineingezogen.

Das Hauptmotiv ist die Wellenlinie, übernommen aus der röm. Keramik, aber nie, wie in dieser vielfach, als Relief gebildet, sondern stets eingeritzt, auch bei weitem nicht so regelmäßig. Die Wellenlinie ist einfach oder mehrfach in allen Variationen, von der flachsten bis zur schärfsten, ganz unregelmäßigen Kurve; am Ende der Periode überwiegt die einfache, und sie wird flacher, kleiner und gleichmäßiger (Mannus 9 [1919] S. 196 Moschkau). Die scharfen Kurven haben die Beobachtung ermöglicht, daß sie meist von rechts nach links gezogen sind, eine Führung, die sich ja leicht ergibt, wenn der Arbeiter den Topf mit der linken Hand hält. Mehrere Reihen Wellenlinien (mit Unterbrechung durch Horizontalfurchen), wie es in Österreich-Ungarn Regel ist, sind in Deutschland selten, senkrecht gestellte erscheinen ausnahmsweise. Neben die Wellenlinie treten besonders bei den Nordslaven eine Reihe anderer Linienmotive (Beltz *VAM* S. 373; Mannusbibl. 22 Krüger): sich kreuzende Liniensysteme, senkrecht oder rhombisch, Winkellinien aus eingestochenen Punkten u. dgl.; in der älteren Zeit eingestempelte Muster: Kreise oder Vierecke mit sich kreuzenden Linien u. ä. (häufig besonders bei den Nordslaven und vielleicht aus der spätmerowingisch-karolingischen Keramik übernommen), in der jüngeren aufgelegte Wulstbänder mit Schrägkerben (sehr beliebt).

§ 31. Eine Eigentümlichkeit sind die Bodenzeichen (Mannus 10 S. 71 Naebe). Schon die ältere Stufe enthält oft eine unregelmäßig runde Vertiefung, die aber kein Bodenzeichen ist, sondern rein technischen Ursprung hat (Abdruck des Stempelknopfes einer primitiven Drehscheibe).

Später kommen die Bodenzeichen, die wohl eher als Marken des Herstellers denn des Besitzers aufzufassen sind. Meist erhabene, sich kreuzende Linien, oft innerhalb eines Kreises (aber doch nicht in so entschiedener Kreuzform, daß man in ihnen christliche Symbole sehen müßte, wie Naebe wollte).

§ 32. Eine zeitliche Aufteilung der keramischen Erscheinungen ist noch nicht voll durchführbar; besonders fehlen Kennzeichen einer ältesten Stufe. Nur eine jüngste ist durch die Münzfunde auch zeitlich gesichert; das relative Alter ergibt der Befund einiger Burgwälle (Neu-Nieköhr bei Gnoien i. M., Riewend, Kr. Westhavelland, Burg im Spreewald: Meckl. Jahrbb. 58 S. 209; Nachr. ü. D. A. 1901 S. 21; Präh. Z. 4 S. 321 Götze.

Zu den drei Stufen: ZfEthn. 1919 S. 289 Schuchhardt). Es scheinen danach drei Stufen scheidbar:

1. Plumpe, derbwandige Töpfe ohne Drehscheibe, körnige Oberfläche innen wie außen, Rand nur schwach ausgebogen. Einfache Verzierung durch Wellenlinien, Linienmotive, Stempel. Entsprechend der karolingischen Keramik und in das 9. Jh. zu setzen. Beispiele: eine Graburne von Bobzin i. M., dgl. von Lössnig bei Leipzig (ZfEthn. Verh. 1901 S. 40); ein Stück aus dem Salzigen See bei Eisleben (ZfEthn. Verh. 1897 S. 593).

2. Teilweise Drehscheibe, Rand ausbiegend und abgestrichen. Ornament wie 1., aber sorgsamer. 10. Jh.?

3. Drehscheibe; Rand stark ausbiegend und scharfkantig. Innen die Wandfläche oft geglättet. Neben der Wellenlinie Furchen und Wulstbänder. Bodenzeichen. 11. Jh. Ob 2 und 3 eine reinliche zeitliche Trennung zulassen, ist zweifelhaft.

Eine Scheidung der Keramik nach Volksgruppen scheint nur beschränkt durchführbar (dazu Mannus 6 S. 216; Mannusbibl. 22 Krüger). Die thüring.-sächs. (sorbische) ist sicher von Böhmen (dort ein wesentlich reicheres Material an erhaltenen Gefäßen als in Deutschland, da auch die Gräber Keramik haben; Píč a. a. O. S. 128) her stärker beeinflußt, führt hohe, fast geradwandige Töpfe mit stärkerer Auskehlung und schärferem Rande. Ornament nur Wellenlinie und Horizontalfurche, die n. (polabisch-wilzische) hat niedrigere Töpfe und kombiniert die Linien reicher.

§ 33. Gräber. Leichenbrand, als altslav. Bestattungssitte, ist literarisch bezeugt. So schon von Bonifatius in einem Briefe, Nr. LXXII, an den König Ethibald 745 (die Frau gemeinsam mit dem Mann verbrannt); Thietmar VIII 2 g. 1018 (zur Zeit des Polenkönigs Mzislaw 962—995, die Frau nach der Bestattung des verbrannten Mannes enthauptet); auch bei Nestor († 1116) und Cosmas († 1125) mehrere Stellen. Bei den Biographen des Otto von Bamberg, wo oft Gelegenheit dazu gewesen wäre, werden einmal Grabhügel, aber kein Leichenbrand erwähnt; die Beerdigung in Flachgräbern ist damals (1124) schon allg. Sitte geworden. Die Verdrängung des Leichenbrandes geht so weit zurück wie der christliche Einfluß, doch hat der Leichenbrand nie völlig aufgehört.

Eine Bergung der Leichenbrandreste ist nicht immer erfolgt (Rosenthal bei Krakow: Meckl. Jahrbb. 58 S. 229), und das mag mit zur Erklärung der geringen Zahl der Brandgräber dienen. Auch die Notiz Nestors, daß die Gefäße mit den zerbrannten Gebeinen am Wege aufgestellt seien, mag den Mangel an erhaltenen erklären, doch kommt Beisetzung in Urnen bis an das Ende der Heidenzeit, oft in Verbindung mit Skelettgräbern, vor (Neuhof, Kr. Regenwalde: Präh. Z. 16 S. 74; La Baume *Westpreußen* 1920 S. 95; in Böhmen 62 Brandgräber, Píč a. a. O. S. 217). Ganze Felder mit Urnenbestattung sind nicht bekannt geworden, wohl aber ein Urnenhügel, in dem Grab über Grab stand (Sülten bei Stavenhagen: Beltz *VAM* S. 377). Auch sonst sind Grabhügel wend. Zeit mit Leichenbrand beobachtet (Wachlin i. Pommern: ZfEthn. Verh. 1882 S. 398 Virchow; Mähren: Červinka *Morava za pravěku* S. 316).

§ 34. Die Hauptmasse sind Skelettgräber, meist in geringer Tiefe, ziemlich regelmäßig wö. orientiert (umgekehrt lagen in einem Grabfelde von Frankfurt a. O. alle ow.: Präh. Z. 2 [1910] S. 199), oft in Reihen, aber auch ohne erkenntliche Ordnung durcheinander. Hügelgräber kommen vor, scheinen sich aber auf den O (ö. der Oder, n. der Warthe) zu beschränken (Sitzungsber. d. Preuß. Akad. d. W. 1924, 25 S. 182 C. Schuchhardt; Präh. Z. 16 [1925] S. 64ff. Bersu über die wichtigen rechteckigen [!] Gräber von Neuhof, Pommern) und stehen offenbar in Zusammenhang mit den Einzelgräbern in Polen, Rußland, auch Mähren (Červinka a. a. O. S. 317), wohl aber wurden gern natürliche Anhöhen (Sand- oder Kieshügel) zur Grabstätte gewählt. Nachbestattungen in alten Gräbern nur vereinzelt, so in einem Hünengrabe der Altmark (Mellin) und dem bekannten altbronzezeitlichen Hügelgrabe von Leubingen (s. d.; Sächs. Jahresschr. 5 S. 44). Die Lage ist durchgängig die gestreckte, Arme zur Seite oder gekreuzt; kauernde (liegende Hocker?) ganz vereinzelt (in Schlesien; Schles. Vorz. 2 S. 203 und sonst). Umgebung des Beerdigten mit Holzplanken kommt vor; Särge, meist Kisten aus Bohlen, sind häufig, auch mit eisernen Nägeln. An

Einzelheiten sind zu erwähnen: Um den Leichnam wurden Steinplatten gestellt, über oder unter den Kopf oder auf die Brust wird ein Stein gelegt (Treben bei Weißenfels: Mannus 11/12 S. 339 Niklasson), auch Steinpackung mit Deckplatte ist beobachtet (Lössnig bei Strehla: ZfEthn. Verh. 1901 S. 39); einmal lagen zwei Beerdigte auf einer rechteckigen Steinpackung, wie auf einem Paradebett, um sie herum 8 Skelette, wohl Opfer (Gadebusch i. M.: Beltz *VAM* S. 76). Auch Pferdeknochen sind wohl auf mitbestattete Pferde, nicht als Mitgabe von Nahrung, zu deuten (Leubingen: Sächs. Jahresschr. 5 S. 44). Die scheinbaren Teilbestattungen von Leubingen und Camburg (Sächs. Jahresschr. 5 S. 43; Z. f. thür. Gesch. 22 S. 269) sind eher durch spätere Bestattungen zu erklären.

§ 35. Die Ausstattung des Toten ist meist recht kümmerlich. Ein Unterschied tritt deutlich hervor: Schon die mitteld., noch mehr einige südd., sind wesentlich reicher ausgestattet, besonders mit Perlen, und verraten eine stärkere Beeinflussung durch karolingische Kultur als die nordd. (wilzisch-polabischen); noch reicher sind eine Anzahl südslav. (Bielo Brdo in Slavonien: ZfEthn. Verh. 1897 S. 363 Reinecke; Vjesnik 7 [1903/4] S. 1 Brunšmid). Waffen fehlen fast ganz (Lanzenspitze in Wendorf bei Tessin i. M.; Kl. Tinz: Schles. Vorz. 3 S. 182; Bodelwitz, Kr. Ziegenrück: Sächs. Jahresschr. 1 S. 84); Messer, Schläfenringe sind die häufigsten Stücke, im sorbischen Gebiete und Böhmen häufig Perlen; anderes nur gelegentlich, z. B. Schlüssel in Frauengräbern (Treben: Mannus 11/12 S. 339; Biesdorf bei Weißensee).

Tongefäße sind nur in Böhmen und Schlesien als Beigaben häufiger (auch Holzeimer), ebenso findet sich Mitgabe von Nahrungsmitteln nur vereinzelt (Treben a. a. O.; Bodelwitz: Sächs. Jahresschr. 1 S. 84). Münzen sind nicht selten. In den Gräbern finden sich gelegentlich Anzeichen, daß der Tote als Christ gekennzeichnet werden soll, so wenn in Gamehl bei Wismar ein Goldbrakteat, dessen Münzzeichen das Kreuz ist (Tf. 72b), in die Mundhöhle gelegt wird, oder wenn eine Scheibenfibel eine Christusdarstellung trägt. Eine äußere Bezeichnung der Gräber scheint auch durch Überdeckung der Stelle mit Holzwerk vorgenommen zu sein. Otto von Bamberg verbietet, Knüttel nach heidnischer Sitte auf die Gräber zu legen, und die Sitte des „toten Mannes" oder des „Totschlags" (Reisig auf Gräbern oder Mordstellen), die noch heute in früher slavischen Gegenden (Pommern, Mecklenburg) lebendig ist, mag darauf zurückgehen.

Eine zeitliche Bestimmung ist nur selten möglich und hat immer auf die letzte Zeit des Wendentums geführt (11. und 12. Jh.); das jüngste datierbare Grabfeld ist wohl das von Rassau bei Ülzen (13. Jh.; Präh. Z. 1 S. 85), also schon christlicher Zeit.

§ 36. Schatzfunde (Hacksilberfunde). Ein eigentümlicher Zug der wend. Kultur sind die nach ihrem Inhalt und dem gewöhnlichen Zustande der Altsachen als Hacksilberfunde bezeichneten Schatzfunde, die auf Handelsverbindungen zurückgehen, welche den Orient mit dem skand. N verbanden. Im 9. Jh. beginnend, wurde der Handel lebhaft, als im 10. Jh. nach dem Zerfall des Reiches von Bagdad das Reich der Samaniden mit der Hauptstadt Khorasan die Führung der orient. Welt übernahm. Der Handelsweg ging nach Bulgar an der Wolga und durch Rußland nach Gotland und Schweden oder über Kijev, Prag, die Oder abwärts nach Julin und weiter nach Skandinavien.

Die südslav. Länder, auch Ungarn, liegen also außerhalb der großen Straße und haben auch keine Hacksilberfunde. In Deutschland erscheinen sie in Schlesien (Beispiel: Rudelsdorf, Kr. Nimptsch, Beiträge zur Urgesch. Schles. 1 [1902] S. 50), vereinzelt in der Lausitz, weiter in Posen und Westpreußen (Lissauer *Präh. Denkmäler* S. 167), besonders stark in Brandenburg (hauptsächlich im O; *Hervorragende Altertumsfunde des Märk. Mus.* I [1896]; der bedeutendste Fund von der Leissower Mühle, Kr. Frankfurt a. O., 10 Kilo; vgl. auch Brandenburgia 4 [1896] S. 15) und in Pommern (über 80); über die Elbe gehen sie nur in der Altmark hinüber (Polkern, Kr. Osterburg, Stendaler Beiträge 2 S. 14 Kupka), einige in Mecklenburg (nur ein größerer: Schwaan, Meckl. Jahrbb. 26 S. 241; Beltz *VAM* S. 385), und eine kleine Gruppe in Holstein, besonders bei dem wichtigen Handelsplatz Oldenburg (Mitteil. Schles.-Holst. 8 Nachtr. H. 16 Mestorf). — Über einige verwandte Funde auf dtsch.

Boden außerhalb des slav. Gebietes Handelmann *Krinkberg bei Schenefeld* 1890 S. 19 (der westlichste bei Kl.-Roscharden, Groß herzogt. Oldenburg). Über die sehr reichen Schatzfunde in Schweden Montelius *Kulturgeschichte Schwedens* 1906 S. 266, die in Dänemark S. Müller *NAK.* II 284; ein wichtiger neuerer Fund (Terslev) besprochen von Johansen in Mémoires 1913 S. 329. Zusammenstellung: Beltz *Schatzfund von Quilitz, Usedom* Balt. Studien NF 30 (1927) S. 151 ff.

§ 37. Die Zeit der Vergrabung wird durch die Münzen hinreichend bestimmt. Die „kufischen" Münzen (Dirhems) reichen im allg. von 750—1000, byzantinische von 900—1025, dtsch. von 900 bis an das Ende des 11. Jh.; diese werden im 11. Jh. häufiger und nicht mehr zerhackt. Die Masse der Funde gehört dem 10. Jh. und der ersten Hälfte des 11. Jh. an. Einer der jüngsten Schatzfunde ist der hochinteressante von Holm bei Driesen (Tf. 73) in der Neumark, Ende des 11. Jh. bis 12. Jh. (Amtl. Ber. Pr. S. 30 [1908/9] S. 88 Götze, mit Münze des Abts Saracho von Corvey [1056—1071], abg. auch *Führer d. Vorg. Abt. der St. M.* Tf. 26). Die Stücke nicht zerkleinert, christliche Embleme, kleine, silberne Tasche (Behälter für Reliquien oder andere Kostbarkeiten), Halsringe, kleine Toiletten- oder ärztliche Geräte, Tierdarstellungen, wohl byzantinischer (südrussischer?) Herkunft.

§ 38. Die Bergung der Schatzfunde fand meist in Tongefäßen statt; wiederholt sind Gefäße besonderer Form genommen, so ein zistenförmiges in Leissow, ein Henkelgefäß in Schwaan (in Alexanderhof bei Prenzlau war der Schatz [vergraben gegen 985] in drei Gefäßen verteilt: Mitt. Uckermärk. Ges. 1 S. 93; in Rudelsdorf [Schlesien] in zwei Gefäßen); mehrmals war das Gefäß mit Birkenrinde ausgelegt (Schwaan i. M.; Quilitz auf Usedom; Mehntack in Estland): Baltische Studien Riga 1914 S. 159.

§ 39. Der Inhalt besteht aus silbernem Schmuck, Münzen und Barren. Nur ausnahmsweise ist aber der Schmuck unversehrt, auch die Münzen sind in der älteren Zeit zerhackt, oft in ganz kleine Stücke. Das Silber diente offenbar nur als Zahlmittel, wie auch die gelegentlich mitgefundenen Wagen zeigen. Einschnitte auf Münzen und Barren sind gemacht, um den Gehalt zu prüfen. Die Mehrzahl der Schmuckstücke sind Hals- und Armringe, ferner Fingerringe, Ketten, Ohrgehänge, Hängezieraten, z. B. ein halbmondförmiges Schmuckstück (Hampel *Altert.* I 73f., beliebt in Schweden: Montelius *Antiqu. suéd.* S. 589), Gürtelschließen, Perlen, oft mit Filigran oder Granulierung. Die Münzen sind in erster Linie arab. mit „kufischer" Schrift, überwiegend samanidische (9. und 10. Jh.), ferner dtsch., aber auch engl., dän., byzantin., böhm., poln., ungarische.

§ 40. Die Herkunft der Schmuckstücke ist nicht gleichmäßig und im einzelnen noch nicht geklärt. Sicher ist der skand. Einschlag stärker, als man früher annahm; auch eine Trennung zwischen orient. (islam.) und byzant. Gut ist nicht voll durchführbar. Dazu Beltz a. a. O. S. 174. Auch sonst ist nicht zu scheiden, was unterwegs dazugeschossen ist; sicher manches Byzantinische, so anscheinend Formen von Ohrgehängen, und Südrussisches, aber auch Nordisches. Von W her (dem Karolingerreiche) ist ein wesentlicher Zuschuß nicht erfolgt.

§ 41. Burgwälle. Die stattlichsten Denkmäler der Wendenzeit sind ihre Wehranlagen (Tf. 75, 76), die in reichster Fülle in Norddeutschland erhalten sind (letzte zusammenfassende Darstellung Behla *Die vorgeschichtlichen Burgwälle im nördlichen Deutschland* 1888). Die hist. Seite der Burgwalluntersuchung ist in größerem Umfange zuerst von F. Lisch behandelt, dem es gelungen ist, in Mecklenburg die geschichtlich bedeutenden sämtlich und die Gauburgen zum größten Teil festzustellen (Literatur vgl. Beltz *VAM* S. 382; vgl. auch Meckl. Annalen 1860 S. 123 Wigger). Die heutigen Namen *Burgwall, Burgberg, Schloßberg, Römer-, Schweden-, Tataren-, Heidenschanze* u. ä. werden wahllos gebraucht, aber auch die quellenmäßigen *castrum, castellum, munitio, civitas, urbs* laufen durcheinander. In den ältesten Nachrichten (Zeit Karls d. Großen) wechselt *castellum* und *civitas* in gleicher Bedeutung. Helmold c. 12 werden *urbs* oder *civitas* als umwallte Siedelung angenommen, c. 48 bei Alt-Lübeck *oppidum* von *castrum* ausdrücklich geschieden, ebenso in Annal. Magdeb. zu 1147: *civitates et oppida igni succenderunt*, aber auch *castrum* und *civitas* werden mehrmals nebeneinandergestellt, also geschieden, so im

Stiftungsbriefe des Bistums Havelberg 946. Dadurch wird die Deutung erschwert. Einheitlicher ist die slav. in zahlreichen Ortsnamen erhaltene Benennung, die auf das altslav. *gradu* = Burg zurückgeht.

Die Burgwälle sind die Wehranlagen der einzelnen Landesteile, *provinciae, regiones, terrae, pagi*, Benennungen, auf deren Unterschiede hier nicht eingegangen werden kann. Aber ein Gau kann mehrere Burgwälle haben.

§ 42. Die ältesten geschichtlichen Nachrichten über Burgwälle sind so alt wie die wend. Geschichte überhaupt; sie spielen schon in den Kämpfen Karls des Großen ihre Rolle, der älteste bekannte ist die Smeldincono-Burg im sw. Mecklenburg 809; in der *descriptio civitatum*, die man jetzt an das Ende des 8. Jh. setzt, wird die Zahl der Wälle im heutigen Mecklenburg sogar auf 150 angegeben.

Die Burgwälle waren die Sitze des Gauoberhauptes (*regulus, zupan, starost*), oder bei stärkerer Fürstengewalt der Beamten des Fürsten, daher die Burgwallbezirke zu *Kastellaneien* oder *Burgwarden* werden; die Landeseinteilung ist von den christlichen Fürsten übernommen, und die Sitze der Vogteien (Ämter u. ä.) sind die Stellen der alten wend. Burgwälle, vielfach bis in die Gegenwart.

Die Gauburgen werden dann ausdrücklich auch als Fürstensitze genannt. *In singulis autem civitatibus dux palacium habebat et curtim cum aedibus*, Herb. II 23, wo das Asylrecht dieser Fürstensitze betont wird. Inhaltlich gleich Ebbo II 7 (auch 5). Sehr deutlich Alt-Lübeck: *munitio Hinrici regis Slavorum* (1093—1127); *cum Heinricus resideret in urbe Lubeke* (1111), Helm. 36 (Hofmeister *Wehranlagen Nordalbingiens* I 15).

§ 43. Auch die Bedeutung von Burgwällen als Fluchtburgen ist literarisch belegt (Herbord II 5 [s. u.]). Vielfach findet sich vor der eigentlichen Umwallung ein weiterer Raum, der nach seinen Einschlüssen sichtlich zur Siedlung des Volkes diente; sehr deutlich mit Wall Teterow, ohne Wall z. B. Gaarz bei Plau. Bei Alt-Lübeck lag eine Handelsstadt gegenüber der Burg. Kleinere sind nur als militärische Anlagen zu bewerten. Die sehr verschiedene Größe der Wälle (Dm 15 — 300 m, Flächeninhalt bis 5,5 ha [so Werle bei Schwaan, Mecklenburg; Garz auf Rügen 4,4 ha; für Lubowitz, Kr. Ratibor, wurden 20 ha angegeben, das würde ein ganz besonderer Fall sein]) weist auch auf verschiedene Benutzung.

Daß die Burgwälle zu Verteidigungslinien kombiniert werden konnten, bezeugt nicht nur Herbord (II 5 [1124]; [Pomerani] *suis fisi viribus eo quod civitates et castra natura et arte firma in introitu terrae haberent quam plurima se inexpugnabiles fore arbitrati sunt omnemque substantiam suam in urbibus collocantes armorum praesidia praeparare moliuntur* [zu beachten auch der Wechsel der Benennungen]), sondern auch das Verfahren des Obotriten Niclot im letzten Kampfe (1160, Helmold I 87), der eine erste Linie, die eine den Geländeverhältnissen vortrefflich angepaßte Abwehr darstellte, aufgab und sich in das Innere des Landes, wahrscheinlich auf eine zweite Linie, zurückzog.

§ 44. In dem Schutze der Burgwälle lagen auch die Tempel. Es liegen zahlreiche Nachrichten vor, in denen Tempel innerhalb der Umwallung ausdrücklich bezeugt sind. Am bekanntesten und durch neue Ausgrabungen gesichert Arkona (Tf. 75; SB. Preuß. Ak. 65 [1921] S. 756 Schuchhardt; ders. *Arkona, Rethra, Vineta* 1926). Die Stellen sind von Behla a. a. O. S. 40ff. gesammelt mit falsch verallgemeinernder Deutung, daß die Burgwälle in erster Linie Tempelstätten seien. Nach Stellen, wie Ebbo II 7: *Luticenses, quorum civitas cum fano suo a Lothare* [wohl 1126] *cremata est*, will es fast scheinen, als ob man bei jeder Gauburg ein Heiligtum voraussetzte.

Die wend. Burgwälle sind oft an Stellen angelegt, welche schon in früheren vorgesch. Per. zum Schutze gedient haben; dafür sind jetzt zahlreiche Beispiele bekannt (Römerschanze [s. d.] bei Potsdam: Präh. Z. 1 [1909] S. 200 u. a.), noch nirgends aber ist eine unmittelbare Weiterbenutzung einer germ. Anlage nachgewiesen, sondern es handelt sich bei den vorwend. Befunden bisher stets um Siedlungen oder Wehranlagen der jüngsten BZ oder frühen EZ, die durch Jahrhunderte von der wend. Nutzungsnahme getrennt sind. Wend. Scherbenmaterial der älteren Stufe findet sich auf Burgwällen nur ganz vereinzelt und läßt eine zeitliche Aussonderung älterer Wälle noch nicht zu.

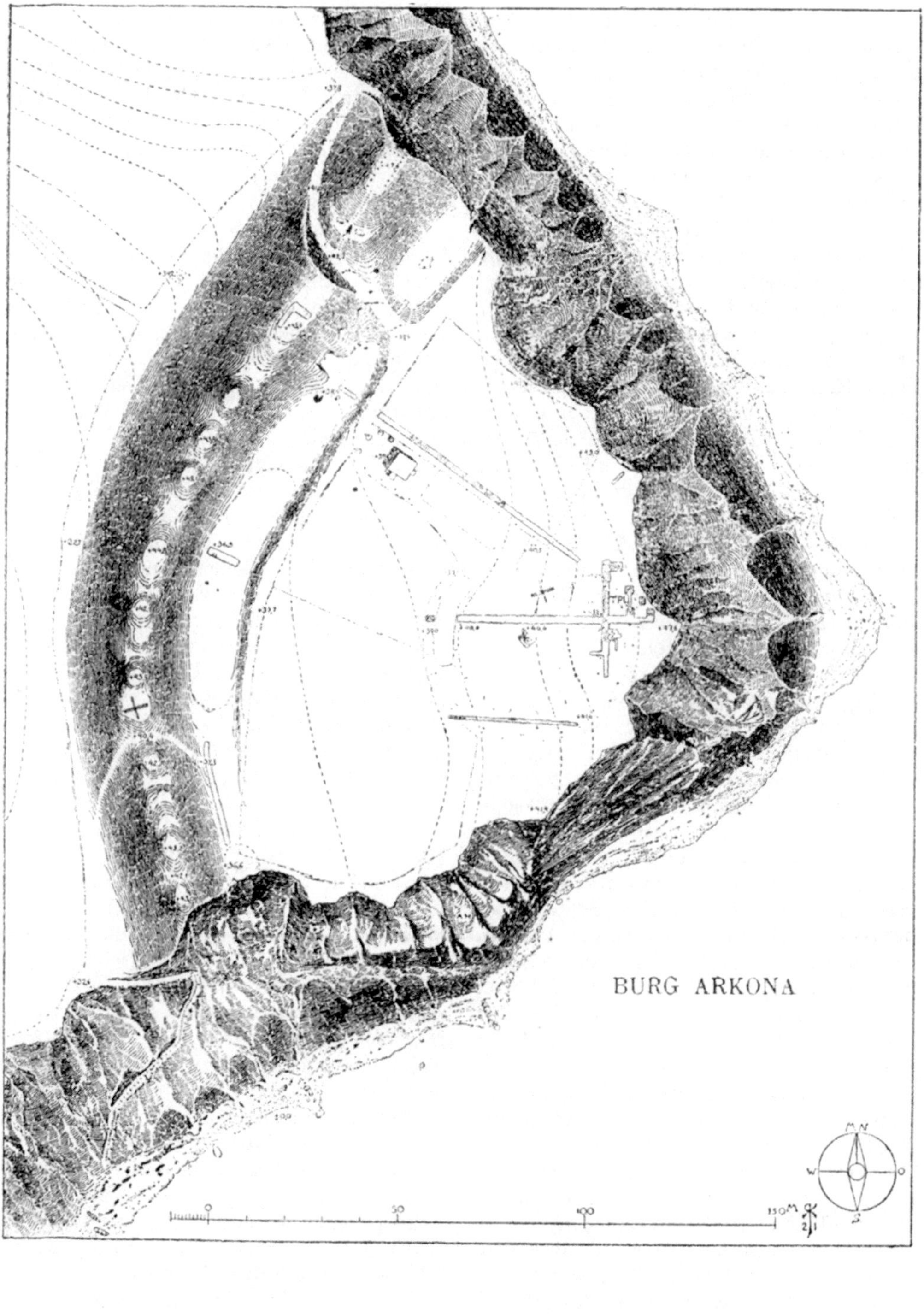

Slaven A. Archäologie

Plan der Burg Arkona. Nach C. Schuchhardt.

Vorauszusetzen haben wir sie schon in karolingischer Zeit, die umfänglicheren Anlagen werden erst mit dem 10. Jh. beginnen.

§ 45. Lage. Besonders die Nordslaven haben mit Vorliebe die Vorteile tiefen, feuchten Geländes zur Verteidigung nutzbar gemacht. Natürliche Inseln sind benutzt (Beispiele aus Mecklenburg: Teterow, Krakow, Bölkow bei Güstrow), oder es sind künstliche Inseln geschaffen (Schwerin, Quetzin bei Plau). Auch wo man festes Gelände wählte (Alt-Lübeck [Tf. 76], Dargun, Malchow), suchte man es, wenigstens in der Ebene, mit dem Schutze durch Seen oder Wasserläufe zu verbinden. Doch finden sich auch reine Höhenburgen in der Ebene, z. B. Liepen, Feldberg; häufiger natürlich in gebirgigen Gegenden, so in Sachsen, wo aber auch die Niederungsburgen nicht fehlen.

Die Grundform der slav. Wälle ist eine runde, umwallte Höhe mit kesselartigem Innenraum, oft recht unregelmäßig; Ausnahmen sind wohl stets durch das Gelände bedingt, dem sich der Wall anschließen sollte (so die Römerschanze, aber auch Arkona [Tf. 75], eine echte *urbs tricornis*, wie Thietmar den Rethra-Platz nennt; im allg. sind die slav. Wälle überall Ringwälle; viereckige, die man nach Ibrahims Bericht auch erwarten sollte, sind meines Wissens nicht nachgewiesen). Mit der starken Umwallung ist oft eine schwächere äußere (ganz herumlaufend, sich anlehnend, nur abschneidend) verbunden, welche wohl dem Schutze des flüchtenden Volkes dienen sollte. Auch in der Hauptumwallung findet man gelegentlich besondere, durch Wälle bezeichnete, meist erhöhte Stellen (Schulenberg bei Marlow i. M., Wolfshagen: Götze *Westprignitz* S. 50; ein gutes Beispiel für Innenwall, Hauptwall, Außenwall zusammen bietet die Ravensburg bei Neubrandenburg: Meckl. Jahrbb. 5 S. 114), wahrscheinlich die Wohnstätte des Dynasten (*curtis, palatium*), vielleicht auch einmal die Tempelstätte. Abschnittswälle an Landzungen u. ä. beschränken sich auf gebirgige Gegenden.

§ 46. Tore sind im Walle fast stets erkennbar (gutes Beispiel einer künstlichen Toranlage Alt-Lübeck; Tf. 76), meist nur eines. Auch die Zugänge (Brücken) durch das tiefe Vorgelände treten meist deutlich hervor. Über den Bau der Wälle wird es noch sehr vieler Untersuchungen bedürfen, ehe man allgemeingültige Schlüsse ziehen kann, besonders bis das Verhältnis von Wall und Holzmauer festgelegt ist (dazu ZfEthn. 1919 S. 285 Schuchhardt; Holzmauern auch literarisch bezeugt: Helmold I 92, II 2, 2).

Ibrahim sagt deutlich, daß im feuchten Gelände Erde ausgehoben und ein Wall mit Graben errichtet sei (a. a. O. S. 172f.). Die Holzsubstruktion ist an dem Walle am Riewend-See deutlich (Ber. d. Brandenb. Provinzialkommission für Denkmalpflege 1914 S. 91 Götze). Die Gräben sind nur ausnahmsweise erhalten. Die Wälle der größeren Anlagen sind oft von ganz bedeutender H. und Mächtigkeit; der schichtenmäßige Auftrag der Erdwälle ist gelegentlich nachweisbar (Garz bei Cammin: Nachr. ü. d. A. 1901 S. 51). Die niedrigeren und schwächeren Wälle scheinen nur zusammengesunkene Holz- und Erdmauern zu sein, wie sie besonders auf der Römerschanze bei Potsdam nachgewiesen sind (dort auf freiem Boden, sonst auf einem Erdwalle, z. B. Fergitz, Uckermark: Mannus 3 S. 75). Die Herstellung einer steilen Wandfläche durch Absteifung mit Holzbohlen u. ä., „Spundwand" (Beispiele: Kratzig bei Köslin, Präh. Z. 6 S. 343; Alt-Lübeck, Hofmeister *Wohnbauten von Nordalbingien* I), auch Steinen (Beispiele: Kucksdorf bei Sülz i. W., Feldberg, Schuchhardt a. a. O. S. 214; Zahsow bei Cottbus, Nachr. ü. D. A. 1903 S. 15), darf wohl als Regel angesehen werden, auch darf man auf der Wallhöhe Holzmauern (sehr deutlich für Arkona bezeugt: Saxo S. 822 [*urbs*] *vallo quinquaginta cubitis alto concluditur. Cuius interior medietas terrea est, superior ligna glebis intersita continebat*), Pallisaden (nachgewiesen in Kratzig, a. a. O.) oder einen Wehrgang voraussetzen. Lehmstakenwand in Alt-Lübeck: Hofmeister a. a. O.

Aus verbrannten Stein- und Holzmauern sind wohl auch die Schlackenwälle (s. Festung A § 22) entstanden, von denen mehrere in der Oberlausitz slav. sind (Anthrop. Korr.-Bl. 1906 S. 135 Schmidt; Mannus 1 S. 282).

§ 47. Der Inhalt der Burgwälle ist sehr groß, aber ärmlich. Scherbenmassen beweisen eine intensive Besiedelung. Reste der Wohnhütten liegen besonders an dem

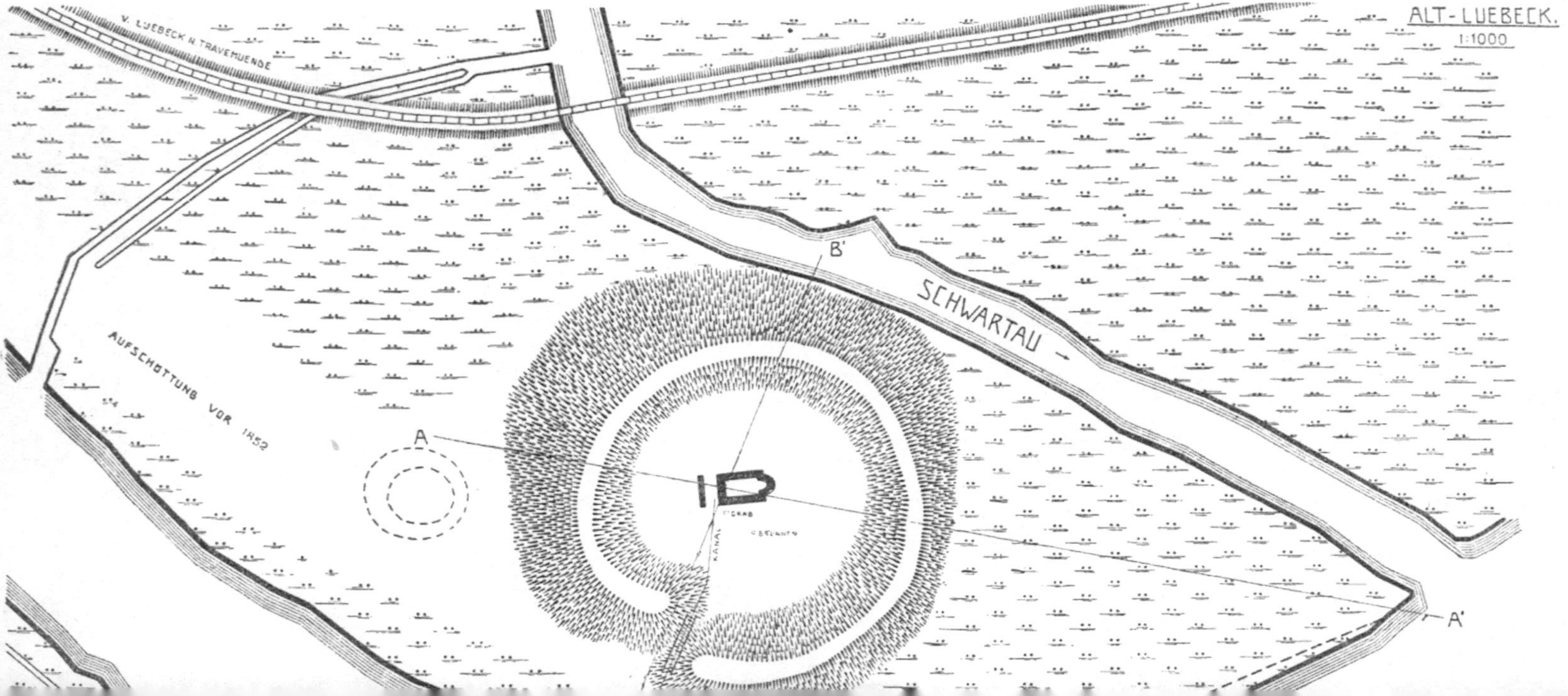
ALT-LUEBECK.
1:1000
V. LUEBECK N. TRAVEMUENDE
SCHWARTAU
B'
A
A'
KANAL
AUFSCHÜTTUNG VOR 1852

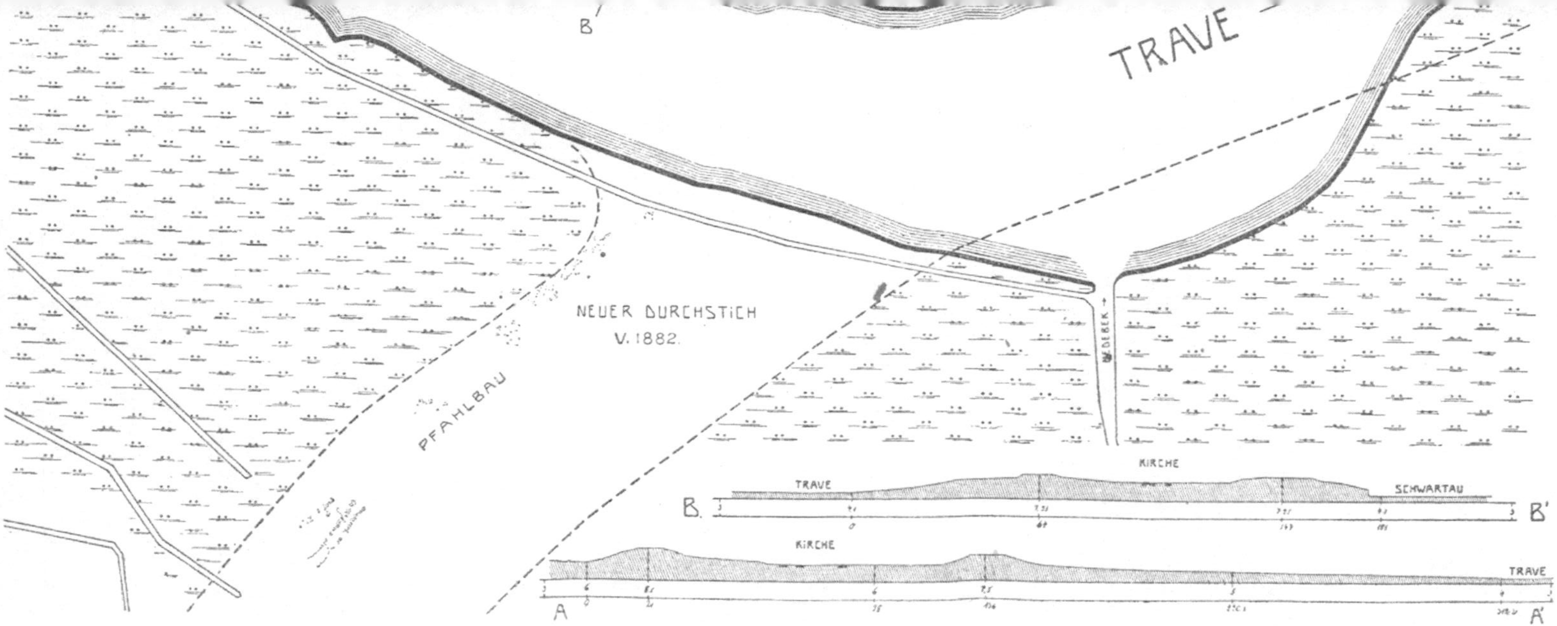

Slaven A. Archäologie

Plan von Alt-Lübeck. Nach Hofmeister.

inneren Wallfuße (Reetz, Kr. Arnswalde: ZfEthn. 1919 S. 286; in Mecklenburg überall, wo Untersuchungen stattgefunden haben) und enthalten das übliche Inventar an verworfenen Stücken, darunter auch Spindelsteine, ein Beleg, daß die Wälle nicht nur militärischer Besatzung dienten. Waffen sind auffallend selten, einmal ein Hacksilbefund (Gniechwitz bei Breslau; Schles. Vorz. 3 S. 422).

Brunnenanlagen mit Holzverschalung kommen vor (Neu-Nieköhr bei Gnoien, Alt-Lübeck; Tf. 76), wiederholt auch Bestattungen.

§ 48. Siedlungen. Siedlungsreste finden sich in großen Mengen; sie zeigen sich jetzt als rundliche, schwarze Stellen, die oft ziemlich tief in den Boden hineingehen; Steine, fast stets zerschlagen und mit Brandspuren, bezeichnen die Herdstellen; Tierknochen, Scherben, einzelne Gegenstände liegen herum. Oft handelt es sich auch um Abfallgruben (Schumacher *Mainzer Katalog* 5 [1913] S. 139).

Die Siedlungen liegen oft so dicht zusammen, daß man von Dörfern sprechen kann. (Eine Dorfanlage [rundlich] nachgewiesen bei Hasenfelde, Kr. Lebus: Kiekebusch *Vorgesch. von Brandenburg* S. 442; Götze *Lebus* S. 23.)

Mit Vorliebe sind auch Wohnungen am Wasser angelegt (Mannusbibl. 22 Krüger; Hofmeister a. a. O.; Mertins *Wegweiser* S. 135); Packbauten oder Pfahlbauten (Pfahlbauten z. B. die Siedlung Alt-Lübeck, Burgwall-Insel von Quetzin bei Plau, auch das älteste Breslau auf der Dom-Insel). Auf diese wend. Siedlungen am oder im Wasser gehen die „Kieze" (*kyza* Hütte) mancher dtsch. Städte zurück.

§ 49. Konstruktion und Form des Hauses hat sich nur in wenigen Fällen ergeben. Auf der Römerschanze bei Potsdam und in Hasenfelde, Kr. Lebus, ist das viereckige Pfostenhaus mit Vorhalle (Megarontypus) nachgewiesen (Präh. Z. 1 [1909] S. 233; ebd. 4 [1912] S. 158; Pfostenbauten auch in dem wend. Dorfe Clößnitz bei Küstrin: ZfEthn. 1914 S. 880, und Fergitz, Uckermark: Mannus 3 S. 90), also den Häusern der Germanen gleiche und wohl von diesen übernommene Form; doch sind die sonst für Hausanlagen leitenden Pfostenlöcher selten und Schwellenhäuser als Regel anzunehmen.

Die Wände bestanden aus Flechtwerk oder Stakenwerk mit Lehmbewurf („Klehmstaken").

§ 50. Anfänge städtischen Lebens sind in der Wendenzeit unverkennbar. Es sind die geschichtlich bezeugten Siedlungen wohl durchgehend im Schutze von Burgwällen anzunehmen, eine Verbindung, die sich auch in der Benennung ausdrückt; *civitas* erscheint neben *castrum*, aber oft auch für den Burgwall selbst.

Diese Siedlungen werden auch besonders als Handelsplatz bezeichnet, so zuerst, schon 808, ein Ort Rerik im w. Mecklenburg (nähere Lage unbekannt; Meckl. Jahrbb. 58 S. 175); ein berühmtes Emporium war das vielbesprochene Jumne (Wollin, die Biographen Ottos erwähnen in der Stadt Straßen in sumpfigem Gelände; zur Lage vgl. jetzt Schuchhardt *Vineta* Sitzber. Preuß. Ak. 25; ders. *Vineta* 1924 S. 176 mit anderweitiger, nicht alle Schwierigkeiten lösender Ansetzung); auch bei Alt-Lübeck ist von einer Handelssiedelung (*oppidum*) die Rede und für Oldenburg in Wagrien eine solche wahrscheinlich gemacht.

Als Name für diese Handelsplätze ist das deutsche Wiek übernommen (Boguphal [1249]: *consuetudinis est Slavorum civitates vicos appellare, vicus enim in slavonico proprie civitas, in qua forum exercetur; nec aliquando dicunt: transeamus ad civitatem, sed vadamus ad Wyk*; Meckl. Jahrbb. 27 S. 127).

§ 51. Wendische Heiligtümer. Als Stätten wend. Götterverehrung werden Wälder und Berge genannt. Unter den Wäldern besonders ein dem Prowe heiliger Hain bei Oldenburg (in Wagrien: Helmold I 83; nachgewiesen ist bisher keine Stelle). Unter den Bergen ein hoher Berg im *pagus Silesius*, den man nach Wahrscheinlichkeit dem Zobten (alter Name *Slenz*, von der altgerm. Bevölkerung der Silinger) gleichsetzt. Die neue Sagenforschung in Mecklenburg (R. Wossidlo) hat mehrere Höhen, besonders den Sonnenberg bei Parchim, als Kultstätten wahrscheinlich gemacht (so schon Meckl. Jahrbb. 37 S. 149 Beyer).

Näheres wird über die Tempel gemeldet. Die Nachricht Thietmars, daß bei den Lutizen jede *regio* ihr Heiligtum habe, vereint sich gut mit der Fülle von Tempeln bei den Pommern, von der die Biographen Ottos von Bamberg sprechen.

Ein Eingehen auf die einzelnen Gestaltungen des wend. Götterglaubens liegt außerhalb des Planes dieses Werkes (vgl. Präh. Z. 1 S. 171 Borchling).

§ 52. Von Götterbildern ist das älteste erwähnte die 967 zerstörte eherne Bildsäule des „Saturn" (in Plön? Widukind III 69); aus der letzten Zeit des Heidentums stammten die durch Schilderungen von Augenzeugen bekannt gewordenen bizarren Holzkolosse des dreiköpfigen Triglaw in Stettin (Ebbo III 1; Herbord II 31; Otto schickt den dreifachen Kopf an den Papst Honorius II.), des vierköpfigen Svantevit in Arkona (Saxo 822), des fünfgesichtigen (vier am Kopf, eins auf der Brust) Porevit und des siebenköpfigen Rugiävit in Garz (Saxo 826) und Erwähnungen der goldenen oder silbernen (d. h. überzogenen) Bilder des Triglaw in Julin (Ebbo III 1) und des Zuarasici (Radegast?) in Rethra (Thietmar VI 17; Adam II 18).

Auf altslav. Boden sind eine Anzahl Steinbilder (Tf. 74) erhalten, die sich mit der obigen Darstellung vereinigen lassen, und die als wend. Götzenbilder gedeutet sind (Archiv f. Anthr. 21 [1892] Weigel); dazu eine Bronzefigur von Schwedt mit der für den Svantevit von Arkona bezeugten Armstellung (Nachr. ü. D. A. 1903 S. 1 Götze). Gegen die Deutung der westpreuss. Steinbilder als Götzenbilder sind Bedenken erhoben, und sie sind als Gedenksteine in der Art der russischen Babas (s. Steinmütterchen) erklärt (La Baume *Vorgeschichte von Westpreußen* 1920 S. 97; Blätter für dtsch. Vorgeschichte 5 [1927] S. 1 ff ders.). Auch einige Holzfiguren sind wahrscheinlich hierher zu ziehen (Weigel a. a. O. S. 23; Beltz *VAM* Tf. 70, 16).

Von heiligen Bäumen wird bei Stettin erzählt, einem Nußbaum und einer Eiche (Ebbo III 13; Herbord III 22; Monach. Prüfen. III 11).

An heiligen Tieren erscheint nur das Pferd, dieses aber in den ausführlicheren Darstellungen regelmäßig: Stettin (ein schwarzes: Herbord II 32), Arkona, Rethra (weißes: Thietmar VI 17; Adam II 18).

Von heiligen Zeichen der mit Goldblech überzogene Schild des Gerovit in Wolgast (Herbord III 6; Ebbo III 1), die rostige Lanze „Julius Cäsars", der Sattel und der goldene Stirnschmuck im Triglaw-Tempel zu Stettin (Herbord III 26; Ebbo III 1; Monach. Prüfen. II 6); Horn, Schwert, Sattel mit Zaum des Svantevit in Arkona (Saxo 822), die 8 Schwerter des Rugiävit in Garz (Saxo 826). Rituelle Bedeutung hat wohl ein kleines, silbernes Anhängsel in Lanzenform vom Burgwall von Neu-Nieköhr (Beltz *VAM* Tf. 69, 15).

§ 53. Der Name *continae*, den die Biographen Ottos wiederholt für die Tempel brauchen (Herbord II 30), mag auf einen ähnlich klingenden einheimischen Ausdruck zurückzuführen sein. Was man sich unter den *piramides magnae et in altum more paganico muratae* vorzustellen hat, die mit den Tempeln verbunden waren und von Otto zum Predigen benutzt werden (Ebbo III 15), bleibt dunkel, es sind doch wohl Stellen zu öffentlichen Kundgebungen.

Die Tempel dienten nicht nur dem Kult, sondern auch zur Aufbewahrung von Feldzeichen, Kriegsbeute und Tafelgerät und auch als Versammlungsorte (Herbord II 30).

Kunstvolle Schnitzerei der Wände und auch Freiplastik werden von den Berichterstattern stark hervorgehoben, auch eine große Farbigkeit erwähnt (Herbord II 30; Ebbo III 10 [Stettin]; Thietmar VI 17 [Rethra]; dem an die nord. Schnitzereien gewöhnten Saxo [822] imponiert der Schmuck von Arkona weniger). Ein Einfluß der nord. Holzplastik auf die wend. darf wohl vorausgesetzt werden. Über die Form der Tempel läßt sich nur sagen, daß der von Arkona quadratischen Grundriß hatte (Tf. 75).

Die Tempelstelle des zweiten großen wendischen Nationalheiligtums, Rethra, hat die Ausgrabung auf dem Schloßberg bei Feldberg i. M.-Str. (Sitzungsber. Preuß. Ak. 1923, 23 S. 184 Schuchhardt) nicht ergeben. Die Ansetzung von Rethra auf jener durch ihre Lage sehr dazu einladenden Höhe läßt sich, wenn auch nicht ohne Gewaltsamkeiten, mit der Schilderung Thietmars von der Tempelstätte, die er Riedegost nennt, vereinigen; sie ist aber schlechthin unvereinbar mit der zweiten Quelle, Adam von Bremen, die nicht unberücksichtigt bleiben darf, da Adam ein Zeitgenosse der entscheidenden Kämpfe um

Rethra war und in seiner Stellung über die Verhältnisse von Rethra unterrichtet sein mußte. Die zweite für Rethra, auch auf Grund von Ausgrabungen, in Anspruch genommene Stelle, die Fischer-Insel bei Wustrow in der Tollense, die, wenn auch ebenfalls nicht ohne Gewaltsamkeiten, Adams Schilderung entspricht, hat noch immer den gleichen Anspruch. Ein Erweis, daß alle wend. Heiligtümer auf Höhen gelegen haben müssen, ist nicht erbracht.

§ 54. An Tempelstätten selbst ist nur die von Arkona, hier selbst mit dem Standort des Götterbildes, durch Ausgrabung sicher festgelegt (Tf. 75; Sitzungsber. Preuß. Ak. 65 [1921] S. 770 Schuchhardt).

Die Tempel lagen vielfach innerhalb der Umwallung. Doch sind auch Berichte vorhanden, wo Burg und Tempel geschieden werden, so deutlich bei Malchow 1147 (Annal. Magdeb.: *fanum etiam cum idolis quod erat ante civitatem Malchon cum ipsa civitate concremaverunt*); und auch manche Befunde deuten auf Tempelanlage, die im Schutze einer Burg außerhalb derselben lagen, z. B. eine Packbau-Insel von Behren-Lübchin bei Gnoien (Meckl. Jahrbb. 58 S. 206).

Diese außerhalb der Befestigung gelegenen Heiligtümer mußten bei den Niederungsburgen oder insularer Lage durch Brücken mit ihnen verbunden sein. Solche Brücken werden häufig genug erwähnt, besonders bei den Biographen Ottos, z. B. in Julin (auch Ebbo III 10) und in der Schilderung Adams von Rethra; auch ein Name wie *Bugelmost* (Götterbrücke) bei Neukalen i. M. kann nicht bedeutungslos sein. Erkennbar sind sie bei Behren-Lübchin und Wustrow an der Tollense, der vermuteten Rethra-Stelle.

[R. Beltz *Der Schatzfund von Quilitz* Baltische Studien NF 29 (1927) S. 1ff. und die dort S. 3ff. angegebene Literatur; P. Reinecke *Die Slaven in Nordostbayern* Der Bayerische Vorgeschichtsfreund 7 (1927/28) S. 17ff.].

R. Beltz

B. Sprache.

§ 1. Begriff. — § 2. Name. — § 3. Urheimat. Die klassische Anschauung. — § 4. Vorbemerkung. — § 5—7. Älteste Nachrichten: Herodot, Plinius, Tacitus, Ptolemaios. — § 8—10. Umgebung: Skythen, Dakier, Kelten usw., Germanen, Balten, Finnen. — § 11 und 12. Flußnamen in Osteuropa, ältere Forschung, neuere Ansichten. — § 13 und 14. Lehnwortbeziehungen, Allgemeines, Einzelheiten. — § 15. Flora der Urheimat. — § 16. Zusammenfassung. — § 17. Eintritt in die Geschichte. Überlieferung. — § 18. Slaven in Ostdeutschland. — § 19. Slaven unter anderen Namen. — § 20. Frühe Spuren in Ortsnamen. — § 21. Slavische Worte. — § 22. Art der Wanderung. — § 23. Die neuen Völkergruppen, Allgemeines. — § 24 und 25. Slaven in Deutschland, Westgrenze, Osten. — § 26. Polen. — § 27. Rußland. — § 28. Mainwenden, Čechen, Slowaken. — § 29. Alpenslaven, pannonische und dakische Slaven. — § 30. Serben und Kroaten. — § 31. Bulgaren. Slaven in Griechenland. — § 32. Zerreißung der Slavenwelt. — § 33. Gliederung der Slavenwelt.

§ 1. Die Frage nach der Vorgeschichte der S. kann, wie die Dinge liegen, nur einen Sinn haben: wie eine moderne ethnographische Karte den Umfang der Slavenwelt nur nach der Ausdehnung der slav. Sprachen bestimmen kann, so kann auch die Vorgeschichte unter „Slaven" grundsätzlich nur die Völker verstehen, die, nachweislich oder mutmaßlich, eine Vorstufe der heutigen slav. Idiome gesprochen haben. Kein anderes Merkmal ist geeignet, an die Stelle der Sprache zu treten, an sie heftet sich ja auch unter normalen Verhältnissen das Bewußtsein der Volkseinheit.

§ 2. Wenn wir die Frage grundsätzlich so stellen und stellen müssen, so ist freilich zuzugeben, daß unsere Quellen gerade für diese Fragestellung wenig ausgeben: über die Sprachenverhältnisse des vorgesch. Osteuropa wissen wir ja direkt so gut wie nichts, und auch die ältesten Geschichtsquellen kargen mit Angaben über die Sprache. So müssen wir doch versuchen, andere Erkenntnisquellen zu Rate zu ziehen, immer im Hinblick auf die oben gegebene grundsätzliche Stellung der Aufgabe. Zunächst liegt es, den Geschicken des Namens nachzugehen, mit dem das Volk seit seinem Eintritt in die Geschichte belegt wurde, den es sicherlich auch selbst (mindestens teilweise) führte, und den kleine Gruppen noch heute tragen. (So die Slovenen im w. Jugoslavien, die Slowaken in Nordungarn, die Slowinzen in Ostpommern, in älterer Zeit ein nordruss. Stamm usw.) Leider führt er uns nicht weit: „Slaven" werden mit Sicherheit erst am Beginn des 6. Jh. genannt, von dem sog. Pseudo-Caesarius von Nazianz, doch in einer für uns inhaltlosen Bemerkung, öfter dann erst von der Mitte des 6. Jh. ab. Daß schon Kl. Ptolemaios (100—170 n. C.) den Namen gekannt und genannt habe, ist eine bloße Vermutung, die im einen Falle eine Verderbnis des Textes (Σταυανοί), im anderen (Σουοβηνοί) einen groben Irrtum über die Sitze der S. voraussetzen läßt. Unsere geschichtliche Überlieferung über die Slaven ist wohl etwas älter selbst als diese unsichere Bezeichnung ihres Namens. Die älteste erreichbare slav. Form ist offenbar Słověninu, plur. Słověne, nicht Słavěninu, wie die russ., heute auch von den Südslaven übernommene Form und die Namen Sclaveni, Sclavi, Σκλαβηνοι, Σκλαβοι der ältesten Quellen vermuten lassen könnten. Der Name gehört offenbar zu *słovo* „das Wort" (nicht zu dem damit verwandten *słava* „der Ruhm"), was er aber ursprünglich besagen sollte, ist ganz ungewiß, die älteren Vermutungen stellt Niederle *Slov. Star.* II (1910) S. 479ff. zusammen; Neues, Brauchbares ist kaum dazugekommen.

Niederle *Slov. Star.* I (1909) S. 398f., II (1910) S. 469f. Neuere, wenig einleuchtende Vermutungen über den Slavennamen: Masing *Drei Etymologien* Prace filologiczne ofiarowane Janowi Baudouinowi de Courtenay. Krakau 1921 S. 84ff.; Zbornik filoloških i lingvističnih studija, A. Beliću ... Belgrad 1921 S. 97ff. Budimir; ebd. S. 129ff. Rozwadowski.

§ 3. Über die Lage der slav. Urheimat hat sich durch die Arbeit eines Jahrhunderts, zumal durch die Schlußfolgerungen von Zeuss, Šafařík und Müllenhoff, ein ungefähres Bild ergeben, das fast klassische Geltung erhielt, und das zuletzt und am genauesten von L. Niederle gezeichnet wurde. Niederles Karte der slav. Urheimat ist dann auch unverändert in eine Reihe anderer, volkstümlicher Darstellungen übergegangen. Sie läßt das Gebiet der geschlossenen Siedelung etwa von den Westbeskiden (im W) bis zum Zusammenfluß von Sejm und Desna (im O), von den Karpathen (im SW) bis zur untern Sož (im NO), und von einer Linie Bukovina—Čerkasy am Dńepr (im S) bis etwas über (n.) Bug und Pripat' hinaus (im N) reichen. Diesem Kernland wäre überall ein breiterer oder schmalerer Streifen lockerer Besiedelung vorgelagert gewesen. Im SW deutet die Karte die Möglichkeit an, daß vorgeschobene Gruppen der S. schon in der Zeit der „völkischen Einheit" (auf die sich die ganze Karte bezieht) die Täler der n. Donauzuflüsse (Waag, Neutra, Gran, Eipel) sowie der Latorcsa erreicht hatten. Anders gesprochen, gehören zur „Urheimat" nach dieser Karte die Flußgebiete der oberen und mittleren Weichsel (mit Ausstrahlungen bis zur oberen Warthe), des mittl. Dńepr (mit der Pripat' und deren südlichen Zuflüssen, sowie der unteren Desna), endlich die Oberläufe der Zuflüsse des Schwarzen Meeres, des Sereth, Pruth, Dńestr und s. Bug, und kleine Teile des nordungar. Flußsystems. Oder, noch anders betrachtet: die slav. Urheimat hätte Teile des heutigen poln., weißruss. und kleinruss. (auch des slowak.) Sprachgebietes umfaßt.

Als n. Nachbarn der S. in dieser „Urheimat" gelten die baltischen (s. d.) Völker, die schon hier eine Nennung verdienen, weil die Wissenschaft des 18.—20. Jh. sie im allg. auf Grund ihrer Sprachen in eine engere Verbindung mit den S. setzt, enger, als die Beziehungen beider Gruppen zu anderen Sprachen des idg. Kreises (dem beide angehören) zu sein scheinen. Diese Vorstellung von einer balt.-slav. Spracheinheit, vom 18. Jh. auf Grund meist irriger Erwägungen gefaßt, im 19. Jh. dann methodischer begründet, ist im 20. wieder Gegenstand lebhafter Diskussion geworden. Sie scheint einen Kern von Wahrheit zu enthalten, obwohl es schwer ist, auf Grund der sprachlichen Tatsachen über Art und Dauer der balt.-slav. Sprachverwandtschaft etwas auszusagen. Noch immer muß vor Überschätzung dieser Tatsachen gewarnt werden. Führt man ihre Bedeutung auf das gebührende bescheidene Maß zurück, so lehren sie jedenfalls nichts über die Vorgeschichte der beiden Völkergruppen, denn zu bezweifeln, daß diese immer benachbart gewesen sind, haben wir auch sonst keinen Grund (s. § 13, 14).

Niederle *Slov. Star.* I (1902) S. 3ff., mit Karte zu S. 30. Vgl. auch zu allem Folgenden die gekürzte, aber neuere Darstellung in: *Manuel de l'antiquité Slave* I (1923); Czekanowski *Wstęp do historji Słowian* 1927 (vgl. dazu die Besprechung von M. Vasmer in Zeitschr. f. Slavische Philologie 4 [1927] S. 273ff., der alle wesentlichen Thesen von Cz. ablehnt). — Zur Frage der balt.-slav. Spracheinheit: Meillet *Les dialectes indo-européens* 1908 c. 4 (starke Skepsis); Rocznik slaw. 4 S. 1ff. Porzeziński; Endzelin *Słavanobaltijskije etjudy* 1911; Rocznik slaw. 5 S. 1ff. Rozwadowski; KZ 46 S. 217ff.

Brückner; van Wijk *Die baltischen und slavischen Akzent- und Intonationssysteme* 1923; Trautmann *Baltisch-Slavisches Wörterbuch* 1923 (mit starker Überschätzung der Verwandtschaft); Revue des études slaves 5 S. 5ff. Meillet. — S. a. Baltische Völker B.

§ 4. Die Erwägungen, die zu dieser Vorstellung geführt haben, sind verschiedener Art. Ehe wir sie mustern, muß bemerkt werden, daß „Urheimat" hier unter allen Umständen nur eine relative Bedeutung haben kann: „Urheimat" im Gegensatz zu den Sitzen, die das Volk später durch seine hist. sichtbare Ausbreitung gewann, nicht aber „Urheimat" schlechthin. Niemand vermag die S. als wirkliche Autochthonen in dem oben umschriebenen Gebiete nachzuweisen, denn es gehört dies selbe Gebiet zwar nach der Annahme einiger zur großen Urheimat der idg. Sprachenfamilie, von der auch das Slav. und Balt. einen Teil bildet, aber daß im Gegensatz zu den Wanderungen aller anderen Indogermanen gerade nur die S. (und Balten) unverrückt ihre alte Heimat festgehalten hätten, ist eine Vorstellung, die durch nichts erwiesen werden kann, am wenigsten durch das fadenscheinige Argument von der großen Altertümlichkeit der balt. Sprachen. Auch die Vertreter der klassischen Ansicht werden also die Möglichkeit, ja Wahrscheinlichkeit zugeben, daß die S. in der vorausgesetzten Urheimat zugewandert sind, aber sie nehmen an, daß nach der Zuwanderung eine lange Zeit des Beharrens folgte.

§ 5. Unmittelbare geschichtl. Nachrichten über die S. können frühestens in der Schilderung gefunden werden, die Herodot von den n. Schwarzmeergebieten gibt. Sie steht im IV. Buch, von c. 16 an, und ist vielfach behandelt worden, neuerdings noch auf ihre Quellen untersucht von F. Windberg. Die Frage, die uns angeht, ob unter den von Herodot genannten Völkern auch slav. waren, ist ebenfalls viel besprochen worden, zuletzt wohl von Niederle. Zu meinem Bedauern kann ich allen diesen Schlüssen keine rechte Beweiskraft zugestehen: am wenigsten umstritten ist im allg. die slav. Abkunft der Herodoteischen Neuren (s. d.), und von ihrem Gebiet können wir ja wenigstens nachweisen, wo es lag, und daß es auf heute und seit langem slav. Boden lag: einmal ist Herodots Bestimmung der Lage (IV 17, 51, 100) verhältnismäßig klar (es deckt etwa den w. Teil der angenommenen Urheimat), und dann lebt ganz offenbar der Name der Neuren oder des Neurenlandes (Neuris) fort in Fluß- und Ortsnamen des Bug- und Weichselgebietes (Nur, Nura, Nurzec usw.). Weiter führt uns der Name jedoch nicht: weder ist der Übergang *eu* zu *u*, den die Gleichung *Neuren* = *Nur* vermuten läßt, beweisend für eine slav. Bevölkerung (er entspricht wahrscheinlich den slav. Lautgesetzen, ist aber doch entfernt nicht selten und merkwürdig genug, um hier mit Bestimmtheit S. vermuten zu lassen), noch ist die Anknüpfung an slav. Worte irgendwie zwingend. Das Slaventum der Neuren ist also nicht unwahrscheinlich, aber nur im Zusammenhange mit anderen Argumenten zu erweisen. Noch weit ungünstiger stellen sich alle übrigen Versuche dar, in der Herodoteischen Völkertafel nach S. zu fahnden. Niederle tut es (S. 275ff.) für die Budinen (s. d.), die den meisten Forschern als ein finn. Volk gelten, und (zweifelnd) für die „ackerbauenden Skythen", die Herodot zwischen Dńepr und s. Bug nennt, und die Niederle scharf von den eigentl. Skythen (den „nomadischen" und den „königlichen") zu trennen sucht. Diese für S. zu halten, gestattet offenbar nur die ganz allg. Erwägung, daß sie wohl etwas anderes waren als die (iran.) Skythen, und daß — wenn sie keine Iranier waren — ein Zusammenhang mit den S. oder den Thrakern geographisch zunächst liegt. Wie wenig Sicherheit eine solche Erwägung bietet, weiß Niederle selbst; nicht ganz so vorsichtig äußert er sich über die Budinen, deren Namen er, wenig einleuchtend, mit hist. Orts- und Personennamen der S. verbindet. Dies alles sind nur Möglichkeiten: Als Beweismaterial für die Lage der slav. Urheimat kommen die Nachrichten Herodots nicht in Betracht.

Niederle *Slov. Star.* I (1904) S. 232ff.; F. Windberg *De Herodoti Scythiae et Libyae descriptione* Diss. Gött. 1913. Vgl. a. M. Ebert *Südrußland im Altertum* 1921.

§ 6. Nachrichten, die mit großer Wahrscheinlichkeit auf die S. zu beziehen sind, empfangen wir nach der kurzen, wenig besagenden Notiz des Plinius (Nat. hist. IV 97) erst durch Tacitus. Der Schluß der Germania (c. 45, 46) gibt in wenigen Worten

gekannt und genannt habe, ist eine bloße Vermutung, die im einen Falle eine Verderbnis des Textes (Σταυανοί), im anderen (Σουοβηνοί) einen groben Irrtum über die Sitze der S. voraussetzen läßt. Unsere geschichtliche Überlieferung über die Slaven ist wohl etwas älter selbst als diese unsichere Bezeichnung ihres Namens. Die älteste erreichbare slav. Form ist offenbar Słověninu, plur. Słověne, nicht Sławěninu, wie die russ., heute auch von den Südslaven übernommene Form und die Namen Sclaveni, Sclavi, Σχλαβηνοι, Σχλαβοι der ältesten Quellen vermuten lassen könnten. Der Name gehört offenbar zu *słovo* „das Wort" (nicht zu dem damit verwandten *sława* „der Ruhm"), was er aber ursprünglich besagen sollte, ist ganz ungewiß, die älteren Vermutungen stellt Niederle *Slov. Star.* II (1910) S. 479ff. zusammen; Neues, Brauchbares ist kaum dazugekommen.

Niederle *Slov. Star.* I (1909) S. 398f., II (1910) S. 469f. Neuere, wenig einleuchtende Vermutungen über den Slavennamen: Masing *Drei Etymologien* Prace filologiczne ofiarowane Janowi Baudouinowi de Courtenay. Krakau 1921 S. 84ff.; Zbornik filoloških i lingvističnih studija, A. Beliću ... Belgrad 1921 S. 97ff. Budimir; ebd. S. 129ff. Rozwadowski.

§ 3. Über die Lage der slav. Urheimat hat sich durch die Arbeit eines Jahrhunderts, zumal durch die Schlußfolgerungen von Zeuss, Šafařík und Müllenhoff, ein ungefähres Bild ergeben, das fast klassische Geltung erhielt, und das zuletzt und am genauesten von L. Niederle gezeichnet wurde. Niederles Karte der slav. Urheimat ist dann auch unverändert in eine Reihe anderer, volkstümlicher Darstellungen übergegangen. Sie läßt das Gebiet der geschlossenen Siedelung etwa von den Westbeskiden (im W) bis zum Zusammenfluß von Sejm und Desna (im O), von den Karpathen (im SW) bis zur untern Sož (im NO), und von einer Linie Bukovina—Čerkasy am Dńepr (im S) bis etwas über (n.) Bug und Pripat' hinaus (im N) reichen. Diesem Kernland wäre überall ein breiterer oder schmalerer Streifen lockerer Besiedelung vorgelagert gewesen. Im SW deutet die Karte die Möglichkeit an, daß vorgeschobene Gruppen der S. schon in der Zeit der „völkischen Einheit" (auf die sich die ganze Karte bezieht) die Täler der n. Donauzuflüsse (Waag, Neutra, Gran, Eipel) sowie der Latorcsa erreicht hatten. Anders gesprochen, gehören zur „Urheimat" nach dieser Karte die Flußgebiete der oberen und mittleren Weichsel (mit Ausstrahlungen bis zur oberen Warthe), des mittl. Dńepr (mit der Pripat' und deren südlichen Zuflüssen, sowie der unteren Desna), endlich die Oberläufe der Zuflüsse des Schwarzen Meeres, des Sereth, Pruth, Dńestr und s. Bug, und kleine Teile des nordungar. Flußsystems. Oder, noch anders betrachtet: die slav. Urheimat hätte Teile des heutigen poln., weißruss. und kleinruss. (auch des slowak.) Sprachgebietes umfaßt.

Als n. Nachbarn der S. in dieser „Urheimat" gelten die baltischen (s. d.) Völker, die schon hier eine Nennung verdienen, weil die Wissenschaft des 18.—20. Jh. sie im allg. auf Grund ihrer Sprachen in eine engere Verbindung mit den S. setzt, enger, als die Beziehungen beider Gruppen zu anderen Sprachen des idg. Kreises (dem beide angehören) zu sein scheinen. Diese Vorstellung von einer balt.-slav. Spracheinheit, vom 18. Jh. auf Grund meist irriger Erwägungen gefaßt, im 19. Jh. dann methodischer begründet, ist im 20. wieder Gegenstand lebhafter Diskussion geworden. Sie scheint einen Kern von Wahrheit zu enthalten, obwohl es schwer ist, auf Grund der sprachlichen Tatsachen über Art und Dauer der balt.-slav. Sprachverwandtschaft etwas auszusagen. Noch immer muß vor Überschätzung dieser Tatsachen gewarnt werden. Führt man ihre Bedeutung auf das gebührende bescheidene Maß zurück, so lehren sie jedenfalls nichts über die Vorgeschichte der beiden Völkergruppen, denn zu bezweifeln, daß diese immer benachbart gewesen sind, haben wir auch sonst keinen Grund (s. § 13, 14).

Niederle *Slov. Star.* I (1902) S. 3ff., mit Karte zu S. 30. Vgl. auch zu allem Folgenden die gekürzte, aber neuere Darstellung in: *Manuel de l'antiquité Slave* I (1923); Czekanowski *Wstęp do historji Słowian* 1927 (vgl. dazu die Besprechung von M. Vasmer in Zeitschr. f. Slavische Philologie 4 [1927] S. 273ff., der alle wesentlichen Thesen von Cz. ablehnt). — Zur Frage der balt.-slav. Spracheinheit: Meillet *Les dialectes indo-européens* 1908 c. 4 (starke Skepsis); Rocznik slaw. 4 S. 1ff. Porzeziński; Endzelin *Slavanobaltijskije etjudy* 1911; Rocznik slaw. 5 S. 1ff. Rozwadowski; KZ 46 S. 217ff.

Mühe, auch den Namen der adriatischen Veneter für ursprünglich kelt. zu erklären. In Wahrheit haben wir es mit einem Namen zu tun, der an den verschiedensten Stellen der idg. Welt auftaucht (so auch die Ἐνετοὶ in Paphlagonien), vielleicht einem alten idg. Stammesnamen, dem aber in hist. Zeit, Jahrtausende nach der vollzogenen Zerstreuung der Indogermanen, keine ethnologischen Schlüsse mehr zu entlocken sind. Weder kann aus ihm positiv gefolgert werden, daß die ursprünglichen ö. Nachbarn der Germanen kelt. oder illyr. Nationalität waren, noch auch ist der negative Schluß zulässig, daß sie keine S. waren. Ebenso leicht wie bei Kelten und Illyrern konnte sich der Veneternarne in irgendeinem w. Teile der slav. Welt gehalten haben. Dagegen spricht nicht, daß die S. selbst später nichts mehr von diesem Namen wußten, was übrigens nicht einmal ganz sicher ist: denn der mit dem Veneter-Namen gelegentlich (von Hilferding, Braun u. a.) in Verbindung gebrachte russ. Stamm der Vjatiči (aus **Vętit'i*) ist zwar ein ostruss., an der oberen Oka oder (nach Šachmatov) ursprünglich am mittl. Don seßhaft, aber die älteste Chronik leitet ihn aus dem W (von den Ljachen, d. h. den Polen) her, und das ist, wenn man der Nachricht überhaupt irgendwelche Bedeutung beilegt, jedenfalls bedeutsamer als die vom Chronisten gegebene Herleitung des Namens. Die Verbindung mit dem Veneternamen ist also zwar unwahrscheinlich, aber nicht gerade unmöglich.

Šachmatov bezieht sich weiter, da er auch die Ästier in seine Deutung einbegreift, auf die Worte des Tacitus, wonach die Sprache der Ästier der britannischen ähnlicher (propior) sei. Gewiß ohne Grund: diese Angabe enthält wohl nichts anderes (braucht wenigstens nichts anderes zu enthalten) als den harmlosen Vergleich eines Dilettanten, der im Ästischen gewisse Klangähnlichkeiten mit dem Britannisch-Kelt. entdeckte.

Spätere Äußerungen Šachmatovs (s. § 12) lassen erkennen, daß er seine Annahme, die Kelten betreffend, zuletzt selbst nicht mehr aufrecht erhielt.

Müllenhoff *DAK.* II 11ff.; Niederle *Slov. Star.* I(1902) S.187ff.; Kočubinskij *Territorija doistoričeskoj Litvy* = Žurn. min. nar. prosv. Nr. 309 (Jan.—Febr. 1896) S. 60ff.; Hoops *Reall.* s. v. Ästier, Wenden Much; Schrader *Reall.* s. v. Balten, Finnen; Mannus 4 S. 287 Kossinna; Šachmatov *Zu den ältesten slavisch-keltischen Beziehungen* AfslPh. 33 S. 51ff.; ders. *K voprosu o finsko-kel'tskich i finsko-slavanskich otnošenijach* I, II Bull. de l'Acad. des Sciences de St. Pétersbourg 1911 S. 707 f.; Rocznik slaw. 6 S. 172ff. Vasmer.

§ 7. Etwas jünger sind die Nachrichten des Kl. Ptolemaios (etwa 100—178 n. C.) über das „europäische Sarmatien". Er kennt die Οὐενέδαι als ein großes Küstenvolk, die Ästier gar nicht und die Finnen nur als einen kleinen Stamm s. der Οὐενέδαι, also im Binnenlande. Dafür zählt er verschiedene Namen auf, die die sonstige Überlieferung nicht kennt, und die an sich nicht erfunden sein können. Die Lokalisation, die Ptolemaios vornimmt, ist den erheblichsten Zweifeln begegnet, und, wie ich glaube, mit Recht. Bei einer Angabe hat man doch den Eindruck, sie könne nicht wohl erfunden oder falsch kombiniert sein (allerdings fehlt auch diese Ansicht nicht, vgl. Hoops *Reall.* s. v. Wenden Much; Slavia occid. 3/4 S. 1 f. Brückner): wenn die Danziger Bucht oder die ganze Bucht von dort bis zur kurischen Küste „venedischer Meerbusen" heißt (Οὐενεδικὸς κόλπος), so steht das der Angabe des Tacitus entgegen, der offenbar an dieser Stelle (Samland!) die Aestii kennt (dieser Name fehlt bei Ptolemaios ganz). Der Gedanke liegt nicht fern, daß sich in solchen Unterschieden eine geschichtliche Entwickelung abspiegele, und die Frage ist, ob man Ptolemaios zutrauen darf, daß er, der jüngere, hier einen älteren Zustand verewigt als Tacitus. Hält man das für denkbar, so wird man leicht auf die Vermutung geführt (Kiessling), daß ein von N erfolgender Vorstoß der Aestii die Venedae vom Meere abdrängte. Nimmt man dagegen zwischen Tacitus und Ptolemaios das Verhältnis an, das ihrer zeitlichen Aufeinanderfolge entspricht, so wird man die Aestii für die alten Bewohner der Küste halten, die ein Vorstoß der Venedae von da (etwa nach N?) vertrieben hätte, und es könnte dies der erste erfolgreiche Vorstoß der S. zur Ostsee gewesen sein. Bleiben wir hier schon im Dunkeln, so halte ich den Rest der Nachrichten, die Ptolemaios über das europ. Sarmatien gibt, für fast wertlos; sie sind zuletzt genau besprochen und freilich in ihrem Werte, wie ich glaube, stark übereinen Aufriß von Osteuropa, der neben den Bastarnen vor allem drei Völker als ö. Nachbarn der Germanen nennt: *Aestii, Fenni, Veneti.*

Die Bastarnen (s. d.) saßen seit vorchristl. Zeit am Nordostfuße der Karpathen bis zur Donaumündung. Sie waren Germanen oder Kelten, schon das Altertum schwankte in der Zuteilung; für das Keltentum neuerdings wieder Ad. Bauer (SB. Wiener Ak. 185 Nr. 2).

Die Ästier (c. 45) sind nach Tac. Anwohner der Ostsee, in manchem den Sueben (also Germanen) ähnlich, aber in der Sprache an die Britannier erinnernd, in der Feldbebauung ausdauernder als die Germanen, vor allem aber dem Bernsteinfang ergeben. Bei den Peucini (d. h. Bastarnen), Veneti und Fenni (c. 46) zweifelt Tacitus, ob er sie den Germanen oder den Sarmaten zurechnen solle: denn die Peuciner seien zwar den Germanen nicht unähnlich, aber durch Vermischung mit Sarmaten verändert, und die Veneter, die das Wald- und Bergland zwischen Bastarnen und Finnen unsicher machten, hätten manches von den Bastarnen angenommen, seien jedoch in der Lebensweise eher Germanen (Häuserbau, Schilde, Fußvolk, körperliche Behendigkeit) als Sarmaten. Zuletzt werden als die wildesten und bedürfnislosesten die Fenni genannt. Dem Namengleichklang nach sind das offenbar Esthen, Wenden (also S.) und Finnen, ob aber diese Völkernamen schon bei Tacitus den gleichen Sinn haben wie heute, ist eine offene Frage.

Ihrer Lage nach bestimmt Tacitus nur die Ästier genau, und auch diese nur mittelbar, indem er ihnen u. a. die Bernsteinküste, also wohl das Samland, zuweist. Man hat sich demnach früh, und besonders seit Müllenhoffs eingehender Beweisführung, gewöhnt, „Ästier" für eine germ. Gesamtbezeichnung der balt. Völker zu halten, d. h. derselben, die heute noch durch Litauer und Letten vertreten sind, im Mittelalter aber als Preußen bis an die untere Weichsel reichten. Die Namendeutung, die Müllenhoff gab, ist wenig glaubhaft, bedenklicher war, daß der gleiche Name im skand. Munde schon früh das finn. Esthland bezeichnet hat. Müllenhoff (S. 15f.) erklärte das aus einer Namensübertragung, mußte aber dann folgerichtig annehmen, die estn. Küste sei ursprünglich von Balten besiedelt gewesen, und dies scheint allem zu widersprechen, was wir sonst wissen (vgl. z. B. Kočubinskij S. 60ff.). Man darf sich danach nicht wundern, daß die Annahme, Aestii sei im germ. Munde von vornherein ein Name finn. Völker gewesen, immer wieder Glauben findet (G. Kossinna u. a.). Streng widerlegt kann sie keinesfalls werden.

Auch der Name der Finnen gibt für Tacitus' Zeit noch keine Sicherheit, denn aus Gründen, die z. B. Schrader (S. 312) bespricht, ist man geneigt, ein Urvolk Nordeuropas für den ursprünglichen Träger des Namens zu halten, nicht aber die finn. Völker, deren keines ihn selber führt. Eine andere Frage ist, ob Tacitus noch diesen ursprünglichen Zustand kannte und benannte; dafür ist allerdings kein Beweis zu erbringen, denn seine Schilderung paßt ganz wohl zu dem, was wir später von den Finnen im heutigen Sinne wissen.

Gleichen Zweifeln ist der Name der taciteischen Veneti unterworfen. Lange hat man ihn, wiewohl nicht ohne Widerspruch, mit „Wenden" gleichgesetzt und also auf die Slaven bezogen. Die neueste Zeit hat aber eine Reihe anderer Erklärungen entstehen lassen, die darin übereinstimmen, daß sie auch diesen Namen für umgedeutet halten und die Bedeutung „Slaven" für die weniger ursprüngliche (Kossinna, Šachmatov). Beide nehmen also an, zwischen Germanen und Slaven habe ursprünglich eine Bevölkerung gelebt, die den Namen Veneti trug und weder jenen noch diesen angehörte, nach Kossinna eine nordillyr., nach Šachmatov eine keltische. Da die Beweise Kossinnas aus der vorgesch. Archäologie und der Ortsnamenkunde, die Šachmatovs aus dieser und der Lehnwortkunde gezogen sind, so können sie hier nicht oder doch erst später besprochen werden; der hist. Überlieferung sind nur wenige Argumente entnommen: Kossinna hält die ostd. Veneti für stammesgleich mit den sicher illyr. Veneti (s. Veneter), die im Altertum die adriatische Küste vom Po bis zum Tagliamento bewohnten; Šachmatov denkt an die offenbar kelt. Veneti, die Cäsar an der atlantischen Küste (bei Morbihan) fand, und macht sich die vergebliche

späte Altertum beherrscht, und die, wenn sie auch später zu einer geographischen Anschauung herabsinkt, doch bei ihrem Ursprung dem Völkerbilde ungefähr entsprochen haben muß: daß die Weichsel die Ostgrenze Germaniens sei. Daran zu deuteln, hat wenig Zweck.

Diese Feststellung schließt natürlich nicht aus, daß an einer und der anderen Stelle S. auch w. und s. der angegebenen Linie saßen, denn die antike Geschichtschreibung war ja über die ethnographischen Verhältnisse an den Grenzen der bekannteren Welt gewiß nur ungefähr unterrichtet. So ist es an sich denkbar, daß am Beginn unserer Zeitrechnung neben weit überwiegenden Germanen auch slav. Stämme in Ostdeutschland lebten. Bewiesen ist es nicht: Vermutungen dieser Art heften sich seit alter Zeit an den Stamm der Lugier (zwischen Elbe und oberer Weichsel, am Nordrande des Gebirges). Ihr Germanentum ist aber, wiewohl nicht ausdrücklich bezeugt, aus unseren Nachrichten mit einer gewissen Wahrscheinlichkeit zu erschließen.

Ein anderes Völkerbild müßte freilich für die vorgesch. Zeit in Ostdeutschland angenommen werden, wenn die Stammsagen einiger ostgerm. Völker mit Recht von einer skand. Heimat sprechen. Doch braucht das ja, selbst wenn es richtig ist, nicht auf alle Ostgermanen bezogen zu werden, und jedenfalls läßt es keinen Schluß darauf zu, ob die ältere Bevölkerung Ostdeutschlands eine germ. oder (im Sinne der Archäologen) eine nordillyr. oder eine teilweise kelt. war oder etwa auch slav. Elemente barg.

Über die Lugier vgl. jetzt auch Horák a. a. O. S. 22ff.

§ 10. In Nordosteuropa versagt die geschichtl. Überlieferung, oder sie wird so unsicher und vieldeutig, daß ihre Angaben erst in Verbindung mit anderen Erwägungen Wert gewinnen könnten. So haben wir kein altes und deutliches Zeugnis über die Erstreckung der Balten, noch weniger über die der Ugrofinnen (s. Finno-Ugrier). An der Ostseeküste bleibt unsicher, ob die Aestii des Tacitus Balten waren (meist wird dies angenommen, s. o.), und ob sich unter einem oder dem anderen der Ptolemäischen Namen Balten bergen; die Namen, die uns sicher leiten, treten erst im Hochmittelalter auf. Immerhin scheint die älteste russ. Überlieferung zu ergeben (Sobolevskij), daß lit. Gebiet bis ins 13. Jh. tief in die heute weißruss. und großruss. Gouvernements (Vitebsk, Pskov, Tveŕ, Moskau und besonders Smolensk) hineinragte, was aus mancherlei Gründen übrigens schon vorher vermutet worden war (Kočubinskij zu § 6) und durch Aufzeigung lit. Lehnwörter in heutigen russ. Mundarten zu bestätigen versucht wird.

Und so müssen wir (da Jordanes nur ein paar Namen gibt) bis zu den ethnographischen Exkursen der sog. Nestor-Chronik hinabsteigen, um die finn. Stämme mit Sicherheit und als Nachbarn der S. bezeugt zu finden, und das führt uns ins 9. Jh., also bereits in die russ. Geschichte hinein, an deren Beginn noch eine ziemlich dichte Kette finn. Stämme das obere Wolga-Gebiet samt den s. Zuflüssen inne hatte. Ob diese Finnen ursprünglich erheblich weiter nach S reichten, ist eine weitere Frage, die auf Grund geschichtl. Angaben nicht wohl gelöst werden kann.

Sobolevskij *Gd'e žyła Litva?* Izv. Imp. Ak. Nauk 6. Ser. Bd. 5 (1911) S. 1051ff.; Tauta ir žodis 1 S. 1ff. Buga.

§ 11. Es ist versucht worden, auf die vermutlich älteste Schicht der Ortsnamen, zumal auf die Flußnamen, ethnologische Schlüsse zu bauen. Nach Nadeždin und Filevič hat vor allem A. L. Pogodin diese Art der Beweisführung versucht; eine Art Gesamtergebnis, das auch von anderen vielfach unbesehen übernommen wurde, lautet (Pogodin S. 90): „Die am reinsten slavische geographische Nomenklatur finden wir (wieder nicht in Ungarn noch an der Donau, sondern) nördlich der Karpathen, östlich auf den Dńepr zu, in Podolien, Volhynien, Galizien und Polen." Besonders sucht er diese Zone abzugrenzen gegen die lit. Nomenklatur, die er bis etwa zur Pripat', zum mittl. Bug, zur Bzura, zur Warthe findet, und gegen kelt. Namen im Weichsel-Gebiet, die Pogodin nicht als erster, aber mit besonderem Nachdruck feststellte und freilich bis ins Bug-Gebiet verfolgte, wo jeder hist. Nachweis für Kelten fehlt. Dies alles bleibt recht zweifelhaft, und so auch der Versuch, mittels der Flußnamen die ursprüngliche Westgrenze der slav. Siedelung (an der Oder) zu bestimmen.

schätzt von Niederle (S. 376ff.). Über die Entstehung des Kartenbildes wird vielleicht die jetzt eingeleitete Forschung zur Quellenkunde des Ptolemaios weiteres Licht verbreiten, eine sachliche Diskussion seiner Nachrichten ist aber z. Z. noch kaum möglich.

Am Ende dieses Abschnittes muß bemerkt werden, daß das geschichtl. Gedächtnis der S. selbst keine irgendwie brauchbaren Erinnerungen an die Urzeit enthält. Die berühmte Stelle in der ältesten russ. Chronik, die die Donauländer („wo jetzt ungarisches Land ist und bulgarisches") als (relative) Urheimat der S. angibt, ruht wohl nicht auf alter Überlieferung, sondern auf geographischer Kombination (Turmbau von Babel!). Die auf sie gegründete Ansicht von der Donauheimat der S. ist jetzt fast gänzlich aufgegeben, sie steht in der Tat mit allem, was wir wissen, im Widerspruch.

Müllenhoff *DAK.* III 91ff. und sonst; Niederle *Slov. Star.* I 342ff.; *RE* s. v. Galindai Kiessling; Beitr. z. Gesch. d. d. Sprache u. Lit. Bd. 41 S. 1ff. G. Schütte; ders. *Ptolemy's Map of Northern Europe* . . . Kopenhagen 1917. — Zur Donauheimat: Niederle *Slov. Star.* I (1902) S. 5ff.

§ 8. **Mittelbar hilft die geschichtl. Überlieferung zur Abgrenzung der slav. Urheimat, indem sie nachweist, wie weit in Mittel- (und Ost-) Europa nichtslav. Völker verbreitet waren.** In diesem Sinne werten wir die Angaben über das Skythenland, über das alte Dakien und über die Ostgrenze Germaniens.

In den Ländern am Nordufer des Schwarzen Meeres ist für die Annahme von S. am Beginn der geschichtl. Zeit offenbar kein Platz. Herodot kennt hier als älteste Bewohner Kimmerier (s. d.) und, nach ihnen, Skythen und (ö. des Don) Sauromaten. Da diese beiden als nahe verwandt gelten, die Skythen (s. d.) zweifellos Iranier waren und für die Sauromaten die Abkunft aus Medien unmittelbar bezeugt wird, so haben wir n. des Pontos fürs 5. Jh. v. C. einen breiten Streifen iran. Besiedelung anzunehmen, und erst jenseits (nördlich) dieses Streifens beginnt die Möglichkeit, über slav. oder nichtslav. zu diskutieren. Die folgenden Jh. haben den Völkerbestand der Nordpontusländer in starke Bewegung versetzt, aber nichts berechtigt zu der Annahme, daß diese Bewegung S. an den Pontus gebracht hätte. Auch am Beginn unserer Zeitrechnung haben wir mit ihnen am Meere nicht zu rechnen.

Weiter w., im Karpathenlande, ist slav. Siedelung mindestens insoweit auszuschließen, als der den Thrakern (s. d.) verwandte dakische Stamm reichte. Da als dessen Nordgrenze die Karpathen galten, im NO und O aber Daker (oder verwandte Völker) bis zum Seret und sogar zum Dńestr reichten, so kann offenbar s. der Karpathen in der Zeit, die diese Angaben schuf, kein erheblicher Bruchteil der S. gewesen sein. Denn der Annahme, Dakien sei mehr ein geographischer als ein ethnographischer Begriff gewesen, widersprechen doch die Angaben über ö. und nö. Erstreckung, die an keinerlei natürliche Grenzen sich anlehnen.

Im Karpathen-Gebiet (z. T. auch nö. der Karpathen) muß ja auch noch für das 1. Jh. unserer Zeitrechnung mit der Anwesenheit von Kelten (s. d.) gerechnet werden. Das lernen wir aus der bestimmten Angabe des Tacitus von der „gallischen" Sprache der Cotini, die nach früherer Ansicht am Gran, nach Niederle (*Slov. Star.* I 309) zunächst in Nordmähren saßen, und aus manchen weniger sicheren Anzeichen, die z. B. Niederle (a. a. O. S. 303ff.) zusammenstellt. Die Frage, ob etwa auch die Bastarnen, die wir als ein großes Volk jenseits der Karpathen kennen, zu diesen Kelten zählen, ist neuerdings wieder brennend geworden durch den Aufsatz Ad. Bauers (s. § 6) und kann jedenfalls nicht ohne weiteres verneint werden. Auf jeden Fall (mögen die Bastarnen als Germanen oder als Kelten betrachtet werden) kann eine kompakte slav. Siedelung am Nordostrande der Karpathen nicht bestanden haben, solange ein germ. oder kelt. und keineswegs kleines Volk dort saß.

Über das Iraniertum der Skythen und Sarmaten nach früheren zuletzt Vasmer *Untersuchungen über die ältesten Wohnsitze der Slaven* I (1923); s. a. Skythen B; zu den Cotini vgl. a. Horák *Gallové v českých zemích* 1923 S. 19ff.

§ 9. Von den Germanen und ihrer ö. Erstreckung erfahren wir erst im 1. Jh. unserer Zeitrechnung. Es muß sich alsbald die Vorstellung gebildet haben, die dann das

biete dafür spricht, sondern nur, weil anderswo „kein Platz“ für sie sein soll. Das ist entschieden zu wenig für einen Beweis.

Šachmatov zu § 6; ders. *Očerk dřevňejšavo perioda istorii russkavo jazyka* (= Enciklopedija slavanskoj filologii vyp. 11, 1) 1915 Einleitung; ders. *Vvedenije v kurs istorii russkavo jazyka* 1916 S. 26ff. (dazu Izvestija otd. russk. jaz. i slov. 25 [1920] S. 419ff. Il'jinskij); Rozwadowski *Kilka uwag do przedhistorycznych stosunków wschodniej Europy ... na podstawie nazw wód* Rocznik slaw. 6 S. 39 (mit deutschem Résumé); Buga *Kann man Keltenspuren auf balt. Gebiet nachweisen?* Rocznik slaw. 6 S. 1ff.; ebd. S. 172ff. Vasmer; Český čas. hist. 21 (1915) S. 1ff. Niederle. In Mittelasien sucht die Urheimat Moszyński (Rozpr. wydz. fil. Ak. Um. w Krakowie 62, 2); vgl. dazu Slavia 4 S. 836ff. Niederle.

§ 13. Beobachtungen über die alten Lehnwörterbeziehungen zwischen den slav. und den sie umgebenden Sprachen führen zu bestimmten Vorstellungen über die ursprüngliche Lagerung dieser Völker zueinander. Solche Beobachtungen können sich auf das Verhältnis der slav. zu den germ., den balt. und den finn. Sprachen erstrecken, mit einer gewissen Einschränkung auch auf das Skyth., unter der Voraussetzung, daß dieses den gut bezeugten iran. Sprachen (ossetisch, alt- und neupersisch, avestisch) immerhin nahestand. Das Ergebnis, das hier vorweggenommen sei, besagt, daß slav.-skyth., slav.-balt. und wohl auch slav.-germ. Berührungen vermutlich alt sind, ebenso balt.-finn. und (etwas jünger freilich) finn.-germ., ja vielleicht auch finn.-skyth., nicht aber balt.-skyth. und nicht slav.-finn. Es scheint immerhin das Unerwartete zu lehren, daß von den heute oder in älterer Zeit handgreiflichen geographischen Berührungen die zwischen S. und Finnen jüngeren Ursprungs ist. Etwas Unerwartetes würden auch die slav.-kelt. und finn.-kelt. Lehnwortbeziehungen lehren, wenn solche von Šachmatov (s. § 6, 12) mit Recht angenommen würden. Darein darf man jedoch starke Zweifel setzen. Besteht das oben bezeichnete Bild der Beziehungen zu Recht, so fügt es sich am besten zu der klassischen Ansicht, die die Urheimat der S. zwischen Weichsel und Dńepr, Karpathen und Pripat' (s. § 3) sucht, macht aber die Annahme notwendig, daß S. und Finnen ursprünglich durch etwas anderes getrennt waren, vermutlich etwa durch Balten. Bedeutungslos ist jedenfalls die an sich richtige, auch von früheren hervorgehobene Tatsache, daß griech. Lehnworte (mit einer Ausnahme vielleicht) im gemeinslav. Wortschatz fehlen. Für Šachmatov ist sie ein Grund mehr, die Ursitze der S. von der Schwarzmeerküste und den Karpathen möglichst entfernt anzusetzen. Aber auch die Finnen, die nach Šachmatovs Vermutung ursprünglich da saßen, wo die klass. Ansicht die Urheimat der S. vermutet, also zwischen den S. und der südruss. Steppe, haben m. W. keinen Bestand an griech. Lehnworten aufzuweisen. Es bleibt also nur übrig, anzuerkennen, daß Olbia, Pantikapaion usw. und das im Binnenlande gelegene Gelonion nicht imstande waren, die Kultur jenseits des Skythenlandes erheblich zu beeinflussen (s. a. Südrußland D).

Šachmatov zu § 6, 12; Rocznik slaw. 6 S. 172ff. Vasmer; Revue des ét. slaves 2 S. 47ff. Romanski.

§ 14. Freilich sind auch die Lehnwortbeziehungen in letzter Zeit Gegenstand lebhafter Erörterungen gewesen, und es sind viele Zweifel aufgetaucht. Hier muß ein kurzer Bericht genügen: Über die iran.-slav. Beziehungen vgl. die Äußerungen von Meillet, Vasmer und bes. Rozwadowski. Danach sind spezielle Übereinstimmungen des iran. und slav. Wörterbuchs freilich selten, nicht häufig genug, um eine längere Nachbarschaft zu gewährleisten, und es hebt sich eigentl. nur eine Gruppe lexikalischer Beziehungen kenntlich heraus: Worte der religiös-moralischen Anschauung, z. T. vielleicht Lehnworte, z. T. nur „Bedeutungslehnworte“ (slav. **slovo* „Wort“, **bogъ* „Gott“, **svętъ* „heilig“ usw.). Solche Einwirkungen, wenn auch auf begrenztem Gebiete menschlichen Tuns, verstehen sich doch am leichtesten bei unmittelbarer Nachbarschaft; den Zweifel, den Rozwadowski ausspricht, halte ich für eine methodische Übereilung. Ganz mißglückt ist Peiskers Versuch, die Skythen (wie dies schon früher geschah) für iranisierte Türken zu erklären und auf dem slav. **tvarogъ* „Quark“ (angeblich einem turkotatar. Lehnwort) weitreichende Schlüsse über eine Knechtung der S. durch die Skythen aufzubauen. Die Zahl der slav. Lehnworte aus dem Germ. hat neuerdings Mladenov sehr zu verringern versucht; er hat

Pogodin *Iz istorii slavanskich peredviženij* 1901 S. 85ff.; vgl. auch Zborn. filoloških ... studija, A. Beliću ... S. 165 ders.

§ 12. Wenn diese älteren Erwägungen im ganzen von der „klassischen" Ansicht über die Urheimat ausgingen und diese Ansicht ihrerseits zu stützen trachteten, so haben neuere Arbeiten das Ziel, dem herkömmlichen Bilde ein anderes gegenüberzustellen. Ich übergehe einige Vermutungen Sobolevskijs und die wenigen, gewiß nicht glücklichen Ortsnamendeutungen, mit denen Kossinna „Nordillyrer" in Südostdeutschland nachweisen will. Näher an unsere Frage rühren die Mutmaßungen Šachmatovs und Rozwadowskis. Die ältere Šachmatovs (§ 6) ist zumeist dem Nachweis von kelt. Flußnamen usw. im Oder-, Weichsel-, Memel- und Düna-Gebiet gewidmet, während Rozwadowski das osteurop. Flußnamensystem von verschiedenen Seiten betrachtet und außer kelt. Namen auch einen germ. und einen starken ugrofinn. Anteil feststellt, jenen in Galizien und ö. davon, diesen in ganz Westrußland, Polen und bis nach Ostdeutschland hinein. In seiner späteren Entwickelung ist dann, wie es scheint, Šachmatov von der Annahme kelt. Spuren wie überhaupt von der Kelten-Hypothese abgekommen, betont aber noch immer den unslav. Charakter von Namen wie Volhynien, Dńepr, Dńestr, Bug, Ibr, Kodra, Styf usw. Gemeinsam ist den beiden (oder dreien) sonst sehr verschiedenen Auffassungen, daß sie die S. aus der ihnen bisher zugewiesenen Urheimat völlig verbannen: Šachmatov nach der oberen (später der unteren) Memel und der Düna (mit Ausläufern nach NO), Rozwadowski in eine nicht näher bestimmte Gegend im NO, „vielleicht jenseits des Dńepr" (so auch noch Roczn. oryent. 1 S. 106). Nur als eine zweite Heimat läßt Šachmatov das Weichsel-Gebiet gelten. Doch sollen die S. dies erst nach dem Abzuge der Germanen, kurz vor ihrer eigenen Ausbreitung nach W, S und O, also gegen Ende der gemeinslav. Per., eingenommen haben. Da eine eingehende Erörterung des ganzen Problems von Rozwadowski noch in Aussicht steht, geziemt es, abzuwarten. Ausführliche, ganz ablehnende Kritik hat bisher nur die Meinung Šachmatovs erfahren, und nur insoweit, als sie sich auf die balt. Gebiete bezieht (Buga). Auch sonst dürfte an diesen Zusammenstellungen sehr vieles ganz anfechtbar sein, an den Šachmatovschen wohl das meiste, grundsätzlich aber ist zu sagen: 1. Wenn selbst die Zusammenstellungen osteurop. Flußnamen mit westeurop., oder ostd. mit finn., hier und da das Richtige treffen sollten, so sind die Namen damit noch entfernt nicht sicher einem bestimmten, durch seine Sprache abgegrenzten Volkstum zugewiesen; dies ist im allg. erst dann erreicht, wenn der Name sich einleuchtend in das System einer Sprache einfügen läßt. Solche Beweise hat Rozwadowski z. B. für die von ihm als finn. erklärten Namen gelegentlich mit Glück versucht. Bei den für kelt. gehaltenen vermißt man den Nachweis meist, oder er erscheint als willkürlich. 2. Ist selbst die finn., kelt. oder germ. Herkunft eines Namens durch irgendwelche Mittel sichergestellt, so ist auch damit — so wertvoll die Feststellung an sich ist — noch nicht sehr viel gewonnen, denn der Name enthält auch dann keinen Hinweis auf sein Alter. Er kann in Zeiten zurückreichen, die wir mit unserem geschichtl. erreichbaren Bilde gar nicht vergleichen dürfen. Wäre also selbst durch die genannten Arbeiten der Beweis geführt, daß die Urheimat der S. da nicht gelegen haben kann, wo wir sie vermuten, so würde uns das nichts Unerwartetes lehren, da wir ja doch aus Gründen der Wahrscheinlichkeit die S. nicht für Autochthonen in ihren ältesten hist. bezeugten Sitzen halten (s. § 4). Auch das neue Argument würde dann nur lehren, daß sie irgendwann einmal, vielleicht in sehr früher Zeit, dort zugewandert sind. 3. Was Rozwadowski und Šachmatov positiv über die slav. Urheimat denken, könnte in ihrem eigenen Sinne doch nur dann irgendwelches Gewicht haben, wenn nun irgendwo in Osteuropa ein (geräumiges!) Gebiet nachgewiesen würde, das in demselben Sinne eine slav. Nomenklatur hätte, wie etwa Galizien eine germ. oder Teile von Westrußland und Polen eine finn. aufweisen sollen. Ein solches Gebiet ist, nachdem einmal die „klassische" Ansicht von der Urheimat verworfen war, noch nicht aufgezeigt worden: Šachmatovs und Rozwadowskis S. sitzen in NO oder an der Düna, nicht weil irgend etwas in der Nomenklatur dieser Ge-

reflektiert sein müßte. Die Form *buk* (mit *u* und *k*) deutet gewiß auf eine Entlehnung aus dem Germ., und somit darauf hin, daß der slav. Urheimat die Rotbuche ganz oder teilweise fehlte, und dies verbindet sich leicht mit der Tatsache, daß Osteuropa, ö. einer (nicht ganz geraden) Linie von Königsberg zu den Donaumündungen, die Rotbuche nicht besitzt. Die beiden Tatsachen voneinander zu trennen (Brückner), wird sich eine gesunde Methode schwer entschließen; eine gewisse Schwierigkeit ist darin gefunden worden, daß das Slav. ein (anscheinend einheimisches) Wort für die Eibe besitzt (**tisъ*, russ. *t'is*, poln. *cis*, čech. *tis* [d. h. *t'is*], südslav. *tis*), obwohl die Eibengrenze der Buchengrenze im ganzen nahe läuft und Osteuropa den Baum entbehrt. Zur Klärung der Schwierigkeit wird man, abgesehen von den Erwägungen Vasmers und den wenig einleuchtenden Rostafińskis, geltend machen, daß ja auch **tisъ* entlehnt sein kann, und vielleicht mit Sobolevskij die Tatsache heranziehen, daß die Buche im Fortschreiten nach O und NO ist (oder war), die Eibe im Zurückweichen, es also sehr wohl ein größeres Territorium gegeben haben kann, das die Eibe kannte, nicht aber die Rotbuche, wie noch heute der bei weitem größere Teil von Kongreßpolen. In einem solchen Gebiet die slav. Urheimat oder doch ihren überwiegenden Teil zu suchen, läge dann in der Tat nahe.

Niederle *Život starých Slovanů* I 39ff.; Rostafiński *O pierwotnych siedzibach i gospodarstwie Słowian w przedhistorycznych czasach* Spraw. . . . Ak. Um. w Krakowie Bd. 13 Nr. 3 (März 1908) S. 6ff.; F. Pax *Pflanzengeographie von Polen* 1918 S. 48 und Karte; KZ 46 S. 193f. Brückner; Žurn. min. nar. prosv., n. s., č. 42 S. 188 Sobolevskij; Rocznik slaw. 6 S. 179f. Vasmer; Czekanowski a. a. O. (s. § 3 Lit.) S. 85ff.; Stender-Petersen a. a. O. S. 107ff.

§ 16. Hist. Nachrichten, die freilich für Ost- und für Mitteleuropa verschiedenen Zeiten angehören, lassen also als „Urheimat" der S. vor ihrer Ausbreitung in der Tat etwa das oben (§ 3) umschriebene Gebiet erkennen, vielleicht (doch ist dies ungewiß) ursprünglich etwas weiter nach W vorgeschoben, als Müllenhoff und noch spätere annahmen. Dies mag die Lage am Beginn unserer Zeitrechnung gewesen sein, und nichts hindert uns, sie für viel älter zu halten. Hinweise auf einen voraufliegenden Zustand mit ganz andersartiger Gruppierung gibt vielleicht die Erforschung der Flußnamen (s. § 12), aber das kann weit zurückliegen und begründet im Sinne unserer Vorbemerkung (§ 4) keinen Einwand gegen die klassische Ansicht.

§ 17. Wenn sich die Urheimat der Slaven in der angegebenen Weise umschreiben läßt, so erhebt sich die Frage: wann und wie ist das geschichtlich überlieferte Bild entstanden, das, verglichen mit dem alten Zustand, ein Vordringen der S. nach allen Richtungen zeigt? Über die Wanderungen und Kämpfe, die zu diesem Ende führten, unterrichten uns die unmittelbaren Nachrichten der Geschichtsquellen leider nur mangelhaft; es muß versucht werden, andere Erwägungen zur Ergänzung heranzuziehen.

Die überlieferte Geschichte vermag etwa folgendes festzustellen: Spätestens am Beginn des 6. Jh. hatten die südwärts vordringenden S. die untere Donau erreicht. Darauf weisen mit Bestimmtheit zwei byzantinische Nachrichten: Prokopios von Caesarea (de aed. IV 7) nennt unter den Festungen an der Donaugrenze, die Justinian erneuerte, zwei in Verbindung mit dem Namen der S.: Adina, das der Umgegend zum Schutz gegen ihre Räubereien dienen sollte, und die Festung Οὐλμιτῶν, die sie seit langer Zeit schon heimgesucht und endlich demoliert hatten. Derselbe Prokopios gibt auch die erste Nachricht über einen größeren Einfall der S. in die Balkanländer und verlegt ihn in die Zeit des Kaisers Justinos (518—527): er spricht zwar von den „den Slaven ganz nahe siedelnden Anten", aber im Sinne unserer Darstellung sind das S. (Die Anten [Ἄνται, Antae] werden bei Jordanes und sonst ausdrücklich als ein Teil der S. und zwar als einer ihrer volkreichsten Teile genannt. Vielleicht sind südruss. S. darunter zu verstehen; weitere Kombinationen bei Niederle. Im 7. Jh. hören die Nachrichten über sie auf. Ganz zu verwerfen sind die Versuche, ihren Namen mit dem Veneter-Namen, dem Vjatičen-Namen oder dem von arab.-pers. Quellen genannten Reiche Vāntit zu verbinden. Daß Vjatičen und Veneter-Namen zusammenhängen [Hilferding, Braun], ist möglich [s. § 6], die Vjatičen mit Vāntit zu verbinden [Westberg], liegt ebenfalls nicht fern; dagegen die Anten haben hier gewiß beiseite zu bleiben, denn daß das anlautende v- oder u̯- eines slav. Namens bei der Herübernahme vernachlässigt worden sei, ist für die Griechen der Spätzeit sehr unwahrscheinlich, für die lat. Quellen wohl unmöglich.) Von der Zeit Justinians an (527ff.) haben sich solche Einfälle dann oft und verheerend wiederholt, was im einzelnen zu beschreiben hier nicht der Ort ist. Es setzt dies alles natürlich Dakien oder Pannonien als Operationsbasis der S. bereits voraus; wie weit ihr Bereich dort ging, würden wir für die Mitte des 6. Jh. ziemlich genau wissen, wenn die grundlegende Schilderung des Jordanes (Get. 5, 34. 35) nicht so überreich an Unklarheiten wäre.

Den gleichen neuen Feind lernte man am Ende des Jh. in den Ostalpen kennen (595, 596), hier schon in enger Verbindung mit den Avaren (wie zeitweilig auch auf der Balkanhalbinsel). Weiter n., in Böhmen, wird das Slaventum dagegen erst durch die Erzählung vom Reiche Samos des Avarensiegers (sog. Fredegars-Chronik IV 48) nachgewiesen, also für 623 n. C., wobei wir allerdings die Voraussetzung machen, daß diese Ereignisse Böhmen zum Mittelpunkt hatten; aus unserer Quelle folgt das nicht zwingend. Nach der Samo-Zeit tritt Böhmen wieder ins Dunkel zurück, und auch die Nachrichten über S. zwischen Elbe und Oder bleiben dürftig und zusammenhanglos. Erst in der Karolingerzeit gewinnt die dtsch. Geschichtsschreibung ein zusammenhängendes Bild von der Erstreckung des ö. Nachbarn: es zeigt sich, daß die Länder ö. von Saale, Elbe und Kieler Bucht slav. waren und die vorgelagerten Teile von West- und Süddeutschland teilweise auch.

Weiter zurück leitet uns die Geschichte nicht; es ist aber ersichtlich, daß die S., die am Beginn des 6. Jh. an der unteren Donau, am Ende des Jh. in den Ostalpen, im 7. Jh. in Böhmen und Ostdeutschland auftreten, einige Zeit gebraucht haben müssen, um die Entfernung zwischen der slav. Urheimat und den neuen Zielen zu durchmessen: es ist also nicht notwendig, sie bis zum 6. Jh. in den Grenzen ihrer Urheimat zu vermuten. Denkbar ist auch, daß sie die neuen Ziele schon einige Zeit inne hatten, ehe die westeurop. und die byzantinischen Geschichtsschreiber auf sie aufmerksam wurden. Es liegt nahe, sich nach Beweisen für das eine oder das andere umzusehen. Von Niederles Hinweis auf die Venadi Sarmatae der Peutingerschen Tafel sehe ich dabei ab, da er, obwohl methodisch geführt, doch nicht recht überzeugt.

Niederle *Slov. star.* II (1906) S. 123ff., 186ff.; II (1910) S. 338ff.; III öfters; Novotný *České dějiny* I 1 (1912) S. 173ff.; Wachowski *Słowiańszczyzna zachodnia* I (1902) öfters. — Anten: Niederle *Antové* SB. Böhm. Ak. 1909 Nr. 12.

§ 18. In einem Falle gibt die Auslegung der hist. überlieferten Tatsachen bereits eine Art von Wahrscheinlichkeitsbeweis: Nordostdeutschland, n. der Sudeten, hat vom 2. Jh. n. C. ab seine germ. Bevölkerung eingebüßt, durch die Reihe jener Völkerverschiebungen, die mit dem Zuge der Goten beginnen. Andererseits: S. in Ostdeutschland, im Oder- und Elbe-Gebiet sind vor der Merovingerzeit (7. Jh.) nicht nachgewiesen (s. § 17). Die ältere Forschung, und besonders noch Müllenhoff, vertrat die Ansicht, Ostdeutschland oder ein Teil davon, sei in der Tat mehrere Jh. lang menschenarm oder menschenleer gewesen, und erst im 6. Jh. seien die S. in größerer Menge in diesen Raum eingedrungen. Viel wahrscheinlicher ist doch, daß die S. von O her alsbald den abziehenden Germanen nachdrängten, und daß das Schweigen der überlieferten Geschichte nur in der Dürftigkeit der frühmittelalterlichen Geschichtsschreibung seinen Grund findet. Diesem aus der allg. Wahrscheinlichkeit gezogenen Grund messe ich mehr Gewicht bei als den Versuchen, der mangelhaften Überlieferung doch noch ein Zeugnis über germ.-slav. Kämpfe in Ostdeutschland zu entlocken. Das eine ist gewiß, daß die (irgendwann) in Ostdeutschland einrückenden S. dort stellenweise noch Reste der Bevölkerung antrafen, sonst wäre nicht zu erklären, daß manche germ. Orts- und Ländernamen sich in slav. Munde auf spätere Zeiten erhielten. Dazu gehören nicht Namen wie „Havel“ und „Mecklenburg“, die der Sprachgrenze immerhin nahe genug lagen, um bei den Deutschen immer dtsch. Namen zu führen und zu behalten, wohl aber der alte Namen „Schlesien“, d. h. mittelalterliches

Silensi usw. als Bezeichnung zunächst des Gaues an der Lohe und am Zobtenberg. Es ist, nach slav. Lautgesetzen umgeformt, der Name der ostgerm. Silingen (Ptolemaios). Ähnlich lebt wohl im Namen Graudenz (pol. Grudziądz) die Stammesbezeichnung der got. Greutungi fort. Anderes, weniger sichere, kann hier übergangen werden.

Müllenhoff *DAK.* II 91 ff.; Niederle *Slov. Star.* III besonders S. 59ff. — Mutmaßungen über die Wege der Siedlung: Slav. occid. 3/4 S. 366 Rudnicki; Revue des ét. slav. 1 S. 198ff. Mikkola; [Altschlesien 1 (1926) S. 117ff. R. Much].

§ 19. Natürlich kann die Möglichkeit nicht ausgeschlossen werden, daß manche der dem Altertum vertrauten Völkernamen beim Vorrücken der S. umgewertet wurden, es kann also ein altgewohnter Name in der späteren Kaiserzeit etwa auch eine Nachricht über die S. enthalten. Niederle versteht in diesem Sinne, nicht ganz unwahrscheinlich, die Nachricht von den sog. „unfreien" Sarmaten, die sich 334 n. C. gegen die „freien" oder „herrschenden" Sarmaten in Dakien empörten, er setzt also hier ein etwa ähnliches Verhältnis voraus, wie es einige Jh. später in denselben Gegenden zwischen S. und Avaren wirklich bestand. Solcher Fälle kann es mehr geben, ohne daß ein eigentl. Nachweis gelingt.

§ 20. Slav. Personennamen hat man in der antiken Überlieferung über Dakien und Pannonien nicht zu entdecken vermocht; nicht ganz so ergebnislos waren die Versuche, slav. Ortsnamen an der unteren Donau und Save schon in den Quellen der frühen RKZ nachzuweisen. Ich halte die Ausführungen Niederles (über Ulca, Vrbate, Tsierna, Berzobis) für gewagt, aber doch beachtenswert; bei der sonst bestechenden Gleichung *Pathisus* (später *Tisia* „Theiß") = slav. **Potisьje* „Theißtal" würde ich mich aber nach einer anderen, wenn auch weniger einfachen Erklärung umsehen, denn die Annahme, die Römer, die um die Wende unserer Zeitrechnung dort Fuß faßten und 5 Jahrhunderte lang nichts von S. wissen, hätten den größten Nebenfluß der unteren Donau zunächst in slav. Namensform kennen gelernt, diese Annahme würde ein so vernichtendes Urteil über die Völkerkenntnis der ersten RKZ enthalten, daß man sich schwer zu ihr entschließen wird. Der alte, in entstellter Form schon von Plinius überlieferte Name des Plattensees *Peiso, Pelso* sieht dem slav. Worte **pleso* „tiefe Stelle im Wasser, See" usw. ähnlich, doch vielleicht nur zufällig.

Niederle *Slov. Star.* II (1906) S. 148ff.; über Pelso vgl. a. Slavia occid. 3/4 S. 298 ff. Rudnicki.

§ 21. Einige zufällig überlieferte Worte sollen erweisen, daß in Dakien im 5. Jh. bereits (auch) slav. gesprochen worden sei. Doch ist das Wort μέδος für ein Getränk, das Priskos 448 bei den Untertanen Attilas in Pannonien fand, zu weit (auch bei Nichtindogermanen!) verbreitet, um gerade für S. charakteristisch zu sein, und der Sprachen, auch der idg., gab es doch in Pannonien im 5. Jh. gewiß noch andere als hunnisch, got. und, wie Niederle annimmt, slavisch. Bedeutsamer ist das Wort *strava* für die Leichenfeier Attilas 453 (aufgezeichnet von Jordanis Get. 49), denn dies Wort ist allerdings in keiner anderen Sprache belegt als nur eben im Slav., und zwar im mittelalterlichen Böhmen und Polen (mutmaßlich) in ungefähr der Bedeutung, die ihm auch bei Jordanes zukommt.

Niederle *Slov. Star.* II (1906) S. 135 ff.; ders. *Život starých Slovanů* I 282ff.; Zschr. d. Ver. f. Volkskunde 1902 S. 230; Brückner (ohne Belege).

§ 22. Alle diese Erwägungen lehren im besten Falle etwas über die Zeit der slav. Wanderung. Über deren Verlauf und Richtungen können wir nichts wissen, denn wir beobachten stets nur den endlichen Zielpunkt. Im allg. herrscht die Vorstellung von einer „passiv trägen" Ausbreitung der S., die gleichmäßig von einem Mittelpunkt ausgestrahlt seien und sonach auch in der Zerstreuung und in ihren neuen Sitzen ungefähr die Gliederung der Urheimat beibehalten hätten, ganz anders als die wandernden Germanen. Dies ist ein Phantasiegemälde, für dessen Richtigkeit wenig spricht. Dagegen zeugt gewiß die Tatsache, daß manche Völkernamen über die slav. Welt weithin zerstreut sich wiederholen, doch wohl Reste einer durch die Wanderung zerrissenen Einheit. (Außer „Serben" und „Kroaten", worüber unten, siehe noch die folgenden: Dulěbi [und ähnl.

ebenfalls nicht fern; dagegen die Anten haben hier gewiß beiseite zu bleiben, denn daß das anlautende v- oder u- eines slav. Namens bei der Herübernahme vernachlässigt worden sei, ist für die Griechen der Spätzeit sehr unwahrscheinlich, für die lat. Quellen wohl unmöglich.) Von der Zeit Justinians an (527ff.) haben sich solche Einfälle dann oft und verheerend wiederholt, was im einzelnen zu beschreiben hier nicht der Ort ist. Es setzt dies alles natürlich Dakien oder Pannonien als Operationsbasis der S. bereits voraus; wie weit ihr Bereich dort ging, würden wir für die Mitte des 6. Jh. ziemlich genau wissen, wenn die grundlegende Schilderung des Jordanes (Get. 5, 34. 35) nicht so überreich an Unklarheiten wäre.

Den gleichen neuen Feind lernte man am Ende des Jh. in den Ostalpen kennen (595, 596), hier schon in enger Verbindung mit den Avaren (wie zeitweilig auch auf der Balkanhalbinsel). Weiter n., in Böhmen, wird das Slaventum dagegen erst durch die Erzählung vom Reiche Samos des Avarensiegers (sog. Fredegars-Chronik IV 48) nachgewiesen, also für 623 n. C., wobei wir allerdings die Voraussetzung machen, daß diese Ereignisse Böhmen zum Mittelpunkt hatten; aus unserer Quelle folgt das nicht zwingend. Nach der Samo-Zeit tritt Böhmen wieder ins Dunkel zurück, und auch die Nachrichten über S. zwischen Elbe und Oder bleiben dürftig und zusammenhanglos. Erst in der Karolingerzeit gewinnt die dtsch. Geschichtsschreibung ein zusammenhängendes Bild von der Erstreckung des ö. Nachbarn: es zeigt sich, daß die Länder ö. von Saale, Elbe und Kieler Bucht slav. waren und die vorgelagerten Teile von West- und Süddeutschland teilweise auch.

Weiter zurück leitet uns die Geschichte nicht; es ist aber ersichtlich, daß die S., die am Beginn des 6. Jh. an der unteren Donau, am Ende des Jh. in den Ostalpen, im 7. Jh. in Böhmen und Ostdeutschland auftreten, einige Zeit gebraucht haben müssen, um die Entfernung zwischen der slav. Urheimat und den neuen Zielen zu durchmessen: es ist also nicht notwendig, sie bis zum 6. Jh. in den Grenzen ihrer Urheimat zu vermuten. Denkbar ist auch, daß sie die neuen Ziele schon einige Zeit inne hatten, ehe die westeurop. und die byzantinischen Geschichtsschreiber auf sie aufmerksam wurden. Es liegt nahe, sich nach Beweisen für das eine oder das andere umzusehen. Von Niederles Hinweis auf die Venadi Sarmatae der Peutingerschen Tafel sehe ich dabei ab, da er, obwohl methodisch geführt, doch nicht recht überzeugt.

Niederle *Slov. star.* II (1906) S. 123ff., 186ff.; II (1910) S. 338ff.; III öfters; Novotný *České dějiny* I 1 (1912) S. 173ff.; Wachowski *Słowiańszczyzna zachodnia* I (1902) öfters. — Anten: Niederle *Antové* SB. Böhm. Ak. 1909 Nr. 12.

§ 18. In einem Falle gibt die Auslegung der hist. überlieferten Tatsachen bereits eine Art von Wahrscheinlichkeitsbeweis: Nordostdeutschland, n. der Sudeten, hat vom 2. Jh. n. C. ab seine germ. Bevölkerung eingebüßt, durch die Reihe jener Völkerverschiebungen, die mit dem Zuge der Goten beginnen. Andererseits: S. in Ostdeutschland, im Oder- und Elbe-Gebiet sind vor der Merovingerzeit (7. Jh.) nicht nachgewiesen (s. § 17). Die ältere Forschung, und besonders noch Müllenhoff, vertrat die Ansicht, Ostdeutschland oder ein Teil davon, sei in der Tat mehrere Jh. lang menschenarm oder menschenleer gewesen, und erst im 6. Jh. seien die S. in größerer Menge in diesen Raum eingedrungen. Viel wahrscheinlicher ist doch, daß die S. von O her alsbald den abziehenden Germanen nachdrängten, und daß das Schweigen der überlieferten Geschichte nur in der Dürftigkeit der frühmittelalterlichen Geschichtsschreibung seinen Grund findet. Diesem aus der allg. Wahrscheinlichkeit gezogenen Grund messe ich mehr Gewicht bei als den Versuchen, der mangelhaften Überlieferung doch noch ein Zeugnis über germ.-slav. Kämpfe in Ostdeutschland zu entlocken. Das eine ist gewiß, daß die (irgendwann) in Ostdeutschland einrückenden S. dort stellenweise noch Reste der Bevölkerung antrafen, sonst wäre nicht zu erklären, daß manche germ. Orts- und Ländernamen sich in slav. Munde auf spätere Zeiten erhielten. Dazu gehören nicht Namen wie „Havel“ und „Mecklenburg“, die der Sprachgrenze immerhin nahe genug lagen, um bei den Deutschen immer dtsch. Namen zu führen und zu behalten, wohl aber der alte Namen „Schlesien“, d. h. mittelalterliches

beobachtet werden. Freilich erfahren wir daraus für die Vorgeschichte dieser Gegenden nichts, was wir nicht sonst schon wüßten, höchstens für die relative Dichte der slav. Siedelung.

Mit einer gewissen Willkür (ohne die es vorerst noch nicht geht) hat Niederle die ehem. Verbreitung der S. in Westdeutschland erfaßt und kartographisch dargestellt, mit Unterscheidung sporadischer, dichterer und kompakter Siedelung. Auf diese Karte kann einstweilen verwiesen werden.

Niederle *Slov. Star.* III 69ff. (die Karte ist vereinfacht und übel verfälscht bei L. Leger *Les anciennes civilisations slaves* 1921); Slavia 1 S. 379—408 Brückner. — Zu den Siedlungsformen jetzt Niederle *Život starých Slovanů* III 1 (1921) S. 186ff. — Deutsche Mundarten auf ehemals slavischem Boden: Diels *Das wendländische Platt* = Jahresber. d. schles. Ges. f. vaterld. Kultur 1914, 22. Mai u. a.

§ 25. Genauere Nachrichten über die Stammesgliederung empfangen wir begreiflicherweise nur für die S. ö. von Saale und Elbe: deren Masse ordnete sich dem dtsch. Auge schon im 9. Jh. in drei Gruppen, eine s. (viele Stämme zwischen Saale und Elbe, zeitweise zusammengefaßt unter dem Namen „Sorben", Daleminzier und im O Milziener sowie der Gau Lunsizi = Lausitz), eine mittl., unter dem Namen Welatabi, Wilzi oder auch Liutici begriffen, und eine n., die der Obodriten. — Wann die beiden Namen für die mittl. Gruppe aufkamen, ist ungewiß, denn auch Liutici ist wohl slav.: zu slav. *l'utъjь* „wild, grausam". Der erste Name ist unerklärt, aber früh bezeugt: die an der balt. Ostküste wohnenden Οὐέλται des Ptolemaios tragen ihn bereits. Als Bezeichnung von Riesen lebt er in der russ. Volkstradition fort (Izv. otd. russk. jaz. i slov. 11, 3 [1906] S. 1ff. Veselovskij, wo manche Ereignisse der altnord. Þiđrekssaga gewiß mit Recht aus späten Kämpfen an der unteren Düna erklärt, mit Unrecht aber vorslavische **Velti* an der Düna rekonstruiert werden, deren Name in den Viltinar der altnord. Saga fortlebe). — Ö. vom Wilzenland, etwa von der unteren Oder bis zur unteren Weichsel und darüber hinaus sowie vom Meer bis zur Netze, wohnten die Stämme der Pomerani (= slav. *Pomořane* „Meeranwohner"). Für sich standen die S. von Rügen. Die kleineren Einheiten brauchen nicht genannt zu werden, wie auch eine Darstellung der Geschichte dieser Gruppen und ihrer endlichen (nicht ganz vollständigen) Germanisierung sich hier erübrigt.

Niederle *Slov. Star.* III (1919) S. 301ff.; Wachowski a. a. O. I 95ff.

§ 26. Polen trat in das Gesichtsfeld der deutschen Historiker erst, als der Wall der Elbslaven wenigstens teilweise durchbrochen war, und gerade zu der Zeit, die aus Einzelstämmen einen einheitlicheren und tatenlustigen Staat schuf. Das geschah unter Misaka I., der ja auch zuerst dem Christentum in Polen Eingang verschaffte. Frühere Nachrichten, die wir etwa Grund haben, auf Polen zu beziehen, bleiben zusammenhanglos und lassen von einer staatl. Einheit größeren Umfanges nichts erkennen, und ganz zu verwerfen ist alles, was die ältere poln. Geschichtsschreibung über die Ursprünge des Volkes zu sagen wußte, meist Ausgeburten einer wilden und dabei schulmeisterlich-ledernen Phantasie, mit einem kleinen Beisatz echter Volkssage. Die Anlässe der neuen Staatsbildung sind im einzelnen nicht aufgeklärt; daß die vom W drohende Gefahr sie erzwungen hätte, ist eine ansprechende Vermutung, aber methodisch folgerichtig und erwägenswert auch der Gedanke, im ältesten poln. Staat eine Wikingergründung zu sehen. Jedenfalls, mochte auch der Staatsgründer etwa vom Meere hergekommen sein: den Mittelpunkt der beginnenden Einigung im 10. Jh. hat gewiß der Stamm gebildet, der auch den Namen der Gesamtheit gab, die an der Warthe siedelnden *Pol'ane* (eig. „Feldbewohner"), die begreiflicherweise auch für Westeuropa zum Anlaß wurden, das ganze Volk *Polani, Poloni* zu nennen. An ihr Gebiet hat sich in wenigen Jahrzehnten alles angegliedert, was der Sprache nach einigermaßen nahe verwandt und nicht durch andere politische Gestaltungen dem poln. Einfluß entzogen war: vor allem Masovien und das später sog. Kleinpolen mit Krakau, auch Schlesien und vorübergehend Pommern. Ob etwa die Bewohner von Kleinpolen und Masovien sich im Gegensatz zu den *Pol'ane* (den „Feldbewohnern") schon früh *Lęch*, plur. *Lęchove* (d. h. wohl Leute vom ungeackerten Land), genannt haben, wie vermutet wurde, ist ganz ungewiß, denn der

Name gehört zwar sicherlich zu slav. **lędo*, **lędina* „ungeackertes Land" (wie vor allem das altruss. Adjektiv *l'adskyj* und die ungar. Namensform *Lengyel* „Pole" beweisen), aber der Name ist eben im ganzen nur von den s. und ö. Nachbarn der Polen gebraucht worden, von den Litauern (noch heute *Lenkas* „Pole"), den Russen (altruss. *L'ach*, plur. *L'achove*), den Ungarn (noch heute *Lengyel* „Pole") und an der čechisch-polnischen Sprachgrenze, wo *Lach* noch heute gebraucht wird, wenn ein Dorf sich über das andere und seine Sprache lustig macht. Im poln. Munde kommt und kam der Name dagegen kaum vor, oder höchstens an der Peripherie.

Niederle *Slov. Star.* III (1919) S. 215ff.; Rozprawy Ak. Um., wydz. filolog. Bd. 27 (1898) S. 183ff. Potkański; Małecki *Lechici w świetle historycznej krytyki*[2] 1907; Kwart. hist. 34 S. 207f. Modelski; Z. d. Vereins f. d. Gesch. Schlesiens 52 S. 1ff. R. Holtzmann. Theorien über eine Gründung des poln. Staates durch Fremde gibt es seit langer Zeit; der normannische Einfluß auf Altpolen wird im allg. zugegeben (vgl.. die genealog. Arbeiten von Semkowicz), der normann. Ursprung des Staates von den poln. Gelehrten meist abgelehnt oder aber auch mit haltloser Begründung angenommen (Krotoski).

§ 27. Was für Polen immerhin nur eine mögliche Annahme ist: die Gründung des Staates durch Fremde, durch Wikinger, ist für die Ostslaven, oder, wie sie in der Geschichte dann heißen, Russen Überlieferung, und zwar eine Überlieferung, die mannigfach bestätigt wird und nicht hätte bezweifelt werden sollen. Von der alten Stammesgliederung, die vor der Staatsgründung war, hat die älteste Chronik noch eine verhältnismäßig klare Vorstellung. Sie weiß dann auch zu erzählen, wie es durch Vařager, d. h. Skandinavier, zur Staatsgründung gekommen sei, in Kijev und im N, bis die Kijever Machthaber durch die nördlichen überwältigt und so die staatl. Einheit längs des großen Wasserweges hergestellt wurde, die dann nach anderen Stämmen übergriff. Dies alles wird im Kerne vollkommen richtig sein, es wird durch westeurop. Nachrichten bestätigt, auch durch die Namensformen der ältesten russ. Machthaber und durch manches andere; es fügt sich vollkommen in das Bild des abenteuernden Handels, den Schweden im O trieben, und der durch die schwed. Runendenkmäler und durch arch. Funde hinreichend bezeugt ist. Gewiß erklärt sich daraus auch, nach alter Annahme, der Name „Russen" (in slav. Form **Rusь*, Landname und kollektiv gedachter Singular), denn mit ähnlichen Namen benennen noch heute die Westfinnen (Esthen, Liven, Suomifinnen) Schweden und dessen Bewohner (*Rōts*, *Rōtslane* usw.), und vielleicht nannten die schwed. Wikinger sich einmal selber so. Mit den fremden Eroberern konnte der Name auf das ostslav. Land übergehen und dort bleiben, nachdem längst die skand. Geschlechter sich slavisiert hatten.

Kunik *Die Berufung d. schwed. Rodsen durch die Finnen und Slaven* I, II (1844, 1845); Hruševśkyj *Geschichte des ukrainischen (ruthenischen) Volkes* I besonders S. 661ff. (Geschichte der Frage, verfehlter Standpunkt); Šachmatov *Skazanije o prizvaniji Vařagov* Izv. otd. russk. jaz. i słov. Imp. Ak. Nauk 9, 4 (1904) S. 284ff.; ders. *Razyskanija o povesti vřeměnnych l'et* 1909 passim; ders. *Očerk drevňejšavo perioda istorii russkavo jazyka* 1915 Einleitung; ders. *Vvedenije v kurs istorii russk. jazyka* I (1916); ders. *Drevňejšija sud'by russk. plemeni* 1919; Niederle *Slov. Star.* I 4; W. Thomsen *Der Ursprung des russ. Staates* (deutsch) 1879, jetzt auch in *Samlede afhandlinger* I (1919) S. 231ff.; Arne *La Suède et l'Orient* 1914; Le monde slave 1925, 5 S. 244ff. ders.

§ 28. S. des Thüringer Waldes und s. des Mains war die slav. Siedelung anscheinend ebenso weit nach W vorgeschoben wie in Norddeutschland, und im Main-Gebiet haben wir auch eine bescheidene Reihe von geschichtlichen Nachrichten über die „Mainwenden" und „Rednitzwenden", zu deren schnellerer Bekehrung noch im 11. Jh. das Bistum Bamberg gegründet wurde. Ob aber diese S. in der Hauptmasse gleicher Herkunft waren wie die thüringischen, ob man also ein Recht hat, sie als „Sorben" zu bezeichnen, ist völlig ungewiß. Ebensowohl, ja eher, mögen es Ausstrahlungen des böhmischen Slaventums gewesen sein, denn die früher verbreitete Ansicht, der Name „Wenden" habe im dtsch. Munde nie für die böhm. S. gegolten, ist ersichtlich falsch, wie auch Niederle hervorhebt.

Margarete Bachmann *Die Verbreitung der slav. Siedlungen in Nordbayern* SB. Physik.-medizin. Sozietät Erlangen 56/57 (1924/5).

Böhmen selbst und Mähren haben ihre slav. Bevölkerung wohl auch bald nach dem (vollständigen?) Abzug der germ. Stämme erhalten (Ende des 5. Jh.). Die Geschichte der böhmischen S., die sonach in ihren hist. Sitzen etwa seit dem 6. Jh. anzunehmen sind, bleibt bis zum Ende des 8. Jh. völlig unaufgehellt; die Samo-Episode hat wahrscheinlich Böhmen zum Schauplatz, lehrt aber dann nur dies, daß auch die böhmischen S. sich zeitweilig unter dem Avarenjoche befanden, was auch an sich nicht unwahrscheinlich ist. Was Kosmas, der erste Chronist, von den Anfängen berichtet, ist Sage, nicht ganz ohne Wert, aber eben doch keine Geschichte. Erst die Karolingerzeit, die Böhmen dem dtsch. Reiche näher brachte und endlich lose angliederte, gibt etwas ausführlichere Nachrichten; diese im Verein mit den Angaben des Kosmas, mit der Gründungsurkunde des Bistums Prag und anderen Quellen lassen uns vor allem erkennen, daß Böhmen nur allmählich aus der Vielheit kleiner slav. Stämme zur Einheit zusammenwuchs. Einzelheiten über die alte Stammesgliederung können hier übergangen werden, zumal da sie sich zu einem vollständigen Bilde nicht zusammenschließen. Die geschilderte Entwickelung erreichte ihren Abschluß am Ende des 10. Jh. mit der blutigen Vertilgung der Slavníkschen Familie, die bis dahin einen großen Teil des ö. und s. Böhmens beherrscht hatte. Erst in diesen Kämpfen gewann der Name „Čechen" (č. *Čech,* plur. alt *Češi,* heute *Čechové*) seine umfassende Bedeutung, ursprünglich kam er nur einem Teilstamm in der Mitte des Landes (um Prag) zu. Was er bedeutet, ist umstritten, für die Vorgeschichte auch kaum von Wichtigkeit.

Das kleinere Mähren (der Name ist ursprünglich ein Volksname, abgeleitet von dem Namen des Flusses March, č. *Morava,* der übrigens kaum slav. ist) bietet insofern ein anderes Bild, als dort schon die ältesten Nachrichten kaum noch eine Stammesgliederung erkennen lassen, das Land vielmehr stets als Einheit gefaßt erscheint. Seine ältesten geschichtlich nachweisbaren Schicksale brachten es in enge, wiewohl geographisch unnatürliche Verbindung mit der Slowakei („großmährisches Reich"), eine Verbindung, die kaum des Ungarnsturmes bedurft hätte, um gelöst zu werden. Die Slowakei hat von da an ihre eigene Geschichte, meist als Teil des ungar. Staates, gehabt, während die Geschicke Mährens sich später mit den böhmischen vereinten.

Novotný *České dějiny* I 1 (1912); Niederle *Slov. Star.* III (1919) S. 181 ff.; Friedrich *Die historische Geographie Boehmens* ... Abh. d. k. k. geograph. Ges. in Wien 9, 3 (1912); Chaloupecký *Staré Slovensko* 1923. — Über die Frage nach dem Fortleben germ. Bevölkerung in den Sudetenländern vgl. jetzt Gierach in *Sudetendeutsches Volk und Land* III (1922); Prager deutsche Studien 30 (1923) Schwarz; Jahresberichte f. Kultur und Geschichte der Slaven 1924 S. 9ff. Bretholz u. a.

§ 29. S. der Donau fehlt eine Angabe, die uns wie der „limes Sorabicus" in unserem Urteil über die Verteilung von Deutschen und S. leiten könnte. Erwägungen, die den oben genannten ähnlich sind, führen aber auch hier zu einer gewissen Gesamtvorstellung: zwischen Lorch und der adriatischen Küste (wo die Grenze zwischen Romanen und S. sich im Laufe der Geschichte wenig verschoben hat) war die slav. Siedelung bis zu den oberösterr. Seen, bis zum Tauernkamm und dem Pustertal vorgeschoben, es machen jedoch die späteren Geschicke dieser Länder die Annahme notwendig, daß diese slav. Siedelung n. der Drau nicht sehr dicht und daß sie mit Resten germ. Volksstämme durchsetzt war und blieb. Das erklärt z. T. die starken Einbußen, die das Slaventum auch hier an seiner w. Grenze erlitt. Zur Bildung eines slav. Staates kam es in den Ostalpen nur vorübergehend („Karantanische" Slaven), und die begründete Furcht vor den Avaren ließ diese Alpenslaven um 750 die bayer. Oberhoheit anerkennen, womit dem Christentum und zugleich dem dtsch. Element die Tür geöffnet war. Daß es also hier zu keiner irgendwie dauernden und bedeutenden slav. Staatsgründung kam, mag die Tatsache erklären, daß der verbliebene Rest der Alpenslaven (in der s. Steiermark, Krain, Küstenland und einem Teil von Kärnten) noch heute den alten Namen „Slovenen" (slov. *Slovenec,* pl. *Slovenci*) führt. Ihrem Stamme muß auch weiter ö. die slav. Besiedelung des ehemaligen Pannoniens, in der Hauptsache wenigstens, angehört haben. Von dieser sind freilich heute nur geringe Reste vorhanden. Deutsche und (zum weitaus größeren Teil) Magyaren haben sich in das Gebiet geteilt, soweit nicht später vom S (und N?) her abermals S. eingedrungen sind. Im ehemaligen Dakien war die slav. Bevölkerung dagegen wohl der sö. (bulg.) Gruppe näher.

Niederle *Slov. star.* II (1910) S. 338ff., 446ff.

§ 30. Auch die S., die in die Balkanländer eintraten, erschienen dem fremden Beschauer zunächst als eine in der Hauptsache gleichartige Masse; erst später und bei näherer Bekanntschaft bemerkte man Unterschiede. Einige Jahrzehnte lang erscheint ihr Vordringen verbunden mit dem der Avaren; das bemerken wir besonders im W, wo die slav. Gefahr durch die Avaren zwar nicht geschaffen wurde, aber eine andere und schlimmere Gestalt erhielt: an die Stelle bloßer Einfälle trat eine mehr oder minder planmäßige slav. Besiedelung, die bald den Weg bis zur Adriaküste fand (614 Zerstörung von Salona usw.). Wenig später erlitten die Avaren ihre ersten ernsthaften Niederlagen und wichen wohl im Zusammenhange damit aus den w. Balkanländern (s. von Una und Save) zurück. Die byzantin. Oberhoheit, die damit im NW der Halbinsel wiederhergestellt wurde, bestand freilich außerhalb der Adriaküste mehr nur dem Namen nach. Noch weiter begrenzt, auf den Besitz der dalmatin. Städte und Inseln beschränkt, wurde sie durch das Vordringen der Franken, die das Slavenland n. von Una und Save den Avaren abrangen (796), dann aber weiter gegen SW vorgingen (803; 812 Friede von Aachen). Diesen vorgeschobenen Posten im NW der Halbinsel hat das fränkische Reich und haben dessen Nachfolgestaaten fast ein Jh. lang behauptet, wiewohl nicht ohne Kampf. Erst in den Wirren des italien. Erbfolgekrieges ging er verloren, etwa seit 878 erscheint der NW der Halbinsel als selbständiger Staat, und etwas später muß sich damit das Slavenland zwischen Save und Drau vereinigt haben, nachdem auch dort, durch die ersten Magyareneinfälle, die fränkische Herrschaft zusammengebrochen war. Der neue Staat trägt einen Namen, der im 9. Jh. zuerst genannt wird und zunächst nur dem s. Volksteil zukam, den Namen der Kroaten (zuerst 852 ego . . . Tirpimirus dux Chroatorum, Urkunde erhalten im Registrum privilegiorum archiepiscopatus Spalatensis, in später Überlieferung; Šišić *Enchiridion fontium historiae croaticae* I 1 S. 183ff.). S. des Kroatenlandes lagen am Meer kleinere Gebiete, die in unseren Quellen eigene Namen erhalten (ein slav. Völkername ist nicht darunter), und hinter diesen Küstengebieten, im Binnenlande, in den Flußgebieten von Tara, Piva, Lim und Ibar, sind die ältesten Sitze der Serben zu suchen, deren Name zuerst auch im 9. Jh. genannt wird (822 Sorabi in den sog. Einhardschen Annalen), und über deren älteste Geschichte begreiflicherweise nicht sehr viel bekannt ist.

Daß sich nun das Slaventum der nw. Balkanhalbinsel von vornherein, seit der Landnahme, reinlich auf diese beiden politischen Begriffe verteilt habe, wird man nicht annehmen dürfen: Bosnien und die Küstenländer zwischen Cetina und Dulcigno gehen auch später noch unter eigenen Namen. Noch entschiedener aber ist die gegenteilige Auffassung abzulehnen, wonach „Serben“ und „Kroaten“ ursprünglich kleine oder kleinste Teilstämme gewesen wären, die ein politisches Übergewicht über die Nachbarn gewannen und so ihren Namen langsam auf einen immer größeren Kreis von verwandten Stämmen übertrugen. Das ist ganz unerweislich, denn die Geschichte überliefert im NW der Halbinsel keine anderen slav. Stammesnamen als eben diese beiden, „Serben“ und „Kroaten“. Diese beiden Organisationen können also sehr wohl schon zur Zeit der Landnahme die vorwiegenden gewesen sein.

Es ist auch (trotz Rački, Jagić u. v. a.) kein hinreichender Grund zu bezweifeln, daß, wie Konstantinos Porphyrogennetos (912—959) berichtet, die südslav. „Serben“ und „Kroaten“ Auswanderer aus einem n. Serbien und Kroatien gewesen seien. Die n. „Serben“, zwischen Saale und Elbe (später geht der Name auf die S. an der oberen Spree über, früher mögen die Wohnsitze andere, östlichere, gewesen sein), sind der Geschichte bis heute wohlbekannt (s. § 25); von den n. Kroaten wissen einige zerstreute, aber darum nicht wertlose Überlieferungen: der Name von *Corbetha* an der Saale (alt *Chruvati*) u. a. Ortsnamen, die beiden Gaue *Chrouati* in der Gründungsurkunde des Bistums Prag (meist in der

Gegend des Riesengebirges angenommen), die Nachrichten der altengl. Orosius-Übersetzung (Alfreds des Großen?) über *Horiti* ö. der Daleminzier, die Nachrichten der ältesten russ. Chronik über westruss. *Chrъvate*, vielleicht auch arab. Nachrichten, die Niederle bespricht.

Niederle *Slov. Star.* II (1910) S. 373ff., 484ff.; Šišić *Geschichte der Kroaten* I (1917); Jireček *Geschichte der Serben* I (1910); Diels *Die Slawen* 1920 S. 72 und passim; Arch. f. slav. Phil. 40 S. 197ff. Marguliés; vgl. auch Strena Buliciana S. 515f. Hauptmann.

§ 31. N. und s. des eigentl. Balkans ist die Staatenbildung nachweislich von fremden Eroberern ausgegangen. Ein abgesprengter Teil der vom hunnischen Gesamtvolk abgesonderten Bulgarenhorde zog in den Steppen n. des Schwarzen Meeres nach W, machte n. der Donau für einige Zeit halt, überschritt aber dann, von nachrückenden Nomaden gedrängt, den Fluß (vor 668 n. C.) und wurde an den Donau-Mündungen seßhaft. Von hier aus zogen die Bulgaren zunächst die Dobrudža in ihren Bereich, dann aber das ganze Land s. der unteren Donau, zunächst bis zum Balkan. So entstand ein neuer Staat, den die Byzantiner anerkennen mußten, und der sich im Kampfe mit Byzanz und den Avaren behauptete und vergrößerte, bald auch nach Thrakien und besonders nach Makedonien. Seine ethnische Grundlage waren vor allem S. verschiedener Stämme, zu oberst saß eine dünne Schicht turkotatarischer Nomaden, die teilweise früh im Slaventum aufgingen, teilweise im NO des Landes ihre Eigenart länger wahrten. Was wir über die Gliederung der slav. Stämme am Balkan und in Makedonien wissen, lese man bei Niederle S. 414ff. nach.

Über das später aufgesogene Slaventum in Griechenland, auf den griech. Inseln und (sporadisch) in Kleinasien vgl. Niederle a. a. O. II 434ff., 459ff.

Niederle *Slov. Star.* II (1910) S. 400ff.; Zlatarski *Istorija na bъlgarskata dъržava prez srednite vekove* I 1 (1918).

§ 32. In hist. Zeit ist der Zusammenhang der slav. Welt zerrissen worden durch mannigfache ineinandergreifende Ereignisse: die dtsch. Besiedelung der Ostalpenländer und des Donau-Tales, die Landnahme der Magyaren, die Einwanderung der Rumänen in Dakien, und weiter ö. durch die unaufhörlich sich folgenden Nomaden-Invasionen, die am Nordufer des Schwarzen Meeres mindestens bis zur Donau-Mündung vordrangen. So ist zwischen dem größeren n. und dem kleineren s. Teile der Slavenwelt eine breite trennende Zone nichtslav. Besiedelung entstanden, und das geographische Bild gibt uns ein Recht, heute und seit fast einem Jht. von Nordslaven und Südslaven zu sprechen.

§ 33. Nach gewissen Sprachmerkmalen pflegt man heute die Slavenwelt einzuteilen in Westslaven (Polen, Kaschuben, Čechen, Slowaken, Sorben), Ostslaven (Russen), Südslaven (Slovenen, Serben, Kroaten, Bulgaren). Eine scharf markierte Linie, ohne eigentl. Übergänge, und mehrere Grenzen sprachlicher Erscheinungen in sich fassend, besteht eigentl. nur zwischen Polen und Russen, und sie hat ihre volle Schärfe gewiß erst durch die geschichtlich verfolgbare Entstehung der beiden Staatsgebilde, des poln. und russ., gewonnen und in älterer Zeit etwa durch Völkerverschiebungen, die jedem Nachweis sich entziehen. Dies ist alles, was wir sagen können; die Westslaven als eine besondere, relativ einheitliche Gruppe gegenüber den Ost- und Südslaven zusammenzufassen, geht nicht an, ebensowenig eine Trennung in Nord- und Südslaven, weder in dem Sinne, den das heutige Völkerbild nahelegt, noch in einem Sinne, der das Čechische zum S zieht und also etwa den großen Gebirgswall als Grenze nimmt. Jede dieser Kombinationen läßt sich mit einem und dem anderen Merkmale stützen und jede auch wieder durch andere Merkmale in Frage stellen. Mag aber die slav. Sprachwissenschaft hier sich wie immer entscheiden, das eine erscheint mir vollkommen sicher: daß Erwägungen über die Geschichte der Slaven mit diesem Material weder bewiesen noch widerlegt werden können.

Übersichten: Niederle *Slov. Star.* I (1902) S. 111ff., II (1910) S. 332ff., III 94ff. und sonst (stets mit Überschätzung der Sicherheit und Tragweite unserer Feststellungen); Šachmatov *Očerk drevńejšavo perioda ist. russk. jazyka* 1915 S. 99ff. und sonst. Viel richtiger dagegen: Rocznik slaw. 6 S. 186f. Vasmer; AfslPh. 37 S. 185f. Jagić. Vgl. auch Revue des ét. slaves 4 S. 5ff. van Wijk. P. Diels

nicht später vom S (und N?) her abermals S. eingedrungen sind. Im ehemaligen Dakien war die slav. Bevölkerung dagegen wohl der sö. (bulg.) Gruppe näher.

Niederle *Slov. star.* II (1910) S. 338ff., 446ff.

§ 30. Auch die S., die in die Balkanländer eintraten, erschienen dem fremden Beschauer zunächst als eine in der Hauptsache gleichartige Masse; erst später und bei näherer Bekanntschaft bemerkte man Unterschiede. Einige Jahrzehnte lang erscheint ihr Vordringen verbunden mit dem der Avaren; das bemerken wir besonders im W, wo die slav. Gefahr durch die Avaren zwar nicht geschaffen wurde, aber eine andere und schlimmere Gestalt erhielt: an die Stelle bloßer Einfälle trat eine mehr oder minder planmäßige slav. Besiedelung, die bald den Weg bis zur Adriaküste fand (614 Zerstörung von Salona usw.). Wenig später erlitten die Avaren ihre ersten ernsthaften Niederlagen und wichen wohl im Zusammenhange damit aus den w. Balkanländern (s. von Una und Save) zurück. Die byzantin. Oberhoheit, die damit im NW der Halbinsel wiederhergestellt wurde, bestand freilich außerhalb der Adriaküste mehr nur dem Namen nach. Noch weiter begrenzt, auf den Besitz der dalmatin. Städte und Inseln beschränkt, wurde sie durch das Vordringen der Franken, die das Slavenland n. von Una und Save den Avaren abrangen (796), dann aber weiter gegen SW vorgingen (803; 812 Friede von Aachen). Diesen vorgeschobenen Posten im NW der Halbinsel hat das fränkische Reich und haben dessen Nachfolgestaaten fast ein Jh. lang behauptet, wiewohl nicht ohne Kampf. Erst in den Wirren des italien. Erbfolgekrieges ging er verloren, etwa seit 878 erscheint der NW der Halbinsel als selbständiger Staat, und etwas später muß sich damit das Slavenland zwischen Save und Drau vereinigt haben, nachdem auch dort, durch die ersten Magyareneinfälle, die fränkische Herrschaft zusammengebrochen war. Der neue Staat trägt einen Namen, der im 9. Jh. zuerst genannt wird und zunächst nur dem s. Volksteil zukam, den Namen der Kroaten (zuerst 852 ego ... Tirpimirus dux Chroatorum, Urkunde erhalten im Registrum privilegiorum archiepiscopatus Spalatensis, in später Überlieferung; Šišić *Enchiridion fontium historiae croaticae* I 1 S. 183ff.). S. des Kroatenlandes lagen am Meer kleinere Gebiete, die in unseren Quellen eigene Namen erhalten (ein slav. Völkername ist nicht darunter), und hinter diesen Küstengebieten, im Binnenlande, in den Flußgebieten von Tara, Piva, Lim und Ibar, sind die ältesten Sitze der Serben zu suchen, deren Name zuerst auch im 9. Jh. genannt wird (822 Sorabi in den sog. Einhardschen Annalen), und über deren älteste Geschichte begreiflicherweise nicht sehr viel bekannt ist.

Daß sich nun das Slaventum der nw. Balkanhalbinsel von vornherein, seit der Landnahme, reinlich auf diese beiden politischen Begriffe verteilt habe, wird man nicht annehmen dürfen: Bosnien und die Küstenländer zwischen Cetina und Dulcigno gehen auch später noch unter eigenen Namen. Noch entschiedener aber ist die gegenteilige Auffassung abzulehnen, wonach „Serben" und „Kroaten" ursprünglich kleine oder kleinste Teilstämme gewesen wären, die ein politisches Übergewicht über die Nachbarn gewannen und so ihren Namen langsam auf einen immer größeren Kreis von verwandten Stämmen übertrugen. Das ist ganz unerweislich, denn die Geschichte überliefert im NW der Halbinsel keine anderen slav. Stammesnamen als eben diese beiden, „Serben" und „Kroaten". Diese beiden Organisationen können also sehr wohl schon zur Zeit der Landnahme die vorwiegenden gewesen sein.

Es ist auch (trotz Rački, Jagić u. v. a.) kein hinreichender Grund zu bezweifeln, daß, wie Konstantinos Porphyrogennetos (912—959) berichtet, die südslav. „Serben" und „Kroaten" Auswanderer aus einem n. Serbien und Kroatien gewesen seien. Die n. „Serben", zwischen Saale und Elbe (später geht der Name auf die S. an der oberen Spree über, früher mögen die Wohnsitze andere, östlichere, gewesen sein), sind der Geschichte bis heute wohlbekannt (s. § 25); von den n. Kroaten wissen einige zerstreute, aber darum nicht wertlose Überlieferungen: der Name von *Corbetha* an der Saale (alt *Chruvati*) u. a. Ortsnamen, die beiden Gaue *Chrouati* in der Gründungsurkunde des Bistums Prag (meist in der

gegnet man dieser Grübchenkeramik auf den Wohnplätzen in Schonen, Blekinge und Ostschweden. Von Westschweden sind dagegen Wohnplätze mit dieser Keramik selten. S. a. Nordischer Kreis A § 4c 4.

Gösta Öman

Södra Lund (Ksp. Flistad, Östergötland, Schweden). Brandgrubenfeld der vorrömischen Zeit. S. Nordischer Kreis C 1.

Sv. Fornm. Tidskr. 12 (1905) S. 283ff. O. Montelius; Månadsblad 1882 S. 181ff. ders.

Hanna Rydh

Sohlgraben s. Festung A.

Sojvide, Lilla (Ksp. Sjonhem, Gotland). Fund aus der Latènezeit, aus dem besonders eine schöne röm. Bronzeschale zu nennen ist (Band IX Tf. 159g; s. a. ebd. Tf. 159a). S. Nordischer Kreis C 1 § 3, 4; Gotland C.

Almgren *Gotland* S. 14.

Hanna Rydh

Solidarpathologie. Das feste Gerüst des Menschenkörpers in Knochen, Sehnen und Muskeln, die derbe und schwielige Resistenz der Haut gegen stumpfe und selbst schon einigermaßen scharfe Verletzungen waren dem Menschen lange schon geschätzter, sicher bewußter Besitz, ehe Schlaffheit und Kraftlosigkeit der Glieder bei Lähmungs- und Erschöpfungszuständen denkenden Beobachtern die Auffassung nahe brachten, auf Straffung und Erschlaffung eine Krankheits- und Heilungstheorie aufzubauen. Jedenfalls sind solidarpathologische Anschauungen, in ein System gebracht, weit jüngeren Datums als humorale, wenn sie auch in den Frühzeiten nicht als völlig fehlend vorausgesetzt werden dürfen. Steckt doch in den uralten Streich-, Knet- und Klopfmaßnahmen eine dunkle Vorstellung solidarpathologischer Art, sogar in allen Einrenkungs- und Zugmanipulationen. Auch bei dem im Beobachtungswesen und Naturdenken so vielseitig fortschreitenden Griechenvolke sind ausgebildete säftetheoretische Vorstellungen (die wir schon am Euphrat und Nil vorgebildet treffen) um Jahrhunderte älter als solidarpathologische, die erst von der methodischen Schule seit Asklepiades (in der Mitte des letzten Jh. v. C.) systematisch ausgebaut wurden.

Sudhoff *Kurzes Handb. d. Medizingeschichte* 1922 S. 93ff.; Meyer-Steinegg *Das medizinische System der Methodiker* 1916.

Sudhoff

Soliferreum. § 1. Wurflanze, ganz aus Eisen (σαύνιον ὁλοσίδηρον, lat. *soliferreum*), welche von den literarischen Quellen, besonders von Poseidonios-Diodor (V 33 und 34) als eine typische Waffe der Lusitanier und Keltiberer erwähnt wird. Sie war aber auch bei anderen Stämmen, sowohl iber. wie kelt., verbreitet, wie die Funde erwiesen haben.

Das S. besteht aus einem langen Schaft und endet in eine starke Spitze, die meistens blattförmig ist, in gewissen Fällen auch Widerhaken hat. Die Gesamtlänge beträgt 1,60—2 m, die L. der Spitze 5—9 cm, der Schaft hat 1—2 cm Dm. An der Griffstelle liegt eine Verdickung oder ein Handgriff. Das S. war zum Werfen von fern und zum Durchbohren der Schilde bestimmt, so daß der Feind wehrlos gemacht und vom S. erreicht werden konnte. Jeder Krieger trug ein, wohl auch zwei S., wie dies auch bei den Lanzen üblich war. Es war eine sehr gefährliche Waffe, die auch aus großer Entfernung geworfen wurde.

§ 2. S. sind sowohl im iber. wie im kelt. Gebiet Spaniens gefunden worden. Auch in der nachhallstätt. Kultur Südwestfrankreichs erscheinen sie, nämlich in Avezac-Prat und in Ger. Im iber. Gebiet Spaniens sind sie an folgenden Stellen gefunden: in Almedinilla (Prov. Córdoba), beim Cortijo de Tózar (Iznalloz) und in Illora (Prov. Granada), in Villaricos (Prov. Almeria) und im Grabe von Torre-Endomènech (Prov. Castellón; Band X Tf. 154a D), alle wohl aus dem 4. Jh. v. C.; auch in der Nekropole Cabrera de Mataró aus dem 3. Jh., der katalanischen Küstenkultur angehörend, erscheint ein Soliferreum. Sonst kennt man als S. die so gedeuteten Wurflanzen auf den Darstellungen der iber. bemalten Vasen von Archena (s. d.; Band I Tf. 42a, 43), von Oliva (Band X Tf. 153c) und vielleicht auch von Numantia (s. d.), doch ist diese Deutung nicht ganz gesichert.

Im kelt. Gebiete Zentralspaniens, der Zeit der nachhallstätt. Kultur angehörend, sind in Aguilar de Anguita (Prov. Guadalajara; 5.—4. Jh.), in Osma (3. Jh. n. C.; Band X Tf. 146) und in einigen anderen Nekropolen S. gefunden. S. a. Pyrenäenhalbinsel D.

§ 3. Über den Ursprung der Waffe ist man sich noch nicht einig. Schulten möchte sie als typisch iber. ansehen. Sandars glaubt wegen des Vorkommens von S. in der Avezac-Prat-Gruppe Südfrankreichs, daß sie von jenseits der Pyrenäen in Spanien eingeführt seien.

Nun man weiß, was für einen großen Einfluß die Kelten auf die Bewaffnung und wohl auch auf die Taktik der Iberer gehabt haben — der größte Teil der iber. Waffen (s. Falcata, Pilum; dazu kommt auch der Langschild) ist kelt. Ursprungs und auf die Nachhallstattkultur des Tafellandes und Portugals zurückzuführen —, und da das S. eine normale Erscheinung in den kelt. Nekropolen Kastiliens bildet, möchte man kelt. Ursprung der Waffe für wahrscheinlich halten, auch wenn das S., wie die Falcata u. a., sich bei den Iberern so einbürgerte, daß es sich über alle Stämme verbreitete und die Römer es als typisch iber. ansehen konnten.

H. Sandars *The Weapons of the Iberians* Archaeologia 64 (1913) besonders S. 68ff. (mit Abb. und Literatur der s. und ö. Funde); Anuari Inst. 1915—20 S. 619 (Torre-Endomènech); Artíñano *Catálogo de la exposición de hierros artísticos españoles*; A. Schulten *Numantia* I (1914) S. 217; Marques de Cerralbo *Las Necrópolis ibéricas* 1916 Tf. 6 und 7 (Aguilar de Anguita); F. Piette-J. Sacaze *Les tertres funéraires d'Avezac-Prat* 1899 Tf. 14, 1; General Pothier *Les tumulus du plateau de Ger* 1900 S. 113 Abb. 4—5. — Das S. von Cabrera de Mataró, jetzt im Barcelonaer Museum, erwähnt, aber nicht abg. von J. Rubio de la Serna *Noticia de una necrópolis anteromana descubierta en Cabrera de Mataró* 1888. P. Bosch Gimpera

Solocha (Kr. Melitopol, Gouv. Taurien, Südrußland; Tf. 77—85; Band IV Tf. 85; Band VI Tf. 55). § 1. Am l. Dnjepr-Ufer, etwa 22 km von Nikopol, beim Dorfe Bolšaja Znamenka, halben Wegs zwischen diesem und dem Dorfe Verchnij Rogačik (etwa 10,5 km von B. Z. und 12,5 km von V. R.), an dem diese verbindenden Wege gelegener Grabhügel von 18 m H., in den J. 1912 und 1913 von N. I. Veselovskij untersucht. Zur Gruppe der Kurgane vom Čertomlyk-Typus gehörig. Der in zwei Aufschüttungen hergestellte Hügel enthielt ein Zentralgrab und ein später angelegtes Seitengrab. Ob der Hügel noch weitere Bestattungen und Reste des Totenkultes barg, ist leider nicht festgestellt worden. Immerhin ist das unberührte Seitengrab bisher nicht nur eines der reichsten, sondern auch eines der am besten untersuchten skyth. Fürstengräber.

§ 2. Beide Gräber waren in den gewachsenen Boden eingeschnitten (Tf. 77a). Das Zentralgrab (Tf. 78a, b) bestand aus zwei Nischen, die sich oben, wo ein viereckiger kurzer Schacht (T. 1,50 m) in sie hinabführte, zu einem Raum zusammenwölbten. Sie waren getrennt durch eine aus dem Boden ausgesparte Wand (H. 2,43 m; Br. 1,93 m), die in ihrer ganzen Länge nach der Kammer I zu von einem kleinen Graben (Br. 0,10 m; T. 0,18 m) begleitet, nach Kammer II hin abgestuft war (H. der Stufe 1,06 m; Br. 0,50 m).

Die Kammer I, die der Bestattung diente, hatte eine L. von 5,51 m, eine Br. von 4,86 m, ihre T., vom Beginn des gewachsenen Bodens ab gemessen, betrug 5,66 m. Die Kammer II hatte eine L. von 7,45 m, eine Br. von 3,96 m, ihr Boden lag — etwas höher — 5,17 m unter dem oberen Rand des gewachsenen Bodens. Von der Nordseite des Hügels führten die Minengänge von Raubgräbern an die Kammer I heran und mündeten an ihrer Nordostecke ein (Tf. 78a bei Б). In der ausgeplünderten Kammer fanden sich noch Goldplättchen (Sphinxe, Vögel, Menschenköpfe, Kreuze, Beschläge von Holzgefäßen), Goldgeflecht (CRPétersb. 1912 S. 43 Abb. 58), eine goldene Nadel, eine silberne, zweihenklige Schale mit der Inschrift ЛУКО (vgl. dazu die Inschrift ΠΟΡΝΑΧΟ auf der Dolchscheide aus dem Kul-Oba [s. d.]; *Ant. Bosph. Cimmér*. Tf. 26, 2), eine Wein-Amphora, an deren Hals ein Schöpflöffel aus Bronze, in einen Schwanenhals endigend, hing, sowie ein Päckchen dreikantiger Pfeilspitzen. Von Skeletten war keine Spur mehr vorhanden. Die goldene Nähnadel deutet eine Frauenbestattung an, wie der Ausgräber mit Recht annimmt. Die Beigabe von (Bogen, Köcher und) Pfeilspitzen dürfte aber, entgegen seiner Meinung, zeigen, daß hier (wie z. B. im Kul-Oba [s. d.]) Mann und Frau in derselben Kammer beigesetzt waren.

§ 3. Die Kammer II war von der Ausplünderung verschont geblieben und hatte nur als Kultraum gedient. Menschliche Skeletteile sind in ihr nicht angetroffen. In ihr standen längs der Südwand (vgl. die Anordnung im Kul-Oba; s. d. und Band VII Tf. 90) von W nach O ein skyth. Bronze-

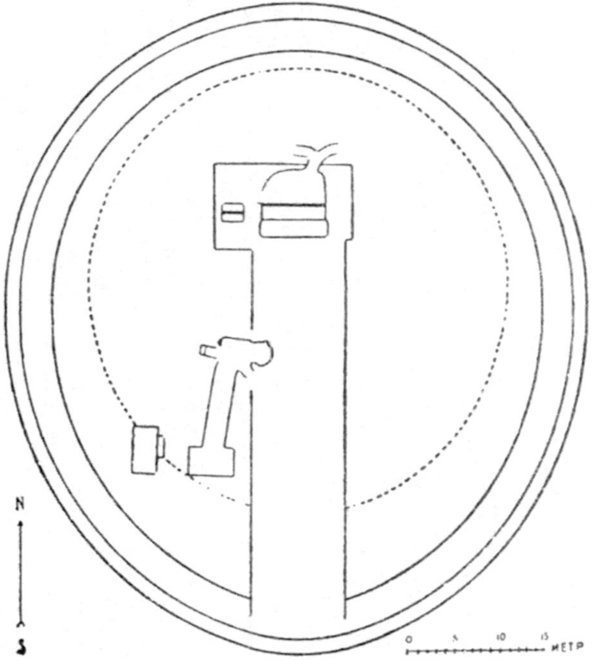

a

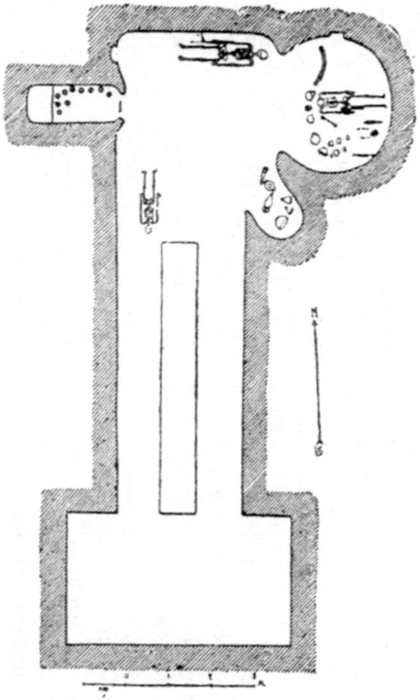

b

Solocha

a. Plan des Hügels. — b. Seitengrab (Plan). — Nach CRPétersb. 1913—15.

kessel, der Hammel- und Rinderknochen, einen wohlerhaltenen Holzeimer und einen ca. $^{1}/_{3}$ m l., spitzen Eisenstab (offenbar zum Aufspießen des Fleisches) enthielt, 3 Weinamphoren, mit Gips verschlossen, und ein in skyth. Funden bis dahin niemals angetroffenes Stück, ein niedriger, vierrädriger Bronzewagen, dessen Boden aus Eisengeflecht, das mit einer Schilfmatte bedeckt war, bestand (H. 0,125 m; L. 0,76 m; Br. 0,74 m; Tf. 80a), und der seine Gegenstücke in den „Portavivande" etrusk. Gräber (Vetulonia [s. d.], Veji [s. d.], Regolini-Galassi [s. Caere]; Randall-Mac Iver *Villanovans and Early Etruscans* 1924 S. 133, 198, 202, 203, 206) hat. Weiter gegen O fand sich ein taburett-artiger, mit Eisenklammern verfestigter Holzgegenstand (0,43 × 0,74 × 0,55 m), der zerfiel, und von dem Veselovskij annahm, daß er in irgendeinem Zusammenhang zu dem Wägelchen stand, endlich eine vergoldete Bronze (Silber?)-Schale in Form eines megarischen Bechers. Der Raum war anscheinend von Grabräubern nicht betreten und enthielt keine Bestattung (CRPétersb. 1912 S. 43).

§ 4. W., in der Verlängerung der das Zentralgrab teilenden Wand, lag ein in den gewachsenen Boden eingeschnittenes unberührtes Pferdegrab (Tf. 77a), ein viereckiger Schacht (L. [O—W] 2,12 m; Br. [N—S] 1,88 m; T. 1,52 m), in der Mitte durch eine aus ungebranntem Lehm hergestellte, 0,30 m br. Mauer so geteilt, daß zwei 0,82 und 0,76 m (südl.) br., grabenartige, parallel laufende Gruben entstanden, in welche die Pferde hineingezwängt waren mit an den Leib gezogenen Beinen und nach oben gewendeten Köpfen. Abgedeckt waren diese Gruben mit dünnen Holzbalken. Die beiden mit dem Rücken nach N liegenden Pferde waren fast gleichartig ausgeschmückt: auf dem Kopfe, von den Ohren abwärts auf dem Maul, lagen auf einer Holzunterlage zwei stilisierte Fische, aus Goldblech getrieben, innen mit Fischen und Doppeladlern verziert (Tf. 80b; L. 38 cm). Sie lagen mit dem Kopf nach oben, so daß sie 1 cm über den Schädel oben hinausgingen und unten mit dem Schwanz die Nasenlöcher berührten. Mit je zwei Schlingen aus Bronze waren sie am Riemen befestigt. An den Schläfen lagen zwei vogelflügelartig geformte Goldbleche (Tf. 80b), ebenfalls mit Bronzeschlingen am Riemen befestigt (L. 21 cm).

Durch diesen Befund erhalten wir Aufschluß über die Verwendung solcher fischförmigen Zierstücke, aus einer ganzen Reihe skyth. Funde bekannt: z. B. Volkovcy (s. d.), Kr. Romen, Gouv. Poltava: *Coll. Chanenko* II Tf. 23 Nr. 404. Naturalistisch. Stör, im Profil. Fundbericht bei Bobrinskoj *Směla* III (1901) S. 82ff. Abb. 25 auf S. 86 und Plan des Grabes S. 87 Abb. 42. Bobrinskoj hat hier (a. a. O. S. 86), indem er darauf hinweist, daß der Fisch mit Pferdegeschirr zusammenliegt, seine Verwendung bereits ganz richtig als Stirnschmuck erkannt. In demselben Hügel (ebd. Nr. 403) ein Pferdestirnschmuck, der typologisch auf solche Stücke, wie sie im S. gefunden sind, zurückgeht. (Gegenstück von Iljincy [s. d.]: Bobrinskoj-Festschrift 1911 S. 54 Tf. 3 Farmakovskij.) Ebendort (*Coll. Chanenko* II Tf. 23) auch 2 flügelartige Anhänger. Unbekannter FO in Südrußland: Montelius-Festschrift 1913 S. 224 Abb. 1a, b. Steht dem Fisch von Volkovcy so nahe, daß Herkunft aus demselben Gebiet wahrscheinlich. — Oxus-Schatz: Dalton *Treasure of the Oxus* 1926 Tf. 6 S. 81 Nr. 16. — Vettersfelde: Furtwängler *Kleine Schriften* I 469ff. und hier Band XIV Tf. 44. Der Fisch hat zwar eine beträchtliche Breite und die Länge von 41 cm, kann aber trotzdem nicht anders gedeutet werden als die anderen hier genannten Stücke (s. Vettersfelde). — Ein Pferde-Ohrschmuck in Gestalt eines Raubfisches aus der Zimbalova (s. d.) Mogila abg. Montelius-Festschrift 1913 S. 227 Abb. 3 Rostovcev. — In der Kukuva Mogila (Bulgarien); vgl. Izvěstija na Bъlgarsk. Archeol. Inst. 3 (1925) S. 111ff. — Über die spätere Verwendung des Vogelflügels an Pferde-Augenschutzkörben vgl. Strena Buliciana 1924 S. 2ff. Drexel.

Außerdem fanden sich bei beiden Pferden eiserne Trensen (s. d.) und kupferne (bzw. bronzene) Ringe und Schnallen, anscheinend zu dem völlig vergangenen Sattel (s. d. A) gehörig. Auf dem Rückenknochen der Tiere waren noch Stücke eines weißen, glitzernden Gewebes (Satteldecke?) erkennbar.

Sättel sind bekanntlich in südruss. Gräbern niemals bisher vollständig erhalten, auch Beobachtungen über sie (z. B. Alexandropol-Kurgan) nicht häufig. Sie waren aus Leder, Stoff, Holz, wohl auch Schilf, und auf ihre Ausschmückung ist kein besonderer Wert gelegt, wie auch dies Grab zeigt.

§ 5. Daß das völlig unberührte, reiche Seitengrab von einem erfahrenen Ausgräber aufgedeckt wurde, sichert ihm eine kanonische Stellung unter den sämtlichen skytho-sarmatischen Funden des Pontus. Um so mehr ist zu bedauern, daß nicht mit Zuhilfenahme aller heute bekannten technischen Mittel die Fundverhältnisse, ins-

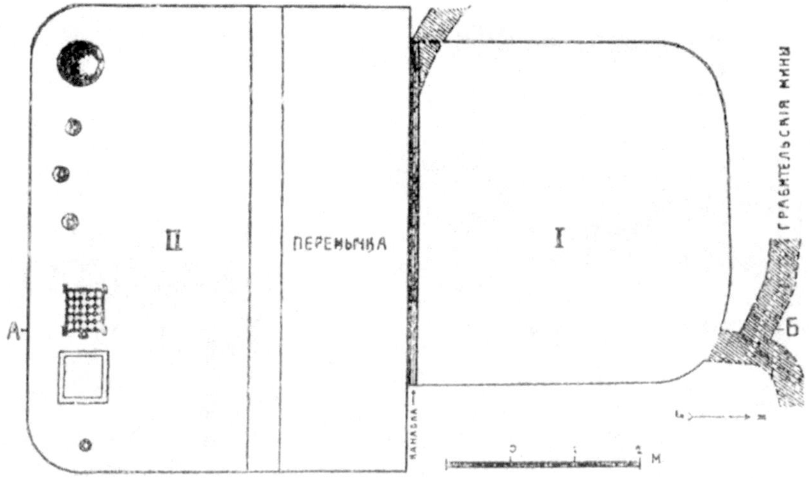

a

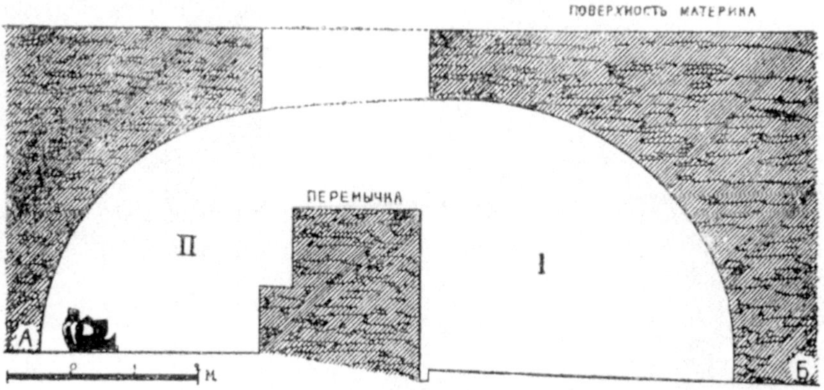

b

Solocha

Zentralgrab: a, b. Aufriß und Querschnitt der beiden Kammern (I, II). Nach CR Pétersb. 1912 S. 42.

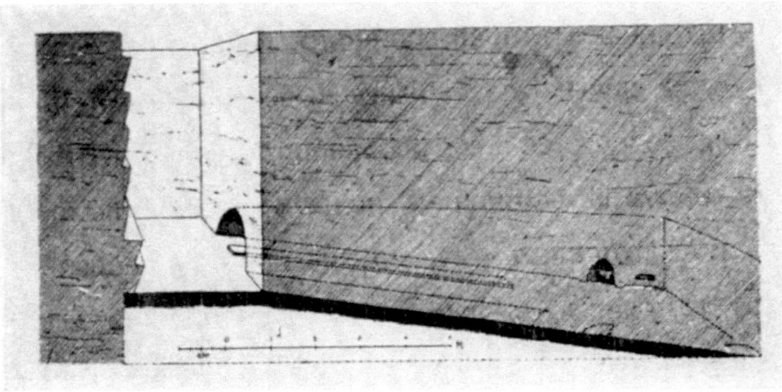

a

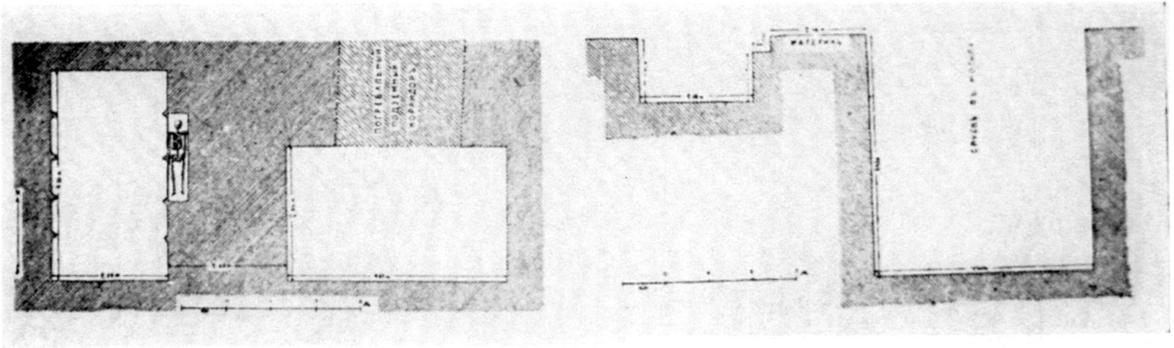

b

Solocha

Seitengrab: a. Einsteigeschacht und Lage des Grabes. — b. Pferdegrab. — Nach CR Pétersb. 1912 und 1913—15.

besondere die Lage aller Beigaben bei der Hauptbestattung, so festgelegt sind, daß eine Nachprüfung über die klaren, aber immerhin dehnbaren, nicht überall genügend ausführlichen Worte der Fundbeschreibung hinaus möglich ist.

Das Seitengrab wurde hergestellt, indem man im SW des Hügels einen Teil des Aufschuttes abschnitt (Tf. 77a) und in den gewachsenen Boden einen viereckigen Schacht (4,87×2,90 m bei 5,40 m T.) hineintrieb (Tf. 79a). Sieben Stufen am ö. Teil der Südwand führten auf seinen Boden hinab. Die Breite der Stufen schwankt zwischen 0,13—0,18 m, nur die sechste hat eine Br. von 0,43, eine L. von 1,57 m. Von diesem Vorraum aus ging nach N schräg abwärts ein gewölbter Korridor von 2,85 m Br. und 10,65 m L., der sich allmählich abwärts senkt; der Niveau-Unterschied betrug 1,40 m. Die H. der Wölbung war am Eingang etwa 1,60 m, am Ende etwa 2,85 m. In der Mitte des Ganges war eine rampenartige Erhöhung (Br. 0,85 m, H. 0,18 m) ausgespart und mit Holzbohlen bedeckt.

Daß dieser Weg zum Hinabrollen (!) der Leichen gedient habe, halte ich für ausgeschlossen. Solch Verfahren steht im völligen Widerspruch zu der Feierlichkeit des skyth. Totenkultes. Es ist wohl der heilige, nur den Toten für den Herabstieg in die Tiefe vorbehaltene Weg.

§ 6. Am Nordende war der zur Kammer gewordene Gang zu 4 Nischen erweitert (Tf. 77b). An der Südseite dieser Kammer, nw. des n. Rampenendes, fand sich das Skelett eines Knaben (auf dem Rücken liegend, den Kopf nach S), mit einem Brett bedeckt. Bei seinen Füßen zwei eiserne Lanzenspitzen mit Tülle, die Spitzen nach N (nicht abg.), an seiner l. Seite Astragalen vom Schaf, an der l. Hand bronzene Pfeilspitzen. Veselovskij hält ihn für den Mundschenk. In der flachen Nische an der Nordwand der Kammer ein Skelett in Rückenlage (Kopf nach O), an seiner r. Seite, vom Gürtel zu den Füßen, lag „ein eisernes Schwert" (leider weder beschrieben noch abg.), bei der l. Schulter ein eiserner Schuppenpanzer und bronzene Pfeilspitzen. — Eine Nische in der Westwand diente als Vorratskammer. In ihr 10 griech. Ton-Amphoren (abg. Arch. Anz. 1914 S. 281 Abb. 104; Typen des 4.—3. Jh.) zur Aufbewahrung von Wein, Öl u. a.

§ 7. Die Hauptbestattung lag in der nö. Nische (Br. von S—N 3,20 m, L. 3,50 m), auf dem Rücken von W—O gestreckt, so daß die Füße fast den hinteren Teil der Wand berührten. Bei den Füßen ein eisernes Messer mit Knochengriff des „gewöhnlichen Typus" (nicht abg. und näher beschrieben). Längs der Beine Goldplättchen (dreieckige, mit Reihen herausgepreßter Buckelchen, mit Doppelgirlanden aus Palmetten und Lotosblüten, mit liegenden Hirschen, Löwen, die Hirsche zerfleischen, liegenden, gehörnten Greifen, sich verbrüdernden Skythen; Tf. 85d). Bei genauer Beobachtung der Lage der Plättchen hätte sich feststellen lassen müssen, ob sie zur Kleidung des Fürsten, zu einem übergebreiteten Tuch, einem Teppich o. ä. gehörten. An der r. Seite ein eiserner Akinakes mit goldener Scheide.

Der Akinakes (Tf. 81a) gehört zu den jüngeren Typen mit zusammengewachsenem Antennenknauf und mit einem zu einem Dreieck mit eingezogener Unterseite gewordenen, herzförmigen Griffabschluß. Das älteste bisher bekannte gut datierte und veröffentlichte Antennenschwert aus Südrußland (5. Jh. v. C.) stammt aus einem von mir untersuchten Tumulus von Maricyn, Gouv. Cherson (Präh. Z. 5 [1913] S. 13 Abb. 10k), das größte skyth. Antennenschwert aus Ungarn (von Aldoboly, Kom. Háromszék, L. 113,5 cm; abg. z. B. Minns *Greeks and Scythians* 1913 S. 69 Abb. 18; vgl. Ethnol. Mitteilungen aus Ungarn 4 [1895] H. 1; hier Tf. 66b). Eine Beeinflussung dieser über die ganze Ukraine verbreiteten Form aus dem W her ist z. Z. nicht nachweisbar. Dem Stück aus dem S. sehr nahe stehend und mit diesem annähernd gleichzeitig ist der Akinakes mit goldener Scheide von Jelisavetovskaja Stanica (s. Ušakov-Fund und Band XIV Tf. 15a; Izvěstija 1910 Tf. 5 Müller), ferner der aus einem Grabhügel bei Romny, Gouv. Poltava (Bobrinskoj *Směla* II Tf. 22, 4), sowie der aus dem Kr. Zenkov, Gouv. Poltava: Trudy 1909 Tf. 3, 4. Auch das Schwert aus dem Kul-Oba (= *ABC* Tf. 27, 10) ist als Antennenschwert zu ergänzen.

Der im Tierstil verzierte goldene Scheidenbeschlag (auf Holzunterlage, L. 50,9 cm, gr. Br. 12,5 cm; Tf. 81b) verbindet in seiner Form zwei Eigentümlichkeiten, die meist erst viel später an iranischen Schwertscheiden auftreten: rundes Ortband und doppelten Traglappen.

Das kreisförmige Ortband (ungefähr gleichzeitiges Gegenstück an einem Akinakes vom ungar. Typus: Miriszló [Tf. 65d]; rundlich ausgezackt: Goldblech aus dem Oxus-Schatz [s. d.], abg. z. B. Sarre *Die Kunst des alten Persiens* 1925 S. 42) ist gewöhnlich an den Schwertern vom Buerova-Typus (Band X Tf. 112B a, d, e), und der zweite Scheidenlappen findet sich häufig an sassanidischen Dolchen (vgl. z. B. A. von Lecoq *Bilderatlas zur Kunst- und Kulturgeschichte Mittel-Asiens* 1925 Abb. 6/7, 11).

§ 8. An der r. Hand hatte der Tote drei, an der l. zwei breite, flache Armbänder aus Gold vom Kul-Oba-Typus (= *ABC* Tf. 26, 3. 4), am Hals einen schweren goldenen Ring (Tf. 81d) der jüngeren gräko-iranischen Art, mit Löwenköpfen endend, die Email-Einlage zeigen, wie sie für die reichen Gräber der Gruppe typisch sind (gr. Dm 30 cm; Kul-Oba: *ABC* Tf. 8, 3). Auf dem Kopf oder neben ihm ein einfacher griech. Bronzehelm, am Rande mit Bohrlöchern für Wangen- und Backenleder (Tf. 81c). Etwas n. von dem Helm der schöne goldene Kamm (Band VI Tf. 55; über 250 g schwer; gr. Br. 10,4 cm), kunstgewerblich ein Meisterwerk, ethnographisch von geringem Wert (den Bronzekamm des Bukarester Museums [„Skythe" mit Pferd am Brunnen] Band XI Tf. 37c, dem H. Schmidt die Ehre erweist [Präh. Z. 1928 S. 3 Anm. 1], ihn neben den von S. zu stellen, würde ich eher für ein Erzeugnis neuerer Volkskunst als für skyth. halten, doch kenne ich das Stück nicht im Original).

Neben dem r. Arm, vom Ellenbogen zur Schulter, lagen zwei eiserne Lanzenspitzen und eine Szepterkeule mit bronzenem Kopf und Abschluß des hölzernen Stieles (Tf. 82a), schwerlich noch Waffe, sondern Würdezeichen thrakisch-kimmerischer Tradition (über die Keulentypen und deren Verbreitung und Zeitstellung: Präh. Z. 4 [1912] S. 31ff. H. Schmidt, Materialien Arch. Rußl. 34 [1914] S. 5f. E. v. Stern; s. a. hier s. v. Keule und Bonnet *Waffen der Völker des alten Orients* 1926 S. 15f.; aus Alabaster im Funde von Borodino [s. d. und Band II Tf. 61]). An der l. Seite des Toten von der Schulter nach der Nordwand zu lagen Teile eines goldenen Hals- oder Brustschmuckes (Tf. 82b) aus dünnen, zylindrischen Röhrchen, amphorisken-artigen Anhängern und Goldplättchen mit zusammengekauertem Steinbock, wie er sich häufig in Gräbern dieser Gruppe (z. B. Čertomlyk) gefunden hat, aber noch nicht überzeugend wiederhergestellt ist.

§ 9. An der Südseite, neben dem r. Arm, standen 8 Gefäße, eines aus Ton, eines aus Holz und 6 silberne. Das Tongefäß ist eine einfache, schwarzlackierte Kylix (abg. Arch. Anz. 1914 S. 269 Abb. 89), auch in einfachen Gräbern des 4.—3. Jh. sehr geläufig. Der obere Rand der Holzschale wird eingefaßt von aufgenieteten Goldblechen (auf ihnen Darstellungen von Fischen und liegendem Hirsch), mit denen auch der flache, am oberen Rande ansitzende Griffhenkel belegt ist (Tf. 82c, 85e.).

Als Beschläge von Henkeln ähnlicher Art an Holzgefäßen zu deuten z. B. solche Goldbleche wie Kondakov-Tolstoj *Antiq. Russie mérid.* S. 284 Abb. 249 (Ak-Mečet), *Antiq. Scythie Hérod.* Atlas Tf. 6, 4. 5. (Alexandropol), Arch. Anz. 1913 S. 224 Abb. 71 (Voronež) und CRPétersb. 1876 S. 155 Atlas Tf. 4, 5 (Sieben Brüder, II. Hügel). Vgl. Mater. Arch. Rußl. 34 (1914) S. 84 Anm. 4 Rostovcev.

Von den 6 Silbergefäßen sind zwei (Tf. 83a) vom Typus der Skythen-Vasen von Voronež (s. d. und Band XIV Tf. 52) und aus dem Kul-Oba (s. d. und Band III Tf. 154); die eine unverziert, die andere mit Relieffries: je zwei Sphinxe in antithetischer Gruppe um einen „Lebensbaum" (s. d.). Zwei bauchige, unverzierte Gefäße mit horizontalen Henkeln, das eine mit Standfuß (Tf. 83b). Eine schöne, hohe Henkeltasse mit breitem, geschwungenen Bandhenkel, auf der zylindrischen, eingezogenen Wandung mit eingravierten Figuren (Frauen, musizierend und tanzend; am oberen Rande Epheu-Girlande; Tf. 84a), und ein kesselartiges Gefäß mit Standfuß und zwei Horizontalhenkeln, mit der Reliefdarstellung von idealisierten Skythen im Kampf mit einem Löwen und einer gehörnten Löwin (Tf. 83c). Unter den Henkeln einerseits zwei Löwen in ihrem Lager, andererseits zwei aus einer Höhle heraustretende Raubtiere. Sehr möglich, daß das Ganze eine Art von Opferservice darstellt.

Südl. vom r. Bein (nicht am Kopf wie Arch. Anz. 1914 S. 268) ein eisernes Messer mit Knochengriff, ein zweites eisernes Schwert (nicht näher beschrieben und abg.) mit vergangener Scheide, und fast schon an der Wand bronzene Zierstücke (vom Gürtel?). Nördl. vom Kopf des Fürsten sein eiserner Schuppenpanzer.

§ 10. In der Nordwand der Grabkammer war ein kleines „Versteck" angelegt (s. Kul-Oba), auf dessen Boden eine goldene Schale stand (Dm 22 cm; Band IV Tf. 85), ein vorzügliches Gegenstück zu der Goldschale aus dem Kul-Oba (*ABC* Tf. 25), nur daß hier das den ganzen Raum füllende, aus Tierszenen bestehende Ornament nicht wie dort strahlenförmig vertikal, sondern in um den Boden ziehender konzentrischer Reihung angelegt ist. Es ist nach außen

a

b

Solocha

Zentralgrab: a. „Porta-vivande" aus der Kultkammer. — b. Pferdekopfschmuck aus dem Pferdegrabe. L. des Fisches 38 cm. — Nach Arch. Anzeiger.

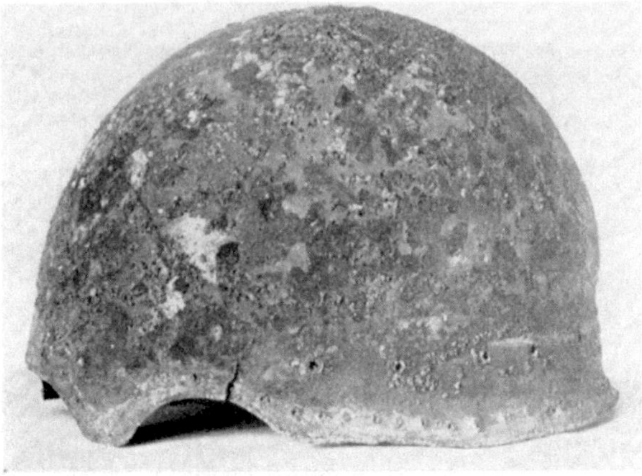

c

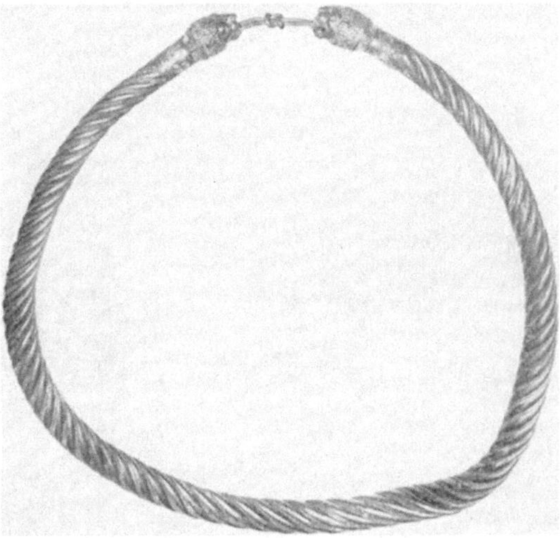

d

b

a

Solocha

Seitengrab: a. Goldbelegter Schwertgriff. — b. Goldbelag der Schwertscheide. L. 50,9 cm. — c. Bronzene Helmkappe. — d. Goldener Halsring. Gr. Dm 30 cm. — Nach Arch. Anzeiger.

herausgepreßt. Am äußeren Rand der Schale die einpunktierte Inschrift: ΕΛΕΥ-ΘΕΡΙΑ ⁝ ΗΗΡΜΩΝ ⁝ ΑΝΤΙΣΘΕΝΕΙ (Ἐλευθερία ἡ Ἡρμῶν Ἀντισθένει?). In dem letzteren Wort erkenntlich Rest einer (älteren?) Inschrift: ΛΟΧΟ.

Auf dieser Schale lagen die Reste eines Goryts (s. d.; Tf. 84 b), d. h. Stücke des silbernen, auf dem Reliefteil vergoldeten, mit Tierkampf- und Skythenkampfszenen sowie einem Flechtband geschmückten Beschlages und Teile der Gipsunterlagen (vgl. zu diesen Rubensohn *Hellenistisches Silbergerät in antiken Gipsabgüssen* 1911) mit 180 bronzenen Pfeilspitzen. Im Gegensatz zu den meisten andern Darstellungen von Skythen auf südruss.-griech. Arbeiten zeigen diese hier einen mongoloiden Typus.

Izvestija Akad. Mat. Kultury 2 (1922) S. 23 ff. Farmakovskij.

§ 11. In einer sw. der Hauptbestattung befindlichen kleinen Nische war ein Speise-Opferraum, der drei bronzene skyth. Kessel enthielt. Im größten von ihnen Pferdeknochen, eiserne Gabeln und eine bronzene Schöpfkelle (Tf. 85 a). Ferner eine flache, bronzene, zweihenklige Schale (Tf. 85 c), in ihr der Silberbeschlag vom Randstück eines Trinkhorns (Tf. 85 b), ein bronzenes Sieb mit Schwanenkopf und längliche, dreieckige Silberbeschläge von einem Holzgefäß.

§ 12. Etwa 2,60 m vom Grabeingang nach W (Tf. 77 a, 79 b) lag das zugehörige Pferdegrab, ein länglich viereckiger Schacht (von S nach N gerichtet; L. 4,56 m, Br. 2,58 m, T. 1,42 m), durch Scheidewände in 5 Kammern geteilt, in denen 5 Pferde, nicht sonderlich reich ausgestattet (vgl. die Beschreibung und die Abb. CRPétersb. 1913—1915 S. 126—131 Abb. 205—213), lagen. Am Rand des Pferdegrabes eingeschnitten das schmale, flache Grab für den Pferdeknecht (L. 1,90 m; Br. 0,40 m; T. 0,36 m), an dessen Handwurzel sich ein Bündelchen Pfeile befanden.

§ 13. Die Datierung der Gräber, daran können auch die altertümliche „Portavivande" und einige andere Fundstücke älteren Charakters (Goryt) nichts ändern, ist gegeben durch die griech. Keramik, die Goldplättchen, den Schwerttypus sowie durch die Grabanlagen und die Ausstattung derselben, die sie dicht neben den Kul-Oba-, den Čertomlyk-, den Patiniotti-, den Mordvinov-, die Sěrogozy-Grabhügel u. a. stellen (s. diese Artikel) d. h. an das Ende des 4. Jh. oder den Anfang des 3. Jh. v. C.

CRPétersb. 1912 (1916) S. 40—47, ebd. 1913—1915 (1918) S. 104—132 Veselovskij; Izvěstija Arch. Kom. 47 S. 96 ff. ders.; Staryje Gody 1914 Märzheft ders.; Montelius-Festschrift 1913 S. 223 ff. Rostovcev; Arch. Anz. 1913 S. 217 ff., ebd. 1914 S. 260 ff. Farmakovskij; Rev. arch. 23 (1914) S. 164 ff. Polovcova; Izvěstija Arch. Kom. 58 S. 131 ff. Farmakovskij; ebd. 60 S. 70 ff. Rostovcev; Journal internat. d'arch. num. 17 (1915) S. 3 ff. Svoronos; Izvěstija Arch. Kom. 65 S. 72 ff. Rostovcev; Rev. arch. 1916 S. 310 ff. S. Reinach; Izvestija Russ. Akad. Mat. Kultur 2 (1922) S. 23 ff. M. V. Farmakovskij; J. V. Gotъe *Očerki po istorii materialьnoj kulьtury vostočnoj Jevropy* I (1925) S. 225 ff.; Rostovcev *Skifija i Bospor* 1925 S. 415 ff.; Borovka *Scythian Art* 1928; W. Ginters *Das Schwert der Skythen und Sarmaten in Südrußland* Vorgeschichtliche Forschungen 2, 1 (1928). M. Ebert

Solsona (Spanien). § 1. Stadt und Hauptsitz eines für die Vorgeschichte Zentralkataloniens wichtigen Gebietes, im Tal des Cardoner, Nebenfluß des Llobregats. Der Name S. wird öfters in der Literatur über die katalanische Vorgeschichte im geogr. weiteren Sinne (für das ganze Solsona-Gebiet) verwendet, weil dank den vielen wissenschaftlichen Ausgrabungen des Leiters des Solsonaer Bischöflichen Museums, Serra-Vilaró, das Gebiet von S. wichtige Funde ergeben hat und der bestbekannte Teil der bergigen Landschaften Innerkataloniens ist. S. hat aber keine eigenen und scharf begrenzten Kulturgruppen, sondern ist durch seine geogr. Lage ein Kreuzungspunkt verschiedener Kulturströmungen, einerseits von der Barcelona-Küste her, durch die Täler des Llobregat und Cardoner aufwärts, und andererseits von den innerkatalanischen Gruppen in den Bergen der Prov. Lérida und denen des N der Prov. Barcelona.

§ 2. Die ältere StZ ist von hier noch nicht bekannt. Aus der j. StZ bzw. der Kupferzeit werden viele Grotten, Abris, nichtmegal. und megal. Gräber genannt. Eine besondere Gruppe, von Bosch in die frühe Kupferzeit datiert und die äußerste Grenze der Ausbreitung der Almeria-Kultur bezeichnend, ist die von nichtmegal. kleinen Steinkisten, meistens ohne Hügel und mit Funden wie in den Gräbern Vilassar, Santa Maria de Miralles usw. der Küstengebiete. Die meisten Solsona-Gräber dieser Gruppe sind noch nicht veröffentlicht, doch in der Literatur öfters erwähnt, von Bosch mit der angegebenen Bezeichnung (katal.: *sepulcres no megalitics*), von Serra-Vilaró mit dem irreführenden Namen *megalits neolitics* (neol. Megalithgräber), um die Gruppe, welche von ihm wegen des Fehlens von Metall in die reine StZ datiert wird, von den eigentl. kupferzeitlichen pyren. Megalithgräbern zu unterscheiden. Es handelt sich in Wirklichkeit kaum um Megalithgräber, auch wenn die Steinkistenform Ähnlichkeiten aufweist, da sie viel kleiner und ihre Steinplatten meistens viel dünner als die der richtigen Megalithgräber sind. Sie haben auch keinen Hügel, und das Grabinventar ist ganz andersartig. Die Datierung in die Frühkupferzeit wird durch die Parallelgräber der katal. Küste und von Almeria selbst (Gräber von Puerto Blanco, La Pernera usw., wo auch Kupfer erscheint) bestimmt.

Die Grotten und Abris (Ortoneda, Garrigó, Sant Bartomeu, Solanells, Llera, Aigües Vives, Espluga Negra usw.) und viele Megalithgräber, meistens nicht große Steinkisten (Puig de les Forques, Codonyet usw.; bis auf etwa 100 meistens unveröffentlicht), doch dabei auch eine gedeckte Galerie (Llanera), zeigen ein Inventar, das sie in die katal. pyren. Kultur einreiht (Silexpfeilspitzen, trapezoidale Mikrolithen, kleine Silexmesser, Perlen aus Stein, Muscheln und Knochen, Knöpfe mit V-Bohrung, Keramik, darunter Glockenbecher mit ziemlich reicher Verzierung, kleine Metallsachen, ovale Schieferplatten wie in der südfrz.-pyren. Kultur, die sonst in Katalonien selten sind usw.). Die meisten FO sind gleichzeitig, doch haben die Steinkisten von Bullons und Collet bei Riner keine Steinartefakte ergeben und scheinen stark durch die Argar-Kultur beeinflußt zu sein, wonach sie in die frühe BZ gehören. Die katal. Megalithgräberkultur lehnt sich also in dieser Per. mehr an die übrige span. Entwicklung an, statt wie die frz.-pyren. Kultur weiter die kupferzeitlichen Formen zu entwickeln. In Bullons ist eine Bernsteinperle gefunden worden.

§ 3. Aus der frühen BZ ist außer den erwähnten Steinkisten von Bullons, Collet und Einzelfunden von Bronzegegenständen das Kupferbergwerk von Riner bekannt, mit Gußformen für Flachäxte und interessanter Keramik, die ein Weiterleben der Ornamentik der zentralspan. Grottenkultur zeigt, welche wohl die bodenständigste Kataloniens ist, aus dessen frühen Per. (reine StZ) vorläufig nichts aus S. vorliegt. Aus der fortgeschrittenen BZ kennt man nur Einzelfunde, welche kein besonderes Interesse verdienen.

§ 4. Die I. EZ ist aus dem eigentlichen Gebiet von S. unbekannt, doch darf man aus dem Auftreten der eisenzeitl. Kultur Innerkataloniens (Marlés-Typus) in den S. umgrenzenden Gebieten (Marlés und Vich in der n. Prov. Barcelona, ö. von S., Balma del Segre bei Vilaplana in der Prov. Lérida, w. von S.) vermuten, daß S. auch in diese innerkatalanische Kultur mit einbegriffen war, die der einheimischen Bevölkerung, wohl Trägerin der Grottenkultur, vermischt mit pyren. Elementen, zuzuschreiben ist. Eine Bestätigung für diese Hypothese gibt die Tatsache, daß in der folgenden Kultur der I. Per. der II. EZ von S. manches auf eine Fortsetzung der Keramik vom Grottenkulturtypus hindeutet (Keramik des Castell Vell bei S.).

§ 5. Die II. EZ weist zwei Per. auf. Die erste, durch die Ansiedlungen vom Castell Vell bei S. (untere Schicht) und Anseresa bei Olius vertreten, zeigt eine ziemlich ärmliche Kultur fast ohne Anklänge an die damals in Ostspanien herrschende iber. Kultur und dagegen Fortsetzungen der einheimischen Tradition. Die II. Per. (Ansiedlungen vom Castell Vell: obere Schicht und ein weiterer FO bei Solsona., S. Miguel de Sorba), die wohl einer neuen Bevölkerung (Lacetaner, verwandt mit den Küstenstämmen Kataloniens: Laietaner, Indiketer, Cossetaner) zuzuschreiben ist, hat die übliche Kultur der Küste Kataloniens des 3. Jh., dessen typische FO die Ansiedlung Puig Castellar (s. d.; bei Sta. Coloma de Gramanet) und die Nekropole Cabrera de Mataró, beide in der Prov. Barcelona, sind.

Die Funde aus dem Gebiete von S. werden fast alle im Bischöflichen Museum von S. aufbewahrt. S. a. Pyrenäenhalbinsel.

Bosch *Prehistòria Catalana* 1919; Serra-Vilaró *El vas campaniforme a Catalunya i les coves sepulcrals eneolítiques* (1923; Veröffentl. des Museums Solsona); ders. *De Metallurgia prehistórica a Catalunya* 1924 dgl. (entsprechend

a

b

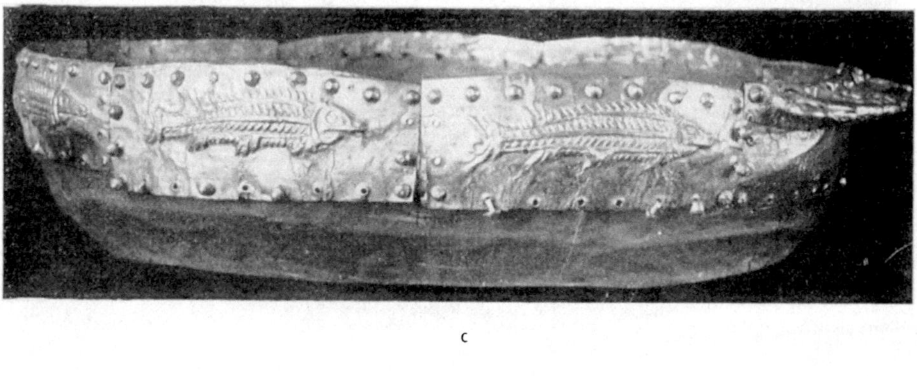

c

Solocha

Seitengrab: a. Bronzener Kopf und Griffabschluß eines Zepters. — b. Teile eines goldenen Hals- oder Brustschmuckes. — c. Hölzerne Schale mit Goldplattierung. — Nach Arch. Anzeiger.

a

b

c

Solocha

Seitengrab: a—c. Silbergefäße. — Nach Arch. Anzeiger.

a

b

Solocha

Seitengrab: a. Silberne Tasse mit eingravierten Darstellungen. — b. Silbervergoldeter Gorytbeschlag. Nach Arch. Anzeiger.

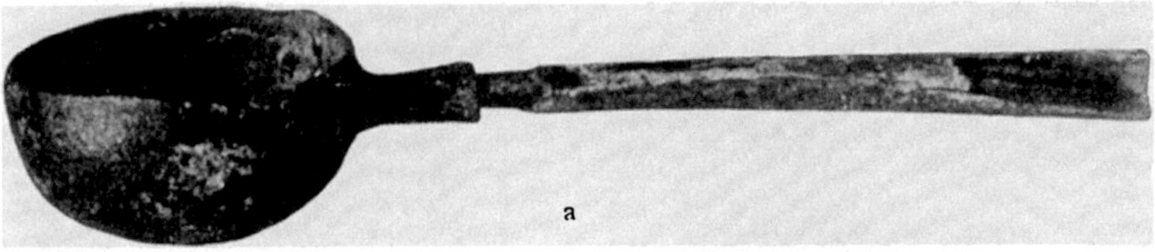

a

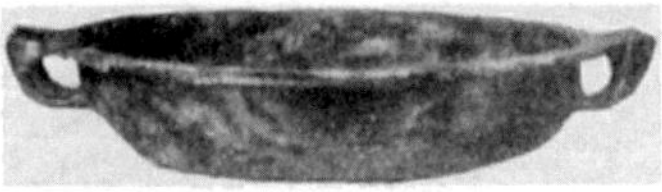

c

b

e

d

Solocha

S e i t e n g r a b: a, c. Löffel und Schale aus Bronze. — b. Silbernes Randstück eines Rhytons. — d. Goldplaketten. — e. Goldbelag vom Griffhenkel eines Holzgefäßes. — Nach CR Pétersb. 1913—15 und B o r o v k a.

Anuari del Institut d'Estudis Catalans 1915—20 S. 535—538); ebd. 1915—20 S. 527ff. Bosch-Aranzadi *Sepulcres megalitics dels començos de la Edat del Bronze de la comarca de Solsona*; L. Pericot *La civilización megalitica catalana y la cultura pirenaica* 1925; Serra-Vilaró *Excavaciones en el dolmen de Llanera* Memor. Junta Exc. 13 (1917); ders. *Excavaciones en Castellvell* (*Solsona*) ebd. 27 (1920); ders. *Exc. en el poblado ibérico de Anseresa* (*Olius*) ebd. 35 (1920); ders. *Exc. en el poblado ibérico de S. Miguel de Sorba* ebd. 44 (1921—22); ders. *Exc. en una estación ibérica* usw. ebd. 63 (1924—25); [ders. *Escornalbou Prehistórich* 1925].

J. de C. Serra-Ràfols

Solutré s. Frankreich A, Solutréen.

Solutréen (Tf. 86).

§ 1. Das westeurop. Solutréen. Seine Typen, Unterstufen und Verbreitung. — § 2. Das osteurop. S. Seine Typen, Unterstufen, Verbreitung und Beziehungen zum w. S. — § 3. Fauna; geol. Alter.

§ 1. Die zweite Hauptstufe des Jungpaläol. (s. d.) ist das Solutréen (Solutré-Stufe; engl.: *Solutrean*; span.: *Solutrense*), dessen Patenstation der Crot-du-Charnier bei Solutré, unweit Mâcon (frz. Dép. Saône-et-Loire), ist, wo über einer Magma-Schicht aus Wildpferdresten und mit Aurignacien-Einschlüssen ein reiches Niveau unserer Kulturphase lagert, dessen tiefere Straten große Lorbeerblattspitzen und wenig bearbeitetes Knochenmaterial einschließen, indes die höheren viele kleine Lorbeerblattspitzen, langgestreckte, nur auf der Oberseite retuschierte Weidenblattspitzen und eine zahlreiche Knochen-Industrie enthalten. Letztere Straten dürfen daher wohl als Äquivalent des Niveaus mit Kerbspitzen genommen werden, welche hier fehlen. Darüber kam ein dürftiges Magdalénien zutage (Tf. 86, 1).

Westeuropäisches Solutréen. Wie die neuesten Forschungen täglich mehr erhärten, ist die Heimat des S. im ö. Europa zu suchen, und dessen großes frz. Zentrum gehört einer etwas jüngeren Blüteperiode an. Trotzdem dürfte es vielleicht zweckdienlicher sein, zunächst dem S. von Westeuropa nähere Aufmerksamkeit zu schenken. Dieses gliedert sich deutlich in drei Phasen, wie aus der Stratigraphie verschiedener FO hervorgeht, von denen hier nur jene des Felsüberhanges von Le Ruth, unfern von Le Moustier (Dordogne), wiedergegeben sei:

Moderner Schutt (0,50—1,50 m)
Alt-Magdalénien (0,10 m)
Sterile Schicht (0,70 m)
Oberes Solutréen (0,70 m)
Mittleres Solutréen (0,60 m)
Unteres Solutréen (0,10 m)
Sterile Schicht (0,20 m)
Oberes Aurignacien (0,60 m)
Sterile Schuttstrate (0,60 m)
Mittleres Aurignacien (0,75 m)
Basalschutt.

Als Charakteristikum unserer Stufe haben nicht so sehr neuerfundene Geräteformen als vielmehr eine neuauftauchende Retuschier-Methode zu gelten. An die Stelle der kräftigen Randretusche des Aurignacien tritt nämlich jene des S., welche in der Abhebung dünnflacher Schuppenabsplisse vermittelst Pressung besteht und sich auf ganze Oberflächen auszudehnen pflegt.

Diese lamellare Schuppen-Retusche nimmt anfänglich mit dem Spät-Aurignacien Kontakt und tritt zunächst an der Spitze von La Font-Robert-Typen oder an der oberen bzw. unteren Extremität von Klingenabschlägen auf, und zwar an letzteren häufig in „alternierender" Form, d. h. entweder an der Spitze der Oberseite und Basis der Unterseite, bzw. umgekehrt. Mit dem eigentlichen Alt-S. verschwinden die Typen des Aurignacien und eine überraschende Verarmung des Knochen-Inventars macht sich bemerkbar, das sich auf seltene, einfache Pfriemen und Spitzen reduziert. Sogar die Silexgeräte beschränken sich auf die Allgemeintypen des Jungpaläol. und unter ihnen heben sich nur flache Blattspitzen mit schöner, aber noch partieller Flächenretusche ab.

Mit dem Voll-S. (mittl. S.) erscheint die klassische Lorbeerblattspitze, teils langschmal, teils mehr breitoval (Tf. 86, 2a; frz.: *pointe en feuille de laurier*; engl.: *laurel-leaf javelin point*; span.: *punta hoja de laurel*). Von dünnem, geraden Profilschnitt und auf beiden Flachseiten mit sorgfältigster Totalretusche überarbeitet, verkörpert dieses Speerblatt den Höhepunkt der paläol. Steinbearbeitung und einen vortrefflichen Leittypus, da erst im Neol. wieder ähnliche Erzeugnisse in die Erscheinung treten. Mit ihr wurden wohl Speere oder kurze Dolche bewehrt.

Im Jung-S. dauert die Lorbeerspitze weiter, entwickelt sich jedoch nicht selten zu langgestreckten, nahezu dreieckigen Spitzen, teils mit schwach konvexer, teils mit geradliniger oder mit konkav ausgebuchteter Basis (Brassempouy, Landes; Tf. 86, 2 b). Dann und wann ist die Basalpartie dissymetrisch und entartet zu einem kurzbreiten, seitlichen Pseudo-„Stiele" (Montaut, Landes); auch langschmale, feine Spitzen von Weidenblattform (*feuille de saule*; *willow-leaf javelin point*; *hoja de sauce*) treten auf. Dazu kommt die für dieses höhere Niveau charakteristische Kerbspitze („typische" Kerbspitze; *pointe à cran solutréenne*; *solutrean single-shouldered point*; *punta solutrense de muesca*), d. h. eine zumeist nur auf der Oberseite fein nach Solutréen-Technik retuschierte Spitze mit langem, seitlichen Stiel, der durch eine durchgreifende laterale Auskerbung erzielt wurde (Tf. 86, 2 c). Sie ist form-identisch mit der Kerbspitze des Jung-Aurignacien und beweist ein Zurückgreifen auf Aurignacien-Traditionen, bzw. intimen Kontakt mit Gegenden, in denen das S. überhaupt nicht durchgedrungen war. Nunmehr wird zugleich neuerdings ziemliches Gewicht auf die Knochen- und Hornbearbeitung gelegt und werden lange, dünne Pfriemen oder Ahlen, Speerspitzen mit abgeschrägter Basis, oben abgerundete Spateln, sog. Kommandostäbe usw. häufiger, und erscheinen sogar zarte Beinnadeln mit zierlicher Öse sowie Werke der Kleinkunst, d. i. Tierskulpturen oder Gravierungen auf Knochen oder Stein (Solutré; Laugerie-Haute; Lacave; Grotte du Roc, Charente). Gleichaltrige Darstellungen auf Höhlenwänden ließen sich bislang im franko-kantabrischen Kreise noch nicht mit Sicherheit ermitteln.

Merkwürdig ist die Verbreitung dieses West-Solutréen. Das n. Frankreich (mit Belgien) sowie England haben an ihm, und zwar nur an seiner älteren Hälfte, einen unwesentlichen Anteil; völlig scheint es in Südost-Frankreich (d. i. in den Westalpen und im Rhone-Becken) zu fehlen. Jedenfalls liegt es aber näher, für die „solutréenfreien" Gebiete Ersatz-Industrien im Sinne eines verlängerten Aurignacien und nicht in Gestalt eines fortschrittlichen „Prä-Magdalénien" anzunehmen, womit übereinstimmt, daß das älteste Magdalénien tatsächlich vielerorts an ein degeneriertes, verarmtes Jung-Aurignacien erinnert. Am Fuße der frz. Pyrenäen ist das S. noch ziemlich belegt (Gegend von Carcassonne, Saint-Girons, Saint-Gaudens usw.), vermeidet es jedoch, wohl aus klimatischen Gründen, in die Gebirgstäler einzudringen. Seinen Weg nach Spanien nahm es die Küste entlang, und zwar sowohl am Atlantischen Ozean wie am Mittelländischen Meere. Auf der Pyrenäen-Halbinsel (s. d. A) findet sich das Alt-, Mittel- und Spät-S. (welch letzteres in Frankreich ausschließlich mit der Zone zwischen der Loire und dem Nordsaume der Pyrenäen umschrieben ist) zunächst in Kantabrien mit Häufigkeit. Zur Kerbspitze von der bekannten Form gesellt sich eine „kantabrische Variante", mit einem nur rudimentären seitlichen Stiel, an welchem eine sorgfältig ausgerundete Kerbe ansetzt, die in einen scharfen, kurzen Dorn ausläuft (Tf. 86, 2 d). Wir haben es also augenscheinlich mit einer Form zu tun, welche eine Kombination zwischen der größeren Lorbeerblattspitze mit konkaver Basis und der gewöhnlichen kleinen Kerbspitze darstellt und in seltenen Fällen auch nach Südfrankreich (Grotte des Harpons bei Lespugue, Haute-Garonne) übergriff. Diesem auf die Nordwestküste beschränkten S. steht im O der Halbinsel jenes von Katalonien gegenüber, mit der Kerbspitze vom „katalanischen Typus". Morphologisch an die Spitze von La Font-Robert erinnernd, besitzt sie einen flachbreiten Mittelstiel und in der Höhe des Stielansatzes scharfe, kleine Kantendornen (Tf. 86, 2 e). Daß sich dieses nordspan. S. noch weiter nach S erstreckte, ist unwahrscheinlich, und so hätten wir, im günstigsten Falle, nur mit leichten „Infiltrationen", nicht wirklichen Transgressionen, zu rechnen, da Zentral- und Südspanien bekanntlich vom Jung-Capsien besetzt waren. Aus dem gleichen Grunde ist auch kein S. in Italien bzw. Nordafrika zu erwarten (s. Nördliches Afrika A § 3).

§ 2. Osteurop. Solutréen. Die glücklichen Entdeckungen von E. Hillebrand haben überzeugend nahegelegt, daß die Wiege des europ. S. im O unseres Kontinents gestanden haben dürfte. In einer Reihe von Höhlen Ungarns (s. d. A § 3) tritt ein sonsthin noch unbekanntes Primitiv-S. mit archaischen, wenig gelungenen

Vorläufern der Lorbeerblattspitze auf, welche stark an kleine, degenerierte Faustkeile des letzten Altpaläol. erinnern (Szeleta-Höhle, Jankovich-Höhle u. a.). Die Begleitindustrie dieser häufig aus Quarzit gefertigten Typen ist armselig, bearbeitetes Horn oder Knochen fehlen nahezu gänzlich. In der Pálffy-Grotte (bei Detrekö-Szentmiklós, kleine Karpathen) bildet ein dürftiges Aurignacien das Liegende; anderwärts (Szeleta-Höhle) erscheint als Hangendes ein Niveau mit formvollendeten länglichen Blattspitzen, welche allmählich immer dünnflacher werden. Wir möchten hervorheben, daß diese Speerblätter zumeist am unteren Ende abgerundet sind; doppelspitzige echte „Lorbeerblatt"-Formen gehören, nach Hillebrand, zu den Ausnahmen. Auf diese Weise entwickelte sich in Ungarn eine Art von (älterem) Hoch-Solutréen (Band XIV Tf. 4), das sich nach Polen (s. d. A § 2), Mähren (s. Böhmen-Mähren A) und Österreich (s. d. A) verbreitete und von hier quer durch Süddeutschland (Klausenhöhlen bei Neu-Essing [Band VIII Tf. 71 b], Ofnet-Höhlen, Sirgenstein, Cannstatt) an den Rhein gelangte. Es ist beachtenswert, daß in den sämtlichen namhaft gemachten Gebieten ausschließlich „älteres" S. vertreten ist, zum größeren Teile von archaischem Gepräge; im n. Deutschland steht unsere Stufe überhaupt aus. Gegen O ist sie anscheinend bis in die Ukraine (Kanev am Dnjepr) vorgedrungen (s. Südrußland A § 2).

Nach Frankreich eingeführt, schlug das S. in dessen Südhälfte kräftige Wurzeln, so daß ebenda ein wichtiger sekundärer Bildungsherd entstand, den wir im vorstehenden zur Sprache brachten. Merkwürdigerweise ist das frz. Jung-S. n. nicht über die Loire hinausgelangt.

Das geographisch-chronol. Verhältnis zwischen dem w. und ö. Solutréen dürfte sich demnach annähernd gestaltet haben, wie es die nachfolgende Tabelle veranschaulicht.

Westliches Europa	*Ost- und Zentral-Europa*
Spätsolutréen, mit Kerbspitzen; (beschränkt auf die Südhälfte Frankreichs und auf Nordspanien)	—
Mittelsolutréen, mit klassischen Lorbeerblattspitzen	
	Hochsolutréen, mit vollendeten Lorbeerblattspitzen
Altsolutréen, mit partieller Flächenretusche nach Solutréenart; (findet sich vereinzelt in Belgien und England)	
	Primitivsolutréen, mit rohen Blattspitzen

Nach dem oben Gesagten weisen die Blattspitzen des ungar. Primitiv-S. große Formenähnlichkeit mit degenerierten Faustkeilen des späteren Alt-Paläol. auf, was die Annahme nahelegt, daß zwischen beiden eine nähere Verwandtschaft besteht. Der Gedanke, jene Typen auf Fäustel-Vorläufer des Acheuléen oder Moustérien zurückzuführen, ist keineswegs neu. Die Sbaikien-Typen Nordafrikas (s. Band IX Tf. 167a—b), welche nunmehr auch im Moustérien der iber. Halbinsel zu erscheinen beginnen, sind in der Tat bereits echte, dünne „Blattspitzen"; auch die Micoque-Stufe Frankreichs und Polens, vor allem das Acheuléen des s. Deutschland (s. Mittel- und Süddeutschland A; Klausennische bei Neu-Essing [Band VIII Tf 72] und Lichtenfels am Main) haben Blatt-Typen hervorgebracht, welche den Urtypen des S. an die Seite gestellt werden können, ja, sie an Formvollendung vielfach übertreffen. Angesichts dessen möchten auch wir, mit Hillebrand, Breuil u. a., das Ur-Solutréen Ungarns mit älteren Moustérien-Traditionen in Zusammenhang bringen, wobei es wahrscheinlich ist, daß dieser Evolutionsprozeß im Gebiete der unteren Donau statthatte und nicht im mittelmeerländischen Capsien-Kreise, wo das Aurignacien zu mächtiger Ausbildung gelangte und den Fäustel endgültig ausschaltete.

§ 3. Die Fauna des europ. S. ist allenthalben, selbst im N Spaniens, eine glaziale (Rentier, Mammut, Höhlenbär, Höhlenhyäne, Edelhirsch, Kanada-Hirsch, Wildpferd, Ur und Bison, Steinbock, Gemse, Eisfuchs u. a. m.). Es ist auffallend, daß unsere Stufe die großen Gebirgszentren (Alpen und Pyrenäen) meidet und nur schwach nach dem höheren N (Belgien; England; Norddeutschland?) übergegriffen zu haben scheint, was uns in der Annahme bestätigt, daß sie zeitlich in oder nahe an das Maximum der letzten Eiszeit fallen dürfte (s. Diluvialchronologie).

Vom S.-Menschen selbst liegt aus Frankreich ein verkrüppeltes Skelett von Laugerie-Haute vor, zu dem noch einige unbedeutende weitere Funde kommen: Badegoule (Kinderschädel), Lacave (Scheitelbein), Pair-non-Pair (Scheitelbein), Roset (Schädelstücke). Die mittlere Klausen-Höhle bei Neu-Essing (Bayern) lieferte eine komplette, noch unveröffentlichte Bestattung, die Pálffy-Höhle (Ungarn) eine Zahnkrone. Dieser Mangel an anthrop. Dokumenten ist um so mehr zu bedauern, als die Existenz einer eigenen ö. „Solutréen-Rasse" ziemlich wahrscheinlich ist.

Daß Typen von der Gestalt der diluv. Lorbeerblattspitze auch außerhalb Europas (Zentralafrika, Somali-Land, Indien, Amerika usw.) auftreten, hat nichts Überraschendes an sich; ebenso sicher ist, daß sie vielerorts ein ansehnliches, wenn auch derzeit noch nicht näher bestimmbares Alter besitzen.

Interessant ist das Wiederauftauchen partieller Solutréen-Retuschen im osteurop. End-Magdalénien, speziell in Polen (s. d. A).

H. Breuil *Les subdivisions du Paléolithique supérieur et leur signification* Congr. intern. préh. Genève 1912 I 165—238 (mit zahlreichen Literaturangaben); D. Peyrony *Station préhistorique du Ruth près le Moustier (Dordogne)* Rev. d'Anthropol. 19 (1909) S. 156—176; F. Mascaraux *Les silex de Montaut (Landes)* ebd. 22 (1912) S. 156—164; R. de Saint-Périer *La grotte des Harpons à Lespugue (Haute-Garonne)* L'Anthrop. 30 (1920) S. 209—234; L. Bardon, J. und A. Bouyssonie *La grotte préhistorique de Pré-Aubert (près Brive, Corrèze)* Rev. d'Anthropol. 30 (1920); H. Obermaier *Das Paläolithikum und Epipaläolithikum Spaniens* Anthropos 14—15 (1919—20) S. 143—179; E. Hillebrand *Das Paläolithikum Ungarns* Wien. Präh. Z. 6 (1919) S. 14—40 (mit zahlreichen Literaturangaben); H. Breuil *Notes de voyage paléolithique en Europe Centrale. I. Les industries paléolithiques en Hongrie* L'Anthrop. 33 (1923) S. 323—346.

H. Obermaier

Somaén, Cueva del s. Cueva del Somaén.

Somali-Land s. Südliches Afrika (Paläolithikum) § 1.

Somlyó (Ungarn). Ein langgestreckter Höhenrücken im Kom. Veszprém in Transdanubien, der aus allen jüngeren vorgesch. Per. reiches Material geliefert hat. Aus der HZ ist besonders ein gut erhaltenes Bronzebecken mit zwei beweglichen, gedrehten Henkeln an Kreuzattaschen und einem aus drei Reihen schraffierter Dreiecke bestehenden Ornamentbande unterhalb des Mündungsrandes bemerkenswert, wie sie in gleicher Form auch noch von Hajdu-Böszörmény (s. d. und Band V Tf. 15 b, e) und zahlreichen anderen FO bekannt sind, und die sich von der frühen HZ bis in deren Spätabschnitt (Uttendorf [s. d.] in Oberösterreich; Dillingen a. d. Donau u. a.) erhalten haben. Mit ihm zusammen fanden sich noch zwei kleine Bronzeschalen, von denen die eine unterhalb des Randes mit einem Zickzack- und darunter mit einem aus Dreiecken gebildeten Bande verziert ist. Von weiteren Funden dieser Per. sind zu erwähnen eine Tüllenaxt mit viereckiger Öffnung, zwei Lappen- und ein Ärmchenbeil aus Eisen, ein Schwertklingen-Fragment, ein hutförmiger Schwertknauf, trapezförmige Klapperbleche, Armringe aus Bronze, Kreuzknöpfe (wie von Kisköszeg [s. d.], Hallstatt [s. d.] usw.) u. dgl. m. Von keramischen Gegenständen seien neben zahlreichen Tonperlen und Spinnwirteln verschiedener Form besonders ein Zwillingsgefäß und eine im Innern reich verzierte Schale hervorgehoben. Von Latènefunden verdient neben mehreren Messerklingen, Lanzen- und Pfeilspitzen und einer sehr gut erhaltenen Schwertkette ein typischer Brustschmuck genannt zu werden, der aus einem an zwei Frühlatènefibeln befestigten Kettchen besteht.

Hampel *Bronzezeit* I Tf. 66, 1. 2. L. Bella

G. Wilke

Somme-Bionne (Marne; Tf. 87). Eines der großen Wagenbegräbnisse der frz. Frühlatènezeit, der sog. Marne-Kultur (s. d.) angehörig. Die bekanntesten sind daneben La-Gorge-Meillet (s. Gorge-Meillet [La]), Septsaulx (s. d.), Berru (s. d.), Châlons, Bussy-le-Château, Pont-Faverger, La Bouvandeau (alle aus dem Dép. Marne). Die Anlage der Gräber ist durchaus gleichartig. Hügel fehlen, dafür umgibt die Grube ein Kreisgraben, der bei Somme-Bionne 18 m Dm und 1 m Br. hatte. In diesem Kreise fand sich die Grabgrube (3 m l., 2 m br. und 1,20 m t.), darin der Wagen, dessen Räder in besonderen Gruben eingelassen waren. Die Deichsel ragte über die Grube hinaus durch

1

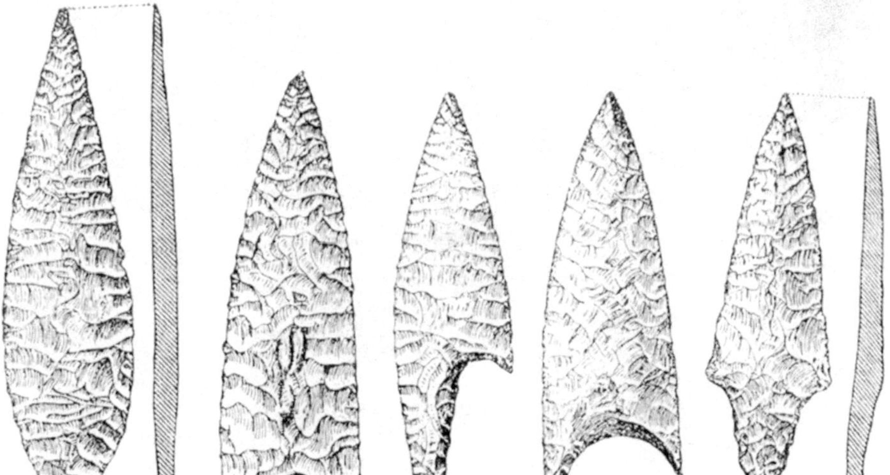

2

Solutréen

1. Der Felsen von Solutrée (bei a befindet sich die klassische Fundschicht). — 2. Typen: a. Lanzenspitze vom intereuropäischen Typus. — b. Dgl. mit konkaver Basis. — c. Kerbspitze vom intereuropäischen Typus. — d. Dgl. vom kantabrischen Typus. — e. Pfeilspitze vom katalanischen Typus.

Somme-Bionne

Keltisches Wagengrab von Somme-Bionne, Dép. Marne.
Nach *Guide to Early Iron Age Antiquities* 1925.

REALLEXIKON DER VORGESCHICHTE

UNTER MITWIRKUNG
ZAHLREICHER FACHGELEHRTER

HERAUSGEGEBEN VON

MAX EBERT
ORD. PROFESSOR AN DER UNIVERSITÄT BERLIN

ZWÖLFTER BAND
VIERTE UND FÜNFTE (SCHLUSS-) LIEFERUNG
SONDE — SÜDLICHES AFRIKA
MIT 32 SCHWARZ- UND 2 FARBTAFELN

BERLIN 1928
WALTER DE GRUYTER & CO.

Das Werk ist auf einen Gesamtumfang von 14 Bänden und 1 Registerband berechnet und erscheint in Lieferungen. — Der Subskriptionspreis jeder Lieferung von ca. 8 Bogen (inkl. Tafeln) beträgt Rm. 6.—.

Verstärkte Lieferungen werden entsprechend höher berechnet.

Subskriptionspreis der vorliegenden verstärkten Schluß-Lieferung Rm. 13.— Ladenpreis Rm. 15.60

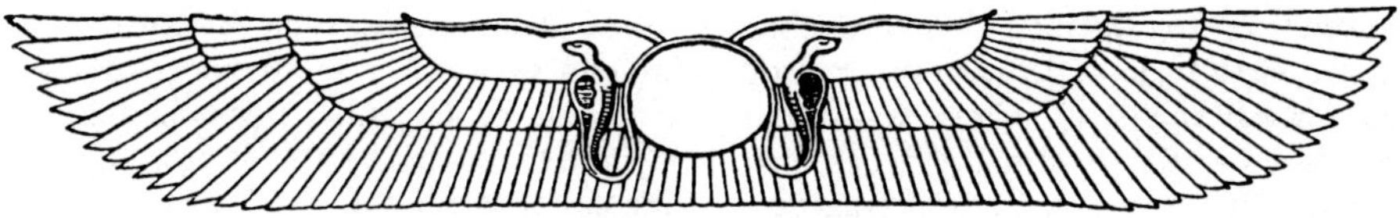

a

b

c

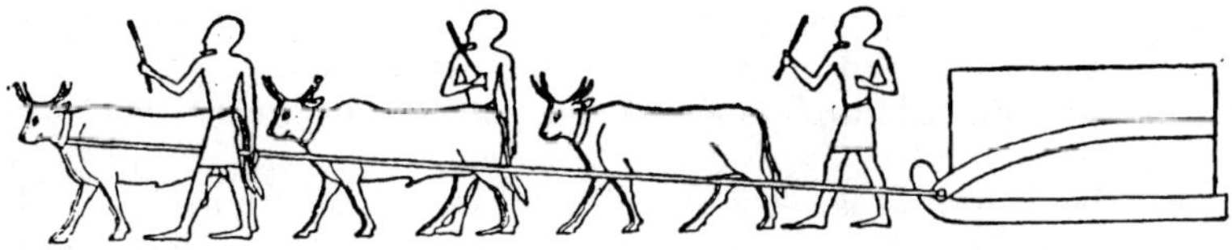

d

Sonne

a. Sonne mit zwei Uräus-Schlangen und ausgebreiteten Flügeln. Symbol des siegreichen Sonnengottes, zur Abwehr der Feinde über Tempeltoren angebracht. Nach Erman-Ranke.

Soziale Entwicklung C. Ägypten

b. Drei Dorfvorsteher werden von Aufsehern herangeschleppt, um Abrechnung über Steuern zu leisten. Hinter ihnen der Schreiber, der die auferlegten Lasten verzeichnet. Nach Erman-Ranke.

Spiel B. Ägypten

c. Brettspiel mit Steinen und Schlangenspiel mit Kugeln (AR). Nach Erman-Ranke S. 292.

Stein B. Ägypten

d. Transport durch bärtige phönikische Arbeiter (18. Dyn.). Sechs Ochsen ziehen einen Steinblock auf einem Schlitten aus dem Steinbruch über den Wüstensand hinweg. Nach Erman-Ranke.

einen 70 cm l. Schlitz in einen kleinen Graben hinein, der etwa 1,30 m l., 0,30 m br. und nicht so tief war wie das Hauptgrab. — Hier befanden sich die Reste vom Pferdegeschirr. Der Tote lag zwischen den Rädern lang ausgestreckt, zur Linken drei eiserne Bratspieße (s. d.; ein Bündel solcher in Montefortino) und ein eisernes Hiebmesser (s. d.); zur Rechten das Schwert, das eine bronzene Scheide mit kleeblattförmigem Ortband hat (Band IV Tf. 63, 4). Der obere Scheidenbeschlag trug drei kleine Näpfchen und darunter eine eingepunzte Verzierung im Latènestil. Am Finger hatte der Tote einen glatten Goldring.

Von den übrigen Beigaben ist die Schnabelkanne eine griech. Arbeit des 5. Jh.; das getriebene Goldband gehört ursprünglich nicht dazu. Es findet sich bei solchen Kannen auch in der Rheinprovinz. Derselben Zeit ist die rotfigurige, zweihenklige Schale attischer Herkunft und ein hohes keltisches Fußgefäß rottoniger Art mit hohlem Fuß zuzuweisen (Band IV Tf. 64, 23). Das Pferdegeschirr hat besonders schöne Bronzescheiben in durchbrochener Arbeit (Band VII Tf. 192). Die Gebisse sind aus Bronze. Der Wagen hat 1,40 m Radstand und war wie der gall. Kriegswagen (*essedum*) vorn offen. S. a. Wagen A.

Morel *Champagne*; Read und Smith *Guide British Museum Early Iron age* 1925 S. 54ff.

E. Rademacher

Sonde. Als drahtförmiger, meist geknöpfter Stift zur ärztlichen Untersuchung von Wunden in der Frühchirurgie nicht überliefert, hat die S. erst in der klassischen Antike ihre vielerlei Formen als Knopf-, Spatel-, Löffelsonde erhalten. Sie ist so gut wie ausschließlich als Bronzesonde in den Funden anzutreffen, was aber als strikter Beweis gegen das Vorkommen von Eisensonden im Altertum nicht aufgefaßt werden darf, da so dünne Stifte und Nadeln weggerostet sein würden, wenn sie tatsächlich sich in den Instrumentarien befunden hätten.

Milne *Surgical Instruments in Greek and Roman Times* Oxford 1907 S. 51—85 Tf. 11—18.

Sudhoff

Sonderfamilie s. Familie A.

Sonne (Ägypten; Tf. 88ᴬa).

§ 1. Gestirn. — § 2. Gott. — § 3. Götterkönig. — § 4. Tag und Nacht. — § 5. Kultus.

§ 1. Die überragende Bedeutung der S. für das Leben des äg. Bauern, für den ihre Wirkung neben dem Nilwasser und seinem Fleiß der wesentlichste Faktor für das Gelingen der Ernte ist, hat ihn stets veranlaßt, das Gestirn sorgfältig zu beobachten. Er hat dem Sonnenlauf schon früh nicht nur die Unterscheidung von Tag und Nacht entnommen, sondern auch die Einteilung in Stunden nach der Höhe des Sonnenstandes bei Tage. Er hat aus dem Sonnenlauf weiter den Begriff des Jahres abgeleitet, das einen sich wiederholenden Kreislauf in sich schließt, während die Einteilung des Jahres in Monate auf Erscheinungen am Monde zurückgeht (s. Kalender A). Wo sich aber bei der Einrichtung des Jahres in Abhängigkeit von der Mondbeobachtung eine Unstimmigkeit gegenüber dem Sonnenlauf ergab, ist der äg. Bauer einem so laufenden Kalender nicht gefolgt, sondern hat sich stets in unbedingte Abhängigkeit von der S. begeben. Die immer wiederholten Versuche, ein vorhandenes Jahr durch Schaltung auf den wirklichen Sonnenlauf einzustellen, legen Zeugnis ab von der Unmöglichkeit eines Widerspruchs gegen das Sonnenjahr. Wenn auch errechnete und konsequent durchgeführte Jahresformen in Tempeln oder Staatsbehörden in Geltung gewesen sind, der äg. Bauer blieb unbeirrt bei seinem Sonnenjahre, indem er in unveränderter Weise Überschwemmung, Aussaat und Ernte erlebte und nach ihnen rechnete.

§ 2. Träger der Kraft der S. ist für den Äg. fast immer ein Gott; nur ausnahmsweise erhalten Göttinnen, die ursprünglich vielleicht Himmelsgöttinnen sind, das Beiwort „die Sonne". Unter den Naturgottheiten (s. Religion C § 2) ist der Sonnengott der wichtigste, und er ist dem ganzen Volke vertraut, sowohl in den Tempeln wie im Volksglauben. Es wäre an sich nicht notwendig gewesen, den Sonnengott irgendwo anzusiedeln, um ihn in Ä. Boden gewinnen zu lassen. Es ist scheinbar mehr zufällig gewesen, daß man ihn in Heliopolis (s. d.) mit dem dort heimischen Urgott Atum vereinigte und ihn dadurch auch zum Ortsherrn von Heliopolis machte. An einzelnen anderen Orten treten Sonderformen des Sonnengottes einheimisch auf, z. B. in Edfu (s. d.) die geflügelte Sonnenscheibe (Tf. 88ᴬa; vgl. a.

Band I Tf. 81b, II Tf. 79b), in anderen Tempeln und auch in Nubien der Falke, im Delta Re als Gestirn, zuweilen mit dem Namen Harachte (Horus, d. h. Falke) oder Schow. Auch die Herkunft einzelner von den großen Mythen und Hymnen können wir auf bestimmte Tempel oder Gegenden festlegen; oft ist die Persönlichkeit des Sonnengottes in ihnen nach einer besonderen und sonst nicht betonten Seite ausgebildet.

§ 3. Die Sagen von der Entstehung der S. sind zum Teil abhängig von der Gestalt, in welcher der Himmel vorgestellt ist. Nach einer Vorstellungsgruppe erschien der junge Sonnengott in einer Lotusblüte, die aus dem Ur-Ozean sproß (s. Lotus § 3). Das Kindlein, als das die Sonne beim Aufgang gedacht wird, ist von der Himmelsgöttin geboren; wo diese die Gestalt einer Kuh erhalten hat, sollte der junge Sonnengott eigentlich als Kälbchen erscheinen, worüber man allerdings gern hinweggeht. Von dem Vater des Sonnengottes ist im allg. nicht die Rede, da man die S. lieber aus sich selbst entstehen läßt; immerhin ist der Ur-Ozean älter als der Sonnengott, und in ihm haben die 4 Paare von Urgöttern gehaust, die als männliche Frösche und weibliche Schlangen erschienen. Der Sonnengott hat die übrigen Götter, die Erde mit den Tieren, Menschen und Pflanzen entstehen lassen, wofür es eine Anzahl von verschiedenartigen Ausdeutungen gibt. Er wirkt im Laufe des Jahres und täglich immer wieder in der Welt als Schöpfer und Erhalter. Dem Volke ist er als Urheber alles Geschehens vertraut, und an ihn wendet sich der naive Mensch des Märchens zuerst in der Not. Er regiert auch wirklich vom Himmel aus, hat die Gestalt eines thronenden Königs und ist von einem Hofstaat umgeben, in dem Götter die Berufe und Handwerke vertreten. Ein Mythus kann es nicht verschweigen, daß auch der Götterkönig altert und die bösen Menschen gegen ihn aufständisch werden, sodaß die löwengestaltige Sachmet mit ihrem Grimme unter sie fahren mußte. Trotzdem blieb der Sonnengott der gegebene Schützer des Königs, wo nicht ein Lokalgott oder der Heimatgott der Dyn. diese Tätigkeit ausübte.

§ 4. Über allen diesen mythologischen Vorstellungen vergißt der Äg. aber nicht, daß es sich bei dem höchsten Gotte im Grunde doch um das Gestirn handelt, das seinen Weg über den Himmel nimmt und durch sein Licht und seine Wärme der wichtigste Helfer für den Landmann ist. Unter allen Tiergestalten, in denen man sich die S. in lebendiger Form dachte, ist die des Falken am häufigsten, und sie ist das glücklichste der aus der Natur genommenen Bilder. In dem Kampf des Sonnengottes gegen seine Feinde, bei dem ihm die kriegstüchtigen Götter helfen, spiegelt sich das Ringen des Gestirns mit den Wolken wieder, die es verdunkeln wollen. Der Gegner Apophis ist der Gewitterdrache, den Re mit seinen Helfern immer von neuem niederwerfen muß. Der Sonnengott thront dabei in einem Schiff, das über den Himmel gefahren wird. Er fährt während des Tages in der *manzet*, während der Nacht in der *mesektet*; beide Boote sind in Sonnentempeln niedergesetzt oder aufgemauert worden. Eine Sonnenbarke von gewaltigen Abmessungen ist neben dem Sonnentempel des Königs Nuserrê (Dyn. 5) bei Abu Gurâb (s. d.) gefunden worden. Am Abend bestieg der Sonnengott im W die *mesektet*-Barke und fuhr bei Nacht unterhalb der Erde durch die *duat*, das Gegenstück zum Himmel, nach O, wo er am Morgen dann wieder den Tageslauf begann (Bull. Inst. Franç. Le Caire 15 [1918] S. 139 Chatelet). Die Nachtfahrt durch die Unterwelt ging in Stundenabschnitten vor sich, die je ein abgeschlossenes Gebiet mit Toren umfaßten. Die Toten jubeln dem Bringer des Lichtes zu und singen die Hymnen, die zu diesem Zweck in den Gräbern an den Wänden aufgezeichnet stehen.

§ 5. Von dem Tempel von Heliopolis (s. d.) ist außer dem Obelisken (s. d. A) nichts Wesentliches erhalten. Aber aus Inschriften wissen wir, daß die Stadt seit alter Zeit einen bestimmten, auf die Verehrung des Sonnengottes zugeschnittenen Kultus (s. d. B) gehabt hat. Der nub. König Pianchi (Dyn. 24) hat in Heliopolis in einem Tempel des Re in alter Weise geopfert, wobei der Kultus sich unter freiem Himmel abgespielt hat, vielleicht in einem ähnlichen Bau, wie die Könige der 5. Dyn. ihn bei Abusir (s. d.) aufgeführt haben. Die sorgfältige Freilegung eines dieser Sonnenheiligtümer hat in Übereinstimmung mit Darstellungen einen Obelisken als Mittelpunkt des Baues ergeben, der oben auf dem Wüstenrande lag und durch einen Aufweg vom Tale her zugänglich war. Betrat der König oder die Priesterschaft den Torbau im Tale von der dort angelegten Stadt aus, so bewegte sich der Zug in einem halbdunklen Gange auf die Höhe hinauf und dort um den Hof herum und dann völlig im Finstern in den Unterbau des Obelisken bis auf die Plattform, von der aus man sich nach O dem aufgehenden, nach W dem untergehenden Sonnengott zuwenden konnte. In dem weiten Hofraum wurden Opfertiere geschlachtet und auf einem großen Altar (s. d. C) aus Alabasterblöcken dargebracht.

Als Amenophis IV. (Dyn. 18) das Sonnengestirn durch einen Gewaltstreich an die Stelle der vielgestaltigen Götterwelt setzen wollte, war er auch auf eine Neugestaltung des Kultus bedacht. Die Anlage des Tempels in Amarna (s. d.) setzt ein Gebet und Opfer unter freiem Himmel voraus, das, wie auch andere Züge der neuen Religion, an das Vorbild von Heliopolis anknüpfte. Der Mittelpunkt des Sonnendienstes von Amarna wird der Gesang des Hymnus an die Sonne in seiner ausführlichen oder abgekürzten Form gewesen sein (Recueil d'études égyptol. à Champollion 1922 Blackman).

Roscher *Lex.* s. v. Sonne Roeder (mit Literatur). Roeder

Sonnendarstellung s. Gebildbrot, Götterbild E 1 § 27, Göttersymbol E 1 § 42, Mischwesen, Rad, Radornament, Wagen.

Sonnengott s. Religion, Šamaš, Sonne.

Sonnenkultus s. Balkåkra, Felsenzeichnung A § 6, Haschendorf, Kultus, Mittel- und Süddeutschland C § 8, Nordischer Kreis B § 14c, Sonne, „Sonnenscheibe", Trundholm.

„Sonnenscheibe" (Irland). Aus Irland sind etwa 20 kleine Scheiben aus dünnem Goldblech bekannt, die infolge ihrer äußeren Ähnlichkeit mit den weit größeren Sonnenscheiben des germ. N (s. Trundholm) und ihrer getriebenen Ornamentierung (vierspeichiges Rad) allgemein mit dem Sonnenkultus in Verbindung gebracht werden (Band IV Tf. 255a). Die Ornamente bestehen aus konzentrischen Kreisen und an diese Kreise sich anschließenden Zickzack- bzw. Dreieckreihen und Kreuzen. Letztere Dekoration ist bekanntlich auch als Bodendekoration der *Drinking Cups* der BZ beliebt, ist also nicht geeignet, den religiösen Charakter dieser Sonnenscheiben zu erhärten. Spiralmotive fehlen bei den irischen Scheiben völlig. So haben sie ihre nächste Parallele in einer mittelrhein. Gruppe von Goldscheibchen (Band VIII Tf. 84^{A} b), für die ebenfalls ein religiöser Charakter nicht erwiesen ist. Die ir. Goldscheiben sind meist paarweise gefunden (Ballina, Co. Mayo; Tedavnet, Co. Monaghan; Cloyne und Castle Martyr, Co. Cork) und zeigen in der Mitte zwei kleine Durchbohrungen, mittels deren sie offenbar aufgenäht waren. Sie sind also sicherlich ähnlich verwendet worden, wie die, abgesehen von der Ornamentierung, ganz gleichartigen Goldscheiben der myk. Schachtgräber, die größtenteils auf das Gewand der Leichen aufgenäht waren, soweit sie nicht zum Sargschmuck dienten (Band IV Tf. 101 a—c; Arch. Jahrb. 27 [1912] S. 208ff. Meurer). Auch zeitlich werden sie den Schachtgräbern nahestehen, da in der Bretagne eine solche Goldscheibe mit einer Flintpfeilspitze der BZ gefunden wurde. Einer solchen profanen Deutung widersprechen könnte höchstens eine analoge, leicht gewölbte, gegossene ir. Bronzescheibe, die seitlich zwei in einem Winkel von etwa 120° zueinander stehende durchbohrte Ansätze hat (Read a. a. O. S. 151 Abb. 146), von der Read annimmt, daß sie auf eine ähnliche Befestigung, wie sie die Trundholmer (s. d. und Band XIII Tf. 76) Sonnenscheibe zeigt, hinweist. Ganz analoge Durchbohrungen finden sich nun aber auch an den zwei mit großen, getriebenen Buckeln versehenen Goldscheiben des Depotfundes von Stollhof (s. d. und Tf. 110a b), Niederösterreich (Montelius *Chron. ält. BZ.* S. 182 Abb. 453), die sicherlich keine Sonnenscheiben waren, sondern Teile eines Pectorales oder ähnliches. S. a. Wagen.

G. Coffey *The Bronze Age in Ireland* 1913 S. 64f.; Read *Guide to the Antiquities of the Bronze Age Brit. Mus.* 1904 S. 151f.; Déchelette *Manuel* II 1 S. 415ff.; E. C. R. Armstrong *Guide to the Coll. of Irish Antiquties. Catalogue of Irish Gold Ornaments* 1920 S. 5ff.

† W. Bremer

Sonnenschirm (Vorderasien).

§ 1. Name und Schriftzeichen. — § 2. S. in

Akkad. — § 3. S. in Assyrien und Persien. — § 4. Sonnendach.

§ 1. Ausgehend von dem Worte „Schatten" = *ṣillu*, wird der S. mit demselben Ausdruck *ṣillu*, sowie mit den abgeleiteten Wörtern *ṣalalu* und *ṣululu* genannt, woneben auch noch der Ausdruck *andullu* vorkommt (H. Zimmern *Akkad. Fremdwörter* 1917 S. 25; F. Delitzsch *HWB* 98a, 568; ders. *Sumer. Glossar* 149). Das sumer. Schriftzeichen dafür ist zusammengesetzt aus *AN-SUR*, nämlich „Himmel" und einem Zeichen, dessen Grundbedeutung noch nicht feststeht. Eventuell ist diese Komposition erst eine spätere künstliche Bildung in akkad. Zeit, was gelegentlich vorkommt.

§ 2. Der älteste S., und zwar der mit Speichen aufgespannte S., ist schon um 2850 v. C. nachweisbar: auf dem Relief des Begründers des akkad. Reiches, des Königs Sargon von Akkad (s. d.), dem der S. von einem rasierten Diener nachgetragen wird, während der König eine Opferzeremonie, soviel aus dem abgewitterten Relief zu entnehmen ist, vornimmt (vgl. E. Unger *Sumerische und Akkadische Kunst* 1926 Abb. 33). Das Relief ist in Susa gefunden und befindet sich im Louvre in Paris. — Soweit bekannt und wie schon in § 1 angedeutet, scheint der S. den Sumerern noch unbekannt gewesen zu sein.

§ 3. Der S. tritt dann erst wieder im 9. Jh. v. C. in Assyrien auf, d. h. er ist wohl in der Zwischenzeit im Gebrauch gewesen, aber auf den Denkmälern noch nicht nachgewiesen. Der S. der Assyrer ist ähnlich wie der S. des Sargon von Akkad: klein, flach halbkugelförmig, mit 2, 4, 5 oder 6 Speichen aufgespannt — so nach der stilisierten Darstellung —, der Schirmstock setzt sich manchmal oberhalb des Schirmdaches als Spitze oder Knopf fort; der untere Rand des Schirmes ist bisweilen mit Festons besetzt (Reliefs des Assurnassirpal II., um 880, in London: Phot. Mansell Nr. 373, 377, 391, 394, 395, 400; in kleiner Zeichnung: Layard *Monuments* I Tf. 52, 3). Ebenso häufig ist der S. auf den Bronze-Reliefs des Salmanassar III. aus Imgur-Enlil (s. d.): Platte A (G) 5 unten, D (J) 5 oben, F (H) 2 unten, 3 oben (Ath. Mitt. 45 [1920] Tf. 1 und 3 E. Unger), G (K) 4 oben, H (C) 3 oben, J (D) 2 unten, 3 oben. Ein rasierter Offizier hält den S. hinter dem König auf dem Relief des Schwarzen Obelisken von Kalḫu (s. d.) in London (Br. Mus. Nimr. Centr. Sal. 98), Fries A 2, wo Jehu von Israel Tribut leistet (Band IV Tf. 207c). Aus späterer Zeit, als der S. eine breitere Form bekommen hat, bieten die Reliefs Tiglatpilesers III. einige Beispiele (z. B. Phot. Mansell Nr. 1649; E. Unger *Assyr. und Babylon. Kunst* 1927 Abb. 56; Relief in London, Nimr. Centr. Sal. 67: PKOM 5 [1917] Nr. 25; ebd. 7 [1925] Tf. 12 E. Unger; Layard *Monuments* I Tf. 59).

Die Form des S. erhält sich unter Sargon II. um 710 v. C. (vgl. Botta-Flandin *Monuments de Ninive*), aber sie vergrößert sich zusehends unter dem König Sanherib, z. B. auf dem Stierkoloß-Transportrelief in London (E. Unger *Assyr. und Babylon. Kunst* Abb. 65, oben links). Unter König Assurbanipal (um 650 v. C.) wird dem S. hinten ein langes, reichverziertes Tuch angehängt, vermutlich um Wind und Staub abzuhalten; Relief in Paris (Louvre Nr. 62, Pottier *Antiquités assyr.* Tf. 22; Paterson *Assyr. Skulpturen* Tf. 15); Relief in Konstantinopel (Nr. 6338; Band VIII Tf. 111^{A}b). Nach den aus pers. Zeit erhaltenen Darstellungen des S. sind hier die Speichen nicht gerade, sondern gebogen (Flandin und Coste *Perse ancienne* Tf. 147; Perrot-Chipiez *Histoire de l'art* V 795; L. Curtius *Antike Kunst* I [1923] S. 237 Abb. 194).

§ 4. Neben dem S. tritt in Assyrien und Babylonien im 9. Jh. eine Abart des S. auf, das Sonnendach. Dieses ist zweimal auf den Reliefplatten des Bronzetors von Imgur-Enlil (s. d.), nämlich auf Platte H (C) 3 unten und J (D) 2 unten, abgebildet. Das Sonnendach scheint aus einer elastischen Masse zu bestehen. Der hinter dem König Salmanassar III. stehende rasierte Offizier hält mit beiden Händen einen leicht gebogenen Teil, gleich dem Stock des S., senkrecht. Oben biegt dieser aber im leichten Bogen um und verläuft nunmehr horizontal wie ein Dach über die Person des Herrschers hinweg. Bei Platte H (C) 3 unten ist das äußerste Ende des Sonnendachs oben noch mit einer Art Hand und drei kurzen Quasten, die am „Handgelenk" hängen, verziert und beschwert, um die wagerechte Lage des oberen Teiles zu gewährleisten.

In dieselbe Zeit gehört die Abbildung eines Sonnendachs, das die Zella des Sonnengottes Šamaš (s. d.) von Sippar (s. d.) bedeckt, gemäß dem Relief in London (Br. Mus. Nr. 91000; L. W. King *Babylonian Boundary Stones* 1912 Tf. 98 S. 120f.; hier Band IV Tf. 198b), das im 31. Jahre des Königs Nabu-apla-iddina von Babylon, um 860 v. C., angefertigt worden ist. Das Sonnendach wird hier nicht gehalten, sondern steckt mit seinem unteren Ende im „Himmlischen Ozean". Der vordere umgebogene Teil läuft in zwei Halbfiguren von Göttern aus, die mit dem Ende des Sonnendachs sich auf eine Palmsäule aufstützen, und die mit ihren Händen die flammende Sonnenscheibe auf einen Altar vor der Front der Zella hinablassen. Innerhalb der Zella sitzt der Sonnengott auf seinem Thron, außerdem sind die drei Symbole (s. Göttersymbol E 1 § 28d, 42a, 44) des Mondes, der Sonne und der Venus dargestellt, und eine Beischrift erklärt dazu, daß „Sin, Šamaš und Ištar angesichts des Ozeans, zwischen dem Schlangengott und der Säule angebracht sind" (vgl. a. H. Greßmann *Altor. Bilder z. AT*² 1927 S. 92 Abb. 322). Das Sonnendach des Tempels zu Sippar wird also hier mit dem Schlangengott in Zusammenhang gesetzt, bzw. mit ihm identifiziert, wohl als ein Symbol dieser Gottheit. Die Übersetzung *„birit* ^ilu^ *Ṣîru ti-mi"* mit „zwischen Schlangengott und Säule" dürfte wahrscheinlich nur so zu fassen sein.

Da der S. in profanem Gebrauch bisher stets in der Nähe des Königs zu finden ist, wird er, wie man vermutet hat, zu den Abzeichen oder Wahrzeichen der königlichen Würde gehören.

Daremberg-Saglio s. v. fimbriae; Vigouroux *Dict.* s. v. parasol; F. M. Feldhaus *Die Technik der Vorzeit* 1914 S. 945—948.

Eckhard Unger

Sororat. § 1. Den Anteil der einen Schwester am Geschlechtsleben der anderen bezeichnet man als Sororat. Heiratet ein Mann eine, die älteste der Schwestern, so gelten auch die übrigen als seine Frauen. Formal bildet das S. das Gegenstück zum Levirat (s. d.). Entwicklungsmäßig führt das S. zur Polygynie, zur Vielweiberei (s. Polygamie). Ähnlich wie das Levirat findet es sich hauptsächlich dort, wo keine Sippenbildung vorhanden ist (s. Sippe).

§ 2. Das S. ist sehr verbreitet unter den Gartenbau treibenden Naturvölkern aller Erdteile. Häufig tritt eine Schwester oder Base automatisch als Mitgattin ein, wenn die erste Frau kinderlos bleibt, so z. B. bei den Schasta-Indianern, bei denen auch Levirat in der Weise besteht, daß die Brüder des Mannes sich zum Kaufe der Braut zusammenschließen. Wenn der Mann sich von seiner Frau trennt, besteht die Verpflichtung, sich einen Ersatz aus der Familie der entlassenen Frau zu suchen. Man hat es also hier mit der Verheiratung einer Brüderschaft mit einer Schwesterschaft zu tun. Dieses überwiegend häufige Zusammentreffen von S. mit Levirat veranlaßte E. B. Tylor und J. G. Frazer zur Aufstellung der Hypothese, daß diese beiden Einrichtungen auf gruppeneheliche Gewohnheiten zurückzuführen seien. In der Tat spricht viel für diese Annahme. Doch wird man die Frage hinzufügen müssen, welchen Umständen gruppeneheliche Beziehungen ihre Entstehung verdanken (s. Gruppenehe).

§ 3. Das S., wie das Levirat, zeichnet sich in den beiden Grundformen ab, daß 1. ein Partner entweder noch bei Lebzeiten des anderen mit dessen Geschwistern in eheliche Gemeinschaft treten darf, eine Einrichtung, die man auf Grund der erwähnten Hypothese als „ursprünglich" betrachten muß, oder daß 2. der Witwer sich mit der Schwester der verstorbenen Gattin erst nach deren Tode verbindet. Diese letztere Form findet sich hauptsächlich bei höheren, sozial geschichteten Naturvölkern.

Anderseits zeitigen S. und Levirat ein Meidungsgebot (s. Meidung) gegenüber Nichten und Neffen von Seite des anderen Geschlechts. Bei den südamerik. Tupi und den Caraiben-Indianern der Antillen (vgl. Quevedo) darf der Bruder des Vaters seine Nichte weder heiraten noch mit ihr in Verkehr treten. Er wird wie der Vater selbst behandelt: sie gehorcht ihm, und nach seinem Tode nennt sie ihn „Vater". Der Grund für diese Sitte ist offenliegend: Der Bruder des Vaters war unter Umständen in der Tat der wirkliche Vater. Denn der

Bruder übernimmt die Witwe des Verstorbenen. Und der Witwe Bruder heiratet deren Tochter. Daher bezeichnen die Brüder und Vettern der Eltern ihre Neffen und Nichten als „Söhne" und „Töchter" (s. a. Verwandtschaft).

§ 4. Levirat und S. finden ihren unverkennbaren Ausdruck in den Verwandtschafts-Benennungen. Sie führen zur Gleichsetzung von Stiefvater und Onkel der väterlichen Seite und zu der von Stiefmutter und Schwester der Mutter. Anderseits wird das Kind des Bruders eines Mannes sein Stiefkind und bei einer Frau das Kind ihrer Schwester ihr Stiefkind. Diese Identifikation findet sich z. B. bei den Wischram-Indianern des s. Staates Washington in Nord-Amerika. Die zweite Grundform spiegelt sich in dem Verwandtschaftsnamen für den väterlichen Onkel wieder, der zugleich mit dem „Vater": Gatte derselben Mutter ist und daher vom Vater nicht weiter unterschieden wird. Entsprechend wird auch die Schwester der Mutter mit dem Namen für Mutter belegt. Die Kinder eines Mannes werden aus denselben Gründen auch nicht von denen seines Bruders unterschieden, so wenig wie die einer Ehefrau von denen ihrer Schwester. Das erklärt die häufige Unterscheidungslosigkeit zwischen echten Geschwistern und den Vettern und Basen ersten Grades. Da ein Mann oft die Schwestern seiner Frau heiratet, verschmilzt auch die Benennung zwischen Gattin und Schwägerin, während von Seite einer Frau eine einzige Bezeichnung für ihren Gatten und dessen Bruder ausreicht, der auch ihr Gatte werden kann. Diese Art der Namengebung herrscht z. B. unter den Nahir-Indianern Nord-Kaliforniens und wiederholt sich außerordentlich häufig in allen Teilen der Welt. Daraus erklärt sich auch die häufige Schwierigkeit für den Europäer, dem von einem Eingeborenen oft eine Menge Personen als „Vater" oder „Mutter" vorgeführt werden; und vielfach kann von diesem in der Tat nicht angegeben werden, wer sein wahrer Vater ist (s. a. Familie A).

§ 5. Die Rolle, welche dem Levirat bei archaischen Völkern zukam, wurde unter „Levirat" angedeutet. Der Entwicklung des Levirats kam, wie erwähnt, die wirtschaftliche Verselbständigung der Familie mit der Entwicklung des Privateigentums und der väterlichen Gewalt, mit ihrer religiösen Begründung und ihrem ethischen Ausbau, zugute (s. a. Mana B, Patriarchat A, Politische Entwicklung, Soziale Entwicklung, Wirtschaft D).

Es dürfte kein Zufall sein, daß bei den Hirtenvölkern die Vielweiberei im Prinzip weiterlebte (s. Polygamie). Wenn wirtschaftliche oder erotische Faktoren für die Entstehung dieser Sitte auch förderlich waren, so ist die traditionelle Begründung doch wohl richtungweisend gewesen. Ihr kommt bei diesen Völkern ja eine große Bedeutung zu. Höchstwahrscheinlich ist sie der Komplementär-Institution des Levirats: dem Sororat entnommen. — S. a. Ehe A, Gruppenehe, Heirat, Heiratsordnung, Levirat, Mutterfolge, Nebenehe, Polygamie, Verwandtschaft.

Quevedo *Guarani Kinship Terms* Amer. Anthr. 21 (1919) S. 422—424. Thurnwald

Sösdala, Sösdala-Stufe s. Nordischer Kreis A § 5c 3.

Sotarriza, La. Höhle unfern von Molinar de Carranza (Vizcaya), jedoch bereits innerhalb der span. Provinz Santander gelegen. Entdeckt von L. Sierra (1906); ein Pferdebild. — S. Kunst A II.

H. Alcalde del Rio, H. Breuil und L. Sierra *Les cavernes de la Région Cantabrique (Espagne)* Monaco 1911 S. 8. H. Obermaier

Sothis s. Sirius.

Sotillo, El s. Pyrenäenhalbinsel A.

Sozialanthropologie. Die Lehre, welche anthrop. und soziologische Probleme miteinander verbindet, ihre gegenseitige Beeinflussung untersucht und die Resultate dieser Forschung für das Wohlergehen der Allgemeinheit nutzbar zu machen trachtet.

O. Ammon *Die natürliche Auslese beim Menschen* 1893; ders. *Die Gesellschaftsordnung und ihre natürlichen Grundlagen* 1900; G. Buschan *Kultur und Gehirn* Arch. f. Rassen- u. Gesellsch.-Biol. 1 (1904); E. Fischer *Sozialanthropologie u. ihre Bedeutung für den Staat* 1910; ders. *Sozialanthropologie* 1913; F. Galton *Hereditary Genius* 1892; A. de Gobineau *Versuch über die Ungleichheit der Menschenrassen* 1898; A. Grotjahn *Soziale Pathologie*[2] 1921; V. de Lapouge *L'Aryen et son rôle social* 1899; K. Roese *Beiträge zur europäischen Rassenkunde* Arch. f. Rassen- u. Ges.-Biol. 2 und 3 (1905 und 1906); L. Woltmann *Politische Anthropologie* 1903;

E. Baur, E. Fischer und F. Lenz *Grundriß der menschlichen Erblichkeitslehre und Rassenhygiene* 1921; A. Ploetz *Sozialanthropologie* in E. Fischer und G. Schwalbe *Anthropologie* 1923 S. 588—656.

Reche

Soziale Entwicklung. A. Allgemein.

§ 1. Das Problem der S. E. — § 2. Der Verwandtschaftsverband. — § 3. Der Siedlungsverband. — § 4. Rivalitäten. — § 5. Ballungen von Dorfgruppen. — § 6. Wanderungen und ihre Wirkungen. — § 7. Kulminationspunkte sozialer Systeme. — § 8. Wechselnde Führung. — § 9. Verschiedene Grundsätze für die Wahl der Führer. — § 10. Zusammenschlüsse unter der Einwirkung sexueller Anziehung. — § 11. Familiale Gestaltungen. — § 12. Sonderung der Geschlechter. — § 13. Zusammenschluß durch ideelle Kräfte. — § 14. Vergesellschaftung auf wirtschaftlicher Grundlage. — § 15. Ineinanderwirken verschiedener vergesellender Kräfte. — § 16. Soziale Gestaltung und Entwicklung.

§ 1. Soziale Entwicklung kann unter zweierlei Gesichtspunkten betrachtet werden: nämlich als Beantwortung der Fragen 1. inwiefern die im Laufe der Zeit zutage tretenden sozialen Gebilde der Menschen überhaupt eine bestimmte, nicht umkehrbare Richtung vom einfacheren zum komplizierteren Bau aufweisen, 2. wieweit innerhalb einer Kultur oder eines politischen Verbandes Veränderungen vor sich gehen, die im Sinne der Erreichung eines Kulminationspunktes reibungsloser, optimaler Gestaltung angesehen werden können, welche also gemäß den jeweiligen Kulturvoraussetzungen, dem Stande der Technik und der kausalen Kenntnisse des betreffenden ethnischen Verbandes das beste an sozialer Anpassung aufweist. (Zur Frage der Entwicklung s. Fortschritt, Politische Entwicklung, Primitive Kultur, Primitives Denken.)

Diesem Gesichtspunkt der Entwicklung wird ein anderer entgegengesetzt, welcher nur die Übertragung sozialer Einrichtungen ins Auge faßt. Tatsächlich steht die Übertragung, welche von den Kulturkreistheoretikern in einseitiger Weise in den Vordergrund gerückt wird, in keinem notwendigen Widerspruch zu der historischen Entwicklung. Doch muß man beachten, daß bei der Übertragung nur gewisse Dinge ausgewählt werden und diese nachher oft noch eine Umgestaltung erfahren, wie z. B. das sog. römische, justinianische Recht in Deutschland (s. Kulturkreis, Primitive Kultur).

§ 2. Der vergesellend wirkenden Kräfte gibt es indessen mannigfache. Als ursprünglichste kann man vielleicht den Blutverband betrachten, in dem die miteinander nahe verwandten Kinder gemeinsam aufgewachsen sind (s. a. § 11).

Die Herrschaft ist keineswegs stets von gleicher Bedeutung für den Zusammenschluß, sie tritt in sehr verschiedenen Formen auf und bedient sich mannigfaltiger Mittel. Jedoch kann man auch hier beobachten, wie die eine Form gegenüber der anderen in den Vordergrund tritt.

1. Für den politischen Zusammenschluß wirkt ursprünglich die Blutverwandtschaft (s. Verwandtschaft) entscheidend als Bindemittel. Eine nicht auf Blut beruhende Gesellung, wie Blutbrüderschaft (s. Brüderschaft [Künstliche]), Adoption (s. d. A) oder Pflegeverhältnis (s. Sippe), wird nach dem Vorbild von Blutsbeziehungen betrachtet. Die Gemeinschaft von Kultur und Sprache steht unbeachtet im Hintergrund (s. Politische Entwicklung, Primitive Kultur). Wichtiger ist schon die durch gemeinsames Siedeln (s. Siedlung A) bedingte Schicksalsgemeinschaft. Doch sind die sog. Lokalgruppen und Siedlungs-Agglomerate, wenn auch nicht prinzipiell auf Verwandtschaft aufgebaut, so doch gewöhnlich tatsächlich durch Verschwägerung usw. miteinander verbunden. Die Verwandtschaft ist auch eine Glaubensgruppe, die sich tatsächlich als von dem gleichen Ahnherrn abstammend betrachtet, ihn mit dem gleichen Mythos umwebt, die gleichen religiösen Erlebnisse pflegt und ihnen durch Kult, Riten, Zeremonien, Feste u. dgl. denselben Ausdruck verleiht.

2. Erst später scheint die Herrschaft als Faktor des politischen Zusammenschlusses wichtig zu werden. Wenn auch hervorragende Persönlichkeiten und Alte ein Gefolge um sich scharen können (s. Altenherrschaft, Häuptling), so ist gerade für das Jäger- und Fängertum trotz gelegentlich hervortretender Führer die starke persönliche Selbständigkeit jedes Einzelnen charakteristisch. Wirkliche Herrschaft scheint eine ethnische Überlagerung zur Voraussetzung zu haben. Als ein Vorstadium dazu

wird man die Anerkennung der Überlegenheit in dem sakralen Gewande eines persönlichen *Mana* (s. d. B) zu sehen haben, das Menschen anderer Herkunft und Kultur entgegengebracht und von diesen nicht ohne Selbstbeschränkung hingenommen wird. Erst später, nachdem Mischungen sich vollzogen, durch Aufnahme Fremder als Gefangene, Diener und Helfer ein Hervortreten einzelner Persönlichkeiten und Familien sich geltend machte, während andere ins Hintertreffen gerieten, entwickelten sich aus den ethnischen Schichten soziale Klassen auf wirtschaftlicher Basis. Die Despotie (s. d.) Einzelner, die sich gegen den adligen Rivalen durchgesetzt hatten, erscheint erst als eine rationale Nützung der Macht, als die bewußte Anwendung des Herrschaftsprinzips (unabhängig von verwandtschaftlicher Zugehörigkeit). In der Familie findet sie ihr Gegenstück im Patriarchat (s. d. A), während der Altenherrschaft (s. d.) der Jäger und Sammler die straffe Durchsetzung der Macht unmöglich ist und auch niemals von ihr beabsichtigt wird. Erst in den archaischen Staaten wird das Herrschaftsprinzip mit voller Klarheit angewendet, wenngleich auch hier noch lange der Gedanke an das persönliche *Mana* wenigstens der dynastischen Familie weiterwirkt (s. a. Staat).

3. Das Nebeneinandersiedeln von Gruppen verschiedener Abkunft bringt einen Riß in die Einheitlichkeit des Glaubens einer Siedlung. Beim Zusammentreffen verschiedener ethnischer Gruppen scheinen einzelne ihre Traditionen in „Geheimen Gesellschaften" (s. d.) weiter bewahrt und einseitig ausgebildet zu haben. In diesen Bünden und Geheimen Gesellschaften sehen wir zum erstenmal Ideen unabhängig von gemeinsamer Abstammung als einigende Kraft, auch von politischer Bedeutung, in den Vordergrund treten.

§ 3. Unabhängig von dem Gefühl gemeinsamer Herkunft wirkt das Zusammensiedeln als solches vergesellend. Wenngleich die Bewohner der Siedlungen (s. d. A) gewöhnlich mehr oder minder untereinander verwandt sind, ist doch diese Verwandtschaft nicht immer in erster Linie ausschlaggebend für das Solidaritätsgefühl unter den Siedlungsgenossen, sondern vielmehr die Lebens- und Schicksalsgemeinschaft, die den Charakter eines politischen Verbandes annimmt. Man spricht in solchen Fällen daher oft von „Lokalgruppen". Vielfach vergißt man allerdings, daß derartige Siedlungsgemeinden nichts Ewiges sind, sondern, gewöhnlich im Anschluß an Wanderungsschicksale, wie folgendes Beispiel aus dem s. Neu-Guinea lehrt, entstanden.

Wie sich die Einwanderungen der Marind Anim gestalteten, die höchstwahrscheinlich aus dem O, dem Küstengebiet zwischen dem Fly-River und Torassi, gekommen sind, lassen die Forschungen von Wirz (1925 S. 150ff.) ersehen. Die Wanderung fand vermutlich in sehr kleinen Gruppen statt, von denen die einen den anderen nachdrängten, und die sich dann auf geeigneten Flußläufen landeinwärts bewegten, bis sie namentlich für die Kokoskultur geeigneten Boden gefunden hatten. Sehr häufig findet man, daß die am frühesten eingewanderte Sippe sich die Vorherrschaft zu sichern verstand. Die Sippenorganisation beherrscht die ganze Siedlungsordnung. Oft besteht eine Niederlassung aus verschiedenen totemistischen Sippen (*boan*), deren jede ein eigenes Männerhaus besitzt. Die Verteilung der Kokos- und Sago-Bestände wird ebenfalls nach diesem Grundsatz geregelt. Diese Sippen bilden nun vermöge ihrer örtlichen Zusammengehörigkeit eine Schicksalsgemeinschaft, welche das umgebende Land beansprucht, um dort Jagd und Fang auszuüben (s. Gau A, Siedlung A). Gegen die benachbarten Siedlungsverbände haben sich mit der Zeit feste Grenzen herausgebildet, die einem Hoheitsrecht über das betreffende Landgebiet entsprechen, denn jede Siedlungsgruppe verbietet den anderen, innerhalb ihrer Grenzen zu jagen oder zu fischen, für die Herstellung von Kanus Bäume zu fällen, für Krokodile oder Wildschweine Fallen zu stellen usw. Das tatsächliche Zusammenleben dieser Sippen bedingt auch ein Solidaritätsgefühl unter ihnen, wie es sich gelegentlich der Kopfjägerei oder auch freundschaftlicher Beziehungen zu den Nachbarn äußert. Über diese Lokalgruppen hinaus fehlt es jedoch an jeglicher Zusammengehörigkeit, und jede Lokalgruppe ist auf sich selbst angewiesen. Doch läßt sich feststellen, daß zwischen einzelnen Siedlungsgemeinden oft reger freundschaftlicher Verkehr bevorzugt wird. Dies läßt sich teilweise auf Heiratsbeziehungen zurückführen und findet wohl auch bei den gemeinsamen Abhaltungen von Geheimkult-Zeremonien, endlich auch bei Kopfjagd-Unternehmungen seinen Ausdruck. Aber auch zwischen weiter entfernten Siedlungsgemeinden bestehen oft Bande der Freundschaft, die in der Gewährung eines Asyls (s. d.) an Flüchtlinge aus der anderen Gemeinde ihren Ausdruck finden. Möglicherweise werden derartige Beziehungen zwischen den entfernten Siedlungen durch ursprünglich gemeinsame Sippenzugehörigkeit getragen. An der Küste liegen die Verhältnisse noch komplizierter, weil hier mehrere Siedlungen zu Siedlungsverbänden zusammengeschlossen sind. Auch scheint hier eine Teilung der Lokalgruppen in Untergruppen vorzukommen. Im Inneren sind die Gaue größer, an der Küste im allg. kleiner, denn die Besiedlung wird landeinwärts dünner. Dieser Umstand führt eine gewisse Verschiedenheit der Lebensführung der Binnenlandbewohner gegenüber der der Küstenbevölkerung herbei (Wirz 1925 S. 150ff.). Auch die Bauart und Anlage der Wohnplätze und Hütten in den sumpfigen Küstengeländen unterscheidet sich von der der Binnenleute (a. a. O. S. 185ff.).

§ 4. Innerhalb der Siedlungen geht das Zusammenleben nicht immer reibungslos vor sich; denn die auf den verschiedenen anderen Vergesellungskräften (vgl. § 10ff.) beruhenden Gruppen zeigen die Tendenz, zu einer Erweiterung der Grundlage ihres eigenen Zusammenschlusses überzugreifen. Heiratsgruppen oder religiöse Bünde streben z. B., wenn die Umstände günstig sind, danach, auch „politische" Gesichtspunkte (s. § 3) ihrem Verbande zugrunde zu legen. Umgekehrt ziehen sich ursprünglich politische Gruppen etwa auf das religiöse Gebiet zurück. So schlummern oft Erinnerungen an eine frühere ethnische Selbständigkeit, an Überlegenheit oder an Streitigkeiten in gewissen Bünden (s. a. Geheime Gesellschaft, Männerbund) und machen sich gelegentlich in eigenartigen Rivalitäten geltend.

Nicht selten findet man eine gewisse Rivalität zwischen den beiden Hälften eines Stammes (s. Heiratsordnung). So scheidet sich die ganze Bevölkerung der Karolinen-Insel der Südsee Yap unabhängig von ihrer geogr. Lage in zwei feindliche Parteien, die *väánī pāgál* und *väánī pīluṅ* (Müller-Wismar S. 234). In ähnlicher Weise wird auch in benachbarten Teilen Indonesiens zwischen *Ursiwa* und *Urlima* unterschieden, deren Spaltung vielleicht auf den Gegensatz *Tidore* und *Ternate* zurückgeht. — Bezüglich Neu-Guinea vgl. Wirz 1924 S. 46—48; s. a. Heiratsordnung.

Traditionelle Rivalitäten kommen auch unter den Männerbünden (s. d.) der großen nordamerik. Ebene vor, und zwar namentlich bei den Krähen-Indianern (Lowie S. 198). So waren einmal die „großen Hunde" mit den „Baumstümpfen" verbündet gegen die „Füchse" und die „Schmutzhände", um von ihren Gegnern Frauen zu stehlen. Auch werden derartige traditionelle Rivalitäten aus älterer Zeit berichtet. Dabei handelte es sich auch um Entwendung von Gesängen, die die anderen als ihr Eigentum beanspruchten (Lowie S. 182f.).

Ein solches Stehlen der Frauen des Bundes der „halbgeschorenen Köpfe" von den „Füchsen" soll den Grund zu der Rivalität zwischen den beiden gegeben haben. Die „halbgeschorenen Köpfe" waren die Vorfahren der „Baumstümpfe". In früheren Zeiten mußte eine gestohlene Frau sich rittlings auf einen Stock setzen statt auf ein Pferd, und bei dieser Gelegenheit wurde ein Tanz aufgeführt. Die beiden rivalisierenden Parteien kamen später überein, ihre Frauen, die sie einander gestohlen hatten, nicht zu verhöhnen, doch bei dem Stehlen sollte es bleiben (Lowie S. 197).

Besonders stark kam die Rivalität unter den Kriegsgesellschaften der Jowa-Indianer zum Ausdruck. Eine jede suchte auf jedem „Kriegspfad" vertreten zu sein. Geschickte Streiche wurden den einzelnen Mitgliedern besonders angerechnet und kamen dem ganzen Bunde zugute, der sich dessen rühmen durfte. Daher erwies die Gesellschaft ihren besonders wagemutigen Kämpfern Auszeichnungen (s. d.), um auf diese

Weise die anderen zu übertrumpfen. Die besonders rivalisierenden Verbände waren die *tukala* und *mawatani* (Skinner S. 692).

Diesen Rivalitäten liegt ein allgemein menschlicher Zug zugrunde, der immer dann zutage tritt, wenn auf keiner Seite ausgesprochene Überlegenheit erzielt werden kann, während ein Streben nach Expansion dem Verbande innewohnt.

Kämpfe in primitiven Gesellschaften spielen, wenn sie zu einer traditionellen Rivalität geworden sind, leicht nach einer Seite hinüber, die wir als Sport bezeichnen würden. Die verhältnismäßig nahe Nachbarschaft und oft auch verwandtschaftliche Beziehungen mildern nämlich die Angst voreinander und bringen auch einen innerlichen Verzicht auf völlige Unterwerfung der Gegner herbei, so daß es bei einem Kampfe um das Ansehen allein, um die Auszeichnung (s. d.), sein Bewenden hat. So blutig und lebensgefährlich derartige Rivalitätskämpfe manchmal sind, der spielerische Charakter bewährt sich in einer gewissen Anzahl ritterlicher Kampfesregeln und erhält durch den Reiz der Aufregung um den Ausgang der Kämpfe den Prickel des Schauspiels.

Wirz (1924 S. 42) entwirft folgende Schilderung:

Zwar fehlt es den Eingeborenen des zentralen (holländischen) Neu-Guinea an jedem Zug aktiver Grausamkeit, wie sie namentlich dem Papua der Südküste eigen ist (s. a. Moral). Doch ist der Eingeborene, wie alle Papua, ein großer Egoist, der sich um Alte, Schwache und Kranke wenig kümmert; sie müssen selbst sehen, woher sie ihre Nahrung bekommen. Niemals ist es jedenfalls ein Mann, der sich eines anderen annimmt, dies ist vielmehr Sache der Frauen, namentlich der älteren. Das Quälen von Tieren kann man geradezu als eine Lieblingsbeschäftigung der Jugend bezeichnen. Im Kriege bedient man sich bloß des Bogens und Speers als Waffe und läßt die getöteten Feinde liegen. Kopfjägerei und Kannibalismus sind unbekannt, doch bringt ein kriegerischer Rachezug ins feindliche Gebiet der Männerwelt jederzeit eine angenehme Abwechslung in das sonst so monotone Alltagsleben. Man kann auch aus den Erzählungen der Männer und Jünglinge ersehen, wie die kriegerische Betätigung einen außergewöhnlichen Reiz für sie hat und die bloße Erinnerung an solche sie in Eifer und Feuer versetzt.

§ 5. Die Nachbarschaft des Siedelns wirkt nicht eindeutig vergesellend, sondern sowie etwas größere Menschenmengen in Betracht kommen, führt sie sofort zu Ballungen innerhalb der Anhäufung von Menschen und zu einem nicht selten mehr oder minder feindseligen Verhalten unter den geballten Aggregaten. Selbst innerhalb größerer Lokalgruppen kommen derartige Scheidungen vor, die manchmal zur Abwanderung größerer oder kleinerer Teile Anlaß geben.

Aber auch unter verschiedenen Siedlungen findet ein Zusammenschluß oft, aber nicht immer, auf Grund verwandtschaftlicher Beziehungen statt, während andere sich abtrennen.

Von den Stämmen des zentralen Neu-Guinea betont Wirz (1924 S. 37ff.) das Bestehen von verhältnismäßig lebhaftem Verkehr und Friedfertigkeit. Trotzdem kommen natürlich Kämpfe vor. Er weist darauf hin, daß Freundschaft und Feindschaft sehr labil und wechselnd sind. Befreundet sind Siedlungen oder vielmehr Komplexe von solchen, die gegenseitig Handelsbeziehungen unterhalten; aber auch diese können oftmals und plötzlich durch irgendeine geringfügige Veranlassung in Feindschaft umschlagen, die unter Umständen recht erbittert werden kann. Umgekehrt kann langjährige Feindschaft auf einmal wieder zu freundschaftlicher Haltung werden. Aus diesem Grunde sind auch die Aussagen der Eingeborenen über feindlich gesinnte und befreundete Nachbarstämme meist widersprechend und mit Vorsicht aufzunehmen. Diebstahl und Weibergeschichten sind es gewöhnlich, welche das Verhältnis zwischen zwei benachbarten Tälern oder beiden Seiten eines Tales gespannt machen und zu erbitterter Feindschaft führen können. Der Bevölkerung fehlt Solidaritätsbewußtsein und Gefühl von Zusammengehörigkeit, das niemals über das heimatliche Tal hinausreicht. Aus diesem Grunde vermeidet man alles, was zu feindlichen Begegnungen führen könnte, vor allem das Überschreiten der

Grenzen eines feindlichen Gebietes. Nur wenn es gilt, einen von den Feinden getöteten Siedlungsgenossen zu rächen, werden kriegerische Expeditionen ins feindliche Gebiet unternommen.

Die verschiedenen Gruppen kleiner Dörfer, wie z. B. der Mailu (oder Toulon), einer Neu-Guinea im O vorgelagerten Insel, stehen untereinander oft in einer gewissen Verbindung. So das Dorf Mailu mit seinen vor verhältnismäßig kurzer Zeit gegründeten Kolonien Oraído und Kurére. Diese Gruppe war zweifellos die mächtigste, zumal Mailu der volkreichste Ort der Gegend war und die größte Zahl von Kriegskanus besaß. Auch wirtschaftlich ist sie am wichtigsten, weil sie diejenige Gemeinde ist, die zur See fährt und Handel treibt und sich dadurch an der ganzen Südostküste auszeichnet. Auch ist Mailu der einzige Ort, der Töpferei betreibt und Kanus baut. Eine weitere Gruppe von Dörfern w. der Amazonenbucht wird durch die Dörfer Daláva, Magaúbo, Duróm, Domára und Dómu gebildet. Sie gleichen sonst der Mailu-Gruppe, obgleich ihr Handel nicht bemerkenswert ist, sie keine großen Kanus bauen und, mit Ausnahme vielleicht von Domára in früherer Zeit, keine Töpferei ausüben. Heute ändern sich die Dinge insofern, als die Eingeborenen Handwerke beginnen, die sie früher nicht betrieben. Diese w. Dörfer befanden sich in freundschaftlichen Beziehungen zu der Mailu-Gruppe. Zwei Dörfer auf den Korallen-Inseln in der Amazonenbucht: Loupóm und Laruóro, bildeten eine Gruppe für sich. Sie lebten unter den gleichen Bedingungen, zeigten den gleichen Gesellschaftsbau und dieselben wirtschaftlichen Tätigkeiten. Vor allem waren sie Fischer, früher segelten sie jedoch nicht viel und hatten keine großen Kanus. Sie unterhielten untereinander gute Beziehungen, waren jedoch nicht immer freundlich den Mailu gegenüber. Ganz besonders traf dies in bezug auf das Dorf Laruóro zu, das näher bei Mailu gelegen war und oft sich im Kriegszustand mit ihm befand. Vor einiger Zeit sollen die Laruóro erfolgreich die Mailu angegriffen und einige getötet, andere zur Flucht auf Kanus genötigt haben. Die Mailu nahmen so gründliche Vergeltung dafür, daß sie das ganze Dorf vertrieben, nachdem sie viele getötet hatten. Die Flüchtigen segelten bis nach Gadaísiu, das Grenzdorf des s. Massim. Dort verblieb ein Teil von ihnen und bildete so einen Mailu-Bestandteil dieser Niederlassung, während andere nach dem Dorfe auf der Insel zurückkehrten. — Die Dörfer von Wowuóro, Tsélai und Dérebai, die jetzt an der Küste liegen, stellen eine andere Gruppe dar. Früher befanden sie sich auf dem Kamm der Hügel um die Amazonenbucht. Sie unterhielten dauernd freundschaftliche Beziehungen untereinander und mit dem Dorfe Mailu. Zwischen dieser und der folgenden Gruppe, die aus den Dörfern Dágobo, Unévi, Bórebo, Pedíri, Tsaviríbo, Géagéa, Banóro und Gíma besteht, klafft eine große Lücke. Diese Dörfer leben zwar auf freundlichem Fuße untereinander, doch sollen die ersten fünf miteinander enger verbunden sein und ebenso die drei letzteren. Diese Dörfer pflegten mit den Mailu und den Dörfern der Amazonenbucht im Kampfe zu liegen. Sie waren untereinander auch durch Feste verbunden, die sie der Reihe nach gaben, und auch durch gewisse wirtschaftliche Abmachungen in bezug auf die Nutzung der Sago-Sümpfe. Die Dorfgruppen an der Westküste von der Orangerie-Bucht: Oibáda, Nabái, Ore und Gogotstíba, haben die gleichen Beerdigungssitten, Zauberei usw. und scheinen auf freundschaftlichem Fuße zu leben, während sie von den anderen Mailu gefürchtet, gehaßt und bekämpft wurden, obgleich die eigentliche Mailu-Gruppe bessere Beziehungen mit ihnen zu unterhalten scheint als ihre unmittelbaren Nachbarn, die Bórebo, Pedíri, Géagéa usw. Diese verschiedenen Gruppen stellen also politische Bünde dar, die jedoch auch durch andere soziale Faktoren untereinander verknüpft waren. Auch sprachlich dürften sie dialektische Gruppen darstellen (Malinowski 1915 S. 510ff.; vgl. a. ders. 1922 S. 57, 67ff., 71).

§ 6. Der beständig vorsichgehende Prozeß einer Veränderung der Menschenzahl, hauptsächlich einer Vermehrung durch die Nachkommenschaft, führt auch zu einer Veränderung des Bestandes an Angehörigen eines Verbandes. Ein Anwachsen der Zahl fördert in den kleinen Gemeinden Ballungen im Innern derselben, führt zu Streitigkeiten und zur Absplitterung von Teilen, die sich anderswo mehr oder minder dauernd niederlassen und so Anlaß zu Wanderbewegungen geben können. Solche Abschnürungen, die sich in Bewegung setzen, sind von größter Bedeutung für die soziale Entwicklung und Gestaltung. Einerseits sind sie Träger verschiedener Sitten und Gebräuche, die sie nach anderen Orten verpflanzen können, andererseits werden diese Traditionsgüter durch die Wanderung, wenn diese weiter weg in ungewohnte Lebensbedingungen führt, dort dem Zwang der Veränderung und der Anpassung an die neuen Lebensbedingungen ausgesetzt, wobei ein Teil des mitgebrachten Kulturgutes verloren geht. Treffen die Wanderer im neuen Land mit fremden Menschen zusammen, so können sich verschiedene Formen eines Kontakts, eine Neben-, Unter- oder Überordnung, eine Aufsaugung oder ein völliger Untergang, teils der Menschen, teils der Kulturgüter, abspielen.

Ein besonders gut untersuchter Fall einer derartigen Wanderung, der hier beschrieben werden soll, lenkt das Interesse deshalb auf sich, weil der Wechsel der klimatischen Lebensbedingungen einerseits das Problem der Anpassung der mitgebrachten Kultur an das neue Klima, andererseits das der konstitutionellen Anpassung an die fremdartigen Ernährungs- und sonstigen Lebensbedingungen zeigt. Für die mit dem Klima und den Lebensbedingungen konstitutionell in Einklang gebrachten Eingeborenen, die Eskimos, bedeutete die Zuwanderung der normannischen Volkssplitter eine Bereicherung ihres Kulturbesitzes. Das folgende Beispiel lehrt aber auch, mit welchen Schicksalen und Erschütterungen Kulturübertragungen, mit denen man in der Theorie oft allzu leichthin operiert, tatsächlich verbunden sind. Dabei sei gleich eingeschaltet, daß es selbstverständlich viele und verschiedenartige Möglichkeiten solcher Übertragungen gibt (s. Kulturkreis, Primitive Kultur), von denen jede in anderer Weise sich auswirkt.

Steensby (S. 169ff.) kommt zu dem Ergebnis, daß die Eskimo-Kultur nicht ausschließlich als das Ergebnis geographischer Anpassung betrachtet werden kann, sondern daß auch Einflüsse und Erwerbungen von außerhalb zu ihrer Gestaltung beigetragen hatten, wenigstens zu der Zeit, als die Europäer Verbindungen mit ihnen aufnahmen. Durch welche soziologischen Vorgänge sind diese Kulturübertragungen nun zustande gekommen? Hier bietet sich eine Gelegenheit, sie zu durchleuchten! Die erste nachweisbare Verbindung mit den Eskimos rührt aus der Normannenzeit her, als Isländer mit dem Irminger-Strom nach W trieben und auf die begünstigte Stelle bei Angmagsalik trafen und 100 Jahre später, vermutlich auf dem Umweg über die Davis-Straße und nach Baffin-Land, die amerik. Küste erreichten, um mit dem Labrador-Strom über Hellu-Land und Mark-Land nach Vin-Land zu gelangen. (Über die wahrscheinlichen Reste isländischer Einwirkung auf Sitte, Sage und Technik der dort lebenden Indianer vgl. Loewenthal *Isländische Rechtssymbole in Altamerika* Zfvgl.RW. 40 [1923] S. 362ff. und ders. *Spuren der Isländerfahrten in Nova Scotia* MAGW 56, 1—2 [1926] S. 66ff.). Die grönländischen Siedlungen der Isländer konnten sich auf die Dauer nicht halten. Die normannische Kultur in Grönland blieb dort fremd, obwohl sie sich sehr an die Naturbedingungen des Landes anzupassen suchte. Solange die Verbindung mit dem Mutterland aufrechterhalten werden konnte, d. h. solange Zufuhr von Holz, Eisen und Korn stattfand, vermochten sich die Kolonien zu halten. Die Viehzucht war wohl in diesem Klima und bei dem damaligen Stande der Technik im hohen Norden auf die Dauer nicht durchführbar. Sie wurde daher von Jagd und Fang verdrängt. An Stelle des Haltens von Ziegen, Schafen und sogar Kühen und Pferden trat der Fang von Seehunden, Lummen, Flundern, Rentieren, Walrossen, Eisbären usw. Dies bedingte eine Angleichung der Lebensverhältnisse der Normannen an die der Eskimos. Dazu kommt noch der Umstand, daß der Übergang zu der ausschließlichen Fleisch- und Fettnahrung dem Europäer nicht bekömmlich ist und die Fortpflanzungsfähigkeit herabsetzt. Zu dem traten Mischungen und teilweise wohl auch Abwanderung, wahrscheinlich auch Kämpfe, so daß auf die Dauer die Eskimos durch ihre von vornherein bessere Anpassung an die Natur des Landes den Normannen und vielleicht auch ihren Mischlingen gegenüber im Vorteil waren. Auf diese Weise haben wir es uns vorzustellen, daß die Spur der Normannen bis auf wenige Ruinen, die heute noch längs der Küste gefunden werden, getilgt ist; gerade so wie unter den Indianern (vgl. o. Loewenthal) oder in Sizilien und anderswo. Dafür haben sich jedoch einzelne kulturelle Errungenschaften unter den Eskimos erhalten, während die Normannen selbst, die sich zu weit vorgewagt hatten, als raßlicher Bestandteil zugrunde gingen (Nissen S. 13ff., 96ff.).

Die erwähnten Schicksale illustrieren einerseits die Art, wie in einem Falle der Erwerb von sog. Kulturgütern vor sich gegangen ist. Sie zeigen aber auch, wie überwältigend stark auf der anderen Seite die äußeren Lebensbedingungen gerade bei ärmerer Kultur sind. Wenn man sagt, daß die Eskimo-Kultur in ihrer ältesten Form arktisch ist (Steensby S. 170), so darf man nicht vergessen, daß auch ihre Träger, die Menschen selbst, in hervorragendem Maße den arktischen Lebensbedingungen angepaßt sind und das soziale Leben dadurch in bestimmter Weise den Stempel aufgedrückt erhält.

Hier zeigt sich gleich wieder die Verflochtenheit mit anderen Erscheinungen. Steensby nimmt an, daß die ursprüngliche Eskimo-Kultur im arktischen Archipel „entstanden" sei und sich von da aus ost- und westwärts verbreitet habe. In der Gegend der Bering-Straße geriet sie unter asiat. Einflüsse von der pazifischen Küste. Indessen waren die fremden Einflüsse auf die ursprüngliche Eskimo-Kultur nicht derart, daß auf diese Weise etwas vollkommen Neues geschaffen worden wäre, sondern es handelte sich nur um Neuerwerbungen, die sich die Eskimos assimilierten. Der Erwerb neuer Fertigkeiten und Geräte trug natürlich zu einer Verbesserung der Lebensformen bei, ohne diese jedoch von Grund aus zu beeinflussen. Durch weiteres Vordringen nach dem S wurde die subarktische Kulturform entwickelt, und zwar hauptsächlich an den Küsten der Bering-Straße. Somit erscheint die arktische Form als die ältere, die subarktische als die jüngere und vor allem asiatisch beeinflußte Eskimo-Kultur.

Um uns die Wirkung des mit einer bestimmten Technik und Lebensführung Hand in Hand gehenden Klimas auf die soziale Gestaltung zu vergegenwärtigen, müssen wir uns vor Augen halten, daß der Sommer und der Winter ganz verschiedene Ansprüche an die Art der Nahrungsgewinnung und auch der Unterkunft stellen. Das geht so weit, daß man eine Winter- und eine Sommerkultur unterscheidet (Steensby S. 156ff.). Erstere stellt sich für die arktischen Eskimos in folgender Weise dar: Ihr Aufenthalt ist zu Beginn des Winters an der Küste, später auf der gefrorenen See. Da leben sie von der Jagd auf dem Eis der See. Ihre hauptsächlichen Geräte, die sie dabei verwenden, sind der Hundeschlitten und die Harpune. Zu Beginn des Winters wohnen sie in Erdhäusern, später in Schneehäusern. — Der Sommer findet diese selben Eskimos im Inland, nicht mehr an der Küste; dort jagen sie auf dem Lande und fischen in den Flüssen. Dabei verwenden sie den Kayak und die Lanze, sowie Pfeil und Bogen und den Fischspeer für die Forellen; jetzt wohnen sie in Zelten. Eine ähnliche Verschiedenheit der Lebensweise gilt auch für die subarktischen Eskimos. Auch die Jagdmethoden auf die verschiedenen Tiere hängen mit den charakteristischen Lebensweisen zusammen und ändern sich natürlich nach dem besonderen Vorkommen der verschiedenen Tiere. Von der Gestaltung der Lebensweise hängt auch die soziale Organisation ab. Die soziale Organisation erfordert bei den Jägern und Fängern keine großen Vorkehrungen. Da die einzelnen Gruppen in ihrer Nahrungssuche, in der Errichtung ihrer Unterkünfte und ihrer Bekleidung voneinander völlig unabhängig sind, so verkehrt man vollkommen auf dem Fuße der Gleichheit, der Neben- und nicht der Unterordnung. Trotzdem kommen gelegentlich an gewissen Jagdplätzen Ansammlungen verhältnismäßig größerer Menschenmengen vor, wie z. B. bei den Netschillik-Eskimos in der Gegend von Boothia und König-Wilhelmsland. Spät im Frühjahr kommen sie um den Boothia-Isthmus zusammen, und zwar bevor das Eis so zerfällt, daß man es nicht mehr mit Schlitten überqueren kann. Sie vertauschen dann die Maupok-Jagd mit der auf Seehunde. Aber es besteht noch ein besonderer Grund dafür, gerade dort sich zu versammeln, weil dann die Jagd auf Rentiere beginnt, die vom S heraufziehen, und um Forellen zu fangen, wenn die Wasserläufe eisfrei werden (Steensby S. 113).

Die Küsten-Tschuktschen des ö. Asien haben die Eskimo-Kultur angenommen, so daß man kaum zwischen ihnen und den Eskimos einen Unterschied sehen kann (s. Kulturkreis, Primitive Kultur). Diese Küsten-Tschuktschen, die am Arktischen Ozean leben, ahmten den Eskimos das Jagen auf dem Eise nach und verwendeten dafür auch deren Geräte. Doch haben sie ihre asiat. Methode des Anspannens der Hunde von je zwei voreinander bewahrt. Auch leben sie in Zelten, wie die nomadischen Tschuktschen, obgleich ihre Vorfahren vielleicht ursprünglich in Erdhütten wohnten. Wahrscheinlich lebten die Tschuktschen aber ursprünglich an der Küste, und die Rentier-Nomaden unter ihnen und den Koryaken stellen eine besondere Abzweigung dar, welche zu dieser Lebensweise durch Nachahmung anderer Stämme übergeleitet wurde. Dadurch, daß sie sich auf Rentier-Nomadentum einstellten, nahmen die betreffenden Abzweigungen der Tschuktschen und Koryaken auch das Leben in Zelten an, das nach der Annahme von Jochelson „den Behausungen der asiatischen Nomaden nachgeahmt, jedoch nicht den Erfordernissen des arktischen Klimas angepaßt ist". Eine Art dieses Winterzeltes wurde nun weiter von den Küsten-Tschuktschen und von den asiat. Eskimos an Stelle ihrer früheren Erdhütte verwendet. Bogoras fand nur eine Wintererdhütte bei den Eskimos noch in Verwendung. Auch in bezug auf den Lebensunterhalt ist die Eskimo-Form nicht nur bei den asiat. Eskimos selbst, sondern auch bei den Küsten-Tschuktschen, die unter ihnen und noch weiter n. an den Küsten des Arktischen Ozeans wohnen, herrschend. Dagegen nimmt der Einfluß der Eskimos bei den Küsten-Tschuktschen ab, die an der pazifischen Küste s. der Bering-Straße wohnen, und ist noch geringer bei den Küsten-Koryaken, die gleichfalls etwas durch die Eskimos unmittelbar beeinflußt sind, jedoch auch auf dem Wege über die Tschuktschen manches von diesen übernommen haben, wie z. B. das Kayak-Boot (Steensby S. 134f.).

Aus diesen Darlegungen ersehen wir, wie sich das, was wir Kultur nennen, aus einer ständigen Auseinandersetzung zwischen einer bestimmten Technik, der Meisterung der Umwelt durch den Menschen, und den gegebenen Naturbedingungen ergibt. Dadurch wird im allg. auch die Art der sozialen Organisation bestimmt. Änderungen können hauptsächlich in dreierlei Richtung eintreten: 1. Die Technik wird erhöht (Erfindungen, Übernahme fremder Fertigkeiten und Kenntnisse); 2. Aufsuchen oder Antreffen anderer Klimate (Wanderungen); 3. die Menschen selbst können anders werden (Mischung, Wechsel in der Schichtung, Aussterben gewisser Typen, Vermehrung anderer).

Das gut untersuchte Beispiel der oben angeführten Eskimos mit ihren extremen Lebensbedingungen ist für die Entwirrung der ineinanderlaufenden Fäden von Einflüssen der Wanderung und Kulturübertragung besonders aufschlußreich.

§ 7. Schicksal, Lebenslage und Veranlagung wirken zusammen, die Charakterzüge der sozialen Gruppen hervorzurufen, deren außerordentliche Mannigfaltigkeit in die Augen springt. Jede Gruppe erscheint in ihrer Weise spezialisiert. Das gilt auch schon für die Lebensweise der Jäger und Fänger. Die Jagd auf Groß- oder Kleinwild, der Fang von Fischen und anderen Seetieren, wie bei den Eskimos, das Leben in Wäldern bei den Pygmäen, Kubu, Veddas u. dgl., in Wüsten bei den Buschmännern, in Gebirgen bei den Bergdama usw. enthalten trotz der verhältnismäßig einfachen Technik der Nahrungsgewinnung doch ganz verschiedenartige Auseinandersetzungen mit der jeweils gegebenen Natur und führen dementsprechend auch zu einem ganz verschiedenartigen Zwang des Verhaltens.

Dazu kommt bei manchen der heute lebenden Jäger- und Fängervölker ein Unterlegenheitsgefühl, das mit einer gewissen Friedfertigkeit (s. § 5) oder Scheu (s. § 14) gepaart auftritt und einen entscheidenden Charakterzug der betreffenden Gruppe bildet. Ob man diese Eigenschaften mit dem Jäger- und Fängerleben überhaupt oder nur mit den heute noch lebenden raßlichen Trägern dieser Kultur in Verbindung zu setzen hat, muß dahingestellt bleiben. Vieles spricht dafür, daß wenistens ein erheblicher Teil der erwähnten zeitgenössischen Jäger- und Fängervölker sich vor fremden, überlegenen Stämmen zurückgezogen hat, weil sie zu höheren Formen der Lebensgestaltung, die namentlich auf einer ausgebildeteren Technik beruhen (s. Fortschritt, Primitives Denken), überzugehen nicht die Kraft aufbrachten. Der primitive Jäger und Fänger der Altsteinzeit kann also nicht ohne weiteres, wenigstens was die Möglichkeiten seiner Entwicklung betrifft, den heutigen Resten von Jägern und Fängern ohne weiteres gleichgesetzt werden (s. a. Jagd A).

Die Ausgeglichenheit des Lebens hat bei den heutigen Jägern und Fängern sicher eine ganz besonders hohe Stufe aus dem einfachen Grunde erreicht, weil die mit dieser Lebensweise verbundene soziale Form ungemein viel älter ist als irgendeine andere auf einer fortgeschrittenen Technik aufgebaute Gesellschaftsordnung. Darin ist vielleicht auch der Grund zu sehen, weshalb das Heraustreten aus dem Jäger- und Fängertum innerhalb der gegebenen Existenzbedingungen so schwer ist (s. Wirtschaft D). — Um eine Harmonie der Einrichtungen und des traditionellen Verhaltens, der Geistesverfassung und der Sitten herbeizuführen, wie das bei mittleren und höheren Naturvölkern in Erscheinung tritt, sind indessen nicht notwendigerweise unabsehbare Zeiträume nötig. Auch bei geschichteten Naturvölkern (s. Klan, Kaste A, Politische Entwicklung, Schichtung) verblüfft oft die harmonische Durchbildung der — selbstverständlich einseitigen — Kulturordnung (vgl. Thurnwald S. 26). Eine solche Ausgeglichenheit sichert der Gesellschaft einen verhältnismäßig reibungslosen Ablauf in den gewöhnlichen Lebenslagen für jeden Einzelnen, auf die er so vorbereitet ist, und schafft für ihn feste Bindungen, die seinem Denken und Verhalten eine von vornherein vorgezeichnete Richtung weisen, sein Denken sparen und nach außen den Eindruck einer harmonischen, in sich gefestigten Persönlichkeit erwecken. Diese Geschlossenheit des Charakters meinen wir, wenn wir von einem derartigen „Wilden" sagen: Der Mann hat Kultur (s. a. Moral, Primitive Kultur).

Als hervorstechenden Zug in der Familie der Bubi von Fernando Po (Westafrika) wird von Tessmann (S. 229) die gegenseitige Höflichkeit bezeichnet. Anständiges Benehmen in der Familie wird als selbstverständlich vorausgesetzt. Daß jemand sich auch im engsten Familienkreise irgendwie gehen ließe, kommt nicht vor. Die größtmöglichste Rücksicht wird geübt und verlangt (s. a. Moral). Angenehm berühren auch die natürliche Freundlichkeit und die Mitteilsamkeit, die in der Familie üblich ist, besonders im Verkehr mit Fernerstehenden. Sogar Weiße werden, wenn sie bekannt geworden sind, viel höflicher und zuvorkommender behandelt als auf dem Festlande. Unter sich üben die Bubi eine unbegrenzte Freigebigkeit und Gastfreundschaft. Auch wird nicht immer sofortiger Ersatz der mitgebrachten Tauschgeschenke verlangt. Ganz besonders rücksichtsvoll sind die Bubi gegen irgendwelche Versehen, wenn z. B. irgendein Gefäß oder Gebrauchsgegenstand versehentlich zerbrochen wurde, wenn Ziegen eines anderen in die Pflanzungen eingebrochen sind. Vergessene oder verlorene Sachen werden ohne weiteres und ohne etwas zu verlangen zurückgegeben. Sogar versehentlicher Totschlag wird nur durch eine Entschädigung gesühnt (s. Busse). Ist das Benehmen den Gleichgestellten und der Familie gegenüber schon so rücksichtsvoll, so ist es noch mehr den Häuptlingen gegenüber der Fall, und zwar sowohl von seiten der Frauen als auch der Männer. Wenn der Häuptling sitzt, darf ein anderer nicht aufrecht stehen bleiben. Den Befehlen des Häuptlings kommt man ohne Einwendungen oder Abänderungen nach (s. Auszeichnung, Häuptling). Vergehen oder Verbrechen richtet der Häuptling oder der Oberhäuptling. Die militärische Organisation ist durch Grade und Abzeichen durchgebildet, und die gewöhnlichen Soldaten folgen ihrem Führer blindlings (s. Politische Entwicklung). Doch werden die Streitigkeiten unter den Bubi-Sippen mit großer Schärfe geführt, und der Prozentsatz der Gefallenen ist weit höher als anderswo, da die Kämpfe viel erbitterter sind. Auch die Dauer der Kriege ist länger; so währte z. B. einer sieben Jahre. Er wird dann so lange durchgeführt, bis ein Gegner wirklich vernichtet ist. Es gilt als edel und anständig, dem Feinde so nahe wie möglich im offenen Kampfe entgegenzutreten. — Die soziale Organisation ist, wie erwähnt, auf strenger Unterordnung aufgebaut, und zwar besteht die Auffassung, daß die irdische Gesellschaftsordnung der himmlischen entspricht: Über dem Einzelnen steht der Vater als Vertreter der Familie, und über diesem der Häuptling als Vertreter der Gesellschaft, und der größte Häuptling, der der Person Gottes entspräche, ist der Oberhäuptling. Das Verhalten des Einzelnen zu diesem irdischen Vorgesetzten ist genau das gleiche (s. a. § 13, 15) wie zu den Himmlischen (a. a. O. S. 224).

§ 8. Die erwähnte Besonderheit der einzelnen Gruppen und ihrer sozialen Ordnungen dürfte auch mit der charakteristischen Labilität ihrer Führung zusammenhängen. Während die Lebensordnung, die Sitten und die Geistesverfassung starke Bindungen verraten, vermißt man dort, wo wir bei uns ein festes Gefüge fordern, bei den Naturvölkern oft stabile Einrichtungen. Nicht nur, daß z. B. das Häuptlingtum bei Jäger- und Fängervölkern, bei denen die Frauen Früchte und Kerbtiere sammeln oder Gartenbau treiben, durchaus schwankend und von der Kraft der einzelnen Persönlichkeit abhängig ist, sondern der entscheidende Einfluß wird auch bald von einem Mann ausgeübt, der ein erfolgreicher Jäger ist, bald von einem wirkungsvollen Zauberer, oder er gleitet in die Hand eines wirtschaftlichen Organisators, nur ausnahmsweise ruht er — entgegen den Annahmen einer heute veralteten und durch die erweiterte Tatsachenforschung überholten Lehre — in der Hand eines Kriegers.

Bei höheren und organisierten Jägern mit Gartenbau der Frauen ist manchmal, z. B. bei den nordamerik. Indianern der großen Ebene, ein ganz bestimmter Wechsel in der Führung sogar zu einer traditionellen Einrichtung erhoben. Je nach den Umständen und Zwecken ging die Führung in bestimmte Hände über.

Bei den ö. Dakota-Indianern lag die Führung für gewöhnliche Jagdunternehmungen in anderen Händen als für die große zeremonielle Büffeljagd, und für diese wieder bei anderen Personen als für einen Kriegszug. Der Stamm der Sisseton wurde z. B. von einem Häuptling geleitet, der sein Leben lang dieses Amt ausübte und es an seinen ältesten Sohn gewöhnlich vererbte, falls dieser nicht ungeeignet dafür war. Unter diesem standen 4 *akitcita*, „Helden", die auf Grund besonderer Taten, deren sie sich in der Volksversammlung zu rühmen hatten, von dieser gewählt wurden. Sie dienten als Anführer der Jagden. Andere nur von den Kriegern gewählte *akitcita* leiteten die Kriegsunternehmungen. Die großen zeremoniellen Büffeljagden wurden von 10 in einem besonderen Stammesrat nominierten Richtern (*wanyátcō*) angeführt, die nur für die betreffende eine Jagd im Jahr erwählt wurden, während man im nächsten Jahr andere dazu bestimmte. Diese 10 standen einander gleich im Rang und wurden nicht notwendigerweise auf Grund ihrer Tapferkeit erwählt. Sie führten den Weg, bestimmten die Ruheplätze und Jagdlager; vor allem aber ernannten sie die „Helden" (*akitcita*), welche die Büffel zu beschleichen und die beiden Hälften, in die sich der Stamm bei der Büffeljagd spaltete, anzuführen hatten. Nach der Jagd verteilten sie das Fleisch und erfreuten sich eines Vorrechts auf bestimmte Stücke (Lowie 1911 S. 131ff.).

Diese Verschiedenheit in der Führung (s. a. Handwerk A, Häuptling, Wirtschaft D) bot wohl den Anlaß dazu, daß, wo ein altes Halbierungssystem vorhanden war (s. Heiratsordnung und § 10), im Anschluß daran eine Verdoppelung der Häuptlinge oder Fürsten stattfand (s. Staat).

§ 9. In Nordamerika kann man z. B. beobachten, daß verschiedene Eigenschaften in den einzelnen Stämmen, gemäß ihrer Lebensweise und hergebrachten sozialen Wertungen, für die Auswahl der Führer bevorzugt werden. Damit hängt auch eine besondere Geistesverfassung innerhalb der einzelnen Gruppen zusammen.

Während an der pazifischen Küste Einfluß und Macht auf dem Reichtum (s. d.) beruhen, ist das im mittleren Nordamerika anders. Le Jeune (*Briete Relation* 1632 S. 195) bemerkt von den Montagnais: die Redegewandtheit (vgl. Kenton S. 149f., 253ff., 276ff., 413) ist ausschlaggebend für alle diese Stämme, und der Häuptling (s. d.) wird nur um dieser willen gewählt; man gehorcht ihm entsprechend seinem Einfluß durch das Wort. Ähnliches wird von den Algonquin-Indianern und den Ojibway gesagt. Bei den Schwarzfuß-Indianern empfingen die Häuptlinge niemals Gaben, weil sie das für entwürdigend angesehen hätten. Nach Schoolcraft (V 686) haben die Häuptlinge nur Einfluß, wenn sie sich als Krieger ausgezeichnet haben und durch ein Gefolge von Tapferen unterstützt werden (Nieboer S. 238f.).

§ 10. In sehr verschiedener Weise wirken die sexuellen Faktoren auf die Gesellung ein. Vor allem nach zwei grundsätzlichen Richtungen hin, in der Anziehung und in der Abstoßung der Geschlechter. Es gibt Verbände, die teils unmittelbar durch die Sexualität bedingt sind, wie die verschiedenen Formen der Ehe (s. d. A und Gruppenehe, Keuschheit, Polygamie, Promiskuität, Prostitution), teils mittelbar, wie die Familie (s. d. A) und die der Familie nachgebildete Adoption (s. d. A und Brüderschaft [Künstliche]) sowie die verschiedenen Schwägerschaftsverhältnisse (s. Avunkulat, Levirat, Mutterbruder, Sororat) und sonstige Verwandtschaftsbeziehungen (s. Verwandtschaft). Dabei handelt es sich nicht allein nur um die Beziehung zwischen einzelnen Personen verschiedener Verwandtschaftsgrade (z. B. Neffe und Mutterbruder), sondern auch um Beziehungen zwischen ganzen Gruppen, wie das namentlich bei den Heiratsordnungen (s. d. und Klan, Sippe) in Betracht kommt.

Bei den Stämmen des zentralen (Holländisch-) Neu-Guinea besteht eine vaterrechtliche Halbierung des ganzen Stammes in eine Gruppe der Känguruhsöhne (*woya apuro*) und Beutelmardersöhne (*wenda apuro*). Jede Hälfte zerfällt aber wieder in totemistische Sippen (s. d.). Die Zahl dieser Sippen ist sehr groß und in jedem Tal anders. Die Siedlungen (s. d. A) werden immer nur von einer Sippe bewohnt, doch kann eine Sippe auf mehrere Siedlungen verteilt sein (Wirz 1924 S. 46ff.).

Daß das Patriarchat (s. d. A) und die Vaterfolge als Funktion der überlagernden Schicht aufzufassen sei, erweist die Tatsache, daß an sehr verschiedenen Orten die männliche Abstammungsberechnung den oberen Klassen vorbehalten ist, während die unteren die Mutterfolge (s. d.) bewahrt haben, wie z. B. auf der Südsee-Insel Aua oder bei den Ewe-sprechenden Völkern von Dahome (Pitt-Rivers S. 433; Ellis S. 177).

§ 11. Die Bildung der Familie (s. d. A) ist verschiedenen Varianten ausgesetzt. Der Gartenbau der Frauen führte günstigere Ernährungs- und Fortpflanzungsbedingungen herbei und brachte so eine Erweiterung der zusammenlebenden Gemeinden. Die wichtige Stellung der Frau machte sie unabhängig in der Vergebung ihrer Gunst und förderte mutterrechtliche Gedankengänge. Die Tendenz zu einem freien Liebesleben veranlaßte jedoch Einrichtungen, die wohl hauptsächlich von Männern ausgingen und für eine Erziehung der Kinder durch die ganze Gemeinde, namentlich auf dem Wege der Jünglingsweihen und ähnlicher Einrichtungen, Sorge trugen.

Bei den Marind Anim des s. Holländisch-Neu-Guinea, wie bei manchen anderen Naturvölkern, steht man sonderbaren moralischen Anschauungen gegenüber. Monogamie mit starker sexueller Eifersucht herrscht auf der einen Seite, die größte Sittenlosigkeit und zeitweise Promikuität auf der anderen. Da die Frau Arbeiterin des Mannes ist, ihm Sago bereitet und Kuchen backt, ist der Besitz der Frau eine wichtige wirtschaftliche Angelegenheit. Wer angesehen ist und viele Pflanzungen besitzt, ehelicht zwei Frauen, damit sie die Pflanzungen bestellen. Auch hält man auf zahlreiche Nachkommenschaft, und so ist es verständlich, daß unverheiratete Männer, deren es indessen nur wenige gibt, nicht viel Ansehen genießen (Wirz 1922 I 70).

Schon als Knabe verläßt der Marind den Kreis von Mutter und Geschwistern sowie das väterliche Dorf und muß mehrere Jahre abgesondert im Jünglingshaus zubringen. (s. a. Jünglingsweihe). Dort findet er jedoch seine Altersgenossen, Spielgefährten und Kameraden, so daß er nach kurzer Zeit nicht das geringste Verlangen mehr empfindet, zur Mutter und zu den Geschwistern zurückzukehren. Neben den Eltern werden ihm Adoptiv-Eltern zugeteilt, die sich fortan um das Wohl des Knaben bekümmern und ihm fast ebenso nahe stehen wie die leiblichen Eltern. (Ebenso verfährt man auch auf den Admiralitäts-Inseln bei den Moanus, nach eigener Ermittlung.) Das soziale Leben der Marind baut sich also auf den Zusammenschluß der Altersgenossen auf (s. Altersstufen, Männerbund). Daneben wird es durch den mythologisch-totemistischen Sippenverband beherrscht. Die Ehe bildet nur einen ganz lockeren Verband gegenüber der Altersklasse und dem Klan. Die beiden Geschlechter leben weitaus die größte Zeit getrennt. Die Ehegatten wohnen besonders, die Männer mit den Jünglingen im Männerhaus und in der Regel sippenweise, die Frauen mit den Kindern und unverheirateten Mädchen in den Weiberhütten, die mehr den Familienwohnungen entsprechen und viel zahlreicher sind als die Männerhütten einer Siedlung. Die Frau zieht ins Dorf des Mannes, und ihre Kinder gehören in die väterliche Sippe. Auch im übrigen bilden die Geschlechter getrennte Gesellschaftskreise. Die Mahlzeiten werden getrennt eingenommen, auf Reisen kampiert man getrennt, und die verschiedenen Tätigkeiten werden von den Geschlechtern besonders ausgeführt. Dennoch kann man nicht sagen, daß kein Familienzusammenhang besteht, im Gegenteil dreht sich eigentlich alles nur um die Familie (s. d. A), der man angehört. Bei jedem Übertritt des Knaben oder Mädchen in die nächsthöhere Altersklasse werden innerhalb der Familiensippe Feste (s. d. A) gefeiert. Desgleichen sind Heirat und Totenfeier ausschließlich Familienangelegenheiten. Innerhalb der Familie bewegt sich die Sorge um die Kinder (s. d.), wobei die leiblichen Eltern mit den Adoptiv-Eltern geradezu wetteifern, denn die Kinder sind beliebt, und man ist stolz auf sie. Die Adoptiv-Eltern werden auch von den leiblichen Eltern erwählt. Reine Familienangelegenheit ist u. a. das Bestellen der Pflanzungen, welche Arbeiten von den Gatten gemeinsam ausgeführt werden, und selbst bei Jagden, Reisen, Festen u. dgl. sorgt der Mann nicht bloß für sich, sondern auch für die Familie. — Jeder durchläuft von seiner Geburt an eine bestimmte Anzahl von Altersklassen und Unterklassen, deren jede ihre besonderen Rechte und Privilegien, Verpflichtungen und äußeren Abzeichen besitzt. Der Übergang von einer Klasse zu der anderen ist mit Festen verknüpft (Wirz I 37ff.).

Im Zusammenhang damit ist auch die Abfolge der Generationen, das Heranwachsen des jungen Nachwuchses überhaupt, in Rücksicht zu ziehen, wodurch es mitunter zu einem Zusammenschluß von Altersstufen (s. d. und Kind, Jünglingsweihe, Mädchenweihe) kommt.

Vor allem ist eine andere soziale Verbindung von großer Bedeutung, nämlich das Überwiegen des Verwandtschaftsgefühls entweder nach der väterlichen oder mütterlichen Seite hin, so daß daran besonders enge Bande nach der einen oder anderen Richtung hin geknüpft werden und der Erbgang (s. Erbe) dadurch entscheidend beeinflußt wird.

Je mehr die politische Organisation, wie oben (s. § 2) gezeigt, auf verwandtschaftlicher Grundlage aufgebaut ist, desto wichtiger sind für diese die Gesichtspunkte, nach denen die Heiraten erfolgen, nach denen die Verwandtschaft empfunden und berechnet wird.

Das überhandnehmende Mutterrecht (s. d. A) der Gärtnerinnen, das mit einer nicht zu unterschätzenden Verstärkung des weiblichen Einflusses und einer Lockerung der sexuellen Schranken verbunden war, trug zur Erschütterung der Heiratsordnungen (s. d.) bei, zum mindesten zu einer starken Milderung der Vorschriften (Stammeshalbierung).

Die ethnische Überschichtung durch Räuber- und Kämpfer-Stämme brachte eine Erschütterung der Sippenverbände mit sich und führte zur wirtschaftlichen Verselbständigung der Familie (s. d. A). Die Heiratsordnungen wurden hier von männlicher Seite untergraben. Die Erinnerung daran lebt häufig nur als traditionelle Verbindung der Kinder verwandter Eltern weiter und sucht durch frühzeitige Verlobung oder Kinderheirat (s. Kind, Heirat) die Überlieferung zu sichern.

Als Opposition dagegen und wohl im Anschluß an die Plünderungen hat man sich das Entstehen der wirklichen Raubheirat vorzustellen (s. Heirat), die eine Nachahmung und Verherrlichung der Sitten von Räuberstämmen enthält und von einem psychologischen Sträuben eines der Brautleute gegen die Änderung der gesellschaftlichen Stellung getragen wird.

Dadurch, daß die Familie (s. d. A) als Wirtschaftsgemeinschaft verselbständigt wurde und ein engeres Zusammenleben zwischen den Ehepartnern förderte (s. Ehe A), als es in der Gemeinschaft von Sippe (s. d.), Klan (s. d.) oder *gens* üblich oder möglich war, wurden psychische Ansprüche der Partner aneinander lebendig, die einem freien Liebeswerben Raum schafften. Dieses tritt im Gegensatz zur Heiratsordnung oder Elternwahl (Kinderheirat) erst unter höherer kultureller Entwicklung in Erscheinung, wenngleich es in den niedrigeren sozialen Gestaltungen keineswegs völlig fehlt.

§ 12. Aber noch in anderer Weise wirkt sich der sexuelle Faktor aus. Der Zusammenschluß der Männer zu politischen Gemeinden geht ohne die Frauen vor sich, und diese werden durch die Männer, trotz Mutterrecht (s. d. A) in den Gärtnerinnengesellschaften, von den meisten religiösen Riten und heiligen Zeremonien, vom Verkehr mit den Geistern usw. ausgeschlossen (s. Jünglingsweihe, Mädchenweihe). Nicht nur die militärischen Männerbünde (s. d.), sondern auch die mit besonderen Wirksamkeiten arbeitenden, religiösen und therapeutischen „geheimen Gesellschaften" (s. d.) halten in der Regel die Frauen fern.

Jedes Geschlecht hat seinen eigenen Lebenskreis allenthalben in der primitiven Gesellschaft (s. Handwerk A, Wirtschaft D). Diese scharfe Scheidung des Tätigkeitskreises bildet auch die Grundlage für die strenge Gebundenheit an feste Heiratsvorschriften. Ein Zusammenleben von dem Ehepaar oder in der Familie findet zwischen den verschiedenen Geschlechtern gerade bei den mittleren Naturvölkern so gut wie gar nicht statt. Es ist auch bei den niedrigen Jägern und Sammlern nicht stark entwickelt. Der Beischlaf wird in der Regel im Busch vollzogen, manchmal in der Frauenhütte. Je stärker jedoch diese Trennung zwischen dem jagenden und fangenden Manne und der Gartenbau treibenden Frau ist, desto geringer auch die Forderung nach einer psychischen Harmonie. Darauf ist zurückzuführen, daß bei der Entstehung der Heiratsordnungen (s. d.) durch freundschaftlichen Zusammenschluß von Großfamilien unter Führung der Alten (s. Altenherrschaft) kein Widerstand zu überwinden war.

Allerdings finden sich hier und da ähnliche Bünde der Frauen mit ähnlichen Zeremonien, doch bilden diese meistens nur Abklatsche analoger Bünde der Männer (s. Fraueneinfluß), wie z. B. in Mikronesien und Polynesien. Die Geschlechter finden sich in diesen Bünden für sich zusammen, grenzen ihre Versammlungen jedoch wesentlich voneinander ab.

Hier und da, wie z. B. in Teilen des östlichen Nord-Australien, steigert sich die Abschließung der Männerschaft von der Frauenschaft zu förmlichen Feindschaften und blutigen Scheinkämpfen (s. Heirat).

§ 13. Als zusammenschließende Kraft kommen nicht nur die bereits erwähnten Faktoren in Betracht, sondern auch das ideelle Moment wirkt, wenn auch in bescheidenem Umfang, schon bei Naturvölkern im Sinne einer Kristallisierung der Menschen. Dort, wo Gruppen-Totemismus (s. Totemismus B) herrscht, ebenso wie im Falle totemistischer Halbierung (s. Heiratsordnung) ist es der Glaube an die Abstammung von einem gemeinsamen Ahnen und an die Notwendigkeit eines gleichen Verhaltens durch Meidungen (s. d.), Feste (s. d. A) und Zeremonien, durch welche die Stellung der Gruppe gegenüber transzendenten Mächten in einheitlicher Weise gestaltet wird.

Es mag sein, daß unter gewissen Umständen beim Zusammentreffen mit fremden Völkern derartige religiöse Lehren und Übungen sich auf geheime (s. d.) Gesellschaften zurückzogen, oder daß andere Umstände zur Schaffung von Männerbünden (s. d.) u. dgl. Anlaß gaben. Aber auch für letztere ist ein Glaube an gewisse Zusammenhänge des Lebens und bestimmter ritueller Verhaltungsweisen die Grundlage für den Zusammenschluß.

Die Organisation ist bei den meisten Stämmen nicht nur ein Ausdruck ihrer ganzen Lebensmöglichkeiten, sondern sie ist auch auf das innigste mit ihren Anschauungen von der Welt und den Lebensbedingungen des eigenen Stammes verwoben. Ganz besonders tritt das bei den Stämmen zutage, bei denen durch den Übergang der Frauen zur Feldbestellung und durch die Einführung verschiedener handwerklicher Fertigkeiten (Töpferei, Flechterei, Holzbearbeitung; s. Technik A) eine größere Seßhaftigkeit und damit mehr Muße vorhanden ist.

Das zeigt sich vornehmlich bei vielen nordamerikanischen Stämmen, und zwar hauptsächlich in der Organisation von Männerbünden und geheimen Gesellschaften.

Die Muschel-Gesellschaft der Omaha-Indianer soll durch ihre Organisation schon die Sage darstellen, auf der sie aufgebaut ist, und deren dramatische Vorführung die Grundlage für die Zeremonien abgibt, die bei ihren regelmäßigen Versammlungen abgehalten werden. Die Mitgliedschaft bestand aus fünf *ti* oder Logen, von denen jede durch einen „Meister" geleitet wurde. Jede Loge besaß ihren besonderen Platz in der Niederlassung, auf dem sich die Gesellschaft für die großen Versammlungen traf. Ursprünglich war es ein großes Zelt, später eine Erdhütte und in den letzten Jahren ein rundes Holzhaus, das wie eine Leiter zusammengestellt war. Die Meister von vier Logen stellten die vier Kinder der Sage dar, und man benannte die Logen als die des ältesten Sohnes, des zweiten Sohnes, der Tochter und des jüngsten Sohnes. Die fünfte Loge leitete der Obermeister der ganzen Gesellschaft. In früheren Zeiten soll letzteres Amt eine Frau innegehabt haben, und zwar deswegen, weil es eine Frau war, nämlich die Gattin des Mannes in der Sage, welche die Initiative ergriff, um durch ihren Sohn „den Fremden" in ihr Haus zu laden, die das Fest vorbereitete und ihn bewirtete. Auch deshalb soll es eine Frau gewesen sein, weil die Kinder sich an die Mutter wandten, nachdem sie dem geheimnisvollen Fremden in den Weg gelaufen waren. Später sollen jedoch die Frauen ängstlich geworden sein, diesen Platz einzunehmen, und so trat an ihre Stelle ein Mann. Der Platz der erwähnten fünf leitenden Personen war genau vorgeschrieben und hatte kosmische Bedeutung. Auch die Art, in der der geheimnisvolle Fremde in der Sage die vier Kinder bemalte, hatte den gleichen Sinn: Er malte den Körper des ältesten Sohnes blau an, um den wolkenlosen Himmel darzustellen und so indirekt auch die Sonne, wie es heißt. Der jüngste Sohn wurde in der Farbe der Erde bemalt, und dieser beiden Kinder Logen befinden sich an der Südseite, „wo die Sonne wandert und die Erde sprießen läßt". Diese Seite nennt man auch die männliche. Der zweite Sohn sollte den Nachthimmel darstellen, und auf die Tochter war der Mond gemalt. Diese beiden Kinder waren an der Nordseite angesiedelt, welche „die Nacht und die weiblichen Kräfte" symbolisierte. Und zwar ist der älteste Sohn als Sonne diagonal gegenüber der Tochter aufgestellt; der zweite Sohn, welcher die Sterne darstellt, befindet sich gegenüber dem jüngsten Sohne, der Erde. Der geheimnisvolle Fremde hat nämlich erklärt, daß „die Erde und die Sterne Brüder sind". Die Ämter in der Gesellschaft wurden durch Kauf erworben, nicht durch Wahl. Wenn einer erkrankte oder alt wurde, so daß er die an ihn gestellten Anforderungen nicht mehr erfüllen konnte, wurde sein Amt verkauft, und zwar in der Regel an einen Verwandten. Außer den erwähnten Hauptämtern gab es noch mehrere mindere Amtsverrichtungen, die mit dem dramatischen Ritual verbunden waren, wie z. B. die Trommel zu schlagen, das alte Holzbecken aufzubewahren, dieses mit Wasser zu füllen, das Wasser zu prüfen, das Becken weiterzugeben usw. Für den Erwerb der Mitgliedschaft war nicht ein besonderer Traum erforderlich, wie das sonst oft in Amerika der Fall ist. Von einem Mitglied wurde verlangt, „ein Geheimnis bewahren zu können und nicht von zänkischem Charakter zu sein". Für die Aufnahme eines neuen Mitgliedes war Einstimmigkeit erforderlich. Früher vergingen oft Jahre von der Zeit des Vorschlags bis zur Aufnahme einer Person als Mitglied. Auch soll es früher sieben Logen gegeben haben. Die Loge des ältesten Sohnes wird auch die des schwarzen Bären genannt, die des zweiten Sohnes die Elch-Loge, die der Tochter die des Büffels und die des jüngsten Sohnes die Hirsch-Loge. Der Adler gehörte dem Obermeister zu, und zwar deswegen, weil „der Adler sich niederließ und zu dem Manne sprach, nachdem er den schwarzen Bären getötet hatte, und sagte, er würde kommen und einer von ihnen sein und übernatürliche Kraft verleihen". Früher mußten die Kandidaten die Haut einer Otter, eines Nörz oder eines Biber bringen, um das Wasser zu symbolisieren, während die Haut eines Eichhörnchens oder Hamsters die Erde darstellte, eine Krähe oder Eule die Luft. Auch besaß eine jede Loge heilige Bündel und verschiedene Regalien (Fletcher und La Flesche S. 516ff.).

§ 14. Von weitreichender Bedeutung für die Formen der Gesellung ist die Art der Lebensfürsorge, die Wirtschaft (s. d. D) überhaupt. Diese muß allerdings zum Teil wieder als eine Funktion der Technik (s. d. A) betrachtet werden, nämlich der Fertigkeiten der Hand und des Kopfes, sich mit der gegebenen Natur auseinanderzusetzen, sie zu nützen. Namentlich wird die Größe der Verbände dadurch bedingt. Je intensiver im allgemeinen die Wirtschaft ist, desto größere Menschenansammlungen ermöglicht sie. Dabei darf man sich nicht allein auf die Nahrungsgewinnung beschränken, sondern muß auch das Handwerk (s. d. A) ins Auge fassen, das namentlich für die Aufdeckung oder doch für die Vermutung kausaler Zusammenhänge außerordentlich wichtig und fördernd wirkt, so irrig manchmal gewisse „zauberische" Hypothesen sein mögen (s. Primitives Denken, Zauber A). Die technische Bewältigung des Verkehrs (s. a. Handel F) ist namentlich ein entscheidender Faktor zur Ermöglichung ausgedehnterer politischer Verbände. Die großen archaischen Kulturen an den Ufern der Ströme setzten den Bau und die Beherrschung von Wasserfahrzeugen, namentlich mit Segeln, voraus (s. a. Schiff). — Allerdings darf man nicht vergessen, daß wirtschaftliche Momente erst dann stärker in den Vordergrund treten, wenn die Technik einen verhältnismäßig höheren Stand erreicht hat und auch die Möglichkeit einer Organisation und Leitung der Arbeit, namentlich durch Überschichtung (s. Häuptling, Kaste A, Politische Entwicklung, Schichtung), sich durchgesetzt hat.

Wirtschaft und Technik wirken in ihrer Gestaltung auch auf andere Seiten des Zusammenschlusses in hohem Maße ein. So wird z. B. die politische Organisation durch die Rolle, welche die Verteilungsgewalt und der Besitz spielen (s. Reichtum, Wirtschaft D), nach bestimmten Richtungen begrenzt.

Aber auch die Siedlung (s. d. A) wird durch wirtschaftliche Faktoren, namentlich durch die Art der Nahrungsgewinnung (Jäger-Nomaden, relativ seßhafte Gärtner und Hackbauer, Hirten-Nomaden), sowohl in ihrer Art wie auch in ihrer Größe entscheidend beeinflußt. Das Ringen um den Besitz dort, wo bewegliche Güter im Vordergrund des Interesses stehen, wie bei den Herdenhaltern, führt zu Räubertum, zum Wandern und zur Lust am Erobern (s. § 6). Hat der Besitz den Charakter einer sozialen Auszeichnung (s. d.) angenommen, so wird das Streben danach leicht ins Ungemessene gesteigert. Wo die Unterscheidung nach Abstammung oder nach fürstlicher Auszeichnung im Beamtentum zurücktritt (s. Staat), gewinnt der Zusammenschluß unter den Besitzenden Bedeutung.

Dadurch wird aber nicht allein die politische Organisation in gewisse Bahnen gedrängt, sondern auch das Verhalten unter den Geschlechtern erleidet eine wesentliche Veränderung. Der Erwerb von Frauen als Beute oder als Arbeiterinnen für die Pflanzungen bildet einen mächtigen Hebel zur Entwicklung der Vielweiberei (s. Polygamie), von Frauenkauf, sowie des Handels mit Menschen überhaupt. Die Sklaverei (s. Sklave A) nimmt davon ihren Ausgangspunkt. Auch die Auswirkung auf die auf religiöser Grundlage beruhenden Gesellungen fehlt nicht, wenn wir bedenken, in wie hohem Maße die verschiedenen Fertigkeiten (s. Handwerk A, Technik A, Sippe) mit religiösen und zauberischen Vorstellungen verwoben auftreten.

Zwischen den Hackbau treibenden Jaunde-Negern in Kamerun (Afrika) und den benachbarten Pygmäen hat sich eine Symbiose dadurch herausgebildet, daß die Pygmäen die Bauern mit erjagtem Fleisch versorgen und diese ihnen dafür Feldfrüchte abgeben (vgl. Meinhof S. 35). Während die Pygmäen in verstreuten Großfamilien leben, siedeln die Hackbau treibenden seßhaften Neger in größeren Dörfern.

Ein Jaunde-Mann erzählt von den Pygmäen (nach Heepe S. 122ff.), daß sie im Walde wohnen und keine eigentlichen Dörfer haben. An dem einen Ort bleiben sie zwei Tage, an einem anderen drei, am dritten vier, und so streifen sie immer im Urwald herum. Sie gehen nicht heraus in das Grasland und mögen auch nicht in einem Dorfe bleiben, sondern kehren immer, sobald es nur geht, in den Wald zurück. Sie widmen sich ausschließlich der Jagd und dem Fang: Die Männer erlegen Wild, die Frauen fangen Fische. Oft tanzen sie die ganze Nacht hindurch bis in den Morgen und begeben sich dann sogleich wieder auf die Jagd. Haben sie Wild erlegt, so verkaufen sie es an die Dorfbewohner gegen Salz, Tabak, Gemüse, Tücher usw. Auch mit Fischen und Honig treiben sie Tauschhandel, kehren jedoch so schnell wie möglich in den Wald zurück. Ein Pygmäe hält sich nicht dort auf, wo viele Leute sind. Sie sind sehr geschickt im Erklettern der Bäume und einander außerordentlich ähnlich.

Um die Auswirkung der Wirtschaftsform auf den sozialen Bau, insbesondere auch auf die Schichtung und die Menschenzirkulation unter den verschiedenen Gruppen zu beleuchten, sei das Beispiel eines mit Hirten überschichteten Hackbauvolkes der Mossi des westlichen Sudan (nach Mangin S. 110ff.) hier angeführt. Um ihre Felder zu bestellen, bedienen sie sich der Hilfe von Sklaven (s. d. A), die auf diese Weise die Quelle des Reichtums werden. Darum unterscheidet man zunächst auch nicht zwischen männlichen und weiblichen Sklaven, sondern schätzt sie beim Verkauf nur nach ihrer Arbeitskraft ein. So kommt es auch selten vor, daß ein Mossi einen Sklaven tötet, obgleich er das Recht dazu hat. Wünscht einer, seinen Sklaven loszuwerden, so ist es vorteilhaft, ihn zu verkaufen. Der Sklave, welcher mit seinem Herrn gut auskommt, hat die Aussicht, eine Frau zu erhalten und ein eigenes Haus; ja, es kommt vor, daß der Herr ihm sogar eine seiner Töchter in die Ehe gibt; damit wurde er frei, und die Kinder waren nicht mehr Sklaven. Die Sklaven wurden von den Bousansé und den Gourounsi gestellt und durch die islamitischen Yarsé und Housa verhandelt. Die Bousansé und Gourounsi waren also ursprünglich Feldbauern, die durch die Hirten vertrieben, versklavt und an anderer Stelle angesiedelt wurden. Das bewirkte natürlich eine Zerstörung ihrer alten Geschlechterverbände und damit ihres gesamten kulturellen und sozialen Zusammenhanges. Ausnahmsweise kommen jedoch auch Sklavenverkäufe innerhalb der Mossi selbst vor. Die Sklaven bilden einen Teil des Familienbesitzes und gehen nach dem Tode an den Erben über. Die verheirateten Sklaven besitzen ihr eigenes Heim und die Felder, die sie bepflanzen. Sie konnten aller Art Güter erwerben: Rinder, Ziegen, Schafe; nur mußten sie ihre Töchter ihrem Herrn verheiraten. (Dadurch sollte die selbständige Nachkommenschaft auf mutterrechtlicher Basis unterbunden werden.) So gab es ganze Sklavendörfer, die sich in nichts von den anderen unterschieden. Außerdem besitzen die Mossi auch Hörige (s. d. A), und zwar zweierlei Klassen: häusliche, die *dakwaba*. Es sind Leute, die von ihrer Familie einem reichen Manne zu Diensten gestellt sind, und zwar zu dem Zwecke, um durch ihn eine Frau zu bekommen. Sie bestellen die Felder des Herrn und verrichten für ihn allerlei kleine Dienste, verbleiben jedoch an sich frei. Die andere Art von Hörigen sind die *noakansé*, Leute ohne Familien, die sich einem Herrn frei zu Diensten anbieten, ebenfalls, um durch ihn verheiratet zu werden. (Da wir oben gesehen haben, daß dem Herrn die Töchter der Sklavendörfer zufallen, ist er in der Lage, Frauen zu vergeben.) Die Hirtenstämme der Peul wurden bezeichnenderweise von den Mossi nicht versklavt, und zwar angeblich deswegen, weil sie das Land nicht bearbeiten und nur die Herden bewachen können. Doch befanden sie sich in einer Abhängigkeit von ihnen und sollen für gewisse Menschenopfer von ihnen verwendet worden sein.

Eine extreme Verwirtschaftlichung der Menschen zeigen gewisse Kulturen in Afrika, teils durch eine einseitige Entwicklung der Sklaverei (s. Sklave A), teils in der Behandlung der Frauen (s. d. A). Zweifellos liegt der Ausgangspunkt dafür in der Viehhaltung (s. Hirte). So dreht sich z. B. in den sozialen Einrichtungen und Gesetzen der Dinka Ostafrikas alles um den Besitz von

Frauen und Vieh. Der Kauf von Frauen findet durch Vieh statt. Frauen und Kinder, die das Vermögen ausmachen, werden zusammen vererbt; die Entschädigung für erlittenes Unrecht und Mord erfolgt ebenfalls durch Frauen und Vieh (O'Sullivan S. 175ff.).

Es ist aber für die Bedeutung der wirtschaftlichen Vorgänge sehr wichtig, auch die Menschen selbst in Betracht zu ziehen, denn schließlich sind sie es ja, aus denen die Zusammenschlüsse bestehen. Wir können z. B. oft verfolgen, daß die Sklaverei als Institution fast unverändert weiter besteht, daß jedoch auf der einen Seite ein Aufsteigen ausgewählter Sklaven erfolgt, etwa durch Gelderwerb, während auf der anderen Seite durch Bußeverpflichtungen oder sonstige Verschuldung Freie vergeiselt werden und in die Knechtschaft gleiten. Solche Vorgänge können sich nicht nur innerhalb der gleichen Kulturgesellschaft vollziehen, sondern es können gerade dadurch auch Fremde als Kriegsgefangene und Sklaven Einfluß auf das Volk, seine Zusammensetzung und seine Kultur gewinnen. Derartige Verschiebungen brauchen nicht nur mit Sklaven vor sich zu gehen, sondern es können auch Hörige oder andere ethnische oder soziale Schichten oder Kasten daran teilhaben.

§ 15. Das Ineinanderwirken verschiedener sozialer Faktoren mag an folgendem Beispiel beleuchtet werden:

Ernst Mayer (1916 S. 93ff., 130; 1911 S. 226ff.) versucht, die älteste Ständegliederung der Germanen auf Geschlechtsverbände (Sippen; s. d.) zurückzuführen, die bei dem Übergang zu einem intensiveren Ackerbau als Ansiedlungsverbände aufgefaßt werden. Ein solcher Geschlechtsverband (Sippe), der für eine Vielzahl von Bauern-Anwesen Raum hat, wird mit den Namen *havina* (*hafnae, hamna*), *Hide, Hof, bol* bezeichnet, mit Ausdrücken also, die alle nichts weiter als Ansiedlung, Wohnplatz und überhaupt Platz, wo etwas zur Ruhe kommt, bedeuten, und die deshalb auch für andere Beziehungen von Personen zu einer Örtlichkeit angewendet werden können: so für den Ort, wo ein Schiff anlegt, für den Ruderplatz, den einer auf dem Schiffe hat. Deshalb kann auch die einzelne Wohnstätte jedes Bauern jene Namen tragen. Aber mit diesen Bezeichnungen kann auch der ganze Geschlechtsverband gemeint sein, der eine Ackerflur von 120 Acker bestellt, die im skandinavisch-angelsächsischen Gebiet 40—55 Ar, etwa 192—264 süddeutsche Morgen, umfaßt. Da für die nördlichen Gebiete noch spät nicht die Dreifelderwirtschaft, sondern die Zweifelderwirtschaft zugrunde zu legen ist, hat man den Umfang des gesamten Ackerlandes zu verdoppeln. Dazu kommt noch die umfassende Wald- und Weide-Allmend, so daß eine Bauernschaft den Bereich eines kleinen Dorfes als Verband, als „Heim" von 8—12 südgermanischen *mansus* umschließt. Da der vielleicht aus der höheren keltischen Kultur stammende Großpflug, der mit 8—16 Tieren bespannt wird, zum ganzen Geschlechtsverband gehört, wird auch die Bezeichnung für „Pflug" (friesisch *fliota*) mit dem Geschlechtsverband gleichbedeutend, und die Leitung des Pfluges durch den Geschlechtsältesten ergibt, besonders in England, eine tiefgehende Herrschaft des Geschlechtsältesten, die sich in eine Grundherrschaft wandelt. Wo dagegen die Bestellung mit kleineren Pflügen durch die einzelnen Bauern geleistet wird, führt dies zur Auflösung des Sippenverbandes, und dort ergibt sich ein breiter Stand freier Bauern, wie in Skandinavien. Der Geschlechtsverband bildet auch die Grundlage für die öffentlichen Lasten, vor allem für den Auszug zum Krieg und die damit zusammenhängenden finanziellen Leistungen.

Bemerkenswert an dieser Darstellung ist, daß sie ausgeht vom Geschlechtsverband (= Sippe) und schildert, wie durch eine straffere Zusammenfassung aus dem Geschlechtsverband die Grundherrschaft wurde. Ob dafür allein die Benutzung des Großpflugs verantwortlich zu machen ist, mag dahingestellt bleiben. Wahrscheinlicher ist es, daß der Großpflug nur als Ausdruck einer Großwirtschaft aufzufassen ist (s. Wirtschaft D), die durch Sklaven (s. d. A) und Hörige (s. d. A) ermöglicht wurde, somit durch eine ethnische Überschichtung (s. Politische Entwicklung, Schichtung) bedingt ist. Eine solche Überschichtung fehlte jedoch im allgemeinen in Skandinavien, wo die Bauernschaft in den Vordergrund trat. Die Sippenbande lebten da vor allen als Verwandtschaftsbeziehungen der Großfamilien weiter, wobei die jüngeren Linien in eine steuerartige Abhängigkeit von der geschlechtsführenden Großfamilie kamen. Das politische Moment der Geschlechtsführung muß also auch dort als ausschlaggebend betrachtet werden, wo eine Grundherrschaft in den skandinavischen Ländern zustande kam, nicht die Grundleihe (a. a. O. 1916 S. 31).

Was überall in den germanischen Ländern zur Entstehung eines Einzeleigentums an Grund und Boden beitrug, ist vor allem ein Wachsen der Bevölkerungsziffer und infolgedessen der Drang, durch Rodungsarbeit neuen Boden in Besitz zu nehmen, zumal gerade dies den Edlen und Gemeinfreien von den Ansprüchen des Geschlechtsverbandes ausgenommenes Land in Aussicht stellte. Es war also eine großzügige Kolonisation, die hier überall, sowohl im Norden wie im Süden, vor sich ging. Dies trifft auch für das Markland zu und für die Eroberung auf romanischem Boden (ebd. S. 111). Alles dies förderte die Überleitung in freies Grundeigentum, das scheinbar nach Analogie des Viehbesitzes behandelt wurde, denn man bezeichnete es als *Alodis* und *Erbe*, ursprünglich = Vieh. — Vgl. a. Dopsch II (1922) S. 17, 27ff., 41, 50ff., 64ff.

§ 16. In den voraufgegangenen Ausführungen wurde wiederholt auf die mannigfaltigen Grundlagen, die vielerlei Kristallisationskerne der menschlichen Gesellschaft hingewiesen, wie sie im Leben der Naturvölker zutage treten und sich in den verschiedenartigen Organisationen niederschlagen. Durch das Ineinandergreifen und die Einwirkung solcher sozialer Organisationen und Gruppen aufeinander kommt das zustande, was man als die Verfassung einer Gesellschaft bezeichnen kann, und die auch von deren Geistesverfassung unzertrennbar ist. Denn man darf nicht vergessen, daß der Einzelne gewöhnlich an mehreren Gruppen gleichzeitig beteiligt ist (z. B. „Lokalgruppe", Geheime Gesellschaft, Familie, Sippe, Klan), und daß er mitunter auch im Ablauf seines Lebens hintereinander an verschiedenen Gruppen teilhat, wie etwa an der Altersklasse, der Heiratsgruppe, dem Männerbund usw.

Die Gesellschaftsverfassung ist in sich mehr oder minder abgestimmt in ein System gebracht und kann daher als eine einheitliche „Gestaltung" bezeichnet werden. Das ist allerdings nicht immer in gleich harmonischer Weise durchgeführt, tritt jedoch bei dem verhältnismäßig langsamen Lebensrhythmus der Naturvölker oft bemerkenswert in Erscheinung.

Einzelne Seiten dieser sozialen Gestaltung können sich niemals ändern, ohne auch andere in Mitleidenschaft zu ziehen. Doch geschieht dies nicht gleichmäßig für alle übrigen Seiten, sondern nach der einen bald stärker, nach der anderen schwächer. So können technische Neuerungen zunächst wohl die Wirtschaft stark beeinflussen, doch vielleicht viel weniger das Familienleben. Politische Veränderungen brauchen sich keineswegs immer nach der wirtschaftlichen Seite hin empfindlich auszuwirken, während sie auf die Gestaltung der Familie abfärben (s. Patriarchat A).

Daraus ergibt sich die Schwierigkeit dessen, was wir „soziale Entwicklung" nennen. Diese geht stets über kleinere gesellschaftliche Ballungen, die ihrerseits an den gesamten Gestaltungen der Kultur teilhaben.

Der Kulturprozeß ist ohne die vielen einzelnen sozialen Gestaltungen nicht denkbar, wird von diesen getragen und von den ihnen angehörigen Menschen. Die Institutionen wie Blutrache (s. d.), Asyl (s. d.), Männerkindbett (s. d.), Mutterrecht (s. d. A), Menschenopfer (s. d. C), Kannibalismus (s. d.) usw. bilden nur Verhaltungsweisen in Gruppen von Menschen.

Dennoch entstehen und verschwinden diese Einrichtungen, und ihr Ablauf, das Werden und Vergehen dieser Erscheinungen, stellt einen nicht umkehrbaren Vorgang dar. Es gibt keine einzige gerade Linie dieses Vorgangs, an dem die einzelnen Stufen wie Perlen aufgereiht werden können, sondern nur verschiedene, in ähnlicher Richtung verlaufende Vorgänge, die ein Netzwerk bilden, das von Adern in Breite und Tiefe durchzogen wird, durch das aber ein höchst ungleicher Rhythmus pulsiert.

So spannt sich auch keine unmittelbare Brücke von einer Geistesverfassung zur anderen, sondern der Weg führt stets über die gesellschaftlichen Gestaltungen, die ihrerseits durch Technik, Wirtschaft, politische Form u. dgl. bedingt sind.

S. a. Blutrache, Ehe A, Eigentum A, Familie A, Familienformen, Geheime Gesellschaft, Handel F, Handwerk A, Häuptling, Heirat, Heiratsordnung, Jünglingsweihe, Kaste A, Klan, Mädchenweihe, Männerbund, Moral, Mutterrecht A, Patriarchat A, Politische Entwicklung, Primitive Kultur, Primitives Denken, Recht, Schichtung, Siedlung A, Sippe, Sklave A, Staat, Verwandtschaft, Wirtschaft D.

Dopsch *Die Wirtschaftsentwicklung der Karolingerzeit, vornehmlich in Deutschland* II (1922); Ellis *Ewe Speaking Peoples* 1890; Fletcher und La Flesche *The Omaha Tribe* 27. Ann. Rep. Bur. Americ. Ethnol. 1911; Frazer *The Belief in Immortality* 1922; Heepe *Weitere Jaundetexte* Zeitschrift für Eingeborenensprachen 10 (1919/20); Kenton *The Jesuit Relations and Allied Documents, Travels and Explorations of the Jesuit Missionaries in North-America 1610/1791* 1925; Lowie *Dance Associations of the Eastern Dakota* Anthrop. Papers Am. Mus. Natural History 11/12 (1911); ders. *Crow Military Societies* Anthrop. Papers Am. Mus. Natural History 11/13 (1913); ders. *Plains Indian Age-Societies* Anthrop. Papers Am. Mus. Natural History 11/18 (1916); Malinowski *The Natives of Mailu* Transactions of the Royal Society of South Australia 39 (1915); ders. *Argonauts of the Western Pacific* 1922; Mangin *Les Mossi (Soudan Occidental)* Anthropos 9 (1914); Ernst Mayer *Der germanische Uradel* Zeitschr. d. Savigny-Stiftung f. Rechtsgesch. (germanist. Abt.) 32 (1911); ders. *Zur Lehre vom germanischen Uradel* ebd. 37 (1916); ders. *Germanische Geschlechtsverbände und das Problem der Feldgemeinschaft* ebd. 44 (1924); Meinhof *Die Religion der Afrikaner in ihrem Zusammenhang mit dem Wirtschaftsleben* Instit. f. Sammenlignende Kulturforskning A 6 (1926); Müller-Wismar *Yap* 1917; Nieboer *Slavery as an Industrial System* 1900; Nissen *Die Südwestgrönländische Landschaft und das Siedlungsgebiet der Normannen* Abh. a. d. Geb. d. Auslandskunde 15, e, 5 (1924); O'Sullivan *Dinka Laws and Customs* Journ. anthr. inst. 40 (1910); Pitt-Rivers *Aka Island, Ethnogr. and Sociological Features of a South-Sea Pagan Society* Journ. anthr. inst. 55 (1925); Roscoe *Twenty five Years in East Africa* 1921; Schoolcraft *History, Condition and Prospects of the Indian Tribes of the United States* 1851; Skinner *Societies of the Jowa, Kansa and Ponca Indians* Anthrop. Papers Am. Mus. Natural History 11/19 (1915); Steensby *An Anthropogeographical Study of the Origin of the Eskimo-Culture* Meddelelser om Grønland 53 (1917); Tessmann *Die Bubi auf Fernando Po* 1923; Thurnwald *Die Auswirkung der Technik auf das soziale Leben und die Geistesverfassung, sowie das Problem des Fortschritts* Tagung der Anthrop. Ges. in Salzburg. MAGW 1926/27 S. 24ff.; Wirz *Anthrop. und ethnolog. Ergebnisse der Central-Neu-Guinea Expedition 1921/22* Nova-Guinea 1924; ders. *Die Marind-anim von Holländisch-Süd-Neu-Guinea* I (1922), II (1925).

Thurnwald

B. Ägäischer Kreis. § 1. Die neol. Ansiedlungen des griech. Festlandes finden sich fast stets auf natürlichen oder künstlichen Hügeln, in einer gut zu verteidigenden Lage, die durch starke Mauern, z. T. in mehreren Ringen, noch besser befestigt wurde. Innerhalb der Siedlung lassen sich mehrfach größere Gebäude feststellen, die man als Herrenhäuser deuten kann. Da neol. Gräber vollkommen fehlen, haben wir sonst keinen Anhaltspunkt für die soziale Struktur dieser Bevölkerung von Jägern und Hirten, die aber nach vereinzelten Funden von Weizen (s. d.), Linsen, Feigen auch etwas Ackerbau und Obstzucht getrieben haben müssen. Die Siedlungen liegen z. T. recht nahe beieinander, so daß das Gebiet jeder einzelnen in diesen Fällen kein allzu großes gewesen sein kann. In anderen Gegenden gibt es in weitem Umkreis nur eine Siedlung, und bedeutende Teile des griech. Festlandes sind offenbar in neol. Zeit überhaupt nicht bewohnt gewesen. Vieles hängt hier freilich vom Zufall der Funde ab. So haben sich erst im Laufe der letzten Jahre neol. Reste im Peloponnes (Korinth und sein Gebiet, Argolis, Arkadien, Lakonien) nachweisen lassen. Auf den Inseln fehlen sie, mit Ausnahme Kretas (s. d. B), bisher gänzlich. Der in neol. Schichten Nord- und Mittel-Griechenlands häufige Obsidian (s. d. E) ist noch nicht genauer auf die Frage untersucht, ob er von Melos (s. d.) oder vom N herstammt. — Die Kupfer- und Bronzezeit zeigt uns auf dem griech. Festlande und den Inseln, abgesehen von Kreta, im 3. Jht. und in der ersten Hälfte des 2. eine ähnliche soziale Struktur wie die neol.: dörfliche Ansiedlungen, z. T. mit steinernen Mauern bewehrt, im allg. Gleichartigkeit der Häuser, nur bisweilen Hervortreten eines größeren Herrenhauses. Ganz vereinzelt bleibt der gewaltige Rundbau von

Tiryns (s. d. und Band V Tf. 57, 58). Der Ackerbau ist stark an Bedeutung gewachsen, ebenso der Handelsverkehr. Fundstücke aus weit abgelegenen Gegenden treten auf; sie sind aber wohl der Vermittlung Kretas, nicht direkten Handelsbeziehungen mit jenen Ländern, zu verdanken (besonders wichtig ein vor- oder frühdynastisches Steingefäß (s. d. B, C) und ein unbearbeiteter, offenbar für Steingefäße bestimmter Block von Liparit aus mittelhelladischen Häusern von Asine [s. d.]). In Troja (s. d.) ist die Befestigung eine sehr viel stärkere, die Herrenhäuser treten klarer hervor.

§ 2. Auf Kreta (s. d. B) ist die neol. Kultur von der festländ. durchaus selbständig und verschieden, auch höher entwickelt. Die Handelsbeziehungen führen im N nach Melos (Obsidian), im S nach Ägypten (Rest eines ägypt. beeinflußten Steingefäßes von Knossos). Die Ansiedlungen sind zu stark zerstört, um über Befestigung und dergleichen einen Schluß zu gestatten. Auch hier fehlen Gräber ganz. — Im FM (3. Jht.) hat sich eine gewaltige Wandlung vollzogen. Ausgedehnter Handelsverkehr (ägypt. und babyl. Fundstücke) entwickelt sich, die städtische, aber stets unbefestigte Siedlung, die für das Minoische überhaupt charakteristisch ist, zeigt sich schon in dieser Zeit. Das umfangreiche zweistöckige Herrenhaus von Vasiliki (s. d.; Band VII Tf. 39b) deutet auf eine soziale Struktur adeliger Art, mit zahlreichen lokalen Herren über einer untergebenen Bevölkerung. Die Gräber von Mochlos (s. d.) entsprechen dem. Es sind vornehme Familiengrüfte für wenige Tote; die Kuppelgräber der Messarà dagegen (Band VII Tf. 37, 38), Stammesgrüfte für Hunderte von Leichen, fallen auch darin aus dem Normalminoischen heraus und bezeugen ausländische, wohl nordafrikanisch-libysche Einflüsse (s. Tunis B). — Im MM schreitet die Entwicklung in entsprechender Weise fort. Der Palast von Mallia (MM I begonnen und nach der Zerstörung in MM III verlassen) gibt ein besonders klares Beispiel eines prunkvollen Fürstensitzes der ersten Hälfte des 2. Jht. Die seit FM allgemeine Verwendung individueller Insiegel (s. Glyptik A) und die seit MM immer mehr entwickelte Bilderschrift zeugen von weitgehender Organisation des städtischen Lebens und einer genau durchgebildeten Regierungspraxis. Befestigungen fehlen noch immer völlig, auch sind die Städte und Fürstensitze niemals in einer strategisch beherrschenden Lage errichtet, so daß eine gesicherte staatliche Einheit und innerer Friede für die ganze Insel bestanden haben müssen. Einfälle von außen wird die Flotte abgewehrt haben. Melos und vielleicht Thera (s. d.) stehen bereits im MM ganz unter min. Einfluß, vielleicht unter min. Herrschaft. Dagegen ist eine solche zu keiner Zeit auf dem Festlande nachweisbar. Die Zerstörung des älteren Palastes von Knossos in MM III kann durch innere Unruhen oder einen Einfall von außen erfolgt sein. Aber weder die Zerstörung dieses noch anderer kret. Paläste hat etwas am Staatswesen, Volkstum oder der Kultur geändert, die sich organisch weiterentwickeln und eine zweite Blüte im 15. Jh. (SM II) erreichen. Um 1400 erfolgt eine allg. Zerstörung, die kaum ohne feindliche Eroberungen von außen erklärbar ist. Es folgen zwei Jahrhunderte des Niederganges, aber ohne wesentliche Umgestaltung der Kultur oder des Staatswesens, bis um 1200 die min. Kultur endgültig vernichtet wird. Indessen bleibt das Volk wenigstens zum großen Teil unverändert, und die alte Tradition hält sich in abgelegenen Bergorten noch lange Zeit.

§ 3. Die myk. Kultur (s. d.) des Festlandes und der anderen Inseln setzt mit den stärkeren kret. Einflüssen gegen Ende von MM III ein und führt zu einer in vielen Dingen fast völligen Herrschaft der min. Kunst. Aber die für die sozialen Verhältnisse bezeichnendsten Eigentümlichkeiten bleiben von Kreta selbständig: feste, mit gewaltigen Mauern umgebene Burgen, die darunterliegenden Städte aus einfachen Häusern beherrschend, Fürstenpaläste alteinheimischer, von Kreta nur wenig beeinflußter Grundrißbildung, Fürstengräber von einem in Kreta unbekannten Prunk der Architektur und der Beigaben. Die myk. Kultur gewinnt gegenüber der kret. vom Ende des 15. Jh. ab die Oberhand. In der Zeit der größten Ausdehnung („mykenische Koine“) ist sie führend. Kreta tritt ganz zurück, indessen bleibt es fraglich, wie weit große, geschlossene myk. Städte im weiteren Bereich der äg. Welt angelegt worden sind. Es hat umfangreiche Siedlungen gewiß auf mehreren

Inseln, vor allem Rhodos (s. d.), und an der kleinas. Küste (Milet) gegeben, aber es fehlen die mächtigen Burgen, die Fürstenpaläste und -gräber. Die Bauwerke sprechen auf dem Festlande für ein viel stärkeres Betonen der absolutistischen Gewalt einzelner Fürsten. In den myk. Burgen findet man einen Palast, die Häuser ringsum sind, soweit das bisher festgestellt ist, sehr einfacher Art, während die Residenz von Knossos (s. d.) von einem ganzen Kranze größerer und kleinerer Paläste umgeben war, die wohl Adeligen gehörten. Das kriegerische Rittertum hat jederzeit in der myk. Kultur eine unendlich viel größere Rolle gespielt als auf Kreta, während anderseits die min. Fürsten offenbar zugleich Priester waren, auf dem Festlande dagegen das religiöse Moment außerordentlich zurücktritt.

Nach dem Zusammenbruch der min.-myk. Kultur folgen Jahrhunderte einfach bäuerlicher Gemeinwesen. Weder unter den Häusern, die freilich bisher wenig bekannt sind, noch unter den sehr zahlreichen Gräbern lassen sich besonders reiche oder vornehme Anlagen erkennen. Ein Königtum homer. Art ist durch den arch. Befund nirgends nachweisbar. — S. a. Ägäische, Geometrische und Mykenische Kultur, Kreta B, Melos.

Die Funde von Asine sind erst nach dem Erscheinen des betr. Artikels gemacht worden: Bull. de la Soc. R. Lund 1925 Heft 2 S. 23ff. O. Frödin und A. W. Persson. G. Karo

C. Ägypten. § 1. Adel und König. Aus der Absonderung der regierenden Oberschicht hat man gelegentlich gefolgert, daß diese der Rest eines in das Nil-Tal eingewanderten Herrenvolkes sei, und hat diese Annahme durch die auch auf anderen Gebieten gemachte Beobachtung gestützt, daß solche Überflutungen Ä. durch eine landfremde Rasse in vorgesch. und geschichtlicher Zeit mehrmals stattgefunden haben (s. a. New-Race). Die Theorie ist allerdings um so weniger zwingend, als wir auf der anderen Seite feststellen können, daß die eigenartige Natur des Nil-Tals alle Einwanderer an Menschen, Tieren und Pflanzen unter ihre Gesetze zwingt und ihren Lebensbedingungen angleicht. Vielleicht handelt es sich also nur um eine soziale Erscheinung, nicht eine rassenmäßige Heraushebung eines Teiles der Bevölkerung. Tatsächlich standen im Altertum wie heute die Angehörigen der besitzenden und regierenden Klassen hoch über dem gemeinen Mann, dem es auch bei tüchtigen Leistungen selten möglich gewesen ist, in jene hinaufzugelangen. Die großen Familien des Landes waren die Grundbesitzer, sie gewannen dem Acker seine in Ä. so reichen Erträge ab, sie züchteten das Vieh, und sie betrieben die Werkstätten der Industrie, aus denen die Tauschwaren für den Handel hervorgingen. Ihren Besitz verdanken sie teilweise ihren eigenen Familien, als deren Erben sie dem eingesessenen Adel angehören. Ein anderer Teil von ihnen entstammt der Beamtenschaft und ist vom König mit der Verwaltung der Güter belehnt. In jedem Falle trennt eine Kluft die Inhaber des Grundbesitzes von den Bauern und Arbeitern, die ihnen unterstellt sind und die Betriebe bewirtschaften. In den Grabbildern der Vornehmen kehren häufig Darstellungen wieder, die das Eintreiben der Steuern und Abgaben zugunsten der Besitzer darstellen und den sozialen Sinn der Grundeigentümer nicht gerade in einem freundlichen Lichte erscheinen lassen (vgl. Tf. 88A b). Aus dem eingesessenen Adel sind die Gaufürsten hervorgegangen, die als Oberhaupt kleinerer Landesteile erscheinen, sobald die Macht der Zentralregierung nachläßt (s. Gau B). Den Gaufürsten stehen die hohen Beamten und Generäle des Staates nahe. Ihrem Kreise pflegt die Persönlichkeit zu entstammen, die zum König bestimmt wird, wenn dieser nicht ein fremder Eroberer ist.

Zeitschr. f. Sozialwiss. 4 (1901) S. 697, 769 Thurnwald; Journ. Eg. Arch. 6 (1920) S. 161 Rostovzeff. — Steuerzahlung: Abh. Preuß. Akad. 1918 Erman.

§ 2. Bauern, Hirten und Jäger. Auf diesen Gruppen der Bevölkerung hat die eigentlich produktive Arbeit geruht, und doch scheinen sie selbst wenig Gewinn davon gehabt zu haben. Meist ohne eigenen Besitz und gering geachtet, wurde ihre Arbeitskraft ausgenutzt von den großen Besitzern des Bodens, dem König oder Staat, den Tempeln und dem Adel. Gewiß werden auch freie Bauern unter ihnen vorhanden gewesen sein, aber sie haben kein wirtschaftliches oder geistiges Eigenleben gehabt und weder in Denkmälern noch in Urkunden nachdrückliche Spuren hinterlassen. Wir hören nur von dem Spott und der Geringschätzung, mit der Städter, besonders, wenn sie Schreiber waren, auf die Bauern hinabblickten. Die meisten Bauern, Hirten, Viehzüchter und Jäger sind wahrscheinlich leibeigen gewesen. Wir sehen sie in Trupps, beinahe militärisch organisiert, wenigstens im NR, als sie Offizieren oder Beamten unterstellt waren. Wo sie Sklaven einer bestimmten Verwaltung waren, wurde ihnen wie den Rindern ein Stempel eingebrannt, der sie als Eigentum jener Behörde bezeichnete. S. a. Höriger B.

Afrikanische Bauern der Gegenwart: Leo Frobenius *Geographische Kulturkunde* 1904 S. 1—227 mit Tf. 1.

§ 3. Schreiber und Beamte. In dem Hochmut der Schreibkundigen spricht sich deutlich das Selbstbewußtsein derjenigen Äg. aus, die mit ihrer Kenntnis der Schrift (s. d. D) auf den gemeinen Mann hinabsahen und von ihm für ihren Briefwechsel und ihre amtlichen Anträge in Anspruch genommen werden mußten. Die Schreibkundigen mögen verschiedenen Berufen angehört haben und in ihnen ihr Gewerbe versehen haben. Von einer geschlossenen Kaste (s. d. B) der Schreiber wird man also auch hier nur in beschränktem Sinne sprechen können. Aber der Schreiber ist bei jedem Arbeitsvorgang nötig gewesen. Wie heute in Ä., sitzt er oder zum mindesten ein Aufseher mit dem Stock neben den Arbeitern, und in der Aufzeichnung der verbrauchten Rohstoffe, der Arbeitszeit und der Erträge beruht seine Unentbehrlichkeit. Wie im Mittelalter sind ausländische Sklaven auch im Altertum nach Ä. gekommen, besonders sem. Syrer (s. d.), auch Libyer (s. d.) und Nubier (s. d.), und haben sich als Sekretäre geschickt eine Stellung zu schaffen gewußt.

Aus den Schreibern sind die Beamten hervorgegangen, und den Lehrlingen des Schreiberhandwerks wird es als ein Ideal vorgezaubert, daß sie durch Fleiß und Gehorsam ein Amt erlangen könnten. Ohne eine wirkliche Kaste (s. d. B) zu bilden, stehen die Beamten wie eine Oberschicht über dem niederen Volk. Ob der Beamte von dem Staat, vom Pharao oder seinem Hof, von einem Tempel oder auch nur von einem Großgrundbesitzer beauftragt worden ist, er ist doch der Träger der Autorität, der das Volk zu gehorchen gewöhnt ist. Zu den Beamten haben auch Handwerker gehört, die man sich als Künstler oder Techniker erhalten wollte. Der Aufstieg in der Verwaltung ist tüchtigen Leuten wohl möglich gewesen, besonders durch das Vertrauen des Königs. Leiter der Staatsbehörden war der Wesir als erster Beamter des Landes, der dem Pharao für die gesamte Verwaltung und Rechtspflege verantwortlich war. Das Eindringen von Ausländern, zunächst als Dolmetscher und Schreiber, hat auch hier den Kreis der Eingesessenen durchbrochen.

Wasserspenden als Schreibersitte: ÄZ 36 (1898) S. 147 Schäfer; ebd. 40 (1902—03) S. 146 Gardiner. — Kanzlei einer Behörde dargestellt: ÄZ 44 (1907—08) S. 59 Borchardt. Roeder

D. Vorderasien s. Stände.

Soziale Verbände s. Adel, Kaste, Klan, Schichtung, Soziale Entwicklung, Stände.

Spandau (Prov. Brandenburg). § 1. In den 80er J. des 19. Jh. wurden bei Bauarbeiten auf dem Stresow bei Spandau eine Anzahl vorgesch. Gegenstände zutage gefördert, die als „Depotfund von Spandau" bekannt geworden sind. Es handelt sich jedoch nicht um die Auffindung eines Depots, also gleichzeitig aus bestimmten Gründen niedergelegte Dinge, sondern um die Hebung von Stücken verschiedener Natur, die aus einer Siedlung stammen.

Der Wohnplatz trug offenbar den Charakter eines Pfahlbaues. Dafür sprechen zugespitzte Pfähle aus Eichen- und Kiefernholz, die, in den Boden gerammt, in deutlich sichtbaren Reihen standen, sowie andere, die sich in horizontaler Lage befanden. Auch die Zusammensetzung des Fundes deutet auf eine Siedlung. S. Pfahlbau A.

Die geol. Beschaffenheit war folgende: Die oberflächliche Wiese ging in eine etwa 1,50 m starke Torfschicht über. Es folgt schlammiger Ton, unter dem eisenhaltiger Sand lag (teilweise bis 3,60 m unter der Oberfläche). Den unteren Abschluß bildete „festes, felsenartiges Raseneisenerz" (durchschnittlich 0,50 m stark). Die Mächtigkeit der einzelnen Schichten ist leider nicht aufgezeichnet worden.

§ 2. Die Zusammensetzung des Fundes ist sehr reichhaltig: Waffen und Werkzeuge aus Bronze, Stein und Bein, Tongefäßscherben, Skelettreste von Mensch und Tier.

Die Bronzegegenstände bilden die prächtigsten Stücke. Zu ihnen gehören: 1 unverziertes Vollgriffschwert (L. 68 cm), 2 Griffzungenschwerter (L. 72 und 68,5 cm) und eine Schwertklinge ohne Griff (L. 55,5 cm); 1 Dolch mit massivem Griff und Spiralverzierung auf dem Knauf (L. 25 cm) und 4 Dolchblätter mit 2—4 Nieten (L. 20—26,7 cm); 1 Prunkwaffe mit Resten des Schaftes aus Erlenholz und dem spiralverzierten Knauf aus Bronze; 2 Lanzenspitzen (17 und 35 cm); 1 Randaxt; 4 Absatzäxte in der Form der sog. nordd. Arbeitsäxte; 1 Tüllenaxt mit Öhr; 2 Stücke platten Bronzedrahtes.

An Steingeräten fanden sich ein Keulenkopf mit konischer Durchbohrung sowie zwei Mahltröge mit den dazugehörigen Reibsteinen.

Unter den Geräten aus Bein nehmen 5 Äxte oder Hacken aus Hirschgeweih den ersten Platz ein. Sie sind sämtlich entweder dicht unter der Rose oder an der Ansatzstelle einer Seitensprosse durchbohrt. Die Löcher sind rund bis oval und mit einem Messer nachgeschnitten. Ihre Länge beträgt 12—24,5 cm. Bemerkenswert ist ferner eine gezähnte „Harpunenspitze" aus Hirschgeweih, die aber leider verloren gegangen ist. Dazu kommt eine durchlochte Scheibe aus der konvexen Gelenkfläche eines größeren Knochens (Dm 5,3 und 4,6 cm, Stärke 1 cm).

An Tonware wurden nur 5 Scherben beobachtet.

Die menschlichen Skelettreste sind ebenfalls dürftig. Sie bestehen aus 3 Schädeln, 2 Unterkiefern, 1 Stirnbein und ein paar Stücken von Extremitätenknochen. Die Schädel und das Stirnbein stammen von männlichen Individuen. Alle drei Schädel sind brachykephal.

Stattlicher sind dagegen die tierischen Überreste. Nach den Untersuchungen von Nehring sind folgende Arten vertreten: Hirsch (*Cervus elaphus*), Reh (*Cervus capreolus*), Hase (*Lepus timidus*?), Bär (*Ursus arctus*), Rind (wahrscheinlich *Bos bison* und *Bos domesticus*), Pferd (*Equus caballus*), Schwein (*Sus scrofa ferus* und *domesticus*), Hund (*Canis familiaris*) und Ente (*Anas boschas*?). Dazu treten Reste von Muscheln, die nicht näher bestimmt sind.

Eine weitere Anzahl von Gegenständen scheidet ganz oder teilweise für die vorgesch. Betrachtung aus: Bruchstück eines Einbaumes, 1 mittelalterlicher Scherben, 1 Kanonenkugel aus Stein, 1 durchbohrte Tonscheibe (vielleicht ein moderner Netzsenker) und ein Gegenstand, bei dem es zweifelhaft sein kann, ob es sich um eine eiserne Tüllenaxt oder den Beschlag einer Flößerstange handelt.

§ 3. Die Zusammensetzung des Fundes läßt keine einheitliche Datierung zu. Die Gegenstände, die zur Zeitbestimmung geeignet sind, verteilen sich auf die Per. II—III der BZ (nach Montelius). Auch der Keulenkopf ist nicht steinzeitlich (v. Richthofen *Die ältere Bronzezeit in Schlesien* 1925 S. 103). Die Harpunenspitze scheidet bei der Datierung aus, da sie verloren gegangen und keine Abbildung vorhanden ist.

Für die II. Per. Mont. charakteristisch sind: die Randaxt vom nordd. Typus, die 4 Absatzäxte (Leitformen für IIc nach Kossinna), die große Lanzenspitze mit bis zum Ende der Tülle reichendem Blatt (Typus Montelius *Minnen* Abb. 915), der Dolch mit Vollgriff, ovalem Knauf und Spiralverzierung, sowie die Prunkwaffe. Auf dem Übergange von der II. zur III. Per. steht die Tüllenaxt, dem Anfang der III. Per. gehört das Griffzungenschwert mit einer Niete auf der Zunge (Band XI Tf. 138b) und dem Ende der III. Per. das andere Schwert mit dem Griffzungenfortsatz an (ebd. Tf. 138c). Soweit die anderen Stücke eine Zeitbestimmung andeuten, sprechen sie nicht gegen die festgestellte Datierung.

§ 4. Der allg. Charakter des Fundes ist durchaus nordisch. Nur einzelne Stücke verraten Beziehungen zu anderen Kulturen. Das Vollgriffschwert, eine Sondererscheinung, besitzt in einem Exemplar von Cannstatt einen Doppelgänger (Naue *Schwerter* Tf. 6), der in Süddeutschland ebenso allein dasteht. Ein zweifelloses Einfuhrstück bildet jedoch die Prunkwaffe mit den Resten des Stieles aus Erlenholz und dem spiralverzierten Knauf. Sie stammt aus Ungarn, wo diese Geräte zu Hause sind (Rimaszombat [Band XIV Tf. 9c 1], Felsö-Balogh, Kér, Domahida [s. d.] usw.; Hampel *Bronzezeit* Tf. 30, 3; 94, 6; 119, 32; 123, 8—11 usw.). Beachtenswert ist auch die Facettierung oder Linearverzierung der Schmalseiten an dreien von den Absatzäxten, was auf Beziehungen nach den brit. Inseln zu weisen scheint. — S. a. Nordischer Kreis B § 6 b.

Anthrop. Korr.-Bl. 1881 S. 102ff. Vater; ZfEthn. Verh. 14 (1882) S. 112ff. Vater und Voß; ebd. S. 371ff. R. Virchow; *Landeskunde d. Prov. Brandenburg* III (1912) S. 378 Kiekebusch. — Die Originalfunde befinden sich in der vorgesch. Abteilung der Staatl. Museen zu Berlin. Ernst Sprockhoff

Spange s. Fibel, Ringfibel, Nadel.

Spanien s. Pyrenäenhalbinsel und die Einzelartikel.

Sparta. Der griech. Stadt gegenüber am linken Eurotas-Ufer lag auf einem steilen Hügel eine bedeutende jünger-myk. Stadt, über der sich später das Menelaion erhob. Von dieser durch Brand zerstörten Siedlung sind Lehmziegelmauern mit bemaltem Stuck, Pithoi für Wein, Scherben u. a. erhalten. Auf dem Stadtgebiet von S. selbst bisher keine vorgesch. Funde, wohl aber geometr. Scherben und Bronzen aus den bisher erforschten Heiligtümern.

'Εφ. ἀρχ. 1889 S. 130f. Tsuntas; BSA 15 S. 109f., 113f.; ebd. 16 S. 4ff. — Geometrisches: BSA 13 S. 109ff., 118ff. Droop. G. Karo

Spata. Attisches Dorf zwischen Athen und Brauron; in der Nähe an einem Hügelabhang Spuren einer Ansiedlung (Obsidiansplitter) und zwei jüngermyk. Kammergräber mit reichen Funden an Vasen und Schmuck.

Plan: 'Αθήναιον 6 Tf. 6, danach Gropengiesser *Gräber von Attika* S. 37 und Perrot-Chipiez *Histoire de l'Art* VI 412ff.; Furtwängler-Loeschcke *Myk. Vasen* S. 35 ff.; Bull. Corr. Hell. 2 (1878) S. 185ff. Haussoullier. G. Karo

Spatel. Falzbeinähnliches, dünnes und langschmales Glätt-Instrument mit abgerundetem oberen Ende. Aus Knochen, Horn oder Elfenbein hergestellt und im Jungpaläol. ziemlich häufig. H. Obermaier

Spatennadel s. Nadel A 1 § 14, Nordischer Kreis C 1 § 4a, Rudernadel.

Spätglazialzeit s. Diluvialchronologie § 5, Diluvialgeologie § 6, 7.

Speer s. Lanze.

Speerschleuder (Paläolithische) s. Jagd A § 5.

Speicher s. Haus, Wirtschaft.

Speierling. Für den alten Trank *Lit*, der sich in *Leitkauf* und *Leutgebe* erhalten hat und durch Gärung aus Früchten hergestellt wurde, ist vor allem der S. (*Sorbus domestika*) heranzuziehen, ein jetzt mehr oder weniger vergessener Obstbaum. Für ihn haben wir in Italien und Westeuropa, namentlich in Süddeutschland, ausgedehnten Gebrauch vorauszusetzen. Hier wird er (wie schon bei Virgil, Georgica III 379—380 und Varro, Re Rust. I 59, 3 als Getränk) immer noch dem besseren Apfelwein zugesetzt. Wahrscheinlich dürfen wir neben dieser Verwendung auch die als Mehlfrucht annehmen, wie Brockmann-Jerosch dies für die verwandten Arten *S. aria* und *torminalis* für die Schweiz gewissermaßen neu entdeckt hat (Wissen und Leben 7 [1914] S. 18). † Ed. Hahn

Speise s. Nahrung, Meidung, Wirtschaft.

Speiseverbot s. Magie A § 2, Meidung, Totemismus.

Spelt. § 1. Der S. gehört zu den Vorläufern des Weizens (s. d.), dem er im dtsch. Gebiet bisher durch seine Vorzüge noch Widerstand geleistet hat, während er in weiten Gebieten schon durch ihn verdrängt wurde. Der S. hat die ursprünglich zerbrechliche Ähre des Wildgrases noch bewahrt, die beim Weizen wie bei den anderen Getreiden allmählich durch die Zucht zäh geworden ist, er muß daher bei Funden oft noch in den leicht kenntlichen Hülsen, den Spelzen, stecken, die ihm ja den lat. (beim heiligen Hieronymus und im Edictum Diocletianum) auftretenden Namen gegeben haben. Diese Spelzen, „Spreuer", fallen beim Dreschen mit dem Korn darin ab und sind ein deutliches Kennzeichen des Spelt-Anbaues. Sonst unterscheidet sich das Korn des S. kaum vom Weizen; das Mehl soll eher noch weißer und besser sein.

§ 2. Aug. Schulz war geneigt, den S., für den auch er keine Urform angeben konnte, als eine Vorform des Weizens anzusehen. Bei dem großen Unterschied, den die zerbrechliche Spindel darstellt, möchte ich aber den S. für eine Seitenform halten, die durch lange Zeiten ihre eigenen Wege gegangen ist. Und wenn Gradmann durchaus berechtigt ist, in dem eigentümlichen Vorwalten der Spelt-Kultur in Franken, Schwaben und der Schweiz einen wirtschaftsgeschichtlichen großen Zusammenhang zu sehen, so muß ich doch mit Engelbrecht (*Landbauzonen*) zugeben, daß das Überschreiten dieses Gebietes nach mehreren Richtungen im W und O nicht weniger bedeutungsvoll ist. Hat doch der S. in den Ardennen (nach Schwerz) nicht nur verhältnismäßig große wirtschaftliche Wichtigkeit bewahrt, sondern sogar ein eigenes, botanisch interessantes Unkraut.

§ 3. Vor nicht sehr langer Zeit noch wurden weite Gebiete um das Mittelmeer bis nach Ägypten hin für den S. in Anspruch genommen (so auch in unserer Bibelübersetzung nach altem Muster für ὄλυρα). Nach den Feststellungen Schweinfurths wird es sich aber in Ägypten unzweifelhaft und auch vielleicht sonst oft um die andere Urform des Weizens, den Emmer (s. d.), handeln. Dagegen hat Neuweiler festgestellt, daß schon zur BZ der S. in den Pfahlbauten (s. d. B) des Bieler und Züricher Sees das meist gebaute Getreide war. Vielleicht ist gerade für die Funde in Pfahlbauten zu beachten, daß, wenn auch das Mehl geschätzt wird, doch sehr viel S. auch nach einem sehr alten Verfahren aus den reifen, aber auch noch weichen Ähren als Grünkorn getrocknet wird. Dies Grünkorn hat sich neuerdings als Wiederlebsel (von Kissingen aus) weit verbreitet. Aber der S., dessen Namen uns zuerst in Diokletians Verordnung entgegentritt, d. h. in Kleinasien, kann sich nach den ganzen Verhältnissen der alten und neueren Zeit auch weiter nach O hin gehalten haben. Man kann daher Hrozny zustimmen, wenn er ζεόπυρον in Kleinasien für S. hält (SB. Wien. Akad. 1914 S. 177). In Cles in Tirol hat Netolitzky S. festgestellt, der hier nicht, wie in Zürich, mit Einkorn und Emmer zusammen auftrat (Zeitschrift f. Unters. d. Nahrungs- und Genußmittel 3 [1900] S. 401).

† Ed. Hahn

Spettisbury s. Crawford Castle.

Sphinx. A. Ägäischer Kreis. Im ägäischen Kreise tritt der geflügelte Löwe mit Menschenkopf zuerst gegen Ende von MM III auf, und zwar nicht in der ägypt. Stilisierung, sondern wohl unter vorderas. Einwirkung. Dafür spricht sowohl das vielleicht älteste Fundstück, die steinerne, flügellose, völlig unmin., der babyl. verwandte S. von H. Triada (Kultgefäß oder vielleicht Tintenfaß), wie auch die bereits um die Wende vom MM zum SM fest geprägte Gestalt, die uns auf Goldplättchen der myk. Schachtgräber, mit allerlei phantastischen Ausgestaltungen auf den Siegelabdrücken von Zakro (s. d. und Glyptik A § 3f.; vgl. Band VII Tf. 72i, l), sowie in roher, lokaler Nachahmung auf melischen Vasen (Vase B 1 § 12) begegnet. Der sitzende oder stehende Löwenleib trägt einen wohl weiblich gedachten Kopf mit langen, flatternden Locken, die meist aus einem turban-artigen Kopfputz hervorkommen. Goldringe und Gemmen, Elfenbeinreliefs und Schmucksachen zeigen diesen Typus von SM I—III. Das hervorragendste Exemplar wäre ein fast lebensgroßer, von vorn gesehener, flacher Stuckkopf von Mykenai, wenn wir sicher wüßten, daß er von einer S., nicht einer Frau stammt. — Auf spätmyk. Vasen aus Kypros erscheinen gelegentlich Sphingen und Greifen (s. d. A und vgl. a. Band VII Tf. 182D d). Dann verschwinden beide, um erst gegen Ende der geom. Kunst, unter neu einströmendem orient. Einfluß, wieder auf Vasen und Schmucksachen aufzutauchen.

Sphinx von Hagia Triada: Rendic. Lincei 1907 S. 699ff. della Seta; A. Maraghiannis *Ant. crét.* I Tf. 24. — Goldplättchen von Mykenai: Arch. Jahrb. 30 (1915) S. 306f. K. Müller. — Siegel von Zakro: Journ. Hell. Stud. 22 (1902) S. 83ff. Tf. 7ff. D. Hogarth. — Melische Vasen: A. Evans *Pal. Minos* I 557. — Goldringe und Gemmen: Journ. Hell. Stud. 21 (1901) S. 155 A. Evans; A. Furtwängler *Ant. Gemmen* III 42f. — Später Schmuck und Elfenbein: Bull. corr. hell. 2 (1878) S. 214ff. Tf. 17f.; Perrot-Chipiez *Hist. de l'Art* VI 528, 833f.; H. Bossert *Altkreta*[2] Abb. 228f.; Roscher *Lex.* IV 1338ff. J. Ilberg. — Stuckkopf von Mykenai: Ἐφ. ἀρχ. 1902 Tf. 1 Chr. Tsuntas; H. Bossert a. a. O. Abb. 249. — Späte Vasen: A. Murray *Excav. in Cyprus* S. 8, 49. — Geom. Vasen: Ath. Mitt. 18 (1893) S. 113; Perrot-Chipiez *Hist. de l'Art* VII 222.

G. Karo

B. Ägypten (Tf. 61b, 88B). Der äg. S.

ist ein menschenköpfiger Löwe, der in der äg. Kunst ähnlich verwendet wird wie Löwen, Widder und andere Tiere. Mischwesen, die aus Körperteilen verschiedener Tiere zusammengesetzt sind, kennt nicht nur die äg. Kunst in ihren symbolischen Darstellungen, sondern die Äg. dachten sich solche Fabeltiere (s. d. B) wirklich in der Wüste lebend. Seit der vorgesch. Zeit sind Phantasiegebilde neben Tieren dargestellt, und der Typus des S. ist in Ä. bodenständig, nicht etwa von außen eingeführt.

Der S. ist meist ein Löwe mit dem Kopf eines Mannes, also ein männliches Tier. Weibliche S. kommen seit dem AR vor, sind aber nur eine seltene Abart, die erst in der griech. Zeit häufig wird. Der Löwe kann auch den Kopf eines Falken erhalten („Greif") oder den eines Widders („Widdersphinx"). Der Greif ist seit dem MR bekannt und hat anliegende oder erhobene Flügel; er wird in älterer Zeit liegend und stehend dargestellt, hockend häufig nur in später Zeit. Widdersphinxe sind nur liegend bekannt und nie geflügelt.

Der eigentliche S., der menschenköpfige Löwe, hat in älteren und genauen Darstellungen Flügel, die seinem Körper anliegen. Die Flügel werden, besonders bei unägyptischen Darstellungen, schon in älterer Zeit leicht angehoben, gerade ausgestreckt oder hoch erhoben. In griech. Zeit und im griech.-äg. Stil wird das Erheben der Flügel häufig verwendet, und die äußeren Spitzen der hoch erhobenen Flügel werden im Bogen nach vorn gerundet vorgezogen; hier liegt ein Einfluß der griech. Form vor. Der äg. S. wird am häufigsten liegend dargestellt, und dieser Typus ist von der ältesten bis in die späteste Zeit sowohl als Rundbild wie in Relief und Zeichnung immer wieder verwendet worden. Der stehende S. kommt schon im AR vor und begegnet uns in der Folgezeit zuweilen, aber immer nur vereinzelt. Der hockende S., d. h. das mit aufgesetzten Vorderbeinen auf den Hinterbeinen hockende Tier, tritt zuerst im NR auf und wird in der griech. Zeit beliebt. Eine Gruppe von Bildern des S. hat menschliche Hände, und diese Typen sind besonders gern verwendet, wenn der S. etwas halten sollte, z. B. ein Salbgefäß; S. mit menschlichen Händen sind wie alle anderen meist männlich, aber in einigen Fällen auch weiblich.

§ 2. Bedeutung. In den weitaus meisten Fällen bedeutet der äg. S. den König, der in der äg. Literatur gern „Löwe" oder „Stier" genannt und in den Bildwerken als solcher dargestellt wird. In vielen Fällen erhält der S. das Gesicht des Königs, dessen Abbild er sein soll; dieser Sitte verdanken wir schöne und wirkungsvolle Königsbildnisse, besonders von Amenemhêt III. (Tf. 88ᴮ), Thutmosis III. (Tf. 61 b) und Hatschepsut. Der menschliche Kopf des S. pflegt wie auch die sonstigen Statuen von Königen irgendeine Krone des Königs zu tragen; meist das königliche Kopftuch mit der Uräus-Schlange (s. Uräus) über der Stirn, aber auch die Doppelkrone, die oft auf dem Kopftuch steht (s. Königstracht). In den weiblichen S. ist die Königin dargestellt, d. h. die Gattin des regierenden Königs; eine als Pharao herrschende Frau wird, wenigstens im Ornat, als Mann wiedergegeben. Der weibliche S. pflegt gemäß seiner Bedeutung eine Königinnenkrone zu tragen.

In einigen Fällen stellt der S. zweifellos einen Gott dar. Die schönen Reliefs an den beiden Seiten des Aufwegs in den Totentempeln der 5. Dyn. bei Abusir (s. d.), die einen mächtigen S. darstellen, wie er die ausländischen Feinde des Königs niedertritt, meinen nach der hieroglyphischen Beischrift den Gott „Sopd, Herr der Fremdländer". Die gleiche Darstellung kommt unter Hatschepsut und Thutmosis IV. vor; aber hier ist es der Pharao selbst, der als S. erscheint. Man hat früher geglaubt, daß der S. überhaupt den Sonnengott darstelle, weil die Äg. den großen S. bei Gise (Band IV Tf. 224) als sein Bild aufgefaßt haben (s. § 4). Aber Bilder von Sonnengöttern als S., die erst seit dem NR vorkommen, sind recht selten. Noch vereinzelter erscheinen S. als Abbilder anderer Gottheiten, z. B. des Horus. Der Widder und der Widdersphinx, deren Auftreten fast ganz auf Theben beschränkt ist, stellen den dortigen Gott Amon dar, dessen heiliges Tier der Widder ist. Die Greifen sind, zuweilen wenigstens, Abbilder des Horus; der nub. Horus, dessen Tier der Falke ist, ebenso wie das des äg. Horus, ist gemeint mit den Greifen, die in den

Sphinx-Alleen von Gerf Hussên und Wadi es-Sebûa (Band I Tf. 81a) stehen.

Der Sinn der Sphinx-Alleen vor den Tempeln war wohl, daß die Tiere das Heiligtum und den Gott schützen sollten. Dabei ist es ja gleichgültig, ob in ihnen das heilige Tier des Gottes oder der Pharao dargestellt wird. Als Wächter hat man sich gewiß auch den großen S. von Gise zu erklären. Eine hieroglyphische Inschrift auf einem S. vor einem Königsgrabe des 26. Dyn. macht es sicher, daß die Deutung der dort liegenden S. als Wächter richtig ist.

§ 3. Verwendung. Die monumentalste Verwendung der S. ist die in den Alleen vor den Tempeln; lange Zugangsstraßen des NR sind mit Reihen von S. geschmückt, die an beiden Seiten, dem Wege zugewendet, liegen. Durch diese Straßen sind die großen Prozessionen mit den Götterbildern von Tempel zu Tempel gezogen. Ferner pflegt ein Paar von S. vor dem Tempeltor in einer bestimmten Anordnung mit zwei Obelisken und zwei sitzenden Königsbildern zu stehen (vgl. Band IX Tf. 180b). In allen diesen Fällen sind die S. paarweise angeordnet, und dies ist auch in der Kleinkunst häufig der Fall. Figuren von S. als Kleinplastiken sind uns entweder tatsächlich erhalten oder durch antike Reliefs bekannt. Königsfiguren in Form von S. aus Edelmetall stehen in gewisser Anzahl in den Barken, die bei der Prozession das Götterbild aufzunehmen hatten; sie sind teils stehend, teils liegend gegeben und halten zuweilen einen Krug in menschlicher Hand. Salbgefäße im Tempelgebrauch haben gern die Form eines S., der die Vase für das heilige Öl zwischen seinen menschlichen Händen hält. Figuren von S. kommen auch als Aufsätze auf dem Rand von Prunkgefäßen vor und haben eine ähnliche Form wie in den ebengenannten Fällen. Endlich wird der S. sehr oft in Reliefs angebracht, sowohl in Tempeln und Gräbern wie an Gegenständen zum Gebrauch des Königs, die ihm dann in das Grab mitgegeben sind. Alle Arten der üblichen Gestalten treten in Relief auf. Als stehender S. wirft ein Gott oder der König die Ausländer nieder. Königin Têje (Dyn. 18) steht zweimal als weiblicher S. über einer Tempeltür. Tempelreliefs des NR zeigen den Pharao als liegenden S. mit menschlicher Hand. Sethos I. (Dyn. 19) ist als hockender S. mit menschlicher Hand dargestellt, später der Gott Horus als Greif. In röm. Zeit hat auch die griech. beeinflußte Form des weiblichen, hockenden und geflügelten S. in den Tempel Einlaß gefunden. Königliches Gerät, auf dem der S. dargestellt ist, sind Brusttafeln, Äxte, Throne und Wagen. Auf Privatdenkmälern sind uns S. nur als Skarabäen (s. d. A) bekannt, die zum großen Teil aus dem NR stammen. Auf anderen Privatdenkmälern findet sich der S. erst seit der griech. Zeit.

§ 4. Der große Sphinx bei Gise (Band IV Tf. 224). Nach seinem Typus bietet der große S. von Gise nichts Besonderes. Er ist ein liegender Löwe mit dem Kopf eines Königs, der das Kopftuch mit der Schlange trägt. Außergewöhnlich sind seine Größe (H. 20 m, L. 57 m) und seine Lage rechts neben dem Aufweg zum Totentempel vor der Pyramide des Königs Chafrê (Dyn. 4). Bisher haben alle Grabungen noch keinen zweifelsfreien Beweis dafür geliefert, daß der S. tatsächlich von diesem König gleichzeitig mit seinem Totentempel gearbeitet worden ist. Aber die Hineinziehung des S. in die Anlage des Chafrê bietet die einzige Möglichkeit, seine Entstehung überhaupt zu erklären, und gibt auch den einleuchtenden Zusammenhang, daß König Chafrê in Gestalt des S. als Wächter (s. § 2) neben seinem Grabe liegt. Die Gestaltung der Streifen auf dem Kopftuch des großen S. läßt diese Lösung durchaus als möglich erscheinen.

Uvo Hölscher *Das Grabdenkmal des Königs Chephren* 1912.

Der S. ist aus dem natürlichen Felsen gehauen, aber einzelne Teile sind auch in der ältesten Anlage schon aus Blöcken aufgemauert worden. Die Oberfläche des Körpers ist von Thutmosis IV., der einen Denkstein mit langer Inschrift zwischen den Vorderbeinen des S. hinterlassen hat, von neuem mit Blöcken verkleidet worden. Endlich ist, vielleicht in ptolomäischer Zeit, der letzte Überzug mit Kalksteinblöcken des kleinsten dort verwendeten Formats ausgeführt worden. Der Löwenkörper ist massives Gestein; er trägt weder auf dem Rücken noch im Kopfe irgendeinen Schacht oder Eingang zu einer Kammer (alle dahingehenden Nachrichten sind falsch!). Wohl

Sphinx B. Ägypten

In dem Löwenkörper sitzt, von der Mähne umrahmt, das lebenswahre Gesicht des Königs Amenemhêt III. (Dyn. 12). Aus Tanis, sog. Hyksos-Sphinx. Museum in Kairo. — Nach F. W. v. Bissing.

aber liegt zwischen den Vorderbeinen eine offene, tempelartige Anlage. Der Raum um den S. herum ist geebnet und zu einem wagerecht hergerichteten und mit Platten belegten Hof ausgestaltet. Hohe Mauern umgeben ihn, von deren Oberkante der Sand immer wieder von neuem herabgerieselt ist, wenn man den S. einmal ganz oder teilweise freigelegt hat. Die letzte vollständige Freilegung ist erfolgt, als die äußerste Lage von Blöcken am Körper aufgemauert wurde. Etwa 2000 Jahre später, im Winter 1925—1926, hat die äg. Regierung die ganze Anlage zum ersten Male wieder völlig säubern lassen. Erst jetzt ist es möglich geworden, die Anlage zu überblicken, von der bei den teilweisen Freilegungen in den letzten Jahrzehnten immer der unterste Teil unsichtbar geblieben war. Während früher nur Kopf und Rücken aus dem Wüstensande herausragten, liegt jetzt der S. völlig frei in einem großen, ebenen Hofe, aus dem der mächtige Körper in gewaltiger Größe aufsteigt.

Die Bedeutung des S. für seinen Erbauer kann nur die des Pharao gewesen sein; darauf weisen Gesicht und Einzelheiten der Tracht, die mit anderen Königsbildern übereinstimmen. Dann muß aber ein Wandel eingetreten sein, und die Folgezeit hat die übermenschliche Gestalt des alten Königs als fremdartig empfunden und sie einem Gotte zugewiesen. Im NR heißt der S. *Hor-em-achet* „Horus im Horizonte", und dieser Name des Sonnengottes ist ihm bis in die griech. Zeit geblieben, die ihn *Harmachis* nannte. Als göttliches Wesen tritt der S. in dem Denkstein Thutmosis IV. auf, auf dem ihn der König als seinen „Vater Harmachis-Chepra-Re-Atum" anredet und von dem „sehr großen Bilde des Chepra" spricht. Auf der aus saitischer Zeit stammenden sog. Stele der Tochter des Cheops ist der S. dargestellt mit der Beischrift: „S. des Harmachis" oder „Gott des Harmachis". Während die griech. Reisenden von Herodot ab den S. merkwürdigerweise gar nicht beachtet haben, wird er in röm. Zeit oft erwähnt, als Bild des Sonnengottes angesehen und mit griech. Inschriften beschrieben. Die heutige arab. Bezeichnung *abu 'l-hôl* „Vater des Schreckens" findet sich schon bei älteren arab. Schriftstellern.

Roscher *Lex.* s. v. Sphinx. Roeder

C. Vorderasien. Die engen Beziehungen zwischen den Hettitern (s. d.) und Ägyptern haben erstere veranlaßt, außer der „Geflügelten Sonnenscheibe" (s. Göttersymbol E 1 § 42b) und der Schöpfung einer Bilderschrift (s. Hettiter C; Band II Tf. 111) auch den S. von Ägypten zu entlehnen. Sie sind Abbilder des vergötterten Königs, der wie auf dem Torrelief von Hatti (s. d. = Boghasköj) durch Helm nebst göttlichen Hörnern ausgezeichnet ist (E. Meyer *Reich und Kultur der Chethiter* 1914 Tf. 9, 10 [Kopf des S. in Konstantinopel]). Der König ist als Hettiter rasiert (vgl. E. Unger *Hettitische und Aramäische Kunst* Archiv f. Keilschriftforschung 1 [1923] S. 80ff.; s. Mesopotamien C § 12—13). Auch in Öjük (s. d.) sind solche S. am Tore aufgestellt (Band IX Tf. 185 b). In Gusana (s. d.) ist der S. weiblich. Es ist wahrscheinlich, daß auch die Assyrer den geflügelten Löwen mit Menschenkopf (= Sphinx) von den Hettitern übernommen haben (s. Mischwesen § 6ff.). Eckhard Unger

Spiegel. A. Europa. § 1. Es ist nicht ausgeschlossen, daß man bereits vor der Metallzeit glatt polierte Steinplatten als S. verwendete. So fanden sich in den jungsteinzeitlichen schott. Crannogs (s. d.) dünne, runde und viereckige, glatt polierte Steinplatten, die von den engl. Forschern als S. gedeutet werden (Munro *Lake dwellings of Europe* 1890 S. 402, 422).

§ 2. Nach Aufkommen der Metalle wurden dann glatt polierte Metallplatten als Spiegel verwendet. Die ältesten derartigen Metallspiegel liegen aus Frauengräbern aus der primitiven Nekropole von Susa (s. d.) in Gestalt von polierten Kupferscheiben vor (Déchelette *Manuel* II 1 S. 54). Runde S. aus Bronze mit bisweilen reich verziertem Elfenbeingriff sind auf Kreta sowohl in Männer- wie in Frauengräbern gefunden (Evans *Preh. tombs Knossos* S. 115; Perrot-Chipiez VI 816; vgl. a. Band VII Tf. 182^{D} d).

§ 3. In Griechenland wurden gleichfalls runde Bronzeplatten als Spiegel verwendet, bei denen der Dorn zuweilen durch einen mit der Platte zusammengegossenen oder getriebenen Handgriff ersetzt wurde. Ende des 6. Jh. kommen daneben die Standspiegel in Aufnahme. Die aus Ionien gekommene Mode verlor sich um die Mitte des 5. Jh., um einer neuen Sorte von S., den sog. Klappspiegeln, Platz zu machen. Bei diesen Klappspiegeln liegt bald eine Spiegelplatte in einem runden, bronzenen Etui, das mit Reliefs oder gravierter Zeichnung versehen ist, bald dient die polierte Innenseite des Etuis selbst als Spiegel (de Ridder *Catalogue des bronzes de la soc. archéol. d'Athènes* 1894; Daremberg-Saglio s. v. speculum S. 1422 de Ridder).

§ 4. Im Schweizer Pfahlbaugebiet, und zwar im bronzezeitl. Pfahlbau von Port-Alban am Neuenburger-See, wurde eine ovale, in einen gewundenen Bronzegriff mit Endring auslaufende und auf der Rückseite mit Zickzacks gravierte Bronzeplatte gefunden, die offensichtlich einen S. darstellt (ZfEthn. Verh. 16 [1884] S. 84; Antiqua 1884 S. 167; Munro a. a. O. S. 66, 528). An diesen S. von Port-Alban schließen sich ein in einem frühetruskischen Grabe der Arnoaldi-Gruppe gefundener runder Bronzespiegel mit abgebrochenem Griff, der eine gravierte Kriegergruppe zeigt (Montelius *Civ. prim.* I Tf. 100, 2), und ein Rundspiegel aus Galassina, der ganz nach Art der Situlen (s. d.) graviert ist (ebd. I 451), an.

§ 5. Dann folgen im italischen Gebiet die zahlreichen sog. etrusk. Bronzespiegel des 5.—2. Jh., deren Rückseite zumeist mit klassisch-figuralen Gravierungen verziert ist (Gerhard, Klügmann und Körte *Die etruskischen Spiegel* 1843—1897). Sie bestehen meist aus Bronze mit 19—32⁰/₀ Zinn, also einem weit größeren Zinngehalt, als ihn die gewöhnliche antike Bronze aufweist (Blümner *Technol.* IV 192).

§ 6. In der Ananino-Kultur (s. Anan'ino) treten dünne, runde Metallplatten auf, die auf der einen Seite eine glatte Fläche, auf der anderen eine kleine Öse zeigen, und die von den russ. Archäologen als S. gedeutet werden (vgl. a. Band XII Tf. 12a 19). Sicher besteht diese Benennung für einen Teil des fraglichen Materials zu Recht, ein anderer Teil hat jedoch ebenso unzweifelhaft als Gürtelschmuck und ähnl. gedient (Tallgren *L'époque dite d'Ananino* Zeitschr. Finn. Altertumsgesellsch. 31 [1919] S. 152). Die ältesten dieser Stücke bestehen aus reinem Kupfer, darnach treten auch solche aus Bronze auf. Einige dieser S. zeigen Verwandtschaft mit den gleich zu behandelnden skyth. Stücken. Die ornamentierten Metallspiegel und die Metallspiegel mit Griff, die aus dem skyth. Gebiet so zahlreich vorliegen, fehlen im Bereich der Ananino-Gruppe vollständig.

§ 7. Zahlreiche Spiegel aus Metall, z. T. reich verziert und zum Teil mit Griff versehen, haben sich im skyth. Gebiet gefunden (z. B. Bobrinskoj *Směla* III Tf. 12ff.; vgl. a. ZfEthn. 1891 S. 88ff.; hier z. B. Band VI Tf. 81a). Die südruss. Skythen haben einmal wohl die Formen der Ananino-Gruppe übernommen und andererseits schon frühzeitig von den Griechen den Gebrauch großer Metallspiegel mit langem Metallgriff kennen gelernt. Allmählich nehmen alle diese Stücke bei ihnen lokalen Charakter an und wandeln sich zu einem für die Skythenländer typischen, in seiner neuen Form ganz charakteristischen Gegenstand um, welcher mit seinen Vorbildern kaum noch in irgendeiner Hinsicht sich deckt. Solche skyth. S. sind dann auch in Ungarn (Tf. 64b, 67d), Siebenbürgen und Galizien (Tf. 64a) mehrfach zutage getreten (ZfEthn. 1896 S. 1ff.). Ein derartiger Spiegel ist sogar bis nach Süddeutschland in ein Grab der Latènezeit II von Dühren (s. d.; Band II Tf. 219 rechts unten) verschlagen worden (ZfEthn. 1891 S. 81, ebd. 1896 S. 2; *AuhV* 5 Tf. 15 S. 77). S. a. Südrußland D.

§ 8. Aus der LTZ I liegen aus Nordeuropa zwei weitere Funde von Metallspiegeln vor. Einer von diesen, aus dem Funde von Dürkheim (s. d.), ist leider verschollen, ohne daß er beschrieben oder gezeichnet wäre (*AuhV* 2, 11 Text zu Tf. 2). Ein S. aus La Motte Saint-Valentin (Comm. de Courcelles-en-Montagne, Haute-Marne) aus Bronze, nur auf der Rückseite mit konzentrischen Gravierungen verziert, ist sicher griech. Import (Déchelette *La collection Millon* 1913 S. 141 Tf. 32). Im 4. Jh. kommen dann in Montefortino (bei Arcevia, Prov. Marken, Italien) etrusk S. vor (Brizio *Il sepolcreto gallico di Montefortino* Mon. Lincei 9 Tf. 3, 5). Weiter n. sind in latènezeitl. Gräbern etrusk. Spiegel bisher noch nicht zutage getreten.

§ 9. In Bibracte (s. d.), ebenso in Pičhora (Böhmen) und Stradonitz (s d.) wurden S. aus Weißmetall gefunden, die wohl sicher mit röm. Einfluß zusammenhängen (Déchelette *Manuel* II 3 S. 1286).

§ 10. Im 1. Jh. v. C. treten auf den brit. Inseln scheibenförmige S. aus Bronze mit besonders gegossenem Griff auf, die gewöhnlich mit kelt. Ornamenten reich verziert sind (Band VII Tf. 194; s. a. Band IV Tf. 260b). An welche Formen diese S. anknüpfen, ist vorläufig noch ungeklärt.

§ 11. Bei den Römern waren silberne S. und solche aus einer Silberlegierung üblich. Bisweilen wurde auch auf die Spiegelfläche Silberbelag aufgelegt. Daneben erscheinen in röm. Zeit Glasspiegel, die hinten mit Zinn- oder Goldfolie belegt wurden. Solche Glasspiegel werden jedoch erst spät erwähnt (Alex. Aphrodis. problem. 1, 132), vielleicht sind sie schon früher in Gebrauch gewesen, da sie Plinius (N. H. XXXVI 193), freilich als Erfindung der Sidonier, kennt (Daremberg-Saglio s. v. speculum S. 1422 A. de Ridder). Solche S. sind auch in röm. Niederlassungen am Rhein mehrfach gefunden, z. B. auf der Saalburg, jedoch erst spät im N heimisch geworden (Hoops *Reall.* IV 205 Falk). Über die S. im Mittelalter vgl. Wackernagel *Kleine Schriften* I 128ff.

Hugo Mötefindt

B. Ägypten. Den Toilette-Gegenständen der vorgesch. Gräber fehlt dieses Gerät, das seinem Wesen nach aus Metall hergestellt werden mußte, noch ganz, und auch in den Königsgräbern von Abydos haben sich keine S. gefunden. Trotzdem wird der Gebrauch von S. — wenigstens für die obersten Klassen — gewiß bis in die 1. oder 2. Dyn. zurückreichen, wenn es auch bemerkenswert ist, daß unter den ältesten Schriftzeichen der S. fehlt. Seit dem AR ist er ein unentbehrliches Gerät der vornehmen äg. Frauen. Originale, meist aus Kupfer oder Bronze, zum Teil aber auch aus Silber, mit Griffen aus Holz, Elfenbein (s. d. C) oder Fayence (s. d. B) sind zahlreich erhalten. Die ältesten stammen aus dem Anfang des AR; ein Stück der Leipziger Univ.-Sammlung soll schon der 2. Dyn. angehören. Die Scheibe des S. ist meist mehr oder weniger kreisrund, der Griff wird in mannigfacher Weise gebildet und reich verziert. S. aus Glas kennt das alte Ä. noch nicht.

G. Bénédite *Miroirs* Cat. gén. 37 (1907); Klebs *Reliefs AR* S. 20f., *MR* S. 109; Wiedemann *Äg.* S. 155ff.; A. Scharff *Ägypt. Handspiegel* Amtl. Ber. Pr. S. 42 S. 127ff.; Erman-Ranke *Äg.* S. 260.

Ranke

C. Palästina-Syrien. Anscheinend sprechen schon die Amarna-Briefe von Hand-S. aus Bronze und Silber (Knudtzon 14 II 75ff. *namaru* als Geschenk aus Ägypten; 25 II 56, 58 als Geschenk aus Mitanni; fraglich ist *mušalu* 25 III 16, 18, 20, 22 vgl. *mišelu* 356, 51). Auch das AT erwähnt den S. aus Metall nur zweimal (*r*^{e}*î* Hiob 37, 18 [gegossen]; *gillājôn* Jes. 3, 23). Ein solches Gerät war nur dann einigermaßen brauchbar, wenn es sorgfältig in einer Hülle verwahrt und immer wieder geputzt wurde. Das eine Fürstengrab in Byblos (s. d.) enthielt einen kleinen silbernen S. (Syria 3 [1922] S. 284 Ch. Virolleaud). In Megiddo (s. d.) wurde der Email(?)griff eines S. aus Bronze in der 1. oder 2. Schicht gefunden, ein Knochengriff in der 5. Schicht (Schumacher *Tell el-mutesellim* S. 21, 102; Tf. 31, g). Wesentlich jünger und aus dem ägäischen Gebiete eingeführt sind die S. aus Bronze in den sog. Philistergräbern zu Gezer (s. d.; Macalister *Gezer* I 292ff. [Traubenbündel auf der Rückseite], 294ff. [einst in Stoff gehüllt, von dem nur ein kleiner Teil erhalten war], Abb. 154, 5; 155; 157, 5). In der hellenistisch-römischen Zeit wurde das Gerät mit dem Eindringen der w. Kultur immer weiter verbreitet.

A. Kamphausen bei Riehm-Baethgen *Handwörterbuch des Biblischen Altertums* II² (1894) S. 1545f.

Peter Thomsen

D. Vorderasien. Die gewöhnliche Form des S. ist eine runde, bronzene Metallscheibe mit Stiel als Handgriff. Die wenigen bisher gefundenen Exemplare (z. B. im Museum in Konstantinopel) gehören dem 2.—1. Jht. an und sind noch nicht veröffentlicht. König Tušratta von Mitanni (s. d.; um 1380 v. C.) sendet zwei silberne Spiegel (*namaru*) mit kostbaren Holzgriffen — in Gestalt einer Frauenfigur — nach Ägypten (VAB II Nr. 25 Kol. II 58—61). In bildlichen Darstellungen ist der S. bisher noch nicht nachzuweisen, wohl deshalb, weil Frauen selten dargestellt werden. Nur aus Marqasi (s. d.) ist auf 4 Reliefs der S. in der r. Hand einer Frau abgebildet (E. Meyer *Reich und Kultur der Chetiter* 1914 S. 38 Abb. 29—30; S. 37 Abb. 28 [in Konstantinopel; Nr. 7694]) und auf dem besonders reizvollen Relief einer

Familienszene des Königs, der Königin und einer Prinzessin, die den Spiegel hält, ebenfalls in Konstantinopel (Nr. 7785; Band VII Tf. 164b). Der etwa 15 cm l. Stiel endigt oben in 2 oder 4 Voluten, worauf die Spiegelscheibe befestigt ist. Diese syr.-aram. Skulpturen gehören ins 9. Jh. v. C.

F. M. Feldhaus *Die Technik* 1914 S. 1046f.; Tallgren *Über die ältesten orient. Spiegel* Zentralbl. f. Anthrop. 1910. Eckhard Unger

Spiegelstrafe s. Strafe.

Spiel und Spielzeug.

A 1. Europa. Allgemein. § 1. Als Kinderspielzeug werden kleine Nachbildungen von Gebrauchsgegenständen angesehen, namentlich, wenn sie roh ausgeführt sind. Es ist möglich, daß z. B. Miniaturgefäße, wie sie zuweilen in Gräbern der Lausitzer Kultur vorkommen (z. B. Band VII Tf. 198f, h), als Spielzeug dienten, wie denn auch Puppen und das Inventar der Puppenstube aus Ägypten bekannt sind. Im Einzelfall ist es aber schwierig, zwischen Spielzeug und Miniaturgerät (s. Miniaturbeigabe), das für funeräre Zwecke hergestellt ist, zu unterscheiden. Auch von den in Lausitzer und andern gleichzeitigen Gräbern häufig vorkommenden Tonklappern nimmt man an, daß es keine Spielzeuge, sondern funeräre Gegenstände (zum Verscheuchen böser Geister) sind. Und ähnlich verhält es sich wahrscheinlich mit puppenartigen, kleinen Menschen- und Tierfiguren.

§ 2. Als Spielzeug gelten ferner runde, aus Topfscherben hergestellte Scheiben von wenigen Zentimeter Dm, die manchmal in der Mitte durchlocht sind. Letztere können als Spinnwirtel gedient haben, was freilich bei denjenigen Stücken, deren Loch exzentrisch liegt, unwahrscheinlich ist. Die Rundscherben können als Spielzeug für Wurfspiele (wie jetzt noch Geldstücke in Italien) benutzt worden sein. Vielleicht waren es aber Schleudergeschosse; das Loch würde dann den Zweck haben, einen größeren Vorrat, auf eine Schnur gereiht, bequem mit sich zu führen. Virchow nennt sie wegen ihrer Form und Größe „Geldscherben". S. a. Geld § 9.

Sie sind in Mittel- und Südeuropa weit verbreitet, scheinen aber dem N zu fehlen. Sie gehen einerseits bis nach Portugal, andererseits bis in die Troas (Troja [s. d.], Hanaï-Tepeh). Man findet sie vereinzelt im Kulturgut der neol. Bandkeramik (s. d.), besonders häufig in den hallstättischen Burgwällen des Donaugebietes und der Lausitzer Kultur sowie in den gall. Oppida (Gerichtstetten, Manching, Bibracte, Steinsburg, Stradonitz u. a.; s. d. Artikel).

Präh. Z. 4 (1912) S. 323 Götze; ZfEthn. 12 (1880) S. 235f. Abb. 9 Virchow; ZfEthn. Verh. 12 (1880) S. 144ff., 350f. ders.; Niederlaus. Mitt. 4 (1896) S. 146f. Böttcher; Mitt. Bosnien 4 (1896) S. 91 Abb. 116; Píč *Starožitnosti* I 1 Tf. 64, 4; v. Weinzierl *Das La Tène-Grabfeld v. Langugest* 1899 S. 62 Tf. 10, 20; Anz. f. schweiz. AK. 16 (1914) S. 8f.; ebd. 19 (1917) S. 162f. Abb. 1 Major.

§ 3. Ein Tonkörper in Form eines sphärischen Kegels mit drei Vertiefungen, in welche die drei ersten Finger passen, wurde in Troja (Schicht unbekannt) gefunden und diente vermutlich als Wurfgerät bei einem Spiel, wie etwa die Kegelkugel, die in Süddeutschland in derselben Weise gehandhabt wird.

Dörpfeld *Troja* S. 419f. Abb. 453.

§ 4. Spielwürfel, meist vierseitige Prismen, selten gleichseitige Würfel aus Knochen (Bronze), kommen in der LTZ Süd- und Mitteleuropas vor. Der Vorläufer ist das antike Spiel mit Astragalen.

Heierli *Urgesch. d. Schweiz* 1901 S. 349; P. Vouga *La Tène* 1923 S. 119 Tf. 50, 16—18; Píč-Déchelette *Stradonitz* S. 90 Tf. 44; Montelius *Civ. prim.* I B Tf. 102, 14, Pér. étrusque; Forrer *Reall.* S. 910.

§ 5. Brettspiele waren in Vorderasien, Ägypten und den Mittelmeerkulturen früh bekannt (s. unten), gelangten aber erst nach C. Geb. in die Länder n. der Alpen.

Alfred Götze

A 2. Ägäischer Kreis (Tf. 89). § 1. In der ägäischen Welt sind uns nur aus dem min.-myk. Kreise die sog. Stierspiele bekannt, die aus dem zunächst rein praktischen Einfangen wilder Stiere zu kunstreichen Aufführungen geschulter Akrobaten wurden und in einer für uns noch nicht näher faßbaren Weise mit dem Kult in Beziehung standen. Sie reichen bis in FM III zurück, wie tönerne Rhyta aus Kumasa (s. d.) in der Messarà beweisen: an den Hörnern eines mächtigen Stieres hängen zwei oder drei winzige Männlein. Offenbar liegt hier schon die Form des Stierspiels vor, daß mehrere Akrobaten auf einmal dem

Spiel A2. Ägäischer Kreis

Spielbrett in eingelegter Arbeit von Knossos. L. 96,5 cm. — Nach A. J. Evans *Palace of Minos.* I Tf. 5.

Tier von vorn an die Hörner springen, um seinen Kopf herabzuzwingen und sich dann über ihn zu schwingen. — Dann versagt unser Material bis zu der großen künstlerischen Renaissance, MM III—SM I: Freskenfragmente und Reste eines lebensgroßen Stuckreliefs, Bronzegruppe (Band VII Tf. 71), Elfenbeinfiguren, zu denen wohl ein hölzerner Stier gehörte, alle aus Knossos. Hier erscheinen schon als neue Merkmale der Salto mortale über dem Rücken des Stieres und die Verbindung weiblicher Akrobaten mit männlichen. Die Darstellungen auf Fresken, Gemmen und Ringen bleiben zahlreich bis SM III. Besonders hervorzuheben ein spätes, künstlerisch geringwertiges Fresko von Knossos: ein Mann und zwei Mädchen in den verschiedenen Stadien des Kunststücks. Auch der Sprung über den gelagerten Stier kommt vereinzelt vor.

In den Schachtgräbern von Mykenai (s. d.; 16. Jh.) fehlen noch Darstellungen der Stierspiele. Der eine Goldbecher von Vaphio (s. d.; 15. Jh.; Band IV Tf. 172, 173) gibt eine Darstellung, die eher das Einfangen wilder Stiere wiederzugeben scheint. Den knossischen entsprechen Wandgemälde von Mykenai und Tiryns (s. d.; Frau über dem Stier), wohl aus dem 14. Jh. Eine erschöpfende Behandlung des Materials fehlt bisher. Beziehungen der min. Stierspiele zu den griech. Taurokathapsia sind vorläufig unbeweisbar, da alle Verbindungsglieder fehlen.

Andere Spiele sind uns aus dem min.-myk. Kreise nicht bekannt. Über die kultischen Reigentänze s. Tanz.

Rhyton von Kumasa: St. Xanthudidis *Vaulted Tombs of Mesarà* Tf. 2, 7, 28; A. Evans *Palace of Minos* I 188. — Freskenfragment von Knossos: ebd. S. 529. — Stuckrelief: BSA 6 S. 51f.; ebd. 7 S. 87ff.; H. Bossert *Altkreta*[2] Abb. 79f. — Bronzegruppe: ebd. Abb. 130. — Elfenbeinfiguren: BSA 8 S. 72ff. Tf. 2f.; Bossert a. a. O. Abb. 122f. — Spätes Fresko: ebd. Abb. 63; Winter *Kunstg. i. Bild.* I 88f. — Goldbecher von Vaphio: Arch. Jahrb. 30 (1915) S. 325ff. Tf. 9ff. K. Müller. — Fresko von Mykenai: Ath. Mitt. 36 (1911) S. 230ff. Tf. 9 G. Rodenwaldt. — Fresko von Tiryns: H. Schliemann *Tiryns* S. 345ff.; G. Rodenwaldt *Tiryns* II 162ff. Tf. 18.

§ 2. Unter den zahllosen Figürchen von Tieren und Menschen, vom Neol. bis zur Geometr. Zeit, mögen einzelne als Spielzeug gedient haben, die überwältigende Mehrzahl sicher nicht. Beweisen läßt es sich in keinem einzigen Falle, ebensowenig bei den überaus zahlreichen min.-myk. Miniaturgefäßen aus Ton oder Stein (s. Steingefäß B). Die winzigen Goldväschen aus dem III. Schachtgrabe von Mykenai (s. d.) mögen den hier bestatteten Säuglingen mitgegeben sein, sind aber gerade wegen des aus den Goldverkleidungen der kleinen Körper zu folgernden frühen Alters kaum als Spielzeug anzusehen. Eher wäre dies für die Fayence-Häuschen aus Knossos anzunehmen (Band V Tf. 60; MM III), die flache, lose Plättchen, nicht wie andere Fayence-Täfelchen gleichen Fundortes Einlagen waren, ferner für die Tonstatuette einer sich schaukelnden Frau (SM II—III). Puppen, wie sie im späteren Hellas häufig sind, fehlen ganz.

Miniaturvasen von Mykenai: H. Schliemann *Mykenae* Abb. 318ff.; V. Staïs *Coll. mycén. d'Athènes*[2] S. 22f. — Fayence-Häuschen: BSA 8 S. 14ff.; A. Evans *Palace of Minos* I 301ff.; Arch. Jahrb. 30 (1915) S. 268 K. Müller. — Schaukelndes Mädchen: H. Bossert *Altkreta*[2] Abb. 112.

§ 3. Auf FM-Siegelsteinen erscheinen schon Spielbretter, offenbar unter ägypt. Einfluß. Im V. Schachtgrabe von Mykenai lagen runde Plättchen aus Fayence (s. d. A) und Bergkristall, die sich nach der Entdeckung eines besonders prunkvollen Spielbrettes in Knossos als Teile eines entsprechenden erweisen. Das knossische (ebenfalls aus dem 16. Jh.) besteht aus Fayence, Bergkristall, Elfenbein, z. T. mit Silber- und Goldverkleidung, und ist ein hervorragendes fürstliches Prunkstück (Tf. 89). Auch Spielsteine aus Elfenbein sind an beiden Orten gefunden worden. Sehr viel einfacher ist eine elfenbeinerne Büchse mit eingelegtem Spielbrett auf dem Deckel von Enkomi auf Kypros (s. d.). Diese stammt aus jüngermyk. Zeit und zeigt in den Reliefs der Seiten (Fürsten jagen zu Wagen auf zahlreiche Tiere) deutlich assyr. Einfluß.

Fragmente aus dem V. Schachtgrab: A. Evans *Palace of Minos* I 483f., vgl. S. 430f., ebd. S. 124f. die FM-Siegelsteine. — Knossisches Spielbrett: ebd. S. 472ff. Tf. 5; BSA 7 S. 77ff.; Ath. Mitt. 40 (1915) S. 166ff. G. Karo. — Spielbüchse aus Enkomi: A. Murray *Excav. in Cypros* S. 12 Tf. 1; Arch. Jahrb. 26 (1911) S. 227ff. F. Poulsen.

G. Karo

B. Ägypten. § 1. Bewegungsspiele.

In den Reliefs der Gräber des AR sind zahlreiche Spiele dargestellt, die im Freien vor sich gehen, entweder zur Unterhaltung des Spielenden oder als Vorführung vor vornehmen Herrschaften. Man sieht Männer und Jünglinge und die durch einen Schläfenzopf als Kinder gekennzeichneten Knaben beim Laufen, Springen und Schwingen, wobei sie oft besondere Figuren bilden. Sie machen einen Rundlauf im Kreise oder bilden Reihen, in denen sie hintereinander laufen bzw. aufeinander zulaufen. Sie stehen auf dem Kopf oder schlagen ein Rad oder suchen den Fuß eines Mitspielers zu greifen oder bilden ein in hohem Bogen gespanntes Tor („Weinlaube"). Andere müssen den Namen desjenigen erraten, der sie auf den Rücken geschlagen hat. Einige Spiele gehen an die Kunststücke von Akrobaten heran und stehen dem Figurentanz nahe; dabei tragen die Männer zuweilen hohe Schilfkronen, die Frauen einen langen, geflochtenen Zopf, der gelegentlich am Ende durch eine Kugel beschwert wird. Bei einer anderen Gruppe von Spielen wird Gerät verwendet; man wirft mit Stäben oder Ringen in die Erde, auf Bretter oder nach Haken. Man schießt mit Pfeilen nach Scheiben oder sucht Reifen zu werfen. Frauen sehen wir beim Ballspiel; die Spielerinnen reiten zum Teil auf dem Rücken ihrer Genossinnen, und da sie dabei in die Hände klatschen, scheint das Werfen im Rhythmus und wohl mit Begleitung von Gesang ausgeführt zu werden. Frauen führen auch gymnastische Spiele vor und machen Figurenbildung in Freiübungen, z. B. stellen sie in dem Bilde „Wind" dar, wie die Pflanzen gebeugt werden. Die Männer machen Ringkämpfe, die besonders im MR ausführlich dargestellt werden, und zwar mit einer großen Folge von Bildern, die die Handlung sich nacheinander abspielen lassen und an unsere kinematographischen Aufnahmen erinnern. Von dem kämpfenden Paar ist zuweilen der eine Mann schwarz, der andere weiß gezeichnet; die Ringenden fassen sich mit bestimmten Griffen, die sich regelmäßig wiederholen. Wie ein Sportfest nimmt sich das „Fischerstechen" (Schifferkampf) aus, das die Flußanwohner auch zu ihrer Unterhaltung betreiben, wenn sie es als Schauspiel ihrem Herrn vorführen.

§ 2. Brettspiele. Aus der Frühzeit sind einige steinerne Scheiben mit ansitzendem Handgriff erhalten, auf denen eine spiralig aufgerollte Schlange liegt (zuweilen nur als geometrisches Ornament gegeben). Diese Scheiben sind Spielbretter für das Schlangenspiel, bei dem wir im AR in den Grabbildern die Leute beschäftigt sehen (Tf. 88A c). Darstellungen und Erwähnungen geben eine ungefähre Vorstellung von dem Verlauf des Schlangenspiels, bei dem gewöhnlich zwei, zuweilen auch mehr Personen mitspielen. Der Gewinn dreht sich um die Giftzähne der furchtbaren Unterweltsschlange Mehen, die nach späterer Deutung getötet werden soll. Jedenfalls hat dieses Spiel einen religiösen Hintergrund, und dadurch erklärt sich wohl das mehrfache Auftreten der Schlangenspielplatte in Gräbern seit der Frühzeit (Ranke *Schlangenspiel* Abh. Heidelberg. Akad. 1920).

Andere Brettspiele sind in großer Zahl bekannt gewesen, und wir finden im AR und NR zahlreiche Darstellungen von ihnen (Tf. 88A c), auch sind Spielbretter und Spielsteine erhalten. Die Spielbretter sind meist rechteckig gearbeitet, haben 12, 20 oder bis zu 30 Feldern. Die Spielsteine sind entweder kegelförmig oder figürlich, besonders Löwe, Hund und Neger. Einige Spiele können als Vorläufer unseres Schachspiels gelten, da zwei Personen mit ihren Figuren gegeneinander kämpfen. Der Gegner muß in ein bestimmtes Feld gedrängt werden. Einzelne Felder haben bestimmte Namen, die auch hier wieder einen religiösen Sinn des Spieles erkennen lassen.

Actes 10. Congrès internation. Oriental. Genève 1894 (Leiden 1897) Wiedemann; Programm Königstädt. Realgymnas. Berlin 1909 Pieper; Journ. Eg. Arch. 6 (1920) S. 206 Blackman.

§ 3. Dramatische Spiele. Aus den Berichten der klassischen Autoren wissen wir, daß in griech. Zeit die großen Tempelfeste mit Vorführungen verbunden waren, bei denen die große Menge des Volkes sich mitwirkend beteiligte. Die Bewohner der feiernden Städte teilten sich in Gruppen, die gegeneinander auftraten, im Sinne einer Vorführung zuweilen mit Keulen aufeinander losgingen und sich die Köpfe blutig schlugen, so daß mancher auf dem Kampfplatz liegen blieb. Andere Festfeiern haben erotischen Charakter und sind mit einer durch Weingenuß gesteigerten Ausgelassenheit verbunden gewesen. Der Genuß erfolgte auch hier, wenigstens teilweise und wahrscheinlich ursprünglich, im Rahmen einer dramatischen Vorführung, bei der die Mitwirkenden bestimmte Rollen zu spielen hatten. Die Schilderungen werden nicht übertrieben sein, wenn auch der Grundcharakter der Festspiele religiös gewesen ist, und die Annahme einer ekstatischen Erregung der Beteiligten läßt den Hergang verstehen.

Der Sinn der Festspiele ist an den einzelnen Orten verschieden gewesen, je nach der Gottheit und dem Mythus, die das Thema abgaben. In Dendera, der Stadt der Frauengöttin Hathor (s. d.), ist das erotische Element stark gewesen, das in griech. Zeit auch bei bestimmten Tempeln des Deltas hervortrat. In Koptos (s. d.) werden dem Min Erntefeste mit Stangenklettern gefeiert. In ganz Ä. waren Aufführungen verbreitet, die das Leben, Sterben und Wiederauferstehen des Osiris darstellen. Wir kennen die Osiris-Mysterien schon aus dem MR und möchten nach den ausführlichen Hinweisen der Pyramidentexte annehmen, daß sie schon in weit älterer Zeit üblich gewesen sind. Für die Vorführung der Riten des Osiris war mit jedem größeren Tempel ein besonders stiller Platz in seiner Nachbarschaft verbunden, oft eine Insel, ein heiliger Hain oder abgelegene Felsengrotten, zu denen Prozessionen mit der suchenden und klagenden Isis, dem kindlichen Horus als Rächer seines Vaters und anderen Mitspielern hinzogen (s. a. Religion C). Die Tempel der griech. Zeit haben eine besondere Kapelle, das Abaton, um das sich das Osiris-Drama abspielt.

Schäfer *Mysterien des Osiris* 1904; Junker *Götterdekret über das Abaton* 1913.

§ 4. Kinderspielzeug. In den Museen sind viele Gegenstände erhalten, die als Kinderspielzeug gedient haben. Einige sind in den einfachsten Formen aus Stein zurecht gehauen, in Holz geschnitzt oder aus biegsamen Stoffen geflochten. Häufig sind Bälle aus Leder, Papyrus, Schilf und Gräsern, sogar aus Fayence. Eine Klapper ist in Geflecht hergestellt und mit klirrenden Glasstücken gefüllt; eine andere hat zwei eiserne Becken, die federnd aufeinander schlagen. Puppen werden aus allerlei Stoffen hergerichtet, zunächst in Menschenform, oft mit beweglichen Gliedern. Ein Puppenkleid ist aus alten bunten Besatzstücken hergestellt. Häufig sind Tierfiguren; bei einem Krokodil und einem Frosch ist der Unterkiefer beweglich. Aus koptischer Zeit stammen fahrbare Pferde, Reiter und Vögel.

Z. Verein rhein.-westfäl. Volkskunde 3 (1912) S. 161 Wiedemann; Abh. Preuß. Akad. 1918 Nr. 15 Erman Nr. 35; Klebs *Reliefs AR* 1915 S. 112; *MR* 1922 S. 147; Wiedemann *Äg.* S. 376; Erman-Ranke *Äg.* S. 290. Roeder

C. Palästina-Syrien.

§ 1. Arch. Funde. — § 2. Angaben im AT.

§ 1. Auch für die alten Bewohner von Palästina-Syrien war das Spiel von der Kindheit an eine beliebte Beschäftigung. Leider fehlen uns arch. Funde, die Genaueres erkennen ließen, fast ganz; denn das Kind hatte dort offenbar in alter Zeit ebensowenig eigentliches Spielzeug wie heute. Kinderklappern können die eigenartig geformten, völlig geschlossenen Tongefäße (aus jüdischer und noch späterer Zeit) gewesen sein, in denen sich ein Steinchen oder ein Tonstückchen befand (Bliss *Tell el Hesy* S. 117, 120, Abb. 241; Bliss-Macalister *Excavations* S. 96, Tf. 45, 3. 8. 16; Sellin *Tell Ta'annek* S. 19; Macalister *Gezer* II 305f., Abb. 445). Doch sind manche Stücke so groß, daß sie nur von Erwachsenen gehalten werden konnten und vielleicht zu magischen Zwecken benutzt wurden. Eher eignet sich für ein Kind die Rassel in Form eines kleinen Kruges mit Vogelkopf (Bliss *Tell el Hesy* Tf. 4, 175; Macalister *Gezer* II 307; III Tf. 66, 42) oder das winzige Krüglein (Bliss-Macalister *Excavations* Tf. 45, 1). In Thaanach (s. d.) lagen in Häusern und Schutthaufen überaus zahlreiche menschliche oder tierische Fersenknochen, meist zu 4—6 an einer Stelle. Da die Araber solche Knochen noch heute zu einem Glücks-Spiel (arab. *ka'ab*) verwenden, indem sie den Fall des Stückes auf die schmale oder lange Seite als gewonnen oder verloren bezeichnen, könnten auch diese Knochen zu einem ähnlichen Zwecke oder als Orakel benutzt worden sein, ebenso die herz-, bohnen- oder eiförmigen Steinchen (Sellin *Tell Ta'annek* S. 112; Macalister *Gezer* II 301; Sellin-Watzinger

Jericho S. 154f., Abb. 189; Tf. 41, 14. 19). Brett-Spiele sind für Ägypten schon im 2. Jht. bezeugt (Wreszinski *Atlas* I [1923] Tf. 49, 418), aber in Pal.-Syrien erscheinen Platten oder Steine mit Feldereinteilung nur vereinzelt in der BZ, zumeist erst in hellenistischer Zeit (Bliss-Macalister *Excavations* S. 144; Macalister *Gezer* II 299ff., Abb. 441ff.; III Tf. 201). Manchmal waren einzelne Felder durch Diagonallinien als besonders wichtig hervorgehoben. Sicher hat man oft solche Linien und Felder einfach auf den Boden gezeichnet. Zum Besetzen der Felder nahm man Tonklümpchen, kleine Steine oder mit einer Marke auf einer oder beiden Seiten versehene Plättchen aus Ton oder Elfenbein (ebd. II 302f., Abb. 443; Bliss-Macalister *Excavations* S. 147, Tf. 76, 18). Würfel treten erst in der pers. Zeit auf (Macalister *Gezer* II Abb. 443, 8; III Tf. 78, 26).

§ 2. Für die sonstigen Spiele der Kinder und der Erwachsenen sind wir auf Rückschlüsse aus den Angaben des AT angewiesen, da weitere Nachrichten oder bildliche Darstellungen fehlen. Denn auch auf diesem Gebiete hat der Orient sein starkes Beharrungsvermögen gezeigt. Mädchen vergnügten sich mit Vögeln, die sie an einem Faden hielten (Hiob 40, 29), Kinder spielten auf der Gasse und den Plätzen (Sach. 8, 5). Der Ball (hebr. [*kad*]*dûr*) wird nur in einem Gleichnisse erwähnt (Jes. 22, 18). Gern übte man sich im Gebrauche der Waffen (Pfeilschießen 1. Sam. 20, 20; Hiob 16, 12), was aber auch zu blutigem Ernst werden konnte (2. Sam. 2, 14). Am beliebtesten war der Reigentanz, mit dem man heimkehrende Krieger begrüßte (Exod. 15, 20; Richt. 11, 31; 1. Sam. 18, 6), die Gottesprozession begleitete (2. Sam. 6, 5ff.), der Gottheit diente (Exod. 32, 19; 1. Kön. 18, 26) oder an heiliger Stelle beim Feste sich erfreute (Richt. 21, 21; Jerem. 31, 4; Psalm 68, 26; 149, 3; 150, 4). Dabei tanzten die Männer und die Frauen oder Mädchen gesondert und belebten die Vorführung durch Gesang und Händeklatschen. Vor allem bei der Hochzeit spielte der Tanz eine große Rolle, so daß sogar die Braut selbst einen Schwerttanz aufführte (Hoheslied 7, 1f.; zu der Feier vgl. ZfEthn. 5 [1873] S. 270ff. J. G. Wetzstein; G. Dalman *Palästinischer Diwan* 1901 S. 254ff., 296f.; Pal.-Jahrbuch 14 [1918] S. 44ff. ders.).

A. Kamphausen bei Riehm-Baethgen *Handwörterbuch des Biblischen Altertums* II² (1894) S. 1546f.; Ph. J. Baldensperger *The Immovable East* 1923 S. 247ff.; Anthropos 12—13 (1917—18) S. 1014ff. V. Christian.

Peter Thomsen

D. Vorderasien. S. a. Mummenschanz.

§ 1. Bei den Ausgrabungen der Engländer und Amerikaner in Ur (s. d.) ist kürzlich ein vollständig erhaltenes sumer. Spielbrett aus Muschel, Perlmutter und Lapislazuli

in der Königsnekropole (um 3300 v. C.) sö. des Tempelgeländes gefunden worden (Band XIV Tf. 14ᶜg). Ob Spielsteine oder Würfel bzw. Astragale zum Spielen gehören, ist noch nicht bekannt. Das Spielbrett zeigt 20 viereckige Felder. An der Seite des Spielbretts, wo nicht gespielt wird, ist als Dekoration für jedes Feld ein „Böses Auge" angebracht, so daß hierdurch das Spiel als „Böses-Blick-Spiel" bezeichnet wird. Der „Böse Blick" als unheilbringendes Feld findet sich tatsächlich auch bei den Feldern, und zwar fünfmal in der Gruppierung von je vier Augen auf einem Felde. Außer dem „Bösen Blick" gibt es glückbringende Felder, gleichfalls fünfmal je eine achtblättrige Sternblume und fünfmal je 5 Punkte, die je von einem Kreise umgeben sind und im Zentrum sowie in den vier Ecken des Feldes angeordnet sind wie bei einem Würfelfelde. Die Fünf-Zahl spielt also eine Rolle. Zwei Felder haben je vier zusammengestellte Fünfer (= Zwanzig-Zahl), zwei weitere Felder zeigen je eine kleine, in die Feldmitte gesetzte und schön eingerahmte Fünf (= Vervielfältigung der Fünf, mal 60 [?]). Die Zwölf-Zahl ist endlich einmal vertreten durch eine Gruppierung von vier Dreien.

Die Anordnung der 20 Felder ist eine Gruppe von viermal je 3, dann eine Brücke von 2 Feldern und ein breiter Kopf von zweimal je 3 Feldern. Ein Feld mit „Bösem Blick" sitzt als Sperre hinter der Brücke. Über die Anordnung der Zeichen in den Feldern s. das Schema S. 346.

Ein ähnliches Spielbrett ist aus assyr. Zeit in Assur (s. Aššûr) gefunden (8. Jh.; s. Mummenschanz § 1). Doch unterscheidet es sich von ersterem dadurch, daß „Brücke" und „Kopf" als langer Streifen von 7 (ursprünglich wohl 8 [?]) Feldern zusammengezogen sind. Ganz dieselbe Anordnung (mit 8 Feldern hintereinander) zeigt ein äg. Spielbrett aus Kalkstein in Berlin (vgl. Pieper *Das Brettspiel der Alten Ägypter* Wiss. Beilage z. Jahresber. Königstädt. Realgymnas. Berlin, Ostern 1909 S. 7 Abb. 5b; Wiedemann *Das Alte Ägypten* 1920 S. 378ff.; s. Spiel B § 2). Über die Spielweise auf dem äg. Spielbrett ist nichts bekannt. Das sumer. Spielbrett erinnert an ein modernes Kinderspiel „Himmel und Hölle". Der zwölfteilige Abschnitt würde die „Erde" vorstellen.

Eine Abart dieses Brettspiels hat Banks (*Bismaya or the lost city of Adab* S. 355) im Kunsthandel entdeckt und bekanntgemacht. Es ist aus gebranntem Ton gefertigt; die quadratischen Felder sind eingeritzt. Das Spielbrett ist eine Komposition von zwei „Erden", wieder zu je 4 mal 3, also 12 Feldern, verbunden durch eine gemeinsame „Brücke" von 7 Feldern, als Fortsetzung der mittleren Felderreihe der „Erden", wie in Ur und Assur. Das mittelste Feld der „Brücke" ist durch zwei diagonal gekreuzte Striche (×) gekennzeichnet. Ferner ist beiderseits das an die „Brücke" anschließende Feld der „Erde" ebenso bezeichnet, an derselben Stelle, wo das Spielbrett von Ur den „Bösen Blick" hat. Auch die Bedeutung des Unheils haftet den durchkreuzten Feldern an. In dieser Weise pflegten nämlich die Assyrer Keilschrifttontafeln als „ungültig", „tot" zu markieren, wie die Urkunde aus Assur in Berlin (VAT 8738; E. Unger *Babylon. Schrifttum* 1921 Abb. 10) zeigt, die der Mitte des 2. Jht. entstammt.

Ein Brettspiel endlich, das nur die „Erde" an sich umfaßt (4 mal 3 Felder), ist jüngst in Ur aus derselben alten Nekropole ausgegraben (Illustrated London News Nr. 4637 vom 3. März 1928 S. 339 Woolley), aus Silber mit eingelegten Muschelplättchen in Rot und Schwarz (Paste?). Die Sternblume nimmt das Mittelfeld am Anfang ein. Sonst sind Tiere eingraviert, 5 glückbringende Felder mit je zwei Tieren (2 mit Gazellen, 3 mit Kälbern), die an einem Sternblumen tragenden Strauche äsen, sowie 6 unheilvolle Felder mit Tierkämpfen (3 Hirsch und Löwe; 2 zwei Löwen und Ziegenbock; 1 zwei Löwen und Stier). Das Fragment eines Spielbretts mit „Auge" und „Blume" in London (Br. Mus. 90963): *Guide*³ S. 189, Mansell Phot. 522.

Auf andre Brettspiele aus Ägypten und Kreta (s. d. B § 10 und hier Tf. 89), die jedoch eine andre Spielart haben, sei hier kurz hingewiesen (s. Literatur).

BMQ II 2 Abb. 20b Hall; Memnon 6 S. 204 Berny; Carnarvon *Five years explor. at Thebes* 1907—1911 S. 56 Tf. 50; H. Ranke *Das altägypt. Schlangenspiel* SB. Heidelb. Ak. 1920, 4; Quibell *Excavat. at Saqqara* V (1913) Tf. 11—16; Wiedemann *Das Brettspiel bei den Alten Ägyptern* Actes du Xme Congrès internat. des Oriental. 1894 IV 37; Bossert *Altkreta*² Abb. 182; *RE* XIII 1991ff. s. v. Lusoria Tabula H. Lamer.

Eckhard Unger

Spiennes (Belgien). Ortschaft, 5 km sö. von Mons, mit vorgesch. Silexbergwerken, die bedeutendsten, die bis jetzt bekannt sind. Beim Bau einer Eisenbahn wurden mehr als 25 Schächte entdeckt, die durch Diluvial- und Tertiär- bis zu Gipsschichten hinabgingen, in denen reiche Silexlager waren. Die Schächte haben eine Tiefe bis 12 m und sind sehr sauber ausgebohrt (0,60—0,80 m Dm). Sie enden in horizontalen Galerien von geringer Tiefe und unregelmäßiger Anlage, den Silexlagern folgend (Band I Tf. 106c). Die meisten

Schächte und Galerien waren durch Einstürze der Decken oder durch Schuttmassen aus anderen Schächten gefüllt.

Die Funde bestehen aus Gegenständen, die für die Bergwerksarbeiten benutzt wurden: Steinhämmern, Hirschhorngeräten, *Pics* aus Feuerstein, anderen aus Knochen und Horn und unverzierter, grober, handgemachter Keramik.

An der Oberfläche des Geländes und in einer breiteren Zone als die, welche der Abbau unter Tag umfaßt, liegen Arbeitsstätten für die Herstellung von Silexgeräten. Sie bedecken viele Hektar. Die Funde bestehen aus unfertigen Gegenständen, Splittern, Nuclei und gut gearbeiteten fertigen Gegenständen. S. ist wohl hauptsächlich in die Kupferzeit zu datieren.

Unweit Ciply hat man ebenfalls Silexbergwerke, *Trous des Sarrasins* genannt, angetroffen, ebenso in Flénu, 8 km ö. davon. Doch sind beide Plätze nicht so bedeutend wie Spiennes. — S. a. Belgien A § 2, B § 2, Bergbau A § 4.

Cornet-Briart *Sur l'âge de la pierre polie et les exploitations de silex dans la province du Hainaut* Congrès Intern. Brüssel 1872 S. 279ff. Tf. 29—30.

J. de C. Serra-Ràfols

Spina (Italien). § 1. Einst Seestadt im s. Mündungsgebiet des Po, um die Mitte des 4. Jh. (Ps.-Skylax) noch 3 km vom Meer, deren Wohlstand in alten Zeiten so hervorragend war, daß sie für ihre Weihgeschenke ein eigenes Schatzhaus in Delphi erbaute, während sie zu Strabons Zeiten nur noch ein Dorf war, dessen Entfernung von der damaligen Po-Mündung, dem Ostium Spineticum, 14 km betrug, also ähnlich vom Meer abgedrängt wie Este (s. d.) und später Adria (s. d.). Was jüngere griech. Schriftsteller, Eudoxos von Rhodos und Artemidoros (diese bei Steph. Byz. als Quellen genannt), über sie berichten und daraus wohl Dionys von Halikarnaß und Plinius, gibt leider nichts Näheres über den Grund sowohl des Reichtums wie der engeren Beziehungen zu Delphi. Doch läßt sich, da S. als besonders seetüchtig und -gewaltig genannt wird, natürlich in erster Linie an Ein- und Ausfuhr von Produkten Griechenlands und der Po-Ebene denken, also wie bei Adria (s. d.).

§ 2. Dem lange für hoffnungslos verschollen gegoltenen Hafen scheint man jetzt auf der Spur zu sein. Etwa 10 km w. von Comacchio, im Valle Trebba, sind Teile einer bedeutenden Nekropole zutage gekommen, nahe einem alten Po-Lauf, der sehr wohl mit dem Spina-Po identifiziert werden könnte. Und in den zahlreichen Gräbern sind in den J. 1922 und 1923 vom Museum in Bologna durch fachmäßig geleitete Ausgrabungen kostbare, echt etrusk. Bronzedinge, wie Bronzebecken und -schalen, plastisch verzierte Henkel-Attaschen, Kandelaber (bis jetzt schon 12) und künstlerischer Kandelaberschmuck und Krönungsfiguren, aber ganz wenige Waffen gefunden, alsdann eine überwältigende Menge bemalter und unbemalter griech. und südital. Tongefäße, z. T. wundervolle und hochinteressante Stücke, von denen einige etrusk. gravierte Inschriften tragen, auch sonst vieles an Amuletten, Schmuck usw., was typisch etrusk. Beigabe zu sein pflegt; an Fibeln größtenteils Certosa-Fibeln. Einige Gräber zeichneten sich durch außerordentlichen Reichtum aus. Auch sei vor 20 J. eine ganze mit bemalten Vasen beladene Barke gefunden, der Inhalt leider verstreut: einiges scheint davon oder aus benachbarten Funden nach Ferrara gekommen zu sein, während das gesamte Ergebnis der amtlichen Grabungen äußerst wertvoller Besitz des Museo Civico von Bologna geworden ist (mit Ausnahme einiger für das Museum von Comacchio bestimmter Gräber).

§ 3. Es war eine wesentlich etrusk. Stadt, wie auch der vorwiegende Bestattungsritus beweist. Dazwischen, in einzelnen Fällen auch darüber, aber nie darunter, sind Brandgräber gefunden, welche, wenn nicht den in dieser Gegend ursprünglich bodenständigen „Italikern", d. h. Villanova-Leuten (noch Iustin. XX, I, II bezeichnet S. als „in Umbris" gelegen), so vielleicht auch den nahe benachbarten Venetern (s. d. A) gehören könnten, letzteres jedoch weniger wahrscheinlich.

§ 4. Was Adria für die Gegenden n. von Po und Etsch gewesen sein muß, mag dieser neuentdeckte Hafen, dessen Stadt und weitere Gräbergruppen hoffentlich noch auftauchen werden, für die innere Romagna bedeutet haben. In erster Linie war er der Einfuhrhafen für Felsina-Bologna (s. Bologna). Die Vasenbestände decken sich zeitlich ziemlich mit dem griech. Import in Bologna, wo allerdings mit ganz wenigem Korinthischen und etwas reichlicherem sf. Attischen die Entwicklung der Einfuhr um ein Weniges früher anfängt, aber, dies wichtig, früher aufhört. In „Spina“ tritt als ältestes bis jetzt etwas jung Schwarzfiguriges auf und dann, noch spärlich, Rotfiguriges-Epiktetisches. Der Höhepunkt auch hier wie in Bologna die Zeit von 460—400 v. C. Doch kann hier jeder Tag neue Gräber mit älterem Material bringen; denn erst ein kleiner Teil der sehr ausgedehnten Nekropole ist bis jetzt untersucht, da die Arbeit wegen des hier begreiflich sehr hohen Grundwasserspiegels ungemein schwierig ist. Von hier nach Bologna führte ein bequemer Wasserweg, so daß der Hafen geradezu als Hafen für Bologna angesehen werden kann, ganz anders als das zu entfernte Adria. Noch im 4. Jh., als die etrusk. politische Herrschaft in Bologna zu Ende war, geht der Handel über „Spina“ weiter, wo sich sog. etrusk.-campanische Ware, auch vereinzeltes Apulisches findet, ganz wie in Bologna selbst und überraschend gleichartig gallischen Gruppen, wie z. B. Montefortino (s. Kelten A 2 § 11) oder Castiglione delle Stiviere im Cenomanen-Land (Notizie 1915 S. 302f.) oder Fontana Elice bei Imola (Notizie 1918 S. 264ff.). Dennoch ist es wohl sehr zweifelhaft, ob „Spina“ wirklich eine gall. Stadt geworden ist, nicht vielmehr, wie andere Gebiete s. des *Venetorum angulus*, wesentlich etrusk.-ital. blieb, freilich durch den Gallier-Einbruch isoliert und auf unregelmäßigen Erwerb zur See angewiesen, worauf de Sanctis wohl richtig die athen. Vorkehrungen gegen tyrrhen. Seeraub auf der Adria im 4. Jh. bezieht (*Storia dei Romani* I 437).

Spina: SB. Bayer. Ak. 1905 S. 78—79 Christ; Nissen *Ital. Landesk.* I 213. — Über die neuen Entdeckungen: Riv. filol. cl. 1924 S. 91—95 Ducati; Rendic. R. Acc. Bologna 1924 S. 1—30 Ducati; Notizie 1924 S. 279—323 Tf. 13—15 Negrioli; Dedalo 5 (1924) S. 401—414 mit 12 Abb. und Farbentf. Ducati; Notizie 1927 S. 143—198 Tf. 13—21 Negrioli.

v. Duhn

Spindel. A. Europa s. Textiltechnik A § 4.

B. Ägypten. Die S., deren Bild ein Zeichen der Hieroglyphen-Schrift (s. Schrift D) bildet, ist schon bei den vorgesch. Äg. in Gebrauch gewesen. Erhalten sind uns aus älterer Zeit freilich nur die meist aus Kalkstein oder anderen Steinarten, teils kegel-, teils tonnenförmigen, durchbohrten Spindelköpfe oder Spinnwirtel, in die der hölzerne Schaft hineinpaßte. Sie sind in den vorgesch. bzw. frühgeschichtlichen Siedlungen bei Naqada (s. Negade; Petrie-Quibell S. 2, 3; 14, 31; 54, 84) und Abydos (s. d.; Petrie *Abydos* I Tf. 52 und S. 24f.) zahlreich gefunden worden, kommen aber als Grabbeigaben nicht vor. Darstellungen des Spinnens sind aus geschichtlicher Zeit mehrfach erhalten, ebenso Originalspindeln, allerdings durchweg mit hölzernem Wirtel.

Klebs *Reliefs AR* S. 98; ebd. *MR* S. 125ff. (mit eingehender Beschreibung der Technik); Wiedemann *Äg.* S. 323f. Anm. 6; Petrie *Prehist. Eg.* S. 41 und Tf. 26 (ein Spinnwirtel angeblich aus einem vorgesch. Grabe).

Ranke

Spindelnadel. § 1. Als S. bezeichnet man bronzene Schmucknadeln mit scheiben- bzw. zapfenförmigem Kopf, aus dessen Mitte eine konische Spitze herauswächst, die wie eine Verlängerung des Schaftes aussieht. Infolgedessen haben diese Nadeln oft eine entfernte Ähnlichkeit mit einer Spindel. Der Kopf der Spindelnadeln besteht — ähnlich wie bei den gleichzeitigen Tüllenkopfnadeln (s. d.) und den Nadeln mit hochumrandetem Scheibenkopf — meist aus einem besonderen Stück, das im Überfangguß an den Schaft angegossen ist. Der Schaft ist gewöhnlich sehr lang (bis 40 cm).

§ 2. Die typol. älteste Form scheinen Nadeln mit dünner, unverzierter Kopfscheibe und ziemlich langer Spitze zu bilden (Band XI Tf. 83 a). Aus dieser Urform werden sich wohl die Nadeln mit dickem, massiven, mehr oder weniger konischen Kopf entwickelt haben, bei denen die Mittelspitze meist kleiner und die ganze Oberfläche des Kopfes mitsamt dem Oberteil des Schaftes meist reich verziert ist (ebd. Tf. 83 b, Band X Tf. 73 h). Die Seitenfläche des Kopfes ist gewöhnlich mit spiralig ringsumlaufenden horizontalen Linien geschmückt, die bisweilen oben und unten von kurzen, senkrechten Strichen oder Punkten umsäumt werden, ab und zu auch an einer oder zwei Stellen durch ein Band von senkrechten oder schrägen Strichen bzw. ineinandergestellten Winkeln unterbrochen sind. Auch die Oberfläche des

Nadelkopfes ist gewöhnlich reich verziert, und zwar mit mehreren den Rand entlang- und um die Mittelspitze herumlaufenden, konzentrischen Kreisen und einem Sternmuster dazwischen, das entweder aus zusammenhängenden, nach außen offenen Bogen besteht oder aus 5—7 bogen- bzw. hakenförmigen Figuren, die von den die Mittelspitze umgebenden konzentrischen Kreisen ausgehen. Der Oberteil des Schaftes weist schließlich Gruppen von wagerechten oder schrägen, spiralig ringsumlaufenden Linien, von hängenden bzw. stehenden Bogen, liegende Kreuze usw. oder eine Kombination dieser und noch anderer Muster als Verzierung auf.

§ 3. Die S. und die aus ihnen entstandenen Zapfennadeln haben eine ziemlich beschränkte Verbreitung. Die frühen Formen mit dünnem, scheibenförmigen Kopf und ziemlich langer Spitze (die eigentlichen Spindelnadeln) sind nur aus dem früher nordungar. Komitat Liptó, aus Mähren, Böhmen, Schlesien, Posen und Sachsen bekannt, d. h. aus dem s. Teil des Gebietes der „Lausitzischen Kultur“ (s. d. A). Die späteren Formen mit massivem, dicken, spundzapfenförmigen Kopf (die „Zapfennadeln“) kenne ich bisher nur aus Nordböhmen (1 Ex. Černožice), Schlesien, Posen und dem Nordostteil des früheren Kongreß-Polens (Świerczyn, Kr. Włocławek), sie haben also eine etwas mehr n. Verbreitung. Die S. scheinen im nw. Ungarn entstanden zu sein und haben sich sicher auch unter starkem ungar. Einfluß weiterentwickelt, wie die Verzierung der typol. späteren Stücke beweist. Die Bildung der Kopfscheibe ist augenscheinlich der Form der Nackenscheiben mancher ungar. Streitäxte (Band IV Tf. 94) entlehnt, und auch die Verzierung des Nadelkopfes ist mit der Ornamentik dieser Nackenscheiben identisch (Band X Tf. 73 h).

§ 4. Was die Zeitstellung der S. betrifft, so gehören sie hauptsächlich dem Ende der Per. II, aber auch noch dem Anfang der Per. III Mont. an, wie z. B. die Depotfunde von Hulin in Mähren und Andrásfalva (Kom. Liptó), sowie die schles. Grabfunde von Namslau, Jordansmühl, Kr. Nimptsch, Pansdorf, Kr. Liegnitz, und Rückersdorf, Kr. Sprottau, beweisen. Ein Posener Exemplar der typol. frühen Art (aus Stefanswalde [poln. Szczepanowo], Kr. Mogilno), soll zwar mit einem Bügelring der frühen EZ zusammen gefunden worden sein, doch ist die Richtigkeit dieser Angabe zu bezweifeln, da es sich hier um einen Zufallsfund handelt, der von einem Laien gehoben wurde. — S. a. Nadel A 1 § 58.

Kostrzewski *Groby grzebalne (szkieletowe) z wczesnej epoki bronzowej w Wielkopolsce* Roczniki Tow. Przyj. Nauk Pozn. 43 S. 191ff.; ders. *Wielkopolska* S. 51, 250; Mertins *Wegweiser* S. 54; [B. v. Richthofen *Die ältere Bronzezeit in Schlesien* Vorgeschichtliche Forschungen 1, 3 (1925)]. J. Kostrzewski

Spinnen s. Textiltechnik A § 4.

Spinnwirtel s. Spindel, Textiltechnik A § 4, 5.

Spiralgrab. Man versteht darunter Hügelgräber, in denen die Steinsetzung nicht wie sonst kreisförmig verläuft, sondern eine hochgeschraubte Spirale bildet. Bemerkenswerte Beispiele dafür liefert die Hügelgräbergruppe im Heiligenholz bei Schönberg in der Oberpfalz.

Abhandlungen der naturforsch. Gesellschaft zu Nürnberg 21 S. 64f., 71 K. Hörmann.

G. Wilke

Spiralkopfnadel s. Nadel A 1 § 18.

Spiralmäanderkeramik s. Bandkeramik.

Spiralmuster. A. Paläolithikum s. Kunst A I § 5.

B. Europa. Jüngere Perioden. § 1. Das Vorkommen des S. in der vorgesch. Ornamentik zeigt, daß, wie bei so vielen Motiven, auch hier von einem gemeinsamen oder einheitlichen Ursprung oder auch von einer einheitlichen künstlerischen Bedeutung keine Rede sein kann. Das S. kann eine stilistisch bedeutungslose Erscheinung sein, aber auch die Leitform einer künstlerischen Entwicklungsstufe. Es kann innerhalb gewisser Grenzen das sichere Merkmal bestehender Verbindungen sein, aber auch spontan unter ganz abweichenden Voraussetzungen entstehen. Es kann eine gewisse sinnbildlich-religiöse Bedeutung besessen haben, ist aber auch eine rein ornamentale Kunstform gewesen.

§ 2. Als plastische Schmuckform, die sich unmittelbar an die Technik anschließt und vom Material abhängig ist, erscheinen die aus Bronze- oder Golddraht gewundenen

Spiralen, die, einzeln oder gepaart, als Hängeschmuck oder als schmückender Abschluß an Nadeln, Hals-, Arm-, Fingerringen, Gürtelhaken usw. seit der frühesten BZ auftreten und zwar überall, wo Bronze oder Gold selber verarbeitet wurden. Die Bedeutung dieser Drahtspirale für die Entwicklung des S. scheint indessen ganz negativ; ausgedehnte Gebiete, die mit der Bronze auch die Bronzespirale besaßen, haben kein eigentliches S. gekannt (z. B. Zypern, West- und Osteuropa während der gesamten BZ, Nord- und Mitteleuropa während der frühesten BZ; s. a. u. § 8). Umgekehrt kann sich das S. ohne Kenntnis der Metalle entwickeln (neol. Bandkeramik).

§ 3. Als unmittelbare Anlehnung an eine Naturform ist das gemalte S. auf vordyn. äg. Gefäßen zu verstehen (El Amrah [s. Amrah ⟨El⟩], Nagada [s. Negade], Ballâs [s. d.]; Band XIV Tf. 32b), die schon von Schweinfurth als eine Nachahmung von Steingefäßen (s. d. C) aus dem in Ägypten massenhaft vorkommenden Nummulitenkalk gedeutet wurden. Bezeichnend ist, daß diese zumeist in größerer Zahl über die Fläche zerstreuten Spiralen immer isoliert bleiben. Auf die ornamentale Kunstentwicklung haben diese Muscheldarstellungen wahrscheinlich keinen Einfluß ausgeübt.

§ 4. Von grundlegender Bedeutung wurde dagegen das S. der prämyk.-ägäischen Kultur. Auf Kreta erscheint die Spirale aufgemalt an Tongefäßen der frühmin. Zeit (Band XIV Tf. 18b 13), und zwar in Gestalt der sich ein- und ausrollenden und zur nächsten Windung weitergleitenden Spirale, die von da an bleibt und entweder rein geometrisch oder in Verbindung mit Pflanzenmotiven in der Verzierung der Kamares-Vasen eine große Rolle spielt. — Aus der älteren Kykladen-Kultur (s. Kykladen; aber auch von Kreta) stammen Steingefäße, zum Teil in Hausform, mit reichem S., entweder in Relief oder graviert (Band V Tf. 73d; vgl. a. Band I Tf. 9e, VII Tf. 180). Neben einfachen Spiralreihen oder auch tangential verbundenen Kreisen sind flächenbedeckende Spiralgeschlinge, entstanden durch die wechselseitige Verknüpfung der Augen mehrerer Spiralreihen, charakteristisch. Eine entsprechende Gruppe von 4 Spiralen mit diagonaler Verbindung, aber mit ägyptisierenden Lotosblüten als äußerer Zwickelfüllung erscheint auf einer frühen Kamares-Vase aus Phaistos (u. a. Bossert *Altkreta* 1923 Abb. 155); vollendeter erscheint das unendliche, flächenfüllende S. an bemalten kret. Vasen der 1. spätmin. Stufe (Band VII Tf. 56f), dann als Decken- oder Wanddekoration (mit Zwickel-Lotoskelchen; Band VII Tf. 65b) der myk. Kultur (vgl. a. Band IV Tf. 237^{A}a, VIII Tf. 126b) und des NR in Ägypten, auf ägypt. Siegelsteinen, myk. Goldarbeiten (Band IV Tf. 168) usw. Wie es sich mit dem Ursprung dieses sicher zusammenhängenden kykladisch-kret. S., an das sich das myk. anschließt, verhält, ist noch ungenügend geklärt; da die laufende Spirale in Ägypten seit dem Beginn des MR bekannt war, wird dort vermutlich doch wohl die Quelle zu suchen sein (dagegen v. Bissing). Für das Verhältnis zur danubisch-balkanischen Gruppe s. § 5. — Troja und Zypern erhielten das S. erst in der fortgeschrittenen BZ bzw. in nachmyk. Zeit aus der ägäischen Kultur. Was Italien (s. d. B) und der westmittelländische Kreis — Iberien, Sardinien, Sizilien (s. d. B I), Malta (s. d. B) — während der j. StZ und frühen Metallzeit an S. aufzuweisen hat, sind offenbar abgeleitete Formen, sei es aus der ägäischen, der bandkeramischen Kultur oder auch aus Afrika (s. a. Malerei A 1).

§ 5. Weite Verbreitung fand das sehr abweichend erklärte S. der neol. Bandkeramik (s. d.), von Südrußland bis zum Rhein, Mitteldeutschland bis Nordgriechenland und Süditalien. Wie bei der Gefäßmalerei der Bandkeramik, über deren Verbreitung das S. in der n. und w. Peripherie hinausgeht, liegt der Ursprung dieser neol. Spiralmuster höchstwahrscheinlich in der sog. Tripolje-Kultur Südrußlands (s. d. B; Band XIII Tf. 18—20). Die für die Verzierung der südruss. Gefäße bezeichnende Grundform besteht aus einer Kette blattartig geschwollener, reziprok ineinandergeschobener S-Voluten. Die Herkunft dieses stilistisch stark ausgeprägten, organisch empfundenen, dem alteurop. tektonischen Stil völlig entgegengesetzten Musters ist unbekannt; aus der danubischen Bandkeramik ist es auf keinen Fall zu erklären, aber auch der Orient, mit dem die Tripolje-Kultur manche Parallelen aufweist, bietet bis jetzt nicht die gesuchte Lösung. Entwicklungsfähig oder auch nur beständig konnte diese Form in der

Bandkeramik nicht sein; sie erzeugte, zum Teil auch durch das Wiedereindringen der geraden Linie, schon in der ukrainisch-galizischen Gruppe, stärker noch im w. und s. Verbreitungsgebiet, eine Reihe von Degenerationserscheinungen, neben denen in der Tripolje-Kultur selber aber auch die eng verwandte laufende Spirale begegnet (s. Südrußland B). Nach W hat dieses S. auf den bemalten böhm. Gefäßen eine eigentümliche Blüte erlebt (Band II Tf. 24c, d), um dann, sowohl in den Donau- und Balkanländern als auch in den deutsch. Randgebieten, in einzelne Doppelvoluten oder Schnörkel aufgelöst oder in geradlinige Motive (s. Mäander) übersetzt zu werden. — Wie das Verhältnis zwischen dem S. der Bandkeramik und dem der prämyk.-ägäischen Kultur sich gestaltet, entzieht sich noch einer sicheren Beurteilung. Die einseitige Ableitung einer der beiden Gruppen aus der anderen dürfte nicht in Betracht kommen, dagegen sind lokale Übertragungen von vornherein zu erwarten. Namentlich bei der etwas abseits stehenden bosnischen Gruppe (tiefere Schichten Butmirs; s. d. und Band II Tf. 112) mit sehr reinen, z. T. teppichartig angeordneten, eingeritzten oder plastisch aufgelegten S. dürfte die Ähnlichkeit mit Formen der Inselkultur kaum zufällig sein (Reliefspiralen auch in Thessalien, Zerelia). Andererseits begegnen sehr ähnliche Muster wie die eingeritzten bosnischen noch in der BZ Italiens.

§ 6. Hervorragend stilistische Bedeutung gewann das S. in der BZ, besonders Norddeutschland-Skandinaviens, wo das Muster während der II. Per. Mont. das Leitmotiv bei der Verzierung der Bronzewaffen und des Bronzeschmucks bildet (vgl. z. B. Band IX Tf. 111; Band XIII Tf. 76). Auch in diesem Falle gehen die Erklärungen auseinander. Mit Rücksicht auf die schnelle Entartung und das gänzliche Verschwinden des niemals bodenständigen S. in der Bandkeramik kommt dieses als vorbildliche Form nicht ernsthaft in Frage. Sehr oft wird dagegen Beeinflussung durch die myk. Ornamentik angenommen, aber auch diese Erklärung stößt auf Bedenken, weil die Ausstrahlung der myk. Kunst in der früheren BZ diesseits der Alpen offenbar sehr schwach und begrenzt war (s. a. § 7). Aus diesem Grunde wird es verständlich, daß S. Müller das nord. S. der II. Per. Mont. erheblich später datiert, als es gewöhnlich geschieht, indem er es aus nachmyk. Werken der frühen EZ in Italien (skulptierte Stelen von Novilara [s. d. A] und Nesactium [s. Nesazio]) ableitet. Auf keinen Fall aber ist es möglich, die beispiellos reiche Entwicklung des S. in der nord. BZ bloß aus s. Einflüssen, die nur stark abgeschwächt und tropfenweise den N erreicht haben können, zu erklären, und besonders die Tatsache, daß die Spirale im gesamten Westeuropa einschließlich Italiens fast völlig zurücktritt und auch in Zentraleuropa bei weitem nicht die gleiche Bedeutung wie im N erhält, zwingt dazu, die eigentliche Erklärung des nord. S. in erster Linie in der inneren Entwicklung der nord. Kunst selber zu suchen.

§ 7. Von ausschlaggebender Bedeutung ist, daß dem S. der II. Per. Mont. bzw. der C-Stufe Reinecke in Nord- und Mitteleuropa vielfach eine andere Form in der frühesten BZ und der unmittelbar anschließenden B-Stufe Reinecke vorangeht, nämlich das konzentrische Kreisornament (s. Kreismuster). An sich steht nichts im Wege, das S. aus den konzentrischen Kreisen abzuleiten, die vielfach an den gleichen Stellen die Bronzen schmücken, wo später das S. erscheint, und die durch verbindende Tangenten unmerkbar zur laufenden Spirale überleiten. Für das ornamental-künstlerische Verständnis des S. der früheren BZ ist jedenfalls der Gegensatz zum Kreismuster entscheidend, denn er offenbart eine oft in der Ornamentgeschichte zu beobachtende Entwicklung: gegenüber der mechanisch-äußerlichen Reihung der beziehungslos in- und nebeneinander gestellten Kreise ist die sich ein- und ausrollende Spirale eine gewachsene, organisch empfundene, rhythmisch gegliederte Form (s. Ornamentik A, Rhythmus). — Beziehungen zum Sonnenkult sind beim nord. S. sehr wohl möglich, seine rein künstlerische, schmückende Bedeutung ist aber so augenscheinlich, daß es sich dann nur um eine nachträgliche Sanktionierung, nicht um die Erklärung des Motivs handeln kann. — Im späteren Verlauf der älteren nord. BZ lösen sich die Spiralorganismen z. T. unter Einwirkung der Harz-Inkrustation wieder auf in einzelne Kreise; in der jüngeren nord. BZ entwickelt sich aber auf ganz neuer Grundlage zum zweitenmal ein S., und zwar aus einem Wellenbandmuster mit spitzen Wellenbergen, die zunächst (in der IV. Per. Mont.) kleine Spiralhäkchen aussenden, die dann in der V. Per. zu kräftigen Spiralhaken anwachsen (vgl. z. B. Band IX Tf. 137d, 138; s. a. Wellenornament, Wirbelmotiv). — Süddeutschland ist in der reinen BZ nicht über die einfache laufende Spirale hinausgekommen, während sich in der früheren ungar. BZ, vermutlich unter Einwirkung der myk. Ranke, ein phantastisches, aber vielfach undiszipliniertes S. an Bronzen und Tongefäßen (Pannonische Keramik; s. d. und Band IV Tf. 94, Band X Tf. 8 und 9) entfaltet. — Einwirkung der skand. Spirale scheint in Steinskulpturen Irlands und der Bretagne nachweisbar (Band VIII Tf. 152b; G. Coffey *New Grange* usw. 1912; L'Anthrop. 23 [1912] S. 29ff. Déchelette).

§ 8. Trotz der häufigen Verwendung plastischen Spiralschmucks in der Hallstattkunst, besaß das S. in der eigentlichen Ornamentik der HZ eine ganz untergeordnete Bedeutung. Dagegen offenbart sich der organische Charakter dieser Form von neuem durch ihre große Beliebtheit in der Latèneornamentik, jetzt als selbständig verarbeitetes Derivat des griech. Blatt- und Rankenornaments (s. Latènestil). Symbolische Bedeutung kann bei den sehr verbreiteten S. und Spiralwirbelmotiven der kelt. Kunst eine Rolle gespielt haben.

S. a. Nordischer Kreis B § 7b.

Beltz *VAM* S. 164f.; Fr. W. v. Bissing *Der Anteil der ägypt. Kunst am Kunstleben der Völker* 1912 S. 58; Bull. Préh. 13 (1916) S. 385ff. L. Coutil; Déchelette *Manuel* II 1 S. 498ff.; Hoernes *Urgesch.*[2] S. 263ff., 425; G. Kossinna *Die deutsche Vorgeschichte*[2] S. 102ff.; Präh. Z. 2 (1910) S. 270 O. Montelius; Müller *NAK.* I 243f., 289ff., 294ff.; Aarb. 1909 S. 30f., 116f. ders.; M. Much *Die Heimat der Indogermanen*[3] 1902 S. 63f.; *AuhV* 5 S. 362 P. Reinecke; E. Reisinger *Kretische Vasenmalerei* 1912 S. 2f.; A. Riegl *Stilfragen* 1893 S. 71ff.; Scheltema *Altnord. Kunst* S. 80ff., 110ff., 119ff.; ZfEthn. 1904 S. 635f. H. Schmidt; Präh. Z. 2 (1910) S. 160f. C. Schuchhardt; MAGW 45 (1915) S. 146f. J. Szombathy; G. Wilke *Spiral-Mäander-Keramik* usw. 1911; R. Wurz *Spirale und Volute* 1914.

F. A. v. Scheltema

C. Ägypten. § 1. Die Spirale findet sich im vorgesch. Äg. nur als Einzelspirale — d. h. niemals zwei oder mehrere miteinander verbunden —, und zwar nur als aufgemalter Schmuck einer ganz bestimmten, nicht allzu häufigen Klasse von Tongefäßen (Petrie-Quibell *Naqada* Tf. 34; Petrie *Diospolis* Tf. 15, 7c; Ayrton-Loat *Mahâsna* Tf. 25, 5; Petrie *Gerzeh* Tf. 9, 7d und 67d; Peet *Cem. Ab.* I Tf. 5; Junker *Kubanieh-Süd* S. 52f.; ebenso auch in Nubien: Reisner *Survey 1907—08* S. 321, 322 und 327). Die Gefäße sind durchweg aus hartem, hellen Ton geformt und haben Schnurösenhenkel an den Seiten; die Bemalung ist dunkelrot (Band XIV Tf. 32b). Es sind teils größere, weit ausgebauchte, niedrige Gefäße, deren Fläche stets mit zahlreichen Spiralen geschmückt ist (gute Photographien: Ayrton-Loat *Mahâsna* Tf. 25, 5); teils kleinere, sowohl bauchige wie auch schlanke Gefäße, die entweder ebenfalls eine ganze Anzahl kleinere (Peet *Cem. Ab.* I Tf. 5) oder — und das ist häufiger der Fall — auf jeder Seite nur eine größere Spirale tragen (z. B. Petrie-Quibell *Naqada* Tf. 34, 31aff., darunter auch Doppelgefäße). — Spiralenartige Gebilde auf einem andersartigen Tongefäße nur bei Möller in MDOG 30 S. 13 Abb. 10 (aus Abusir el-Meleq; s. d.). S. a. Vase C, D.

§ 2. Über den Ursprung dieser Spirale als Ziermotiv auf Tongefäßen läßt sich nichts Sicheres sagen. Da die Form der Gefäße, auf denen allein sie sich findet, vom Stein auf den Ton übertragen ist (s. Steingefäß C; vgl. Tf. 97Bc, 98d, e), und da ferner eine ganze Anzahl von Tongefäßen in ihrer aufgemalten Verzierung unzweifelhaft die Marmorierung der Steingefäße nachahmt, so scheint mir Petries einstige Vermutung (*Naqada* S. 40), daß auch die Spirale hier auf eine Nachahmung von natürlichen Mustern im Stein zurückzuführen sei, nicht ganz von der Hand zu weisen; doch ist auch eine andere Herkunft möglich. Die Spirale ist den vorgesch. Äg. in der Technik sowohl — etwa beim Flechten eines kreisrunden Korbbodens (z. B. Reisner *Survey 1907—08* S. 116 Abb. 69; vgl. auch Wurz *Spirale* S. 26ff.) — wie auch sonst (man denke etwa an das zusammengerollt daliegende Strickende beim Vogelfang mit dem Schlagnetz, wie Davies *Ptahhetep* I Tf. 25) geläufig gewesen. Auch die Darstellung einer spiralig zusammengeringelten Schlange ist gerade für die äg. Vorzeit und Frühzeit charakteristisch (Ranke *Schlangenspiel* SB. Heidelb. Ak. 1920, 4 S. 3ff.). Für Petries Vermutung spricht vielleicht, daß die Spirale außer auf den Steingefäße nachahmenden Tongefäßen in der vorgesch. Ornamentik Ä. gänzlich fehlt. Die mit Spiralen verzierten Gefäße haben sich bisher in Ä. nur in vorgesch. Gräbern gefunden und verschwinden mit dem Beginn der 1. Dynastie Zweifel an der äg. Herkunft dieser Gefäße scheinen mir nicht berechtigt (gegen Capart *Débuts* S. 108ff.).

§ 3. Eine Fortsetzung hat diese Art der Verzierung in Ä. offenbar nicht gehabt. Aus der ganzen Zeit des AR ist kein Fall einer ornamentalen Verwendung der Spirale bekannt. Erst im MR tritt die Spirale in Ä. wieder auf, und zwar in einer von der vorgesch. völlig verschiedenen Form, also nicht mehr als Einzelspirale, bzw. mehrere solcher Einzelspiralen verbindungslos neben- und übereinandergesetzt, sondern stets als fortlaufende Spirale, zum Teil auch mit anderen Ornamenten verbunden. Diese Form der fortlaufenden bzw. unendlichen Spirale, die die mannigfachsten Abarten der Anordnung und Verschlingung aufweist, ist offenbar von auswärts — sei es aus Syrien, sei es direkt aus den Ländern des myk. Kulturkreises — nach Ä. gekommen, wahrscheinlich während der Jh., die das AR und MR trennen. (In einem Grabe bei Byblos [s. d.] ist ein mit fortlaufender Spirale verziertes Silbergefäß mit äg. Gegenständen aus der Zeit der 12. Dyn. zusammen gefunden worden; Syria 1922 Tf. 64.) Sie findet sich vor allem als Verzierung auf der Siegelfläche der Skarabäen (s. d. A) und Rollsiegel (Newberry *Scarabs*; Petrie *Scarabs and Amulets*), vereinzelt auch auf den Wänden (Blackman *Meir* III Tf. 9, 28) und Decken (Wilkinson *Manners* I Tf. 8, 7; vgl. Newberry *Scarabs* S. 81, 3) in den Kammern der Fürstengräber (gewiß entspr. Verzierungen in den uns verlorenen Wohnhäusern nachgebildet), im übrigen ganz selten, z. B. auf kleinen Schmuckstücken der 12. Dyn. (de Morgan *Dahchour* I 68 Abb. 145 = Vernier *Bijoux* II Tf. 22, 52239; Ayrton-Curelly-Weigall *Abydos* III Tf. 12, 1. 2). Die ältesten Beispiele dieser Spirale in Ä. (Petrie-Mackay *Heliopolis* usw. Tf. 26, 3 und S. 32, 256; Petrie *Scarabs* Tf. 11, 11. 5 u. 11 E; vgl. a. Müller *Egyptol. Researches* II 7) gehen vielleicht bis in die 10. und 11. Dyn. zurück; häufig aber findet sie sich erst seit dem Anfang der 12. Dyn., in deren Verlauf die fortlaufende Spirale auf Skarabäen reich entwickelt wird. Sie hält sich dann — wenn auch seltener als in der 12. Dyn. — bis durch die 18. Dyn. hindurch und vereinzelt bis in die 19. Dyn. hinein (Newberry *Scarabs* Tf. 34, 24f.; Petrie *Scarabs* Tf. 41, 45ff.), wo sie zuletzt in aneinandergereihte Kreispunkte aufgelöst wird und dann ganz verschwindet. Seit dem Beginn des NR wird die Spirale auch außerhalb der Skarabäen häufiger als Ziermuster verwendet. So vor allem auf den Deckenmalereien der Grabkammern — oft wieder in Verbindung mit Pflanzen und anderen Motiven — und Wohnhäuser (Peet-Woolley *City of Akhenaten* I Tf. 15), ferner gewebt auf den Teppichen und Segeln von Schiffen (Müller *Eg. Res.* II 11), in Reliefausführung auf Säulen (Petrie *Tell-el-Amarna* Tf. 10, 2) sowie auf den vergoldeten Stühlen (Quibell *Tomb of Yuaa and Thuiu* Tf. 36), Rennwagen (ebd. Tf. 52ff. und 56 und im Grab des Tut-anch-Amon; s. d.), Köchern (Daressy *Fouilles de la vallée des rois* Tf. 10), Bogen (Carter *Tut-anch-Amon* I Tf. 61) usw. (vgl. Daressy a. a. O. Tf. 20, 22, 23, 51) der Könige und Vornehmen. Auch als Verzierung auf äg. Gefäßen begegnet die fortlaufende Spirale seit der 18. Dyn. gelegentlich (Davies *Two officials of Thutm. IV*. Tf. 1 und 6); häufiger auf den Darstellungen von Prunkgefäßen, die von auswärts, vor allen von den *Keftiu* (s. d.), nach Ä. gebracht werden (Fimmen a. a. O.). Auf Gegenständen des Götter- und Totenkults scheint diese Spirale nicht verwendet worden zu sein — vielleicht ein Zeichen dafür, daß sie immer als ein fremdes Element empfunden worden ist. Seit der 2. Hälfte der 19. Dyn. ist die Spirale in Ä. nicht mehr nachzuweisen.

Newberry *Scarabs* 1908 S. 80ff.; Müller *Egyptological Researches* II (1910) S. 5ff.; R. Wurz *Spirale und Volute* München 1914; Petrie *Scarabs and Cylinders with Names* 1917 S. 18; Fimmen *Die kret.-myk. Kultur*² 1924 S. 198ff.
Ranke

D. Vorderasien s. Fayence D, Kunstgewerbe D.

Spitzgraben s. Festung.

Spitznackige Feuersteinaxt s. Belgien B § 5, Frankreich B § 7, Großbritannien und Irland B § 12, Holland A § 10, Nordischer Kreis A § 5a, Ostpreussen A § 3.

Špola (Bez. Zvenigorod, Gouv. Kijev). Großes Hügelgräberfeld, etwa 45 km sw. von Směla (s. d.), der skyth. Periode angehörig, zum großen Teil durch Raubgräberei vernichtet, vom Grafen Bobrinskoj untersucht, der nur noch wenige intakte Gräber antraf. Die Hügel durchweg niedrig mit Leichenbestattung, entweder in Schächten oder in Kammern. Auch Brand beobachtet (Kurgan Nr. 235 und 239; vgl. darüber näheres bei Bobrinskoj *Směla* II 118f., 120). Die Grabausstattung, soweit sie noch ein annähernd sicheres Bild gibt, entspricht der in anderen Hügelgräbern des Kijever Gebietes (s. Pastyrskoje, Rajgorod, Turji, Žabotina, Žurovka) angetroffenen. Hervorgehoben seien zwei Gräber der archaischen Periode: Kurgan Nr. 241 mit einer schwarzfigurigen Lekythos (Bobrinskoj *Směla* II 117 und Tf. 8, 1) und Kurgan Nr. 232 mit dem Stiel eines archaischen Bronzespiegels (a. a. O. II 115 und Tf. 5, 1, zu vergleichen z. B. mit dem von Maricyn [s. d. und Präh.Z. 5 [1913] S. 6 Abb. 3 b 1]), ein über Olbia (Materialien Arch. Rußl. 34 [1914] S. 26ff.) in Skythien eingeführtes griech. Fabrikat, und schon in den reicheren skyth. Gräbern der Frühzeit häufiges Requisit.

Bobrinskoj *Směla* II 113ff. M. Ebert

Sporn (Tf. 90). § 1. Der S. tritt erst in der 2. Hälfte des 1. Jht. v. C. im Bestande der Ausrüstungsgegenstände auf. Die Originale aus dieser Zeit sind fast ausschließlich auf Mittel- und Nordeuropa beschränkt. Doch ist die Heimat des S. auf europ. Boden noch ungewiß, denn die ersten bekannten bildlichen Darstellungen des S. — die älteste stammt von einer rotfigurigen Vase, die frühestens dem 5. Jh. v. C. angehört — zeigen ihn nur als Ausrüstungsstück der Amazonen, während er auf Wiedergaben rein griech. Umgebung ebenso fehlt wie auf ital. Boden. Daß bei den Griechen in dieser Zeit der S. aber bereits bekannt war, lehrt die schriftliche Überlieferung. Asklepiades von Milet (Anfang des 3. Jh. v. C.) spricht von einem jungen Mädchen, das den goldenen Reitersporn am Fuße trägt: „Lysidike weihte den Reitersporn, den goldenen Stachel des schönwadigen Fußes" (Anthologia V 203), und Polybios (204—122 v. C.) sagt von einem Reiter: „Der aber setzte die Sporen an beiden Beinen an und ritt schnell." Aus diesem Jh. stammen auch die ältesten Originale aus Mittel- und Nordeuropa. Unter den gegebenen Umständen ist es natürlich, daß über die Entstehungsart des S. nur Vermutungen möglich sind, und wenn Forrer eine durchaus denkbare Entwicklung andeutet, die vom einfach zugespitzten Holzspan, der dann gespalten wird, zur Benutzung einer Astgabel als Vorstufe des S. führt, so zeigt doch gerade sein apodiktisches Urteil: „So und nicht anders, darüber kann kein Zweifel sein, hat man sich die Entwicklung des S. zu denken", wie hypothetisch hier unser Wissen ist.

§ 2. Die ältesten Originale finden sich bei Kelten und Germanen in einfacher Form als sog. Knopfsporen. Die frühesten Typen (Tf. 90a, b) sind rundstabig, besitzen einen flachen Bügel und sind an den Enden mit den in der LTZ auch sonst üblichen großen Knöpfen zur Befestigung versehen. Den Stachel bildet eine einfache, runde Spitze. Im Laufe der Entwicklung werden die Knöpfe kleiner, die schlanken Bügel jedoch breiter. Die Knöpfe sitzen dann häufig auf einem kurzen Hals, der oft im rechten Winkel vom Bügel abzweigt (Tf. 90c). Auch das zeitgemäße Schmuckbedürfnis macht sich an den Sporen geltend. Sie werden durch Striche und Kehlen verziert, Einlage von Blut-Email wird verwendet und der Stachel etwas profiliert. Diese verhältnismäßig reichere Entwicklung vollzieht sich vornehmlich im kelt. Kulturbereich. Bei den Germanen wird im allg. die dünne Form mit den großen Knöpfen beibehalten. Eine Änderung typischer Art besteht aber darin, daß der Stachel vierkantig gestaltet wird (Tf. 90e). Diese Umformung ist germ. Eigenart und entspricht den auch an anderen Stücken des Waffenbestandes vorgenommenen Ausbildungen heimischen Geschmackes an ursprünglich entlehnten Formen.

Die S. sind meist aus Eisen, Bronze wird selten verwendet. Die kelt.-germ. S. stammen größtenteils aus der Spätlatènezeit. Die ältesten sicher bezeugten gehören frühestens der Mittellatènezeit an.

§ 3. Eine Entwicklung zu größerer Mannigfaltigkeit der Sporenform setzt erst in der RKZ ein. Da jedoch die Anfänge dieser Entwicklung bis kurz vor die Zeitenwende zurückreichen, so mögen hier die Hauptlinien der Entfaltung und Verbreitung kurz angedeutet sein. Die Tradition des Knopfspornes erhält sich am reinsten bei den Ostgermanen, wo dieser Typus in abgewandelter Form bis ins ausgehende 3. Jh. n. C. begegnet. Eine vorübergehende Erscheinung bilden der Knebel- (Tf. 90f) und der Hakensporn (Tf. 90g), die ebenfalls in der RKZ für das ostgerm. Gebiet charakteristisch sind, am Ende des 2. Jh. n. C. aufkamen und mit den Knopfsporen aussterben. In Mittelgermanien entwickelt sich aus dem latènezeitlichen Knopfsporn der charakteristische Plattensporn (Tf. 90d). Mit dem späten 3. Jh. verschwindet auch diese Form vom germ. Boden. Die Erbschaft der ost- und mittelgerm. Gattungen tritt der Nietsporn an, der letzten Endes ebenfalls auf den latènezeitlichen Knopfsporn zurückzuführen ist. Aus ihm entstand nämlich um C. Geb. auf provinzialröm. Gebiet der Ösensporn (Tf. 90h). Dieser bildet den Vorläufer des Nietsporns (Tf. 90i), dessen weiterentwickelte Formen dann im 4. Jh. auf dem gesamten Gebiet von Ostgermanien bis über den Rhein die Herrschaft übernehmen.

§ 4. Schon während des 3. Jh. hatten sich in der Anbringung eines Mittelhakens zur besseren Befestigung des S. und der Sitte, die Schenkel des S. ungleicharmig zu gestalten, provinzialrömische Einflüsse geltend gemacht. Die verschiedene Länge der Schenkel war ein Zugeständnis an schlechte Reiter, denn durch diese Änderung wurde der Stachel nach auswärts gedreht.

Die Befestigung geschah bei dem Knopf-, Haken-, Knebel- und Ösensporn naturgemäß durch einen Lederriemen. Die Platten- und Nietsporen konnten entweder direkt an der Fußbekleidung angebracht werden oder an einem Spornhalter, der an dem Fuß befestigt wurde.

Man trug in der Regel zwei S., doch finden sich während der ganzen Vorzeit auch Gräber, die zeigen, daß man sich mit einem begnügte. Hervorzuheben ist die mittelgerm. Sitte, mehrere (bis 7) Sporen mit in das Grab zu geben.

Jahn *Der Reitersporn* 1921; R. Zschille und R. Forrer *Der Sporn in seiner Formenentwicklung* 1891 und 1899; Olshausen *Beitrag z. Geschichte des Reitersporns* ZfEthn. Verh. 1890 S. 184; Anthrop. Korr.-Blatt 1885 S. 161, ebd. 1889 S. 194ff., ebd. 1890 S. 17ff. Tischler; MAGW 1889 S. 162ff. ders.; Kossinna *Deutsche Vorgeschichte*[2] 1914 S. 194ff.: Kostrzewski *Spätlatènezeit* 1919 S. 139ff.; Tischler-Kemke *Ostpreußische Altertümer* Tf. 16 und 17; Beltz *VAM* S. 316, 345.

Ernst Sprockhoff

Sprengen. In den neol. Megalithgräbern haben die inneren Wandflächen der Tragsteine häufig das Aussehen einer Spaltfläche, d. h. sie sind rauh, nicht verschliffen. Das Spalten ist nicht mittels Keilen erfolgt, denn Spuren von Keillöchern sind bei vorgesch. Bauten niemals beobachtet worden. Die Reihen von Keillöchern an großen Findlingen in der Gegend von Frankfurt a. O. sind nicht vorgesch., wie man vermutet hat, sondern mittelalterlich. Ebensowenig läßt sich ein Findling durch eine eingemeißelte Rinne sprengen. Wahrscheinlich erfolgte das Zerlegen nach einem in Norddeutschland bis in die Gegenwart geübten Verfahren: der Findling wird mit der Spaltrichtung lotrecht gestellt und auf seiner Oberfläche ein Feuer unterhalten, wodurch der Stein einen durchgehenden Riß erhält und sich dann leicht durch kräftige Schläge zerlegen läßt.

Im germ. Gräberfeld von Börnicke (s. d.) bei Nauen ist ein zu einem Grabe der frühen LTZ gehöriger, 80 cm h. Findling durch Abhauen großer Stücke mit einem schweren Hammer derart bearbeitet, daß scharfe Kanten entstanden sind. Zum Bau der ebenfalls latènezeitl. kelt. Heidenmauer auf dem Odilienberg (s. d.) im Elsaß hat man Quadern von 1—2 m L. und $^1/_2$ m Stärke aus dem anstehenden Sandsteinfelsen durch Ziehen von Rinnen und Eintreiben von Keilen gebrochen. Zum Sprengen des Gesteins in vorgesch. Bergwerken wandte man das Feuersetzen an (s. Bergbau A).

Müller *NAK.* I 86; Präh. Z. 13—14 (1921—22) S. 153ff. E. Ehrhardt; Götze *Lebus* S. 7f.; Forrer *Reall.* S. 562.

Alfred Götze

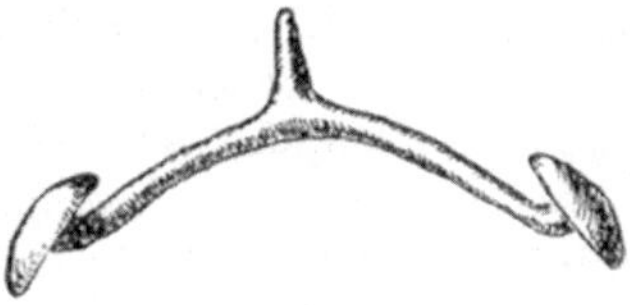

a_1

a_2

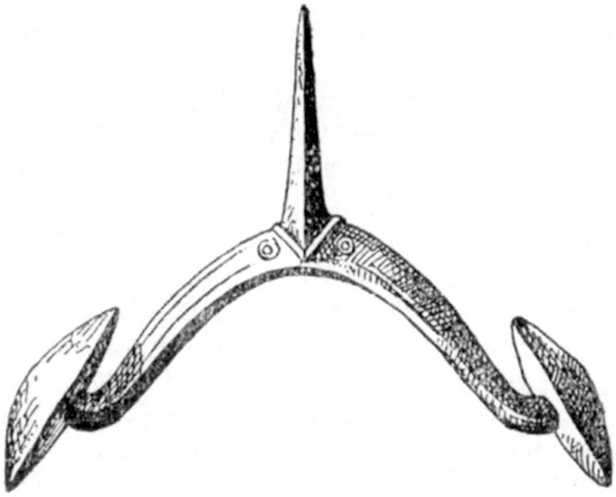

b

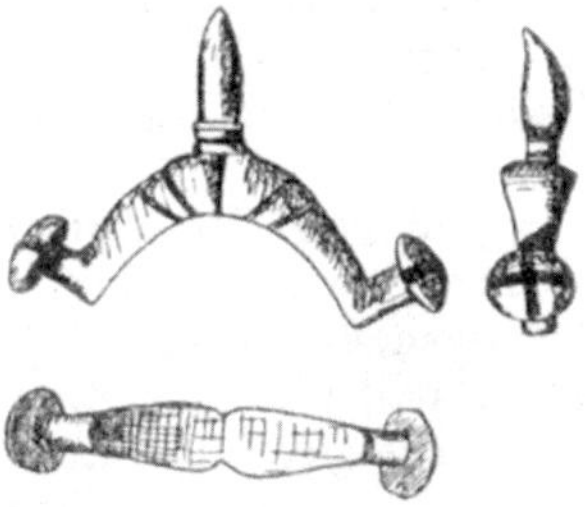

c

d

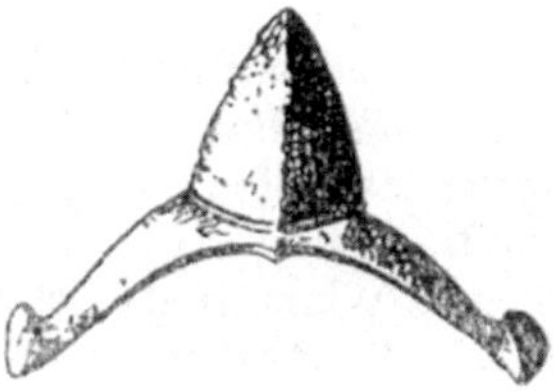

e

f

g

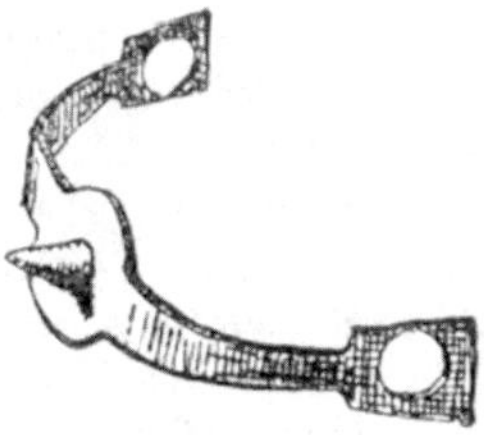

h

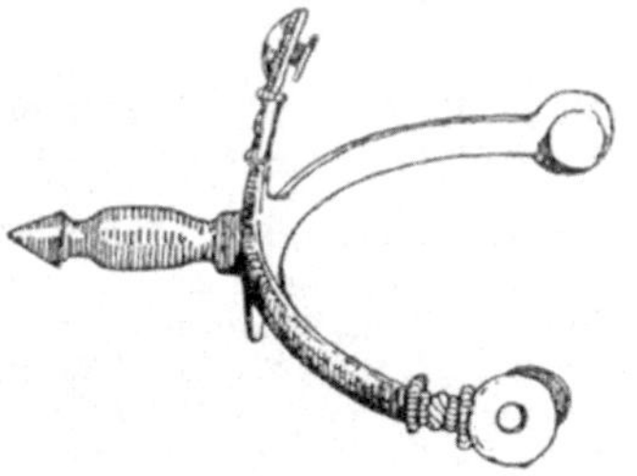

i

Sporn

a—c. Latène-Sporen: a, c. Stradonitz, b. Rondsen. — d—i. Sporen der Römischen Kaiserzeit: d. Plattensporn. Camin, Mecklenburg. — e. Knopfsporn. Mischischewitz, Kr. Karthaus (jetzt zu Polen). — f. Knebelsporn. Kl.-Grauden, Kr. Kosel. — g. Hakensporn. Elbing. — h. Ösensporn. Umgegend von Rom. — i. Nietsporn. Leuna, Kr. Merseburg. — Nach M. Jahn *Der Reitersporn* 1921.

Sprossenaxt (Ärmchenbeil) s. Axt, Nordischer Kreis C 2 § 7, 2, Österreich B § 15, Pyrenäen-Halbinsel C § 7, Schlesien D § 30, Sikuler A 1 VII § 3, Südrußland C § 4, Ungarn F § 10, 13.

Spruchzauber s. Zauber.

Spulrad s. Textiltechnik A § 6.

Spy. S.a. Belgien A, Grab A § 1. — Im J. 1885—86 wurden vor einer Höhle am Sambre-Fluß bei dem Orte Spy (Prov. Namur, Belgien) zwei Skelette von M. de Puydt, J. Fraipont und M. Lohest in einer Kulturschicht des Moustérien (s. d.) zusammen mit einer kälteliebenden Diluvialfauna ausgegraben (Mammut, wollhaariges Nashorn, Höhlenbär, Wildpferd usw.). Die Skelette gehören zur Neandertalrasse (*Homo primigenius*; s. d.). Erhalten sind zwei fast vollständige Schädelkapseln mit Resten des Gesichtsskelettes, ein Unterkiefer und Reste der Gliedmaßen (Band V Tf. 122 b S). Die wichtigsten Maße sind: von Spy I: gr. L. 200 mm, gr. Br. 140 mm (Längenbreiten-Index: 70), Bregma-Winkel (nach Schwalbe) 45°, kleinste Stirnbreite etwa 104 mm, Horizontalumfang 580 mm, Kalottenhöhen-Index 40,9. Spy II: gr. L. 198, gr. Br. 150 (Längenbreiten-Index 75,7), Bregma-Winkel 50,5°, kleinste Stirnbreite 110, Horiz.-Umfang 540 mm, Kalottenhöhen-Index 44,3.

J. Fraipont und M. Lohest *La race humaine de Néanderthal ou de Cannstatt en Belgique* Extr. d. Bull. de l'Acad. r. d. Belg. 3. Ser. 12 Nr. 12 (1886); G. Schwalbe *Die Abstammung d. Menschen u. d. ältest. Menschenformen* in Schwalbe und Fischer *Anthropologie* 1923 S. 277 ff.; E. Werth *Der fossile Mensch* 1921 ff. S. 144 ff.

Reche

Staat.

§ 1. Der Staat als politische Erscheinungsform. — § 2. Vorstaatliche Organisationen; ethnische Ballungen. — § 3. Verhältnis der politischen Gruppen zueinander (Schichtung). — § 4. Der sakrale Staat mit eigenberechtigten Adelshäuptern. — § 5. Der Fürst. — § 6. Der aristokratische Staat mit Lehensprinzip. — § 7. Der König. — § 8. Priestertum. — § 9. Vasallen und Tribut. — § 10. Der Beamtenstaat. — § 11. Hofämter und Hofhaltung. — § 12. Anhäufung der Bevölkerung und wirtschaftliche Beziehungen; Zusammenfassung.

§ 1. Wenn vom Staat die Rede sein soll, dürfte es angezeigt sein, sich erst darüber zu einigen, was unter „Staat" verstanden werden soll.

Schon die heutigen Gemeinwesen der verschiedenen europ. Länder haben die einzelnen Seiten staatlicher Funktion in sehr verschiedenartiger Weise entwickelt und verändern sie unter unseren Augen. Noch größer sind diese Unterschiede selbstverständlich im Vergleich zu früheren Zeiten, und müssen es sein, wenn man die ganz andersartige technische Bewältigung der Umwelt ins Auge faßt (s. Fortschritt, Soziale Entwicklung, Wirtschaft D).

Einen Zusammenschluß von Gruppen zum (selbstverständlich nicht notwendigerweise absichtlich oder bewußt ausgesprochenen) Zwecke eines Schutzes nach außen und eines geordneten Zusammenlebens unter führenden Persönlichkeiten im Innern gibt es in jeder selbständigen, auf eigenen Nahrungserwerb gestellten Gruppe und hat es daher immer gegeben, wie in dem Artikel „Politische Entwicklung" dargelegt wurde.

Doch kann die Frage aufgeworfen werden, ob wir auch diesen primitiven Gemeinwesen den Titel „Staat" zuerkennen sollen.

Die Auffassung darüber, was man unter S. verstehen soll, ist nicht gleich geblieben. Den Ausgangspunkt dafür bot nach dem egozentrischen Verfahren stets das eigene Gemeinwesen. Im alten Griechenland war es die πόλις, im alten Rom die civitas, nach deren Grundsätzen man sich die Frage vorlegte, ob man auf ein fremdes Gemeinwesen die gleiche, besonders gefühlsbetonte Bezeichnung anwenden sollte. Ähnlich war es in der Zeit unseres Klassizismus, der die Antike als Zentrum betrachtete und sich an die Auffassungen der Alten klammerte.

Je mehr fremde und andersartige Gemeinwesen aber in unser Gesichtsfeld traten, desto eher wurden wir veranlaßt, nach objektiven Kriterien zu suchen. Denn es ist natürlich nicht zu leugnen, daß sehr bedeutende Unterschiede zwischen primitiven und höheren Gemeinwesen bestehen.

Die moderne Staatslehre fordert für die Anerkennung eines Gemeinwesens als „Staat" folgende Merkmale: ein menschlicher Verband muß ein abgegrenztes Landgebiet besetzt halten und auf diesem eine planmäßig organisierte, oberste Herrschaft ausüben, die sich von außen unabhängig, „souverän" fühlt. Dies alles muß auch tatsächlich zur Durchführung gelangen.

Solche modern juristische Formulierung

ist sehr weit gefaßt und gestattet die Anwendung des Staatsbegriffes auf fast alle, selbst auf die primitiven, politischen Gebilde. In der Tat kann man Gemeinwesen, wie sie etwa in dem Artikel „Politische Entwicklung" gekennzeichnet werden, im angedeuteten Sinn als Staaten bezeichnen (s. a. § 2). Dennoch werden wir gut tun, gewisse Unterscheidungen walten zu lassen.

Das politische Leben, das sich auf die Ordnung der obersten Führerschaft bezieht, stellt nur einen Teil des sozialen Lebens überhaupt dar (s. Soziale Entwicklung). Das soziale Leben ergreift je nachdem die Ordnung der sexuellen Beziehungen (s. Familienformen, Heiratsordnung), der Wirtschaft (s. Handel F, Handwerk A, Reichtum, Wirtschaft D), des Krieges (s. Fehde, Feindestötung, Feindschaft, Fremder, Gastfreundschaft), des Rechts (s. Busse, Blutrache, Gericht A, Gottesurteil, Recht), der Religion (s. Gottesurteil, Omen A, Opfer A, Orakel A, Totemismus B, Totenkultus A, Zauber A), sowie auch der Kunst, der Sprache und der Schrift (s. d. A).

Die oberste Führerschaft muß aber notwendigerweise an dem allen in der einen oder anderen Weise teilhaben, kann sich den hier und dort auftretenden Strömungen nicht entziehen, sondern muß ihnen Rechnung tragen, wenn sie ihre Stellung bewahren will.

Die oberste Führerschaft erhält je nach Lage der Geistesverfassung und Kultur und nach dem gesellschaftlichen Bau des Gemeinwesens bald einen mehr familialen, bald mehr religiösen, bald mehr wirtschaftlichen usw. Charakter. Das sind Züge, die besonders bei älteren Staatsformen scharf hervortreten.

Die primitiven Gemeinwesen sind schon vermöge der ärmeren Technik, welche mit der Raumüberwindung zu kämpfen hat, verhältnismäßig klein. Doch mangelt es nicht an losen Zusammenschlüssen unter mehreren Einheiten, mögen es Sippen, Klans, *gentes* oder sog. Lokalgruppen, Dörfer oder Städte sein. Derartige Zusammenschlüsse vollziehen sich in verschiedener Weise und oft nur auf Grund der einen oder anderen Seite des sozialen Lebens. Sie treten z. B. auf als sog. totemistische Verbände zur Regelung der Heirat, wie in Australien, womit aber auch noch gewisse wechselseitige oder gemeinsame religiöse Sitten und Zeremonien verbunden sein können; ferner als gelegentliche Bundesgenossenschaft bei Kämpfen; weiter als wirtschaftliche Tauschgemeinschaften, z. B. zum Austausch von Produkten der Viehzucht oder der Jagd gegen solche des Gartenbaues oder des Handwerks. Gewöhnlich beruhen derartige Verbindungen auf Tradition, und die Angehörigen treten einander auf dem Boden der Gleichheit gegenüber (s. Handel F). Sie sind lose Agglomerationen.

Jedoch nicht immer. Die eine Gruppe ist vielleicht furchtsam und fühlt sich schwächer und unterlegen, die andere, umgekehrt, stärker, erfindungsreicher und überlegen. Daraus resultiert nicht selten eine Symbiose, die einen eigentümlichen Charakter annimmt, den wir Herrschaft nennen, ohne daß sie es wirklich ist, und bei dem man richtiger nur von Führerschaft sprechen sollte (vgl. Thurnwald 1926, 1927).

In bezug auf das feste Landgebiet wurde früher gern die Frage erörtert, wie man etwa die Zusammenschlüsse von Nomadenstämmen bewerten soll. Solchen Kontroversen lag in der Regel ungenügende Sachkenntnis zugrunde. Sie gingen nämlich davon aus, daß Nomaden in keiner festen Beziehung zum Boden ständen. Das ist jedoch keineswegs richtig. Sowohl Jäger wie Hirten pflegen Anspruch auf gewisse Landgebiete für ihre Nutzung zu erheben (s. Eigentum A, Gau A, Grundeigentum A, Horde). Somit wird man hier andere Erwägungen anstellen müssen (s. § 2 und 3).

§ 2. Zunächst mag es angezeigt sein, einige Formen vorstaatlicher Organisationen kennen zu lernen, wie sie besonders das n. Amerika bietet, wo die Männer gewöhnlich Jäger und Fänger, die Frauen Gärtnerinnen waren (s. Nahrung A 1, Wirtschaft D).

Bei den Stämmen der n. pazifischen Küste von Nordamerika finden wir ein gut ausgebildetes Kastensystem (s. Kaste A) auf wirtschaftlicher Grundlage, während bei den anderen indianischen Stämmen Nordamerikas der Einfluß entweder auf

Tapferkeit im Kampf, Weisheit im Rat, auf rednerischer, dichterischer oder künstlerischer Begabung und damit auf den diesen Vorzügen zugrundeliegenden physischen Kräften beruht (s. Soziale Entwicklung). Bei den Salish-Stämmen im Innern von Britisch-Kolumbien z. B. gab es viele untereinander ziemlich unabhängige Dörfer, deren bürgerliche, militärische und religiöse Angelegenheiten durch Angehörige bestimmter Familien geleitet wurden. Die Persönlichkeiten wurden aus diesen Familien je nach ihrer Eignung erwählt. Für die Wahl eines Bürgerhauptes war Besitz der entscheidende Faktor (Hodge II 608ff.).

Die hauptsächlichste Funktion der meisten Bünde der Menomini-Indianer N-Amerikas besteht in der Veranstaltung von Tänzen mit einem religiösen Motiv. Die Veranstaltungen führen zu großen öffentlichen Zusammenkünften, zu denen auch Nichtangehörige der Bünde erscheinen, die sich mit den andern in nicht rituellen Tänzen, durch Spiele und Besuche vergnügen (Skinner S. 171). — Vgl. a. Mac Kern.

§ 3. Bei den Salish-Stämmen der nordwestamerikanischen Küste bestand eine Teilung des Volkes in Adel, Freie und Knechte; unter den letzteren standen die Kriegsgefangenen. Die Knechte waren entweder arme Verwandte der oberen Schichten oder Angehörige von früher unabhängigen Gruppen, die durch Krieg oder sonstwie (Schulden; s. d.) in eine abhängige Stellung gedrängt worden waren. Die Häuptlingswürde lag bei bestimmten Familien, unter denen der Würdigste erwählt wurde. Sein Einfluß erstreckte sich hauptsächlich auf zeremonielle Angelegenheiten, nicht auf den Krieg. Einige der größeren Stämme der Salish anerkannten eine übergeordnete Autorität eines unter mehreren Gauhäuptern.

Die Nutka-Stämme der Westküste von Vancouver zerfielen in verschiedene Sippen, die von einem Häuptling regiert wurden. Ein Rat aus diesen entschied über die Tätigkeit des Stammes, das Oberhaupt der Sippe gehörte einer ausgezeichneten Familie an. Verschieden von diesem System war das der den Nutka sprachlich verwandten Kwakiutl. Jeder Teil des Stammes der Kwakiutl leitete seine Herkunft von einem Ahnen ab, der sein Haus auf einem bestimmten Platz errichtet haben soll. Wahrscheinlich waren diese Abteilungen ähnlich den Sippen der Salish, obgleich jetzt einige davon sich in andere Stämme verbreitet haben (Hodge II 608ff.).

Unter den Omaha-Indianern der großen Ebene herrschte ein kompliziertes soziales System. Der Stamm war aus zehn Sippen zusammengesetzt, die „Dörfer“ genannt wurden. Jedes stand unter einem Häuptling. Sieben dieser Häuptlinge übten eine Art Oligarchie aus und zwei von ihnen, die den größten Reichtum repräsentierten, wieder eine überlegene Autorität. Die Funktion dieser Häupter war eine rein bürgerliche, sie erstreckte sich nie auf die Anführung von Kriegsunternehmungen. Unter ihnen standen zwei Arten von Kriegern, von denen die höhere als Polizei während der Büffeljagden funktionierte. Jede Sippe, und darin wieder jede Familie, hatte ihren bestimmten Rang und ihre Funktion.

Andere Stämme der Ebene, die der großen Gruppe der Sioux-Indianer angehörten, waren ähnlich organisiert.

Die Delawares bestanden aus drei Gruppen, die sich nach geogr. Namen der Gegend, die sie bewohnten, benannten und besondere Totems besaßen. Eine jede wurde durch ein Oberhaupt geleitet, das durch die Häuptlinge der anderen gewählt oder doch in sein Amt eingeführt worden sein soll. Das Oberhaupt der Onami soll an Würde den anderen vorangestanden haben. Diese Häupter wurden durch Räte unterstützt, die aus Oberhäuptern von reichen Familien und aus hervorragenden Kriegern zusammengesetzt waren; doch blieb ihre Autorität fast völlig auf bürgerliche Angelegenheiten beschränkt. Krieg wurde durch das Volk, auf Veranlassung der „Kriegsführer“, erklärt, mutige Männer, von was immer für einer Geburt oder Familie, die sich durch persönlichen Mut und besonders durch Erfolg bei den Plünderungen von Feinden ausgezeichnet hatten.

Die Städte, aus denen der Bund der Creek-Indianer bestand, setzten sich aus Angehörigen verschiedener Klans zusammen; jeder wurde durch einen bürgerlichen Häuptling oder *miko* geleitet, dem zwei Räte zur Seite standen. Der Oberhäuptling wurde auf Lebenszeit von einem besonderen Klan gewählt und ernannte den Kriegsoberhäuptling der Stadt. Der Stadtrat gab dem *miko* Anweisungen in bezug auf die Beziehungen zu anderen Stämmen und für die Ernennung von Unterbeamten, während der Rat der alten Männer sich mit den inneren Angelegenheiten befaßte, wie z. B. mit dem Maisbau. Unter diesen im Rang standen die „lieben Männer" und das gemeine Volk. Den „großen Kriegern" waren zwei Rangstufen von Kriegsführern untergeordnet. Angehörige des gleichen Klans sollen benachbarte Häuser bewohnt haben, und in den größeren Städten waren diese um einen mittleren Platz angeordnet, auf dem sich die Häuser der Häuptlinge, die Ratshäuser und der Spielplatz befanden. Doch war der Bund so lose, daß die Entscheidung über Krieg und Frieden bei den einzelnen Städten lag. In Fällen, in denen eine größere Anzahl von Städten sich entschloß, in den Krieg zu ziehen, ernannte eine jede selbst ihren Kriegsherzog.

Die am meisten entwickelte Organisation war wohl die der Irokesen, n. von dem Land der Pueblos: jeder Stamm setzte sich aus zwei oder drei Abteilungen zusammen, die wieder ein oder mehrere Klans umfaßten, welche nach verschiedenen Tieren oder Gegenständen benannt waren. Die einzelnen Klans bestanden aus einer oder mehreren Verwandtschaftsgruppen (*ohwachira*). Wenn die Stämme sich zu dem „Bund der fünf Nationen" vereinigten, traten sie in drei Abteilungen von je zwei, zwei und einem Stamm auf. Ursprünglich gab es 48 erbliche Häuptlingstümer in den 5 Stämmen; später stieg deren Zahl auf 50. Jede Häuptlingsschaft bezog sich auf eine Großfamilie, eine *ohwachira*. Die Auswahl der Persönlichkeit, die eine solche Häuptlingsschaft bekleiden sollte, fiel den schwangeren Frauen der betreffenden Großsippe zu (s. Familienformen, Frau A, Fraueneinfluß), die über die Häuptlingsschaft verfügte. Die Wahl mußte nachher durch den Stammes- und Bundesrat bestätigt werden. Mit jedem Häuptling wurde auch ein Vertreter gewählt, der zusammen mit dem Häuptling im Rate saß und in Kriegszeiten als Führer fungierte. Im Rate des Bundes saß jedoch nur der Häuptling (Hodge II 611 ff.).

Von großer Bedeutung sind Wanderungen und die Ausbreitung einzelner überlegener Völker. Obwohl sie nicht notwendig zu einer politischen Überschichtung und einer politisch festgelegten Führerschaft Anlaß zu geben brauchen, bleibt doch die Anerkennung einer geistigen Überlegenheit bestehen, die Ansehen und Einfluß verbürgt, wie aus dem folgenden Beispiel hervorgeht.

An der atlantischen Küste Südamerikas hatten im 16. Jh. die Caraios vom nö. Küstenstrich in der Nachbarschaft von Uruguay bis weit nach Rio de Janeiro Besitz ergriffen. Sie drangen vom S her vor und bewegten sich von der Küste nach dem Innern, wo sie die wilderen und primitiveren eingeborenen Stämme der Tapuyas vertrieben. Es scheint nicht, daß die Caraios Land s. von der Lagoa dos Patos besetzten. Hier kamen sie in Berührung mit einem großen nomadischen Volk, den Charrúas, die den Guaycurú angehörten. W. breiteten sich die Caraios bis an den Fuß der Anden aus, n. bis zum Amazonas selbst, an dessen Katarakten sie z. B. die Kolonie der Caraipunas begründeten. Die Besetzung dieser weiten Landstriche bedeutete jedoch nicht einen friedlichen Besitz, sondern im Gegenteil endlose Kämpfe, und zwar nicht allein gegen die primitiveren Völker, die Tapuyas, sondern vor allem gegen die nachfolgenden Horden anderer Caraios selbst. Unterwegs wurden verschiedene feste Niederlassungen gegründet, wie z. B. am unteren Rio Branco. Insbesondere wurden sie auch Herren der heutigen drei Gebiete von (Britisch-, Holländisch- und Französisch-) Guayana und des Küstenstrichs von dort bis zur Mündung des Amazonas-Stromes, so daß sie schließlich die ganze atlantische Küste von Südamerika vom Delta des Orinoko bis zum Rio de la Plata beherrschten. So durchdringend war ihr Einfluß, daß die Tupi-Sprache sogar an den Ufern des Amazonas weit hinauf gesprochen wird. Als Schiffervolk trieben sie aber Handel auch noch nach Venezuela, Kolumbien, nach den Inseln der karaibischen See, den Antillen und wahrscheinlich nach dem ganzen Golf von Mexiko einschließlich von Florida. Sie stellen die südamerikanischen Wikinger dar (Church S. 39 ff.). — Bezüglich afrikanischer Wanderungen vgl. Migeod, vgl. a.

Dapper; ferner W. M. Müller. — Zur Ausbreitung der ursprünglich (ähnlich wie die Mongolen) militärisch organisierten Chinesen vgl. Rosthorn. — S. a. Schichtung.

Bei längerem Zusammenleben, Mischungen und Verschiebungen innerhalb und zwischen den ethnischen Gruppen, die dann rangmäßig gestaffelt erscheinen, können die Bewertungen sich ebenfalls, wenigstens örtlich, verschieben. So erhält man ein Bild wie das nachfolgende.

Jede Kaste (s. d. A) hat z. B. in Indien ihre besondere Sprache mit mehreren Dialekten. Auch das Ansehen der einzelnen Kasten in den verschiedenen Gegenden ist ungleich: der Brahmane ist z. B. im Kanarese-Distrikt angesehener als in der Maratha-Gegend, er wird weniger in Gujerat geehrt und verliert seinen Einfluß im Sind. Der Baniya erhält mehr Ehre im N als im S. Den Rajput trifft man nicht in Kanara. In Gujerat und Kathiawar ist er nicht zahlreich und augenscheinlich nicht beliebt. In der Gegend von Maratha wird er nur gelobt. — Derartige Wertschätzungen drücken sich auch in den Sprichwörtern aus (Gupte S. 1). — Vgl. a. Crooke, ferner Bouglé.

§ 4. Ein Beispiel eines extrem sakralen S. mit eigenberechtigten Häuptern von bevorzugten Familien (Adelshäuptern) sei hier angeführt. Bei den Zuñi von Kalifornien liegt die oberste Autorität bei einem Rat, der aus den Regenpriestern der sechs Hauptweltrichtungen besteht (N, S, O, W, Zenith und Nadir), der Priesterin der Fruchtbarkeit, dem Helfer des Priesters des N und zwei Oberkriegspriestern. Der Priester des N steht an der Spitze von ihnen und kann als der Hohepriester der Zuñi betrachtet werden. Jeder der männlichen Priester außer dem des Zenith hat Gehilfen, die ihm gewöhnlich folgen. Obgleich die Ernennung eines Gehilfen tatsächlich bei dem einzelnen Priester liegt, wird dieser formell durch den Rat der Neun ernannt. Das Bürgerhaupt, sein Vertreter und die 4 Gehilfen eines jeden werden von den 6 Regenpriestern und den zwei Kriegspriestern ernannt, wenn sich auch manchmal ein Einfluß von außen für oder gegen einen Kandidaten geltend macht. Obschon das Bürgerhaupt mit den meisten zivilen Angelegenheiten befaßt ist, fungiert doch die ernennende Körperschaft der Priester als der entscheidende Gerichtshof in wichtigen Angelegenheiten. Seine Amtsdauer erstreckt sich nur auf ein Jahr, doch kann er wiedergewählt werden. Kriegszüge wurden durch die Kriegspriesterschaft geführt, unter der Kontrolle der zwei Oberkriegspriester (Hodge II 610).

Daß die führenden Persönlichkeiten vor allem im Umgang mit den transzendenten Mächten Bescheid wissen müssen, ist eine durchgehende Forderung in den frühstaatlichen Organisationen.

Im antiken Hellas zeigt sich, wie auch anderwärts, vielfach ein Zustand, den wir als eine Verbindung von Religion und Staat bezeichnen (Nilsson). Im 6. Jh. v. C. erscheint der Staat gleichzeitig als Ausdruck einer höchsten Weltordnung, des νόμος, der Richtung weisendes Symbol des gesamten Lebens ist, jedoch an den kleinen Raum der πόλις gebunden erscheint. Erst später machen sich, hauptsächlich durch Einflüsse von der orient. Ideen- und Staatenwelt her, andere Strömungen geltend und führen Wandlungen herbei (Salin). Die Rolle der *Goden* im Island der Saga-Zeit wird durch die sakralen Züge dieses Gemeinwesens gekennzeichnet (Niedner). Bei den Maya-Völkern des alten Amerika scheinen Priester, Gottheit und Herrscher völlig ineinander zu verschwimmen (Joyce S. 279ff.). Ganz ähnliches ist aus dem alten Japan bekannt (Katō S. 88ff.).

Unter diesen Umständen muß die Auffassung Hocarts (1927 S. 7ff., 237ff.) besonders hervorgehoben werden — nach der Gott und König ursprünglich eins waren —, daß es sich darum handelte, einen Mann zum Gott zu machen, und daß auf diese Weise die Vergöttlichung der Könige zu erklären sei. Allerdings wäre es ein Irrtum, den frühesten Formen die Gedanken und Gefühle späterer Zeit zugrunde zu legen. Wahrscheinlich waren derartige Gott-Könige oder „Priesterkönige" nicht Personen von großer Majestät, sondern dazu bestimmt, gemäß der ganzen Geistesverfassung und dem Gedankensystem der Zeit, Funktionen mystischen Einflusses auszuüben, wie regelmäßige Nahrungsversorgung und eine wünschenswerte Geburtenquote herbeizuführen, als eine Art mystisch wirkendes Fruchtbarkeits- oder Wohlfahrtssymbol. Ein solcher Symbolträger transzendenter Kräfte wurde beseitigt, wenn er nicht mehr die geheimnisvolle Wirkung (s. Mana B) ausübte, die man von ihm erwartete. Gerade diese Rolle jedoch, als Beaufsichtiger des Wetters, als Regler der Weltordnung, als Symbol der höchsten Mächte, bot Gelegenheit, Einfluß auf die Anderen zu gewinnen, über sie sich zu erheben. In späteren Spekulationen scheint insbesondere die Sonne als wichtiger Faktor mit der Gott-König-Auffassung in Verbindung gebracht worden zu sein.

Diese zunächst religiösen Gedankengänge, die in der Auszeichnung (s. d.) einer einzelnen Person als Zauber wirkendes Symbol gipfelten, haben sich, wie ich hinzufügen möchte, mit sozialen Entwicklungen begegnet. Den überlegenen ethnischen Schichten wurden von vornherein eine besondere Führerrolle und damit besondere Fähigkeiten zugeschrieben. Unter den führenden Familien wurden die Persönlichkeiten ausgesucht, denen man besondere Kräfte zutraute. Durch eine solche Verbindung von religiösen Gedankengängen mit sozialen Gestaltungen müssen wir annehmen, daß, nicht unähnlich, wie wir es beim Totemismus (s. d. B) sehen, auch beim sakralen Fürstentum etwas ganz anderes als Institution entstanden ist, als ursprünglich in den Keimen vorhanden war.

Vgl. auch Schreuer (1911) für das alte germ. Königtum; Hauer (1926) für den göttlichen Ursprung der Mandschu-Dynastie.

Für den Gebrauch verschiedener Königssymbole vgl. Hahn (S. 216).

§ 5. Das Fürstentum, das sich stets an eine mehr oder minder nach Rangstufen gegliederte Gesellschaft anlehnt, hat gewöhnlich sakralen Charakter, schon deshalb, weil die gesellschaftliche Rangordnung mit der ganzen Welt- und Lebensanschauung, mit dem Walten übernatürlicher Kräfte als Bestandteil des Weltbildes auftritt, oder der Fürst versteht doch in besonderer Weise sich der übernatürlichen Kräfte, z. B. der Zaubermittel, zu bedienen (z. B. Smith und Dale I 307). Im wesentlichen gelten wenigstens alle Familienhäupter der ethnischen Oberschichten als geheiligte Personen. Der Erste unter ihnen, der Fürst, mag wohl durch sein persönliches Ansehen noch besonderen Respekt genießen, formell wird ihm jedoch weder mehr Macht noch mehr Land zugesprochen, wenngleich er häufig in der Lage ist, Macht und Besitz zu mehren. — Vgl. dazu für Afrika: Dapper S. 359, 427, 493, 561; ferner Hooton S. 358ff., Schmidt 1913 S. 1ff. für die Kanarischen Inseln.

Das sakrale Fürsten- und Königtum der frühen Zeiten ist zwar unbeschränkt in seiner Machtausübung nach außen, in Willkür und Laune, jedoch ist es nach vielen anderen Richtungen hin eingeschränkt, nach Richtungen, die uns grausam und abergläubisch vorkommen. Vor allem wird eine Beziehung hergestellt zwischen dem Wohlbefinden des Volkes und der Gesundheit und Kraft des Herrschers. Aus diesem Grunde sorgt man für die Erhaltung des Symbols der Volksgemeinschaft (vgl. Thurnwald 1927). Dem Symbol wird eine lebendig wirkende Beziehung zum Symbolisierten beigemessen (s. a. Primitives Denken). Wird daher der König alt oder krank, so leitet man daraus die Möglichkeit von Gefahren ab (s. Häuptling, Politische Entwicklung). Zur Abwendung solcher Gefahren muß der König beseitigt werden, wie z. B. bei den Banyankole und Bakitara. Derartigen Auffassungen begegnen wir bei verschiedenen Völkern Afrikas, wie bei den Ba-Rongo Südafrikas (Junod S. 381ff.) und Baganda Ostafrikas (Roscoe 1911 S. 281). Aber auch bei vielen anderen Völkern, die J. G. Frazer in seinem Werk *The Dying God* (III. Teil von *The Golden Bough*) zusammengestellt hat. Die diesen Tötungen zugrunde liegenden religiösen und mythologischen Auffassungen und Begründungen sind natürlich bei einem jeden Volke anders. So sagt man z. B. bei den Shilluk, daß der König deshalb getötet wird, damit sein göttlicher Geist vor Verfall bewahrt werde, weil er sonst auch den Verfall der Ernte, des Viehes und der Menschheit bedingen würde (Frazer a. a. O. S. 26ff.). — Für die Hausa-Völker vgl. Tremearne S. 23ff. — Dieses Verfahren wird manchmal auch, wie bei den Dinka der Länder des oberen Nil, auf die Regenmacher angewendet, die bei diesen Stämmen einen großen Einfluß ausüben (s. § 8). Wie verbreitet diese Gedankengänge waren und sich auch auf frühzeitliche Völker erstreckten, zeigt z. B. die Gewohnheit der Fürsten des frühgeschichtlichen Preussens, die ebenfalls als Instrumente übernatürlicher Macht galten und, wenn sie sich schwach fühlten, einen Scheiterhaufen zu besteigen hatten, unter Ermahnungen an das Volk diesen mit einem heiligen Feuer entzündeten und sich verbrennen lassen mußten (Grunau I 97). — Die alten Bulgaren sollen nach *Ibn Fadhlân* Leute von besonderer Geisteskraft an einen Baum gehängt haben, damit sie den Göttern im Jenseits dienten. Ähnlich auch die Russen (Róheim S. 13).

Wenn bei anderen Völkern der Fürst oder König nach dem Ablauf einer bestimmten Zeit getötet wird oder Selbstmord begehen muß, so haben wir es in solchen Fällen wohl mit einer gewissen Systematisierung der obenerwähnten Auffassung zu tun, daß der Herrscher nicht alt oder krank werden darf. Die Zeiträume werden dann in verschiedener Weise je nach den innerhalb des betreffenden Gedankensystems als heilig geltenden Zahlen festgesetzt. Besonders in Indien und unter den von dort aus beeinflußten Völkern werden derartige Perioden beobachtet. Mitunter hängt der Eintritt des Königsmordes aber von irgendwelchen äußeren Ereignissen ab, wie z. B. vom Erscheinen eines Kometen, eines Meteors, einer Sonnen- oder Mondfinsternis usw. (Frazer S. 59, 73, 91 ff.).

Manchmal knüpft sich an das Heranwachsen des Nachfolgers die Entsagung des Königs auf seine Herrschaft. Hier und da wird der Sohn des Königs für den Herrscher geopfert (Frazer a. a. O. S. 191, 194; s. a. Menschenopfer C).

§ 6. Eine in den Grundzügen ähnliche Entwicklung wie bei den Naturvölkern finden wir auch in Europa. Als Beispiel mögen die irischen Verhältnisse dienen, die eine Gestaltung zeigen, wie sie auf verhältnismäßig begrenztem Raum und unter starkem Hervortreten wirtschaftlicher Faktoren sich geltend machte. Den ältesten und eigentlichen Hauptteil der alten irischen Gesetze des *Senchus Már* bildet die Einteilung der Stände. Die alte kelt. Oberschicht, die raßlich und kulturell von den andern getrennt war, stellten die *Féni* dar (Kuno Meyer *Fianaigecht* Dodd-Lectures Ser. 16). Es war der freie, landbesitzende Adel, der später durch Privateigentum und Schuldverhältnisse in verschiedene Grade zerfiel. Nur diese Freien hatten Stimme bei Gericht und in der Ratsversammlung. Sie unterschieden sich in *rí* (König), *aire* (Edle) und *aithech* (Klienten). Auch letztere waren Freie, die jedoch in eine Abhängigkeit durch Verpfändung ihrer Standesrechte an einen Herrn (*lordflaith*) verfallen waren. Der Inbegriff dieser Standesrechte bestand in dem sog. „Ehrenpreis" (*honourprice*), dem Stimmrecht und dem dem Rang entsprechenden Entschädigungsanspruch bei erlittenem Unrecht, sowie in der entsprechenden Wertung von Eid und Zeugnis und von Bürgschaft (s. d. A). Auch die Könige zerfielen in verschiedene Grade. Man unterschied: 1. einen „König der Spitzen", nämlich den eines Gaues (*tuath*); 2. einen „König von Truppen", der als Stellvertreter betrachtet wurde und die waffenfähige Mannschaft von drei oder vier Gauen befehligte; endlich 3. einen Stammkönig (*king of stock*), der gewisse gemeinsame Angelegenheiten regelte, dem namentlich die Nichtadligen und Fremden untergeordnet gewesen sein dürften. Später unterschied man als höchsten Grad den König von Irland (*triath*), sodann „König der Könige" (*rírig*), einen König, dem nur 7 Könige untertan waren, und schließlich einen *rî tuaithe* einen „Gaukönig", den König eines *tuath*. Dabei muß man allerdings sich vergegenwärtigen, daß im 10. Jh. Irland aus ungefähr 90 solchen Gauen bestand. Die wichtigste Persönlichkeit bildete ursprünglich ein solcher kleiner „Gaufürst", der stets eine besondere Jurisdiktion ausübte und immer nach besonderem Recht in jedem Gau regierte. Die Freien eines Gaues stellten eine besondere politische Körperschaft dar, und diese ist es, die in den älteren Gesetzen als *tuath* verstanden wird. Bemerkenswert ist, wie später an Stelle der Druiden, der Priesterschaft, namentlich beim Hereinbrechen des Christentums, außer den Kirchenleuten auch Gelehrte, Künstler und Handwerker in den Rang der Edlen zugelassen werden, wobei allerdings wieder eine Staffelung in sieben verschiedene Grade eintritt (Mac Neill S. 265ff.).

Ähnliche aristokratische Gliederungen (s. a. Kaste A, Lehen) finden sich nicht nur im kontinentalen Europa, sondern auch in Japan (Friedrichs, Heber S. 394ff., Überschaar S. 179). Ferner z. B. bei kalmückischen Stämmen (Pallas I 328ff.), bei den Lolos der westchinesischen Gebirge (Legendre S. 586), insbesondere unter den großen polynesischen Stämmen (Williamson I 41, 343f., II 54ff., III 356ff., auch Turner S. 172, 232, 252). In Westafrika ganz ähnlich z. B. bei den Yoruba (Johnson S. 40ff.); bei den Kpelle (Westermann 1921 S. 54ff., 81ff.) usw. Eine echt aristokratische Staffelung zeigt z. B. das alte Perserreich, wie es uns Herodot III und VII schildert (vgl. de Morgan). Über die Standesgliederungen der Sachsen im frühen Mittelalter vgl. Heck.

Natürlich darf man nicht vergessen, daß auch kriegerischen Faktoren eine große Bedeutung für die Staatsbildung zukommt. Sie sind jedoch keineswegs in dem Maße ausschließlich wirksam, wie die ältere Auffassung es gewöhnlich betont. Die Tendenzen zur Ausbildung einer dauernden offiziellen Führerschaft hängen mit dem Zusammentreffen bestimmter Völker und Kulturen zusammen, sie setzen gewisse technische Fertigkeiten und Kenntnisse (Ackerbau, Handwerk; s. d. A und Sklave A, Wirtschaft D) voraus, sowie auch eine Schichtung (s. Schichtung § 3). Wie die Mandschus (s. Politische Entwicklung) waren auch die alten Chinesen ein militärisch organisiertes Volk, welches sich inmitten einer Anzahl überlegener, fremder Bevölkerung nur als geschlossene Wehrorganisation behaupten konnte (vgl. Rosthorn).

Besonderer Art sind die Despotien (s. d.), wie sie als Ergebnis oft komplizierter Prozesse (vgl. Krause bezüglich der Mongolen und Frankfurter S. 51ff. bezüglich Siams) zutage treten. Insbesondere hat das ö. Afrika, das den Einwirkungen der Araber ausgesetzt war (vgl. Brode), sich offenbar anderenorts entwickelte Formen älterer frühstaatlicher Gestaltungen aufpfropfen lassen (vgl. Fromm S. 95).

In Verbindung damit hat sich wohl auch das Patriarchat (s. d. A) in diesen Gegenden in eigenartiger Weise entwickelt und familiale Lebensformen auch sonst beeinflußt.

§ 7. Für die Ausbildung einer starken politischen Führerschaft ist die Entwicklung des Reichtums (s. d.) neben der Überschichtung von entscheidender Bedeutung. Der Reichtum setzt aber 1. die Entstehung von Privateigentum oder wenigstens eines abgesonderten Familien- oder Sippenbesitzes voraus und 2. eine erhebliche Menge und Bedeutung von tauschbarem Gut, somit Viehzucht oder eine gewisse Ausbildung der handwerklichen Technik. Die durch diese Faktoren bedingte individuelle oder familiale Führerschaft (s. Familie A, Klan, Sippe) wird, wie in den Artikeln Häuptling und Mana B dargelegt, mit dem Gedanken an das mystische Wirken transzendenter Mächte verbunden.

Vom Königtum wollen wir dann sprechen, wenn eine offizielle Führerpersönlichkeit den Glanz der Schichtenzugehörigkeit, des familialen Ranges und des persönlichen Ansehens zur Ausübung politischer Macht, gewöhnlich unter Zuhilfenahme wirtschaftlichen Einflusses, verwendet. Vom Großhäuptling (s. Häuptling) unterscheidet sich der König äußerlich durch seine höhere und weiterreichende Machtausübung. Im Unterschied zum Fürsten benutzt er wohl die sakrale Auffassung, steht jedoch nicht mehr selbst völlig in deren Bann. Die wichtigste Kennzeichnung wird man jedoch darin zu finden haben, daß er nicht mehr, wie der Fürst oder Oberhäuptling, der erste unter gleichen Adelshäuptern ist, sondern über seine Standesgenossen einen entscheidenden Machteinfluß ausübt. In charakteristischer Weise treten die Rolle des Königs als überlegene Führerpersönlichkeit und seine Eigenschaft als Beschützer der breiten Masse aus einem babyl. Hymnus an Dungi hervor, worin es heißt: „O, mein König, wer begünstigt so wie du den arbeitenden Menschen? Wer bringt Gerechtigkeit? . . . o Hirte Dungi!" . . . (Barton S. 29).

Von besonderer Bedeutung ist die Gerichtsbarkeit. Die Ausübung der Gerichtsbarkeit nicht nur innerhalb der eigenen Sippe oder Kaste, sondern auch über andere bildet ein entscheidendes Kriterium eines Königtums (s. Gericht A, Recht). Gerade dadurch, daß der König sich über die anderen Adelshäupter erhebt, vermag er, gestützt auf seine Leibgarde, ohne die er undenkbar ist, die Durchführung einer Rechtsprechung in unserem Sinne zu gewährleisten und begründet dadurch einen Zusammenschluß aller seiner Untertanen zu der Organisation, die wir „Staat" nennen. Insbesondere tritt diese Rechtsprechung darin zutage, daß er als oberster Berufsrichter erscheint.

Wie auch unser Wort König unmittelbar an die adlige Herkunft anknüpfte, zeigt das gotische Wort *kuni*, das einen „Mann von Geschlecht" bedeutet.

Die Stellung des Königs zu seinen aristokratischen Vasallen (s. Lehen) wird durch folgendes Beispiel aus dem Afrika des 16. und 17. Jh. gekennzeichnet.

Nach alten portug. Berichten rief der König von Angon (Angola) die Großen des Reiches, seine *Macotas*, zusammen, um sein Vorgehen gegen die Portugiesen zu beraten. Als die Ausführung seines Entschlusses fehlgeschlagen war und er von den Portugiesen besiegt wurde, wandte sich sein Zorn gegen die *Macotas*, die ihm den Rat gegeben hatten, und er ließ sie töten (Schmidt S. 351). — Vgl. a. Ellis in bezug auf die Yoruba der Sklavenküste.

Die aristokratischen Häupter werden wie Idole (s. d. A 1) behandelt, die man zerstört, wenn etwa ihr Orakel (s. d. A) oder sonstwie auf sie gesetzte Hoffnungen nicht erfüllt wurden. Immerhin zeigt das geschilderte Vorgehen, welche Bedeutung dem Erfolg oder Mißerfolg für die Ausbildung oder Erschütterung der offiziellen Führerschaft und des Einflusses, somit für Machtverschiebungen, zufallen konnte.

Noch aus dem Abessinien des 17. Jh. (s. a. § 10, 11) wird berichtet, daß der König, wenn er verwundet aus der Schlacht kommt, von seinen Begleitern oder seinen Verwandten getötet wird. Begründet wird dieses Verfahren damit, daß man nicht hören will, daß der König von der Hand der Feinde verwundet worden sei: er soll siegen oder sterben (Schmidt S. 347f.).

Nach holländischen Quellen des 17. Jh. richtet sich die Macht des Herrschers im Küstenland von Guinea (Westafrika) nach seinem Reichtum; er ist in Wirklichkeit wenig mehr als seine Großen, deren Willen er sich häufig fügen muß. Ihre Wohnungen unterscheiden sich, abgesehen davon, daß sie etwas geräumiger sind, nicht von denjenigen der übrigen Bewohner, ebensowenig ihre Kleider. Geht der Herrscher z. B. auf den Markt oder auf den Gerichtsplatz, so ist er mit einem einfachen Tuch bekleidet, und höchstens trägt ihm ein Sklave seinen Sonnenschirm, oder ein paar Jungen begleiten ihn, der eine mit einem Säbel, der andere mit einem Fliegenwedel. Nur wenn auswärtige Persönlichkeiten ihn besuchen, wird mehr Prunk aufgewendet, insbesondere werden die Frauen und Haussklaven geschmückt, und der König selbst, mit einem verhältnismäßig kostbaren Gewand bekleidet, geht unter einem großen und verschiedenen kleineren Sonnenschirmen einher, die durch Sklaven getragen werden, außerdem folgt ihm eine kleine bewaffnete Macht.

Anders die Könige von Assanti, die reich an Gold und Sklaven sind und ihre Würde zur Geltung bringen. Wenn sie begütert sind, so werden sie von ihren Untertanen geehrt und von ihren Nachbarn gefürchtet. Der König gebietet dann über sein Reich mit unbeschränkter Macht, ohne daß irgend jemand den Mut hätte, sich dagegen aufzulehnen (vgl. a. Bowditsch § 275, 298 und Westermann 1921 S. 130).

Beim Tode des Herrschers werden in Guinea eines Großen oder eines Herrschers Sklaven und auch Sklavinnen geschlachtet, und zwar diejenigen, die ihm am liebsten gewesen waren (Schmidt S. 353f., 365f.). — Vgl. a. Cardinall.

In Ägypten (s. d. B, Soziale Entwicklung C) beruhte das Königtum auf der Gleichsetzung des Herrschers mit den Göttern. Am Tage seiner Salbung wurde der junge Prinz durch eine besondere Seele in einen Gott verwandelt.

Die sumer. Stadtkönige (s. Sumerer) galten als durch die Götter empfangen und geboren durch Göttinnen. Obgleich man den Herrschern dieser Zeit nicht Anbetung und Opfer wie Göttern darbrachte, wurden sie doch von ihren Untertanen als Vertreter der Gottheiten und göttlich gesandte Erlöser betrachtet. Nach dem Tode wurden sie nicht vergöttlicht, außer, wenn sie schon bei ihren Lebzeiten vergöttlicht worden waren. Wahrscheinlich gab eine Art von

Weihe allein dem Sterbenden das Anrecht auf Unsterblichkeit. Diesen Königen aber wurden überall in Sumer Heiligtümer errichtet (Meissner I 47), Hammurapi nennt sich „Sonnengott von Babylon", und unter den Hettitern wird vom König stets als von der Sonne gesprochen (Garstang S. 340).

Bei Homer werden die Könige „göttlich" genannt. Derartige Bezeichnungen können jedoch nicht, wie Foucart von den ägyptischen Königen sagt, bloß als Ausdruck der Eitelkeit und Großsprecherei betrachtet werden, weil ein jeder derselben einer bestimmten Funktion oder Kraft des einen oder des anderen der großen Götter Ägyptens entspricht. Der homerische Herrscher stammte von Göttern ab, er war ein Priester und ein guter Fürst, der „die schwarze Erde Weizen und Gerste hervorbringen, die Bäume mit Frucht beladen, die Herden sich vermehren und die See Fische wachsen ließ". Der priesterliche Charakter der alten röm. Könige ist bekannt, und der Titel und die Würde des Königs der Wälder, des *rex Nemorensis*, bilden den Ausgangspunkt zu den weitausholenden Vergleichen und der Sammlung von Parallelen in Frazers *Goldener Zweig* (vgl. a. Sweet). Die alten germ. Könige und Fürsten führten ihren Stammbaum auf einzelne Götter zurück (s. a. § 4 und 5).

Dafür, wie die Auffassung vom Königtum in die gesamte Weltanschauung und Ethik des Volkes eingebaut ist (s. a. § 12), bieten die verschiedenen heiligen Schriften lebendige Belege. Es sei z. B. an das *dâdistân-î dînîk* der alten Perser erinnert (West II 11 ff.).

§ 8. Im Zusammenhang mit dem Königtum erscheint auch die Priesterschaft. Vielfach wird von Priesterkönigen geredet, von Persönlichkeiten, in denen die Funktion des Königs und des Priesters zusammenklingt. Es kennzeichnet sie namentlich die Herrschaft vorstaatlicher und frühstaatlicher Gebilde höherer Naturvölker und archaischer Kulturen. Hocart (1927 S. 119 ff.) lenkt die Aufmerksamkeit darauf, daß auf Fiji (Südsee) der Priester in derselben Weise wie der König durch Trinken von Kava gewählt und in sein Amt eingeführt wird. Der hauptsächlichste Unterschied zwischen einem Häuptling und einem Priester besteht darin, daß der Priester Besessenheit und Wahrsagekraft erlangen kann (s. Omen A, Rausch), der Häuptling (s. d.) jedoch nicht. Diese Unterscheidung hält Hocart jedoch für verhältnismäßig jungen Datums; er betrachtet sie als eine Erscheinung, die sich erst in den letzten 200 J. im Zusammenhang mit dem Geisterglauben über Fiji ausgebreitet hat. Hinzu kommt noch die Tatsache, daß einige Stämme die Priester als ihre ersten Fürsten bezeichnen. Turner nennt z. B. das Oberhaupt von *Niue* einen Priester. Im alten Indien galten die Priester als ebenso heilig wie die Könige, und beide hatten eine Weihezeremonie durchzumachen (*vajapeya*), in deren Folge der König zum Gott Indra wurde, der Priester zum Gott Brihaspati. In den alten ind. Schriften erscheint das Königtum ebenso als eine rituelle Einrichtung wie das Priestertum: der König gilt als Herr des Opfers, der Priester führt es aus. Erst später gelang es den Priestern, sich über den königlichen Rang zu erheben. Im Manu (IX 13; XI 85; I 100) wird gesagt: „Ob unwissend oder gelehrt, ist der Brahmane eine große Gottheit; so wie das Feuer eine große Gottheit ist, ob es zu heiligen Zwecken gebraucht wird oder nicht." Vgl. a. Chandra über die Hierarchie des Dalai-Lama; über Priesterklassen Pallas I 351, 355.

Nach Montoya bezeichnen gewisse Indianerstämme Südamerikas mit dem Ausdruck *Carai* im allg. ihre Zauberer. Dieser Name wurde sogar auf die Spanier und Christen ausgedehnt. Die Stämme, welche wir als Karaiben bezeichnen, und die früher nach Ferdinand Denis ein sehr großes Volk bildeten, waren in ganz Südamerika, ähnlich wie die Chaldäer des orient. Altertums, wegen ihrer Kenntnisse und ihres Verstandes angesehen. De Lery, der während der ersten Hälfte des 16. Jh. im s. Brasilien lebte, berichtet, daß sie ein Volk edelerer Abkunft waren als ihre Nachbarn, und daß unter ihnen gewisse Führer *Cara-ibes* genannt wurden, die sie außerordentlich verehrten und als Halbgötter (*Pagés*) betrachteten. Der Einfluß dieser *Cara-iben* über das Volk war überragend groß. Sie waren die Medizinmänner, Weissager, Astrologen, Zauberer und Teufelbeschwörer.

Sonne, Mond und Sterne gehorchten ihren Befehlen, sie entfesselten die Winde und Stürme, die wilden Tiere der Wälder waren ihnen untertan. Sie waren es auch, welche die Grenzen der Jagdgebiete festsetzten, Träume und Vorzeichen deuteten, denen alle Geheimnisse anvertraut wurden, und die als Beichtväter auch in allen privaten Angelegenheiten die Macht einer heiligen Priesterschaft ausübten. Leben und Tod lag in ihrer Hand; wenn aber viele der Kranken starben, so töteten dann die Indianer den *Pagé*. Im allg. aber übten sie, wie Yves d'Evreuy sagt, einen wunderbaren Einfluß in der ganzen Gegend von der Mündung des Orinoko bis zu der des Rio de la Plata aus. Wo immer sie erschienen, wurden sie vorzüglich aufgenommen, und das Beste von allem wurde ihnen gegeben. Sie zogen, mit reichem Federschmuck geziert, von Dorf zu Dorf, und drei oder vier von ihnen waren bei jedem Tanz und jeder Versammlung in kostbarer Kleidung mit Kopfschmuck und Armringen zu sehen. In jeder Hand hielten sie eine Rassel (*maracá*), der sie eine gewisse Heiligkeit zuschrieben, denn ein Geist sollte darin wohnen, der zu ihnen sprach. Auch bliesen sie Rauch von Tabak aus einem Rohr nach verschiedenen Richtungen über das Volk unter dem Segensspruch: „So mögt ihr Gewalt über eure Feinde bekommen, empfanget den Geist der Kraft". Claude d'Abbéville meint: „Diese Karaiben sagen und befehlen nicht, was nicht sofort von dem ganzen Volk, sogar von den ältesten Leuten, ausgeführt würde". — Heute noch stellt der *Pagé* in den wilden Gegenden von Brasilien und im Amazonas-Gebiet eine bedeutende Macht dar und hat alte Sitten seiner Kaste bewahrt (Church S. 31 ff.).

Über die politische Organisation der Goldküste von Westafrika sagt de Marrée in bezug auf das 18. Jh., daß die mehr von der See entfernt Wohnenden feste Reiche begründet haben. Ein solches Reich besteht aus einem Verband von Herrschern, die einen sog. König über sich haben, der oberster Herr ist, und durch den sie alle auf das willkürlichste und häufig auf das gewalttätigste regiert werden. Doch herrschen über die Könige und Fürsten in Wirklichkeit die Priester, die durch ihren unbegrenzten Einfluß auf die Herzen der Menschen vollständig deren Tun und Lassen bestimmen (Schmidt S. 352).

Wie das Priestertum vielfach mit der politischen Führung verschmilzt, ergibt sich aus dem oben (§ 4) angeführten Beispiel der nordamerikanischen Zuñi. Man spricht in solchen Fällen von Theokratie oder von Priesterherrschaft. Vergegenwärtigen wir uns, in welchem Maß die sakrale Herrschaft von der Beachtung der Vorzeichen (s. Omen A) höherer Mächte und deren Deutung abhängt, wie unsicher das Denken ist, wenn es auf überlegte Entscheidungen ankommt (s. Primitives Denken), dann wird es uns nicht verwunderlich erscheinen, daß die politischen Führer die Mittel geistig-mystischer Art zu nutzen streben, daß aber auch diejenigen, die im Verkehr mit den übernatürlichen Kräften sich einer gewissen Festigkeit rühmen, diese gelegentlich benutzen, um sie zu einem Maßstab sanktionierter politischer Führung und Macht auszugestalten.

§ 9. Um die Suprematie im Innern zu verwirklichen, bedient sich der archaische Staat entweder herabgedrückter Adliger oder Angehöriger niedriger Schichten oder endlich fremder Elemente.

Aber auch ganz lose können einzelne ethnische Gruppen durch Tributverpflichtungen angeschlossen sein.

Das Reich des Cazembe (zwischen Angola und Mozambique) war von Muata Yambo lehenabhängig im 16. und 17. Jh. und mußte diesem als Zeichen der Abhängigkeit einen Tribut in Seesalz entrichten, das von der ö. Küste eingeholt wurde (Schmidt S. 350f.).

Derartige Tributverpflichtungen haben sich manchmal aus Tauschbeziehungen entwickelt (s. Handel F, Höriger A, Schichtung, Tribut).

Die festere Angliederung geschieht durch Statthalter des Königs, die als Bevollmächtigte und Organe des Herrschers auftreten. Bei primitiver Technik bestehen Verkehrsschwierigkeiten, die eine verhältnismäßige Selbständigkeit dieser Personen bedingen. Vielfach handelt es sich um Beamte, die in eine strenge Rangstaffelung eingegliedert sind, wie namentlich im alten Mexiko und Peru.

Auf einer Bilderkarte des alten Mexiko finden wir einen Zensus der Leute einer bestimmten Gegend mit der Lage ihrer Heimstätten, den Namen der Besitzer, ihrer Kastenzugehörigkeit, sowie mit der Zahl der Siedlungen und dem Verwandtschaftsverhältnis der Einzelnen zueinander, endlich ist auch die Menge von Mais, die sie als Tribut zu leisten haben, angegeben (Breton Nr. 10, 69).

Eine Mittelstellung zwischen loser Abhängigkeit und strenger Einordnung in ein festes Abhängigkeitssystem nehmen Vasallen ein, die wohl formell abhängig sind, tatsächlich jedoch dank den großen Entfernungen und den Schwierigkeiten der Verbindung erhebliche Freiheiten genießen (s. Lehen). Man kann sagen, daß gerade in der Stellung dieser Vasallen und in der beständigen Veränderung, die durch den Wechsel der Persönlichkeiten, sowohl der Vasallen wie des Herrschers, bedingt sind, die Probleme und das Schicksal der archaischen Staaten beschlossen liegen. — Über die Veränderungen in Japan zu Anfang des 17. Jh. vgl. Lange.

Bezeichnend für das Fortleben unabhängigen Adelsgefühls gegenüber dem schon aufkommenden Despotentum war im Frankreich des Mittelalters der Spruch des Geschlechtes Rohan: „*Dieu ne peut, roi ne veut, Rohan je suis*".

§ 10. Der Übergang zum Beamtenstaat vollzieht sich allmählich, ja, es kann ein aristokratisches Lehenssystem noch neben der Besetzung der Statthalterschaften durch Ministeriale parallel einhergehen, wie z. B. im alten Abessinien. Letzteres Beispiel ist darum besonders bemerkenswert, weil daraus ersichtlich ist, wie der Herrscher verfuhr, um auch dort, wo er nicht wagte, die aristokratischen Ansprüche völlig zu ignorieren, seinen Einfluß zur Geltung zu bringen. Oft ist es sonst üblich, daß aus den Angehörigen der Adelsfamilien der Regent durch diese selbst oder durch das Volk gewählt wird. In Abessinien schritt der Kaiser nun dazu, sich dieses wichtige Ernennungsrecht anzueignen. Zur weiteren Stärkung seines Einflusses behielt er sich vor, innerhalb gewisser Zeit Neuernennungen vorzunehmen, so daß wir es gewissermaßen nur mit von Oberherren bestimmten Präsidenten aus den alten Adelsfamilien zu tun haben.

Aus dem Abessinien des 17. Jh. wird von Manoel d'Almeyda berichtet, daß der König (Kaiser) die Herrscher über die einzelnen Gebiete seines Reiches nach Belieben ein- und absetzt. In einzelnen Ländern, besonders in Tigré, bleibt jedoch die Regierung stets in der Hand bestimmter Familien. Innerhalb dieser Familien kann der König die Persönlichkeiten ernennen, die er jeweils zur Herrschaft auserwählt. Mit diesen Persönlichkeiten wechselt er häufig: alle zwei Jahre, oder jedes Jahr, oder auch alle 6 Monate überträgt er die Herrschergewalt an andere Persönlichkeiten der ausgezeichneten Familien. Diese Fürsten der einzelnen Länder sind die Herren und Richter; doch kann gegen ihre Richtersprüche an die Gerichte am Hofe des Kaisers appelliert werden (Schmidt 1914 S. 345).

Wenn der Herrscher gestorben war, wurden die Söhne auf dem Felsen *Amba Guechen* interniert. Aus ihrer Mitte sollte sodann der König gewählt werden. Nachdem man sich schlüssig geworden war, zog der Fürst von Tigré mit großem Gefolge an den Fuß des Berges von *Amba*, erstieg mit den höchsten Würdenträgern den Berg und trat in die Zelle desjenigen Prinzen, der erwählt worden war; diesem steckte er einen goldenen Ohrring, *blul*, an das rechte Ohr zum Zeichen seiner Wahl (Schmidt 1914 S. 347).

Aus diesem Verfahren bei der Königswahl geht hervor, wie auch die Despotie (s. d.) sich (im Gegensatz zur Tyrannis) auf die Aristokratie beruft, die sie sich allerdings untertänig zu machen sucht. Bemerkenswert ist, daß es hier noch deutlich die Großfamilie, die Sippe als solche, ist, die als Oberschicht, als Dynastie die Führung innehat und noch keine persönliche Beschränkung durch eine bestimmte Erbfolgeordnung (s. Erbe) Platz gegriffen hat. — Vgl. a. Ellis für die Yoruba; Westermann 1912 S. 122 für die Shilluk; vgl. Anthropos 5 S. 333 Hofmeyer. — Für die Ewe Spieth S. 98ff. — Bezüglich Krönung vgl. van Wing, insbesondere Vinson. — Für das frühe Mittelalter vgl. Schramm.

Den Übergang vom aristokratischen Lehensstaat zum despotischen Beamtenstaat kennzeichnet in China eine Reihe von

Edikten aus der Zeit der Han-Dynastie, die gewissermaßen den Schlußstein einer Entwicklung bilden, die allerdings nicht geradlinig dem Ziel zustrebte. Auch die Herrscher der Han-Dynastie mußten an geschichtliche Traditionen anknüpfen, obgleich der aristokratische Feudalstaat der Tschou-Zeit damals schon überlebt war. Zwar waren die Kaiser zunächst gezwungen, zur Belohnung ihrer Anhänger und Festigung ihrer Stellungen das alte Lehensfürstentum wieder aufleben zu lassen, doch sorgten sie dafür, daß die Vorzüge des Einheitsstaates mit straffer Zusammenfassung aller Gewalt in der Hand des Kaisers nicht verlorenging. Zu Lehensfürsten wurden bald nur noch Mitglieder des kaiserlichen Hauses erhoben, und auch diese wurden durch „Ratgeber" sorgfältig überwacht. Zuletzt wurde durch ein neues Erbgesetz, das nur noch die Hälfte des väterlichen Erbes an den ältesten Sohn gelangen ließ und die andere Hälfte an die übrigen Nachkommen aufteilte, für den allmählichen Abbau der selbständigen Lehensfürsten gesorgt. So erscheint die Anknüpfung an den Feudalismus der Tschou-Zeit rein formal. Die Herrscher stützten sich auf eine aus dem Volke ausgelesene, persönlich ergebene Beamtenschaft. Außerdem hatten sich Philosophen zu einer Art von selbständigem Stamm herausgebildet, der nach einer staatlichen Anerkennung strebte. Dieses Ideal, daß der Weise auch der Leiter des Staates sein solle, war ja einer der Grundgedanken der konfuzianischen Überlieferung. Der „Gelehrte" hatte also von vornherein einen politischen Zug, der schon in seiner Standesbezeichnung deutlich zum Ausdruck kam. In der Han-Zeit flossen diese beiden Tendenzen derart zusammen, daß sie auf der Höhe dieser Epoche, unter dem großen Kaiser Wu Ti (140—87 v. C.), zu einer festen Staatsauffassung sich kristallisierten, welche die ganze Folgezeit bis zum Zusammenbruch des alten China in unseren Tagen den Charakter des chines. Staates bestimmte. Die chines. Geschichte hat uns die einzelnen Abschnitte dieses Verlaufs genau überliefert. Der Einfluß der Philosophen war unter Wu Ti so mächtig geworden, daß wir ihre Mitwirkung bei einzelnen kaiserlichen Verordnungen genauer verfolgen können, und daß auf ihr Betreiben eine Neuordnung des staatlichen Unterrichtswesens erfolgte, aus der dann das chines. Prüfungssystem hervorgegangen ist. Einige Edikte und entsprechende Antworten des Philosophen Tung Tschung Schu, die hier auszugsweise aufgeführt werden sollen, sind wegen der Auffassungen, die sie in bezug auf das Verhalten und das Ineinanderarbeiten der verschiedenen staatlichen Kräfte an den Tag legen, besonders bemerkenswert.

In seinem ersten Edikt weist der Kaiser zunächst auf den bisherigen Geschichtsverlauf hin. Die Idealherrscher des Altertums hätten jeweils die Staatseinrichtungen verbessert, Harmonie und Frieden des Reiches werden vor allem der Schaffung von sinnfälliger Harmonie durch die Musik zugeschrieben. Der Verfall der von den alten Herrschern begründeten Lehensordnung wird dem Umstand zugeschrieben, daß „die Melodien der Glocken und Pauken, Flöten und Saitenspiele" zwar noch nicht in Verfall geraten sind, daß jedoch ihr großes Grundgesetz (*tao*) dahingeschwunden ist (*tao* dürfte wohl nicht unähnlich dem Mana [s. d. B], der geistigen Wirkungskraft, sein). Hier knüpft auch sogleich eine damals herrschende Geschichtsphilosophie an, welche Perioden von 500 J. annimmt, innerhalb deren sich die gleichen Vorgänge abspielen. Darum erhebt der Kaiser die Frage, ob diese Gesetzmäßigkeit im Geschichtsverlauf im Wesen der menschlichen Anlage ihren Grund habe oder auf eine unabänderliche Bestimmung des Himmels zurückzuführen sei. Von der Beantwortung dieser Frage hänge das Urteil über den Sinn gewissenhafter Herrscherarbeit, die vorbildliche Bedeutung der drei durch die Tradition geheiligten Dynastien und die Entstehungsursachen der Katastrophen im natürlichen und geschichtlichen Geschehen ab. In letzter Linie ergeben sich daraus die Richtlinien für die eigene Regierung, die kein anderes Ziel hat, als eine himmlische Weltordnung nach allen Seiten hin zu verwirklichen. — Die Antwort Tung Tschung Schu's geht von dem Verhältnis von himmlischer Bestimmung zur menschlichen Anlage aus. „Des Himmels Herz ist die Güte", die auf Erhaltung von Glück und Frieden hinzielt. Heimsuchungen und Unglücksfälle sind Warnungen an eine Regierung, die in Gefahr ist, vom rechten Wege abzuirren, — ein Gedankengang, den wir in allen archaischen Staatsauffassungen wiederfinden (s. Mana B). Die Leistungen des Herrschers müssen im Einklang mit den Forderungen der überlieferten Sittlichkeit stehen und sich in festgeprägter Form auf die Nachkommen forterben. „Es kommt nur auf das Sich-anstrengen an, auf sonst nichts", sowohl im rechten Lebenswandel als überhaupt in der Tätigkeit. Der Weise greift auch hier als wichtigstes Mittel, um Harmonie herbeizuführen, auf die Musik zurück: „Ehe ein Herrscher eine eigene Musik schafft, folgt er der Musik der früheren Herrscher, die zu den Zeitverhältnissen paßt, und damit läßt er Lehre und Bildung tief eindringen in das Volk. Wenn der Geist der Lehre und Bildung nicht zur Wirklichkeit wird, dann kommt die Musik der Festlieder und Opfergesänge nicht zur Vollendung. Wenn ein Herrscher sein Werk vollendet hatte, dann schuf er eine Musik. In der Musik verschaffte er seinem Wesen Ausdruck. Die Musik ist es, mit der man die Geistesrichtungen des Volkes wandelt und die Sitten des Volkes verfeinert." Der immer wieder eintretende Verfall sei auf die menschliche Verirrung zurückzuführen, aber die Geschichte beweise ebenso, daß die Wiederaufnahme der rechten Lebensordnung durch tugendsame, gewissenhafte Herrscher zur Behebung der Mißstände führe. (Hier kommt die starke innerliche Verbindung zum Ausdruck, welche die primitive „Staatstheorie" zwischen dem Verhalten, ja dem äußeren Wesen des Herrschers und den von ihm geleiteten Gemeinwesen zieht, eine Verbindung, die manchmal bekanntlich derartig materiell aufgefaßt wurde, daß man glaubte, der Herrscher müsse vor allem stets in körperlich blühendem Zustande sich befinden, um das Wohl des Ganzen zu erhalten; Alter oder Krankheit schade auch dem Gemeinwesen, so daß es im Interesse des Ganzen liegt, in diesem Fall die Aufopferung des Herrschers für sein Gemeinwesen zu fordern; s. § 5 und Häuptling). — Aus dieser Auffassung geht bei Tung Tschung Schu die ethische Forderung hervor, daß der Herrscher seine Reformarbeit bei seiner eigenen Person beginnen müsse, um so von innen nach außen immer weitere Kreise mit dem Segen harmonischer Ordnung zu erfüllen.

Das zweite kaiserliche Edikt geht auf das Herrscherideal näher ein und weist darauf hin, daß die Überlieferung eine Einheitlichkeit der Regierungsgrundsätze vermissen läßt. Namentlich betont es, daß im höchsten Altertum (bei Schun) der geistige Einfluß des Herrschers das Reich in Ordnung hielt, während z. B. später zur Zeit des *Wên* von der Tschou-Dynastie zeremonieller Prunk die Regierung beherrschte. — Der Weise erklärt die Unterschiede mit der Veränderung der Zeitumstände und wendet sich in seinen Ausführungen der Heranbildung pflichttreuer Beamter zu. Die Ämter würden ohne Rücksicht auf das Verdienst an die Angehörigen der hohen Beamten vergeben, anstatt daß die Tüchtigsten aus dem Volk zur Verwaltung des Reiches herangezogen wurden. Er befürwortet zu diesem Zweck eine sorgfältige Siebung, um die tüchtigsten Philosophen zu Beamten zu machen.

Auf das dritte Edikt, das von den vorausgehenden Gedankengängen beherrscht wird, antwortet der Weise wieder ausführlich. Hier befaßt er sich insbesondere mit der Frage von Norm und Bestimmung (*ming*). „Des Himmels Anordnung nennt man die Bestimmung; die Bestimmung kann ohne den Heiligen nicht ausgeführt werden. Den ursprünglichen Stoff nennt man die natürliche Anlage, die Anlage kann ohne die bildende Belehrung nicht entwickelt werden. Des Menschen Begehren nennt man die Regungen, die Regungen können ohne Lenkung nicht in Schranken gehalten werden." Er sagt: „Voll Hast nach Besitz und Gewinn zu streben, ständig Furcht vor Mangel und Not zu haben, das ist das Denken gewöhnlicher Menschen. Voll Eifer nach Güte und Rechtlichkeit zu streben und ständig in Furcht sein, man wäre nicht imstande, das Volk bildend zu beeinflussen, das ist das Denken der Würdenträger." Er schließt mit der scharfen Forderung, in den Studiengängen zur Erziehung der Würdenträger alles auszuschließen, was nicht in den „sechs Wissenschaften und in dem Kanon des Konfuzius" enthalten ist (Seufert S. 2ff.). Vgl. a. Franke; — bezügl. Siams: Frankfurter; — bezügl. Japans: Ekken.

§ 11. Schon früh findet man Helfer der Häuptlinge, als welche vor allem Verwandte derselben dienen (vgl. Hocart 1913, 1915; Roscoe 1923 S. 96), aber auch Kriegsgefangene oder Schuldknechte (vgl. Westermann 1921 S. 95), deren Schicksal sie an die Person ihres Herrn bindet. Dementsprechend sind auch für das königliche Beamtentum zweierlei Quellen vorhanden: Funktionen, die mit alten Einrichtungen zusammenhängen; und Würden, die durch die Tätigkeit von Vertrauensmännern und Anhängern des Königs sich ausbildeten.

Nach dem Bericht des Manoel d'Almeyda aus dem 17. Jh. gab es in Abessinien neben dem Kaiser eine hohe Würde, die man *Beteudet* nannte, und zwar ruhte diese bei zwei Persönlichkeiten (eine zur „Rechten" und eine zur „Linken"), tatsächlich die ganze Regierungsgewalt, da der Kaiser mit niemandem persönlich verhandelte, keine Audienz abhielt, ja sich nicht einmal sehen ließ (Auswirkung des heiligen Fürstentums ähnlich wie in Japan). Aber schon vor Jahren emanzipierten sich die Kaiser; jetzt lassen sie sich sehen und verhandeln persönlich mit jedermann. Die Kaiser schafften die *Beteudet* ab, und an deren Stelle ernannten sie persönliche Adjutanten, die als *Ras* (= Haupt) bezeichnet wurden. Solcher *Ras* ist oberster Ratgeber und Minister im Frieden, oberster Feldherr im Kriege. Unter diesem steht ein anderer, der *Bellâtinoche goytâ*, der „Herr über die Diener", der Beauftragte des Königs, welcher alle Fürsten und Herrscher beaufsichtigt, die vom Könige abhängig sind. Er ist auch der oberste Richter, an den alle Berufungen gelangen. Außer diesen gibt es noch den *Tecâcase Bellàtinoche goytâ*, den „Herrn über die kleineren Diener"; er beaufsichtigt die persönliche Dienerschaft des Herrschers, die Knappen, Pagen, Stallmeister usw., Leute niedriger Herkunft oder gefangene Sklaven (s. d. A) verschiedener Abstammung. Doch können die letzteren auch hohe Hofämter erlangen und Unterherrscher (*Chumos*) werden (Schmidt S. 345ff.).

Hieraus geht hervor, wie mit der Wandlung der Königswürde aus einem sakralen Fürstenamt, das überdies noch auf eine alte Stammeshalbierung (s. Heiratsordnung) gestützt gewesen zu sein scheint, in einen rationalistisch geleiteten Beamtenstaat sich gleichzeitig auch die obersten Ämter verschoben. Der *Bellàtinoche goytâ* erscheint als der Vertreter des Königs den Vasallen gegenüber, der *Tecâcase* als Meister der Hofhaltung. Auch hieraus ist ersichtlich, wie sich das Despotentum auf Fremde und Leute niedriger Abkunft stützt.

§ 12. Königtum und Staat begünstigen eine Anhäufung der Bevölkerung, vor allem durch die Hofhaltung und den Unterhalt einer Leibgarde (vgl. z. B. Schönfeld S. 577). Ausführliches darüber s. Siedlung A. In wirtschaftlicher Beziehung wirkt sich der Staat in vielfacher Weise aus, vermöge seiner Organisationskraft durch Nützung der Arbeit Fremder und durch eine Erweiterung der Handelsbeziehungen zu Nachbarn. Ausführlicheres s. unter Reichtum, Tribut, Wirtschaft D.

Zusammenfassend wird man sagen müssen, daß der Staat, wenn man unvoreingenommen die Tatsachen von vielen Völkern prüft und vergleicht, aus dem Zusammenwirken sehr verschiedener Faktoren entstanden ist. Einrichtungen von der Bedeutung der staatlichen Organisation sind nicht, wie gewisse Strömungen meinen, gewissermaßen „böswillig" ausgeheckt, sondern sie ordnen sich in das größere Geschehen und Kulturschicksal der Menschheit und ihrer Gruppen ein.

Es wurde versucht, einige Faktoren, wie religiöse, ideelle, technische, wirtschaftliche, kriegerische usw., anzudeuten und einige hervorstechende Züge herauszustellen, die mit dem frühesten Erscheinen staatsähnlicher Formen verbunden sind, wie das sakrale Fürstentum, Priesterschaft, Königtum, sowie Adelsschichtung, Beamtenschaft u. dgl. Nicht unter dem Machtstreben und unter dem Gesichtspunkt der kriegerischen Eroberung allein dürfen wir den Staat betrachten, sondern vor allem als Organisationsform des Zusammenlebens der Menschen, insbesondere der Verbindung verschiedener Gruppen, die von einer bestimmten Geistesverfassung getragen sind, welche gleichzeitig den Siebungsprozeß bestimmt, durch den offiziell anerkannte Führer für die verschiedenen Seiten des Lebens in den Vordergrund gestellt werden.

Trotz der großen Zahl und Buntheit konkreter Erscheinungsformen werden die frühstaatlichen und archaischen Gestaltungen des Staates doch von gewissen gemeinsamen Grundanschauungen getragen, die sich zweifellos aus der Eigenart der gesamten Kultur ergeben.

S. a. Altenherrschaft, Despotie, Familie A, Gau A, Häuptling, Kaste A, Klan, Lehen, Menschenopfer C, Patriarchat A, Politische Entwicklung, Primitives Denken, Recht, Reichtum, Schichtung, Siedlung A, Sippe, Sklave A, Soziale Entwicklung, Wirtschaft D.

Barton *Miscellaneous Babylonian Inscriptions* Yale Univ. Pr. 1918; Bieber *Geschichte des Kaffaisch-äthiopischen Kriegs, eine Überlieferung der Kaffitscho oder Gonga* Mitt. Sem. Orient. Spr. 23—25 (1922); Bouglé *Essais sur le régime des Castes* (Travaux de l'année sociologique) Paris 1908; Bowditsch *Mission to Ashantee* 1819; Breton *An ancient Mexican picture map* Man 20 (1920) Nr. 10, 69; Brode *Tippu Tip, Lebensbild eines zentralafrikanischen Despoten, nach seinen eigenen Angaben dargestellt* 1905; Cardinall *Customs at Death of King of Dagomba* Man 1921 Nr. 52; Chandra *The Hierarchy of the Dalai-Lama* Journ. Asiatic Soc. of Bengal 73 (1904); Cochrane *The Shans* 1905; Crooke *The Stability of Caste and Tribal Groups in India* Journ. anthr. inst. 44 (1914); Church *Aborigines of South America* 1912; Dapper *Beschreibung von Afrika* etc. 1670; Dempwolff *Beiträge zur Volksbeschreibung der Hehe* Baessler Archiv 4 (1914); von Dungern *Adelsherrschaft im Mittelalter* 1917; Ekken *Ein japanischer Fürstenspiegel* Mitt. Sem. Orient. Spr. 7 (1914); Ellis *The Yoruba Speaking Peoples of the Slave Coast of West-Afrika* 1894; Fehr *Fürst und Graf im Sachsenspiegel* Ber. ü. d. Verh. d. kgl. sächs. Ges. d. Wiss. zu Leipzig 58 (1906); ders. *Die Staatsauffassung Eikes von Repgau* Zeitschr. f. Rechtsgeschichte 37 (1916); Hastings *Encyclopaedia of Ethics and Religions* s. v. Kings Foucart 1911; Franke *Studien zur Geschichte des konfuzianischen Dogmas und der chinesischen Staatsreligion* 1920; Frankfurter *Beiträge zur Geschichte und Kultur Siams* Mitt. Sem. Orient. Spr. 23—25 (1922); Frazer *The Dying God* (*The Golden Bough* III) 1911; ders. *Der goldene Zweig* (dtsch. Übersetzung) 1928; Friedrichs *Zum japanischen Recht* Zfvgl.RW. 10 (1892); Fromm *Ufipa* Mitt. a. d. dtsch. Schutzgeb. 25 (1912); Garstang *The Hittites*; Grunau *Preußische Chronik* hg. v. M. Perlbach 1876; Gupte *Folk-Lore in Caste Proverbs* Journ. and Proceedings Asiatic Society (Bengal) 13 (1917); Ed. Hahn *Thronende Herrscher und hockende Völker* ZfEthn. 1908; Hauer *Huang-Ts'ing K'ai-Kuo Fang-Lüeh, Die Gründung des Mandschurischen Kaiserreiches* 1926; Heber *Familie und Clan, Stände und Regierung in der japanischen Vortaikawazeit* Zschr. f. Socialwiss. 7 (1916); Heck *Die Standesgliederung der Sachsen im frühen Mittelalter* 1927; Hocart *The Fijian Custom of Tauvu* Journ. anthr. inst. 43 (1913); ders. *Chieftainship and the Sisters Son in the Pacific* Amer. Anthr. 17 (1915); ders. *Kingship* 1927; Hodge *Handbook of American Indians North of Mexico* II (1910); E. A. Hooton *Preliminary Remarks on the Archaeology and Anthropology of Tenerife* Amer. Anthr. 18 (1916); Johnson *The History of the Yorubas*; Joyce *Mexican Archaeology* 1914; Junod *Les Ba-Ronga* 1898; Katō *A Study of Shintō, the Religion of the Japanese Nation* 1926; Mac Kern *Functional families of the Patwin* Un. Calif. Publ. Am. Arch. and Ethn. 13 (1926); Krause *Die Epoche der Mongolen. Ein Kapitel aus der Geschichte und Kultur Asiens* Mitt. Sem. Orient. Spr. 26—27 (1924); Lange *Die Lehensfürsten nach der Schlacht von Sekigahara* Mitt. Sem. Orient. Spr. 15 (1912); Legendre *The Lolos of Kientchang* Ann. Rep. Smithson. Instit. for 1911; Meissner *Babylonien und Assyrien* I (1920); Migeod *Arab Origins at Garun Gabbas* Man 1923 Nr. 55; de Morgan *Feudalism in Persia, its Origin and Development and present condition* Ann. Report Smithson. Instit. for 1913; W. M. Müller *Die alten Aegypter als Krieger und Eroberer in Asien* AO 5, 1 (1903); Mac Neill *Ancient Irish Law* (*The Law of Status and Franchise*) Proceedings of the R. Irish Academy 36 Section C (1921—24); Niedner *Islands Kultur zur Wikinger-Zeit* Sammlung Thule 1913; Nilsson *Staat und Religion im alten Griechenland* Scientia Nr. 6 (1927); Pallas *Reise durch die verschiedenen Provinzen des Russischen Reichs* I (1771); Róheim *Killing the Divine King* Man 1915 Nr. 13; Roscoe *The Baganda* 1911; ders. *25 Years in Afrika* 1921; ders. *The Bakitara* 1923; Rosthorn *Ursprung der Chinesen* Ber. d. Forsch.-Inst. f. Osten und Orient 88, 28—33 (1928); Salin *Civitas Dei* 1926; Schmidt *Zur Rechtsgeschichte Afrikas* (*aus portugiesischen und holländischen Berichten*) Zfvgl.RW. 30 (1913) und 31 (1914); Schönfeld *Die Mongolen und ihre Paläste und Gärten im mittleren Gangestale* ZDMG 66 (1912); Schramm *Das Herrscherbild in der Kunst des früheren Mittelalters* 1922—23; Schreuer *Die Thronerhebung des dtsch. u. frz. Königs* Festschrift f. Otto Gierke 1911; Seufert *Urkunden zur staatlichen Neuordnung unter der Han-Dynastie* Mitt. Sem. Orient. Spr. 23—25 (1922); Skinner *Associations and Ceremonies of the Menomini Indians* Anthrop. Papers Am. Mus. Nat. Hist. 13/2 (1915); Smith und Dale *The Ila-Speaking Peoples of Northern-Rhodesia* 1920; Spieth *Die Ewe-Stämme* 1906; Sweet *Roman Emperor Worship* 1919; Thurnwald *Führerschaft und Siebung* Zschr. f. Völkerpsychologie und Soziologie 2, 1 (1926); ders. *Probleme einer empirischen Soziologie* ebd. 3, 3 (1927); Tremearne *Bori Belief and Ceremonies* Journ. anthr. inst. 45 (1915); Turner *Samoa a hundred Years ago and long before* 1884; Mitt. d. dtsch. Ges. f. Nat. u. Völkerk. Ostasiens 14 (1911) Überschaar; Vinson *Voyage à Madagascar au couronnement de Radama II.* 1865; West *Pahlavi Texts.* II. *The Dâdistâni-Dînîk* (*Sacred Books of the East* XVIII) 1882; Westermann *The Shilluk People* 1912; ders. *Die Kpelle* 1921; Williams *Social Scandinavia in the Viking Age* 1920; Williamson *The Social and Political Systems of Central Polynesia* 1924; van Wing *Études Bakongo* 1921.

Thurnwald

Stab als Würdezeichen. S. a. Zauberstab, Zepter. — (Ägypten) Wie die Götter und der König Zepter (s. d. A) zu tragen pflegen, die ihnen in irgendeiner bestimmten Hinsicht Macht und Kraft verleihen sollen, so gibt der Äg. auch dem vornehmen Manne Stäbe in die Hand. Unter ihnen sind einige Formen, die vom König übernommen sind, so vor allem der Cherp-Stab (hierogl. *ḫrp* „Leiten, Befehlen"). Das Was-Zepter der Götter, das auch bei dem König vorkommt, befindet sich unter den Amuletten (s. d. B) der Privatleute des NR und der Spätzeit; es ist mit anderen Trachtstücken des königlichen Ornats in das Grab des Privatmannes gekommen, der nach dem Tode ein König und vielleicht ein Gott werden sollte. Stäbe haben göttliche Verehrung gefunden, worin ein Rest alten fetischistischen Glaubens steckt (Rec. de Trav. 25 [1903] S. 184 Spiegelberg).

Üblich sind bei Privatleuten neben kurzen Stöcken, wie sie der Aufseher hält, wenn er seine Arbeiter antreibt, lange Stäbe in der Hand der Vornehmen. Der Große, der in würdevoller Haltung dasteht und seine Felder besichtigt, stützt sich auf einen fast mannshohen Stab. Erhaltene Stöcke (z. B. 7 Stück Hildesheim Nr. 2512—2518 aus einem Sarge der 6. Dyn.: *Denkmäler des Pelizaeus-Museums zu Hildesheim* 1921 Abb. 17) haben einen Knauf, der mit Goldblatt belegt ist (s. a. Vergolden B). Das Schriftzeichen für „Vornehmer" zeigt einen Mann mit einem solchen Stabe, der zu ihm gehörte wie die

Krone zum König. Diese Stäbe sind zweifellos Attribute, durch die die Würde des Trägers angedeutet werden soll. Es wird zu den gesellschaftlichen Förmlichkeiten gehört haben, daß der alte Äg. mit ihnen erschien. Ihr Ursprung wird in dem praktischen Zweck liegen, den sie als Stütze beim Gehen haben. Aus Spazierstöcken sind dann Würdezeichen geworden. S. a. Band III Tf. 1.

Erman-Ranke *Äg.* S. 256. Roeder

Stabdolch s. Axtdolch.

Stachelschwein s. Diluvialfauna § 3.

Stadt. S. a. Siedlung.

A. Ägäischer Kreis. Die neol. und vormyk. (früh- und mittelhellad.) Ansiedlungen des Festlandes zeigen schon, genau wie Troja II (Band XIII Tf. 63), ein städtisches Zusammendrängen verhältnismäßig vieler Häuser innerhalb eines Mauerringes. Für das FH und MH (3. Jht. und 1. Hälfte des 2. Jht.) besonders bezeichnend Orchomenos (s. d.), H. Vasilios (bei Kleonai), Asine (s. d.), Tiryns (s. d.), Ägina (s. d.). Zu gleicher Zeit auf Kreta ebenfalls völlig städtische Siedlungen mit Straßenzügen, insulae ein- oder mehrstöckiger Häuser, obwohl hier Befestigungen fehlen, also eine losere, offene Bauweise durchaus möglich wäre. Diese erscheint vereinzelt in Zakro (s. d.). Die riesige Stadt von Knossos (s. d.) ist noch unerforscht, Gurnià (s. d.) gibt das Bild einer geschlossenen Kleinstadt (Band VII Tf. 50b, 63), Palaikastro (s. d.) große Teile einer blühenden Handelsstadt, Pseira (s. d.) einen winzigen Hafenort. — Auf dem Festlande verdrängen seit dem 16. Jh. die großen Palastbauten die Stadt aus dem Mauerring (Mykenai [s. d.], Tiryns [s. d.], noch unerforscht), die vorher dicht besiedelte Unterburg von Tiryns wird Fluchtburg (Band XIII Tf. 59).

Von „geometr." Ansiedlungen wissen wir leider fast noch nichts, auch nicht, ob städtische oder dörfliche Bauweise vorwog. — S. a. Kreta B, Mykenai, Tiryns, Troja.

In den Artikeln Ägina und Asine fehlen noch die neuesten Ausgrabungsberichte: Gnomon 1 S. 46ff. und Arch. Anz. 1925 S. 1ff., 318ff. P. Wolters-G. Welter; Bulletin de la Soc. R. de Lund 1925 S. 27ff. Persson-Frödin. — Orchomenos: H. Bulle *Orchomenos* I 19ff. — Gurnià: Boyd Hawes *Gournia* 1908. — Palaikastro: BSA 9 Tf. 6, ebd. 10 Tf. 4, ebd. 11 Tf. 9f. — Zakro: ebd. 7 S. 121ff. — Pseira: R. Seager *Pseira*; Maraghiannis *Ant. crét.* II 15ff. — Mykenai: BSA 25 S. 9ff., 147ff., 403f. Wace u. a. — Tiryns: Ath. Mitt. 38 (1913) S. 78ff., 329ff. K. Müller, H. Dragendorff; G. Karo *Führer d. d. Ruinen von Tiryns* 1915. — Zusammenfassend D. Fimmen *Kret.-myk. Kultur*[2] 1924 S. 24ff. G. Karo

B. Ägypten.

§ 1. Urzeit. — § 2. Regelmäßige Anlagen. — § 3. Kahun. — § 4. Gurob. — § 5. Amarna. — § 6. Festung.

§ 1. Die Siedlungen (s. d. D) der vorgesch. Zeit scheinen, soweit sie uns durch Grabungen bekannt geworden sind, planlos angelegt und gewachsen zu sein, wie die Verhältnisse es gerade mit sich brachten. Ähnlich werden die meisten Ortschaften vom AR ab sich entwickelt haben. Der durch erhöhte Lage innerhalb des Überschwemmungsgebietes gesicherte Platz ist zu allen Zeiten als Wohnort in Anspruch genommen worden. Eine Umwallung schützte gegen Überflutung, drängte aber auch die Häuser auf dem bewohnbaren Fleck eng zusammen. Eine Bauweise mußte sich entwickeln, bei der der Raum aufs äußerste ausgenutzt wurde, soweit das Klima nicht eine bestimmte Verteilung der Räume erforderte. War Platz genug vorhanden, so siedelten sich außerhalb um das vorhandene Dorf Zuwanderer an, und das Ergebnis war eine Zusammenballung von Gehöften zu einem Dorf oder schließlich zu einer volkreichen Stadt, in der jeder sich den besten gerade verfügbaren Platz herausgesucht hatte, ohne einem anderen Gesetze zu folgen als dem Schutze gegen gewaltsame Einwirkung der Natur oder gegen menschliche Feinde.

§ 2. Im Gegensatz zu diesen allmählich erwachsenen Ansiedlungen stehen die von Anfang an planvoll gemachten Anlagen von Ortschaften. Die Veranlassung zu ihrer Gründung bot meist die Aufführung eines großen Gebäudes im Auftrage des Staates oder des Königs, zu dessen Herstellung oder Benutzung die Anwesenheit entweder des Hofstaates oder einer Bürgerschaft oder von Arbeitern notwendig war. Die Sitte, daß jeder Pharao mit seinem Regierungsantritt eine neue Residenz anlegte, zu der entweder eine Pyramide mit dem Totentempel oder ein Göttertempel mit seinem Kultus gehörte, mußte eine geschulte Überlieferung für den Städtebau herbeiführen. Unter diesen Verhältnissen ist äg. Baumeistern häufig die Aufgabe gestellt worden, auf einem bisher unbewohnten Platze einen Wohnort für bestimmte Zwecke zu schaffen. So mußte ein festes Schema für die Neuanlage von Städten entstehen. Es ist uns bekannt geworden durch den Grundriß der Friedhöfe des AR mit ihren regelmäßig hingesetzten Mastabas und den sich rechtwinklig kreuzenden Straßen verschiedener Breite. Dieses Stadtsystem können wir in den Residenzen des AR nicht belegen, weil uns keine einzige von ihnen in genügendem Umfange erhalten ist. Aber es kehrt wieder in den Arbeiterstädten der 12. und 18. Dynastie.

§ 3. Am Eingang zum Fajjum erbaute Sesostris II. (Dyn. 12) seine Grabanlage, und für die Arbeiter, die er zur Ausführung des Baues benötigte, wurde eine Stadt in der sonst unbewohnten Gegend angelegt, die bei der Ausgrabung den Namen Kahun (s. d.) erhalten hat. Sie bot Platz nicht nur für die Handwerker und ihre Familien, sondern auch für die Vorarbeiter, Beamten und Verwaltungsbehörden, abgesehen von den Händlern, die sich bald dazu gefunden haben werden. Auch ein kleiner Tempel war vorhanden. Die Anlage der Stadt ist völlig regelmäßig. Ein großes Rechteck wird von einer Mauer umfaßt und durch Zwischenmauern in Stadtteile gegliedert, die jedesmal einen besonderen Charakter haben. Der eine enthält nur kleine Arbeiterwohnungen, in Reihen nebeneinander aufgestellt. In einem anderen wohnen anspruchsvollere Familien, in deren Räumen Säulen stehen, und zu deren Häusern eine Mandara (Empfangsraum für Gäste) und weit angelegte Wirtschaftsgebäude gehören. Die Grundrisse der Häuser entsprechen sich innerhalb der einzelnen Gruppen so genau, daß in den Aufnahmen nur geringe Abweichungen zu erkennen sind. In einem stark geschützten Viertel, das die Ausgräber „Akropolis" genannt haben, liegt ein großes Haus, durch Mauern gegen die Stadt abgetrennt, im Inneren mit einem größeren Säulensaal und einer Treppe zu einem erhöhten Obergeschoß, von dem aus man die Stadt übersehen kann. Die Straßen haben in der Mitte einen aus dem Felsen gehauenen Kanal als Wasserabfluß bei Regenfällen.

Petrie *Kahun, Gurob and Hawara* 1890 S. 21—32 mit Tf. 8—17; ders. *Illahun, Kahun and Gurob* 1891 S. 5—15.

§ 4. Nicht weit entfernt von Kahun liegt die Ruine der Stadt Medinet Gurob, die Thutmosis III. (Dyn. 18) hat erbauen lassen, und die dann bis zum Ende der 18. Dyn. oder etwas länger bewohnt gewesen ist. Die Veranlassung zu ihrer Anlage mögen Arbeiten an der Bewässerung des Fajjums gewesen sein. Jedenfalls ist eine große Zahl von Arbeiterhäusern vorhanden, in Verbindung mit denen sich eine Stadt entwickelt hat. Sie ist ohne Plan entstanden, und die Häuser sind nach Belieben hier und dort an das vorhandene Wohngebiet angesetzt worden. In den Gebäuden sind keine Möbel gefunden worden, wohl aber viel Arbeitsgerät, Tongefäße usw.

Petrie *Kahun, Gurob and Hawara* 1890 S. 32—45 mit Tf.

§ 5. Die Freilegung der von Amenophis IV. angelegten Residenz, die wir Tell-el-Amarna (s. Amarna) zu nennen pflegen, hat uns durch die Ausgrabungen der Deutschen Orient-Gesellschaft und der Egypt Exploration Society zwei verschiedene Typen von Wohnorten gebracht. Die eigentliche Residenz ist eine weitgebaute Landstadt mit breiten Straßen, an denen die Vornehmen in Villen mit Gärten wohnen. Auch einfachere Leute können sich verhältnismäßig breit ausdehnen und haben ein Badezimmer in ihrem Hause. In den Gebäuden der Wohlhabenden sind die Räume geschmückt durch Verwendung von Säulen, durch Malerei; an Stelle der Ziegel ist Kalkstein verwendet, wo es aus ästhetischen oder praktischen Gründen erwünscht war.

Erman-Ranke *Äg.* S. 200.

Bei den engl. Grabungen ist in der Nähe des Friedhofs von Amarna eine Arbeiterstadt freigelegt worden, die eine Zusammendrängung von kleinen Wohnungen auf engem Raum enthielt. Aber die Aneinanderfügung der Gebäude, der Verlauf der Mauern und die Durchbrechung durch Straßen sind wieder so regelmäßig wie in Kahun. Die Ausführung der Räume ist ärmlich gegenüber den Villen des Hofstaates in der naheliegenden Residenz. Immerhin kommt auch eine größere Mandara vor, Wände sind geweißt und bemalt, außer Ziegeln wird gelegentlich Kalkstein verwendet, große Wasserkrüge aus porösem Ton stehen auf Untersätzen an der Hauswand. Ein großes Steinfenster ist ähnlich wie in den Tempeln als Gitterwerk gearbeitet.

Journ. Eg. Arch. 8 (1922) S. 48—82 mit Tf. 7—9 Woolley.

§ 6. Eine besondere Stellung nehmen die ägyptischen Festungen (s. d. B) ein, die, wie es scheint, nie befestigte Wohnorte gewesen sind, sondern ausschließlich Verteidigungsanlagen, in denen die Garnison untergebracht war. Es sind durchweg Bauten aus Ziegeln, die wir in allen Grenzgebieten außerhalb von Ä. in gleicher Weise beobachten können. Ihre wesentlichen Züge sind in Nubien (s. d.) dieselben wie auf der Sinai-Halbinsel (s. d. B) und bis nach Syrien hinein. Dabei bleibt es unklar, inwieweit der Festungsbau in Syrien einheimisch oder erst von den Äg. dorthin übertragen worden ist.

Wiedemann *Äg.* 1920 S. 157; Klebs *Reliefs MR* S. 4; A. Neuburger *Technik des Altertums* 1919 S. 271, 287; v. Lichtenberg *Haus, Dorf, Stadt* 1909. Roeder

C. Palästina-Syrien und Vorderasien s. Palästina-Syrien B und Mesopotamien C § 6.

Staffeldatierung (*Sequence Dates*; Ägypten). § 1. Erklärung der Staffeldatierung (s. a. Vase C § 3ff.). Bald nach den ersten vorgesch. Funden in Ägypten arbeitete der Engländer Petrie ein System aus, das ihm und andern Forschern eine relative Chronologie innerhalb der Vorgeschichte an die Hand geben sollte, und das er *Sequence Dating* (die einzelnen Datierungen *Sequence Dates*) nannte. Ausgehend von der Keramik, und zwar zunächst der mit Wellenhenkeln (s. Vase C § 5), die am deutlichsten eine Entwicklung der Formen erkennen ließ, hat er die in den Gräbern gemeinsam gefundenen Töpfe geordnet, dadurch auch bei den anderen Gattungen gewisse Reihen festgestellt und schließlich erkannt, daß in den ältesten Gräbern keine Gefäße mit Wellenhenkeln, sondern nur rot polierte (s. Vase C § 6) und schwarzrote Gefäße (s. Vase C § 8) vorkommen, und daß von diesen erst die vorgeschritteneren Stufen mit den Wellenhenkelgefäßen zusammen gefunden werden. Die so erhaltenen Stufen bezifferte er mit 30—80, wobei 1—29 für noch ältere Formen vorbehalten sind und mit 81 die Keramik der geschichtlichen Zeit anschließt. Neuerdings beginnt die 1. Dyn. bei S. D. 79. Ein vorgesch. Grab aus S. D. 40 z. B. — eine solche Zahl bedeutet immer den Durchschnitt von einer Reihe verschiedener S. D.-Nummern, denn niemals werden sich die verschiedenen Töpfe und sonstigen Fundstücke eines Grabes auf die genau gleiche S. D.-Nummer bringen lassen — enthält also bestimmte Gefäßtypen und entsprechend andere Beigaben (Steingefäße [s. d. C], Schminktafeln [s. Schminkpalette] usw.) und ist im Rahmen der sonst zeitlich nicht festgelegten äg. Vorgeschichte mit Sicherheit älter als ein Grab, das dieselben Typen in fortgeschritteneren Formen oder neben andersartigen neuen aufweist. Mehr will das Petriesche System nicht besagen. Es ist in allen seinen vorgesch. Publikationen angewendet und ebenso in denen seiner Schule und dadurch an Tausenden von Beispielen nachgeprüft worden. Wenn natürlich auch im einzelnen Fehler dabei vorkommen, so ist es doch im großen und ganzen sicher richtig, trotzdem keineswegs allgemein anerkannt. Die Kenntnis der S. ist zum Studium der äg. Vorgeschichte jedenfalls unerläßlich. Auf Grund der S. hat Petrie die äg. Vorgeschichte in drei Kulturen geteilt. Die erste Kultur oder ältere Vorgeschichte umfaßt die S. D. 30—38 und ist bis jetzt nur im s. Oberägypten nachgewiesen; die zweite Kultur oder mittlere Vorgeschichte reicht von S. D. 38—63; die dritte Kultur oder jüngere Vorgeschichte beginnt mit S. D. 63 und leitet zur dyn. Zeit über.

Darlegung der *Sequence Dates*: W. M. Flinders Petrie *Diospolis Parva* 1901 S. 4ff. und *Preh. Eg.* S. 3 und S. 46ff.

§ 2. Verhältnis zur absoluten Datierung. Der Versuch Petries, auf Grund der S. nun auch zu einer absoluten Chronologie für die Vorgeschichte zu gelangen, erscheint dagegen völlig verfehlt. Die von ihm beigebrachten Beweise, z. B. die Dichtigkeit der Gräber auf einem Friedhof, führen zu unendlich hohen Zahlen und wirken teilweise gänzlich unmöglich (W. M. Flinders Petrie *Prehistoric Egypt* 1920 S. 4ff.); sie sind unlängst von Peet (Journ. Eg. Arch. 8 [1922] S. 5ff.) sehr treffend widerlegt worden. Mac Iver und Mace, die ebenfalls nach Petries S. arbeiten, nehmen (*El Amrah* S. 50f.) auf Grund von

Anhaltspunkten bei ihren Grabungen nur 500—1000 J. für die Gesamtdauer der vorgesch. Entwicklung an, was wiederum Ed. Meyer (*G. d. A.*^{3} § 169 Anm.) zu kurz erscheinen will. So läßt sich also nach unseren jetzigen Kenntnissen kein annähernd genauer Zeitraum für die vorgesch. Entwicklung oder die jüngere StZ Ägyptens angeben. Scharff

Stahl s. Eisen A § 2, 4.

Standarte. A. Europa s. Slaven A § 6, Südrußland D, Ul § 4.

B. Ägypten (Tf. 91^A a). § 1. Bei dem König. Auf Denkmälern der frühdyn. Zeit, besonders den Paletten (s. Schminkpalette; z. B. Band I Tf. 16 b) und Prunkkeulen (s. Keule B), wird der König in den Reliefs häufig von S. begleitet, die von je einem Mann vor oder hinter ihm getragen werden. Sie bestehen aus langen Stangen, auf denen ein Symbol, meist ein Tier, steht, besonders Wolf, Falke und Ibis. Ein Teil dieser Standarten-Symbole kommt als Gau-Namen wieder vor, und man hat deshalb in ihnen die Stammesabzeichen der urzeitlichen Gaue sehen wollen. Das ist möglich, aber man kann mit demselben Rechte in einem Teil von ihnen auch Göttersymbole (s. d. C) erblicken. Es sind jedenfalls Abzeichen, durch die dem König ein besonderer Schutz zuteil werden soll. Dieselben und andere Abzeichen kehren an S. in Schiffen (s. d. B) wieder, die auf Vasen früher Zeit gemalt sind (Band XIV Tf. 32 a).

§ 2. In Gau-Namen. Die Namen der Gaue (s. d. B) werden auch in späterer Zeit noch stets auf eine S. gesetzt, ohne die ein Gau-Name undenkbar ist. Die auf dem Standarten-Untersatz stehenden Schriftzeichen sind in geschichtlicher Zeit nicht mehr so einfacher Art wie in der Urzeit, lassen aber die ursprüngliche Form teilweise noch deutlich erkennen. Daraus geht hervor, daß die alten Gau-Symbole im wesentlichen waren: Tiere wie Falke, Krokodil, Schlange, Tier des Setech, Hase, Säbel-Antilope, Hund, Stier, Ibis und Fisch; Abzeichen wie Straußenfedern, Zepter, Sistrum, Messer, Schild mit Pfeilen, Harpune; ferner Bäume, und endlich einzelne Gegenstände, die z. T. nicht sicher zu deuten sind.

§ 3. Im Heere. Im späteren NR sehen wir S. im Gebrauch des Heeres (s. d. A § 5), die zur Kennzeichnung von Truppenteilen dienen. Sie stehen wahrscheinlich in Verbindung mit den Namen einzelner Heeresgruppen, die nach Göttern heißen. Die S. bestehen aus Stangen, auf denen ein Tierkopf sitzt, z. B. ein Widderkopf mit Sonne als Symbol des Amon; oder auch das vollständige Bild eines Tieres, wie Löwe und Pferd, oder auch ein Schiff. Diese S. werden den Abteilungen des Heeres vorangetragen, zuweilen in besonderen Wagen gefahren, und gelegentlich lassen Offiziere sich in Statuen mit ihnen darstellen. Einige der Tierköpfe auf den S. haben offenkundig Beziehung zu bestimmten Göttern, die auch sonst in Verbindung mit dem Heere genannt werden, aber auch die anderen Tiergestalten werden religiösen Sinn haben und als Symbole gemeint sein. S. a. Wappen B § 2.

Capart *Débuts de l'art en Égypte* 1904 S. 235, 241; Klio 6 (1906) S. 393 Schäfer; Erman-Ranke *Äg.* S. 653. — Militärische Standarte mit Hathorkopf (Bronze, z. T. vergoldet, auf Holzstange) zum ersten Male gefunden in der äg. Festung Beisan in Palästina (Tf. 91^A a; The Museum Journal, Philadelphia 18, 4 [Dez. 1927] S. 430 mit Abb.). Roeder

C. Vorderasien (Tf. 91^A b).

§ 1. Schriftzeichen für S. — § 2. Mond-S. — § 3. „Bügelschaft". — § 4. Tier-S. — § 5. Akkad. und assyr. Standarten.

§ 1. Schon in der ältesten sumer. Schrift lassen sich einige Zeichen für S. feststellen. Das älteste Ideogramm für die Stadt Adab (s. d.) ist gemäß der um 3300 v. C. zu datierenden Inschrift der Statue des Königs Lugal-dalu in Konstantinopel (Nr. 3235) eine Sonnen-S. (E. Unger *Sumer. und Akkad. Kunst* 1926 Abb. 2; Band VII Tf. 131). Eine S. ist auch das Schriftzeichen für Land bzw. Volk (E. Unger *Babylon. Schrifttum* 1921 Liste Nr. 63). Am üblichsten ist aber das Zeichen der Stadt Ur (s. d.) und ihres Mondgottes Nannar (Sin; s. d.), das eine Stange vorstellt, an der sich unten zwei, in spitzem Winkel zueinander, von oben gezeichnete kleine Keile (= „Stehzapfen") befinden, wie bei „Tür" und „Spindel" (Unger a. a. O. Nr. 1, 13), seitlich an der Stange rechts aber die Sichel des zunehmenden Mondes zu sehen ist. Dies Zeichen der Stadt Ur (oder *Uri*) ist zugleich als der Ausdruck für S. selbst, *uri*, in späterer Zeit mit dem Worte *gal* = groß als *urigal*, sem. *urigallu* (II R 65, Kol. I, 27; Delitzsch *Handwörterbuch* S. 720), verwendet. Es ist auch die Bezeichnung für den Kriegsgott Nergal (Delitzsch a. a. O. S. 129a).

§ 2. Die älteste, klar erkennbare S. ist die Mond-S. (s. § 1). Es ist anzunehmen, daß der in § 3 behandelte „Bügelschaft" tatsächlich seinen Ursprung in der S. mit dem Monde hat, die das Schriftzeichen augenfällig zeigt. Es scheint aber, als ob der Sinn der S. später verlorengegangen ist. In späterer Zeit sitzt der Mond wagerecht oben auf der Stangenspitze, z. B. auf dem assyr. Siegel in Berlin (VA 581). Die S. wurden rechts und links vom Stadttore aufgestellt, wie es auf dem neubabyl. Goldplättchen aus dem Sarkophag Nabopolassars(?) aus Babylon (605) zu sehen ist (Band III Tf. 97a).

§ 3. Der sog. „Bügelschaft" ist, wie schon § 2 ausgeführt, in Wahrheit anfangs eine Mond-S., die dem Schriftzeichen gemäß Siegeln, die etwa der akkad. Zeit (2850 v. C.) entstammen, mit dem „Stehzapfen" und einer oben noch hinzugefügten Lanzenspitze, vollkommen entspricht (Menant *Glyptique* I 111, Abb. 64; AO 17—18 Abb. 248). Im allg. aber ist der „Stehzapfen", wenn die S., seitlich der Tür einer Hürde oder eines Tempels vermutlich fest in den Erdboden eingelassen, unsichtbar sind, eben deshalb nicht gezeichnet (AO 17—18 Abb. 405; 430 = Berlin VA 3878; Meissner *Babyl. und Assyr.* I Tf.-Abb. 164). Aus der Zeit des Ur-Nina (3200 v. C.) hat sich in Lagasch (s. d.) das Original einer kolossalen ähnlichen S., von 3,27 m L. und 0,10 m Br., gefunden, eine sich nach oben verjüngende Röhre aus Kupfer, die auf einer Holzstange aufgenagelt war (L. Heuzey *Une villa royale* 1900 S. 26). Der seitliche „Bügel" ist erhalten. An der Spitze saß ein plattgedrückter Knopf aus Asphalt, vermutlich die einstige Füllung der verlorenen Spitze. Der untere Teil, wo man den „Stehzapfen", ähnlich einem Türpfostenschuh, erwartet, ist abgebrochen. Der obere Aufsatz ist gewöhnlich eine Spitze, aber auch wie eine doppelte Kugel (AO 17—18 Abb. 253) gestaltet, oder es ist der Spitze eine andere verkehrt aufgesetzt (a. a. O. Abb. 396, Berlin VA 3329; Meissner a. a. O. I Tf.-Abb. 164). Diese S. tragen also zu Unrecht den irreführenden Namen „Bügelschaft". Erst die spätere Zeit des neusumer. Gudea von Lagaš (2600 v. C.) hat als Symbol in der Hand der Fabeltiere des Gottes Ningizzida einen säbelartigen Gegenstand geschaffen, den man allenfalls als „Bügelschaft" bezeichnen könnte. Der „Bügel" sitzt ganz oben. Der „Schaft" scheint gebogen und ist oben und unten gerade abgeschnitten. Nach der Hammurapi-Zeit, nach 1900 v. C., kommen diese Gegenstände m. W. nicht mehr vor.

§ 4. Die S. mit Tieren sind anscheinend schon recht alt. Sie sind bereits auf der Geierstele, Vorderseite links (E. Unger *Sumer. u. Akkad. Kunst* Abb. 20; Band VII Tf. 138a), nachzuweisen, also um 3100 v. C. Ein Adler, das Symboltier des Gottes Ningirsu = Ninurta (s. Göttersymbol E 1 § 5a), sitzt mit ausgebreiteten Flügeln auf dem oberen Querholz einer Stange und blickt rechtshin. Ganz ähnlich findet es sich im Standarten-Fries einer Stele des Gudea (2600); von Heuzey beschrieben: Mon. Piot 16 (1909) S. 13f. Tf. 2, 2. Neu ist, daß von dem Querholz schmale Wimpel, etwa 0,20 m l., herabhängen; ähnliche Bruchstücke sind in Konstantinopel (Nr. 5811 und 5824 [2 anpassende Fragmente]). Eine Gans(?), das Wappentier der Stadt Ur (s. d.), auf bewimpelter Stange trägt ein Mann auf dem Fragment 5824 in Konstantinopel, auf einem 3. hier anpassenden Bruchstück. Einen schreitenden Löwen, mit erhobenem Schwanze, auf dem Rücken eine Scheibe balanzierend, auf bewimpelter Stange zeigt das Pariser Fragment (Mon. Piot 16 Tf. 1, 6) und das Konstantinopler Bruchstück Nr. 5828 (Mon. Piot 16 Abb. 2 S. 14); einen andern Löwen, ohne Scheibe, Fragment ebd. Nr. 5808. Andre Bruchstücke des Zuges, auf denen die Symbole nicht erhalten sind, befinden sich in Konstantinopel: 5827, 5830, 5832, 5834; auf Relief Nr. 5835 sind 4 S. nebeneinander aufgestellt. Eine S. (?) mit Affe Band XIV Tf. 14^{c}d. — S. a. Wappen D § 2.

§ 5. Während es eine Eigenheit der Sumerer zu sein scheint, ihre S. mit den Tieren, die vermutlich das Wappen (s. d. D) ihrer Städte repräsentierten, zu schmücken, ist es im Gegensatz dazu den Semiten eigen, statt dessen geometrische Ornamente zu nehmen (s. a. § 2—3). Auf der Stele des Naram-Sin von

a

b

Standarte B. Ägypten und C. Vorderasien

a. Bronzene Heeres-Standarte mit goldplattiertem Hathorkopf. Zeit: Amenophis III. (1411—1375). Nach The Museum Journal 1927 S. 430. — b. Assyr. Standarte in Paris (Louvre), Gegenstück zur Standarte in Slg. Sarre in Berlin. Nach Phot. Alinari Nr. 23836 (vgl. Rev. d'Assyr. 5).

Akkad aus Susa (Band VII Tf. 139a) lassen sich wenigstens zwei S. feststellen, unterhalb des Königs im 2. Friese, links: Die eine scheint eine Rosette zu tragen, die zweite eine Art Dreipaß(?) mit einem Wimpel, aber sehr undeutlich. 5 Scheiben, auf einer kurzen Stange befestigt, neben Keulen und Beilen aufgestellt, finden sich auf einem Stelen-Bruchstück des Gudea (Unger a. a. O. Abb. 45). Ob auch hier S. anzunehmen sind, scheint mir wegen Mangel an Material noch unsicher. Ein stehender Löwe hält einen ähnlichen Gegenstand auf dem Siegel Rec. de Trav. 22 S. 159. Sollte es sich um eine S. handeln, so wäre dies durch akkad. Einfluß erklärbar.

Auch die Assyrer haben auf ihren S. geometrisch gebildete Symbole, Scheiben oder Ringe, die sie dann erst mit Ornamenten oder mit figürlicher Darstellung schmückten. Die Sonnen-S. auf dem Thronaltar des Königs Tukulti-Ninurta I. (1250 v. C.; Band VII Tf. 147), die von dem Wilden Mann, seitlich des Fürsten postiert, gehalten wird, zeigt den Flammenstern, d. h. das in Babylonien gebräuchliche Sonnensymbol des Gottes Šamaš (s. Göttersymbol E 1 § 42a), das der König, als Inhaber des Throns von Babylon, nach Assyrien übernommen hatte (E. Unger *Assyr. und Babyl. Kunst* 1927 Abb. 30 S. 22). Unterhalb des Symbols hängen an einem Querholz zwei kurze Wimpel. Letzteres zeigt auch das Symbol auf dem älteren Krummschwert des Königs Adadnirari I. (um 1320) in New York (Metrop. Mus.; vgl. a. a. O. Abb. 28—29), und auf dem Querholz ist ein gelagerter Spießbock (nach M. Hilzheimer), das königliche Wappentier, gezeichnet. Vermutlich ist hier der Kopf einer S. wiedergegeben, der, wenn das zutrifft, nach Analogie der sumer. S. (s. § 4) gestaltet und in älterer assyr. Zeit noch in dieser Form gebräuchlich gewesen wäre.

Seit dem 9. Jh. aber ist die Darstellung von S. häufiger und die Tierform nicht mehr vorhanden. Es erscheinen immer 2 S. hintereinander, meist hinter dem Königswagen in eigenen Wagen stehend. Die Reliefs des Assurnassirpal II. zeigen mehrmals eine gute Abbildung der S.-Wagen: Layard *Monuments* I 11, 22, 27; vgl. Unger a. a. O. Abb. 37. In der Scheibe der vorderen S., an der beiderseits Wimpel herabhängen, steht oder reitet ein Gott auf einem springenden Stier, seinen Bogen gegen die Feinde abschießend; in Höhe des Gürtels des Gottes zieht sich einmal ein welliges, geriefeltes Band quer über die Scheibe (Layard a. a. O. I Tf. 11; Paterson *Assyr. Skulpt.* Tf. 48/49). Der Schaft setzt sich bis zum Stierkörper in der Scheibe fort. Die 2. S. ist dagegen als Lanze gebildet mit einem Ring als Bekrönung, aber so, daß die Lanzenspitze einmal vor (Layard a. a. O. I Tf. 22), einmal hinter dem Ringe (Layard a. a. O. I Tf. 11) oben hervorragt, während sie bei Layard a. a. O. I Tf. 27 den Ring nicht durchbricht. Die bildliche Verzierung besteht hier aus zwei von der Mitte auseinanderspringenden Stieren, über denen seitlich nach oben je ein Wellenband verläuft, und unter denen je ein nach oben geknickter Steg steht. Die einzige vorhandene größere Darstellung bietet sonst noch ein Relief Sargons II. aus Dur-Sargon (s. d.; Botta und Flandin *Monuments de Ninive* I Tf. 56—57; Saal II Nr. 8—9). Hier eilen die Standarten-Wagen dem des Königs (Botta a. a. O. I Tf. 58; Saal II Nr. 10) voran. Beide Wagen sind noch gekennzeichnet durch halbmondförmige Scheiben am Deichselkopf mit göttlichen Wesen als Vorkämpfern. Nur die Zeichnung der zweiten S. ist noch erhalten, und sie entspricht im wesentlichen der zweiten S. aus der Zeit des Assurnassirpal (Botta a. a. O. I Tf. 58 r.; Roscher *Lexikon* s. v. Nergal Abb. 4): die zwei auseinanderstrebenden Stiere, die beiderseits von oben herabkommenden Wellenbänder — vermutlich eine Darstellung von Wolken. Den geknickten Stegen des Assurnassirpal-Reliefs entsprechen je 4 federartig gezeichnete Bänder, wellig, aus Löwenrachen hervorkommend. Statt der Lanzenspitze ist ein Gott in Person, über den Stieren stehend und, gleich der Lanzenspitze, mit seinem hohen Hörnerhelm die Scheibe oben durchbrechend, gezeichnet. Die kleinen Darstellungen von S. sowohl bei Salmanassar III. (Bronzetor von Imgur-Enlil; s. d.), bei Sargon (Botta a. a. O. II Tf. 146, 158), als auch bei Sanherib (z. B. Layard a. a. O. II Tf. 24; Meissner *Babyl. u. Assyr.* II Abb. 26, S. 89; Paterson a. a. O. Tf. 95—96), wo die Lanzenspitze beiden S. aufgesetzt ist, lassen doch in einigen Fällen Unterschiede erkennen; nämlich dadurch, daß bei dem Relief Sargons (Botta a. a. O. II Tf. 146; Saal XIV) die erste S. in einem dreibeinigen Gestell, die zweite aber in einem runden, fast kegelförmigen Untersatz steht. Auf dem Relief des Sanherib aber ist das Joch der Wagen deutlich unterschieden durch Beifügung der Adlerkeule des Ninurta und der Löwenkeule des Nergal, den Symbolen der beiden assyr. Kriegsgötter (s. Göttersymbol E 1 § 5e, 27b), die gewöhnlich in den Inschriften und in Götterlisten in dieser Reihenfolge aufgezählt werden, so daß die erste S. dem Ninurta, die zweite dem Nergal zugewiesen werden muß, wie ich mit Beziehung auf die im Relief Adadniraris III. von Saba'a (PKOM 2 [1916] S. 34ff.; s. Band VII Tf. 156a) dargestellte S. des Nergal mit überragender Lanzenspitze ausführlich begründet habe.

Die Verwendung von S. beschränkt sich nicht nur auf das Mitführen im Kriege, auf Märschen und in der Schlacht, sondern sie werden bei Einweihung von Königstelen neben den Feuerkandelabern aufgestellt und auch auf dem Stadttor aufgepflanzt (Place *Ninive* III Tf. 41, 1; AO I, 42 S. 23; hier Band III Tf. 98).

Das Original einer S., runde Scheibe mit innerem Rosettenschmuck, außen mit dattelblütenartigen Zapfen besetzt, der Schaft in zwei Volutenpaaren übereinander endigend, ist in Assur (s. Aššûr) ausgegraben worden, besteht aus Bronze (MDOG 32 S. 22 Abb. 3) und stammt aus neuassyrischer Zeit. Ob es sich hier aber um eine S. handelt oder um einen Tempelschmuck für das Tor, läßt sich noch nicht sicher bestimmen. Auf einen ähnlichen Gegenstand, Scheibe mit Rosette geschmückt, der aber als Schießscheibe benutzt wurde, möchte ich noch ergänzend hinweisen. Er findet sich auf einem Basaltrelief Sargons (um 710) aus Dur-Sargon (Botta a. a. O. II Tf. 111). Eine andre assyr. S. mit vier Männern im Knielaufschema, symmetrisch in einen Ring geordnet, hat Sarre bekanntgemacht.

F. Sarre *Altoriental. Feldzeichen* Klio 3; H. Schäfer *Assyr. u. ägypt. Feldzeichen* ebd. 6 S. 393ff.; M. Fickelscheer *Die Königsstandarte bei den Persern* Jhb. Alt. Ges. L. P. 1 (1898) S. 480; PKOM 2 (1916) S. 34—36 E. Unger; BA VI, 1 S. 95 Billerbeck-Delitzsch; AO 10, 4 (1911) S. 10 J. Hunger; H. Gressmann *Texte u. Bilder z. AT*² 1927 Abb. 41, 475—477, 485, 534, 537, 538. Eckhard Unger

Stände (Vorderasien). — S. a. Adel, Kaste, Schichtung.

Vorbemerkung. — § 1. Die Vollfreien. — § 2. Die Halbfreien. — § 3. Die Unfreien: I. Allgemeines. — II. Entstehung der Unfreiheit. — III. Beendigung der Unfreiheit. — IV. Bemerkungen zur Dogmatik des Sklavenrechts. — § 4. Freiheitsprozeß.

(Die altbabyl. Urkunden sind zitiert wie bei P. Koschaker *Rechtsvergleichende Studien zur Gesetzgebung Hammurapis, Königs von Babylon*; die assyr. Urkunden wie bei B. Meissner *Babylonien und Assyrien* I.)

Vorbemerkung. Das Gesetzbuch Ḫammurapis läßt verschiedentlich, vom Könige abgesehen, deutlich drei Ständegruppen unterscheiden: die Freigeborenen (Vollfreien) einerseits und die Sklaven andererseits, zwischen denen sich ein Stand der halbfreien Leute einschiebt. In der ersten Tafel des altassyr. Rechtsbuchs, die vom Rechte der Ehefrauen handelt, werden gleichfalls drei Stände unterschieden (§ 49—51): die Freigeborene; die Frau, die ihre Kinder „nicht groß werden läßt" (*aššat amêle lâ murabitu*), und die Dirne (*ḫarimtu*), während gleichgestellte Personen als „Genossen" (*tappûm*) bezeichnet werden.

Durch soziale Maßnahmen das Wohl des Volkes zu fördern, den Schwachen vor der Gewalt des Mächtigen zu schützen, wurde im Zweistromlande schon von ältester Zeit her als eine der Hauptaufgaben des Herrschers angesehen: Urukagina (etwa 2900) und Gudea (etwa 2600) von Lagaš beteuern, daß sie sich von diesem Gedanken leiten ließen, Ḫammurapi stellt ihn als Hauptmotiv seiner Gesetzgebung hin. Stolz ist der König, wenn er berichten kann, daß während seiner Regierungszeit Wohlstand im Lande herrschte, daß es seinen Leuten gut gegangen sei. Wir dürften darin wohl keine schönklingenden Phrasen sehen; die Könige scheinen es mit dieser ihrer Aufgabe ernst genommen zu haben. Hat doch die juristische Terminologie einen eigenen Ausdruck für das Handeln (Entscheiden) im sozialen Sinne (Herstellung des sozialen Gleichgewichtes; *jašâru*) im Gegensatze zur richterlichen Betätigung (Urteilen nach strengem Recht; *dînu*) entwickelt. Auch der

Kult brachte in gewissem Sinne den Gedanken der Gleichheit aller in Erinnerung, wie wenn an Festtagen die Standesunterschiede vergessen wurden, wenn am Neujahrstage im Kultspiele der Knecht zum Herrn, der Herr zum Knecht wurde (s. a. Saturnalien). Freilich ist es fraglich, ob sich der König mit seinen sozialpolitischen Bestrebungen immer und überall hatte durchsetzen können. In Zeiten der Not, wenn die Existenz des Staates auf dem Spiele stand, wird gewiß auch das Interesse des Königs an der sozialen Verwaltung seines Landes in den Hintergrund gedrängt worden sein. Immerhin begegnen uns so traurige Bilder, wie sie uns die Urkunden HG VI 1471ff., 1474, 1481f., 1644ff. aus der Zeit Königs Rîm-Sin für Larsa entrollen, im Babylon der Ḫammurapi-Dynastie fast gar nicht.

Auch dem assyr. Herrscher wird die Sorge für das Wohl seiner Untertanen zur Pflicht gemacht und ihm bei Außerachtlassung dieser seiner Aufgabe göttliche Strafe angedroht. Als Beispiel großzügiger sozialpolitischer Bestrebungen sei die bauernfreundliche Regierung Tiglatpilesers III. hervorgehoben.

Koschaker *Rechtsvergl. Studien zur Gesetzgebung Hammurapis, Königs von Babylon* 1917 S. 8; ders. *Hammurabi's Gesetz* VI 20f., 86f.; ders. *Quellenkritische Untersuchungen zu den „altassyr. Gesetzen"* MVAG 26 (1921/3) S. 23f., 69f.; B. Meissner *Babylonien und Assyrien* I (1920) S. 48, 56f., 377, 65f., 68; A. Walther *Altbabyl. Gerichtswesen* Leipz. semitist. Studien 6, 4—6 (1917) S. 88f.

§ 1. Vollfreie sind Freigeborene, Kinder des (freien) Mannes, *mâr awêlim*, wie sie der KḪ nennt, und wie sie auch anderwärts bezeichnet werden. Das altassyr. Rechtsbuch spricht in gleichem Sinne von der Freigeborenen als „Tochter des (freien) Mannes" (*mârat amêle*). Sie tragen als Zeichen der freien Abstammung das lange, wallende Haupthaar, ein Schmuck, der wohl ihnen allein zukam. Sie führen das Prädikat *awêlu* „Wohlgeboren", mit dem sie in Briefen angesprochen werden, das aber auch sonst häufig beigesetzt wird. Aus dem Stande der Vollfreien rekrutierte sich in den Städten die vollberechtigte Bürgerschaft, der Patrizierstand, dessen Mitglieder als „Söhne" der Stadt (*mâr Sippar, Nippur*) bezeichnet werden. Als solche sind sie an der Verwaltung der Stadt beteiligt und üben zugleich Rechtsprechung aus. Aus ihrer Mitte wird offenbar der Rat der Ältesten (*šibûtum*) entnommen, der gleichfalls an der Gerichtsbarkeit beteiligt ist (s. Gericht B § 4 III). Ob die freien Bürger jeder Stadt vom Militärdienste befreit waren, oder ob dies nur für einzelne Städte oder bestimmte Gruppen zutraf, läßt sich nicht sagen; daß solche Befreiungen in einzelnen Fällen tatsächlich bestanden, zeigt uns die Urkunde BE VI_2, 62 (s. unten § 4).

In den Bestimmungen des KḪ kommt die vorberechtigte Stellung der Vollfreien dadurch zum Ausdruck, daß bei Körperbeschädigungen die Strafe nach dem Gesichtspunkte abgestuft wird, welchem Stande der Verletzte angehört. Hierbei werden die strengsten Strafsätze bei Verletzungen Vollfreier aufgestellt. Vgl. § 196f., 207, 209f., 215, 221, 251 KḪ. Auch das altassyr. Rechtsbuch bemißt die Strafen bei Körperbeschädigung (§ 21, § 49ff., Abortus durch Schlagen einer Schwangeren) nach dem Stande der verletzten Person und droht Todesstrafe an für den Fall, daß die verletzte Vollfreie stirbt.

J. Kohler in Kohler-Peiser *Hammurabi's Gesetz* I (1904) S. 130; P. Koschaker *Rechtsvgl. Stud.* S. 205f.; ders. *Quellenkritische Untersuchungen* S. 14[2], 15, 68[1]; B. Meissner a. a. O. S. 84, 162, 371f., 410; Wien. Z. Kunde Morg. 20 (1906) S. 315f. M. Schorr; A. Walther *Das altbabyl. Gerichtswesen* S. 209.

§ 2. Das Gesetzbuch Ḫammurapis erwähnt in verschiedenen Paragraphen Leute, deren Stand zwischen dem der Vollfreien und dem der Sklaven rangiert. Es sind dies die *muškênu*, „die Untertänigen, Ministerialen" (sumer. *mašda* „Halbfreie"), von denen wir sonst in Urkunden sehr wenig hören.

Der niedrigere Stand der *muškênu* kommt dadurch zum Ausdruck, daß bei Verletzungen von Mitgliedern dieses Standes nicht die schwere Bestrafung des Täters wie bei Verletzung Vollfreier (Talion) zur Anwendung kommt, sondern daß er sich mit einer geringeren Buße begnügen muß, einer Geldbuße, die freilich wieder höher ist als die bei Verletzung oder Tötung von Unfreien zu zahlende Buße (vgl. z. B. § 198, 210, 216 KḪ). Dafür hatten Halbfreie in Anbetracht ihrer Armut wieder die Begünstigung, die ärztliche Behandlung zu niedrigeren Honoraren als vollfreie Leute in Anspruch nehmen zu können (§ 215f., 221f. KḪ).

Bezeichnet der Ausdruck *muškênu* im KḪ regelmäßig den besonderen Stand der Halbfreien, so scheint er auch im Gegensatz zum Könige (Palast) allgemein die ganze Bevölkerung zu umfassen, Vollfreie und Halbfreie (§ 8, 15, 175 KḪ).

§ 50 des altassyr. Rechtsbuches spricht von einer Ehefrau, die (ihre Kinder) nicht groß werden läßt (*lâ murabitu*; vgl. oben Vorbemerkung). Es handelt sich dabei gewiß um eine Standesbezeichnung, und zwar um eine Person niedrigeren Standes als des vollfreien. Sehr ansprechend erscheint mir der Vorschlag von B. Landsberger: „eine Frau, die ihre kleinen Kinder zu verkaufen pflegt" (H. Ehelolf-P. Koschaker *Ein altassyr. Rechtsbuch* MVAM I 42[4]). Als Motiv hierfür müßte dann natürlich materielle Notlage, Armut dieses Standes, angesehen werden, und wir hätten, wenigstens wirtschaftlich, eine ähnliche Gruppe vor uns, wie sie im KḪ durch die *muškênu* repräsentiert wird.

B. Meissner a. a. O. S. 374; J. Kohler a. a. O. S. 107; A. Ungnad in Kohler-Ungnad *Hammurabi's Gesetz* II (1908) Glossar S. 149; M. Schorr *Urkunden des altbabyl. Zivil- und Prozeßrechts* VAB 5 (1913) S. 539; P. Koschaker *Quellenkrit. Untersuchungen* S. 24[3].

§ 3. I. Das sumer. und altbabyl. Recht hat eine eigene Terminologie in der Bezeichnung des Unfreien entwickelt. Während dem Namen des Freien regelmäßig der Vatername folgt, fehlt diese Filiation natürlicherweise beim Unfreien. Dieser wird durch das vorgesetzte Determinativ *rêšu* (sumer. *sag*) bezeichnet, oder es folgt seinem Namen der Zusatz *mu-ni-im*: „mit Namen".

VAB 5 S. 47[1] M. Schorr; P. Koschaker *Rechtsvgl. Stud.* S. 120[30].

Unter den Unfreien nahmen eine besondere Stellung ein die Sklaven des Königs und die Tempelsklaven, die im KḪ verschiedentlich den übrigen Unfreien gegenübergestellt werden. Eine Sonderstellung dürfte vielleicht auch dem *wilid bîtim*, dem „hausgeborenen Sklaven" (vgl. den graeco-ägypt. οἰκογενής), zugekommen sein. Ob mit dem *wilid bîtim* der uns in altbabyl. wie in neubabyl. Zeit (vgl. z. B. BE X 10, 3) begegnende *mâr bîtim* (eigl. „Sohn des Hauses") identisch und auch hierin ein im Hause geborener Sklave zu sehen ist, oder ob dadurch bloß die Zugehörigkeit eines Sklaven zu einem gewissen Hausstande ausgedrückt werden soll (vgl. die römisch-rechtl. Bezeichnung der Sklavenschaft einer *domus* mit *familia*), läßt sich nicht sicher sagen. Einen Amtstitel möchte ich darin nicht sehen.

B. Meissner a. a. O. S. 375, 383; J. Kohler *Ham. Ges.* V 118; M. Schorr a. a. O. S. 112, 127[3].

Äußerlich kenntlich waren die Unfreien durch ihr geschorenes Haupthaar und die Sklavenmarke. Diese Marke (*abuttum*) scheint ein Metallring oder -täfelchen gewesen zu sein, das, an einer Kette oder Schnur befestigt, am Arm oder Bein des Sklaven getragen wurde. Daneben mögen wohl auch Brand- und Schnittmarken zur Bezeichnung des Eigentums am Unfreien vorgekommen sein.

Auch in Assyrien wurden Unfreie äußerlich kennbar gemacht. So erklärt § 44 des altassyr. Gesetzbuches, daß dem verkauften oder verpfändeten, an Zahlungsstatt gegebenen Freien von seinem Herrn die Ohren durchlöchert werden dürfen; man könnte auch denken, daß das in demselben Paragraphen erwähnte *baqânu* mit dem Scheren des Stirnhaares nach altbabyl. Rechte identisch sei. Von einer nach Ständen geregelten (a. M. E. Cuq) Kleiderordnung handelt § 40; aus den Bestimmungen dieses Paragraphen ergibt sich, daß Dirnen, die, wie wir sahen, nach der Ständegliederung im Sinne des Rechtsbuchs an dritter Stelle, der der Unfreien, im Sinne des KḪ stehen, auf offener Straße unverhüllt zu gehen haben, während (freie) Ehefrauen und „Eingeschlossene" Gesichtsschleier tragen.

B. Meissner a. a. O. S. 375, 381, 409; P. Koschaker a. a. O. S. 202f., 230f.; Ehelolf-Koschaker a. a. O. S. 38[3]; Rev. d'Assyr. 19 (1922) S. 51, 54 E. Cuq.

II. 1. Durch Geburt. Die Kinder unfreier Eltern sind gleichfalls unfrei und fallen in das Eigentum des Herrn des Sklaven (vgl. M. 5 Z. 7 ff.). Einer besonderen Regelung bedurfte die Frage nach der Stellung des Kindes aus einer Ehe zwischen einer Freien und einem Sklaven. Nach § 175 KḪ sind Kinder aus solchen Ehen frei (*a-na mâre*^{meš} *mârat a-wi-lim a-na wa-ar-du-tim u-ul i-ra-ag-gu-um* [der Herr des Sklaven] wird gegen die Kinder der Freigeborenen wegen Knechtschaft nicht klagen; aber Vermögensauseinandersetzung zwischen der Frau [und den Kindern] und dem Herrn des Sklaven bei dessen Tod: vgl. § 176). Dagegen muß gemäß § 170f. KH̬ bei den mit dem Herrn erzeugten Kindern einer Sklavin unterschieden werden, ob sie der Vater ausdrücklich anerkannte (*mâru*^{meš}*-u-a iq-ta-bi*: „meine Kinder [seid ihr]" sagte), in welchem Falle sie den ehelichen Kindern gleichgestellt werden, oder ob dies nicht geschah; in diesem Falle werden die Kinder und ihre Mutter bei Tod des Vaters frei, ohne aber dessen Erben zu sein.

J. Kohler *Ham. Ges.* I 122; B. Meissner a. a. O. S. 160, 373, 380.

2. Strafweise Begründung der Unfreiheit.

a) Im Falle des Verstoßes des Adoptivkindes gegen den Adoptionsvertrag, dergestalt, daß der Angenommene den Adoptanten nicht als „Vater" anerkennt (s. a. Adoption B). So wiederholt in Urkunden und vor allem in den sog. sumer. Familiengesetzen (Serie *ana ittišu* VII., V Rawl. 24 Col. III 23ff.).

b) Vereinzelt wird in Eheverträgen die Strafe der Versklavung der Ehegattin angedroht, wenn sie den Gatten nicht als Ehemann anerkennt, sich von ihm lossagt (*ûl muti atta iqtabi*: wenn sie „Nicht mein Ehemann [bist] du" sagt; vgl. z. B. BE VI_2 48; M 90).

c) Unbotmäßigkeit der Nebenfrau gegenüber der Hauptfrau wird im M 89 mit Verknechtung bedroht.

J. Kohler a. a. O. I 133ff., III 227; P. Koschaker a. a. O. S. 204ff.; B. Meissner a. a. O. S. 151; M. Schorr S. 3, 17f.

3. Nach den allg. Grundsätzen der Antike entsteht Unfreiheit durch Kriegsgefangenschaft.

4. Kinderverkauf, der uns in der Zeit der ersten Dyn. von Babylon erfreulicherweise nur selten begegnet. So wird z. B. in CT VIII 22b die Tochter als Sklavin und Kebse an einen Ehemann verkauft; Verkauf von Säuglingen kommt vor, doch kleidet sich dieser in die Form der Ankindung (LC 146). Aus der Zeit Rîm-Sins von Larsa stammen die Urkunden über Kinderverkauf *Ham. Ges.* VI Nr. 1644ff. (vgl. oben Vorbemerkung).

In Assyrien scheint dagegen der Verkauf von Kindern und Geschwistern häufiger vorgekommen zu sein. Besonders hervorzuheben ist, daß bei diesen Verkäufen regelmäßig das Formular der Sklavenkaufurkunden verwendet wird, also der Verkauf unverhüllt zutage tritt. ADD 201, 208, 314, 317; Hingabe der Tochter an Zahlungsstatt ADD 86. Auch Schenkung des Sohnes an den Tempel begegnet uns einmal (ADD 641).

J. Kohler a. a. O. III 228; Kohler-Ungnad *Assyr. Rechtsurkunden* 1913 S. 451; M. Schorr a. a. O. S. 111f.; B. Meissner a. a. O. S. 381.

5. Schuldknechtschaft. Anerkannt durch § 114ff. KH̬, geben uns jetzt die in *Ham. Ges.* VI Nr. 1470ff. veröffentlichten Urkunden ein deutliches Bild von der Handhabung dieses Institutes in der Praxis. Der Schuldhäftling erscheint als Sklave des Gläubigers, der ihn wieder gegen Bürgschaft (s. d. B) freigibt, damit er einerseits die Kosten für den Unterhalt des Häftlings erspart, andererseits jener besser arbeiten und seine Schuld abdienen kann. Vgl. auch § 54, 151f. KH̬.

Dasselbe Bild wirtschaftlicher Not wie die Kinderverkäufe in neuassyr. Zeit zeigen Urkunden, in denen für Gelddarlehen Frau und Kinder als Pfand hingegeben werden, wie in ADD 66f., 78, vgl. auch ADD 85. Von den Rechten des Pfandgläubigers gegen den als Pfand hingegebenen Freien spricht § 44 des altassyr. Rechtsbuches (vgl. o. I).

J. Kohler a. a. O. I 114f.; P. Koschaker in *Ham. Ges.* VI 20; M. Schorr a. a. O. S. 73, 93f.; B. Meissner a. a. O. S. 381.

6. Selbstverknechtung ist im altbabyl. Recht in der Form der Selbstvermietung anzutreffen, wobei der Arbeiter den Arbeitslohn im voraus bekommt und ihn später abzudienen hat. Ein interessantes Beispiel von Selbstvergeiselung bietet die Urkunde VS XIII 96 + a, die wie die Selbstverkaufsurkunde Grant 20 aus der Zeit Rîm-Sins von Larsa stammt (vgl. oben Vorbemerkung).

Selbstvergeiselung des Schuldners wegen nicht bezahlter Schulden ist auch in den assyr. Urkunden anzutreffen (ADD 152, VS I 96).

J. Kohler *Ham. Ges.* III 243, V 122; *Assyr. Rechtsurk.* S. 465; P. Koschaker *Ham. Ges.* VI 86f. und zu Nr. 1481.

III. 1. Freilassung. Der Freilassungsakt kleidet sich in sakrale Formen, spielte offenbar im Tempel (man vgl. die Erwähnung in mehreren Urkunden, daß der Sklave „vor Gott" freigelassen werde) und bestand in einer Reinigung (s. d. C) der Stirn des Freizulassenden (Wasserweihe), der mit dem Antlitz gegen O gestellt wurde. Von der nordbabyl. Freilassung, bei der der Unfreie zum Freilasser in eine Art Kindschaftsverhältnis tritt, ist die südbabyl. Freilassung zu unterscheiden, die eine derartige Adoption (s. d. B) nicht kennt. Der Freigelassene übernimmt in Nordbabylonien die Verpflichtung zu Unterhaltsleistungen auf Lebzeiten des Freilassers; nach dessen Tod ist er aller Verpflichtungen ledig („er gehört sich selbst"). Bei der in Nippur spielenden Freilassung der Urkunde BE VI_2 8 erbringt der Freigelassene eine Kapitalsleistung an den früheren Herrn; wir haben es hier also mit einer sog. Loskauffreilassung (*ipṭirum*) zu tun, auf die auch in der Serie *ana ittišu* angespielt wird (II. Tf., Col. IV 15ff.: *nam-du-a-ni-šu azag ne-in-lal* = *a-na* [*ip-ti-ir-šu*] *kapsam iš-kul*: zu seiner Freilassung zahlte er Geld). Vgl. a. § 32 KH̬.

Die Freilassung der Sklavin erfolgt in denselben Formen wie die des Sklaven, doch wird vielfach mit der Freilassung ihre Verheiratung verbunden und werden die entsprechenden Klauseln der Freilassungsurkunde in das Schema der Urkunde über den Ehevertrag eingebettet.

Als besondere Art der Freilassung ist noch die Schenkung des Unfreien an den Tempel zu erwähnen, wobei der Freigelassene zu Tempeldiensten verpflichtet wird. In den Freilassungsurkunden spielen Klauseln, durch die der Freigelassene gegen Retrakt der Verwandten des Freilassers geschützt wird, eine wichtige Rolle.

J. Kohler *Ham. Ges.* III 230, IV 86, V 118f.; P. Koschaker *Ham. Ges.* VI zu Nr. 1428; M. Schorr a. a. O. S. 43ff.; B. Meissner a. a. O. S. 377f.

2. Kraft Gesetz.

a) Gemäß § 117 KH̬ werden Weib und Kinder, die vom Ehemann bzw. Vater gegen Geld verkauft oder in Schuldknechtschaft gegeben wurden, nach Ablauf von drei Jahren frei. Es scheint sich hierbei um eine Stellungnahme H̬ammurapis gegen derartige, offenbar durch wirtschaftliche Notlage bedingte Verknechtungen der nächsten Familienangehörigen zu handeln (vgl. für Larsa o. II/5, 7; das *andurâršunu iššakkan* z. 66f. entspricht der südbabyl. Terminologie: *Ham. Ges.* VI Nr. 1427f.).

b) Die Sklavin, die ihrem Herrn Kinder geboren hat, wird, auch wenn dieser die Kinder nicht ausdrücklich anerkennt und den ehelichen gleichstellt, doch mit dem Tod von deren Vater zusammen mit diesen frei (§ 171 KH̬).

c) Gemäß einer Bestimmung des § 280 KH̬, die, wie Koschaker nachgewiesen hat, als eine Interpolation seitens der Redaktoren des KH̬ aufzufassen ist, wird ein Inländer (*mâru mâtim*: Kind des Landes), der in das Ausland verkauft wurde, frei, sobald er in das Inland zurückkommt. Ja, § 280 bestimmt sogar, daß derjenige, der ihn im Auslande kaufte, im Gegensatz zu der Bestimmung des § 32 KH̬ hinsichtlich des eingelösten Kriegsgefangenen keinen Anspruch auf Ersatz des Kaufpreises hat. Diese freilich ungeschickte Regelung des Falles scheint der Absicht H̬ammurapis zu entsprechen, den Verkauf von Landeskindern in das Ausland zu verbieten, um so Babyloniern, die in Schuldknechtschaft gegeben wurden, die loyalere Behandlung im Inland zu sichern und ihnen die Wiedererlangung ihrer Freiheit im Sinne des § 117 KH̬ (oben 2a) zu ermöglichen.

P. Koschaker *Rechtsvergl. Stud.* S. 105ff., 102f.; J. Kohler *Ham. Ges.* I 106, 115, III 226; M. Schorr a. a. O. S. 45; B. Meissner a. a. O. S. 354, 380.

IV. Der Unfreie ist nach gemeinrechtlicher Auffassung der Antike auch im babyl. Recht im strengen Sinne des Rechtes Rechtsobjekt. Der Sklave wird verkauft, verpfändet, vermietet; er fällt bei Tod seines Herrn in die Verlassenschaft und vererbt sich auf dessen Erben. Verletzungen oder Tötung von Sklaven verpflichten den Täter zu Schadenersatz an den Herrn, dessen Wertobjekt dadurch vermindert oder vernichtet wurde. Diese Bußen sind mit Hinblick auf die bei

Verletzung Freier oder Halbfreier zu leistenden am niedrigsten gehalten.

Was die Stellung des Einzelnen anlangt, so wird auch für das altbabyl. Recht der Satz gegolten haben, daß je höher der Herr, desto günstiger auch der Sklave stehe. Daß Palast- und Tempelsklaven als besondere Gruppe im Gesetz wiederholt erwähnt werden, wurde bereits oben gesagt (vgl. I). Im großen und ganzen scheint die Behandlung der Unfreien sehr human gewesen zu sein. Auch das Recht schützt die Persönlichkeit des Sklaven; so wird das willkürliche Bestrafungsrecht des Herrn in gewissem Sinne eingeschränkt (vgl. § 282 KḪ, der im Falle der Ableugnung der Knechtschaft durch den Unfreien seinen Eigentümer ermächtigt, jenem das Ohr abzuschneiden). Eine besondere Bevorzugung genießt die Sklavin, die dem Herrn Kinder geboren hatte. Deren Verkauf ist auch im Falle ihrer Unbotmäßigkeit untersagt; es darf ihr bloß die Sklavenmarke angelegt und sie selbst zu einer gewöhnlichen Gesindesklavin degradiert werden (§ 146 KḪ). Desgleichen kann eine solche Sklavin, wenn sie von ihrem Herrn Schulden halber verkauft wurde, vom Verkäufer gegen Zahlung des Kaufpreises wieder eingelöst werden (§ 119 KḪ). Sie genießt demnach in gewissem Sinne eine Mittelstellung zwischen der gewöhnlichen Unfreien (§ 118) und dem in Schuldknechtschaft gegebenen Weibe und den Kindern des Schuldners (§ 117).

Für die tatsächliche Stellung der Unfreien ist auch charakteristisch § 146 KḪ, wo davon gesprochen wird, daß der Sklavin strafweise die Sklavenmarke angelegt wird; daraus geht hervor, daß jene vordem äußerlich nicht als Sklavin gekennzeichnet war. Auch Urkunden, die berichten, daß eine Sklavin einem Freien als Gattin gekauft, ihr im Falle der Unbotmäßigkeit das Stirnhaar geschoren und sie für Geld verkauft werden solle, weisen darauf hin, daß in einzelnen Fällen Sklaven die Tracht von freien Leuten gestattet wurde.

Komplizierter als das Sklavenrecht der altbabyl. Periode ist das assyr. Sklavenrecht. Vor allem wird hier Sklavenwirtschaft in weit größerem Umfange betrieben als im Babylonien der Ḫammurapi-Zeit. Auf den assyr. Latifundien müssen Sklaven in großen Massen gesessen haben. Daher ist auch der Umsatz von Sklaven ein viel größerer. Sklaven werden einzeln oder in ganzen Familien verkauft; als Hörige, an die Scholle gebunden, gehören sie zum Inventar jener Großgrundbesitze, von denen Kaufurkunden wiederholt berichten. Nach wie vor werden Sklaven für Schulden verpfändet. Doch ist die Differenzierung in der Stellung der einzelnen Unfreien in Assyrien bereits bedeutend weiter vorgeschritten. Wiederholt treten Sklaven als Kontrahenten bei Rechtsgeschäften auf und erscheinen somit als Rechtssubjekte; die mögliche Handlungsfähigkeit des Unfreien beweist auch § 4 des altassyr. Rechtsbuchs. Die Sklaven großer Herren haben Untersklaven, beteiligen sich selbständig am Güterverkehr. Die Zeugnisfähigkeit von Sklaven wird uns urkundlich bestätigt, desgleichen ihre Prozeßfähigkeit (ADD 161). Auch scheinen Ehen von Sklaven von Rechts wegen anerkannt zu sein, und die Herren erwerben Frauen für ihre Unfreien.

P. Koschaker *Rechtsvgl. Stud.* S. 206f.; *Quellenkrit. Untersuchungen* S. 29; J. Kohler *Ham. Ges.* I 106f., III 125f., V 118; *Assyr. Rechtsurk.* S. 447, 452f., 466; B. Meissner a. a. O. S. 378f., 381f.

§ 4. Dem Sklaven, der seine Knechtschaft leugnet, seinem Herrn *ûl bêli atta*: „nicht mein Herr bist du" sagt, darf dieser nach § 282 KḪ das Ohr abschneiden. Die zivilrechtliche Seite der Statusklage beleuchten ein paar Urkunden. Ein Beispiel für die Anwendung des § 280 KḪ (oben § 3 III 2c) bietet uns CT VI 29. Fünf Jahre war ein einheimischer Sklave, den sein Herr ins Ausland (*Tupliaš*) verkauft hatte, dort in Sklavendienst. Vor den *abi ṣâbê* (s. Gericht B § 4 IV) spielt das Verfahren, in dem er für frei erklärt wird (*el-li-ta ab-bu-ut-ta-ka gu-ul-lu-ba-at*: du bist frei; deine Sklavenmarke ist abgeschnitten). Die Brüder des für frei Erklärten beteuern eidlich, dessen Freiheit respektieren zu wollen. In BE VI_2 62 dreht sich der Prozeß offenbar um die Frage, ob eine zu den Soldaten ausgehobene Person Halbfreier oder Vollfreier ist (vgl. oben § 1). Nachdem die Familienangehörigen eidlich bestätigten, daß der Ausgehobene Bürger von Nippur sei, leistet der Soldatenausheber (*dêkû*) den Anspruchsverzicht. In VS XIII 32 finden wir ein der röm. *vindicatio in libertatem* ähnliches Verfahren. Ein *assertor* tritt auf und nimmt die in Streit stehende Person als Freien in Anspruch; doch beweisen die Ältesten dessen Sklavenqualität (*âlik bîtim*: ein dem Hause [seines Herrn] angehöriger Sklave), worauf der *assertor* seine Verzichterklärung abgibt.

P. Koschaker *Rechtsvgl. Stud.* S. 108f.; *Ham. Ges.* VI zu Nr. 1753; J. Kohler a. a. O. III 254; IV 99; M. Schorr a. a. O. S. 60f.

J. G. Lautner

Ständerlampe s. Beleuchtung C.

Stangelandshidleren s. Nordischer Kreis A § 4 d 3.

Stångenäs (Schweden; Tf. 62g, h). § 1. S. ist in der Literatur oft fälschlich „Staengenäs (de Quatrefages und Hamy), „Stängenäs" (Mortillet, Frédéric und Obermaier), „Stängnäs" (Schwalbe 1906) oder „Stägnäs" (Schwalbe 1923) genannt. S., Gerichtsbezirk in der Provinz Bohuslän, Westschweden, ist Fundstelle des danach benannten Stångenäs-Kraniums.

Im J. 1843 wurden hier, und zwar bei dem Gute Röe im Kirchspiele Bro (etwa 58° 25' nördl. Breite), unter Mitwirkung des als Archäologen bekannten Pastors A. E. Holmberg menschliche Skelettreste ausgegraben. Diejenigen Knochen, die erhalten sind, befinden sich jetzt in den Sammlungen der Universität Lund. Vorhanden sind: ein Schädelfragment, ein linkes Femur, eine rechte Tibia, ein rechter Talus und ein rechter Calcaneus. Der Fund wurde zuerst von Sven Nilsson in einem Vortrage auf der vierten Versammlung der skand. Naturforscher in Christiania (1844), sodann ausführlicher in den Übersetzungen des Manuskripts der 3. Aufl. seines Werkes *Skandinaviska Nordens urinvånare* besprochen (vgl. unten die Literaturangaben). Die Zugehörigkeit des Fundes zur StZ hatte schon Holmberg vermutet. Dessen begründender Hinweis auf das Tempo, in dem sich die Höhenlage der Fundstelle zum Meeresspiegel verändert, wurde jedoch von Nilsson mit Recht angefochten. De Quatrefages und Hamy betrachteten das Stångenäs-Kranium als einen Repräsentanten des weiblichen Typus der Cannstatt-(Neandertal-) Rasse, wogegen schon A. und G. de Mortillet geltend machten, daß sämtliche Knochen für eine Verwandtschaft mit rezenten Menschen sprächen. Schwalbe und Frédéric stellten fest, daß das Kranium einem Vertreter der Gattung *homo sapiens* angehört hat. Schwalbe, der 1906 in den *Studien zur Vorgeschichte der Menschheit* (II) unter Berufung auf Bergendal (Lund) das Kranium als postglazial bezeichnet hatte, hält jedoch in seiner posthumen, 1923 erschienenen Schrift *Die Abstammung des Menschen und die ältesten Menschenformen* (s. Literaturangabe) das jungdiluv. Alter des Schädels für gewiß. Dagegen schloß Obermaier 1912 aus der Lage des FO (s. u.), daß die Skelettreste einer sehr frühen Phase des Neol. angehörten. Im J. 1903 hat Richard Hägg geol. Material von der Fundstelle gesammelt. Sie wurde ihm persönlich von dem Besitzer Röes gezeigt, der schon Nilsson im J. 1844 dorthin begleitet hatte. Häggs abschließende Forschungen haben eindeutig die Zugehörigkeit des Fundes zur Ancyluszeit ergeben. Damit ist der Fund als ältester bisher bekannter menschlicher Skelettrest auf der skand. Halbinsel bestimmt.

§ 2. Holmberg und Nilsson betonen, daß die Knochenreste in ungestörten Schichten aufgefunden worden sind. Sie lagen in einer Muschelbank, 400 m vom Meere entfernt und 44,6 m über dem Meeresspiegel. Es ist also anzunehmen, daß die beiden Individuen (s. u.), denen die Knochen angehört haben, hier nicht von Menschenhand begraben worden sind. Vielmehr macht es die Lage des Fundes (Tf. 61g) wahrscheinlich, daß sie ertrunken und von den Wellen zu einer Zeit angespült worden sind, als die Muschelbank sich bildete. Es handelt sich um eine „obere Kardiumbank, d. h. eine Kardiumbank, die oberhalb der Tapes- (Litorina-) Grenze liegt. Sie ist also älter als die Tapes- (Litorina-) Zeit und stammt aus der Zeit, die dieser unmittelbar vorausgeht, d. h. aus der Ancyluszeit" (Hägg). Ursprünglich wurden zwei Menschenskelette gefunden; die Knochen waren aber kalziniert und deshalb sehr zerbrechlich, so daß nur die obengenannten Teile erhalten sind. Neuerdings hat C. M. Fürst eine Revision der bisherigen Forschungsergebnisse auf Veranlassung der Untersuchungen Häggs vorgenommen. Er stellt fest, daß das Kranium verhältnismäßig groß ist und wahrscheinlich einem Manne angehört hat. Der Längenbreiten-Index beträgt 71,9 und zeigt also eine ausgeprägte Dolichokephalie. Mit dem Frontoparietal-Index 76,8 weist das Kranium auch eine hochgradige Eurymetopie auf. Der Schädel von S. hat im großen und ganzen mehr Ähnlichkeit mit dem des Alten von Crô-Magnon (s. d.) als alle anderen Kranien der schwed. StZ. In gewisser Hinsicht nähert er sich auch dem Typus des Aurignac-Kraniums von Combe-Capelle (s. d.) — freilich nicht in gleich hohem Grade wie die spezifisch nord. Schädel. Allerdings ist ein exakter Vergleich dadurch erschwert, daß von dem Stångenäs-Kranium nur die Kalotte erhalten ist. Gerade die Gesichtsteile fehlen. Unter den schwed. Kranien besteht eine gewisse Ähnlichkeit zwischen dem Stångenäs-Kranium und einem ebenfalls im Gerichtsbezirk S. und zwar bei dem Gute Hunnebo aufgefundenen Kranium aus der Ganggräberzeit (bei C. M. Fürst *Zur Kraniologie der schwedischen Steinzeit* als Nr. 17 beschrieben und ebd. Tf. 9 abgebildet.) Ebenso wie die Kalotte weisen auch die Extremitätenknochen auf ein großes und kräftiges Individuum hin (gr. L. des Femurs 516 mm, gr. L. der Tibia 435 mm). Die Körperlänge schätzt Fürst auf 180 cm. Er kommt zu dem Ergebnisse, daß nichts gegen die Einreihung des Stångenäs-Kraniums unter die Variationen des nord. Typus spricht. Vielleicht stellt es eine seiner ursprünglicheren Formen dar. Neben den Skelettresten aus den dän. Mooren Maglemose (s. d.) bei Mullerup und Sværdborg (s. d.) ist der Fund von S. das einzige anthrop. Material aus der Ancyluszeit des N. Auch die erwähnten dän. Reste menschlicher Skelette, besonders Unterkieferfragmente, Zähne und eine Speiche, die früher als neandertaloid betrachtet wurden, dürften in die Variationsbreite rezenter Europäer fallen.

Förhandlinger ved de skandinaviske Naturforskeres fjerde Möde, Christiania, den 11.—18. Juli 1844 (Christiania 1847) S. 101f. Nilsson; ders. *Les habitants primitifs de la Scandinavie* Paris 1868 S. 142ff. (ausführlichste der Nilssonschen Darstellungen); ders. *The primitive inhabitants of Scandinavia edited and with an introduction* by sir John Lubbock London 1868 S. 116ff.; ders. *Das Steinalter oder die Ureinwohner des skandinavischen Nordens* übers. von J. Mestorf. Hamburg 1868 S. 89; ders. *Sverige och dess inbyggare före den historiska tiden* hg. von Bert Möller in K. Fysiogr. Sällskapets Handl. NF 33 Nr. 8 (Lund 1923) S. 18f. (mit wertvollen Anmerkungen von C. M. Fürst); Holmberg *Bohusläns Historia och Beskrifning* II (Örebro 1867) S. 145f.; de Quatrefages und Hamy *Crania ethnica. Les races humaines* Paris 1882 S. 16ff.; G. und A. de Mortillet *Le préhistorique* Paris 1900 S. 274f.; Schwalbe *Studien zur Vorgeschichte der Menschheit. II. Das Schädelfragment von Brüx und verwandte Schädelformen* Ztschr. f. Morphologie u. Anthropologie 1906 Sonderheft S. 153; ders. *Die Abstammung des Menschen und die ältesten Menschenformen* in *Kultur der Gegenwart. Anthropologie* Leipzig und Berlin 1923 S. 293; Frédéric *Das Schädelfragment von Stängenäs in Schweden* Ztschr. f. Morphologie u. Anthropologie 11 (1908) S. 317ff. (am ausführlichsten in anthropometrischer Hinsicht); Obermaier *Der Mensch der Vorzeit* (o. J.; 1912) S. 346; Hägg *Stångenäskraniets skalbank* Geol. Fören. Förh. 46 (1924) S. 443ff. (referiert von L. von Post in Fornvännen 1925 S. 89ff.); Fürst *Stångenäskraniets renässans* Fornvännen 1925 S. 274ff. — Zu den dänischen Funden: Aarb. 1921 S. 205ff. Nielsen (auch in der frz. Ausg. der Aarbøger: Mém. de la soc. roy. des antiqu. du Nord 1920—1925 S. 33ff.); Vidensk. Meddel. fra Dansk naturh. Foren. 80 (1925) S. 365ff. Arnborg.

John Arnborg

Stanominer Typus (Tf. 91 B) s. Fußring vom Stanominer Typus.

Stanwick (Tf. 92). Einer der reichsten Funde von Pferdegeschirr und Wagenschmuck der Spätlatènezeit in England wurde um 1844 gemacht und gelangte durch Schenkung in das Brit. Museum. In einem mächtigen Ringwall bei S., fast 8 km n. von Richmond (Yorkshire), lagen die Gegenstände in einer etwa $1^1/_2$ m t. Grube. Da röm. Funde völlig fehlen, wird der Fund in die 1. Hälfte des 1. Jh. n. C. gehören. Neben der Grube fanden sich auch eiserne Radreifen. Der Fund besteht aus: Zaumringen, die teilweise auch Email-Einlage hatten; runden Schmuckscheiben in durchbrochener Arbeit, mit einer runden oder rechteckigen Öse am Rücken, Dm 7—8 cm (Tf. 92 g); Wangenstücken von Pferdegebissen; reich dekorierten Achsennägeln (?), häufig mit einem Ringkopf. Zum Wagenschmuck gehören wohl auch getriebene Bronzebleche mit Nietlöchern am Rand, darunter eins mit einer im Spätlatène-Stil ausgeführten Maske (Tf. 92 e). Auch einige kleine Bronzegefäße sind gefunden, vor allem aber Waffen. Am wichtigsten ist die Bronzescheide eines Schwertes, reich verziert (LTZ 4). Ferner ein Fragment eines

Schildbuckels, Fragmente von Kettenpanzern. Leier- oder hörnerähnliche Beschläge haben nach Déchelette nach Analogie des röm. Grabes aus der Mitte des 1. Jh. v. C. von Chassenard (Rev. arch. 1903 S. 235ff.) zu diesen Kettenpanzern gehört und sind mit dem Corniculum (Livius X 44, 5) der röm. Soldaten in Zusammenhang zu bringen. Ausländische Arbeit ist der Bronzebeschlag eines Lederriemens mit Schnalle. Die Schnalle ist mit zwei Pferdeköpfen dekoriert, in der eingravierten Ornamentik des Bronzeblechs finden sich zwei beiderseits eines stilisierten Baumes (?) stehende, Pfauen ähnliche Tiere.

Memoirs of the Meeting of the Arch. Institute of Great Britain and Ireland, York 1846 S. 88; J. C. Bruce *Catalogue of the Antiquities at Alnwick* S. 38; Read-Smith *A Guide to the Antiquities of the Early Iran Age Brit. Mus.* S. 130ff. Abb. 111—121; Schwert: Kemble *Horae ferales* Tf. 18, 1; Déchelette *Manuel* II 3 S. 1125 usw. Gegen die Deutung der „doorhandle butts" als Achsennägel Coffey in den Proceedings R. I. Academy 28 (1909—10) Abt. C S. 103. Danach würde es sich um Lanzenschuhe handeln.

† W. Bremer

Stanzen s. Bronzetechnik A § 12, Eisen A § 10.

Stargard (Kr. Saatzig, Hinterpommern; Tf. 93).

In der Gegend von S. in Pommern ist ein Depotfund gehoben worden; er wird in der Staatsslg. Berlin (Kat. Nr. II 10755—60) aufbewahrt. Über die FU ist nichts Näheres bekannt. Der Fund, bisher nur von Kossinna (s. u.) gelegentlich erwähnt, ist noch nicht veröffentlicht. Er enthält folgende Gegenstände:

1. Gewölbte Plattenfibel (Tf. 93a) mit hinterpomm. Hufeisenmuster, das aus dreifachem Linienband besteht, im Innern durch 5 Punktdoppelkreise verziert ist und auf der Außenseite von einer plastischen Punktreihe begleitet wird. Der Bügel ist mit drei Gruppen von Querleisten geschmückt. Auf der Innenseite der Platte drei divergierende Gußrippen. Beide Platten sind abgebrochen gewesen und wieder angegossen. Die Nadel mit Ringknopf ist 11,2 cm l., die Platten sind im Dm 9,2—11,1 cm, die Gesamtlänge der Fibel beträgt 22,5 cm.

2. Dgl. (Tf. 93b) mit einfachem Hufeisenmuster. Der Bügel ist mit 3 Gruppen von Querrippen und zwei liegenden Kreuzen versehen. Drei divergierende Gußrippen auf der Innenseite der Platten. Eine Platte abgebrochen, die Nadel fehlt. Dm der Platten 8,5—10,0 cm, L. der Fibel etwa 20 cm.

3. Halskragen (Tf. 93c), bestehend aus 6 durch drei einfache Querstege verbundene dachförmige Reifen. An den Enden dreieckige Platte mit abgerundeter Spitze, längs den Rändern mit parallelen Leisten versehen, sonst trägt der Kragen keine Verzierung. Die Ränder der Reifen sind uneben, Teile derselben ausgebrochen, auf den Endplatten Gußfehler, sonst aber ist der Kragen gut erhalten. Gr. Br. etwa 20 cm.

4. Dgl. (Tf. 93d), die Reifen mit richtungwechselnden Schrägkerben versehen. Die Endplatten stark deformiert (Gußfehler?), mehrere Ringteile ausgebrochen. Gr. Br. 21,3 cm.

5. Nierenring (Tf. 93e), der Knoten und die Ring-Enden dicht mit Querrillen verziert. Dm 8,4—8,7 cm. Gr. H. (Knoten) 3 cm.

6. Dgl., nur etwas größer, Dm 8,5—9,7 cm. Gr. H. 2,8 cm.

7.—14. Acht Armringe (Tf. 93f) aus dünnem Bronzeband, dachförmig gewölbt, nahe den gerade abgeschnittenen Enden in der Mitte je ein rundes Loch. Dm etwa 7,5—8,5 cm, H. 1,8 cm. Von dem einen Ring nur die Hälfte erhalten.

Der Fund enthält typisches Inventar der V. Per. der BZ Nordostdeutschlands, und zwar des w. Teiles desselben. Die Halskragen kommen in der V. Per. nur im Odergebiet, in Hinterpommern und in der Neumark vor. Nach Kossinna haben sie sich aus den dickeren, gedrehten Ösenhalsringen der IV. Per. entwickelt. Die erste Abart A zeigt durchgehende Schrägkerbung der einzelnen Ringe, die Abart B richtungwechselnde Schrägkerbung; manchmal fehlt bei dieser Gruppe die Schrägkerbung vollständig. Kossinna zählt 11 Stücke aus 8 Funden auf, davon stammen 3 Stücke aus Schweden, die übrigen aus dem erwähnten Gebiete. (Die von Kossinna [a. a. O. S. 88] erwähnten 3 Ringe aus Mecklenburg-Schwerin gehören nicht zu dieser Gruppe; sie stammen höchstwahrscheinlich von den Ringhalskragen der VI. Periode). Die beiden Plattenfibeln, eine ausgesprochen ostd. Form, stellen zwei

Stanominer Typus

Typen aus dem Depotfunde von Stanomin: c, d. Fußringe vom Stanominer Typus (s. Fußring). — f. Bronzekette (s. Bronzetechnik A § 8 und Band II Tf. 82c). — Nach Aufnahmen der Vorgeschichtlichen Staatssammlung Berlin.

a

b

c

d

e

f

g

h

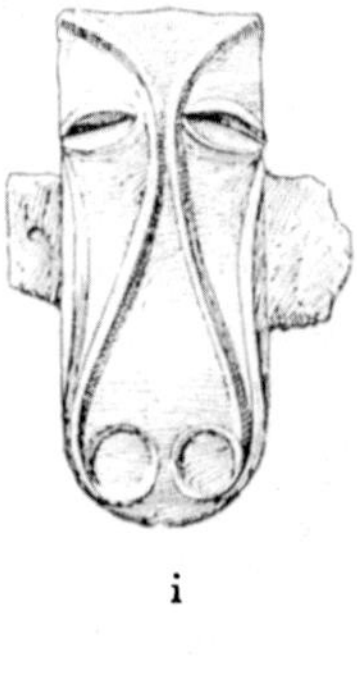

i

Stanwick

a—i. Bronzen im Spätlatène-Stil, meist vom Pferdeschmuck und Wagenbeschlag. Meist etwa $^1/_3$ n. Gr. Nach *Guide to Early Iron Age* 1925.

a

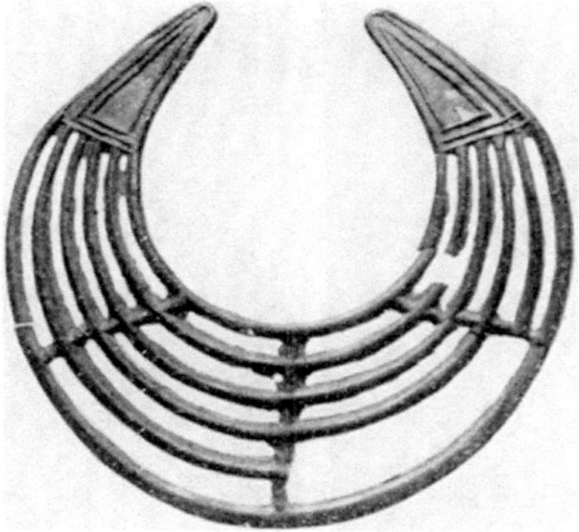

c

b

e

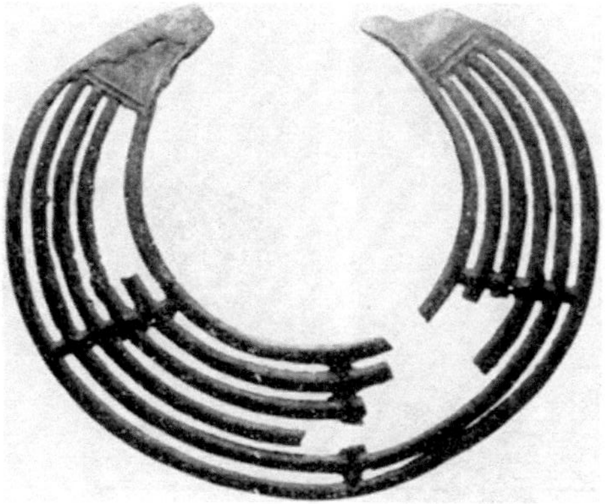

d

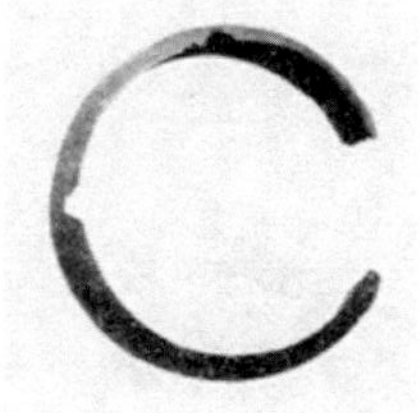

f

Stargard

a, b. Hinterpommersche Plattenfibeln. — c, d. Oder-Halskragen. — e. Nierenarmband. — f. Armband. — $^{2}/_{7}$ n. Gr. — Nach Aufnahmen der Vorgeschichtlichen Staatsslg. Berlin.

a

b

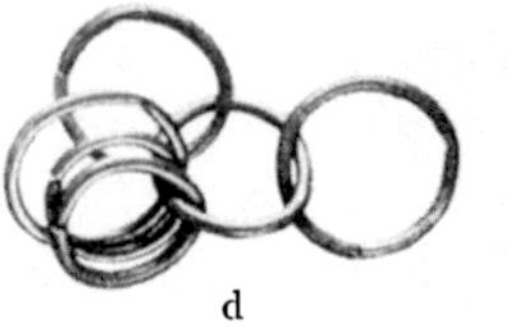

d

c

f

e

i

g

h

Staromyšastovskaja

Die Stücke des Schatzfundes von S.: a. 1/4, b—h etwa 1/1 n. Gr. — c. Von vorn und im Profil gesehen. — Nach Aufnahmen der Eremitage, Leningrad.

Varianten der verzierten Abart dar: mit unverziertem und verziertem Hufeisenband. Die Fibelart ist nur aus Vor- und Hinterpommern bekannt, außerdem 2 Ex. aus Schweden und 1 Ex. aus Brandenburg. Die ö. der Oder zahlreich vorkommenden Nierenringe finden sich auch außerhalb dieses Gebietes, zwischen Elbe und Oder und an der Saale. Zu den einfachen Armringen sind Parallelen von Staffelde, Kr. Soldin (Neumark), bekannt.

Mannus 7 (1915) S. 93 Anm.; ebd. 8 (1917) S. 86, 88 mit Anm. Kossinna; [Präh. Z. 17 (1926) S. 51ff. E. Sprockhoff]. Ed. Sturm

Staromyšastovskaja (Südrußland; Tf. 94). Kosaken-Station im Kuban-Gebiet. Hier wurde im J. 1897 von den Bauern zufälligerweise ein sehr interessanter Schatzfund im Lehmboden gemacht. Der Schatz befand sich in einem kleinen Silbergefäß mit Deckel (Tf. 94i). Zum Funde gehören ca. 2500 verschiedene Gold- u. Silberperlen, über 400 Perlen aus Karneol, Glas usw., wahrscheinlich von einem Brustschmuck. Weiter etwa 40 goldene, z. T. vereinigte Ringe (Tf. 94d—h); einige von ihnen sind mit eingereihten Karneol-Perlen versehen. Drei goldene Rosetten an einem dünnen, goldenen Diadem (Tf. 94a), eine silberne, massive, aber mit einem Loch durch den Körper versehene kleine Ochsenfigur (Tf. 94b), wohl von einer Baldachin-Stange, und ein kleiner, merkwürdiger Löwenkopf (Tf. 94c: ein Anhängsel?). Ein Teil dieser Stücke im Schatze dürften von einem Diadem, Ohrgehänge, Hals- und Brustschmuck stammen. Man kennt z.T. ganz genaue Analogien unter den Fundsachen aus dem großen Maikoper Kurganfunde: Diadem, Ochsenfigur, Perlen, das Gefäß selbst (Band VII Tf. 217, 218^{A}, 218^{B}). Auch die anderen „kupferzeitlichen" Kurgane des Kuban-Gebietes (spez. die Funde von Carevskaja) sind ohne Zweifel gleichzeitig mit diesem Schatzfunde (aus dem Anfang des 2. Jht.?). Sie stammen aus dem S, aus dem alten Orient, aber ihre nähere Provenienz kann bis jetzt nicht bestimmt werden. Man hat sowohl an die sumerische Welt wie an Kleinasien gedacht.

CRPétersb. 1897 S. 64; Rev. Arch. 1920 S. 8ff. A. M. Tallgren

Staruni (Polen) s. Diluvialfauna § 3.

Statues-menhirs s. Frankreich B § 23.

Statuetten, Paläolithische s. Kunst A I § 4, 5, Primitive Kunst.

Statzendorf (Niederösterreich). § 1. Unweit w. der Eisenbahnstation S. wurden in den J. 1903 und 1904 180 Gräber bloßgelegt, die 0,5—1,5 m unter der heutigen Grasnarbe lagen, und von denen nur 7 Skelett-, alle anderen Brandbestattungen enthielten. Einzelne Skelettgräber dürften, obgleich ihr Inventar typol. völlig mit dem der Brandgräber übereinstimmt, Nachbestattungen sein. Die keramisch gut ausgestatteten Brandgräber waren arm an Metallfunden und umgekehrt.

§ 2. An Bronzegegenständen fanden sich neben einer Reihe verschiedener Nadeln mehrmals Harfenfibeln, eine Bogenfibel mit Bein-Einlage, verschiedene Arm-, Fuß- und Fingerringe, ein Anhängsel in Vogelgestalt, Gürtelhaken, viele englumige kleine Bronzespiralen, halbkugelige Gürtelbesätze, kleine Pfeilspitzen, Klapperbleche und ein vorzüglich erhaltener, mit getriebenen geometrischen Ornamenten verzierter Gürtelbeschlag. An Eisengegenständen wurden verschiedene Ringe, geschweifte Messer, eine Harfenfibel, Ärmchenbeile und Trensenstücke gefunden. Bernsteinschmuck kommt gelegentlich vor.

§ 3. Bei den keramischen Formen (Band IX Tf. 195, 196d—g, 198d) ist die große, doppelkonische Urne führend. Als Beigefäße sind bomben-, schalen- und krugförmige Typen besonders zu erwähnen. Die Verzierung sind Graphit- oder polychrome Bemalung, dann Ritzornamente und endlich Reliefdekor der Kalenderberg-Keramik (s. d.), darunter hauptsächlich Buckelreihen und hängende Guirlanden. Auch ein Drillingsgefäß sowie therio- und anthropomorphe Gefäße kommen vor.

§ 4. Am s. Ende des Gräberfeldes traf man eine etwa 2,5 m t. und bis 4,5 m weite Grube mit bis 10 cm h., gebrannten Lehmwänden und am Boden eine starke Kohlen- und Aschenschicht an. Die Grube darf wohl als Verbrennungsplatz aufgefaßt werden. Nicht allzu weit vom Gräberfeld, das noch nicht vollständig erschöpft werden konnte, wurden gewisse Anzeichen angetroffen, die für eine mit den Gräbern gleichzeitige Siedelung sprechen.

Das Gräberfeld gehört der j. HZ und in dieser der Kalenderberg-Kultur (s. d.) an, obgleich gelegentlich ältere Typen nicht fehlen. Diese erscheinen aber nicht ausreichend, den Friedhof der „älteren Hallstatt-Periode" zuzurechnen.

J. Bayer *Das prähistorische Gräberfeld in Statzendorf (Niederösterreich)* Jahrb. Zentr. Kom. 2 (1904) S. 45—72; A. Dungel *Die Flachgräber der Hallstattzeit bei Statzendorf in Niederösterreich* Mitt. präh. Kom. 2 (1908).

G. Kyrle

Staudamm. S. a. Bewässerung (Mesopotamien). — In der Nähe von Ain Siffni, s. von Bawian (s. Maltaja und Bawian), hat Bachmann einen assyr. S. aufgenommen, den schon A. H. Layard *Nineveh und Babylon* dtsch. v. Zenker S. 161 (216) als steinerne Straße verzeichnet (Bachmann S. 32f. Tf. 33). Er bildet den Abschluß für einen einstigen Stausee, den wahrscheinlich Sanherib um 700 im Zusammenhang mit den Anlagen von Bawian und der Bewässerung von Ninive (s. d.) angelegt haben wird. Der Damm ist aus Kalksteinquadern in Gipsmörtel gebaut, etwa 300 m l., unten 23 m, oben 19 m br. und noch 8 m hoch. Im oberen Teil des S. zieht sich eine 0,40 m h. Gipsbetonschicht vermutlich über die Gesamtlänge des S. hin. Die Quadern haben unten 1 m L. und Br. bei 0,70 m H., oben aber 0,50 m L. und Br. bei 0,40 m Höhe. Verschleppte Blöcke mit Inschriften Sanheribs fand King im benachbarten Dorfe Mahad verbaut.

Ein zweiter S. soll sich dicht n. der Stadt Kalḫu (s. d.) im Tigris, ebenfalls aus Steinen gebaut, finden. Es ist möglich, daß dieser S. mit dem von Assurnassirpal II. (880) angelegten und von Asarhaddon (680) ereuerten Wasserleitungstunnel bei Negub in Zusammenhang steht (s. Gewölbe D § 3; Band IV Tf. 130b; E. Unger *Assyr. und Babylon. Kunst* S. 8, 40). Tunnel und Kanal verbanden den Tigris mit dem Tebiltu-Fluß und dem oberen Zab-Fluß.

W. Bachmann *Felsreliefs in Assyrien* WVDOG 52 (1927).

Eckhard Unger

Stavropol (Südrußland; Tf. 95). Im J. 1910 wurde beim Dorfe Kazinskij (Bez. Alexandrovsk) im Gouv. S. am Abhang eines Hügels ein aus 19 Stücken bestehender Goldfund (Gewicht ca. 16 kg) gehoben, der in die Leningrader Eremitage kam und von Pridik zuerst auf dem Internationalen Historikerkongreß in London 1914 bekanntgemacht wurde. Die FU, ob Grab, ob Depot, haben sich nicht aufklären lassen. Das letztere ist wahrscheinlicher. Zu dem Funde gehören ein großer, ca. 2,5 kg schwerer Halsring (Dm 81,5 cm), an den beiden offenen Enden in zwei Tierköpfe mit dreieckigem Auge auslaufend (Tf. 95c); fünf einfache, glatte Halsringe, offen, nach dem Ende zu leicht verdickt und z. T. astragaliert; drei Halsringe aus Golddraht in phantastische, langgestreckte Tiere endigend, die nach Form und Dekoration an die sibirischen erinnern (Tf. 95a, g; vgl. Borovka *Scythian Art* 1928 Tf. 36 A); ein in Stücke zerbrochener, hohl gearbeiteter Halsring, astragaliert und an den Enden in einen Löwen auslaufend, der ein Tier zerreißt (Tf. 95d); ein Halsring ähnlicher Art, doch geschlossen und aus zwei durch Stifte verbundenen Teilen bestehend (Tf. 95 e); fünf Spiralarmringe (Tf. 95b) und drei glockenförmige Quastenhalter vom Pferdeschmuck, außerordentlich häufig schon in den älteren skyth. Pferdegräbern Südrußlands. Zeit: 2.—1. Jh. v. C.

CRPétersb. 1909/10 S. 220ff.; Mater. Arch. Rußl. 34 (1914) S. 108ff. Pridik; v. Merhart *Bronzezeit am Jenissei* 1926 S. 159ff.

M. Ebert

Steatopyge Figuren (Paläol.) s. Kunst A I § 4.

Steatopygie (Ägypten). § 1. Vorgeschichtliche Zeit. Aus vorgesch. Gräbern in Ä. sind über ein Dutzend freimodellierte Figuren aus Ton zutage gekommen, ungebrannt und teilweise bemalt, von Petrie auf Sequence Date 31—34 datiert (s. Staffeldatierung). Außerdem aus Nubien ein Stück, das er für etwas jünger hält (Sequ. Date 60—70). Es sind stehende oder mit vorgestreckten Beinen sitzende Frauen; die Beine sind stets eng aneinandergepreßt gearbeitet und enden oft spitz, ohne Angabe der Füße. Die Arme fehlen häufig; wo sie gegeben sind, liegen die Hände nebeneinander vor der Brust, durch deren Form die Dargestellten als Frauen gesichert sind. Die Rumpfmitte ist stark eingeschnürt, die Hüften laden aus; der untere Teil des Rumpfes und die Oberschenkel sind übermäßig dick aufgetrieben. Eine auf Hals,

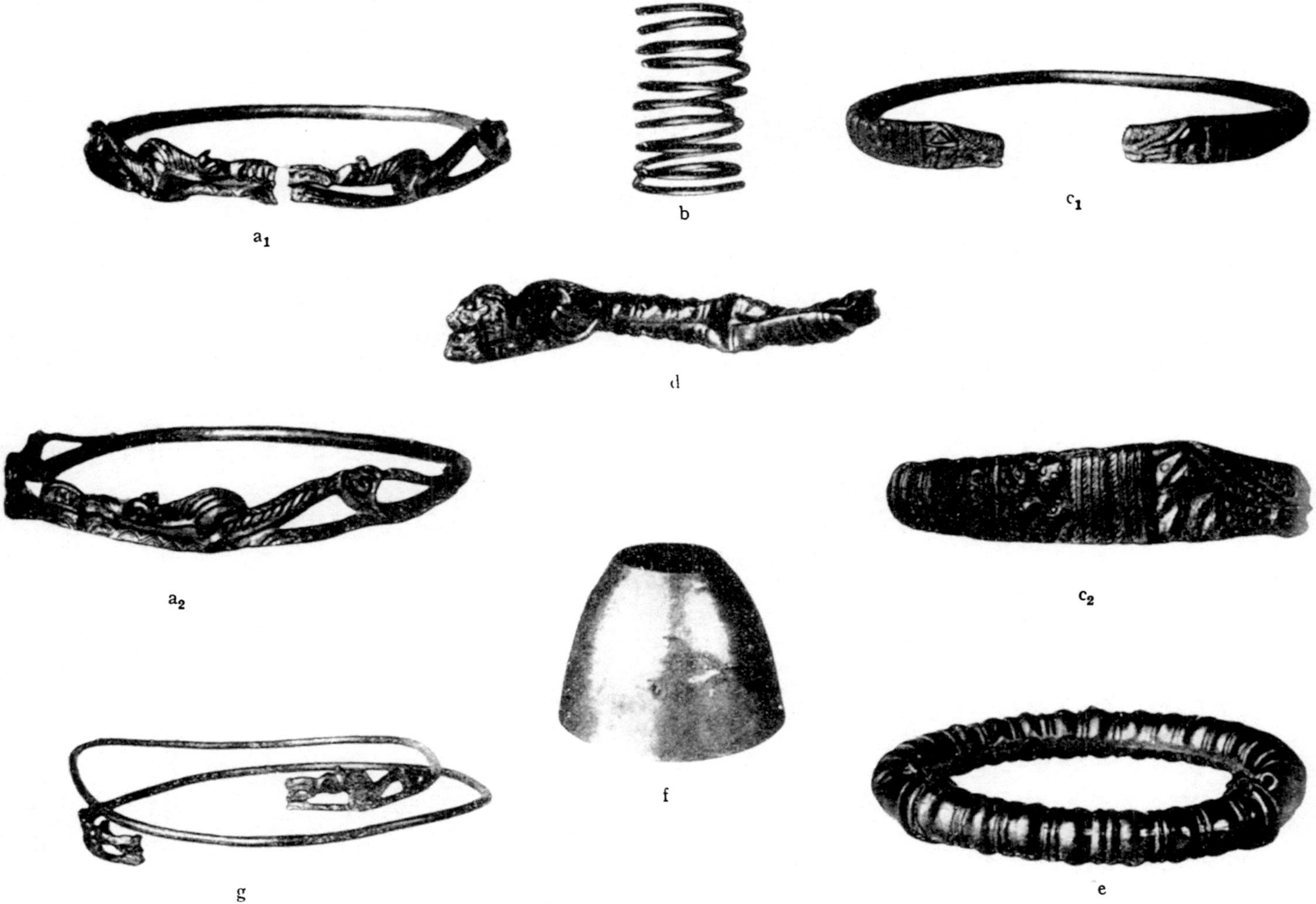

Stavropol

a, c—e, g. Halsringe. — b. Armring. — f. Quastenhalter. — Sämtlich aus Gold. — Nach Pridik.

Brust, Hinterteil und Oberschenkel angebrachte Bemalung enthält Zickzacklinien, Blätter und Antilopen. Haar und Halskette(?) sind zuweilen angegeben.

Die der frühen Zeit der äg. Vorgeschichte angehörigen Figuren stehen offenbar den ähnlichen nahe, die wir aus den n. Mittelmeerländern von Kulturstufen gleicher Höhe haben (s. Idol A 2). Trotz der abweichenden Arbeit möchte man in ihnen dasselbe sehen wie in den liegenden nackten Frauen, die, zuweilen mit einem Kind, in späterer Zeit in das Grab mitgegeben werden: Frauen, deren der Grabherr sich nach Gefallen bedienen kann. Dann haben wir in den fetten Weibern die Verkörperung des Schönheitsideals jener Zeit zu sehen, und damit würden wir uns durchaus auf dem Boden eines afrik. Geschmacks befinden, der auch heute noch in Innerafrika bis zu den Hottentotten zu beobachten ist (Schweinfurth *Im Herzen von Afrika*³ 1918 S. 156).

Petrie *Prehistoric Egypt* 1920 S. 8 Nr. 18 mit Tf. 4—6. Weitere Figuren sind erhalten in Berlin (Ägyptisches Museum Nr. 17600) und Leipzig (Ägypt. Museum der Universität: aus Anibe in Nubien).

§ 2. Neues Reich. In der Darstellung der Expedition der Königin Hatschepsut (Dyn. 18) nach dem Weihrauchlande Punt (s. d.) im Tempel von Der-el-Bahri ist das Fürstenpaar jenes Landes dargestellt. Der Fürst hat eine normale, schlanke Gestalt; die ihm folgende Frau ist so überreich ernährt, daß ihr schwere Fettfalten nicht nur am Leibe, sondern auch an den Armen und Oberschenkeln herabhängen; die S. ist charakteristisch gezeichnet. Hinter der Frau geht der Esel, auf dem sie zu reiten pflegt (Band X Tf. 113c; Naville *Temple of Deir el-Bahari* Tf. 69; Erman-Ranke *Äg.* 1923 S. 609 mit Abb. 256).

Hierbei sei erwähnt, daß Paribeni bei Grabungen nahe Aduli die Statuette einer steatopygen Frau gefunden hat; heute ist Steatopygie in Abessinien unbekannt (Aegyptus 3 [1922] S. 4 Rossini). In den Reliefs der sudanesischen Könige röm. Zeit von Meroe kommen gelegentlich übermäßig fette Gestalten vor, ohne allerdings eigentliche S. zu zeigen. Roeder

Steckborn (Kanton Thurgau, Schweiz). § 1. Vor dem Städtchen S. liegen am Ufer des Untersees zwei steinzeitl. Dörfer, die beide im J. 1858 entdeckt und 1882 nach den Methoden der damaligen Zeit von Messikommer und Schenk untersucht wurden. Leider wurden die Funde der beiden Siedlungen, die sich heute zum größten Teil im Thurgauischen Museum in Frauenfeld und im Schweizerischen Landesmuseum in Zürich sowie in Steckborner Privatbesitz befinden, nicht gehörig auseinandergehalten, so daß die Beurteilung der Fundergebnisse sehr erschwert ist.

§ 2. In der ö. Siedlung fand sich die Kulturschicht nur 3 cm unter der Oberfläche. Sie ist so wenig ausgedehnt, daß Messikommer auf nur 5 Hütten schließen wollte. Es scheint, daß aber in $1^1/_2$ m T. noch eine zweite Schicht liegt.

Im w. Dorf traf man die sehr unregelmäßig verlaufende Steinzeitschicht in einer T. von 10—60 cm. Zu Pfählen waren verwendet worden Eiche, Buche, Birke, Erle, Tanne und Hasel. Von den Oberbauten fanden sich noch Bodenbrettstücke, Moos, Laub, Stroh und Birkenrinde.

§ 3. Funde: Meist unverzierte Keramik, doch kommen Fingertupfen- und Strichornamente vor. Holzschüssel und -schale. Geflechte aus Bast und Ruten, Gewebe und Matten aus Bast und Flachs, Fäden, Schnüre, Seile, Stricke. Aus Knochen: Hecheln, Meißel, Pfriemen, davon einige mit Öhr, Nadeln, Dolche, Spatel. Hirschhornhacken und -schaufeln. Harpunen. Eberzahn-Angeln. Tönerne Wirtel und Zettelgewichte. Hauptsächlich Rechteckbeile, hingegen auch wenige Rundbeile. Aus Feuerstein: Pfeilspitzen, Sägen mit Fassung, Messer. Gerste, Weizen, Hirse, Äpfel, Haselnüsse, Eicheln, Bucheckern, Himbeeren, Brombeeren, Hagebutten, Schlehen, Traubenkirsche und Sämereien wie *Chenopodium album, Pastinaca sativa, Papaver somniferum.* Feuerschwamm. Rind (*Primigenius-* und *Brachyceros*-Rasse), Hund, Schwein (Torf- und Wildschwein), Schaf (Torfrasse), Ziege, Maus, Wildkatze, Wolf, Fuchs, Bär, Biber, Eichhorn, Edel- und Damhirsch, Reh, Wisent, Urochs, Schwan, Ente, Hecht. Das Schädelfragment eines Kindes ist verschollen.

§ 4. Die Steinzeitdörfer von S. scheinen seit den ersten Anfängen der jungsteinzeitl. Besiedlung des Thurgaus bis an die BZ bewohnt gewesen zu sein. Eine Bronzenadel und einige andere Anzeichen legen sogar die Frage nahe, ob sie nicht weiter außen im See in einer Bronzezeitsiedlung, die aber bei Erdbewegungen in die Tiefe des Sees hinabgerutscht ist, ihre Fortsetzung gefunden haben.

Literatur vgl. Keller und Reinerth *Urgeschichte des Thurgaus* 1925 S. 184.

Karl Keller-Tarnuzzer

Steigbügel (Vorderasien). Der S. ist in Vorderasien ungebräuchlich, aber der Gedanke des S. nicht unbekannt. Bisher ist wenigstens ein einziges Mal der assyr. König Salmanassar III. mit einem provisorischen S. abgebildet, als er über schwieriges, felsiges Gelände auf gesatteltem Pferde an die Tigris-Quelle (s. d.) zur Einweihung seines im J. 852 gemeißelten Felsreliefs reitet. Ein 2 Fuß l., etwa ½ Fuß br. Brett, an Stricken befestigt, dient seinen Füßen als Unterlage (Relief D [J] des Bronzetors von Imgur-Enlil [s. d.], vgl. E. Unger *Assyr. und Babyl. Kunst* 1927 S. 30 Abb. 41). Dieser S. ist daher der älteste S. des Altertums. [In Europa erscheint der S. im allg. erst im frühen Mittelalter].

Eckhard Unger

Stein. A. Allgemein. Europa.

Derjenige Stoff, der zum Aufbau der menschlichen Kultur am meisten beigetragen hat, ist unstreitig der Stein. In der Frühzeit des Menschentums bot er die fast einzige Möglichkeit, andere harte Stoffe zu bearbeiten; er bildete so die Grundlage der Werkzeugbeschaffung. Wenn man auch annehmen will, daß der Mensch oder sein Vorgänger zunächst mit weicheren Stoffen, wie Holz, hantierte, ist deren Wirksamkeit doch zu beschränkt, um die materielle Kultur vorwärts zu bringen. Ein anderes Moment ist aber vielleicht noch wichtiger. Die Härte und damit die Schwierigkeit der Bearbeitung mußten den menschlichen Geist anregen, nach Arbeitsmethoden zu suchen, um das widerstrebende Material zu meistern. So wurde die Erfindertätigkeit angeregt. Mit vollem Recht bezeichnet man daher die erste große Kulturepoche als Steinzeit. Die vielerlei Gesteinsarten mit ihren sehr verschiedenen technischen Eigenschaften ermöglichten eine außerordentlich vielseitige Verwendung zur Herstellung von Werkzeugen, Waffen und Schmuck, als Baumaterial für Wohnungen und Gräber, als Schleifmittel, zur Magerung des Töpfertons, als Farbe (Ocker [s. d.], Zinnober [s. d.]) usw. Durch den Zwang, das für den jeweiligen Zweck am besten geeignete Gestein zu erkennen und auszuwählen, wurden ferner die geistigen Funktionen der Beobachtung und Kritik geschärft. So hatte sich im Paläol. die Kenntnis von der Vorzüglichkeit des Feuersteins als Werkmaterial überall durchgesetzt (s. Gesteinsmaterial der paläolithischen Industrien). Im Neol. geht man schon dazu über, richtige Mineraliensammlungen anzulegen, offenbar um die Eignung der S. für diesen oder jenen Zweck zu studieren. — S. Alabaster A, Steinbearbeitung.

M. Much *Die Kupferzeit in Europa*² 1893 S. 296ff.; E. Treptow *Die Mineralbenutzung in vor- und frühgeschichtl. Zeit* 1901 S. 11ff.; L. Pfeiffer *Die steinzeitl. Technik* 1912 S. 65ff.; ders. *Die Werkzeuge des Steinzeitmenschen* 1920 S. 14, 136.

Alfred Götze

B. Ägypten. § 1. Die Steinbearbeitung in größerem Maßstabe ist der äg. Vorgeschichte noch fremd. Große, sorgfältig geglättete und mit den Namens-Hieroglyphen versehene Grabsteine begegnen erst in den Königsgräbern der 1. und 2. Dyn. bei Abydos (z. B. Petrie *Roy. Tombs* I Titelblatt, II Tf. 31; Schäfer *Kunst*² Tf. 5. — Kleine Grabsteine von Privatleuten derselben Zeit Petrie *Roy. Tombs* I Tf. 30—36, II Tf. 26—30 und 29A—30A); sie sind meist aus Kalkstein, z. T. aber auch aus Syenit gearbeitet. In dieselbe Zeit fällt die erste Verwendung von S. in der Architektur — so z. B. ein Fußboden aus Granit im Grabe des Königs Usaphais der 1. Dyn. (Petrie a. a. O. II Tf. 56 A 1 und 2), eine Verkleidung der Wände und Belag des Fußbodens mit Kalkstein(?)-platten in der Sargkammer des Königs Chasechemui der 2. Dyn. (Petrie a. a. O. II Tf. 54, 4 und 5), das Stück eines granitenen Türpfostens und ein Bruchstück eines mit Reliefs und Inschriften versehenen Blocks aus quarzartigem, dunklen, schiefergrünen S. aus dem Tempel von Hierakonpolis (s. d.; Quibell *Hierakonpolis* I Tf. 2, II Tf. 58), beide aus der Zeit der 2. Dyn. — und in der Rundplastik, so die überlebensgroßen Kalksteinstatuen des Fruchtbarkeitsgottes Min (Band XI Tf. 14) und einer Göttin (?) aus Hierakonpolis (Capart *Débuts* S. 217 und 220; Quibell-Green *Hierakonp.* II Tf. 57).

§ 2. Die Äg. der vorgesch. Hockergräber stellten der Steinbearbeitung bescheidenere Aufgaben. Es sind vor allem der Feuerstein sowie verschiedene Kalksteinarten, die zum Herstellen von Waffen, Geräten und Gefäßen verwendet worden sind. Der ältesten Zeit gehören die Geräte aus Feuerstein an, die nur roh bearbeiteten „Schaber" und andere Geräte sowie vor allem die Messer (s. d. B; Band III Tf. 99b). Solche Feuersteingeräte haben sich in den Siedlungen sowohl wie in den Gräbern der vorgesch. und frühgesch. Zeit in großer Menge gefunden; vgl. die Zusammenstellung von Petrie in Ancient Egypt 2 S. 59ff. und 122ff., zur Technik MacIver-Mace *Amrah* S. 44ff. (In den vorgesch. und frühgesch. Gräbern Nubiens sind Geräte aus Feuerstein auffallend selten gefunden worden; vgl. Reisner *Survey 1907—08* S. 330 und Tf. 62, Firth *Survey 1908—09* S. 206 und Tf. 38a.) Auch Armringe und sogar Figuren von Tieren (z. B. Berlin 15712, 15774/5; s. a. Band III Tf. 99a) sind aus dem spröden Feuerstein gearbeitet worden. S. a. Feuerstein C, Sichel B.

§ 3. Neben dem Feuerstein ist, wenn auch weit seltener, der glasscharfe schwarze Obsidian (s. d.) zu messerartigen Werkzeugen verwendet worden (vgl. z. B. Petrie *Gerzeh* S. 24; MDOG 30 S. 19 Möller). Sehr häufig sind ferner als Beigabe in vorgesch. Gräbern Steingefäße (s. d. C; Tf. 97^{B}—101^{A}) und Steinschalen, vor allem aus Kalkstein, Alabaster und Schiefer, aber auch aus Diorit, Granit, Basalt und anderen harten Steinarten, die meist unter Zuhilfenahme von Wasser und Sand mit besonderen Steinbohrern (s. d. B; Tf. 96) hergestellt wurden. Während der Kalkstein an zahlreichen Stellen Unter- und Oberägyptens, der Sandstein von Silsile ab s., der Alabaster bei Hetnub ö. von El Amarna und der Granit bei Assuan ansteht, wurden andere harte Gesteinsarten, vor allem verschiedene Basalte, aus dem Gebirge von Hammamât gewonnen, in dessen Steinbrüchen Inschriften seit der 5. Dyn. von dorthin entsandten Expeditionen berichten (Erman-Ranke *Äg.* S. 562ff.).

§ 4. Unter den Kettengliedern der Hals- und Armketten, die sich in den vorgesch. Gräbern Ä. und Nubiens gefunden haben, spielen neben Schneckenhäusern (s. d.), Muschelsubstanz (s. Muschel B) und Fayence (s. d. B) auch Stücke aus verschiedenen Steinen, vor allem aus Karneol, Granat, Malachit und Lapislazuli und anderen Edelsteinen (s. d. B), aber auch aus Kalkstein und verschiedenen härteren Steinarten, eine große Rolle. — S. a. Amulett B.

Ranke

C. Palästina-Syrien s. Alabaster C, Baukunst C, Goldschmiedekunst C.

D. Vorderasien.

1. Stoff (Tf. 101^{B}, Band VII Tf. 131—175, VIII Tf. 49).

§ 1. Allgemeines. — § 2. Werkstein. — § 3. Edelstein.

§ 1. Die Verwendung von Gesteinsarten im allg. ist entsprechend der Entwicklung der Technik in Mesopotamien von kupfernen zu bronzenen Werkzeugen. Sie beschränkt sich in ältester Zeit fast nur auf weichere Gesteine, wie Kalkstein, Alabaster und Sandstein, während seit der Dyn. von Akkad (2800) die härteren Steine, wie Basalt, Diorit und Porphyr, bevorzugt wurden. Für Bauwerke (s. Baukunst D) werden neben dem gebrannten Ton in Form von Ziegeln (s. d. D) am häufigsten Kalkstein und Gipsstein bei Fundamenten und bei den unteren Wandstücken, Basalt meist bei Treppenstufen und Türangelsteinen benutzt. Die Skulpturen (s. Kunst E) fertigte man aus allen möglichen Steinsorten, auch aus gehärtetem Asphalt (s. d. C), z. B. das Relief des Dudu, Ministers des Entemena von Lagasch (L. Heuzey *Cat. d. ant. chald.* Nr. 12), an. Die Siegelzylinder arbeitete man aus Kalkstein, Marmor, Alabaster, Kragonit — so in ältester Zeit —, später aus Basalt und Halbedelsteinen, Lapislazuli, Jaspis, Chalzedon, Achat, Karneol, sehr häufig zur Zeit der Hammurabi-Dynastie aus Hämatit, in späterer Zeit, namentlich in Assyrien, aus Bergkristall und aus einer blauen künstlichen Masse. S. a. Baustoff D, Glyptik C.

Die Unterscheidung der Steinarten war im Altertum nicht geologisch genau, sondern meist willkürlich (K. Fitzler *Steinbrüche* S. 6).

§ 2. In altbabyl. Inschriften sind folgende Steinarten am meisten erwähnt: 1. Alabaster, sumer. *gišširgal, širgal* oder *šir*, akkad. *parutu*, bezeichnete aber auch den Gipsstein (in Assyrien) und den Kalkstein (Dolomit). Die Gebirge Umanum im Lande Menua, Basalla und Tidanum im Lande Amurru (Palästina) macht Gudea für die Herkunft dieses Steins namhaft, ferner das Gebirge Uringiriaz am „Oberen Meer", d. h. Mittelmeer, endlich das Schir-Gebirge, das mit einem der in Amurru gelegenen Gebirge identisch ist. In assyr. Zeit wird der Stein im Muli-Gebirge bei Kilikien und im Ammanana, dem Antilibanon, gefunden (OLZ 15 [1912] S. 146 B. Meissner; BA 3 S. 210). 2. Der Basalt, sumer. *Ka*, akkad. *salamdu* oder *kašurru*, findet sich im N Mesopotamiens, schon im Er-Roda-Gebirge in der Nähe des Chabur (s. Ḫabur; Peterm. Mitt. 1916 S. 302f. E. Unger). Chauna- und Nalua-Steine holte Gudea aus Madga (ZfAssyr. 15 S. 277), Nalua-Steine, auch aus Til Barsip (s. Kar-Salmanassar), sind vielleicht Basalt oder Breccia. 3. Breccia, rotweißglasiert und vulkanisch, sumer. *turminabanda*, die akkad. Lesung ist unbekannt. Sanherib fand den Stein bei Kapridargila bei Til Barsip, dem heutigen Tell Achmar am Euphrat (s. a. oben 2). Die Pflastersteine Nebukadnezars II. von der Heiligen Straße in Babylon sind aus Breccia (WVDOG 2 S. 6ff. R. Koldewey). 4. Diorit und Dolerit, sumer. *esi*, akkad. *ušu* und *šû*, werden zur Zeit Gudeas aus dem Lande Magan, das man in der Nähe Ägyptens sucht, bezogen und zu zahlreichen Skulpturen verarbeitet. 5. Fusolinkalk, wahrscheinlich sumer. *anšetir* oder *ašnan*, dessen Struktur mit Gurkensamen und Getreidekörnern verglichen wird und von Sanherib im Gebirge Nipur (s. d.), dem Dschebel Dschûdi bei Ninive, gebrochen wurde (PSBA 1913 S. 66ff. L. W. King; AOTU 2, 1 S. 55f. B. Meissner). 6. Gips, sumer. *imbar*, akkad. *gaṣṣu*, wurde nebst Asphalt von Gudea im Lande Madga gefunden; in neubabyl. Zeit wird er als Mörtel verwendet. 7. Kalkstein, der weitaus am häufigsten genannte Baustein, *pîlu, pîlu pîṣu* (weißer p.), *pûlu, abnu šadê* (Bergstein), steht in Assyrien reichlich an. Als Steinbrüche werden die Orte Baladâ, Tastiate und Ubasê bei Ninive von den assyr. Königen Adadnirari I. bis Sanherib hinab angeführt. Layard erwähnt solche Steinbrüche bei Baascheika (A. H. Layard *Nin. u. Bab.* S. 116, 133; Mitt. Geogr. Ges. Hamburg 16 S. 21f.). Nebukadnezar sprengte den Stein im Wadi Brisa im Libanon für seine Bauten in Babylon (WVDOG 2 Tf. 3; ebd. 5 S. 32). Siehe auch oben 5. 8. Marmor, speziell der weiße Marmor, hieß *šaššu*. 9. Porphyr, sumer. *guggirine*, wird von Gudea, Zylinder A, XVI, 22 aus dem Lande Melucha geholt. 10. Salz, akkad. *ṭâbtu, mil'u*, fand man im n. Mesopotamien; außer zu Speisen verwendete man es zum Einbalsamieren der Leichen. Abarten waren das Natron, *nitiru*, der Alaun, *gabû*, und das Amonsalz, *ṭâbat amânu* (Riv. St. Or. 6 S. 969 Boson; Meissner *Bab. u. Assyr.* I 113, 349).

§ 3. Edelsteine, *zadimmu, sasînu*, Halbedelsteine, sowie Muschelarten kommen häufiger vor. Über die Halbedelsteine berichtet ein Beschwörungstext Näheres bezüglich der Herkunft der Steine. 1. Achat, sumer. *zarsuḫ*, akkad. *šubû*. 2. Augenstein, sumer. *igi*, akkad. *ênu*. ist wohl ein allg. Ausdruck für Juwel, Brillant, als FO werden die Gebirge Tila und Saggis angegeben. 3. Bergkristall, sumer. *kagina*, akkad. *šadânu*, kam aus Armenien. Er wurde erst später (seit 2500) verwendet. Als Kuriosum sei eine ovale Lupe (s. d.) erwähnt, die Layard in Assyrien fand (A. H. Layard *Nin. u. Bab.* S. 143; F. M. Feldhaus *Die Technik* 1914 S. 667). 4. Beryll, akkad. *burallu*, stammte wohl aus Indien (B. Meissner *Babylonien u. Assyrien* I 351). 5. Chalzedon entspricht wohl dem Steine sumer. *nini*, akkad. *ḫulalu* und wurde im Gebirge Irkab gefunden. 6. Chrysolith ist vielleicht dem Steine sumer. *dušia*, akkad. *dušû* gleichzusetzen, dessen Gebirge Dua hieß. 7. Diamant, sumer. *sududag*, akkad. *elmešu*. 8. Jaspis, akkad. *ašpu* und *jašpu*, fand man im Gebirge Zimur, ö. des Urmia-Sees (B. Meissner *Babylonien u. Assyrien* I 269). 9. Karneol, sumer. *gug*, akkad. *sâmtu*, kam aus Melucha. 10. Kristall vielleicht sumer. *udsalkab*, akkad. *algamešu*. 11. Lapislazuli, sumer. *zagin*, akkad. *uknû*, Blaustein, beliebter Halbedelstein, schon in ältester Zeit vorkommend, meist zu Plaketten, Rundscheiben, Siegelzylindern verarbeitet, auch in Rohklumpen den Göttern geweiht, überhaupt als Schmuck viel getragen. Als Herkunftsort wird das Bikni-Gebirge genannt, auch der Dapara-Berg, den die Ägypter, die Lapislazuli über Babylonien bezogen, *tefrert* nannten (ZDMG 72 S. 294). Die Herkunft ist wohl in Badachschan beim Hindukusch zu suchen (ZfAssyr. 8 S. 185f. H. V. Hilprecht; H. Winckler *Altorientalische Forschungen* I 105f.; Riv. St. Or. 7 S. 405 G. Boson; B. Meissner *Babylonien und Assyrien* I 350f.). 12. Onyx, dessen Name nicht bekannt ist, wird zu Schmuck und Vasen verwertet. 13. Perlen, als „Erzeugnisse des Meeres" bezeichnet, kamen wahrscheinlich, wie noch heute, von den Bahrein-Inseln im Pers. Golf, dem antiken Tilmun (s. d.). 14. Perlmutter, akkad. *nunu mašdu*, mit Gravierungen versehen, als Siegelzylinder und zum Einlegen in Skulpturen und Vasen verwendet, z. B. Muschelplatte Urninas von Lagasch (AOTU 2, 2—3 Abb. 1 E. Unger). 15. Quarz ist vielleicht der Stein sumer. *girgugal*, akkad. *ṣurru*. 16. Schlangenstein, sumer. *mušgir*, akkad. *mušgarru*, kam von den Gebirgen Akkala und Malikanu (II. Rawl. 51, 1, 14b—15). 17. Schmirgel, sumer. *udsalkab*, akkad. *ašmur* (Riv. St. Or. 6 S. 976 Boson). 18. Smaragd, akkad. *barraqtu* (B. Meissner *Babylonien und Assyrien* I 269). 19. Ein unbekannter Stein, der *Parrum* oder *uddil* genannt wird, in den Gebirgen Dulupêš, Dudpêš und Digmanu, deren Lokalisierung noch ganz unsicher ist.

G. Boson *Les métaux et les pierres dans les inscriptions assyro-babyloniennes* Diss. München 1914; G. Boson *I metalli e le pietre nelle iscrizioni sumero-babilonesi* Riv. d. Studi Or. 7 (1916) S. 403—420; B. Meissner *Babylonien und Assyrien* I (1920) S. 349f.; Beschwörungstext: II. Rawlinson 51, vgl. G. Boson a. a. O. S. 4f.; O. Weber *Altorientalische Siegelbilder* AO 17—18 (1920) S. 8f.; E. Unger *Das Weihbecken des Gudea an Ningirsu* AOTU 2, 2—3 S. 76ff.; K. Fitzler *Steinbrüche und Bergwerke im ptolem. u. röm. Ägypten* Leipz. Hist. Abh. 21 (1910).

Eckhard Unger

2. Magische Bedeutung. In der babyl. Magik spielen Steine eine große Rolle. Wir besitzen zwar nur aus assyr. Zeit sichere Angaben über die Bedeutung der verschiedenen Steine, doch dürfte die in den betreffenden Inschriften enthaltene Tradition auf altbabyl. Zeit zurückgehen.

In der Berliner Assur-Sammlung finden sich Tafeln bzw. Photographien von solchen, die die Steine je nach ihrer Wirkung aufzählen. Wir lernen zunächst Steine kennen, die geeignet sind, bestimmte Götter (z. B. Anu [s. d.], Enlil [s. d.], Ea [s. Oannes], Adad [s. d.]) zu versöhnen. Andere haben die Kraft, gute Träume zu bringen, wieder andere verscheuchen Krankheitsdämonen oder Totengeister usw.

Im Volksglauben hat man solchen Angaben großes Vertrauen geschenkt und Amulette oder Siegelzylinder je nach Wunsch aus bestimmten Steinen hergestellt. Ein öfter in den medizinischen Texten vorkommender Stein ist der sog. „Stein des Gebärens", der in seinem Innern ein *šalilu* = Embryo enthält. Dieser würde von Frauen getragen, die Kinder haben oder in der Schwangerschaft ihre Leibesfrucht nicht verlieren wollten.

Es sind hier nur einige Beispiele von der mag. Bedeutung der Steine gegeben. Der Glaube an sie erstreckt sich auf alle Gebiete des menschlichen Lebens.

Ebeling *Keilschrifttexte aus Assur rel. Inhalts* VI (1920) S. 213.

Ebeling

Steinach (Tirol). Sieben Gürtelbleche aus Bronze, rechteckig, einige verschmolzen, ziemlich massiv, auf der Oberseite mit Zickzacklinien, konzentrischen Kreisornamenten und ornamental umgestalteten Nietköpfen verziert. Sie gehören der HZ an und stammen möglicherweise aus Gräbern. Irgendwelche Fundnachrichten haben sich nicht erhalten.

G. Kyrle *Urgeschichte Tirols* Österreichische Kunsttopographie (im Erscheinen).

G. Kyrle

Steinbau s. besonders Baukunst, Festung, Grab, Haus, Palast.

Steinbearbeitung. S. a. Eolithenproblem und die verschiedenen paläolithischen Industrien.

§ 1. Allgemeines. — § 2. Werkstätten. — § 3—9. Feuerstein: § 3. Eigenschaften. — § 4. Beschaffung des Rohmaterials. — § 5. Zerlegen. — § 6. Technische Möglichkeiten der Absplitterung. — § 7. Schleifen, Polieren. — § 8. Herstellung größerer Gegenstände. — § 9. Herstellung kleinerer Gegenstände. — § 10—13. Zähe Gesteine: § 10. Eigenschaften. — § 11. Zerlegen. — § 12. Behauen, Picken. — § 13. Bohren. — § 14. Ornamentierung. — § 15. Weiterleben der Steintechnik.

§ 1. Die Technik der S. richtet sich nach

der Beschaffenheit des Materials. Zähe Gesteinsarten, wie Diorit, Granit, Nephrit, Porphyr, Kalkstein, harte Schieferarten usw., verhalten sich bei Schlag und Druck ganz anders als Silexarten, wie Feuerstein, Bandjaspis, Obsidian usw. Schon im Paläol. kannte man die techn. Eigenschaften der Silexe und bearbeitete sie sachgemäß. Die übrigen Gesteinsarten spielen noch eine untergeordnete Rolle; wo man sie ausnahmsweise anwendet, bildet man ihre besondere Technik nicht aus, sondern versucht sie nach Art der Silexe zu bearbeiten. Erst im Neol. tritt eine scharfe Trennung der Arbeitsmethoden auf Grund der Eigenschaften der Gesteine ein. Jetzt wird jedes Gestein in der ihm zukommenden Weise behandelt, falsche Methoden kommen kaum vor.

§ 2. Weist schon dieser Umstand auf einen handwerksmäßigen Betrieb hin, so spricht auch die Ausbildung gewisser Formen, vor allem aber die schwierige, nur durch lange Tradition zu erwerbende Technik vieler Typen, z. B. der besseren Dolche und Lanzenspitzen dafür, daß sie nicht einzeln im Haus für den eigenen Bedarf, sondern handwerksmäßig hergestellt wurden, sei es von einzelnen Handwerkern innerhalb einer Gemeinde, sei es von ganzen Gemeinden, die sich mit der Fabrikation gewisser Waren für den Export beschäftigten (s. a. Handwerk A). Solche Fabrikationszentren hat man dort zu suchen, wo die natürlichen Bedingungen für eine gewisse Technik, besonders die Beschaffung des Rohmaterials, günstig liegen. Ein lehrreiches Beispiel bieten die Äxte aus Wiedaer Schiefer (s. Wiedaer Schiefergeräte), die eine weite Verbreitung vom mittl. Thüringen bis weit in die Provinz Brandenburg haben, aber mit ihrer konstant wiederkehrenden Form auf einen bestimmten Ursprungsort zurückgehen müssen. Das können, entsprechend dem natürlichen Vorkommen des Gesteins, nur gewisse Gegenden im Harz gewesen sein. Dort also wurden die Äxte gewissermaßen im Großbetrieb stets in derselben Form für den Export fabriziert. Ferner sind in Thüringen Fundplätze bekannt, wo Rohmaterial, Arbeitsabfall, Klopfsteine, halbfertige und fertige Geräte aus dem charakteristischen blaugrauen Schiefer massenhaft zusammenliegen; es sind zweifellos Werkstätten für Großbetrieb. Ebenso verhält es sich im Feuersteingebiet, wo eine Menge Fundplätze ausgesprochenen Werkstättencharakter haben (s. z. B. Grand-Pressigny). In der HZ und LTZ ist es die Fabrikation von Handmühlen, die an den Fundstellen der geeigneten Gesteine lokalisiert ist und handwerksmäßig betrieben wurde, wie es der Fall in den Basaltlavabrüchen zwischen Mayen und Kottenheim ist (s. a. Mühle A § 9).

MAGW 1882 S. 86 Much; Journ. anthr. inst. 33 (1903) S. 360ff. Knowles; Götze-Höfer-Zschiesche *Thüringen* S. XIX, 353; Mannus 6 (1914) S. 283ff. P. Hörter; Wien. Präh. Z. 5 (1918) S. 19ff., 76ff. G. Kyrle.

§ 3. Der Feuerstein nebst seinen Verwandten ist sehr hart, spröde, hat muscheligen Bruch, zerspringt bei Schlag scharfkantig und hat unter gewissen Schlag- und Druckwirkungen die Neigung, in langen Lamellen abzuspalten. Am leichtesten ist er zu bearbeiten, wenn er noch die Bodenfeuchtigkeit besitzt. Daß diese aber nicht unbedingt nötig ist, ersieht man aus dem Export von Rohmaterial und daraus, daß durch Gebrauch abgenutzte Stücke repariert wurden. Ferner läßt der Feuerstein sich gut schleifen und polieren. Mit Ausnahme des Schleifens und Polierens, was man erst im Neol. lernte, kannte man die andern Arbeitsmethoden schon im Paläolithikum. Dagegen vermochte man ihn in allen rein vorgesch. Kulturstufen nicht zu sägen und zu bohren. Bohrungen von Bergkristall (s. d.) begegnen aber im Mittelmeergebiet z. B. schon in Troja II.

L. Pfeiffer *Die steinzeitliche Technik* 1912.

§ 4. Der Feuerstein kommt in größeren und kleineren Knollen in der Kreide der nord. Küste, im schwed. Silur, im Karbon von Belgien und in Nordafrika vor und wurde in diluv. Geschieben auch außerhalb seiner Entstehungsgebiete verfrachtet, seine Qualität als Werkmaterial nimmt aber mit der Entfernung vom Ursprungsgebiet ab. Das beschränkte natürliche Vorkommen war schon frühzeitig ein starker Antrieb für einen weitgehenden Handel (s. d. A). Man gewann ihn teils durch Aufsammeln, teils in bergmännischem Betrieb (s. Bergbau A § 2—11).

§ 5. Um die großen Blöcke in handliche Stücke zu zerlegen, mußte man sie auf eine harte Unterlage werfen, denn sie zu zersägen oder mit dem Hammer zu zerschlagen vermochte man nicht. Die kleineren Knollen mußten zerschlagen werden, um scharfe Kanten als Angriffspunkte für die weitere Bearbeitung zu gewinnen. Nach Bedarf wurden vom Knollen durch einen Schlag auf die Kante Späne abgespalten. Hierbei entsteht am oberen Ende des Spans eine schwache Verdickung (Schlagmarke, *bulbe de percussion*), die häufig aber mit Unrecht als sicheres Merkmal absichtlicher Abspaltung gilt. Das übrigbleibende Kernstück (Nucleus) nimmt oft regelmäßige Form an.

§ 6. Die weitere Bearbeitung erfolgte durch Absplittern größerer und kleinerer Späne. Das ist in dreifacher Weise möglich: durch direkten Schlag, durch indirekten Schlag und durch Druck. Der direkte Schlag geschieht mit dem Klopfstein, einem faustgroßen Knollen aus Feuerstein, Quarzit, Granit oder ähnlichem harten Gestein, wie solche mit Benutzungsspuren an Feuersteinschlagstellen oft vorkommen; er wird auf die Fläche des Kernsteins dicht neben die Kante geführt. Diese Methode ermöglicht das Abtrennen größerer Späne, also schnelles Arbeiten, hat aber den Nachteil, daß man den Punkt, wo der Schlag auftrifft, und die Schlagrichtung nicht sicher berechnen kann; außerdem sind kleinere Werkstücke der Gefahr des Zersplitterns ausgesetzt. Deshalb wurde der direkte Schlag in der Regel nur im ersten Stadium zur Herstellung des „Entwurfs" angewandt. Beim indirekten Schlag wird das Werkstück mit der zu bearbeitenden Kante auf einen Steinamboß (s. Amboß) gelegt und mit einem leichten (Holz-) Hammer ein Schlag auf das Werkstück geführt; hierbei springt infolge des vom Amboß ausgehenden Gegendrucks eine Lamelle ab. Bei dieser Methode, auf die zuerst Haake in Braunschweig hinwies, hat man es in der Hand, Richtung und Stärke der Schlagwirkung genau zu bemessen; sie eignet sich zur feineren Bearbeitung. Dasselbe gilt von der dritten Methode, dem Absplittern durch Druck. Als Instrument dient ein Geweihstück (vgl. Band IX Tf. 85k). Es wird mit der Spitze auf die Feuersteinkante fest aufgesetzt, so daß diese sich ein wenig einschneidet, und dann in wiegender Bewegung nach vorn und unten gedrückt. Je nachdem das Absplittern zur Ebnung der Oberfläche oder zur Erzielung einer stumpfwinkligen, nicht leicht ausbrechenden Kante dient, unterscheidet man Oberflächen- und Randretusche.

§ 7. Das Schleifen des Feuersteins erfolgte auf zweierlei Art. Bei der einen wurde das Werkstück auf einem flachen Schleifstein bewegt, der durch den Gebrauch seichte Mulden erhielt (Band III Tf. 126 l). Nach der andern Methode, die auf das nord. Neol. beschränkt ist, wurde ein länglicher Schleifstein in hobelnder Bewegung über das Werkstück geführt, wobei er sich ringsherum in Facetten abnutzte (s. Schleifen A; Band IX Tf. 95 c). Möglicherweise hat man im nord. Neol. ein drittes entwickelteres Verfahren gekannt. Wibel glaubt nämlich, aus der Parallelität der Schleifrillen und dem Hohlschliff gewisser Axtschneiden auf den Gebrauch rotierender Schleifsteine schließen zu müssen, und deutet als solche kreisförmige Scheiben von 6—12 cm Dm mit Achsenloch aus Diabas-Porphyr und ähnlichen harten Steinen. Oft wird der Schliff durch eine feine Politur ergänzt, welche die Schleifrillen verschwinden läßt und der Oberfläche einen sanften oder gar spiegelnden Glanz verleiht. Nach einer Beobachtung Wibels an einer Axt von Preetz (Holstein) scheint man hierzu den noch heute als Poliermittel gebräuchlichen Rötel (s. d. A) benutzt zu haben.

§ 8. Der Vorgang bei Herstellung größerer Gegenstände aus Feuerstein, wie Äxte, Meißel, Dolche, Lanzenspitzen, Sägen, ist folgender: Aus dem Rohstück wird durch direkten Schlag die ungefähre Gestalt herausgehauen („Entwurf"). Dann wird durch kleinere Abschläge die Form verbessert. Bei Herstellung der endgültigen Oberfläche spaltet sich die Technik: Äxte und Meißel werden geschliffen, Dolche, Lanzenspitzen und Sägen durch Oberflächenretusche verfeinert.

§ 9. Für kleinere Gegenstände, wie Messer, Schaber, Pfeilspitzen, trennt man einen Span ab. Die Messerschneiden werden nicht weiter bearbeitet, die Schaber erhalten durch Randretusche eine widerstandsfähige Arbeitskante, und die Pfeilspitzen werden durch Oberflächenretusche geformt. Wo die Feuersteinklinge ohne Schäftung angefaßt werden soll, wird die Kante zum

Schutze der Hand durch Randretusche stumpf gemacht; das geschieht bei den Spanmessern in der Regel am vorderen Schrägrand, wo der Zeigefinger sich auflegt.

§ 10. Die Bearbeitung der zähen Gesteine erfolgt im wesentlichen nach demselben Prinzip, wird aber durch ihre besonderen Eigenschaften in einigen Punkten modifiziert. Sie splittern nicht in dem Maße wie die Feuersteine und lassen sich deshalb nicht durch Druck bearbeiten, dafür brechen aber auch die Schneiden nicht so leicht beim Gebrauch aus und bedürfen daher keiner Randretusche. Durch Schliff läßt sich keine so scharfe Schneide erzielen, wie sie der Feuersteinspan besitzt, sie eignen sich daher nicht so gut zu Messern. Man vermochte sie im Neol. zu sägen, bohren, schleifen und polieren.

§ 11. Auf Grund dieser Eigenschaften erfolgte die Herstellung der Steinäxte folgendermaßen: Man suchte ein Geröll von geeigneter Größe oder sägte von einer größeren Platte ein passendes Stück ab. Die vorhandenen Sägespuren lassen verschiedene Verfahren erkennen: a. Freihändiger Schnitt mittels eines harten Steines mit kräftiger Spitze; die Schnittspur ist nicht genau geradlinig und ungleichmäßig. Bei weitem häufiger sind die beiden folgenden Methoden: b. Absägen mittels eines Holzbrettchens mit Zuhilfenahme von Sand. Hierbei nutzt sich die Säge in der Mitte stärker als an den Enden ab, der Grund des Sägeschnittes ist daher einwärts gebogen. Alpengebiet und Westeuropa; c. Absägen mittels eines pendelnden Stabes, der direkt mit Zuhilfenahme von Sand wirkte oder mit einem Feuerstein montiert war. Diese Säge hinterläßt konzentrische (mit dem Pendel als Radius), genau parallele Rillen; Mitteldeutschland und N. Der Schnitt wird bei allen drei Verfahren nur so weit durchgeführt, daß der Rest sich durch einen kräftigen Schlag abhauen läßt.

Über das Zerlegen großer Findlinge s. Sprengen.

§ 12. Das Rohstück wurde nun in zwei Etappen weiter geformt. Zuerst wurden ebenso wie beim Feuerstein größere Splitter mit dem Klopfstein durch schräg geführte Schläge abgetrennt. Die genauere Formung geschah, abweichend von der Feuersteintechnik, ebenfalls mit dem Klopfstein durch senkrecht auf die Fläche geführte leichte Schläge, wodurch kleine Partikel abspringen. So entsteht eine genarbte Oberfläche, die schließlich geschliffen wird.

§ 13. Das Bohren des Schaftloches erschien der Forschung so schwierig, daß früher die Ansicht verbreitet war, der Neolithiker sei hierzu nicht imstande gewesen, und deshalb seien alle gebohrten Steinäxte bronzezeitlich. Inzwischen hat man aber zahlreiche Bohrungen an rein neol. Fundstellen gefunden und durch praktische Versuche nachgewiesen, daß Steinbohrung ohne Metall recht wohl möglich ist. Die ersten Anfänge der Steinbohrung gehen sogar bis in das Mesol. zurück (Maglemose; Präh. Z. 6 [1914] S. 23ff. Sarauw). Als Studienmaterial dienen die nicht fertig gebohrten Löcher, die das negative Bild des Bohrers zeigen, sowie die bei Zylinderbohrungen abfallenden Bohrkerne. Hiernach wurden folgende Bohrer benutzt: a. Vollbohrer, walzenförmige Stäbe mit abgerundeter Stirn (Band II Tf. 49a); hauptsächlich im N im Gebrauch. — b. Zylindrische Hohlbohrer, die einen konischen (bei doppelseitiger Bohrung doppelkonischen) Bohrkern mit scharfen Rändern erzeugen (Band II Tf. 49e, f) und bei unvollständiger Bohrung im Werkstück einen ringförmigen, scharfkantigen, nach unten etwas verengten Einschnitt hinterlassen (Band II Tf. 49b); der Bohrzapfen bleibt in voller Höhe erhalten. In der schnur- und bandkeramischen Kultur Mitteldeutschlands fast ausschließlich im Gebrauch, aber auch anderwärts beobachtet. — c. Zylindrische Hohlbohrer, die den Bohrzapfen bei fortschreitender Arbeit bis auf einen kleinen Stumpf abschleifen; der obere Rand des Bohrloches und die Stirn haben abgerundetes Profil (Band II Tf. 49c). Überall verbreitet, aber im Neol. Mitteldeutschlands selten.

Die verschiedene Spur der Hohlbohrer ist durch ihr Material bedingt. Direkte Ermittelungen sind nicht möglich, denn es ist mir bisher nicht ein einziger Bohrer zu Gesicht gekommen; sie müssen also aus leicht vergänglichem Material bestanden haben. Bei der Bohrung c ist es höchstwahrscheinlich ein Holunderstab gewesen.

Mit solchen habe ich Bohrungen mit genau dem Profil wie Band II Tf. 49c erhalten. Ungeklärt ist die Frage des Materials des Bohrers zu b. Zwar will Wurmbrand mit Hirschgeweihenden solche Bohrungen hergestellt haben (Anthrop. Korr.-Bl. 1877 S. 155). Aber bei dem enormen Verbrauch in Mitteldeutschland müßte doch einmal ein solcher Bohrer zum Vorschein gekommen sein. Sie müssen aus einem zähen, festen und dabei leicht vergänglichen Stoff bestanden haben, also vielleicht Hornsubstanz. Später scheint man Metallzylinder benutzt zu haben. So soll in einem Steinhammer mit unvollständiger Bohrung von Blaking noch der Bronzezylinder gesteckt haben (MAGW 10 [1880] S. 269 E. Kittl). Auch die Bohrungen der Bergkristall-Knäufe von Troja II (Band II Tf. 49d) mit ihrem scharf profilierten Bohrgrund dürften mit einem Metallzylinder hergestellt sein (Dörpfeld *Troja* S. 338, 379, 385, Abb. 353—355 Götze). — d. Bohrungen kleineren Umfangs, wie sie an Bernstein-Perlen und metallzeitlichen Sandsteinwirteln, nicht aber bei Schaftlöchern vorkommen, wurden wahrscheinlich mit einem spitzen Feuerstein ausgeführt, häufig von beiden Seiten, so daß das Loch doppelkonisch ist. — e. Außer den gebohrten Schaftlöchern gibt es solche, die mit einem spitzen Instrument ausgepickt oder ausgemeißelt sind; sie sind von zwei Seiten her eingearbeitet und stark konisch. Sporadische Verbreitung.

Die Bohrungen zu a—c sind so regelmäßig ausgeführt, daß man eine maschinelle Vorrichtung voraussetzen darf. Man ist aber lediglich auf Vermutungen angewiesen, denn ebensowenig wie von Bohrern ist bisher von einer Bohrmaschine die geringste Spur gefunden worden. Man pflegt auf den Pumpenbohrer mancher Naturvölker zu verweisen oder hat Modelle von Bohrmaschinen konstruiert, die aus einer senkrechten Spindel mit dem Bohrer, einem wagerechten Arm, der die Spindel hält und nach unten drückt, und einem die Spindel bewegenden Fiedelbogen bestehen (Band II Tf. 49m). Welche von beiden Arten oder ob irgendeine andere den Bohrer unserer Neolithiker in Bewegung setzte, darüber fehlt bis jetzt jeder Anhalt. Vor Beginn der Bohrung wurde die Ansatzstelle gerauht oder schwach vertieft. Um den Holzbohrer wirken zu lassen, muß scharfer Sand aufgebracht und fortwährend erneuert werden, weil er sich schnell zu Staub zerreibt. Trockener Sand erzeugt eine rauhe, nasser eine polierte Bohrwand. — f. Elliptische Schaftlöcher können zufällig entstehen, wenn der Bohrer in einer bestimmten Richtung flottiert. Es gibt aber auch absichtlich hergestellte. Da solche den Schaft sicherer halten als die kreisrunden, kann die Seltenheit der elliptischen nur in der schwierigeren Herstellung ihre Ursache haben. Im N trifft man sie nur an einem einzigen Axttypus mit Kamm am Bahnende (wie Beltz *VAM* Tf. 9, 53) an; sie verengen sich nach der Mitte und sind gepickt. Elliptische Schaftlöcher mit geraden, glatten Wänden kommen sporadisch in Mittel- und Süddeutschland und im Alpengebiet vor. Sie sind wahrscheinlich durch zwei nebeneinander gesetzte Rundbohrungen entstanden, deren Zwischenstege ausgemeißelt oder ausgesägt und abgeschliffen wurden.

MAGW 19 (1889) S. 89ff. Ortway; Science 22 (1893) S. 79ff. J. Mac Guire; Mitteil. d. Vereins f. Heimatkunde d. Kreises Lebus 4—5 (1914—15) S. 20ff. Mirow; Bull. Préh. 13 (1916) S. 102ff. E. Taté; vgl. auch die Literatur am Schluß.

§ 14. Ornamente an Steingeräten kommen nur sporadisch vor. Am häufigsten sind einfache eingeritzte Muster (vgl. z. B. Band IX Tf. 209e) oder Kreise, die mit dem zylindrischen Hohlbohrer seicht eingedreht sind. Seltener sind plastische, die durch Abtragen der Umgebung entstehen. Einzig in ihrer Art sind die 4 Prunkbeile aus Troja II mit einem Gürtel aus plastisch hervortretenden, ornamental verwendeten Bohrzapfen (Band II Tf. 62).

Der Griff der nord. Feuersteindolche ist häufig mit Borten aus feinen, aneinandergereihten Aussplitterungen verziert, deren Herstellungsweise noch unbekannt ist (vg. z. B. Band IX Tf. 101 links).

§ 15. Die Steintechnik hat mit dem Schluß des Neol. nicht ihr Ende erreicht. Nicht selten kommen Steinäxte und andere Steingeräte in Fortsetzung der neol. Technik in bronzezeitl. Funden vor. So hat man namentlich auf Typen hingewiesen, die offenbar in Anlehnung an Kupfer- und

Bronzeäxte entstanden sind. Dabei handelt es sich nicht um einen Verfall der Technik. Im Gegenteil hat die frühbronzezeitl. Kultur von Troja II Prachtstücke hervorgebracht (Band II Tf. 62), die alle neol. Erzeugnisse technisch übertreffen (s. a. Borodino). Die hochentwickelte neol. Feuersteintechnik verfällt jedoch sehr schnell. Eine merkwürdige Renaissance erlebt nach längerer Pause die Technik der Steinäxte in der jüngsten Lausitzer BZ (Aurither Typus [s. d.], Per. V), wo ohne erkennbaren Zusammenhang mit dem Neol. plötzlich ein neuer Axttypus von fünfeckigem Umriß aufkommt (Nachr. ü. D. A. 1897 S. 12 Götze; Götze *Lebus* S. X; s. a. Nordischer Kreis C 2 § 9).

S. a. Jadeït.

F. Wibel *Der Gangbau des Denghoogs bei Wenningstedt auf Sylt* 1869 S. 36ff.; F. Keller *Pfahlbauten* 8. Ber. S. 49ff.; Månadsblad 1 (1872) S. 20, 33, 113, 134, 161 H. Hildebrand; Anthrop. Korr.-Bl. 14 (1883) S. 9ff. H. Fischer; Müller *NAK.* I 25ff.; A. Götze *Die Kleingeräte usw.* in Dörpfeld *Troja* S. 377ff.; v. Tröltsch *Die Pfahlbauten des Bodenseegebietes* 1902 S. 60ff.; L. Pfeiffer *Die steinzeitl. Technik* 1912; ders. *Die Werkzeuge des Steinzeit-Menschen* 1920.

Alfred Götze

Steinbock. A. Paläolithikum s. Diluvialfauna § 2.

B. Palästina-Syrien.

§ 1. Geschichtliche Nachrichten. — § 2. Arch. Funde und ihre Deutung. — § 3. Alte Reste des Tieres, heutiges Vorkommen.

§ 1. In den geschichtlichen Nachrichten der alten Zeit wird der S. selten erwähnt. An der Spitze der Beduinen-Karawane, die im Grabe des Chnumḥotep in *beni ḥasan* abgebildet ist, führt der Häuptling mit seinem Zepter (s. d. B) einen prachtvollen S. (Band VI Tf. 104b, 105c; Wreszinski *Atlas* II [1926] Tf. 6). Unter den Geschenken, die Amenḥotep IV. nach Babylonien sandte, befanden sich auch ein Riechfläschchen aus Gold, das mit einem liegenden S. (akkad. *durachu*) verziert war, und ein S. aus Elfenbein (I. A. Knudtzon *Die El-Amarna-Tafeln* 14 I 61f.; IV 62). Erst das AT spricht öfter von dem Tiere (hebr. *jāʿēl* = der Steiger). Es lebte in den felsigen Abstürzen am Toten Meere (1. Sam. 24, 3; Hiob 39, 1; Psalm 104, 18) und war wegen seiner Schönheit und Geschicklichkeit bewundert (Sprüche 5, 19). Sein Fleisch durfte gegessen werden (Deut. 14, 5 [mit der anderen Bezeichnung *aqqô*]).

Riehm-Baethgen *Handwörterbuch des Biblischen Altertums* II² (1894) S. 1569ff.

§ 2. Viel häufiger ist der S. in der bildenden Kunst verwendet worden. Mehrere Prunkgefäße aus Gold und Silber, die von Asiaten nach Ägypten gebracht werden, sind mit Nachbildungen von Köpfen des S. geschmückt (Arch. Jahrb. 23 [1908] S. 219, 225, 235f. Abb. 12, 18, 32ff. A. Jolles). Auf Tongefäßen waren mehr oder minder rohe Bilder des Tieres eingeritzt oder aufgemalt (Bliss *Tell el Hesy* S. 121, Abb. 244; Sellin *Tell Taʿannek* S. 62, 64, 70, Abb. 73, 79, 90; Bliss-Macalister *Excavations* Tf. 41, 131f.; Schumacher *Tell el-mutesellim* S. 51 Abb. 54; Macalister *Gezer* II 17, 172, Abb. 218, 333; III Tf. 66, 49; 126, 32; 160, 7; 165, 2; 168, 5; R. Dussaud *Les Monuments palestiniens et judaïques* 1912 S. 110f. Nr. 157 [aus *qalʿat ed-dabbe*]). Dabei wird das Tier oft paarweis zu beiden Seiten des heiligen Baumes (s. Baum [Heiliger]) oder in Reihen hintereinander gehend dargestellt, gelegentlich mit zurückgeworfenem Kopfe, was sicher auf uralte (elamische?) Vorbilder zurückgeht (H. Frankfort *Studies in Early Pottery of the Near East* I [1924] S. 41, 51, Abb. 5f.; s. a. Vase E § 18). In die Wand eines altkanaanitischen Gefäßes war mit einem Stempel ein Fries von Löwen und S. eingedrückt (Sellin-Watzinger *Jericho* S. 97f. Abb. 66). Sehr beliebt war das Bild des Tieres auf Siegeln (s. d. B; Bliss *Tell el Hesy* S. 39f., Abb. 79; Sellin *Tell Taʿannek* S. 73 Abb. 98; *Nachlese* S. 27 Abb. 41; *Carchemish* II [1921] S. 80) oder Skarabäen (Schumacher *Tell el-mutesellim* S. 149, Tf. 48, c; Macalister *Gezer* II 138; III Tf. 206, 45). Auch diese Bilder hängen sicherlich mit alten Überlieferungen aus Mesopotamien oder Nordsyrien zusammen, da dort der S. wiederholt auf sehr alten Siegeln erscheint (O. Weber *Altorientalische Siegelbilder* I [1920] S. 124f.; II [1920] Abb. 515, 544ff.; G. Contenau *La Glyptique syro-hittite* 1922 S. 42, 44, 123, 144ff., 151, 159, 181, Abb. 236ff., 360). Gewiß hat oft die Freude an der schönen, geschmeidigen Gestalt des Tieres den Künstler zur Wiedergabe veranlaßt. Aber wahrscheinlich hat der S. doch auch eine religiöse Bedeutung, sei es als Beigabe oder als Zeichen eines (Vegetations?-) Gottes, was

Steinbohrer B. Ägypten

Ausbohren und Polieren von Steingefäßen im Alten Reich (um 2500 v. C.). Nach Maspero *Le Musée* III.

a

b

c

Steingefäß A. Europa

a. Obsidian-Rhyton. Tylissos, Kreta. Ca. $^2/_3$ n. Gr. Nach Aufnahme des Museums Kandia. — b. Bernsteinbecher. Hove, Sussex. Ca. $^1/_2$ n. Gr. — c. Schieferbecher. Broad Down. Devonshire. Ca. $^2/_3$ n. Gr. — Nach Archaeologia 61 (1908) S. 118 und Tf. 12.

freilich bei den späteren Darstellungen ganz verblaßt sein mag.

Syria 5 (1924) S. 294ff., Tf. 24ff. L. H. Vincent.

§ 3. Reste des Tieres sind schon in den alten Knochenablagerungen der Höhlen des Libanon gefunden worden (Jahreshefte des Vereins für vaterländische Naturkunde in Württemberg 34 [1878] S. 378 O. Fraas; Abhandlungen der naturforschenden Gesellschaft zu Halle 19 [1893—95] S. 77 K. v. Fritsch [in *anṭeljâs,* am *nahr el-ǧōz* und *nahr el-kelb*]). Ob aus seinen Hörnern Bogen hergestellt wurden (Müller *Asien u. Eur.* 384), ist fraglich. Heute noch lebt der S. (*Capra sinaitica*; arab. *beden*) in Rudeln an der w. und ö. Seite des Toten Meeres, wo er von den Beduinen eifrig gejagt wird (M. Blanckenhorn *Naturwissenschaftliche Studien am Toten Meer und im Jordantal* 1912 S. 45, 49f., 206, 212, 297ff.).

O. Keller *Die antike Tierwelt* I (1909) S. 300f.; ZdPV 49 (1926) S. 254 J. Aharoni.
Peter Thomsen

C. Vorderasien s. Vorderasien B § 11.

Steinbohrer. A. Europa s. Steinbearbeitung § 13.

B. Ägypten (Tf. 96). Zum Ausbohren der Steingefäße hatte der Ägypter zwei verschiedene Bohrer. Für schlanke, zylindrische Gefäße muß er einen Röhrenbohrer besessen haben, der seine Spuren in den Gefäßen noch deutlich hinterlassen hat. Wie er aussah, wissen wir nicht genau, wahrscheinlich bestand er aus pflanzlichem Rohr, das mittels einer Kurbel in Umdrehung gesetzt wurde. Als Schneidemittel diente wohl Schmirgelpulver (s. Schmirgel B), dessen Körner zwischen den Fasern des Rohres festgekeilt und durch das rotierende Rohr herumgerissen wurden. Ein zylindrisches Steinstück, das durch den Röhrenbohrer herausgearbeitet worden ist, befindet sich im Berliner Museum (Inv. 21907; aus El Amarna [s. Amarna ⟨El⟩], also etwa 1370 v. C.).

Zur Aushöhlung bauchiger Gefäße genügte der Röhrenbohrer nicht mehr, und man erfand für diese Technik ein neues Werkzeug. Der Bohrerkopf (abg. z. B. Borchardt *Grabdenkmal des Königs Ne-user-Re* 1907 S. 143 Abb. 124) aus feinkörnigem Sandstein, für weichere Steinarten auch aus Feuerstein (z. B. Petrie *Abydos* I Tf. 26, 305—314), wird von einem unten gegabelten Schaft gehalten, der an einem Griff von der linken Hand des Arbeiters niedergedrückt wird. Unterhalb des Griffes sind zwei Steine angebunden, die die rechte Hand durch Gegenschlagen in Schwung setzt, so daß der Bohrer rotiert. Gleichzeitig dienen die Steine als Beschwerung. Mit diesem Bohrer, den übrigens die bekannte Hieroglyphe  (*ḥm*; vgl. ÄZ 35 [1897] S. 107) darstellt, konnte man in langsamer, mühseliger Arbeit ein bauchiges Gefäß nach mehreren Richtungen hin ausbohren. Reliefdarstellungen, die das Ausbohren von Steingefäßen mit dem eben beschriebenen Werkzeug zeigen, sind häufig; z. B. G. Maspero *Le Musée égyptien* III (1915) Tf. 22; hier Tf. 96. — Einiges über die Technik beim Herstellen von Steingefäßen ist zusammengestellt bei F. W. von Bissing *Steingefäße* Cat. Gén. Einleitungsband 1907 S. 1ff.
Scharff

Steinfeld (Hannover) s. Haus A 1 § 33.

Steingefäß. A. Europa. Allgemein (Tf. 97ᴬb, c) s. Gugney-sous-Vaudémont, Italien und der Orient, Maikop, Nordischer Kreis C 1, Südrußland D, Skythen A 2, Topfsteingefäß.

B. Ägäischer Kreis (Tf. 97ᴬa). § 1. Im Neol. waren S. bisher unbekannt. Jetzt hat Evans in einem spät-neol. Hause von Knossos ein Fragment eines ägyptisch beeinflußten Väschens gefunden. Es leitet über zu den sehr zahlreichen, nach Technik und Form hervorragenden kleinen FM-Steingefäßen, vor allem aus Gräbern von Mochlos (s. d.; Band VII Tf. 42b) und der Messarà (s. d.). Diese sind im FM I selten, die Blütezeit ist FM II, dann setzt ein Niedergang ein, verbunden wohl mit dem Aufkommen von Metallgefäßen. Eine Reihe harter, bunter Steinsorten werden im FM II mit vollendetem Geschick verwendet. Die Gefäße dienten vornehmlich kultischen und Toilette-Zwecken, doch kommen auch Kannen und kleine Schalen vor. Zweimal erscheint auf Büchsendeckeln ein glänzend lebensvoller gelagerter Hund. Vereinzelt sind importierte ägyptische S. (eines ist offenbar über Kreta bis nach Asine [s. d.] gelangt) und Marmorvasen von den Kykladen (s. d.).

Auf diesen, vor allem auf Syros, Paros, Naxos (s. d.), blühte eine selbständige Produktion eigenartig geformter Marmorgefäße; daneben Steatitgefäße, besonders Pyxiden (darunter das sog. „Pfahldorf" von Melos; Band V Tf. 73d), und vereinzelte FM-Importstücke. Auf dem Festlande fehlen S. in vormyk. Zeit fast ganz.

§ 2. Im MM behaupten Ton- und Metallgefäße das Feld, S. sind selten, fast stets aus weichem, schwarzem oder grünem Steatit. Die schönen Reliefgefäße beginnen wohl gegen Ende von MM III. Gleichzeitig einige Beispiele mit Einlagen aus anderem Stein. Die höchste Blüte der Reliefvasen setzt SM I ein, in enger Anlehnung an Metallvorbilder: Becher und Trichter von H. Triada (Band III Tf. 34, XI Tf. 95), vorzügliche Bruchstücke aus Knossos (Band VII Tf. 52b, c), Rhyta in Form von Triton-Muscheln, Stier- und Löwenköpfen (ebd. Tf. 69). Diese wurden auch nach dem Festlande exportiert (geflickte Stücke in Mykenai und Delphi). Daneben erscheinen große Trichter, Kannen, dreihenkelige „Amphoren", flache, dreihenklige „Pyxiden", teils glatt, teils mit schönen, einfachen Ornamenten, ferner die sog. *blossom bowls* (Opferschalen in Form einer Lotosblüte) und kunstvolle Steinlampen. Neben Steatit werden wieder häufiger harte Steinsorten verwendet, auch fremdländische: Liparit (Muschel-Rhyton von Knossos), Obsidian (Trichter von Tylissos; Tf. 97 A a), lakonischer Marmor. In SM II-Gräbern (z. B. Königsgrab von Isopata; s. d.) und gleichzeitigen Kuppelgräbern des Festlandes erscheinen ägyptische Alabastergefäße neben einheimischen Nachahmungen (s. Alabaster A). In der min.-myk. Spätzeit werden S. immer seltener und verschwinden endlich ganz.

Neol. Fragment: A. Evans *Early Nilotic, Libyan and Egyptian Relations with Minoan Crete* 1925 S. 15 (S. 11ff. vordyn. ägypt. S. von Knossos). — FM: R. Seager *Explor. in Mochlos* S. 99ff. Tf. 1ff (S. 21 der Deckel mit Hund); St. Xanthudides *Vaulted Tombs of Mesarà* Tf. 3, 11f., 22ff., 31, 52ff.; BSA 8 S. 121ff.; A. Evans *Palace Minos* I 65ff., 86ff. — Asine: Bulletin Soc. R. d. Lettres de Lund 1925 Tf. 39 Persson-Frödin. — Kykladen: 'Εφ. ἀρχ. 1898 Tf. 10; ebd. 1899 S. 98ff. Chr. Tsuntas; H. Bossert *Altkreta*² Abb. 26ff. (33f. das „Pfahldorf" von Melos; dazu Ath. Mitt. 50 [1925] S. 19ff. F. Oelmann). — Reliefvasen: Arch. Jahrb. 30 (1915) S. 244ff. K. Müller; H. Bossert *Altkreta*² Abb. 87ff. — Rhyta: Arch. Jahrb. 26 (1911) S. 249ff. G. Karo; A. Evans *Tomb of the Double Axes* S. 3, 52f., 79ff.; Bossert a. a. O. Abb. 126ff. — Einfachere Steingefäße: A. Evans *Palace Minos* I 412f. (eingelegte S.); Bossert a. a. O. Abb. 181; R. Seager *Excav. at Pseira* S. 34ff. Tf. 8; Journ. R. Inst. Brit. Architects 18 (1911) S. 295 A. Evans; Maraghiannis *Antiq. crét.* I Tf. 10. 17. 37, II Tf. 4. 19. 26. 42, III Tf. 26—33; Bosanquet-Dawkins *Unpubl. Obj. fr. Palaikastro Excav.* 1923 S. 133ff. Tf. 30f. — Liparitmuschel: Mon. Lincei 14 S. 556. — Obsidiantrichter: 'Εφ. ἀρχ. 1912 S. 219 J. Hazzidakis. — Isopata: A. Evans *Prehist. Tombs* S. 142 ff. Tf. 98 f. — Festländ. Alabastervasen: JHS 24 (1904) S. 324ff. Tf. 14 R. Bosanquet.

G. Karo

C. Ägypten (Tf. 97 B—101). S. a. Kreta B und Band VII Tf. 42.

§ 1. Allgemeines. — § 2—4. Die Formen der vorgesch. Zeit. — § 5. Nachahmung von Steinformen in Ton und umgekehrt. — § 6. Schalen und Näpfe. — § 7. Sonderformen. — § 8. Aus den Königsgräbern der Frühzeit. — § 9—11. Aus der geschichtlichen Zeit vom AR an; Vorkommen äg. Steingefäße im Ausland.

§ 1. Allgemeines. S. sind von den ältesten Gräbern an durch die ganze Vorgeschichte hin in Ä. bekannt. Sie sind wie die Keramik von Petrie in seine relative Chronologie eingegliedert worden (s. Staffeldatierung). Über die Technik bei der Herstellung der S. s. Steinbohrer B. Infolge ihrer schwierigen Herstellung sind S. immer etwas sehr Wertvolles gewesen und kommen, meist wohl als Salb- und Schminkbehälter (s. Salbbehälter und Band XI Tf. 47f, g) verwendet, in ältester Zeit stets in viel geringerer Anzahl in den Gräbern vor als Tongefäße. Dafür spiegelt sich gerade in den S. so recht der künstlerische Sinn der alten Verfertiger. In farbenfroher Buntheit stehen die Steinvasen jetzt vor uns; vom gelblichweißen Alabaster über rötliche Breccia-Arten und bläulichen Marmor bis hin zum schwärzlichen Basalt hat der Äg. alle möglichen bunten Steinarten seinem Kunstwollen dienstbar gemacht, und wir heutigen Bewunderer jener Kunst staunen darüber, wie der äg. Künstler den Steinadern nachgegangen ist, wie er es verstand, die Maserung des Alabasters in Wellenlinien auf seinen Schalen oder weiße Adern in dunklem Gestein als Ovale wie beabsichtigte Ornamente hervortreten zu lassen. Die Schönheit der Steingefäße hebt Hedw.

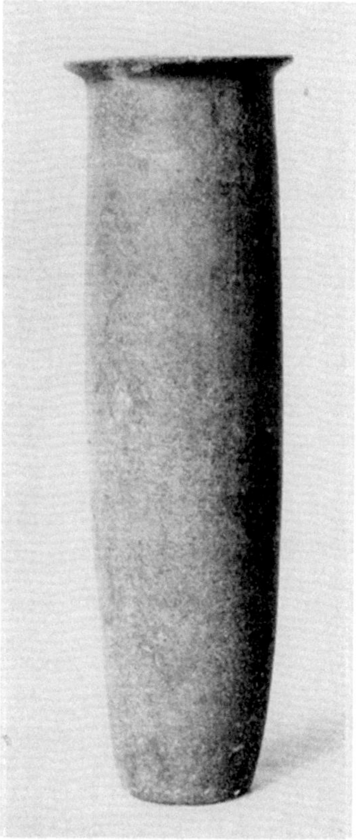

a

b

d

c

e

Steingefäß C. Ägypten

Vorgeschichtliche Steingefäße mit und ohne Schnurösen. Nach Originalen des Berliner Museums.

a

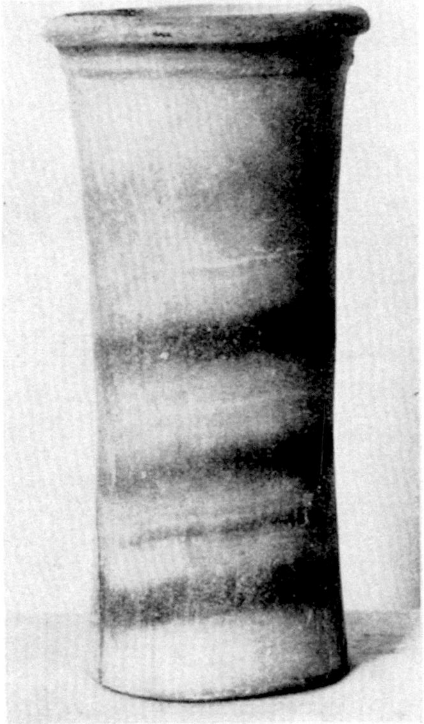

c

b

d

e

Steingefäß C. Ägypten

a. Dunkle Schale in Form eines zusammengebundenen Gazellenbeines. — b. Kalksteingefäß in Form eines liegenden Kamels. — c. Alabastervase. — a—c. etwa 1. Dyn. (um 3000 v. C.). — d. Vorgeschichtliches Gefäß aus rötlich gesprenkeltem Stein. — e. Nachahmung eines solchen Gefäßes in Ton. Nach Originalen des Berliner Museums.

Fechheimer in Kunst und Künstler Jahrg. 11 Heft 12 (1913) S. 628 in einem reichillustrierten Aufsatz besonders hervor.

§ 2. Bauchige Gefäße mit Schnurösen (s. Tf. 97B c, 98 d, e). Man kann die vorgesch. S. nach bestimmten Leitformen in drei Gruppen (s. § 2—4) einteilen. Allen drei Arten eigentümlich sind zwei seitlich angebrachte und durchbohrte Wülste, die zum Durchziehen einer Schnur gedient haben; diese hat manchmal erhebliche Scheuerspuren an den Tragösen hinterlassen. Bei großen und schweren Schalen dienten die Schnurösen wohl lediglich als Zier. Die erste Gruppe bilden niedrige, dickbauchige Vasen mit stark eingezogenem, meist kreisrunden, abgeplatteten Rand. Sie sind aus hartem, schwarzen Granit oder bunter Breccia hergestellt und erreichen oft einen beträchtlichen Umfang. Eine besondere Verwendungsart ist nicht bekannt.

W. M. Flinders Petrie *Prehistoric Egypt* 1920 Tf. 36 Nr. 60 und 64 und Tf. 37 (hier auch leichte Abarten). Die Einzelpubl., auf denen das hier genannte Werk aufgebaut ist, sind bei Vase C § 15 zusammengestellt. — Vgl. zu § 2—4 auch die Steingefäße in Kairo bei J. E. Quibell *Archaic Objects* (Cat. Gén.) 1905 Tf. 53—55.

§ 3. Tonnenförmige Gefäße mit und ohne Schnurösen (s. Tf. 97B d, e). Diese Gefäße bilden die häufigste Art der Steingefäße und werden aus jeglichem Gestein hergestellt. Die Gefäße sind meist klein, oft sehr dünnwandig, der größte Dm liegt von der Mitte des Gefäßes bis nach oben hin zur Schulter, auf der ein ähnlicher Rand, wie in § 2 beschrieben, sitzt. Auch haben diese Vasen manchmal eine besonders abgesetzte Standfläche. Die Schnurösen sitzen am oberen Teil, manchmal oben auf der Schulter. Zuweilen wurden kleine Salbgefäße dieser Art mit einen Deckel aus Elfenbein (s. d. C) verschlossen gefunden (z. B. Berlin Inv. Nr. 17053 unveröff., aus Abusir el-Meleq). Ein besonders feines Gefäß aus schwarzweiß gesprenkeltem Stein und mit einem durch die Schnurösen gezogenen Henkel aus Golddraht versehen befindet sich im Berliner Museum (H. Schäfer *Ägypt. Goldschmiedearbeiten* 1910 Tf. 2 Nr. 4). Eine Abart bilden plattgedrückte S. von annähernd herzförmiger Gestalt.

W. M. Flinders Petrie *Prehistoric Egypt* 1920 Tf. 35, 38—39.

§ 4. Zylindrische Gefäße (s. Tf. 97B a). In dieser Gruppe sind Schnurösen nicht so häufig wie bei den beiden andern. Teilweise sind diese Gefäße am unteren Ende stark eingezogen und ruhen dann auf einem von dort aus beträchtlich ausladenden Fuß, der eine feste Standfläche bietet. Derartige Gefäße gehören trotz der gerade hier außerordentlich schwierig erscheinenden Technik zu den allerältesten Staffeln (s. Tf. 97B b). Rein zylindrische, also nur mit dem Röhrenbohrer ausgehöhlte Gefäße sind selten, meist werden sie unten breiter zur Erlangung einer besseren Standfläche. Auch ein Doppelgefäß (beide Teile mit Fuß) ist bekannt.

W. M. Flinders Petrie *Prehistoric Egypt* 1920 Tf. 34, 40, 41 (das Doppelgefäß Tf. 40 Nr. 134).

§ 5. Nachahmungen von Steinformen in Ton und umgekehrt. Die in § 2—4 aufgeführten Gruppen der S. standen denen der Keramik ursprünglich streng gesondert gegenüber. Aber schon früh läßt sich eine wechselseitige Beeinflussung der Formen feststellen. So hat sich die Gruppe der rotfigurigen Keramik (s. Vase C § 12) die Formen der S. von § 2 und 3 völlig angeeignet, wohl aus dem Bestreben heraus, für das kostbare Steinmaterial einen billigeren und durch die Bemalung ebenso bunten Ersatz zu schaffen; war doch ein S. infolge einer einzigen ungeschickten Bohrung unbrauchbar, während man den weichen Ton immer von neuem wieder kneten und bearbeiten konnte. So bemühte man sich denn, alle möglichen Arten von S. in Form und Farbe möglichst getreu nachzuahmen (s. Tf. 98 d, e und Band XIV Tf. 32b; s. Vase C § 9 und 12; ein gutes Beispiel MDOG 30 [1906] S. 14 Abb. 13). Umgekehrt ahmte man auch bei zylindrischen Steingefäßen die Verzierungen der Keramik nach, vor allem die der Wellenhenkelgefäße (s. Vase C § 5; Beispiele MDOG 30 [1906] S. 15 Abb. 14). Die schönen Alabastervasen aus den Königsgräbern der ersten Dynastien (s. § 8) haben vielfach ihre Verwandten unter den späten, entarteten Wellenhenkelgefäßen.

§ 6. Schalen und Näpfe (Tf. 99b). Flache Schalen und oft recht dünnwandige Näpfe sind in älterer Zeit seltener als die in § 2—4 besprochenen Typen. Sie treten erst in den Königsgräbern der ersten Dyn. häufiger auf.

W. M. Flinders Petrie *Prehistoric Egypt* 1920 Tf. 34 Nr. 7, Tf. 36 Nr. 57, Tf. 41 Nr. 140—163.

§ 7. Sonderformen. Ähnlich wie bei der Keramik (s. Vase C § 11) sind auch zur Herstellung von S. alle möglichen Tierformen verwendet worden. Das merkwürdigste Stück in dieser Hinsicht ist ein im Berl. Museum befindliches liegendes Kamel, dessen Rücken als Gefäß ausgehöhlt ist (Tf. 98b; veröffentlicht MDOG 30 [1906] S. 17 Abb. 16); ferner kommen vor: hockender Vogel (ebd. Abb. 17), Igel (Amtl. Ber. Pr. S. 30 Nr. 9 [1909] S. 221 Abb. 134), Elefant und Nilpferd (im Berl. Mus. Inv. Nr. 14146/7 unveröff.), Fisch (Berlin. Inv. Nr. 16025 unveröff.); vgl. auch das Bruchstück mit den Vorderteilen zweier Tiere bei Petrie *Prehistoric Egypt* Tf. 36 Nr. 65. H. Frankfort (*Studies in early pottery of the near east* I [1924] S. 111) will die S. in Tierform aus Nordsyrien herleiten. Merkwürdige Einzelformen anderer Art sind ferner: ein Gefäß mit Henkel, der wie Geflecht gebildet ist (MDOG 30 [1906] S. 16 Abb. 15), ein Kalksteingefäß mit Ausgußtülle (ebd. S. 18 Abb. 19 rechts; links ein eben solches aus Ton), ein kleiner Napf mit Ausguß (Amtl. Ber. Pr. S. 30 Nr. 9 [1909] S. 221 Abb. 132) — die Gefäße mit Ausguß sind Nachbildungen der um den Beginn der dynastischen Zeit aufkommenden Kupfergefäße —, eine kleine Schale in Form eines zusammengeschnürten Gazellenbeines (Tf. 98a; Berl. Mus. Inv. Nr. 13213 unveröff.), schließlich ein Gefäß, dessen Außenfläche so gebildet ist, als sei das eigentliche Gefäß in ein Netz mit zwei zugebundenen Enden eingeschlossen (Amtl. Ber. Pr. S. a. a. O. S. 225 Abb. 139; aus den Königsgräbern s. § 8). Auch besonders kostbare Stücke mit Reliefdarstellungen auf der Außenfläche sind gefertigt worden; so besitzt das Berl. Mus. das Bruchstück einer Steinschale mit einem trefflich modellierten, laufenden Krieger. Da der Krieger eine Streitaxt mit Metallklinge schwingt, kann die Schale erst aus spätvor- oder frühgeschichtlicher Zeit stammen (Amtl. Ber. Pr. S. a. a. O. S. 226 Abb. 140; s. hier Band VII Tf. 117a).

§ 8. Steingefäße aus den Königsgräbern. Eine ganz besonders hohe Stufe an Technik und Schönheit nehmen die Steingefäße aus den Königsgräbern der ersten beiden Dyn. bei Abydos ein (s. Grab D § 11). Ungefähr zylindrische, der späten Form der Tongefäße mit Wellenornament (s. § 5 und Vase C § 5) ähnelnde Vasen (Tf. 98c) und schön geschwungene, ziemlich flache Schalen herrschen vor, die Typen von § 2 und 3 treten nur noch vereinzelt auf. Häufig tragen die Gefäße stempelartige Inschriften mit dem Königsnamen. Als Besonderheit seien große, schlanke, den späten Tongefäßformen nachgebildete (s. Vase C § 14) Weinkrüge aus Alabaster hervorgehoben, von denen die Berl. Sammlung ein hervorragend schönes Stück besitzt (Tf. 99a; Inv. 18139). Das Material ist zunächst noch vielseitig: Porphyr, Basalt, Schiefer, ja sogar Bergkristall werden häufig bearbeitet; neu hinzu kommt der bläulich schwarze, durchscheinende Diorit, aber immer mehr dringt der schöne, leicht zu bearbeitende, gelbliche Alabaster (Hauptfundstelle für Alabaster waren die Brüche von Hatnub in der Wüste ö. von El Amarna) vor und als billigere Ware daneben weicher, weißer Kalkstein. Reiche Gräber von Privatleuten aus dieser Zeit (z. B. in Tarkhan [s. d.] und Sakkara [s. d.]) zeigen ähnliche Steingefäße wie die Königsgräber, und zwar in größerer Anzahl als in älteren Zeiten. Die zahlreichere Herstellung der Steinvasen verringerte aber die Güte der Ware und die Sauberkeit der Herstellung. Um das schwierige Ausbohren zu vermeiden, bildete man die Gefäße jetzt zuweilen in zwei Teilen, die dann aneinandergesetzt wurden (ein Beispiel Reisner *Naga ed-Dêr* I Tf. 41 links unten).

W. M. Flinders Petrie *Royal Tombs* II (1901) Tf. 33, 46—53 G. Die ältere Publikation von Amélineau *Les nouvelles Fouilles d' Abydos* 1902 Tf. 1—16 ist daneben nur mit größter Vorsicht zu benutzen. — Ähnliche Gefäße ferner: J. E. Quibell *Hierakonpolis* I (1900) Tf. 31—37, II (1902) Tf. 30; W. M. Flinders Petrie *Tarkhan* I (1913) Tf. 32—44, II (1914) Tf. 25—27; G. A. Reisner *The early dynastic cemeteries of Naga ed-Dêr* I (1908) Tf. 45—51; J. E. Quibell *Excavations at Saqqara 1912—14* 1923 Tf. 10, 12—14 u. a.; wichtig für den Übergang zum AR. — Eine prachtvolle Steingefäßsammlung aus Gräbern der 2. Dyn. bei Abusir besitzt die Leipziger Universitätssammlung, unveröffentlicht.

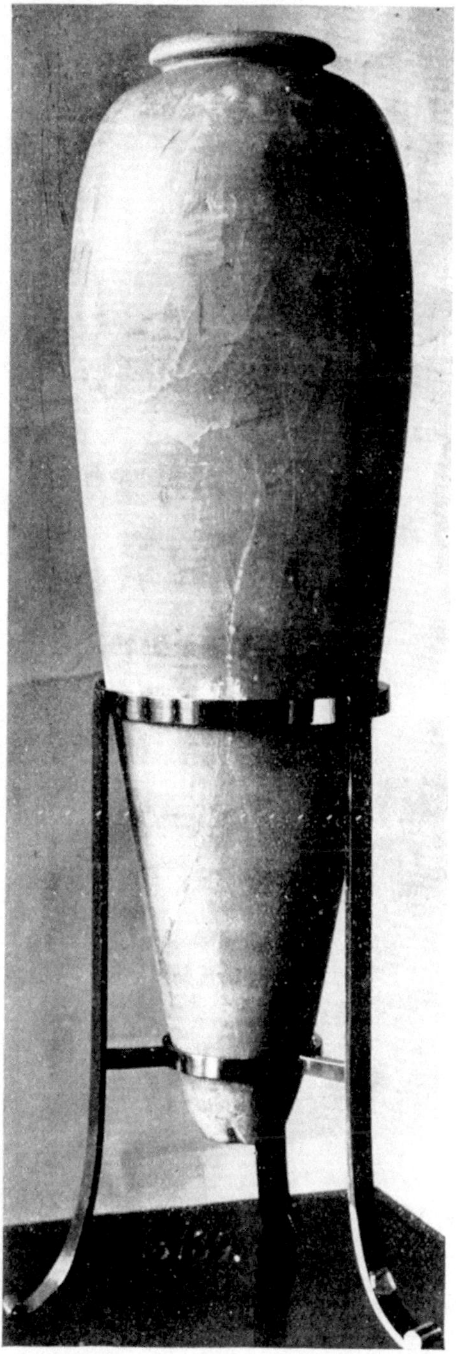

a

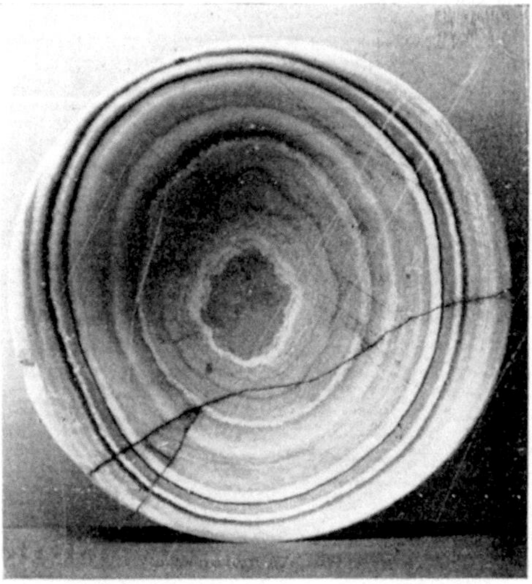

b_1

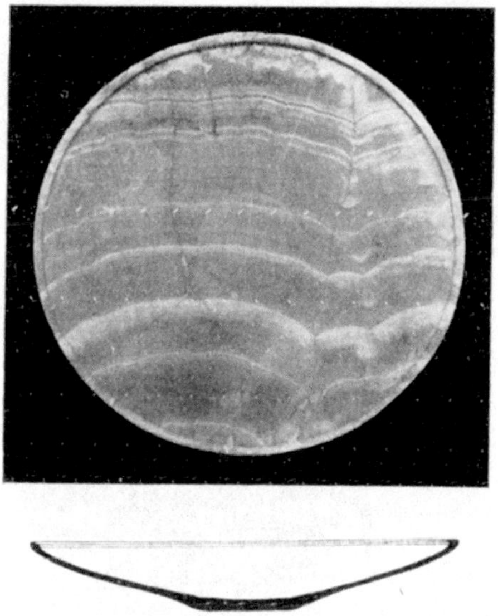

c

b_2

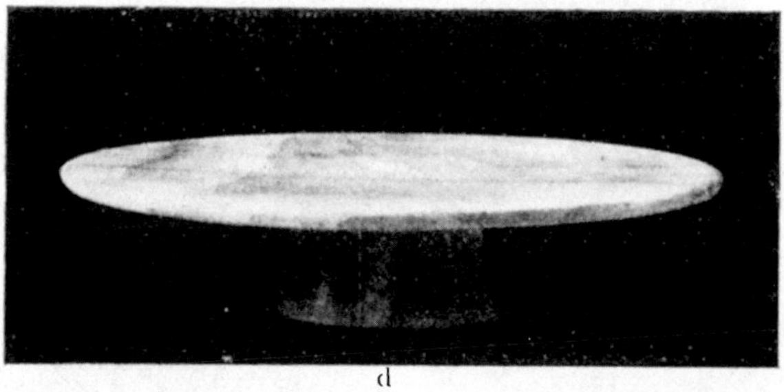

d

Steingefäß C. Ägypten

a. Alabasterner Weinkrug aus den Königsgräbern der 1. Dyn. — b. Vorgesch. Alabasterschale (mit Schnitt b_2). — c. Alabasterteller der 2. Dyn. (mit Schnitt). — d. Alabastertisch, etwa 3. Dyn. — Nach Originalen des Berliner Museums.

a

b

c

d

Steingefäß C. Ägypten

a. Alabasternes Salbgefäß mit dem Namen König Phiops II., AR. — b. Salbgefäß aus Obsidian mit Goldrand, MR. — c. Dioritvase des MR. — d. Alabasterkrug des NR. — a, d. nach Originalen des Berliner Museums, b. nach Brunton, Lahun I, c. nach Burlington Catalogue 1922.

§ 9. Steingefäße des Alten Reiches. Waren die Formen der Vor- und Frühzeit vielseitig und fließend, so bildet sich etwa seit der 2. Dyn. ein fester Formenschatz für die Folgezeit heraus, der im wesentlichen unverändert bleibt: die dickbauchige Schale mit Schnurösen, das Salbgefäß, der flache Teller, die Schale mit hoher Seitenwand — um die wichtigsten Typen zu nennen. Im Gegensatz zum Farbenreichtum der Steinarten in älterer Zeit ist das Material jetzt fast ausschließlich Alabaster. Die großen, flachen Teller (Tf. 99c) sind sehr dünnwandig und durch die natürlichen Muster des Steines gefällig verziert. Daneben seien auch die runden, auf einem massiven Fuß ruhenden Platten — beide Teile manchmal aus einem Stück Alabaster — erwähnt, die wohl als niedrige Tischchen gedient haben (Tf. 99d). Aus der großen zylindrischen Alabastervase entwickelt sich allmählich die typische Grundform des ägyptischen Salbgefäßes, dessen älteste Beispiele mit Königsnamen des AR geziert sind (z. B. Berlin. Inv. Nr. 14280 mit Namen Phiops II.; Tf. 100a).

Die S. der histor. Zeit im Museum zu Kairo sind zusammengestellt bei F. W. v. Bissing *Steingefäße* (Cat. Gén.) 1904, Einleitungsband 1907. — Für das AR allein: John Garstang *Tombs of the third egyptian Dynasty* 1904 Tf. 7—12; ders. *Mahâsna and Bêt Khallâf* 1902 Tf. 11—14, 20—22, 27, 29 (Tische), 34—38; J. E. Quibell *El Kab* 1898 Tf. 2, 6, 10.

§ 10. Ägyptische Steingefäße im Ausland und unägyptische Formen. S. des AR sind auf Kreta (s. d. B) gefunden worden, einige Scherben in Knossos, vollständige Gefäße in frühminoischen Schichten und Gräbern bei Mochlos (Band VII Tf. 42b) und Pseira. In Mochlos (s. d.) scheint sich eine eigene, auf der ägyptischen fußende Technik der S. ausgebildet zu haben. Vgl. über diese Funde und ihre Bedeutung für die Datierung der frühminoischen Kultur Fimmen *Kret.-myken. Kultur*² 1924 S. 168/9; dazu Richard B. Seager *Explorations in the Island of Mochlos* 1912 z. B. Tf. 2 die Gefäße II. k. und M. 3. S. a. Steingefäß B.

Nach einer andern Gegend weisen einige S., die bei Petrie *Prehistoric Egypt* 1920 Tf. 36 Nr. 49—54 abg. sind und einerseits durch ihre merkwürdige, den weißfigurigen Tongefäßen (s. Vase C § 7) ähnelnde Ornamentierung, andererseits durch die starke Verbreiterung nach der Standfläche hin auffallen. Petrie stellt diese Gefäße zusammen mit ähnlichen Funden aus libyschen Gräbern, die etwa in die Zeit zwischen AR und MR zu setzen sein dürften; vgl. Ancient Egypt 1915 S. 158ff. Oric Bates; dazu ebd. im Nachwort Petrie und ders. *Prehistoric Egypt* 1920 S. 36 § 89; ferner ÄZ 61 Tf. 2 Scharff.

Ein Gefäß dieser Art hat sich aber auch in Byblos (s. d.) gefunden; es stammt aus dem dort zur Zeit des AR vorhandenen äg. Tempel und trägt den Namen des Königs Unas der 6. Dyn. (Fondation Piot 25 [1921/2] S. 254 und Tf. 19, 5 P. Montet). Andere äg. S. des AR aus Byblos ebd. S. 258/9 Abb. 12—15. — Bei den neuen Ausgrabungen in Ur (s. d.) sollen ebenfalls äg. S. des AR gefunden worden sein (Journ. Eg. Arch. 9 [1923] S. 190 Anm. 5 ohne Abb. Hall).

§ 11. Steingefäße der späteren Zeiten und Beziehungen zum Ausland. Die Steingefäßtechnik tritt uns in den geschichtlichen Zeiten Ä. vom MR an nie mehr als eine geschlossene, vielseitige Industrie so wie in alter Zeit entgegen. Die leichter herzustellenden Fayence (s. d. B)- und Metallgefäße hatten jenen aus Stein endgültig den Rang abgelaufen. Immerhin gehören S., mögen sie als Salbgefäße, Eingeweidekrüge oder Ziervasen gedient haben, immer zu den erlesensten Erzeugnissen des äg. Kunsthandwerks (Tf. 100d). Geradezu bizarre Formen nehmen die technisch auf höchster Stufe stehenden Alabastervasen des neu entdeckten Tut-anch-amon-Grabes an (s. Tut-anch-Amon; um 1350 v. C.; Tf. 101[A]). Alabaster und Kalkstein blieben die hauptsächlichsten Steinarten, und nur hier und da erinnert z. B. eine Dioritvase an die Farbenpracht vergangener Zeiten (s. Tf. 100c; eine besonders schöne Dioritvase des MR ist abgebildet im *Illustrated Catalogue of Ancient Egyptian Art* Burlington Fine Arts Club 1922 Tf. 29). Besondere Kostbarkeiten waren im MR ferner Salbgefäße aus Obsidian mit Goldeinfassungen, der Form nach ähnlich jenen des AR, nur kleiner und zierlicher (s. Tf. 100b; G. Brunton *Lahun* I The Treasure 1920 Tf. 9). Solch ein Gefäß fand sich auch in einem Grab zu Byblos (s. d.) und diente zur zeitlichen Festlegung der anderen dort mitgefundenen

Gegenstände aus den verschiedensten Kulturkreisen (Syria 3 [1922] Tf. 67). — Erwähnenswert sind schließlich Alabasterscherben aus dem späten AR und MR, die Reisner bei Kerma in Nubien gefunden hat: G. A. Reisner *Excavations at Kerma* IV (Harvard Afr. Studies 6 [1923]) S. 56ff. und Tf. 38/39. In nubischen Gräbern (s. d. E) kommen S. nur sehr vereinzelt vor, andere als die äg. Formen sind nicht festgestellt worden (vgl. z. B. Junker *Kubanieh-Süd* S. 82). Schließlich sei auf die Verbreitung der sog. Alabastra, Salbgefäße äg. Art aus Alabaster, im Mittelmeergebiet hingewiesen (Myres-Ohnefalsch-Richter *Catalogue of the Cyprus Museum* 1899 S. 99); umgekehrt hat sich ein den myk. Bügelkannen (s. d.) genau nachgebildetes Alabastergefäß in Ägypten gefunden (Berlin. Inv. Nr. 13291, unveröffentlicht). Scharff

D. Palästina-Syrien s. Alabaster C, Mörser B, Vase E § 17.

E. Vorderasien (Tf. 101[B]) s. Kunstgewerbe D § 2.

Steingeld s. Geld § 9, 10, 11.

Steinheim s. Eolithenproblem § 9.

Steinkreis. S. a. Gilgal § 4—6. — (Ägäischer Kreis) Als Umfriedung von Gräbern zuerst in dem berühmten Gräberrund von Mykenai (s. d. und Band IV Tf. 215a; VIII Tf. 120), das Wace jetzt als jüngermyk. (um 1400 v. C.) erwiesen hat. Es steht aber auch in dieser Zeit völlig allein. Anders geartet sind die viel jüngeren „geometr." S. von Halos (Band V Tf. 23b) und Assarlik (s. d.). S. a. Leukas und Band VII Tf. 201[A].

Mykenai: BSA 25 S. 103ff. Tf. 15ff. A. Wace u. a.; Ath. Mitt. 40 (1915) S. 115ff. Tf. 15ff. G. Karo. — Halos: BSA 18 S. 1ff. Wace-Thompson. — Assarlik: Journ. Hell. Stud. 8 (1887) S. 64ff. W. R. Paton. G. Karo

Steinkreisgrab (*Tomba a circolo, a cerchio*). § 1. Bezeichnung für Rundgräber früher Zeiten, deren meist durch eine, wenn auch heute nicht mehr immer festzustellende, bald flache, bald höhere Aufschüttung gebildete Erhöhung von einem Steinkreis eingeschlossen ist. Dieser besteht vielfach nur aus mehr oder minder regelmäßig auf die hohe Kante gestellten oder auch nur auf den Boden gelegten Steinen, deren oft ganz fehlende Bearbeitung den Gedanken an architektonische Funktion meistens ausschließt und nur die Vorstellung einer Abgrenzung zuläßt, sei eine solche nun bloß eigentumsrechtlich oder rituell oder beides zugleich zu fassen. Bei mehr monumental ausgestalteten Gräbern, besonders in Etrurien, übernimmt dieser Steinkreis auch die Aufgabe, den Erdhügel zusammenzuhalten, wird dann in solidem Quaderbau als Krepis ausgebaut (Band II Tf. 117a) und somit Vorläufer zu den großen Rundgräbern der ausgehenden Republik und Kaiserzeit, die in den Mausoleen des Augustus und Hadrian ihren Höhepunkt erreichten.

§ 2. Als Stammeskennzeichen läßt sich die Anlage solcher Steinkreise nur in Ausnahmefällen verwerten. Sie sind einzelnen Gegenden eigentümlich, beschränken sich in diesen mitunter nur auf bestimmte Gebiete und Zeiten, ohne daß sich in vielen Fällen erkennen ließe, warum sie gerade hier angelegt wurden, dagegen trotz Stammesgleichheit anderswo nicht. Doch will bedacht sein, daß mancher Steinkreis durch Ackerarbeit unerkannt zerstört sein mag, daß die Gräberöffnungen vielfach leider durch Raubgräber oder Dilettanten erfolgt sind und somit gewiß mancher Steinkreis überhaupt nicht entdeckt ist. Wo sich in vom selben Stamm bewohnten Gegenden an einzelnen benachbarten Orten die Steinkreise finden, an anderen, deren geol. Verhältnisse die Anlage runder Erdgräber ermöglichen würden, bis jetzt nicht, wird man wohl künftigen Funden der Art entgegensehen dürfen, sobald dort einmal fachmännisch gegraben wird.

§ 3. Das früheste bis jetzt festgestellte S. liegt unter einer durch ein Obsidianmesser, das Bruchstück eines geglätteten Steinbeils und Tonscherben als frühestens jungneol. gekennzeichneten Kiesbank im Aventino-Tal bei Lama dei Peligni, im Frentanerland (CIL IX 274), gewiß noch einem Urbewohner gehörig, also altneol., wenn nicht (so Rellini) noch älter: Ein unregelmäßig ovaler Kreis von rohen Steinblöcken, welche von anderswo hergebracht sein müssen, umgab die etwa 1,50 m l. Grube, in welcher der liegende Hocker nur drei Feuersteinstücke, von denen das eine Spuren von Bearbeitung zeigte, neben sich hatte (Bull. Pal. Ital. 40 [1915] S. 95ff. Rellini; v. Duhn *Ital. Gräberk.* I 7, 35).

a

b

Steingefäß C. Ägypten

Alabasterne Prunkvasen aus dem Grabe des Tut-anch-Amon (um 1350 v. C.).
Nach Illustrated London News vom 27. 6. 1925.

a

b

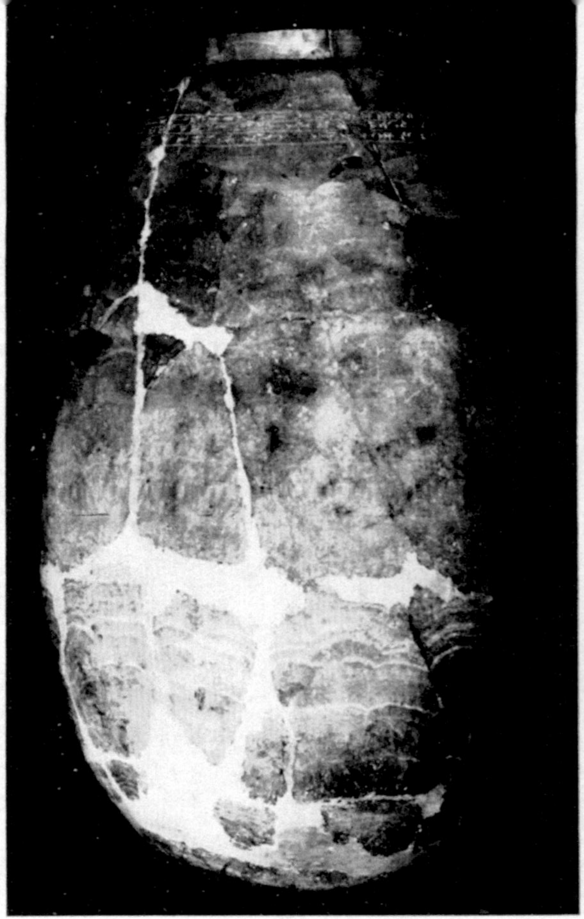

c

Steingefäß E. Vorderasien

Alabastergefäße mit assyr. Inschriften aus Assur im Museum Konstantinopel: a. (Nr. 4622) Inschrift der Gemahlin des Königs Sanherib (um 700), Tašmetum-šarrat; Zeichnung eines Skorpions (Eigentumssymbol). — b. (Nr. 4620) Inschrift des Königs Asarhaddon; Zeichnung eines Löwen. — c. (Nr. 4621) Dgl. (676) Beutestück aus dem Palast des Abdimilkut von Sidon; phön. Vase; Zeichnung eines Löwen. — Nach Photographien.

§ 4. Die verbrennenden und bestattenden „Italiker" wandten die Sitte oftmals an. Die ersteren in der Po-Ebene noch selten. Zu der auf einem Hügel gelegenen, schon einer jüngeren Stufe zuzuweisenden Terramare (s. d. B)-Siedelung von Monte Lonato (Prov. Brescia) gehören Gräber, deren Aschenurnen durch Steinkreise umgeben sind (v. Duhn *Ital. Gräberk.* I 124); und typisch sind solche für die Nekropolen von Golasecca (s. d.) am Südende des Lago maggiore, welche die ethnische Fortsetzung der Terramare-Besiedelung bis tief in die hellen geschichtlichen Zeiten darstellen, dort auch Doppelkreise und Dromoi, allerdings nur in den frühesten Perioden; hier vermutlich nur Bannkreise — auch rechteckige Umhegungen kommen vor —, keine Krepides für Erdhügel (v. Duhn *Ital. Gräberk.* I 134 und Abb. 50). S. aus jüngerer Zeit, noch näher zu untersuchen, vielleicht auch s. des Po bei Velleia (Notizie 1877 S. 167). — Bei Terni (s. d.) trafen die später eingezogenen bestattenden Umbro-Sabeller auf ihre verbrennenden Vettern, brachten selbst die Sitte der Isolierung der Gräber durch Steinkreise aus Kieseln mit und übertrugen sie, bei längerem Zusammenleben, auf die Brenner, deren jüngste Gräber auch von Steinkreisen eingeschlossen sind. Auch die Sitte, vielfach die Frontseite des runden Grabes durch eine darauf hinführende Steinzeile kenntlich zu machen, übernahmen sie (v. Duhn *Ital. Gräberk.* I 197—200 Abb. 57—60). Sind auch im späteren Umbrien keine S. der Brenner bis jetzt aufgetaucht, so ist bei der sonst großen Ähnlichkeit, die manches dort angelegte Grab (so z. B. ein Grab bei Città di Castello im oberen Tiber-Tal; v. Duhn *Ital. Gräberk.* I 187) mit solchen in Etrurien zeigt, wohl mit Sicherheit anzunehmen, daß die ihnen beim Zusammenleben in den umbrischen Randgebieten vertraut gewordene Gewohnheit sich von dort westwärts in die anderen von ihnen bei ihrem Einrücken in Mittelitalien besetzten nordetrusk. Gebiete verbreitet hat. So begegnen wir ihr denn wieder namentlich in Vetulonia (s. d.), Populonia (s. d.), Monte Pitti, Marsiliana (s. d.; Band VIII Tf. 7), hinab, vereinzelt, bis Capena (s. d.; Mon. Lincei 16[1906] S. 383—384 Paribeni), und zwar nicht nur für ital. Brandgräber, sondern dann auch, wie so vieles, vielfach mit dem Brandritus, übernommen von den späteren etrusk. Herren des Landes (v. Duhn *Ital. Gräberk.* I 220—223, 225—226, 282—283, 287—288, 300—302), die alsdann weiter s., in den Gegenden, wo sie am frühesten herrschendes Volk wurden und zu großem Wohlstand kamen, in Vulci (s. d.) und besonders Caere (s. d.), die einstigen einfachen Steinkreise zum Ausgangspunkt für mächtige Rundbauten machten, den Vorgängern, wie oben gesagt, der röm. Anlagen späterer Zeiten. Diese etrusk. Monumentalgräber wie so manches andere aus dem O, womöglich sogar aus der lydischen Heimat der Etrusker, als etwa mitgebrachtes Gut abzuleiten, wie man mitunter gewollt hat, ist eine vollständige Unmöglichkeit angesichts der uns jetzt hinreichend bekannten Kulturstufe, auf der die ersten und auch die später sie verstärkenden Schwärme jenes tyrrhenischen Seevolks aus dem Gebiet des ägäischen Meeres herüberkamen. Die auf sehr materielle Ausgestaltung der Vorstellungen vom Leben nach dem Tode gerichtete geistige Veranlagung dieses Volkes begünstigte natürlich in hervorragendem Maße solchen Ausbau ihnen im neuen Lande nahegetretener Formen.

§ 5. Daß auch die bestattenden „Italiker" die Sitte kannten, um Hügelgräber Steinkreise zu legen, wurde schon oben bei Terni erwähnt. Dort treten uns Umbrer zuerst mit Gräbern der oben beschriebenen Art entgegen und folgen der Sitte bis gegen Ende des 6. Jh. (Notizie 1914 Tf. 1; v. Duhn *Ital. Gräberk.* I 440—444, 451). Ob die vom alt-umbrischen Gebiet ja nicht zu entfernten inneren Landstriche Picenums, dem sonst die S. fremd zu sein scheinen, die Sitte bei Tolentino, wo sie bis jetzt beobachtet worden ist (Notizie 1883 S. 329, 334—335 und Tf. 16), von den Nachbarn übernommen haben, oder ob es vielleicht gar selbst Umbrer waren, wird sich erst bei weiterer Durchforschung des leider immer noch ungenügend bekannten Picenums (s. d.) ermitteln lassen.

Im übrigen umbro-sabellischen Mittelitalien tritt die Form nur ganz sporadisch, bis jetzt, auf; so ist im Pälignerland nur noch einmal, bei Introdacqua, ein Steinkreis beobachtet (v. Duhn *Ital. Gräberk.* I 571); bei Alfedena (s. d.) in Samnium sind Familiengräber wohl durch Steinkreise zusammengeschlossen (ebd. I 559), aber solche Gruppen umfassende Kreise sind nur als ferne Erinnerungen an den Kreis um das Einzelgrab aufzufassen. Wo Gräber ganz wie die Terni-Gräber angelegt sind, wie im volskischen Küstenland bei Satricum (s. d.; ebd. I 531), fehlen die Steine und daher vielleicht der Kreis; ein Umstand, der noch oft in Betracht gezogen werden mag. So sind die *Tombe a pietra* Campaniens, z. B. bei Suessula (s. d.), den Fossa- und Circologräbern Ternis ebenfalls auf das nächste verwandt (ebd. I 443—444), aber die umfassenden Steinkreise fehlen usw. Sie waren also jedenfalls für die Umbrer keine irgendwie bindende rituelle Eigenart.

§ 6. Anders in Apulien. Wie es dort um die Jahrtausendwende begann auszusehen, ist im Artikel Italien B § 16 in raschen Zügen angedeutet. Vom Balkan herüberkommende Stämme, deren konventioneller Sammelname Japyger (s. d.) wohl etwas zu weit sein dürfte, bringen die Sitte mit, ihre Toten in Hockerlage in aus Steinen zusammengestellten Kisten beizusetzen, über die runde Stein- und Erdpackungen gebreitet werden, die dann ein Steinkreis mehr oder minder regelmäßig, durchaus nicht mehr immer als zusammenhaltende Krepis zu erkennen, umgibt, dieselbe Art, welche Dörpfeld auf Leukas (s. d. und Band VII Tf. 201 A), andere in Istrien gefunden haben, und die zweifellos aus den w. Balkangebieten ebenso wie aus deren O noch reichlich zutage treten wird. Erscheinen doch histor. Rundgräber, z. B. das des Menekrates auf Corfu (6. Jh.), als eine Fortsetzung solcher alten Gräber, wie sie uns von Ägina und dem Peloponnes Pausanias mehrfach nennt (z. B. II 29, 9; VI 21, 3; VIII 11, 4; 16, 3). Auch an die runden Tumulusgräber in Makedonien, Thrakien und dem nw. Kleinasien darf erinnert werden (s. Makedonische Tumuli). Namentlich die Mittellandschaft Apuliens, die Peuketia, hat viele dieser *Cumuli*-Gräber erhalten, deren Erforschung di Ciccos, A. Jattas und M. Mayers Verdienst ist (s. Italien B § 16).

Auch ältere Gräber scheinen durch solche Steinumhegungen für japygischen Gebrauch mitunter hergerichtet zu sein (Mayer *Molfetta und Matera* S. 248). Abgesehen von gelegentlicher Umgebung dolmenartiger Anlagen durch Steinsetzungen in Apulien und Sardinien, sind runde Umhegungen von Gräbern, auch Grabkomplexen, auf Malta (s. d. B) beobachtet (v. Duhn *Ital. Gräberk.* I 92). Doch wird man auf derartige mehr oder minder primitive Abgrenzungen kaum mehr die Bezeichnung S. anwenden wollen.

v. Duhn

Steinkultus s. Kultus A § 2b, Religion C § 1.

Steinmaterial der paläolithischen Industrien s. Gesteinsmaterial der paläolithischen Industrien.

Steinmesser (Medizin). S. sind, geschlagen während des Paläol. und geschliffen während des Neol., der gegebene Behelf alles Schneidens. Das Material ist meist Feuerstein (s. d.), seltener Obsidian (s. d.) und Nephrit sowie verwandte Steinarten, geschlagen von großer Schärfe und auch geschliffen schließlich einen hohen Schärfegrad erreichend.

Als Kultbehelf und auch anderwärts in traditioneller Bindung, wird das S. vielfach auch in der Kupfer-, Bronze- und Eisenzeit noch in Verwendung gehalten, als schon das Schneidewerkzeug des Kampfes und des Alltags aus anderem Materiale hergestellt zu werden pflegte, z. B. als rituelles Opfermesser, als Beschneidungsmesser (s. Beschneidung D), als Inzisionsmesser der Mumienmacher in Ägypten (Band VIII Tf. 110a), als diese für die Ausräumung der Eingeweide sich schon des bronzenen Hakenmessers und der Kupferhaken (ebd. Tf. 110b—d) zur Gehirnentleerung bedienten (s. Messer E, Mumie).

Sudhoff

Steinmetzzeichen s. Baukunst, Kretische Schrift.

Steinmütterchen. *Kámennaja bába* (Mehrzahl: *Kámennyja báby*) = S. nennt der russ. Volksmund, aus dem es in die Literatur übergegangen ist, rohe Steinfiguren meistens Frauen, seltener Männer (Krieger) darstellend, die fast sämtlich ein Gefäß oder eine Büchse (Pyxis) mit beiden Händen vor den Leib halten und auf dem ganzen Gebiet der skytho-sibir. Kultur (und weit darüber hinaus) vorkommen. Besonders häufig sind sie in der Ukraine im Don- und unteren Dnjepr-Gebiet und nicht selten auf Grabhügeln der skytho-sarmat. Bevölkerung errichtet worden. Ganz überwiegend dürften sie nicht dem Altertum, sondern einer früheren oder späteren Zeit des Mittelalters angehören. Rubruck berichtet von der Aufrichtung solcher Steinfiguren auf Gräbern bei den Kumanen und Polovcen. — Neuerdings sind von A. A. Miller drei Steinfiguren veröffentlicht, die in einem näheren Zusammenhang mit der skyth. Kultur stehen als die gewöhnlichen Steinmütterchen. Im Aufschutt eines Grabhügels bei der Jelisavetovskaja Stanica (s. Ušakov-Fund) im Don-Gebiet fand sich die Statue eines Kriegers, 1,40 m h., aus Kalkstein roh geschnitten, die auf der linken Seite den Goryt (s. d.), auf der rechten das skyth. Kurzschwert (Akinakes; s. d.) trägt. Ganz ähnlich ist eine zweite Figur von Jekaterinodar: ein Mann in langem, auf der Brust geöffneten Gewand, in der Linken hält er ein Rhyton, die Rechte liegt auf dem am Gürtel hängenden (wohl auch skyth.) Kurzschwert. Besser gearbeitet ist eine (kopflose) Steinfigur von Krasnobor, im Kuban-Gebiet. Der Leib des Kriegers ist durch einen Panzer geschützt, auch er hält in der rechten Hand ein Rhyton, am Gürtel hängt ein Kurzschwert. Der Datierungsversuch Millers (letztes Jh. v. C., also ältere sarmat. Zeit) ist verfrüht, aber jedenfalls stehen sie in Beziehung zur skyth.-sarmat. Kultur. Auch S. aus Holz und Metall und in Miniaturausführung kommen vor. Über die baltisch-slav. Steinfiguren, die vielfach bei der Behandlung der S.-Frage herangezogen sind, s. Slaven A § 52, Ostpreußen C § 21.

Lit. bei Niederle *Slovanské Starožitnosti* III2 (1925) S. 654; Izvestija Akad. Mat. Kultur 4 (1925) S. 97ff. Miller; W. Ginters *Das Schwert der Skythen und Sarmaten in Südrußland* Vorgeschichtl. Forschungen 2, 1 (1928) S. 78 und Tf. 37a und c. M. Ebert

Steinsburg (Sachsen-Meiningen; Tf. 102—104).

§ 1. Allgemeines. — § 2. Vorkeltische Funde. — § 3—8. Keltische Periode. (§ 3. Siedlungsgeschichte. — § 4. Baugeschichte. — § 5. Bautechnisches. — § 6. Tore, Wege. — § 7. Wohnungen. — § 8. Bedeutung für den Grenzschutz). — § 9. Germanische Zeit. — § 10. Erhaltungszustand, Erforschung. — § 11. Funde, Sammlungen.

§ 1. Großes kelt. Oppidum (s. d.; Gipfelburg) auf dem Basaltkegel des Kleinen Gleichberges bei Römhild (Tf. 104a). Die in den Hauptlinien konzentrisch angeordneten Befestigungswerke (Tf. 102) bedecken den ganzen oberen Teil des 641 m h. Berges in einer Ausdehnung von etwas mehr als 1 km L. und 800 m Br.; sie reichen bis 485 m hinab.

§ 2. Die Besiedelung des Berges beschränkt sich nicht auf die LTZ und die Kelten, sie reicht von der j. StZ bis in die nachchristliche germ. Epoche. Aus der j. StZ liegen nur Oberflächenfunde von Steinbeilen, Feuersteinschabern und Bohrkernen vor (Tf. 103d 1—3), aber doch in solcher Menge, daß man eine ständige Besiedelung mancher Teile des Berges annehmen darf. Aus der frühen BZ eine ungarische Doppelaxt aus Kupfer. Aus Per. II der BZ eine Gruppe von Skelettgräbern am Osthang mit Randäxten, Rad- und anderen Nadeln, Armbändern, Dolchen und Glasperlen (Tf. 103d 4—7). Aus den späteren Epochen der BZ und der älteren HZ wenige Einzelfunde.

§ 3. Die erste kelt. Besiedelung erfolgte im 7.—6. Jh. v. C. durch denjenigen Stamm, der durch die Marne-Kelten aus seinen Sitzen in Lothringen und am Mittelrhein nach O abgedrängt wurde. Ein Teil setzte sich auf der S. fest und baute das erste große Befestigungssystem. Die Kelten saßen hier ununterbrochen bis in das 1. Jh. v. C., dann hören plötzlich die Funde auf. Die Bevölkerung ist offenbar abgewandert, vielleicht im Zusammenhang mit der Wanderung der Bojer aus Böhmen.

§ 4. Baugeschichte. Die früheste Befestigung, ein Ring auf der Bergspitze und der n. vorgelagerte Rest eines konzentrischen äußeren Ringes (Tf. 103a), geht in die vorkeltische Epoche zurück, läßt sich aber noch nicht näher datieren. Im 7.—6. Jh. v. C. erfolgte die Erbauung der ersten kelt. Burg in drei konzentrischen Ringen (Tf. 103b, älterer Außenring, ältere Hauptmauer, Innenring). Im 3.—2. Jh. v. C. wurde die Befestigung erweitert und verstärkt (Tf. 103c), offenbar infolge des zunehmenden Druckes der in Thüringen sich ausbreitenden Germanen auf die kelt. Nordgrenze. So wurde der Außenring um 30—100 m vorwärts verlegt mit teilweiser Benutzung des Baumaterials des älteren Außenringes, ebenso die Hauptmauer nach N und O; ferner wurde auf dem Südhang durch die „Grabbrunnenmauer" eine Quelle an die Hauptmauer angeschlossen. Andere Verstärkungslinien aus dieser Zeit sind die Strecken 32/33 und 26/29.

§ 5. Bautechnisches. Die Fluchtlinie der Mauern verläuft nicht als Bogenkurve, sondern setzt sich aus längeren und kürzeren geradlinigen Strecken polygonal zusammen, wobei scharfe Ecken streng vermieden sind. Wallgräben fehlen. Die Mauern sind aus unbearbeitetem Basalt so aufgebaut, daß Vorder- und Rückwand gut gesetzt sind und das Innere geschüttet ist. Die Mauerstärke schwankt zwischen 3,40 und 5,70 m, die Außenhöhe ließ sich in einem Falle auf 4 m berechnen. Nur an einer Stelle scheinen Holzanker verwendet zu sein, sonst fehlen die aus anderen kelt. Burgen bekannten Holzeinlagen. Eine größere Standfestigkeit wurde durch mehrere gesetzte „Binnenfassaden" angestrebt (*murus duplex*?). Die heute noch meßbaren Mauerlinien sind zusammen 8672 m l., die Gesamtlänge einschließlich der zerstörten Teile ist auf über 10800 m zu schätzen, die Masse des verwendeten Steinmaterials auf über 200000 cbm. S. a. Tf. 104 b, c.

§ 6. Tore und Wege. Die Torwege sind entweder durch Übereinandergreifen zweier Mauer-Enden gebildet, oder sie durchbrechen einfach die Mauerlinie und sind hinten durch ein quer vorgelegtes Mauerstück abgeriegelt, oder das eine Mauer-Ende biegt flankierend nach innen um. Die Konstruktion der vorauszusetzenden hölzernen Torverschlüsse ist noch nicht durch Ausgrabungen ermittelt; ein Stein mit eingelassener, stark abgeriebener Eisenplatte ist wohl ein Torangelstein. Die Wege sind hinsichtlich der gleichmäßigen Steigung gut trassiert, künstliche Unterbauten fehlen, waren auch bei der festen Lagerung des natürlichen Basaltschotters nicht nötig.

§ 7. Die Wohnungsreste weisen auf eine dichte und dauernde Besiedelung des befestigten Raumes und stellenweise des Vorgeländes hin. Die Gebäude standen teils frei — am Berghang auf Podien —, teils waren sie an die Innenwand der Befestigungsmauern reihenweise angebaut; nur am Außenring fehlen sie. Die Häuser haben viereckigen Grundriß von 4—8 m Seitenlänge; von den Wänden sind niedrige Basaltsockel und Lehmbewurf mit Rutenabdrücken vorhanden. Wohnungen anderer Art sind als runde, steilwandige Gruben von einigen m Dm und 1 m T. angelegt; da hier Wandbewurfstücke fehlen, sind sie wohl nur überdacht gewesen. Offene Lagerplätze der Spätlatènezeit liegen in Menge in der Zone hinter dem jüngeren Außenring; sie rühren wohl von den in Kriegszeiten hierher geflüchteten Bewohnern der Umgegend her.

§ 8. Die S. ist der strategische Hauptstützpunkt der kelt. NO-Grenze gegen die in Thüringen vorwärtsdrängenden Germanen. Sie steht zu den zahlreichen kleineren kelt. Gipfelburgen der Rhön in einem ähnlichen Verhältnis wie in der letzten Vergangenheit die frz. Festungen Toul und Verdun zu den Sperrforts. Ihre Lage hinter der Grenzzone sicherte gegen Überrumpelung; der unvergleichliche Rundblick bis zum Kamm des Thüringer Waldes ermöglichte wirksame Feuer- und Rauchsignale über weite Entfernungen und förderte so das Meldewesen und die Mobilisierung, die im Schutz der starken Festung ungestört erfolgen konnte; die zentrale Lage zu den Pässen des Thüringer Waldes und der Werra-Pforte erleichterte die Verteidigung. Der germ. Einbruch nach Süddeutschland erfolgte deshalb auch nicht direkt, sondern n. um die befestigte Zone herum über Lahn und Rhein.

§ 9. Als die Germanen im 1. Jh. v. C. das Land besetzten, siedelten sie sich nicht auf der S. an und benutzten auch nicht die vorhandenen Befestigungswerke. Es gibt nur ganz wenige Einzelfunde germ. Charakters aus der RKZ und der Merowingerzeit, aber keine Siedelungsreste. Sagen und die ehemalige Existenz einer Wallfahrtskapelle des heiligen Michael machen es wahrscheinlich, daß auf der Südspitze des Hochplateaus ein Wotansheiligtum stand.

§ 10. Von den 30er Jahren des 19. Jh. an bis 1900 diente die S. als Basaltsteinbruch. Hierdurch sind große Teile, namentlich am Südhang, zerstört worden. In dieser Zeit haben Brückner und Jacob beobachtet und gesammelt. Seitdem ich 1900 mit der Bearbeitung der S. betraut wurde, ruht der fiskalische Steinbruchbetrieb, und es wurden auch sonstige Schutzmaßnahmen getroffen. Die freigelegten Mauerfassaden werden durch Eingießen von Zement gegen Einsturz gesichert.

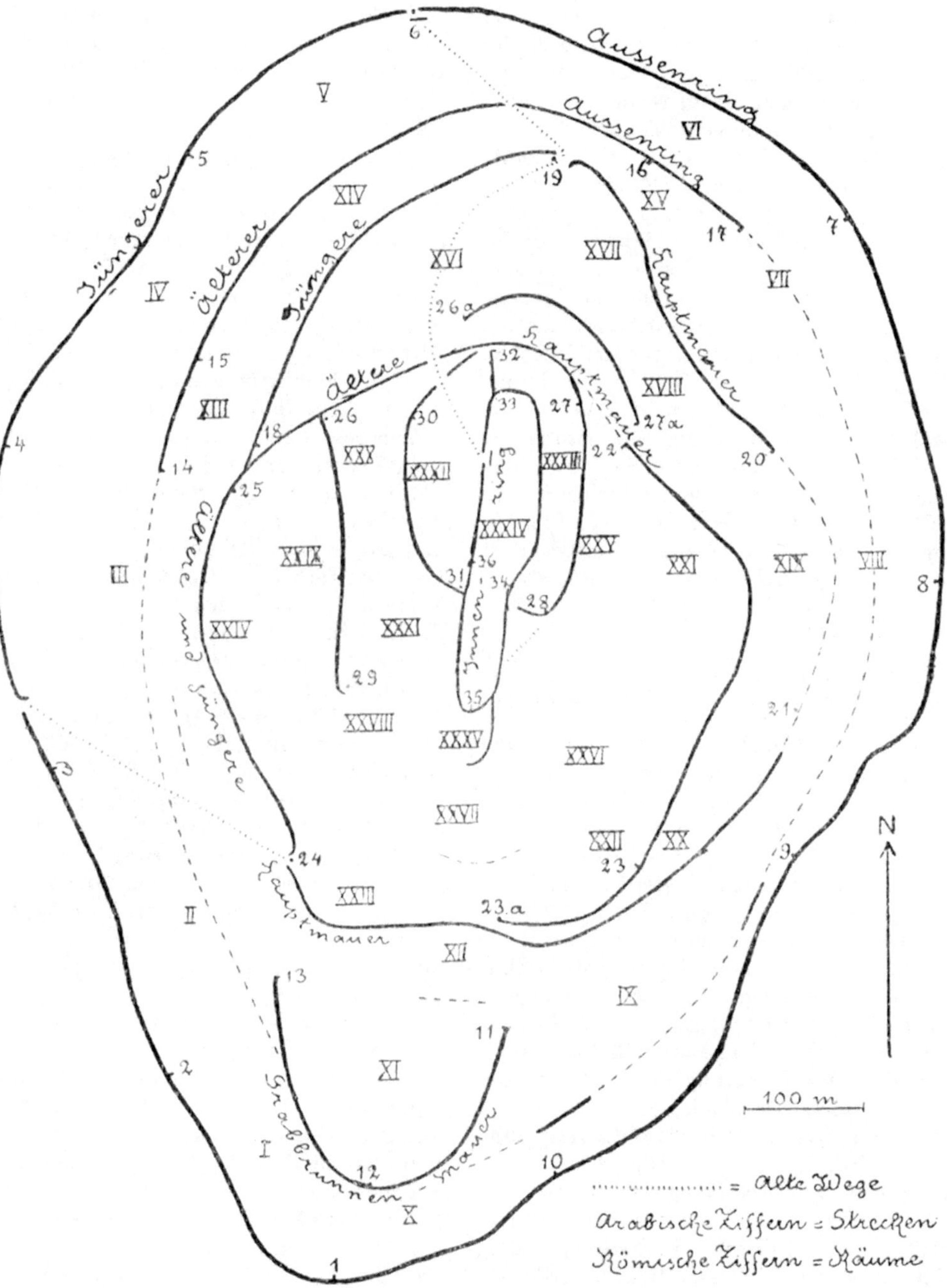

Steinsburg

Schematische Skizze der Befestigungslinien. Maßstab 1 : 6250. Nach Präh. Z. 13 (1921) S. 29.

§ 11. In der Menge und Vielseitigkeit der Funde (Tf. 103d; Band V Tf. 111, VIII Tf. 109a, d) und im Erhaltungszustand der Eisensachen steht die S. unter den vorgesch. Landansiedelungen Europas mit an erster Stelle. Sieben Funde verkohlter Feldfrüchte geben einen Einblick in die kelt. Landwirtschaft; man baute Emmer (s. d.; *Triticum dicoccum*), Zwergweizen (*Tr. compactum*), Einkorn (*Tr. monococcum*), Spelt (s. d.; *Tr. spelta*)?, Gerste (s. d.), Linse (s. d.), Linsenwicke, Erbse (s. d.), Pferdebohne, Ackersenf und Rispenhirse (*Panicum miliaceum*). Sammlungen von Steinsburgfunden befinden sich in Meiningen im Museum des Hennebergischen altertumsforschenden Vereins im Schloß, in Römhild in der Städt. Sammlung, in Hildburghausen im Neuen Technikum, in Berlin in der Staatl. vorgeschichtl. Sammlung; die Funde aus meinen Ausgrabungen wurden bisher in Römhild aufbewahrt, werden aber demnächst im Steinsburg-Museum aufgestellt sein.

Präh. Z. 13 (1921) S. 19ff. Götze (S. 20—22 und passim die wesentlichste ältere Literatur); ebd. S. 83ff. Kade; ebd. S. 94ff. Hanemann; A. Götze *Führer auf die Steinsburg bei Römhild* 1922. Alfred Götze

Stein von Palermo. Das Museum von Palermo besitzt seit 1877 eine allseitig abgebrochene Platte aus *Diorite anfibolica*, 6,5 cm dick, bis zu 43,5 cm h. und 25 cm br., auf beiden Seiten mit eingegrabener hieroglyphischer Inschrift in Listenform bedeckt. Die Vorderseite des Steines enthält 6 Reihen. Das erhaltene Stück zeigt in der ersten Reihe die Namen der Könige Unterägyptens ohne weitere Bemerkungen. Reihe 2 und 3 enthalten Teile der Regierungen dreier Könige, vermutlich der 1. Dynastie. Reihe 4 und 5 geben Teile von Regierungen dreier Könige der 2. Dyn., zuletzt des Königs Netren (*nṯrj-mw*). Aus der 4. Dyn. zeigt Reihe 6 die Regierung des Snofru, Reihe 1 der Rückseite die des Mykerinos und des Schepseskaf. Die Regierungen der 5. Dyn. sind enthalten: Weserkaf in Reihe 2, Sahurê in Reihe 3 und 4, Nefer-er-ke-Rê in Reihe 4 und 5. Jede Regierung ist in Abschnitte gegliedert, von denen jeder durch die Hieroglyphe „Jahr" eingeleitet wird und ein oder mehrere Ereignisse nennt. Unter jedem Jahre steht eine Angabe in Ellen und Spannen, in der man Nilhöhen-Messungen sieht.

Die bei den einzelnen Jahren verzeichneten Ereignisse nennen teils Feste, wie die Verehrung einer Gottheit, besonders den Dienst des Horus, Geburt eines Gottes, den Lauf des Apis-Stieres oder die Stiftung von Opfern für bestimmte Götter. Teils die Gründung (durch Strickspannen) eines Gebäudes, Öffnung eines Sees, Bau eines Schiffes, Anfertigung eines Rohres. Ferner Kriegsdaten gegen die Beduinen der Wüste oder die Nubier am oberen Nil, auch das Holen von Zedernholz aus Syrien. Endlich, und zwar am häufigsten, die in bestimmten Abständen wiederkehrenden „Zählungen", d. h. die Feststellung des Besitzstandes an Acker, Vieh, Gold usw. zu Steuerzwecken.

Von besonderem Interesse sind die Regierungswechsel. In Vs. 2 steht bei dem letzten Jahre eines Königs, vielleicht des Menes, nur „Sechs Monate, sieben Tage", bei dem 1. Jahre seines Nachfolgers, vielleicht des Narmer-Atothis: „Vier Monate, 13 Tage, Vereinigung der beiden Länder, Umzug um die Mauern von Memphis." Die Summe der beiden Zeiträume beträgt nur 10 Monate, 20 Tage; der Rest des Jahres mit 1 Monat 10 Tagen fällt auf das Interregnum. Die für das 1. Regierungsjahr angegebenen Feste betreffen die feierliche Thronbesteigung, wie Vs. 5, 7—8 bestätigt, wo das letzte Jahr eines Königs verzeichnet: „Zwei Monate, 23 Tage", das erste Jahr seines Nachfolgers: „Erscheinen des Königs von Oberägypten, Erscheinen des Königs von Unterägypten, Vereinigung beider Länder, Umzug um die Mauern." Auch in Rs. 1, 1 enthält das letzte Jahr des Vorgängers des Schepseskaf „x Monate, 24 Tage". Aus Rs. 4, 2—3 geht hervor, daß das letzte Jahr des Sahurê „9 Monate, 6 Tage" umfaßte, das Interregnum 17 Tage, das erste Jahr des Nefer-er-ke-Rê „2 Monate, 7 Tage". Man sieht deutlich, daß die Regierungen der Könige in das Kalenderjahr eingepaßt werden. Andere Gelehrte erklären diese Monatsangaben durch eine verschiedenartige Berechnung der Regierungsjahre, bald als solche, bald unter Einpassung in das Kalenderjahr.

Es ist mehrfach versucht worden, Größe und Einteilung der Platte zu ermitteln, aus der das erhaltene Bruchstück etwa $^1/_9$ bis $^1/_{12}$ darstellt. Daraus ergibt sich, daß der Stein am Ende der 5. Dyn. angefertigt ist

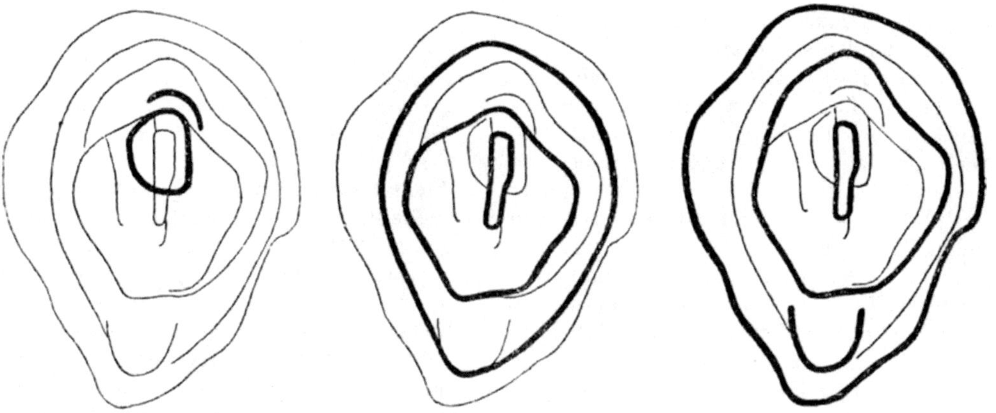

a b c

Erklärung zu Tafel 103d.

1. Bohrkern aus einer Steinaxt. — 2. Schaber, Feuerstein. — 3. Steinbeil. — 4. Randaxt (B). — 5. Radnadel (B). — 6. Nadel (B). — 7. Dolch (B). — 8. Schwert (E). — 9. Lanzenspitze (E). — 10. Ortband einer Schwertscheide (E). — 11. Pfeilspitze (B). — 12. Trense (E). — 13. Zierscheibe in durchbrochener Arbeit vom Pferdegeschirr (E). — 14. Nadel (E). — 15. Zierstück (B). — 16. Gürtelöse (E). — 17. Gürtelhaken (B). — 18. Dgl. (E). — 19. Anhänger (B). — 20. Armring (sog. Steigbügelring; B). — 21. Halsring (B). — 22. Fibel, HZ (B). — 23. Fibel, frühe LTZ (B). — 24. Vogelkopffibel, frühe LTZ (B). — 25. Fibel, späte LTZ (B). — 26. Nadel (B). — 27. 28. Messer (E). — 29. Kesselhaken (E). — 30. Gabel (E). — 31. Feuerschürer (E). — 32. 33. Wetzsteine. — 34. Axt (E; vgl. Band V Tf. 11 i). — 35. Pickel (E). — 36. Schabemesser (E). — 37. Säge (E). — 38. Stempel, Ton. — 39. Webegewicht, Ton. — 40. 41. Spinnwirtel, Ton. — 42. Pfriemen (E). — 43. Feile (E). — 44. Pflugschar (E). — 45. Sense (E). — 46. 47. Tongefäße. — 48—50. Mühlsteine.

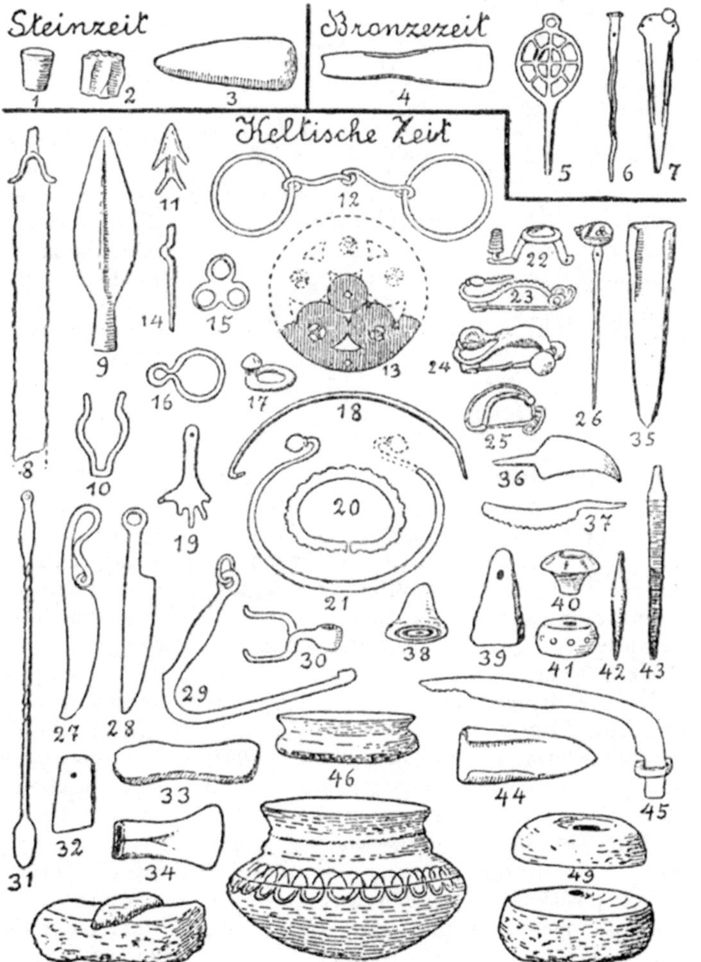

d

Steinsburg

a—c. Schematische Skizze der drei Bauperioden der Steinsburg. Nach Präh. Z. 13 (1921) S. 45. — d. Typische Funde von der Steinsburg. Nach A. Götze *Führer auf die Steinsburg* 1922 S. 31.

und alle damals bekannten Könige aufzählte. Bei den schon mythisch gewordenen Königen aus der Zeit vor der Vereinigung der beiden Länder war nur der Name angegeben, bei den Königen der 1.—3. Dyn. für jedes Jahr eine knappe Mitteilung, von Snofru ab aber für die 4.—5. Dyn. immer ausführlicher alle wesentlichen Begebenheiten des Jahres. Wenn am Ende der 5. Dyn. die Möglichkeit zur Aufstellung derartiger Listen vorhanden war, so mußten im Staatsarchiv weit ausführlichere Angaben bis zurück in die Urzeit aufbewahrt sein. Der Stein von Palermo ist das erste mit Sicherheit gedeutete Bruchstück äg. Annalen (s. d.) aus dem AR.

Schäfer *Ein Bruchstück altägypt. Annalen* Anhang Abh. Preuß. Ak. 1902; Sethe *Beiträge. Untersuch.* III (1905); Eduard Meyer *Ägypt. Chronologie* Abh. Preuß. Ak. 1904; Ludw. Borchardt *Die Annalen* 1917; Ancient Egypt I (1914) S. 148 Newberry und Wainwright.

Roeder

Steinzeit, Ältere s. Mesolithikum, Paläolithikum.

Steinzeit, Jüngere s. Neolithikum.

Stele s. Grabstele, Ligurische Stele, Menhir.

Stempel s. Bronzetechnik A § 12, Glyptik, Malerei A 2 § 5, Pintadera, Siegel, Tonplombe, Töpferei A § 13.

Stenkjær (Norwegen). Im innersten Teile des Trondheim-Fjordes bei S. wurde im J. 1871 ein Wohnplatz der StZ etwa 30 m ü. d. M. aufgedeckt, der an sich nicht sonderlich reich an Funden, doch in der Literatur einen besonderen Platz erhalten hat, da er lange der einzige norw. war, der organische Reste bewahrt hatte. In einer 30—35 cm dicken Kulturschicht fanden sich verschiedene Arten von Muscheln, darunter *Litorina litorea, ostrea edulis, Mytilus edulis* und *Cardium edule*. Außerdem fanden sich Reste von verschiedenen Arten von Fischen und größeren Huftieren, besonders Elch und Ren. Die Geräte bestanden aus einem Knochenwerkzeug, einem Messer und einer breitblättrigen Pfeilspitze aus Schiefer, sowie zwei Äxten aus Grünstein. Wahrscheinlich gehört der Platz in die Ganggräberzeit. S. a. Nordischer Kreis A § 4 d 2.

O. Rygh *Om affaldsdyngen ved Stenkjær* Aarsberetning for foreningen til Norske fortidsmindesmerkers bevaring 1871 S. 100; A. W. Brøgger *Den arktiske stenalder i Norge* Kristiania videnskapsselsk. skrifter 2 Hist. filos. klasse 1909 Nr. 1 S. 12; H. Shetelig *Primitive tider i Norge* 1922 S. 181.

† Helge Gjessing

Stentinello-Kultur (Tf. 23—29, 105, 106). § 1. Stentinello ist ein Ort nahe bei Syrakus, wo Orsi 1889/90 eine vorgesch. Station aufdeckte (s. Sizilien B I § 3). Man kam überein, mit diesem Namen einen besonderen Abschnitt der sizil. Frühzeit zu bezeichnen.

Angesehene Autoren Italiens und des Auslandes haben wiederholt behauptet, die Straten von S. seien dem Äneol. einzuordnen. Diese Ansicht beruht auf einer mangelhaften Kenntnis der Entwicklung der vorgesch. Kultur Siziliens sowie auf einer irrtümlichen Einschätzung der sie bestimmenden Elemente (s. aber Italien B § 2, 7).

Colini hat sicheren Blickes zwar diesen Irrtum vermieden, sich aber doch täuschen lassen, wenn er schreibt, daß die S.-K. „in vieler Hinsicht mit derjenigen in Verbindung steht, die zu gleicher Zeit an den Gestaden des mittleren und w. Mittelmeeres, insbesondere auf dem ital. Festland, der iber. Halbinsel und in Frankreich blüht" (Bull. Paletn. Ital. 30 [1904] S. 157 A. Colini). Er irrt sich, wenn er glaubt, zwischen dem Stentinello-Kreise und den *fondi di capanne* (s. d.) des Reggiano, der Station von Alba (s. d.) usw. Berührungspunkte finden zu können. Die diese beiden Gruppen trennenden Elemente sind vielmehr die vorherrschenden. Im ältesten sizil. Neol. fehlen Pfeilspitzen ganz und gar. Zur Hälfte unter der Erde befindliche Hütten gibt es in ihm nicht. In der Keramik findet man nicht das System der Ornamente in Relieftechnik; der zylindrische, aufrecht stehende Henkel kommt nicht vor, ebensowenig rhombusförmige Feuerstein-Artefakte. Dagegen treffen wir die gleiche Kultur in Süditalien von Apulien bis zu den Tremiti-Inseln wieder.

§ 2. Im Artikel Sizilien B I § 3—13 haben wir die vom arch. Gesichtspunkt wichtigsten Eigentümlichkeiten zusammengetragen und hervorgehoben, daß die Stentinello-Bevölkerung auf Sizilien mit einer bereits abgeschlossenen Kultur auftritt, die sie mit sich brachte.

a

b

c

Steinsburg

a. Ansicht von Süden. — b. Außenwand der Grabbrunnenmauer. — c. Mauerwinkel am Innenring.
Nach A. Götze.

Beim jetzigen Stande unseres Wissens ist das Problem noch ungelöst, von woher sie auf die Insel gekommen ist. Wer den Namen Kreta hat fallen lassen, scheint mehr die Ausstrahlungskraft dieses gewaltigen Kulturzentrums, das so großen Einfluß auf alle um das ö. Mittelmeerbecken gelegenen Länder ausgeübt hat, vor Augen als überzeugende Beweise zur Hand gehabt zu haben. Von direkten Beziehungen zwischen Kreta und Sizilien sowohl während des Neol. als auch während des Äneol. fehlen uns hinreichend sichere Zeugnisse. Dabei sei festgestellt, daß die bemalte kretische Keramik bis jetzt niemals in den neol. und äneol. Straten Siziliens, wo doch aus dem O kommende Handelsströmungen wirksam gewesen sind, aufgetaucht ist.

Gehen wir auf ein solideres Terrain über, und betrachten wir die Verwandtschaft zwischen der S.-K. und der neol. Kultur Apuliens. Die Entdeckungen von Mayer (*Le stazioni preistoriche di Molfetta* Bari 1904; ders. *Molfetta und Matera* 1924), Mosso (Mon. Lincei 20 [1910]) und Squinabol (Bull. Paletn. Ital. 33 [1907]), sowie die vorgesch. Sammlungen des Senators Ridola (von Matera; s. d.) haben uns die neol. Kultur an den Abhängen Süditaliens zur Adria hin sehr gut kennenlernen lassen. Man kann sie von der ihr zeitlich parallel laufenden S.-K., wie wir in früheren Publikationen ausgeführt haben (Mon. Lincei 23 [1915]; Atti della R. Accad. di Sc., Lett. e Belle Arti 12 [Palermo 1920] C. Cafici), auf keinen Fall ganz trennen, doch fehlen uns bisher sichere Anhaltspunkte, um uns darüber ein Urteil bilden zu können, ob wir es hier mit einem einzigen Wanderzug zu tun haben, der sich aus einem uns unbekannten Gebiet vorwärtsbewegte, zuerst Sizilien erreichte und von dort nach Apulien gelangte, oder ob, wie Mosso annahm, die Bewegung in umgekehrter Richtung erfolgte; oder schließlich, ob wir, was uns wahrscheinlicher dünkt, nicht zwei verschiedene Wanderzüge aus einer gemeinsamen Heimat ansetzen müssen, von denen der eine die apulische, der andere die sizil. Küste zum Ziele nahm. Mosso glaubte mit Unrecht, in Molfetta (s. d.) die ältesten Spuren der S.-K. gefunden zu haben. Als er dies schrieb, kannte man auf Sizilien nur die Stationen von Stentinello und Matrensa. Aber nach der Aufdeckung der Station von Trefontane können wir ohne Besorgnis, fehl zu gehen, behaupten, daß diese der von Molfetta ebenso nahe steht wie den anderen gleichzeitigen Stationen auf Sizilien.

§ 3. Die hauptsächlichen Charakteristiken der S.-K. sind eine sehr primitive Stein-Industrie und im Gegensatz dazu eine Keramik, die durch die gute Qualität ihres Materiales und Brandes sowie den Reichtum und die feine Ausführung ihrer Verzierungen ein ganz besonderes Gepräge erhält.

Zur Anfertigung der Steinwerkzeuge (vgl. Tf. 28, 29 b—h) verwendete man Feuerstein, Obsidian, der importiert wurde, Basalt und Quarzit. Aus Feuerstein und Obsidian stellte man fast ausschließlich doppelschneidige Klingen (Messer) und Schaber her. In den Stationen des Gebietes um den Ätna nahm man sehr häufig Quarzit, da dieses Material dort reichlich vorkommt. Hieraus wurden Kratzer, deren Klingenenden den Typus des j. Paläol. zeigen, Spitzen vom Moustier-Typus, diskusförmige Schaber und solche von Mandelform, nur auf einer Seite bearbeitet, hergestellt. Insgesamt eine rohe und archaische Fazies. Pfeil- und Wurfspießspitzen fehlen ganz und gar. Aus Basalt verfertigte man starke, gut polierte Äxte von verschiedenster Form und auch ganz kleine Exemplare. Letztere ähneln denen, welche in den neol. Schichten Thessaliens und Griechenlands gefunden wurden. Selten angetroffen werden dagegen Meißel und Äxte aus hartem Gestein. Sie zeigen kleine Dimensionen und sind sicher Importstücke. Aus einer sehr porösen Lava-Sorte wurden Mahlsteine zum Zerreiben des Getreides fabriziert.

Zur Herstellung der Keramik nahm man gereinigten Ton mit einer Beimischung von kalkhaltigem, kristallischen Gebröckel, das zur Anfertigung der feineren Gefäße zu feinstem Sande verrieben wurde. Dieses sorgfältige Anrichten der Masse und ein guter Brand verliehen der Tonware eine bemerkenswerte Widerstandsfähigkeit.

Die Farbe der Gefäße ist vorzugsweise dunkelgrau. Doch finden sich allgemein auch dunkelbraune oder gemsfarbige, und besonders in der Station von Trefontane solche aus schwarzer Paste. Oft ist die Farbe der Innenseite kräftiger oder blasser und zuweilen ganz anders als die der Außenseite.

§ 4. Andernorts (s. Sizilien B I § 7) haben wir die vorherrschenden Formen dieser Keramik erwähnt. Es sei noch hinzugefügt, daß uns von Vasen mit abgesetztem Fuß nur eine aus Matrensa (Museum Syrakus) und ein großes Fragment einer anderen (von uns in Fontana di Pepe gehoben) bekannt sind.

Nun einige Einzelheiten der Dekoration. Sie wurde freihändig, mit Stempeln oder Sticheln ausgeführt. Die erste Art wurde bei größeren und gewöhnlicheren Gefäßen angewendet. Sie besteht in krummlinigen, nagelförmigen Eindrücken, auch wellenförmigen, sich schlängelnden oder solchen in Form von Anführungsstrichen, tiefen Einschnitten, bald vertikal, bald schräg stehend, oder Furchen, teils einfach, teils in verschiedener Art zu Büscheln angeordnet, oft sich kreuzend. Sehr beliebt war ein Zickzackmuster. Dieses bevorzugte Motiv wurde auch mit mechanischen Mitteln ausgeführt, und aus der Zusammenstellung dieser gekrümmten Zacken ergaben sich die sehr charakteristischen Fächermuster.

Aber weit geschätzter waren die Stempel- und Stichelverzierungen, von denen wir eine reiche Auswahl besitzen; diese, in verschiedener Weise miteinander kombiniert, bilden die buntesten Ornamente.

Soviel man nach den wenigen, annähernd intakt gehobenen Gefäßen von Matrensa und nach den zahlreichen von Orsi und uns selbst gesammelten Fragmenten urteilen kann, wäre es nicht richtig, zu behaupten, daß die Ornamente in vertikaler Richtung angebracht wurden, wie es die Sikuler (s. d. A 1 V) auf ihren bemalten Gefäßen zu tun pflegten. Die Verzierung der Stentinello-Vasen bildet selten ein untrennbares organisches Ganzes. In der Mehrzahl der Fälle besteht sie aus einzelnen, voneinander unabhängigen Elementen, die sich in gleichen Zwischenräumen längs der Wandung des Gefäßes wiederholen. Nach dieser Methode kommen vertikal-, schräg- und auch horizontallaufende Muster vor.

§ 5. Die größeren und gröberen Gefäße zeigen in der Regel Ornamente auf der ganzen Oberfläche einschl. der Henkel und zuweilen auch unter dem Fuße. Die kleineren und eleganteren Vasen sind dagegen oft nur auf dem oberen Teile verziert. Viele Stücke tragen ein mehr oder weniger breites Band unmittelbar unter dem Rande, das bisweilen der einzige Schmuck des Gefäßes ist. Häufiger finden sich unterhalb desselben in verschiedener Weise andere Motive angebracht. Schließlich kommen auch Vasen aus ganz feinem Ton mit ganz dünner Wandung ohne jede Verzierung vor.

Der Rand der Gefäße ist immer gerade, sehr oft dünner auslaufend oder abgerundet und abgeflacht; nur in einigen Fällen (Trefontane) trägt er ein verziertes Reliefband.

Die Henkel sind wenig differenziert. Die ringförmigen sind die vorherrschenden; seltener finden sich die röhrenförmigen, gerade oder leicht gekrümmt, mit Durchlochung oder ausnahmsweise auch massiv. Beide Arten sind meist sehr breit und kräftig. Oft treten mandel- oder warzenförmige Vorsprünge an die Stelle der Henkel.

Bull. Paletn. Ital. 16 (1890) Tf. 6, 7, 8 P. Orsi; Mon. Lincei 23 (1915) C. Cafici, zahlreiche Abb. im Text und auf Tf. 1—6; Atti della R. Accad. di Sc., Lett. e Belle Arti 12 (1920) ders., zahlreiche Abb. im Text und auf Tf. 1—6; Emporium 33 (Bergamo 1911) S. 101 und 103 E. Maugeri.

§ 6. Außer diesen verschiedenen Sorten von Tiefstichkeramik haben uns die Fundplätze der S.-K. einige höchst interessante Arten farbiger Keramik geliefert, auf die wir in früheren Publikationen aufmerksam gemacht haben, damit sie nicht mit jener verwechselt würden, welche die auf das Neol. folgende Per. charakterisiert.

Es sei hier zuerst die rotglänzende (*a stralucido rosso*) Keramik erwähnt. Sie kommt auf einigen Stationen der S.-K. vor: sehr häufig in Trefontane, weit seltener in Poggio Rosso, in Cafaro (Paternò) und in Stentinello selbst. Mayer (*Le stazioni preistoriche di Molfetta* 1904 S. 141, 169) und Mosso (Mon. Lincei 20 [1910] S. 102) stellten sie in Molfetta (Apulien) fest, auch tritt sie in der untersten neol. Strate von Phaistos auf (Mon. Lincei 19 [1909] S. 102 A. Mosso). Ihre Masse enthält viel Lava-Gebröckel. Die Farbe, gewöhnlich ein lebhaftes Rot, das bisweilen ins Wein- oder Mahagoni-Rot übergeht, wurde mit dem Pinsel aufgetragen und mit dem Polierstein blank gerieben.

Die Zahl der Formen ist ziemlich beschränkt. Reichlich vertreten sind besonders die großen Näpfe, weniger die Becher und die Töpfe mit kurzem oder sehr kurzem Halse. Selten finden sich auch

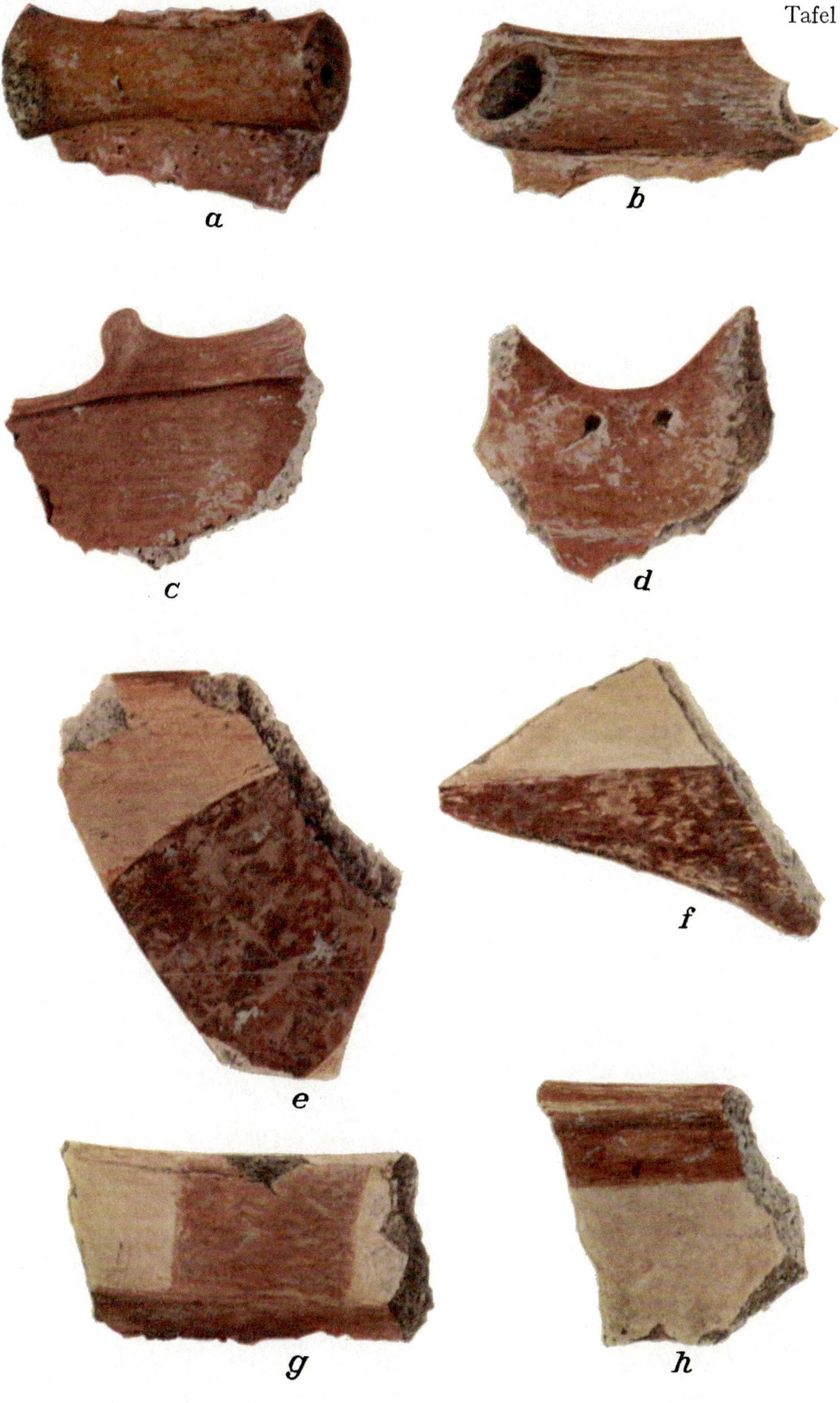

Stentinello

a—h. Scherben bemalter Keramik aus der Siedlung von Trefontane. Sammlung Cafici. Nach Aquarellen von C. Cafici.

Stentinello

a—k. Scherben bemalter Keramik aus der Siedlung von Trefontane. Sammlung Cafici.
Nach Aquarellen von C. Cafici.

Fläschchen mit zylindrischem Halse. Der Rand dieser Gefäße ist niemals verjüngt, sondern im Gegenteil oft verstärkt. Spuren von eingedrückten oder aufgemalten Ornamenten wurden niemals festgestellt. Alle diese Besonderheiten lassen diese Keramik als eine Klasse für sich dastehen, die sich von der einheimischen scharf unterscheidet.

§ 7. Außer dieser Ware tritt in mancher Station der S.-K. bemalte Keramik auswärtigen Fabrikates auf. Ebenso wie die rotglänzende wurde auch diese nicht an allen Fundplätzen angetroffen. Einige wenige Exemplare haben Stentinello und Poggio Rosso geliefert, eine größere Anzahl Trefontane und Megara Hyblaia. Es sei besonders hervorgehoben, daß es unmöglich ist, das vorhandene Material an Scherben in eine einzige Kategorie einzuordnen, da sie sowohl in technischer Beziehung als auch in der Ornamentik bemerkenswerte Abweichungen voneinander aufweisen. Einige Scherben von Trefontane und die schöne von Orsi in Megara Hyblaia gefundene Kugelkalottenschale (Tf. 25b) sowie andere Fragmente ähnlicher Vasen sind aus einem feinen, gereinigten, kreidigen Ton hergestellt. Der Qualität der Masse entspricht ein gleichmäßiger, vorzüglicher Brand und eine sorgfältige Farbengebung. Die von Orsi publizierte einhenklige Kugelkalottenschale von Megara, die bis jetzt das vollständigste Stück ist, was wir haben, ist auf der Innenseite hellrot gefärbt, während auf der gelblich-elfenbeinfarbenen Außenseite ein neunstrahliger, schwarz umränderter Stern in Rot aufgetragen ist. Zwischen den Strahlen schießen kleine Flammen hervor, die mit einem schnellem Pinselstrich ausgeführt wurden (Mon. Lincei 27 [1921] Tf. A Abb. 2 P. Orsi).

Wie in Sizilien, so treten auch in Apulien in neol. Zeit bemalte Gefäße auswärtiger Herkunft auf.

§ 8. Es hat sich Orsi und uns für Sizilien, Mosso und Mayer für Apulien spontan das Problem ergeben, woher diese Ware gekommen ist; doch ist es bei dem jetzigen Stande unseres Wissens unmöglich, diese Frage klar zu beantworten.

Wir können nicht sagen, daß wir diese Phase der Kultur Siziliens ganz und gar kennen, bevor wir nicht die mysteriösen Friedhöfe der Stentinello-Bevölkerung aufgedeckt haben. Aus der Gesamtheit der Tatsachen und Schlußfolgerungen sind wir zu der Überzeugung gelangt, daß die Bestattungsart derselben ins Erdreich gegrabene Schachtgräber bilden müssen. Doch befinden wir uns in vollständigem Dunkel über ihre Grabriten. In Trefontane wurde ein menschlicher Kiefer gehoben, der zwischen den Zähnen unter einem festen Kalküberzug Stückchen von rotem Farbstoff zeigte. Daß man ihn verwendete, ergibt sich aus der Tatsache, daß auf der Innenseite mit solchem behaftete Gefäßfragmente gefunden wurden. Mosso traf auch in Molfetta in einem Grabe ein Väschen an, das eine rote Materie enthielt.

§ 9. Von den Wohnstätten dieses Volkes ist uns keine Spur verblieben. Wenn wir nach dem, was zu unserer Kenntnis gelangt ist, ein Urteil abgeben dürfen, so muß man sagen, daß ihre Dörfer in der Ebene lagen, zum Unterschiede von denen der Sikuler (s. d. A 1 II), die ihre Sitze auf von Natur stark geschützten und bisweilen uneinnehmbaren Anhöhen anlegten. Sicherlich lebten sie in Hütten, die aus Zweigen und Weidenruten geflochten und von außen mit Lehm beworfen waren, wie es die in Trefontane gefundenen Reste von Hüttenbewurf bezeugen.

Die Ausgrabungen Orsis in Stentinello und Megara Hyblaia haben ergeben, daß beide Dörfer von einem mühsam in den Felsen gehauenen Walle umgeben waren, den auf der Innenseite eine Mauer von 1,70—2 m Stärke krönte (Mon. Lincei 27 [1921] S. 121 P. Orsi). In Stentinello schwankt die Breite des Grabens zwischen 2,50 und 3 m bei einer T. von 1,75—3 m; und an einer Stelle beträgt letztere 4,10 m, von der gegenwärtigen Oberfläche des Erdbodens gerechnet (Notizie 1912 S. 357 P. Orsi).

§ 10. Wie Orsi sehr richtig bemerkte, erregt es Verwunderung, daß die neol. Bevölkerung von Stentinello imstande war, eine so gewaltige Arbeit mit durchaus primitiven Mitteln zu vollbringen. Der Mauerkranz, welcher den Graben umzog, trägt ausgesprochen militärischen Verteidigungscharakter und ist das älteste Dokument seiner Art nicht nur auf Sizilien, sondern in ganz Italien.

§ 11. Die Ausgrabungen von Megara gestatteten Orsi, mit stratigraphischen Daten die chronol. Frage zu lösen. Er wies nach, daß das neol. Dorf von Megara gegen die Mitte des 3. Jht. v. C. zu existieren aufhörte. Um diesen Zeitpunkt herum muß man den Beginn der I. sikul. Per. ansetzen. Wann aber die S.-K. ihren Anfang nahm, läßt sich heute noch nicht sagen.

Corrado und Ippolito Cafici

Stepan-Cminda (Rußland). § 1. Dorf am Terek-Fluß im Kaukasus, bei der Station Kazbek, s. von Vladikavkaz, an der sog. Grusinischen Militärstraße. Wichtiger Fundplatz früheisenzeitlicher Opfer- und Grabstätten. Die ersten Funde wurden im J. 1874 gemacht, die eigentlichen Ausgrabungen aber erst in den J. 1877 und 1879 von G. Filimonov, A. Uvarov, V. Antonovič, F. v. Bayern u. a. ausgeführt. Leider sind die FU nicht ganz klar. Allerdings scheinen die ersten Ausgrabungen nur einen geschlossenen Schatzfund bloßgelegt zu haben: Filimonov fand eine harte Metallmasse von Gegenständen, die in einer mit Bronzeketten umwundenen Silberschale untergebracht waren, ein mit Gegenständen gefülltes Bronzegefäß mit Deckel und zwei „Feldflaschen" aus dünnem Metall, die mit Ketten umwunden waren. Später wurden an demselben Platze noch drei Gräber untersucht.

§ 2. Zum Schatzfunde gehören die mit getriebenen Ornamenten verzierten Schalen (Palmetten, Tierhälse) und Gefäße (stilisierte Vierfüßler, Fische u. a.; Mat. Arch. Kaukasus 8 S. 141 Abb. 121, 122); 22 Fibeln mit hohem Bügel vom Koban-Typus (ihr Dm variiert zwischen 4 und 22 cm; vgl. Band VII Tf. 7 oben), 2 bronzene Anhängsel (vgl. Izv. Akad. mater. Kultury 2 Miller) in der Form eines stark stilisierten kauernden Hundes (Mat. Arch. Kaukasus 8 Abb. 68, 4); einige Agraffen, 4 Armringe, Ohrschmuck aus Gold; 9 tierzahnförmige (a. a. O. Abb. 71, 1) und mehrere runde oder dreikantige Gürtelbeschlagstücke; 16 Anhängsel(?), von welchen 6 die Form eines Pferdekopfes haben (a. a. O. Abb. 71, 2), die übrigen 10 dagegen hohl und kugelförmig und mit einem stehenden Stier oder einer nackten, bärtigen Reiterfigur bekrönt sind (a. a. O. Abb. 71, 3); 3 bronzene Stangenenden mit Widderköpfen und in zwei Fällen auch kleinen, nackten Menschenfiguren (a. a. O. Abb. 71, 6); 2 hohe Stangen(?)köpfe, die aus je drei, unten durch einen Ring miteinander vereinigten Zierstücken zusammengesetzt sind (ein jedes dieser Zierstücke stellt drei übereinandergereihte Stierköpfe dar; das Ganze ist von einer nackten, ithyphallischen Figur gekrönt, die auf dem einen Zierstück zwischen den obersten Stierhörnern steht; zu unterst sind Glockenanhängsel angebracht [a. a. O. Abb. 70, 1]); 2 menschenförmige Anhängsel, ithyphallisch, mit Gürtel und Fußringen (?; Band VI Tf. 105a); ein großes Anhängsel: zwei über Kreuz gestellte Stangen mit konusförmigen Köpfen (Mat. Arch. Kaukasus 8 Abb. 71, 7); 12 hohle Hirschfiguren (a. a. O. Abb. 69, 1), ein Hammer-Anhängsel (?; a. a. O. Abb. 70, 2), Bronzeketten und -spiralen, 5 bronzene Haarzängchen, Bruchstücke von Bronzegürteln, 5 bronzene Schwert(?)griffe, Fragmente von Eisenschwertern, Lanzen, Pferdegebissen usw. — In den älteren Publikationen wird noch eine Menge ähnlicher oder verwandter Gegenstände aufgezählt („Slg. Komarov"), die zu diesem Schatzfund gerechnet werden. Nach einer Mitteilung aus Moskau dürften diese Sachen jedoch von einer anderen Fundstelle (Kazanskoje uščelje) herstammen.

§ 3. Außer dem Schatzfunde wurden in Kazbek noch drei Gräber entdeckt. Sie enthielten aus Steinfliesen gebaute Kisten, die mit gemeinsamen Deckplatten bedeckt waren. In der Erde oberhalb der Gräber wurden Ringe, Anhängsel und Beschläge aus Bronze, Silber und Gold, sowie 2 kleine, eiserne Ringe, weiter Perlen und ein Tongefäß gesammelt. In jedem Grabe war ein Skelett in Rückenlage. Im ersten Grabe wurden *in situ* gefunden: eine dünne Bronzekette mit glockenförmigen Anhängseln, 2 Bügelfibeln (die eine von ihnen a. a. O. Abb. 145 S. 154), 2 bronzene Armringe, ein eiserner Fingerring und eine fragm. Bronzekette. In der Erde innerhalb der Kiste wurden noch andere kleinere Beigaben gesammelt. — Im 2. Grabe lag eine getriebene Goldplatte (a. a. O. S. 152 Abb. 146) und ein goldener Spiralohrring, zwei glatte Armringe, 1 bronzener Ring vom Oberarm (a. a. O. S. 153 Abb. 148), eine bronzene Bügelfibel, 2 Bronzeringe, der eine von ihnen ein Siegelring mit dem Bilde eines Vogels, der einen Zweig im

Schnabel hält, und ein Eisenmeser. — Im 3. Grabe lagen zu oberst mehrere Goldplaketten (a. a. O. S. 152 Abb. 144) und ein Gold-Anhängsel in Vogelform (a. a. O. Abb. 143) und weiter unten Bruchstücke von bronzenen Ketten und Ringen. — Im Museum von Tiflis befinden sich weitere Streufunde von Kazbek.

§ 4. Die Zeit aller dieser Kazbeker Funde, die durch die Fibeln als einigermaßen gleichzeitig bezeugt sind, entspricht der submykenischen und geometrischen Periode Griechenlands, etwa der Zeit um 1100—800 v. C. Ausschlaggebend sind dabei die Fibeln. Man hat den Schatzfund auf Grund der Silberschüssel in viel spätere Epochen datiert (Smirnov: achämenidische Zeit; Kalitinski: hellenistische Zeit, Recueil Kondakov 1926 S. 57). Sie ist mit einer noch nicht erklärten Inschrift (5 Zeichen) versehen, deren Authentizität bezweifelt worden ist (Rec. Kond. 1926 S. 54).

Die nächsten Parallelen zu den Kazbeker Gegenständen findet man unter den Kobaner Bronzen (s. Koban), obwohl sich auch ein deutlicher Unterschied merkbar macht: Agraffen, Dolche und Äxte von Kobaner Typen fehlen in Kazbek, die Kazbek-Idole in Koban. Die Hirschfiguren und die Spiralrolle von einer Stange (Mat. Arch. Kaukasus 8 Tf. 69, 3) zeigen myk. Nachklänge. Die Idole habe ich mit den Galičer (s. d.) Götterbildern (s. Band IV Tf. 90) verglichen (Stud. Orientalia 1 [1924] S. 312). Die ganze Kultur ist aber in erster Linie lokal und dürfte — obwohl nordkaukasisch — nach Armenien hin orientiert sein.

E. Chantre *Recherches Anthropologiques dans le Caucase* II 130f. Atlas Tf. 55ff.; P. Uvarova *Mogilniki sěvernavo Kavkaza* Materialien Arch. Kauk. 8 (1900) S. 139f.; A. Kalitinski *Iz istorii fibuly na Kavkaze* Recueil Kondakov 1926 S. 50ff.

A. M. Tallgren

Steppe (diluviale) s. Diluvialgeologie § 9.

Steppenfauna s. Diluvialfauna § 3.

Steppenflora s. Diluvialflora § 2.

Stern, Sternkunde. A. Ägypten (Tf. 107).

§ 1. Quellen. — § 2. Religiöse Bedeutung. — § 3. Planeten. — § 4. Tierkreis. — § 5. Dekane. — § 6. Fixsterne.

§ 1. Die äg. Astronomie (s. d. A) ist uns nicht aus einem zusammenhängenden Lehrbuch bekannt, sondern unsere Kenntnis beruht auf Texten und Darstellungen, die nicht für praktischen Gebrauch bestimmt sind. So können wir aus den erhaltenen Sterntafeln und den Deckenbildern des gestirnten Himmels wohl auf die äg. Vorstellungen von Sternbildern im allg. Schlüsse ziehen. Aber uns fehlen Listen und Tabellen, die eine Festlegung der äg. Sternbilder auf die Gestirne unserer heutigen Benennung erlauben. Die Deckenbilder in äg. Tempeln des NR und der Spätzeit stellen den gestirnten Himmel nach äg. Vorstellung dar, im einzelnen mit Abweichungen, im wesentl. übereinstimmend. Unter den Sternbildern, die am Nordpol des Himmels stehen, fallen auf: ein stehender Stier, ein liegender Löwe, ein Krokodil, eine Frau mit der Beischrift „Selkis" (äg. *śrk-t*, Name einer Göttin), ein Mann mit Falkenkopf (Darstellung wie bei dem Gotte Horus), ein stehendes weibliches Nilpferd, auf dessen Rücken ein Krokodil sitzt usw. (Tf. 107b). Die Sterntafeln (s. Astronomie A § 2) sind uns in Königsgräbern als Wandbilder erhalten, die dekorative Aufgaben haben. So hat man willkürlich einige beliebige Tabellen herausgegriffen, und ihre Zuverlässigkeit ist nicht einwandfrei.

Aus den genannten Quellen eine genaue Gleichsetzung der äg. Sternbilder mit den unsrigen herzustellen, ist nicht leicht. Immerhin würde man weiter kommen, wenn einmal das ganze Material listenmäßig übersichtlich zusammengestellt würde. Heute sind nur wenige dieser Vorarbeiten geleistet, und nur ganz wenige Gleichsetzungen sind über jeden Zweifel erhaben.

§ 2. Nach einer Vorstellung der alten Äg., die sich heute auch bei den Berbern in den Oasen am Nordrand der Sahara nachweisen läßt, sind die Sterne der Wohnort der Seelen von Toten. Manchmal wird ein einzelner Stern als sichtbare Offenbarung der Seele eines Abgeschiedenen selbst angesehen; große Sterne oder ganze Sternbilder werden als Seelen von Göttern betrachtet. Andere Sternbilder sind in Wirklichkeit lebende Wesen am Himmel, die uns nur als Gestirne erscheinen und dort oben am Himmel eine Rolle zu spielen hatten bei dem täglichen Lauf der Sonne. Der Sonnengott, der seinen Weg über den Himmel in einem Schiffe zurückzulegen hat, kann über einige dieser Stern-Dämonen als seine Helfer verfügen. Andere stellen sich ihm feindlich in den Weg und müssen von ihm mit Hilfe seiner Getreuen überwunden werden. Auch die Toten, die in den Himmel einziehen wollen, begegnen dabei den Wesen, die uns als Sterne erscheinen. Auch ihnen sind sie teils Freunde, teils Feinde; um die gefährlichen unter den Sterngöttern zu überwinden, braucht man die Hilfe der Freunde, aber dazu Kenntnisse der Namen der Sternbilder und Zaubersprüche. So kommen Erwähnungen der Sternbilder und magische Formeln mit Beziehung auf sie in die Totentexte hinein; in den ältesten von ihnen, den Pyramidentexten des AR, sind sie häufig, in dem späteren Totenbuch seltener.

§ 3. Lepsius hat zuerst erkannt, daß 5 Männer mit 2 Zeptern auf dem Tierkreise von Dendera die „Stabträger" (ῥαβδοφόροι) sind, wie die Äg. nach griech. Angabe die Götter der Planeten genannt haben sollen (s. a. Stab als Würdezeichen). Die hieroglyphischen Bezeichnungen der Planetengötter sind bekannt und kommen z. T. auch in griech. Umschreibung vor, so daß die Bestimmung gesichert ist. Die Planeten heißen sämtlich zunächst „Horus" und werden deshalb mit einem Falkenkopf auf dem männlichen Körper dargestellt. Sie werden unterschieden durch einen Zusatznamen, der bei den einzelnen Planeten lautet:

1. bei Jupiter: „Horus, der das Geheimnis eröffnet",
2. bei Saturn: „Stier des Himmels",
3. bei Mars: „der rote Horus" wegen seiner Farbe, ferner „der rückwärts geht" wegen seiner scheinbaren Rückläufigkeit zur Zeit der Oppositionen,
4. bei Merkur: Benennungen, die scheinbar auf die Götter Sobk (Suchos) und Setech (Seth, Typhon) hindeuten,
5. bei Venus: als Morgen- oder Abendstern genannt der „Einzige", oder „der den (Sonnen-) Gott anbetet", gelegentlich auch: „Stern des Schiffes des Phönix-Osiris".

§ 4. Auf einigen Decken von Tempeln der Ptolemäischen Zeit ist der Himmel als Scheibe dargestellt, über die eine Reihe von Figuren verstreut sind. Schon die Mitglieder der Napoleonischen Expedition nach Ä. sahen richtig, daß unter den Sternbildern die uns geläufigen des Tierkreises vorkamen, die die Sonne auf ihrem Laufe durchzieht. Ihre Annahme, daß die Äg. zuerst den Sternbildern die uns heute geläufigen Namen gegeben haben, wurde bald berichtigt durch Letronne, der nachwies, daß die Bilder des Tierkreises aus Mesopotamien stammen und von dort durch die Griechen nach Ä. gebracht sind. Zu den Darstellungen des Tierkreises auf den Tempeldecken sind später andere gekommen, auch auf Särgen röm. Zeit, ferner Listen, die bestimmte Tierkreisbilder als Standort der Sonne nennen. Hieraus läßt sich nachweisen, daß einige Namen von Tierkreisbildern aus dem Griech. übersetzt sind; in anderen Fällen können altäg. Sternnamen vorliegen, die in den Tierkreis eingegliedert sind. Ebenso liegt es mit den Darstellungen der Sterngötter des Tierkreises, unter denen sich einige Figuren befinden, die nicht ägyptisierte Bilder von griech. Vorstellungen sind, sondern altäg. Form haben. Eine weitere Erörterung des Tierkreises erübrigt sich unter diesen Verhältnissen, da ja meist die Frage offen bleiben muß, ob nicht die altäg. Vorstellungen durch griech. Einfluß umgestaltet oder gar völlig ersetzt sind. Die Namen der Tierkreisbilder sind demotisch überliefert (ÄZ 48 [1911] S. 146 Spiegelberg). Der Tierkreis ist in Felder eingeteilt, die den Gauen (s. d. B) Ägyptens entsprechen (Bull. Inst. Franç. Le Caire 12 [1916] Daressy).

§ 5. Die astronomischen Decken in den äg. Tempeln zeigen in griech. Zeit am Rande des Rundbildes 36 Figuren von Sterngottheiten, die überall in der gleichen Weise erscheinen und uns auch aus älterer Zeit bekannt sind. Diese 36 „Dekane", wie man sie genannt hat, bilden einen Kreis am Himmel, bei dem man an die Sonnenbahn gedacht hat. Für diese Auffassung spricht die Tatsache, daß die 36 „Dekane" in einer engen Beziehung zu den 36 zehntägigen Wochen des Jahres stehen, so daß die Sonne in jeder astronomischen Woche (Dekade) eines dieser 36 Sternbilder durchläuft. Dann sind die Dekane die Vorläufer der Tierkreisbilder, und in der Tat lassen sich die 36 Sternbilder der Dekane in die später von den Griechen eingeführten 12 Bilder des Tierkreises eingliedern. Ein griech. erhaltenes Verzeichnis der Dekane gibt die äg. Namen in griech. Umschreibung und ist in sprachlicher wie astronomischer Hinsicht überaus wertvoll. Eine sorgfältige Sammlung der

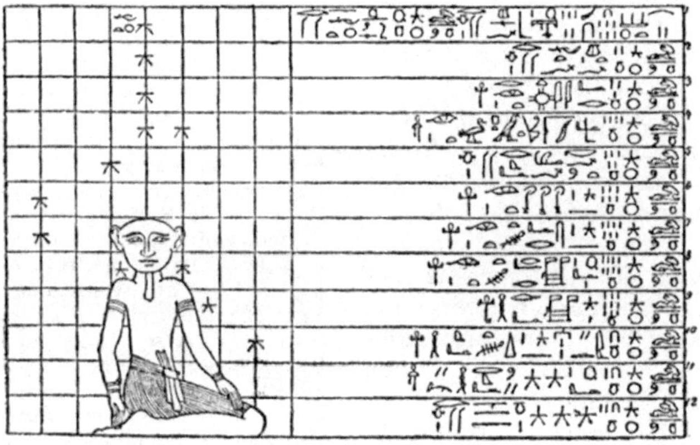

a

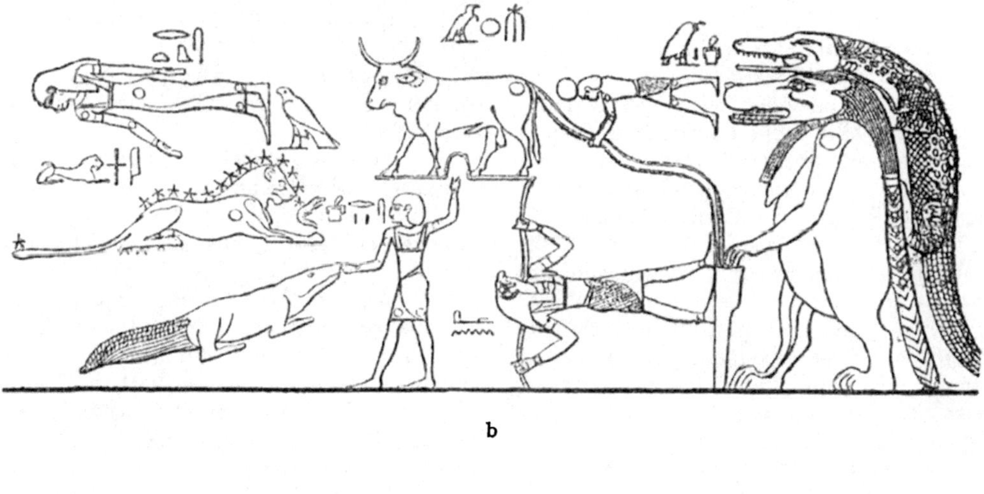

b

Stern, Sternkunde. A. Ägypten

a. Sternliste vom 16. Paophi. Das Bild links zeigt bestimmte Sterne hinter einem dem Beobachter gegenüber sitzenden Manne. Die Liste rechts gibt an, zu welcher Stunde der Nacht der und der Stern am „rechten Arm", „linken Auge" o. ä. des Mannes steht. — b. Sternbilder am Nordpol des Himmels. Die als Löwe, Stier usw. dargestellten Sternbilder entsprechen wahrscheinlich nicht unseren gleichnamigen Sternbildern. — Nach Erman-Ranke.

mehrfach erhaltenen Namen der Dekane und ihrer Bilder würde es zweifellos ermöglichen, eine große Zahl von ihnen mit Sternbildern anderer Listen gleichzusetzen und dadurch auch die Verbindung zu unseren heutigen Sternbildern zu gewinnen. Unter den Dekanen befinden sich Orion (s. d.) und Sirius (s. d.) als größte Sternbilder.

§ 6. Wenn in den ägyptischen Bildern des gestirnten Himmels diejenigen Sternbilder, die die Sonne durchläuft, an den Rand des Kreises gesetzt werden, als der der Himmel gezeichnet ist, so zeigt diese Verteilung schon, daß die Gruppierung der Sternbilder nicht in unserem Sinne genau die Beobachtung wiedergibt. Denn sonst müßten außerhalb der Sonnenbahn am Rande des Kreises noch weitere Bilder der s. Himmelshälfte gegeben sein. Es ist deshalb begreiflich, daß von den Fixsternen fast nur solche zuverlässig bestimmt worden sind, die zu den Dekanen oder Tierkreisbildern gehören oder am Nordpol stehen oder in einer anderen Hinsicht ausgezeichnet sind. Auch diese Gleichsetzungen sind so angefochten, daß eigentlich nur zwei als völlig sicher angesehen werden können: Sahu ist Orion (s. d.) und Sothis ist Sirius (s. d.). Darüber hinaus kennen wir für die Sternbilder um den Nordpol herum sowohl Darstellungen wie aus religiösen Texten eine Reihe von Namen; aber beides hilft nicht zu sicheren Gleichsetzungen mit unseren Sternbildern. In Arbeiten von Ägyptologen und Astronomen finden sich gelegentlich Gleichsetzungen, die mehr oder weniger fraglich sind: das weibliche Nilpferd soll unser „Drache“ sein, der äg. „Stier“ oder „Stierschenkel“ soll der „große Bär“ sein. J. J. Heß (unveröffentlicht) zweifelt die allgemein gültige Gleichsetzung von Sahu und Orion an und verweist den Sahu an den Südhimmel, wo er vielleicht dem Kanopus entspricht.

Eine wichtige astronomische Decke in dem Grabe des Semnut (Dyn. 18) ist von der New-Yorker Expedition in Theben gefunden und vorläufig bekannt gegeben: Bulletin of the Metropolitan Museum, New York 1928 S. 37. Roeder

B. Vorderasien (Tf. 107^A, 107^B).

I. Kenntnis der babyl. Sternkunde im Abendland vom Altertum bis zur Gegenwart: § 1. Mittelbares Fortleben bis zum 19. Jh. — § 2. Entdeckung und Entzifferung astronom. Keilschrifttafeln. — § 3. Arbeiten über den babyl. Fixsternhimmel. — II. Werkzeuge und Methoden der Himmelsmessung: § 4. Natürliche Bedingungen der Sternbeobachtung. — § 5. Werkzeuge der Himmelsmessung. — § 6. Feststellung des Ortsmeridians. — § 7. Die Maße. — § 8. Verfeinerte Messungen. — § 9. Nullpunkt der Ekliptik. — III. Die Erkenntnisse vom Fixsternhimmel: § 10. Entwicklung der babyl. Sternerkenntnis. — § 11. Siderisches und tropisches Jahr. — § 12. Die Ekliptik. — § 13. Bestimmung der Jahrespunkte nach Kugler. — § 14. dgl. nach Weidner und Schnabel. — § 15. Bewegliche Ekliptik und Entdeckung der Präzession. — § 16. Höhepunkt der astronom. Rechen-Methoden. — IV. Die babyl. Astronomenschulen: § 17. Die Schule von Babylon und Borsippa, Naburiannu. — § 18. Die Schule von Sippar, Kidinnu und Sudines. — § 19. Die Schule von Uruk. — V. Der Fixsternhimmel: § 20. Einteilung des Himmels. — § 21. Die Namen der Fixsterne. — § 22. Die Dekane. — VI. Die Planeten: § 23. Ältere Zeit. — § 24. Jüngere Zeit: a) Die Sonne. — § 25. b) Der Mond. — § 26. Störungen der Mondbahn. — § 27. c) Finsternisse; ihre Entstehung. — § 28. Ihre Perioden und Sichtbarkeit. — § 29. Saros-Zyklos. — § 30. d) Vorstellungen über den Mond. — § 31. e) Die fünf Planeten; die Venus. — § 32. Schwierigkeit der Bahnbeobachtung. — § 33. Berechnung der Planetenperioden. — VII. Andere Himmelserscheinungen: § 34. Kometen und Meteore. — § 35. Atmosphärische Erscheinungen. — § 36. Sternfarben. — VIII. Astrologie: § 37. Astrolog. Charakter der babyl. Sternkunde und ihres Schrifttums. — § 38. Horoskope. — § 39. Hypsomata. — § 40. Geographische Einteilung des Himmels und von Gestirnen. — IX. Sternbilderdarstellungen: § 41. Beschreibungen. — § 42. Zeichnungen.

I. Kenntnis der babyl. Sternkunde im Abendland vom Altertum bis zur Gegenwart.

§ 1. Die babyl. Sternkunde hat bereits bei den Griechen und Römern (Herodot II 109, falls die Stelle echt ist; Diodor II 29 ff.; Strabon S. 739; Plinius VI 26 § 120 ff.) Beachtung gefunden, bis in ihre Zeiten haben sich in Babylonien Schulen der Astronomen erhalten. Etwa um C. Geb. sind diese erloschen, und für fast zwei Jahrtausende ging jede unmittelbare Kunde von den großen astronomischen Kenntnissen der Babylonier verloren, zumal da auch die Keilschrift und babyl. Sprache ausstarben und sich die Griechen die wissenschaftlichen Ergebnisse der babyl. Astronomie zu eigen gemacht hatten. Nur mittelbar lebte also babyl. Astronomie im Abendland fort, ebenso aber auch im Morgenland bei Persern, Arabern, Ägyptern, Indern und Ostasiaten, die wohl bei der Hellenisierung des O, wenn nicht schon früher, — auf welchen Wegen, steht nicht fest — aus den Erkenntnissen der babyl. Sternkundigen Nutzen gezogen hatten, ohne daß sie sich dessen bewußt gewesen wären.

§ 2. Als die Keilschrift (s. d.) entziffert worden war und man die babyl. Ruinenstätten nach dort verfaßten Schriftdenkmälern durchsuchte, stieß man bald auf Tontafeln mit Sternbeobachtungen, -benennungen usw. Waren diese Tafeln zumeist für astrologische Zwecke abgefaßt, so gelangten zuerst im J. 1876 rein wissenschaftliche Texte mit Sternbeobachtungen usw. in das British Museum. Diese wurden Anfang der achtziger Jahre von dem deutschen Assyriologen J. N. Strassmaier kopiert und damit der Wissenschaft zugänglich gemacht. Auf Grund der von Strassmaier angefertigten Kopien konnte J. Epping 1889 in seinem Buche *Astronomisches aus Babylon* diese Texte richtig erklären und so weiteren Forschungen auf diesem Gebiete den Weg bahnen. Diese wissenschaftlichen Texte der Babylonier über Astronomie stammen nun, wie sich herausstellte, alle erst aus neubabyl. und griech. Zeit. Ihrer ersten Veröffentlichung ließen Strassmaier und Epping in der Zeitschr. f. Assyr. noch weitere folgen, in denen sie ihre Untersuchungen über die Astronomie der Babylonier fortsetzten. Ihre Ergebnisse baute F. X. Kugler bedeutend weiter aus; 1900 erschien sein Werk *Die babylonische Mondrechnung*, in dem er zwei Methoden der Babylonier zur Berechnung der Mond- und Sonnenbahn klarlegte. Außer mehreren anderen Abhandlungen veröffentlicht er seit 1907 in längeren Zeitabständen sein großes Werk *Sternkunde und Sterndienst in Babel*, in dem er seine Untersuchungen über babyl. S. und Chronologie zusammenfaßt. Mit den jüngeren astronomischen Texten, besonders Mond- und Planetentafeln, hat sich auch P. Schnabel in seinem *Berossos* (1923) und in mehreren Abhandlungen in der Zeitschr. f. Assyriol. erfolgreich beschäftigt. Neuerdings hat C. Schoch in seinen *Planetentafeln für Jedermann* (1927) ein gutes, auch für mit Mathematik weniger Vertraute gedachtes Hilfsmittel zum Berechnen von Planeten-Örtern, vornehmlich der alten Zeiten von 3400 v. C. an, geschaffen; in diesem Werke hat er auch zahlreiche Fragen der babyl. Sternkunde geklärt.

§ 3. Behandeln diese Arbeiten vorwiegend die wissenschaftliche, auf Beobachtungen und Berechnungen beruhende Astronomie, besonders die Planetenlehre der Babylonier in den letzten Jh. v. C., so beschäftigen sich die Arbeiten anderer Assyriologen mit den babyl. Kenntnissen vom Fixsternhimmel. Neben Arbeiten des dtsch.-frz. Assyriologen J. Oppert, des engl. A. H. Sayce, des dtsch. F. Hommel u. a. ist hier *Die Kosmologie der Babylonier* von P. Jensen (1890) zu nennen; am meisten hat sich aber um die Erforschung des babyl. Sternhimmels in neuerer Zeit E. F. Weidner bemüht. Seine früheren Studien sind zusammengefaßt in seinem *Handbuch der babylonischen Astronomie* I (1915). Die letzte zusammenfassende Darstellung der babyl. Sternkunde findet sich bei B. Meissner *Babylonien und Assyrien* II (1925) S. 397ff., 247ff.

C. Bezold *Astronomie, Himmelsschau etc.* SB.Heidelb.Ak. 1911; E. F. Weidner *Handbuch der babylonischen Astronomie* I (1915) S. 3ff.

II. Werkzeuge und Methoden der Himmelsmessung.

§ 4. Der Himmel ist im Orient von viel größerer Klarheit als bei uns. Daher lassen sich die Himmelskörper dort auch besser beobachten. Demgegenüber erschwert aber der über der babyl. Ebene lagernde Staub und Dunst namentlich die für die astronomische Kalenderrechnung wichtige Beobachtung des Auf- und Niedergangs der Gestirne am Horizont. — Daß zudem die Augen der Orientalen wie in der Jetztzeit auch im Altertum durch Krankheiten zu leiden hatten, steht fest (s. Augenkrankheit § 2 und B. Meissner *Babylonien u. Assyrien* II [1925] s. v. Augenkrankheiten).

§ 5. Als Hilfsmittel zur Beobachtung und Messung des Himmels nennt uns Herodot (II 109) den Gnomon und Polos. Jener ist ein senkrecht auf horizontaler Ebene stehender Stab, der dieselben Funktionen ausübt wie der Zeiger der Sonnenuhr, indem man den von ihm geworfenen Schatten zur Zeitmessung benutzt. Über den Polos ist man noch nicht zur Klarheit gelangt. Vielleicht ist er die Verbindung des Gnomon mit einer halben (oder viertel) Metallkugel, in deren Mittelpunkt er gesteckt wurde; der Schatten des Stabes fiel dann auf die in Gradkreise geteilte Wandung der Hohlkugel, so daß man die Höhe der Sonne in Graden unmittelbar ablesen konnte. Wie alt derartige Apparate sind, und wieweit sie auch zur Beobachtung von Gestirnen verwendet wurden, ist uns nicht überliefert. Die Verwendung des Gnomon ist uns für spätestens das 8. Jh. v. C. in einem Keilschriftwerk bezeugt (Amer. Journ. Sem. Lang. 40 S. 198ff.), doch wird er schon früher bekannt gewesen sein. Auch über die für die Zeitangabe benötigten Wasseruhren wissen wir nichts Näheres.

§ 6. Um die Kulmination eines Sternes festzustellen, muß man erst den Ortsmeridian, in den er treten muß, kennen. Den konnte man im Altertum dadurch festlegen, daß man von einem Beobachter den Polarstern mit einem Visier-Apparat, einem an einem Ende eingekerbten Stabe, anvisieren und sich selbst mit einem Lot in der Hand von jenem genau in die so gewonnene N-S-Richtung stellen ließ. Nun konnte man genau die Kulmination der Gestirne feststellen, die stattfand, wenn sie lotrecht über dem Scheitel des anderen standen. Der hierzu benötigte Visier-Apparat hieß wohl *ziḳpu* und die kulminierenden Gestirne nach ihm *ziḳpu*-Sterne (vgl. Kugler *Sternkunde, Ergänz.* 1913 S. 182ff.; Weidner *Handbuch* I 45f.).

§ 7. Bis ins 1. Jht. v. C. hinab haben die Babylonier keine genaue Einteilung des Himmels gekannt, so daß sie etwa Höhe und Azimut oder Deklination und Rektaszension eines Gestirnes zu bestimmter Zeit hätten angeben können. Ihre Positionsangaben sind daher großenteils recht vage; Planetenpositionen werden nach ihrer ungefähren Lage zu Sternbildern gegeben (Kugler a. a. O. S. 133). Doch findet sich schon auf einer Tontafel aus dem Anfang des 1. Jht. v. C. eine Darstellung von Tierkreis-Bildern, die durch Striche in je 30 Abschnitte oder Grade geteilt sind. Falls hier schon 12 Tierkreis-Bilder im ganzen gezählt worden sind, läge bei dieser Tafel eine Einteilung der Ekliptik und damit annähernd auch des Himmels-Äquators in 360^0 vor (Weidner *Handbuch* I 129ff.). Auch in einem bereits unter Assurbanipal (7. Jh. v. C.) bekannten Text wird der „Weg Enlils", d. h. wohl ungefähr die Ekliptik und Himmels-Äquator oder (?) ein Streifen zwischen 12^0 und 36^0 nördl. vom Äquator, in 12 *bêru* zu je 30 *UŠ*, also auch in 360^0, eingeteilt; diese werden gleich daneben, in einer 2. Kolumne, auch in Zeitmaß, das Gewicht der Wassermenge, die aus einer Wasseruhr fließt, umgerechnet, und zwar entspricht die Menge von 24 Stunden einem Talent (*biltu*), eine Stunde also 60/24 oder $2^1/_2$ Minen (*mana*). Ferner werden die Stern-Distanzen ebenda auch noch nach Himmelsmaßen angegeben, indem der Tierkreis oder Äquator in 648000 Himmelsmeilen (*bêru ina šamê*) zerlegt wird. Auch in den astrologischen Berichten der Sargonidenzeit finden wir eine Zeitmaß-Einteilung des Tages in 12 *bêru*, die also als Doppelstunden zu gelten haben (s. Kalender B § 8); sie zerfallen nach Angaben in dem astrol. Werke *Enuma Anu Enlil*, das in Abschriften jener Zeit vorliegt, in 30 *UŠ* (vgl. Kugler *Sternkunde* II 52f.). In bezug auf Gestirne in der Nähe des Himmels-Äquators kann man diese *bêru* und *UŠ* als Bogenmaße ansehen, die von hier aus auch auf sonstige Himmelsentfernungen angewandt sein können. In dem ältesten astronomischen Beobachtungstext aus der Zeit Nebukadnezars wird die Ekliptik ebenfalls in 12 *bêru* eingeteilt, diese wieder in 15 *ammatu* (Elle; s. a. Mass E) zu je 2^0, die dann in 24 *ubânu* (Finger oder Zoll) zu je 5′ untergeteilt sind (Neugebauer-Weidner *Ein astronomischer Beobachtungstext* Ber. sächs. Gesellsch. d. Wissensch. 1915 S. 79). Diese Einteilung bleibt von jetzt an bestehen (Kugler a. a. O. I 25). Das (Bogen-) Maß *ubânu* findet sich übrigens schon zur Sargonidenzeit zur Angabe des Verfinsterungsgrades bei Sonne und Mond (zuletzt ZfAssyr. NF 1 S. 298/9 Schnabel). Es sollen 2 und 3 *ubânu* verfinstert worden sein; das würde, da der mittlere Durchmesser der Scheibe der Sonne 32′ und der des Mondes 31,1′ beträgt, wenn wir das *ubânu* zu 5′ annehmen, eine Verfinsterung der Scheiben zu einem Drittel bis zur Hälfte anzeigen.

§ 8. Seit dem 6. Jh. v. C. werden die Positions-Angaben der Planeten in den § 7 genannten *ammatu* und *ubânu* w. oder ö., n. oder s. von Fixsternen gemacht (vgl. den § 7 genannten ältesten Beobachtungstext, ferner Kugler *Sternkunde* I 25 ff.). Kugler glaubt a. a. O. hierin den Ansatz zu den späteren Ekliptikal-Koordinaten zu sehen, indem er sich von den Gestirnen Richtlinien senkrecht auf die Ekliptik gezogen denkt, auf der dann also die Winkelbogen gemessen worden sind. In der späteren Zeit werden bei den Vorausberechnungen die Längen der Planeten und beim Mond anscheinend auch die Breiten nach wirklichen Koordinaten gemessen, wobei die Längen vom Zeichen des Widder aus gezählt werden und jedes Zeichen in 30^0 geteilt ist, so daß auch die Gradangabe nach den Graden des Zeichens erfolgen kann.

§ 9. Als Fundamentalstern der Ekliptik glaubt Kugler (a. a. O. II 520/1) für um 100 v. C. α virginis, die Spica, ansetzen zu dürfen, womit der Nullpunkt der Ekliptik, da die Spica um 100 v. C. $174{,}67^0$ stand, damals auf $354{,}67^0$ — bei Annahme des Ausgangs vom Frühlingspunkt aus — anzusetzen wäre. Ob das zutrifft, dürfte nicht ganz sicher sein. Nach Schnabel (ZfAssyr. NF 3 S. 4 ff., 34 ff.) soll das Herbst-Äquinoktium für jene Zeit der Ausgangspunkt gewesen sein, zumal da dieses immer ziemlich genau bestimmt ist (vgl. a. E. F. Weidner *Alter u. Bedeutung der babyl. Astronomie* 1914 S. 35 f.). Nach Schnabel (a. a. O. S. 7) haben die Babylonier gar nicht immer einen festen Nullpunkt gehabt, sondern, da sie an demselben Grad der Zeichen für ihre Jahrespunkte festhalten wollten, die Ekliptik sozusagen beweglich gemacht, indem sie den Nullpunkt entsprechend der Präzession der Jahrespunkte verschoben.

III. Die Erkenntnisse der Babylonier vom Sternhimmel.

§ 10. Wie früh die Einwohner des Zweistromlandes dem Himmel ihre Aufmerksamkeit geschenkt haben, verdeutlicht gut die Tatsache, daß die sumer. Bewohner der alten Stadt Lagasch (s. d.) zu Anfang des 3. Jht. v. C. einen Monat nach dem (heliakischen) Aufgang eines Fixsterns, wohl des Sirius, benannt haben (Weidner *Alter u. Bedeutung d. babyl. Astron.* S. 1 f.). Mondbeobachtungen kennen wir aus der Zeit der 3. Dyn. v. Ur um 2300. Venusbeobachtungen sind uns aus der Zeit des Königs Ammizaduga von Babylon kurz nach 2000 überliefert. Aus dem 2. Jht. liegt eine hettit. Sternliste von Boghasköj (s. Hatti) vor (*Keilschrifturkunden aus Boghazköi* Heft 4 Nr. 47), die aber auf eine babyl. Vorlage zurückgeht. Aus dem 8. und 7. Jh. v. C. besitzen wir die Berichte der assyr. Astrologen, die Himmels- und Wettererscheinungen beobachten (R. C. Thompson *The reports of the magicians and astrologers of Nineveh and Babylon* 1900). Der älteste wirklich astronomische Beobachtungstext stammt aus neubabyl. Zeit, dem 37. J. Nebukadnezars (568/7 v. C.); dann folgen ein Beobachtungstext aus dem J. 523 v. C. und weitere aus pers. und seleukidischer Zeit (Kugler a. a. O. I 59). Die älteste Vorausberechnung, sog. Ephemeride, stammt aus dem J. 425 v. C. (Kugler *Ergänz.* S. 233 ff.) und verzeichnet bereits Vorausberechnungen für Sonne, Mond und alle Planeten. Derartige Ephemeriden wurden bis gegen Anfang unserer Zeitrechnung angefertigt, wie auch einer der jüngsten datierten Keilschrifttexte aus dem J. 7 v. C. eine solche Ephemeride ist (ZfAssyr. NF 2 S. 68).

§ 11. Die astronomischen Leistungen der Babylonier (und Assyrer) werden in der neueren assyriol. Wissenschaft danach beurteilt, ob und wann die Babylonier die Präzession, das Vorrücken der Durchgangspunkte der Sonnenbahn durch den Himmels-Äquator im Frühling und Herbst, und damit den Unterschied zwischen siderischem und tropischem Jahr erkannt haben. Das tropische Jahr ist bekanntlich die Umlaufszeit der Sonne zwischen zwei aufeinanderfolgenden Durchgängen durch den Himmels-Äquator in aufsteigender Richtung, also durch den Frühlingspunkt, oder in absteigender Richtung, also durch den Herbstpunkt; das siderische Jahr ist die Umlaufszeit der Sonne bis zur gleichen Stellung unter den Fixsternen. Beide Jahre sind nicht gleich; vielmehr ist das tropische, weil der Frühlingspunkt der Sonne jährlich um 50″ entgegenrückt, wodurch der Weg der Sonne um 20 Minuten 23 Sekunden verkürzt wird, um diesen Betrag kürzer als das siderische.

§ 12. Zur Beantwortung der Frage, ob die Babylonier die Präzession erkannt haben, muß aber zunächst untersucht werden, wann den Babyloniern der Weg der Sonne durch bestimmte Sterngruppen bewußt geworden ist, d. h. ob sich Texte finden, in denen die Tierkreis-Bilder besonders gekennzeichnet sind. Annähernd kann man ja auch die Ekliptik mit Hilfe der Mond- und Planetenbahnen festlegen, deren Bahnebenen gegenüber der der Sonne nur um einige Grade geneigt sind. Aus dem 13. Jh. v. C. stammt ein hettit. Text (*Keilschrifturkunden aus Boghazköi* Heft 4 Nr. 47; Weidner *Alter u. Bedeutung* S. 18/19), der auf einen babyl. zurückgeht. In ihm werden als eine Gruppe folgende Sternbilder aufgeführt: 1. *Ekue,* 2. *ZAPPU,* 3. *Is lê,* 4. *Šipazianna,* 5. *Kakzizi,* 6. *Giš ban,* 7. *Girtab,* 8. *NAŠRU,* 9. *NUNU,* 10. *Šammaḫ.* Von diesen tragen einige, so 2., 3., 7., 9., 10., die gleichen Bezeichnungen wie Sternbilder der Ekliptik, die in späteren babyl. Tafeln genannt werden. Andere, wie z. B. der *Kakzizi* (= Sirius; s. d.), liegen nur in der Nähe der Ekliptik. Daher ist es recht zweifelhaft, ob wir es hier wirklich mit Sternbildern zu tun haben, durch die nach Ansicht der Babylonier die Bahn der Sonne, *ḫarrân Šamši,* verlief. In dem babyl. Werk *Mul Apin* aus dem 8. Jh. v. C. werden 16 (bzw. 17) Sternbilder aufgezählt, durch die der „Weg des Mondes", *ḫarrân Sin,* geht, und die die sämtlichen später ausgesonderten 12 Tierkreis-Bilder enthalten (Amer. Journ. Sem. Lang. 40 S. 189, 192 ff.). In dem ältesten babyl. Beobachtungstext aus dem J. 567 v. C. (s. § 7) kommen 9 Namen der späteren Tierkreis-Bilder vor: *Agru* „Lohnarbeiter" (= Widder), *Alû* „Himmelsstier" und *Zappu* „Plejaden", *Tu'âmu* „Zwillinge", *Nangaru* „Zimmermann" (= Krebs), *Nêšu* „Löwe", *Zibanîtu* „Wage", *Pabil* (= Schütze), *Suḫurmašu* „Ziegenfisch" (= Steinbock), *Šimmaḫ* (= n. Fisch); es fehlen, weil die betr. Himmelspartien in dem Texte nicht behandelt sind, *Eššen* (? = Ähre), d. i. die Jungfrau; *Girtab* (oder *zuḳaḳîpu*) „Skorpion" und *Gula* (= Wassermann). Wohl zu unterscheiden von diesen Tierkreis-Bildern sind die Tierkreis-Zeichen, in die je 30° der Ekliptik in der Nähe der Tierkreis-Bilder rein schematisch zusammengefaßt werden. Sie finden sich zuerst auf einer Tafel aus dem J. 420 v. C. (Meissner *Babyl. u. Assyr.* II 406) und tragen größtenteils die gleichen Namen wie die Tierkreis-Bilder, mit denen sie im Grunde identisch sind.

So finden wir den Tierkreis mit seiner Zwölfteilung erst seit der Mitte des 1. Jht. sicher bei den Babyloniern festgestellt (doch s. § 7 und Weidner *Handbuch* S. 129 f.).

§ 13. Dementsprechend haben sie auch erst recht spät die Äquinoktial-Punkte, den Frühlings- und Herbstpunkt der Ekliptik, genau festgestellt. Nun haben die Babylonier bis in die spätesten Zeiten hinab das Frühlings-Äquinox um 3—5 Tage zu spät, bzw. 3°—5° zu weit w. angesetzt (Kugler *Sternkunde* II 606 ff.), während sie seit dem 2., ja sogar schon 5. Jh. v. C. in gewissen Texten das Herbst-Äquinox ziemlich richtig bestimmen (Schnabel *Berossos* 1923 S. 232). Kugler (*Sternk.* I 173, II 513; ders. *Ergänz.* S. 230 ff.) hat hieraus gefolgert, daß die Babylonier, vom falsch bestimmten Frühlingspunkt ausgehend, das Jahr in 4 gleiche Teile zerlegten und so zufällig, wenn man die halbe Zahl der Jahrestage zum angeblichen Frühlings-Äquinoxtage zuzählte, auf den richtigen Herbst-Äquinoxtag kamen. Denn vom Frühling bis zum Herbst sind in Wahrheit etwas über 186 Tage; fügt man aber zum 4—5 Tage zu spät angesetzten Frühling nur $^2/_4$ der Jahrestage, also etwas über 182 Tage zu, so kommt man auch richtig auf den Herbstanfang, da sich die beiden Fehler, der um 4—5 Tage zu spät angesetzte Frühlingsanfang und die um 4 Tage zu kurze Dauer von Frühling + Sommer, ausgleichen.

§ 14. Weidner und Schnabel behaupten dagegen (vgl. Weidner *Alter u. Bedeutung* S. 37 f.), daß man in Babylonien für religiöse und astronomische bzw. astrologische Zwecke den Herbst als Jahresanfang nahm und, von dort aus das Jahr in ungefähr gleiche Abschnitte teilend, den Frühlingsanfang dabei unrichtig traf. In alter Zeit hat ja auch tatsächlich einmal, wie der Name des Monats *Tešrît* (s. Kalender B § 1 und 6) beweist, das Jahr im Herbst begonnen, und dies ist auch noch bei dem von Babylon übernommenen jüdischen Kalender der Fall (Weidner a. a. O. S. 29 ff., 32). Da nun für die 4—5 Jh. v. C. Geb. der Herbstbeginn in gewissen Texten, den Ephemeriden, immer richtig angegeben ist, so ist dieser nach Weidner und Schnabel auch richtig von den Babyloniern bestimmt worden, und zwar müssen sie dazu erstens die Präzession gekannt und zweitens nach der beobachteten Dauer ihres Umlaufs die Verschiebung des Herbst-Äquinoktiums richtig vorausberechnet haben. Kugler (*Sternk.* II 607f.) versteht dann aber nicht, weshalb in den Mondtafeln der Frühlings- und Herbstpunkt weiter verkehrt angenommen wird und so die Dauer des Lichttags des wahren Frühlings- und Herbst-Äquinox-Tages um etwa 10 Minuten zu kurz bzw. zu lang ist; ferner ließe sich nicht erklären, daß (vgl. a. a. O. S. 608) die Babylonier, obwohl die Präzession seit dem 4. Jh. von einem ihrer astronomischen Meister erkannt worden sei, einige Astronomen der Folgezeit, den alten Frühlingspunkt, der vor der Erkenntnis der Präzession gegolten habe, und nicht den neuen, der hernach mit Berücksichtigung der Präzession festgesetzt worden sei, bei ihren Mondberechnungen benutzt hätten.

§ 15. Demgegenüber hat Schnabel (ZfAssyr. NF 3 S. 7, 40 ff.) festgestellt, daß die Babylonier neben der festen auch eine bewegliche Ekliptik benutzt haben, schon um den Ansatz der Jahrespunkte auf den gleichen Graden der Tierkreiszeichen entsprechend der Präzession beibehalten zu können. Weiter macht er darauf aufmerksam (a. a. O. S. 42ff.), daß die Babylonier nach Kugler (*Sternk.* II 522f., 628 u. s.) mindestens seit dem 5. Jh. v. C. den Sirius als Jahres-Regulator kannten, somit also auch die Dauer des siderischen Jahres, das sie benutzten. Weiter haben die Babylonier nach einem Text aus dem 8. Jh. v. C. den heliakischen Aufgang des Sirius und das Sommersolstiz auf den gleichen Tag angesetzt, im 5. Jh. aber 20 Tage danach. Die Gleichsetzung des heliakischen Sirius-Aufgangs und des Sommersolstiz trifft aber nicht für die Zeit des 8. Jh., sondern fürs 3. Jht. zu, bis zu welcher Zeit diese Beobachtung entweder zurückgeht oder zurückberechnet ist. Da das Siriusjahr ungefähr mit dem siderischen Sonnenjahr übereinstimmt, müssen die Babylonier aus der Verschiebung des heliakischen Sirius-Aufgangs im Verhältnis zum Sommersolstiz schon bald erkannt haben, daß das tropische Jahr vom siderischen abweicht. War dies der Fall, so war auch die Präzession damit gefunden. Und der babyl. Astronom Kidinnu, der nach Schnabel (a. a. O. S. 45ff.) das tropische Jahr in seinem System benutzte, hat die Präzession weiterhin dadurch berücksichtigt, daß er im Gegensatz zu etwa 130 Jahre früheren Beobachtungen (Schnabel a. a. O. S. 44) die Jahrespunkte um 2^0 zurückverlegte. Er ist damit der erste gewesen, dem die Präzession zum Bewußtsein gekommen ist, und der sie auch in seinen Berechnungen berücksichtigt hat!

§ 16. Bei den späteren babyl. Astronomen stellen wir überhaupt gute Kenntnis der Himmelserscheinungen und der Bewegungen der Himmelskörper fest. Dafür zeugen ihre verschiedenen Systeme für Mond- und Planetenberechnungen, die teilweise äußerst kompliziert sind; in ihnen werden mehrere Elemente der Bewegung und Sichtbarkeit von Mond und Planeten aufgestellt, durch arithmetische Reihen erster und höherer Ordnung so miteinander in Beziehung gesetzt, daß daraus weitere Elemente abgeleitet werden können. Diese späteren Berechnungen der babyl. Astronomen haben auch die Griechen geschätzt.

IV. Die babylonischen Astronomenschulen.

§ 17. Bei den klassischen Schriftstellern (Strabo XVI p. 739 und Plinius Nat. Hist. VI § 120—123) sind drei Schulen der babyl. Astronomen bezeugt: Die von Babylon (s. d.) und Borsippa (s. d.), Sippar (s. d.) und Uruk (s. d.). Da Babylon und Borsippa Nachbarstädte und im Kult durch ihre Götter Marduk (s. d.) und Nabû (s. d.) eng miteinander verbunden sind, haben die astronomischen Schulen der beiden Städte auch das gleiche System. Aus beiden Städten und der gleichen Schule besitzen wir noch jetzt Keilschrifttafeln astronomischen Inhalts (Kugler *Mondrechnung* 1900 S. 204; ders. *Sternkunde* I 124; Schnabel *Berossos* S. 222ff.). Auf einer spätbabyl. Tafel mit Mond-Sonnenberechnung vom J. 49 v. C. ist uns auch der Name eines ihrer bedeutendsten Astronomen, der Schöpfer eines besonderen Rechnungssystems der Tafeln war, erhalten; er ist auch den Griechen bekannt gewesen: babyl. *Naburiannu*, griech. Ναβουριανος, und hat nach Schnabel (ZfAssyr. NF 3 S. 11) um 500 v. C. gelebt.

§ 18. In Sippar hat etwa 130 J. später,

im 4. Jh., der den Griechen unter dem Namen Κιδήνας bekannte Kidinnu gewirkt (a. a. O. S. 16). Sein System stellt gegenüber dem seines Vorgängers Naburiannu einen Fortschritt dar. Da ihm die Präzession der Äquinox-Punkte oder, von seinem geozentrischen Standpunkte aus, das Fortschreiten der Fixsterne in bezug auf diese Punkte nach O bekannt war, sah er sich gezwungen, die Jahrespunkte vom 10. Grad der Zeichen, wo sie Naburiannu angesetzt hatte, auf den 8. Grad zu verlegen, wenn er den gleichen Nullpunkt der Ekliptik wie sein Vorgänger beibehalten wollte. Den Nullpunkt hat er hierbei genauer zu berechnen versucht (a. a. O. S. 16f.). Dadurch, daß die späteren Astronomen der Schulen von Babylon und Sippar die Nullpunkte des Naburiannu und Kidinnu, die zu deren Zeiten annähernd richtig waren, bei ihren Mondtafeln in falschem Konservativismus weiter benutzten, entstand bei ihren Berechnungen in Mondtafeln im Laufe der Jahrhunderte eine Abweichung des Nullpunktes vom wirklichen der (beweglichen) Ekliptik um mehrere Grade; wich doch schon zu Kidinnus Zeiten der Nullpunkt des Naburiannu von der Wirklichkeit um 2^0 ab, weswegen jener eben seine Neuansetzung der Jahrespunkte auf den 8. Grad der Zeichen vornahm.

Unter den babyl. Astronomen, die über den Mond schrieben, nennen die klassischen Autoren noch den Sudines (Schnabel *Berossos* S. 130ff.). Er war am Hofe des Königs von Pergamon als Seher tätig. Sein Name wird babyl. *Šumiddina* gelautet haben. Da er die Jahrespunkte auch auf den 8. Grad der Tierkreiszeichen setzte, wird er zur Schule des Kidinnu von Sippar gehört haben. Er sowohl wie Kidinnu haben griech. geschriebene Werke verfaßt; vielleicht geht auf einen von ihnen ein Werk zurück, das den babyl.-griech. Doppeltitel trug: Μινδαδοεσσα (*mindatu ša šawê* „Berechnung des Himmels") = Περὶ τὰ οὐράνια σύνταξις (Schnabel *Berossos* S. 133, 219).

§ 19. Wieweit die Schule in Uruk selbständig oder von den beiden anderen abhängig war, wissen wir nicht genau (Schnabel a. a. O. S. 220f.; Kugler *Sternkunde* II 627f.).

V. Der Fixsternhimmel.

§ 20. Nach Texten aus dem 1. Jht. v. C., zusammengefaßt vor allem in dem im 8. Jh. v. C. mit Benutzung älterer Werke abgeschlossenen zweitafeligen Werke *Mul Apin*, haben die Babylonier den ihnen sichtbaren Himmel in die drei Abschnitte des Enlil, Anu und Ea eingeteilt. Die Sterne des Enlil sind die des n. Himmels und weitaus die zahlreichsten: 33, unter ihnen merkwürdigerweise auch der Jupiter als der Stern, „der seinen Standort verändert und den Himmel überschreitet". Ihnen schließen sich die 23 des Anu an, unter ihnen wieder einige Planeten: Venus, Mars, Saturn und Merkur, die ebenso wie der Jupiter definiert sind; hierdurch werden alle die Sterne des Anu als in der Nähe der Ekliptik und des Himmels-Äquators befindlich gesichert. Die Sterne unterhalb davon sind die 15 des Ea.

§ 21. Über die Sterne im einzelnen, ihre Namen im Assyrischen und ihre Identität mit den heutigen Bezeichnungen vgl. die Sternkarte (Tf. 107^A). Sie ist nach dem Stande von 2200 v. C. entworfen; für spätere Zeiten ist sie dementsprechend abzuändern, namentlich in bezug auf das Koordinaten-Kreuz, den Polarstern usw. Das Sternbild Ḫabaṣirânu, das auf der Karte nicht eingetragen ist, haben wir wohl in der Nähe des Krebses zu suchen (Archiv f. Orientforsch. 4 S. 80 Anm. 5 Weidner). Man wird finden, daß die heutigen griech.-lat. und dtsch. Sternnamen großenteils Übersetzungen der babyl. sind; z. B. Großer Wagen, Stier, Zwillinge, Löwe, Wage, Skorpion, Schütze, Rabe, Adler, Wolf.

§ 22. Nach griech. Nachrichten (Diodor II 29) kannten die Babylonier vorzüglich (außer den Planeten) 36 Sterne, die „beratende Götter" hießen. „Die eine Hälfte führe die Aufsicht über die überirdischen, die andere über die unterirdischen Gegenden." „In je 10 Tagen werde von den Oberen zu den Unteren ein Stern als Bote gesandt, und ebenso wiederum einer von den Unterirdischen zu den Überirdischen." „Von diesen Göttern gebe es . . . 12 ‚Herren', deren jedem sie einen Monat und je eins der 12 sog. Tierkreis-Zeichen zuteilen. Durch sie machen nämlich die Sonne, der Mond und die 5 Planeten ihre Bahn . . . Von den

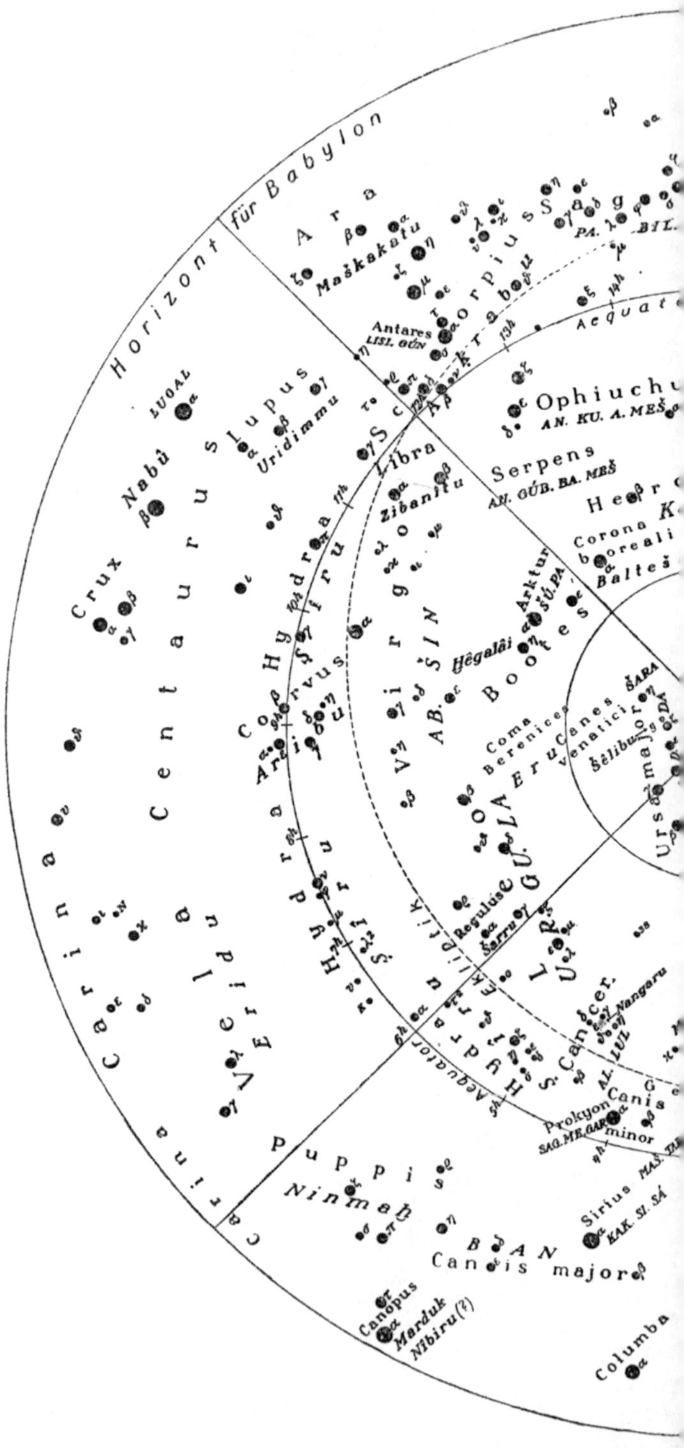

Stern

Der babyl. Fixsternhimmel

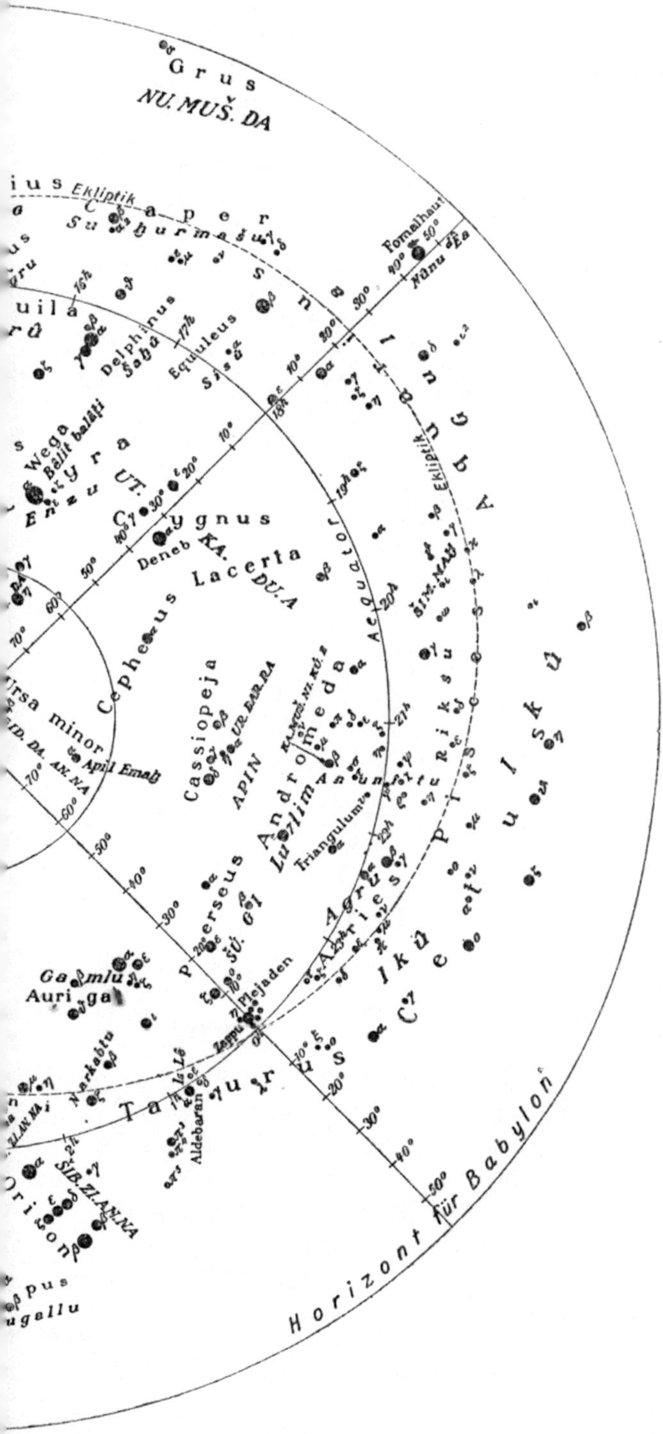

erasien

. C. Nach E. F. Weidner.

Planeten habe jeder seinen eigenen Lauf, den er mit ungleicher und mannigfaltiger Geschwindigkeit und in verschiedenen Zeitabschnitten zurücklege .... Außer dem Tierkreise heben sie noch 24 Sternbilder hervor, von denen ... die eine Hälfte in den n., die andere in den s. Teilen steht." Mit der oben § 20 mitgeteilten Einteilung der Gestirne stimmt das zwar nicht überein, doch besitzen wir noch andere assyr. Nachrichten, die sich mit den griech. besser vereinbaren lassen. So heißt es im Weltschöpfungslied *Enuma eliš*, das etwa im 8. Jh. v. C. seine letzte Fassung erhalten hat, Tf. V Z. 3ff., daß Marduk bei der Weltordnung das Jahr bestimmte, darin Abschnitte abteilte; für 12 Monate je drei Sterne aufstellte, was zu den 36 „beratenden Göttern" bei Diodor gut paßt. Auch in Sternlisten findet sich jeder Monat mit drei Sternen angegeben, ja in einer Liste aus dem Anfang des 1. Jht. v. C. sind sogar für jeden Monat die drei Sterne des Aufgehens und die drei Sterne des Untergehens verzeichnet (Weidner *Handbuch* S. 64ff.). Allerdings stimmt der Auf- und Untergang der Sterne nicht ganz mit der Wirklichkeit überein. Die genaue Verteilung der Sterne auf 12 Abteilungen bzw. Sektoren, deren Spitze der Nordpol sein müßte, von denen alle 10 Tage einer auf- und einer untergeht, ist danach erst später durchgedrungen, in den Grundzügen aber bereits hier schon vorbereitet, ähnlich wie die Zwölfteilung des Tierkreises nach längerer Vorbereitung erst spät durchgeführt worden ist (s. o. § 12).

VI. Die Planeten.

§ 23. Die 5 den Babyloniern bekannten Planeten wurden, wie wir in § 20 gesehen haben, teilweise noch zu den Fixsternen gerechnet. In der jüngeren assyr. Zeit, etwa seit dem 8. Jh. v. C., werden sie in den Berichten der königlichen Astrologen zur Zukunftsdeutung besonders aufmerksam beobachtet. Ihre genauen Bahnen müssen aber damals noch nicht exakt bestimmt gewesen sein, wie man daraus schließen kann, daß sie verschiedenen Sterngruppen, wie dem Enlil- und Anu-Bezirk, ohne ersichtlichen Grund zugewiesen werden. Ihre Bahn muß als so vollkommen regellos und nicht vorherbestimmbar gegolten haben, daß man den Willen der Götter und die Zukunft aus ihrem Stande deuten zu können meinte. Wie verwirrend und daher schwer vorauszubestimmen die Planetenbahnen sind, veranschaulicht gut diese Skizze:

Schematische Darstellung der Planetenbahnen. Nach A. Jeremias.

§ 24. Erst seit der Mitte des 1. Jht. v. C. hat sich das geändert, und man ging dazu über, nach genaueren Beobachtungen der Planeten ihre Bahn und Perioden vorherzuberechnen.

a) Sonne. Daß der Weg der Sonne vor der Mitte des 1. Jht. nicht genau bestimmt war, haben wir bereits in § 12 gesehen. Man muß dabei auch die Schwierigkeit der Feststellung der Ekliptik für die Alten bedenken: Der Weg der Sonne durch die Fixsterne ist tatsächlich, weil er bei Tage erfolgt, gar nicht zu beobachten! Es ist daher möglich, daß man den Weg des Mondes, *ḫarrân Sin*, den man beobachten konnte, einfach für ungefähr gleich mit dem Weg der Sonne, *ḫarrân Šamaš*, hielt (Amer. Journ. Sem. Lang. 40 S. 192, 194 Weidner). Tatsächlich weicht der Mond auch nur bis um etwa 5^0 von der Ekliptik, dem Weg der Sonne, ab. Daß Sonne und Mond zur selben Jahreszeit ungefähr den gleichen Bogen am Himmel beschreiben, konnten die Babylonier ohne weiteres beobachten. Genaue Messungen und Berechnungen wurden aber erst spät in Verbindung mit Mondberechnungen vorgenommen, wobei man auch die Werte für den siderischen und tropischen Umlauf fand, die tägliche Längenbewegung feststellte, u. a. (ZfAssyr. NF 3 S. 34ff. Schnabel).

b) Der Mond.

§ 25. Daß der Mond schon mindestens seit Anfang des 1. Jht. gut beobachtet wurde, läßt sich daraus schließen, daß man seinen Weg unter den Sternen kannte (Amer. Journ. Sem. Lang. 40 S. 189); 17 Sternbilder, z. T. Tierkreis-Bilder, werden in der Serie *Mul Apin* als diejenigen aufgeführt, durch die der Mond seinen Weg nimmt. Nach der Dauer von Neumond bis Vollmond oder Opposition mit der Sonne wird bisweilen die Länge des Monats in der Sargonidenzeit um 700 v. C. vorausbestimmt; man paßt dabei auf, ob der Mond am 13. oder 14. oder erst am 15. Monatstage „mit der Sonne gesehen" wird, wonach der Monat dann 29 bzw. 30 Tage dauert (Kugler *Sternkunde* II 15 f.). War dies noch eine verhältnismäßig rohe Vorausbestimmung, so ging man in neubabyl. Zeit dazu über, sämtliche Monddaten, wie Länge und Breite, Dauer des Tages und der Nacht, Dauer des Monats und der Konjunktionen und Oppositionen usw., vorauszuberechnen (vgl. den Überblick bei Kugler *Mondrechnung* S. 107ff., 192ff., über die Systeme des *Kidinnu* und *Naburiannu*). Die Tafeln mit Mondberechnungen weisen mehrere Kolumnen auf, die teilweise eine aus der anderen abgeleitet sind.

§ 26. Die Mondbahn leidet nun unter zahlreichen Störungen. Die bedeutendste ist die Verschiebung der Apsiden-Linie, d. h. das Vorwärtswandern der großen Achse der Mondbahn-Ellipse, was durch die Anziehung der Sonne bei Neumond (Stellung des Mondes zwischen Sonne und Erde) und Erdferne oder Vollmond und Erdnähe hervorgebracht wird und auch durch Rückwärtsschreiten der Apsiden bei Neumond und Erdnähe nicht ausgeglichen wird. In etwa 9 Jahren haben die Apsiden einen Umlauf vollendet. Ebenso wandern die Knoten, die Schnittpunkte der Mondbahn mit der Ekliptik, und zwar rückwärts, indem sie in 18 Jahren und 10 oder 11 Tagen, je nachdem der 29. Februar in diesem Zeitraum 4- oder 5mal geschaltet worden ist, einen Umlauf vollenden; diese Erscheinung beruht darauf, daß die Sonne den Mond, dessen Bahn zur Ekliptik um ca. 5^0 geneigt ist, in deren Ebene zu ziehen sucht, wodurch sein Auf- und Abstieg beschleunigt wird, er also die Knoten früher erreicht, als es beim regelmäßigen Umlauf ohne die Störung durch die Anziehungskraft der Sonne nur bei Einwirkung der Anziehungskraft der Erde der Fall wäre. Aber noch zahlreiche andere Störungen außer den genannten treten auf, so daß im ganzen der Mond beim Vorwärtsschreiten 202, beim Auf- und Absteigen zur Ekliptik 124 und bei der Entfernung von der Erde 189 Störungen zu erleiden hat. Dadurch ist die Mondbahn äußerst schwer zu berechnen, und Fehler sind auch heutzutage bei Mondberechnungen nicht zu vermeiden. Die Fehler der babyl. Astronomen bei diesen Berechnungen sind deshalb milde zu beurteilen und ihre Erfolge hoch zu bewerten.

c) Finsternisse.

§ 27. Finsternisse entstehen bekanntlich dann, wenn Sonne, Mond und Erde in einer Geraden sich befinden; steht dabei der Mond zwischen Sonne und Erde, so entsteht eine Sonnen-, steht die Erde zwischen Sonne und Mond, so findet eine Mondfinsternis statt. Würden nun Mondbahn und Ekliptik in einer Ebene liegen, so entstünde jedesmal bei Neumond eine Sonnen- und bei Vollmond eine Mondfinsternis. Durch die Neigung der Mondbahn zur Ekliptik um $5^1/_7{}^0$ und die langsame Verschiebung der Knotenpunkte (s. § 26) befinden sich Erde, Sonne und Mond nur alle Halbjahre in einer Geraden, wodurch an und für sich, wenn diese Himmelskörper nicht eine gewisse Größe besäßen, sondern nur Punkte wären, auch nur alle halben Jahre eine Finsternis stattfinden könnte. Die Größe der Himmelskörper bietet aber zur teilweisen Bedeckung ihrer Scheiben einen gewissen Spielraum, weswegen Finsternisse auch auftreten, wenn die drei Gestirne nicht genau mit ihrem Mittelpunkt in einer Geraden liegen. Daher können Sonnenfinsternisse 18 Tage vor und nach dem Durchgang durch den Knoten, und Mondfinsternisse $11^1/_2$ Tage vor- und nachdem stattfinden.

§ 28. Nachdem die Knoten der Mondbahn und Ekliptik in 18 Jahren und 10—11 Tagen oder genauer: in 6585 Tagen, 7 Stunden und 42 Minuten einmal ihren Umlauf vollendet haben (s. § 26), nehmen Sonne und Mond wieder fast genau dieselbe Stellung wie vordem ein, und alle ihre Erscheinungen wiederholen sich. Dementsprechend kehren auch die Finsternisse wieder, aber infolge der Verspätung um $^1/_3$ Tag (7 Stunden und 42 Minuten) hat sich die Erde inzwischen weiter gedreht, und die Finsternisse finden deshalb nicht mehr am gleichen Ort und zur selben Tageszeit wie vor 18 Jahren statt. Infolge der Größe der Erdscheibe und ihres Schattens sind aber Mondfinsternisse für alle Gebiete der Erde, in denen der Mond über dem Horizont steht, sichtbar, während Sonnenfinsternisse, da die Mondscheibe wegen ihrer Erdnähe und verhältnismäßigen Kleinheit nicht für alle Orte der Erde die Sonne in gleicher Weise bedeckt, für einige Orte der Erde total, für andere nur partiell oder gar nicht sichtbar sind. Daher treten erst nach dreimal 18 Jahren und 10—11 Tagen die Finsternisse wieder ungefähr in der gleichen Art auf, da dann der Dritteltag zu einem ganzen geworden ist und nunmehr wieder die Finsternis für ungefähr den gleichen Ort und die gleiche Zeit eintritt wie 54 Jahre zuvor; diese Periode nannten die Griechen ἐξελιγμός, während die einfache 18jährige mit einem babyl.-griech. Ausdruck als σάρος bezeichnet wird. Da nun aber nach einer Saros-Periode Mond und Sonne nicht ganz genau die gleiche Stellung zueinander einnehmen, sondern um etwa 28′ oder fast eine Vollmondbreite sich gegeneinander geändert haben, so verändern sich allmählich in größeren Zeitabständen die Finsternisse, totale werden zu partiellen und fallen schließlich aus, andere treten neu auf und wachsen von partiellen weiter zu totalen und nehmen schließlich wieder ab, bis sie ganz ausfallen. Daher hält sich in dem gleichen Saros-Zyklos eine Mondfinsternis in 865 Jahren etwa 48mal, eine Sonnenfinsternis in 1175—1265 Jahren 65—70mal!

§ 29. Für die Babylonier nimmt C. Schoch (*Planetentafeln* S. XLII) an, daß sie durch Beobachtung der Mondfinsternisse schon seit etwa 1500 v. C. für diese den Saros-Zyklos herausgefunden hätten, zumal da sich die Verspätung um $^1/_3$ Tag bei Mondfinsternissen, die zuerst einmal in der ersten Nachtwache, d. h. am Abend sichtbar gewesen sind, nur durch eine Verschiebung auf die dritte Nachtwache, d. h. gegen Morgen, nach 18 Jahren bemerkbar macht. Durch Keilschrift-Texte ist aber bisher hierfür noch kein Beweis erbracht worden.

Anders dagegen für die Sargonidenzeit um 800 v. C. (vgl. ZfAssyr. NF 1 S. 297ff. Schnabel). In den astrolog. Berichten der königlichen Astronomen werden Mondfinsternisse angekündigt, sogar der Grad der Verfinsterung und die Zeit der Erscheinung werden vorher angegeben. Daß man sie tatsächlich vorausberechnete, geht daraus hervor, daß auch eine „nicht berechnete" angezeigt wird. 100 Jahre später, in dem ältesten babyl. Beobachtungstext vom J. 568/7 v. C., wird von einer Mondfinsternis berichtet, daß sie nicht sichtbar war. Beide Finsternisse, die nicht berechnete und die nicht sichtbare, liegen in einem Zyklos, bei dem mehrere Saros-Perioden vorher keine Finsternisse beobachtet worden waren. Die assyr. wird deswegen als nicht berechnet angegeben, weil sie aus keiner 18 oder 2—3—4mal 18 Jahre vorhergehenden errechnet werden konnte. Die babyl. ist aber irgendwie berechnet worden, sonst hätte man von ihr keine Kenntnis besitzen können, da sie nicht sichtbar war. Nun kann sie aber aus einem Saros-Zyklos nicht berechnet sein, da die 18 Jahre und die 2mal 18 Jahre zurückliegende des gleichen Zyklos in Babylon nicht sichtbar waren. Schnabel (a. a. O. S. 317) meint daher, sie sei auf anderem Wege errechnet worden, und zwar mit Hilfe von ähnlichen Methoden, wie sie mehrere Jahrzehnte später Naburiannu in seinem System (s. § 25) anwandte.

Vorausberechnungen von Sonnenfinsternissen finden sich dagegen erst seit der 2. Hälfte des 1. Jht. v. C. (vgl. z. B. Kugler *Sternkunde* I 88/9). Die Angabe bei Diodor (II 31), die Babylonier hätten sie nicht vorausgesagt und chronol. festgelegt, trifft deshalb nicht zu. Beobachtet wurden sie natürlich schon lange Zeit vorher, so ist die im assyr. Eponymen-Kanon für das Eponymat des Bur-sagale verzeichnete vom J. 763 v. C. der Fixpunkt für die ganze assyr. Chronologie des 1. Jht. v. C. — S. Herrscherliste B § 9.

d) Vorstellungen der Babylonier vom Monde.

§ 30. Über Theorien der Babylonier vom Monde kennen wir aus Keilschrift-Nachrichten nichts, doch erfahren wir einiges darüber aus Diodor und Berossos' Fragmenten (Schnabel *Berossos* S. 211, 256ff.). Bei Diodor heißt es, der Mond empfange fremdes Licht, und seine Finsternisse entständen durch den Schatten der Erde. Berossos sagt dagegen, der Mond habe zur Hälfte eigenes Licht, zur Hälfte sei er dunkel; er sei eine Kugel, habe eine Längsbewegung wie der Kosmos und eine Breitenbewegung wie die 5 Planeten und eine um die eigene Achse, wobei er seine verschiedenen Teile der Sonne zuwende und dabei (für den Erdbewohner) zu- und wieder abnehme, was einen synodischen Monat dauere. Die Mondfinsternisse werden angeblich nach Berossos (Schnabel a. a. O. S. 211) durch den Erdschatten verursacht, wenn der Mond die ganze Lichthalbkugel der Erde zukehre, d. h. wenn Vollmond ist. Doch schon der alte Überlieferer dieses Zitats (falls Berossos hier überhaupt gemeint ist), Kleomedes (Schnabel a. a. O. S. 102f., 257f.) oder seine Quelle Poseidonios, bemerkt zu der eben angeführten Lehre ganz richtig, daß dies im Widerspruch steht zu seiner anderen Lehre, daß er halbfeurig sei; denn in diesem Falle müßte er ja im Erdschatten erst recht leuchten! Die Lehre von den Finsternissen geht daher wohl nicht auf Berossos, sondern auf eine andere babyl. Schule zurück. Da Berossos aus Babylon stammt und dementsprechend auch die Lehre der Schule von Babylon-Borsippa vertreten haben wird, dürfte die richtige Lehre von den Finsternissen, die wir eben kennenlernten, und die auch bei Diodor überliefert ist, womöglich auf die Schule von Sippar zurückgehen, deren wahrscheinlich von Kidinnu begründetes System, wie wir oben § 15, 18 gesehen haben, fortgeschrittener war als das der Schule von Babylon. Auch diese Nachrichten der griech. Autoren bedürfen noch der Kontrolle und Bestätigung durch einheimische, keilschriftliche Urkunden.

e) Die fünf Planeten.

§ 31. Von den fünf bis auf die Neuzeit bekannten Planeten erkannten und beobachteten die Babylonier die Venus schon sehr früh und gut. Aus den Beobachtungen dieses Planeten zur Zeit Ammizadugas von Babylon können wir den Fixpunkt für die altbabyl. Chronologie gewinnen (s. Herrscherliste B § 10a). Damals müssen die Babylonier wohl auch schon die Identität von Abend- und Morgenstern gekannt haben, da sie beide mit dem gleichen Namen bezeichnen (vgl. auch Kugler *Sternkunde* II 257ff.). Ob sie auch die synodische Venus-Periode schon zu jener Zeit aus den Beobachtungen abgeleitet haben, ist recht fraglich; spätestens zur Zeit Assurbanipals jedoch war sie ihnen bekannt, wenn auch mit einem kleinen Fehler: statt 584 Tage nahmen sie 587 Tage für den synodischen Umlauf an (Kugler *Ergänz.* S. 109ff.).

§ 32. In den Berichten der Hof-Astronomen der Sargoniden um 700 v. C. lernen wir sämtliche Planeten kennen; aus ihrer Stellung zueinander wird an Hand des alten astrologischen „Handbuches" *Enuma Anu Enlil*,

a

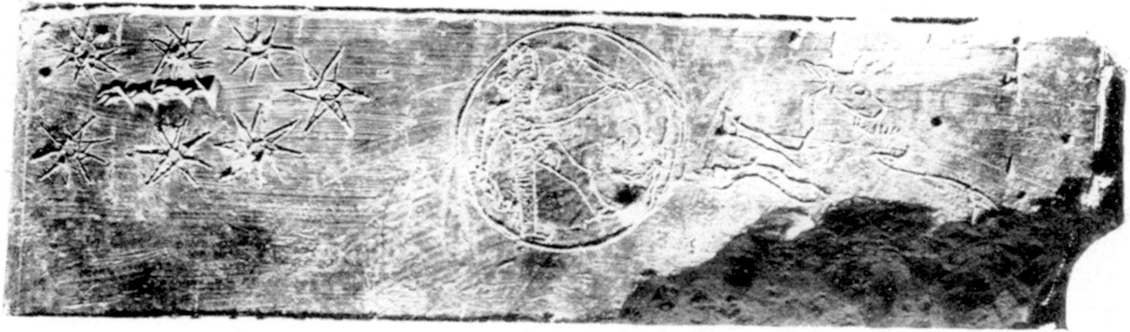

b

c

Stern B. Vorderasien

Zeichnungen von Sternbildern auf Tontafeln aus spätbabylonischer Zeit. Nach Weidner.

in dem die Deutung fast sämtlicher Konstellationen sich verzeichnet findet, die Zukunft gedeutet (Meissner *Babylonien und Assyrien* II [1925] S. 247ff.). Die Planeten werden als *bibbu* „Böcke" bezeichnet, womit ihre unregelmäßige und damals nicht zu berechnende Bahn gekennzeichnet wird. Hatte man spätestens schon zur Sargonidenzeit, wie wir eben (§ 31) sahen, Kenntnis vom synodischen Umlauf der Venus, so besaß man über den Jupiterlauf und erst recht über den des Mars, Merkur und Saturn gar keine rechte Vorstellung (Kugler *Sternkunde* II 19ff.). Vielleicht wurden aber schon Phasen der Venus und des Mars zur Zeit Assurbanipals beobachtet (OLZ 1912 S. 318f.; ebd. 1913 S. 303f.); denn von beiden Planeten wird die Erscheinung von „Hörnern" angegeben, d. h. wohl der sichelförmigen, gerade beschienenen Hälfte der Planeten (Weidner *Alter u. Bedeutung* S. 91f.; dagegen jedoch ZDMG 73 S. 161ff. Ungnad). Die Planeten haben z. T. mehrere Namen; auf Venus werden die vielfachen Namen der Göttin Ištar (s. d.), deren Gestirn sie ist, bisweilen übertragen. In späterer Zeit heißt sie *Dilbat*, welchen Namen auch Berossos den Griechen als Δελεφατ überliefert hat. Jupiter heißt je nach seinem Stande am Himmel *Šulpa'e, Sagmegar, Nêbiru*; später *Mulu-babbar* „weißer Stern", bei Berossos als Μολοβαβαρ überliefert. Saturn wird wegen seiner langsamen Bewegung *Kajamânu* „der Beständige" genannt, Mars *Zalbatânu*, Merkur wegen seiner schwierigen Bahnbeobachtung kurzweg der *Bibbu* „Bock", später wohl auch *Šâḫiṭu*, das wahrscheinlich bei Berossos als Σεχες wiedergegeben ist und „Springer" bedeutet.

§ 33. Seit der 2. Hälfte des 1. Jht. werden die Planeten mit ähnlichen Methoden berechnet wie der Mond. Man hat hierbei ihre synodischen wie siderischen Umläufe gefunden und ihre Bahnen vorausbestimmt (Kugler *Sternkunde* I 41ff., 117ff.; II 577ff.; ders. *Mondrechnung* S. 207ff.; ZfAssyr. NF 1 S. 99ff., 111 Schnabel). Für diese Berechnungen gab es wie bei den Mondberechnungen verschiedene Systeme, die wahrscheinlich ebenso wie bei diesen auf verschiedene Schulen zurückgingen (Kugler *Mondrechnung* S. 209).

VII. Sonstige Himmelskörper und -erscheinungen.

§ 34. Außer Fixsternen und Planeten sind von den Babyloniern auch Kometen: *Mul Uga* „Rabenstern" oder *muttaprišu* „Geflügelter", beobachtet worden (Jensen *Kosmologie* S. 152ff.; Amer. Journ. of Sem. Lang. 40 S. 205). Meteore sind vielleicht schon früh festgestellt worden, wenn eine Stelle im Gilgamesch-Epos aus der Zeit vor 2000 v. C. richtig gedeutet ist (Meissner *Babylonien und Assyrien* II 192, 265, 402).

§ 35. Nach babyl. Auffassung gehören zur Himmelskunde weiterhin die atmosphärischen Erscheinungen. So der Regenbogen, *marratu* „Ring" (?; Amer. Journ. Sem. Lang. 40 S. 206); ferner Halos, Sonnen- und Mondhöfe und -ringe, während bei Planeten und Fixsternen derartige Erscheinungen seltener zu erkennen sind. Bestimmte kranzartige Halos werden *agû* „Krone" und *pâšu* „Axt", andere ebenso wie von uns *tarbaṣu, uṣurtu, supuru* „Hof, Hürde" genannt; ein Halo mit Horizontalkreis wird als *nâru* „Strom" bezeichnet. Wohlbekannt waren die Nebensonnen, *šamšatu*. Alle diese Erscheinungen lernen wir zumeist erst in der Sargonidenzeit kennen (Weidner *Beiträge zur babyl. Astronomie* 1911; Babyloniaca 4 und 6 passim ders.; Kugler *Sternkunde* II 95ff.; ZDMG 73 S. 165ff. Ungnad).

§ 36. Beachtung fand auch die Farbe der Gestirne bei den Babyloniern. So wird der Planet Jupiter wegen seiner Farbe der „weiße Stern" genannt (s. § 32). Recht auffällig ist aber, daß manche Gestirne, die heute weiß sind, als rot bezeichnet werden, so z. B. der Sirius. Das ist aber unmöglich, da ein roter Stern nicht weiß werden kann, was allen astrophysikalischen Gesetzen widerspricht (Schoch *Planetentafeln* S. XXXIf.). Kugler allerdings (*Sternkunde* I 242ff.) scheint an die Möglichkeit dieses Farbenwechsels zu glauben. Vgl. ferner ZDMG 73 S. 165 Ungnad; Bezold in F. Boll *Antike Beobachtungen farbiger Sterne* 1916 S. 139ff.

VIII. Astrologie.

§ 37. Die Sternkunde wurde im alten Mesopotamien nicht um ihrer selbst willen gepflegt. Wohl seit den ältesten Zeiten schon wurden die

Sterne wie andere Erscheinungen des irdischen Lebens daraufhin beobachtet, wie man aus ihrem Erscheinen, Verschwinden, ihren Verfinsterungen usw. den Willen der Gottheit und die Zukunft feststellen könnte. Bereits der Fürst Gudea von Lagasch (s.d.; um 2500) erzählt von seiner Göttin Nisaba, daß sie die Tafel des guten Himmelsgestirns besäße und die Bedeutung der Zahlen kenne; hieraus geht deutlich die Beziehung der Gottheit zu den Gestirnen und die Beachtung, die man ihnen schenkte, hervor (Meissner *Babylonien und Assyrien* II 256). So beruht unsere Kenntnis der Sternkunde in Babylonien und Assyrien bis zur Mitte des 1. Jht. v.C. fast ausschließlich auf Texten, die zu astrologischen Zwecken verfaßt sind. Das Hauptwerk dieser Richtung war die Serie *Enuma Anu Enlil*, die zahlreiche Tafeln umfaßt. In ihr sind nicht nur Himmelserscheinungen behandelt, sondern auch meteorologische, die, wie wir schon (§ 35) sahen, die Babylonier als zur Himmelskunde gehörig empfanden. Das Werk wird wohl in längeren Zeiträumen zusammengestellt worden sein. Wie alt einzelne Abschnitte sein können, beweist die Tatsache, daß die Venus-Beobachtungen aus der Zeit Ammizadugas (s. § 31) in das Werk aufgenommen worden sind. Wann das allerdings geschehen ist, wissen wir nicht. Ein anderer Abschnitt in ihm über Wettererscheinungen und deren Folgen ist schon für die Kassitenzeit, Mitte des 2. Jht. v.C., belegt (OLZ 1912 S. 446ff. A. Ungnad). Ein Abschnitt über Mond-Omina findet sich in einem hettit. Text aus etwas späterer Zeit vor (J. Friedrich *Aus dem hettit. Schrifttum* II 27f.). Ein anderes Werk über Sternkunde, die zweitafelige Serie *Mul Apin*, ist, wie man durch Berechnung nachweisen kann, um 800 v. C. zusammengestellt worden (ZfAssyr. NF 2 S. 122; ebd. NF 3 S. 43 Schnabel), doch gehen die Materialien der Serie z. T. auf frühere Zeiten zurück. Jedoch auch dieses in der Hauptsache Tatsachen behandelnde Werk hat astrologischen Zwecken gedient. Nachwirkungen der babyl. Astrologie, wie sie uns aus dem Werke *Enuma Anu Enlil* bekannt ist, finden sich bis gegen die byzantinische Zeit in der griech. Literatur (C. Bezold und F. Boll *Reflexe astrologischer Keilinschriften bei griech. Schriftstellern* Sitzungsber. Heidelb. Akad. 1911). Aus ihr wird sie sich dann wohl weiter ins Abendland verbreitet haben.

§ 38. Wie man für einzelne Ereignisse die Zukunft auf Grund von Sternkonstellationen zu ergründen versuchte, so ging man auch dazu über, durch die Stellung des Horoskops, die Feststellung des Gestirnstandes bei der Geburt, den Verlauf des ganzen Lebens eines Menschen zu ergründen. Vorläufer dieses Gedankens finden sich in einem hettit. Texte aus Boghasköj aus der 2. Hälfte des 2. Jht. v. C., in dem aus dem Monat der Geburt des Kindes auf sein Leben gedeutet wird. Aber erst aus der Seleukiden- und Arsakidenzeit sind auch Geburts-Horoskope erhalten, die die Gestirnstellung bei der Geburt eines Knaben verzeichnen, ja in einem wird sogar das Horoskop für die Empfängnis gestellt! (vgl. hierüber: Kugler *Sternkunde* II 554ff.). Aus etwa der gleichen Epoche stammt auch ein längerer Text, in dem die Bedeutung der Planeten bei der Geburt eines Kindes erörtert wird (Klio 19 S. 432—434 Meissner). Derartiges findet sich später im Orient wieder. Die Griechen kennen und schätzen die „Chaldäer", wie sie die Babylonier nach dem Volke benennen, dessen Herrscher Babylon zuletzt als selbständiges Reich besessen haben, besonders wegen ihrer Genethlialogie in hellenistischer Zeit hoch, während sie ihre wissenschaftlichen Leistungen wohl auch anerkennen und benutzen, aber nicht besonderen Lobes für wert erachten.

§ 39. Wie die Genethlialogie ist auch die Lehre von der „Erhöhung" einzelner Planeten, der Verstärkung ihrer Wirkung, wenn sie in bestimmten Graden von Sternbildern (des Tierkreises) stehen, babyl. Ursprungs; spätestens unter den Sargoniden ist die Lehre bekannt, daß in gewissen Tierkreis-Bildern die Planeten ihr ὕψωμα, wie der Grieche sagt, finden (OLZ 1913 S. 208ff.; ebd. 1919 S. 10ff. Weidner). So hat die Sonne ihr Hypsoma im „Lohndiener" (= Widder), der Mond im „Greis" (= Perseus, der den nicht allzu weit abstehenden Stier vertritt), die Venus im Löwen oder in den Fischen, Merkur in der Ähre (= Jungfrau), Mars in der „Ziege"

(= Steinbock), Jupiter im „Zimmermann" (= Krebs), Saturn in der Wage. Dies stimmt mit der griech. Lehre in der Hauptsache überein.

§ 40. Für die Beziehung der Himmelserscheinungen auf die einzelnen altorient. Länder war der Himmel entsprechend den damaligen geogr. Kenntnissen in vier Weltteile eingeteilt: Akkad (s. d.), Elam (s. d.), Subartu und Amurru (s. Amurrû). Auch die Flüsse Euphrat und Tigris suchte man am Himmel wieder (Revue d'Assyr. 14 S. 21); und die an ihnen liegenden großen Städte waren mit bestimmten Sternen gleichgesetzt, so Sippar (s. d.) mit dem Krebs, Nippur (s. d.) mit dem großen Bär, Babylon (s. d.) mit dem Widder und Cetus, ferner Assur (s. Aššûr) und Susa (s. d.) mit anderen Sternen (*Cuneiform Texts* XIX 19a, 58ff.).

Aber selbst die großen Gestirne Sonne und Mond waren, da oft nur ein Teil ihrer Scheibe verfinstert oder sonstwie betroffen war, in 4 Weltteile zerlegt. Die Mondscheibe teilten die Babylonier in die vier Quadranten: Subartu und Gutium (=Norden), Amurru (= Westen), Akkad (= Süden) Elam (= Osten), während die Assyrer, da sie Akkad als Teil ihres Reiches betrachteten, die Abschnitte etwas anders verteilten: Urartu (= Norden), Amurru (=Westen), Elam (= Süden), Subartu (= Osten; ZfAssyr. NF 1 S. 304). Ähnlich teilte man auch die Sonne ein: Elam (= Norden), Amurru (=Westen), Akkad (= Süden), Subartu (= Osten), wobei Elam und Subartu anscheinend vertauscht sind (A. Jeremias *Handbuch der altoriental. Geisteskultur* 1913 S. 192). Ähnlich wurden auch die Planetenseiten bestimmten Ländern zugewiesen (Ch. Virolleaud *L'astrologie chaldéenne* II Suppl. transcr. S. 63, 74).

IX. Sternbilderdarstellungen.

§ 41. Wie sich die Babylonier die Sterne zu Bildern gruppierten und diese weiter ausgestalteten, ist uns in einem Text aus Assur aus der 1. Hälfte des 1. Jht. v. C. überliefert. Teilweise haben sie gleiche oder ähnliche Bilder besessen wie später die Griechen und Römer und auch wir heutzutage noch (Archiv für Orientforschung 4 S. 73ff. Weidner). In dieser Himmelsbeschreibung sind auch zwei Sternbilder beschrieben, die in genau derselben Art, wie sie a. a. O. beschrieben sind, auch auf den sog. Kudurrus (s. Grenzstein) dargestellt werden: Der Hund der Gula, vor ihr sitzend (Band IV Tf. 205 a). Man hat früher lange vermutet, daß die Grenzsteinsymbole astralen Charakter besäßen, ja daß sogar der Tierkreis auf den Grenzsteinen abgebildet sei (Jeremias *Handbuch* S. 104ff.; vgl. a. W. J. Hinke *A new boundary stone of Nebuchadrezzar I. from Nippur* 1907 S. 71ff.). Dem ist aber zu widersprechen; daß die Bilder auf den Kudurrus z. T. identisch sind mit Bildern des Himmels, wie sie der eben erwähnte Text beschreibt, kann nicht bezweifelt werden. Doch ist damit durchaus nicht gesagt, daß die Grenzstein-Bilder astralen Charakters sind, ja sogar den Tierkreis darstellen. Der Vorgang ist vielmehr so zu deuten, daß die Götter, die als Zeugen für die auf dem Kudurru aufgeschriebene Urkunde angerufen sind, unter bestimmten Symbolen gedacht und dargestellt werden. Als die Götter mit den Himmels-Erscheinungen immer mehr in Zusammenhang gebracht wurden — der Zusammenhang zwischen Gott und Stern ist sehr alt, da für sie beide das gleiche Keilschriftzeichen benutzt wird —, hat man die Götter oder ihre Symbole auch am Himmel wiedererkennen wollen. Werden doch Sonne, Mond, später auch Venus und Siebengestirn als Götter aufgefaßt und selbstverständlich unter ihren Gestirnsymbolen abgebildet (s. Göttersymbol E 1). Der Himmel wurde mit den allg. bekannten göttlichen Wesen und Gegenständen besonders gern erfüllt, wobei man nach deren Bildern die Sterne zusammenfaßte. Hierbei muß man mit großer Phantasie vorgegangen sein, da nur wenige Gestirne ohne weiteres ein deutliches Bild verkörpern. Dem astralen Charakter der Grenzsteinbilder widerspricht aber auch der Umstand, daß man auf ihnen nur Darstellungen antrifft, die wirklich für die Götter als Symbole bezeugt sind, während viele andere Sternbilder, z. B. des Tierkreises, der ja ziemlich spät erst richtig erkannt wurde (s. § 12), gar nicht vorkommen, weil sie eben keine Göttersymbole sind; umgekehrt kommen natürlich Göttersymbole auf Grenzsteinen vor, die nicht am Himmel ihren Platz gefunden haben. So sind also die Götter und ihre Symbole zuerst dagewesen und dargestellt worden, und dann erst hat man ihnen einen Platz am Himmel zugewiesen (A. Ungnad *Kulturfragen* II [1923] S. 7/8). S. a. Göttersymbol E 1, Mischwesen.

§ 42. Darstellungen von Bildern des Tierkreises und in seiner Nähe befindlichen Sternbildern finden sich auf Tontafeln aus der Seleukidenzeit eingeritzt (s. Tf. 107^{B}). Einige dieser Zeichnungen gehen auf ältere Vorlagen zurück, so der Löwe und die Schlange unter ihm; eine andere, wie der Mann im Monde, der den Löwen packt, zeigt wohl schon hellenistisch-persischen Einfluß. Dargestellt sind: Siebengestirn, Mond, Stier, Jupiter, Löwe, Schlange (Hydra), Rabe, Merkur, Jungfrau mit der Ähre in der Hand. Nach Weidner (Archiv für Orientforsch. 4 S. 73/74) handelt es sich um die Darstellung von Planeten in ihren Hypsomata (s. § 39). D. Opitz

Stettin (Pommern). Urnenfeld auf dem Zentralfriedhof sw. der Stadt. Ausgegraben im J. 1907, Funde in Stettin. Urnen ohne Steinschutz, einige in Branderde; ohne Beigefäße. Gebeine gereinigt. Urnen in mittlerem Lausitzer Stil, mit Kehlstreifen, und im Göritzer Stil: hohe Töpfe mit geschwungener Wandung, konischem Halse, ausgebogenem Rande (s. Göritzer Typus; ZfEthn. 1903 S. 186 Abb. 52f. Voß). Ornamente aus Schrägstrichzonen u. ä. unterhalb des Halses, z. T. auf den Kehlstreifen; auch Aurither Einfluß (dünne Linien mit Punktsaum) merkbar (s. Aurither Typus). Beigaben: Schwanenhalsnadeln (s. d.) aus Bronze oder Eisen, Bronzemesser jüngster Form, Pinzette, kleine Ringe usw.

Wichtiges Grabfeld der ältesten EZ (Montelius VI), die auf dem Oderwege Pommern erreicht. Andere Felder der Art in Pommern w. der Persante, z. B. Schwenenz, Kr. Randow; Jägersfelde und Pakulent, Kr. Greifenhagen; Finkenwalde und Völschendorf bei Stettin; Falkenburg, Kr. Dramburg (Balt. Stud. 39 S. 90 Schumann). Über gleichzeitige Depotfunde s. Billerbeck.

Pomm. Monatsblätter 1914 S. 97 A. Stubenrauch. R. Beltz

Steuer. Regelmäßige und festabgemessene Steuerleistungen in unserem Sinne — mögen sie in naturalia oder Geld bestehen — kommen erst in archaischen Staatswesen mit fester, auf Beamtentum fußender Autorität vor. Die Abgaben, die von abhängigen Familien oder Sippen (s. Höriger A, Kaste A) sonst geleistet werden, tragen den Charakter von Tributen (s. d.) oder von Dienstleistungen (s. Lehen, Politische Entwicklung, Staat). Thurnwald

Steuerung. § 1. Die heutige Form des in Scharnieren am Achtersteven eingehängten Steuers ist nicht älter als das 13. Jh. n. C. Bei Ruderschiffen ist die Anbringung eines besonderen Steuer-Apparates kein zwingendes Bedürfnis, da die Rojer durch Verstärkung oder Verminderung des Schlages und durch „Streichen“ alle Bewegungen ausführen können. Erst das Segelschiff verlangt eine besondere Steuerung, die während des ganzen Altertums vermittels eines Remensteuers ausgeführt wurde. Der Steuerremen war meist größer als die zur Fortbewegung dienenden, hatte vor allem ein größeres Blatt, um möglichst starken Gegendruck zu erzeugen. An und für sich würde auch bei Bordsteuerung ein einziger Steuerremen genügen und hat vielfach auch genügt; von seiner Anbringung auf der rechten Bordseite heißt diese noch heute „Steuerbord“. Für die gleichmäßig sichere Ausführung aller Schiffsmanöver nach beiden Seiten bot jedoch die Anbringung eines zweiten Steuerruders an Backbord erhebliche Vorteile, die man in Ägypten (wo man teilweise an jeder Bordseite 3 Steuer anbrachte) früher erkannte und ausnutzte (Band XI Tf. 66a) als in Griechenland, wo die myk. Schiffe nur ein Steuer zu haben scheinen (Band XI Tf. 62a), während die Bilder der geometrischen Vasen deutlich deren zwei zeigen (Band XI Tf. 63d).

§ 2. Die Bedienung des Steuerruders stellte besonders bei hohler See an die Körperkräfte des Rudergängers übermenschliche Ansprüche, wenn das schwere Ruder ganz lose auf der Bordwand hätte liegen müssen; man legte es deswegen in eine in die Bordwand eingeschnittene Führung und hielt es mit einem kräftigen Taustropp oder einer „Sorgleine“, die im Blatt des Ruders befestigt war. Man betätigte den Steuerungsapparat somit weniger durch das ungemein anstrengende Ausschwenken des ganzen Apparates als durch Kanten des Blattes allein. Zur weiteren Erleichterung der Bedienung wurde schon früh (in Ägypten bereits an Schiffen des AR, in Griechenland an den Kykladenschiffen [Band XI Tf. 61]) an dem dicken Schaft ein dünnerer Stab angebracht, die „Pinne". An äg. Schiffen ist der Schaft des Ruders, um die Hebelwirkung möglichst auszunutzen, hoch über die Bordwand hinausgeführt und ruht auf einem Bockgestell. Die Pinne hängt dabei senkrecht nach unten und ist in dieser Lage sehr bequem zu handhaben. Aus einigen Bildern gewinnt man den Eindruck, als wäre die Steuereinrichtung so beschaffen, daß beide Ruder, das an Steuer- wie das an Backbord, durch eine Querverbindung gleichzeitig betätigt werden konnten. Einige Modelle altäg. Schiffe haben nur ein einziges Ruder, das in der Kiellinie angebracht ist und auf dem Achtersteven aufliegt, doch noch nicht in Scharnieren an diesem hängt, immerhin eine Steuereinrichtung, die der des heutigen Stevensteuers bereits sehr nahe steht, sich aber sichtlich nicht eingebürgert hat. Die griech. und röm. Schiffe haben durchweg die kurze, nach oben stehende Pinne und verschiedene Vorrichtungen, den Steuerapparat an der Bordwand zu befestigen oder gegen feindliche Einwirkungen zu schützen. Bei den etrusk. Schiffen (Band XI Tf. 64c) ist die kurze Pinne dem Vorschiff zugekehrt; der Schaft des Steuerruders läuft durch einen außen an die Bordwand aufgesetzten Klotz, so daß auch hier die Steuerung durch bloße Drehung des Blattes und nicht durch Ausschwenken des ganzen Geschirrs betätigt werden konnte (Röm. Mitt. 34 [1919] S. 8ff. F. Behn).

§ 3. Während die s. Schiffe normalerweise ein doppeltes Steuergeschirr, eines auf jeder Seite des Achterstevens, die äg. sogar bis zu drei Paaren benötigten, kamen die germ. mit einem einzigen Ruder aus. Im Nydamer Boote besteht dieses aus einem kurzen, kräftigen Remen mit stark verbreitertem Blatt, das eine Durchbohrung zur Aufnahme der „Sorgleine" und eine an der Innenseite angesetzte, als Fender dienende kurze Leiste hat. Am Kopf sitzt eine kurze Pinne; eine Auflagevorrichtung auf der Bordwand ist nicht zu erkennen, das Steuer mußte danach allein mit den Händen regiert werden.

Eine eigenartige Steuervorrichtung haben Einbäume (s. d.) der Schweizer Seen: ein Holzbrett („Striehe") wird mittels eines anhängenden schrägen Astes nach Bedarf rechts oder links an die Außenseite des Kahnes gehängt. Die gleichen Geräte fanden sich in den Pfahlbauten und wurden meist als Kleiderhaken erklärt, mögen jedoch sehr wohl dem gleichen nautischen Gebrauch gedient haben. S. a. Einbaum und Schiff.

F. Behn

Steven s. Schiff.

Stichel. Gravierinstrument aus Stein, mit kräftiger mittlerer oder seitlicher Spitzkante. S. die verschiedenen paläol. Industrien, besonders Aurignacien und Tardenoisien.

H. Obermaier

Stichverzierung s. Töpferei A § 13.

Sticken s. Textiltechnik A § 17.

Stiefel s. Kleidung.

Stiefelgefäß (Tf. 108). S. a. Band XIV Tf. 43^{E}1. — § 1. Verbreitung und Zeitstellung. Tongefäße in Stiefel-, Schuh- oder Fußform sind bereits aus der j. StZ bekannt und zwar sowohl in der neol. bemalten Keramik Südosteuropas (Koszyłowce [s. d.] und Biały Potok in Südostpolen, Schipenitz in der Bukowina, Kara Arnaud in Bulgarien) als in der Spiralmäanderkeramik (Mähren). Auch in der Aunjetitzer Kultur der frühen BZ kommen sie vereinzelt vor (Hodonice, Mähren). Häufiger werden sie aber erst in der jüngeren BZ und der frühen EZ. Als Ausgangspunkt der Entwicklung ist wohl in dieser Zeit Mittelitalien anzusehen, woher eine Reihe von S. bereits aus der Zeit um 1000—900 v. C. (EZ II. Per. Mont.) bekannt ist. Von hier aus hat sich diese Gefäßform schnell in nö. Richtung ausgebreitet und besonders auf dem Gebiet der „Lausitzer" Kultur Fuß gefaßt, wo sie schon in der jüngsten BZ auftritt (V. Per. Mont.), hauptsächlich jedoch für die ältere EZ typisch ist (Tf. 108e, f). Funde dieser Art sind hier aus Böhmen, Mähren, Niederösterreich, Schlesien, Posen, dem sö. Teil Brandenburgs und Sachsen bekannt. Außerhalb dieses Gebietes kommen S. gleichzeitig noch vereinzelt auf germ. Gebiet vor, und zwar im Saalegebiet (Staßfurt [Tf. 108a—d] und Halle-Giebichenstein), wo sie anscheinend aus der angrenzenden „Lausitzer" Kultur übernommen worden sind;

ferner auf thrak. Gebiet: in Ungarn und Bulgarien, wohin sie vielleicht ebenfalls durch Vermittlung der Lausitzer Kultur gelangt sind.

§ 2. Formenunterschiede. Der Form nach kommen neben Gefäßen, die eine mehr oder weniger naturgetreue Nachbildung eines Stiefels darstellen, solche vor, die im Oberteil eine bauchige Ausweitung besitzen (Tf. 108). Zu der ersten Gruppe gehören z. B. die Mehrzahl der ital. S. und die Gefäße von Jikev (Böhmen) und Katóhalom (Kom. Szabolcs, Ungarn), zur zweiten Gruppe die meisten „Lausitzer" Exemplare sowie das vollständig erhaltene von den zwei sächs.-thüring. Gefäßen.

Abseits stehen ein Paar Tongefäße, die im übrigen an die S. erinnern, deren Gefäßboden jedoch auf zwei kleinen menschlichen Füßen ruht (Leipzig-Connewitz, Pr. Sachsen; Eisgrub in Mähren und Statzendorf [s. d.] in Niederösterreich [Band IX Tf. 198d]). Auch die S. der neol. bemalten Keramik sind meist aus zwei stiefelähnlichen Bechern zusammengesetzt.

§ 3. Stiefelgefäße und vorgeschichtliches Schuhwerk. Die S., insbesondere diejenigen, die eine naturgetreue Nachbildung annehmen lassen, sind schon des öfteren (zuletzt von Girke) zur Erklärung der damaligen Schuhtracht herangezogen worden. Neben Stücken, die auf wirkliche Schaftstiefel schließen lassen (dazu gehören z. B. die oberital. Gefäße von Este), finden wir solche, die wahrscheinlich Nachahmungen von Sohlenschuhen (Gefäß von Vetulonia; s. d.) bzw. Riemenschuhen (Staßfurt, Halle-Giebichenstein) darstellen. Die meisten S., insbesondere die aus dem Gebiet der Lausitzer Kultur, werden jedoch wohl als Nachahmungen von reinen Bundschuhen (sog. *Opanken*) zu deuten sein.

Jahrb. Zentr.-Kom. 1 (1904) Rzehak; Ztschr. d. Ver. f. d. Geschichte Mährens u. Schlesiens 10 (1907) S. 249ff. ders.; Sächs. Jahresschr. 6 (1907) S. 106ff. Tf. 16 Reuß und Förtsch; G. Girke *Die Tracht der Germanen* Mannusbibl. 23 (1922) S. 57ff. Tf. 27—29; [Brandenburgia 34 (1925) S. 77 E. Sprockhoff; Sudeta 2 [1926] S. 22ff. I. Kern].

J. Kostrzewski

Stielspitze (paläolithische) s. Aurignacien, Solutréen.

Stier. S. a. Plastik B. — A. Ägäischer Kreis. Der S. erscheint schon im Neol. (kleine Tonfiguren), häufiger im FM, auf Insiegeln und als tönernes Gußgefäß, wohl schon mit kultischen Beziehungen; besonders gilt dies für Darstellungen von Stierspielen (s. Spiel A 2). Neben tönernen und bronzenen Stierfiguren sind seit MM III, vor allem aber im SM I—II, und ebenso im Myk., tönerne Stiere und Stierköpfe aus Metall, Stein, Ton in Gestalt von Rhyta (s. d.; Band VII Tf. 69) sehr häufig. Klare kultische Bedeutung zeigen Darstellungen von Stierköpfen mit Doppelbeilen zwischen den Hörnern: Siegel von Knossos (MM III), Vase von Pseira (Band II Tf. 210; SM I), Goldplättchen aus dem IV. Schachtgrab von Mykenai (SM I; danach das Doppelbeil in Gilliérons Nachbildung des Stierkopf-Rhytons gleicher Herkunft irrig ergänzt), auch noch auf einer SM III-Vase von Kypros (vgl. a. Band VII Tf. 182^{c}e). — Als Opfertier erscheint der S. auf dem Sarkophage von H. Triada (Band V Tf. 12, 13; s. Religion B). — Dazu seit MM III zahlreiche Stierbilder ohne besondere religiöse Bedeutung, auf Ringen und Gemmen: die S. allein oder von Löwen gejagt (so auch auf einem durchbrochenen Goldrelief aus dem III. myk. Schachtgrabe [Band VIII Tf. 127b]).

In der „geometr." Keramik sind Stierdarstellungen selten und spät, „geometrische" Figürchen aus Bronze und Ton häufig als Weihegaben.

FM: St. Xanthudides *Vaulted Tombs of Mesarà* Tf. 2, 7, 30, 37, 51; A. Evans *Palace Minos* I 44, 188; R. Seager *Explor. in Mochlos* S. 58ff. — Rhyta: Arch. Jahrb. 26 (1911) S. 249ff. Tf. 7ff. G. Karo; R. Seager *Excav. at Pseira* S. 23 Tf. 9. — Stierköpfe mit Doppelbeil: BSA 9 S. 114f.; R. Seager *Pseira* Tf. 7; Karo a. a. O. S. 252f.; Bosanquet-Dawkins *Unpubl. Obj. fr. Palaikastro Excav.* 1923 Tf. 12; Journ. Hell. Stud. 21 (1901) S. 107 A. Evans. — Spätere tönerne S.: Maraghiannis *Ant. crét.* I 15. — S. auf Gemmen und Ringen: z. B. A. Evans *Palace Minos* I 686ff.; A. Furtwängler *Ant. Gemmen* Tf. 2f.; H. Bossert *Altkreta*[2] Abb. 315ff. — Goldrelief: G. Rodenwaldt *Tiryns* II 130; Arch. Jahrb. 30 (1915) S. 310 K. Müller. — Geom. Vasen: E. Pfuhl *Malerei und Zeichn. d. Griechen* III Abb. 14. — Bronzen: *Olympia* IV Tf. 10ff.

G. Karo

B. Ägypten s. Religion C.

C. Vorderasien. § 1. Eine Gottheit S. (sumer. *Gud*) begegnet in den Keil-Inschriften mehrfach. Er wird [il] *Gud mâr il šamaš* =

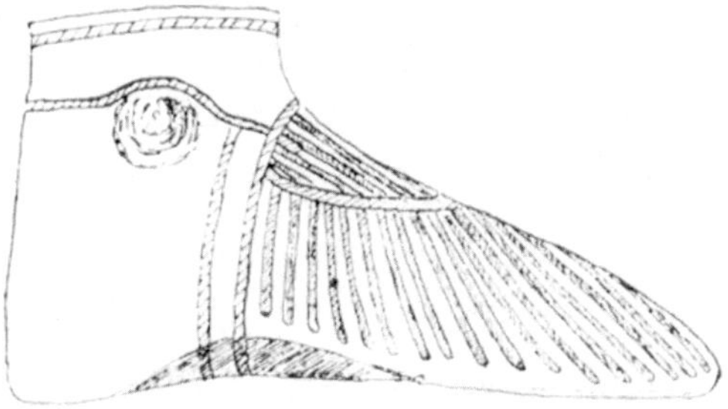

b

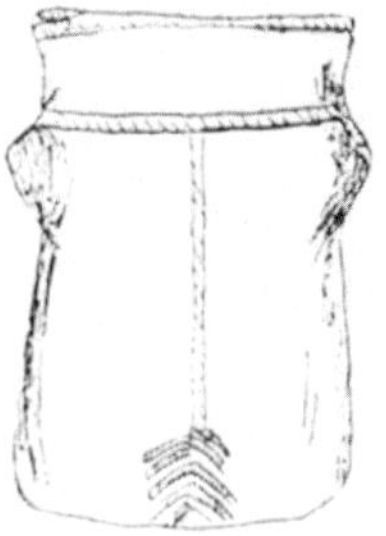

c

a

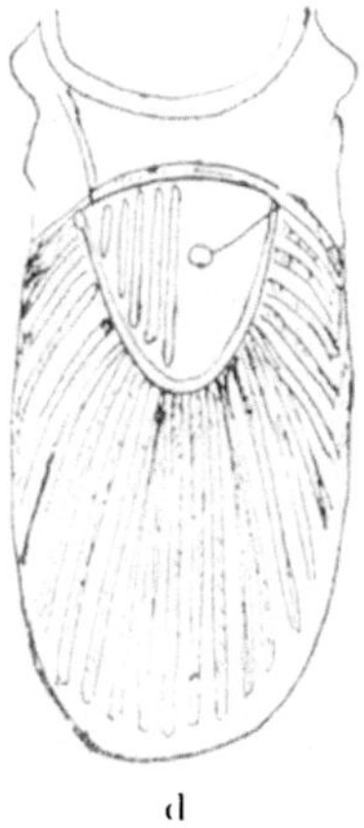

d

e

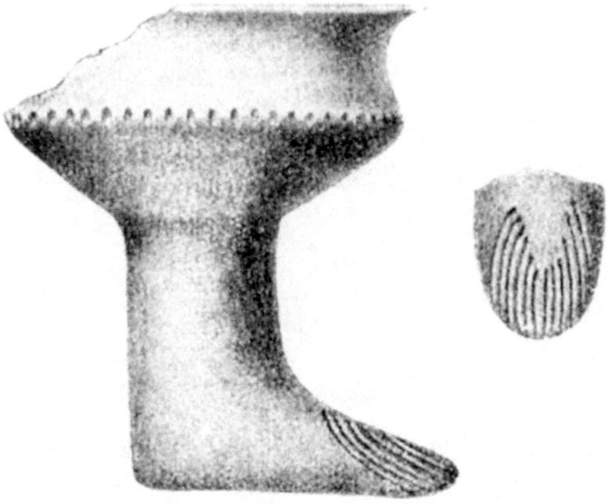

f

Stiefelgefäß

a—d. Staßfurt, Prov. Sachsen (Steinkiste, Galgenberg). H. 13,2 cm. Nach Sächs. Jahresschr. 6 (1907) und Girke *Tracht der Germanen.* — e. Biezdrowo, Kr. Samter, Posen. Ca. $^1/_3$ n. Gr. Nach Photographie. — f. Kostelitz, Böhmen. Ca. $^1/_2$ n. Gr. Nach Girke *Tracht der Germanen.*

„Stiergott, Sohn des Šamaš" genannt. Der König Sanherib stellte 4 solcher Stiergestalten aus Kupfer auf, die mit ihren Händen eine „Sonne" hochhielten und mit ihren Füßen auf zwei kupfernen *parakkê* standen (*Keilinschriften aus Assur historischen Inhalts* II [1922] S. 124, 8). An anderer Stelle wird ein Stiergott aus Gold und 4 aus Kupfer erwähnt (*Keilinschriften aus Assur verschiedenen Inhalts* 1920 S. 74, Vs. 5 und 7). Nach Ausweis eines Rituals (*Keilinschriften aus Assur religiösen Inhalts* III [1917] S. 137 Vs. 10) erhält er Opfer. Im altassyr. Gesetz muß der Zeuge, der jemand der Zauberei beschuldigt, seine Aussage mit einem Eide bei dem Stiergott bekräftigen (*Keilinschriften aus Assur versch. Inh.* s. o. 1 Col. VII 1 ff.).

§ 2. Von dieser Gottheit ist möglicherweise der sog. Himmelsstier zu trennen, den die Phantasie der Babylonier am Himmel in dem gleichnamigen Sternbild sah (s. Stern B). Dieser spielt im Gilgameš-Epos eine Rolle (s. Gilgamesch und Engidu). Er wird auf Betreiben der Ištar (s. d.) von Anu (s. d.) geschaffen und gegen Gilgameš und Engidu geschickt, von diesen aber erschlagen. Im Ritus des *kalû* (s. Priester D) wird eben dieser Stier geschlachtet, um das Herz Enlils zu beruhigen. Er wird auf eine Matte gestellt, das „Ozeanwort" wird ihm in das Ohr geflüstert, dann wird er niedergestoßen und mit seinem Fell der *lilissu* (= Kesselpauke), das Sinnbild des Herzens Enlils, bedeckt. Es sind bestimmte Anordnungen gegeben für das Aussehen des Stieres; er muß schwarz, ohne Flecken und tadellos sein. Daß dieser Stier mit dem Himmelsstier identisch ist, ergibt sich aus dem Inhalt der Texte Thureau-Dangin *Rituels Accadiens* Paris 1921 S. 24ff. und *Tablettes d'Uruk* Paris 1922 Nr. 47. S. a. Mischwesen.

§ 3. Es sei weiter auf die Tafel in ZfAssyr. 6 (1891) S. 241 ff. hingewiesen, welche beweist, daß der geschilderte Vorgang eine bestimmte Bedeutung für den kranken und sündigen Menschen hatte. Auch im Neujahrsfestritual von Babylon erscheint ein S., der geschlachtet wird, in der Rolle eines Gottes.

Inwieweit diese Dinge in altbabyl. Zeit hinaufreichen, läßt sich nicht sagen. Der S. als Symbol für göttliche Kraft ist mehrfach belegt. So wird vor allen Dingen Adad (s. d.) im S. symbolisiert. Er steht auf dem S., oder dieser liegt bei dem Blitzsymbol. Auch Sin (s. d.) und andere Götter heißen „Stiere".

Weitere Namen für Stiergötter findet man CT 25, 19 (K. 215), 2, 3 und AJSL 33 S. 177 Z. 125ff. — S. a. Götterbild E 1, Göttersymbol E 1.

K. Frank *Studien zur babylonischen Religion* 1911 S. 268ff.

Ebeling

D. Palästina-Syrien s. Rind C.

Stierfelshöhle (Býčískála-Höhle) s. Böhmen-Mähren E § 62.

Stierspiel s. Spiel A 2.

Stilentwicklung, Stilisierung s. Kunst, Primitive Kunst.

Stillfried (Niederösterreich). In der Umgebung des Ortes S., der hauptsächlich durch die große Wallanlage, die in der mittl. oder späteren RKZ eine gewisse Rolle gespielt zu haben scheint, eine nicht unbeträchtliche Bekanntheit erlangt hat, fanden sich Bestattungen der Lengyel (s. d.)-Kultur, verschiedene jungneol. Streufunde, zahlreiche Gräber, sowie Wohngruben der Aunjetitzer (s. d.) Kultur, Siedelungsfunde der j. BZ, ein größeres Urnengräberfeld der älteren und verschiedene Siedelungs- und Streufunde der j. HZ sowie endlich Siedelungsspuren der ganzen LTZ.

Die aus fast allen vorgesch. Per. Besiedelungsbelege tragenden, über die March und das anschließende Flachland dominierenden flachen Lößerhebungen haben dann in röm. und frühmittelalterlicher Zeit eine nicht unbedeutende Rolle in den Kriegen und Wanderungen als fester Stützpunkt gespielt.

R. Böhmker *Stillfried* Wien 1917 und die dort zitierte Literatur.

G. Kyrle

Stilwandel s. Kunst, Primitive Kunst.

Stoff. § 1. Die hervorragende Bedeutung des S. der verzierten Gegenstände für die Entwicklung der ornamentalen Kunst liegt unmittelbar in der natürlichen Gebundenheit des Ornaments an seinen Träger und damit in der stofflichen Einheit beider begründet. Der häufige Ersatz einer aus dem Süden eingedrungenen Gefäßmalerei, die den Ton teilweise unter einer Schicht aus fremder Substanz verbirgt, durch die Ritztechnik, die sich in dem gegebenen Stoff betätigt, erklärt sich schon ohne weiteres aus dem rein ornamentalen Charakter der alteurop. Kunst

(s. Gravierung A 1, Malerei A 1). — Die Entwicklung der bewegten, krummlinigen Ornamentik der BZ nach dem starren neol. Stil wurde zwar nicht durch die Einführung der Bronze allein bedingt — krummlinige Muster der neol. Bandkeramik! —, aber sie wurde doch zweifellos durch den neuen Stoff begünstigt und schon durch das geschweifte oder runde Profil der Geräte und Schmucksachen angeregt. — Eine so feine und zugleich entschiedene malerische Wirkung, wie sie der Gegensatz zwischen den gerauhtgemusterten und glänzend polierten Metallflächen oder schon das in flachstem Relief getriebene Muster hervorrief, wäre in der Keramik der j. StZ nicht zu erreichen gewesen; in dem verhältnismäßig groben Tongrund hätten sich die äußerst empfindlichen Formen namentlich der nord. Bronzezeitkunst überhaupt nicht entwickeln können. — Dagegen erklärt sich die in der EZ vielfach schmucklose Gestaltung der Waffen und Nutzgeräte zusammen mit einer um so reicheren Ausstattung des Bronze- oder Goldschmucks zum Teil schon aus dem schmuckfeindlichen Charakter des Eisens: die Bronze und damit das Bronzegerät hatte zugleich Schmuckwert und eignete sich vorzüglich zur weiteren Verzierung, das Eisen war ausschließlich Nutzmaterial.

§ 2. Umgekehrt äußert sich die Entwicklung des Ornaments u. a. auch in einer zunehmenden stofflichen Befreiung von den geschmückten Gegenständen. Jede Art von Inkrustation (Kalkeinlagen, Harzkitt [s. Harz], Zinnstifte, Koralle [s. d.], Email [s. d.] usw.) bedeutet eine stoffliche Differenzierung zwischen Verzierung und verziertem Gegenstand; in dem Maße, wie die fremde Einlage sich die Grundfläche erobert, drängt sie auch die Substanz des geschmückten Körpers zurück (s. Einlage). Auch steht es dem Ornament frei, sich den Gegenständen zuzuwenden, die ihm stofflich am meisten zusagen: die auffallende Beschränkung der nord. Kunst der BZ auf die Verzierung der Bronzen beruht zweifellos auf der Tatsache, daß das homogene Metall sich viel besser zur Betätigung des neuen, verfeinerten Formsinnes eignete als der Ton. — Aus rein künstlerischen Gründen erfolgte oft eine Veredlung des Grundstoffes selber: schon in der j. StZ, dann namentlich in der BZ und EZ wird der Ton der Gefäße feiner geschlämmt, als es der praktische Zweck erforderte, die Oberfläche wird durch Schmauchung, später Graphitierung (s. Graphit), geschwärzt und poliert, oder auch die Gefäße erhalten einen feinen Schlicküberzug. — Von Italien bis Skandinavien kann schon in der frühen BZ die Fläche der Bronzen mit Goldblatt belegt werden (s. Vergolden). — Die zunehmende Vorliebe für optische Gegensätze und farbige Wirkung führt naturgemäß zur gleichzeitigen Verwendung verschiedener Stoffe. Neben den mannigfachen Einlagen ist hier u. a. an die häufige Verschalung der Schwertgriffe mit Knochen-, Hornplatten usw. seit dem Ende der II. Per. Mont. der BZ zu denken, an die Einbürgerung der polychromen Gefäßbemalung in der HZ, an die Durchbrucharbeiten (s. d.), die sehr oft durch den stofflich-farbigen Gegensatz der Unterlage und der durchbrochenen Körperfläche wirken. Mit der abwechselnden Verwendung von Gold — seltener Silber —, Bronze, Eisen, der Gold- und Bronzeplattierung auf Eisen (s. Plattieren), der Koralle und des Emails, des Bernsteins (s. d.) und anderer organischen Substanzen, des farbigen Glases (s. d.) usw. hat diese stoffliche Bereicherung und stoffliche Autonomie der Zierkunst in der LTZ zweifellos ihren Höhepunkt erreicht.

F. A. v. Scheltema

Stollenarmring (Stollenarmband; Bronzezeit, II.—III. Per.; Tf. 109). § 1. Mit diesem Namen werden Bronze-Armringe und -Armbänder bezeichnet, deren verjüngte Enden eine stollenförmige Aufbiegung aufweisen. Im übrigen unterscheiden sich diese Ringe sowohl durch die Form des Mittelstücks als durch ihre Verzierung.

§ 2. Eine sehr charakteristische Gruppe bilden zunächst die längsgerippten Stollenarmbänder (Tf. 109a), die ziemlich dünn gegossen sind, einen mehr oder weniger breiten, bandartigen, nach der Mitte zu verbreiterten, eiförmigen Körper besitzen und auf der Außenseite mit 3—7 längsverlaufenden, rundlichen Rippen verziert sind. Bisweilen sind einige oder auch alle Rippen mit kurzen Querstrichen ornamentiert, vereinzelt weisen die Ringe auf der Mittelrippe spitzovale Muster aus eingeschlagenen, senkrechten Strichen auf, die augenscheinlich von dem weiter unten beschriebenen Typus

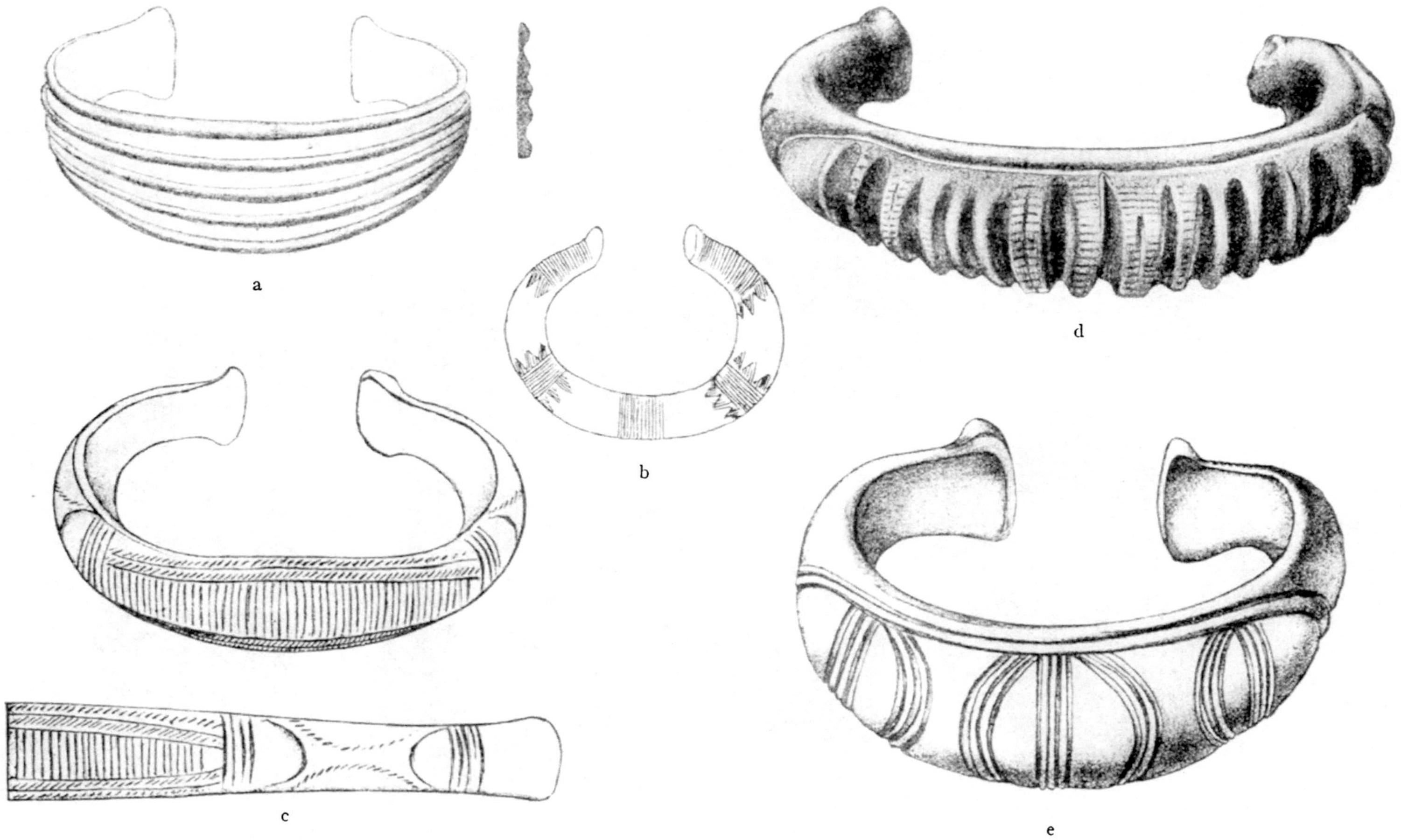

Stollenarmring

a. Huglfing-Uffing, Oberbayern. — b. Wojdal, Kr. Inowrazlaw, Posen. — c, d. Riegsee, Oberbayern. — e. Uffing, Oberbayern. a, c—e. $^1/_1$, b. $^1/_2$ n. Gr.
Nach Naue *Oberbayern* und Mannus 8 Tf. 6.

Stollhof

a, b. Goldscheiben. — c. Spiralröhrchen. — d, e. Brillenspiralen. — f, .h Armspiralen. — g. Flachaxt.
Nach Aufnahme des Naturhistorischen Museums Wien.

der Stollenarmbänder übernommen worden sind. Die längsgerippten Stollenarmbänder scheinen aus ähnlichen Armbändern ohne Endstollen entstanden zu sein und kommen außer in Bayern (hier besonders in der Oberpfalz und Oberbayern) besonders häufig in Böhmen vor. Von diesen Ländern hat sich der Typus einerseits westwärts nach Württemberg, Hessen, Ostfrankreich und der Schweiz ausgebreitet, andererseits über Niederösterreich, Westungarn nach Schlesien (Lahserwitz). Stollenarmbänder dieser Art gehören der Per. B Reineckes an.

§ 3. Eine andere Gruppe der Stollenarmbänder bilden ebenfalls ziemlich dünn gegossene Exemplare von dreieckigem, kreissegmentförmigem oder konkav-konvexem Querschnitt, die ebenfalls eiförmig gestaltet, nach den Enden zu verjüngt und auf der ganzen Außenseite bis zu den Endstollen mit eingeschlagenen Linien, Strichen und Punkten gefällig verziert sind (Band X Tf. 73a, b). Gewöhnlich ist hier die ganze Oberfläche durch mehr oder weniger breite, querverlaufende Liniengruppen in mehrere verschieden große Teile geschieden, die mit ineinandergestellten Winkeln, schräggestrichelten Dreiecken, querverlaufenden Zickzackbändern, halbkreisförmigen und flachbogenförmigen, die Ränder begleitenden Linienbändern sowie Spitzovalen gefüllt sind, die oft von Punktlinien umsäumt werden. Durch die Verbindung dieser verschiedenen, meist sehr sorgfältig ausgeführten Muster wird eine starke ornamentale Wirkung erreicht. Wie die längsgerippten Armbänder ist auch dieser Typus eine Charakterform der ältesten böhm.-bayr. Hügelgräberkultur. Allein aus Oberbayern konnte Naue bereits im J. 1894 14 Exemplare dieses Typus namhaft machen, aus Böhmen sind allein bei Píč (*Starožitnosti* I 2) über 25 Ex. abgebildet. Ferner werden diese Armbänder vereinzelt in Württemberg, Hessen, Kroatien, West-Ungarn und Schlesien, häufiger in Niederösterreich und Mähren und recht zahlreich in Westpolen (d. h. in der Wojewodschaft Posen sowie im w. Teile des früheren Kongreßpolens) gefunden. Zeitlich geht dieser Typus mit den vorher behandelten längsgerippten Stollenarmbändern parallel. Während die Ex. aus Süddeutschland, den Ostalpenländern und der Tschechoslowakei fast durchweg aus Hügelgräbern stammen, sind die zahlreichen westpoln. Stücke dieser Art sowie das einzige schles. (aus Lahserwitz, Kr. Wohlau) — soweit die FU bekannt sind — in Flachgräbern mit Skelettbestattung angetroffen worden. Einige in Posen gefundene Stücke dieses Typus und auch ein ungar. Ex. haben eine einfachere Verzierung, die aus alternierend schräggestellten Strichgruppen oder abwechselnd längs- und querverlaufenden Liniengruppen besteht.

§ 4. Im Gegensatz zu diesen beiden weitverbreiteten Formen kommt ein anderer Typus von S. auf einem ziemlich beschränkten Gebiete vor. Er ist verhältnismäßig stark gegossen, im Durchschnitt kreisförmig, jedoch bisweilen auf der Innenseite etwas abgeflacht und auf der Außenseite mit mehreren (gewöhnlich fünf) Gruppen von Querlinien verziert, an die beiderseits Reihen von schräggestrichelten Dreiecken angefügt sind (Tf. 109b).

Diese Armringe, die sich von den vorigen durch ihre Dicke und Schwere auszeichnen (sie wiegen von 250—500 g), sind bisher nur aus Schlesien (5 Ex.), Posen (8 Ex.) und Pommern (2 Ex.) bekannt. Sie scheinen, worauf bereits Seger hingewiesen hat, aus den in Westpolen und Ostdeutschland so häufigen schweren, ovalen Armringen der ältesten BZ (I. Per. Mont.) entstanden zu sein. Zeitlich gehören sie der II. Per. Mont. an.

§ 5. Als Weiterentwicklung der oben beschriebenen bayr.-böhm. Stollenarmbänder mit feiner, eingepunzter Verzierung sind — nach Naue — die Armbänder zu betrachten, deren verbreiterter Mittelteil mit dichtgestellten Vertikallinien verziert ist, die von unten und oben an dem Rande entlang laufenden, schräggestrichelten Linienbändern eingefaßt werden (Tf. 109c). Später entsteht aus der Einfassung ein geschlossenes, langgestrecktes, nach der Mitte anschwellendes Oval, und statt der senkrechten Linienfüllung erscheinen tiefer eingeschlagene, breitere, z. T. bogenförmige Querfurchen, die gruppenweise derartig angeordnet sind, daß innerhalb der ovalen Einfassung drei kleinere Ovale entstehen (Tf. 109 e). Ein weiteres Entwicklungsstadium bilden Armbänder mit stärkeren, querverlaufenden

Rippen, die schließlich größeren, breiten Ex. Platz machen, mit sehr kräftigen, im Guß hergestellten Vertikalrippen, die meist durch ovale Vertiefungen getrennt sind (Tf. 109 d). Diese quergerippten Stollenarmbänder nebst ihren Vorstufen sind eine spezifisch bayr. Form, die jedoch mehr oder weniger zahlreich auch aus dem übrigen Süddeutschland, aus Ostfrankreich, der Schweiz, Tirol, Ober- und Niederösterreich sowie Böhmen (vgl. z. B. Band II Tf. 36, 20) vorliegt. Nach Reinecke gehören sie in seine IV. Zeitgruppe der süddeutschen BZ (Per. D), die etwa der III. nord. Per. Mont. entspricht.

§ 6. Die in der Schweiz und Ostfrankreich auftretenden großen, hohlgegossenen, mit eingepunzten geometrischen Ornamenten verzierten Stollenarmbänder stammen bereits aus der älteren südd. HZ (= IV. Per. Montelius).

Naue *Oberbayern* S. 179ff.; Déchelette *Manuel* II 1 S. 311ff.; Rocznik Towarzystwa Przyjaciół Nauk Poznańskiego 43 S. 199f. Kostrzewski; ders. *Wielkopolska*² S. 53; Mitteilungen des Geschichts- u. Altertumsvereins zu Liegnitz 5 (1914) S. 115ff. Seger; [B. v. Richthofen *Die ältere Bronzezeit in Schlesien* 1926 S. 80ff.].

J. Kostrzewski

Stollhof (Niederösterreich; Tf. 110). Am Fuße der „Hohen Wand", eines sehr steil zu Tal fallenden Bergzuges, wurde beim Ort S. im J. 1864 von einem Hirtenknaben ein größerer Depotfund gemacht, von dem noch eine Anzahl Objekte gerettet werden konnte. Es sind dies 2 Flachäxte (Tf. 110 g), 8 Doppelspiralanhänger (Tf. 110 d, e), 2 Armspiralen (Tf. 110 f, i), englichtige Spiralröhrchen aus Kupfer oder Bronze (Tf. 110 c), sowie 2 Scheiben aus Gold, mit Punktreihen und 3 getriebenen, großen Buckeln verziert (Tf. 110 a, b). Das Inventar war ursprünglich offenbar viel größer. Depotfund der BZ-Stufe A.

E. v. Sacken *Die Funde an der langen Wand bei Wiener-Neustadt* SB. Wien. Ak. 49 (1865) S. 113f.

G. Kyrle

Stonehenge (Wiltshire, England; Tf. 111—113; Band IV Tf. 250). § 1. Wohl nicht der größte, aber der relativ besterhaltene der britischen Steinkreise. An Größe wird er nur von Avebury (s. d.; Band I Tf. 57) übertroffen und kommt den Kreisen Arbor Low (s. d.; ebd. Tf. 41; Derbyshire) und Long Meg (Cumberland) — um nur einige der wichtigsten zu nennen — gleich, übertrifft sie alle aber an Formvollendung. Das 8 Meilen n. von Salisbury auf dem Salisbury Plain gelegene Denkmal erfuhr im Laufe der Zeit starke Beschädigung. So fiel z. B. Stein 55 des Haupttrilithen schon vor 1574 (nicht 1620) und liegt jetzt mit seinem Auflagstein am „Altarstein". Der zugehörige Stein 56 senkte sich langsam und wurde erst 1901 aufgerichtet. Der Trilith 57/58 fiel 1797 infolge Erdbewegungen durch Zigeuner. Der Tragpfeiler 22 mit dem in 2 Teile gebrochenen Auflagstein fiel in der Silvesternacht 1899. Dieses Ereignis erleichterte den berufenen Denkmalpflegern das Eingreifen, und nachdem schon Petrie im J. 1877 die erste genaue Aufnahme gemacht hatte (publ. 1880; auf ihn geht auch die Numerierung zurück), richtete Gowland 1901 den Stein 56 auf und nahm planmäßige Grabungen vor. S. war bis dahin Privatbesitz und wurde 1915 von dem neuen Besitzer Chubb der Nation geschenkt. Seit 1919 gräbt die Society of Antiquaries of London (bisher sechs Berichte Hawleys).

§ 2. Beschreibung. Man kann unterscheiden zwischen Innenwerk und Außenwerken (Maße in Metern).

I. Innenwerk: bestehend aus A. Kreislinien, B. anderen Baubestandteilen.

A. Kreislinien.

1. Ein Rundgraben von roh 114 Dm (Graben etwa 2,7 br., 1—1,38 t., mit vorgelagerter Erdbank). Dimensionen wechselnd, Kreislinie gut eingehalten; Grabensohle leidlich eben.

2. Hauptanlage, bestehend aus (von außen nach innen): α) einem Pfeilerring von 30 Tragpfeilern mit einem Architrav von ebensovielen zum Ring geschlossenen Decksteinen (Tf. 113). Dm der Innenflächen 29,56, Distanz der Steinmitten 4,72 (etwa ihre halbe Br.). Zwischen Stein 30 und 1 ein etwas größerer Zwischenraum. Innenseiten besser bearbeitet als die äußeren. H. über Grund 4,1. Nach oben zu verjüngt. Durchschnittsgewicht 26 500 kg. Die Decksteine im Durchschnitt 3,2 l., 1,06 br., 0,76 dick. Gewicht 6800 kg; β) einem Innenkreis von etwa 49 (die Ansätze schwanken) aufrecht stehenden Blöcken (Dm des Kreises der Mittelpunkte 23,3), die je etwa 1,8 auseinanderstehen (zwischen 49

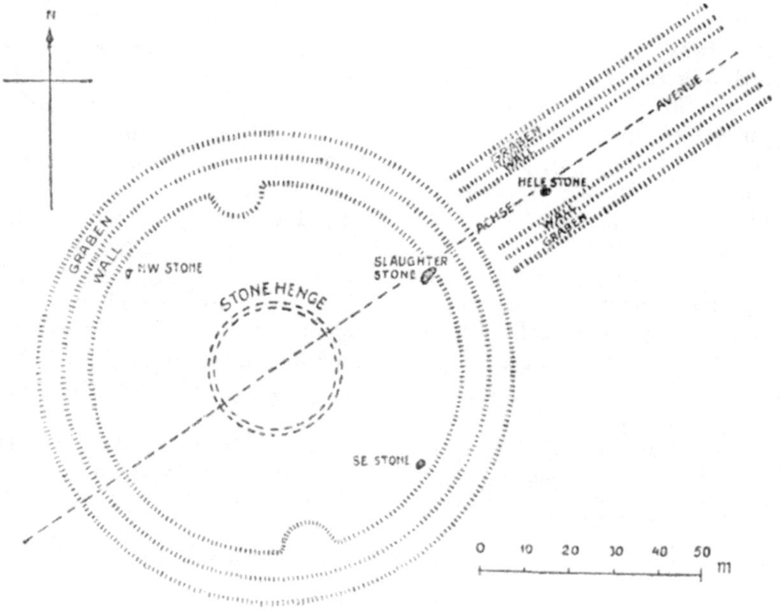

a

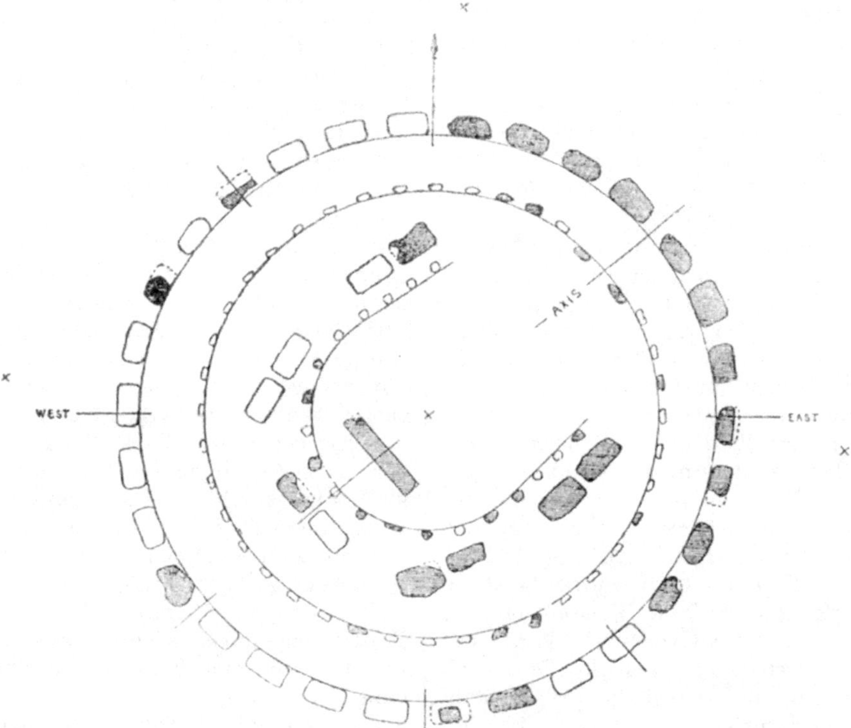

b

Stonehenge

a. Plan der Gesamtanlage. — b. Plan des Innenwerkes.

und 31 ein etwas größerer Zwischenraum). H. durchschn. 1,8. Gröber zugerichtet als die Steine des Pfeilerringes; γ) einem nach NO geöffneten Hufeisen von 5 Trilithen (Band IV Tf. 250), deren H. gegen den innersten (55/56) zu wächst. Dieser ist über Grund 6,7 h. (gegenüber 5,02 H. der beiden äußeren). Br. des Zwischenraumes 0,75—1,05. Gewicht etwa 40000 kg; δ) einem nach NO geöffneten innersten Hufeisen von 19 aufrecht stehenden Blöcken, deren H. etwas größer ist (bis 2,43) als bei β.

Man hat vermutet, daß Stein 150 dieses innersten Hufeisens der Rest eines (sechsten) Trilithen sei. Die Frage hat sich noch nicht ganz klären lassen, ebensowenig, ob die Möglichkeit als ausgeschlossen gelten darf, daß S. nicht ganz fertig gebaut worden ist, und daß die Rekonstruktionen daher ein Idealbild darstellen.

Alle diese Steine sind (soweit nicht gestürzt) stehende oder überwölbende Baubestandteile;

ε) dem (liegenden) „Altarstein", nahe dem Zentrum der Anlage, 4,4 l., 1,1 breit.

Es ergibt sich eine symmetrische Orientierung der Hauptanlage nach einer SW—NO steichenden Linie, die über die Mitte des Altarsteines verläuft. — Soweit war das Denkmal seit alters bekannt.

3. Zur allg. Überraschung wurden bei den Grabungen seit 1919 drei weitere Kreise zwischen Rundgraben und Hauptanlage erschlossen (*x*, *y*, *z*), die das herkömmliche Bild völlig ändern und allen astronomisch-mathematischen, an die Zahl der bisher bekannten Steine anknüpfenden Deutungsversuchen natürlich den Boden entziehen. Nach dem alten (in der Bodleiana erliegenden) Plane Aubreys von 1666, der wenigstens den *x*-Kreis deutlich erkennen läßt, werden sie auch „Aubrey holes" genannt. Kreis *y* und *z* wurden erst ab 1923 aufgedeckt. Diese Kreise sind nur noch als Fundamentgruben erhalten. Die beiden inneren entsprechen der Zahl nach offenbar dem Pfeilerringe (je 30), die Zahl der *x*-Steine dürfte gegen 56 sein. Wie der Plan (Tf. 112) zeigt, sind Kreis *y* und *z* nicht streng zirkulär, sondern werden nach S enger und ungleichmäßiger. Auch sind sie weder miteinander noch mit dem Pfeilerring konzentrisch.

B. Andere Baubestandteile.

1. Steine: α) der sog. „Nordweststein" (stehend) und β) „Südoststein" (gestürzt); sie liegen einander diametral gegenüber; γ) der sog. *Slaughter Stone*, etwas ö. von der Achse (gestürzt).

2. „Barrows" (bisher als Grabhügel gedeutet): α) South Barrow; β) North Barrow, dem vorigen diametral gegenüberliegend.

Die zwei Barrows schließen also mit dem NW- und SO-Stein gleiche Winkel ein und liegen mit ihnen auch in der gleichen Kreislinie, die sich mit der der *x*-Steine nicht deckt.

3. Eingänge, zwischen den NO- und S-Teilen des Rundgrabens im natürlichen Terrain ausgespart geblieben, beiderseits von einer Mulde des Grabenendes flankiert: α) NO-„Causeway", 11,5 br.; β) S-„Causeway", 3 breit.

NO-Eingang und Slaughter Stone ergeben mit der Achse der Hauptanlage eine Art durchlaufender Orientierungslinie SW—NO.

II. Außenwerke.

A. *Hele Stone*, ein geneigter Block, knapp ö. der Hauptachse ungefähr in der Mittellinie der

B. *Avenue*, einer Zugangsstraße (Tf. 111 a), die, von Wall und Graben flankiert, in wechselnder Breite (21,3—34,5) schnurgerade etwa 543 m weit nach NO verläuft und sich dann gabelt. Über den SO-Ast siehe § 4, der N-Ast führt zum sogenannten

C. *Cursus*, einer als Rennbahn gedeuteten Anlage von 2,7 km L. und 106 m gr. Br. mit verengten Ellipsenspitzen; nw. davon eine wesentlich kleinere, ähnliche Anlage.

Achse des Innenwerkes und Avenue bis zur Gabelung liegen also in einer relativ straff durchgeführten NO-Orientierung, die schon immer aufgefallen ist und annäherungsweise auf den Aufgangspunkt der Sonne am Mittsommertag weist.

D. Die rund 306 Grabhügel in etwa 4 km Radius rings um S. seien nur kurz erwähnt und beweisen eine starke Besiedelung seit dem Neolithikum.

§ 3. Material. Seit alters weiß man, daß in S. zwei Gesteinssorten Verwendung gefunden haben: *Sarsen* („Sarazenenstein", nach mittelalterlicher Benennung), ein Sandstein, der, wie neuere Untersuchungen ergeben haben, ein heute auf ein Minimum

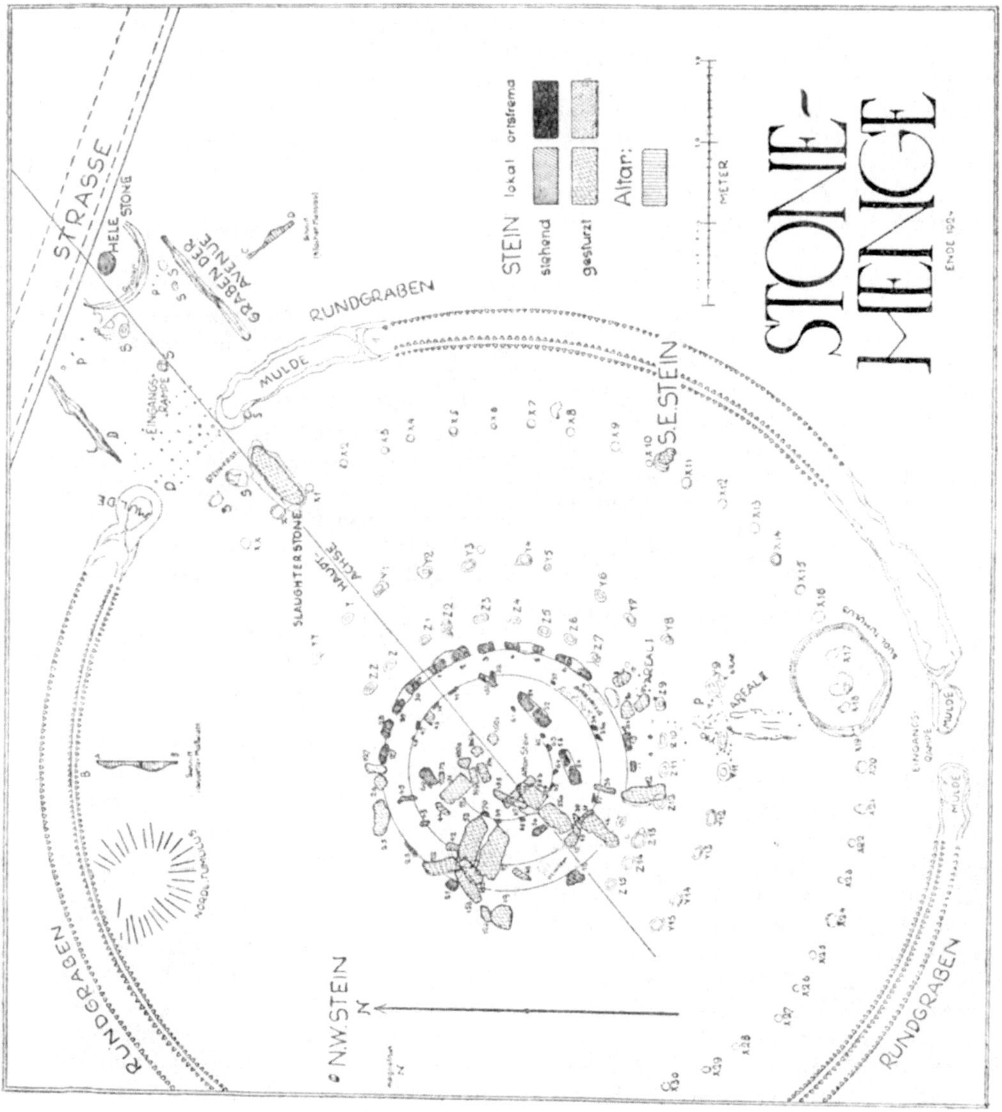
STRASSE
HELE STONE
GRABEN DER AVENUE
RUNDGRABEN
MULDE
EINGANGS-RAMPE
SLAUGHTER STONE
HAUPT-ACHSE
S.E.STEIN
N.W.STEIN
NÖRDL. TUMULUS
STEIN lokal ortsfremd
stehend
gestürzt
Altar:
METER
STONE-HENGE
ENDE 192-

Stonehenge

beschränkter Rest einer die süd-englische Kreide überlagernden tertiären Sandsteindecke ist; aus diesem lokalen Gestein bestehen Pfeilerring, Trilithen der Hauptanlage, NW-, SO-, *Slaughter* und *Hele Stone*.

„Fremde Steine" (*blue stones*), die nach einer alten Sage von Merlin aus Irland oder sonst weither gebracht sein sollen, eine Volkssage, der ein hist. Kern innewohnt. Näheres darüber s. § 8. Aus *blue stone* sind der Innenkreis der 49 Blöcke und das innerste Hufeisen von 19 solchen, ferner dürften nach dem Zeugnis der in den Fundamentgruben erhaltenen Reste die Kreise *x*, *y*, *z* daraus bestanden haben.

Ortsfremd ist endlich der Altarstein (glimmeriger Sandstein).

§ 4. Resultate der neueren Grabungen (in der Anordnung des § 2):

Rundgraben: Er zeigte eine Bodenschicht mit archaischen, fast paläol. anmutenden Feuersteingeräten und Hirschgeweihpickeln (daneben allerdings auch Brandbestattungsspuren), die nach oben hin in eine sterile Mergelschicht übergeht, deren Absatz geraume Zeit beansprucht haben muß; keine Keramik. Diese Mergelschicht scheidet im ganzen Rundgraben das basale Stratum von einem späteren, das in Massen Splitter des bei der Erbauung von S. entstandenen Schuttes von *Sarsen* und *blue stone* enthielt. Die oberflächlichen Schichten zeigten eine oft gestörte Sukzession der Zeiten von der BZ angefangen. In wechselnder Tiefe, meist seicht, fanden sich Leichenbrandreste am Innenwall des Rundgrabens, offenkundig von weither gebracht, darunter ein BZ-Grab mit steinernem Keulenknauf von Axtform. Im ganzen Rundgraben und seiner Nachbarschaft fand sich sonst kein einziges geschliffenes Steingerät (bis auf ein Fragment von der Spitze des N-Barrows), wie übrigens in ganz Stonehenge.

Es scheint sich zu ergeben, daß Rundgraben (und Avenue) älter sind als die Errichtung der Steine der Hauptanlage.

Pfeilerring: Die Fundamentierung konnte genau studiert werden. Die Fundamentgrube nahm etwa ein Viertel der ca. 5,5 betragenden Gesamthöhe auf. Verkeilung durch Steine oder Holzpfosten, die ausgebrannt und durch Schlägelschutt ersetzt wurden. Die Steine wurden konzentrisch von außen angerollt und zum Hineinkippen in die Gruben gebracht, so daß ihre Höhe über Grund gleichmäßig 4,1 betrug. Jeder Tragstein hat oben zwei Zapfen (auf die korrespondierende Höhlungen der zwei Decksteine paßten) und eine leichte Einsattelung, in der die Decksteine wie in Mulden aufruhen. Endlich zeigen die Decksteine eine horizontale Verfalzung.

Innenkreis der 49 Blöcke: Keine individuellen Fundamentgruben; die Steine standen in einer Art von kontinuierlichem Graben.

Trilithen: Sie entsprechen ganz dem Pfeilerring, jeder Tragstein hat aber natürlich nur einen Zapfen. Aus der Richtung der Fundamentgleitbahnen ergab sich, daß sie (z. T.?) von innen aus aufgerichtet wurden. Das innerste Hufeisen kann also nicht vor den Trilithen errichtet worden sein.

Die Bearbeitung aller Steine des Innenwerkes erfolgte offenbar durch sukzessives Abklopfen, teilweise wohl auch Glättung; die fertig bearbeiteten Flächen sind in der Regel uneben und körnig. Weggeworfene Flint- und Quarzitschlegel wurden in Menge gefunden.

Altarstein: Es ist noch strittig, ob er ursprünglich lag oder (Schuchhardt) beim Sturz des Steines 55 durch den mitstürzenden Deckstein umgeworfen wurde. Auf jeden Fall liegt er nicht ganz in situ.

Kreis *x y z*: Die *Aubrey holes* enthielten häufig Leichenbrandreste (Bauopfer oder beim Herausziehen der Steine nachgestürzte Bestattungen, die sich ursprünglich neben dem Steine befanden).

Bei verschiedenen Steinen des *z*-Kreises ließ sich feststellen, daß der Pfeilerring früher errichtet worden sein muß als der *z*-Kreis.

S-Barrow: Überdeckt drei Steinlöcher des *x*-Kreises. Von Bestattung fand sich keine Spur, wohl aber im Zentrum ein Steinloch, zu dem ein Kreisgraben in Beziehung stehen könnte. Hawley hält ihn nicht für einen Grabhügel.

N-Barrow: Ist nun auch als Grabanlage zweifelhaft geworden (eine von Colt Hoare 1812 publizierte angebliche Bestattung ist hierfür noch nicht voll beweisend) und dürfte ebenso der Standplatz eines Steines sein.

a

b

Stonehenge

a. Ältere Ansicht des Innenwerkes. — b. Das Innenwerk in seinem heutigen Zustand.

Die für bronzezeitl. *Round barrows* (s. d.) gehaltenen beiden Plätze kommen also für die Datierung von S. (als terminus ante quem) nicht in Betracht.

NO-Eingang: Quer durch den Eingangsraum ziehen parallele Reihen von insgesamt 56 Pfostenlöchern (Eingangs- oder Sperrvorrichtung?). Der ganze Eingang scheint von je einem großen Stein flankiert gewesen zu sein.

Hele Stone: Soweit Untersuchung möglich war, zeigte er sich von einem Graben umgeben. Hawley u. a. sind geneigt, in ihm den Rest eines eigenen kleinen Steinkreises zu erblicken, der älter sei als Stonehenge.

Avenue: Aus dem Umstande, daß sie vor dem Rundgraben offenkundig halt macht, schloß Hawley, daß sie jünger sei. Ebensogut oder noch besser kann aber daraus auf Gleichzeitigkeit geschlossen werden. Die Avenue wird von zwei niederen Wällen gebildet, denen seichte Gräben mit einer dem Rundgraben völlig entsprechenden Schichtung (sterile Mergelschichte!) vorgelagert sind. — Die Fortsetzung der Avenue jenseits des Gabelungspunktes, bis zu dem sie geradlinig verläuft, war lange strittig. Flugzeugaufnahmen Crawfords brachten 1921 Klarheit: der eine Arm biegt nach SO ab und führt in etwa 2,8 km L. zum Avon bei West Amesbury. Es fragt sich, ob die Straße zum Antransport der Steine (§ 9) oder zu Festaufzügen diente. Der andere zum Cursus führende Arm ist noch nicht untersucht, ebensowenig der

Cursus: Schuchhardt hat sich der Deutung als Rennbahn angeschlossen und hält ihn für gleichaltrig mit S., zumal die rund um den Cursus zahlreichen Tumuli (BZ) vor ihm haltmachen. Das ist nicht zwingend, es können auch bei späterer Erbauung des Cursus vorhandene Hügel eingeebnet worden sein. Jedenfalls ist der Rennwagen in der frühen britischen BZ unglaubwürdig (s. a. Wagen A). Eher könnte man an Pferderennen denken. Die Beziehungen zwischen Cursus und S. müssen also noch durch Grabungen geklärt werden.

§ 5. Bisherige Deutung: archäologisch. Nach Prinzip und Technik der Bauweise bestand niemals ein Zweifel, daß S. in die äneol. Megalith-Architektur NW-Europas einzureihen sei (s. a. Großbritannien und Irland B § 7), demgemäß in den Beginn des 2. Jht. v. C. datiert wird. Daß bei den Grabungen so gut wie kein einziges Bronzegerät gefunden wurde, steht dazu in keinem Widerspruch. Auffallender ist das fast völlige Fehlen geschliffener Steingeräte. Gowland erklärte das durch die Art der in S. nötig gewesenen Steinbearbeitung, bei der geschliffene Steingeräte unnötig, wo nicht unbrauchbar waren. Man würde aber doch erwarten, anderweitige (verlorene) Stücke dieser Zeit zu finden.

§ 6. Bisherige Deutung: astronomisch. Die bekannte von Lockyer aufgestellte Theorie geht von der zuerst von Stukeley im J. 1723 ausgesprochenen Voraussetzung aus, daß S. dem Sonnenkult diente und nach dem Aufgangspunkt der Sonne am Mittsommertag orientiert war. Infolge der Abnahme in der Schiefe der Ekliptik weise aber die Achse heute nicht mehr zum Aufgangspunkt, sondern nördlicher, d. h. die Sonne geht heute mehr im S auf. Es müsse sich errechnen lassen, wann die Sonne wirklich über der Achse aufging, oder m. a. W., wann S. erbaut wurde. Lockyer bestimmte dieses Datum mit 1680 v. C. Geb., bei einem möglichen Fehler von 200 Jahren hinauf oder hinab. Dieses der arch. Datierung entsprechende Datum hat der Verbreitung von Lockyers Theorie zweifellos Vorschub geleistet. Stone, heute so ziemlich der einzige Anhänger Lockyers, gibt auf Grund besserer Tabellen 1840 v. C. an. Er selbst hat aber den Nachweis erbracht, daß der *Hele Stone*, der stets als der „astronomische Stein" galt, nicht auf der Achse steht, und daß er und die Achse sich also als Beobachtungsmittel ausschließen. Ferner ist die Sonne noch niemals gerade über ihm aufgegangen, sondern erhebt sich heute noch links und wird erst in etwa 1000 Jahren über ihm aufgehen. — Die Einwände gegen Lockyers Theorie sind hauptsächlich von Somerville zusammengefaßt worden. Sie sind teils astronomischer Natur, teils liegen sie im Denkmal selbst: keiner der Kreise ist ein wirklicher Kreis; es gibt also keine Mittelpunkte, geschweige denn (zumal die Kreise nicht konzentrisch sind) einen gemeinsamen Mittelpunkt. Die Avenue hat keine geometrisch korrekte Längsachse; es gibt also auch keine wirkliche Hauptachse für ganz S., und deren Länge wäre auch nicht ausreichend, um Fehlerquellen auszugleichen. Endlich schließt die ganze megal. Bauweise (s. Megalithgrab) Beobachtungspunkte an den Steinen überhaupt aus, und es müßte feststehen, was der genaue Moment des Sonnenaufganges ist. Denn es ergibt sich, da die Sonne in diesen Breiten nicht vertikal ansteigt, je nachdem, ob ihr erstes Aufglimmen oder das volle Auftauchen genommen wird, eine Schwankungsbreite von allein 3660 Jahren. Alle diese Schwierigkeiten machen den an sich völlig logischen Gedankengang Lockyers praktisch unbrauchbar, auch wenn seine Voraussetzung zutreffen sollte.

§ 7. Bisherige Deutung: sakral. Damit braucht aber die seit alters herrschende Auffassung, die in S. ein mit dem Kult von Himmelskörpern zusammenhängendes Heiligtum erkennen will, noch nicht notwendig als gefallen zu gelten, zumal die Tatsache der Gesamtorientierung gegen Sonnenaufgang unbestreitbar ist. Für den sepulkralen Charakter der Anlage ist nächst Evans am entschiedensten Schuchhardt eingetreten, der Pfeilerring und Rennbahn in Parallele setzte zum myk. Gräberrund (s. d., Mykenai; Band IV Tf. 215a, VIII Tf. 118, 120) und den homerischen Totenspielen und Wagenrennen (s. Homer). Den Altarstein hält er für die Stele (s. a. Grabstele) des Hauptgrabes. Seine Argumente vermochten nicht, der herrschenden Auffassung durchschlagend Abbruch zu tun.

§ 8. Herkunft der Steine: Sie ist inzwischen restlos geklärt worden. Während die tabularen Platten der *Sarsens* irgendwo in der Nähe gebrochen wurden, stammen die fremden Steine wirklich aus dem Westen. Es sind Diabase (eine Form von Dolerit) und in 4 Fällen Rhyolit, Steine, die nach den exakten petrographischen Untersuchungen von Thomas aus glazialem Gehängeschutt vom Ostrande der Prescelly Mountains in Pembrokeshire (Südwales) stammen. Nur dort kommen genau die gleichen Gesteinsvarietäten (und zwar vergesellschaftet) vor. Der Altarstein (glimmeriger Sandstein) stammt ebenfalls aus Südwales (Glamorgan oder Umgebung von Milford Haven). Da glazialer Transport ausgeschlossen ist, sind die fremden Steine also vom Menschen über etwa 300 km Entfernung nach S. transportiert worden.

§ 9. Transport und Errichtung. Die Fortsetzung der Avenue zum Avon läßt vermuten, daß die Steine zur See befördert wurden. Die Herkunft des Altarsteines spricht dagegen für eine Landroute, in deren Verlauf (Prescelly Mts.—Stonehenge) Glamorgan berührt werden mußte. Stammt der Altar aber aus dem Milford-Distrikt, so kann der Weg z. T. zur See zurückgelegt worden sein. Auf jeden Fall war zu Anfang und am Ende Landtransport nötig, und dazu war man also imstande.

Über die technischen Vorkehrungen und Arbeitsvorgänge bei der Errichtung des Denkmals hat Stone beachtenswerte Mitteilungen veröffentlicht, auf Grund von Experimenten, die den wirklich verwendeten Methoden immerhin nahekommen dürften.

§ 10. Gesamtergebnis: Baugeschichte. Da sich die fremden Steine gegenüber den *Sarsens* an Verwendbarkeit in nichts auszeichnen, muß ein bestimmter Grund für ihren mühsamen Antransport vorgelegen haben. Viel für sich hat die Vermutung, daß irgend einmal ein heiliger Steinkreis aus Wales nach Salisbury Plain verlegt wurde. Das führt zur Frage, ob S. einheitlich ist oder nicht. Man könnte meinen, daß Innenkreis und innerstes Hufeisen der fremden Steine ein älteres Bauglied darstellen. Dem entspräche die feinere Architektur der *Sarsens*. Ich halte aber auch das Umgekehrte für denkbar. Wie in § 4 (Trilithen) dargelegt, kann das innerste Hufeisen aus fremdem Gestein erst nach Erbauung der Trilithen aufgerichtet worden sein. Der Bauschutt enthält übrigens beiderlei Material. Während sich Stone entschieden für die zeitliche Einheit der ganzen Anlage ausspricht, hat Hawley im 4. Bericht schon die Möglichkeit zugegeben, daß S. aus ungleich alten Teilen besteht.

Soweit die Grabungen bisher ein Urteil zulassen, dürften Rundgraben und Avenue zeitlich unbedingt zusammengehören. Aus der in § 4 (Rundgraben, Avenue) erwähnten Schichtung ergäbe sich eine erste Per., in der diese beiden Bauteile entstanden (primitive Flintgeräte, chronol. unverwertbare Hirschgeweihpickel), stratigraphisch begrenzt durch die sterile Mergelschicht, die ein langes Intervall andeutet. Ob die fremden Steine wirklich in dieser Zeit aufgerichtet wurden, steht dahin.

Ein Schuttfeld weggeworfener Flint- und Quarzitschlägel und von Bearbeitungsabfällen bedeckt große Teile des Areals und überlagert in den Gräben den Mergel. Es bezeichnet offenbar die Errichtungszeit der *Sarsens*, enthielt aber auch Schutt der fremden Steine. (Wurden diese damals überarbeitet oder verlegt?) Nach oben zu mehren sich dann Scherben der BZ und der späteren Perioden. Man muß also noch abwarten, inwieweit der Abschluß der Grabungen die Baugeschichte klärt. Auf jeden Fall zeigt die Anlage eine gewisse Einheitlichkeit.

§ 11. Gesamtergebnis: Zeitstellung. Die den Rundwall überlagernden angeblichen Barrows scheiden für die Altersbestimmung aus. Auch ist noch kein Grab in einem datierenden Zusammenhang mit den Steinen gefunden worden. Die zahlreichen Leichenbrände (meist beigabenlos) können Bauopfer, können gleichzeitig oder auch jünger sein. Wir sind im wesentlichen auf die Typologie der Funde angewiesen, und diese schließt (allerdings ex silentio) die vorgeschrittene BZ aus. Das Denkmal wurde ohne Verwendung eines Metallgerätes errichtet. Die zeitliche Begrenzung nach rückwärts ist dadurch gegeben, daß eine solche Höchstleistung der Megalith-Architektur trotz der Roheit der meisten Steingeräte und dem Fehlen geschliffener unmöglich weit zurückreichen kann. Aus Vergleichen mit anderen Anlagen ist für unser singuläres Denkmal wenig zu gewinnen. Innerhalb der gegebenen Zeitstellung gibt es natürlich ältere und jüngere Kreise, deren gegenseitiges Verhältnis übrigens noch wenig bekannt ist.

§ 12. Gesamtergebnis: sakral. S. stammt nach Bauweise und Baugedanken aus dem Formenkreise der Dolmen und Menhirs (s. d.), könnte sogar mit seiner Avenue als ein gigantisches Ganggrab angesprochen werden, braucht aber mit den Megalithgräbern nichts gemein zu haben als den Ausgangspunkt. Unter den über 200 Steinkreisen Britanniens haben sich schon viele als Gräber erwiesen (sofern nicht doch Bestattung im heiligen Bezirk schon damals nach Britannien vordrang). Gleichwohl glaube ich, entgegen Bremer, den Grabcharakter von S. verneinen zu sollen. Darin bestärken mich die Singularität und die bei einem Grab fast sinnlose Kompliziertheit der Anlage, die lange Zeit, in der sie offenbar in Geltung stand (ganz abgesehen von der Frage verschiedener Bauperioden), die ferne Herkunft der fremden Steine und Beziehungen zu südwalisischen Funden (auf die ich in anderem Zusammenhange eingehen werde), was alles eine starke Kontinuität von Volkstum und Glauben in Zeit und Raum andeutet.

Die Frage, ob der Altarstein wirklich eine Grabstele des Hauptgrabes war, d. h. ob er aufrecht stand, wird sich vielleicht klären lassen. Aber wenn das Grab nicht ein recht tiefes Schachtgrab ist, so wird es angesichts jahrhundertelanger Raubgräberei möglicherweise gar nicht mehr feststellbar sein. Auch wissen wir von Totenpfählen, die nicht bei einem Grabe stehen. Analog dem kretischen Pfeilerkult (s. Religion B) kann auch hier die religiöse Bedeutung aus verschiedenen Quellen zusammengeflossen sein.

Es kann sich bei S. also um ein Heiligtum handeln, das sich aus dem Totenkult und den damit verknüpften religiösen Anschauungen entwickelt hat. Daß es ein Stammesheiligtum für einen größeren politischen Verband gewesen sein mag, scheint sich mir auch aus den etwa gleichaltrigen maltesischen Vorkommen zu ergeben (s. Malta B); ebenso wie dort Hypogäen und Modelle (*Mgar*) vorkommen, die noch niemand als Grabanlagen gedeutet hat, ebenso muß auch ein nordwesteurop. Monumentalbau noch nicht um dieser Monumentalität willen oder aus selbstverständlichen Zusammenhängen mit der Megalith-Architektur heraus unbedingt als Grab gedeutet werden, und die zweifellos bei verschiedenen Steinkreisen vorkommenden Bestattungen lassen verschiedenen Abstufungen eines Kompromisses in der Deutung Raum. S. a. Arbor Low, Avebury, Crichie, Diskusgrab.

W. M. Flinders Petrie *Stonehenge: Plans Descriptions and Theories* London 1880; Journ. anthr. inst. 1900 S. 70 ff. A. L. Lewis; Man 1901 Nr. 18 Lewis; Archaeologia 58 (1902) S. 37 ff. W. Gowland; Man 1902 Nr. 6, 16, 97 Gowland, Lewis u. a.; N. Lockyer *Stonehenge and other British stone monuments astrono-*

mically considered London 1906 (2. Aufl. 1909); Präh. Z. 2 (1910) S. 292ff. C. Schuchhardt; Mannus 7 (1915) S. 213ff. Stephan; ebd. 10 (1918) S. 147ff. Wilke; The Antiquaries Journal 2 (1922) S. 344ff. T. Rice Holmes; Man 1922 Nr. 68, 98 H. E. Stone; ebd. 77 B. T. Somerville; G. Wilke *Die Religion der Indogermanen in archäologischer Beleuchtung* 1923 (Mannus-Bibliothek 31) S. 142, 208, 210; The Antiquaries Journal 3 (1923) S. 130ff. Stone; ebd. S. 239ff. H. H. Thomas; E. H. Stone *The Stones of Stonehenge* London 1924; Frank Stevens *Stonehenge today and yesterday* (rev. Ed.) London 1924; O. G. S. Crawford *Air Survey and Archaeology* (Ordnance Survey Professional Papers N. S. Nr. 7) Southampton 1924; Präh. Z. 15 (1924) S. 74 Schuchhardt; Man 1925 Nr. 35 Somerville; ebd. Nr. 40, 67 Stone; Man 1926 Nr. 26, 63 Stone; H. Hawleys Grabungsberichte I—VI: The Antiquaries Journal 1 (1921) S. 19ff.; ebd. 2 (1922) S. 36ff.; ebd. 3 (1923) S. 13ff.; ebd. 4 (1924) S. 30ff.; ebd. 5 (1925) S. 21ff.; ebd. 6 (1926) S. 1ff. Die reiche ältere Literatur in Stones Buch, bei Lockyer, Schuchhardt u. a.

A. Mahr

Stora Förvar (Schweden; Band IV Tf. 193a, VIII Tf. 165). Die merkwürdigste Höhlenwohnung, die wir aus der skand. StZ kennen, ist ohne Zweifel die der „Stora Förvar", einer Höhle an der n. Küste von Stora Karlsö („Große Karlsinsel"). St. Karlsö ist ein hohes Felseiland (der höchste Teil 56,4 m ü. M.), von nur 2,5 qkm Fläche, 6,5 km von der Westküste Gotlands entfernt (Band IV Tf. 180 Nr. 14). Sie gehört zum Ksp. Eksta. Die Insel ist ebenso wie das 4,5 km nö. davon liegende Lilla Karlsö („Kleine Karlsinsel") aus obersilurischem Schiefer und Kalkstein aufgebaut.

In einer der Grotten, welche der Ancylussee in der hohen Steilküste auswusch, wurde im J. 1887 eine Kulturschicht von ungewöhnlicher Mächtigkeit angetroffen. Die Höhle, die seit alter Zeit „Stora Förvar" hieß, wurde in den folgenden Jahren von Dr. Lars Kolmodin und Dr. Hj. Stolpe systematisch untersucht. Die Untersuchung zeigte, daß sie während der StZ bewohnt war, in der sich der größte Teil der 4 m mächtigen Kulturschicht bildete. Im oberen Teile der Schicht sind auch Funde aus der BZ, EZ und dem Mittelalter angetroffen. Auf dem Boden der Höhle und darüber häuften sich im Laufe der Zeit Abfall, Kohle und Asche und darin Knochen von Haustieren, Seehunden, Fischen und Seevögeln, ein und der andere menschliche Schädel, Geräte aus Grünstein, Flint und Knochen sowie Tongefäßscherben in großer Menge auf. An mehreren Stellen fanden sich auch Reste von Feuerstätten und Menschenknochen, die möglicherweise auf Kannibalismus deuten (s. Åloppe-Mjölkbo). Durch diese Funde, vor allem durch die mit Grübchen und Strichen verzierte Keramik, hat man den Wohnplatz in die Ganggräberzeit datieren können. Während dieser Per. gab es auf Gotland eine Reihe von Wohnplätzen derselben Art wie die in Stora Förvar (s. Gotland A). Der bei Ejvide (Ksp. Eksta) liegt Stora Karlsö nahe und stand vielleicht in Verbindung mit den Bewohnern der kleinen Insel. — Die in der Kulturschicht gefundenen Kranien und Menschenknochen zeigen, daß es Repräsentanten der langschädligen Rasse waren, die die Höhle bewohnten, derselben Rasse, die auch die megal. Zivilisation im N vertritt. — Der Boden der Kulturschicht in der Grotte liegt etwa 21 m über dem Meere oder etwa 3 m über der Litorinagrenze. Analog mit den Verhältnissen in Gotland dürfte also das Meer während der StZ etwa 10 m höher gestanden haben als jetzt, d. h. 11 m unter dem Wohnplatz. S. a. Gotland A, Niveauveränderungen, Nordischer Kreis A § 4c 2α.

H. Munthe *Studier öfver Gotlands senkvartära historia* Sveriges Geol. unders. Ser. Ca Nr. 4 (1910); A. Pira *Studien zur Geschichte der Schweinerassen* 1909; Ymer 1890 S. 286 G. Retzius; B. Schnittger *Grottan Stora Förvar på Stora Karlsö* I (1913) Arkeolog. monografier utg. av Kungl. Vitterhets Historie och Antikvitets Akademien Nr. 5; [J. Nihlén *Gotlands Stenåldersboplatser* Kgl. Vitterh. Ak. handlingar 36, 3 (1926—1927)].

John Nihlén

Stradonitz (Stradonice, Böhmen; Band II Tf. 47, 48). § 1. Berühmtes kelt. „oppidum" (s. d.) auf dem Berge „Hradiště" (= Burgstätte). Seit alters fand man auf den Feldern nach Regengüssen kleine Silber-, manchmal sogar Goldmünzen, und als man im J. 1877 auf dem Hradiště beim Knochengraben einen Goldschatz von etwa 200 Stück goldenen „Regenbogenschüsseln" gehoben, wurde die ganze Fläche von den Schatzsuchern durchwühlt (s. Keltisches Münzwesen). Damals hat man auch eine Menge verschiedenartigster Altertümer ausgegraben und an verschiedene Sammler verkauft. Die Sammlung des Dr. St. Berger befindet sich jetzt im Nationalmuseum in Prag, die Sammlung des dortigen Hüttendirektors Grosse fand ihre Unterkunft im Staatsmuseum in Wien und eine kleinere Kollektion in den Fürstenbergschen Schloßsammlungen. Größere systematische Grabungen fanden nie statt, obwohl die ganze Fläche der Burgstätte ein Ausmaß von über 72 Morgen beträgt und sicher noch ungestörte Schichten birgt.

§ 2. Píč behauptet auf Grund eigener Untersuchungen, daß das Stradonitzer oppidum ursprünglich mit terrassenartigen Steintrockenmauern (Band II Tf. 47), wie solche auf dem Gleichberge (s. Steinsburg) bei Römhild (Sachsen-Meiningen) besser erhalten vorkommen (Tf. 104b, c), befestigt war. Auch von einem Erdwall sind noch Spuren vorhanden. Unter dem höchsten Plateau, das noch heute *na Hradě* (= auf der Burg) heißt, grub Píč Spuren von rechteckigen Holzgebäuden mit gebranntem Lehmbewurf aus. Die Hütten hatten gut gestampften Boden mit vielen Anzeichen einer längeren Benutzung und sogar mit reichen Abfällen von Schmiede- oder Gußwerkstätten.

§ 3. Die Sammlungen der Raubfunde von dem Stradonitzer Hradiště zeigen, daß man dort nur wenig Waffen vorfand, hauptsächlich einige eiserne Lanzenspitzen, Lanzenschuhe, geflügelte Pfeilspitzen und nur Stücke von Schwertscheiden, dagegen soviel Reitersporen (s. Sporn; Tf. 90a, c), wie im ganzen übrigen Europa nicht, was Píč besonders hervorgehoben hat. Auch traf man eine Menge von Gerätschaften aller Art an, namentlich große Sensen, Sicheln (s. d. A), Tüllenmeißel und die charakteristischen Latènebeile, Schlüssel (Band IV Tf. 67 Abb. 28), Beschlagstücke, Spatenbeschlag, Hacken (s. d. A), Pflugeisen (s. Pflug A) u. ä. Aus den Schmiede- und Gußwerkstätten stammen die verschiedensten Schmuckgegenstände sowie Kleinwerkzeuge aus Bronze und Eisen, die eine blühende Metall-Industrie voraussetzen.

Von den Schmuckgegenständen sind sehr häufig Mittel- und Spätlatènefibeln (ebd. Tf. 66, 9. 10), Gürtelhaken (s. d.), Spiegelhalter, Pinzetten (s. d. A), Menschen- und Tierfigürchen, Nägel mit gerieften, urspr. emaillierten Köpfen, die auch für Bibracte (s. d.) typisch sind, Korallen (s. d. A), Glasarmreifen, Nähnadeln, Kämme (s. d. A), Ringe mit Granulation (ebd. Tf. 66 Abb. 16) u. a. m. Diese Sachen haben nach Píč ihren Ursprung im W, dagegen sind röm. Herkunft die Fibeln mit durchbrochenem Rahmenfuß (sog. norische Fibel; s. a. Fibel A § 34), feingedrechselte Knochenknöpfe, Kegelnadeln, schaufelförmige Haarnadeln, Ringe mit Glasfluß oder Gemmen, Bronzegefäßteile mit fein geschnittenem Rand, Schlüssel, ärztliche Instrumente und verschiedene andere Werkzeuge und Schmuck. S. a. Band IV Tf. 66, 18. 19; 67, 46.

Besonders wichtig ist die keramische Hinterlassenschaft, und zwar feine, schwarze Flaschen, gewiß massaliotisch-griech. Mustern nachgeahmt. Die bemalte Keramik (Band II Tf. 48; entweder rote Muster auf weißem oder weiße Ornamente auf rotem Grund), wohl auch auf hellenistische Vorbilder zurückgehend, ist von Toulouse bis zum Main verbreitet. Sie drang von Bibracte (s. d.) über den Rhein nach Böhmen, Salzburg und Mähren, wo sie in den gleichzeitigen Siedlungen nicht selten vorkommt. Den dritten und größten Teil der Keramik bilden die einfachen Töpfe aus graphitgemengtem Ton, die einen dicken Wulstrand und senkrecht schraffierte Ausbauchung haben. Aus Ton waren auch verschiedene Spinnwirtel u. ä.

§ 4. Höchst interessant sind auch die auf der Burg gesammelten Münzen. Außer den obenerwähnten und mit den Stücken aus dem bekannten Podmokler (s. d.) Schatze (im J. 1771 gehoben) vollkommen identischen Regenbogenschüsselchen von drei Größen und Arten fanden sich dort auch ähnliche Goldschüsselchen mit einem Vogelkopf im Kranz und Kugeln im Torques, die gewiß ihren Ursprung in Vindelicien haben (s. Keltisches Münzwesen). Einige den makedonischen Philippern nachgeahmte Tetradrachmen sowie mehrere das norische Gepräge verratende Groß- und Kleinsilberstücke sind mit den vorhergenannten Goldmünzen sowie auch mit den rohen Potin-Münzen von den Rheingegenden sichere Zeugen, daß „. . . des relations commerciales regulières reliaient Stradonitz avec la Gaule orientale, à travers l'Helvétie et la Vindélicie. Entre Bibracte et l'oppidum boïen une route de caravanes, jalonnée de comptoirs et de marchés . . .“, wie es bereits Déchelette erkannt hat. Auch röm. Münzen waren vorhanden.

§ 5. Diese Burg von S. hat Píč für die bekannte Residenz des Suevenkönigs Marbod (8—17 n. C.) — das Ptolemäische Marobudon — erklärt und diese These gegen Déchelette heftig verfochten, der in der Burg von S. ein kelt. oppidum bojischer Gründung des 1. vorchristl. Jh. sah. Den ursprünglich kelt. Namen kennen wir nicht, das Buiaimon Strabos setzt wohl ein Boiodunon voraus. Die Stradonitzer Kultur trägt einen rein kelt. Charakter und stimmt vollkommen mit den Funden von den kelt. oppida Bibracte (s. d.) und Alesia (s. d.) überein. Die Stradonitzer Burg hatte keine längere Dauer; wenn auch hier und da ältere Objekte (Mittellatènefibeln) vorkommen, fällt ihre Erbauung kaum weiter zurück als 100 J. vor unsere Zeitrechnung, denn die Spätlatène-Typen sind durchaus vorherrschend.

§ 6. Die Stadt wurde durch feindliche Eroberung, nicht lange vor C. Geb., vernichtet, — die Archäologie besitzt hier wohl ein festes Datum, denn Marbod hat damals die (letzten) Boier aus Boiohaemum vertrieben. Ob die Burg dann von Marbods siegreichem Heer besetzt wurde, ist schwer zu entscheiden. Die Fundschicht aus der Zeit des Kaisers Augustus auf dem Stradonitzer Hradiště ist gut vertreten und gibt klares Zeugnis dafür, daß sie noch zur Zeit von Marbods Landnahme bewohnt war — Píč hat namentlich die vielen Sporen, die damals noch in Mitteleuropa selten waren, hervorgehoben —, und nichts steht dem entgegen, hier auch Marobudum zu suchen. Denn die wirkliche Vernichtung von Marobudum hat erst Katwald im J. 17 nach C. Geb. vollführt (Tacitus Annal. II 62). S. a. Böhmen-Mähren E § 74, Festung A § 21.

Hochstetter *Die Altertümer vom Hradischt* MAGW 8 (1878) S. 145ff.; J. Déchelette *Le Hradischt de Stradonic en Bohème et les fouilles de Bibracte* Mâcon 1901; J. L. Píč *Čechy na úsvitě dějin.* II. *Hradiště u Stradonic jako historické Marobudum* Prag 1903; ders. *Le Hradischt de Stradonitz en Bohème* traduit par J. Déchelette Leipzig 1906. I. L. Červinka

Strafe.

§ 1. S. als Urteil und als Exekution. — § 2. S. in ungeschichteten, autoritätsarmen Gesellschaften. — § 3. S. in wenig geschichteten Gemeinwesen mit Autoritäten ohne Sanktionsgewalt. — § 4. S. in geschichteten und organisierten Gemeinwesen mit ausgeprägter Autorität. — § 5. S. in despotischen Beamtenstaaten. — § 6. Geldstrafen.

§ 1. Man kann bei S. 1. an das Ergebnis eines bestimmten, vor einer staatlichen Hoheit stattgefundenen, wenn auch noch so kurzen Verfahrens denken, also hauptsächlich an das verhängte Strafurteil einer richterlichen Autorität; oder 2. an die Durchführung solcher Urteile, an die vielerlei Arten von Exekutionen an Missetätern, also an die verschiedenen Strafarten, welche die Ergebnisse der Strafurteile verwirklichen. Doch werden hierunter auch Exekutionen verstanden, die der Sitte gemäß von Privaten an anderen Privatpersonen vollzogen werden, ohne einen offiziellen Eingriff richterlicher Autorität.

Schon in dem Artikel Buße wurde auf den begrifflichen Unterschied zwischen S., Buße (s. d.) und Sühne (s. d.) hingewiesen. Strenggenommen setzt dementsprechend die S. eine Autorität voraus, die sie verhängt und für ihre Durchführung sorgt. Deshalb ist sie auch an gewisse politische Gestaltungsformen (s. Politische Entwicklung, Staat) geknüpft. Bei Prüfung der tatsächlichen Verhältnisse fällt allerdings die Entscheidung oft schwer (s. Gericht A), ob wir es mit Buße, S. oder Sühne zu tun haben. Die Abgrenzung gegen die Sühne ist namentlich auch deshalb nicht scharf durchzuführen, weil der Gedanke einer Bestrafung gewöhnlich in der ganzen Welt- und Lebensordnung und den darin waltenden übermenschlichen Kräften seine Stütze sucht.

Verbrechen werden in primitiven Gesellschaften vielfach als Verhängnis empfunden, zu dessen beinahe unpersönlicher Beseitigung man durch Reinigung (s. d. D) oder Entsühnung, etwa durch Ableitung auf einen Sündenbock (s. Idol A 1), schreitet (s. a. Sühne; vgl. ArchfRW 21 [1922] S. 42).

Es ist eine eigenartig mechanistisch verfahrende Auffassung (s. Primitives Denken), die sich in der primitiven Behandlung der Missetat geltend macht, ähnlich wie auch im Fluch (s. d. A) und Segen (s. d. A; s. a. Gottesurteil). Selbst der Name (s. d. A) eines Gesegneten oder Verfluchten wird ja zum Träger der Zaubermacht (vgl. Hempel S. 30ff., 39ff.).

So betrachtet man auch die Missetat als unmittelbar mit mystischen Wirkungskräften geladen, die durch Gegenmittel beseitigt werden müssen (s. Mana B). In solche Gedankengänge gehüllt, tritt in verschiedenen Abstufungen und Varianten die instinktive Abwehr der Menschen gegen den Bau ihres Gemeinwesens gefährdende Handlungen auf.

§ 2. In den niedrigen Gesellschaften finden wir eine mehr oder minder unmittelbare Reaktion gegen als Missetaten empfundene Handlungen, die sich gegen Angehörige fremder Sippen oder Familien richtet (s. Blutrache, Busse) und die Sitte als Maßstab anlegt, dem auch ein Schiedsrichter sich unterwirft. Innerhalb der Sippe oder Familie hängt die S. und ihre Durchführung von dem Autoritäts-Grad des Hauptes der Gruppe ab.

Bei den Buschleuten der Namib Südwestafrikas darf der Dieb, welcher Wasser oder Wild im fremden Revier sich aneignet, ohne es zu bezahlen, d. h. ohne das Haupt der dort herrschenden Sippe zu benachrichtigen, getötet werden; oder aber der Dieb kann gezwungen werden, etwa zwei Monate lang für die Geschädigten zu arbeiten. Ist sein Herr mit der Arbeit nicht zufrieden, so muß er länger bleiben. Den endgültigen Entscheid trifft das Familienhaupt. Wenn bei einer solchen Gelegenheit, oder auch bei Ehebruch, einer getötet wird, so gilt das nicht als Mord, sondern als eine Bestrafung, und die Angehörigen des Getöteten dürfen in einem solchen Fall nicht Blutrache nehmen (Trenk S. 169).

Bestrafungen an Frauen und Jünglingen durch Schläge, Verwundungen, Jagen, Verstoßung aus der Gemeinschaft, ja Tötung, werden bei den Bergdama Südwestafrikas erbarmungslos vollstreckt (Vedder S. 28). Als oberster Richter fungiert das Sippenhaupt. Innerhalb eines weiten Rahmens fester Übungen und Gewohnheiten bleibt viel Spielraum für Augenblicksstimmungen, persönliche Neigungen oder Abneigungen, Rivalitäten u. dgl. Viele kleinere Vergehen bleiben schon deshalb unbestraft, weil gar nicht die rechten Strafabstufungen zur Verfügung stehen. Oft greift man zu religiösen oder abergläubischen Deutungen nur deshalb, weil man eine Handlung als besonders gemeingefährlich stigmatisieren will; z. B. wenn einer aus Neid gegen einen geschickten Jäger dessen Jagdtragestock nachts vergräbt, wird dies als Schändung des heiligen Feuers gedeutet (Vedder S. 32). Der Hausvater wendet gegen seine Kinder Prügelstrafe an bei gegenseitiger Verfluchung, weil man in einem solchen Fall fürchtet, daß Unglück aus den Verfluchungen entsteht. Solches wird auch befürchtet bei zu häufigem vorzeitigen Geschlechtsverkehr. Bei Nachlässigkeit im Weiden der Ziegen oder Diebstahl in einem fremden Haus greift auch der Vater zur Züchtigung, doch fällt diese verschieden aus, je nachdem er sich vom Zorn und der Erregung übermannen läßt oder nicht (Vedder S. 149).

Diebstahl an erlegtem oder angeschossenem Wild, wie z. B. an einem bereits gespeerten Känguruh, wird bei den Aranda- und Loritja-Stämmen Zentral-Australiens ohne weiteres blutig vergolten. Doch wird anscheinend eine solche Vergeltung (einer Erzählung nach) nicht als ganz in der Ordnung empfunden (Strehlow II, 1 S. 33).

Vor allem werden aber auch religiöse Vergehen schwer bestraft, so z. B. das Erblicken von Schwirrholz und *tjurunga* durch Kinder oder Frauen, denen es verboten war, diese heiligen Objekte zu sehen. Ereignete sich dies zufällig, so wurden bei den Aranda beide Augen mit einem brennenden Stock ausgestochen. Hätte eine Frau mit Absicht nach einem derartigen Gegenstand ausgeschaut, so hätte man kurzen Prozeß mit ihr gemacht (Spencer und Gillen I 217). Derartige S. tragen den Charakter einer „Sühne" (s. d.).

§ 3. In nur wenig geschichteten Gemeinwesen mit schwacher Autorität von Dorf- oder Familienhäuptern fällt diesen das Strafrecht gewöhnlich zu, das sie gemäß der Überlieferung ausüben. Vielfach beschränkt sich ihre Tätigkeit darauf, der Aufrechterhaltung der alten Sitte Respekt zu verschaffen oder als Schiedsrichter zu fungieren.

Im Schoß derartiger, gewöhnlich sehr kleiner Gesellschaften kommen überhaupt verhältnismäßig wenig Übertretungen vor. Ereignen sie sich aber, so ist ihre Sühnung hart.

Bemerkenswert waren die Zustände bei den Bubi von Fernando-Po (Westafrika), die eine nur schwach geschichtete Bevölkerung darstellten. Diebstahl (s. d.) kam nur sehr wenig vor, am häufigsten waren geschlechtliche Vergehen. Gemäß dem verhältnismäßig friedlichen Charakter ereignete sich auch seltener Totschlag als Giftmord. Die Todesstrafe wurde gewöhnlich durch Folterung herbeigeführt. Mildere Fälle wurden durch Fesselung, körperliche Züchtigung und Quälereien, besonders durch Stechen mit spitzen Raphia-Stäben auf die Stirn, geahndet; zur Prügelstrafe bediente man sich eines gedrehten Taues, das der Häuptling im Hause aufbewahrte. Bei der Frau wandte man meistens die Fesselung mit Entblößung des schuldigen Körperteils, gewöhnlich der Geschlechtsteile, an, womit allerlei Peinigungen verbunden waren (vgl. Tessmann 1923 S. 180ff.). Die Bestrafung der Kinder war verhältnismäßig hart. Sie wurden, namentlich wenn sie sich geschlechtlich vergangen hatten, mit einem flachen Holz verprügelt. In dieser Beziehung war man sehr streng und verbot sogar das gemeinsame Spiel zwischen Knaben und Mädchen. Bei einer Bestrafung von Kindern ging es fast nie ohne Blutvergießen ab (s. a. Kind). Besonders eifersüchtig wurden Vergehen an der Frau des Häuptlings geahndet: dem Verführer wurde der Arm abgeschnitten (Tessmann 1923 S. 231f.).

Stellen sich bei den Boloki des mittleren Kongo-Gebietes Meinungsverschiedenheiten innerhalb einer Dorfsiedlung heraus, so sucht man einen Fernerstehenden zuzuziehen, um die Entscheidung zu fällen. Jeder Gau besitzt einen Häuptling, der von allen Dorfgemeinschaften gemeinsam gewählt wird, um bei wichtigen Anlässen, bei Streitigkeiten zwischen den Familien und den Dörfern das Amt eines Schiedsrichters auszuüben.

Merkwürdig ist die Art, wie man diesen Schiedsrichter gewinnt. Die Familienhäupter, die sich auf eine bestimmte Persönlichkeit geeinigt haben, ziehen eines Tages aus, um seine Pisang- und Bananenbäume niederzuhauen. Dieser Angriff würde ihm das Recht geben, die beteiligten Dörfer mit Krieg zu überziehen. Die Sitte fordert, daß die Bewohner der angreifenden Dörfer nicht die Fehde gegen den Beleidigten eröffnen, sondern warten, bis er gegen sie vorgeht. Solange diese Plünderung keine Vergeltung gefunden hat, darf von den anderen gegen ihn nicht gekämpft werden. Durch diese sakral verankerte Sitte wird der betreffende Häuptling, dessen Pflanzung zerstört wurde, und der dafür keine Vergeltung übte, vor Angriffen und Streitigkeiten gesichert. Trifft er später als Schiedsrichter Entscheidungen, die den Parteien nicht gefallen, so dürfen diese keine Fehde (s. d.) gegen ihn beginnen. Auf diese Weise wird eine gewisse Unparteilichkeit seines Urteils verbürgt. Von denen, die seinen Beistand nachsuchen, erhält er Bezahlung für seine Dienste, und diese Einnahme entschädigt ihn gleichzeitig für den Verlust, den er durch die Zerstörung seiner Pflanzungen erlitt.

Es gibt feste Traditionen, nach denen die Familienoberhäupter oder der Schiedsrichter entscheiden. Der Dieb muß z. B. den gestohlenen Gegenstand zurückgeben oder ersetzen, außerdem aber noch eine Buße in der Höhe des Wertes der gestohlenen Sache an den Geschädigten entrichten. Der Bestohlene behält einen Teil dieser Buße für sich, verteilt aber das Übrige unter diejenigen, die ihm zur Wiedererlangung seines Gutes und zum Rechtsspruch behilflich waren (Weeks S. 136f.).

Selbst bei den verhältnismäßig hochstehenden, von arabischer Seite beeinflußten Hirten des Somali-Landes ist keine eigentliche richterliche Autorität vorhanden. Diese besteht bei den Galla im Familienvater oder im Häuptling einer Sippe, dem auch die von fremden Stämmen Adoptierten unterstehen. Fehden (s. d.) unter Sippen werden durch die Waffen entschieden. Die Kaufleute bilden einen eigenen Stamm, richtiger eine Sippengruppe für sich, über die ihre eigenen Oberhäupter Recht sprechen. Die Karawane untersteht in dieser Beziehung ihrem Führer. — Als S. kommen bei den Somâl nur Tod oder Geldzahlung in Betracht, bei den Oromó der Tod und die Einschließung in Marterhölzer, hier und da nach abessinischer Art auch Verstümmelung und Verbannung. Doch ist bei einigen Somâl-Stämmen, z. B. bei dem großen Stamme der Midjertîn, die Todesstrafe ungebräuchlich. — Schädelstätten in der Nähe größerer Städte der Küste, wo man auch Sklaven verenden läßt, zeugen von dem Ernst, mit dem die Eingeborenen über die gesellschaftliche Ordnung und deren Aufrechterhaltung zu wachen wissen (Paulitschke I 264).

Bei den nilotischen Lango von Uganda werden Zauberer oder Hexen mit Keulen totgeschlagen und ihre Leichen in einem großen Feuer verbrannt (Driberg S. 209). Die Hinrichtung der Zauberer findet überhaupt häufig durch Verbrennen statt, z. B. in Westafrika bei den Kpelle (Westermann S. 188, 308f., 378f., 451f., 493).

Unter den sozial gestaffelten Lango-Stämmen von Uganda betrachtet man sexuellen Verkehr unter zwei wie immer entfernt durch des Vaters oder der Mutter Klan verwandten Personen als Blutschande (s. d.), straft aber nur den Mann als den hauptsächlich für schuldig angesehenen Teil mit dem Tode, während man die Frau nur prügelt. Außerdem müssen noch von seinen Verwandten sechs Ziegen herbeigebracht werden, die man auf der Weide des Dorfes der Frau schlachtet. Vor seiner Hinrichtung muß der Missetäter dem Opfer der Ziegen anwohnen und in zeremonieller Weise unter Segenssprüchen Wasser auf die Frau ausgießen, um so die geistigen Folgen seiner Tat zu beseitigen; denn man sagt, daß er „Gott auf das Weib gebracht hat", und nur durch das Ausgießen von Wasser kann sie von diesem Unheil befreit werden (Driberg S. 209). — Hierbei tritt deutlich die Rolle des Wassers hervor, die wiederholt gerade bei Bestrafung sexueller Verbrechen bemerkt wird, so z. B. beim Ertränken (s. § 5).

In der geschichteten Gesellschaft der Buin-Leute von Bougainville, in der jedoch die Autorität der Häuptlinge nur gering ist, gilt für wirkliche oder vermeintliche zauberische Tötung die Blutrache (s. d.), die nicht ohne weiteres durch Bußen (s. d.) abgelöst werden kann. Auch Ehebruch und gefährlicher Zauber werden blutig vergolten. Verwundungen und kleinere Beleidigungen rächt man durch Zufügen von Verwundungen. Erst an diese schließen sich privat abzumachende Geldbußen (Thurnwald III 65). — In bezug auf den Balkan, Korsika und Indien vgl. Vlavianos. — S. a. Asyl, Friedlosigkeit, Gottesurteil, Gericht A. Für geschichtete Gesellschaften mit noch wenig ausgebildeter Autorität, frühschaische Staatswesen, vgl. Heusler (Island); Goetz (altes Rußland); König (Israel; *Genesis* S. 236).

Auf den Trobriand-Inseln (Südsee, ö. von Neu-Guinea) hat der Häuptling zur Aufrechterhaltung seiner Autorität Zauberer zur Verfügung, die er ruft, wenn einer ihn beleidigt oder ihm sonst zu nahe tritt. Der Verletzer des autoritären Ansehens erfährt davon, und oft bewirkt schon die Angst vor dem Zauber, daß sich das Opfer für verloren hält. Nur im äußersten Fall verhängt ein Großhäuptling eine direkte S. über einen Schuldigen; ein oder zwei Leute fungieren hergebrachterweise als Scharfrichter, welche die S. vollstrecken. Doch ist ein derartiges Vorgehen nur selten (Malinowski S. 86f.).

§ 4. In der ausgeprägt geschichteten Adelsgesellschaft von Loango (Westafrika) werden „Frevel" in der Regel an Leib und Leben gerächt, „damit keine Plagen über das Land kommen". Schon der Versuch dazu verwirkt das Leben, „weil der böse Wille vorhanden war". Verschärft wird das Urteil dadurch, daß man dem Missetäter das Grab verweigert. Doch vermeidet man, sein Blut zu vergießen. Sittlichkeitsverbrechen werden, wenn nicht mit dem Tode, mit dem Brechen der Oberschenkelknochen oder mit dem Zerquetschen der schuldigen Körperteile bestraft. Zu den Arten der Hinrichtung gehören: Eingraben bis an den Kopf, Einhängen mit dem Halse an einen enggegabelten Pfahl; Aufbinden an Bäume oder Kreuze, worauf man wahrscheinlich zuerst in den Kongo-Reichen seit der Missionstätigkeit verfallen ist; Aufhängen an den Beinen; Festschnüren auf gebrechlichen Flößen von leichten Hölzern, die man ins Wasser schiebt. Häufig gibt man den Gerichteten einen betäubenden Trank. Die Vollziehung derartiger S. erregt großes Aufsehen, lockt das Volk an und liefert Gesprächsstoff für lange Zeit. Man macht bei den Verurteilungen, die durch Gerichte (s. d. A) vollzogen werden, ziemlich weitgehende Unterschiede in bezug auf Schuldige und Helfer. Diebstahl, Betrug, Zank,

Rauferei auf dem Markt werden sehr hart und gewöhnlich auf der Stelle bestraft. Schon Berauschtheit oder eine Meinungsverschiedenheit locken Marktmeister herbei, die Ruhe gebieten. Der Marktplatz, dessen Frieden arg gestört worden ist, wird bisweilen für längere Zeit gesperrt, unter Umständen sogar verlegt. (Dem liegen Gedankengänge zugrunde, die eine Verflochtenheit des Ortes mit den dort sich vollziehenden Handlungen annehmen.) Vielfach tritt auch Ächtung ein (s. Friedlosigkeit), die mit der Ausstoßung aus dem Familienverbande verknüpft ist. Für den zum Tode Verurteilten kann unter Umständen auch ein Bürge gestellt werden, der mit seiner Familie ein Reuegeld sowie die Kosten des Gerichtsverfahrens und der Sühnehandlung mit dem Opfertier aufzubringen hat, oder der Bürge wird Höriger (s. a. Bürgschaft A). Beides ist gewinnbringender als eine Hinrichtung. So war es insbesondere zur Zeit des Sklavenhandels, da man Verbrecher über das Meer verkaufte (Pechuël-Lösche S. 230ff., 235).

Es ist eine uralte Sitte der Kpelle (Westafrika), daß, wenn jemand einen Menschen tötet, die andern ihn nicht töten, sondern er davoneilt und zum Könige geht, dessen Füße umfaßt und (nach der Schilderung der Eingeborenen) sagt: „O Herr, rette mich, solange du am Leben bist, laß sie nicht mich töten.“ Wenn der König einverstanden ist, sagt er zu ihm: „Meine Hand ist darunter.“ Darauf ruft der König seine Leute zusammen und spricht: „Euer Sohn hat zu mir geschrieen; kommt, bringt die Sache ins Reine. Sieben Sklavenwerte müßt ihr geben; wenn ihr das gebt, müßt ihr außerdem noch einen Menschen geben; dann dürfen sie euern Sohn nicht töten.“ Dieses Geld nebst dem Menschen gibt der König der Familie, deren Kind getötet wurde, er gibt es ihnen und sagt: „Bitte verzeiht!“ (Westermann S. 132).

Auf der Insel Nias (Sunda-Archipel), wo eine geschichtete Gesellschaft durch Dorfhäuptlinge regiert wird, welche die angesehenen Familienhäupter zu Versammlungen einberufen, denen die Befolgung des alten Gewohnheitsrechtes (*adat*) obliegt, wobei jedoch die letzte Entscheidung in der Hand des Häuptlings ruht, wird ein Unterschied zwischen kriminellen und zivilen Missetaten gemacht. Als kriminelle Angelegenheit gilt ein Bruch des *adat*; er wird als ein Vergehen gegen die Gemeinschaft empfunden. Denn Abweichungen vom *adat*, über das „die Toten wachen“, bringen die Lebenden in Konflikt mit den Ahnen, die ihr Volk dann dadurch strafen, daß sie Mißhelligkeit und Krankheit in die Welt schicken. In früheren Zeiten wurden derartige Verbrecher stets mit dem Tode bestraft. Die zivilen Missetaten können unterschieden werden in Verbrechen gegen die Autorität der Häuptlinge, in solche gegen Personen und in solche gegen das Eigentum. Die S. dafür waren teils Kapitalstrafen, teils körperlicher Natur, Geldstrafen und Schuldknechtschaft. Die Geldstrafen fielen dem Häuptling, dem Dorf und der benachteiligten Partei zu. Zweifelhafte Fälle wurden durch Eid und Gottesurteil entschieden (Amer. Anthr. 30/1 [1928] S. 148 Schröder).

§ 5. Wenn wir die Durchführungsarten der Vergeltung, die Formen der Bestrafung überhaupt, ins Auge fassen — mögen sie als privatrechtliche Büßungen auftreten oder in höheren Vergesellungsformen sich aus den Urteilssprüchen einer staatlichen Autorität über die Missetäter ergeben —, so kann man sagen, daß für die Strafformen und die Art der Durchführung der Bestrafung gedanklich zweierlei Hauptgesichtspunkte hervortreten: 1. der einer unmittelbaren Vergeltung nach dem Typus: Aug' um Auge, Zahn um Zahn; und 2. der einer Vergeltung durch das Eingreifen höherer Mächte, wobei die Bestrafung an die besonderen Gedankengänge anknüpft, unter denen dieses erwartet wird (s. Eid A, Fluch A, Gottesurteil, Primitives Denken, Zauber A).

Erinnern wir uns, daß, wie einleitend bemerkt, die Handlungen magische Auswirkung zeigen (s. Fluch A, Mana B, Segen A), und daß auch umgekehrt durch magische Mittel eine Handlung, die das Gleichgewicht und die Ordnung der Welt stört, paralysiert werden soll (Hempel S. 25ff.). Als derartiges „zauberisches“ Verfahren ist die Bestrafung gedacht, die sich auch im Bereich der archaischen Kulturen ausgesprochenerweise gegen die Handlung selbst wendet, bzw. gegen den Urheber dieser Handlung, der so zum „Missetäter" wird. Durch dessen Beseitigung oder durch eine auf Grund des Analogiedenkens konstruierte Spiegelstrafe sucht man die mystische Störung der Weltordnung zu beseitigen. Natürlich dürfen wir nicht vergessen, daß diese Gedankengänge, mit denen man operiert (s. Primitives Denken), rationalistische Deutungen für tieferliegende Reaktionen darstellen. Nur so werden auch verschiedene Maßnahmen verständlich, die man in derartigen Kulturen ergreift, zu denen etwa auch das europäische, namentlich frühe Mittelalter gehört. So wird die S. sowohl gegen Dinge wie auch gegen Tiere angewendet, ebenso auch gegen verstorbene Menschen (His S. 400ff.). Damit hängt auch die andersartige Auffassung der Schuld (s. d.) zusammen und die Auffassung von Haftung und Bürgschaft (s. d. A und Vertrag).

Von den durch die Gerichte verhängten S. muß man im alten Babylonien und Assyrien die kriegerischen Maßnahmen gegen Feinde unterscheiden. Letztere werden zwar in den Inschriften von den Königen nicht selten als „Bestrafungen" bezeichnet, doch handelt es sich dabei selbstverständlich nur um militärpolitische Handlungen, wenn vielleicht auch um Züchtigungen aufständischer Stämme. Für die folgende Zusammenfassung der hauptsächlichsten Arten der Bestrafung folge ich außer Jelitto insbesondere Angaben von Professor Eckhard Unger. — Die Strafbestimmungen der altbabylonischen Gesetzessammlungen (s. a. Recht), insbesondere der Hammurapis, vergelten zumeist Tötung, Ehebruch und Unzucht, Diebstahl und Betrug. Sie stellen wohl eine schon an ältere Kodifikationen anschließende Aufzeichnung gewohnheitsrechtlicher Verfahren dar. Am bemerkenswertesten ist dabei, etwa im Gegensatz zum Beduinenleben, daß an Stelle der Privatrache die Staatsgewalt, der König, die Bestrafung übernommen hat. Da es sich um eine geschichtete Gesellschaft handelt, tragen auch die Strafbestimmungen dem Rechnung, und zwar dadurch, daß Unterschiede zwischen Freien, Hörigen (*maš en kak*) und Sklaven (s. Stände) gemacht werden. Auch innerhalb der Familien nehmen die Einzelnen wieder eine verschiedene Rechtsstellung ein. Dagegen war die Berufsangehörigkeit belanglos für die Bemessung der Strafe. — Zu den ältesten Hinrichtungsarten der Babylonier und Assyrer gehören der Wasser- und der Feuertod. Schon nach den „sumerischen Familiengesetzen" wird die Ehefrau für ihr Vergehen in den Fluß geworfen (vgl. dazu oben § 3). Bemerkenswert ist, daß die Verbrennung namentlich gegen Hexen und Zauberer angewendet wird (Jelitto S. 26). Die gewöhnliche Todesstrafe war jedoch die Tötung mit Dolch oder Keule, auch bei einer ehebrecherischen Frau, in neubabylonischer Zeit. Der Keulentod dürfte wohl bei Unzucht oder Diebstahl angewendet worden sein. Verstümmelungen, wie das Abschneiden der Nase, Ohren, Hände und Füße, das Ausreißen der Zunge und Augen, spielen namentlich bei den verschiedenen Vergeltungsarten (s. Vergeltung) eine erhebliche Rolle. Dem Sohne, der sich den Eltern gegenüber lästerlicher Worte bedient, soll nach Hammurapi die Zunge abgeschnitten werden. „Wendet er sich von Ziehvater und Ziehmutter ab und geht in sein Vaterhaus", so soll man ihm das Auge ausreißen. Schlägt ein Sohn seinen Vater, so soll man ihm die Hände abschneiden. Ebenso soll man dem, der das ihm zur Aussaat anvertraute Saatgut oder Futter stiehlt, die Hände abschneiden. Dieselbe Verstümmelung trifft aber auch den Gutsverwalter (*gallabu*), der ohne Wissen des Herrn einem Sklaven das Zeichen der Unverkäuflichkeit einschneidet. Auch der Arzt verliert seine Hände, wenn er durch unvorsichtiges Verfahren mit dem Operationsmesser des Patienten Auge zerstört. Einer Amme soll die Brust abgeschnitten werden, wenn das ihr anvertraute Kind stirbt, usw. Derartige Körperverstümmelungen schlossen übrigens auch von der Übernahme von Ämtern aus. — Der Gedanke, daß die Körperteile, die eine Missetat begingen, gewissermaßen unmittelbar bestraft werden — „Spiegelstrafe" — (vgl. Primitives Denken), führten auch zu jener Behandlung der Feinde im Kriege, die wir als außerordentlich grausam empfinden, wie das Schinden, Pfählen und Spießen (vgl. Stiassny, Mausberg); insbesondere auch zu dem Abhacken der

Köpfe, das bei den Assyrern sich anscheinend zu einer richtigen Kopfjagd (s. d. und Menschenopfer C) ausgebildet hatte.

Es scheint, daß die fortschreitende technische Entwicklung vielfach dazu beigetragen hat, die Todesstrafen härter und grausamer zu machen. Auch beim Erlernen und Übernehmen fremder Sitten, wie etwa der Pfählung als Todesstrafe, scheint das besondere Raffinement anreizend für die Aufnahme im Mittelalter gewirkt zu haben. Im wesentlichen sind es zwei Gruppen von Delikten, die Pfählung nach sich zogen: 1. Landes- und Hochverrat, 2. sexuelle Delikte. Doch wurde sie auch bei Diebstahl, insbesondere Wilddiebstahl, und bei Giftmischerei angewendet (Stiassny, vgl. a. Fehr).

Über die Folter vgl. im allg. Helbing-Bauer; bei den Hehe Ostafrikas vgl. Dempwolff (S. 109ff.); über bildliche Darstellungen von Folter und körperlichen S. im Mittelalter u. dgl. vgl. Fehr.

Die Staatslehre der ältesten chinesischen Philosophen vertrat die Auffassung, daß in der Ausübung des Strafrechts zu große Milde besser als zu große Strenge sei, daß es vorzuziehen sei, Schuldige entkommen zu lassen, als Unschuldige hinzurichten (Forke S. 66). Auch Konfuzius tritt für milde S. ein; man solle das Volk bessern, vor allem durch Unterricht und Erziehung zur Sittlichkeit; kleine Vergehen sind zu verzeihen (ebd. S. 139). In ihrer Weiterbildung wurden von den Nachfolgern des Konfuzius fünf Missetaten aufgezählt, die mit Kapitalstrafen geahndet werden sollen. Es sind dies: Stehlen und Liederlichkeit, Pietätlosigkeit, Fürstenmord, Aufruhr, Ehebruch. In der guten alten Zeit brauchten angeblich S. deswegen überhaupt nicht verhängt zu werden, weil diese schweren Verbrechen nicht vorkamen, die nur eine Folge der Zügellosigkeit der Begierden gewesen seien, welche später durch Zeremonien nicht wirksam genug unterdrückt werden konnten. Als Vorbeugungsmaßregel gegen die fünf Hauptverbrechen werden aufgeführt: 1. die Luxusvorschriften, 2. Begräbnis- und Opferzeremonien, 3. das Zeremoniell bei Audienzen, 4. Trinkzeremonien bei den Festen in den Distrikten, 5. Verlobungs- und Hochzeitszeremonien. In ältester Zeit soll das Volk allein durch Tugend und Sitte gebessert worden sein, später durch Verwaltung und Androhung von S., und als auch das nichts mehr half, durch Vollziehung der fünf Strafen. An anderer Stelle werden vier Hauptverbrechen genannt, die mit dem Tode bestraft wurden: Umsturz im Staatswesen, Förderung der Verschwendung, falsche Lehre und Zauberei. In bezug auf die Nachwirkung der S. wird weiterhin die Unterscheidung gemacht zwischen 1. Verbrechen gegen Himmel und Erde, die bis in die fünfte Generation bestraft werden; 2. Verlästerung von *Wên-wang* und *Wu-wang*, die bis in die vierte Generation bestraft wird; 3. Auflehnung gegen die menschlichen Beziehungen, bestraft bis in die dritte Generation; 4. Komplott mit Geistern und Dämonen, bestraft bis in die zweite Generation; 5. Ermordung eines Menschen, bestraft nur am Mörder; sie gilt als das geringste der großen Verbrechen. Es sind dies wohl von den Konfuzianern aufgestellte Kategorien (s. a. Moral), um ihre eigenen Ansichten über die Schwere der menschlichen Verfehlungen darzulegen (ebd. S. 185f.). Erst unter den Nachfolgern von *Lao-tse* macht sich ein Eintreten für grausames Strafrecht bemerkbar (ebd. S. 281). Die späteren Staats- und Rechtsphilosophen verlangen für den Staat feste Regeln und Methoden; für eine gerechte Bestrafung fordern sie Gesetze, nicht Laune, sonst entsteht Unzufriedenheit (ebd. S. 446). Ungefähr Mitte des 4. Jh. v. C. zeichnete sich *Schang Yang* als Ratgeber eines aufgeklärten Despoten durch Einführung strenger Gesetze und durch vielerlei Reformen aus. Er schaffte allerlei Privilegien ab und verfuhr darin sehr radikal. Aber auch andere Handlungen und Verhaltungsarten unterwarf er S., so z. B. verbot er, zur Förderung der Reinlichkeit, Asche auf die Straße zu werfen, und setzte darauf körperliche Züchtigungen. Als er am Ufer des *Wei* einmal von Verbrechern sprach, soll nach der Tradition das Wasser des Flusses sich plötzlich blutrot gefärbt haben, ein Hinweis auf die Blutgesetze. Doch hörte das Räuberunwesen vollständig auf, und nach 10 Jahren nahm niemand etwas mehr an sich, was ein anderer auf der Straße verloren hatte (ebd. S. 452f.). Nach seiner Lehre muß die Entscheidung über S. und Belohnung vom Volk getroffen werden. Der Fürst muß dem Volksempfinden Rechnung tragen und sich damit in Einklang setzen. S. für vollendetes Unrecht sind nach *Schang Yang* nutzlos, denn sie beseitigen es nicht, und Belohnungen für vollbrachtes Gute sind ebenfalls zwecklos, denn sie hemmen die Vergehen nicht. Schon die Absicht, Unrecht zu tun, muß bestraft werden. Dann kommt es zu keinem großen Unrecht, und diejenigen, die geplante Verbrechen zur Anzeige bringen, müssen belohnt werden. S. führen letzten Endes zur Tugend, denn S. erzeugen Kraft, Kraft führt zu Macht, Macht zu Ansehen, Ansehen zur Tugend. „Von Hinrichtungen und Strafen ausgehend, kehren wir zur Tugend zurück, während die Rechtschaffenheit zu Verbrechen führt." Als Tugend ist in *Schang Yangs* Sinne jede Handlung im Staatsinteresse zu verstehen, während Rechtschaffenheit die von den Konfuzianern gelehrte Tugend bedeutet (ebd. S. 456f.).

Nach dem *Schi ki* wandten die *Yin* (zerstörende Kraft, die das Töten bestimmt) fünf Körperstrafen an, um den Verbrechen zu steuern, sie verletzten Fleisch und Haut, um das Böse zu strafen. Die fünf Körperstrafen, die es schon zur Zeit des *Yao* und *Schun* gab (zwei alte legendarische Herrscher, welche die Staatseinrichtungen verbesserten und eine bestimmte Musik schufen; s. Staat), aber nach Meinung chinesischer Kommentatoren damals nicht angewendet, sondern nur symbolisch dargestellt wurden, sind folgende: 1. Brandmarken, 2. Abschneiden der Nase, 3. Abschneiden der Kniescheibe oder der Füße, 4. Kastration, 5. Todesstrafe (auf verschiedene Art). Die ersten drei wurden als S. abgeschafft unter dem Kaiser *Wen ti* der Han-Dynastie (178—156 v. C.). Die Kastration bestand als S. bis zum Beginn der Sui-Dynastie (581—618 n. C.). Später gab es folgende St.: 1. Bambusschläge, 2. Schläge mit dem Holzstock, 3. die kürzere Verbannung, 4. die weitere Verbannung, 5. Todesstrafe (Enthauptung, Erdrosselung oder Zerstücklung; Seufert S. 28).

Über das Strafrecht in naturalwirtschaftlichen Lehensstaaten (s. Staat) mit ausgebildeter Zentralgewalt vgl. Trimborn (Peru); Friederichs S. 378ff. und Preiss S. 74ff. (Japan).

§ 6. Man kann keineswegs sagen, daß wirtschaftliche Leistungen als S. etwas sind, das nur in höheren Gesellschaften zu finden wäre. Aus den unter § 2 angeführten Fällen geht das Gegenteil hervor; ähnliches wurde auch in dem Artikel Busse gezeigt. Eine gewisse geistige Dogmatik sperrte sich in den Zeiten ausgebildeten Zauberglaubens und gleichzeitig stark entwickelten Selbstgefühls der Sippen gegen wirtschaftliche Ablösungen. Die große Zahl grausamer Vergeltungen steht weiterhin in den archaischen Staatswesen unter magischen Gesichtspunkten, wie im vorhergehenden Paragraphen gezeigt wurde.

Die Geldstrafe gewinnt erst später wieder an Bedeutung in den Staatswesen mit Beamtenlehen (s. Lehen) und zentralistischer Tendenz des aufkommenden Despotismus (s. d.), der seine Macht nach der wirtschaftlichen Seite auszubauen versucht.

Der Übergang von der privatrechtlichen Buße zur öffentlich-rechtlichen S. im alten russischen Recht ist vor allem der kräftigen Ausbildung der Fürstenherrschaft zu danken (Goetz S. 32, 38, 44ff.).

Über Geldstrafen, Verteilung des Blutgeldes und folgende Reinigungszeremonie in Ostafrika vgl. Dundas (S. 263ff.). Für Ukarra (Ostafrika) vgl. a. Paulssen (S. 44). Für die Suaheli Velten. Bezüglich Westafrikas vgl. Tessmann (1913 S. 237ff.).

An allgemeinen Werken sei auf die große, zweibändige Arbeit von Steinmetz und die vergleichende Zusammenstellung bei Mommsen hingewiesen.

S. a. Asyl, Blutrache, Bürgschaft A, Busse, Diebstahl, Eid A, Fehde, Fluch A, Friedlosigkeit, Gericht A, Gottesurteil, Menschenopfer C, Moral, Recht, Reinigung D, Schuld, Sühne, Verbrechen, Vergeltung, Vertrag.

v. Amira *Die germanischen Todesstrafen, Untersuchungen zur Rechts- und Religionsgeschichte* Abh. Bayer. Ak. Bd. 31 Abt. 3 (1922); Dempwolff *Beiträge zur Volksbeschreibung der Hehe* Baessler-Archiv 4 (1914); Driberg *The Lango, a Nilotic Tribe of Uganda* 1926; Dundas *The Organisation and Laws of some Bantu Tribes in East Africa* Journ. anthr. inst. 45 (1915); Fehr *Das Recht im Bilde* 1925; Forke *Ge-*

Rauferei auf dem Markt werden sehr hart und gewöhnlich auf der Stelle bestraft. Schon Berauschtheit oder eine Meinungsverschiedenheit locken Marktmeister herbei, die Ruhe gebieten. Der Marktplatz, dessen Frieden arg gestört worden ist, wird bisweilen für längere Zeit gesperrt, unter Umständen sogar verlegt. (Dem liegen Gedankengänge zugrunde, die eine Verflochtenheit des Ortes mit den dort sich vollziehenden Handlungen annehmen.) Vielfach tritt auch Ächtung ein (s. Friedlosigkeit), die mit der Ausstoßung aus dem Familienverbande verknüpft ist. Für den zum Tode Verurteilten kann unter Umständen auch ein Bürge gestellt werden, der mit seiner Familie ein Reuegeld sowie die Kosten des Gerichtsverfahrens und der Sühnehandlung mit dem Opfertier aufzubringen hat, oder der Bürge wird Höriger (s. a. Bürgschaft A). Beides ist gewinnbringender als eine Hinrichtung. So war es insbesondere zur Zeit des Sklavenhandels, da man Verbrecher über das Meer verkaufte (Pechuël-Lösche S. 230ff., 235).

Es ist eine uralte Sitte der Kpelle (Westafrika), daß, wenn jemand einen Menschen tötet, die andern ihn nicht töten, sondern er davoneilt und zum Könige geht, dessen Füße umfaßt und (nach der Schilderung der Eingeborenen) sagt: „O Herr, rette mich, solange du am Leben bist, laß sie nicht mich töten." Wenn der König einverstanden ist, sagt er zu ihm: „Meine Hand ist darunter." Darauf ruft der König seine Leute zusammen und spricht: „Euer Sohn hat zu mir geschrieen; kommt, bringt die Sache ins Reine. Sieben Sklavenwerte müßt ihr geben; wenn ihr das gebt, müßt ihr außerdem noch einen Menschen geben; dann dürfen sie euern Sohn nicht töten." Dieses Geld nebst dem Menschen gibt der König der Familie, deren Kind getötet wurde, er gibt es ihnen und sagt: „Bitte verzeiht!" (Westermann S. 132).

Auf der Insel Nias (Sunda-Archipel), wo eine geschichtete Gesellschaft durch Dorfhäuptlinge regiert wird, welche die angesehenen Familienhäupter zu Versammlungen einberufen, denen die Befolgung des alten Gewohnheitsrechtes (*adat*) obliegt, wobei jedoch die letzte Entscheidung in der Hand des Häuptlings ruht, wird ein Unterschied zwischen kriminellen und zivilen Missetaten gemacht. Als kriminelle Angelegenheit gilt ein Bruch des *adat*; er wird als ein Vergehen gegen die Gemeinschaft empfunden. Denn Abweichungen vom *adat*, über das „die Toten wachen", bringen die Lebenden in Konflikt mit den Ahnen, die ihr Volk dann dadurch strafen, daß sie Mißhelligkeit und Krankheit in die Welt schicken. In früheren Zeiten wurden derartige Verbrecher stets mit dem Tode bestraft. Die zivilen Missetaten können unterschieden werden in Verbrechen gegen die Autorität der Häuptlinge, in solche gegen Personen und in solche gegen das Eigentum. Die S. dafür waren teils Kapitalstrafen, teils körperlicher Natur, Geldstrafen und Schuldknechtschaft. Die Geldstrafen fielen dem Häuptling, dem Dorf und der benachteiligten Partei zu. Zweifelhafte Fälle wurden durch Eid und Gottesurteil entschieden (Amer. Anthr. 30/1 [1928] S. 148 Schröder).

§ 5. Wenn wir die Durchführungsarten der Vergeltung, die Formen der Bestrafung überhaupt, ins Auge fassen — mögen sie als privatrechtliche Büßungen auftreten oder in höheren Vergesellungsformen sich aus den Urteilssprüchen einer staatlichen Autorität über die Missetäter ergeben —, so kann man sagen, daß für die Strafformen und die Art der Durchführung der Bestrafung gedanklich zweierlei Hauptgesichtspunkte hervortreten: 1. der einer unmittelbaren Vergeltung nach dem Typus: Aug' um Auge, Zahn um Zahn; und 2. der einer Vergeltung durch das Eingreifen höherer Mächte, wobei die Bestrafung an die besonderen Gedankengänge anknüpft, unter denen dieses erwartet wird (s. Eid A, Fluch A, Gottesurteil, Primitives Denken, Zauber A).

Erinnern wir uns, daß, wie einleitend bemerkt, die Handlungen magische Auswirkung zeigen (s. Fluch A, Mana B, Segen A), und daß auch umgekehrt durch magische Mittel eine Handlung, die das Gleichgewicht und die Ordnung der Welt stört, paralysiert werden soll (Hempel S. 25ff.). Als derartiges „zauberisches" Verfahren ist die Bestrafung gedacht, die sich auch im Bereich der archaischen Kulturen ausgesprochenerweise gegen die Handlung selbst

B. Palästina-Syrien.

Einzelne Funde deuten darauf, daß der S. schon in alter Zeit den Bewohnern des Landes bekannt war. In den Grabhöhlen 15 I und 28 II zu Gezer (s. d.) lagen, offenbar als etwas besonders Kostbares den Toten mitgegeben, je zwei Eier des Vogels bei Bestattungen, außerdem Eierschalen auch an anderen Stellen, meist mit geometrischen Mustern bemalt (Macalister *Gezer* I 93, 125; II 19, Abb. 221). Auf einer Tonscherbe war deutlich ein S. dargestellt (ebd. II 18 Abb. 220). Skarabäen trugen das Bild eines Mannes zwischen zwei solchen Vögeln (ebd. II 326, 328; III Tf. 203a, 15; 208, 57). Das AT erwähnt den S. als Bewohner öder Gegenden (hebr. *ja'ᵃnâ* Jes. 13, 21; 34, 13; 43, 20; Jerem. 50, 39; Hiob 30, 29; Klagelieder 4, 3; *rᵉnānîm* S.-Weibchen Hiob 39, 13). Warum sein Fleisch als unrein galt (Lev. 11, 16; Deut. 14, 15), wissen wir nicht. Da der Vogel zwar heute ausgestorben ist, aber früher im O des Landes (z. B. in der *belqâ*) vorkam (H. B. Tristram *The Fauna and Flora of Palestine* 1884 S. 139; ZdPV 49 [1926] S. 257f. J. Aharoni), sind wohl auch in alter Zeit S.-Eier nicht aus Ägypten eingeführt worden.

Riehm-Baethgen *Handwörterbuch des Biblischen Altertums* II² (1894) S. 1598f.

Peter Thomsen

C. Vorderasien s. Vorderasien B § 19.

Straußenei. S. a. Italien und der Orient § 2, Mykenai § 2, Phönikische Besiedlung D § 3, Ur, Vase E § 3. — (Ägypten) Straußeneier, die in den Darstellungen der Gräber des NR häufig unter den Abgaben der nub. Untertanen vorgeführt werden, finden sich als Grabbeigabe in Gräbern der vorgesch. und frühgesch. Zeit in Ä. sowohl wie — häufiger — in Nubien. So Petrie-Quibell *Nagada* S. 19 Grab T. 4, S. 28 Grab 1480 (das letztere mit eingeritzten Tierbildern), Ayrton-Loat *Mahasna* S. 25 Grab H 51 und an verschiedenen Stellen in Nubien (Junker *Kubanieh-Süd* S. 120). In Diospolis (s. d.) Parva (Petrie S. 33 Grab B 101 und Tf. 5, 8) fanden sich einmal 6 Tonmodelle von S., weiß bemalt, das eine mit schwarzen Zickzacklinien, die vielleicht ein Geflecht, in dem das Ei steckt, nachahmen sollen. Ob diese Eier als Nahrung (s. d. C) beigegeben wurden — gelegentlich findet sich an einem Ende ein kleines Loch —, ist nicht mit Sicherheit zu sagen. Ein halbes Straußenei, das einer Kinderleiche mitgegeben war (Junker *Kubanieh-Süd* S. 120), sollte vielleicht als Näpfchen dienen. S. a. Tunis B.

Ranke

Streitaxt s. besonders Axt, Axtdolch, Axthammer, Bootaxt, Doppelaxt, Doppelschneidige Streitaxt, Facettierte Streitaxt, Finnländische Streitäxte, Jütländische Streitaxt, Nackengebogene und Rhombische Axt, Tierkopfförmige Steinwaffen, Zobtener Typus.

Streitwagen s. Wagen.

Strépyien (Strépy-Stufe) s. Belgien A, Eolithenproblem § 7.

Strettweg (Steiermark; Tf. 114). In der Nähe des Ortes S. bei Judenburg wurden im J. 1851 mehrere Brandgräber mit Steinsetzung bei Ackerarbeiten aufgefunden, ohne daß ihre Bedeutung gleich richtig erkannt worden wäre. Beim Nachsuchen an dieser Fundstelle konnten noch Bruchstücke verschiedener Bronzegefäße, Fragmente von Gürtelblechen, Tüllenäxte, Teile eines Helmes und verschiedene Ringe aus Bronze, Reste von Pferdetrensen und langen Spießen aus Eisen, dann einige Fundstücke aus Gold, neun Bernsteinperlen und endlich die Bestandteile des berühmten Strettweger oder Judenburger Wagens (Tf. 114) aus Bronze gehoben werden.

Der Plattenwagen, welcher auf vier Rädern läuft, zeigt als Mittelfigur, weit über die Begleitfiguren hinausragend, eine weibliche Gestalt, die auf dem Kopfe eine flache Schale trägt und sie mit den Händen stützt. Sie wird von vier nackten Reitern umgeben, mit Spitzhelm, Schild und Speer. Vorn und rückwärts je eine Hirschprotome und auf der Wagenplatte verteilt geschlechtslose, weibliche und männliche Figuren, letztere mit erhobenen Äxten. Am Vorder- und Rücksaum der Wagenplatte je zwei Pferdeprotomen.

Es handelt sich um einen Opferwagen, der in den Figurengruppen die Opferhandlung szenisch darstellt, nach dem von M. Hoernes beigebrachten Vergleichsmaterial wohl ein unteritalisches Stück. Das Grabfeld gehört der jüngeren und jüngsten HZ an. S. a. Wagen A.

M. Robitsch *Altertümer von Ausgrabungen bei Judenburg* Mitt. d. histor. Vereins f. Steiermark 1852 S. 67—78. G. Kyrle

Stricken s. Textiltechnik A § 15.

Stroh. Die steinzeitl. Pfahlbauten von Wangen (s. d.) und Robenhausen (s. d.) haben allerlei Geflechte aus S. geliefert, u. a. einen aus S. und Flachsfasern geflochtenen Hut. Überreste von Dachbedeckung und große Vorräte von S. wurden in Wangen gefunden. Zur Stallstreu scheint es nicht benutzt worden zu sein, wenigstens bestand diese in Niederwil (s. d.) und Robenhausen aus Binsen und Schilf für Rindvieh und aus Tannenreisern und Laubholzzweigen für Schmalvieh.

v. Tröltsch *Die Pfahlbauten des Bodenseegebietes* 1902 S. 25, 51, 113, 114, 119. Alfred Götze

Strombus bubonicus s. Diluvialfauna § 6.

Stromfunde (Funde aus der österr. Donau; Tf. 115). § 1. Die Donau, deren Tal vom Jungpaläol. angefangen durch alle späteren Per. hindurch eine manchmal sehr dichte Besiedelung aufweist, die ihren Grund in der günstigen Verkehrslage hat, passiert im heutigen Österreich drei Engen, nämlich das „Passauertal", die „Greiner-Enge" und die „Wachau".

§ 2. Obwohl Passauertal und Wachau durch zahlreiche Klippen und Sandbänke der modernen Schiffahrt gelegentlich schwierige Aufgaben stellen, waren diese Strecken für einen primitiven, urzeitlichen Schiffahrtsverkehr sicherlich ohne nennenswerte Schwierigkeiten. Anders die „Greiner-Enge", die nahe der Ortschaft Struden sehr gefährliche Stromschnellen zeigt, welche auch für einen einfachen Schiffsverkehr große Gefahren mit sich bringen.

§ 3. Als man in der Mitte des 19. Jh. daran ging, im „Struden" durch umfangreiche Sprengungen eine tiefere Fahrrinne für die Schiffahrt zu schaffen, fand man in den Gesteinsklüften der Ufer teils über, teils unter Wasser eine reiche Anzahl vorgesch. Objekte, darunter hauptsächlich: Schaftlochäxte aus Stein (Tf. 115a, b), Randäxte, trianguläre Dolchklinge, Schwertklinge, viele mittelständige Lappenäxte (Tf. 115 d—h), Knopfsichelfragmente, Sicheln vom Peschiera-Typus, ein Schwert mit achteckigem Griff (Tf. 115i), Lanzenspitzen, Kugelkopfnadel, Nadeln mit doppelkonischem Kopfe, Messer mit Randleisten, zahlreiche oberständige Lappenäxte, Pfeilspitzen mit gekrümmtem Dorn, eine Tierprotome, sämtlich aus Bronze, sowie ein Ärmchenbeil aus Eisen.

Ferner wurden, z. T. vermischt mit diesen vorgenannten vorgesch. Funden, neben spärlichen mittelalterlichen Dingen an 400 röm. Münzen gehoben, größtenteils Großbronzen von Titus bis Gallienus, teilweise vom Wasser ausgescheuert, wie die anderen Funde.

§ 4. Es besteht kein Zweifel, daß wir es bei dem gesamten Fundkomplex mit Opferfunden zu tun haben, die dem Flußgott mit dem Wunsch um eine sichere Durchfahrt oder als Dank für die klaglose Durchfahrt durch die gefürchteten Stromschnellen gestiftet wurden. Die vorgesch. Opferfunde durchlaufen vom j. Neol. an alle Zeitstufen bis zum Ende der HZ. Latènezeitl. Funde sind bisher nicht vertreten, dafür aber wieder sehr reichlich römische. Durch diese Opfer erscheint mir der sonst wohl nur sehr schwer einwandfrei zu erbringende Beweis gegeben, daß seit dem Jungneol. die Donau als Wasserverkehrsstraße häufig auch auf größere Strecken befahren wurde. In der LTZ ist dieser Verkehr, soweit man aus den Stromfunden schließen darf, offenbar unterbrochen, oder wenigstens auf einen sehr geringen Umfang eingeschränkt gewesen, um in der Zeit der röm. Okkupation wieder desto intensiver einzusetzen.

E. Theuer *Urgeschichte Oberösterreichs* 1925 Nr. 111—114, 237, 334 und die dortselbst zitierte Literatur. G. Kyrle

Stufendatierung (Ägypten). Besserer Terminus: Staffeldatierung. S. diesen Artikel.

Stuhl. A. Europa. S. a. Sessel A. — (Faltstuhl, Klappstuhl; Band IX Tf. 116d). In bronzezeitl. Gräbern Holsteins wurden wiederholt eigenartige Bronzebeschläge und -Bolzen gefunden, die zuerst Knorr als Teile von Faltstühlen erkannte. Diese waren in derselben Art konstruiert, wie

Strettweg

Kultwagen von Strettweg. Seitenansicht. Nach Aufnahme des Museums Graz.

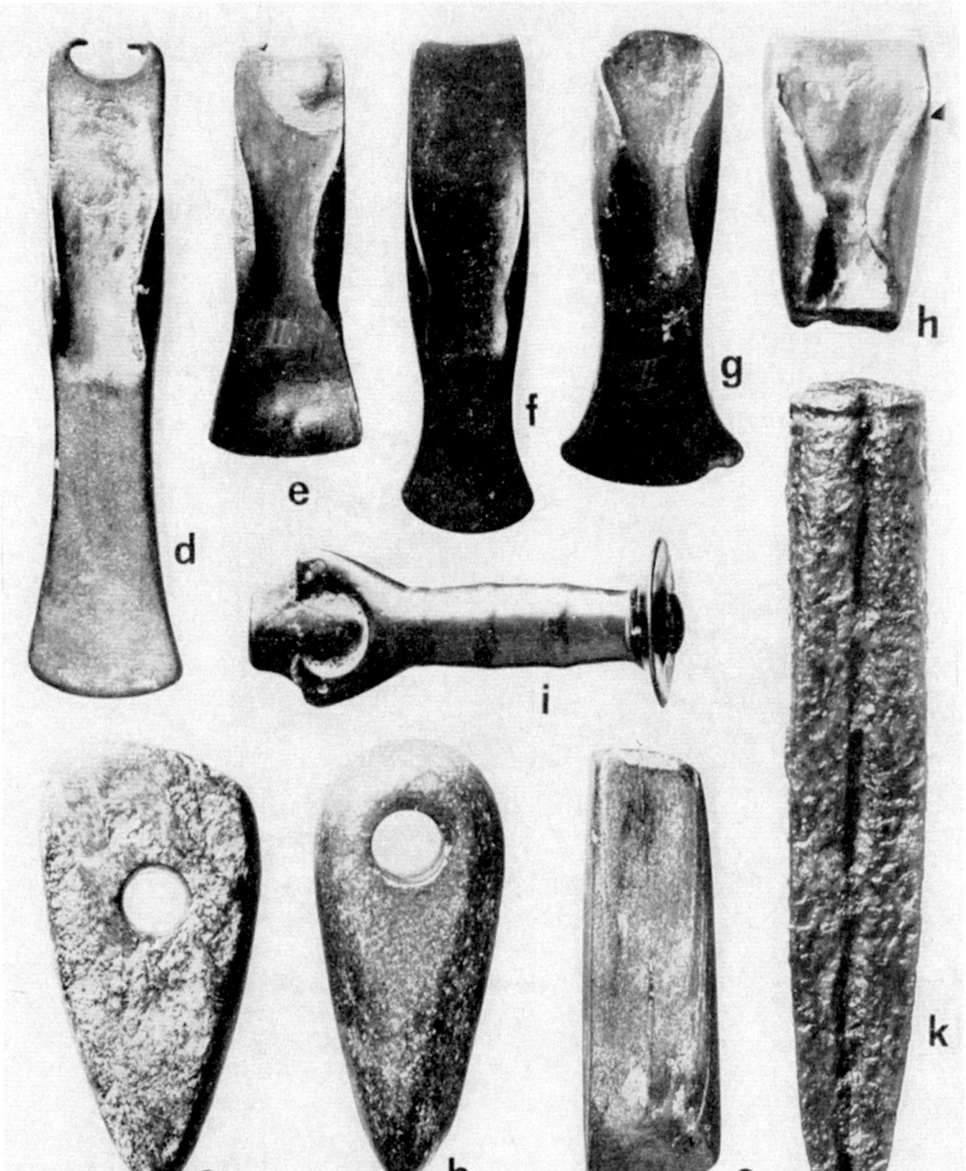

Stromfunde (Donau)

Funde aus der Donau beim „Struden". a—c. Stein. Alles andere aus Bronze. — $^1/_2$ n. Gr. — Nach Originalaufnahme des Naturhistorischen Museums Wien.

sie heute noch gebräuchlich ist: zwei Paare × förmig gekreuzter Holzstäbe, die in der Mitte um einen Bolzen drehbar sind, tragen oben zwei Querstäbe, zwischen denen ein Sitz aus Leder oder Stoff ausgespannt ist. Die bronzezeitl. Faltstühle hatten außerdem noch zwei untere Querstäbe, wodurch zweifellos die Festigkeit erheblich erhöht wurde (Band IX Tf. 116d). Die Bolzen waren entweder aus Bronze, z. T. mit nietartigen Köpfen (Mitt. d. Anthrop. Ver. Schleswig-Holstein 14 [1901] S. 5ff. Abb. 4, 5 und 8 Knorr), oder sie bestanden aus Holz. Bei den meisten Funden waren die oberen und unteren Querstäbe im Querschnitt rund und trugen an den Enden verzierte, kapselartig geformte Endbeschläge (Knäufe) aus Bronze (Knorr a. a. O. Abb. 1—3, 6, 7), und zwar entweder alle 4 Querstäbe oder nur die zwei oberen; dementsprechend wurden Reste von Faltstühlen mit 8 und solche mit 4 Bronzeknäufen gefunden. Der Faltstuhl aus dem Guldhøi hatte oben kantige, unten runde Querstäbe und keine Bronzebeschläge (Band IX Tf. 116d). Bei dem Faltstuhl aus Bechelsdorf bestand der Sitz aus Leder, von dem Reste erhalten sind; dieses Sitzleder war in Spalten der oberen Querstäbe eingelassen und wurde durch dicke Säume darin festgehalten. Bei dem S. aus dem Guldhøi scheint dagegen das Sitzleder an den oberen Querhölzern mit Hilfe von zahlreichen Löchern angestiftet oder angenäht gewesen zu sein. Einige von Faltstühlen stammende Bronzeknäufe besitzen Ösen, in denen Lederreste gefunden wurden; sie haben wahrscheinlich zur Befestigung von Lederriemen gedient, die unter dem Sitz verliefen und eine allzu starke Anspannung des Sitzleders verhindern sollten.

Funde von Faltstühlen sind bisher nur aus dem nord. Gebiet, nämlich aus [Mecklenburg] Holstein, Jütland, Seeland und Schweden, bekannt; sie gehören sämtlich der BZ Per. II Montel. an. — Parallelen dazu kennt man nur aus äg. Gräbern des MR.

Fr. Knorr *Klappstühle aus Gräbern der Bronzezeit* Mitt. Anthrop. Ges. Schleswig-Holstein 14 (1901) S. 5—18 Abb. 1—8; S. Müller *NAK.* I 344 Abb. 174; Montelius *Kulturgesch. Schwedens*² S. 89 Abb. 129; [G. Kossinna *Ursprung und Verbreitung der Germanen* I (1926) S. 65 und Abb. 83; Klappstuhl von Bechelsdorf, Fürstentum Ratzeburg]. W. La Baume

B. Ägypten s. Sessel B.

C. Palästina-Syrien s. Hausgerät C § 3.

D. Vorderasien s. Hausgerät D.

Stundentafel s. Astronomie A § 2.

Stutzheim s. Haus A 1 § 11.

Suanetes s. Räter.

Subaräisch s. Altkleinasiatische Sprachen § 14, Mitanni B.

Subbronzezeitliche Kultur s. Finno-Ugrier A § 13.

Suchu s. Mari und Ḫana, Suḫi.

Sudauer s. Baltische Völker B § 2b.

Süddeutschland s. Mittel- und Süddeutschland und die Einzelartikel.

Sudetische Rasse s. Homo sudeticus.

Südliches Afrika (Paläolithikum).

§ 1. Zentralafrika und Ostzone. — § 2. Südafrika. — § 3. Menschenreste. Sog. Buschmannkunst.

§ 1. Trotz ungenügender Erforschung großer Gebiete läßt sich heute bereits aufrecht erhalten, daß eine Urstufe des geschlagenen Steines im südlichen Afrika, zu welchem wir Zentral- und Südafrika im engeren Sinne des Wortes rechnen, nahezu allenthalben erweisbar ist. Sie ist für das Senegal- und Niger-Gebiet sowie Französisch-Guinea belegt, wo beispielsweise prächtige Serien von „Acheuléen-Fäusteln" n. von Timbuktu vorliegen. Die Steinzeit des Kongo-Beckens wurde vornehmlich von Capitan, Cocheteux, Cornet, Delisle, Dupont, Giglioli, Jacques, Regnault, Stainier, Taramelli und Zboinski studiert, in deren Slg. abermals zahlreiche primitive Werkzeuge von paläol. Typus auffallen, besonders Beile aus dem Formenkreise der Chelles- und Acheul-Faustkeile.

Ohne außer acht zu lassen, daß in diesem Zentralgebiet die StZ bis in die jüngste Gegenwart dauerte, und daß es sich bislang als unmöglich erwies, diese Funde nach paläol. bzw. neol. Komplexen zu trennen, nehmen nahezu alle Fachleute an, daß zum mindesten ein großer Teil der Faustkeilindustrien sich im Dunkel der Urzeit verliert und in die Diluvialperiode zurückreichen dürfte. Diese Vermutung wird des öfteren durch deren Patina und Einlagerung in Erdstraten oder Kiesen nahegelegt und erhält eine wesentliche Stütze durch die Tatsache, daß sowohl im Nördlichen (s. d.) Afrika als auch im eigentl. S ein zweifellos quartäres Paläol. nachgewiesen ist. Ebensolches ist logischerweise auch für die Zone anzunehmen, welche den N und S quer durch das Sahara-Gebiet verbindet, das damals keinen ausschließlichen Wüstencharakter trug, sondern, wenigstens zeitweise, für Mensch und Tier bewohnbar war.

Aus den gleichen Erwägungen möchten wir auch kein Bedenken tragen, die klassischen Faustkeil-Serien dem Quartär zuzuteilen, welche von Jousseaume, Mc Conkey, Seton-Karr, Paulitschke, Graf Wickenburg und andern aus dem Somali-Lande namhaft gemacht bzw. beschrieben wurden. Sie wurden bislang zumeist auf dem Nordrande und auf der Nordostseite dieses Gebietes aufgesammelt, werden jedoch vereinzelt überall auf dem Osthorn Afrikas angetroffen. Die Funde verteilen sich regelmäßig über die Oberfläche, wo sie durch die Regengüsse ausgewaschen wurden. Als weiterer Faktor ihrer Bloßlegung kommt außerdem der Monsum-Wind in Betracht, weshalb viele der stark patinierten Feuerstein- und Quarzit-Artefakte ziemliche Verwitterungsspuren zeigen. Nach Form und Technik weisen sie in das Altpaläol. zurück, wobei die rohen wie die feineren Fäustel von Handspitzen, Schabern und Bohrern begleitet zu sein pflegen. An den jungpaläol. Formenkreis erinnern kleine Klingen und Nuklei; endlich wurden jüngst von der Mission Stefanini-Paoli Capsien-Indizien gemeldet. Weiter s. wurde ein sehr schöner Faustkeil von Janensch auf der Kuppe des Tendaguru-Hügels, im s. Küstenhinterlande des ehemaligen Deutsch-Ostafrika, gefunden (ZfEthn. 48 [1916] S. 21).

§ 2. Wie aus den Beobachtungen des Geologen J. P. Johnson hervorgeht, haben wir auch für Südafrika während des Quartärs Perioden erhöhter Niederschlagsmengen anzunehmen, während welcher erhebliche Landesteile wasserreicher und wohnsamer waren als in der Gegenwart. Geschlagene Steinartefakte kommen im Kapland, Orange-Freistaat, Natal, Transvaal, Rhodesia vielerorts zutage, wobei sich herausstellt, daß jene „Steinzeit" nach Abstufung und Kompliziertheit den Verhältnissen in Europa vergleichbar ist. Da erscheinen Eolithen, Chelléen-Keile und Acheuléen-Fäustel, Moustérien-Typen und solche von Aurignacien-, Capsien-, Solutréen- und Tardenoisien-Gestalt und vielfach von stark verschiedenem Erhaltungszustand. Es bedarf keiner besonderen Hervorhebung, daß diese Bezeichnungen nur die große äußere Ähnlichkeit der südafrik. Formen mit denen unseres Kontinents hervorheben wollen, ohne sie deshalb mit diesen zu identifizieren.

Die Fundplätze sind gewöhnlich oberflächlich, dann und wann Höhlen, in welchen die Steingeräte mit ziemlich fossilen Tierresten zu Breccien zusammengesintert sind; wir zitieren nur die Buschmannshöhle in Alfred County, Natal, mit Chelléo-Moustérien-Einschlüssen (Man 5 [1905] S. 10).

Von ungleich erhöhtem Interesse sind für die Erhellung der Altersfrage mehrfache Funde, die in ursprünglicher Lagerung im Boden angetroffen wurden. Faustkeile lagern nach R. A. Smith in zweifellos quartären Schotterkonglomeraten bei Victoria West (Kapland); am Umhlatuzane-Fluß bei Mariannhill (Natal) entdeckte Bruder Otto anläßlich einer Brunnenanlage einen Porphyr-Fäustel in 5—6 m T., in einer Schicht reinen, weißen Sandes. Im Orange-Freistaat und in Transvaal finden sich desgleichen primitive Stein-Industrien in der Nagelfluh alter Flußterrassen eingebacken, so daß sie aus derselben herausgemeißelt werden müssen, hauptsächlich am Vaal und seinen Nebenflüssen. Johnson macht ebenda eine Niederterrasse namhaft, deren Schotter an der Basis „Acheuléen"- und gegen oben „Solutréen"-Typen einschließen, und Péringuey betont, daß die dortigen diamantführenden Konglomerate nicht nur die Reste ausgestorbener bzw. abgewanderter Tiere, sondern auch Paläolithen enthielten, in einem Fall begleitet von einem Mastodon-Zahne. In ähnlicher Weise berichtet auch Broom, Steingeräte in alten Alluvionen, zusammen mit dem erloschenen *Equus capensis*, angetroffen zu haben.

Die Altschotter des Embabaan (Mbabane)-Flusses (Transvaal) bergen Fäustel *in situ*; bei Prätoria lagern in einer alten Schotterterrasse, 12—20 m über dem derzeitigen Flußbett, Faustkeile und Moustérien-Typen (Journ. anthr. inst. 45 [1915] S. 79ff.).

Damit stimmen die Funde am Sambesi (Rhodesia) überein. Hier werden, besonders an den Viktoria-Fällen, altpaläol. Geräte in den Kiesen gefunden, deren Ablagerung nach Ansicht der meisten Geologen statthatte, bevor der Fluß die 130—150 m t. Schlucht aussägte. Die ältere Hochterrasse des Umguza-Flusses (Rhodesia) enthält bei Sawmills typische Faustkeil-Industrien, die Niederterrasse hingegen Kleintypen von Capsien- und Azilien-Gestalt.

Alle diese Vorkommnisse drängen den Schluß auf, daß wenigstens einem großen Teile der „altpaläol." Komplexe (mit Fäusteln) ein ähnlich hohes Alter zuerkannt werden muß wie den europ. Parallelfunden, d. h. daß sie quartären Ursprungs sind, ohne daß jedoch bereits daran gedacht werden könnte, ihr näheres gegenseitiges Altersverhältnis zu diskutieren.

Um das Studium dieser arch. Entdeckungen machten sich besonders J. Anderson, H. Balfour, W. Bazley, Broom, A. W. Buckland, E. R. Collins, L. Dale, E. J. Dunn, J. Evans, H. W. Feilden, M. E. Frames, T. Gardner, W. D. Gooch, A. M. Mc. Gregor, E. T. Hamy, J. P. Johnson, N. Jones, H. D. R. Kingston, G. W. Lamplugh, E. L. Layard, J. Lee Doux, G. Leith, F. v. Luschan, G. R. Mc Kay, Bruder Otto, A. Penck, W. H. Penning, L. Péringuey, R. Pöch, J. C. Rickard, J. Sanderson, S. Schönland, R. A. Smith, E. J. Wayland, T. White verdient.

§ 3. Beachtenswert sind einige anthrop. Funde, die in jüngster Zeit gemacht wurden. Am Ostrand der Serengeti-Steppe (ehemal. Deutsch-Ostafrika) stieß (1914) H. Reck in der Schlucht von Oldoway auf ein menschliches Skelett, das 3—4 m t. im vulkanischen Tuffe ruhte. Die Begleitfauna (Elefant, Flußpferd, Nashorn, Krokodil) hat anscheinend altertümliche Charaktere, doch ist es nicht ausgeschlossen, daß ein relativ junges Hockergrab vorliegt, zumal die Tierreste, im Gegensatz zu dem vollständigen Menschenskelett, bunt zerstreut sind.

Im J. 1921 entdeckte man in der Knochenhöhle der Broken Hill-Mine (n. vom Kafue-Fluß; NW-Rhodesia) ein weiteres Skelett, von dem nur der Schädel ohne Unterkiefer (Band V Tf. 124 c, d), Teile eines Oberschenkelknochens, ein Schienbein und ein Kreuzbein geborgen wurden. Später wurden ein weiteres Bruchstück eines Schädels bzw. Armknochen gefunden. Die tierischen Reste der Höhle gehören ausschließlich rezenten oder von diesen kaum unterscheidbaren Formen an (Elefant, Nashorn, Löwe, Leopard, Hyäne, Antilopen usw.); außerdem wären nach F. White und F. P. Mennell früher am gleichen FO Quarzit-Artefakte zum Vorschein gekommen. Die Form des vollständigen Schädels, welcher einen wenig fossilen Eindruck macht, weicht von der aller heutigen südafrik. Menschengruppen ab und wurde von A. Smith Woodward einem „*Homo rhodesiensis*" (s. d.) zugeteilt, welcher eine Mittelstellung zwischen dem *Homo neandertalensis* und dem rezenten Menschen einnähme (Mannus 14 [1922] S. 141 Rud. Martin). S. a. Primaten § 6 und Band X Tf. 103 a.

Unbestimmten Alters ist auch der immerhin fossile Schädel von Boskop (Transvaal). Er weist keine neandertaloiden, wohl aber deutlich negroide Merkmale auf.

Es ist nicht angängig, die Vorgeschichte Südafrikas zu behandeln, ohne die sog. Buschmannkunst wenigstens in Kürze zu erwähnen (s. a. Primitive Kunst). Die zwerghaft kleinen Buschmänner werden so ziemlich allg. als die Reste der Urbevölkerung oder doch einer sehr alten Bevölkerungsschicht von Afrika angesprochen und mit ihnen die Kunstäußerungen in Verbindung gebracht, welche in ausgedehnten Südteilen dieses Kontinents vorliegen. Letzteres wurde allerdings von verschiedenen Fachleuten in Frage gestellt, so z. B. von Péringuey, welcher in ihnen das Werk eines Hottentotten-Zweiges, der sog. *Strand Loopers*, erblickt, ferner von F. von Luschan, der sie für alt-hamitische Kunstübungen hält.

Die „Buschmannkunst" umfaßt zumeist Malereien in Erdfarben, sodann auch Gravierungen oder Einmeißelungen. Ihre Übereinstimmung, nach Wesen und Form, mit der paläol. Kunst Westeuropas (s. Kunst A) ist überraschend, so daß sie, mit ihren Vorzügen und Fehlern, weitaus die schlagendsten Parallelen zu letzterer liefert. Wir verweisen diesbezüglich auf die Publikationen von G. Fritsch, Holub, F. von Luschan, O. Moszeik, L. Péringuey, A. Schweiger, H. Tongue und J. V. Želizko.

Die Bilder haben manchmal ein ziemlich rezentes Aussehen und können einige Male auf Grund der Darstellungen oder zuverlässiger Berichte auf das 18., bzw. das frühe 19. Jh. datiert werden; zumeist sind sie aber stark patiniert und sicher „alt", zumal die Angaben, daß die Buschmänner heute noch Kunst üben, mit großer Vorsicht aufzunehmen sind. Des öfteren wurden auch unmittelbar übereinander gemalte Bilderschichten festgestellt, bis zu 5 an der Zahl, ähnlich wie im europ. Paläolithikum.

Trotz aller Übereinstimmung besonders mit der jedenfalls diluv. span. „Ostkunst", glauben wir jedoch nicht, daß ein unmittelbarer Zusammenhang zwischen beiden Erscheinungen ernsthaft in Betracht gezogen werden darf. Es handelt sich in Südafrika bzw. Südeuropa m. E. wohl nur um Analogien zwischen alten bzw. jungen Urvölkern, welche den gleichen wirtschaftlichen Bedingungen unterworfen lebten, die nämlichen Interessen und Ideale besaßen, was auch eine im wesentlichen gleichartige, elementare, aber deshalb nicht weniger beachtungswürdige Kunst auslöste.

F. de Zeltner *Notes sur le Préhistorique soudanais* L'Anthrop. 18 (1907); L. Capitan *L'Homme quaternaire ancien dans le Centre de l'Afrique* Rev. d'Anthropol. 11 (1911); X. Stainier *L'âge de la Pierre au Congo* Annales du Musée du Congo. Sér. 3 Ethnogr. et Anthrop. Bd. 1 (Brüssel 1899); A. Taramelli *Quelques stations de l'âge de la pierre découvertes par l'ingénieur P. Gariazzo dans l'État indépendant du Congo* L'Anthrop. 12 (1901) S. 396; V. Jacques *Instruments de pierre du Congo. Collection Haas* Mémoires Soc. d'Anthrop. de Bruxelles 19 (1901); Ph. Paulitschke *Prähistorische Funde aus dem Somâllande* MAGW 28 (1898).

J. P. Johnson *The stone implements of South Africa*² 1908; ders. *Geological and archaeological notes on Orangia* 1910; ders. *The prehistoric period in South Africa*² 1912; L. Péringuey *The stone ages of South Africa* Annals of the South African Museum 1911 (vgl. L'Anthrop. 23 [1912] S. 513, mit zahlreichen Literaturangaben); H. Obermaier *Ein „in situ" gefundener Faustkeil aus Natal* Anthropos 4 (1909) S. 972; J. Lee Doux *Stone implements from South Africa* Man 14 (1914); N. Jones *On the palaeolithic deposits of Sawmills, Rhodesia* Journ. anthr. inst. 54 (1924) S. 276ff.

H. Obermaier

FSC
www.fsc.org
MIX
Papier | Fördert
gute Waldnutzung
FSC® C083411

Kolibri 360 GmbH
Ferdinand-Jühlke-Straße 7
99095 Erfurt, Deutschland
produktsicherheit@kolibri360.de